AF497425

OEUVRES

POSTHUMES

DE

Mr ROHAULT.

A PARIS,

Chez GUILLAUME DESPREZ, ruë S. Jacques,
à S. Prosper, & aux trois Vertus, au dessus
des Mathurins.

M. DC. LXXXII.

AVEC PRIVILEGE DV ROY.

A MONSEIGNEUR
D'ESTRÉES
EVESQUE, ET DUC DE LAON,
PAIR DE FRANCE,
COMTE D'ANISY.

ONSEIGNEUR,

Entre toutes les connoiſſances auſquelles l'Eſprit hu-
main ſe peut appliquer, il n'y en a point qui ayent plus de
raport à la Religion que les Mathematiques. Toutes les
Sciences ſe propoſent également la recherche de la verité,
mais il n'y a qu'elles ſeules qui ſe puiſſent vanter inconteſta-
blement de l'avoir atteinte. En effet, ſi la Religion, par les
lumieres ſurnaturelles de la foy, nous fait jour à ce qui eſt au-
deſſus de la portée de nos eſprits ; Les Mathematiques, par
le moyen de ce Flambeau interieur & naturel que Dieu a
allumé en nous, & à la faveur des premieres veritez ge-
nerales qui ſautent d'abord aux yeux de tout le monde,

ã ij

nous introduisent dans une longue suite de plusieurs autres
veritez, qui en dépendent, & qui ne sont pas moins certaines que leurs principes. Cette raison seule doit suffire,
MONSEIGNEUR, pour satisfaire le Public, sur le
choix que j'ay fait d'un des plus illustres Princes de l'Eglise,
pour luy consacrer un Ouvrage tout consacré luy-mesme à la
verité ; Et qui appliquant nostre esprit à des objets qui
n'ont rien qui flatte les sens, mais que nous ne laissons pas
de trouver infiniment agreables, à cause des veritez qu'on
y découvre, peut mesme contribuer en quelque façon au
reglement de nos mœurs, en nous détachant des choses sensibles, qui sont les causes les plus ordinaires de leur cor-
ruption. Dés cette premiere ouverture que je donne de
ma pensée, chacun sans doute y applaudit, & enchéris-
sant mesme pardessus, me prévient déja sur tout ce que
je puis avoir a dire à vostre gloire. Vostre illustre Nom,
MONSEIGNEUR, comme un nouveau flambeau qui
surprend & qui brille, fait voir tout d'un coup les nobles
convenances qui se rencontrent en mon dessein, de mettre cet
Ouvrage sous une si glorieuse protection. Le passage est aisé
du rang à la Personne ; Et l'on n'a pas plûtost approuvé,
de voir les veritez Mathematiques sous l'azile favorable
d'un des plus sacrez dépositaires de celles de la Foy, qu'on
les félicite, & moy avec elles, d'estre à l'abry d'un si beau
Nom, où tout est également grand & solide, majestueux &
éclatant. Une Ambassade dans la premiere Cour du Monde
Chrestien, prolongée pour la quatriéme fois au delà des
termes ordinaires, fait voir à tout l'univers, en la personne de Monseigneur vostre Pere, une fidelité sans reproche, une sagesse consommée, une capacité sans bornes. Ces
Négociations reïterées de Monseigneur le Cardinal d'Estrées,
vostre oncle, à Rome, par ordre de Sa Majesté, dans les

conjonctures les plus délicates, où la Politique, aussi bien
que la Nature, demande deux yeux, non pour voir plus
clair, mais pour voir plus seurement, & avec plus d'étenduë, ne marquent-elles pas une distinction particuliere de
merite, & une confiance entiere en la force & en la prudence
de son génie. Et ne diroit-on pas, que le Monarque le plus
éclairé que la France ait jamais eu, pleinement content &
satisfait des services de ces deux illustres Freres, semble,
au milieu de tant de grands sujets, n'en trouver pas-un
digne de leur succeder, jusques à ce qu'associé à la Pourpre
de l'un, & remplissant le mérite de tous les deux, vous
alliez vous-mesme continuer à soûtenir la gloire de la
France, & celle de vos Ancestres, sur cet auguste Théatre,
uniquement destiné, ce semble, à ceux de vostre Nom.
D'ailleurs, ces grands & fameux Exploits, par où Monseigneur le Mareschal, vostre Oncle, commença à se signa-
ler, aussi tost que Sa Majesté l'eût honoré de la charge de
Vice-Amyral, & que le bruit de ses canons a fait retentir
par tout ; Et sur tout ce prodige de valeur & de prudence
qu'il fit paroistre à Tabako, (où tout ce qui sembloit devoir
concourir à sa perte, la disposition des lieux, le grand nombre
des Ennemis, celuy de leurs vaisseaux, la difficulté de les
aborder, le canon pointé pour leur deffense, toute une Isle
en un mot armée contre luy, ses blessures mesmes & ses
naufrages, n'ont servy qu'à rendre sa vie plus illustre, &
sa victoire plus glorieuse) font voir en sa personne tant de
courage & d'intrépidité, de conduite & de bonne fortune
tout ensemble, que ce monde-cy semble ne pas suffire aux
grands & vastes desseins, & à toutes les genereuses & har-
dies entreprises de ceux de vostre Maison. Pardonnez,
MONSEIGNEUR, cette double saillie de mon zele,
qui ne sçauroit déplaire qu'à vostre modestie ; mais qui

EPISTRE.

*agréera sans doute à ces premieres testes de tous les Ordres
de l'Estat, qui vous ont veu soûtenir & présider avec tant
d'éclat, dans la plus celebre Escole du monde ; où vous avez
commencé à jetter les premiers fondemens, & faire concevoir les premieres esperances de cette grandeur & dignité
que vous possedez, & de toutes les autres qui vous atten-
dent, & ausquelles vous pouvez si legitimement aspirer.
J'ose mesme dire, que l'on a déja veu briller en vous par
avance, toutes les marques & tous les caracteres de cette
future grandeur, dans ces premiers essais de generosité, de
justice, & de graces, que vous avez fait paroistre, dés l'entrée
de vostre Episcopat. Il est bon, MONSEIGNEVR qu'il
en reste quelque marque à la posterité; & que ceux qui ho-
noreront dans les siecles à venir la memoire de feu Monsieur
Rohault, (que Messieurs vos Freres, les Marquis de Cœu-
vres & de Temines, avec les plus grands de la Cour, n'ont pas
autrefois dedaigné d'avoir pour maistre) sçachent, qu'elle a
esté assez chere à un Prélat de vostre rang, non seulement
pour agreer que ses Ouvrages posthumes parussent sous son
nom ; mais pour donner aussi accez à ses plus proches, pour
se justifier devant vous, & pour vous obliger à marquer de
la joye de leur innocence. J'en avois entrepris la deffense,
comme beau-pere du deffunt, & j'en devrois partager la re-
connoissance avec les vivans, si vos bontez ne m'engageoient
à estre entierement & sans partage, & avec une véneration
tres-profonde.*

MONSEIGNEUR,

De vostre Grandeur

Le tres-humble & tres-obeïssant
Serviteur, CLERSELIER.

PREFACE.

E ne doute point qu'il n'y ait bien des gens
qui trouveront à redire au titre que j'ay mis
à la teste de ce Livre , *Oeuvres posthumes de
Monsieur Rohault*, & à qui ce frontispice
ne plaira pas. Et si par hazard vous qui lisez
cecy estiez de ce nombre, comme cela pour-
roit bien-estre, je veux bien vous avertir icy dés l'entrée,
que ny vous, ny tous ceux qui pourroient vous ressembler, ne
serez pas les premiers qui y auront trouvé à redire , puis
que moy-mesme je l'ay condamné, & qu'il ne m'a pas plû.

Mais aussi à dire le vray, ce n'est pas une chose si facile
que l'on pourroit peut-estre s'imaginer , que de donner à
un Livre un titre qui luy convienne, & qui luy convienne
justement ; Et mesme j'ose dire, qu'aprés s'estre bien donné
de la peine pour en chercher un , il est presque impossible
de pouvoir jamais rencontrer au gré de tout le monde.

C'est donc comme une necessité que le titre d'un Livre
soit contrôlé ; mais qu'il le soit à la bonne heure ; pourveu que d'ailleurs le corps en soit bon , & ne contienne
rien que de vray & de raisonnable , l'on ne doit pas s'en
mettre fort en peine , ny chicaner beaucoup là dessus.

Or je puis assurer qu'en prés de cent feüilles que ce Livre
contient, & par consequent en prés de huit cens pages, il
n'y a rien qui ne soit entierement conforme à la raison, &
qui la puisse choquer le moins du monde. Chaque page,
chaque ligne, chaque mot, sont autant de veritez , dont
nous sommes convaincus par la lumiere naturelle , comme

eſtant les réponſes vives & nettes de cette lumiere interieure, qui ne manque jamais de nous éclairer & de nous
inſtruire, toutes les fois que nous la conſultons, par l'attention que nous ſommes obligez de preſter aux choſes
que nous voulons bien concevoir, & que nous ne ſommes
point honteux d'apprendre. Auſſi, n'eſt ce que faute de
cette attention (comme l'a fort bien dit un celebre Auteur
de ce temps) que nous tombons tous les jours en de lour-
des fautes, ſoit en approuvant ce que nous n'entendons
point, ſoit en contrediſant les veritez les plus certaines,
mais que nous ne voulons pas ſçavoir, & auſquelles nous
ne donnons pas toute l'application qu'il faut pour les comprendre ; parce qu'elles ſont contraires à d'anciens préju-
gez dont nous ne voulons pas nous deffaire, & dans la
poſſeſſion deſquels nous ſommes bien aiſes de nous main-
tenir, pour joüir paiſiblement de noſtre maiſtriſe, & couvrir par ce moyen noſtre ignorance.

Ce n'eſt pas que je ne ſceuſſe fort bien quel titre il auroit fallu mettre à ce Livre, pour qu'il luy convinſt juſtement ; Mais ce titre n'auroit pas eſté au gré du Libraire ;
Et comme pour l'ordinaire il arrive de la conteſtation entre les Libraires & les Auteurs ſur la diſpoſition du titre,
ceux-cy n'ayant en veuë que la conformité qu'il doit avoir
avec le texte, afin que l'un ne démente pas l'autre, &
ceux-là au contraire ne ſe ſouciant pas beaucoup de cette
conformité, mais voulant quelque choſe de ſpecieux, qui
puiſſe exciter la curioſité des Lecteurs, & leur en attirer
pluſieurs, il ne faut pas s'eſtonner ſi l'un eſt quelquefois
obligé de ceder à l'autre, pour s'ajuſter enſemble, & accor-
der leurs differens.

Or perſonne ne peut douter que tout l'intereſt que peut
avoir un Libraire dans l'impreſſion d'un Livre, ne ſoit ſon
intereſt propre & particulier, qui eſt, que le Livre dont il
entreprend l'impreſſion ait du debit, qu'il ait cours dans le
monde, & qu'il ne luy demeure pas ſur les bras, renfermé
dans un magazin, pour eſtre rongé des vers, & mangé par
la pouſſiere, plûtoſt que devoré par l'avidité d'un grand
nombre de curieux ; comme ſans doute il ſe le promet

quand

PREFACE.

quand il commence une impreſſion ; C'eſt pourquoy il a eſté juſte de le contenter icy ; Et c'eſt ce que
j'ay prétendu faire par le titre que j'ay mis à la teſte de ce
Livre.

Mais quelqu'un tournant là deſſus icy le feüillet, pour
voir donc ce titre ſpecieux que je dis avoir mis à la teſte
de ce Livre, (ne ſe reſſouvenant plus quel il eſt) & ne
trouvant que trois ou quatre mots fort ſimples & fort communs, croira peut-eſtre que je me ſuis oublié de mon deſſein, ou que j'ay retenu, comme un ſecret que je n'ay pas
voulu divulguer, ce titre ſpecieux dont je parle ; ou bien
peut-eſtre qu'aprés luy avoir ingenûment confeſſé que je
n'en ſçay point d'autre que celuy qu'il porte, il ne pourra
pas s'empeſcher de s'emporter contre moy, en m'accuſant
de mauvaiſe foy & d'ignorance ; de mauvaiſe foy , en ce
que ſçachant, comme j'ay dit, le juſte titre que l'on devoit
mettre à ce Livre, je ne l'y ay pas voulu mettre ; Et digno-
rance, en ce qu'il n'eſt pas poſſible que tout autre titre que
l'on y auroit pû mettre, ne fuſt pour le moins auſſi ſpecieux
que celuy que j'y ay mis, & peut-eſtre meſme plus au gouſt
de tout le monde ; Où enfin, peut-eſtre qu'aprés eſtre un
peu revenu de ſon emportement, pour m'en faire une eſpece d'excuſe, & me rendre quelque juſtice, ayant appris
par le bruit commun que je ne paſſe pas dans le monde
pour un-homme de mauvaiſe foy, ny tout à fait ignorant,
il me priera de bonne grace que je luy dévelope donc le
miſtere qu'il juge devoir eſtre renfermé dans ce titre, pour
meriter ſous des termes ſi ſimples le nom de ſpecieux ; Et
en cela je confeſſe qu'il aura quelque raiſon ; Et c'eſt auſſi
ce que je vais tâcher de faire dans la ſuite , pour le retirer
de la peine où cela l'aura mis.

La réputation que Monſieur Rohault s'eſtoit acquiſe de
ſon vivant eſtoit devenuë ſi grande, & ſon nom ſi celebre,
qu'il eſtoit connu non ſeulement dans tout ce Royaume ,
mais meſme dans toute l'Europe. Et quoy que depais ſa
mort juſqu'au jourd'huy il ſe ſoit écoulé prés de dix anné s,
pendant leſquelles il ſemble que ſa memoire auroit dû ſe

perdre, n'ayant rien parû de luy depuis ce temps-là; neanmoins comme l'eſtime qu'il avoit laiſſée de luy en mourant, faiſoit aiſément croire à tout le monde, qu'il n'eſtoit pas poſſible qu'un homme comme luy ſe fuſt tenu ſans rien faire, enſorte qu'il ne fuſt rien reſté, & qu'on euſt, pour ainſi dire, tout enſevely & enterré avec luy en le mettant dans le tombeau; cela a fait que les plus curieux & les plus vigilans ſe ſont auſſi-toſt ſoigneuſement informez s'il n'avoit point laiſſé quelques écrits aprés ſa mort; Et le bruit s'eſtant répandu par tout qu'il en avoit laiſſé quelques-uns; j'ay depuis ce temps-là eſté ſi ſouvent & ſi puiſſamment ſollicité par les inſtantes prieres d'une infinité de perſonnes de toutes ſortes de conditions, & par les lettres frequentes que j'ay receuës de toutes parts, d'en vouloir faire part au public, que je n'ay pû m'en deffendre, ny me délivrer meſme de leurs preſſantes ſollicitations & importunitez, qu'en ſatisfeſant à leur deſir.

C'eſt donc ce Livre, ou plûtoſt ce Recüeil de pluſieurs divers petits Traittez de Mathematique, qui paroiſt aujourd'huy; Mais ſi javois mis à ſa teſte, ce titre qu'il devroit porter, cela luy auroit fait perdre une bonne partie de l'eſtime qu'on en avoit conceu auparavant ſans le voir, & auroit de beaucoup refroidy l'ardeur & la curioſité de pluſieurs. Car il y a par tout un ſi grand nombre de Livres de Mathematique, & où tout ce que l'on ſçauroit dire touchant cette matiere eſt ſi bien & ſi amplement déduit, qu'il ne ſemble pas poſſible qu'on puiſſe là deſſus rien deſirer davantage. C'eſt pourquoy pour ne pas tant ſe découvrir d'abord, & laiſſer à deviner aux curieux quels peuvent eſtre ces ouvrages de Monſieur Rohault, il a fallu déguiſer un peu le titre; & au lieu de nommer chaque Traitté par ſon nom, on a eſté obligé de les comprendre tous enſemble ſous ce titre general & ſpecieux, d'*Oeuvres poſthumes de Monſieur Rohault* : Or ces termes generaux d'*Oeuvres poſthumes* emportent avec ſoy, & font concevoir quelque choſe de grand, quand celuy qui en eſt l'Auteur eſt d'un grand nom, comme eſt ſans doute celuy de Monſieur

PREFACE.

Rohault ; particulierement chez les Eſtrangers ; où la jalouſie ne regne point, & qui pour cela en ont toûjours
fait beaucoup d'eſtime ; Et ce ſont eux qu'un Libraire a
principalement à ménager, à cauſe que le plus ſouvent c'eſt
d'eux qu'il tire ſon plus grand profit.

Au reſte, ce n'eſt pas ſans peine & ſans travail que Monſieur
Rohault s'eſtoit acquis cette grande réputation. Il eſt vray
que la Nature par un avantage tout ſingulier luy avoit donné
un eſprit tout à fait méchanique, fort propre à inventer & à
imaginer toutes ſortes d'Arts & de Machines ; & avec cela
des Mains artiſtes & adroites, pour executer tout ce que
ſon imagination luy pouvoit repreſenter. Auſſi ſe faiſoit-il
un plaiſir d'aller dans les boutiques de toutes ſortes d'ouvriers, pour les voir travailler chacun de leur meſtier, &
pour y conſiderer avec attention les divers outils dont ils
ſe ſervoient pour l'exécution de leurs ouvrages ; Et c'eſtoit
une des choſes qu'il admiroit le plus, & en quoy l'induſtrie
de l'eſprit humain luy paroiſſoit plus merveilleuſe, d'avoir
pû inventer tant de ſortes d'inſtrumens, qui rendent le travail aiſé, & ſans quoy il ſeroit impoſſible de venir à bout
d'aucun ouvrage. Mais comme ſon génie ſurpaſſoit de
beaucoup en invention & en adreſſe celuy de la plus-part
des ouvriers, auſſi leur donnoit-il ſouvent de bons avis, ſoit
pour la conſtruction de leurs outils, ſoit pour faciliter leur
travail & diminuer leur peine ; & il ne leur diſoit rien de
particulier, qu'il ne miſt auſſi-toſt la main à l'œuvre, pour
leur apprendre luy-meſme à le mettre en pratique.

Ce naturel ingenieux & pénetrant dont la nature l'avoit
doüé, luy rendoit ſi facile tout ce à quoy il s'appliquoit,
qu'il n'avoit preſque trouvé aucune difficulté à apprendre
les Mathematiques ; & pour cela il ne luy avoit point fallu
de Maiſtre ; C'eſt pourquoy les ayant, pour ainſi dire,
comme inventées de luy-meſme, il les poſſedoit parfaite-
ment. Auſſi eſt-ce ce qui luy donnoit un grand avantage
par deſſus tous ceux qui comme luy faiſoient profeſſion de
les enſeigner, & qui faiſoit qu'on le préferoit aux autres,
à cauſe de la netteté & facilité que cela luy donnoit pour

ē ij

s'expliquer ; Je le pourrois icy certifier moy-mesme, ayant
esté son disciple comme les autres, si je ne craignois que
mon témoignage ne passast pour suspect ; Mais il en a eu
tant d'autres de toutes conditions, & des plus qualifiez du
Royaume, soit de la robbe, soit de l'épée, soit de la Cour,
qui ne feroient pas de difficulté de le certifier comme moy,
s'il en falloit venir à cette preuve de fait, que je ne feins
point de dire icy hardiment, que l'usage & l'exercice luy
avoient ouvert l'esprit à une maniere d'enseigner, si aisée,
si claire, & avec cela si particuliere, qu'il n'y en avoit point
qui approchast de luy, & qui luy fust en cela comparable.

Aussi s'il m'est icy permis de faire entrer dans ses loüan-
ges une chose qui n'a esté qu'en projet, mais qui n'a point
eu d'execution ; Si la mort ne nous l'eust pas si-tost ravy,
il estoit sur le point de recevoir le plus grand honneur qu'il
pouvoit jamais avoir en sa vie, puisqu'on le destinoit à estre
le Précepteur de Monseigneur le Dauphin, pour luy enseigner les Mathematiques & la Philosophie, aussi-tost que le
cours de ses Estudes l'auroit conduit jusques-là. Et ce que
je dis icy à sa gloire, & que j'avance sans autre preuve que
ma bonne foy, n'est pourtant pas une chose si difficile à
croire ; L'exemple de Messieurs les Princes de Conty, qu'on
luy avoit mis entre les mains dés leur bas âge, pour leur
former l'esprit de bonne-heure, & fortifier leur raison,
avant qu'elle se pust corrompre par les fausses idées d'une
vaine Philosophie, & qui donnoient à la Cour de si belles
marques de cette ouverture d'esprit, & du progrés qu'ils
faisoient tous les jours sous sa conduite, pouvoit bien estre
un motif capable de faire venir cette pensée à ceux qui
avoient alors la direction sur les Estudes de Monseigneur.

Mais quand bien mesme ce que je dis n'auroit esté qu'une
vaine présomption de Monsieur Rohault, & une fausse
imagination dont il se seroit laissé flatter sur de trop légeres
conjectures, il me suffit pour moy que je n'avance icy rien
de moy mesme, & que je n'aye apris de fort bonne part,
Et à l'égard de Monsieur Rohault, quand il se seroit trompé
dans sa pensée, cela ne pourroit rien faire contre luy, ny

porter aucun préjudice à ſa réputation ; puis que cela meſme
en ſuppoſeroit une en luy aſſez bien eſtablie, pour que l'on
puſt jetter les yeux ſur luy, comme ſur une perſonne capable de remplir un poſte ſi honorable. Et de vray, quoy
que cela n'ayt point eu d'effet, ſoit parce que la mort l'a
prévenu, ſoit parce que cela ne devoit point eſtre, cela
neantmoins n'a pas empeſché que ſa réputation ne ſe ſoit
eſtenduë fort loin, & n'a rien diminué de l'eſtime qu'on
en avoit.

Mais aprés tout, il n'eſt pas fort mal-aiſé de deviner d'où
luy eſt venu cette grande eſtime ; les cauſes en ſont trop
publiques pour pouvoir eſtre ignorées ; Chacun ſçait qu'il
avoit l'honneur d'enſeigner la plus grande partie des jeunes
gens de la premiere qualité ; ce qui le faiſoit connoiſtre à
la Cour ; Et comme les eſprits y ſont beaucoup plus raffi-
nez qu'ailleurs, que l'on y épargne moins les gens, & que
les défauts y ſont plus relevez ; Si ſa Methode d'enſeigner
n'en avoit eſté tout à fait exempte, il ſeroit bien-toſt de-
venu la fable & la riſée de la Cour , & n'auroit pas manqué d'eſtre baffoüé & mepriſé de tout le monde. Mais
quand on a veu que les plus grands, à l'envy les uns des autres, luy confioient l'inſtruction de leurs Enfans, cela a fait
que chacun à leur exemple l'a voulu avoir pour maiſtre ;
juſques-là meſme, que pluſieurs qui portoient le bonnet, &
qui profeſſoient publiquement dans les Colleges, n'ont
point eu honte de devenir ſes diſciples ; Bien plus, ſa reputation ayant paſſé les limites de ce Royaume, & s'eſtant répanduë dans les pays eſtrangers, il luy en venoit de toutes
parts, & en ſi grand nombre, qu'il ne pouvoit plus ſuffire
à tous.

Toutesfois ce n'eſt pas encore de là qu'il a tiré ſa plus
grande gloire. Les Conferences publiques qu'il faiſoit une
fois toutes les ſemaines, où ſe trouvoient des perſonnes de
toutes ſortes de qualitez & conditions, Prélats, Abbez,
Courtiſans, Docteurs, Médecins, Philoſophes, Géometres,
Regens, Eſcoliers, Provinciaux, Eſtrangers, Artiſans, en
un mot des perſonnes de tout âge, de tout ſexe, & de toute

ẽ iij

PREFACE.

profeſſion, & où il prononçoit preſqu'autant d'oracles, qu'il faiſoit de réponſes aux difficultez qui luy eſtoient propoſées indifferemment par toutes ſortes de perſonnes, l'avoient mis dans une ſi grande réputation , qu'il s'en eſt trouvé pluſieurs, les uns par curioſité , pour ſe donner la ſatisfaction de l'entendre , les autres par jalouſie, pour juger de ſa doctrine & tâcher de la combattre, qui ont quitté leur païs, & entrepris de grands voyages.

La Méthode que Monſieur Rohault gardoit dans ſes Conferences, eſtoit d'y expliquer l'une apres l'autre toutes les queſtions de Phyſique , en commençant par l'eſtabliſſement de ſes principes, & deſcendant enſuite à la preuve de ſes effets les plus particuliers & les plus rares. Pour cela il faiſoit d'abord un diſcours d'environ une heure , lequel n'eſtoit point eſtudié, & où il diſoit ſimplement ce que ſon ſujet luy fourniſſoit ſur le champ ; C'eſt pourquoy il permettoit à un chacun de l'interrompre, quand il arrivoit que ce qu'il avoit dit, ou n'avoit pas eſté aſſez bien compris, ou que quelqu'un trouvoit quelque objection à y faire; Et alors avec une patience & moderation que j'ay cent fois admirée, & dont luy ſeul eſtoit capable , il écoutoit paiſiblement tout ce qu'on luy vouloit objecter , pour extravagant qu'il puſt-eſtre , ſans jamais interrompre celuy qui parloit ; & apres avoir ſatisfait à ſes objections, il reprenoit le fil de ſon diſcours où il l'avoit quitté, & continuoit à expliquer le reſte de la matiere qu'il avoit entrepriſe. Apres quoy la diſpute eſtoit ouverte à tout le monde, non pas une diſpute tumultueuſe, qui ſe paſſaſt ſimplement en bruit, mais une diſpute paiſible & honneſte, où chacun propoſoit modeſtement & nettement les difficultez qu'il avoit remarquées ſur la matiere qui avoit eſté agitée ce jour là, afin de s'en inſtruire, & de remporter du fruit de ces Conferences ; Et pour l'ordinaire la diſpute finiſſoit dés la premiere réponſe qu'il y faiſoit ; Car apres avoir reconnu par les difficultez qu'on luy avoit propoſées, ce qui avoit manqué à ſa premiere explication, il réſumoit ſi bien & dans un ſi bel ordre tout ce qu'on luy avoit objecté, &

PREFACE.

y répondoit avec tant de netteté & de lumiere, que ceux qui les luy avoient proposées, & tous les autres spectateurs de la dispute, n'ayant rien à répliquer, s'en retournoient si satisfaits de ses réponses qu'il s'attiroit l'admiration de tout le monde. J'en appelle icy à témoin des milliers de personnes qui ont assisté plusieurs-fois à ses Conferences, & qui ayant alors esté charmez de la justesse & de la beauté de ses réponses, & n'en ayant pas encore perdu le souvenir, le regrettent encore tous les jours.

Mais ce qui a rendu son nom plus recommandable & plus celebre, est cette Méthode simple & facile dont il se servoit pour expliquer les plus difficiles & plus curieuses questions de Physique ; comme la Lumiere, les Couleurs, l'Arc-en-ciel, les Lunettes, le flus & reflus de la Mer, les proprietez de l'Ayman, la pezanteur de l'Air, les questions du Vuide, & quantité d'autres ; Car à l'entendre parler là dessus, vous eussiez dit qu'il estoit de concert avec la Nature, & qu'elle prenoit plaisir à luy découvrir ses secrets ; qu'elle luy avoit fait voir les differentes parties dont les corps sont composez, & luy avoit appris quels effets devoient suivre de la communication de leurs mouvemens ; Car il fesoit comme toucher au doigt tout ce qu'il disoit sur ces matieres ; Et afin qu'il n'en pust rester aucun doute, il y joignoit pour preuves quantité de belles experiences, qu'il fesoit devant tout le monde, & dont le plus souvent il fesoit prévoir les effets à chacun (ensuite des principes qu'il avoit auparavant établis) avant mesme que d'en venir à l'épreuve.

C'est ainsi qu'aprés avoir prouvé & étably pour principe la pezanteur de l'Air, il fesoit voir que tous ces effets que l'on a coutume d'attribuer à la crainte du Vuide, n'en sont que de simples dépendances, dont les consequences se tirent d'elles-mesmes, & sans beaucoup de raisonnement. Et pour le faire comprendre, & toucher, pour ainsi dire, au doigt & à l'œil, il avoit fait faire tout exprés quantité de Tuyaux de verre, de toutes sortes de façons, qu'il remplissoit de diverses liqueurs, selon les differens effets qu'il vou-

loit prouver ; mais celle dont il ſe ſervoit le plus, & qui luy
eſtoit la plus commode pour ſes experiences, eſtoit le Vif-
argent ; Car comme une fort petite quantité contrepeze
à beaucoup d'eau , & à une bien plus grande quantité
d'Air, il pouvoit commodement, & avec des tuyaux d'une
médiocre grandeur, faire voir par experience la plus grande
partie des effets qui réſultent de cette pezanteur.

Or entre tous ces Tuyaux, il en avoit inventé un d'une
conſtruction tout à fait ingenieuſe & particuliere, ſemblable à peu prés à la figure dont les Anatomiſtes ſe ſervent
pour repreſenter la grande Artere aſcendante & deſcen-
dante ; par le moyen duquel il faiſoit voir en meſme temps
deux éffets tout contraires, & pour cela meſme fort ſur-
prenans, de la pezanteur de l'Air : Car aprés avoir remply
ce tuyau de Vif-argent, & fait toutes les ceremonies re-
quiſes pour faire qu'en ſe vuidant d'une partie dans un
vaiſſeau, il en reſtaſt dedans la hauteur de deux pieds trois
pouces, comme il arrive d'ordinaire, on avoit le plaiſir de
voir en meſme temps monter le Vif-argent dans un petit
tuyau renfermé dans la branché d'enhault , & deſcendre
celuy qui eſtoit reſté dans la branche d'embas, auſſi-toſt que
par une fort petite ouverture , faite ſeulement avec la pointe
d'une épingle, on avoit donné moyen à l'Air groſſier d'entrer dans ce tuyau. Or cette ſeule experience eſt une preuve ſi manifeſte de la pezanteur de l'Air, & prouve en meſme
temps ſi manifeſtement que c'eſt cette pezanteur qui produit tous ces effets merveilleux qu'on attribuë ordinairement à la crainte du Vuide, qu'il faut ſe boucher les yeux,
ou n'en avoir point , pour en douter.

Sa maniere d'expliquer la Lumiere & les Couleurs eſtoit
auſſi admirable ; & ſi ceux qui veulent que les Couleurs
ſoient des Accidens Réels, & qui voudroient meſme en faire
un article de noſtre foy, luy avoient fait l'honneur d'aſ-
ſiſter eux meſmes à ſes explications, & veu les experiences
dont il ſe ſervoit pour en découvrir la nature, & faire voir
que ce ne ſont que des modifications differentes de la Lumiere, ſelon qu'elle tombe ſur des Corps dont les parties
ont

ont diverſes figures & differens mouvemens , & que de là
elle rejaillit vers nos yeux avec les diverſes modifications
qu'elle a receuës des Corps ſur leſquels elle eſt tombée , je
doute fort qu'ils euſſent voulu aprés cela traiter d'hereti-
ques ceux qui ne les regardent du coſté des objets , que
comme des differentes modifications de la matiere , & du
coſté de celuy qui les aperçoit , que comme des ſentimens
en luy , qu'il raporte aux objets qui les ont excitez.

Ce principe ſuppoſé , il ne rendoit pas ſeulement raiſon,
mais des preuves ſenſibles, de tout ce qu'il y a de plus ſingulier & de plus merveilleux dans l'Arc-en-ciel , & que Mr
Deſcartes avant luy a expliqué ſi admirablement dans ſes
Méteores ; Car par le moyen de certaines fioles , ou bou-
teilles de verre , pleines d'eau , il feſoit remarquer les endroits par où les rayons de lumiere , qui ſe changent en
couleur, entrent dans le verre , les lieux où ils ſe réfle-
chiſſent , & ceux par où ils ſortent pour venir de là fraper
nos yeux , avec les modifications qu'ils ont receu de ces
diverſes reflexions & refractions , d'où réſulte en nous le
ſentiment des Couleurs. Quelquefois meſme il avoit l'induſtrie de faire paroiſtre dans ſa chambre un Arc-en-ciel
artificiel, par le moyen d'une pluye qu'il avoit l'adreſſe
de répandre aux lieux où il devoit paroiſtre , ſelon l'endroit où le Soleil eſtoit álors ; & de le recevoir ſur une
toile bien blanche & bien unie ; où ſes Couleurs ſe peignànt
fort exactement, donnoient le moyen aux ſpectateurs de
les pouvoir conſiderer avec ſoin & exactitude.

Je n'aurois jamais fait, ſi je voulois parcourir toutes les diverſes experiences dont il ſe ſervoit pour juſtifier ſes raiſonnemens. Mais entre toutes celles qu'il communiquoit au
public, il n'y en avoit point qui ſurpriſt avec plus d'eſton-
nement l'eſprit des ſpectateurs, qui leur donnáſt davantage
d'admiration, & qui excitaſt plus vivement leur curioſité,
que celle de l'Ayman. Auſſi quand on ſçavoit qu'il en devoit expliquer les proprietez, & en faire les experiences,
il y accouroit tant de monde, que non ſeulement la ſalle
où il les faiſoit, mais toute ſa maiſon, n'eſtoit pas capable
de le contenir.

ĩ

Il avoit pour cela une boiste, où estoit renfermé tout ce qui luy estoit necessaire pour faire ses experiences ; d'où il tiroit chaque piece l'une aprés l'autre, selon l'effet où la proprieté qu'il vouloit prouver, & l'experience que pour cela il avoit à faire. Et quoy qu'il ne dist rien en cela que ce qu'il avoit apris de Monsieur Descartes ; neanmoins, comme il rendoit les choses sensibles par le moyen de ses experiences, & que sa Methode de les expliquer estoit differente de la sienne, cela fesoit que l'on eust dit qu'il en eust esté l'inventeur. Car Monsieur Descartes s'est simple‑ment contenté de rendre raison de toutes les proprietez de l'Aiman qui luy estoient connuës, & que les curieux avant luy avoient observées ; mais il ne s'est pas mis en peine de les mettre dans un ordre qui en fit connoistre la liaison & la dépendance ; Or c'est ce que Monsieur Rohault fesoit dans ses explications publiques ; où aprés avoir rendu rai‑son de trois ou quatre proprietez les plus communes de l'Ayman, il en déduisoit toutes les autres par une suite si necessaire, qu'il n'y avoit personne dans l'assemblée qui ne les remarquast aussi bien que luy, & qui n'en prévist l'effet, avant que d'en venir à l'experience.

Ces sortes de preuves si claires, si convaincantes, & si sensibles, fort differentes de ces vertus & qualitez occultes dont les autres Philosophes ont coûtume de se servir pour rendre raison de ce qu'ils ignorent, justifient ce me semble bien clairement la verité des principes dont elles dépen‑dent ; car le moyen de pouvoir tirer un si grand nombre de consequences justes, & que les effets verifient, d'un si petit nombre de Principes, si ces Principes n'estoient veri‑tables. Et n'est‑ce pas une chose bien estrange, que ces principes estant clairs à l'esprit, que la raison en estant convaincuë, & que personne n'ayant pû découvrir le moin‑dre effet de la nature auquel ils contrarient, depuis tant de temps qu'on les examine, il y ait cependant aujour‑d'huy des gens assez imprudens pour se servir du plus au‑guste & du plus incomprehensible de nos misteres pour les combattre, & pour tâcher d'en déduire, s'ils pouvoient,

PREFACE.

la fauſſeté. Ces perſonnes ne prennent pas garde ſans
doute aux inconveniens qui s'en enſuivent ; puis que contre leur deſſein, ce qu'ils font ne ſert qu'à fournir des armes à nos adverſaires ; & peut meſme eſtre capable d'é-
branler la foy des Fideles, & de faire chanceler ceux qui
ne ſont pas encore bien affermis dans leur croyance : Car
comme nous ſommes tous hommes , c'eſt à dire raiſonna-
bles, avant que d'eſtre Chreſtiens, ce qui perſuade la raiſon, entre plûtoſt dans l'eſprit, que ce qui nous eſt enſeigné par
la Foy. Outre que tout ce qu'ils diſent n'eſtant fondé que
ſur des ſuppoſitions fauſſes , il n'y a rien de plus injuſte &
de plus dangereux, que de faire combattre la verité contre la verité, c'eſt à dire la Foy contre la raiſon bien éclairée, puis que l'une n'eſt jamais, & ne peut meſme jamais
eſtre contraire à l'autre. C'eſt pourquoy il ſuffiroit pour
toute réponſe de leur dire en un mot qu'ils n'entendent
point ce qu'ils combattent, & que tout ce qu'ils diſent n'a
aucun fondement de verité ; mais nous verrons tantoſt ce
que nous aurons à leur objecter & peut-eſtre auſſi à leur
répondre.

Monſieur Rohault voyant donc ſa reputation ſuffiſam-
ment établie, & que dans la profeſſion qu'il faiſoit, il n'a-
voit plus rien à ménager pour l'établiſſement de ſa fortune, crût ne devoir plus refuſer au public la ſatisfaction
qu'il deſiroit de luy, de mettre au jour ſon traité de Phyſique ; afin qu'on n'euſt plus la peine de copier ſes écrits,
ny de faire des remarques particulieres ſur ce qu'il avoit
traité dans ſes Conferences publiques ; comme le feſoient
la plus-part de ſes Auditeurs au ſortir de ces Conferences,
pour ne pas laiſſer échaper de leur memoire ce qu'ils luy
avoient entendu dire , & profiter par ce moyen de ſes
leçons.

Ce deſir meſme ſi naturel à l'homme , d'acquerir de la
gloire, deſir qui n'eſt point blâmable, quand les moyens
en ſont loüables & honneſtes, le fit auſſi réſoudre à contenter là deſſus le public. Bien plus , il jugea meſme qu'il
y alloit alors de ſon honneur de ne pas differer davantage :

Car voyant que ces écrits eſtoient entre les mains d'une infinité de perſonnes, & qu'eſtant ainſi paſſez de main enmain ils eſtoient devenus méconnoiſſables, par les fautes que chaque copiſte avoit adjoûtées à celles qui s'eſtoient rencontrées dans ſon Original ; outre que n'ayant mis luy-meſme dans ces écrits, qu'autant qu'il en falloit pour donner à ſes diſciples l'envie d'apprendre, mais ne s'y eſtant pas aſſez expliqué & eſtendu, pour pouvoir d'eux-meſmes en tirer une parfaite connoiſſance, ſans avoir beſoin de l'explication du Maiſtre, il prit enfin la réſolution de faire imprimer ce Traité, & d'y mettre la derniere main.

Or comme l'on met toûjours une grande difference entre ce que l'on ne fait que pour ſoy & pour le cabinet, & ce que l'on fait pour eſtre vû par le public ; Auſſi ceux qui avoient vû ces écrits particuliers qui couroient de luy dans le monde, ont bien ſceu remarquer qu'il y avoit bien de la difference entre ſon Livre & ces Ecrits. Mais il ne s'en faut pas beaucoup eſtonner ; car ceux-cy n'eſtoient que comme le projet & le broüillon de l'ouvrage parfait qu'il meditoit de faire un jour, & qu'enfin l'on a veu paroiſtre ; où comme il avoit deux ſortes de perſonnes à contenter, les curieux & les difficiles, il a tâché de travailler de telle ſorte, que les uns n'y puſſent trouver rien à reprendre, & les autres rien à deſirer.

C'eſt pourquoy pour ſatisfaire au deſir & à la curioſité des premiers, il a traité dans ſon Livre toutes les queſtions les plus curieuſes de la Phyſique ; Et en les examinant chacune à part, il s'eſt donné la peine de deſcendre juſques aux circonſtances les plus particulieres, n'ayant rien oublié en chacune qui puſt meriter ſa réflexion, & luy ayant donné tout le jour dont elle eſt capable. Ce qui fait que tout le monde s'eſtonne comment il a pû en ſi peu de mots expliquer un ſi grand nombre de choſes, traiter en ſi peu de pages un ſi grand nombre de queſtions, & de faire de chaque article preſqu'autant de réſolutions.

Mais comme le nombre des fâcheux l'emporte de beaucoup par deſſus l'autre, qu'ils ſont plus pointilleux & plus

à craindre, & qu'il est tres-difficile de les pouvoir contenter tous, chacun ayant des veuës particulieres touchant
l'examen qu'il fait d'un Livre ; car les uns s'attachent à la diction, les autres à l'ornement du discours, quelques-uns
vont au fond de la matiere, d'autres examinent la verité
des principes, d'autres considerent l'enchaînement qu'ils
ont & qu'ils doivent avoir avec les sujets ausquels on les
applique, d'autres par des veuës d'interest ne remarquent
que les endroits les plus foibles & les plus négligez, pour
avoir dequoy le faire méprifer, & d'autres enfin par jaloufie
ou par un faux zele y cherchent dequoy faire décrier &
rendre fufpect l'Auteur & fa doctrine ; Auffi ce font eux
que Monfieur Rohault a eu principalement en veuë dans la
compofition de ce Traité-là, afin de tâcher finon de les
contenter tous, au moins de fe mettre hors de prife, & de
pouvoir fe rendre ce témoignage à foy mefme, d'y avoir
fait tout fon poffible ; & heureufement il eft arrivé que le
fuccez a furpaffé fon attente.

Car premierement pour ce qui eft de la diction, tout le
monde demeure d'accord que les termes en font propres,
bien choifis, & en ufage ; enforte qu'il n'y en a point qui
bleffent l'oreille, ny qui laiffent l'efprit du Lecteur en fuf-
pens fur le fens & la fignification qu'ils renferment. Et pour
ce qui regarde la politeffe & l'ornement du difcours, la matiere qu'il y traite n'en demande point d'autre, qu'une énon-
ciation pure, nette, & qui ne foit point embaraffée ; Et
c'eft ce qu'il eft aifé d'y remarquer, chaque chofe y eftant
en fa vraye place ; où ce qui précede n'attend pas fa clarté
& fon intelligence de ce qui fuit ; & où ce qui fuit eft
compris & contenu dans ce qui précede, comme dans fon
principe ; & ainfi chaque chofe y eftant en fon rang, &
dans fon ordre, tout y paroift avec une grace & une beauté
tout à fait naturelle.

Quant à ceux qui font capables de juger du fond de la
matiere, d'examiner les principes dont elle dépend & qui
la foûtiennent, & de comprendre l'enchaînement & les
confequences qui la prouvent, ce font eux principalement

que Monſieur Rohault a toûjours ſouhaitté d'avoir pour juges ou pour arbitres. Car comme il eſtoit à préſumer que des perſonnes d'eſprit n'auroient pas voulu agir autrement que de bonne foy, il ne luy pouvoit arriver à leur égard que l'une de ces deux choſes, ou de les avoir pour ſes approbateurs, ou de les avoir pour des cenſeurs, & l'une ou l'autre ne luy pouvoit eſtre que tres-avantageuſe ; Car s'il arrivoit qu'il les euſt pour approbateurs, c'eſtoit ſe rendre euxmeſmes les Paranymphes de ſon Livre, c'eſtoit ouvertement & par leur exemple perſuader les autres des veritez qu'il contient, c'eſtoit enfin leur en faire concevoir bonne opinion, & le confirmer luy-meſme dans la ſienne ; Et au contraire, s'il arrivoit qu'il deuſt les avoir pour cenſeurs, c'eſtoit adjoûter un nouveau moyen de s'inſtruire à ceux dont il avoit coûtume de ſe ſervir : Et à dire la verité, il auroit fort ſouhaitté d'en rencontrer pluſieurs qui euſſent bien voulu avoir cette bonté ou cette complaiſance pour luy, que de luy faire connoiſtre ſes fautes, luy montrer en quoy il ſe ſeroit mépris, & luy marquer ce qu'il auroit dû mettre dans ſon Livre pour le rendre plus parfait qu'il n'eſt.

Mais perſonne n'a jamais voulu luy rendre ce bon office. Tant s'en faut, tout le monde l'a receu avec tant d'aplaudiſſement & d'aprobation, que de ſon vivant une infinité de perſonnes de qualité & de merite luy en ſont venu faire leurs complimens & conjoüiſſances ; Et depuis ſa mort, j'ay receu moy-meſme de toutes parts tant de témoignages de l'eſtime que chacun en fait, & en reçois encore tous les jours, qu'on peut dire qu'il n'y a gueres de Livre de ce genre qui ſoit ſi univerſellement approuvé.

Au reſte, on ne ſçauroit gueres apporter de meilleur témoignage de cette eſtime generale que chacun en fait, que de voir qu'il a déja eſté icy imprimé pour la quatriéme fois ; que nos libraires tâchent par tout de le contrefaire, que dans les païs eſtrangers il s'imprime publiquement, & que déja on l'a traduit en pluſieurs langues. Nos profeſſeurs meſme ne font point de ſcrupule d'en tirer une partie de leurs plus belles démonſtrations, de l'indiquer à leurs

Ecoliers comme un des meilleurs Livres qui ayt paru depuis long-temps fur une femblable matiere, & d'en faire
un des principaux ornemens de leur cabinet & biblioteque.

Cependant, nonobftant cette generale & univerfelle ap-
probation, comme la Science & la Vertu engendrent fouvent l'envie & la jaloufie, il s'eft trouvé des perfonnes affez
indifcrettes, ou plûtoft affez malicieufes, pour faire courir
de mauvais bruits, & de l'Auteur & de fon Livre ; De celuy-
cy, ayant eu l'effronterie & l'impudence d'écrire contre
la verité, que la doctrine qu'il contient avoit efté trouvée
fi dangereufe & fi mauvaife, qu'on l'avoit fait brûler par la
main d'un boureau ; Et à l'égard de l'Auteur, certains ef-
prits mal-faits & emportez, ont eu pour luy fi peu de refpect & de retenuë, qu'ils n'ont pas feint, en prefence de
Monfieur de Blampignon Docteur de Sorbonne, Curé de
faint Mederic fon Pafteur, de rendre fa foy fufpecte, & de le
traiter d'heretique, au fujet du plus faint & du plus augufte
de nos Myfteres, l'accufant de ne pas croire la Tranfubftantiation. Ce qui fit que Monfieur de Blampignon, qui d'ailleurs eftoit affuré de la foy de Monfieur Rohault, pour
s'eftre plufieurs fois entretenu avec luy fur ce Myftere, fe
crût obligé, lorfqu'il luy porta le faint Viatique, pour
avoir des témoins qui puffent comme luy répondre de fa
foy, de l'interroger en prefence de toute la compagnie qui
affifta à cette pieufe & trifte ceremonie, fur les principaux
articles de noftre croyance, & entr'autres fur celuy de la
Tranfubftantiation ; luy demandant publiquement, s'il ne
croyoit pas cette converfion miraculeufe qui fe fait en ce
Sacrement, de toute la fubftance du pain en la fubftance
du Corps, & de toute celle du vin en la fubftance du Sang
de Noftre Seigneur JESUS-CHRIST, que l'Eglife appelle
Tranfubftantiation. A quoy Monfieur Rohault répondit,
qu'à la verité il eftoit un tres-grand pécheur ; mais qu'il
n'avoit jamais douté de tout ce que la Foy nous enfeigne,
& particulierement touchant ce Myftere ; qu'il pouvoit fe
reffouvenir des entretiens qu'ils avoient eu autrefois là deffus enfemble, & qu'il n'ignoroit pas qu'elle eftoit fur cela

ſa foy ; Mais qu'il voyoit bien que la demande qu'il luy feſoit, ne venoit que des mauvais diſcours qu'on luy avoit tenus de luy ſur ce point ; Dequoy il s'eſtonnoit d'autant plus, que ſi ce reproche, de ne pas croire la Tranſubſtantiation, pouvoit tomber ſur quelqu'un, c'eſtoit moins ſur luy que ſur beaucoup d'autres ; puis que ſelon ſes principes meſmes, la Tranſubſtantiation eſtoit tellement renfermée dans ce myſtere, que s'il n'y en avoit point, il ſeroit impoſſible que le Corps de Jesus-Christ y fuſt, ny par conſequent Jesus-Christ meſme ; Mais qu'il confeſſoit avec toute l'Egliſe, qu'il y avoit en ce myſtere une veritable Tranſubſtantiation du pain au Corps, & du vin au Sang de Noſtre Seigneur Jesus-Christ, & que cet article de noſtre foy, feſoit un des articles de ſa croyance. Cette réponſe de Monſieur Rohault, ou plûtoſt cette profeſſion publique de ſa foy, contenta fort Monſieur de Blampignon, tant parce que le ſalut de ſon parroiſſien luy eſtoit cher, que parce qu'il eſtoit bien ayſe d'avoir des témoins qui comme luy euſſent dequoy pouvoir confondre ou détromper ceux qu'ils pourroient encore à l'avenir entendre mal parler de luy touchant ce Myſtere. Et ce qu'il avoit préveu luy arriva ainſi qu'il l'avoit penſé : Car dés le même jour, il rencontra un de ces médiſans, ou du moins un de ceux que d'autres avoient ſéduit par leurs calomnies, lequel ayant appris qu'il avoit porté le ſaint Viatique à Monſieur Rohault, ne manqua pas de luy en faire reproche, & de luy dire qu'il s'eſtonnoit fort, qu'un homme éclairé comme luy, ſe fuſt tellement laiſſé ſurprendre & abuſer, que d'avoir adminiſtré ce Sacrement à une perſonne qui ne croyoit pas la préſence réelle du Corps de Jesus-Christ au ſaint Sacrement, puis qu'il ne croyoit pas la Tranſubſtantiation. A quoy il fut ayſé à Monſieur de Blampignon de répondre, qu'il auroit fort ſouhaitté de l'avoir eu luy-meſme, il n'y avoit qu'un moment, pour témoin de la foy de Monſieur Rohault touchant ce Myſtere ; qu'il ne doutoit point qu'il n'euſt eſté bien joyeux, & meſme fort édifié, de luy entendre faire là deſſus ſa confeſſion de

foy,

foy , laquelle il luy avoit fait faire publiquement, avant
que de luy adminiſtrer le ſaint Viatique ; Que ſans doute
cela l'auroit détrompé, & l'auroit obligé en meſme temps
de détromper ceux qui pouvoient luy avoir inſpiré ces mauvais ſentimens. Au reſte, ce que je dis icy n'eſt pas un conte
fait à plaiſir ; c'eſt une verité , dont il eſt ayſé à un chacun
de s'éclaircir ; puis que Monſieur de Blampignon eſt encore vivant ; lequel ne refuſera pas de le certifier, ſi l'on
veut ſe donner la peine de s'en aller informer à luy.

Puis donc que Monſieur Rohault n'a trouvé juſques-icy
que des approbateurs de ſes Ouvrages ; & que ceux qui
ont oſé mal parler de luy & de ſon Livre, ont eſté recon-
nus pour des injuſtes calomniateurs ; ce n'eſt pas ſans raiſon ny fondement, que j'ay dit au commencement de cette
Préface, qu'un Livre qui porte ſon nom, ne peut que donner la penſée de quelque grand Ouvrage, quand d'ailleurs
on ne s'en explique point. C'eſt pourquoy j'ay mis pour
titre à ce recueil. *Oeuvres poſthumes de Monſieur Rohault*,
pour exciter par là la curioſité de pluſieurs, les attirer chez
le Libraire , & les obliger par ce moyen de le feüilletter
d'un bout à l'autre, pour voir ce qu'il contient , la maniere
dont les choſes y ſont traitées, & la difference qu'il y a entre ce Livre & les autres qui traitent de ſemblables matieres;
car je m'aſſure qu'il y en aura peu , qui aprés l'avoir veu,
s'en retournent les mains vuides.

Comme Monſieur Rohault n'eſt pas le ſeul de qui l'on a
tenu de mauvais diſcours, & rendu la foy ſuſpecte ; Mais
qu'il y en a eu d'aſſez imprudens & indiſcrets, que de condamner hardiment , & par des livres publics, la doctrine
de Monſieur des Cartes, comme contraire à la foy, & conforme aux erreurs de Calvin, l'on ne doit pas trouver mauvais, ſi ayant eſté mis au rang & à la teſte des Carteſiens,
pour lever le ſcandale & les mauvais ſoupçons que cela a
pû faire naiſtre dans l'eſprit de quelques-uns, touchant leur
foy & leur doctrine, je dis icy

Premierement , pour ce qui regarde leur Religion, Que
graces à Dieu ils ſont fort bons Catholiques, qu'ils ne chan-

celent point dans leur foy ; qu'ils ont pour l'Eglife, & pour les décifions des Conciles, toute la foûmiffion que l'on fçauroit defirer des Fideles les plus zelez & les plus fimples ; qu'ils n'examinent jamais les véritez de la foy par leurs principes, comme pour juger ce qu'ils doivent croire ou ne pas croire ; mais qu'au contraire ils s'affurent & fe confirment dans leurs principes, parce qu'ils voyent qu'ils font plus conformes aux articles de noftre foy, aux décifions des Conciles, au fentiment des Peres, à la Tradition, & à la veritable Theologie, que ne le font ceux qui font communement receus ; ce qu'il ne leur feroit pas fort difficile de vérifier, fi on vouloit leur permettre d'en faire la preuve.

Et pour ce qui regarde leur doctrine, je croy pouvoir dire que ceux qui l'ont publiquement décriée ne l'ont jamais bien entenduë ; qu'ils leur attribuent cent abfurditez dont ils ne demeurent pas d'accord, & qu'ils les font parler tout autrement qu'ils ne penfent ; Car s'ils en avoient le moins du monde de connoiffance, bien loin de les blâmer, & d'invectiver comme ils font contr'eux, ils fe rendroient peut-eftre à leur fentiment, & feroient les premiers à approuver la maniere avec laquelle ils s'expliquent fur le myftere dont il s'agit, & dont ils veulent leur faire un crime ; laquelle maniere n'eft nullement celle qu'ils combattent, & qu'ils reveftent de cent extravagances, qui la rendent fans doute fort ridicule. Mais en verité, il me femble que ceux qu'ils attaquent ainfi, ont donné d'affez bonnes marques de la juftefle de leur Efprit, pour ne leur pas attribuer des vifions, & des chimeres, fi hors de fens & de compréhenfion.

Auffi, bien loin de cela, l'explication que Monfieur Defcartes donne luy-mefme à ce myftere, eft fi naturelle & fi fimple, & avec cela fi conforme à ce que la foy nous enfeigne, au fentiment des Peres, & aux décifions des Conciles ; & réfoult fi clairement les plus grandes difficultez qui s'y rencontrent ; Que tout myftere de foy qu'il eft, la raifon n'en eft point choquée, & ne trouve rien qui l'effarouche ; Enforte qu'il feroit peut-eftre du bien de l'Eglife qu'elle fuſt ſerieuſement examinée par ceux qui ont l'autorité en main, & qui ont droit d'en juger. Car ſi une fois elle eſtoit receuë, il ſeroit impoſſible que toutes les héreſies ne tombaſſent par terre ; & qu'il puſt y avoir d'autre croyance touchant ce myſtere, que celle de l'Egliſe Catholique, Apoſtolique & Romaine ; Deſorte que ny l'impanation des Lutheriens, ny la figure des Calviniſtes, ny toute autre héreſie que ce puiſſe eſtre , ne pourroit réſiſter à la force & à la clarté de cette explication.

Cependant pour faire voir par quelque exemple que ce n'eſt pas temerairement qu'ils avancent ces choſes ; & que des principes dont ils ſe ſervent l'on en peut tirer des conſequences fort juſtes pour nous fortifier dans la foy, & pour la conduite & le reglement de nos mœurs ; & qu'au contraire, de ceux de ces feſeurs de livres, on en peut tirer de tout oppoſées ; prenons pour exemple ce qui les effarouche le plus, & qui les fait tant crier contre Monſieur Deſcartes & ſa doctrine.

S'il eſt vray, comme Monſieur Deſcartes le prétend, que l'eſſence de la Matiere, ou du Corps, conſiſte dans l'eſtenduë en longueur, largeur & profondeur , il n'eſt pas difficile de comprendre que l'Ame de l'homme, ou ce principe interieur qui eſt en luy capable de penſer, eſt une ſubſtance diſtincte du Corps. Car il eſt viſible que l'eſtenduë, de quelque maniere qu'on la conçoive taillée & remuée , ne peut jamais ny raiſonner , ny vouloir , ny meſme ſentir ; Ainſi, ce qui eſt en nous qui penſe , eſt neceſſairement une Subſtance diſtinguée du Corps.

Les connoiſſances, les volontez , les ſentimens actuels, ſont actuellement des manieres d'eſtre de quelque Subſtance ; Or toutes les diviſions qui arrivent à la Matiere, ou à l'eſtenduë, ne produiſent en elle que des figures ; Et tous ſes mouvemens, ne produiſent autre choſe que des raports de diſtance ; l'Eſtenduë n'eſt pas capable d'autres modifications. Donc noſtre penſée, noſtre deſir, nos ſentimens de plaiſir & de douleur, ſont des manieres d'Eſtre d'une ſubſtance qui n'eſt point corps ; Donc l'Ame de l'homme eſt diſtinguée du corps. Et cela pofé, voicy de quelle maniere l'on peut démontrer qu'elle eſt Immortelle.

Jamais aucune ſubſtance ne s'aneantit par les forces ordinaires de la Nature ; car comme la Nature ne peut faire quelque choſe de rien , auſſi ne peut-elle réduire quelque choſe à rien.

Les manieres des Eſtres peuvent s'aneantir, par exemple, la rondeur d'un corps ſe peut détruire ; car ce qui eſt rond peut devenir quarré ; Mais cette rondeur n'eſt pas un Eſtre, une Choſe , une Subſtance ; ce n'eſt qu'un raport d'égalité, dans la diſtance qui eſt entre les parties qui terminent ce Corps , & celle qui en eſt le centre ; Ainſi ce raport changeant, la rondeur n'eſt plus ; mais la Subſtance ne peut-eſtre réduite à rien.

Or par les raiſons que je viens de dire, l'Ame n'eſt point une maniere d'eſtre du corps ; Donc elle eſt immortelle. Et quoy que noſtre corps ſe diſſolve en une infinité de parties de differente nature, & que la conſtruction de ſes organes ſe rompe, l'Ame ne conſiſtant point dans cette conſtruction , ny dans aucune autre modification de la Matiere, il eſt évident que la diſſolution , ny meſme l'anéantiſſement de la ſubſtance du corps humain (ſupoſé que cet anéantiſſement fuſt veritable) ne peut anéantir la ſubſtance de noſtre Ame.

Voicy encore une autre preuve de l'immortalité de l'ame fondée ſur le meſme principe.

Quoy que le corps humain ne puiſſe eſtre réduit à rien, à cauſe que c'eſt une ſubſtance , il peut neanmoins mourir, & toutes ſes parties ſe peuvent diſſoudre , parce que l'eſtenduë ſe peut diviſer. Or l'Ame eſtant une ſubſtance diſtinguée de l'eſtenduë, elle ne peut eſtre diviſée ; car on ne ſçauroit diviſer une penſée, un deſir, un ſentiment de douleur & de plaiſir, de meſme que l'on peut diviſer un quarré en deux ou en quatre triangles ; Donc la ſubſtance de l'Ame eſt indiſſoluble, incorruptible, & par conſequent immortelle ; parce qu'elle n'a point d'eſtenduë.

Voila de véritables démonſtrations , qui convainquent l'Eſprit de tout homme qui veut eſtre attentif ; & auſquelles il faut ſe rendre , ou renoncer à la raiſon.

PREFACE.

Mais ſi, comme le prétendent ces auteurs inconnus, l'eſ-
fence du corps conſiſte dans quelqu'autre choſe que dans
l'eſtenduë, comment convaincront-ils les libertins, que
noſtre Ame n'eſt ny Materielle ny Mortelle ? Ils leur ſoû-
tiendront, que ce quelqu'autre choſe en quoy ils diſent que
conſiſte l'eſſence du corps eſt capable de penſer, & que la
ſubſtance qui penſe eſt la meſme que celle qui eſt eſtenduë.
Que s'ils leur nient ; ils leur feront voir que c'eſt ſans raiſon, puis que ſelon leur principe, le corps eſtant autre
choſe que de l'eſtenduë, ils n'ont point d'idée diſtincte de
ce que ce peut-eſtre ; Et qu'ainſi ils ne peuvent ſçavoir, ſi
cette choſe inconnuë n'eſt point capable de penſer. Ceux
qui ont tant ſoit peu de diſcernement peuvent voir ayſement les dangereuſes conſequences qui ſe peuvent tirer de là.

C'eſt pourquoy ceux qui font un crime à nos Philoſophes,
de ce qu'ils démontrent que l'eſtenduë n'eſt point une maniere d'eſtre, mais l'eſſence meſme du Corps, ou de la Matiere, devroient penſer aux fâcheuſes conſequences qu'on
peut tirer de leurs principes ; & ne pas renverſer la principale, ou meſme la ſeule démonſtration que l'on peut avoir
de la diſtinction qui eſt entre l'Ame & le Corps. Car enfin
la diſtinction de ces deux parties de nous-meſmes, prouvée
par des idées claires & diſtinctes, comme l'ont fait nos Philoſophes en pluſieurs endroits, eſt de toutes les veritez celle
qui eſt la plus féconde & la plus neceſſaire, ſoit pour la
Philoſophie, ſoit pour la Théologie, ſoit auſſi pour la Morale
chreſtienne.

Il eſt donc bien important, lorsqu'il s'agit de l'eſtabliſſement de quelque principe, de prendre garde de ne rien ad-
mettre qui ne ſoit clair à l'eſprit ; c'eſt la clarté qui nous
perſuade, qui nous convainc, & qui nous aſſure de la verité ;
ſans cela l'on ne peut s'aſſurer de rien. Mais quand un
principe eſt clair, toutes les conſequences le font auſſi ; l'on
en voit ayſement la ſuite & la liaiſon ; Et comme les veritez s'entretiennent toutes, & qu'elles ne font point contraires les unes aux autres, l'on ne ſçauroit tirer de conſequence contraire à la Religion, d'un principe qui eſt évi-

õ iij

dent. Mais lors qu'un principe n'eſt pas évident , qu'il eſt obſcur, qu'il ne porte aucune idée de ſoy à l'eſprit, & qu'il a par conſequent la vraye marque de la fauſſeté , il n'y a rien de plus facile à ceux qui ſçavent tant ſoit peu l'art de raiſonner, que d'en tirer des conſequences contraires à la foy. Deſorte que s'il eſtoit permis de rendre ſuſpecte la foy des autres hommes, par des conſequences tirées des principes dont ils ſont perſuadez ; comme il n'y a point d'homme qui ne ſe trompe en quelque choſe, & qui ne prenne pour vray ce qui ne l'eſt pas, il n'y en a point auſſi que l'on ne puſt traiter d'héretique. Et ainſi, c'eſt ouvrir la porte à une infinité de quereles & de diſputes, que de laiſſer aux hom-mes la liberté de rendre ſuſpecte la foy de ceux qui en ma-tiere de philoſophie ne ſont pas de leur ſentiment. Auſſi je ne puis comprendre , comment ſur des conſequences que l'on des-avoüe , on ſe plaiſt de f.ire paſſer pour héreti-ques , des perſonnes qui ſont tres-ſoûmiſes à l'Egliſe , & à toutes ces déciſions.

Chacun ſçait que l'on doit diſtinguer la Théologie d'avec la Philoſophie , les articles de noſtre Foy d'avec les opi-nions des hommes, les veritez que Dieu apprend à tous les Chreſtiens par une autorité viſible, de celles qu'il ne dé-couvre qu'à quelques perſonnes en recompenſe de leur at-tention & de leur travail. Des choſes qui dépendent de principes ſi differens ne doivent pas ſans doute eſtre con-fonduës. L'on ne doute point auſſi qu'il ne faille faire ſervir les ſciences humaines à la Religion, chacun en demeure d'ac-cord ; mais cela ſe doit faire dans un eſprit de paix & de charité, ſans ſe condamner les uns les autres , tant que l'on convient des veritez que l'Egliſe a décidées ; car c'eſt ainſi que la verité ſe découvrira , & qu'adjoûtant de nouvelles découvertes à celles des anciens, toutes les ſciences ſe per-fectionneront de plus en plus.

Mais l'imagination de la plus-part des hommes ne s'ac-commode pas des nouvelles découvertes ; La nouveauté des ſentimens, meſme les plus avantageux à la Religion, les effraye ; Et ils ſe familiariſent facilement avec les principes les plus faux, & les plus obscurs, pourveu que quelque ancien les ait avancez. Et lors qu'ils se font ainsi familiarisez avec ces principes, quelqu'obscurs qu'ils soient, ils les trouvent évidens, & les regardent comme tres-utiles quoy qu'ils soient tres dangereux. Ils s'accoûtument mesme si bien, à dire & à écouter ce qu'ils ne conçoivent point, & à se défaire d'une difficulté réelle par une distinction imaginaire, qu'ils demeurent toûjours tres-satisfaits de leurs fausses idées, & ne sçauroient mesme souffrir qu'on leur parle un langage qui soit clair & distinct : Semblables en cela à ces personnes qui sortant d'un lieu obscur apprehendent la lumiere, & ne peuvent la supporter, s'imaginant qu'on les aveugle, lors mesme que l'on tâche de dissiper les tenebres qui les environnent.

Ainsi, quoy que Monsieur Rohault ait fait voir plusieurs fois dans ses Conferences publiques, par plusieurs justes raisonnemens & consequences, qu'il est dangereux de soûtenir, par exemple, que les bestes ont une Ame plus noble que le Corps; cependant, comme cette opinion est ancienne, & que la plus-part des hommes sont accoûtumez à la croire ; & que celle qui luy est contraire, & qui ne les fait considerer que comme des machines, a le caractere de la nouveauté ; ceux qui jugent de la dureté des opinions, plûtost par la frayeur & la surprise qu'elles produisent dans l'imagination, que par l'évidence & la lumiere qu'elles répandent dans l'esprit, ne manqueront pas de regarder cette opinion des Cartesiens comme dangereuse ; Et ils condamneront bien plûtost ces Philosophes comme temeraires, qu'ils ne feront ceux-là mesmes qui soûtiennent que les bestes sont capables de raisonner.

Delà vient, que si dans une compagnie, quelque personne un peu grave vient à dire d'un ton serieux, ou plûtost avec cet air que répand sur le visage, l'imagination, lors qu'elle est surprise & effrayée par quelque chose d'extraordinaire ; *En verité les Cartesiens sont d'étranges gens, ils soûtiennent que les bestes n'ont point d'Ame ; J'apprehende fort que bien-tost ils n'en disent autant de l'homme ;* Cela seul sera suff fant pour perfuader plufieurs perfonnes que cette opinion eſt dangereuſe ; il n'y a point de raiſons qui puiſſent empeſcher l'effet de ce diſcours ſur les imaginations foibles. Et ſi par hazard il ne ſe trouve dans la compagnie quelque eſprit vif & enjoüé, qui en faſſe voir le ridicule, & qui par un air fier & reſolu ne raſſure la compagnie de la peur qu'on luy aura faite, les Carteſiens auront beau ſe tourmenter, ils n'effaceront jamais par leurs raiſonnemens l'impreſſion qu'on aura donnée d'eux & de leur doctrine.

Cependant il n'y auroit rien de plus facile que de faire voir l'extravagance de ce diſcours, il n'y auroit ſimplement qu'à mettre la definition à la place du definy. Car ſi par exemple, quelqu'un diſoit ſerieuſement, *Les Carteſiens ſont d'eſtranges gens, ils diſent que les beſtes ne penſent ny ne ſentent point ; l'apprehende fort que bien-toſt ils n'en diſent autant de Nous ;* Certainement on ſe mocqueroit d'une perſonne qui avanceroit un tel diſcours, & chacun jugeroit ayſement que ſon apprehenſion ſeroit fort impertinente, & fort mal-fondée. Car que les beſtes ſoient tout ce que l'on voudra, qu'elles penſent ou qu'elles ne penſent point, qu'elles ſentent ou qu'elles ne ſentent point, cela ne prouve & ne conclud rien à noſtre égard, & n'empeſche pas que nous ne ſoyons ce que nous ſommes, & que chacun ne ſoit convaincu de ſa propre penſée, & de ſon propre ſentiment.

Mais la plus-part des hommes ne ſont pas capables de démeſler les moindres équivoques ; principalement lors que leur imagination eſt effrayée par l'idée de quelque nouveauté qu'on repreſente comme dangereuſe. Outre que l'air, & les manieres avec leſquelles on dit les choſes, nous perſuadent ſans peine, & ſouvent meſme avec plaiſir ; mais la verité ne ſe découvre point ſans quelque application d'eſprit, dont plus de la moitié du monde n'eſt pas capable.

Mais je ne m'apperçois pas que cette Préface eſt déja ſi longue, que je crains meſme qu'elle ne ſoit ennuyeuſe, & cependant je n'ay encore rien dit de mon ſujet, n'ayant juſques icy parlé que du titre qu'il porte ; Cela pourtant ne s'eſt pas fait ſans raiſon ; Car voyant que je n'avois que fort peu

de

de choſes à dire touchant le corps de ce Livre, qui neau-
moins eſt aſſez gros, j'ay cru qu'il ne luy falloit pas mettre
une teſte qui luy fuſt tout à fait diſproportionnée ; Et pour
avoir de la matiere, je me ſuis un peu eſtendu ſur les loüan-
ges de l'auteur ; ſoit pour laiſſer à la poſterité ce petit mo-
nument de ſa gloire, ſoit pour deffendre ſa perſonne & ſa
doctrine des inſultes de ſes envieux.

Je viens maintenant à mon ſujet, dont je n'ay que deux
mots à dire.

Ce Livre n'eſt autre choſe qu'un Recueil de pluſieurs different Traitez de Mathematique, que Monſieur Rohault avoit
coûtume d'enſeigner à ceux qui luy feſoient l'honneur de
vouloir bien l'avoir pour Maiſtre. Il n'eſt pas neceſſaire que
je les déſigne tous icy par leur nom, puis que cela ſe verra
cy-aprés par la Table ; Je puis dire ſeulement, que bien que
ces Traitez ſoient tres communs, les choſes y ſont touchées
d'une maniere qui n'eſt pas commune. Car Monſieur Rohault
avoit cela de particulier, que ne s'eſtant jamais appliqué a
beaucoup approfondir ces parties de Mathematiques, qui
eſtant d'une trop grande & trop profonde ſpéculation, &
abſtraction, ſont de peu d'uſage parmy le monde (quoy
que ſans doute ce ſoient pourtant celles qui font davantage
paroiſtre la grandeur de l'Eſprit humain, & juſques où peut
aller ſa capacité & ſon eſtenduë) mais s'eſtant uniquement
attaché à celles qui entrent plus dans le commerce des hommes, & dont il eſt preſque impoſſible de ſe pouvoir paſſer ;
Auſſi s'eſtoit-il eſtudié à les bien comprendre, & particulierement à trouver des manieres propres à les faire bien
concevoir aux autres.

C'eſt ce que je me promets que l'on reconnoiſtra facilement icy, par les expreſſions ſimples & propres dont il ſe
ſervoit pour les donner à entendre à ſes auditeurs. Auſſi, quoy
que les divers Traitez qui ſont contenus dans ce Livre ſoient
dans les mains de pluſieurs ; neanmoins l'on trouvera bien
de la difference entre ces meſmes Traitez, tels qu'ils ſont icy,
& leurs copies, ou pour mieux dire leurs premiers crayons ;
Car on ne les donne pas icy ſimplement comme il les don-

noit luy-mefme à fes difciples, mais comme il les leur expliquoit dans fes leçons particulieres. Si bien que ceux qui voudront fe rendre tant foit peu attentifs, pourront ayfement d'eux-mefmes, & fans autre maiftre que l'efprit de Monfieur Rohault qui y regne par tout, entendre tout ce qui eft contenu dans ce gros Livre.

J'efpere aprés cela que chacun trouvera que ce Livre ne fera pas d'une mediocre utilité pour le public, puis que toutes fortes de perfonnes y pourront trouver dequoy s'inftruire. Les jeunes Gentils-hommes y pourront apprendre les premiers Elemens de la Géometrie ; puis paffer de là aux Fortifications ; où ils verront les differentes manieres de fortifier les places, tant regulieres qu'irregulieres, les avantages qu'il y faut ménager, les égards qu'il faut avoir à toutes les chofes du dedans & du dehors ; ils verront, entre ces differentes manieres, qu'elles font les plus parfaites, en quoy elles le font, pourquoy elles ne le font pas toûjours, & quand l'une doit eftre preferée à l'autre. Mais ils y apprendront auffi, que la maniere d'attaquer d'aujourd'huy ; les grandes ruines que font les bombes, les carcaffes, & le canon ; & fur tout que la vigueur, & la generofité extraordinaire de nos Generaux, de nos Capitaines, & de nos Soldats, fait qu'il n'y a plus de places imprenables.

Ceux qui voudront fe donner au Negoce ou aux affaires, & y agir en gens de bien & d'honneur, y pourront apprendre à bien tenir leurs livres, & dreffer leurs comptes ; à ne fe point laiffer tromper, & à ne point auffi tromper les autres, par quelque erreur de calcul, ou impreveuë, ou malicieufe : Car ce n'eft pas d'aujourd'huy que l'on fçait, que pour faire une grande fortune, & s'enrichir aux dépens d'autruy, il ne faut voir les chofes qu'à demy, & non pas voir fi clair ; Une confcience bien éclairée eft un obftacle invincible & impenetrable au mal.

Les Artifans pourront auffi par le moyen des Méchaniques fe former eux-mefmes l'efprit, & fe rendre capables de bien exercer leurs Arts ; & s'ils ont un peu de génie & d'induftrie, cela leur ouvrira l'efprit pour inventer de nouvelles

PREFACE.

Machines, fabriquer de nouveaux Inſtrumens, & faciliter ainſi les moyens d'executer leurs Ouvrages.

Je n'ay plus qu'une choſe à faire obſerver, qui eſt, qu'ayant tâché de mettre chaque Traité dans l'ordre & dans le rang où il doit eſtre, il eſt arrivé neanmoins que celuy qui devroit eſtre le premier, eſt icy le dernier. Dequoy je n'ay point d'autre raiſon à rendre, ſinon que comme c'eſtoit celuy où Monſieur Rohault s'eſtoit le moins eſtendu & expliqué, & par conſequent où il avoit laiſſé plus de choſes, au ſoin de celuy qui pourroit un jour travailler à le mettre en eſtat de paroiſtre au jour, je l'ay reſervé pour le dernier, afin de me donner le loiſir d'y pouvoir bien penſer, tandis qu'on imprimeroit les autres Traitez ; Mais il n'y a rien de plus facile, que de paſſer par deſſus les autres, & de lire ce Traité-là le premier.

Si je ne m'eſtois point déja trop eſtendu, je pourrois icy faire remarquer les grands avantages que l'on peut tirer des Mathematiques, & particulierement de la Géometrie ; C'eſtoit meſme le premier deſſein que je m'eſtois propoſé, afin de donner quelque eſtenduë à cette Préface, & me fournir de la matiere dequoy pouvoir proportionner la teſte de ce Livre avec le reſte du corps ; Mais ayant depuis conſideré qu'il eſtoit important de diſculper Monſieur Rohault, & moy avec luy, des reproches qui nous eſtoient faits par ceux qui ſe donnoient la liberté de rendre publiquement ſuſpecte la foy du Maiſtre & des Diſciples, par les mauvaiſes conſequences qu'ils tiroient de leurs principes, cela m'a fait changer de deſſein, & m'a determiné à celuy que j'ay pris. Si j'y ay bien ou mal reüſſi je laiſſe à chacun à en juger. Mais au moins je puis aſſurer avec ſincerité, que ce n'eſt que le deſir de deffendre la verité, & de repouſſer la calomnie, en feſant connoiſtre la pureté de leur Foy & de leur Doctrine, qui me l'a fait entreprendre.

TABLE

DES TRAITEZ CONTENUS
en ce Livre.

LES

LES SIX PREMIERS LIVRES
DES ELEMENS
D'EUCLIDE.

LIVRE PREMIER.

O N ne peut pas douter qu'il n'y ait des Eſtres étendus en longueur, largeur, & profondeur ; Et c'eſt ce qu'on appelle *Corps* ou *Solide.*

En examinant en particulier un de ces Corps, comme celuy qui eſt icy repreſenté, qui reſſemble à un dé à joüer, il eſt certain que l'on y reconnoiſt un Deſſus, un Deſſous, un Devant, un Derriere, & des Coſtez.

Puis ne conſiderant que le Deſſus de ce Corps, on peut aſſurer, ſans craindre de ſe tromper, qu'il a de la longueur & de la largeur, & point du tout de profondeur ; Et c'eſt ce qu'on appelle *Superficie* ou *Surface.*

Enſuite, conſiderant l'une des extremitez de cette ſuperficie, l'on n'y remarque que de la longueur, ſans lar-

A

geur ny profondeur; Et c'est ce qu'on appelle *une Ligne.*

Enfin, considerant l'extremité de l'une de ces lignes, on reconnoist que c'est une chose qui n'a ny longueur, ny largeur, ny profondeur; & c'est ce qu'on appelle *un Point.*

Ainsi, il est indubitable qu'il y a des Superficies, des Lignes, & des Points; mais il est certain aussi que c'est seulement par la pensée que les points sont separez des lignes, les lignes des superficies, & les superficies des corps, ou solides; Ce qu'il suffit de remarquer icy pour établir le fondement & la verité des définitions suivantes.

Mais auparavant, comme dans les Sciences dont nous avons à traiter, on ne doit rien avancer qui ne soit clair à l'esprit, & qui ne soit fondé en preuves, & que souvent pour la preuve des propositions qu'on examine, on se sert de Definitions, de Demandes, d'Axiomes, de Theorêmes, de Problêmes, de Lemmes, & de Corollaires, il est bon d'expliquer icy ce que l'on entend par ces termes.

Definition, est une explication claire & précise de la signification des mots, ou des choses que les mots signifient.

Demande, est une proposition, qui estant claire & certaine, est supofée vraye, pour n'estre pas obligé de la démontrer.

Axiome, est une proposition si évidente d'elle-mefme, que l'esprit n'en peut douter, & qui pour cela n'a pas besoin de preuve.

Theorême, est une proposition qui contient quelque proprieté à démontrer.

Problême, est une proposition qui contient la preuve de quelque chose qui estoit à faire, ou à trouver.

Lemme, est une proposition qui n'est mise au lieu où elle est, que pour servir de preuve à d'autres qui suivent.

Corollaire, est une proposition qui suit d'une autre qu'on vient de prouver.

DEFINITIONS.

1. Un Point, est ce qui n'a ny longueur, ny largeur, ny profondeur; & qui par consequent n'a ny étenduë, ny parties.

2. Une Ligne, est une étenduë en longueur, sans largeur ny profondeur.

3. Les Extremitez d'une Ligne, sont les points qui la terminent.

4. Une Ligne Droite, est une ligne qui a toutes ses parties également posées entre ses extremitez ; ensorte que l'une ne s'éleve & ne s'abaisse point plus que l'autre.

Par exemple, la ligne AB est une ligne droite, par ce qu'elle a toutes ses parties tellement posées entre ses extremitez A, & B, que pas une n'est plus élevée, ny plus abaissée que l'autre.

5. Une Ligne Courbe, est une ligne qui n'a pas toutes ses parties également posées entre ses extremitez.

Par exemple, la ligne CD est une ligne courbe ; parce qu'elle a quelques-unes de ses parties, comme E, & F, qui ne sont pas également posées entre ses extremitez, & dont l'une s'eleve ou s'abaisse plus que l'autre.

6. Une Superficie, ou Surface, est une étenduë en longueur & largeur, sans profondeur.

Par exemple, l'étenduë qui est renfermée entre les lignes AB, BC, CD, & DA, est une superficie, parce qu'elle a de la longueur &de la largeur, & qu'elle n'a point de profondeur.

7. Les Extremitez d'une Superficie, sont les lignes dont elle est bornée.

8. Une Superficie Plane, ou un Plan, est une superficie qui a toutes ses parties également posées entre ses extremitez; en sorte que l'une ne s'éleve & ne s'abaisse point plus que l'autre, comme icy ABCD.

9. Une Superficie Courbe, est une superficie qui n'a pas toutes ses parties également posées entre ses extremitez, & dont l'une s'éleve ou s'abaisse plus que l'autre.

10. Une Superficie Convexe, est une superficie courbe, considerée du costé qu'elle s'éleve.

11. Une Superficie Concave, est une superficie courbe, considerée du costé qu'elle s'enfonce ou s'abaisse.

Ainsi, la superficie d'un globe est une superficie courbe, laquelle considerée par le dehors est convexe, & considerée par le dedans est concave.

12. Des Lignes Paralleles, sont des lignes droittes qui sont sur un mesme plan, & qui estant prolongées de part & d'autre à l'infiny, ne se rencontrent jamais, & sont toûjours également distantes.

Par exemple, les lignes AB, CD, sont paralleles, par ce qu'elles sont sur un mesme plan, & qu'estant prolongées de part & d'autre à l'infiny, elles ne se rencontreront jamais, & seront toûjours également distantes.

13. Le Terme, est l'extremité de quelque grandeur.

14. Une Figure, est ce qui est environné de termes.

15. Un Cercle, est une figure plane, bornée d'une seule ligne courbe, qu'on nomme circonference, au dedans de laquelle il y a un point, qu'on nomme centre, duquel toutes les lignes droites menées à la circonference sont égales entr'elles.

Par exemple, la figure ACE est un cercle, parce que c'est une figure plane, qui est bornée d'une seule ligne courbe, à sçavoir AEC, & qu'au dedans il y a un point, à sçavoir F, duquel toutes les lignes droites, comme FA, FC, FE, qui sont menées à la circonference, sont égales entr'elles.

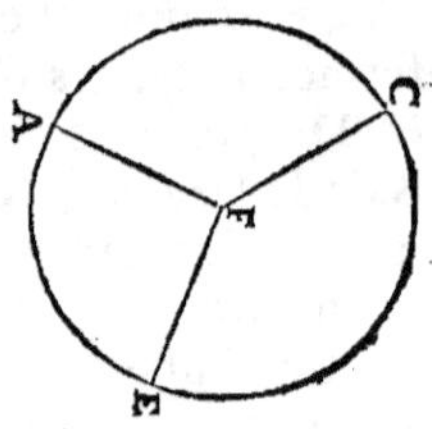

16. Le Diametre d'un Cercle, est une ligne droitte qui passe par le centre, & qui se termine de part & d'autre à la circonference.

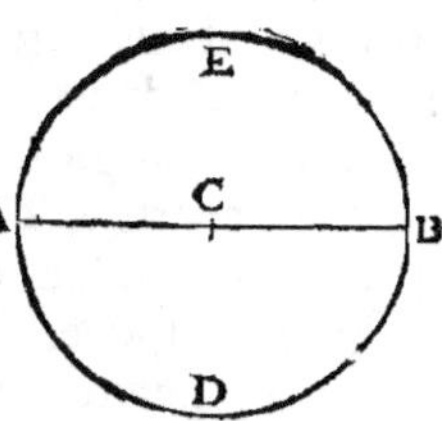

Par exemple, au cercle ADBE, la ligne droite AB, eſt un diametre, parce qu'elle paſſe par le centre C, & que ſes extremitez A, & B, ſe terminent de part & d'autre à la circonference.

17. Un Arc de Cercle, eſt une partie de la circonference d'un cercle, comme BE.

Si la circonference d'un cercle eſt diviſée en 360. parties égales, chacune de ces parties s'appelle Degré, dont la 60. partie s'appelle Minute, &c.

18. Un Demy Cercle, eſt une figure compriſe du diametre du cercle, & de la moitié de la circonference, comme AEB.

19. Un Angle, eſt l'inclinaiſon de deux lignes qui ſe rencontrent en un point non directement; ou pour mieux dire, c'eſt l'eſpace qui eſt compris entre deux lignes ainſi inclinées.

Ainſi, les lignes BA, CA, qui ſont inclinées l'une vers l'autre, & qui ſe rencontrent non directement au point A, forment ce qu'on appelle un angle.

20. Les Coſtez d'un Angle, ſont les lignes qui forment l'angle.

21. La Pointe, ou le Sommet d'un Angle, eſt le point où ſe rencontrent les deux coſtez de l'angle.

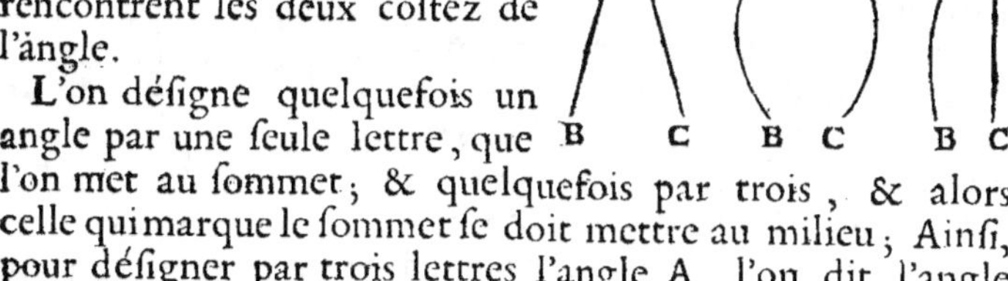

L'on déſigne quelquefois un angle par une ſeule lettre, que l'on met au ſommet; & quelquefois par trois, & alors celle qui marque le ſommet ſe doit mettre au milieu; Ainſi, pour déſigner par trois lettres l'angle A, l'on dit l'angle BAC, ou bien l'angle CAB.

22 Un Angle Rectiligne, eſt un angle compris de deux lignes droites.

23. Un Angle Curviligne, eſt un angle compris de deux lignes courbes.

24. Un Angle Mixte, eſt un angle compris d'une ligne droite & d'une ligne courbe ; comme on peut voir en la figure precedente.

Comme l'angle rectiligne eſt d'un plus grand uſage que les deux autres, c'eſt de luy que l'on entendra parler cy-apres, lors qu'on parlera ſimplement d'un angle, ſans en déſigner l'eſpece.

25. La Quantité ou la Grandeur d'un Angle, eſt le nombre des degrez que contient l'arc que ſes coſtez comprennent, d'un cercle qui a ſon ſommet pour centre.

Et ainſi, pour déterminer la quantité ou la grandeur d'un angle, il ne faut que décrire un cercle dont le ſommet de l'angle ſoit le centre ; puis il faut ſçavoir combien de degrez contient l'arc de ce cercle compris entre ſes deux coſtez, & le nombre de ces degrez en determinera la grandeur.

D'où il ſuit qu'un angle eſt d'autant plus grand, que cet arc comprend un plus grand nombre de degrez.

26. Une Ligne Perpendiculaire, eſt une ligne droitte, qui tombant ſur une autre ligne droitte, fait de part & d'autre des angles égaux.

Ainſi, la ligne AB eſt perpendicu-laire à la ligne CD ; parce qu'elle tom-be de telle ſorte ſur cette ligne, qu'el-le fait les angles ABC, & ABD égaux entr'eux.

Quand une ligne droitte tombe à l'extremité d'une autre ligne droite, elle ne laiſſe pas de luy eſtre perpen-diculaire, ſi cette autre ligne eſtant prolongée, elle fait avec elle des angles de part & d'autre égaux entr'eux.

Si une ligne eſt perpendiculaire à une autre, cette autre reciproquement luy eſt auſſi perpendiculaire ; ainſi, les deux lignes AB, CD, ſont perpendiculaires l'une à l'autre.

27. Un Angle Droit, eſt un angle compris de deux lignes droites perpendiculaires l'une à l'autre ; comme l'angle ABC.

LIVRE PREMIER.

28. Un Angle Obtus, eſt un angle plus grand qu'un droit, comme l'angle DEF.

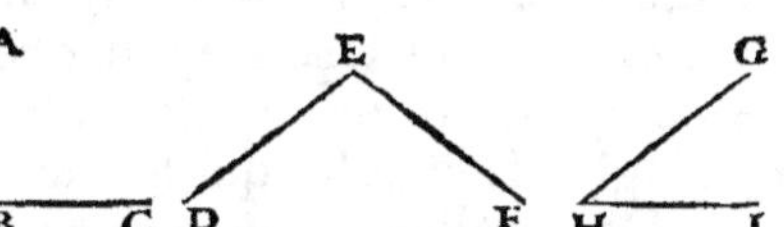

29. Un Angle Aigu, eſt un angle plus petit qu'un droit, comme l'angle GHI.

30. Une Figure Rectiligne, eſt une figure compriſe ou bornée de pluſieurs lignes droittes; Et c'eſt de celle-là ſeule, & du cercle, dont il eſt parlé dans ces Elemens.

31. Les Coſtez d'une Figure Rectiligne, ſont les lignes droittes dont elle eſt bornée.

32. Un Triangle, eſt une figure compriſe de trois lignes droittes, comme ABC.

Le Triangle conſideré ſelon ſes Coſtez, ſe diviſe en trois eſpeces, ſçavoir, en Triangle Equilateral, en Iſoſcele, & en Scalene.

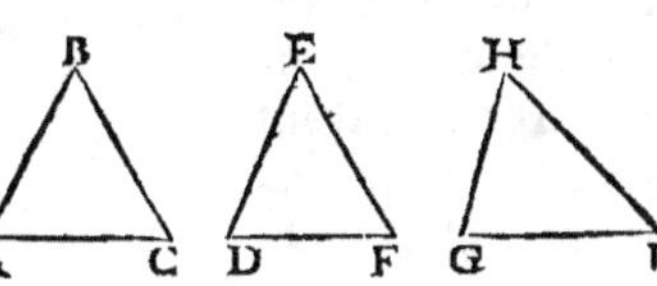

33. Un Triangle Equilateral, eſt un triangle qui a ſes trois coſtez égaux, comme ABC.

34. Un Triangle Iſoſcele, eſt un triangle qui a deux de ſes coſtez égaux, comme DEF.

35. Un Triangle Scalene, eſt un triangle qui a ſes trois coſtez inégaux, comme GHI.

Le Triangle conſideré ſelon ſes angles, ſe diviſe auſſi en trois eſpeces, ſçavoir, en triangle Rectangle, en Ambligone, & en Oxigone.

36. Un Triangle Rectangle, eſt un triangle qui a un angle droit, comme ABC.

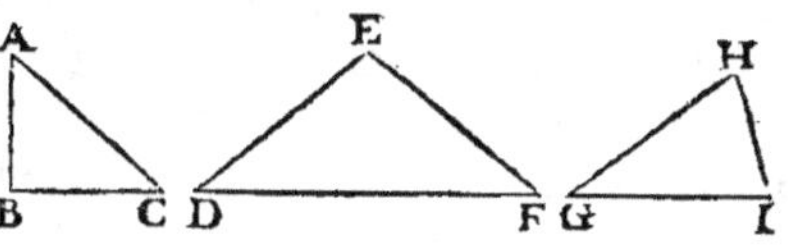

37. Un Triangle Ambligone, ou obtuſ-angle, eſt un triangle qui a un angle obtus, comme DEF.

28. Un Triangle Oxigone, ou aigu-angle, eſt un triangle qui a les trois angles aigus, comme GHI.

39. La Baze d'un Triangle, eſt le coſté qui ſoûtient l'an-

gle que font fes deux autres coftez.

Ainfi, en tout triangle, chaque cofté peut eftre confide-ré comme la baze ; C'eft ainfi que la baze d'un triangle rectangle eft le cofté qui foûtient l'angle droit.

40. Un Parallelogramme, eft une figure comprife ou bornée de quatre lignes droittes, dont les coftez oppofez font paralleles.

Ainfi, les figures qui font icy marquées ABCD, font des parallelogrammes, par ce que chacune eft comprife de quatre lignes droittes, dont les coftez oppofez, comme AB, CD, font paralleles.

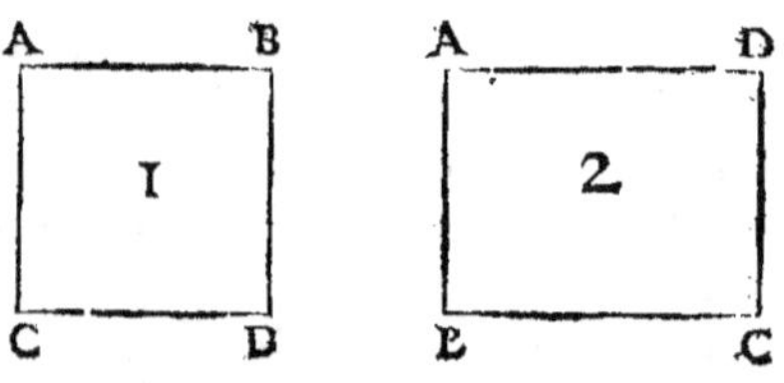

Il y a quatre fortes de Parallelogrammes, fçavoir, le Quarré, le Rectangle (ou le quarré long) le Rhombe, & le Rhomboïde.

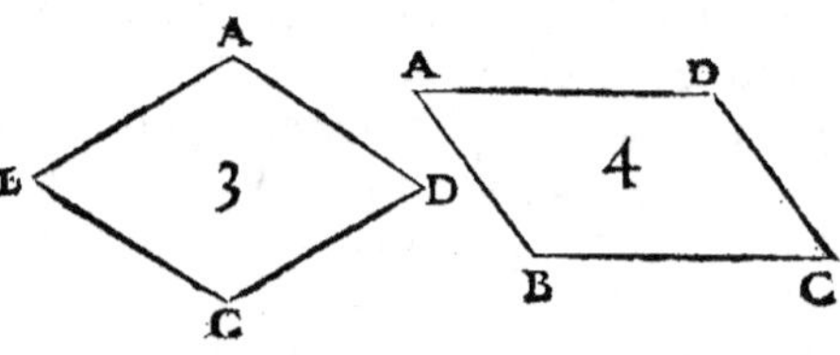

41. Un Quarré, eft un parallelogramme, qui a les quatre coftez égaux, & les quatre angles droits, comme ABCD. 1.

42. Un Rectangle, ou un quarré long, eft un parallelogramme, qui a les quatre angles droits, & les coftez oppofez égaux entr'eux, comme ABCD. 2.

43. Un Rhombe, eft un parallelogramme, qui a les quatre coftez égaux, & les angles oppofez égaux entr'eux, comme ABCD. 3.

44. Un Rhomboïde, eft un parallelogramme, qui a les coftez & les angles oppofez égaux entr'eux, comme ABCD. 4.

45. La Diagonale, ou le Diametre, d'un Parallelogramme,

me, eſt une Ligne droite, tirée de l'un des Angles de ce Parallelogramme, à celuy qui luy eſt oppoſé.

Ainſi la Ligne AC, eſt la Diagonale ou le Diametre du Parallelogramme ABCD.

46. Les Parallelogrammes à l'entour du Diametre d'un autre Parallelogramme, ce ſont deux Parallelogrammes, dont les Diagonales, priſes chacune à part, font partie de ce Diametre, & priſes enſemble, font le Diametre Total.

Ainſi les Parallelogrammes AFEH, & EICG, ſont des Parallelogrammes qui ſont allentour du Diametre du Parallelogramme ABCD; parce que leurs Diagonales AE, EC, priſes chacune à part, font partie du Diametre AC, & priſes enſemble font ce Diametre Total.

47. Les Supplémens des Parallelogrammes qui ſont allentour du Diametre d'un autre Parallelogramme, ce ſont deux Parallelogrammes, par leſquels ce Diametre ne paſſe point, & qui avec les deux autres qui ſont allentour du Diametre, compoſent cet autre Parallelogramme Total; Comme ſont icy les Parallelogrammes FBIE, EHDG, leſquels avec ceux qui ſont allentour du Diamettre font le Parallelogramme Total ABCD.

48. Un Trapeze, eſt une Figure compriſe de quatre Lignes droittes, dont les coſtez oppoſez, ou pour le moins deux de ces coſtez, ne ſont point Paralleles; Comme ABCD eſt un Trapeze; parce que ſes deux coſtez oppoſez AD, BC, ne ſont point Paralleles.

Et ainſi un Trapeze eſt une Figure de quatre coſtez, qui n'eſt point Parallelogramme.

DEMANDES.

1. Que d'un Point donné à un autre Point donné l'on

puiſſe mèner une Ligne droitte.

2. Que l'on puiſſe prolonger tant que l'on voudra une Ligne droitte donnée & terminée.

3. Que l'on puiſſe décrire un Cercle de quelque Centre & de quelque Intervalle que ce ſoit.

4. Que toute Grandeur donnée puiſſe eſtre augmentée ou diminuée.

AXIOMES.

1. Les Grandeurs égales à une meſme Grandeur ſont égales entr'elles.

Ainſi les Lignes AB, EF, qui ſont chacune égales à la Ligne CD, ſont égales entr'elles.

2. Si à des Grandeurs égales on adjoûte des Grandeurs égales, les Tous ſeront égaux.

3. Si de Grandeurs égales on retranche des Grandeurs égales, les Reſtes ſeront égaux.

4. Si à des Grandeurs inégales on adjoûte des Grandeurs égales, les Tous ſeront inégaux.

5. Si de Grandeurs inégales on retranche des Grandeurs égales, les Reſtes ſeront inégaux.

6. Les Grandeurs qui ſont doubles, ou triples, ou quadruples &c. d'une meſme Grandeur, ou de Grandeurs égales, ſont égales entr'elles.

7. Les Grandeurs qui ſont moitié, ou tiers, ou quart &c. d'une meſme Grandeur, ou de Grandeurs égales, ſont égales entr'elles.

8. Les Grandeurs qui conviennent enſemble, ſont égales entr'elles.

C'eſt à dire, par exemple, que ſi deux Grandeurs eſtant miſes l'une ſur l'autre, ſe peuvent tellement ajuſter, que l'une n'excede point l'autre, mais la couvre préciſement, ces deux Grandeurs ſont égales entr'elles.

9. Le Tout eſt égal à toutes ſes parties priſes enſemble.

10. Le Tout eſt plus grand qu'une de ſes parties.

11. Les Angles droits font égaux entr'eux.

12. Deux Lignes droites n'enferment point un efpace.

13. Si deux Lignes droites fe coupent l'une l'autre, elles fe couperont en un Point.

14. Si deux Lignes droites fe rencontrent non directement en un Point, eftant prolongées, elles fe couperont l'une l'autre en ce mefme Point.

15. Si a des Grandeurs égales, on adjoûte des Grandeurs inégales, l'excez des Toutes fera le mefme que l'excez des Adjoûtées.

Ainfi, fi l'on fuppofe que les Lignes AB, CD, font égales, & qu'on leur adjoûte les Lignes inégales BE, DF, l'excez dont la Toute AE, furpaffera la Toute CF, fera égal à l'excez, dont l'Adjoûtée BE, furpaffe l'Adjoûtée DF.

16. Si a des Grandeurs inégales on adjoûte des Grandeurs égales, l'excez des Toutes fera le mefme que l'excez des premieres.

Ainfi, fi l'on fuppofe que les Lignes AB, CD, font inégales, & qu'on leur adjoûte les Lignes égales BE, DF, l'excez dont la Toute AE, furpaffera la Toute CF, fera le mefme que celuy dont AB, furpaffe CD.

17. Si de Grandeurs égales on retranche des Grandeurs inégales, l'excez des Grandeurs qui reftent, fera égal à l'excez des grandeurs retranchées.

Ainfi, fi l'on fuppofe que les Lignes AB, CD, font égales, & qu'on en retranche les parties inégales AE, CF, l'excez dont le refte FD, furpaffera le refte EB, fera égal à l'excez dont AE, furpaffe CF.

18. Si de Grandeurs inegales, on retranche des Grandeurs égales, l'excez des Reftes fera le mefme que l'excez des Toutes.

Ainfi, fi l'on fuppofe que les Lignes AB, CD, font inegales, & qu'on en retranche les parties égales AE, CF, l'excez dont le

Reſte EB, ſurpaſſera le Reſte FD, ſera le meſme que celuy dont la Toute AB, ſurpaſſe la Toute CD.

19. Si une Grandeur eſt double d'une autre, & l'Adjoûtée de l'Adjoûtée, le Tout ſera double du Tout.

Ainſi, ſi a une Ligne de 8. pieds, qui eſt double d'une Ligne de 4. pieds, l'on adjoute une Ligne de 4. pieds, qui eſt double d'une Ligne de 2. pieds, le Tout 12. pieds, ſera double du Tout 6. pieds.

20. Si une Grandeur eſt double d'une autre, & la Retranchée de la Retranchée, le Reſte ſera double du Reſte.

Ainſi, une Ligne de 12. pieds eſtant double d'une Ligne de 6. pieds, ſi l'on retranche 4. pieds de la plus grande, & 2. pieds de la plus petite, les 8. pieds qui reſteront en l'une, ſeront doubles des 4. qui reſteront en l'autre.

LIVRE PREMIER.

PROPOSITION I.

PROBLEME I.

Sur une Ligne droite donnée & terminée, décrire un Triangle Equilateral.

E fuppofe que l'on donne la ligne droite AB, qui eft terminée ; & je propofe de décrire fur cette Ligne un Triangle Equilateral. Pour le faire.

Décrivez du centre A, & de l'Intervalle AB, le Cercle CBD ; décrivez auffi du Centre B, & de l'Intervalle BA, le Cercle DAC ; ce Cercle coupera l'autre aux deux points C, & D ; de l'un de ces points, par exemple de C, menez les deux Lignes droites CA, CB ; Ces deux Lignes avec la

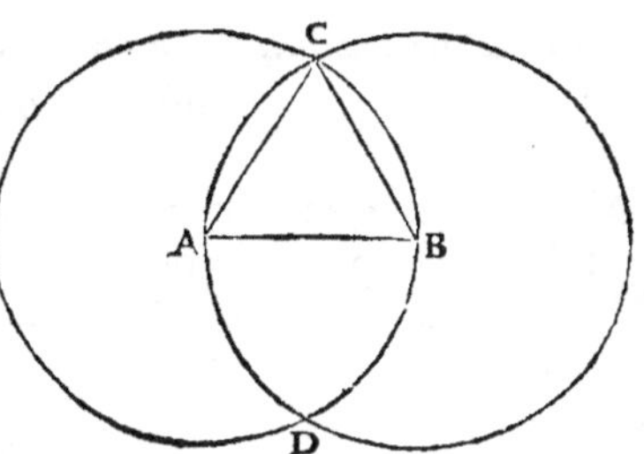

Ligne AB, feront un Triangle ; & je dis que ce Triangle fera Equilateral. Pour le prouver.

La Ligne AB, & la Ligne AC, font les rayons du Cercle CBD; donc elles font égales entr'elles; De mefme, la Ligne BA, & la Ligne BC, font les rayons du Cercle DAC, donc elles font auffi égales entr'elles ; Par conféquent la

B iij

Ligne AC, & la Ligne BC, qui font égales à une mefme, à fçavoir AB, font égales entr'elles, par le premier Axiome. Ainfi le Triangle ABC, qui eft décrit fur la Ligne droite donnée AB, eft Equilateral ; ce qu'il falloit faire, & démonftrer.

Remarque.

Pratique de cette propofition. Ouvrez le compas de l'Intervalle AB ; puis des points A, & B, comme Centres, décrivez deux Arcs de Cercle, qui s'entrecoupent au point C, & menez du Point C, les Lignes droites CA, CB, & le Triangle ABC, fera Equilateral.

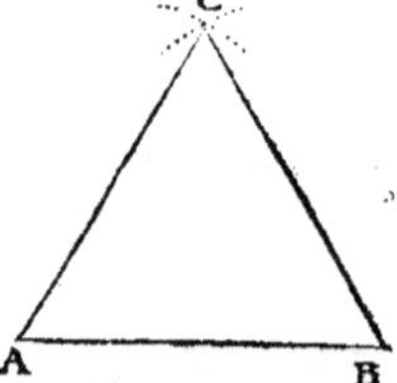

PROPOSITION II.

PROBLEME II

D'un Point donné mener une Ligne droite égale à une Ligne droite donnée.

JE fuppofe que l'on donne le point A, & la Ligne droitte BC ; & je propofe de tirer du Point A, une Ligne droite égale à la Ligne BC. Pour le faire. De l'une des extremitez de la Ligne BC, par exemple, du Point B comme Centre, & de

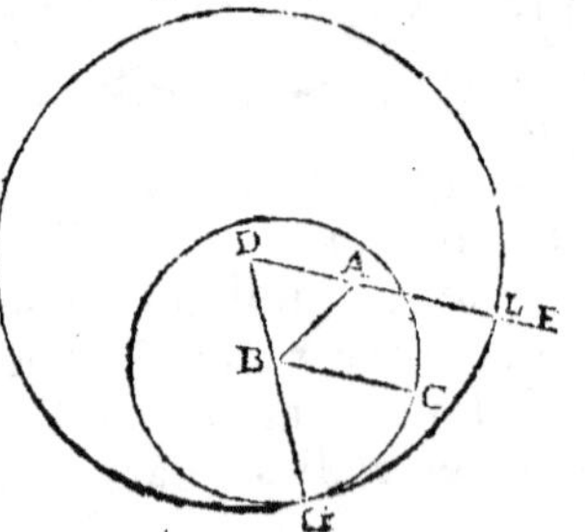
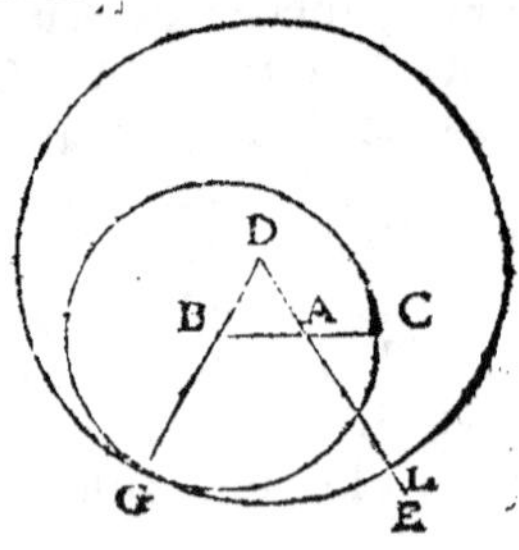

l'Intervalle BC, décrivez le Cercle CG ; puis du Point A,
au point B, menez la Ligne droitte AB ; décrivez enfuite
fur cette Ligne, par la Propofition précedente, le Triangle Equilateral ABD ; prolongez apres cela le cofté DB,
jufqu'à ce qu'il rencontre la circonference du Cercle CG,
en quelque point, comme G ; prolongez auffi la Ligne DA,
indefiniment vers E ; enfin du Centre D, & de l'Interval-
DG, décrivez le Cercle GL ; ce Cercle coupera la Ligne
indefinie DE, en quelque point, comme L ; cela eftant,
je dis que la Ligne AL, qui part du Point donné A, eft
égale à la Ligne droitte donnée BC ; Pour le prouver.

La Ligne DL, & la Ligne DG, font les rayons du
Cercle GL ; donc elles font égales entr'elles ; maintenant
fi de ces deux Lignes on retranche les parties DA, DB,
qui font égales, parce que ce font les coftez d'un Triangle equilateral, les reftes AL, & BG, feront egaux entr'eux, par le 3. Ax. D'ailleurs, la Ligne BC, & la Ligne
BG, font les rayons du Cercle CG ; donc elles font auffi
égales entr'elles ; Par confequent la Ligne AL, & la Ligne
BC, qui font égales à une mefme, à fçavoir BG, font égales entr'elles, par le 1. Ax. Nous avons donc d'un Point
donné mené une Ligne droite, égale à une Ligne droite donnée ; ce qu'il falloit faire & démonftrer.

Remarque.

Pratique de cette propofition. Il faut prendre avec le
compas la grandeur de la Ligne donnée, puis le tranfportant au point donné, y mener une Ligne égale à fon
ouverture.

PROPOSITION III.
PROBLEME III.

Deux Lignes droittes inegales eſtant données, retrancher de la plus grande une partie égale à la plus petite.

JE ſuppoſe que les deux Lignes droittes AB, & C, ſoient données, & que AB, ſoit la plus grande; & je propoſe de retrancher de AB, une partie égale à C; Pour le faire.

De l'une des extremitez de la Ligne AB, par exemple du Point A, menez par la propoſition precedente la Ligne droitte AD, qui ſoit égale à C; puis du centte A, & de l'Intervalle AD, décrivez le Cercle DEF; ce Cercle coupera la Ligne AB, au Point E; cela eſtant, je dis que la partie AE, qui eſt, retranchée de AB, eſt égale à C; Pour le prouver.

La Ligne AE, & la Ligne AD, ſont les rayons du Cercle DEF; donc elles ſont égales entr'elles; mais la Ligne AD, par la conſtruction, eſt égale à la Ligne C; donc la Ligne AE, qui eſt égale à la Ligne AD, eſt auſſi égale à la Ligne C, par le premier Axiome; ce qu'il falloit faire & démonſtrer.

Remarque.

Pratique de cette Propoſition. Il faut prendre avec le Compas la grandeur de la plus petite, & la retrancher de la plus grande.

PROPOSITION

PROPOSITION IV.

THEOREME I.

Si deux Triangles ont deux Coſtez égaux à deux Coſtez, chacun au ſien, & l'Angle compris de ces deux Coſtez égal à l'Angle ; la Baze ſera égale à la Baze ; les deux autres Angles ſeront égaux aux deux autres Angles, chacun au ſien ; & tout le Triangle ſera égal, à tout le Triangle.

JE ſuppoſe que dans les deux Triangles ABC, DEF, le Coſté AB ſoit égal au Coſté DE, le Coſté AC au Coſté DF, & que l'Angle A, compris des deux Coſtez AB, AC, ſoit égal à l'Angle D, compris des deux Coſtez DE, DF ; Cela étant, je dis que la Baze BC, eſt égale à la Baze EF ; que l'Angle B, eſt égal à l'Angle E ; l'Angle C à l'Angle

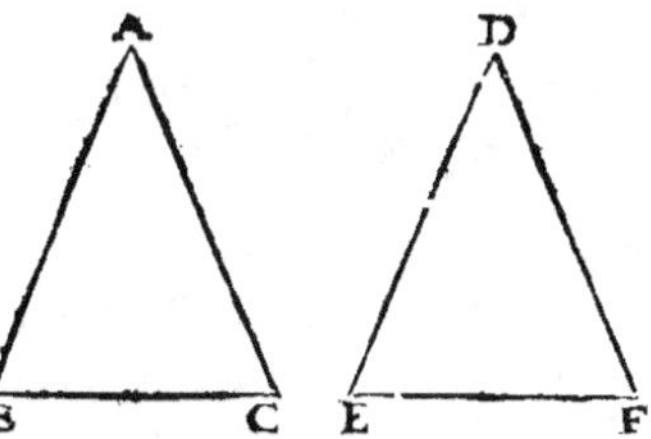

F ; & enfin que tout le Triangle ABC, eſt égal à tout le Triangle DEF ; Pour le prouver.

Tranſportez par penſée le Triangle DEF, ſur le Triangle ABC, en ſorte que vous faſſiez tomber le Coſté DE, ſur le Coſté AB, & les extremitez D, & E, ſur les extremitez A, & B ; ce qui ſe peut faire, puiſque ces deux Lignes ſont ſuppoſées égales. Enſuite dequoy, puis que l'Angle D, eſt égal à l'Angle A, par ſuppoſition, il s'enſuit que le Coſté DF, tombera ſur le coſté AC ; & puis que la Ligne DF, eſt ſuppoſée égale à la Ligne AC, il s'enſuit que l'extremité F, tombera ſur l'extremité C ; ainſi les Points E, & F, qui ſont les extremitez de la Baze EF,

C

tombant fur les points B & C, qui font les extremitez de la Baze BC, il s'enfuit que la Baze EF, tombera fur la Baze BC, par la 4. Défin. & par confequent ces deux Lignes, qui conviennent enfemble, font égales entr'elles, par le 8. Ax. D'ailleurs, puis que l'Angle E, convient avec l'Angle B, il s'enfuit qu'il luy eft égal ; & puis que l'Angle F, convient avec l'Angle C, il s'enfuit auffi qu'il luy eft égal ; & enfin puis que le Triangle DEF, convient avec le Triangle ABC, il s'enfuit que ces deux Triangles font auffi égaux entr'eux, par le huitiéme Axiome ; Qui eft tout ce qu'il falloit démonftrer.

PROPOSITION V.

THEOREME II.

Si un Triangle eft Ifofcele, les Angles fur la Baze font égaux entr'eux ; & fes Coftez eftant prolongez, les Angles fous la Baze feront auffi égaux entr'eux.

JE fuppofe que le Triangle ABC, foit Ifofcele, & que fes Coftez AB, AC, foient égaux ; cela eftant, je dis premierement que les Angles ABC, & ACB, qui font fur la Baze BC, font égaux entr'eux ; Pour le prouver.

Prolongez le cofté AC, autant qu'il vous plaira, par exemple, jufqu'au Point G ; puis prolongez le cofté AB, indefiniment ; enfuite retranchez, par la troifiéme Propofition, du Cofté AB prolongé, la partie AF, égale à AG ; menez apres cela une Ligne droitte du point C au Point F, & une autre du Point B au Point G.

Cette conftruction fuppofée, comparez le Triangle BAG, avec le Triangle CAF ; le Cofté AB du premier Triangle, eft égal au Cofté AC du fecond, par fuppofition ; le Cofté AG

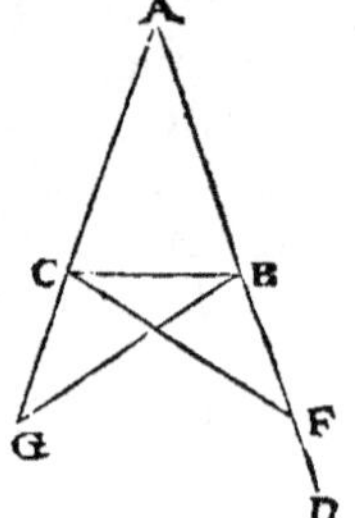

du mesme premier Triangle est égal au costé AF du second, par construction. Voilà donc deux Costez, sçavoir AB, AG, égaux à deux Costez, AC, AF ; de plus l'Angle compris des deux Costez AB, AG, est égal à l'Angle compris des deux autres Costez AC, AF, parce que c'est l'Angle A, qui est commun aux deux Triangles. Partant il suit par la Proposition precedente, que la Baze BG est égale à la Baze CF, que l'Angle G est égal à l'Angle F, & que l'Angle ABG est égal à l'Angle ACF ; Maintenant, puis que les Lignes AG, AF, ont esté faites égales, si on en retranche les parties AC, AB, qui sont supposées egales, les restes CG, BF, seront égaux entr'eux. Comparez maintenant le Triangle CGB, avec le Triangle BFC, le Costé CG, du premier Triangle, est égal au Costé BF, du second, puis que ce sont les restes de grandeurs égales ; le Costé GB, est égal au Costé FC, cela a desia esté prouvé ; l'Angle G, compris des deux Costez CG, GB, est égal à l'Angle F, compris des deux Costez BF, FC, cela a aussi esté prouvé ; d'où il suit, par la mesme Proposition precedente, que l'Angle GCB, est égal à l'Angle FBC, & l'Angle GBC, égal à l'Angle FCB ; si donc nous ostons ces deux Angles égaux GBC, & FCB, des deux Angles ABG, ACF, qui ont esté prouvez égaux, les Angles restans ABC, & ACB, seront égaux entr'eux, par le troisiéme Axiome ; Or ces Angles ABC, ACB, sont les Angles sur la Baze BC, du Triangle Isoscele ABC ; partant, si un Triangle est Isoscele les Angles sur la Baze sont égaux entr'eux ; Ce qu'il falloit démonstrer.

Ie dis en second lieu, que les Costez égaux AB, AC, du Triangle Isoscele ABC, estant prolongez, les Angles sous la Baze BC, seront aussi égaux entr'eux ; car ces Angles ne sont autres que les Angles GCB, & FBC, qui ont desia esté prouvez égaux. Ainsi en tout Triangle Isoscele les Angles sur la Baze, & les Angles sous la Baze, sont égaux entr'eux ; Ce qu'il falloit démonstrer.

C ij

Corollaire.

Il fuit de cette Propofition qu'un Triangle Equilateral, tel que je fuppofe icy le Triangle ABC, eft auffi Equiangle, c'eft à dire qu'il a fes trois Angles égaux.

Car puis que les Coftez AB, AC, font égaux ; il s'enfuit par cette 5. Propofition que les Angles B, & C, font égaux entr'eux ; de mefme, puifque les Coftez BA, BC, font égaux, il s'enfuit auffi que les Angles A, & C, font égaux entr'eux ; Ainfi les Angles A, & B, eftant égaux au troifiéme C, il s'enfuit qu'ils font tous trois égaux entr'eux ; & partant que le Triangle Equilateral ABC, eft Equiangle.

PROPOSITION VI.

THEOREME III.

Si un Triangle à deux Angles égaux entr'eux, les Coftez qui les foûtiennent font auffi égaux entreux.

JE fuppofe que dans le Triangle ABC, les Angles ABC, & ACB, foient égaux entr'eux ; Cela eftant, je dis que les Coftez AB, AC, qui foûtiennent ces deux Angles font auffi égaux.

Car fi ces deux Coftez AB, AC, n'étoient pas égaux entr'eux, il s'enfuivroit que l'un feroit plus grand que l'autre ; Pofons que ce foit AB ; retranchez donc, par la troifiéme Propofition, du Cofté AB, la partie BD, égale à AC, & menez la Ligne C D ; Comparez enfuite le Triangle DBC, avec le Triangle ACB, le cofté DB du premier Triangle, eft égal au Cofté AC du fecond, par conſtruction ; le Coſté BC, eſt commun aux deux Triangles ; de plus l'Angle B, compris des deux Coſtez DB, BC, eſt égal à l'Angle ACB, compris des deux autres Coſtez AC, CB, par ſuppoſition ; Donc par la quatriéme Propoſition, le Triangle DBC, ſeroit égal au Triangle ABC, c'eſt à dire la partie au tout ; ce qui eſt impoſſible. Il eſt donc impoſſible que le Coſté AB, ſoit plus grand que le Coſté AC ; on prouvera de meſme que le Coſté AC, ne ſçauroit eſtre plus grand que le Coſté AB ; & ainſi les deux Coſtez AB, AC, ſont égaux entr'eux ; Ce qu'il falloit démonſtrer.

Corollaire.

Il ſuit de cette Propoſition que tout Triangle Equiangle, c'eſt à dire qui à ſes trois angles égaux, comme nous ſuppoſons icy le Triangle ABC, eſt auſſi Equilateral.

Car de ce que les Angles B, & C, ſont égaux, ſes deux coſtez AB, AC, qui les ſoûtiennent s'enſuivent égaux : De meſme, de ce que les Angles A & B, ſont égaux, les deux Coſtez AC, BC, qui les ſoûtiennent s'enſuivent auſſi égaux ; d'où il ſuit que les deux coſtez AB, BC, qui ſont égaux au troiſiéme AC, ſont égaux entr'eux, par le premier Axiome. Et partant que le Triangle ABC, eſt Equilateral.

PROPOSITION VII.

THEOREME IV.

Si des extremitez d'une Ligne droitte, on méne deux
Lignes droittes, qui se rencontrent en un Point, on
ne pourra pas des mesmes extremitez, & de mesme
part, mener deux autres Lignes droittes égales aux
deux premieres, chacune a la sienne, qui se rencon-
trent en un autre point.

JE suppose que des extremitez de la Ligne droitte AB,
on méne les deux Lignes droittes AC, BC, qui se rencontrent au Point C;
& je dis que des mes-
mes extremitez A,
& B, l'on ne sçauroit
méner de mesme part,
à sçavoir vers C, deux
autres Lignes droit-
tes égales aux deux
premieres AC, BC,
chacune a la sienne,

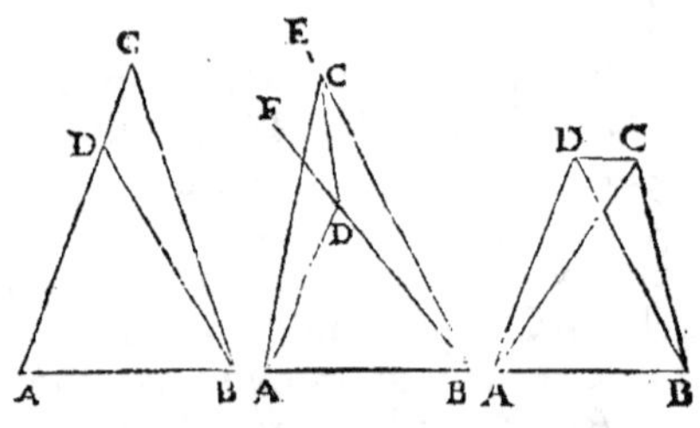

(c'est à dire, en sorte que celle qui part du Point A, soit
égale à AC, & celle qui part du Point B, soit egale à
BC) qui se rencontrent en un autre Point, qu'au Point C.

Car si elles se pouvoient rencontrer ailleurs qu'au Point
C, il faudroit que le Point de leur rencontre fust ou sur
l'un des Costez AC, BC, du Triangle ABC, ou dans ce
Triangle, ou hors ce Triangle.

Premierement, ce Point de rencontre ne peut estre sur
l'un des Costez AC, BC, par exemple en D ; autrement
il s'ensuivroit que AD, seroit égal à AC, c'est à dire la
partie au tout, ce qui est absurde & impossible.

Secondement, ce Point de rencontre ne peut auſſi eſtre dans le Triangle ABC ; Car ſuppoſé qu'il puſt eſtre en D ; ménez à ce Point D, les Lignes AD, BD, puis du Point D, au Point C, menez la Ligne DC ; enfin prolongez BC, BD, vers E, & vers F ; Cette conſtruction ſuppoſée, puis que dans le Triangle ACD, les Coſtez AC, AD, ſont ſuppoſez égaux, il s'enſuit, par la cinquiéme Propoſition, que les deux Angles ACD, & ADC, ſont auſſi égaux. Or l'Angle ECD, eſt plus grand que l'Angle ACD, qui n'eſt que ſa partie, il eſt donc auſſi plus grand que ſon égal ADC, & à plus forte raiſon que l'Angle FDC, qui n'eſt encore que partie de ADC ; Maintenant puis que les Coſtez BC, BD, du Triangle BCD, ſont ſuppoſez égaux, & qu'ils ſont prolongez vers E, & vers F, il s'enſuit, par la cinquiéme Propoſition, que les Angles ECD, FDC, qui ſont ſous la Baze ſont égaux entr'eux. Mais nous avons déja prouvé que l'Angle ECD, eſtoit plus grand que l'Angle FDC ; Ainſi il s'enſuivroit que deux Angles ſeroient égaux & inegaux, ce qui eſt impoſſible. Il eſt dont impoſſible que ce point de rencontre puiſſe eſtre dans le Triangle ABC.

Enfin ce Point de rencontre ne peut eſtre hors du Triangle ABC ; Car ſuppoſé qu'il puſt eſtre en D, ménez à ce point D, les lignes AD, BD ; puis du Point D, au Point C, menez la ligne DC. Cette conſtruction ſuppoſée, puis que les Coſtez AC, AD, du Triangle ACD, ſont ſuppoſez égaux, il s'enſuit par la cinquiéme Propoſition, que les Angles ACD, & ADC, ſont auſſi égaux. Or l'Angle BCD, eſt plus grand que l'Angle ACD, qui n'eſt que ſa partie, il eſt donc auſſi plus grand que ſon égal, ADC, & à plus forte raiſon que ſa partie BDC ; Maintenant, puis que dans le Triangle BDC, les Coſtez BC, BD, ſont ſuppoſez égaux, il s'enſuit par la cinquieme Propoſition que les Angles BCD, & BDC, qui ſont ſur la Baze ſont égaux entr'eux ; mais nous venons de prouver que l'Angle BCD, eſtoit plus grand que l'Angle BDC ; donc il s'enſuivroit que l'Angle BCD, &

l'Angle BDC, feroient tout enfemble égaux & inégaux.
Ce qui eft abfurde & impoffible ; Il eft donc impoffible
que ce Point de rencontre puiffe eftre hors du Triangle
ABC, mais nous avons auffi prouvé qu'il ne peut eftre ny
dans le Triangle, ny fur fes Coftez, excepté au Point C;
il s'enfuit donc que le Point de rencontre de ces deux Lignes ne peut eftre ailleurs qu'au point C, Ce qu'il falloit
démonftrer.

PROPOSITION VIII.

THEOREME V.

*Si deux Triangles ont deux Coftez égaux à deux Cô-
tez, chacun au fien, & la Baze égale à la Baze,
l'Angle compris de ces Coftez égaux fera auffi égal
à l'Angle.*

JE fuppofe que dans les
deux Triangles ABC,
DEF, le Cofté AB, foit
égal au Cofté DE, le Cô-
té AC, au Cofté DF, &
la Baze BC, à la Baze
EF ; cela eftant, je dis que
l'Angle A, compris des
deux Coftez AB, AC, eft

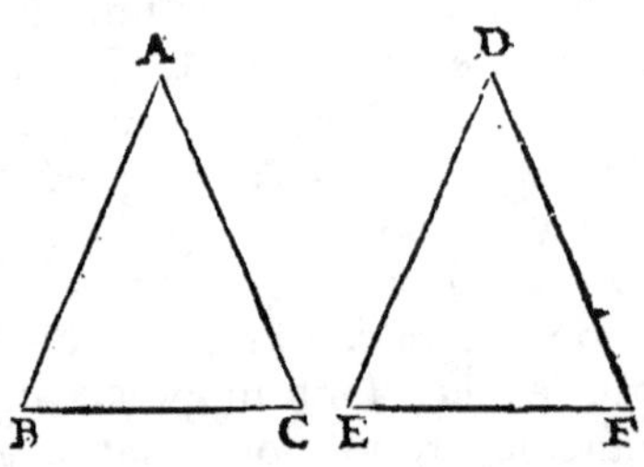

égal à l'Angle D, compris des deux Coftez DE, DF;
Pour le prouver.

Tranfportez par penfée le Triangle ABC, fur le Triangle DEF, en forte que vous faffiez tomber la Baze BC,
fur la Baze EF, & les extremitez B, & C, fur les extremitez E, & F, ce qui fe peut faire, puifque BC, & EF,
font fuppofées égales. Cela eftant, confiderez que des extremitez de la Ligne EF, partent deux Lignes droittes
ED, FD, qui fe rencontrent au Point D, & que des mefmes
extremitez

extremitez partent deux autres Lignes droittes BA, &
CA, qui leur sont égales, chacune a la sienne, par supposition, & qui se rencontrent aussi en un Point; Partant,
par la Proposition precedente, ces deux Lignes ne peuvent pas se rencontrer en un autre Point qu'au Point D;
D'où il suit que le Point A, tombera sur le Point D; que
la Ligne AB, tombera sur DE; la Ligne AC, tombera
sur DF; & qu'ainsi l'Angle A, conviendra avec l'Angle
D; & partant qu'il luy est égal; Ce qu'il falloit démontrer.

Corollaire.

Puis que par la démonstration precedente il a esté prouvé que le Triangle ABC, convenoit avec le Triangle
DEF, outre que nous avons conclu que les Angles A, &
D, estoient égaux entr'eux, nous pouvons encore conclure que les deux Angles B, & C, sont égaux aux deux Angles E, & F, chacun au sien; & que tout le Triangle ABC,
est égal à tout le Triangle DEF.

PROPOSITION IX.

PROBLEME IV.

Couper en deux également un Angle Rectiligne donné.

JE suppose que l'Angle Rectiligne BAC, soit donné, &
je propose de le couper en deux également. Pour le faire,
Prenez sur les Costez AB, AC, deux par-
ties égales AD, AE; menez du Point D,
au Point E, la Ligne Droitte DE; décrivez
sur la Ligne DE, par la premiere Proposition, le Triangle Équilateral DEF; menez
du Point A, au Point F, la Ligne Droitte
AF; Cela estant je dis que cette Ligne AF,
coupe l'Angle BAC, en deux également.
Pour le prouver.

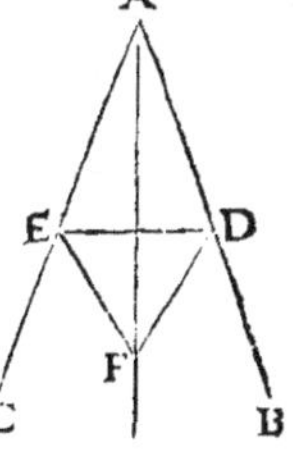

Comparez le Triangle DAF, avec le Triangle EAF;

D

le Cofté AD, eft égal au Cofté AE, par conftruction, le Cofté AF, leur eft commun; la Baze DF, eft égale à la Baze EF, puis que ces deux Lignes font les Coftez d'un Triangle Equilateral; Partant par la Propofition précédente l'Angle DAF, eft égal à l'Angle EAF; Et par conféquent l'Angle BAC, eft coupé en deux également; Ce qu'il falloit faire, & démontrer.

Corollaire.

Il fuit de cette Propofition qu'on peut couper un Angle Rectiligne donné en 4. 8. 16. 32. 64. & ainfi de fuite en doublant toûjours : Car apres l'avoir divifé en deux également, il n'y a qu'à divifer chaque moitié en deux parties égales, puis la moitié de la moitié, &c.

Remarque.

Pratique de cette propofition. Appliquez voftre compas au Point B ; & l'ayant ouvert à difcrerion, marquez les Points E, & D ; puis avec la mefme ou autre ouverture, mettez voftre compas au Point E, & décrivez vers F, un Arc de Cercle ; & fans changer d'ouverture tranfportez voftre compas au Point D, & décrivez un autre Arc qui coupe le premier au Point F;

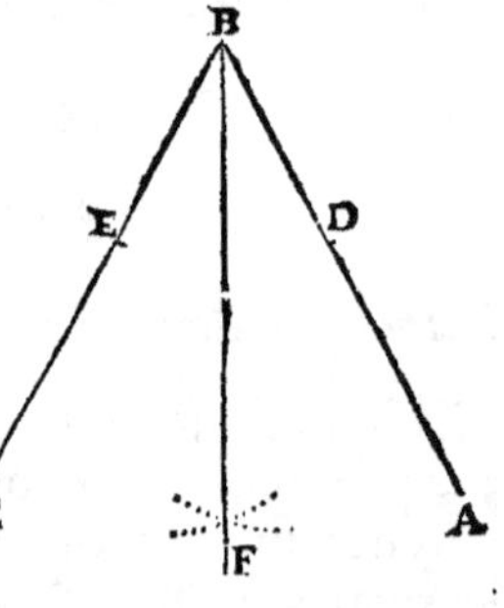

Enfin menez par le Point B, & le Point F, une Ligne Droitte ; & cette Ligne coupera l'Angle donné en deux également.

PROPOSITION X.

PROBLEME V.

Couper en deux également une Ligne Droitte donnée , & terminée.

JE suppose que l'on donne la Ligne Droitte AB, qui est terminée, & je propose de la couper en deux parties égales. Pour le faire.

Décrivez sur la Ligne AB, le Triangle Equilateral ACB, par la 1. Prop. puis, par la Proposition précedente, coupez l'Angle ACB, en deux également par la Ligne Droitte CD, cette Ligne coupera la Ligne AB, au Point D ; Cela estant, je dis qu'elle sera coupée en deux parties égales. Pour le prouver.

Comparez le Triangle ACD, avec le Triangle BCD ; le costé AC, est égal au costé BC, parce que ce sont les costez d'un Triangle Equilateral ; le costé CD, est commun aux deux Triangles ; Voila donc les deux Costez AC, CD, égaux aux deux costez BC, CD, chacun au sien ; De plus l'Angle ACD, compris de ces deux costez, est égal à l'Angle BCD, compris des deux autres, par construction ; Donc par la 4. Prop. la Baze AD , est égale à la Baze BD ; Et ainsi la Ligne donnée AB, est coupée en deux également ; Ce qu'il falloit faire, & démontrer.

Corollaire.

Il suit de cette Proposition qu'on peut couper une Ligne Droitte donnée en 4. 8. 16. 32. 64. &c. & ainsi de suitte, en doublant toûjours ; car apres l'avoir coupée en deux également, il ne faut que couper derechef chaque moitié en deux parties égales, puis la moitié de la moitié, &c.

Remarque.

Pratique de cette Proposition. Appliquez voftre compas à l'une des extremitez de la Ligne donnée ; & le tenant ouvert plus que de la moitié de cette Ligne, décrivez deux Arcs de Cercle vers C, & vers D ; Tranfportez voftre compas à l'autre extremité, & avec la mefme ouverture decrivez deux autres Arcs qui coupent les deux premiers aux Points C, & D ; puis du point C, au point D, menez une Ligne Droitte ; cette Ligne coupera la Ligne AB, en deux parties égales au Point E.

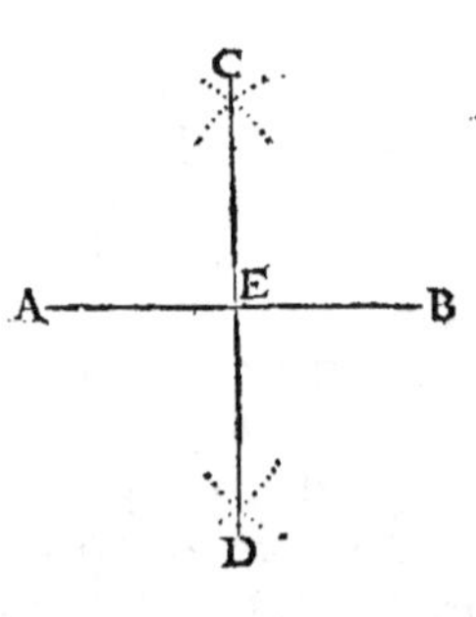

PROPOSITION XI.

PROBLEME VI.

D'un Point donné dans une Ligne Droitte élever une Ligne Perpendiculaire.

JE fuppofe que la Ligne AB, foit donnée, & le Point C, dans cette Ligne ; Et je propofe d'élever du Point C, une Ligne Perpendiculaire à AB. Pour le faire,

Prenez fur la Ligne AB, de part & d'autre du Point C, deux parties égales CD, CE ; Décrivez fur la Ligne DE, par la 1. Prop. le Triangle Equilateral DFE ; Menez du Point C, au Point F, la Ligne Droitte CF ; Cela eftant, je dis que cette Ligne

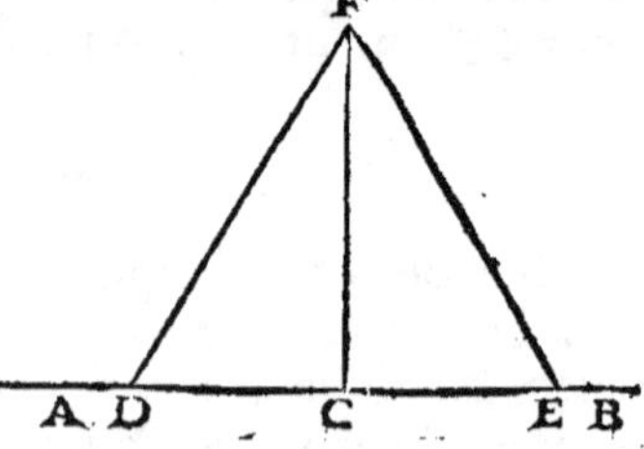

CF, qui part du Point donné C, eſt Perpendiculaire à la
Ligne donnée AB ; Pour le prouver.

Comparez le Triangle DCF, avec le Triangle ECF, le
Coſté CD, eſt égal au Coſté CE, par conſtruction, le
Coſté CF, eſt commun aux deux Triangles ; Voila donc
deux Coſtez CD, CF, égaux à deux Coſtez EC, CF,
chacun au ſien ; Deplus la Baze DF, eſt égale à la Baze
EF, parce que ce ſont les Coſtez d'un Triangle Equilateral ; Partant (par la 8. Prop.) l'Angle DCF, compris des
deux Coſtez du premier Triangle, eſt égal à l'Angle ECF,
compris des deux Coſtez de l'autre Triangle ; Et ainſi la
Ligne CF, qui tombe ſur AB, & qui fait des Angles de part
& d'autre égaux entr'eux, eſt perpendiculaire ; Nous avons
donc d'un Point donné dans une Ligne Droitte, élevé une
Perpendiculaire ; Ce qu'il falloit faire, & démontrer.

Remarque.

Pratique de cette Propoſition. Appliquez voſtre compas au Point C, & le tenant ou-
vert comme il vous plaira, marquez
de part & d'autre de la Ligne donnée
les deux Points D & D ; Ouvrez
apres cela un peu davantage voſtre
compas, & le mettant ſucceſſivement
aux Points D & D, décrivez avec

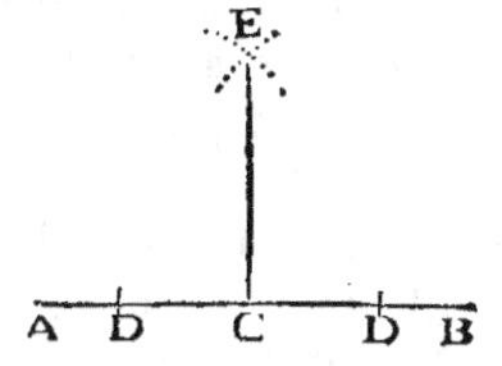

cette ouverture deux Arcs de Cercle qui s'entrecoupent au
Point E ; puis du Point C, au Point E, menez la Ligne
Droitte CE ; Et cette Ligne ſera Perpendiculaire à la Ligne
donnée.

Si le Point donné eſtoit à l'extremité de la Ligne, il la
faudroit prolonger, & pratiquer enſuite ce qui vient d'eſtre dit. Il y a encore une autre maniere d'élever une Perpendiculaire à l'extremité d'une Ligne Droitte, qui ſera en-
ſeignée cy-apres,

PROPOSITION XII.

PROBLEME VII.

*D'un Point donné hors d'une Ligne Droitte indeter-
minée, abaisser sur cette Ligne, une Ligne
Perpendiculaire.*

JE suppose qu'on donne la Ligne Droitte **AB**, qui est
indeterminée, & le Point **C**, hors de cette Ligne ; Et
je propose d'abaisser du Point **C**, une Ligne Perpendiculaire à **AB**. Pour le faire.

Prenez au delà de la Ligne **AB**, un Point tel qu'il vous
plaira, comme **D** ; puis du Centre
C, & de l'Intervalle **CD**, décrivez un Cercle ; Ce Cercle coupera la Ligne **AB**, aux Points **E**,
& **G** ; Coupez apres cela (par la
10. Prop.) la partie **EG** en deux
également au Point **H** ; Menez
du Point **C**, au Point **H**, la Ligne
Droitte **CH** ; Cela estant, je dis
que cette Ligne **CH**, qui tombe

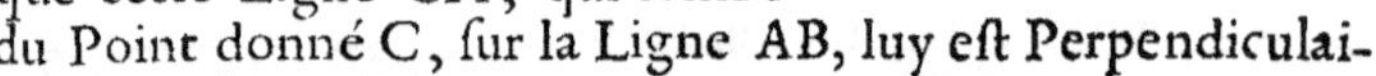

du Point donné **C**, sur la Ligne **AB**, luy est Perpendiculaire. Pour le prouver.

Menez les Lignes Droittes **CE**, **CG**, & comparez le
Triangle **EHC**, avec le Triangle **GHC**, le Costé **EH**,
est égal au Costé **GH**, parce que la Ligne **EG**, a esté
coupée en deux également ; le Costé **HC**, est commun
aux deux Triangles ; Voila donc les deux Costez **EH**, **HC**,
égaux aux deux **GH**, **HC** ; De plus la Baze **CE**, est
égale à la Baze **CG**, parce que ce sont les rayons d'un
mesme Cercle ; Partant (par la 8. Prop.) L'Angle **CHE**,
compris des deux premiers Costez, est égal à l'Angle
CHG, compris des deux autres. D'où il suit que la Ligne **CH**, qui tombe sur **AB**, & qui fait des Angles de

part & d'autre égaux entr'eux, est Perpendiculaire à AB;
Ainsi nous avons d'un Point donné hors d'une Ligne
Droitte indeterminée, abaissé sur cette Ligne une Ligne
perpendiculaire; Ce qu'il falloit faire, & démontrer.

Remarque.

Pratique de cette Proposition. Appliquez vostre compas au Point donné C, & décrivez
un Cercle de tel Intervalle qu'il coupe la Ligne AB, aux deux Points D,
& E; puis ouvrant tant soit peu le
compas, & l'appliquant successivement aux deux Points D, & E, Décrivez d'une part ou d'autre de la Ligne AB, deux Arcs qui s'entrecoupent au Point F; enfin par le Point
F, & par le Point C, menez une Ligne Droitte qui rencontre la Ligne
AB; & cette Ligne sera Perpendiculaire à la Ligne donnée.

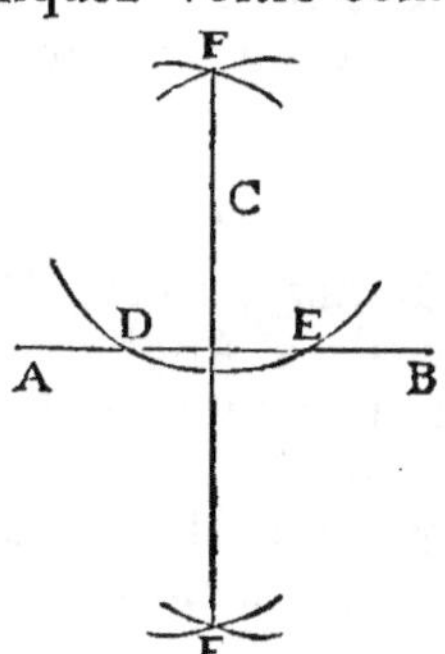

PROPOSITION. XIII.
THEOREME VI.

*Quand une Ligne Droitte tombe sur une autre Ligne
Droitte, où elle fait deux Angles Droits, ou
deux Angles égaux à deux Droits.*

JE suppose que la Ligne Droitte AB, tombe sur la Ligne
Droitte CD; Cela estant, je dis
que les deux Angles ABC, ABD,
sont Droits, ou égaux à deux
Droits.

Car, ou la Ligne Droitte AB,
est Perpendiculaire à CD, où
elle ne l'est pas; Si elle est Per-

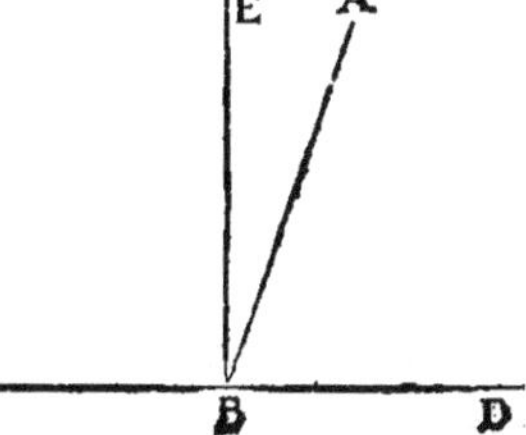

pendiculaire, en ce cas, il eſt évident que les deux Angles
ABC, & ABD, ſont deux Angles Droits; Si AB n'eſt pas
Perpendiculaire à CD, élevez (par la 11. Prop.) la Ligne
BE, qui luy ſoit Perpendiculaire; Cela eſtant, les Angles
EBC, EBD, ſont deux Angles Droits; Mais les deux An-
gles ABC, ABD, pris enſemble ſont égaux aux deux An-
gles EBC, EBD, avec leſquels ils conviennent; Donc ils
ſont égaux à deux Droits; Ce qu'il falloit démontrer.

I. *Corollaire.*

Il ſuit de cette Propoſition, que ſi la quantité de l'un
des deux Angles que fait une Ligue Droitte en tombant
ſur une autre, eſt connuë, on connoiſtra facilement la
quantité de l'autre; Car il n'y aura qu'à oſter la quantité
connuë de la valeur de deux Angles Droits, & le reſte
ſera la quantité de l'autre; Comme par exemple, ſi l'Angle ABC, eſtoit connu de 110. degrez, en oſtant cette
quantité de 180. degrez, le reſte 70. degrez ſeroit la quantité de l'Angle ABD.

II. *Corollaire.*

Il ſuit encore de cette Propoſition, que ſi deux Lignes
Droittes s'entrecoupent, les quatre Angles qu'elles feront,
vaudront quatre Angles Droits; Car deux de ces Angles
pris enſemble, & à coſté l'un de l'autre, valent deux Droits,
par cette Propoſition, & les deux reſtans valent auſſi deux
Droits, par la meſme raiſon.

III. *Corollaire.*

Il ſuit derechef, que ſi d'un Point pris dans un Plan, on
tiroit tant de Lignes Droittes quel'on voudra ſur ce Plan,
tous les Angles que feroient toutes ces Lignes, pris enſemble, vaudroient quatre Angles Droits; eſtant certain qu'ils
conviendroient tous, avec les quatre Angles que feroient
deux

deux Lignes Droittes qui s'entrecouperoient en ce mesme
Point.

PROPOSITION XIV.
THEOREME VII.

*Si a un Point de quelque Ligne Droitte se rencontrent
deux autres Lignes Droittes, faisant avec elle de part
& d'autre deux Angles égaux à deux Droits, ces deux
Lignes se rencontreront directement.*

JE suppose, que les deux Lignes
Droittes CB, DB, se rencontrent au
Point B de la Ligne Droitte AB, &
qu'elles font de part & d'autre de cette
Ligne les deux Angles ABC, & ABD,
égaux a deux Droits ; Cela estant, Je
dis que ces deux Lignes se rencontrent
directement, c'est à dire, qu'elles ne
font ensemble qu'une seule Ligne Droitte.

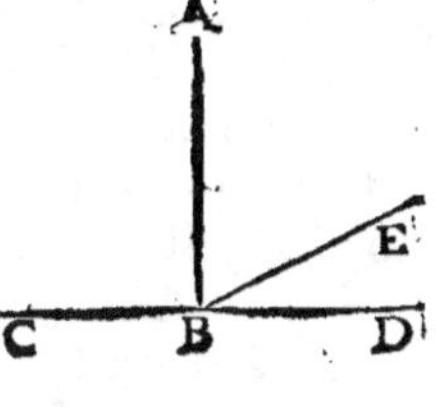

Car si CB, ne concouroit pas directement avec DB,
Il s'ensuivroit que CB, estant prolongée vers D, passeroit
au dessus ou au dessous de DB ; Supposons si vous voulez
qu'elle passe au dessus vers E ; Cela estant, la Ligne CBE,
estant Droitte, & la Ligne AB, tombant dessus, il s'ensuivroit, par la precedente Proposition, que les deux Angles
ABC, & ABE, vaudroient deux Angles Droits ; Mais, par
la supposition les deux Angles ABC, & ABD, valent aussi
deux Droits ; donc les Angles ABC, & ABE, seroient
égaux aux deux Angles ABC, & ABD, c'est à dire la
Partie au tout, ce qui est impossible. Il est donc impossible que la Ligne CB, estant prolongée passe au dessus de
DB. On prouvera qu'il s'ensuivroit la mesme absurdité,

ſi on pretendoit que CB, eſtant prolongée duſt paſſer au deſſous de DB ; Et partant les Lignes CB, DB, ſe rencontrent
directement , ou ne font qu'une Ligne Droitte ; Ce qu'il
falloit demonſtrer.

PROPOSITION XV.

THEOREME VIII.

*Si deux Lignes Droittes s'entrecoupent , les Angles
oppoſez au Sommet ſeront égaux entr'eux.*

JE ſuppoſe que les deux Lignes Droit-
tes AB, CD, s'entrecoupent au Point
E, au tour duquel elles font quatre
Angles ; Cela eſtant, Je dis que les
Angles AEC, DEB, qui ſont oppoſez
au Sommet ſont égaux entr'eux.

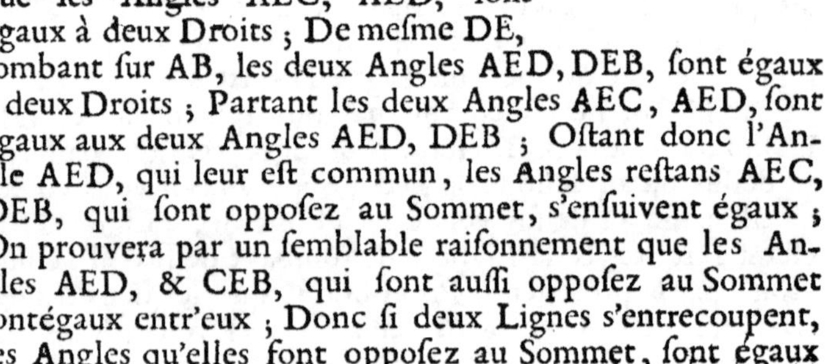

Car puis que la Ligne AE, tombe
ſur CD, Il s'enſuit, (par la 13. Prop.)
que les Angles AEC, AED, ſont
égaux à deux Droits ; De meſme DE,
tombant ſur AB, les deux Angles AED, DEB, ſont égaux
à deux Droits ; Partant les deux Angles AEC, AED, ſont
égaux aux deux Angles AED, DEB ; Oſtant donc l'Angle AED, qui leur eſt commun, les Angles reſtans AEC,
DEB, qui ſont oppoſez au Sommet, s'enſuivent égaux ;
On prouvera par un ſemblable raiſonnement que les Angles AED, & CEB, qui ſont auſſi oppoſez au Sommet
ſontégaux entr'eux ; Donc ſi deux Lignes s'entrecoupent,
les Angles qu'elles font oppoſez au Sommet, ſont égaux
entr'eux ; Ce qu'il falloit demonſtrer.

Remarque.

Nous pouvons icy établir une Propofition, qui peut en quelque façon paffer pour la Converfe de la precedente, à fçavoir ; que fi deux Lignes Droittes , venant de part & d'autre d'une autre Ligne droitte fe rencontrent à un mefme Point de cette Ligne, & font avec elle les Angles oppofez au Sommet égaux, ces deux Lignes fe rencontrent directe-ment. Par exemple.

Pofons que les deux Lignes Droittes CE, DE, viennent de part & d'autre de la Ligne Droitte **AB**, fe rencontrer au Point E, en forte qu'elles faffent les Angles AEC, DEB, oppofez au Sommet égaux entr'eux ; Cela eftant, je dis que ces deux Lignes concourent directement.

Car puifque les Angles AEC, DEB, font fuppofez égaux, en leur adjoûtant l'Angle commun AED, il s'enfuivra que les deux Angles AEC, AED, pris enfemble, feront égaux aux deux autres BED, AED, auffi pris enfemble. Or puis que la Ligne DE, tombe fur la Ligne Droitte AB ; Les deux Angles BED, AED, valent deux Droits, par la 13. Prop. Partant les deux Angles AEC, AED, valent auffi deux Droits ; Et par confequent, par la Propofition pre-cedente, les deux Lignes CE, DE, concourent directe-ment.

PROPOSITION XVI.

THEOREME IX.

*Si le Cofté d'un Triangle eft prolongé , l'Angle ex-
terieur fera plus grand que chacun des deux
oppofez interieurs.*

JE fuppofe qu'au Triangle ABC, le
Cofté BC, foit prolongé vers D ;
Cela eftant , je dis premierement que
l'Angle exterieur ACD, eft plus grand
que l'Angle interieur CAB, qui luy
eft oppofé alternativement. Pour le
prouver.

Coupez la Ligne AC, en deux parties égales au Point E ; Menez par le
Point B, & par le Point E, la Ligne
Droitte indeterminée BF ; Retranchez de cette Ligne,
la Partie EF, égale à EB ; & du Point C, au Point F, menez la Ligne Droitte CF. Cela pofé.

Comparez le Triangle CEF, avec le Triangle AEB ; Le
Cofté EC, du premier Triangle, eft égal au Cofté EA, du
fecond , puis que la Ligne AC, a efté coupée en deux
également ; Le Cofté EF, a efté fait égal au Cofté EB ;
Voilà donc les deux Coftez CE, EF, égaux aux deux Coftez
AE, EB, chacun au fien. De plus l'Angle CEF, compris
des deux Coftez CE, EF, eft égal à l'Angle AEB, compris
des deux autres Coftez ; parce que ces deux Angles font
oppofez au Sommet : Partant par la 4. Prop. la Baze fera
égale à la Baze , & les autres Angles égaux aux autres
Angles chacun au fien, c'eft à dire que l'Angle ECF, ou
ACF, fera égal à l'Angle EAB, ou CAB ; Or l'Angle
ACD, eft plus grand que l'Angle ACF, qui n'eft que fa
partie ; Il eft donc auffi plus grand que l'Angle CAB ; Ce
qu'il falloit demonftrer.

Je dis en second lieu, que le mesme Angle exterieur ACD, est plus grand que l'autre Angle interieur ABC, qui luy est simplement opposé. Pour le prouver.

Continuez la Ligne AC, vers G ; l'Angle BCG, est exterieur, & son Opposé alternativement est ABC ; Donc parce qui vient d'estre dit dans la premiere partie de cette Proposition, l'Angle BCG, est plus grand que l'Angle ABC ; Or par la Proposition precedente, l'Angle ACD, est égal à l'Angle BCG, qui luy est opposé au Sommet ; Partant l'Angle ACD, est aussi plus grand que l'Angle ABC ; Ce qu'il falloit demonstrer.

Corollaire.

Il suit de cette Proposition que d'un mesme Point comme A, pris où l'on voudra hors d'une Ligne Droitte, par exemple CD, on ne peut mener vers cette Ligne-là plus de deux Lignes Droittes égales entr'elles ; Car si on pretendoit qu'on en pût mener trois, comme AC, AB, AD ; de ce que les deux Lignes AB, AD, seroient égales ; il s'ensuivroit, par la 5. Prop. que l'Angle ABD, seroit égal à l'Angle D ; Mais puis que les Lignes AC, & AD, seroient aussi égales, il s'ensuivroit aussi que l'Angle ACD, seroit égal au mesme Angle D ; Partant les deux Angles ACD, ABD, qui seroient égaux à l'Angle D, seroient égaux entr'eux, c'est à dire qu'un Angle exterieur seroit égal à son Opposé interieur, ce qui est impossible par la proposition precedente ; Il est donc impossible que d'un Point pris hors d'une Ligne Droitte, on puisse mener sur cette Ligne-là, plus de deux Lignes Droittes égales entr'elles.

PROPOSITION XVII.

THEOREME X.

En tout Triangle, deux Angles tels que l'on voudra, pris enfemble, valent moins que deux Angles Droits.

JE fuppofe le Triangle ABC, Et je dis que deux Angles de ce Triangle tels que l'on voudra, comme ABC, & ACB, pris enfemble, valent moins que deux Angles Droits. Pour le prouver.

Prolongez la Ligne BC, (aux extremitez de laquelle font ces deux Angles) vers tel cofté qu'il vous plaira, comme vers D; L'Angle ACD, eft exterieur, & l'Angle ABC, eft fon Oppofé interieur; Donc, par la Propofition precedente l'Angle ABC, eft plus petit que l'Angle ACD; Et partant les deux Angles ABC, & ACB, pris enfemble, feront moindres que les deux Angles ACD, & ACB, pris auffi enfemble; Or par la 13. Prop. les deux Angles ACD, & ACB, valent deux Droits; Donc les deux autres ABC, & ACB, valent moins que deux Droits. On prouvera de mefme que ACB, & BAC, ou bien ABC, & BAC, valent moins que deux Droits; Et partant deux Angles d'un Triangle pris comme l'on voudra, valent enfemble moins que deux Droits. Ce qu'il falloit démontrer.

I. Corollaire.

Il fuit de cette Propofition, que d'un mefme Point comme A, on ne peut faire tomber fur une Ligne Droitte, par exemple fur CD, qu'une feule Perpendiculaire ; Car s'il en pouvoit tomber deux, comme par exemple AD, AB, il s'en-fuivroit que chacun des deux Angles ABD, & ADB, feroient Droits, & qu'ainfi deux Angles d'un Triangle, ne feroient pas moindres que deux Droits ; Ce qui eft contre la Propofition precedente.

II. Corollaire.

Il fuit encore, que fi un Angle d'un Triangle eft Droit, ou Obtus, chacun des deux autres fera Aigu ; Car chacun de ceux-cy eftant pris avec celuy qui eft déja Droit, ou Obtus, il s'en doit faire un Tout, moindre que deux Angles Droits. Partant, fi l'on en ofte celuy qui eft Droit, ou Obtus, le reftant fera moindre qu'un Droit, C'eft à dire Aigu.

III. Corollaire.

Il fuit en troifiéme lieu, que fi une Ligne Droitte, comme AB, tombant fur une autre Ligne Droitte, comme CD, fait d'une part un Angle Obtus, comme ABC, & de l'autre part un Angle Aigu, comme ABD, en prenant quelque Point dans la Ligne AB, par exemple A, d'où l'on faffe tomber une Perpendiculaire fur CD, cette Perpendiculaire tombera de la part de l'Angle Aigu, comme vous voyez icy que tombe la Ligne AD ; Car fi l'on pretendoit que cette Perpendiculaire pût tomber de la part de l'Angle Obtus, comme tombe AC, l'Angle ACB, s'enfuivroit droit. Et d'ailleurs l'Angle ABC, eftant fuppofé Obtus, il s'enfui-vroit que deux Angles d'un mefme Triangle, ne feroient pas moindres que deux Droits ; Ce qui eft contre la pre-cedente Propofition.

IV. Corollaire.

Il eft enfin évident que les trois Angles d'un Triangle Equilateral, ou les deux Angles égaux d'un Triangle Ifo-celle, font Aigus ; Car ces Angles eftant égaux, fi l'un d'eux eftoit Droit ou Obtus, les autres le feroient auffi ; Et ainfi deux Angles d'un Triangle ne feroient pas moin-dres que deux Droits ; ce qui eft impoffible comme il vient d'eftre demonftré.

PROPOSITION XVIII.

THEOREME XI.

En tout Triangle, le plus grand Cofté foûtient le plus grand Angle.

JE fuppofe que dans le Triangle ABC, le Cofté AC, foit plus grand que le Cofté AB ; Cela é-tant, je dis que l'Angle ABC, eft plus grand que l'Angle C, Pour le prouver.

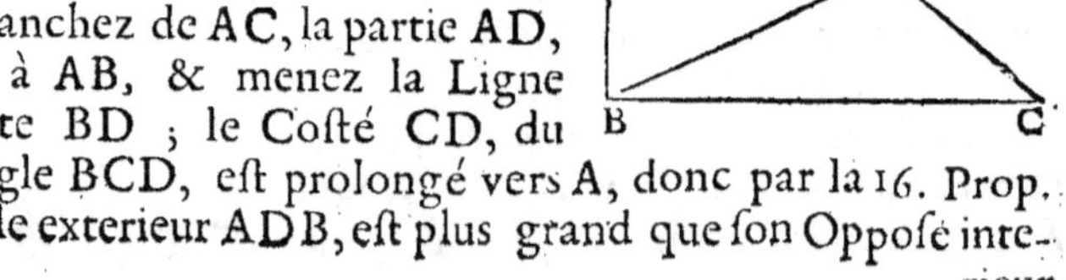

Retranchez de AC, la partie AD, égale à AB, & menez la Ligne Droitte BD ; le Cofté CD, du Triangle BCD, eft prolongé vers A, donc par la 16. Prop. l'Angle exterieur ADB, eft plus grand que fon Oppofé inte-ricur

rieur C ; D'ailleurs, puis que AD, eſt égal à AB, les Angles
ABD, & ADB, ſont égaux, par la 5. Prop. Or l'Angle ABC,
eſt plus grand que l'Angle ABD, qui n'eſt que ſa Partie ; Il
ſera donc auſſi plus grand que l'Angle ADB, & à plus
forte raiſon que l'Angle C, qui a eſté prouvé moindre que
ADB ; Ce qu'il falloit demonſtrer.

PROPOSITION XIX.

THEOREME XII;

*En tout Triangle , le plus grand Angle eſt ſoûtenu
par le plus grand Coſté.*

JE ſuppoſe que dans le Triangle ABC, l'Angle C, ſoit
plus grand que l'Angle B ; Cela eſtant , Je dis que le
Coſté AB, qui ſoûtient le plus grand Angle , eſt plus grand
que AC, qui ſoûtient le plus petit.

Car ſi AB, n'eſtoit pas plus
grand que AC, il s'enſuivroit qu'il
luy ſeroit égal, ou moindre ; s'il luy
eſtoit égal, les Angles B, & C, ſeroient égaux, par la 5. Prop. ce qui
eſt contre la Suppoſition. S'il eſtoit
plus petit, le Coſté AC, ſeroit plus

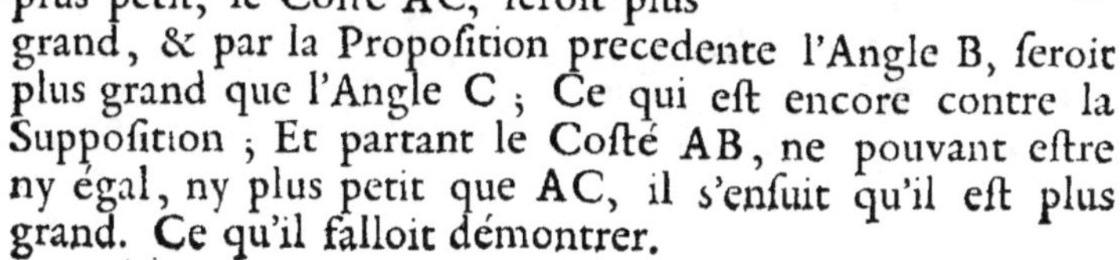

grand, & par la Propoſition precedente l'Angle B, ſeroit
plus grand que l'Angle C ; Ce qui eſt encore contre la
Suppoſition ; Et partant le Coſté AB, ne pouvant eſtre
ny égal, ny plus petit que AC, il s'enſuit qu'il eſt plus
grand. Ce qu'il falloit démontrer.

Corollaire.

Il fuit de cette Propofition , que fi d'un Point hors d'une Ligne Droitte , on fait tomber fur cette Ligne tant de Lignes Droittes que l'on voudra, comme AB, AC, AD, AE, l'une defquelles fçavoir AB, foit Perpendiculaire , cette Perpendiculaire fera la plus petite de toutes : Car elle foûtiendra neceffairement un Angle Aigu , comme font C, D, E ; au lieu que les autres foûtiendront un Angle Droit, comme eft B.

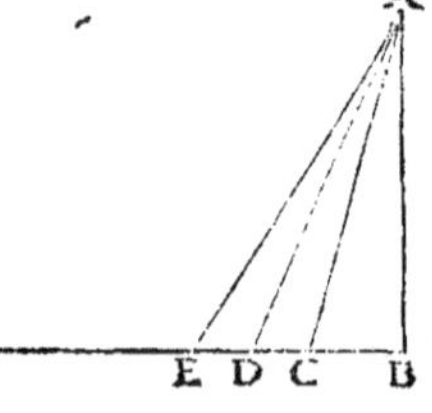

PROPOSITION XX.

THEOREME XIII.

En tout Triangle, deux Coftez tels que l'on voudra, pris enfemble, font plus grands que le troifiéme.

JE fuppofe le Triangle ABC ; Et je dis que deux de fes Coftez , tels que l'on voudra , comme AB, AC, pris enfemble , font plus grands que le troifiéme BC ; Pour le prouver.

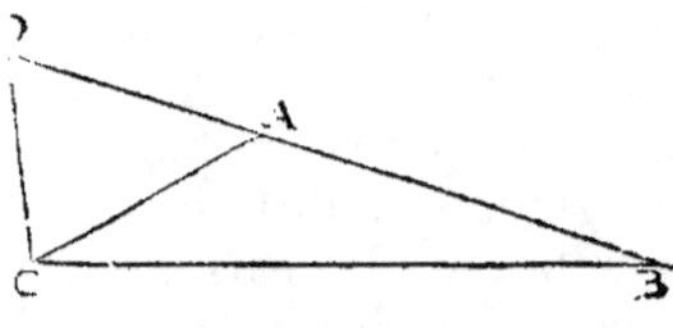

Prolongez le Cofté AB, vers D, puis ayant fait AD, égal à AC, menez la Ligne Droitte DC ; Cela pofé ; Au Triangle ADC, les Coftez AC, AD, font égaux , par conftruction ; Donc, par la 5. Prop. l'Angle ACD, eft égal à l'Angle D ; Or l'Angle BCD, eft plus grand que ACD, qui n'eft que fa Partie ; Donc il eft auffi plus grand que l'Angle D, fon égal.

Maintenant , puifque dans le Triangle BDC, l'Angle BCD, eft plus grand que l'Angle D, Il s'enfuit par la Propofition precedente, que le Cofté BD, eft plus grand que le Cofté BC ; Or les deux Coftez BA, AC, du Triangle ABC, font égaux à BD, par conftruction ; Donc les deux Coftez BA, AC, pris enfemble, font plus grands que BC ; Ce qu'il falloit démontrer.

PROPOSITION XXI.

THEOREME XIV.

Si dès extremitez d'un Cofté de quelque Triangle , on mene deux Lignes Droittes qui fe rencontrent au dedans d'Iceluy , ces deux Lignes feront plus petites que les deux autres Coftez de ce Triangle ; Mais elles feront un plus grand Angle.

JE fuppofe le Triangle ABC, & ayant pris un de fes Coftez à difcretion, comme BC, je mene les deux Lignes Droittes BD, CD, qui fe rencontrent en dedans au Point D ; Cela eftant, je dis, 1°. que ces deux Lignes BD, CD, font plus petites que les deux Coftez BA, AC. Pour le prouver.

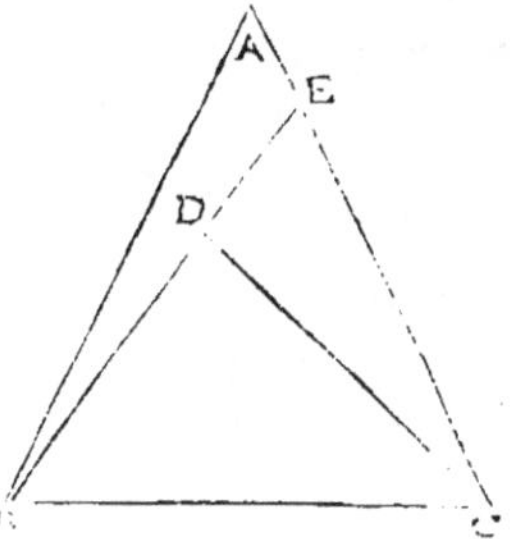

Prolongez BD, jufques en E ; cela pofé ; Dans le Triangle BAE, les deux Coftez BA, AE, font plus grands que le troifiéme BE, par la Propofition precedente ; donc en leur adjoûtant EC, commun, il s'enfuit que BA, AE, EC, c'eft à dire BA, AC, font plus grands que BE, EC ; De mefme au Triangle CED , les deux Coftez CE, ED, font plus grands que le troifiéme CD ; Donc en leur adjoûtant DB,

commun , Il s'enfuit que CE, ED, DB, C'eſt à dire BE,
EC, ſont plus grands que BD, CD ; Mais il a déja
eſté prouvé que BA, AC, ſont plus grands que BE, EC ;
Donc à plus forte raiſon BA, AC, ſont plus grands que BD,
CD ; Ce qu'il falloit demonſtrer.

Je dis en ſecond lieu que l'Angle BDC, eſt plus grand
que l'Angle BAC ; Pour le prouver.

Le Coſté ED, du Triangle CED, eſt prolongé vers **B**,
& l'Angle BDC, eſt exterieur ; donc par la 16. Prop. il
ſera plus grand que ſon Oppoſé interieur DEC, ou BEC ;
De meſme, le Coſté AE, du Triangle BAE , eſt prolongé
vers C, partant l'Angle exterieur BEC, eſt plus grand que
ſon Oppoſé interieur BAE, ou BAC ; Mais il a déja eſté
prouvé que l'Angle BDC, eſt plus grand que l'Angle
BEC ; Donc à plus forte raiſon l'Angle BDC, eſt plus
grand que l'Angle BAC ; Ce qu'il falloit démontrer.

PROPOSITION XXII.

PROBLEME VIII.

*Décrire un Triangle qui ait les trois Coſtez égaux à
trois Lignes Droittes données , qui ſoient telles que
deux d'entr'elles, priſes enſemble, ſoient plus grandes
que la troiſiéme.*

JE ſuppoſe qu'on donne les trois Lignes Droittes A, B, C,
deux deſquelles, telles que l'on voudra, comme A, & C,
priſes enſemble, ſont plus grandes que la troiſiéme B;
Cela eſtant, je propoſe de décrire un Triangle qui ait les
trois Coſtez égaux à ces trois Lignes données , chacun à
la ſienne ; Pour le faire.

Menez la Ligne Droitte indeterminée DE ; Prenez ſur cette Ligne, la partie DF, égale à l'une de ces trois Lignes Droittes données, par exemple à A ; Prenez enſuite la partie FG, égale à l'une des deux reſtantes, par

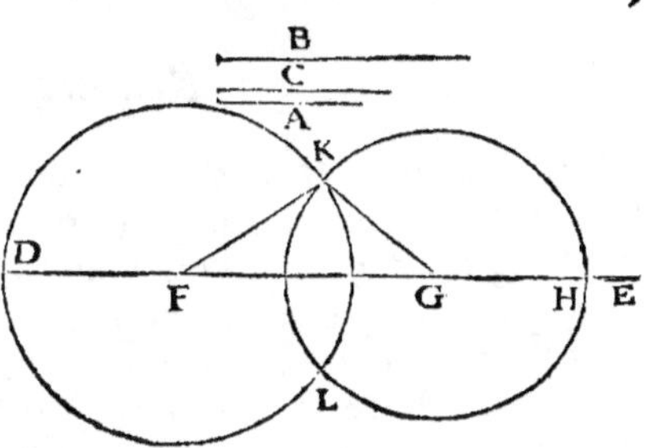

exemple à B ; Prenez enfin la partie GH, égale à la troiſiéme C ; Décrivez un Cercle du centre F, & de l'Intervalle FD ; Décrivez un autre Cercle du centre G, & de l'Intervalle GH ; Ce ſecond Cercle coupera le premier aux deux Points K, & L ; Prenez l'un de ces deux Points, par exemple K, duquel menez deux Lignes Droittes aux Points F, & G ; Cela eſtant, je dis que le Triangle FGK, a les trois Coſtez égaux aux trois Lignes Droittes données A, B, C ; Pour le prouver.

1° Les Lignes FK, FD, ſont égales, eſtant les Rayons d'un meſme Cercle ; Mais FD, a eſté faite égale à la Ligne A ; Donc FK, luy eſt auſſi égale.

2° Le Coſté FG, par la conſtruction, eſt égal à la Ligne B.

3° Les Lignes GK, GH, ſont auſſi égales, eſtant les Rayons d'un meſme Cercle ; Mais GH, a eſté faite égale à la Ligne C ; donc la Ligne GK, eſt auſſi égale à la Ligne C ; Et partant le Triangle FGK, a les trois coſtez égaux aux trois Lignes Droittes données A, B, C ; Ce qu'il falloit faire & démontrer.

Remarque.

Pratique de cette Propofition. Suppofons qu'on donne les trois Lignes A, B, C ; deux def_quelles prifes comme l'on voudra font plus grandes que la troifiéme.

Prenez avec le compas la grandeur de la Ligne A, & la tranfportez en DE ; Prenez en fuite la grandeur de la Ligne B, & appliquant le compas au Point D, décrivez un Arc de Cercle vers F ; Prenez auffi la grandeur de la Ligne C, & tranfportant le compas au Point E, décrivez encore un Arc de Cercle qui coupe le premier au Point F ; Enfin tirez les Lignes FD, FE, & le Triangle DEF, aura fes trois Coftez égaux aux trois Lignes données.

PROPOSITION XXIII.

PROBLEME IX.

Une Ligne Droitte eftant donnée, & un Point en icelle, tirer de ce Point une Ligne, qui faffe avec la Ligne donnée, un Angle égal à un Angle Rectiligne donné.

JE fuppofe que la Ligne donnée foit AB, que le Point don-né en icelle foit A, & que l'Angle donné foit C ; Et je propofe de tirer du Point A, un Ligne Droitte qui faffe avec AB, un Angle égal à l'An-gle C ; Pour le faire.

Prenez fur les Lignes CD, CE, tels Points qu'il vous plaira , comme D, & E, & menez la Ligne Droitte DE; Puis ayant pris AG, égal à CE, ache-vez par la propofition precedente

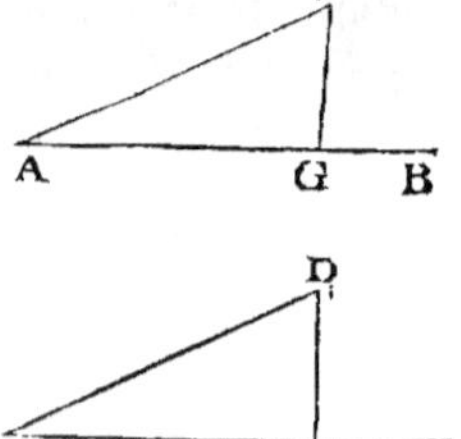

de décrire le Triangle AGF, qui ait les trois coſtez égaux aux trois coſtez du Triangle CDE, ſçavoir les deux Coſtez AG, AF, égaux aux deux coſtez CE, CD, & la Baze FG, égale à la Baze DE ; D'où il ſuit, par la 8. Prop. que l'Angle A, eſt égal à l'Angle C ; Ce qu'il falloit faire.

Remarque.

Pratique de cette Propoſition. Suppoſons que l'on donne le Point A, dans la Ligne Droitte AB, avec l'Angle D; Appliquez le pied du compas au Point D, & de tel Intervalle qu'il vous plaira décrivez l'Arc FG;puis tranſportant le compas ainſi ouvert au Point A, décrivez l'Arc HI ; Cela fait prenez avec le compas la diſtance FG, & la tranſportez de H, en I ; Tirez enfin par le Point A, & par le Point I, la Ligne Droitte AI, & alors l'Angle A, ſera égal à l'Angle D.

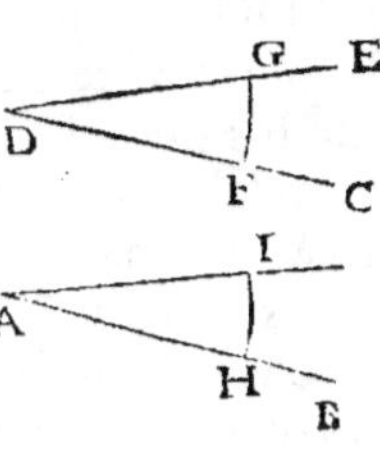

PROPOSITION XXIV.

THEOREME XV.

Si deux Triangles ont deux Coſtez égaux à deux Coſtez, chacun au ſien, & que l'un d'iceux ait l'Angle compris de ces Coſtez égaux plus grand que l'autre, la Baze ſera auſſi plus grande que la Baze.

JE ſuppoſe que dans les deux Triangles ABC, DEF, le Coſté AB, ſoit égal au Coſté DE, le Coſté AC, au Coſté DF, mais que l'Angle A, ſoit plus grand que l'Angle EDF ; Cela eſtant, je dis que la Baze BC, ſera plus grande que la Baze EF ; Pour le Prouver.

Tirez par la Propofi-
tion precedente la Ligne
DG, qui faffe avec DE,
l'Angle EDG, égal à
l'Angle A ; cette Ligne
DG, tombera hors le
Triangle DEF , puis
que l'Angle EDF, eft
fuppofé plus petit que
l'Angle A ; Faites en-

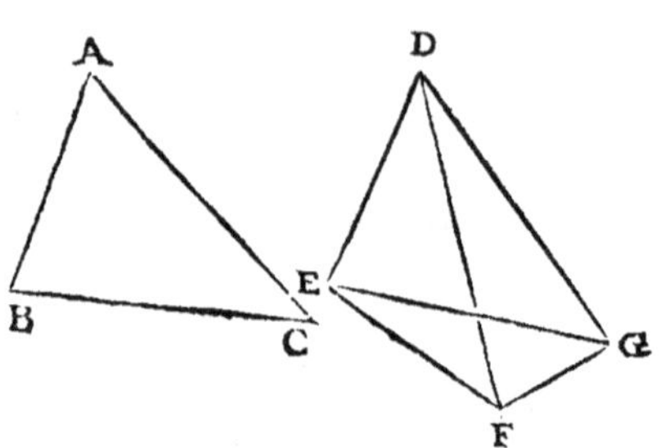

fuite DG, égale à DF, ou à AC, fon égale, & menez
la Ligne Droitte EG ; cette Ligne paffera neceffairement ou
au deffus du Point F, ou par le Point F, ou audeffous ; Penfons qu'elle paffe au deffus, comme icy , & tirons la Ligne
FG ; Maintenant en comparant les Triangles DEG, & ABC,
les deux Coftez ED, DG, font égaux aux deux Coftez BA,
AC, chacun au fien, & l'Angle EDG, égal à l'Angle A, par
conftruction ; Partant la Baze EG, eft égale à la Baze BC, par
la 4. Prop. Deplus au Triangle DFG, les deux Coftez DF,
DG, font égaux , par conftruction ; Donc par la 5.
Prop. les Angles DFG, DGF, fur la Baze s'enfuivent
égaux ; Or l'Angle EFG, eft plus grand que l'Angle DFG,
qui n'eft que fa partie, il eft donc auffi plus grand que
l'Angle DGF, & à plus forte raifon que l'Angle EGF, qui
n'eft que partie de DGF ; Cela eftant, puis qu'au Triangle EFG, l'Angle EFG, eft plus grand que l'Angle EGF ;
Il s'enfuit par la 19. Prop. que le Cofté EG, qui foûtient
le plus grand Angle , eft plus grand que le Cofté EF, qui
foûtient le plus petit ; Mais BC, eft égal à EG, comme
il a efté prouvé ; Partant BC, eft plus grand que EF.

Penfons maintenant
que la Ligne EG, paffe
par le Point F, comme
dans cette Figure ; au-
quel cas on monftrera
comme cy-deffus que
EG, eft égal à BC ; Or

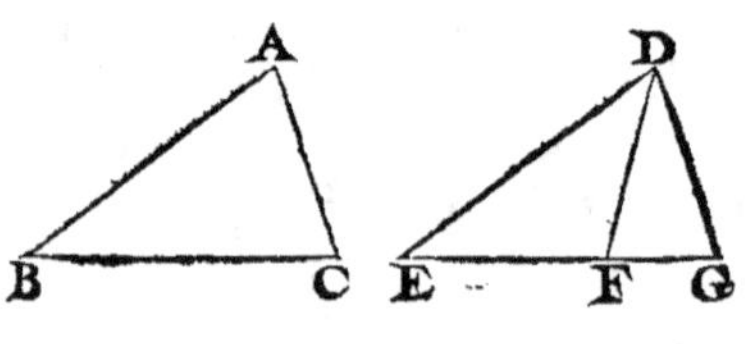

EG,

EG, eft plus grand que EF, qui n'eft que fa partie, donc
BC, fera auffi plus grand que la Ligne EF.

Penfons en troifiéme lieu
que la Ligne EG, paffe au
deffous du Point F, comme
icy ; auquel cas la Ligne EG,
fera toûjours prouvée égale
à BC ; Or les Lignes DF,

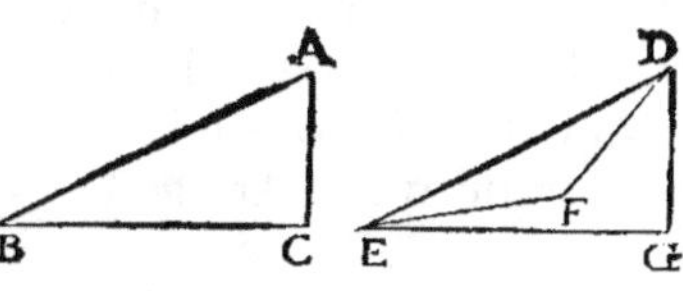

FE, qui font menées dans le Triangle DEG, font plus petites que les deux DG, GE, par la 21. Prop. Donc fi de ces
deux Tous inégaux on ofte les parties DF, DG, qui font
égales, par conftruction, le refte EF, s'enfuivra moindre que le refte EG ; & partant moindre que fon égal BC;
ainfi de quelque façon que tombe la Ligne EG, cette Ligne,
ou fon égale BC, fera toûjours plus grande que EF ; Ce
qu'il falloit démontrer.

PROPOSITION XXV.

THEOREME XVI.

*Si deux Triangles ont deux coftez égaux à deux coftez,
chacun au fien, & la Baze plus grande que la Baze,
ils auront auffi l'Angle compris de ces coftez égaux
plus grand que l'Angle.*

JE fuppofe que dans les deux Triangles ABC, DEF, le
Cofté AB, foit égal au Cofté DE, le Cofté AC, au
Cofté DF, & que la Baze
BC, foit plus grande que la
Baze EF ; Cela eftant, je
dis que l'Angle A, eft plus
grand que l'Angle D.

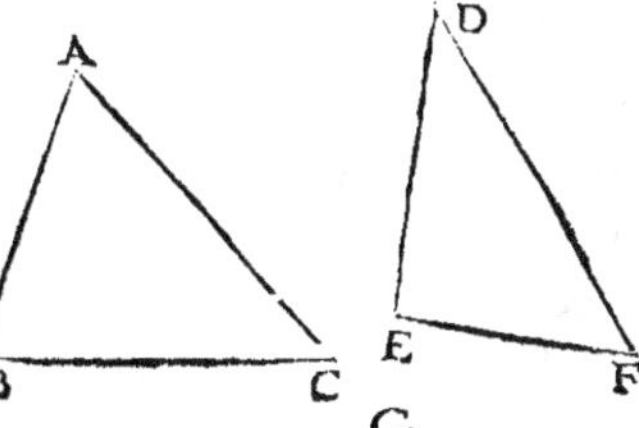

Car fi cela n'eftoit, il luy
feroit égal, ou plus petit;

Mais il ne peut'luy eftre égal ; parce qu'il s'enfuivroit que la Baze BC, feroit égale à la Baze EF, par la 4. Prop. Ce qui eft contre la Suppofition ; Il ne peut non plus eftre plus petit, car il s'enfuivroit que la Baze EF, feroit plus grande que la Baze BC, par la Propofition precedente ; ce qui eft auffi contre la Suppofition ; Donc l'Angle A, eft plus grand que l'Angle D. Ce qu'il falloit démontrer.

PROPOSITION XXVI.

THEOREME XVII.

Si deux Triangles ont deux Angles égaux à deux Angles, chacun au fien, & un Cofté égal à un Cofté, fçavoir, ou celuy aux extremitez duquel font les Angles égaux, ou celuy qui foûtient l'un de ces Angles, ils auront auffi les deux autres Coftez égaux, chacun au fien, & l'autre Angle égal à l'autre Angle, & tout le Triangle fera égal à tout le Triangle.

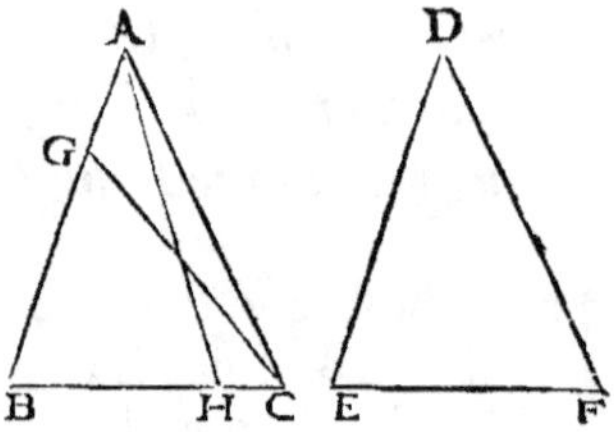

JE fuppofe que dans les deux Triangles ABC, DEF, l'Angle B, foit égal à l'Angle E, l'Angle ACB, à l'Angle F, & que le Cofté BC, foit égal au Cofté EF, aux extremitez defquels font les Angles égaux ; Cela eftant, je dis que le Cofté AB, eft égal au Cofté DE, le Cofté AC, au Cofté DF, que l'Angle BAC, eft égal à l'Angle D ; Et enfin que tout le Triangle ABC, eft égal à tout le Triangle DEF.

Car fi AB, n'eftoit pas égal à DE, il s'enfuivroit que l'un de ces deux Coftez feroit plus grand que l'autre ; Penfons fi vous voulez que ce foit AB ; en ce cas retranchez

de AB, la partie BG, égale à ED ; Puis tirez la Ligne
CG ; Maintenant comparant le Triangle GBC, au Triangle DEF, le Costé GB, sera égal au Costé ED, par construction, le Costé BC, est égal au Costé EF, & l'Angle B,
égal à l'Angle E, par Supposition ; Donc par la 4. Prop. la
Baze sera égale à la Baze, & l'Angle GCB, égal à l'Angle
F ; Mais l'Angle ACB, est supposé égal à l'Angle F ; ainsi
il s'ensuivroit que l'Angle GCB, & l'Angle ACB, seroient
égaux entr'eux, c'est à dire la partie au tout, ce qui est impossible ; Il est donc impossible, que le Costé AB, soit plus
grand que le Costé DE ; On prouvera de mesme que DE,
ne sçauroit estre plus grand que AB, donc ces deux
Costez AB, DE, sont égaux ; Ensuite dequoy, puis que,
par la Supposition, le Costé BC, est égal à EF, & l'Angle
B, égal à l'Angle E, Il s'ensuit par la 4. Prop. que la Baze
AC, est égale à la Baze DF, que l'Angle BAC, est égal à
l'Angle D ; Et enfin que tout le Triangle ABC est égal à
tout le Trlangle DEF ; Ce qu'il falloit démontrer.

Supposons maintenant que le Costé AB, qui soûtient
l'Angle ACB, & le Costé DE, qui soûtient l'Angle F,
sont égaux entr'eux ; Cela estant, je dis que le Costé
BC, est égal à EF, le Costé AC, égal à DF, que l'Angle
BAC, est égal à l'Angle D ; Et enfin que tout le
Triangle ABC est égal à tout le Triangle DEF.

Car si BC, n'estoit pas égal à EF, il s'ensuivroit que
l'un de ces deux Costez seroit plus grand que l'autre.
Pensons que ce soit BC ; auquel cas retranchez de BC,
la partie BH, égale à EF, & tirez la Ligne AH ; Maintenant comparant le Triangle ABH, au Triangle DEF, le
Costé BH, sera égal au Costé EF, par construction ; le
Costé AB, est égal au Costé DE, & l'Angle B, égal à
l'Angle E, par Supposition. Partant par la 4. Prop. la
Baze sera égale à la Baze, & l'Angle AHB, sera égal à
l'Angle F ; Or l'Angle ACB, est supposé égal à l'Angle
F, donc l'Angle AHB, seroit égal à l'Angle ACB, c'est à
dire l'Angle exterieur à son Opposé Interieur ; ce qui est

impoffible par la 16. Prop. Il n'eft donc pas vray que le
Cofté BC, foit plus grand que EF ; On prouvera de même que EF, n'eft pas plus grand que BC ; Partant ces
deux Coftez BC, EF, font égaux ; Mais le Cofté **AB**,
eftant fuppofé égal à DE, & l'Angle ABC, égal à l'Angle E, il s'enfuit par la 4. Prop. que la Baze AC, eft égale
à la Baze DF, que l'Angle BAC, eft égal à l'Angle **D**,
& enfin que tout le Triangle ABC, eft égal à tout le
Triangle DEF ; Ce qu'il falloit démontrer.

PROPOSITION XXVII.

THEOREME XVIII.

Si une Ligne Droitte tombant fur deux Lignes Droittes
fait les Angles oppofez alternativement égaux en-
tr'eux, ces deux Lignes feront paralleles entr'elles.

JE fuppofe que les deux Lignes AB, CD, font Droittes ;
& que la Ligne EF, tombant deffus fait les deux Angles
CFE, & FEB, qui font
alternativement oppofez,
égaux entr'eux ; Cela é-
tant, je dis que les Lignes
AB, CD, font paralleles.
   Car fi elles ne font pas
paralleles, ces deux Lignes
eftant prolongées d'une part ou d'autre fe pourront rencontrer. Penfons que ce foit vers G ; En ce cas les deux
Lignes EG, FG, avec la Ligne EF, formeront le Triangle
EFG, dont le Cofté GF, fe trouve prolongé vers C ;
Partant par la 16. Prop. l'Angle exterieur CFE, fera plus
grand que fon Oppofé alternativement FEB ; Ce qui eft
contre la Suppofition ; Donc les deux Lignes AB, CD, font
paralleles ; Ce qu'il falloit démontrer.

PROPOSITION XXVIII.

THEOREME XIX.

Si une Ligne Droitte tombant fur deux Lignes Droittes fait l'Angle exterieur égal à fon Oppofé Interieur de mefme part, ou bien les deux Interieurs de mefme part égaux à deux Droits, ces deux Lignes feront paralleles entr'elles.

JE fuppofe que les deux Lignes AB, CD, font Droittes, & que la Ligne EF, tombant deffus, & les coupant aux Points G, & H, faffe l'un des Angles exterieurs comme EGA, égal à l'Angle GHC, qui eft fon Oppofé Interieur de mefme part. Cela eftant, je dis que les Lignes AB, CD, font paralleles.

Car par la 15. Prop. l'Angle HGB, eft égal à l'Angle EGA ; Mais l'Angle EGA, eft égal à l'Angle GHC, par Suppofition ; Partant l'Angle HGB, eft égal à l'Angle GHC, qui eft fon Oppo- fé alternativement. D'où il fuit, par la Prop. precedente, que les Lignes AB, CD, font paralleles ; Ce qu'il falloit démontrer.

Je fuppofe en fecond lieu que les deux Angles AGH, & GHC, qui font les deux Oppofez Interieurs de mefme part, foient égaux à deux Droits ; Cela eftant je dis encore que les deux Lignes AB, CD, font paralleles.

Car puis que les deux Angles AGH, & GHC, font égaux à deux Droits, il s'enfuit qu'ils font égaux aux deux Angles AGH, & HGB, qui valent auffi deux Droits, par la 13. Prop. Donc fi de ces deux Tous qui font Egaux l'on ofte l'Angle AGH, qui leur eſt commun, les Angles reſtans GHC, & HGB, qui ſont oppoſez alternativement ſeront égaux ; Et partant, par la Propoſition precedente, les deux Lignes AB, CD, ſont paralleles ; Ce qu'il falloit démontrer.

Remarque.

Si on ſuppoſoit que la Ligne AB, inclinaſt tant ſoit peu par l'extremité A, vers la Ligne CD, & qu'ainſi l'Angle AGH, devenant un peu plus petit, les deux Angles AGH, & GHC, pris enſemble valuſſent moins que deux Droits ; En ce cas il eſt évident que les Lignes AB, CD, ne ſeroient point paralleles, mais qu'eſtant prolongées elles ſe rencontreroient du Coſté où ces deux Angles valent moins que deux Droits ; Et partant nous pouvons eſtablir icy cette verité, Que ſi une Ligne Droitte, tombant ſur deux Lignes Droittes, fait les deux Angles Interieurs de meſme part moindres que deux Droits, ces deux Lignes ne ſont point paralleles ; & qu'eſtant prolongées elles ſe rencontreront du Coſté où ces deux Angles valent moins que deux Droits.

PROPOSITION XXIX.

THEOREME XX.

Si une Ligne Droitte tombe sur deux Lignes Droittes paralleles, elle fera les Angles opposez alternativement égaux entr'eux, l'Angle exterieur égal à son Opposé Interieur de mesme part ; Et les deux Interieurs de mesme part égaux à deux Droits.

JE suppose que les deux Lignes Droittes AB, CD, soient paralleles, & que la Ligne Droitte EF, tombe dessus, & les coupe aux Points G, & H ; Cela estant, je dis premierement que les Angles opposez alternativement, tels que sont AGH, & GHD, sont égaux entr'eux.

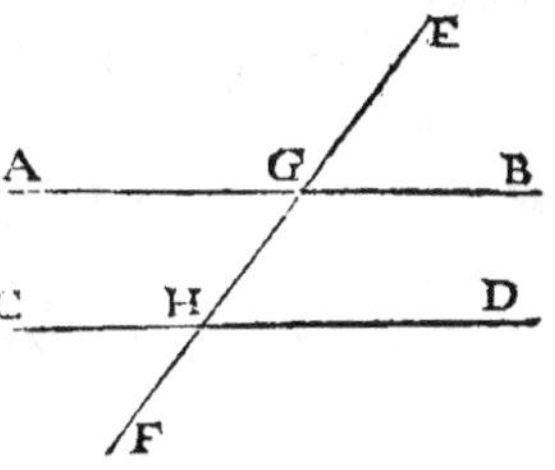

Autrement il faudroit que l'un de ces deux Angles fust plus petit que l'autre ; Pensons que ce soit AGH ; auquel cas AGH, pris avec GHC, vaudroit moins que GHD, pris avec le mesme GHC ; Mais GHD, & GHC, valent deux Droits par la 13. Prop. Partant AGH, & GHC, vaudront moins que deux Droits ; Et ainsi il s'ensuivroit, par la remarque precedente, que ces Lignes AB, CD, ne seroient point paralleles ; Ce qui est contre la Supposition ; L'Angle AGH, ne peut donc pas estre plus petit que l'Angle GHD ; On prouvera de mesme que l'Angle GHD, ne peut pas estre plus petit que l'Angle AGH ; Donc ces deux Angles sont égaux entr'eux ; Ce qu'il falloit démontrer.

Je dis en second lieu, que l'Angle Exterieur EGB, est égal à son opposé Interieur de mesme part sçavoir GHD.

Car par la 15. Prop. EGB, est égal à AGH, qui luy est opposé au Sommet ; Or par ce qui vient d'estre prouvé, AGH, est égal à GHD ; Partant EGB, est aussi égal à GHD ; Ce qu'il falloit démontrer.

Je dis enfin que les deux Angles Interieurs de mesme part, comme BGH, & GHD, sont égaux à deux Droits.

Car par ce qui vient d'estre prouvé l'Angle GHD, est égal à l'Angle AGH ; Et partant GHD, pris avec HGB, vaudra autant que AGH, pris avec HGB ; Or, par la 13. Prop. AGH, & HGB, valent deux Droits ; Donc GHD, & HGB, valent aussi deux Droits ; Ce qu'il falloit démontrer.

PROPOSITION XXX.

THEOREME XXI.

Les Lignes Droittes paralleles a une mesme, sont paralleles entr'elles.

JE suppose que les Lignes AB, CD, sont paralleles à la Ligne EF ; Cela estant, je dis que ces Lignes sont paralleles entr'elles ; Pour le prouver.

Tirez la Ligne Droitte GK, qui coupe ces trois Lignes aux Points G, H, K ; Ensuite de quoy, puis que les Lignes AB, EF, sont paralleles, par Supposition, & que GK, tombe dessus, il s'ensuit, par la 29. Prop. que les Angles AGH, & GHF, qui sont opposez alternativement, sont égaux entr'eux ; De mesme puis que les Lignes EF, CD, sont aussi supposées paralleles, & que la mesme Ligne GK, tombe dessus, il s'ensuit, par la mesme Prop. que l'Angle exterieur GHF, est égal à son Opposé Interieur HKD ; ainsi les deux Angles AGH, & HKD, qui sont égaux à un mesme, sont égaux entr'eux ,

Or

Or ces Angles font oppofez alternativement ; Donc par
la 23. Prop. les deux Lignes AB, CD, font paralleles ;
Ce qu'il falloit démontrer.

PROPOSITION XXXI.

PROBLEME X.

*Par un Point donné mener une Ligne Droitte parallele à
une Ligne Droitte donnée.*

JE fuppofe que le Point donné
foit A, & la Ligne Droitte
donnée, BC ; & je propofe de
mener par le Point A, une Ligne,
qui foit parallele à BC ; Pour le
faire.

Tirez du Point A, à tel Point qu'il vous plaira de la
Ligne BC, la Ligne Droitte AD, qui faffe avec BC, un
Angle tel qu'il vous plaira, comme ADC ; Menez enfuitte
par le Point A, la Ligne Droitte EAF, qui faffe avec AD,
l'Angle EAD, égal à l'Angle ADC ; Cela eftant, je dis
que la Ligne EF, eft parallele à BC.

Car les Angles EAD, ADC, qui font oppofez alternativement, font égaux, par conftruction ; Partant par la
29. Prop. les Lignes EF, BC, font paralleles ; Ce qu'il
falloit faire, & démontrer.

Remarque.

Pratique de cette Proposition. Pofons que la Ligne IK, foit donnée, & que le Point donné foit H ; Mettez le pied du compas au Point H, & l'ouvrez de telle forte qu'en décrivant un Arc de Cercle, il raze la Ligne IK ; Cela fait, tranfportez le compas ainfi ouvert à un Point de la Ligne IK, comme I, & décrivez de la part du Point H, l'Arc LNM, puis tirez part le Point H, une Ligne Droitte qui raze l'Arc LNM, & alors cette Ligne NH, fera parallele à la Ligne IK.

PROPOSITION XXXII.

THEOREME XXII.

En tout Triangle, un des Coftez eftant prolongé l'Angle Exterieur eft égal aux deux Oppofez Interieurs ; & les trois Angles d'un Triangle font égaux à deux Droits.

JE fuppofe que du Triangle ABC, le Cofté BC, foit prolongé vers D ; Cela eftant, je dis premierement que l'Angle Exterieur ACD, eft égal aux deux Oppofez Interieurs A, & B, pris enfemble. Pour le prouver.

Menez par le Point C, la Ligne Droitte CE, parallele à AB, par la Prop. precedente ; Cela pofé, puis que les Lignes AB, CE, font paralleles, & que la Ligne AC, tombe deſſus ; Il s'enſuit, par la 29. Prop. que l'Angle ACE, eſt égal à l'Angle A, qui luy eſt oppoſé alternative-ment.

De meſme, puis que les Lignes AB, CE, ſont paralleles, & que la Ligne BD, tombe deſſus ; Il s'enſuit par la meſme 29. Prop. que l'Angle Exterieur ECD, eſt égal à ſon oppoſé Interieur B ; Et partant l'Angle total ACD, eſt égal aux deux Angles A, & B ; Ce qu'il falloit démon-trer.

Je dis en ſecond lieu que les trois Angles du Triangle ABC, ſont égaux à deux Droits.

Car il vient d'eſtre prouvé que les deux Angles A, & B, ſont égaux à l'Angle ACD ; Or l'Angle ACD, avec l'Angle ACB, ſont égaux à deux Droits, par la 13. Prop. Donc les deux Angles A, & B, avec l'Angle ACB, ſont auſſi égaux à deux Droits ; Ce qu'il failloit démontrer.

I. Corollaire.

Il ſuit premierement de cette Propoſition que les trois Angles d'un Triangle pris enſemble ſont égaux aux trois Angles d'un autre Triangle, pris auſſi enſemble ; Car les trois Angles de l'un valent deux Droits, de meſme que les trois Angles de l'autre.

II. Corollaire.

Il ſuit en ſecond lieu, que ſi deux Angles d'un Triangle ſont égaux à deux Angles d'un autre Triangle, le troiſiéme ſera auſſi égal au troiſiéme.

III. Corollaire.

Il ſuit en troiſiéme lieu, que ſi l'un des Angles d'un Triangle eſt Droit, les deux autres valent autant qu'un Droit.

H ij

IV. Corollaire.

Il fuit enfin, que fi deux Angles d'un Triangle font connus, le troifiéme fera auffi connu ; Car ce troifiéme eft le refte de deux Droits.

Remarque.

Par cette Propofition nous pouvons déterminer à combien d'Angles Droits font égaux tous les Angles d'une Figure Rectiligne ; Car fi de l'un des Angles de cette Figure l'on tire à tous les autres Angles autant de Lignes Droittes qu'il eft poffible de former de Triangles, cette Figure fera divifée en plufieurs Triangles, chacun defquels valant deux Droits, l'on fçaura la valeur des Angles de cette Figure, puis qu'ils font les mefmes que ceux de tous ces Triangles. Ainfi parce qu'une Figure de quatre coftez fe peut refoudre en deux Triangles ; Il s'enfuit que fes quatre Angles valent quatre Angles Droits ; Et parce qu'une Figure de cinq coftez fe peut refoudre en trois Triangles, fes cinq Angles valent fix Angles Droits &c. Et d'autant que toute Figure de plufieurs Coftez fe peut refoudre en autant de Triangles qu'elle a de Coftez, moins deux, nous devons conclure que tous les Angles d'une Figure Rectiligne font égaux à deux fois autant d'Angles Droits qu'elle a de Coftez, moins deux ; Ainfi les Angles d'un Decagone valent 16. Angles Droits, ceux d'un Dodecagone valent vingt Angles Droits, & ceux d'un Chiliogone, ou d'une Figure de mille Coftez valent 1996. Angles Droits.

PROPOSITION XXXIII.

THEOREME XXIII.

Si deux Lignes Droittes font égales & paralleles, les Lignes Droittes qui joignent leurs extremitez de mefme part, font auffi égales & paralleles.

JE fuppofe que les Lignes AD, BC, font égales & paralleles, & que leurs extremitez font jointes de mefme part par les Lignes Droittes AB, DC ; Cela eftant, je dis que ces Lignes AB, DC, font auffi égales & paralleles : Pour le prouver.

Du Point B, au Point D, tirez la Ligne Droitte BD ; Cela pofé, puis que les Lignes Droittes AD, BC, font paralleles, & que la Ligne BD, tombe deffus, il s'enfuit, par la 29. Prop. que les Angles ADB, & CBD, qui font oppofez alternativement font égaux entr'eux ; Comparant en-fuitte les Triangles ABD, & CBD, le Cofté AD, eft égal au Cofté BC, par Suppofition, le Cofté BD, eft commun, l'Angle ABD, eft égal à l'Angle CBD, comme il vient d'eftre prouvé ; Partant la

Baze AB, eft égale à la Baze CD, & l'Angle ABD, égal à l'Angle CDB, par la 4. Prop. Or ces deux An-gles ABD, & CDB, font oppofez alternativement ; Donc par la 29. Prop. les Lignes AB, DC, font auffi paralleles ; Ce qu'il falloit démontrer.

PROPOSITION XXXIV.

THEOREME XXIV.

En tout Parallelogramme les Coſtez & les Angles oppo-
ſez ſont égaux entr'eux , & la Diagonale le coupe
en deux également.

JE ſuppoſe que AC, eſt un Parallelogramme , & que
BD, eſt la Diagonale ; Cela eſtant, je dis que le Coſté
AB, eſt égal à ſon Oppoſé CD ; Le Coſté AD, égal à
ſon Oppoſé BC ; Que l'Angle A, eſt égal à ſon Oppoſé
C, & que l'Angle ABC, eſt égal à ſon Oppoſé ADC ;
Et enfin que le Triangle ADB, eſt égal au Triangle CDB,
& qu'ainſi la Diagonale le coupe en deux également.

Car puis que les Lignes AB,
CD, ſont les Coſtez oppoſez d'un
meſme Parallelogramme, il s'enſuit qu'elles ſont paralleles ; Et
par conſequent la Ligne BD, tombant deſſus ; les Angles ABD, &

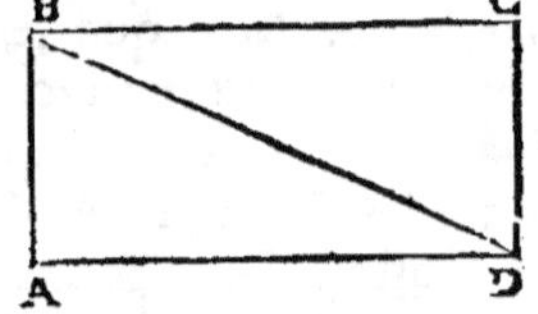

BDC, qui ſont oppoſez alternativement , ſont égaux
entr'eux, par la 29. Prop. Par la meſme raiſon, les deux
Angles ADB, & CBD, qui ſont oppoſez alternativement,
ſont auſſi égaux entr'eux ; Ainſi les deux Triangles ABD,
BDC, ont deux Angles égaux à deux Angles , chacun au
ſien, & le Coſté BD, aux extremitez duquel ſont les Angles égaux, eſt commun. Partant par la 26. Prop. les
deux autres Coſtez AB, AD, ſont égaux aux deux autres
Coſtez CD, CB, chacun au ſien, ſçavoir AB, à CD, &
AD, à CB ; l'Angle A, eſt égal à l'Angle C ; Et tout le
Triangle ABD, eſt égal à tout le Triangle CBD ; Enfin
puis que les deux Angles ABD, & CBD, ont eſté ſepare-
ment prouvez égaux aux deux Angles CDB, & ADB, il
eſt évident que l'Angle total ABC, eſt égal à l'Angle to-

tal ADC ; Qui eſt tout ce qu'il falloit démontrer.

Corollaire.

Il ſuit de cette Propoſition qu'en tout Parallelogramme, ſi un Angle eſt Droit, les trois autres le ſont auſſi. Car puis que les deux Angles Internes d'un Parallelogramme ſont égaux à deux Droits, ſi l'un eſt Droit l'autre l'eſt auſſi ; Et par conſequent auſſi leurs Oppoſez.

PROPOSITION XXXV.

THEOREME XXV.

Les Parallelogrammes conſtituez ſur une meſme Baze,
& entre meſmes Paralleles, ſont égaux entr'eux.

JE ſuppoſe que les Parallelogrammes AC, BF, ſont ſur une meſme Baze, à ſçavoir BC, & entre meſmes Paralleles AF, BC; Cela eſtant, je dis que ces deux Parallelogrammes ſont égaux en-tr'eux. Pour le prouver.

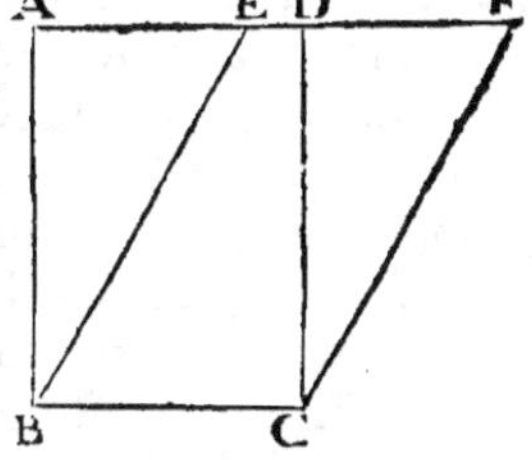

Cette Suppoſition peut avoir trois cas ; Car ou le Point E, tombera entre A, & D, où il tombera ſur le Point D, ou au delà du Point D.

Au premier cas, le Coſté AD, eſt égal au Coſté BC, qui eſt ſon Oppoſé dans le Parallelogramme AC ; De meſme le Coſte EF, eſt égal au meſme Coſté BC, qui eſt auſſi ſon Oppoſé dans le Parallelogramme BF ; Donc AD, & EF, ſont égaux ; Et ſi l'on en oſte la Partie ED, qui leur eſt commune, les reſtes AE, DF, ſeront égaux entr'eux ; De plus dans le meſme Parallelogramme AC, le Coſté AB, eſt égal au Coſté DC, qui eſt ſon Oppoſé ; Mais puis qu'ils ſont paralleles, & que la Ligne AF, tombe

deſſus, l'Angle Exterieur CDF, eſt égal à ſon Oppoſé Interieur BAE, par la 29. Prop. D'où il ſuit que les deux
Triangles BAE, CDF, ont deux coſtez égaux à deux
coſtez chacun au ſien, & l'Angle compris de ces coſtez
égal à l'Angle ; Et partant par la 4. Prop. ces deux Triangles BAE, CDF, ſont égaux entr'eux ; C'eſt pourquoy ſi
on leur adjoûte à chacun le Trapeze EBCD, il s'enſuivra
que le Triangle BAE, avec ce Trapeze, ſera égal au
Triangle CDF, avec ce meſme Trapeze, c'eſt à dire le
Parallelogramme AC, au Parallelogramme BF ; Ce qu'il
falloit démontrer.

Au ſecond cas, où le Point E,
tombe ſur le Point D, on prouvera
de meſme que le Coſté AD, eſt
égal au Coſté EF, le Coſté AB,
au Coſté DC, que l'Angle Exterieur CDF, eſt égal à ſon Oppoſé Interieur BAE, & que le
Triangle BAE, eſt égal au Trian-

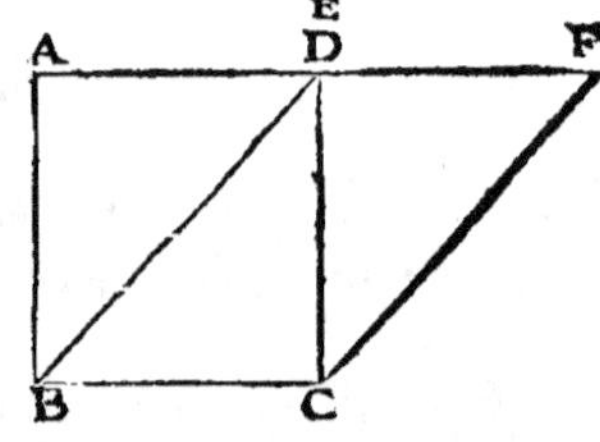

gle CDF ; C'eſt pourquoy ſi on leur adjoûte une choſe
commune, à ſçavoir le Triangle EBC ; Il s'enſuivra que
le Parallelogramme AC, ſera égal au Parallelogramme BF;
Ce qu'il falloit démontrer.

Au troiſiéme cas, on prouvera de meſme, que AD, eſt
égal à EF ; & en leur
adjoûtant la Partie com-
mune DE, la toute AE,
ſera égale à la Toute
DF ; On prouvera auſſi
que le Coſté AB, eſt
égal au Coſté DC, que
l'Angle Exterieur D, eſt
égal à ſon Oppoſé Inte-
rieur A, & que le Trian-

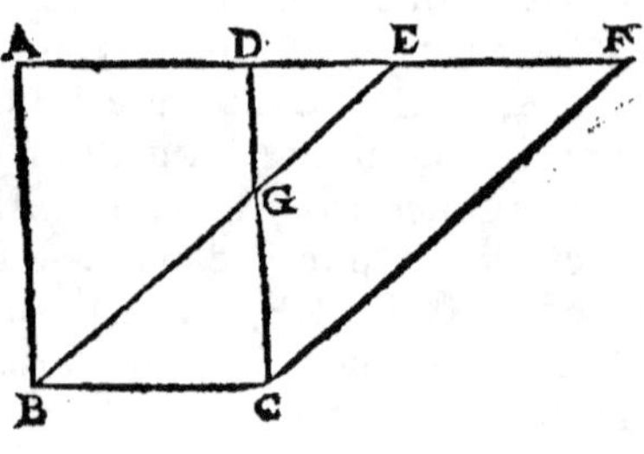

gle BAE, eſt égal au Triangle CDF ; Donc ſi on oſte de
ces deux Triangles, le Triangle commun DGE ; le Trapeze ABGD, reſtera égal au Trapeze EGCF ; A quoy ſi
l'on

l'on adjoûte le Triangle GBC, il s'enfuivra que le Trapeze ABGD, avec ce Triangle, fera égal au Trapeze EGCF, avec ce mefme Triangle, c'eft à dire que le Parallelogramme AC, fera égal au Parallelogramme BF ; Ce qu'il falloit démontrer.

PROPOSITION XXXVI.

THEOREME XXVI.

Les Parallelogrammes conftituez fur Bazes Egales, & entre mefmes Paralleles, font égaux entr'eux.

JE fuppofe que les Parallelogrammes AC, EH, font confti- tuez fur Bazes Egales, fça- voir BC, GH, & entre mefmes Paralleles, AF, BH ; Cela eftant, je dis que ces deux Parallelogrammes font égaux entr'eux. Pour le prou- ver.

Menez du Point B, au Point E, la Ligne BE, & du Point C, au Point F, la Ligne CF ; Cela pofé, BC, eft égal à GH, par Suppofition ; EF, eft auffi égal à GH, eftant les Coftez oppofez d'un mefme Parallelogramme ; Donc BC, eft égal à EF ; D'ail- leurs BC, EF, font fuppofées paralleles ; Donc par la 33. Prop. les Lignes Droittes BE, CF, qui joignent leurs ex- tremitez font auffi égales & paralleles ; Et par confequent la Figure BF, eft un Parallelogramme ; Or ce Parallelo- gramme eft fur la mefme Baze, & entre mefmes Pa- ralleles, que le Parallelogramme AC ; Donc, par la Prop. precedente les deux Parallelogrammes AC, BF, font égaux entr'eux ; Mais ce mefme Parallelogramme BF, & le Parallelogramme EH, eftant fur une mefme Baze, à fçavoir EF, & entre mefmes Paralleles, font auffi égaux entr'eux ; Et partant les Parallelogrammes AC, EH, qui

font égaux au Parallelogramme BF, font égaux entr'eux ;
Ce qu'il falloit démontrer.

PROPOSITION XXXVII.

THEOREME XXVII.

*Les Triangles conftituez fur une mefme Baze, & entre
mefmes Paralleles, font égaux entr'eux.*

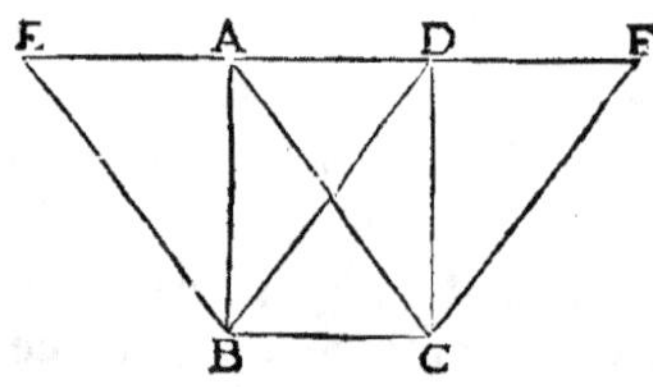

JE fuppofe que les Trian-
gles ABC, DBC, font fur
une mefme Baze, à fçavoir
BC, & entre mefmes Paralleles EF, BC ; Cela eftant, je
dis que ces deux Triangles
font égaux entr'eux. Pour le
prouver.

Menez par le Point B, la Ligne Droitte BE, parallele à
AC, & par le Point C, la Ligne Droitte CF, parallele à
BD, par la 31. Prop. Cela pofé, il s'enfuit que les Figures
AB, DC, font des Parallelogrammes, dont les Lignes
AB, DC, font les Diagonales ; Et partant par la 34. Prop.
les Triangles ABC, DBC, en font les moitiez ; Or les Parallelogrammes AB, DC, eftant fur une mefme Baze, à
fçavoir BC, & entre mefmes Paralleles EF, BC, font égaux
entr'eux, par la 35. Prop. Donc les Triangles ABC, DBC,
qui en font les moitiez, font auffi égaux entr'eux ; Ce
qu'il falloit démonftrer.

PROPOSITION XXXVIII.

THEOREME XXVIII.

Les Triangles conſtituez ſur Bazes Egales , & entre meſmes Paralleles , ſont égaux entr'eux.

J E ſuppoſe que les Triangles ABC, DEF, ſont ſur
Bazes Egales ſçavoir BC, EF,
& entre meſmes Paralleles,
GH, BF ; Cela eſtant, je dis
que ces deux Triangles ſont
égaux entr'eux. Pour le prouver.

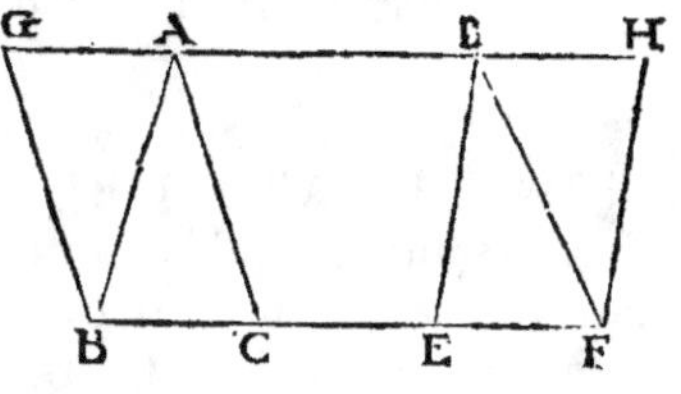

Menez par le Point B, la Ligne Droitte BG, parallele à
AC, & par le Point F, la Ligne Droitte FH, parallele à
ED, par la 31. Prop. Cela poſé, il s'enſuit que les Figures
AB, DF, ſont des Parallelogrammes, dont les Lignes AB,
DF, ſont les Diagonales ; Et partant par la 34. Prop. les
Triangles ABC, DEF, en ſont les moitiez ; Or les Pa-
rallelogrammes AB, DF, eſtant ſur des Bazes Egales, BC,
EF, & entre meſmes Paralleles BF, GH, ſont égaux en-
tr'eux , par la 36. Prop. Donc les Triangles ABC, DEF,
qui ſont leurs moitiez, ſont auſſi égaux entr'eux ; Ce qu'il
falloit démontrer.

PROPOSITION XXXIX.

THEOREME XXIX.

Les Triangles Egaux conftituez fur une mefme Baze &
de mefme part , font entre mefmes Paralleles.

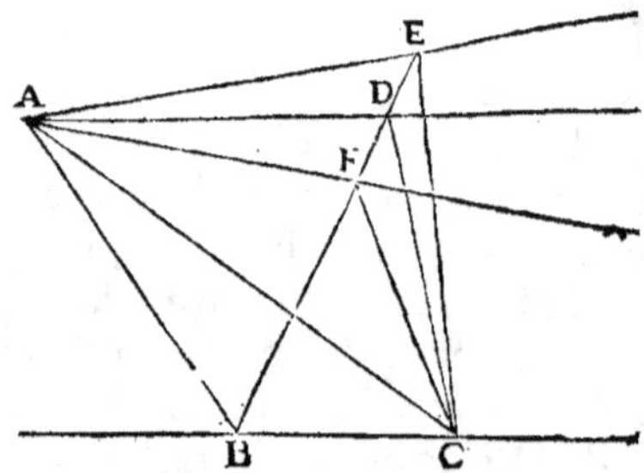

JE fuppofe que les Triangles ABC, DBC, font égaux , qu'ils font conftituez fur une mefme Baze , à fçavoir BC, & qu'ils font de mefme part; Cela eftant , je dis que ces Triangles font entre mefmes Paralleles , c'eft à dire que fi par le Point A, & le Point D, on mene la Ligne Droitte AD, cette Ligne fera parallele à BC ; En voicy la preuve.

Car fi elle n'eftoit pas Parallele , on pourroit par le Point A, mener une autre Ligne parallele à BC, par la 31. Prop. & cette Ligne pafferoit ou au deffus ou au deffous de AD. Penfons donc premierement qu'elle paffe au deffus, s'il eft poffible , comme fait icy AE ; Puis prolongez la Ligne BD, jufqu'à ce qu'elle rencontre la Ligne AE, au Point E, & tirez la Ligne CE ; Cela pofé les deux Triangles ABC, EBC, eftant fur une mefme Baze & entre mefmes Paralleles feroient égaux entr'eux , par la 37. Prop. Mais par la Suppofition le Triangle DBC , eft égal au mefme Triangle ABC ; Donc le Triangle EBC, feroit égal au Triangle DBC, qui n'eft que fa partie , ce qui eft impof-fible ; Il eft donc impoffible qu'une Ligne menée par le Point A, parallele à la Ligne BC, paffe au deffus de la Ligne AD.

Pensons maintenant que cette Parallele passe au dessous de AD, comme fait icy AF, & menez la Ligne Droitte CF ; Cela posé le Triangle FBC, seroit égal au Triangle ABC, par la 37 Prop. Mais par la Supposition le Triangle DBC, est égal au mesme Triangle ABC ; Donc le Triangle FBC, seroit égal au Triangle DBC, c'est à dire, la Partie au Tout, ce qui est impossible. Cette Parallele ne peut donc pas passer au dessous de AD, ny au dessus, comme il a esté prouvé ; Donc il ne peut pas y en avoir d'autre que AD ; Et partant AD, est parallele à BC ; Ce qu'il falloit démontrer.

PROPOSITION XL.

THEOREME XXX.

Les Triangles Egaux, constituez sur Bazes Egales, &
de mesme part, sont entre mesmes paralleles.

JE suppose que les Triangles ABC, DEF, sont égaux, qu'ils sont constituez sur Bazes Egales, à sçavoir BC, EF, & qu'ils sont de mesme part ; Cela estant, je dis qu'ils sont entre mesmes Paralleles ; C'est à dire que si par le Point A, & par le Point D, on mene la Ligne Droitte AD, cette Ligne sera Parallele à BF ; Envoicy la preuve.

Voyez la Figure cy-dessous.

Car si elle n'estoit parallele, on pourroit par le Point A, mener une autre Ligne parallele à BF, par la 31. Prop. & cette Ligne passeroit ou au dessus ou au dessous de AD; Pensons donc premierement qu'elle passe au dessus, s'il est possible, comme fait icy AG, puis prolongez la Ligne ED, jusqu'à ce qu'elle rencontre la Ligne AG, au Point G & menez la Ligne FG ; Cela posé, les deux Triangles ABC, GEF, estant sur Bazes égales, BC, EF, & entre mesmes Paralleles, seroient égaux entr'eux par la 38.

Prop. Mais par la Suppoſition le Triangle DEF, eſt
égal au meſme Triangle
ABC ; Donc le Triangle
GEF, ſeroit égal au Triangle DEF, qui n'eſt que ſa
Partie , ce qui eſt impoſſible ; Il eſt donc impoſſible
qu'une Ligne menée par le
Point A, parallele à BF,
paſſe au deſſus de AD.

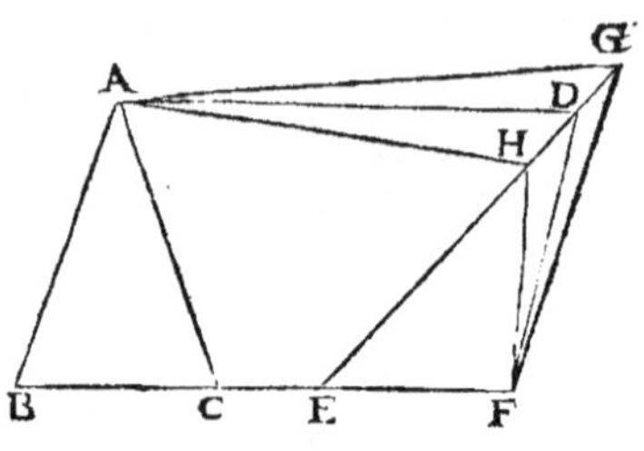

Penſons maintenant que cette Parallele paſſe au deſſous
de AD, comme fait icy AH, & menez la Ligne Droitte
FH ; Cela poſé, le Triangle HEF, ſeroit égal au Triangle
ABC, par la 38. Prop. Mais par la Suppoſition le Triangle DEF, eſt égal au meſme Triangle ABC ; Donc le
Triangle HEF, ſeroit égal au Triangle DEF, c'eſt à dire
la Partie au Tout, ce qui eſt impoſſible ; Cette Parallele
ne peut donc pas paſſer au deſſous de AD ; ny au deſſus,
comme il a eſté prouvé ; Donc il ne peut pas y en avoir
d'autre que AD ; Et partant AD, eſt parallele à BF ;
Ce qu'il falloit démontrer.

PROPOSITION XLI.

THEOREME XXXI.

Si un Parallelogramme & un Triangle font conftituez fur une mefme Baze, & entre mefmes Paralleles, le Parallelogramme fera double du Triangle.

JE fuppofe que le Parallelogramme AC, & le Triangle EBC, foient conftituez fur une mefne Baze, à fçavoir BC, & entre mêmes Paralleles AE, BC ; Cela eftant, je dis que le Parallelogramme eft double du Triangle. Pour le prouver.

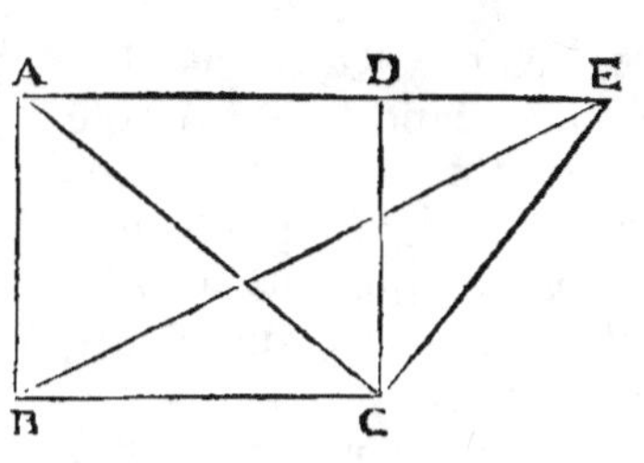

Menez la Diagonale AC ; Cela pofé, puis que les Triangles ABC, EBC, font fur la mefme Baze BC, & entre mefmes Paralleles AE, BC, ils font égaux, par la 37. Prop. Or le Triangle ABC, eft moitié du Parallelogramme AC, d'autant que la Diagonale AC, le coupe en deux également, par la 34. Prop. Donc le Triangle EBC, eft auffi moitié du Parallelogramme AC ; Et par conféquent le Parallelogramme AC, eft double du Triangle EBC ; Ce qu'il falloit démontrer.

Remarque.

Par là il eft auffi évident que fi un Parallelogramme & un Triangle eftoient conftituez fur Bazes Egales, & entre mefmes Paralleles, le Parallelogramme feroit double du Triangle.

PROPOSITION XLII.

PROBLEME XI.

D'écrire un Parallelogramme égal à un Triangle donné, & qui ait un Angle égal à un Angle Rectiligne donné.

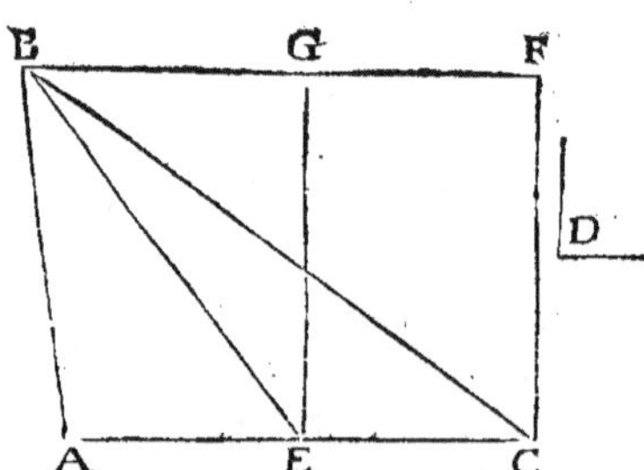

JE suppose que l'on donne le Triangle ABC, & l'Angle Rectiligne D ; Cela estant, je propose de décrire un Parallelogramme égal au Triangle ABC, & qui ait un Angle égal à l'Angle D ; Pour le faire.

Coupez l'un des Costez de ce Triangle, par exemple AC, en deux également au Point E, & de ce Point tirez par la 23. Prop. la Ligne EG, qui fasse avec EC, l'Angle CEG, égal à l'Angle donné D ; tirez aussi par la 31. Prop. du Point C, la Ligne CF, parallele à EG ; Enfin menez par le Point B, la Ligne BF, parallele à AC ; Cela posé, je dis que la Figure EF, est un Parallelogramme, que ce Parallelogramme est égal au Triangle ABC, & qu'il a un Angle égal à l'Angle donné D ; Pour le prouver.

Puis que CF, est parallele à EG, & que GF, est parallele à EC, Il est évident que la Figure EF, est un Parallelogramme, qui a l'Angle CEG, égal à l'Angle donné D, par construction ; si bien qu'il reste seulement à prouver qu'il est égal au Triangle ABC. Pour le prouver.

Du Point B, au Point E, menez la Ligne Droitte BE ; Cela posé, puis que les Triangles BAE, BEC, sont sur des Bazes Egales, AE, EC, & entre mesmes Parallèles, BF, AC, ils sont égaux entr'eux, par la 38. Prop. par conse-quent le Triangle ABC, qui est composé de ces deux

Triangles.

Triangles, eſt double du Triangle BEC ; Mais le Parallelogramme EF, eſt auſſi double de ce meſme Triangle BEC,
par la Prop. précedente, puis qu'il eſt ſur la meſme Baze,
& entre meſmes Paralleles ; Donc le Triangle ABC, &
le Parallelogramme EF, qui ſont doubles d'une meſme
choſe, ſont égaux entr'eux ; Ce qu'il falloit faire, & démontrer.

Remarque.

La pratique de cette Propoſition conſiſte ſeulement à faire
un Parallelogramme ſur la moitié de la Baze d'un Triangle, & entre meſmes Paralleles ; C'eſt pourquoy nous pouvons établir comme une verité Geometrique, que tout Parallelogramme conſtitué ſur la moitié de la Baze d'un Triangle, & entre meſmes Paralleles, eſt égal à ce Triangle.

PROPOSITION XLIII.

THEOREME XXXII.

*En Tout Parallelogramme, les Supplemens des Paralle-
logrammes qui ſont allentour du Diametre ſont
égaux entr'eux.*

JE ſuppoſe que la Figure AC, eſt
un Parallelogramme, dont le
Diametre eſt AC, allentour duquel
ſont les Parallelogrammes AK, KC;
Cela eſtant, je dis que les Supplemens KB, KD, ſont égaux entr'eux;
Pour le prouver.

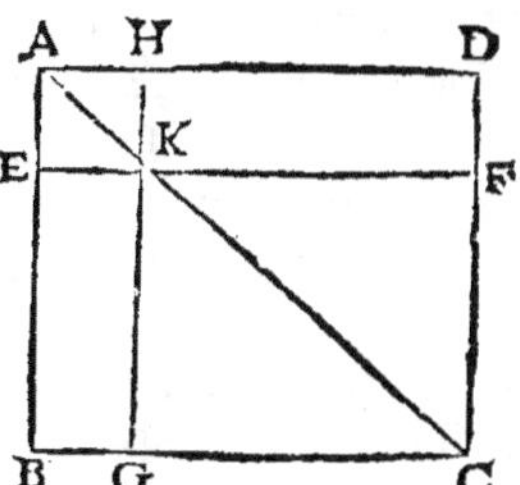

Puis que par la 34. Prop. le Diametre AC, coupe le Parallelogram-
me AC, en deux également, le Triangle ABC, eſt égal
au Triangle ACD ; De meſme, les Parallelogrammes AK,

KC, eſtant coupez en deux également par leurs Diametres AK, KC, le Triangle AEK, eſt égal au Triangle AKH,
& le Triangle KGC, égal au Triangle KCF ; Si donc des
Triangles ABC, ACD, qui ſont égaux, nous oſtons choſes égales, ſçavoir du Triangle ABC, les deux Triangles
AEK, KGC ; & du Triangle ACD, les deux Triangles
AKH, KCF, les reſtes, qui ſont les Supplemens KB, KD,
ſeront égaux entr'eux ; Ce qu'il falloit démontrer.

PROPOSITION XLIV.

PROBLEME XII.

*Sur une Ligne Droitte donnée décrire un Parallelo-
gramme égal à un Triangle donné, & qui ait un
Angle égal à un Angle Rectiligne donné.*

JE ſuppoſe qu'on donne la Ligne Droitte AB, le Triangle C, & l'Angle Rectiligne D ; Cela eſtant, je propoſe de décrire ſur AB, un Parallelogramme égal au
Triangle C, & qui ait un Angle égal à l'Angle D ; Pour
le faire.

Prolongez AB, vers
E, & aprés avoir fait
AE, égal à un des co-
ſtez du Triangle C,
achevez par la 22. Prop.
de décrire le Triangle
AEN, égal au Trian-
gle C ; puis par la 42.
Prop. décrivez le Pa-
rallelogramme AF, égal

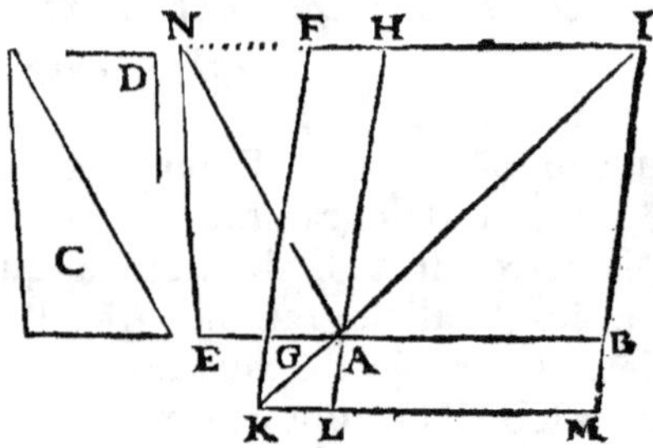

au Triangle AEN, & qui ait l'Angle HAG, égal à l'Angle D ; Prolongez aprés cela FG, & HA, indefiniment
vers K, & vers L ; Prolongez de meſme FH, indefiniment
vers I ; & ayant mené par le Point B, la Ligne IBM, pa-

rallele à FG, par la 31. Prop. tirez du Point I, où les Lignes IBM, & FHL, se rencontrent, la Ligne Droitte IAK, si longue, qu'elle rencontre la Ligne FGK, au Point K ; Enfin menez par le Point K, la Ligne Droitte KLM, parallele à AB, par la 31. Prop. Cela posé, je dis que la Figure AM qui est décrite sur la Ligne Droitte donnée AB, est un Parallelogramme ; que ce Parallelogramme est égal au Triangle donné C ; & qu'il a un Angle égal à l'Angle donné D ; Pour le prouver.

Puis que les Lignes AB, LM, & les Lignes AL, BM, sont paralleles, par construction, il s'ensuit que AM, est un Parallelogramme ; Et puis que FI, KM, sont paralleles à AB, elles sont paralleles entr'elles, par la 30. Prop. De plus, les Lignes IBM, FGK, ayant aussi esté faites Paralleles, il est évident que la Figure FM, est un Parallelogramme ; Dans lequel les Parallelogrammes AM, AF, estant les Supplemens des Parallelogrammes qui sont allentour du Diametre, il s'ensuit qu'ils sont égaux entr'eux, par la 43. Prop. Or, par la construction, AF est égal au Triangle AEN ; Donc AM, est aussi égal au Triangle AEN ; Mais ce Triangle a esté fait égal au Triangle C ; D'où il suit que le Parallelogramme AM, est aussi égal au Triangle C ; D'ailleurs, par la 15. Prop. l'Angle LAB, est égal à l'Angle HAG, qui a esté fait égal à l'Angle D ; Et partant l'Angle LAB, est aussi égal à l'Angle D ; Ce qu'il falloit faire & démontrer.

PROPOSITION XLV.

PROBLEME XIII.

Décrire un Parallelogramme égal à une Figure Rectiligne donnée , & qui ait un Angle égal à un Angle Rectiligne donné.

JE suppose qu'on donne la Figure Rectiligne ABCD, & l'Angle Rectiligne E ; Cela estant, je propose de décrire une Parallelogramme égal à la Figure ABCD, qui ait un Angle égal à l'Angle E ; Pour le faire.

Menez la Ligne Droitte BD, afin de resoudre la la Figure ABCD, en deux Triangles ; Puis, par la 42. Prop. décrivez le Parallelogramme IG, égal à l'un des Triangles , par exemple à ABD, & qui ait

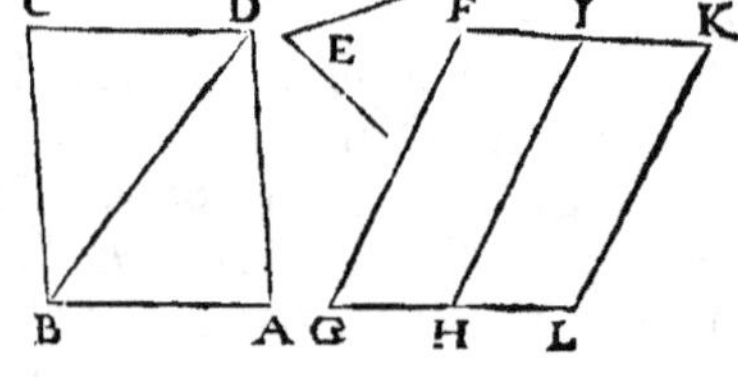

l'Angle FGH, égal à l'Angle E ; Ensuite, par la 44, Prop. décrivez sur la Ligne HI, le Parallelogramme IL, égal au second Triangle BCD, & qui ait aussi l'Angle IHL, égal à l'Angle E ; Cela posé, je dis que la Figure FL, composée de ces deux Parallelogrammes , est un Parallelogramme égal à la Figure ABCD ; & qui a un Angle égal à l'Angle donné E ; Pour le prouver.

Les Parallelogrammes qui sont les Parties de la Figure FL, estant égaux aux Triangles qui sont les Parties de la Figure ABCD , Il est évident que la Figure FL, est égale à la Figure ABCD ; Deplus, la Figure FL, a l'Angle FGL, égal à l'Angle donné E ; Il ne reste donc plus qu'à prouver que les deux Parallelogrammes IG, IL, composent ensemble un seul Parallelogramme. Pour le prouver.

Les deux Costez FG, KL, sont égaux & paralleles,

eſtant égaux & paralleles à IH ; Suppoſé donc que FK, & GL ſoient des Lignes Droittes, elles feront auſſi éga-les & paralleles entr'elles, par la 33. Prop. puis qu'elles joignent des Lignes Droittes égales & paralleles. Or je prouve que les Lignes FK, & GL, ſont des Lignes Droit-tes. Premierement, l'Angle G, & l'Angle IHL, ſont égaux entr'eux, par conſt. Si donc on leur adjoute l'An-gle commun GHI, les deux Angles G, & GHI, feront égaux aux deux Angles qui ont le Point H pour ſommet; Mais les deux Angles G,& GHI, ſont égaux à deux Droits, par la 29. Prop. Donc les deux Angles qui ont le Point H pour Sommet ſont égaux à deux Droits ; Et partant les Lignes GH, & LH, qui concourent à un meſme Point, font une Ligne Droitte. De meſme, l'Angle K, & l'An-gle FIH, ſont égaux entr'eux, puiſqu'ils ſont oppoſez aux Angles G, & IHL, qui ſont égaux entr'eux ; Si donc on leur adjoûte l'Angle commun HIK, les deux Angles K, & HIK, feront égaux aux deux Angles qui ont le Point I pour Sommet ; Mais les deux Angles K, & HIK, ſont égaux à deux Droits, par la 29. Prop. Par conſequent les deux Angles qui ont le Point I, pour Sommet, ſont égaux à deux Droits ; & partant les Lignes FI, & KI, qui con-courent à un meſme Point, font une Ligne Droitte. D'où il ſuit que FL, eſt un Parallelogramme ; Ce qu'il falloit faire & démontrer.

I. Remarque.

Si la Figure donnée euſt eu plus de quatre Coſtez, il au-roit fallu la diviſer en tous les Triangles dont elle auroit pû eſtre compoſée ; Puis, aprés avoir fait (comme il vient d'eſtre dit) le Parallelogramme FGLK, égal à deux de ces Triangles, il auroit encore fallu décrire ſur LK, un Parallelogramme égal à un autre Triangle, & ayant un Angle au Point K égal à l'Angle donné E ; & ainſi con-tinuer autant de fois de ſuitte qu'il y auroit eu de Trian-gles.

K iij

II. Remarque.

Enſuite de la Propoſition précedente, ſi deux Figures Rectilignes Inégales ſont données, l'on pourra trouver l'excez de la plus grande par deſſus la plus petite ; Par exemple, ſi les Figures **A** & **B**, ſont données, entre leſquelles A, eſt plus grande que B, il n'y aura qu'à décrire le Parallelogramme CE, égal à la Figure A ; puis décrire ſur le coſté CD, le Parallelogramme CH, égal à la Figure B ; Car alors il eſt évident que le Parallelogramme GE, ſera l'excez de la Figure A, par deſſus la Figure B.

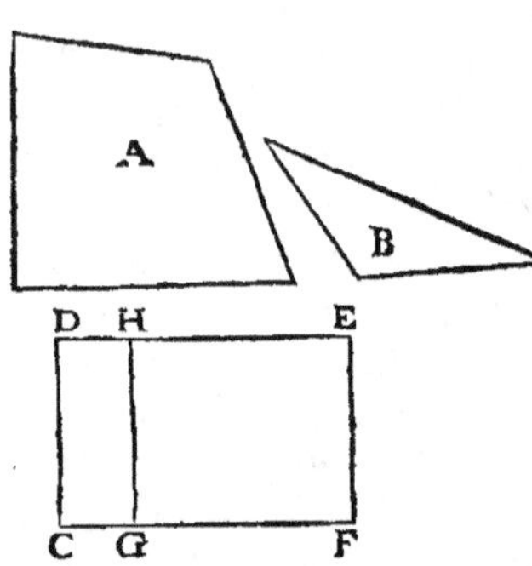

PROPOSITION XLVI.

PROBLEME XIV.

Sur une Ligne Droitte donnée décrire un Quarré.

JE ſuppoſe que la Ligne Droitte donnée ſoit AB, & je propoſe de décrire ſur cette Ligne un Quarré. Pour le faire.

Elevez au Point A, la Ligne Droitte AC, Perpendiculaire à AB, par la 11. Prop. & faites AC, égale à AB ; Puis menez par le Point C, la Ligne CD, Parallele à AB, & par le Point B, la Ligne BD, parallele à AC, par la 31. Prop. Cela poſé, je dis que la Figure ACDB, qui eſt décrite ſur la Ligne Droitte donnée AB, eſt un Quarré. Pour le prouver.

Puis que ABCD, eſt une Figure de quatre coſtez, dont les Oppoſez ont eſté faits paralleles, il s'enſuit que c'eſt un Parallelogramme ; Et par conſequent ſes Coſtez oppoſez ſont égaux, par la 34. Prop. Ainſi CD, eſt égal à AB ; Mais AC, eſt auſſi égal à AB, par conſtruction, Donc CD, eſt auſſi égal à AC ; De meſme BD, eſt égal à AC ; & partant BD, eſt auſſi égal aux deux autres coſtez AB, CD ; D'où il ſuit que le Parallelogramme AD, a ſes quatre coſtez égaux. D'ailleurs, puis que les Lignes AB, CD, ſont paralleles, & que AC, tombe deſſus ; Il s'enſuit par la 29. Prop. que les deux Angles Interieurs A, & C, ſont égaux à deux Droits ; Or l'Angle A eſt droit, par conſtruction ; Donc l'Angle C, eſt auſſi Droit ; Et parce qu'en tout Parallelogramme les Angles oppoſez ſont égaux, les Angles B, & D, qui ſont oppoſez à des Angles Droits, ſont auſſi Droits ; Et par conſequent le Parallelogramme AD, eſt un Quarré ; Ce qu'il falloit faire & démontrer.

I. Remarque.

Il s'enſuit de là, que tout Parallelogramme, qui a deux coſtez égaux allentour d'un Angle Droit, eſt un Quarré.

II Remarque.

Il ſuit auſſi de là, qu'en tout Parallelogramme un Angle eſtant droit, les trois autres le ſont auſſi.

III. Remarque.

Comme les Grandeurs qui conviennent ſont égales entr'elles, il ſuit auſſi aſſez évidemment, que ſi deux Lignes ſont égales, leurs Quarrez ſeront auſſi égaux ; & que ſi deux Quarrez ſont égaux, les Lignes ſur leſquelles ils ſont décrits, ſeront auſſi égales.

PROPOSITION XLVII.

THEOREME XXXIII.

*Aux Triangles Rectangles, le Quarré du costé qui soû-
tient l'Angle Droit, est égal aux Quarrez des
deux autres costez.*

JE suppose que le Triangle ABC, est Rectangle, que l'Angle BAC, est droit, & que sur ses trois costez on ait décrit les trois Quarrez BE, FA, AI ; Cela estant, je dis que le Quarré BE, décrit sur le costé BC, qui soûtient l'Angle Droit BAC, est égal aux deux autres Quarrez FA, AI, décrits sur les deux autres Costez AB, AC ; Pour le prouver.

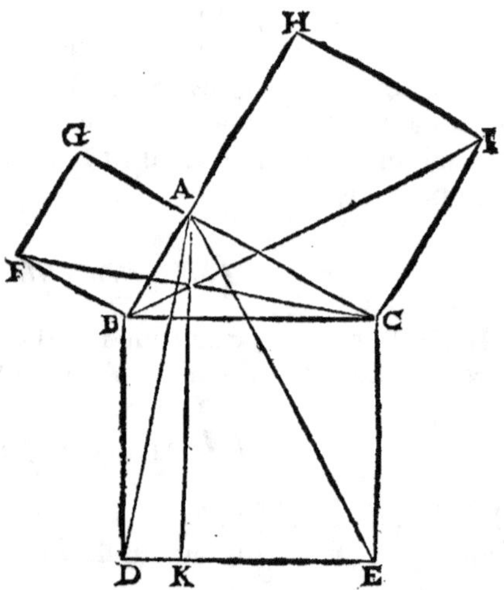

Menez par le Point A, la Ligne Droitte AK, parallele à BD, ou à CE, & menez les Lignes Droittes AD, AE, CF, BI ; Cela posé, puis que l'Angle BAC, est droit, par Supposition, & que l'Angle BAG, qui est un des Angles du Quarré FA, est aussi droit, Il s'ensuit par la 14. Prop. que les Lignes GA, AC, concourent directement ; De mesme, puis que l'Angle CAB, est droit, & que l'Angle CAH, du Quarré AI, est aussi droit, Il s'en-suit aussi que les Lignes BA, AH, concourent directement ;

Maintenant ;

Maintenant, puis que les Lignes BF, GC, qui font les Coftez oppofez du Parallelogramme ou du Quarré FA, font Paralleles, Il s'enfuit par la 41. Prop. que le Parallelogramme FA, eft double du Triangle FBC, puis qu'ils font conftituez fur une mefme Baze FB, & entre mefmes Paralleles FB, GC ; De mefme, puis que les Lignes AK, BD, font paralleles, par conftruction, il s'enfuit que le Parallelogramme BK, eft double du Triangle ABD, eftant tous deux conftituez fur la mefme Baze BD, & entre mefmes Paralleles BD, AK. Comparant maintenant le Triangle CBF, avec le Triangle ABD, le Cofté CB du premier, eft égal au Cofté BD du fecond, puis que ce font les coftez d'un mefme Quarré, FA ; Par la mefme raifon, le Cofté BF du premier, eft égal au Cofté AB du fecond ; Si bien que ces deux Triangles ont deux Coftez égaux à deux Coftez, chacun au fien ; De plus l'Angle CBF, compofé d'un Angle Droit, & de l'Angle ABC, eft égal à l'Angle ABD, qui eft auffi compofé d'un Angle droit, & du mefme Angle ABC ; Donc par la 4. Prop. le Triangle CBF, eft égal au Triangle ABD ; Et ainfi le Parallelogramme BK, & le Quarré FA, qui font doubles de chofes égales, font égaux entr'eux, par le 6. Ax. De mefme, puis que les Lignes IC, HB, qui font les Coftez oppofez du Parallelogramme ou du Quarré AI, font paralleles, Il s'enfuit par la 41. Prop. que le Parallelogramme AI, eft double du Triangle ICB ; De mefme, puis que les Lignes AK, CE, font paralleles, par conftruction, Il s'enfuit que le Parallelogramme CK, eft double du Triangle ACE, puis qu'ils font conftituez fur une mefme Baze, CE, & entre mefmes Paralleles, CE, AK. Comparant maintenant le Triangle BCI, avec le Triangle ACE, le Cofté CI du premier, eft égal au Cofté AC du fecond, puis que ce font les coftez d'un mefme Quarré, AI ; Par la mefme raifon, le Cofté CB du premier, eft égal au Cofté CE du fecond ; Deplus, l'Angle ICB, compris des deux coftez du premier Triangle, eft égal à l'Angle ACE, compris des deux coftez du fecond, chacun de fes

L

Angles eſtant compoſé d'un Angle droit , & de l'Angle
ACB ; Donc par la 4. Prop. le Triangle ICB, eſt égal au
Triangle ACE ; Et par conſequent, le Parallelogramme
CK, & le Quarré AI, qui ſont doubles de choſes égales ,
ſont égaux entr'eux ; Mais il a déja eſté prouvé auparavant, que le Parallelogramme BK, eſt égal au Quarré FA ;
Donc le Quarré BE, qui convient avec les deux Parallelogrammes BK, CK, ou plûtoſt qui eſt la meſme choſe,
eſt égal aux deux Quarrez FA, AI, pris enſemble ; Ce
qu'il falloit démontrer.

PROPOSITION XLVIII.

THEOREME XXXIV.

*Si le Quarré de l'un des coſtez d'un Triangle eſt égal
aux Quarrez des deux autres coſtez, l'Angle compris
de ces deux autres coſtez eſt droit.*

JE ſuppoſe qu'au Triangle ABC,
le Quarré du Coſté BC, ſoit
égal aux Quarrez des deux autres
Coſtez AB, AC ; Cela eſtant,
je dis que l'Angle CAB, compris
des deux Coſtez AB, AC, eſt
Droit. Pour le prouver.

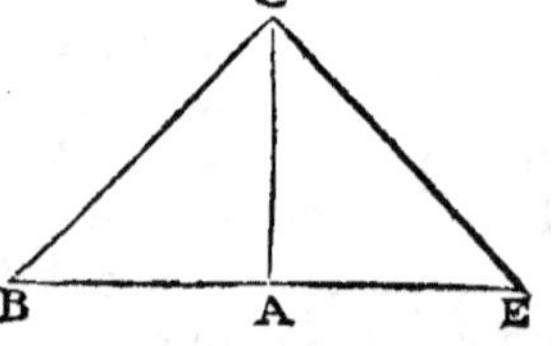

Elevez au Point A, la Ligne
AE, Perpendiculaire à AC, & faites cette Ligne AE, égale
à AB ; Puis tirez la Ligne Droitte CE ; Cela poſé.

Puis que le Triangle ACE, eſt Rectangle, il s'enſuit
par la Propoſition precedente, que le Quarré du Coſté
CE, qui ſoûtient l'Angle Droit CAE, eſt egal aux deux
Quarrez de CA, & de AE, ou de AB ſon égal ; Mais par
la Suppoſition, le Quarré du Coſté BC, eſt auſſi égal aux
deux Quarrez de CA, & de AB ; Donc le Quarré de BC,
& le Quarré de CE, ſont égaux entr'eux, par le premier

Ax. Et partant les Lignes BC, CE, qui font leurs coftez font égales entr'elles, par la troifiéme Remarque de la 46. Prop. Comparant maintenant le Triangle ABC, avec le Triangle ACE, le Cofté AB, eft égal au Cofté AE ; Le Cofté AC, eft commun aux deux Triangles ; Deplus la Baze BC, vient d'eftre prouvée égale à la Baze CE ; Donc par la 8. Prop. l'Angle CAB, eft égal à l'Angle CAE ; Mais l'Angle CAE, eft droit par conftruction, donc l'Angle CAB, eft auffi droit ; Ce qu'il falloit demontrer.

LIVRE SECOND.

DEFINITIONS.

I. E Rectangle de deux Lignes Droittes, est un Parallelogramme, dont les deux Costez allentour de l'un de ses Angles, sont égaux à ces deux Lignes droittes.

Ainsi le Rectangle des deux Lignes Droittes AB, CD, est le Rectangle EG, qui à l'un de ses costez, sçavoir EF, égal à AB, & l'autre sçavoir EH, égal à CD.

Et ainsi, tout Parallelogramme Rectangle est compris de deux Lignes Droittes, qui font l'Angle Droit.

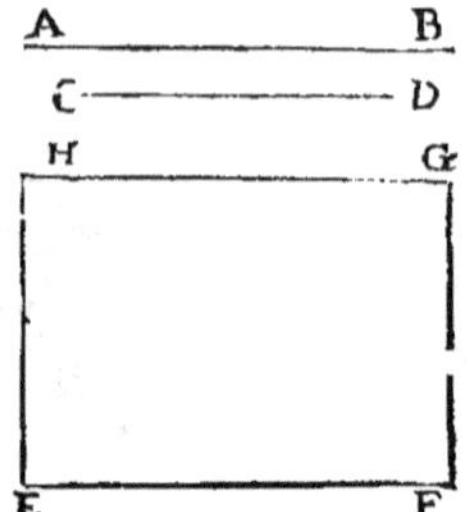

Remarque.

Pour mesurer la quantité de la Surface d'un Rectangle, il faut se servir d'une petite mesure connuë, telle qu'on voudra, par exemple, d'une Toise quarrée, d'un Pié quarré, d'un Pouce quarré, & voir combien de ces Toises, de ces Piez, ou de ces Pouces quarrez, contient ce Rectangle.

Ainsi, pour trouver la mesure, ou la quantité, de la Surface du Rectangle EG, il faut diviser chacun de ses costez en Toises, en Piez, ou en Pouces, & multiplier l'un par l'autre, & le produit vous donnera ce que vous cherchez.

I. Par exemple, posé que le Costé EF, contienne six Toises, & le Costé EH, en contienne trois, multipliant l'un par l'autre cela fait 18. Toises quarrées, qui est la mesure de la Surface de ce Rectangle.

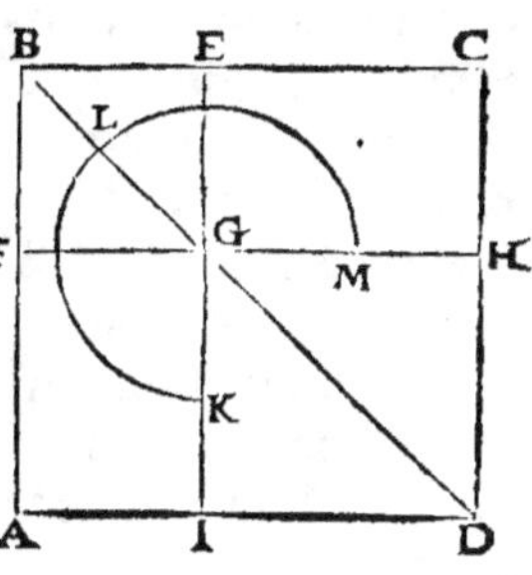

Et si le Rectangle dont on veut sçavoir la mesure est un Quarré ; Il faut sçavoir combien un de ses Costez contient de Toises, de Piez, ou de Pouces, & le multiplier par luy-mesme, & le produit vous en donnera la mesure.

II. Un Gnomon, est une partie d'un Parallelogramme, composée d'un des Parallelogrammes qui sont allentour du Diametre, & des deux Supplemens.

Ainsi dans le Quarré ABCD, le Quarré FE, avec les deux Supplemens AG, GC, est un Gnomon.

Et pour le designer, on décrit une portion de Cercle, semblable à KLM, que l'on fait passer par ce Quarré, & par ces deux Supplemens, & que l'on marque avec trois lettres, comme est icy marqué le Gnomon KLM.

PROPOSITION I.

THEOREME I.

Si de deux Lignes Droittes, l'une est coupée en tant de parties que l'on voudra, les Rectangles compris de la non coupée, & de chacune des parties de la coupée, sont égaux au Rectangle des deux toutes.

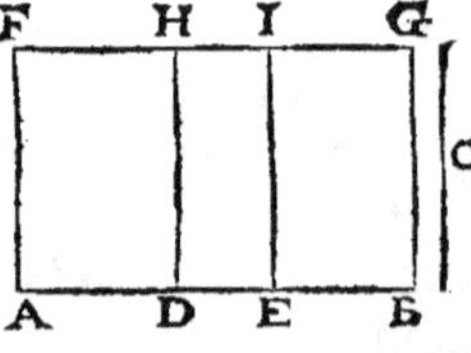

JE suppose que des deux Lignes AB, & C, la premiere AB, soit coupée, comme l'on voudra, par exemple, aux points D, & E ; Cela estant, je dis, que les Rectangles compris de la non coupée C, & de chacune des parties de la coupée, sçavoir AD, DE, EB, pris ensemble, sont égaux au Rectangle des deux Toutes AB, & C. Pour le prouver.

Elevez au Point A, la Ligne Droitte AF, perpendiculaire à AB, par la 11. du 1. & égale à C, par la 3. du 1. Puis, par les Points F, & B, menez les Lignes FG, BG, paralleles à AB, & à AF, par la 31. du 1. Elevez aux Points D, & E, les Lignes Droittes DH, EI, perpendiculaires à AB, qui seront aussi paralleles à AF ; Cela posé.

Puisque AF, est égale à C, Il est évident que le Parallelogramme AG, est le Rectangle des deux Toutes AB, & C ; Il est d'ailleurs évident que le Rectangle AH, est compris de la non-coupée C, ou de son égale AF, & de AD, qui est la premiere partie de la coupée AB. Deplus, les Lignes DH, & EI, estant égales à AF, par la 34. du 1. ou à C son égale, les Parallelogrammes DI, EG, sont les Rectangles compris de la non-coupée C, & de chacune des autres parties de la coupée AB ; Or tous ces Rectangles AH, DI, EG, conviennent avec le Rectangle AG ; Donc ils luy sont égaux par le 8. Axiome. Ce qu'il falloit démontrer.

Remarque.

Pour verifier cecy en nombres ; Prenez par exemple les deux nombres 10. & 6. Divisez 10. en trois parties, telles qu'il vous plaira, comme 5. 3. & 2. multipliez 10. par 6. Il viendra 60. qui sera le Rectangle des deux nombres entiers ; Aprés cela multipliez aussi 5, 3, & 2, par 6. & il viendra 30, 18, & 12. qui seront les Rectangles du nombre entier 6. & de chacune des parties du nombre 10. Enfin adjoûtez les trois Rectangles 30, 18, & 12. & la somme sera 60. qui est égale au Rectangle compris des deux nombres entiers 10. & 6.

PROPOSITION II.

THEOREME II.

Si une Ligne Droitte est coupée comme l'on voudra, les Rectangles compris de la Toute & de chacune de ses Parties, sont égaux au Quarré de la Toute.

JE suppose que la Ligne AB, soit coupée comme l'on voudra, par exemple, au Point C ; Et je dis que les Rectangles compris de la Toute AB, & de chacune de ses Parties AC, CB, pris ensemble, sont égaux au Quarré de AB ; Pour le prouver. Décrivez sur AB, le Quarré AE, par la 46. du 1. & élevez au Point C, la Ligne CF, perpendiculaire à AB, qui sera aussi parallele à AD, ou à BE ; Cela posé.

Puisque AD, est égale à AB, le Parallelogramme AF, est le Rectangle compris de la Toute AB, & de la partie AC ; De mesme CF, estant égale à AD, ou à son égale AB, le Parallelogramme CE, est le Rectangle compris de la Toute AB, & de son autre partie CB ; Or les Rectangles AF, CE, conviennent avec le Quarré AE, qui a esté fait sur la Toute AB ; Donc ces Rectangles sont égaux à ce Quarré ; Ce qu'il falloit démontrer.

Remarque.

Pour verifier cecy dans un nombre ; Prenez par exemple, 10. & le divisez en deux parties, comme 7. & 3. Cela estant, le Rectangle du nombre entier 10. & de sa partie 7. est 70. Le Rectangle du mesme nombre 10. & de son autre partie 3. est 30. adjoûtez ces deux nombres, cela fait 100. Lequel nombre est égal au Quarré de 10.

PROPOSITION III.

THEOREME III.

Si une Ligne Droitte est coupée comme l'on voudra, le Rectangle de la Toute, & de l'une de ses Parties, est égal au Rectangle des deux Parties, & au Quarré de la Partie premierement prise.

JE suppose que la Ligne AB, soit coupée comme l'on voudra, par exemple au Point C ; Cela estant, je dis que le Rectangle de la Toute AB, & de l'une de ses Parties, par exemple AC, est égal au Rectangle des deux Parties AC, CB, & au Quarré de la Partie AC, qui avoit esté premierement prise. Pour le prouver.

Elevez au Point A, la Ligne AE, perpendiculaire à AB, & égale à AC ; Menez par le Point E, la Ligne EF, parallele à AB, & par le Point B, la Ligne BF, parallele à AE ; & au Point C, élevez la Ligne CD, Perpendiculaire à AB, qui sera aussi parallele à AE, ou à BF ; Cela posé.

Puisque AE, est égale à AC, il s'ensuit que AD, est le Quarré

Quarré de AC ; Par la 1. Remarque de la 46. du 1. Et puifque CD, eft égale à AE, ou à AC, fon égale, Il s'enfuit que CF, eft le Rectangle des deux Parties AC, CB ; Or le Quarré AD, & le Rectangle CF, conviennent avec AF, qui eft le Rectangle de la Toute AB, & de la Partie AC ; Donc le Rectangle AF, eft égal au Rectangle CF, & au Quarré AD ; Ce qu'il falloit démontrer.

Remarque.

Pour verifier cecy dans un nombre ; Prenez par exemple 10. divifez-le en deux Parties comme 7. & 3. Cela eftant, le Rectangle des deux Parties 7. & 3. eft 21. le Quarré de la premiere Partie 7. eft 49. adjoûtez ces deux nombres, cela fait 70. Lequel nombre eft égal au Rectangle du nombre entier 10. & de fa premiere Partie 7.

PROPOSITION IV.

THEOREME IV.

Si une Ligne Droitte eft coupée comme l'on voudra, le Quarré de la Toute eft égal aux deux Quarrez des Parties, & a deux Rectangles faits des deux Parties.

JE fuppofe que la Ligne AB, foit coupée comme l'on voudra, par exemple au Point F ; Cela eftant, je dis que le Quarré de la Toute AB, eft égal aux deux Quarrez des Parties AF, FB, & à deux Rectangles faits de ces deux Parties. Pour le prouver.

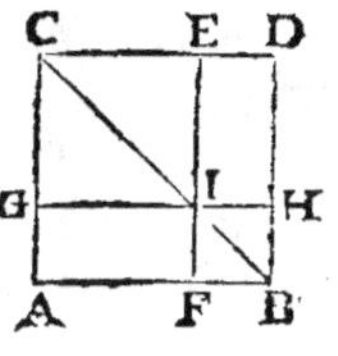

Décrivez fur la Ligne AB, le Quarré AD ; menez la Diagonale CB ; Elevez au Point F, la Ligne FE, Perpendiculaire à AB, qui fera auffi parallele à AC, & à BD ; & par le Point I, où la Ligne FE, coupe la Diagonale CB, menez la Ligne Doitte GIH, parallele à AB ; Cela pofé.

Puifque les Lignes AC, AB, qui font les coft. z du Quarré AD, font égales, Il s'enfuit par la 5. Prop. du 1. que le Triangle ABC, a les Angles ABC, & ACB, fur la Baze BC, égaux entr'eux ; D'ailleurs, les Lignes GH, & AB, eftant Paralleles, & la Ligne CIB, tombant deffus, l'Angle Exterieur GIC, eft égal à fon oppofé Interieur ABC, par la 29. du 1. Or l'Angle ACB, eft égal à l'Angle ABC ; Donc l'Angle ACB, ou GCI, eft égal à l'Angle GIC ; Et par confequent dans le Triangle CGI, les Coftez CG, GI, qui foûtiennent ces deux Angles, font égaux entr'eux, par la 6. du 1.

D'ailleurs, puifque dans le Parallelogramme GE, l'Angle GCE, eft Droit, eftant un des Angles du Quarré AD, Il s'enfuit par la 2. Remarque de la 46. Prop. du 1. que ce Parallelogramme GE, à fes quatre Angles Droits ; Et puifque les deux

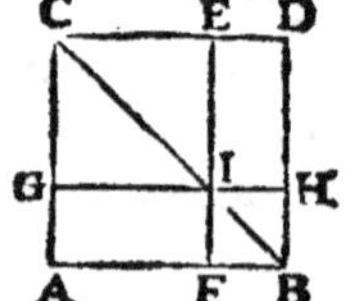

Coftez CG, GI, qui font allentour d'un de ces Angles Droits, font égaux entr'eux ; Il s'enfuit par la 1. Remarque de la mefme Prop. que ce Parallelogramme CE, eft le Quarré de GI, ou de fon égale AF. De mefme, puifque les Lignes AC, FE, font paralleles, & que la Ligne BIC, tombe deffus, l'Angle Exterieur FIB, eft égal à fon oppofé Interieur ACB ; Mais l'Angle ABC, eft égal à ACB, donc l'Angle ABC, ou FBI, eft égal à l'Angle FIB ; Et par confequent dans le Triangle BFI, les deux Coftez FI, FB, qui les foûtiennent font auffi égaux entr'eux ; D'où il fuit que le Parallelogramme FH, qui a deux coftez égaux allentour de l'Angle Droit IFB, eft le Quarré de la Partie FB. Deplus, AI, ID, font deux Parallelogrammes Rectangles, puifque leurs Coftez oppofez font paralleles, & que les Angles A, & D, eftant Droits, tous les autres le font auffi ; Or AI, eft le Rectangle de AF, FI, ou bien de AF, FB ; & ID, eft le Rectangle de DH, HI, ou de leurs égales AF, FB ; Mais ces deux Rectangles AI, ID, avec les deux Quarrez GE, FH, conviennent avec le Quarré

AD ; Donc ce Quarré leur est égal. Ce qu'il falloit démontrer.

I. Remarque.

Il suit de cette Proposition, Que quand deux Lignes Droittes paralleles aux costez d'un Quarré coupent la Diagonale de ce Quarré en un mesme Point, les Parallelogrammes qui se font allentour du Diametre sont des Quarrez.

II. Remarque.

Pour verifier cecy dans un nombre ; Prenez par exemple 10. & le divisez en deux Parties comme 7. & 3. Cela estant, le Quarré de 7. est 49. le Quarré de 3. est 9. le Rectangle des deux Parties 7. & 3. est 21. Ce mesme Rectangle pris encore une fois est encore 21. adjoûtez ces deux Quarrez & ces deux Rectangles, cela fait 100. Lequel nombre est égal au Quarré du nombre entier 10.

PROPOSITION V.

THEOREME V.

Si une Ligne Droitte est coupée en deux Parties égales, & en deux Inégales, le Rectangle compris des deux Parties Inégales, avec le Quarré de la Partie du milieu, sont égaux au Quarré de la moitié de la Toute.

JE suppose que la Ligne Droitte AB, soit coupée en deux parties égales au Point C, & en deux Inégales Point D ; Cela estant, je dis que le Rectangle compris des deux

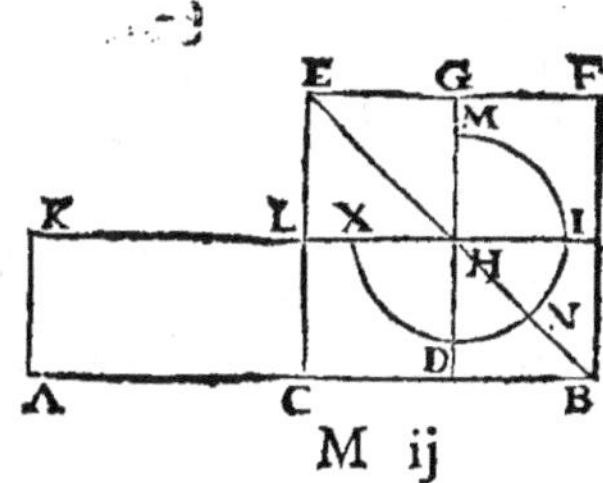

parties Inégales AD, DB, avec le Quarré de la Partie du milieu CD, font égaux au Quarré de la moitié de la Toute CB ; Pour le prouver.

Decrivez fur CB, le Quarré CF ; tirez la Diagonale BE; Elevez au Point D, la Ligne DG, Perpendiculaire à AB, qui fera auffi parallele à BF, & à CE ; Puis, par le Point H, ou la Ligne DG, coupe la Diagonale, menez la Ligne Droite IHK, parallele à BA ; Enfin menez par le Point A, la Ligne AK, parallele à CE ; Cela pofé.

Il fuit de la 1. Remarque fur la Propofition precedente que LG, eft un Quarré, à fçavoir celuy de LH, ou de fon égale CD ; Par la mefme raifon, DI eft auffi un Quarré; & partant DH, eft égale à DB ; Par 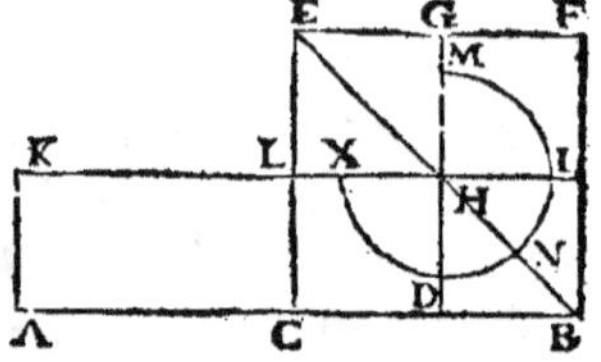 confequent le Rectangle AH, eft le Rectangle compris des deux Parties Inégales AD, DB ; De forte qu'il ne s'agit plus que de prouver que le Rectangle AH, avec le Quarré LG, font égaux au Quarré CF ; Pour le prouver.

Les Rectangles CH, HF, font égaux entr'eux par la 43. du 1. Si donc on leur adjoûte le Quarré DI, les Rectangles CI, DF, feront auffi égaux entr'eux ; Mais le Rectangle AL, eft égal à CI, par la 36. Prop. du 1. donc il eft auffi égal à DF ; Maintenant, fi à ces deux chofes égales, on adjoûte le Rectangle CH, le Rectangle AH, fera égal au Gnomon MNX ; Et fi l'on adjoûte à ce Rectangle & à ce Gnomon, le Quarré LG, le Rectangle AH, & le Quarré LG, pris enfemble, feront égaux au Gnomon MNX, & au Quarré LG, pris auffi enfemble ; Or ce Gnomon & ce Quarré compofent le Quarré CF ; Donc le Rectangle AH, avec le Quarré LG, font égaux au Quarré CF ; Ce qu'il falloit démontrer.

Remarque.

Pour verifier cecy dans un nombre ; Prenez par exemple 20. Divisez ce nombre en deux parties égales 10. & 10. & en deux Inégales 17. & 3. Cela estant, le nombre du milieu sera 7. Multipliez maintenant 17. par 3. le Produit est 51. Quarrez le nombre 7. vous aurez 49. Ces deux nombres joints ensemble font 100. qui est le Quarré de 10. ou de la moitié de 20.

PROPOSITION VI.

THEOREME VI.

Si une Ligne Droitte est coupée en deux parties égales, & qu'on luy adjoûte directement une autre Ligne Droitte, le Rectangle compris de la Toute & de l'adjoûtée, comme d'une seule Ligne, & de l'Adjoûtée, avec le Quarré de la moitié de la Toute, sont égaux au Quarré de la moitié de la Toute & de l'adjoûtée, comme d'une seule Ligne.

JE suppose que la Ligne Droitte AB, soit coupée en deux Parties égales au Point C, & qu'on luy adjoûte directement la Ligne BD ; Cela estant, je dis que le Rectangle compris de AD, BD, avec le Quarré de CB, sont égaux au Quarré de CD ; Pour le prouver.

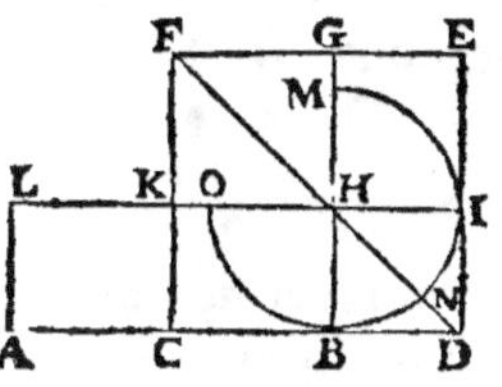

Décrivez sur la Ligne CD, le Quarré CE ; tirez la Diagonale DF ; Elevez au Point B, la Ligne BG, Perpendiculaire à AD, qui sera aussi parallele à DE, & à CF; Puis, par le Point H, où la Ligne BG, coupe la Diagonale, menez la Ligne IHL, parallele à AD ; Enfin menez par le Point A, la Ligne AL, parallele à CF ; Cela posé.

Puisque par la premiere Remarque de la 4. Prop. BI est un Quarré, DI est égale à BD, & ainsi le Rectangle AI, est le Rectangle compris de AD, BD.

M iij

Par la mefme Remarque, KG eft auffi un Quarré, &
le Quarré de KH, ou de fon égale CB ; Deforte qu'il ne
s'agit plus que de montrer que le Rectangle AI, avec le
Quarré KG, font égaux au Quarré CE.   Pour le prouver.

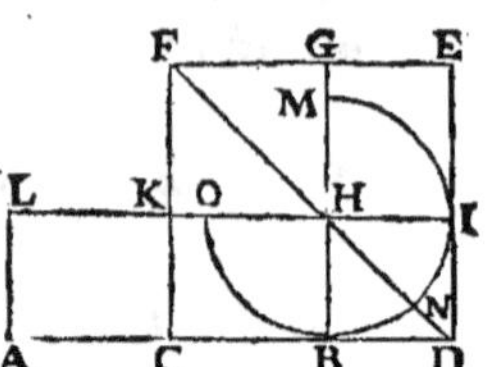

Les Rectangles AK, & CH,
qui font conftituez fur Bazes égales , & entre mefmes Paralleles
font égaux entr'eux, par la 36. Prop.
du 1. Mais les Rectangles HE, &
CH, font auffi égaux entr'eux par
la 43. Prop. du 1. & ainfi le Re-
ctangle AK, & le Rectangle EH, qui font égaux à un
mefme Rectangle, font égaux entr'eux; Si donc on leur adjoûte le Rectangle CI, le Rectangle AI, fera égal au
Gnomon MNO; Maintenant, fi on adjoûte à ce Rectangle & à ce Gnomon le Quarré KG, le Rectangle AI,
avec le Quarré KG, fera égal au Gnomon MNO, avec
ce mefme Quarré KG ; Or ce Gnomon & ce Quarré
compofent le Quarré CE ; Donc le Rectangle AI, & le
Quarré KG, font égaux au Quarré CE ; Ce qu'il falloit
démontrer.

Remarque.

Pour verifier cecy dans un nombre ; Prenez par exemple 10. divifez ce nombre en deux Parties égales 5. & 5.
adjoûtez 3. à 10. cela fera 13. Cela eftant, le Rectangle de
13. & de 3. eft 39. Le Quarré de la moitié 5. eft 25. Or 39.
& 25. font 64, qui eft auffi la valeur du Quarré du nombre 8. compofé de la moitié 5. & du nombre adjoûté 3.

PROPOSITION VII.

THEOREME VII.

Si une Ligne Droitte est coupée comme l'on voudra, le Quarré de la Toute, & le Quarré de l'une de ses Parties, sont égaux au Quarré de l'autre Partie & a deux Rectangles faits de la Toute, & de la Partie premierement prise.

JE suppose que la Ligne AB, soit coupée comme l'on voudra au Point F ; Cela estant, je dis que le Quarré de la Toute AB, & le Quarré de l'une de ses Parties, par exemple de AF, sont égaux au Quarré de l'autre Partie FB, & a deux Rectangles faits de la Toute AB, & de la Partie AF, qui avoit esté premierement prise. Pour le prouver.

Décrivez sur la Ligne AB, le Quarré AD ; menez la Diagonale BC ; Elevez au Point F, la Ligne FE, perpendiculaire à AB, qui sera aussi parallele à AC, & à BD ; Puis, par le Point I, ou la Ligne FE, coupe la Diagonale, menez la Ligne GIH, parallele à BC, Cela posé.

Puisque AD, est un Quarré, AC est égale à AB ; & par consequent le Rectangle AE, est compris de la Toute AB, & de sa Partie AF ; D'ailleurs, puisque FH, & GE, sont des Quarrez, par la premiere Remarque de la 4. Prop. le Rectangle GD, compris de CD, qui est égale à AB, & de CG, qui est égale à GI, ou à AF, est aussi compris de AB, & de AF ; De sorte qu'il ne s'agit plus que de prouver que le Quarré AD, & le Quarré GE, sont égaux au Quarré FH, & aux deux Rectangles AE, & GD ; Pour le prouver.

Le Quarré AD, est déja égal au Quarré FH, & aux

deux Rectangles AE, ID, pris enſemble, par le 8. Ax. Si donc on leur adjoûte le Quarré commun GE, il s'enſuivra que le Quarré AD, & le Quarré GE, ſeront égaux au Quarré FH, au Rectangle AE, au Rectangle ID, & au Quarré GE ; Mais le Rectangle ID, & le Quarré GE, compoſent enſemble le Rectangle GD ; Et partant le Quarré AD, & le Quarré GE, ſont égaux au Quarré FH, & aux deux Rectangles AE, & GD ; Ce qu'il falloit démontrer.

Remarque.

Pour verifier cecy dans un nombre ; Prenez par exemple 10. & le diviſez en 7. & 3. Cela eſtant , le Quarré du nombre entier 10. eſt 100. Le Quarré de la Partie 7. eſt 49. Ces deux Quarrez font enſemble 149. D'ailleurs le Quarré de l'autre Partie 3. eſt 9. le Rectangle compris du nombre entier 10. & de la Partie premierement priſe 7. eſt 70. Le meſme Rectangle pris une ſeconde fois eſt encore 70. Or 9, 70. & 70. font auſſi 149.

PROPOSITION VIII.

THEOREME VIII.

Si une Ligne Droitte eſt coupée comme l'on voudra, quatre fois le Rectangle compris de la Toute & de l'une de ſes Parties, avec le Quarré de l'autre Partie, ſont égaux au Quarré de la Toute & de la Partie premierement priſe comme d'une ſeule Ligne.

JE ſuppoſe que la Ligne AB, ſoit coupée, comme l'on voudra au Point C ; Cela eſtant, je dis que quatre fois le Rectangle de AB, CB, avec le Quarré de l'autre Partie AC, ſont égaux au Quarré de la Toute AB, & de la Partie premierement priſe CB, comme d'une ſeule Ligne. Pour le prouver. Continuez

Continuez AB, vers D, & faites BD, égale à BC, puis
ayant décrit fur la Ligne AD, le Quarré AE, menez la
Diagonale DF ; Elevez aux Points B, & C, les Perpendiculaires BG, & CI, qui feront auffi paralleles à AF, &
à DE ; Et par les Points H, & K, où BG, & CI, coupent
la Diagonale DF, menez les Lignes LHM, & OKP, paralleles à AD ; Cela pofé.

Premierement par la premiere Remarque de la 4. Prop. BM, & LG,
font des Quarrez ; Enfuite dequoy
NQ, & OI, font auffi des Quarrez ;
Or puifque BM, eft un Quarré, la
Ligne BH, eft égale à BD, laquelle
ayant efté faite égale à BC, Il s'enfuit que la Ligne BH, eft égale à
BC ; Et ainfi que le Rectangle CH,
eft un Quarré ; Et d'autant que les

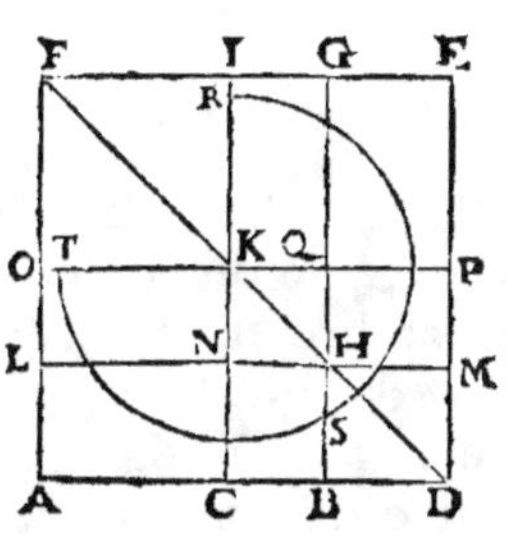

Quarrez BM, & CH, ont le Cofté BH, commun, il s'enfuit que ces deux Quarrez font égaux entr'eux ; Et par la
mefme raifon les Quarrez CH, & NQ font auffi égaux,
puifqu'ils ont le Cofté NH, commun ; D'où il fuit que
les Quarrez BM, NQ, font égaux entr'eux, puifqu'ils font
tous deux égaux à CH ; Cela eftant, HM, eft égal à HQ,
puifque ce font les coftez de Quarrez égaux ; Et partant
HP, eft encore un Quarré égal aux trois autres ; Enfuite
dequoy il eft évident que les Rectangles AH, & LQ, font
compris de la Toute AB, & de fa Partie BC ; Et puifque par la 43. Prop. du 1. le Rectangle HE, eft égal au
Rectangle AH, il s'enfuit que le Rectangle HE, eft auffi
compris de AB, & de BC ; D'ailleurs les Rectangles IQ,
& GP, eftant fur des Bizes égales KQ, QP, & entre
mefmes Paralleles IE, & KP, font égaux entr'eux, par la
36. Prop. du 1. Si donc on leur adjoûte les Quarrez égaux
BM, & QM, Il s'enfuivra que QI, pris avec BM, fera équivalent à GP, pris avec QM, c'eft à dire au feul Rectangle
GM, ou HE ; Et ainfi le Gnomon RST, eft égal à quatre
fois le Rectangle compris de AB, BC ; Maintenant fi à ces

N

deux chofes égales on adjoûte le Quarré OI, qui eft le Quarré de OK, ou de AC, fon égale, il s'enfuivra que quatre fois le Rectangle de AB, BC, avec le Quarré de AC, font égaux au Gnomon RST, avec le Quarré OI; Or ce Gnomon & ce Quarré, compofent enfemble le Quarré AE; Donc quatre fois le Rectangle de AB, BC, avec le Quarré de AC, font égaux au Quarré AE; Ce qu'il falloit démontrer.

Remarque.

Pour verifier cecy dans un nombre; Prenez par exemple 8. & le divifez en 6. & 2. Cela eftant, le Rectangle du nombre entier 8. & de fa Partie 2. eft 16. & quatre fois ce Rectangle eft 64. D'ailleurs le Quarré de l'autre Partie 6. eft 36. Or 64. & 36. font 100. Ce que vaut auffi le Quarré du nombre 10. qui eft compofé du premier nombre 8. & de fa Partie premierement prife, à fçavoir 2.

PROPOSITION IX.

THEOREME IX.

Si une Ligne Droitte eft coupée en deux Parties égales, & en deux Inégales, les Quarrez des deux Parties Inégales font doubles du Quarré de la moitié de la Toute, & du Quarré de la Partie du milieu.

JE fuppofe que la Ligne AB, foit coupée en deux Parties égales au Point C, & en deux Inégales au Point D; Et que la Partie du milieu foit CD; Cela eftant, je dis que les Quarrez des deux Parties Inégales AD, DB, font doubles du Quarré de la moitié AC, & du Quarré de la Par-

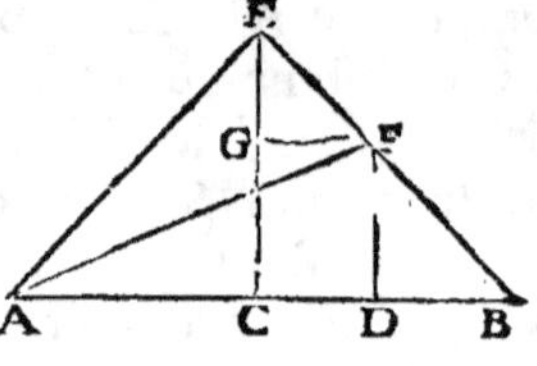

tie du milieu CD ; Pour le prouver.

Elevez au Point C, la Ligne CE, Perpendiculaire à AB, & égale à AC ; Menez au Point E, les Lignes Droittes AE, BE ; Elevez aussi au Point D, la Ligne DF, Perpendiculaire à AB ; & du Point F, où la Ligne DF, coupe BE, abaissez la Ligne FG, Perpendiculaire à CE, qui sera aussi Parallele à CD ; Enfin du Point A, au Point F, menez la Ligne Droitte AF ; Cela posé.

Puisque par la construction le Triangle ACE, est Isofcele, les Angles AEC, & EAC, sur la Baze AE, font égaux entr'eux ; Et puisque l'Angle ACE, est Droit, les deux Angles AEC, EAC, qui font égaux, valent chacun un Demydroit ; Et par la mesme raison les Angles CEB, CBE, valent aussi chacun un Demy-droit ; Par consequent l'Angle AEB, ou AEF, qui est composé de deux de ces Angles, est droit ; Deplus, puisque dans le Triangle EGF, l'Angle EGF, est Droit, & que l'Angle GEF, vaut un demydroit, l'Angle EFG, vaut aussi un Demy-droit ; D'où il suit que les deux Coftez GE, GF, qui les foûtiennent font égaux entr'eux, par la 6. Prop, du 1. De mesme, puisque dans le Triangle FDB, l'Angle FDB, est droit, & que l'Angle B, vaut un Demy-droit ; L'Angle DFB, vaut aussi un Demy-droit ; Par consequent les Coftez DF, DB, qui les foûtiennent, font égaux entr'eux.

Ensuite dequoy, puisque le Cofté AE, foûtient l'Angle Droit ACE, fon Quarré est égal aux Quarrez de AC, & de CE, par la 47. Prop. du 1. Et puisque ces deux Quarrez font égaux, il s'enfuit que le Quarré de AE, est double du Quarré de AC ; De mesme, puisque le Cofté EF, foûtient l'Angle droit EGF, fon Quarré est égal aux Quarrez de EG, & de GF ; Et puisque ces deux Quarrez font égaux, il s'enfuit que le Quarré de EF, est double du Quarré de GF, ou de fon égale CD ; Et ainfi les deux Quarrez de AE, & de EF, font doubles des deux Quarrez de AC, & de CD ; Or le Quarré de AF, qui foûtient l'Angle Droit AEF, est égal aux deux Quarrez de AE, & de EF ; Donc le Quarré de AF, est double des deux Quarrez de

AC, & de CD ; Mais les deux Quarrez de AD, & de
DF, qui comprennent l'Angle Droit ADF, font égaux au
Quarré de AF ; Donc les deux Quarrez de AD, & de
DF, ou de BD, fon égale , font doubles des deux Quar-
rez de AC, & de CD ; Ce qu'il falloit démontrer.

Remarque.

Pour verifier cecy dans un nombre ; Prenez par exemple 12. Divifez ce nombre en deux Parties égales 6. & 6.
& en deux Inégales 10. & 2. Cela eftant le nombre du
milieu fera 4. maintenant les Quarrez des deux parties
Inégales font 100. & 4. qui enfemble font 104. D'ailleurs le Quarré de la moitié 6. eft 36. le Quarré de la
Partie du milieu 4. eft 16 ; 16. & 36. font 52. qui n'eft que
la moitié de 104. où dont 104. eft le double.

PROPOSITION X.

THEOREME X.

Si une Ligne Droitte eft coupée en deux Parties égales,
& qu'on luy adjoûte directement une autre Ligne
Droitte , le Quarré de la Toute & de l'adjoûtée com-
me d'une feule Ligne , avec le Quarré de l'adjoûtée ,
font doubles du Quarré de la moitié de la Toute , &
du Quarré de la moitié de la Toute & de l'Adjoûtée
comme d'une feule Ligne.

JE fuppofe que la Ligne AB, foit
coupée en deux Parties égales au
Point C, & qu'on luy adjoûte directement la Ligne BD ; Cela eftant,
je dis que le Quarré de AD, & le
Quarré de BD, pris enfemble , font

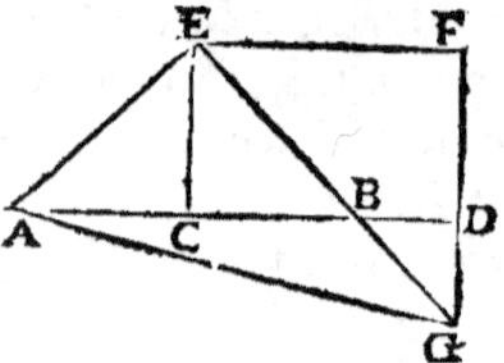

doubles des deux Quarrez de AC, & de CD ; Pour le
prouver.

Elevez au Point C, la Ligne CE, perpendiculaire à AB,
& égale à AC, ou à CB ; Du Point A, au Point E, menez
la Ligne Droitte AE ; Puis par le Point D, menez la
Ligne FDG, parallele à EC, ou perpendiculaire à AD ; &
par le Point E, la Ligne EF, parallele à CD ; tirez du
Point E, par le Point B, la Ligne Droitte EBG, si longue
qu'elle rencontre la Ligne FDG, au Point G ; Enfin du
Point A, au Point G, menez la Ligne Droitte AG, Cela
posé.

Puisque les Lignes AC, CE, sont égales, les Angles
CAE, CEA, sur la Baze , sont égaux entr'eux ; Or l'An-
gle ACE, est Droit ; Donc les Angles CAE, CEA, valent
chacun un Demy-droit ; De mesme, puisque dans le Triangle ECB, les Costez CE, CB, sont égaux, & que l'Angle
ECB, est Droit, chacun des Angles CEB, & CBE, vaut un
Demy-droit ; Et par consequent l'Angle AEB, est Droit ;
Maintenant les Angles CBE, & DBG, qui sont opposez au
sommet sont égaux entr'eux ; Mais l'Angle CBE, vaut un
Demy-Droit ; Donc l'Angle DBG, vaut aussi un Demy-
Droit ; Deplus , dans le Triangle BDG, l'Angle D,
est Droit , Donc l'Angle DGB vaut aussi un Demy-
droit. Et partant les Costez DB, DG, qui soûtiennent
les Angles DBG, DGB, sont égaux entr'eux , par la 8. du 1.
De mesme, dans le Triangle EFG, l'Angle F, est droit,
puisqu'il est opposé à l'Angle C ; Mais l'Angle EGF, vaut
un Demy-droit ; Donc l'Angle GEF, vaut aussi un Demy-
droit ; Et partant les Costez FE, FG, qui les soûtiennent
sont aussi égaux entr'eux, par la 6. du 1.

Ensuite dequoy, Puisque du Triangle ACE, l'Angle
ACE, est droit, le Quarré de AE, est égal aux deux
Quarrez de AC, & de CE, par la 47. du 1. Et puisque ces
Lignes sont égales , le Quarré de AE, est double du
Quarré de AC ; De mesme, puisque du Triangle EFG,
l'Angle EFG, est droit, le Quarré de EG, est égal aux deux
Quarrez de EF, & de FG ; Et puisque ces Lignes sont

N iij

égales, le Quarré de EG, est double du Quarré de EF, ou de son égale CD ; De sorte que les deux Quarrez de AE, & de EG, font doubles des deux Quarrez de AC, & de CD ; Or le Quarré de AG, qui soûtient l'Angle Droit AEG, est égal aux deux Quarrez de AE, & de EG ; Donc le Quarré AG, est double des Quarrez de AC, & de CD ; Mais les Quarrez de AD, & de DG, qui comprennent l'Angle Droit ADG, font égaux au Quarré de AG ; Donc les Quarrez de AD, & de DG, ou de BD, son égale, font doubles des Quarrez de AC, & de CD ; Ce qu'il falloit démontrer.

Remarque.

Pour verifier cecy dans un nombre ; Prenez par exemple 10. divisez ce nombre en deux Parties égales 5. & 5. Adjoûtez 2. à 10. cela fera 12. Cela estant le Quarré de 12. est 144. le Quarré de 2. est 4. ces deux nombres font ensemble 148. D'ailleurs le Quarré de 5. est 25. le Quarré de 7. est 49. Ces deux nombres font ensemble 74. qui est la moitié de 148. ou dont 148. est le double.

PROPOSITION XI.

PROBLEME I.

Couper une Ligne Droitte donnée, de telle sorte que le Rectangle de la Toute & de l'une de ses Parties soit égal au Quarré de l'autre Partie.

JE suppose que la Ligne Droitte donnée soit AB ; & je propose de la couper de telle sorte que le Rectangle de la Toute AB, & de l'une de ses Parties, soit égal au Quarré de l'autre Partie ; Pour le faire.

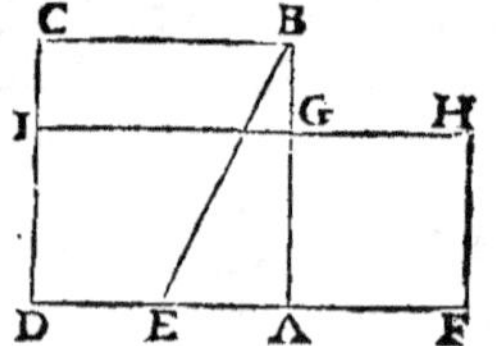

Décrivez fur AB, le Quarré AC ; Coupez le Cofté AD, en deux également au Point E ; du Point E, au Point B, menez la Ligne Droitte EB ; Prolongez EA, vers F, & faites EF, égale à EB ; Décrivez fur AF, le Quarré AH, & prolongez le Cofté HG, jufqu'en I ; Cela eftant, je dis que la Ligne AB, eft coupée au Point G, comme il a efté propofé, c'eft à dire de telle forte que le Rectangle de la Toute AB, & de fa Partie BG, eft égal au Quarré de l'autre Partie AG, Pour le prouver.

Puifque la Ligne DA, eft coupée en deux Parties égales au Point E, & que la Ligne AF, luy eft adjoûtée, le Rectangle de DF, & de FA, ou de FH, fon égale, C'eft à dire le Rectangle DH, avec le Quarré de la moitié EA, font égaux au Quarré de EF, ou de fon égale EB, par la 6. Prop. ; Or les Quarrez de AB, & de EA, font égaux au Quarré de EB, par la 47. Prop. du 1. Donc le Rectangle DH, & le Quarré de EA, font égaux aux Quarrez de AB, & de EA ; Oftant donc le Quarré de EA, de ces deux Tous égaux, aufquels il eft commun, il reftera le Rectangle DH, égal au Quarré de AB, c'eft à dire au Quarré AC ; Que fi maintenant de ce Rectangle & de ce Quarré, qui font égaux, l'on ofte le Rectangle DG, qui leur eft commun, il reftera le Quarré AH, égal au Rectangle IB ; Or le Quarré AH, eft le Quarré de AG, & le Rectangle IB, eft le Rectangle compris de CB, ou de AB, fon égale, & de BG ; Il eft donc vray de dire que la Ligne AB, a efté coupée, comme il a efté propofé ; Ce qu'il falloit faire & démontrer.

Remarque.

Il eft impoffible d'exprimer en nombre la quantité des Parties AG, GB, de la Ligne AB, coupée fuivant la Prop. précedente ; parce que quelque nombre de Parties qu'on puiffe attribuer à la Ligne AB, Il eft impoffible que AG, ou GB, contienne un nombre déterminé de ces Parties.

PROPOSITION XII.

THEOREME XI.

Aux Triangles Ambligones , le Quarré du costé qui soûtient l'Angle Obtus , est plus grand que les Quarrez des deux autres Costez , de la quantité de deux Rectangles , chacun desquels est compris de l'un des costez allentour de l'Angle Obtus , à sçavoir de celuy sur lequel estant prolongé tombe la Perpendiculaire de l'Angle opposé , & de la Partie comprise entre cette Perpendiculaire , & l'Angle Obtus.

JE suppose qu'au Triangle ABC, l'Angle ABC, soit Obtus ; Cela estant , aprés avoir prolongé l'un des costez allentour de l'Angle Obtus, comme CB, vers D, & avoir abaissé de l'Angle A, la Ligne AD, Perpendiculaire à CD, Je dis que le Quarré de AC, est plus grand que les deux Quarrez de CB, & de BA, de la quantité de deux Rectangles, chacun desquels sera compris de CB, & de BD ; Pour le prouver.

La Ligne CD, estant coupée au Point B, il s'ensuit par la 4. Prop. que le Quarré de la Toute CD, est égal aux deux Quarrez des deux Parties CB, BD, & a deux Rectangles compris de ces deux mesmes Parties ; Donc si à ces deux Tous égaux l'on adjoûte le Quarré de DA, il s'ensuivra que les Quarrez de CD, & de DA, seront égaux aux trois Quarrez de CB, de BD, & de DA, & à deux Rectangles compris de CB, & de BD ; Mais le Quarré de AC,

AC, par la 47. Prop. du 1. eſt égal aux deux Quarrez de
CD, & de DA ; Donc le Quarré de AC, eſt égal aux
trois Quarrez de CB, de BD, & de DA, & à deux Rectangles compris de CB, & de BD ; D'ailleurs le Quarré
de BA, eſt égal aux deux Quarrez de BD, & de DA ; Prenant donc le Quarré de BA, au lieu de ces deux Quarrez,
Il s'enſuivra que le Quarré de AC, ſera égal aux deux
Quarrez de CB, & de BA, & a deux Rectangles compris
de CB, & de BD ; Et ainſi le Quarré de AC, eſt plus
grand que les deux Quarrez de CB, & de BA, de la quantité de deux Rectangles compris de CB, & de BD ; Ce
qu'il falloit demontrer.

PROPOSITION XIII.

THEOREME XII.

*Aux Triangles Oxigones, le Quarré du Coſté qui ſoû-
tient l'Angle Aigu, eſt plus petit que les Quarrez
des deux autres Coſtez, de la quantité de deux Rectangles, chacun deſquels eſt compris de l'un des Coſtez
allentour de l'Angle Aigu, à ſçavoir de celuy ſur lequel de l'Angle oppoſé tombe la Perpendiculaire, &
de la Partie compriſe entre cette Perpendiculaire
& l'Angle Aigu.*

JE ſuppoſe qu'au Triangle ABC,
l'Angle C, ſoit Aigu, & qu'ayant
fait tomber de l'Angle A, la Ligne
AD, Perpendiculaire à la Ligne
BC, qui eſt l'un des Coſtez qui
comprend l'Angle Aigu, cette Perpendiculaire tombe entre B, & C ;

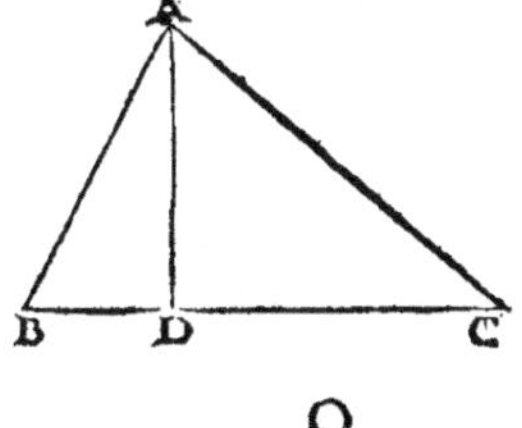

Cela eſtant , je dis que le Quarré du Coſté AB, qui ſoûtient l'Angle Aigu C, eſt plus petit
que les deux Quarrez des deux autres Coſtez A , BC, de la quantité de deux Rectangles , chacun
deſquels ſera compris du Coſté
BC, qui eſt allentour de l'Angle
Aigu C, & ſur lequel de l'Angle
oppoſé tombe la Perpendiculaire

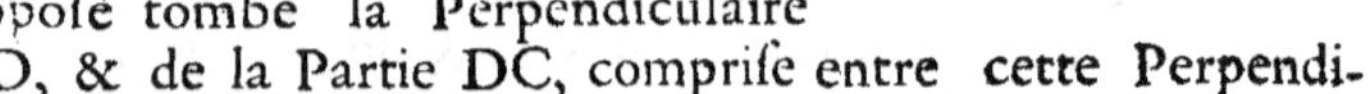

AD, & de la Partie DC, compriſe entre cette Perpendiculaire & l'Angle Aigu ; Pour le prouver.

La Ligne BC, eſtant coupée au Point D, Il s'enſuit par
la 7. Prop. que le Quarré de la Toute BC, & le Quarré
de l'une de ſes Parties , à ſçavoir DC, ſont égaux au
Quarré de l'autre Partie BD, & à deux Rectangles compris de BC, & de DC ; Si donc à ces deux Tous égaux
l'on adjoûte le Quarré de AD, Il s'enſuivra que les trois
Quarrez de BC, de DC, & de AD, ſeront égaux aux
deux Quarrez de BD, & de AD ; & à deux Rectangles
compris de BC, & de DC ; Donc ſi nous prenons le
Quarré de AC, au lieu des deux Quarrez de DC, & de
AD, auſquels il eſt égal, par la 47. Prop. du 1. Il s'enſuivra que les deux Quarrez de BC, & de AC, ſeront égaux
aux deux Quarrez de BD, & de AD, & a deux Rectangles compris de BC, & de DC ; D'ailleurs le Quarré de
AB, eſt égal aux deux Quarrez de BD, & de AD ; Prenant donc ce ſeul Quarré au lieu des deux autres, il s'enſuivra que les deux Quarrez de BC, & de AC, ſeront
égaux au Quarré de AB, & a deux Rectangles compris de
BC, & de DC ; D'où il ſuit que les deux Quarrez de BC,
& de AC, ſont plus grands que le ſeul Quarré de AB, de
la quantité de deux Rectangles compris de BC, & de DC;
ou ce qui eſt la meſme choſe que le Quarré de AB, eſt
moindre que les deux Quarrez de AC, & de BC, de la
quantité de deux Rectangles compris de BC, & de DC ;
Ce qu'il falloit démontrer.

PROPOSITION XIV.

PROBLEME II.

Décrire un Quarré égal à une Figure Rectiligne donnée.

JE suppose que la Figure Rectiligne A, soit donnée ; Et je propose de décrire un Quarré égal à cette Figure. Pour le faire.

Décrivez premierement par la 45. Prop. du 1. le Parallelogramme Rectangle BD, égal à la Figure donnée A ; Prolongez le Costé CD, vers F, & Faites DF, égal à DE ; Coupez la Ligne CF, en deux également au Point G, Décrivez un demy Cercle du Centre G, & de l'Intervalle GC, ou GF ; Enfin prolongez la Ligne ED, jusqu'à ce qu'elle rencontre la Circonference du Cercle au Point H ; Cela estant, je dis que le Quarré de la Ligne DH, est égal à la Figure Rectiligne A ; Pour le prouver.

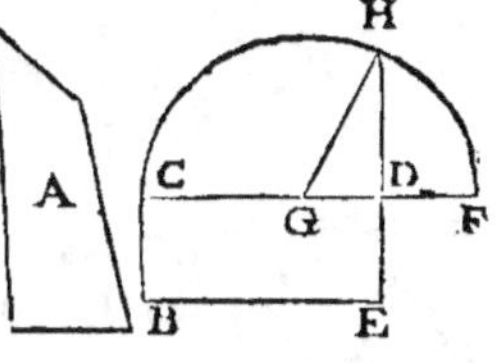

Du Point G, au Point H, menez la Ligne Droitte GH ; Cela posé.

Puisque la Ligne CF, est coupée en deux Parties égales au Point G, & en deux Inégales au Point D, Il s'ensuit par la 5. Prop. que le Rectangle compris des deux Parties Inégales CD, DF, C'est à dire le Rectangle BD, & le Quarré de la Partie du milieu GD, sont égaux au Quarré de la moitié de la Toute, GF, ou de son égale GH ; Mais ce Quarré GH, est égal aux Quarrez de GD, & de DH, par la 47. Prop. du 1. Donc le Rectangle BD, & le Quarré de GD, sont égaux aux deux Quarrez de GD, & de DH ; Et partant si de ces deux Tous égaux l'on oste le Quarré de GD, qui leur est commun, les Restés à sçavoir le Rectangle BD, & le Quarré de DH, seront égaux ; Mais le Rectangle BD, a esté fait égal à la Figure Rectiligne donnée A ; Donc le Quarré de DH, est aussi égal à cette Figure ; Ce qu'il falloit faire & démontrer.

LIVRE TROISIE'ME.

DEFINITIONS.

1. 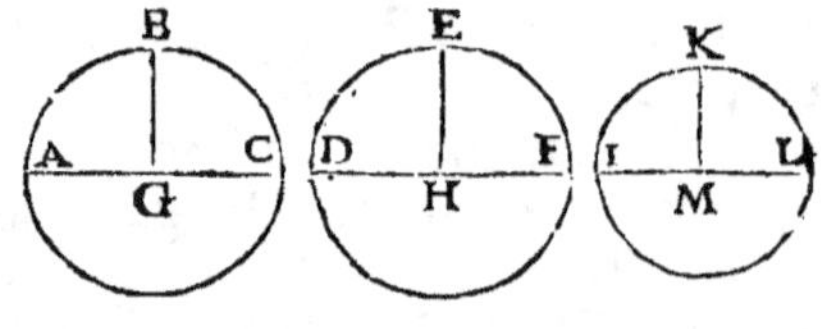Es Cercles égaux, font des Cercles dont les Diametres font égaux, ou dont les Lignes Droittes menées du Centre à leurs Circonferences font égales.

Ainfi les Cercles ABC, DEF, font égaux, parce que leurs Diametres AC, DF, font égaux ; ou parce que les Lignes Droittes GB, HE, qui font menées du Centre à leurs Circonferences font égales ; Mais les Cercles DEF, IKL, font Inégaux, parce que leurs Diametres DF, IL, font Inégaux, ou parce que les Lignes Droittes HE, MK, qui font menées du Centre à leurs Circonferences font Inégales.

2. La Tangente d'un Cercle, ou la Ligne qui le tou-che, eft une Ligne Droitte qui touche fa Circonference de telle forte, qu'eftant prolongée elle ne la coupe point, & n'entre point dans le Cercle.

Ainfi la Ligne AB, eft la Tangente du Cercle BDE, parce qu'elle touche fa Circonference de telle forte au

Point B, qu'eſtant prolongée elle ne la coupe point, & n'entre point dans le Cercle.

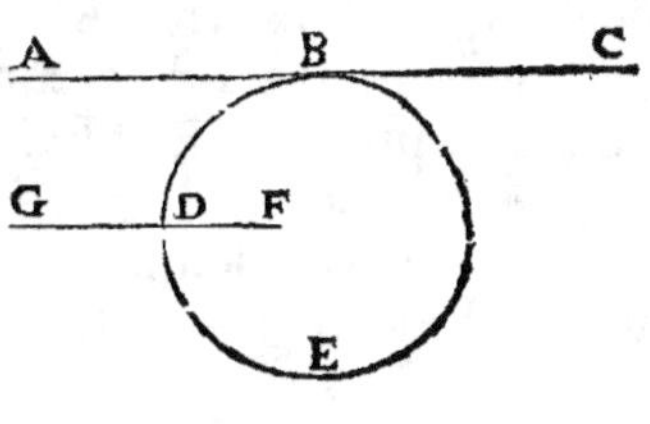

3. La Secante d'un Cercle, ou la Ligne qui le coupe, eſt une Ligne Droitte qui touche tellement ſa Circonference qu'eſtant prolongée elle la coupe, & entre dans le Cercle.

Ainſi la Ligne GD, eſt la Secante du Cercle BDE, parce qu'elle touche tellement ſa Circonference au Point D, qu'eſtant prolongée, elle la coupe, & entre dans le Cercle.

4. Des Cercles ſont dits ſe toucher l'un l'autre, quand leurs Circonferences ſe touchent ſans ſe couper.

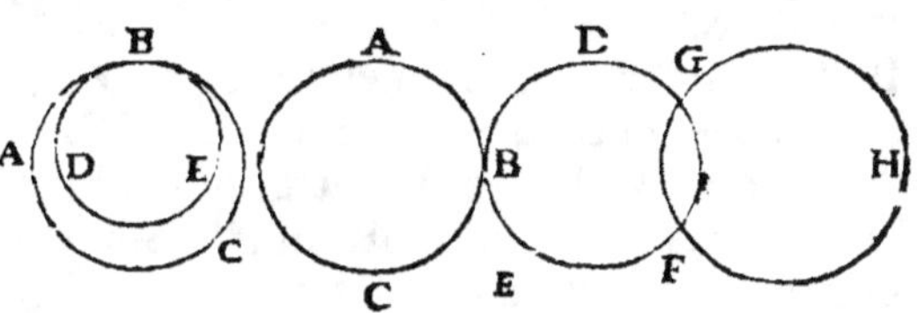

Ainſi les Cercles ABC, DBE, ſont dits ſe toucher l'un l'autre, parce que leurs Circonferences ſe touchent tellement au Point B, qu'elles ne ſe coupent point.

5. Deux Cercles ſont dits ſe couper l'un l'autre, lorſque leurs Circonferences ne ſe touchent pas ſimplement, mais qu'ils entrent reciproquement l'un dans l'autre.

Ainſi les Cercles FGD, FGH, ſont dits ſe couper l'un l'autre, parce que leurs Circonferences ne ſe touchent pas ſimplement, mais que ces Cercles entrent reciproquement l'un dans l'autre.

6. La diſtance d'une Ligne Droitte au Centre d'un Cercle, eſt la Ligne Droitte qui part du Centre de ce Cercle, & qui tombe Perpendiculairement ſur cette Ligne.

Ainſi la diſtance de la Ligne AB, au Centre du Cercle ABD, eſt la Ligne EF, qui part du Centre E, & qui tombe perpendiculairement ſur AB ; D'où il ſuit que les

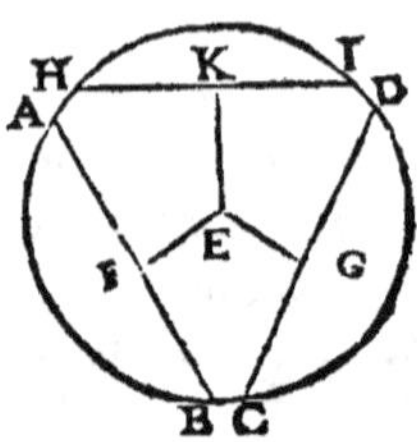

deux Lignes Droittes AB, CD, font également diſtantes du Centre E, parce que leurs diſtances EF, EG, font égales ; Mais que la Ligne HI, eſt plus éloignée de ce meſme Centre, parce que ſa diſtance EK, eſt plus grande que celle des autres.

7. La Soutendante, ou la corde d'un Arc de Cercle, eſt la Ligne Droitte bornée des deux extremitez de cet Arc.

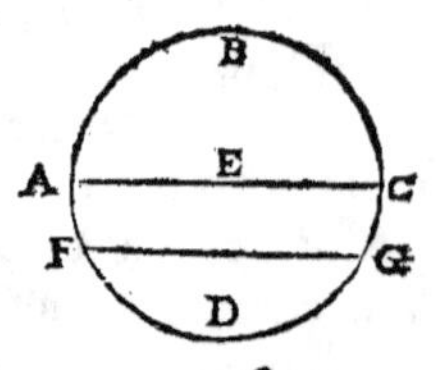

Ainſi la Ligne Droitte AB, eſt la Soutendante , ou la corde de l'Arc ACB, parce qu'elle eſt bornée de ſes deux extremitez A, & B.

Il eſt évident que la meſme Ligne AB, eſt auſſi la Soutendante de l'Arc ADB ; Si bien que la Ligne Droitte qui eſt la Soutendante d'un Arc, eſt auſſi la Soutendante du Complement au Cercle entier de cet Arc.

8. Un Segment, ou une portion de Cercle, eſt une Figure compriſe d'un Arc de Cercle , & de ſa Soutendante.

Ainſi les Figures ABC, FBG, FDG, font des Segmens ou des Portions de Cercles, parce chacune de ces Figures eſt compriſe d'un Arc de Cercle & de ſa Soutendante.

9. La Baze d'un Segment de Cercle, eſt la Ligne Droitte qui ſoûtient ce Segment & qui le borne.

Ainſi la Ligne FG, eſt la Baze du Segment FBG, & du Segment FDG, parce qu'elle les ſoûtient & les borne.

10. L'Angle du Segment, eſt l'Angle mixte compris de l'Arc du Segment & de ſa Baze.

Ainſi l'Angle Mixte compris de l'Arc FD, & de la Ligne FG, eſt l'Angle du Segment FDG.

11. L'Angle au Segment, ou l'Angle dont le Segment eſt

capable, eft un Angle compris de deux Lignes Droittes qui partent d'un Point de l'Arc du Segment, & qui aboutiffent aux deux extremitez de fa Baze.

Ainfi l'Angle ABC, eft un Angle au Segment, ou l'Angle dont le Segment ABC, eft capable, parce qu'il eft compris des deux Lignes Droittes BA, BC, qui partent du Point B, de l'Arc du Segment, & aboutiffent aux deux extremitez de fa Baze A, & C.

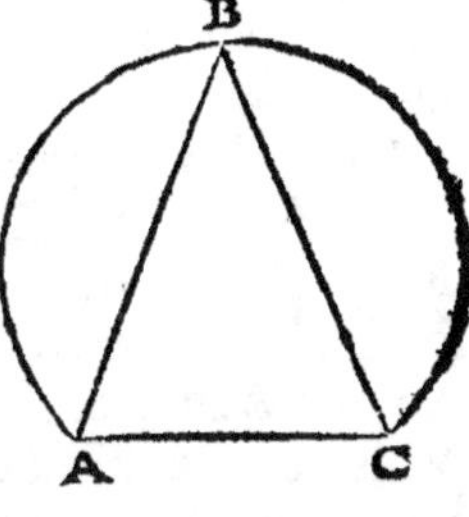

12. Un Angle au Centre d'un Cercle, eft un Angle compris de deux Lignes Droittes qui partent du Centre d'un Cercle, comme l'Angle BED.

13. Un Angle à la Circonference d'un Cercle, eft un Angle compris de deux Lignes Droittes qui partent d'un Point de la Circonference du Cercle, comme l'Angle BAD.

14. Quand l'Angle que font deux Lignes Droittes qui partent du Centre d'un Cercle, ou d'un mefme Point de la Circonference, a pour Baze un Arc de ce Cercle, cét Angle eft dit s'appuyer fur cét Arc.

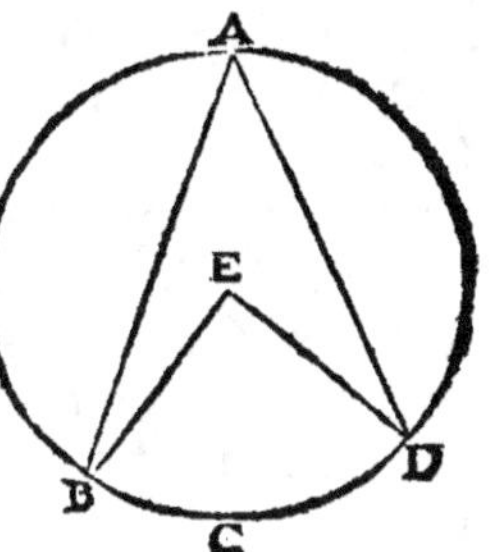

Ainfi l'Angle BED, ou l'Angle BAD, eft dit s'appuyer fur l'Arc BCD.

15. L'Arc fur lequel s'appuye un Angle, ou qui luy fert de Baze, eft l'Arc compris entre les deux Coftez de l'Angle.

Ainfi l'Arc BCD, eft l'Arc fur lequel s'appuyent les Angles BAD, BED, ou bien eft la Baze de ces Angles, parce que cet Arc eft compris entre leurs Coftez.

16. Un Secteur de Cercle, eft une Figure comprife de deux Lignes Droittes qui font un Angle au Centre, & de la Partie de la Circonference que ces deux Lignes em-

braffent , comme cy-deffus la Figure EBCD, eſt un
Secteur de Cercle.

17. Des Segmens ſembla-
bles , ſont des Segmens qui
ſont capables d'Angles é-
gaux.

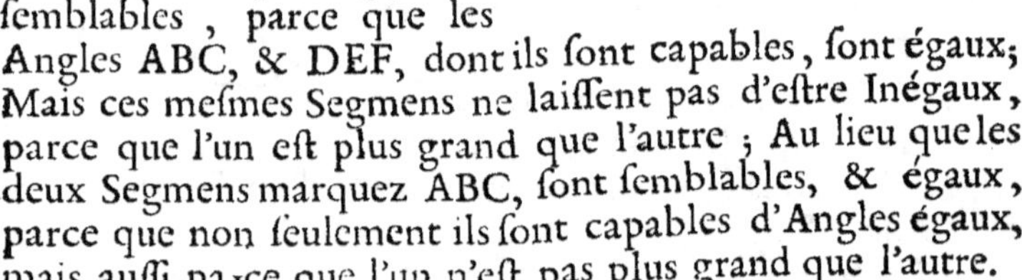

Ainſi les Segmens mar-
quez ABC, & DEF, ſont
des Segmens qui s'appellent
ſemblables , parce que les
Angles ABC, & DEF, dont ils ſont capables, ſont égaux;
Mais ces meſmes Segmens ne laiſſent pas d'eſtre Inégaux,
parce que l'un eſt plus grand que l'autre ; Au lieu que les
deux Segmens marquez ABC, ſont ſemblables, & égaux,
parce que non ſeulement ils ſont capables d'Angles égaux,
mais auſſi parce que l'un n'eſt pas plus grand que l'autre.

18. Une Figure Rectiligne eſt ditte Inſcritte dans un
Cercle, lorſque le Sommet de chacun de ſes Angles eſt
dans la Circonference du Cercle.

Ainſi la Figure ABCD, eſt inſcrite
dans le Cercle ABCD, parce que
tous les Sommets de ſes Angles A, B,
C, D, ſont dans la Circonference de
ce Cercle.

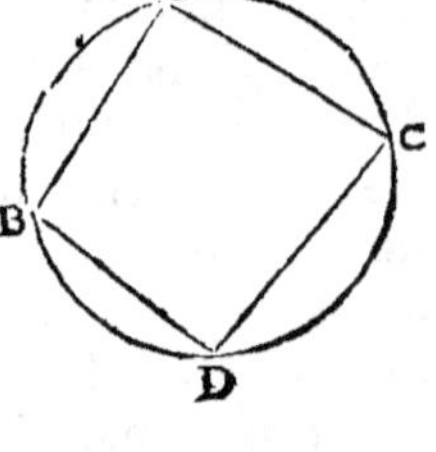

19. Une Ligne Droitte eſt ditte
eſtre dans un Cercle, lorſque ſes extremitez ſe terminent à la Circonference.

Ainſi la Ligne AB, eſt ditte eſtre
dans le Cercle ABC.

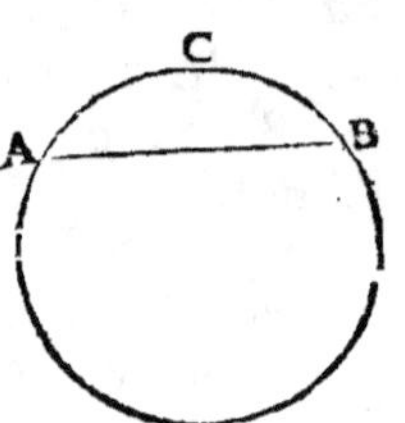

PROPOSITION I.

PROBLEME I.

Trouver le Centre d'un Cercle donné.

JE fuppofe que l'on donne le Cercle ABC, & je propofe d'en trouver le Centre. Pour le trouver.

Menez dans ce Cercle la Ligne droitte AC, qui coupe la Circonference où il vous plaira, comme aux Points A, & C ; Divifez la Ligne AC, en deux également au Point E, par la 10. du 1 ; Et par ce Point menez la Ligne BED, Perpendiculaire à AC, par la 11. du premier ; Enfin coupez la Ligne BD, en deux également au Point F ; Cela eftant, je dis que le Point F, eft le Centre du Cercle ABC. Pour le prouver.

Premierement il eft évident que tout autre Point que F, pris dans la Ligne BD, ne peut eftre le Centre, puifque cet autre Point ne diviferoit pas la Ligne BD, en deux également ; C'eft pourquoy fi le Centre n'eftoit pas au Point F, Il faudroit qu'il fuft en quelque Point hors de la Ligne BD ; Penfons fi vous voulez qu'il foit au Point G ; Menez donc les Lignes Droittes GA, GE, GC ; Cela pofé.

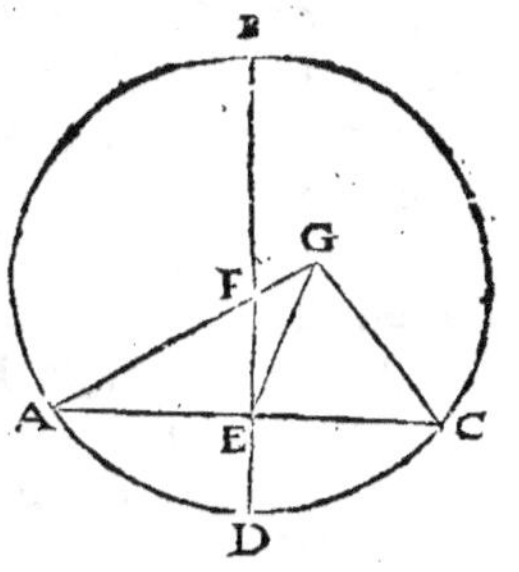

Comparez le Triangle AEG, avec le Triangle CEG ; le Cofté AE du premier, eft égal au Cofté EC du fecond, par conftruction ; le Cofté EG, eft commun aux deux Triangles, & la Baze GA, feroit égale à la Baze GC, puifqu'elles feroient tirées du Centre à la Circonference ; Ainfi par la 8. du 1. l'Angle AEG, feroit égal à l'Angle CEG, & la Ligne GE, feroit Perpendiculaire à AC, par la

P

26. Definition du 1. Et partant les Angles GEA, GEC, feroient Droits ; Mais par la conftruction l'Angle AEB, eft droit ; Donc il s'enfuivroit que l'Angle AEB, & l'Angle AEG, feroient égaux ; C'eft à dire la Partie au Tout, ce qui eft impoffible ; Il eft donc impoffible que le Centre du Cercle ABC, foit hors la Ligne BD ; Et partant le Point F, eft le Centre du Cercle ABC ; Ce qu'il falloit trouver.

I. Remarque.

Il fuit de-là, que fi dans un Cercle, une Ligne Droitte en coupe une autre qui fe termine à fa Circonference, en deux également & perpendiculairement, cette Ligne Droitte paffera par le Centre du Cercle.

II. Remarque.

Pratique de cette Propofition. Prenez dans la Circonference du Cercle ABC, trois Points, tels qu'il vous plaira, comme A, B, C ; Mettez fucceffivement voftre Compas à deux de ces Points A, & B, & de mefme Intervalle décrivez deux Arcs de Cercle qui s'entrecoupent aux Points D, & H, Puis par ces Points menez la Ligne Droitte DH ; Cela fait, mettez derechef fucceffivement le pied du Compas aux Points B, & C, & de mefme Inter-valle décrivez encore deux Arcs de Cercle qui s'entrecoupent aux Points G, & F ; Enfin menez par ces deux Points la Ligne GF, fi longue qu'elle rencontre la Ligne DH, au Point E, alors le Point E, fera le Centre qu'il falloit trouver.

PROPOSITION II.

THEOREME I.

Si ayant pris deux Points dans la Circonference d'un Cercle, on mene de l'un à l'autre une Ligne Droitte, elle tombera dans le Cercle.

JE fuppofe que dans la Circonference du Cercle ABE, l'on prenne deux Points tels qu'on voudra,
comme A, & B, & que du Point A,
au Point B, on mene la Ligne
Droitte AB ; Cela eftant, je dis que
cette Ligne tombera dans ce Cercle.
Pour le prouver.

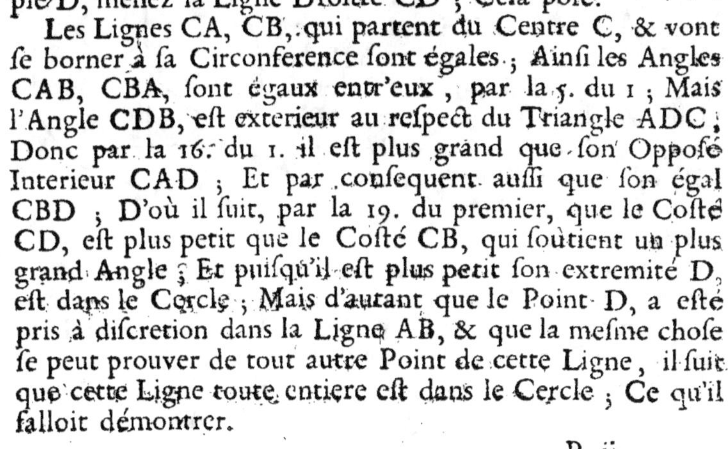

Menez du Centre C, aux extremitez de la Ligne AB, les Lignes
Droittes CA, CB, Puis ayant pris à difcretion dans la
Ligne AB, un Point entre A, & B, comme par exemple D, menez la Ligne Droitte CD ; Cela pofé.

Les Lignes CA, CB, qui partent du Centre C, & vont
fe borner à fa Circonference font égales ; Ainfi les Angles
CAB, CBA, font égaux entr'eux, par la 5. du 1 ; Mais
l'Angle CDB, eft exterieur au refpect du Triangle ADC,
Donc par la 16. du 1. il eft plus grand que fon Oppofé
Interieur CAD ; Et par confequent auffi que fon égal
CBD ; D'où il fuit, par la 19. du premier, que le Cofté
CD, eft plus petit que le Cofté CB, qui foûtient un plus
grand Angle ; Et puifqu'il eft plus petit fon extremité D,
eft dans le Cercle ; Mais d'autant que le Point D, a efté
pris à difcretion dans la Ligne AB, & que la mefme chofe
fe peut prouver de tout autre Point de cette Ligne, il fuit
que cette Ligne toute entiere eft dans le Cercle ; Ce qu'il
falloit démontrer.

PROPOSITION III.

THEOREME II.

Si dans un Cercle, une Ligne Droitte passe par le Centre, & coupe en deux également une autre Ligne Droitte qui n'y passe point, elle la coupera Perpendiculairement ; Et si elle la coupe Perpendiculairement, elle la coupera en deux également.

JE suppose premierement que la Ligne Droitte BD, qui est dans le Cercle ABC, passe par le Centre E, & qu'elle coupe en deux égalem nt au Point F, la Ligne AC, qui n'y passe point ; Cela estant, je dis que la Ligne BD, coupe la Ligne AC, Perpendiculairement. Pour le prouver.

Menez les Lignes Droittes AE, EC, Cela posé.

Dans les Triangles AFE, & CFE, le Costé AF, est égal au Costé FC, par Supposition ; Le Costé FE, est commun à ces deux Triangles ; De plus la Baze EA, est égale à la Baze EC, par la definition du Cercle ; Donc par la 8. du 1. l'Angle AFE, est égal à l'Angle CFE, & la Ligne BD, est Perpendiculaire à AC, par la 26. Definition du 1. Ce qu'il falloit démontrer.

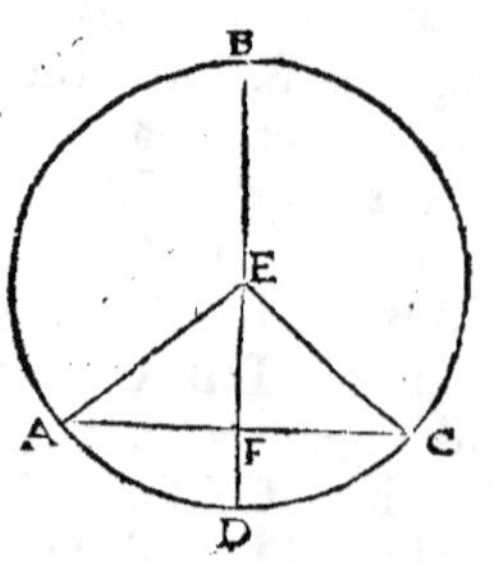

Je suppose en second lieu, que la Ligne BD, qui passe par le Centre du Cercle, coupe la Ligne AC, perpendiculairement ; Cela estant, je dis qu'elle la coupe aussi en deux également. Pour le prouver.

Puisque les Lignes EA, EC, sont égales, par la definition du Cercle, les Angles EAC, & ECA, sont égaux

par la 5. du 1 ; D'ailleurs puisque la Ligne BF, est perpendiculaire à la Ligne AC, les deux Angles EFA, EFC,
sont aussi égaux ; Si bien que les deux Triangles EFA,
EFC, ont deux Angles égaux à deux Angles chacun au
sien, le Costé EF, qui est commun aux deux, soûtient des
Angles égaux ; Partant par la 26. du 1. le Costé AF, est
égal au Costé FC ; Ce qu'il falloit démontrer.

PROPOSITION IV.

THEOREME III.

*Si dans un Cercle, deux Lignes Droittes qui ne passent
pas par le Centre s'entrecoupent, elles ne se couperont pas l'une l'autre en deux également.*

JE suppose que dans le Cercle
ABD, les deux Lignes Droittes
AB, CD, qui ne passent point par
le Centre se coupent l'une l'autre
au Point F ; Cela estant, je dis
qu'elles ne se coupent pas toutes
deux en deux Parties égales. Pour
le prouver.

S'il estoit possible que chacune de
ces deux Lignes fust coupée en deux
Parties égales, il s'ensuivroit par la Proposition precedente, qu'en menant du Centre E, au Point F, la Ligne
Droitte EF, cette Ligne seroit Perpendiculaire à chacune
des deux autres AB, CD ; Et par conséquent que les Angles AFE, & CFE, seroient droits, & égaux entr'eux, &
qu'ainsi la Partie seroit égale au tout, ce qui est impossible ; Il est donc impossible que les Lignes AB, CD, se
coupent toutes deux en deux Parties égales ; Ce qu'il falloit
démontrer.   P iij

PROPOSITION V.

THEOREME IV.

Si deux Cercles se coupent l'un l'autre, ils n'auront pas un mesme Centre.

JE suppose que les deux Cercles ABC, BDC, se coupent l'un l'autre aux Points B, & C; Cela estant, je dis qu'ils n'ont pas un mesme Centre. Pour le prouver.

S'il estoit possible qu'ils eussent tous deux un mesme Centre, à sçavoir E ; en menant de ce Point une Ligne Droitte à l'un des Points où ces deux Cercles s'entrecoupent, par exemple au Point B, & une autre Ligne Droitte en quelqu'autre Point, comme A, qui les coupast tous deux, De ce que le Point E, seroit Centre du Cercle ABC, il s'ensuivroit que les Lignes EA, EB, seroient égales ; D'ailleurs, de ce que ce mesme Point seroit aussi le Centre du Cercle BDC, il s'ensuivroit que les Lignes ED, EB, seroient aussi égales ; Si bien que les deux Lignes EA, ED, qui seroient égales à une mesme, à sçavoir à EB, seroient égales entr'elles ; C'est à dire que le Tout ne seroit pas plus grand que sa Partie ; Ce qui est impossible, Il est donc impossible que les deux Cercles ABC, BDC, ayent un mesme Centre ; Ce qu'il falloit démontrer.

PROPOSITION VI.

THEOREME V.

Si deux Cercles se touchent l'un l'autre en dedans, ils n'au-
ront pas un mesme Centre.

JE suppose que le Cercle BDE,
touche le Cercle ABC, en dedans au Point B, Cela estant, je
dis que ces deux Cercles n'ont pas
un mesme Centre. Pour le prouver.

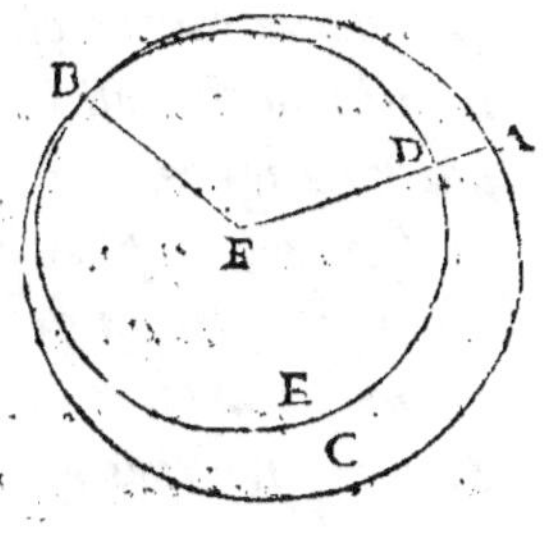

S'il estoit possible qu'ils eussent
tous deux un mesme Centre, à sçavoir F, menant de ce Centre au
Point de leur attouchement la Ligne
Droitte FB ; Puis une autre Ligne Droitte à quelqu'autre
Point de la Circonference du Cercle ABC, par exemple
au Point A ; De ce que le Point F, seroit le Centre du
Cercle ABC, il s'ensuivroit que les Lignes FA, FB, seroient
égales ; Et parce que ce mesme Point seroit aussi le Centre du Cercle BDE, il s'ensuivroit que les Lignes FD, FB,
seroient aussi égales ; Et ainsi les Lignes Droittes FA, FD,
qui seroient égales à la mesme FB, seroient égales entr'elles ; C'est à dire que le Tout ne seroit pas plus grand
que sa Partie, ce qui est impossible ; Il est donc impossible que les deux Cercles ABC, BDE, ayent un mesme
Centre ; Ce qu'il falloit démontrer.

PROPOSITION VII.

THEOREME VI.

Si ayant pris un Point, autre que le Centre, dans un Cercle, on mene de ce Point tant de Lignes Droittes que l'on voudra, jusqu'à la Circonference, la plus grande de toutes est celle qui passe par le Centre, & la plus petite est le reste du Diametre. Quant aux autres Lignes, la plus proche de celle qui passe par le Centre, est plus grande qu'une autre qui en est plus éloignée ; Enfin de part & d'autre de la plus petite, on ne sçauroit mener de ce mesme Point plus de deux Lignes Droittes égales entr'elles.

JE suppose que dans le Cercle ADB, dont le Centre est F, on ait pris à discretion le Point G, different du Centre F, & que de ce Point on ait mené à la Circonference plusieurs Lignes Droittes comme GA, GC, GD, GE, GB, entre lesquelles GA, passe par le Centre F ; Et GB, acheve le Diametre AB ; Cela estant, je dis premierement que la Ligne GA, est la plus grande de toutes. Pour le prouver.

Menez du Centre F, aux Points C, D, E, les Lignes Droittes FC, FD, FE ; Cela posé.

Au Triangle GFC, les deux Costez GF, FC, sont plus grands que le troisiéme GE, par la 20. du 1 ; Donc si au lieu de FC, on prend FA, qui luy est égale par la Définition du Cercle, les deux Lignes GF, FA, ou la Toute GA,

GA, fera plus grande que GC ; On prouvera de mefme que la Ligne GA, eft plus grande que les Lignes GD, GE; mais GA, eft auffi plus grand que GB, puifque GA, eft plus grand que le Demy-diametre du Cercle, & que GB, eft plus petit ; Et partant la Ligne GA, eft la plus grande de toutes.

Je dis en fecond lieu, que la Ligne GB, eft la plus petite de toutes ; Pour le prouver.

Au Triangle EGF, les deux Coftez FG, GE, font plus grands que le troifiéme FE, par la 20. du 1 ; Ils font donc auffi plus grands que la Ligne FB, qui luy eft égale ; Si donc de ces deux Tous inégaux on ofte la Partie FG, qui leur eft commune, Il s'enfuivra que le refte GE, fera plus grand que le refte GB, & ainfi que GB, eft plus petit que GE ; On prouvera de mefme que GB, eft plus petit que GD, ou GC ; Et partant la Ligne GB, eft la plus petite de toutes.

Je dis en troifiéme lieu, que la Ligne GC, qui eft la plus proche de la Ligne GA, qui paffe par le Centre, eft plus grande qu'une autre plus éloignée, par exemple que GD, ou GE ; Pour le prouver.

Comparez les deux Triangles CFG, & DFG, le Cofté CF du premier Triangle, eft égal au Cofté FD du fecond, par la Definition du Cercle, le Cofté FG, eft commun à ces deux Triangles ; Deplus l'Angle CFG, compris des deux Coftez du premier Triangle, eft plus grand que l'Angle DFG, compris des deux coftez du fecond, puis qu'il n'eft que fa Partie ; Ainfi par la 24. du 1. la Baze GC, eft plus grande que la Baze GD ; On prouvera de mefme que GD, eft plus grand que GE ; Et ainfi la Ligne GC, qui approche le plus de la Ligne qui paffe par le Centre eft plus grande qu'une autre plus éloignée.

Je dis en quatriéme lieu, qu'on ne fçauroit mener du Point G, de part & d'autre de la Ligne GB, plus de deux Lignes Droittes égales entr'elles ; ou bien qu'on n'en fçauroit mener une troifiéme égale aux deux autres. Pour le prouver.

Menez du Point F, la Ligne FH, qui faffe avec FB,

Q

l'Angle BFH, égal à l'Angle BFE, & du Point G, au Point H, menez la Ligne Droitte GH ; Cela posé.

Les Triangles GFH, & GFE, ont les deux Coſtez GF, FH, égaux aux deux Coſtez GF, FE, & l'Angle GFH, compris des deux Coſtez du premier Triangle, eſt égal à l'Angle GFE, compris des deux autres, par conſtruction ; Donc la Baze GH, eſt égale à la Baze GE, par la 4. du 1 ; Ainſi voilà deux Lignes Droittes égales menées du Point

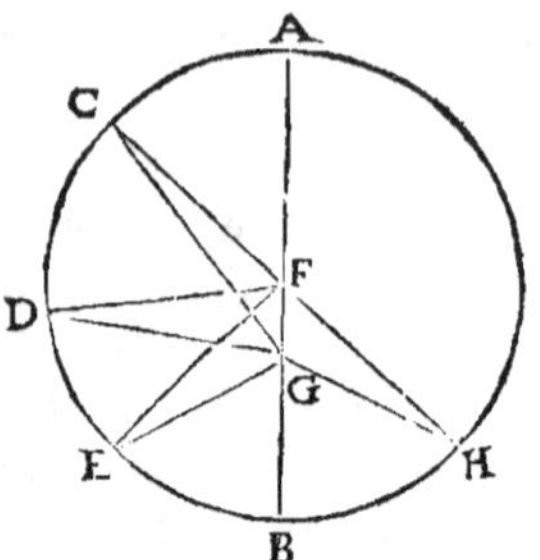

G, depart & d'autre de la Ligne GB ; Mais qu'on ne puiſſe pas en mener une troiſiéme égale aux deux autres, cela eſt évident, par ce qui a déja eſté prouvé ; Car cette Ligne ou approchera plus prés du Point B, & ainſi elle ſera plus petite que GH, ou elle en ſera plus éloignée, & ainſi elle ſera plus grande ; Qui eſt tout ce qu'il falloit démontrer.

PROPOSITION VIII.
THEOREME VII.

Si d'un Point pris hors d'un Cercle on mene tant de Lignes Droittes que l'on voudra, qui se terminent à la Circonference concave du Cercle, la plus grande de toutes est celle qui passe par le Centre ; & celle qui en est plus proche est plus grande qu'une autre qui en est plus éloignée ; Tout au contraire, de celles qui tombent sur la Circonference convexe, celle qui estant prolongée passe par le Centre est la plus petite de toutes, & celle qui en est plus proche est plus petite qu'une autre qui en est plus éloignée ; Enfin de part & d'autre de la plus petite, on ne sçauroit mener de ce même Point plus de deux Lignes Droittes égales entr'elles.

JE suppose que du Point A, pris à discretion, hors du Cercle BCD, on ait mené plusieurs Lignes Droittes AF, AG, AH, AI, qui se vont terminer à sa Circonference concave, & que la Ligne AI, passe par le Centre K ; Cela estant, je dis premierement que la Ligne AI, est la plus grande de toutes. Pour le prouver.

Menez du Centre K, les Lignes Droittes KF, KG, KH ; Cela posé.

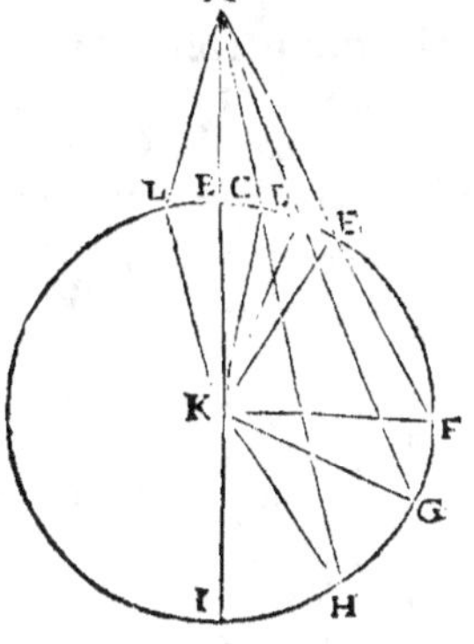

Au Triangle AKH, les deux Costez AK, KH, sont plus

grands que le troisiéme AH, par la 20. du 1 ; Or AK, &
KH, font égaux à AK, & à KI, ou à la Toute AI ; Ainſi la
Ligne AI, eſt plus grande que la Ligne AH ; On prou-
vera de meſme que la Ligne AI, eſt plus grande que la
Ligne AG, & que la Ligne AF ; Donc la Ligne AI, eſt
la plus grande de toutes.

Je dis en ſecond lieu, que la Ligne AH, qui eſt la plus
proche de la Ligne AI, qui paſſe par le Centre, eſt plus
grande qu'une autre plus éloignée, par exemple que AG,
ou AF ; Pour le prouver.

Aux Triangles AKH, & AKG, les deux Coſtez AK, KH,
ſont égaux aux deux Coſtez AK, KG, chacun au ſien ;
Mais l'Angle AKH, eſt plus grand que l'Angle AKG,
qui n'eſt que ſa Partie, Donc par la 24, du 1 ; La Baze
AH, eſt plus grande que la Baze AG ; On prouvera de
meſme que la Ligne AG, eſt
plus grande que la Ligne AF,
& ainſi la Ligne AH, qui approche le plus de la Ligne qui paſſe
par le Centre , eſt plus grande
qu'une autre plus éloignée.

Je dis en troiſiéme lieu, qu'entre les Lignes AB, AC, AD,
AE, qui partent du Point A, &
qui tombent ſur la Circonference convexe du Cercle BCD, la
plus petite de toutes eſt la Ligne
AB, qui eſtant prolongée paſſe
par le Centre K ; Pour le prouver.

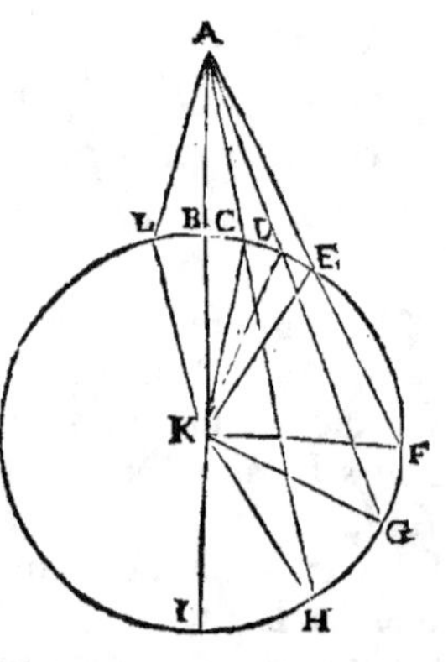

Menez du Centre K, les Lignes Droittes KC, KD, KE ;
Cela poſé.

Au Triangle AKC, le Coſté AK, eſt moindre que les
deux Coſtez KC, AC, par la 20. du 1 ; Donc ſi de ces
deux Tous inégaux on oſte des Parties égales , à ſçavoir KB, & KC, le reſte AB, ſera plus petit que le
reſte AC ; On prouvera de meſme que la Ligne AB, eſt

plus petite que AD, ou AE ; Et partant elle eſt la plus petite de toutes.

Je dis en quatriéme lieu, qu'entre les Lignes AC, AD, AE, celle qui approche deplus prés de la Ligne AB, eſt plus petite qu'une autre plus éloignée ; Pour le prouver.

Les Lignes AC, KC, ſont menées des extremitez de la Ligne AK, qui eſt un des coſtez du Triangle AKD, & ſe rencontrent dans ce Triangle ; Donc par la 21. du 1. les Lignes AC, KC, ſont plus petites que les Lignes AD, KD ; Si donc de ces deux Tous inégaux on oſte les Parties égales KC, KD, le reſte AC, ſera plus petit que le reſte AD ; On prouvera de meſme que AD, eſt plus petit que AE ; Et ainſi de toutes ces Lignes, celle qui eſt la plus proche de la Ligne AB, eſt plus petite qu'une autre plus éloignée.

Je dis enfin qu'on ne ſçauroit mener du Point A, de part & d'autre de la Ligne AB, plus de deux Lignes Droittes égales entr'elles ; ou bien qu'on n'en ſçauroit mener une troiſiéme égale aux deux autres. Pour le prouver.

Menez du Centre K, la Ligne KL, qui faſſe avec KA, l'Angle AKL, égal à l'Angle AKC, & du Point L, au Point A, menez la Ligne Droitte LA. Cela poſé.

Les deux Triangles AKL, AKC, ont les deux Coſtez AK, KL, égaux aux deux Coſtez AK, KC, chacun au ſien, Et l'Angle AKL, compris des deux Coſtez du premier Triangle, eſt égal à l'Angle AKC, compris des deux autres coſtez, par conſtruction ; Donc la Baze AL, eſt égale à la Baze AC, par la 4. du 1 ; Ainſi voilà deux Lignes Droittes égales menées du Point A, de part & d'autre de la Ligne AB ; Mais qu'on ne puiſſe pas en mener une troiſiéme égale aux deux autres, cela eſt évident, par ce qui a déja eſté prouvé ; Car cette Ligne ou approchera plus prés de la Ligne AB, & ainſi elle ſera plus petite ; ou elle en ſera plus éloigné, & ainſi elle ſera plus grande ; Qui eſt tout ce qu'il falloit démontrer.

PROPOSITION IX.

THEOREME VIII.

Si ayant pris un Point dans un Cercle, l'on peut mener de ce Point à la Circonference du Cercle plus de deux Lignes Droittes égales entr'elles, ce Point là est le Centre du Cercle.

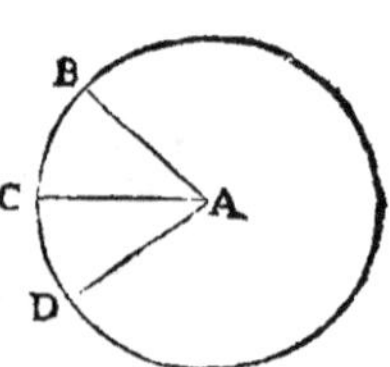

JE suppose que dans le Cercle BCD, l'on ait pris le Point A, & qu'ayant mené de ce Point à la Circonference les trois Lignes Droittes AB, AC, AD, ces trois Lignes se trouvent égales. Cela estant, je dis que le Point A, est le Centre de ce Cercle.

Car si cela n'estoit, Il s'ensuivroit que d'un Point pris dans un Cercle, lequel Point ne feroit pas le Centre, on pourroit mener à la Circonference plus de deux Lignes Droittes égales entr'elles ; Ce qui est impossible par la 7. Prop. Par consequent le Point A, est le Centre de ce Cercle ; Ce qu'il falloit démontrer.

PROPOSITION X.

THEOREME IX.

Si deux Cercles se coupent l'un l'autre, ils ne se couperont pas en plus de deux Points.

JE suppose que les deux Cercles ABDGE, & ABCDEF, se coupent l'un l'autre ; Cela estant , je dis qu'ils ne se coupent pas en plus de deux Points; Pour le prouver.

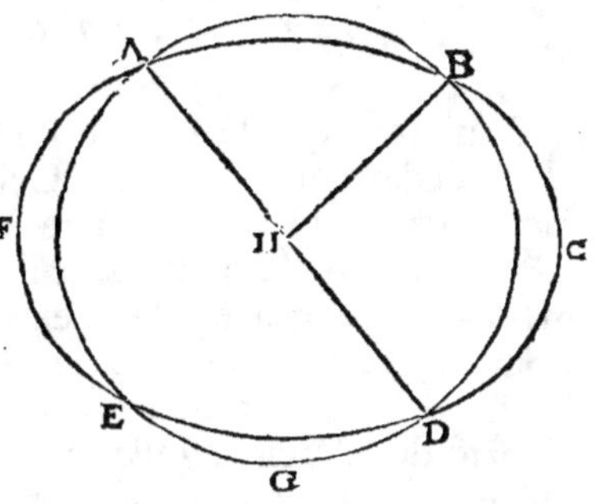

Supposons s'il est possible qu'ils se coupent l'un l'autre aux trois Points A, B, D ; Cela posé.

Trouvez par la premiere Proposition le Centre du Cercle ABDGE, & que le Centre soit H, puis de ce Centre menez à ces trois Points A, B, D, les Lignes Droittes HA, HB, HD ; Cela posé.

Puisque le Point H, est le Centre du Cercle ABDGE, les Lignes HA, HB, HD, qui partent de ce Centre & se vont terminer à sa Circonference , sont égales entr'elles ; & puisque ces trois mesmes Lignes partent aussi d'un Point pris dans le Cercle ABCDEF, & qu'elles vont se terminer à sa Circonference , le Point H, est aussi le Centre du Cercle ABCDEF ; & ainsi il s'ensuivroit que deux Cercles qui se coupent l'un l'autre auroient un mesme Centre, ce qui est impossible par la 5. Prop. Il est donc impossible que deux Cercles qui se coupent l'un l'autre se puissent couper en plus de deux Points ; Ce qu'il falloit démontrer.

PROPOSITION XI.

THEOREME X.

Si un Cercle en touche un autre en dedans , la Ligne Droitte menée par leurs Centres eſtant prolongée, paſſera par le Point de leur attouchement.

JE ſuppoſe que le Cercle ADE, touche le Cercle ABC, en dedans au Point A ; Cela eſtant , je dis que ſi on mene par leurs Centres une Ligne Droitte , cette Ligne eſtant prolongée paſſera par le Point de leur attouchement ; ou ce qui eſt la meſme choſe, que ſi on mene du Point F, Centre du Cercle ABC, au Point A, qui eſt le Point de leur attouchement, la Ligne Droitte FA, le Centre du Cercle ADE, ſe rencontrera dans cette Ligne.

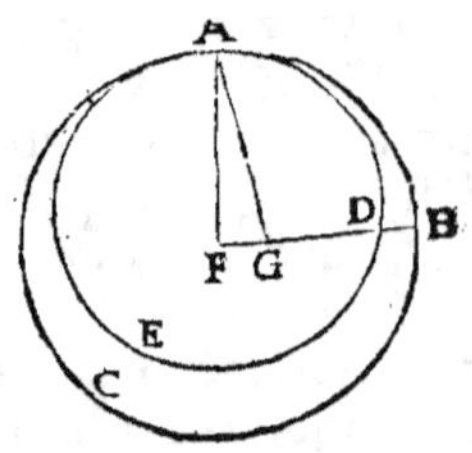

Car ſi cela n'eſtoit , le Centre du Cercle ADE, ſeroit en quelque Point hors de la Ligne FA ; Qu'il ſoit donc au Point G, s'il eſt poſſible ; En ce cas, ſi l'on mene par le Point F, & par le Point G, la Ligne Droitte FGDB, elle coupera la Circonference des deux Cercles ailleurs qu'au Point de leur attouchement ; Puis menant du Point G, au Point A, la Ligne Droitte GA, cette Ligne avec les deux autres FG, FA, compoſera le Triangle FGA, dont les deux Coſtez FG, GA, feront plus grands que le troiſiéme FA, par la 20. du 1. Ils feront donc auſſi plus grands que ſon égale FB ; Si donc de ces deux Tous inégaux on oſte la Partie commune FG, le reſte GA, ſera plus grand que le reſte GB ; Mais puiſque le Point G, eſt le Centre du Cercle ADE, la Ligne GD, eſt égale à GA ; Et ainſi la Ligne GD, ſera auſſi plus grande que la Ligne GB,

c'eſt

c'eſt à dire la Partie que le Tout ; Ce qui eſt impoſſible ;
Il eſt donc impoſſible que le Centre du Cercle ADE, ſoit
hors de la Ligne FA ; Ce qu'il falloit démontrer.

PROPOSITION XII.

THEOREME XI.

*Si deux Cercles ſe touchent l'un l'autre par dehors, la
Ligne Droitte menée d'un Centre à l'autre paſſera
par le Point de leur attouchement.*

JE ſuppoſe que les Cercles
ABC, DBE, ſe touchent
l'un l'autre par dehors au Point
B, & que du Centre de l'un
au Centre de l'autre on ait
mené la Ligne Droitte FG ;
Cela eſtant, je dis que cette
Ligne paſſe par le Point de
leur attouchement.

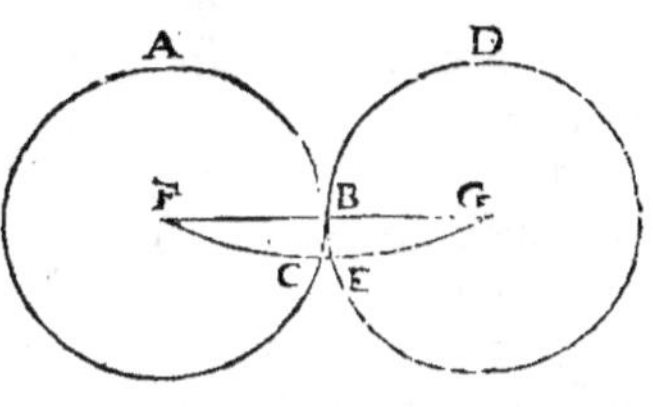

Car ſi cela n'eſtoit, elle paſſeroit par ailleurs ; Poſons
donc, s'il eſt poſſible, qu'elle paſſe par les Points C, & E,
& qu'ainſi la Ligne FCEG, ſoit une Ligne Droitte ; Cela
eſtant, les deux Lignes BF, BG, ne concoureront pas directement, & ainſi feront un Angle au Point B, & avec la
troiſiéme FCEG, feront un Triangle, dont les deux Coſtez
BF, BG, ſeront enſemble plus grands que le troiſiéme
FCEG, par la 20. du 1. Mais les Lignes FC, GE, ſont égales à BF, BG, par la Definition du Cercle ; Donc ces mê.
mes Lignes FC, GE, ſeroient auſſi plus grandes que la Ligne
entiere FCEG, c'eſt à dire la Partie que le Tout, ce qui
eſt impoſſible ; Il eſt donc impoſſible que la Ligne qui eſt
menée par les Centres F, & G, paſſe par un autre Point
que B ; Ce qu'il falloit démontrer.

R

PROPOSITION XIII.

THEOREME XII.

*Si un Cercle en touche un autre, soit en dedans, soit en
dehors, il ne le touchera pas à plus d'un Point.*

JE suppose premierement que le
Cercle ADC, touche le Cercle
ABC, en dedans ; Cela estant, je
dis qu'il ne le touche pas à plus d'un
Point.

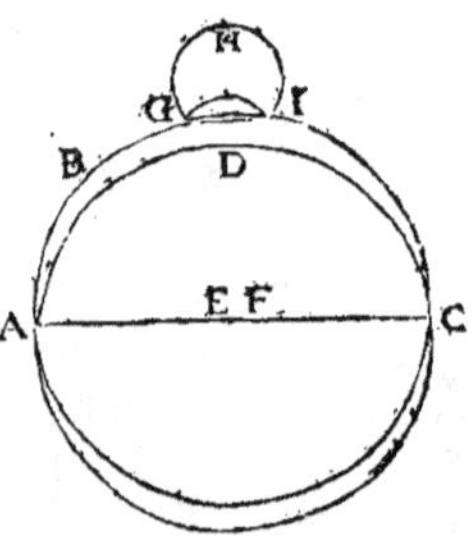

Car si cela n'estoit, il pourroit le
toucher à plus d'un Point ; Posons
donc, s'il est possible, qu'il le touche aux deux Points A, & C ; Si cela
est, puisque par la 6. Prop. deux
Cercles dont l'un touche l'autre en dedans, n'ont pas un
mesme Centre, les deux Cercles ABC, ADC, auront chacun leur Centre particulier, par exemple E, & F ; Et puisque par la 11. Prop. la Ligne menée par les Centres de
deux Cercles, dont l'un touche l'autre en dedans, estant
prolongée, passe par le Point de leur attouchement, il
s'ensuivra que la Ligne EF, estant prolongée de part &
d'autre passera par les Points A, & C ; Ensuite dequoy,
puisque le Point E, est le Centre du Cercle ABC, la Ligne
EA, & la Ligne EC, sont égales ; Mais la Ligne FA, est
plus grande que EA, qui n'est que sa Partie ; Donc elle est
aussi plus grande que la Ligne EC ; & à plus forte raison que
la Ligne FC ; D'ailleurs puisque le Point F, est le Centre
du Cercle ACD, la Ligne FA, & la Ligne FC, sont aussi
égales ; Si bien que les deux Lignes FA, FC, sont ensemble égales, & inégales, ce qui est impossible ; Il est donc
impossible qu'un Cercle, qui en touche un autre en dedans,
le touche à plus d'un Point.

Je suppose en second lieu que le Cercle GHI, touche le Cercle ABC, par dehors ; Cela estant, je dis qu'il ne le sçauroit toucher à plus d'un Point.

Car par exemple, s'il le pouvoit toucher aux deux Points G, & I, puisque ces deux Points seroient dans la Circonference de ces deux Cercles, en menant du Point G, au Point I, la Ligne Droitte GI, elle devroit par la 2. Prop. tomber dans l'un & dans l'autre de ces deux Cercles ; ce qui est impossible, puisque l'un est supposé hors de l'autre ; Il est donc impossible que le Cercle GHI, touche le Cercle ABC, a plus d'un Point ; Qui est tout ce qu'il falloit démontrer.

PROPOSITION XIV.

THEOREME XIII.

Dans un Cercle, les Lignes Droittes égales sont également distantes du Centre ; Et celles qui sont également distantes du Centre sont égales entr'elles.

JE suppose que dans le Cercle ABCD, les deux Lignes Droittes AD, BC, sont égales entr'elles ; Cela estant, je dis que ces deux Lignes sont également distantes du Centre E ; C'est à dire que si du Centre E, l'on abaisse sur ces Lignes les Perpendiculaires EF, EG, par la 12. du 1. ces Perpendiculaires sont égales entr'elles ; Pour le prouver.

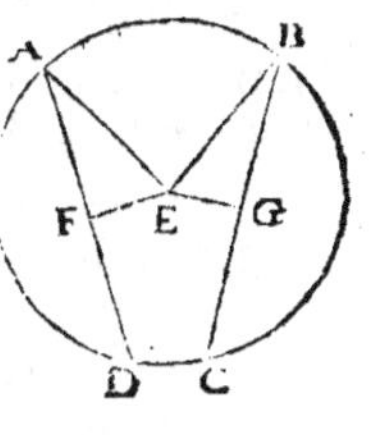

Menez les deux Lignes Droittes EA, EB ; Cela posé.

Puisque les Lignes EF, EG, partent du Centre E, & qu'elles tombent perpendiculairement sur AD, & sur BC, Il s'ensuit que ces deux Lignes sont coupées par elles en deux également, par la 3. Prop. Et partant AF, est la moitié de AD, & BG, la moitié de BC ; D'où il suit que

les deux Lignes AF, & BG, font égales par le 7. Ax. du 1.
D'ailleurs, puifque le Triangle AFE, eft Rectangle, les
deux Quarrez de AF, & de FE, font égaux au Quarré de
AE, ou de fon égale EB, par la 47. du 1. Mais puifque le
Triangle EGB, eft auffi Rectangle, les deux Quarrez de
BG, & de EG, font auffi égaux au Quarré de EB ; Et partant
les deux Quarrez de AF, & de FE, font égaux aux deux
Quarrez de BG, & de EG ; Si donc de ces deux Tous
égaux on ofte les Quarrez de AF, & de BG, qui font
égaux, puifque les deux Lignes dont ils font les Quarrez
font égales, les reftes à fçavoir le Quarré de EF, & le
Quarré de EG, feront égaux entr'eux ; D'où il fuit que
les deux Lignes EF, EG, font égales entr'elles ; Par la 3.
Remarque de la 46. du 1.

Je fuppofe en fecond lieu, que dans le
mefme Cercle ABCD, les deux Lignes
Droittes AD, BC, font également
diftantes du Centre E, C'eft à dire
que les Perpendiculaires EF, EG, qu'on
a abaiffées du Centre E, fur ces deux
Lignes, font égales ; Cela eftant, je dis
que ces deux Lignes AD, BC, font égales entr'elles ; Pour le prouver.

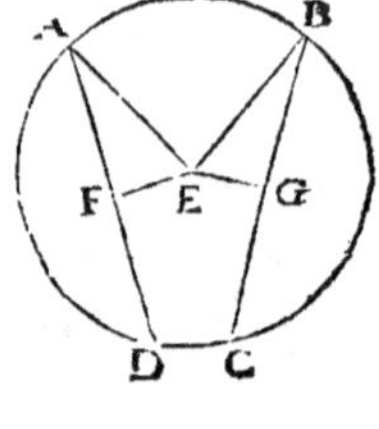

Menez les deux Lignes Droittes EA, EB, Cela pofé.
Puifque le Triangle AEF, eft Rectangle, les deux Quarrez de EF, & de FA, font égaux au Quarré de EA, ou de
fon égale EB ; Mais les deux Quarrez de EG, & de GB,
font auffi égaux au Quarré de EB ; Donc les deux Quarrez
de EF, & de FA, font égaux aux deux Quarrez de EG, &
de GB ; Si donc de ces deux Tous égaux on ofte les Quarrez de EF, & de EG, qui font égaux, puifque les deux
Lignes dont ils font les Quarrez font fuppofées égales, les
reftes à fçavoir le Quarré de FA, & le Quarré de GB,
feront égaux entr'eux ; d'où il fuit que les deux Lignes FA,
GB, font égales entr'elles, par la 3. Remarque de la 46.
du 1. Mais par la 3. Prop. les Lignes AD, & BC, font
doubles de FA, & de GB, donc ces deux Lignes AD. &

BC, font égales entr'elles ; Qui eſt tout ce qu'il falloit démontrer.

PROPOSITION XV.

THEOREME XIV.

Si on mene pluſieurs Lignes Droittes dans un Cercle la
plus grande de toutes eſt le Diametre , & cel'e qui
approche le plus prés du Centre eſt plus grande que
celle qui en eſt plus éloignée.

JE ſuppoſe que dans le Cercle
ABCD, on ait mené pluſieurs
Lignes Droittes comme AD, BC,
FE ; que AD, ſoit le Diametre, &
que FE ſoit plus prés du Centre G,
que n'eſt la Ligne BC ; Cela eſtanr,
je dis premierement que AD, eſt la
plus grande de toutes , Pour le
prouver.

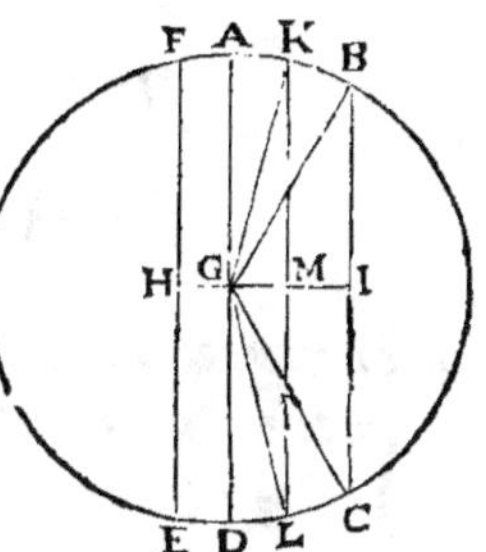

Abaiſſez du Centre G, ſur FE, &
ſur BC, les Perpendiculaires GH,
GI, Cela poſé.

Puiſque BC, eſt ſuppoſée plus éloignée du Centre G,
que n'eſt pas FE, la Ligne GI, eſt plus grande que GH,
par la 6. Definition ; Retranchez donc de GI, la Partie
GM, égale à GH, & menez par le Point M, la Ligne
Droitte KML, Perpendiculaire à GI ; Enfin tirez les
Lignes Droittes KG, GB, GL, GC, Cela poſé.

Au Triangle KGL, les deux Coſtez KG, GL, font plus
grands que le Troiſiéme KL, par la 20. du 1 ; Or KG, &
GL, font égaux à GA, & à GD, ou au Diametre AD;
Donc le Diametre AD, eſt plus grand que la Ligne KL ;
Mais par la Conſtruction KL, eſt égale à FE, puiſqu'elle
eſt autant éloignée du Centre G, que la Ligne FE, par-

tant le Diametre AD, eſt plus grand que la Ligne FE ;
On prouvera de meſme que AD, eſt plus grand que BC ;
Et ainſi le Diametre du Cercle eſt la plus grande de tou-
tes les Lignes qu'on peut mener dans un Cercle.

Je dis en ſecond lieu , que la Ligne FE, ou ſon égale
KL, qui eſt plus prés du Centre G, que n'eſt pas BC, eſt
plus grande que BC ; Pour le prouver.

Aux deux Triangles KGL, & BGC, les deux Coſtez
KG, GL, ſont égaux aux deux Coſtez BG, GC, chacun
au ſien ; Mais l'Angle KGL, eſt plus grand que l'Angle
BGC, qui n'eſt que ſa Partie, Donc par la 24. du 1. la
Baze KL, eſt plus grande que la Baze BC ; Qui eſt tout
ce qu'il falloit démontrer.

PROPOSITION XVI.

THEOREME XV.

*Si on éleve une Perpendiculaire à l'extremité du Dia-
metre d'un Cercle elle touchera le Cercle ſans le couper ; Et de l'extremité du Diametre on ne pourra
pas mener une Ligne Droitte qui ſoit entre la Perpendiculaire & la Circonference. Deplus l'Angle
Mixte compris de la Circonference & du Diametre,
eſt plus grand que tout Angle Rectiligne Aigu ; &
l'Angle Mixte, compris de la Circonference & de la
Perpendiculaire eſt plus petit que tout Angle Rectiligne Aigu.*

JE ſuppoſe qu'à l'extremité A, du Diametre AC, du
Cercle ABC, on a élevé la Perpendiculaire AE ; Cela
eſtant, je dis premierement que cette Perpendiculaire touche le Cercle ſans le couper.

Car ſi cette Perpendiculaire coupoit le Cercle, comme

fait icy la Ligne AB ; en menant du Centre D, au Point
où cette Perpendiculaire couperoit le Cercle, par exemple
au Point B, la Ligne Droitte DB ; les Angles DAB,
DBA, feroient égaux par la 5. du 1. Mais l'Angle DAB,
eft Droit, par conftruction, par confequent l'Angle DBA,
feroit auffi Droit ; Ce qui eft impoffible, par la 17. du 1.
Il eft donc impoffible qu'une Ligne Droitte élevée perpendiculairement à l'extremité du Diametre d'un Cercle,
coupe ce Cercle ; Et par confequent il eft vray qu'elle le
touche fans le couper ; & ainfi qu'elle eft hors le Cercle.

Je dis en fecond lieu, que de
l'extremité A, on ne peut pas mener une Ligne Droitte qui foit
entre la Perpendiculaire AE, &
la Circonference AB.

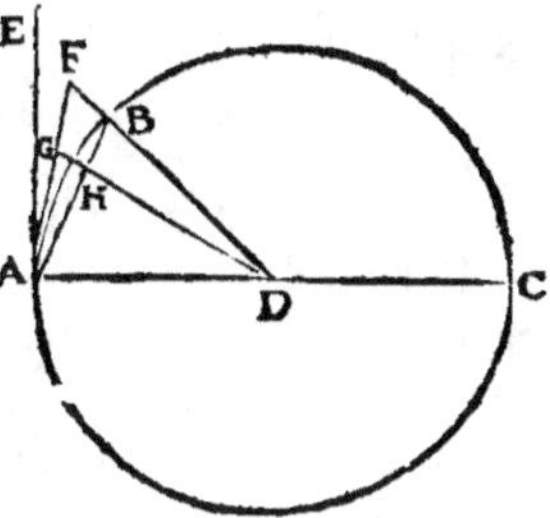

Car fi l'on prétendoit qu'on en
pût mener une, par exemple AF,
comme cette Ligne ne feroit pas
perpendiculaire au Diametre AC,
ce Diametre ne luy feroit pas non
plus Perpendiculaire ; Donc en tirant du Centre D, une Ligne
perpendiculaire à AF, cette Ligne tombera en quelque Point
de la Ligne AF, par exemple au Point G, & ce Point fera
different du Point A, & par confequent hors le Cercle ;
D'où il s'enfuivra que la Ligne DG, qui paffera au delà
de la Circonference fera plus grande que DA ; Si bien que
dans le Triangle DAG, l'Angle DAG, qui eft foûtenu du
Cofté DG, fera plus grand que l'Angle DGA, qui eft foûtenu du Cofté DA, qui eft plus petit ; Or l'Angle DGA,
eft droit par conftruction, donc l'Angle DAG, fera plus
grand qu'un Droit ; Et ainfi deux Angles d'un Triangle
vaudroient plus de deux Droits, ce qui eft impoffible par
la 17. du 1. Il eft donc impoffible de pouvoir mener du
Point A, une Ligne Droitte qui fe trouve entre la Perpendiculaire AE, & la Circonference AB.

Je dis en troifiéme lieu, que l'Angle BAD, compris de
la Circonference AB, & du Diametre AD, eft plus grand

que tout Angle Rectiligne Aigu.

Car si on mene du Point A, une Ligne Droitte, & qu'on l'approche le plus prés qu'il est possible de la Perpendiculaire AE, afin de faire par ce moyen le plus grand Angle Rectiligne Aigu qu'il est possible, il s'ensuivra par ce qui vient d'estre prouvé, que cette Ligne tombera dans le Cercle, & partant qu'elle fera avec le Diametre AC, un Angle plus petit que l'Angle Mixte BAD ; Lequel par consequent est plus grand que tout Angle Rectiligne Aigu.

Je dis enfin, que l'Angle de Contingence BAE, compris de la Circonference du Cercle, & de la Perpendiculaire AE, est plus petit que tout Angle rectiligne Aigu.

Car si on mene du Point A, une Ligne Droitte, & qu'on l'approche le plus prés qu'il est possible de la Perpendiculaire AE, afin de faire par ce moyen le plus petit Angle Rectiligne Aigu qu'il est possible, il s'ensuivra de mesme, par ce qui a esté déja prouvé, que cette Ligne tombera dans le Cercle, & partant qu'elle fera avec la Ligne AE, un Angle plus grand que l'Angle de Contingence BAE ; Lequel par consequent est plus petit que tout Angle Rectiligne Aigu ; Qui est tout ce qu'il falloit démontrer.

PROP.

PROPOSITION XVII.

PROBLEME II.

D'un Point donné hors d'un Cercle mener une Ligne Droitte qui touche le Cercle.

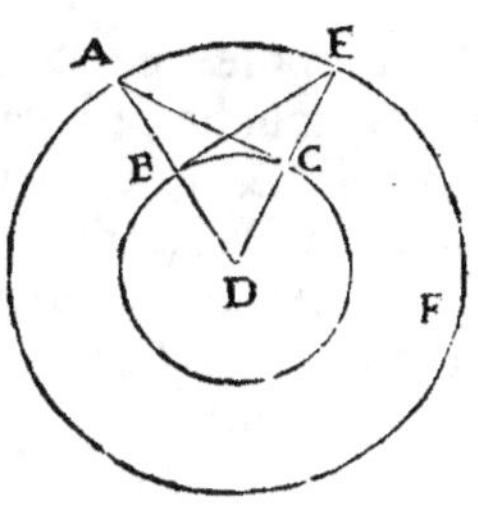

JE suppose qu'on donne le Point A, hors le Cercle BC, & je propose de mener du Point A, une Ligne Droitte qui touche le Cercle BC ; Pour le faire.

Du Point A, au Centre D, menez la Ligne Droitte AD ; & du Centre D, & de l'Intervalle DA, décrivez le Cercle AEF ; puis du Point B, où la Ligne Droitte AD, couple le Cercle BC, élevez la Ligne Droitte BE, perpendiculaire à AD ; de même du Point E, ou la Ligne BE, coupe le Cercle AEF, au Centre D, menez la Ligne Droitte ED ; Enfin du Point A, au Point C, ou la Ligne DE, coupe la Circonference du Cercle BC, menez la Ligne Droitte AC ; Cela estant, je dis que la Ligne AC, qui part du Point donné A, touche le Cercle BC ; Pour le prouver.

Les Triangles ADC, EDB, ont les deux Costez AD, DC, égaux aux deux Costez ED, DB, chacun au sien, & l'Angle D, compris de ces Costez égaux est commun ; Donc par la 4. du 1. la Baze est égale à la Baze, & l'Angle ACD, est égal à l'Angle EBD ; Or l'Angle EBD, est Droit par construction ; donc l'Angle ACD, est aussi Droit ; Et partant par la Proposition précedente, la Ligne AC, qui est élevée perpendiculairement à l'extremité du Diametre DC, touche le Cercle BC ; Ce qu'il falloit faire & démontrer.

S

PROPOSITION XVIII.

THEOREME XVI.

Si une Ligne Droitte touche un Cercle, & que du Centre à l'attouchement on mene une autre Ligne Droitte, cette Ligne sera Perpendiculaire à la Touchante.

JE suppose que la Ligne Droitte AB, touche le Cercle EDC, au Point E, & que du Centre F, on mene au Point de l'attouchement E, la Ligne Droitte FE ; Cela estant, je dis que la Ligne FE, est Perpendiculaire à la Touchante AB.

Car si FE, n'estoit pas Perpendiculaire à AB, on pourroit par la 12. du 1. du Point F, abaisser sur AB, une Perpendiculaire, comme FG, laquelle, allant rencontrer la Ligne AB, en un autre Point que celuy de l'attouchement, passera au delà de la Circonference du Cercle, & par conséquent sera plus grande que FD, qui est bornée à cette Circonference, ou que son égale FE ; Si bien que dans le Triangle FEG, l'Angle FEG, qui est soûtenu du Costé FG, sera plus grand que l'Angle FGE, qui est soûtenu du Costé FE, qui est plus petit ; Or l'Angle FGE, est Droit, par cette fausse construction ; Donc l'Angle FEG, sera plus grand qu'un Droit ; Et ainsi deux Angles d'un Triangle vaudroient plus de deux Droits ; ce qui est impossible, par la 17. du 1. Il est donc impossible que la Ligne FE, ne soit pas Perpendiculaire à AB, Ce qu'il falloit démontrer.

PROPOSITION XIX.

THEOREME XVII.

Si une Ligne Droitte touche un Cercle, & que du Point
de l'attouchement on éleve une Perpendiculaire,
elle paſſera par le Centre.

JE ſuppoſe que la Ligne Droitte AB, touche le Cercle
CDE, au Point E, & que de ce Point on éleve la
Ligne Droitte EC, Perpendiculaire à AB ; Cela eſtant,
je dis que cette Ligne paſſe par le Centre, ou ce qui eſt la
meſme choſe, que le Centre du Cercle ſe rencontre dans
la Ligne EC.

Car ſi cela n'eſtoit, le Centre de ce Cercle ſeroit en
quelque Point hors de cette Ligne,
par exemple, au Point F ; Tirant
donc de ce Point à celuy de l'attouchement la Ligne Droitte FE ; cette
Ligne, par la Propoſition precedente,
ſera Perpendiculaire à AB ; Et partant l'Angle AEF, ſera Droit ; mais
l'Angle AEC, eſt déja Droit, par
Suppoſition ; ainſi l'Angle AEF, ſeroit égal à l'Angle AEC, c'eſt à dire
le tout à ſa Partie ; ce qui eſt impoſſi-

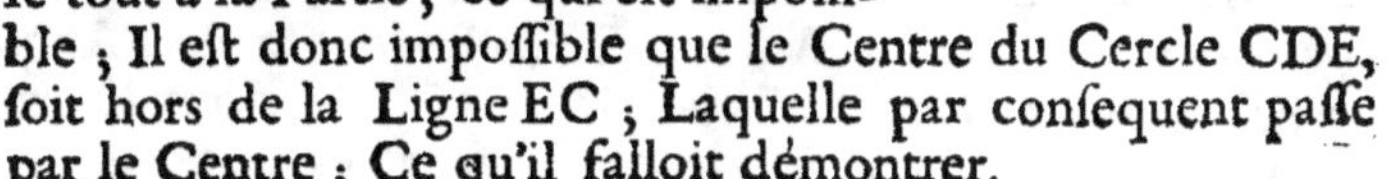

ble ; Il eſt donc impoſſible que le Centre du Cercle CDE,
ſoit hors de la Ligne EC ; Laquelle par conſequent paſſe
par le Centre ; Ce qu'il falloit démontrer.

PROPOSITION XX.

THEOREME XVIII.

Au Cercle, l'Angle du Centre est double de l'Angle de la Circonference, quand ils s'appuyent tous deux sur un mesme Arc, où qu'ils ont une mesme Portion de Circonference pour Baze.

JE suppose que dans le Cercle ABC, l'Angle BDC, qui est au Centre D, & l'Angle BAC, qui est à la Circon-ference s'appuyent tous deux sur un mesme Arc, & ont la mesme portion de Circonference pour Baze, à sçavoir BC ; Cela estant, je dis que l'Angle BDC, est double de l'Angle BAC ; Pour le prouver.

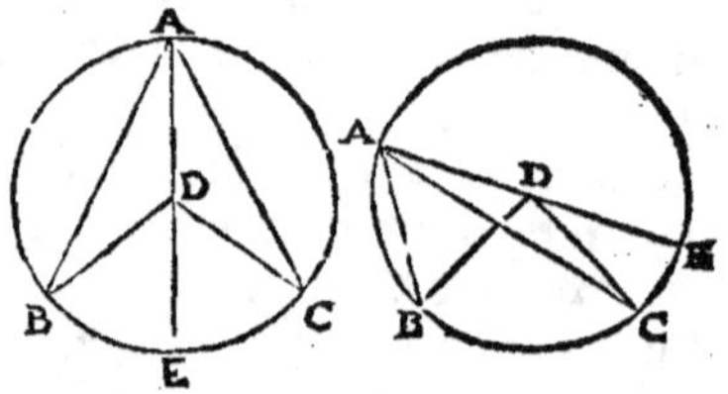

Menez par les Points A, & D, la Ligne Droitte ADE ; Cela posé.

Au Triangle ADB, les deux Costez DA, DB, sont égaux, par la Definition du Cercle ; Donc par la 5. du 1. les deux Angles DAB, & DBA, sont égaux entr'eux ; Or l'Angle exterieur BDE, est égal aux deux Angles DAB, & DBA, par la 32. du 1. donc l'Angle BDE, est double de l'Angle BAD ; de mesme, au Triangle ADC, les deux Costez DA, DC, sont égaux, par consequent les deux Angles DAC, & DCA, sont aussi égaux ; Or l'Angle EDC, est aussi égal aux deux Angles DAC, & DCA ; donc il est double de l'Angle DAC ; Si donc à l'Angle BDE, on adjoûte l'Angle EDC, & à l'Angle BAD, on adjoûte l'Angle DAC, l'Angle BDC, sera double de l'Angle BAC, par le 19. Ax. du 1. Ce qu'il falloit démontrer.

Que fi le Point A, avoit efté pris comme dans cette feconde Figure, on auroit prouvé de mefme, que l'Angle
BDE, eft double de l'Angle BAD, & que l'Angle CDE,
eft double de l'Angle CAD ; Enfuite dequoy oftant l'Angle CAD de l'Angle BAD, & l'Angle CDE, de l'Angle
BDE, l'Angle reftant BDC, fera double de l'Angle reftant
BAC, par le 20. Ax. du 1. Ce qu'il falloit démontrer.

PROPOSITION XXI.

THEOREME XIX.

Au Cercle, les Angles qui font dans un mefme Segment,
ou qui s'appuyent fur un mefme Arc, font
égaux entr'eux.

JE fuppofe que dans le Cercle ABCD, les deux Angles
DAC, DBC, foient dans le mefme Segment DABC,
ou, (ce qui eft la même
chofe) qu'ils s'appuyent
tous deux fur le mefme
Arc DGC ; Cela eftant,
je dis que ces deux An-
gles DAC, DBC, font
égaux entr'eux. Pour le
prouver.

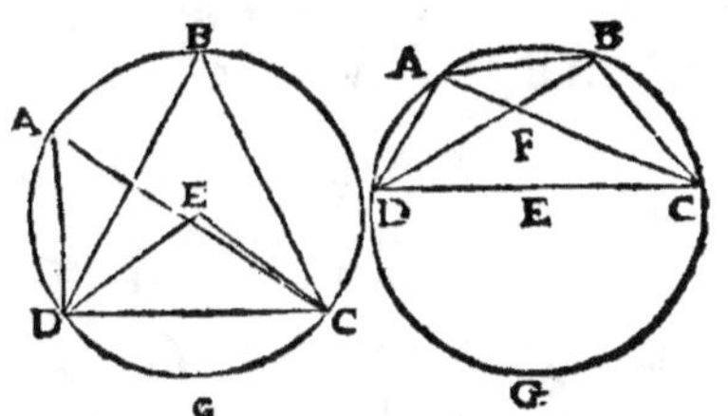

Comme tout Segment
de Cercle eft plus ou moins grand qu'un Demy-cercle ;
Suppofons premierement que le Segment DABC, foit plus
grand que le Demy-cercle ; Cela fuppofé, menez du Centre E, aux extremitez de la Baze du Segment D, & C, les
Lignes Droittes ED, EC ; Cela pofé.

L'Angle DEC, qui eft au Centre eft double de l'Angle
DAC, qui eft à la Circonference, par la Prop. precedente,
& par la mefme raifon il eft auffi double de l'Angle DBC ;
Et partant les deux Angles DAC, & DBC, qui font cha-

cun moitié d'un mesme Angle, sont égaux entr'eux.

Supposons en second lieu, que le Segment DABC, soit plus petit que le Demy-cercle ; Cela supposé, du Point A, au Point B, menez la Ligne Droitte AB ; Cela posé.

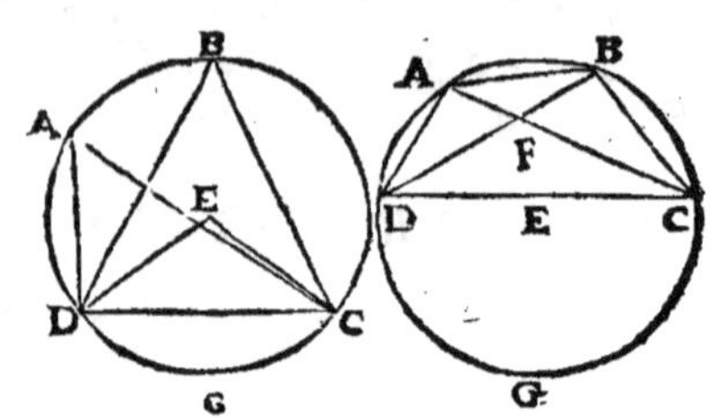

Puisque le Segment DABC, est plus petit que le Demy-cercle, il s'ensuit que le Segment DGC, est plus grand que le Demy-cercle, & à plus forte raison le Segment AGB ; D'où il suit que les Angles ADB, ACB, qui sont dans le Segment AGB, sont égaux entr'eux, par ce qui vient d'estre prouvé. D'ailleurs, les Angles AFD, BFC, sont aussi égaux entr'eux, par la 15. du 1. Par consequent les deux Triangles AFD, BFC, ont deux Angles égaux à deux Angles chacun au sien ; Et partant le troisiéme DAF, ou DAC, est égal au troisiéme FBC, ou DBC, par le 2. Corollaire de la 32. du 1 ; Ce qu'il falloit démontrer.

PROPOSITION XXII.

THEOREME XX.

Les Figures de quatre Costez inscrites au Cercle, ont les Angles Opposez égaux à deux Droits.

JE suppose que la Figure ABCD, soit inscritte dans le Cercle ABCD ; Cela estant, je dis que les Angles Opposez, comme BAD, & BCD, sont égaux à deux Droits ; Pour le prouver.

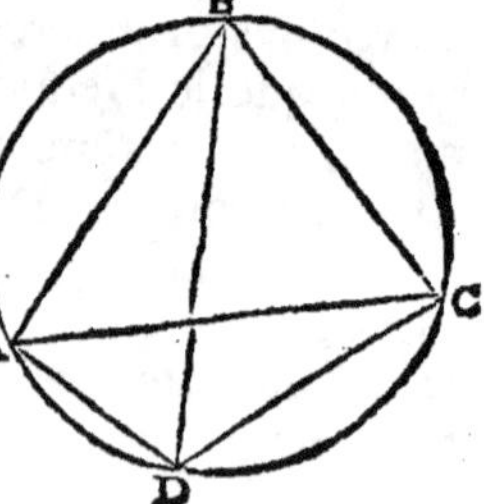

Menez les deux Lignes Droittes AC, & BD ; Cela posé.

L'Angle BAC, & l'Angle BDC,

s'appuyent fur le mefme Arc BC, donc ils font égaux, par
la Propofition precedente ; L'Angle CAD, & l'Angle
CBD, s'appuyent auffi fur un mefme Arc, à fçavoir DC,
donc ils font auffi égaux ; Partant les deux Angles BAC, &
CAD, ou l'Angle total BAD, eft égal aux deux Angles
DBC, & BDC ; Mais ces deux Angles, pris avec le troifiéme BCD, valent deux Droits par la 32. du 1. Donc
l'Angle BAD, pris avec le mefme Angle BCD, valent
auffi deux Droits ; On prouvera par la mefme raifon que
les deux Angles ABC, & ADC, font égaux à deux Droits;
Qui eft ce qu'il falloit démontrer.

PROPOSITION XXIII.

THEOREME XXI.

Si deux Portions de Cercles font femblables & inégales
leurs Bazes ne feront pas égales.

JE fuppofe que les deux
Portions de Cercles ABC,
FGH, foient femblables &
inégales ; Cela eftant, je
dis que leurs Bazes AC, FH,
ne font pas égales.

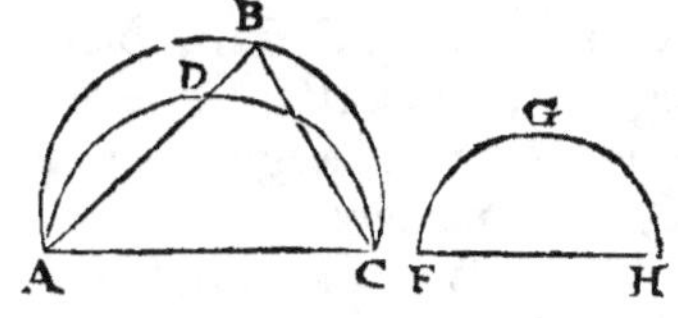

Car fi ces Bazes eftoient égales en tranfportant par penfée le Segment ou portion de Cercle FGH, fur le Segment
ABC, on pourroit faire convenir la Baze FH, avec la
Baze AC ; Et d'autant que le Segment FGH, eft fuppofé
inégal au Segment ABC, l'Arc FGH, ne conviendroit pas
avec l'Arc ABC ; C'eft pourquoy l'Arc FGH, tomberoit
en quelqu'autre endroit, comme par exemple à l'endroit
ADC ; Tirant donc la Ligne Droitte ADB, qui coupe
ces Arcs aux Points D, & B, & menant les Lignes Droittes CB, CD, il s'enfuivra que puifque les Segmens ADC,

ABC, font fuppofez femblables, les Angles ADC, ABC, qui font dans ces Segmens feront égaux entr'eux, par la definition des Segmens femblables ; Et ainfi l'Angle ADC, qui eft exterieur au refpect du Triangle DBC, feroit égal à fon Oppofé Interieur DBC ; Ce qui eft impoffible par la 16. du 1. Donc fi deux Portions de Cercles font femblables & inégales, leurs Bazes ne feront pas égales ; Ce qu'il falloit démontrer.

PROPOSITION XXIV.

THEOREME XXII.

Si deux Segmens , ou deux Portions de Cercles , femblables , ont pour Bazes des Lignes Droittes égales , ils feront égaux entr'eux.

JE fuppofe que les deux Segmens ABC, DEF, foient femblables, & que leurs Bazes AC, DF, foient égales ; Cela eftant, je dis que ces deux Segmens font égaux entr'eux.

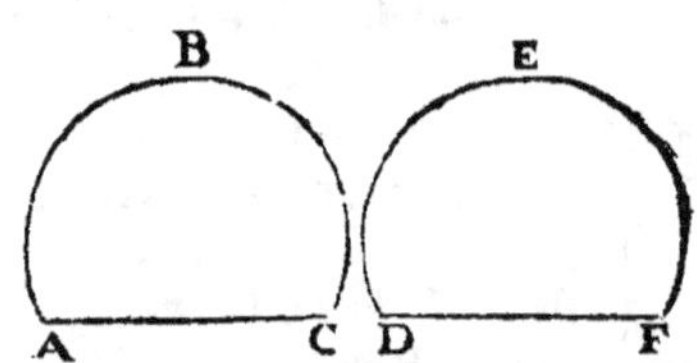

Car s'ils eftoient Inégaux, il s'enfuivroit que deux Segmens femblables & inégaux auroient des Bazes égales ; Ce qui eftimpoffible par la Prop. precedente ; Donc ces deux Segmens font égaux ; Ce qu'il falloit démontrer.

PROPOSITION XXV.

PROBLEME III.

Vne Portion de Cercle eſtant donnée décrire le Cercle duquel elle eſt Portion.

JE ſuppoſe que la Portion de Cercle ABC, ſoit donnée, & je propoſe de décrire le Cercle entier, duquel elle eſt Portion ; c'eſt à dire que je propoſe de trouver le Centre du Cercle, duquel la Portion ABC, eſt donnée ; Pour le faire.

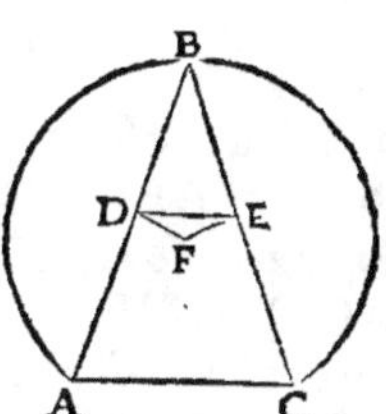

Prenez à diſcretion dans la Circonference ABC, trois Points, par exemple A, B, C ; Menez les deux Lignes Droittes AB, BC ; Coupez chacune de ces Lignes en deux également aux Points D, & E ; De chacun de ces Points élevez une Perpendiculaire, ſçavoir DF, EF ; Cela eſtant, je dis que ces deux Perpendiculaires ſe rencontreront ; & que le Point de leur Rencontre, à ſçavoir F, eſt le Centre du Cercle, dont ABC, eſt une Portion ; Pour le prouver.

Du Point D, au Point E, menez la Ligne Droitte DE, Cela poſé.

Puiſque les Angles BDF, & BEF, ſont Droits, par conſtruction, les Angles EDF, & DEF, qui n'en ſont que les parties ſont moindres que deux Droits ; Et partant les deux Lignes DF, EF, ſe doivent rencontrer, par la Remarque de la 28. 1. Enſuitte dequoy, il s'enſuit par la 1. Remarque de la premiere Prop. de ce Livre, que le Point F, eſt le Centre cherché ; Ce qu'il falloit démontrer.

T

PROPOSITION XXVI.

THEOREME XXIII.

Aux Cercles Egaux , les Angles Egaux s'appuyent sur Circonferences Egales , soit qu'ils soient constituez au Centre, ou à la Circonference.

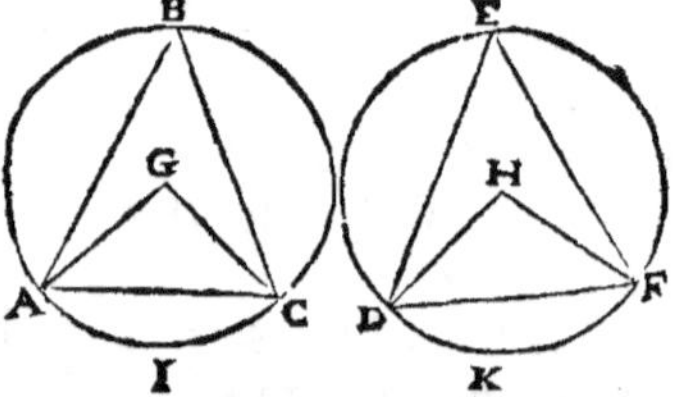

JE suppose que les Cercles ABC, DEF, soient égaux , & que les Angles AGC, DHF, qui sont constituez au Centre , ou les Angles ABC, DEF, qui sont constituez à la Circonference, soient aussi égaux entr'eux ; Cela estant , je dis que les Arcs AIC, DKF, sur lesquels ces Angles s'appuyent, sont égaux entr'eux ; Pour le prouver.

Menez les Lignes Droittes AC, DF ; Cela posé.

Puisque les Cercles ABC, DEF, sont supposez égaux, Il s'ensuit que les Costez AG, GC, du Triangle AGC, sont égaux aux deux Costez DH, HF, du Triangle DHF, Deplus l'Angle AGC, est supposé égal à l'Angle DHF ; Partant la Baze AC, est égale à la Baze DF, par la 4. du 1. Ainsi nous avons deux Segmens de Cercles ABC, DEF, qui sont semblables, puisqu'ils sont supposez capables d'Angles égaux ; & qui d'ailleurs ont pour Bazes des Lignes Droittes égales , sçavoir AC, DF ; Et partant ces deux Segmens sont égaux, par la 24. Prop. D'où il suit que si on les oste des deux Cercles entiers qui sont supposez égaux , les Arcs restans AIC, DKF, seront égaux entr'eux ; Ce qu'il falloit démontrer.

PROPOSITION XXVII.

THEOREME XXIV.

*Aux Cercles Egaux , les Angles qui s'appuyent sur Cir-
conferences Egales sont égaux entr'eux , soit qu'ils
soieut constituez au Centre, ou à la Circonference.*

JE suppose que les Cercles ABC, DEF, soient égaux,
& que les Arcs AC, DF, soient aussi égaux ; Cela
estant, je dis premierement que les Angles AGC, DHF,
qui sont constituez aux Centres G, & H, & qui s'appuyent
sur ces deux Arcs sont égaux entr'eux.

Car s'ils n'estoient pas égaux, il faudroit que l'un de ces
Angles fust plus grand que l'autre ; Posons donc que ce
soit l'Angle AGC ; si cela
est, par la 23. du 1. on
pourra en retrancher une
partie, comme AGI, égale
à DHF ; Ensuite dequoy,
par la Prop. precedente,
l'Arc AI, sera égal à l'Arc
DF ; Mais l'Arc AC, est
déja supposé égal à l'Arc
DF ; Ainsi l'Arc AI, &
l'Arc AC, seroient égaux

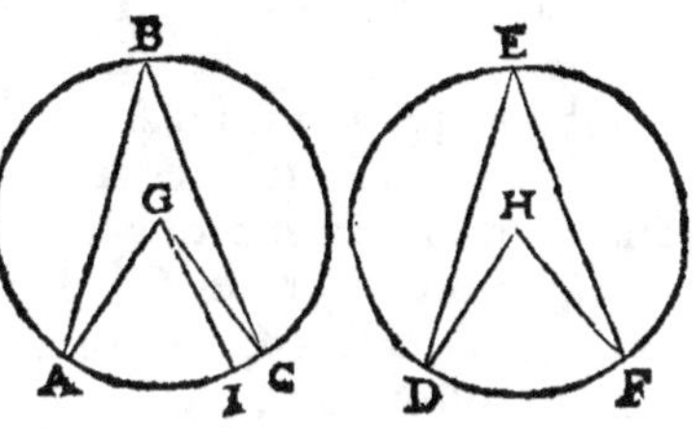

entr'eux, c'est à dire la Partie au Tout, ce qui est impossible ; Il est donc impossible que l'Angle AGC, soit
plus grand que l'Angle DHF ; On prouvera de mesme
que l'Angle DHF, n'est pas plus grand que l'Ang'e AGC;
Et partant ces deux Angles sont égaux ; Ce qu'il falloit
démontrer.

Je dis en second lieu , que les Angles ABC, DEF, qui
sont à la Circonference, & qui s'appuyent sur ces mesmes
Arcs, sont égaux entr'eux.

Car par la 20. Prop. ces deux Angles ABC, DEF, font moitié des Angles AGC, DHF, qui viennent d'eftre prouvez égaux ; Et partant les deux Angles ABC, DEF, font égaux entr'eux, par le 7. Ax. du 1. Ce qu'il falloit démonftrer.

PROPOSITION XXVIII.

THEOREME XXV.

Aux Cercles Egaux les Lignes Droittes Egales foûtiennent Circonferences Egales.

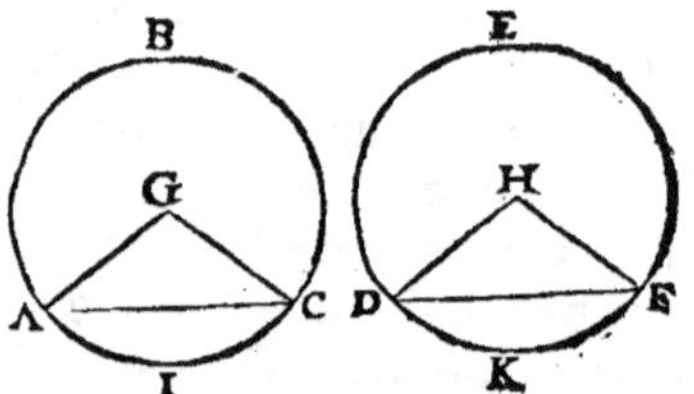

JE fuppofe que les Cercles ABC, DEF, foient égaux, & que les Lignes AC, DF, qui font les Soûtendantes des Arcs AIC, & DKF, foient égales ; Cela eftant, je dis que les Arcs AIC, & DKF, font egaux entr'eux. Pour le prouver.

Menez des Centres G, & H, les Lignes Droittes GA, GC ; HD, HF ; Cela pofé.

Les Coftez GA, GC, du Triangle AGC, font égaux aux Coftez HD, HF, du Triangle DHF, par la Definition des Cercles égaux. Deplus la Baze AC, eft égale à la Baze DF, par fuppofition, donc l'Angle AGC, eft égal à l'Angle DHF, par la 8, du 1 ; D'où il fuit par la 26. Prop. que les Arcs AIC, & DKF, fur lefquels ils s'appuyent font égaux entr'eux ; Ce qu'il falloit démontrer.

PROPOSITION XXIX.

THEOREME XXVI.

Aux Cercles Egaux les Circonferences Egales ont
ont leurs soutendantes égales.

JE suppose que les Cercles
ABC, DEF, soient é-
gaux, & que les Arcs ou
Circonferences AIC, DKF,
soient aussi égales ; Cela
estant, je dis que les Lignes
AC, & DF, qui en sont les
Soutendantes sont égales entr'elles ; Pour le prouver.

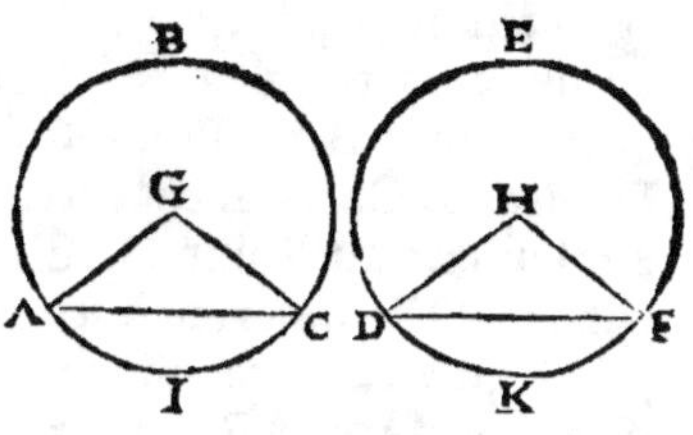

Menez des Centres G, & H, les Lignes Droittes GA,
GC ; HD, HF, Cela posé.

Puisque les Cercles ABC, DEF, sont supposez égaux,
les deux Costez GA, GC, du Triangle AGC, sont égaux
aux deux Costez HD, HF, du Triangle DHF ; D'ailleurs l'Angle AGC, compris des deux Costez du premier
Triangle, est égal à l'Angle DHF, compris des deux
Costez du second, puisque les Arcs , sur lesquels ils s'appuyent, sont égaux par supposition ; Et partant la Baze
AC, est égale à la Baze DF, par la 4. du 1. Ce qu'il falloit démontrer.

PROPOSITION XXX.

PROBLEME IV.

Couper en deux également un Arc de Cercle donné.

JE fuppofe que l'Arc de Cercle ABC, foit donné ; & je propofe de le couper en deux parties égales ; Pour le faire.

Du Point A au Point C, menez la Ligne Droitte AC, coupez cette Ligne en deux également au Point D, Elevez au Point D, la Perpendiculaire DB, qui rencontre l'Arc au Point B ; Cela eftant, je dis que cet Arc eft coupé en deux également, c'eft à dire que l'Arc AB, eft égal à l'Arc BC ; Pour le prouver.

Menez les Lignes Droittes AB, BC ; Cela pofé.

Le Cofté AD, du Triangle ABD, eft égal au cofté DC, du Triangle CDB, par conftruction ; Le Cofté BD, eft commun à ces deux Triangles ; Deplus l'Angle ADB, eft égal à l'Angle CDB, par conftruction ; Donc la Baze AB, eft égale à la Baze BC, par la 4. du 1. Et par conféquent les Arcs AB, BC, que ces deux Bazes foûtiennent, font égaux entr'eux, par la 28. Prop. Ce qu'il falloit faire & démontrer.

PROPOSITION XXXI.

THEOREME XXVII.

Au Cercle, l'Angle qui est au Demy-cercle est droit ; celuy qui est au plus grand Segment est plus petit qu'un Droit ; & celuy qui est au plus petit Segment est plus grand qu'un Droit ; Deplus, l'Angle du plus grand Segment est plus grand qu'un Droit ; Et l'Angle du plus petit Segment est plus petit qu'un Droit.

JE suppose qu'au Cercle ABC, D soit le Centre, & ADC, le Diametre, & qu'ayant pris dans le Demy-cercle le Point B, à discretion, on a mené de ce Point aux extremitez du Diametre les deux Lignes Droittes BA, BC, qui font l'Angle au Demy-cercle ABC ; Cela estant, Je dis premierement que l'Angle ABC, est Droit ; Pour le prouver.

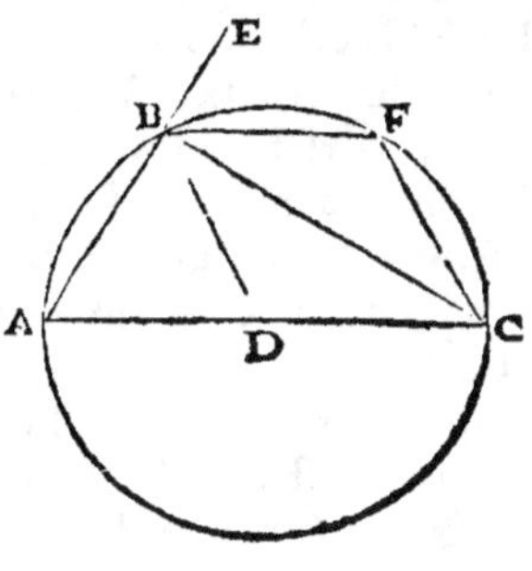

Menez du Point D, au Point B, la Ligne Droitte DB, & continuez la Ligne AB, vers E ; Cela posé.

Au Triangle ABD, les Costez DA, DB, sont égaux, par la definition du Cercle ; Donc l'Angle ABD, est égal à l'Angle BAD, par la 5. du 1. De mesme, au Triangle DBC, les Costez DB, DC, estant égaux, l'Angle DBC, est égal à l'Angle BCD ; Et ainsi l'Angle total ABC, est égal aux deux Angles BAD, BCD ; D'ailleurs, l'Angle exterieur EBC, est égal à ces deux mesmes Angles BAC, BCD, parla 32. du 1. Partant l'Angle ABC, & l'Angle EBC, sont égaux entr'eux ; Et par consequent la Ligne BC, est perpendiculaire à AE, & l'Angle ABC, est Droit ; Ce qu'il falloit démontrer.

Je dis en second lieu, que l'Angle BAC, qui est au plus grand Segment CAB, est plus petit qu'un Droit. Pour le prouver.

Au Triangle ABC, les deux Angles ABC, & BAC, sont plus petits que deux Droits, par la 17. du 1. Or il vient d'estre prouvé que l'Angle ABC, est Droit ; Donc l'Angle BAC, est moindre qu'un Droit ; Ce qu'il falloit encore démontrer.

Je dis en troisiéme lieu, que l'Angle BFC, qui est au plus petit Segment CFB, est plus grand qu'un Droit. Pour le prouver.

La Figure de quatre Costez ABFC, est inscritte au Cercle, & ainsi les deux Angles opposez BAC, & BFC, sont égaux à deux

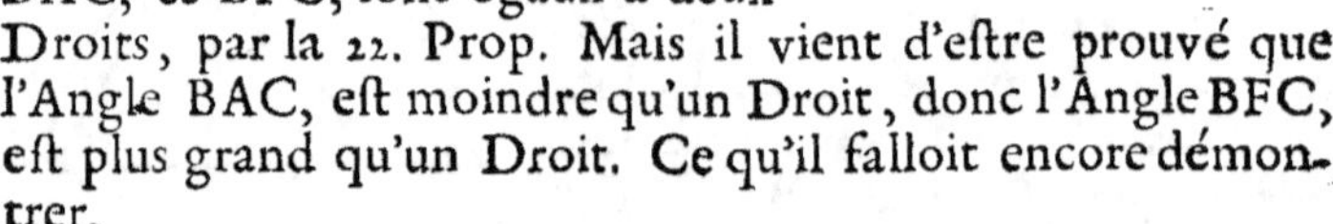

Droits, par la 22. Prop. Mais il vient d'estre prouvé que l'Angle BAC, est moindre qu'un Droit, donc l'Angle BFC, est plus grand qu'un Droit. Ce qu'il falloit encore démontrer.

Je dis en quatriéme lieu, que l'Angle du plus grand Segment, c'est à dire l'Angle Mixte CBA, qui est compris de la Ligne Droitte BC, & de la Circonference BA, est plus grand qu'un Droit ; Pour le prouver.

L'Angle Mixte CBA, est plus grand que l'Angle Rectiligne ABC, qui n'est que sa partie ; Or l'Angle ABC, est Droit, comme l'on vient de prouver ; donc l'Angle Mixte CBA, est plus grand qu'un Droit ; Ce qu'il falloit démontrer.

Je dis enfin que l'Angle du plus petit Segment, c'est à dire l'Angle Mixte CBF, qui est compris de la Ligne Droitte CB, & de la Circonference BF, est plus petit qu'un Droit ; Pour le prouver.

L'Angle Mixte CBF, est plus petit que l'Angle Rectiligne CBE, dont il n'est que partie ; Or l'Angle CBE, est Droit, comme l'on vient de prouver, donc l'Angle Mixte CBF,

CBF, eſt plus petit qu'un Droit, Ce qui reſtoit à démonꞏ
trer.

Remarque.

Cette Propoſition nous donne un moyen facile pour élcꞏ
ver une Perpendiculaire à l'extremité d'une Ligne Droitte
donnée.

Suppoſons que la Ligne Droitte donnée ſoit AB, & qu'à
ſon extremité B, il faille élever une Perpendiculaire ,
Pour le faire.

Prenez quelque Point, comme C, audeſſus de la Ligne
AB, puis du Point C, comme Centre , & de l'Intervalle
CB, décrivez le Cercle EBD, ce
Cercle coupera la Ligne **AB**, en
quelqu'autre Point , comme D ;
Par ce Point D, & par le Centre
C, menez la Ligne Droitte DCE ;
Enfin du Point E, au Point B,
menez la Ligne Droitte EB, &
cette Ligne ſera Perpendiculai-
re à AB ; Car puiſque l'Angle B, eſt au Demy-cercle,
Il eſt Droit.

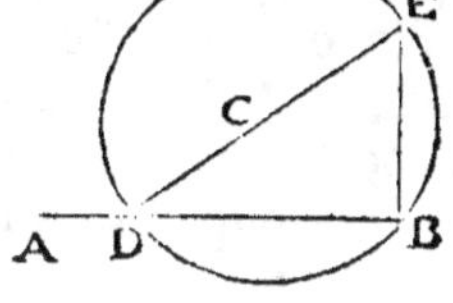

PROPOSITION XXXII.

THEOREME XXVIII.

Si une Ligne Droitte touche un Cercle, & que du Point de l'attouchement on mene une Ligne Droitte qui le coupe, l'Angle que fait de part & d'autre la Coupante avec la Touchante, est égal à l'Angle dont le Segment alterne est capable.

JE suppose que la Ligne AB, touche le Cercle CDE, au Point C, & que de ce Point on a mené la Ligne Droitte CE, qui coupe le Cercle en deux Segmens, sçavoir CDE, & CFE ; Cela estant, je dis premierement que l'Angle BCE, que la Coupante faite d'une part avec la Touchante , est égal à l'Angle dont le Segment alterne CDE, est capable ; Pour le prouver.

Elevez au Point C, la Ligne CD, perpendiculaire à AB, & du Point D, au Point E, menez la Ligne Droitte DE, laquelle fera avec CD, l'Angle CDE, dont le Segment CDE, est capable ; Si bien qu'il s'agit de montrer que l'Angle CDE, est égal à l'Angle BCE ; Pour le prouver.

Puisque la Ligne AB, touche le Cercle, & que CD, a esté élevée perpendiculairement au Point de l'attouchement, Il s'ensuit par la 19. Prop. qu'elle passe par le Centre, & par conséquent qu'elle en est le Diametre , & que le Segment CFED, est un Demy-cercle ; d'où il suit que l'Angle CED, qui est au Demy-cercle est droit par la 18. Prop. Et d'autant que les trois Angles du Triangle CDE, sont égaux à deux Droits, par la 32. du 1. Il s'ensuit que les deux Angles CDE, & DCE, sont égaux à un Droit, c'est à dire à l'Angle BCD ; Si donc de ces deux Tous qui

font égaux on ofte l'Angle DCE, qui leur eft commun,
il reftera l'Angle BCE, égal à l'Angle CDE ; Ce qu'il
falloit démontrer.

Je dis en fecond lieu, que l'Angle ACE, que la Coupante CE, fait avec la Touchante AB, eft égal à l'Angle
dont le Segment alterne CFE, eft capable, c'eft à dire que
fi dans l'Arc CFE, on prend à difcretion quelque Point
comme F, d'où l'on mene les Lignes Droittes FC, FE,
l'Angle ACE, fera égal à l'Angle CFE ; Pour le prouver.

La Figure de quatre Coftez CDEF, eftant infcritte au
Cercle, les deux Angles oppofez CDE, CFE, font égaux
à deux Droits, par la 22. Prop. Mais les Angles ACE,
BCE, font auffi égaux à deux Droits par la 31. du 1. Partant les deux Angles CDE, CFE, font égaux aux deux
Angles BCE, ADE ; Si donc de ces deux Tous qui font
égaux, on ofte les Angles CDE, & BCE, qui viennent
d'eftre prouvez égaux, l'Angle reftant CFE, fera égal à
l'Angle reftant ACE ; Ce qu'il falloit démontrer.

PROPOSITION XXXIII.

PROBLEME V.

Sur une Ligne Droitte donnée, décrire une portion de
Cercle capable d'un Angle Egal à un Angle
Rectiligne donné.

JE fuppofe que la Ligne Droitte AB, foit donnée, & que
l'Angle Rectiligne C, foit auffi donné ; & je propofe de
décrire fur AB, une portion de Cercle capable d'un Angle
Egal à l'Angle C ; Pour le faire.

Menez la Ligne Droitte HAD, qui faffe avec AB, l'Angle
BAD, égal à l'Angle C; Elevez au Point A, la Ligne AE, per-
pendiculaire à HD ; Puis tirez du Point B, la Ligne Droitte
BF, qui faffe avec AB, l'Angle ABF, égal à l'Angle FAB ;
Enfin du Centre F, & de l'Intervalle FA, décrivez un Cercle;

V ij

Cela eſtant, je dis que la Circonference de ce Cercle paſſera par
le Point B, & que le Segment
AEB, ſera capable d'un Angle
égal à l'Angle C, c'eſt à dire
qu'ayant mené la Ligne BE,
l'Angle AEB, ſera égal à l'Angle
C ; Pour le prouver.

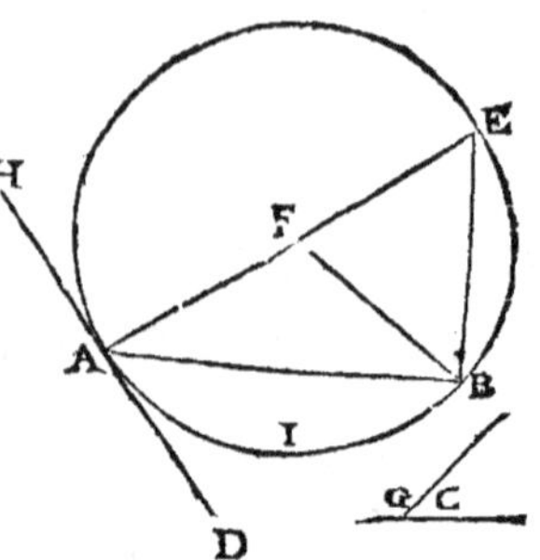

Puiſque les Angles FAB,
FBA, ſont égaux, par conſtruction, les deux Coſtez FA, FB,
qui les ſoûtiennent ſont auſſi égaux par la 6. du 1. D'où
il ſuit que la Circonference du Cercle qui eſt décrit du
Centre F, & de l'Intervalle FA, paſſe auſſi par le Point B;
D'ailleurs puiſque la Ligne AFE, paſſe par le Centre F,
du Cercle AEB ; Il s'enſuit qu'elle en eſt le Diametre, &
puiſque la Ligne HAD, luy eſt perpendiculaire, il s'enſuit
que cette Ligne HAD, touche ce Cercle, par la 16. Prop.
Or la Ligne AB, part du Point de l'attouchement & coupe
le meſme Cercle ; Donc par la Propoſition precedente,
l'Angle BAD, qu'elle fait avec la Touchante eſt égal à
l'Angle AEB, dont le Segment alterne AEB, eſt capable ;
Mais l'Angle BAD, a eſté fait égal à l'Angle C, donc
l'Angle AEB, eſt auſſi égal à l'Angle C ; Ce qu'il falloit
démontrer.

Si l'Angle donné euſt eſté Obtus, comme l'Angle G,
il auroit toûjours fallu faire la meſme conſtruction que cy-
deſſus ; Mais au lieu de prendre la Portion AEB, il auroit
fallu prendre la Portion AIB, comme eſtant celle qui eſt
capable d'un Angle Egal à l'Angle donné G.

Si l'Angle donné euſt eſté droit, il n'auroit fallu que décrire un Demy-cercle ſur la Ligne donnée AB, Car le
Demy-Cercle eſt capable d'un Angle Droit, par la 31.
Prop. Ainſi dans tous les cas poſſibles nous avons ſur une
Ligne Droitte donnée décrit un Segment, ou une portion
de Cercle, capable d'un Angle Rectiligne donné ; Ce qu'il
falloit faire & démontrer.

PROPOSITION XXXIV.

PROBLEME VI.

D'un Cercle donné, retrancher un Segment capable d'un Angle Egal à un Angle Rectiligne donné.

JE suppose que le Cercle ABC, soit donné, & que l'Angle Rectiligne D, soit aussi donné ; Et je propose de retrancher du Cercle ABC, un Segment capable d'un Angle Egal à l'Angle D ; Pour le faire.

Menez la Ligne Droitte EAF, qui touche le Cercle au Point A ; Puis par la 23. du I. tirez du Point A, dans le Cercle la Ligne Droitte AC, qui fasse avec AF, l'Angle FAC, égal à l'Angle D ; Cela estant, je dis que le Segment ABC, est capable d'un Angle Egal à l'Angle Rectiligne donné D ; Pour le prouver.

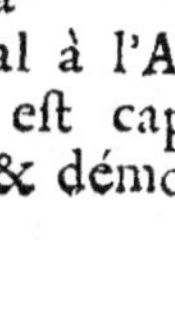

Par la 23. Prop. l'Angle dont le Segment ABC, est capable est égal à l'Angle FAC ; Or par la construction l'Angle FAC, est égal à l'Angle D ; Partant l'Angle dont le Segment ABC, est capable est égal à l'Angle D ; Ce qu'il falloit faire & démontrer.

PROPOSITION XXXV.

THEOREME XXIX.

Si dans un Cercle deux Lignes Droittes se coupent l'une l'autre, le Rectangle compris des deux Parties de l'une, est égal au Rectangle compris des deux Parties de l'autre.

JE suppose que dans le Cercle ACBD, les deux Lignes Droittes AB, CD, se coupent l'une l'autre au Point E; Cela estant, je dis que le Rectangle compris des deux Parties AE, EB, de la Ligne AB, est égal au Rectangle compris des deux Parties CE, ED, de la Ligne CD.

Cette Prop. peut avoir quatre cas ; Car premierement il se peut faire que les deux Lignes qui s'entre-coupent passent par le Centre ; Secondement il se peut faire qu'il n'y en ait qu'une qui y passe, & qu'elle coupe l'autre en deux Parties égales ; Troisiémement il se peut faire que celle qui passe par le Centre coupe l'autre en deux Parties Inégales ; Enfin il se peut faire que ny l'une ny l'autre ne passe par le Centre.

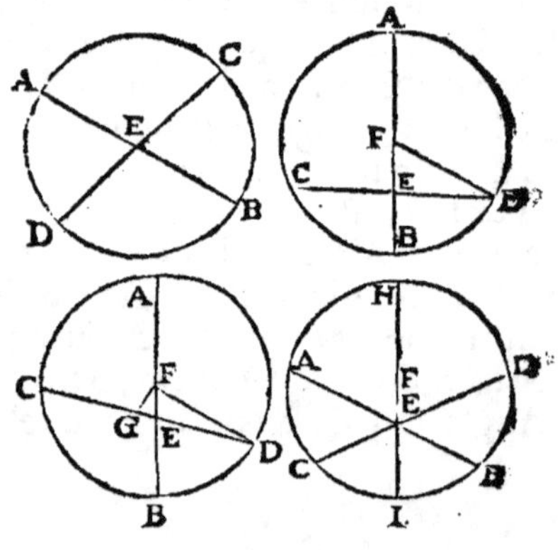

Supposons donc 1. que les deux Lignes AB, CD, passent par le Centre ; Cela posé, comme les deux Parties AE, EB, sont égales aux deux Parties CE, ED, par la Definition du Cercle, il est évident que le Rectangle compris des deux premieres, est égal au Rectangle compris des deux autres.

Suppofons en fecond lieu que la Ligne AB, paffe par le Centre F, & qu'elle coupe CD, qui ny paffe point, en deux Parties égales ; Cela eftant, je dis que le Rectangle de AE, EB, eft égal au Rectangle de CE, ED ; Pour le prouver.

Menez du Centre F, au Point D, la Ligne Droitte FD ; Cela pofé.

Puifque la Ligne AB, eft coupée en deux également au Point F, & en deux inégalement au Point E ; Il s'enfuit par la 5. Prop. du 2. que le Rectangle compris de AE, EB, avec le Quarré de FE, eft égal au Quarré de FB, ou de fon égale FD ; Mais puifque FE, qui paffe par le Centre, coupe CD, en deux également, elle la coupe auffi perpendiculairement par la 3. Propofition donc l'Angle FED, eft Droit ; Par confequent par la 47. du 1. les deux Quarrez de FE, & de ED, font égaux au Quarré de FD ; Et ainfi le Rectangle compris de AE, EB, avec le Quarré de FE, eft égal aux deux Qurrez de FE, & de ED ; Si donc de ces deux Tous qui font égaux, on ofte le Quarré de FE, qui leur eft commun, il reftera le Rectangle compris de AE, EB, égal au Quarré de ED ; Mais puifque les Lignes CE, ED, font égales, le Quarré de ED, n'eft autre chofe que le Rectangle, compris de CE, ED ; Et partant le Rectangle compris de AE, EB, eft égal au Rectangle compris de CE, ED.

Suppofons en troifiéme lieu, que la Ligne AB, paffe par le Centre F, & qu'elle coupe CD, qui ny paffe point, en deux Parties inégales ; Cela eftant, je dis encore que le Rectangle de AE, EB, eft égal au Rectangle de CE, ED ; Pour le prouver.

Abaiffez du Centre F, la Ligne FG, Perpendiculaire à CD ; au moyen dequoy, la Ligne CD, fera divifée en deux également, par la 3. Prop. Puis du Point F, au Point D, menez la Ligne Droitte FD ; Cela pofé.

Puifque AB, eft coupée en deux Parties égales au Point F, & en deux Inégales au Point E, il s'enfuit par la 5. Prop. du 2. que le Rectangle de AE, EB, avec le Quarré de FE,

est égal au Quarré de FB, ou de son égale FD; Mais par la 47.
du 1. le Quarré de FE, est égal aux deux Quarrez de FG, &
de GE; De mesme, le Quarré de FD, est égal aux deux
Quarrez de FG, & de GD; Si donc au lieu du Quarré
de FE, on prend les deux
Quarrez de FG, & de
GE; Et au lieu du Quarré
de FD, on prend les deux
Quarrez de FG, & de
GD, il s'ensuivra que le
Rectangle de AE, EB,
avec les deux Quarrez de
FG, & de GE, sera égal
aux deux Quarrez de FG,
& de GD; Et partant
ostant de ces deux Tous
qui sont égaux le Quarré
de FG, qui leur est com-

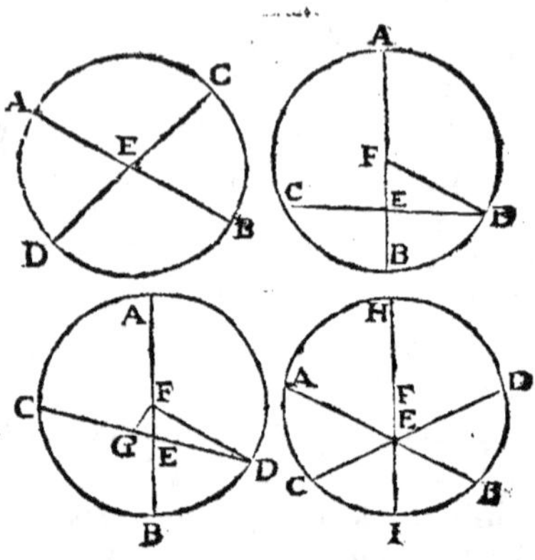

mun, Il restera le Rectangle compris de AE, EB, avec le
Quarré de GE, qui sera égal au Quarré de GD; D'ail-
leurs puisque CD, est coupée en deux Parties égales au
Point G, & en deux Inégales au Point E, le Rectangle de
CE, ED, avec le Quarré de GE, est égal au Quarré de
GD, par la 5. Prop. du 2. Et ainsi le Rectangle de AE, EB,
avec le Quarré de GE, est égal au Rectangle de CE, ED,
avec le Quarré de GE; Ostant donc le Quarré de GE,
qui leur est commun; Il s'ensuivra que le Rectangle de
AE, EB, sera égal au Rectangle de CE, ED.

Supposons enfin que ny l'une ny l'autre de ces deux
Lignes AB, CD, ne passe par le Centre; Cela estant, je
dis encore que le Rectangle de AE, EB, est égal au Rectangle de CE, ED; Pour le prouver.

Menez par le Centre F, & par le Point E, la Ligne
Droitte HFEI; Cela posé.

De quelque façon que la Ligne HI, coupe AB, Il s'ensuit par ce qui vient d'estre démontré que le Rectangle
de AE, EB, est égal au Rectangle de HE, EI; De mesme
aussi

auff. de quelque façon que HI, coupe CD, Il s'enfuit que
le Rectangle de DE, EC, eft égal au mefme Rectangle de
HE, EI ; Et ainfi le Rectangle de AE, EB, & le Rectangle
de DE, EC, qui font égaux à un mefme Rectangle, font
égaux entr'eux ; Qui eft tout ce qu'il falloit démontrer.

PROPOSITION XXXVI.

THEOREME XXX.

*Si d'un Point pris à difcretion hors d'un Cercle, on tire
deux Lignes Droittes, dont l'une le touche, & l'autre le coupe, & fe va terminer à Sa Circonference concave, le Rectangle compris de toute la Coupante, &
de fa Partie hors du Cercle, fera égal au Quarré de
la Touchante.*

JE fuppofe qu'on ait
pris à difcretion le
Point D, hors du Cer-
cle ABC, & que de ce
Point on ait tiré la
Ligne Droitte DB, qui
touche le Cercle au
Point B, & la Ligne
Droitte DA, qui le
coupe, & va fe termi-
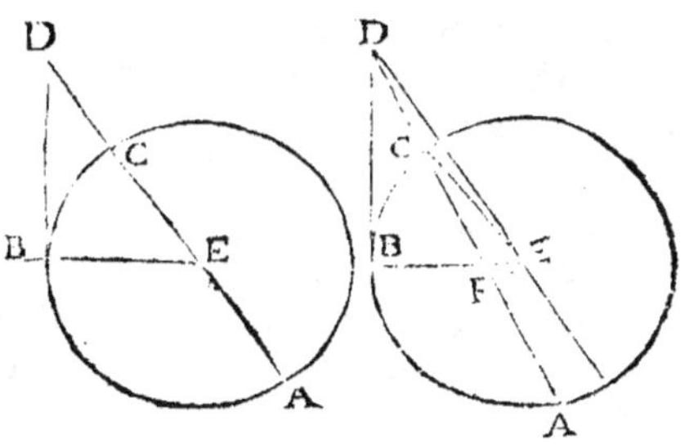
ner à fa Circonference concave ; Cela eftant, je dis que le
Rectangle compris de AD, DC, eft egal au Quarré
de DB.

Cette Propofition peut avoir deux cas ; Car ou la Ligne
DA, paffe par le Centre, ou elle n'y paffe point.

Suppofons donc 1. qu'elle paffe par le Centre ; Cela
fuppofé.

Menez du Centre E, au Point B, la Ligne Droitte EB ;

X

Cette Ligne par la 18. Prop. fera Perpendiculaire à la Touchante DB ; D'où il fuit que l'Angle EBD, fera Droit ; Cela pofé.

Puifque la Ligne AC, eft coupée en deux également au Point E, & que la Ligne CD, luy eft adjoûtée ; Il s'enfuit que le Rectangle compris de AD, DC, avec le Quarré de EC, ou de fon égale EB, eft égal au Quarré de ED, par la 6. Prop. du 2. Mais le Quarré de ED, eft égal aux deux Quarrez de EB, & de DB, par la 47. du 1. Par confequent le Rectangle compris de AD, DC, avec le Quarré de EB, eft égal aux deux Quarrez de EB, & de DB ; Si donc de ces deux Tous, qui font égaux, on ofte le Quarré de EB, qui leur eft commun, il reftera le Rectangle compris de AD, DC, qui fera égal au Quarré de DB ; Ce qu'il falloit démontrer.

Suppofons maintenant que la Ligne DA, ne paffe point par le Centre ; Cela eftant, je dis encore que le Rectangle de AD, DC, eft égal au Quarré de DB. Pour le prouver.

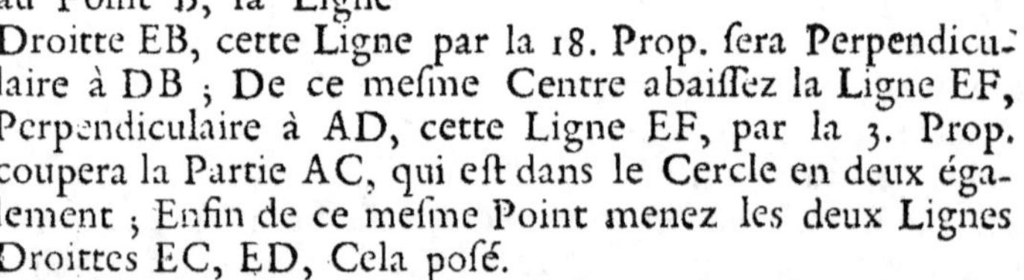

Menez du Centre E, au Point B, la Ligne Droitte EB, cette Ligne par la 18. Prop. fera Perpendiculaire à DB ; De ce mefme Centre abaiffez la Ligne EF, Perpendiculaire à AD, cette Ligne EF, par la 3. Prop. coupera la Partie AC, qui eft dans le Cercle en deux également ; Enfin de ce mefme Point menez les deux Lignes Droittes EC, ED, Cela pofé.

Puifque la Ligne AC, eft coupée en deux Parties égales au Point F, & que la Ligne CD, luy eft adjoûtée ; Il s'enfuit par la 6. Prop. du 2. que le Rectangle compris de AD, DC, avec le Quarré de CF, eft égal au Quarré de DF ; Si donc à ces deux Tous qui font égaux, on adjoûte le Quarré de FE, Il s'enfuivra que le Rectangle de AD, DC,

& les deux Quarrez de CF, & de FE, feront égaux aux deux Quarrez de DF, & de FE ; Or les deux Quarrez de CF, & de FE, font égaux au Quarré de EC, ou de fon égale EB, par la 47. du 1. Et de mefme les deux Quarrez de DF, & de FE, font égaux au Quarré de ED ; Si donc au lieu des deux Quarrez de CF, & de FE, on prend le Quarré de EB ; Et au lieu des deux Quarrez de DF, & de FE, on prend le Quarré de ED ; Il s'enfuivra que le Rectangle compris de AD, DC, avec le Quarré de EB, fera égal au Quarré de ED ; Mais les deux Quarrez de DB, & de EB, font auffi égaux au Quarré de ED, par la 47. du 1. Donc le Rectangle de DA, DC, & le Quarré de EB, font enfemble égaux aux deux Quarrez de DB, & de EB ; Si donc de ces deux Tous, qui font égaux, on ofte le Quarré de EB, qui leur eft commun ; Il reftera le Rectangle de DA, DC, égal au Quarré de DB ; Ce qu'il falloit démontrer.

I. Corollaire.

Il fuit de cette Propofition, que fi d'un Point pris à difcretion hors d'un Cercle, on mene tant de Lignes Droittes que l'on voudra, qui coupent le Cercle , & qui aillent fe terminer à fa Circonference concave , le Rectangle compris d'une de ces Coupantes, telle que l'on voudra , & de fa Partie hors du Cercle , fera égal au Rectangle compris de telle autre Coupante que l'on voudra , & de fa Partie hors du Cercle ; Car chacun de ces Rectangles eft égal au Quarré de la Touchante, qui feroit menée de ce mefme Point.

II. Corollaire.

Il fuit encore, que fi d'un Point pris à difcretion hors d'un Cercle, on mene deux Lignes Droittes qui le touchent, elles feront égales entr'elles ; Car le Quarré de chacune de ces Lignes eft égal au Rectangle d'une Cou.

pante, & de fa Partie hors du Cercle ; Et ainfi chacun de ces Quarrez eft égal à l'autre ; D'où il fuit que les Lignes qui en font les Coftez font égales, par la 3. Remarque de la 46. du 1.

PROPOSITION XXXVII.

THEOREME XXXI.

Si d'un Point pris à difcretion hors d'un Cercle, on mene deux Lignes Droites, dont l'une coupe le Cercle, & va fe terminer à fa Circonference concave, & l'autre atteint le Cercle, & que le Rectangle compris de toute la Coupante, & de fa Partie hors du Cercle, foit égal au Quarré de celle qui atteint le Cercle, celle-cy touchera le Cercle.

JE fuppofe que du Point D, pris à difcretion hors du Cercle ABC, on ait mené les deux Lignes Droittes DA, DB, dont l'une à fçavoir DA, coupe le Cercle, & fe termine à fa Circonference concave ; Et l'autre à fçavoir DB, atteint le Cercle, & que le Rectangle compris de DA, DC, foit égal au Quarré de DB ; Cela eftant, je dis que cette Ligne DB, touche le Cercle ; Pour le prouver.

Menez du Point D, la Ligne Droitte DF, qui touche le Cercle ; Puis du Centre E, menez les Lignes Droittes EB, ED, EF ; Cela pofé.

Puifque du Point D, partent les deux Lignes Droittes DA, DF ; que DA, coupe le Cercle, & fe termine à fa Circonference concave ; & que DF, le touche ; Il s'en-fuit par la Propofition precedente, que le Quarré de DF,

eſt égal au Rectangle de DA, DC ; Mais le Quarré de
DB, eſt ſuppoſé égal au meſme Rectangle ; Partant le
Quarré de DB, & le Quarré de DF, ſont égaux entr'eux ;
Et par conſequent ces deux Lignes qui en ſont les Coſtez
ſont auſſi égales entr'elles ꞉ D'ailleurs la Ligne BE, eſt
égale à la Ligne FE, par la definition du Cercle ; Si bien
que les deux Triangles DBE, DFE, ont deux Coſtez égaux
à deux Coſtez chacun au ſien , & la Baze DE, commune ;
Partant par la 8. du 1. l'Angle DBE, eſt égal à l'Angle
DFE ; mais l'Angle DFE, eſt Droit, par la 18. Prop. Donc
l'Angle DBE, eſt auſſi Droit. D'où il ſuit par la 16. Prop.
que la Ligne DB, touche le Cercle ABC ; Ce qu'il falloit
démontrer.

LIVRE QVATRIEME

DES

ELEMENS DE GEOMETRIE.

DEFINITIONS.

1. VNE Figure Rectiligne est ditte estre inscritte dans une autre Figure Rectiligne, quand le Sommet de chacun des ses Angles touche un des Costez de la Figure dans laquelle elle est inscritte.

Ainsi le Triangle ABC, est dit estre inscrit dans le Triangle DEF, parce que le Sommet de chacun de ses Angles A, B, C, touche un des Costez du Triangle DEF.

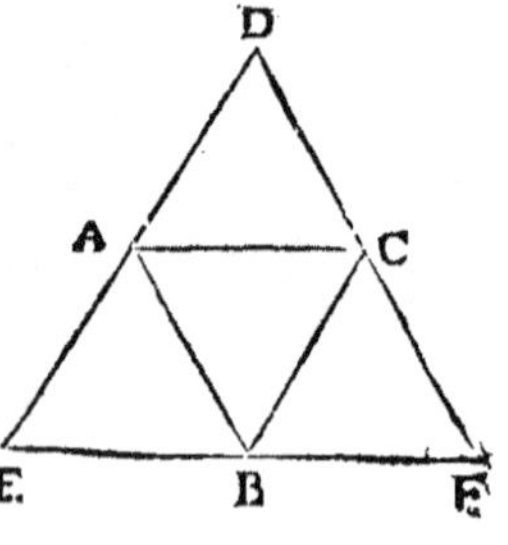

2. Une Figure Rectiligne est ditte estre circonscritte à une autre Figure Rectiligne, quand chacun de ses Costez passe par le Sommet d'un des Angles de la Figure à laquelle elle est circonscritte.

Ainsi le Triangle DEF, est dit estre circonscrit au Triangle ABC, parce que chacun des Costez du Triangle DEF, paſſe par le Sommet d'un des Angles du Triangle ABC.

3. Une Figure Rectiligne eſt ditte eſtre inſcritte au Cercle, quand le Sommet de chacun de ſes Angles touche la Circonference du Cercle auquel elle eſt inſcritte.

Ainſi le Triangle ABC, eſt inſcrit dans le Cercle ABC.

4. Une Figure Rectiligne eſt ditte eſtre circonſcritte à un Cercle, quand chacun de ſes Coſtez touche le Cercle auquel elle eſt circonſcritte.

Ainſi le Triangle DEF, eſt circonſcrit au Cercle ABC, parce que chacun des Coſtez du Triangle DEF, touche le Cercle ABC.

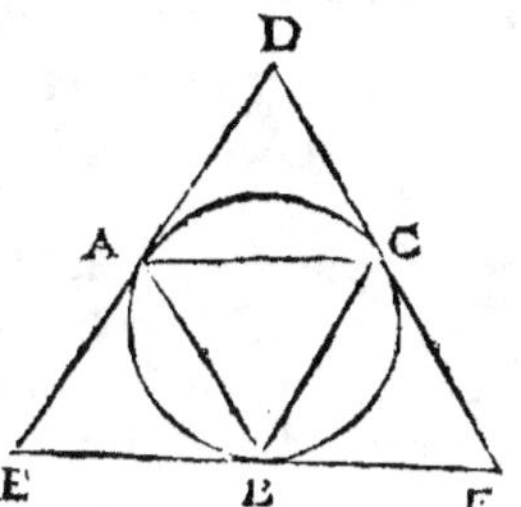

5. Un Cercle eſt dit eſtre inſcrit dans une Figure Rectiligne, quand ſa Circonference touche chacun des Coſtez de la Figure dans laquelle il eſt inſcrit.

Ainſi le Cercle ABC, eſt inſcrit dans le Triangle DEF.

6. Un Cercle eſt dit eſtre circonſcrit à une Figure Rectiligne, quand ſa Circonference paſſe par le Sommet de chaque Angle de la Figure à laquelle il eſt circonſcrit.

Ainſi le Cercle ABC, eſt circonſcrit au Triangle ABC.

7. Une Ligne Droitte eſt dite eſtre appliquée à un Cercle, quand ſes extremitez ſont dans la Circonference du Cercle.

Ainſi la Ligne AC, eſt appliquée au Cercle ABC.

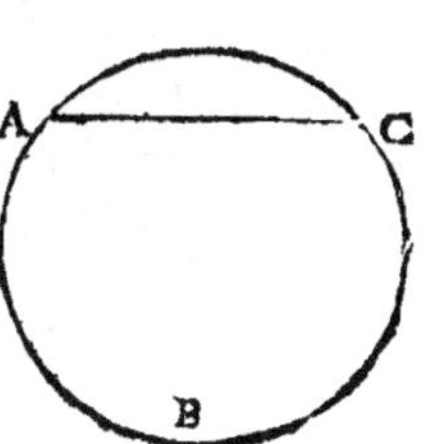

8. Un Polygone, eſt une Figure compriſe de pluſieurs Lignes Droittes.

9. Un Pantagone, eſt une Figure compriſe de cinq Lignes Droittes.

10. Un Hexagone, eſt une Figure compriſe de ſix Lignes Droittes.

11. Un Heptagone, de ſept.

12. Un Octogone, de huit.

13. Un Enneagone, de neuf.

14. Un Decagone, de dix.

15. Un Endecagon , de onze.
16. Un Dodecagone, de douze, &c.

PROPOSITION I.

PROBLEME I.

*A un Cercle donné, appliquer une Ligne Droitte Egale à
une Ligne Droitte donnée , laquelle ne soit pas
plus grande que le Diametre du Cercle.*

JE suppose que le Cercle ABC, soit donné , & que la
Ligne D, qui n'est pas plus grande que le Diametre du
Cercle, soit aussi donnée ; Et je propose d'appliquer au
Cercle ABC, une Ligne Droitte égale à la Ligne D ;
Pour le faire.

Menez dans ce Cercle le Diametre AC, lequel par la Supposition est ou égal, ou plus
grand que la Ligne donnée D ;
Cela posé.

S'il est égal, la chose est faite,
& la Ligne appliquée ; puisque
le Diametre AC, est supposé

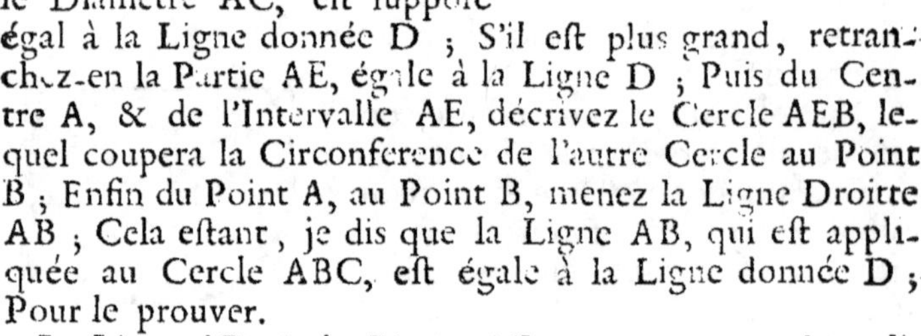

égal à la Ligne donnée D ; S'il est plus grand, retran-
chez-en la Partie AE, égale à la Ligne D ; Puis du Centre A, & de l'Intervalle AE, décrivez le Cercle AEB, lequel coupera la Circonference de l'autre Cercle au Point
B ; Enfin du Point A, au Point B, menez la Ligne Droitte
AB ; Cela estant, je dis que la Ligne AB, qui est appliquée au Cercle ABC, est égale à la Ligne donnée D ;
Pour le prouver.

La Ligne AB, & la Ligne AE, partent toutes deux du
Point A, qui est le Centre du Cercle AEB, & vont se terminer à sa Circonference, par consequent elles sont égales entr'elles ; Or la Ligne AE, est égale à la Ligne donnée
D,

D, par conſtruction, donc la Ligne AB, eſt auſſi égale à
la Ligne D ; Ce qu'il falloit faire & démontrer.

PROPOSITION II.

PROBLEME II.

*Dans un Cercle donné, inſcrire un Triangle Equiangle
à un Triangle donné.*

JE ſuppoſe que le Cercle ABC, & le Triangle DEF, ſoient
donnez ; Et je propoſe d'inſcrire dans ce Cercle, un
Triangle qui ſoit Equiangle au Triangle DEF ; pour le
faire.

Menez par la 27. du 3. la Ligne
Droitte GAH; qui touche le Cercle au Point A ; Puis du Point A,
menez la Ligne Droitte AB, qui
faſſe avec AG, l'Angle BAG, égal
à l'Angle D, du Triangle DEF; De
ce même Point menez la Ligne
Droitte AC, qui faſſe avec AH,
l'Angle HAC, égal à l'Angle F;
Enfin du Point B, au Point C menez la Ligne Droitte BC ; Cela poſé, je dis que le Triangle ABC, inſcrit au Cercle ABC, eſt Equiangle
au Triangle DEF ; Pour le prouver.

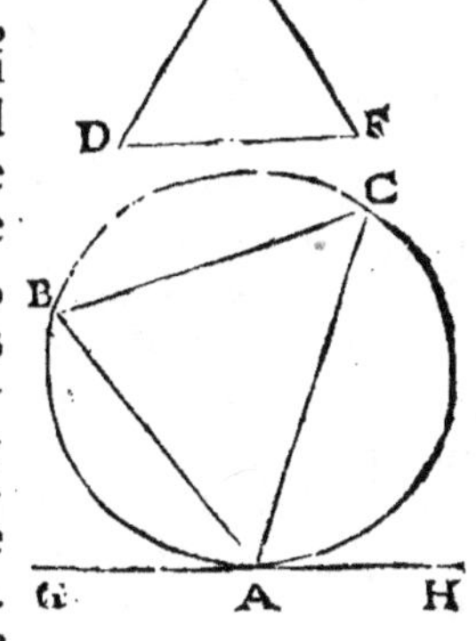

Puiſque la Ligne GAH, touche
le Cercle au Point A, & que la Ligne AB, qui part du
Point de l'attouchement, le coupe, l'Angle GAB, que la
Coupante fait avec la Touchante, ſera égal à l'Angle
ACB, qui eſt au Segment alterne, par la 32. Prop. du 3.
Mais l'Angle GAB, eſt égal à l'Angle D, par conſtruction;
Donc l'Angle ACB, eſt auſſi égal à l'Angle D ; De même,
la Ligne AC, coupant le Cercle, l'Angle HAC, qu'elle
Y

fait avec la Touchante, eſt égal à l'Angle ABC, qui eſt
dans le Segment alterne ; Mais l'Angle HAC, eſt égal à
l'Angle F, par conſtruction ; Donc l'Angle ABC, eſt auſſi
égal à l'Angle F ; Et ainſi le Triangle ABC, a deux Angles égaux à deux Angles du Triangle DEF ; Par conſequent
le troiſiéme BAC, eſt égal au troiſiéme C, par la 32. du 1.
Ce qu'il falloit faire & démontrer.

PROPOSITION III.

PROBLEME III.

*Allentour d'un Cercle donné, décrire un Triangle
Equiangle à un Triangle donné.*

JE ſuppoſe que le Cercle ABC, & le Triangle DEF,
ſoient donnez ; & je propoſe de décrire allentour du
Cercle ABC, un Triangle qui ſoit Equiangle au Triangle
DEF ; Pour le faire.

Prolongez de part & d'au-
tre l'un des Coſtez du Triangle , par exemple DF, vers
G, & vers H ; Puis du Centre M, tirez à diſcretion à
quelque Point de la Circonference la Ligne Droitte
MA ; De ce meſme Cen-
tre, menez la Ligne Droitte
MB, qui faſſe avec MA,
l'Angle AMB, égal à l'An-
gle EDG, par la 23. du 1.
De ce meſme Point menez
la Ligne MC, qui faſſe avec

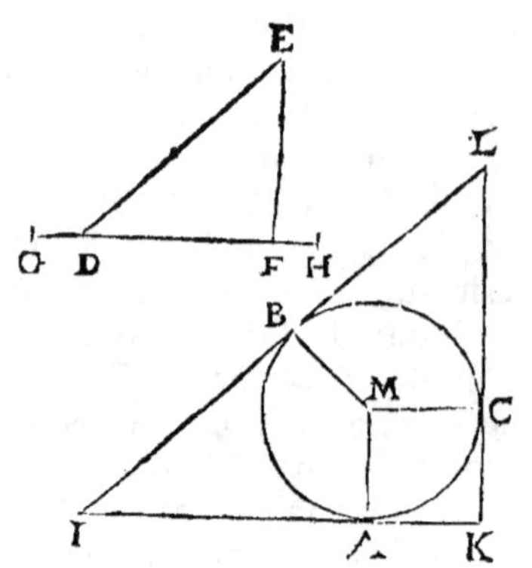

MA, l'Angle AMC, égal à l'Angle EFH ; Cela fait, tirez
par les Points A, B, C, trois Lignes Droittes IAK, IBL,
KCL, perpendiculaires aux Lignes MA, MB, MC ; Ces

trois Lignes formeront un Triangle ; Que je dis estre circonscrit au Cercle ABC, & estre Equiangle au Triangle DEF ; Pour le prouver.

Puisque chacune de ces Lignes IK, IL, KL, est perpendiculaire à l'extremité du Diametre du Cercle, ces Lignes touchent le Cercle par la 16. du 3. Et ainsi le Triangle IKL, est circonscrit à ce Cercle ; Si bien qu'il ne reste plus qu'à prouver qu'il est Equiangle au Triangle DEF ; Pour le prouver.

Les quatre Angles de la Figure AMBI, valent quatre Droits, par le Corollaire de la 32. du 1 ; Or les deux Angles MAI, MBI, sont Droits par construction ; Donc les deux Angles AMB, AIB, sont aussi égaux à deux Droits ; D'ailleurs les Angles EDG, EDF, sont égaux à deux Droits, par la 13. du 1. Partant les deux Angles AMB, AIB, sont égaux aux deux Angles EDG, EDF ; Si donc de ces deux Tous qui sont égaux, on oste les Angles AMB, & EDG, qui sont égaux par construction, l'Angle AIB, restera égal à l'Angle EDF ; De mesme, les quatre Angles de la Figure AMCK, valent quatre Droits ; Or les deux Angles MAK, MCK, sont Droits par construction, donc les deux restans AMC, AKC, valent ensemble deux Droits ; Mais les Angles EFH, EFD, valent aussi deux Droits ; Ainsi les deux Angles AMC, AKC, sont égaux aux deux Angles EFH, EFD ; Si donc de ces deux Tous qui sont égaux, on oste les Angles AMC, & EFH, qui sont égaux par construction, l'Angle AKC, restera égal à l'Angle EFD ; Et ainsi le Triangle ILK, à deux Angles égaux à deux Angles du Triangle DEF ; Par consequent le troisiéme ILK, est égal au troisiéme DEF, par la 32. du 1. D'où il suit que le Triangle ILK, que nous avons circonscrit au Cercle ABC, est Equiangle au Triangle DEF , Ce qu'il falloit faire & démontrer.

PROPOSITION IV.

PROBLEME IV.

Dans un Triangle donné, décrire un Cercle.

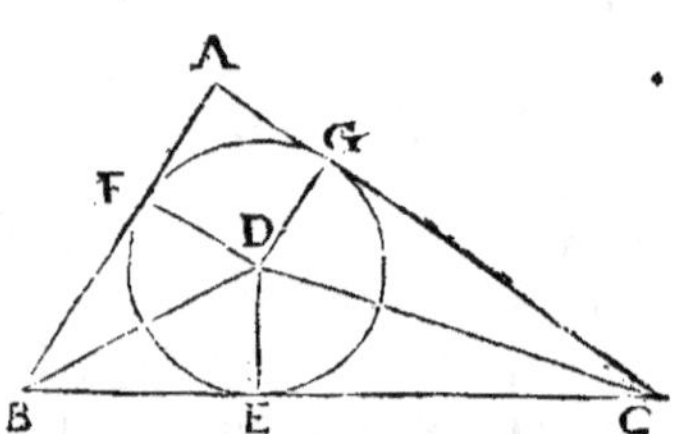

JE suppose que le Triangle ABC, soit donné; Et je propose d'y inscrire un Cercle; Pour le faire.

Coupez par la 9. du 1. l'un des Angles de ce Triangle, par exemple ABC, en deux également par la Ligne Droitte BD; Coupez de mesme un autre Angle, comme ACB, en deux également par la Ligne Droitte CD; Du Point D, où les deux Lignes BD, CD, se rencontrent, abaissez sur l'un des Costez de ce Triangle, par exemple sur BC, la Perpendiculaire DE; Enfin du Centre D, & de l'Intervalle DE, décrivez un Cercle; & je dis qu'il sera inscrit au Triangle ABC; Pour le Prouver.

Abaissez du Point D, les Lignes Droittes DF, DG, perpendiculaires aux deux autres Costez AB, AC; Cela posé.

Aux Triangles BDE, & BDF, l'Angle EBD, est égal à l'Angle FBD, par construction; l'Angle DEB, est égal à l'Angle DFB, estant tous deux Droits, par construction; Deplus, le Costé BD, est commun à ces deux Triangles; Et partant le Costé DF, est égal au Costé DE, par la 26. du 1. De mesme, aux Triangles CGD, & CED, l'Angle GCD, est égal à l'Angle ECD, par construction; l'Angle DGC, est égal à l'Angle DEC, ces deux Angles estant droits, par construction; Deplus, le Costé DC, est commun à ces deux Triangles; Et partant le costé DG, est égal au Costé DE, par la 26. du 1. Et ainsi les trois Lignes

DE, DF, DG, font égales entr'elles. Par confequent le Cercle EFG, qui eft décrit du Centre D, & de l'Intervalle DE, paffe auffi par les extremitez des Lignes FD, DG ; Or Puifque les Coftez AB, BC, CA, du Triangle ABC, font perpendiculaires aux extremitez des trois Demydiametres DF, DE, DG, il s'enfuit par la 16. du 3. qu'ils touchent le Cercle EFG ; Et par confequent que ce Cercle eft infcrit dans le Triangle ABC, par la 5. Definition ; Ce qu'il falloit faire & démontrer.

PROPOSITION V.

PROBLEME V.

Allentour d'un Triangle donné, décrire un Cercle.

JE fuppofe que le Triangle ABC, foit donné ; Et je propofe de décrire un Cercle allentour de ce Triangle ; Pour le faire.

Coupez par la 10. du 1. un des Coftez de ce Triangle, par exemple AB, en deux également au Point D, & de ce Point élevez la Perpendiculaire DF, par la 11. du 1 ; Coupez de mefme un autre Cofté, comme par exemple AC, en deux également au Point E, & de ce Point élevez auffi la Perpendiculaire EF ; Maintenant du Point F, où les Lignes DF, EF, fe rencontrent, menez la Ligne Droitte FA, au Sommet de l'un des Angles de ce Triangle ; Enfin du Centre F, & de l'Intervalle FA, décrivez

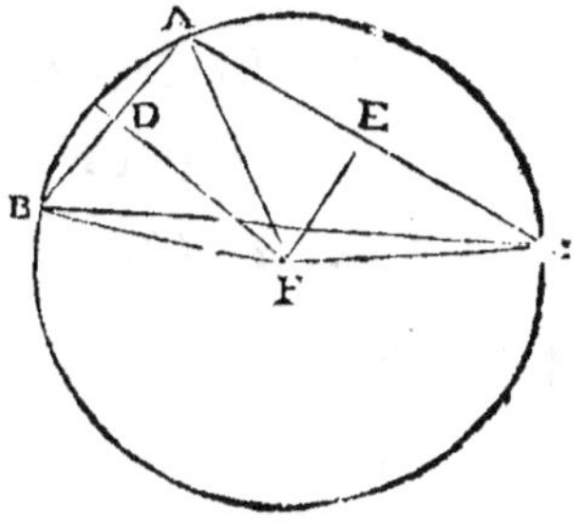

un Cercle ; Cela eftant, je dis que ce Cercle eft décrit allentour du Triangle ABC ; Pour le prouver.

Du Point F, aux Sommets des deux autres Angles B, &

C, menez les deux Lignes Droittes FB, FC ; Cela pofé.

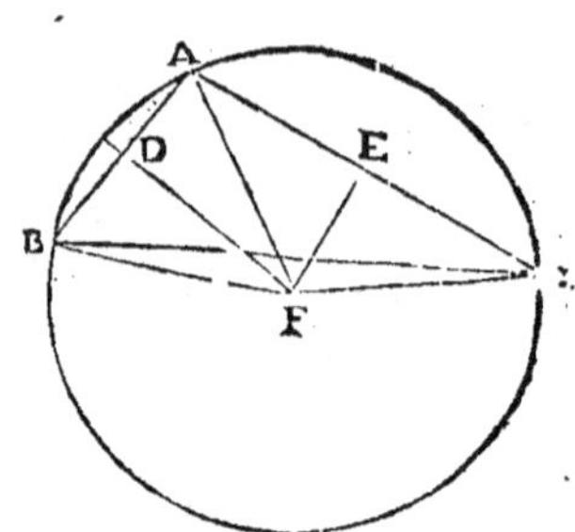

Aux Triangles BDF, & ADF, le Cofté BD, eft égal au Cofté AD, par conftruction , le Cofté DF, leur eft commun ; Deplus, l'Angle BDF, eft égal à l'Angle ADF, ces deux Angles eftant Droits, par conftruction ; Et partant la Baze FB, eft égale à la Baze FA, par la 4 du 1 ; De mefme, aux Triangles CEF, & AEF, le Cofté CE, eft égal au Cofté AE, par conftruction, le Cofté EF, leur eft commun , & l'Angle CEF, eft égal à l'Angle AEF, ces deux Angles eftant Droits, par conftruction ; Partant la Baze FC, eft égale à la Baze FA ; Et ainfi les trois Lignes FB, FA, FC, font égales entr'elles ; Par confequent le Cercle qui eft décrit du Centre F, & de l'Intervalle FA, paffe auffi par les extremitez des Lignes FB, FC ; Or les extremitez des Lignes FA, FB, FC, font les Sommets des Angles du Triangle ABC ; Et par confequent ce Cercle eft décrit allentour du Triangle ABC, par la 6. Definition ; Ce qu'il falloit faire & démontrer.

PROPOSITION VI.

PROBLEME VI.

Dans un Cercle donné, décrire un Quarré.

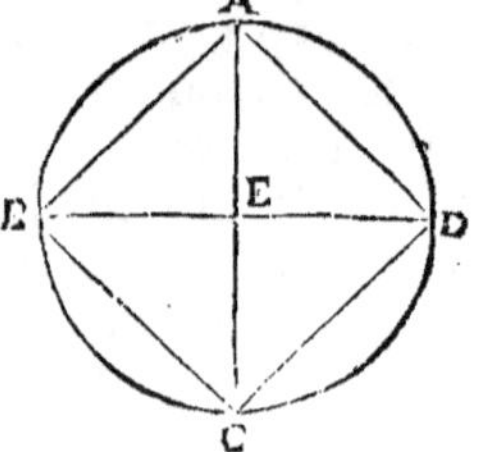

JE fuppofe que le Cercle ABC, foit donné ; & je propofe d'y inf-crire un Quarré ; Pour le faire.

Par le Centre E, menez le Diametre AEC, coupez ce Diametre à Angles Droits par un autre Diametre, comme BED ; Puis menez les Lignes AB, BC, CD, & DA, ces quatre Lignes formeront une Figure de quatre Coſtez inſcrite au Cercle ; Cela eſtant, je dis que cette Figure eſt un Quarré. Pour le prouver.

Puiſque les quatre Angles qui ſont autour du Centre E, ſont Droits par conſtruction, les quatre Arcs ſur leſquels ils s'appuyent ſont égaux entr'eux, par la 26. du 3. Et par conſequent les quatre Soutendantes AB, BC, CD, DA, ſont égales entr'elles, par la 29. du 3. D'ailleurs, chacun des Angles de la Figure ABCD, eſtant au Demy-cercle, eſt Droit, par la 31. du 3. Et par conſequent cette Figure ABCD, qui eſt compriſe de quatre Coſtez Egaux, & qui a ſes quatre Angles Droits, eſt un Quarré ; Ce qu'il falloit faire & démontrer.

PROPOSITION VII.

PROBLEME VII.

Allentour d'un Cercle donné, décrire un Quarré.

JE ſuppoſe que le Cercle FGHI, ſoit donné ; Et je propoſe de décrire un Quarré allentour de ce Cercle ; Pour le faire.

Menez tel Diametre qu'il vous plaira, par exemple FEH ; Coupez ce Diametre à Angles Droits par un autre Diametre, comme GEI ; Puis par la 31. du 1. menez par les Points F, & H, les Lignes Droittes AFB, DHC, paralleles à GI, ou perpendiculaires à FH, & par les Points G, & I, les Lignes Droittes BGC, AID, paralleles à FH, ou perpendiculaires à GI ; Ces quatre Lignes AB, BC, CD, DA, formeront une Figure de quatre Coſtez ; Cela eſtant, je dis que cette Figure eſt un Quarré, qui eſt décrit allentour du Cercle FGHI ; Pour le prouver.

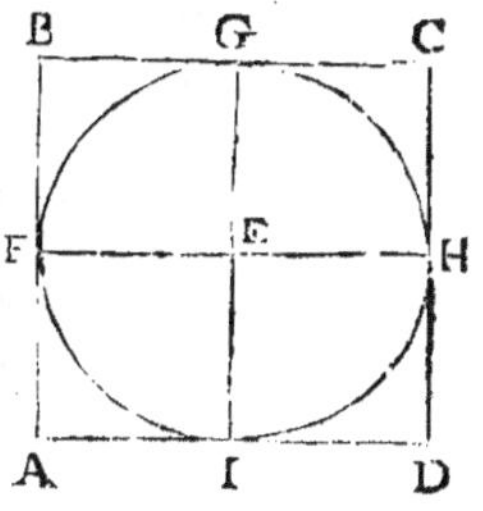

Puifque les Lignes AB, CD, font paralleles à GI, elles font paralleles entr'elles ; De mefme, puifque les Lignes BC, AD, font paralleles à FH, elles font auffi paralleles entr'elles ; Et par-confequent les Figures ABCD, ABGI, GCDI, BCHF, & AFHD, font des Parallelogrammes ; Et partant les Lignes BC, AD, font égales au Diametre FH, ou à fon égale GI, par la 34. du 1 ; Et de mefme, les Lignes AB, CD, font auffi égales à GI ; D'où il fuit que les quatre

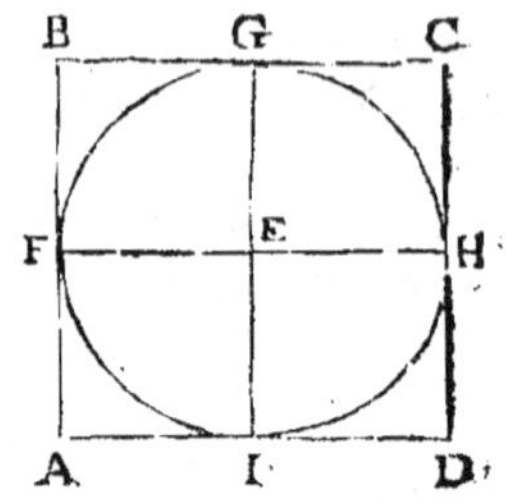

Coftez du Parallelogramme ABCD, font égaux entr'eux. Deplus, puifque la Figure AFEI, eft un Parallelogramme, par conftruction, & que l'Angle FEI, a efté fait Droit, il s'enfuit que fon Oppofé FAI, eft auffi Droit, par la 34. du 1 ; On prouvera de mefme, que les Angles FBG, GCH, & HDI, font auffi Droits ; Et partant la Figure ABCD, eft un Quarré, qui touche le Cercle donné ; puifque par la 16. du 3. chaque Cofté eft perpendiculairement élevé à l'extremité du Diametre ; Ce qu'il falloit faire & démontrer.

PROP.

PROPOSITION VIII.

PROBLEME VIII.

Dans un Quarré, décrire un Cercle.

JE suppose que le Quarré ABCD, soit donné, & je propose d'inscrire un Cercle dans ce Quarré ; Pour le faire.

Coupez les Costez du Quarré ABCD, en deux également, aux Points F, G, H, I ; Menez les Lignes Droittes FH, GI ; Puis du Point E, où ces deux Lignes se coupent, & de l'Intervalle EF, décrivez le Cercle

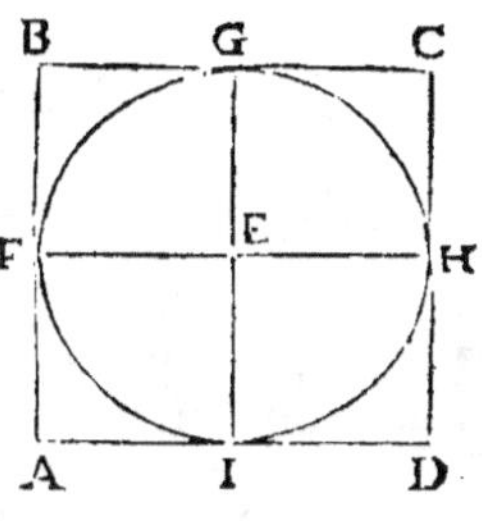

FGHI ; Cela estant, je dis que ce Cercle est inscrit dans le Quarré ABCD ; Pour le prouver.

Puisque les Lignes AD, BC, sont égales & paralleles, leurs Moitiez AI, BG, sont aussi égales & paralleles ; D'où il suit par la 33, du 1. que les Lignes AB, IG, sont aussi égales & paralleles ; De mesme, puisque AB, DC, sont égales & paralleles, leurs moitiez AF, DH, sont aussi égales & paralleles ; D'où il suit que les Lignes AD, FH, sont aussi égales & paralleles ; Et par conséquent les Figures EA, EB, EC, ED, sont des Parallelogrammes ; D'où il suit que la Ligne EI, est égale à AF ; Que EF, est égale à BG ; Que EG, est égale à CH ; Et que EH, est égale à DI ; Ainsi ces quatre Lignes EI, EF, EG, EH, qui sont égales à des choses égales, sçavoir aux moitiez des Costez d'un Quarré, sont égales entr'elles ; Et le Cercle qui est décrit du Centre E, & de l'Intervalle EI, passe aussi par les Points F, G, H ; D'ailleurs, puisque l'Angle BGI, est égal à son Opposé A, par la 34. du 1 ; Que l'Angle CHF, est égal à son Opposé B ; Que l'Angle DIG, est égal à son Opposé C ; Et enfin que l'Angle AFH, est égal à son Opposé D, Ces quatre Angles sont Droits, leurs Opposez estant Droits,

Z

par Suppofition ; D'où il fuit que les Lignes AB, BC, CD, DA, touchent le Cercle FGHI, par la 16. du 3. Et partant ce Cercle eft infcrit dans le Quarré ABCD ; Ce qu'il falloit faire & démontrer.

PROPOSITION IX.

PROBLEME IX.

Allentour d'un Quarré donné, décrire un Cercle.

JE fuppofe que le Quarré ABCD, foit donné ; Et je propofe de décrire un Cercle allentour de ce Quarré ; Pour le faire.

Menez les deux Diagonales AC, BD ; Puis du Point E, où elles fe coupent, & de l'Intervalle EA, décrivez un Cercle ; Cela eftant, je dis que ce Cercle eft décrit allentour du Quarré ABCD ; Pour le prouver.

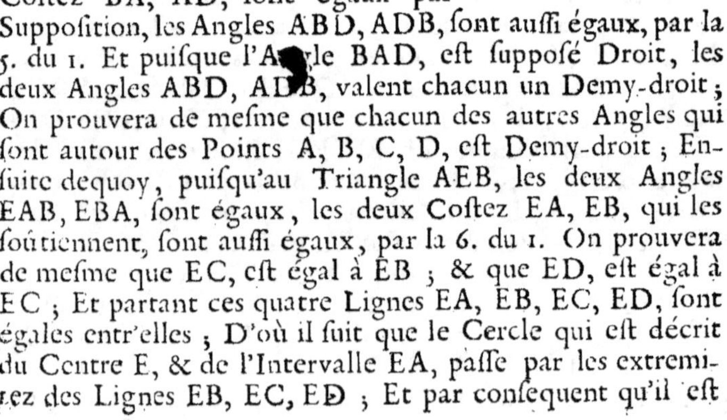

Puifqu'au Triangle ABD, les deux Coftez BA, AD, font égaux par Suppofition, les Angles ABD, ADB, font auffi égaux, par la 5. du 1. Et puifque l'Angle BAD, eft fuppofé Droit, les deux Angles ABD, ADB, valent chacun un Demy-droit ; On prouvera de mefme que chacun des autres Angles qui font autour des Points A, B, C, D, eft Demy-droit ; Enfuite dequoy, puifqu'au Triangle AEB, les deux Angles EAB, EBA, font égaux, les deux Coftez EA, EB, qui les foûtiennent, font auffi égaux, par la 6. du 1. On prouvera de mefme que EC, eft égal à EB ; & que ED, eft égal à EC ; Et partant ces quatre Lignes EA, EB, EC, ED, font égales entr'elles ; D'où il fuit que le Cercle qui eft décrit du Centre E, & de l'Intervalle EA, paffe par les extremitez des Lignes EB, EC, ED ; Et par confequent qu'il eft

décrit allentour du Quarré ABCD, par la Definition 6.
Ce qu'il falloit faire & démontrer.

PROPOSITION X.

PROBLEME X.

*Décrire un Triangle Isoscele qui ait chacun des Angles
sur la Baze double de l'autre.*

POur le faire. Menez une Ligne Droitte de telle longueur qu'il vous plaira, comme par exemple AB, coupez cette Ligne au Point C, de telle
forte, que le Rectangle de AB, BC,
soit égal au Quarré de AC, par la
11. du 2. Décrivez un Cercle du
Centre A, & de l'Intervalle AB ;
Puis appliquez à la Circonference
de ce Cercle la Ligne Droitte BD,
égale à AC, par la 1. Prop. Enfin
menez la Ligne Droitte AD ; Cela
estant, je dis que le Triangle ABD,
est Isoscele, & que chacun de ses
Angles ABD, ADB, qui sont sur la Baze BD, est double
de l'Angle BAD ; Pour le prouver.

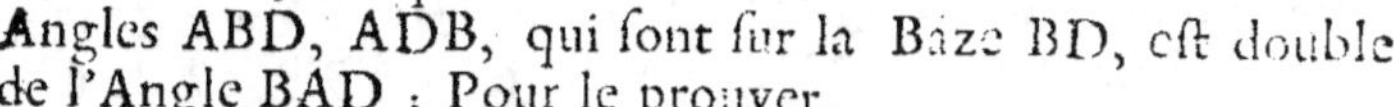

Du Point C, au Point D, menez la Ligne Droitte CD ;
Et par la 5. Prop. allentour du Triangle ACD, décrivez
un Cercle ; Cela posé.

Puisque les Lignes AB, AD, sont égales, par la definition du Cercle, le Triangle ABD, est Isoscele ; D'ailleurs,
puisque par la construction le Rectangle compris de AB,
BC, est égal au Quarré de AC, ce mesme Rectangle sera
aussi égal au Quarré de BD, qui a esté faite égale à AC ;
Ainsi nous avons le Point B, hors du Cercle ACD, d'où
partent les deux Lignes Droittes BA, BD, l'une desquelles
à sçavoir BA, coupe le Cercle, & l'autre à sçavoir BD,

Z ij

l'atteint ; enforte que le Rectangle compris de BA, & de
fa Partie BC, qui eft hors du Cercle , eft égal au Quarré
de BD, qui l'atteint ; Par confequent par la 37. du 3. la Ligne
BD, touche le Cercle ACD ; Et d'autant que la Ligne
Droitte DC, part du Point de l'attouchement D, & coupe
le Cercle, Il s'enfuit que l'Angle CDB, que fait cette
Coupante avec la Touchante, eft égal à l'Angle CAD,
qui eft au Segment alterne, par la 32. du 3. Si donc on
leur adjoûte l'Angle commun ADC;
Il s'enfuivra que l'Angle total ADB,
fera égal aux deux Angles ADC,
CAD ; Mais par la 32. du 1. l'Angle
BCD, eft égal aux deux Angles
ADC, & CAD ; Partant l'Angle
BCD, eft égal à l'Angle ADB. Main-
tenant , le Triangle ABD, eftant
Ifofcele, l'Angle ABD, eft égal à
l'Angle ADB, par la 5. du 1. Partant
l'Angle ADB, ou fon égal CBD, eft

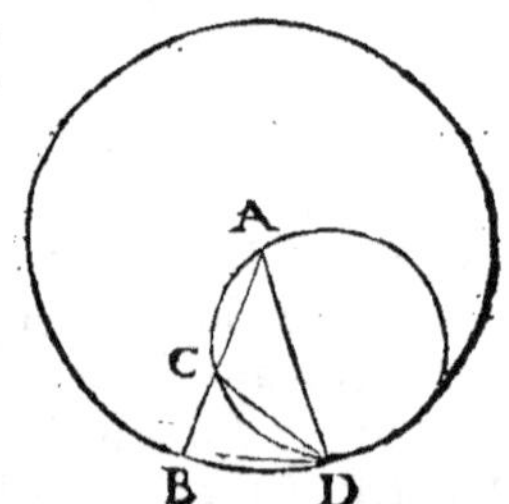

auffi égal à l'Angle BCD ; D'où il fuit, par la 6. du 1.
que le Cofté CD, eft égal au Cofté BD ; Mais BD, a efté
fait égal à AC ; Partant les deux Lignes AC, CD, font
égales entr'elles ; D'où il fuit par la 5. du 1. que l'Angle
CDA, eft égal à l'Angle CAD, ou BAD ; Mais il a déja
efté prouvé que l'Angle CDB, eftoit égal à l'Angle CAD ;
Partant l'Angle total ADB, ou fon égal ABD, eft double
de l'Angle BAD ; Ce qu'il falloit faire & démontrer.

Remarque.

Enfuite de cette Propofition, il eft aifé de montrer, que
fi l'on divife le Rayon du Cercle en la moyenne & extreme
raifon, c'eft à dire, enforte que le Rectangle compris de
tout le Rayon & de la moindre partie, foit égal au Quarré
de la plus grande partie, le cofté du Decagone infcrit dans
le Cercle, fera égal à cette plus grande partie.

Car, puifque les trois Angles d'un Triangle, valent autant

que deux Droits ; Il eſt évident que ſi on diviſe deux Angles
Droits en cinq parties égales, deux de ces parties ſeront
la quantité de l'Angle ABD, du Triangle ABD, de la Propoſition precedente ; Que deux autres parties ſeront la quantité de l'Angle ADB ; & que la cinquiéme partie qui reſte,
ſera la quantité de l'Angle BAD, lequel par conſequent
ſera la dixiéme partie des quatre Angles Droits que valent
tous les Angles qu'on peut faire autour du Point A ; D'où
il ſuit que l'Arc BD, eſt auſſi la dixiéme partie de la Circonference du Cercle ; Or la Ligne Droitte BD, eſt la
Soutendante de cet Arc, & elle a eſté faite égale à AC,
qui eſt la plus grande partie du Rayon AB, coupé enſorte
que le Rectangle compris de AB, BC, eſt égal au Quarré
de AC ; Donc il eſt vray de dire que la Soutendante de
la dixiéme partie du Cercle, ou ce qui eſt la meſme choſe,
le Coſté du Decagone inſcrit au Cercle, eſt égal à la plus
grande partie du Rayon, diviſé en la moyenne & extréme
raiſon.

PROPOSITION XI.

PROBLEME XI.

*Dans un Cercle donné, décrire un Pentagone
Equilateral & Equiangle.*

JE suppose que le Cercle ABCDE,
soit donné ; Et je propose d'y
inscrire un Pentagone Equilateral,
& Equiangle ; Pour le faire.

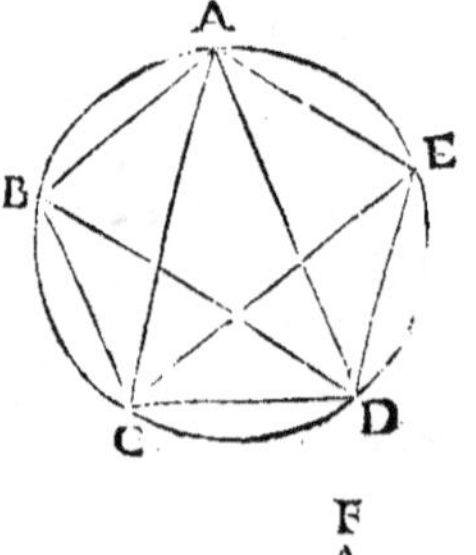

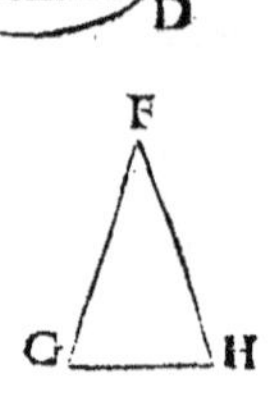

Décrivez par la Proposition précedente le Triangle Isoscele FGH, qui
ait chacun des Angles sur la Basse
double du 3. Puis par la 2. Prop.
décrivez dans le Cercle ABCDE, le
Triangle ACD, Equiangle au Triangle FGH ; Coupez les Angles ACD,
ADC, en deux également par les
Lignes Droittes CE, DB, & menez
les Lignes Droittes CB, BA, AE,
ED ; Cela estant, je dis que le Pentagone ABCDE, qui est inscrit au Cercle donné, est Equilateral & Equiangle. Pour le prouver.

Puisque le Triangle FGH, est Isoscele, & qu'il a les Angles G, & H, sur la Baze, doubles de l'Angle F, &
que le Triangle ACD, luy est Equiangle, Il a aussi les
Angles ACD, ADC, sur la Baze double de l'Angle CAD ;
Or chacun de ces Angles ayant esté coupé en deux également, les Angles DCE, ECA, ADB, BDC, qui en sont
les moitiez sont égaux entr'eux, & égaux aussi à l'Angle
CAD ; D'où il suit par la 26. du 3. que les cinq Arcs
AB, BC, CD, DE, EA, sont égaux, & par la 29. du 3.
que les cinq Lignes Droittes AB, BC, CD, DE, EA, sont
égales ; Et par conséquent que le Pentagone ABCDE, est
Equilateral.

Mais ce Pentagone est aussi Equiangle, puisque par la 27.
du 3. chacun de ses Angles s'appuye sur des Arcs égaux
sçavoir sur trois fois la cinquiéme partie de la Circonference du Cercle ; Nous avons donc dans un Cercle donné,
décrit un Pentagone Equilateral & Equiangle ; Ce qu'il
falloit faire & démontrer.

PROPOSITION XII.

PROBLEME XII.

Allentour d'un Cercle donné, décrire un Pentagone
Equilateral & Equiangle.

JE suppose que le Cercle ABCDE
soit donné ; & je propose de
décrire allentour de ce Cercle un
Pentagone Equilateral & Equiangle ; Pour le faire.

Décrivez premierement dans ce
Cercle par la Proposition prece-
dente le Pentagone ABCDE,
Equilateral & Equiangle ; Menez
du Centre F, aux Points A, B, C,
D, E, les Lignes Droittes FA, FB,

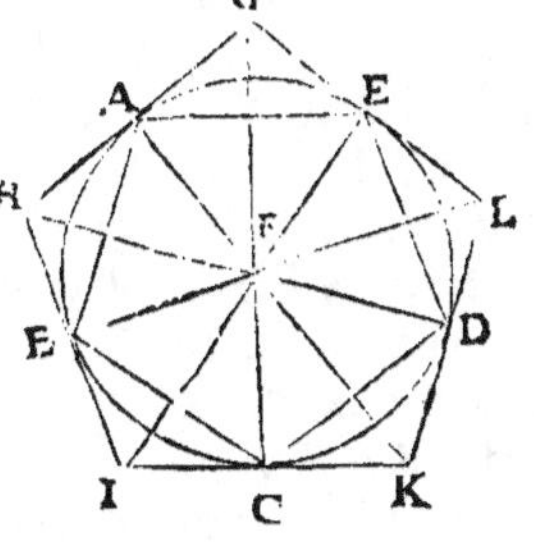

FC, FD, FE, & par les extremitez de ces Lignes, menez
les Lignes Droittes GH, HI, IK, KL, LG, qui leur soient
perpendiculaires ; Cela estant, je dis que ces Lignes se
rencontreront ; que le Pentagone qu'elles formeront sera
circonscrit au Cercle donné ; & qu'il sera Equilateral &
Equiangle. Pour le prouver.

Premierement, puisque les Angles GAE, & GEA, font
partie des Angles Droits GAF, GEF, ils feront moindres
que deux Droits ; Et partant, par le Corollaire de la 28.
du 1. les Lignes AG, EG, se rencontreront, & ainsi des
autres.

Deplus, puifque les Lignes GH, HI, IK, KL, LG, font perpendiculaires aux extremitez du Diametre du Cercle; Il s'enfuit, par la 16. Prop. du 3. qu'elles touchent le Cercle, & qu'ainfi le Pentagone GHIKL, eft circonfcrit au Cercle donné.

Maintenant pour prouver que ce Pentagone GHIKL, eft Equilateral, menez les Lignes Droittes FG, FH, FI, FK, FL; Cela pofé.

Puifque le Pentagone ABCDE, eft Equilateral, par conftruction; il s'enfuit que les cinq Arcs, AB, BC, CD, DE, EA, que ces Coftez égaux foûtiennent, font égaux entr'eux, & que les cinq Angles AFB, BFC, CFD, DFE, EFA, qui s'appuyent fur ces Arcs font auffi égaux entr'eux; par la 27. du 3. D'ailleurs, puifque l'Angle FAG, eft Droit, par conftruction, les deux Quarrez de FA, & de AG, font égaux au Quarré de FG, par la 47. du 1. Mais l'Angle FEG, eftant auffi Droit, les deux Quarrez de FE, & de EG, font égaux au mefme Quarré de FG; Partant les deux Quarrez de FA, & de AG, font égaux aux deux Quarrez de FE, & de EG; Oftant donc de ces deux Tous, qui font égaux, les Quarrez de FA, & de FE, qui font égaux, (parce que ce font les Quarrez de deux Demy-diametres du Cercle) le Quarré de AG, fera égal au Quarré de EG; Et partant les Lignes AG, EG, font égales entr'elles. On prouvera de mefme que la Ligne AH, eft égale à HB, la Ligne BI, à IC, la Ligne CK, à KD, & la Ligne DL, à LE; Or comparant le Triangle AFG, avec le Triangle EFG, les deux Coftez AF, FG, font égaux aux deux Coftez EF, FG; Et la Baze AG, égale à la Baze EG; Partant par la 8. du 1. l'Angle AFG, eft égal à l'Angle EFG; Deforte que chacun des Angles AFE, & AGE, eft coupé en deux également; On prouvera de mefme que les Angles AFB, BFC,

CFD,

CFD, DFE, & les Angles AHB, BIC, CKD, DLE, font
coupez en deux également ; D'où il fuit, que tous les Angles qui font au tour du Point F, qui font tous moitié de
chofes égales, font égaux entr'eux. Comparant maintenant
les Triangles FAG & FAH, les Angles AFG & FAG,
font égaux aux Angles AFH & FAH, chacun au fien, &
le Cofté AF, aux extremitez duquel font ces Angles, leur
eft commun ; Partant par la 26. du 1. l'Angle AGF, eft égal à
l'Angle AHF, & le Cofté AG, au Cofté AH. On prouvera de
mefme, que l'Angle BHF, eft égal à l'Angle BIF ; l'Angle
CIF, à l'Angle CKF ; l'Angle DKF, à l'Angle DLF ; l'Angle
ELF, à l'Angle EGF ; Comme auffi que la Ligne HB, eft égale à IB ; la Ligne IC, à CK ; la Ligne KD, à DL ; & la Ligne
LE, à EG ; Enfuite dequoy, GH & LG font égales, eftant
doubles de AG, & de GE, qui ont efté prouvées égales ;
GH & HI font égales, eftant doubles de AH, & de HB,
qui ont efté prouvées égales ; HI & IK font égales,
eftant doubles de BI, & de IC, qui ont efté prouvées égales ; IK & KL font égales, eftant doubles de CK, & de
KD, qui ont efté prouvées égales ; Et enfin KL & LG
font égales, eftant doubles de DL, & de LE, qui ont efté
prouvées égales, fi bien que le Pentagone GHIKL, eft
Equilateral.

D'ailleurs, puifque les Angles HGL, & GHI, font doubles des Angles AGF, & AHF, qui ont efté prouvez égaux,
Ils font auffi égaux entr'eux. On montrera de mefme, que
l'Angle GHI, eft égal à l'Angle HIK ; l'Angle HIK, à
l'Angle IKL ; & l'Angle IKL, à l'Angle KLG ; Et partant
le Pentagone GHIKL, eft Equiangle ; Nous avons donc
décrit allentour d'un Cercle donné un Pentagone Equilateral & Equiangle ; Ce qu'il falloit faire & démontrer.

PROPOSITION XIII.

PROBLEME XIII.

*Dans un Pentagone donné, qui eſt Equiangle & Equi-
lateral, décrire un Cercle.*

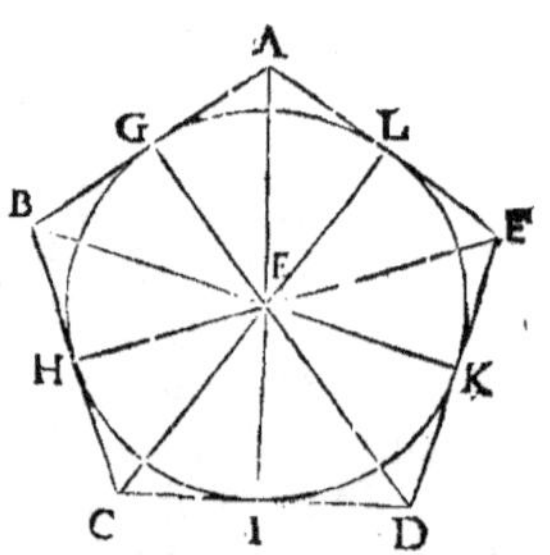

JE ſuppoſe que le Pentagone
ABCDE, Equilateral & Equiangle, ſoit donné ; & je propoſe d'y
inſcrire un Cercle ; Pour le faire.
Coupez par la 9. du 1. les deux
Angles BAE, & ABC, qui ſe ſuivent, en deux également, par les
Lignes Droittes AF, BF ; Et du
Point F, où ces Lignes ſe rencontrent, abaiſſez ſur un des Coſtez
la Perpendiculaire FG ; Puis du Centre F, & de l'Intervalle FG, décrivez un Cercle ; Cela eſtant, je dis que ce
Cercle eſt inſcrit dans le Pentagone donné ; Pour le
prouver.

Abaiſſez du Point F, les Lignes FH, FI, FK, FL, perpendiculairement ſur les Coſtez BC, CD, DE, EA ; Cela
poſé.

Puiſque le Pentagone ABCDE, eſt ſuppoſé Equilateral,
le Coſté AB, du Triangle AFB, eſt égal au Coſté BC, du
Triangle CBF ; le Coſté FB, eſt commun à ces deux
Triangles ; & l'Angle ABF, eſt égal à l'Angle CBF, par
Conſtruction ; Donc l'Angle BAF, eſt égal à l'Angle
BCF ; Or l'Angle BAF, eſt moitié de l'Angle BAE, qui
eſt égal à BCD, puiſque le Pentagone eſt ſuppoſé Equiangle ; Partant l'Angle BCF, eſt auſſi moitié de l'Angle BCD;
Et par conſequent les deux Angles BCF, & DCF, ſont
égaux entr'eux. On prouvera de meſme, que l'Angle CDF,
eſt égal à l'Angle FDE, & l'Angle DEF, à l'Angle FEA;

Maintenant, comparant les Triangles FBG, & FBH,
l'Angle FBG, vient d'eſtre prouvé égal à l'Angle FBH,
& l'Angle FGB, eſt égal à l'Angle FHB, eſtant tous deux
Droits, par conſtruction, & le Coſté FB, eſt commun à
ces deux Triangles ; Partant FH, eſt égale à FG, par la
26. du 1 ; On prouvera de meſme, que la Ligne FI, eſt
égale à FH ; la Ligne FK, à FI ; & la Ligne FL, à FK ;
Par conſequent les cinq Lignes FG, FH, FI, FK, & FL,
ſont toutes égales, & le Cercle qui eſt décrit du Centre F,
& de l'Intervalle FG, paſſe auſſi par les extremitez de toutes les autres ; Et chacune d'elles eſt un Demy-diametre de
ce Cercle ; Or les Coſtez du Pentagone ABCDE, ſont
élevez perpendiculairement aux extremitez de ces Demy-
diametres ; Partant par la 16. du 3. ces Coſtez touchent le
Cercle ; Et par conſequent ce Cercle eſt inſcrit dans le
Pentagone donné ; Ce qu'il falloit faire & démontrer.

PROPOSITION XIV.

PROBLEME XIV.

Allentour d'un Pentagone donné, qui eſt Equilateral
& Equiangle, décrire un Cercle.

JE ſuppoſe que le Pentagone
ABCDE, Equilateral & Equiangle ſoit donné ; & je propoſe de décrire un Cercle allentour de ce Pentagone ; Pour le faire.

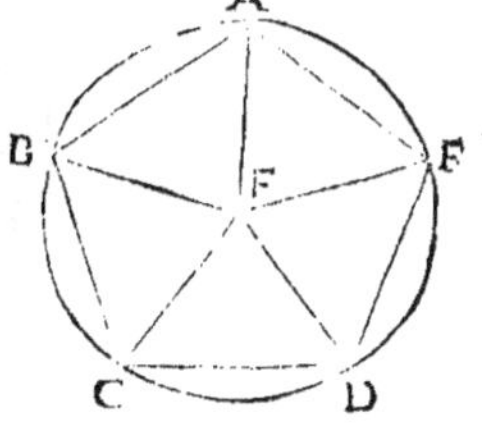

Coupez les deux Angles BAE, &
ABC, qui ſe ſuivent, en deux égale-
ment, par les Lignes Droittes AF,
BF ; Puis du Point F, où ces deux
Lignes ſe rencontrent, & de l'Intervalle FA, décrivez un
Cercle ; Cela eſtant, je dis que ce Cercle eſt décrit allen-
tour du Pentagone ABCDE ; Pour le prouver.

A a ij

Menez les Lignes Droittes FC, FD, FE ; Cela posé.

Par un raisonnement semblable à celuy de la Proposition précedente , on prouvera que les Angles BCD, CDE, & DEA, sont coupez en deux égale-ment ; Les Angles BAE, & ABC, le sont aussi par construction ; Or les cinq Angles du Pentagone estant égaux, les dix Angles, qui en sont les moitiez, sont aussi égaux ; D'où il suit, que puisqu'au Triangle ABF, les Angles FAB, FBA, sont égaux, les deux Costez FA, FB, qui les soûtiennent sont aussi égaux , par la

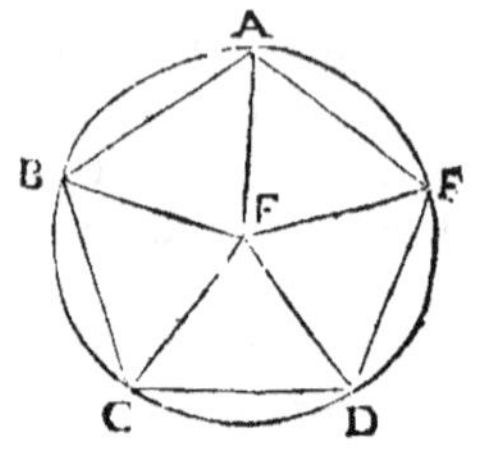

6. du 1. On prouvera de mesme, que la Ligne FC, est égale à FB , la Ligne FD, à FC ; la Ligne FE, à FD ; De sorte que les cinq Lignes FA, FB, FC, FD, FE, sont égales entr'elles ; Par consequent le Cercle qui est décrit du Centre F, & de l'Intervalle FA, passe aussi par les extremitez des Lignes FB, FC, FD, FE, c'est à dire par les Sommets des Angles du Pentagone ; Et partant ce Cercle est décrit allentour du Pentagone donné ; Ce qu'il falloit faire & démontrer.

PROPOSITION XV.

PROBLEME XV.

Dans un Cercle donné, décrire un Hexagone Equi-
lateral & Equiangle.

JE suppose que le Cercle ACE, soit
donné ; & je propose d'y inscrire
un Hexagone Equilateral & Equiangle ; Pour le faire.

Menez un Diametre tel qu'il vous
plaira, par exemple AGD ; Puis du
Point D, & de l'Intervalle DG, décrivez le Cercle CGE, ce Cercle
coupera le premier aux Points C, &
E ; Menez par ces Points les Diametres CGF, & EGB ; Puis menez les
six Lignes Droittes AB, BC, CD,
DE, EF, FA ; Cela estant, je dis que l'Hexagone ABCDEF,
qui est inscrit au Cercle donné, est Equilateral & Equiangle. Pour le prouver.

Par le raisonnement de la premiere Prop. du 1. On prouvera que les deux Triangles DGC, DGE, sont Equilate-
raux, & par la 5. du 1. on prouvera qu'ils sont Equiangles ;
Et partant par la 32. du 1. chacun de leurs Angles vaut le
tiers de deux Droits. Or par la 31. du 1. les deux Angles
CGE, & EGF, valent deux Droits ; Partant si on oste
l'Angle CGE, l'Angle restant EGF, vaudra aussi le tiers de
deux Droits ; Et ainsi les trois Angles CGD, DGE, EGF,
sont égaux entr'eux ; Mais les Angles AGF, AGB, BG , qui
leur sont opposez au Sommet, leur sont égaux, par la 15. du 1.
Donc les six Angles qui sont autour du Centre G, sont
tous égaux ; D'où il suit par la 26. du 3. que les six Arcs
sur lesquels ils s'appuyent sont égaux ; Et par la 29. du 3.

que les fix Lignes Droittes AB, BC, CD DE, EF, FA, qui les foûtiennent font égales ; Par confequent l'Hexagone ABCDEF, eft Equilateral.

Maintenant, qu'il foit équiangle, cela fuit de la 27. du 3. Car chacun de ces fix Angles s'appuye fur un Arc qui contient quatre fois la 6. partie de la Circonference du Cercle ; Ainfi nous avons dans un Cercle donné décrit un Hexagone Equila-teral & Equiangle ; Ce qu'il falloit faire & démontrer.

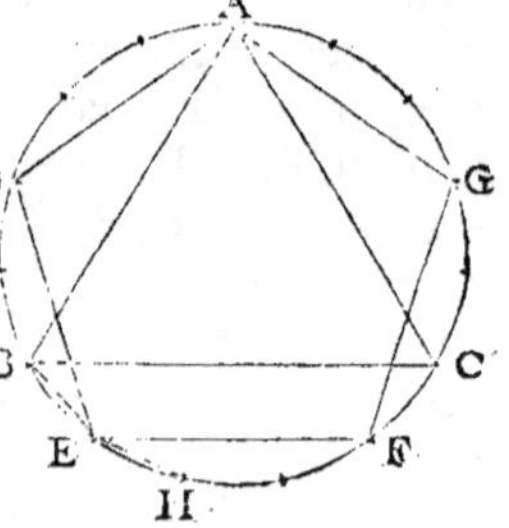

Corollaire.

Il fuit de cette Propofition, que le Cofté de l'Hexagone eft égal au Rayon du Cercle auquel il eft infcrit ; Puifque chaque Cofté a efté prouvé égal au Demy-diametre.

PROPOSITION XVI.

PROBLEME XVI.

Dans un Cercle donné, décrire un Quindecagone Equilateral & Equiangle.

JE fuppofe que le Cercle ADBC, foit donné ; & je propofe d'y infcrire un Quindecagone Equi-lateral & Equiangle ; Pour le faire.

Décrivez premierement un Triangle Equilateral ; Puis par la 2. Prop. décrivez dans le Cercle donné, le Triangle ABC, Equian-gle à ce Triangle Equilateral ;

Décrivez enfuite par la 11. Prop. dans ce mefme Cercle le Pentagone ADEFG, Equilateral & Equiangle, & menez du Point B, au Point E, la Ligne Droitte BE ; Cela eftant, je dis que cette Ligne BE, eft le cofté du Quindecagone demandé ; Pour le prouver.

Puifque le Triangle ABC, eft Equiangle, par conftruction, il eft auffi Equilateral, par les 5. & 6. du 1. Et partant les trois Arcs ADB, BEC, & CGA, que fes Coftez foûtiennent font égaux, par la 28. du 3. Et chacun d'eux eft la 3. partie de la Circonference du Cercle ; D'ailleurs, puifque le Pentagone ADEFG, eft Equilateral, par conftruction, les cinq Arcs que fes Coftez foûtiennent, font auffi égaux, & chacun d'eux eft la cinquiéme partie de la Circonference du Cercle. Or puifque l'Arc ADB, eft la 3. partie de la Circonference, on peut luy appliquer cinq Coftez du Quindecagone ; Et puifque l'Arc AD, en eft la cinquiéme partie, on luy en peut appliquer trois ; Par confequent on peut en appliquer fix aux deux Arcs AD, DE ; Mais nous avons montré qu'on en peut appliquer cinq à l'Arc ADB, Par confequent on en peut appliquer un à l'Arc BE, Et ainfi la Ligne Droitte BE, qui luy eft appliquée eft le Cofté du Quindecagone. D'où il fuit, qu'en appliquant quinze Lignes égales à BE, à toute la Circonference du Cercle, on a le Quindecagone demandé ; Et ainfi nous avons dans un Cercle donné décrit un Quindecagone Equilateral.

Deplus, puifque chacun des Angles de ce Quindecagone, comme BEH, s'appuye fur un Arc qui foûtient treize fois la 15. partie de la Circonference du Cercle , tous ces Angles s'enfuivent égaux, par la 27. du 3. Et par confequent ce Quindecagone eft auffi Equiangle ; Ce qu'il falloit faire & démontrer.

LIVRE CINQVIE'ME

DES

ELEMENS DE GEOMETRIE.

DEFINITIONS.

1. NE Grandeur eſt ditte en meſurer une autre, lors qu'eſtant priſe un certain nombre de fois, elle l'égale, & la meſure préciſément.

Ainſi une Ligne de quatre piez, eſt ditte meſurer une Ligne de 20. piez, parce que la Ligne de 4. piez, eſtant priſe cinq fois, égale juſtement celle de 20. piez ; mais une Ligne de 6. piez n'eſt pas ditte meſurer une Ligne de 20. piez ; parce que la Ligne de 6. piez, eſtant priſe tant de fois que l'on voudra, ne la meſure pas préciſément.

2. Une Partie *aliquote* d'une Grandeur, eſt une Partie de cette Grandeur qui la meſure préciſément.

Ainſi une Ligne de 4. piez, eſt une Partie aliquote d'une Ligne de 20. piez.

La Partie aliquote prend ſon nom & ſa dénomination du nombre de fois qu'elle meſure la Grandeur dont elle eſt Partie ; ou bien du nombre des Parties égales, dans leſquelles.

quelles elle divise cette Grandeur.

Ainsi, une Partie qui mesure une Grandeur deux fois, s'appelle un demy, & s'écrit ainsi $\frac{1}{2}$; Une Partie qui mesure une Grandeur trois fois, s'appelle un Tiers, & s'écrit ainsi $\frac{1}{3}$; Une Partie qui mesure une Grandeur quatre fois, s'appelle un Quart, & s'écrit ainsi $\frac{1}{4}$ &c.

3. Une Partie *aliquante* d'une Grandeur, est une Partie de cette Grandeur qui ne la mesure pas précisément.

Ainsi une Ligne de six piez est une Partie Aliquante d'une Ligne de vingt piez.

Quelquefois une Partie aliquante d'une Grandeur à des Parties aliquotes qui mesurent la Grandeur dont elle est Partie, comme par exemple 8, qui est une Partie aliquante de 12, a pour Partie aliquote 4, qui est le Tiers de 12. dont 8. par consequent sont les deux Tiers, puisqu'il contient deux fois 4. que l'on écrit ainsi $\frac{2}{3}$.

Les Parties, soit aliquotes, soit aliquantes, s'appellent fractions du Tout dont elles sont Parties ; Et en les marquant, comme nous venons de faire, le Caractere de dessus s'appelle le Numerateur de la fraction, & celuy de dessous s'appelle le Dénominateur.

4. Des Parties pareilles, ou semblables, de deux Grandeurs, ce sont des Parties, dont l'une est en comparaison de sa Grandeur, ou de son Tout, ce que l'autre est en comparaison du sien.

Ainsi 3, & 5. sont des Parties semblables de 12. & de 20. parce que comme 3. est le Quart de 12. de mesme 5. est le Quart de 20.

Il est bon de remarquer icy, que si on oste des Parties semblables de deux Grandeurs, les Restes en seront des Parties semblables.

Ainsi 3. qui est le Quart de 12. estant osté de 12. & 5. qui est le Quart de 20. estant osté de 20. Les Restes 9. & 15. sont des Parties semblables de 12. & de 20. à sçavoir les trois Quarts.

5. Une Grandeur est ditte multiple d'une autre Grandeur, lorsqu'elle la contient un certain nombre de fois pré-

eſément ; & celle qui eſt contenuë s'appelle Sous-multiple ; laquelle ſert de meſure à l'autre.

Ainſi une Ligne de 20. piez eſt Multiple d'une Ligne de 4. piez, & une Ligne de 4. piez eſt Sous-multiple d'une Ligne de 20. piez ; parce que comme l'une contient, l'autre eſt contenuë, juſtement 5. fois ; & ainſi l'une ſert de meſure à l'autre.

6. Des Equimultiples de pluſieurs Grandeurs, ce ſont des Grandeurs qui contiennent également celles dont elles ſont dittes Equimultiples, ou qui ſont également meſurées par elles.

Ainſi deux Lignes, dont l'une eſt de 20. piez, & l'autre de 15. piez, ſont Equimultiples de deux autres Lignes, dont l'une eſt de 4. piez & l'autre de 3. piez ; parce que comme 20. eſt meſuré 5. fois par 4. auſſi 15. eſt meſuré 5. fois par 3.

Il eſt évident que ſi a des Equimultiples de deux Grandeurs on adjoûte d'autres Equimultiples, les Tous ſeront encore Equimultiples.

De meſme ſi des Equimultiples de deux Grandeurs l'on oſte des Equimultiples, les Reſtes ſeront encore Equimultiples de ces Grandeurs, ou leur ſeront égaux.

7. Raiſon, c'eſt le raport qui eſt entre deux Grandeurs de meſme Genre, comparées l'une à l'autre ſelon leur quantité.

Les Grandeurs de meſme Genre, comme ſont deux Lignes, deux Surfaces, deux Corps, s'appellent Homogenes.

Les Grandeurs de divers Genre, comme une Ligne & une Surface, une Surface & un Corps, s'appellent Eterogenes.

Or le rapport qui eſt entre deux Grandeurs de meſme Genre, lorſqu'on les compare l'une à l'autre, pour ſçavoir comment & combien de fois l'une contient l'autre, ou l'autre eſt contenuë, s'appelle *Raiſon.*

Et d'autant qu'on ne peut pas dire comment & combien de fois une Grandeur eſt contenuë dans une autre qui n'eſt pas de meſme Genre, cela fait qu'il n'y a point de Raiſon entre des Grandeurs de divers Genre.

De mesme, d'autant que c'est une proprieté particuliere aux Grandeurs finies, de pouvoir servir de mesure, & de pouvoir estre mesurées, & qu'on ne peut pas dire qu'une Grandeur infinie contienne tant de fois une grandeur finie, ny qu'une Grandeur finie soit contenuë tant de fois dans une Grandeur infinie ; De là vient aussi qu'il n'y a point de Raison entre une Grandeur finie & une infinie, encore qu'on les suppose toutes deux de mesme Genre.

8. Les Termes d'une Raison, sont les deux Grandeurs que l'on compare ensemble.

9. L'Antecedent d'une Raison, est le premier Terme des deux que l'on compare l'un à l'autre.

10. Le Consequent d'une Raison, est le second Terme des deux que l'on compare.

Ainsi comparant 15. à 10. l'Antecedent est 15. & le Consequent est 10.

11. La Raison d'Egalité, est une Raison où l'Antecedent est égal au Consequent.

12. La Raison d'inegalité, est une Raison ou l'Antecedent n'est pas égal au Consequent.

13. La Raison d'inegalité Majeure, est une Raison où l'Antecedent est plus grand que le Consequent.

14. La Raison d'inegalité Mineure, est une Raison où l'Antecedent est plus petit que le Consequent.

15. La Raison Rationelle, ou la Raison de nombre à nombre, est celle où l'on peut exprimer par nombre combien de fois l'Antecedent contient le Consequent, ou combien de fois il est contenu dans le Consequent. Telle est la Raison qui est entre une Ligne de 6. piez, & une Ligne de 4. piez, ou l'Antecedent contient le Consequent une fois & demy ; ou celle qui est entre une Ligne de 2. piez, & une Ligne de 4. piez, ou l'Antecedent est contenu deux fois dans le Consequent.

16. La Raison Irrationelle, ou Sourde, est celle où il est impossible d'exprimer par nombre combien de fois l'Antecedent contient le Consequent, où combien de fois il est contenu dans le Consequent ; comme la Raison qui est en-

tre le Cofté d'un Quarré & fa Diagonale ; qui eft telle, qu'encore que chaque Ligne à part ait plufieurs Parties Aliquotes, il n'y en a pourtant pas une de celles qui mefurent l'une, qui puiffe mefurer l'autre ; & ainfi on ne fçauroit exprimer par nombre le raport qui eft entre ces deux Lignes.

17. La quantité d'une Raifon d'inegalité majeure, eft le nombre qui exprime comment & combien de fois l'Antecedent contient le Confequent.

Ainfi comparant une Grandeur de 12. piez avec une Grandeur de 6. piez, la quantité de cette Raifon eft 2. d'autant que 12. piez contiennent 6. piez deux fois, & cette Raifon s'appelle Double ; De mefme, comparant 12. à 4. la quantité de cette Raifon eft 3. d'autant que 12. contient 4. trois fois, & cette raifon s'appelle Triple ; De mefme encore, comparant 12. à 8. la quantité de cette Raifon eft un & demy, d'autant que 12. contient 8. une fois & demy, & cette Raifon s'appelle Sefquialtere, &c.

18. La quantité d'une Raifon d'inegalité mineure, eft le nombre qui exprime comment & combien de fois l'Antecedent eft contenu dans le Confequent, ou qu'elle Partie il eft du Confequent.

Ainfi comparant une Grandeur de 6. piez, avec une de 12. piez, la quantité de cette Raifon eft un demy, parce que 6. piez, font la moitié de 12. piez, & cette Raifon s'appelle Sous-double ; De mefme, comparant 4. à 12. la quantité de cette Raifon eft un tiers, d'autant que 4. eft le Tiers de 12. Et cette Raifon s'appelle Sous-triple ; Et de mefme encore, comparant 8. à 12. la quantité de cette Raifon eft deux Tiers, d'autant que 8. font les deux Tiers de 12. Et cette Raifon s'appelle Sous-fefquialtere.

Par là, il paroift que deux Raifons font égales, lorfque l'Antecedent de l'une contient fon Confequent, comme l'Antecedent de l'autre contient le fien ; ou bien lorfque l'Antecedent de l'une eft contenu dans fon Confequent, comme l'Antecedent de l'autre eft contenu dans le fien.

Ainfi la Raifon de 15. à 10. eft égale à la Raifon de 12. à 8.

parce que comme 15. contient 10. une fois & demy , de mesme 12. contient 8. une fois & demy.

Mais une Raison est plus grande qu'une autre, lorsque l'Antecedent de la premiere contient plus de fois son Consequent , que l'Antecedent de la seconde ne contient le sien ; ou bien lorsque l'Antecedent de la premiere est une plus grande Partie de son Consequent, que l'Antecedent de la seconde ne l'est du sien.

Ainsi la Raison de 15. à 5. est plus grande que la Raison de 12. à 6. parce que l'Antecedent 15. contient son Consequent 5. trois fois, au lieu que l'Antecedent 12. ne contient son Consequent 6. que deux fois ; Tout au contraire la Raison de 6. à 12. est plus grande que la Raison de 5. à 15. parce que l'Antecedent 6. est la moitié de son Consequent 12. au lieu que l'Antecedent 5. n'est que le tiers de son Consequent 15.

19. Proportion, c'est la ressemblance ou l'égalité de deux Raisons.

Ainsi il y a Proportion entre ces quatre Grandeurs 15.——— 10.——— 12.——— 8.
Parce que la Raison de 15. à 10. est la mesme , ou est égale à la Raison de 12. à 8 ; ou comme l'on dit communément, parce que 15. est à 10. comme 12. est à 8.

20. Des Grandeurs Proportionelles, sont celles entre lesquelles il y a Proportion.

Ainsi les Grandeurs 15.—— 10.——12.—— 8. sont proportionelles ; Car comme 15. contient 10. une fois & demy, ainsi 12. contient 8. une fois & demy.

21. La Proportion continuë, est celle où le Consequent de la premiere Raison sert d'Antecedent à la seconde.

Ainsi il y a Proportion continuë entre ces trois Grandeurs 18.——12.——8. Parce que 18. est à 12. comme 12. est à 8. où l'on voit que 12. qui est le Consequent de la premiere Raison, est l'Antecedent de la seconde.

22. La Proportion non continuë, est celle où l'Antecedent de la seconde Raison est different du Consequent de la premiere.

Telle est la Porportion qui est entre ces quatre Grandeurs 15. —10.—12. —8. Parce que 12. qui est l'Antecedent de la seconde Raison , est different de 10. qui est le Consequent de la premiere.

23. Les Termes homologues d'une Proportion, sont ceux qui tiennent le mesme rang, ou qui sont de mesme nom, dans une Proportion.

Ainsi dans la Proportion précedente , les deux Antecedens 15. & 12. & les deux Consequents 10. & 8, sont des Termes homologues , parce qu'ils tiennent le mesme rang, & ont un mesme nom, dans cette Proportion.

Remarquez que la Proportion, dont il a esté parlé jusques icy, s'appelle Geometrique, pour la distinguer d'une autre, qu'on nomme Arithmetique ; laquelle se rencontre entre trois Grandeurs, dont la premiere surpasse la seconde, ou en est surpassée , d'une quantité égale à celle dont cette seconde surpasse la troisiéme, ou en est surpassée ; ou bien entre quatre Grandeurs, dont la premiere surpasse la seconde, ou en est surpassée, d'une quantité égale à celle dont la troisiéme surpasse la quatriéme, ou en est surpassée.

Ainsi la Porportion qui se rencontre entre ces trois Grandeurs , 16.—12.—8. est une Proportion Arithmetique, parce que comme la premiere surpasse la seconde de quatre, de mesme aussi la seconde surpasse la troisiéme de quatre.

Ainsi la Proportion qui se rencontre entre ces quatre Grandeurs 15.—10.—7.—2. est encore une Proportion Arithmetique , parce que comme la premiere surpasse la seconde de 5. de mesme aussi la troisiéme surpasse la quatriéme de 5.

Comme la Proportion Geometrique est la principale, & d'un plus grand usage que la Proportion Arithmetique, c'est aussi de celle-là dont nous entendrons parler, quand nous parlerons simplement de Proportion.

24. Conclure en Raison Inverse, ou en changeant les Termes , c'est de quatre Grandeurs qui sont proportionelles, conclure que le Consequent de la premiere Raison est à son Antecedent, comme le Consequent de la seconde est au sien ; Ou ce qui est la mesme chose, c'est changer les

Termes des Raisons, & faire que le Consequent devienne l'Antecedent, & l'Antecedent le Consequent.

Ainsi aprez avoir montré que 15. est à 10. comme 12. est à 8. si l'on vient à dire, donc 10. est à 15. comme 8. est à 12 ; Cela s'appelle conclure en Raison Inverse.

Or il est évident que si quatre Grandeurs sont proportionnelles, elles sont encore proportionnelles en Raison Inverse ; Car s'il est vray que l'Antecedent de la premiere Raison contienne son Consequent, de mesme que l'Antecedent de la seconde contient le sien ; Il est vray aussi que le Consequent de la premiere est contenu dans son Antecedent, de mesme que le Consequent de la seconde est contenu dans le sien.

Ou bien au contraire, si l'Antecedent de la premiere Raison est contenu dans son Consequent, de mesme que l'Antecedent de la seconde est contenu dans le sien ; Il est vray aussi que le Consequent de la premiere Raison contient son Antecedent, de mesme que le Consequent de la seconde contient le sien ; Car contenir & estre contenu sont Termes relatifs, qui s'entendent & qui s'expliquent l'un par l'autre.

25. Conclure en Raison Alterné, c'est de quatre Grandeurs qui sont proportionelles, conclure que l'Antecedent de la premiere raison est à l'Antecedent de la seconde, comme le Consequent de la premiere est au Consequent de la seconde.

Ainsi, apres avoir montré que 15. est à 10. comme 12. est à 8. si l'on vient à dire, donc 15. est à 12. comme 10. est à 8. Cela s'appelle conclure en Raison Alterne.

Quelques-uns estiment que supposé que quatre Grandeurs soient proportionelles, il est évident qu'on peut conclure qu'elles sont proportionelles en Raison Alterne.

Neanmoins, il faut remarquer qu'on ne peut valablement conclure en Raison Alterne, à moins que les quatre Grandeurs ne soient de mesme genre ; Car par exemple, si on supposoit qu'une Ligne fust à une autre Ligne, comme une Superficie est à une autre Superficie, on ne pourroit pas pour cela conclure que la premiere Ligne seroit à la premiere Superficie, comme la seconde Ligne est à la seconde Superficie, estant évident, par ce qui a esté dit cy-dessus, qu'il n'y a point de raison d'une Ligne à une Superficie.

26. Conclure en composant, c'est de quatre Grandeurs qui sont proportionelles, conclure que la somme de l'Antecedent & du Consequent de la premiere Raison, est au seul Consequent de cette premiere Raison, comme la somme de l'Antecedent & du Consequent de la seconde Raison, est au seul Consequent de cette seconde Raison.

Ainsi, aprés avoir montré que 15. est à 10. comme 12. est a 8. si l'on vient à dire, donc 25. est à 10. comme 20. est à 8. Cela s'appelle conclure en composant.

Or il est évident que si quatre Grandeurs sont proportionelles, on peut conclure en composant, qu'elles sont aussi proportionelles ; Car conclure en composant, n'est autre chose que composer de nouveaux Antecedens, qui contiennent leurs Consequens une fois plus que les premiers Antecedens ne les contenoient ; Or par la supposition, les premiers Antecedens contenoient également leurs Consequens ; D'où il suit, que les nouveaux Antecedens les doivent encore contenir également ; Et ainsi ces quatre Grandeurs doivent estre encore proportionelles.

27. Conclure en divisant, c'est de quatre Grandeurs qui sont proportionelles, conclure que l'excez du premier Antecedent par dessus son Consequent, est à son Consequent, comme l'excez du second Antecedent par dessus son Consequent, est aussi à son Consequent.

Ainsi aprés avoir montré que 15. est à 10. comme 12. est à 8. si l'on vient à dire, donc 5. est à 10. comme 4. est à 8. Cela s'appelle conclure en divisant.

Il est encore évident que si quatre Grandeurs sont proportionelles, on peut conclure en divisant qu'elles sont aussi proportionelles. Car conclure en divisant, n'est autre chose que composer de nouveaux Antecedens, qui contiennent leurs Consequens une fois moins que les premiers Antecedens ne les contenoient. Or par la Supposition les

premiers

premiers Antecedens contenoient également leurs Conſequens ; D'où il ſuit que les nouveaux Antecedens les doivent encore contenir également ; Et ainſi ces quatre Grandeurs doivent eſtre encore proportionelles.

28. Conclure par converſion de Raiſon, C'eſt de quatre
Grandeurs qui ſont proportionelles, conclure que l'Antecedent de la premiere Raiſon eſt à ſon excez par deſſus ſon
Conſequent, comme l'Antecedent de la ſeconde eſt à ſon
excez par deſſus le ſien.

Ainſi, aprés avoir montré que 15. eſt à 10. comme 12.
eſt à 8. ſi l'on vient à dire, donc 15. eſt à 5. comme 12.
eſt à 4. Cela s'appelle conclure par converſion de Raiſon.

Il eſt encore évident que ſi quatre Grandeurs ſont proportionelles, on peut conclure par converſion de Raiſon
qu'elles ſont auſſi proportionelles ; Car puiſque, par Suppoſition, les Antecedens contiennent également les Conſequens, c'eſt une neceſſité que les Conſequens ſoient des
Parties ſemblables des Antecedens ; Si donc on oſte les
Conſequens des Antecedens, les reſtes ſeront encore des
Parties ſemblables des meſmes Antecedens ; Et par conſequent les Antecedens les contiendront également, & la
Raiſon qui ſera entr'eux ſera ſemblable.

29. Raiſon compoſée, c'eſt une Raiſon dont la Quantité
reſulte de la Multiplication de la Quantité de pluſieurs autres Raiſons.

Pour bien entendre cette Definition, conſiderez par exemple ces trois Grandeurs, 24. 6. 2 : Et remarquez que la premiere eſtant Quadruple de la ſeconde, & la ſeconde eſtant
Triple de la troiſiéme , & par conſequent la quantité de
la Raiſon de la premiere à la ſeconde eſtant 4. & celle de
la ſeconde à la troiſiéme eſtant 3. Il eſt vray de dire que
la premiere Grandeur, comparée à la troiſiéme, en eſt le
Quadruple du Triple, ou la contient quatre fois trois fois,
c'eſt à dire douze fois ; Si bien que la quantité de la Raiſon de la premiere Grandeur à la troiſiéme eſt 12. Or cette
Raiſon Dodecuple, qui reſulte de la Multiplication de la

quantité des deux Raisons particulieres 4. & 3. est ditte composée de ces deux Raisons.

Il suit delà, que si on dispose à discretion tant de Grandeurs que l'on voudra, la Raison de la premiere à la derniere, sera composée de toutes les Raisons moyennes & particulieres, qu'ont entr'elles toutes ces Grandeurs, estant comparées de suitte l'une à l'autre. Ainsi, ayant disposé à discretion ces quatre Grandeurs, 24, 6, 3, 12. la Raison de 24. à 2. (qui est une Raison double) est composée de celles de 24. à 6. de 6. à 3. & de 3. à 12 ; Et de fait, multipliant l'un par l'autre 4, 2, & $\frac{1}{4}$ (qui sont les quantitez de ces Raisons) le produit, qui est 2. est la quantité de la Raison de 24. à 12.

Remarquez que comme le mesme produit qui resulte de la Multiplication de deux nombres, peut resulter de la Multiplication de deux autres, aussi une mesme Raison peut estre composée de plusieurs Raisons differentes ; Ainsi par exemple la Raison Dodecuple que nous avons veu cy-dessus estre composée de la Quadruple & de la Triple, peut aussi estre composée de la Sextuple & de la Double.

Maintenant, si les Raisons qui se trouvent entre plusieurs Grandeurs d'une part, sont égales ou semblables à celles qui se rencontrent entre plusieurs autres Grandeurs d'une autre part, chacune à la sienne; Il est évident que la Raison composée des premieres Raisons, doit estre égale à la Raison composée des autres semblables ; estant necessaire que les mesmes Quantités ou les mesmes Nombres multipliés deux fois, produisent le mesme nombre ou la mesme quantité.

Ainsi, si l'on suppose d'une part ces trois Grandeurs 24. 6. 2. & d'autre part ces trois autres Grandeurs 36. 9. 3. entre lesquelles les mesmes Raisons, sçavoir la Quadruple & Triple, se rencontrent, c'est une necessité que la Raison de 24. à 2. soit semblable à la Raison de 36. à 3. puisque la Quantité de chacune de ces Raisons resulte de la Multiplication de 4. par 3.

30. Raison doublée, c'est une Raison composée de deux Raisons semblables.

Ainsi supposant trois Grandeurs continuëment proportionelles, telles que font celles-cy, 64. 16. 4; Puis comparant la premiere à la troisiéme, la Raison qui se trouve entre ces deux Grandeurs, 64. & 4. (laquelle est composée des deux Raisons semblables de 64. à 16. & de 16. à 4.) s'appelle Raison doublée de 64. à 16.

31. Raison triplée, c'est une Raison composée de trois Raisons semblables.

Ainsi, supposant quatre Grandeurs continuëment proportionelles, comme sont les suivantes 64. 16. 4. 1 ; Puis comparant la premiere à la quatriéme, la Raison qui se trouve entre ces deux Grandeurs, 64. & 1. (laquelle est composée des trois Raisons semblables de 64. à 16; de 16. à 4; & de 4. à 1;) s'appelle Raison triplée de 64. à 16.

32. Proportion ordonnée, c'est l'arrangement de plusieurs Grandeurs d'une part, & d'autant d'autres Grandeurs d'une autre part, disposées de telle sorte, que la premiere du premier Ordre soit à la seconde, comme la premiere du second Ordre est à la seconde ; Puis la seconde du premier Ordre à la troisiéme, comme la seconde du second Ordre à la troisiéme ; Et la troisiéme du premier Ordre à la quatriéme, comme la troisiéme du second est à la quatriéme, & ainsi de suite.

Ainsi, ayant mis d'une part les quatre Grandeurs suivantes 12. 4. 2. 8. & d'autre part ces quatre autres 30. 10. 5. 20. qui sont disposées de telle sorte, que la premiere 12. est à la seconde 4 ; comme la premiere 30. est à la seconde 10 ; Que la seconde 4. est à la troisiéme 2. comme la seconde 10. est à la troisiéme 5 ; Et que la troisiéme 2. est à la quatriéme 8. comme la troisiéme 5. est à la quatriéme 20 ; Cet arrangement s'appelle Proportion ordonnée.

33. Proportion troublée , c'est l'arrangement de plusieurs Grandeurs d'une part, & d'autant d'autres Grandeurs d'une autre part, disposées de telle sorte que la premiere du premier Ordre soit à la seconde, comme la penultiéme du second Ordre est à la derniere ; Puis la seconde du premier Ordre à la troisiéme, comme l'antépenultiéme du second Ordre à la penultiéme, & ainsi de suite.

Ainſi, ayant mis d'une part les trois Grandeurs 12. 4. 2 ; & d'autre part ces trois autres 18. 9. 3. qui ſont diſpoſées de telle ſorte, que la premiere 12. eſt à la ſeconde 4. comme la penultiéme 9. eſt à la derniere 3 ; Et que la ſeconde 4. eſt à la troiſiéme 2. comme l'antépenultiéme 18. à la penul-tiéme 9 ; Cét arrangement s'appelle Proportion troublée.

34. Conclure en Raiſon égale, c'eſt (aprés avoir ſuppoſé que quelques Grandeurs d'une part, & autant d'autres d'une autre part ſont proportionelles, ſoit en Proportion ordonnée, ſoit en Proportion troublée) conclure que la pre-miere d'une part eſt à la derniere, comme la premiere de l'autre part eſt à la derniere.

Ainſi, dans l'exemple qui a eſté cy-deſſus rapporté de la Proportion ordonnée, conclure que la premiere Grandeur 12. eſt à la derniere 8. comme la premiere 30. eſt à la der-niere 20 ; Ou bien, dans l'exemple de la Proportion trou-blée, conclure que la premiere Grandeur 12. eſt à la der-niere 2. comme la premiere 18. eſt à la derniere 3 ; Cela s'appelle conclure en Raiſon égale.

Il eſt certain qu'on peut fort bien conclure en Raiſon égale, c'eſt à dire qu'on peut fort bien conclure, que la Raiſon de la premiere Grandeur à la derniere d'une part, eſt ſemblable à la Raiſon de la premiere Grandeur à la derniere de l'autre part ; Car chacune de ces Raiſons eſt compoſée des Raiſons moyennes & particulieres qu'il y a entre ces Grandeurs, leſquelles Raiſons ſont ſuppoſées égales, ou les meſmes, & qui par conſequent doivent produire une meſme quantité.

Ainſi dans cét exemple de la Proportion ordonnée 12. 4. 2. 8 ; 30. 10. 5. 20 ; La Raiſon de 12. à 8. eſt compoſée de la Raiſon triple, de la Double, & de la Sous-quadru-ple ; Et de meſme la Raiſon de 30. à 20. eſt compoſée de la Raiſon Triple, de la Double, & de la Sous-quadruple, qui ſont les meſmes.

De meſme auſſi dans cet exemple de la Proportion trou-blée 12. 4. 2 ; 18. 9. 3 ; La Raiſon de 12. à 2. eſt compoſée de la Raiſon Triple, & de la Double ; ou reſulte de la

Multiplication 3. par 2 ; Et de mefme la Raifon de 18. à 3.
eft compofée de la Raifon Double & de la Triple ; ou refulte de la Multiplication de 2. par 3. qui font les mefmes,
& doivent par confequent produire une mefme Quantité.

Encore que toutes les manieres de conclure, dont il a
a efté parlé cy-deffus, paroiffent fort juftes & convaincantes à tous ceux qui les examinent avec un peu d'attention ;
Neantmoins Euclide a jugé à propos de les démontrer,
auffi bien que quelques autres veritez auffi faciles ; Et c'eft
à quoy il employe le cinquiéme Livre de ces Elemens ;
Mais il préfuppofe les trois Axiomes fuivans, qui à dire le
vray ne font pas plus évidens que les chofes à la preuve
defquelles il les employe.

Axiomes.

1. Si de quatre Grandeurs proportionelles, l'on prend à
difcretion des Equimultiples des deux Antecedens, comme
auffi des deux Confequens, les Equimultiples des deux Antecedens feront toûjours, ou plus grands, ou plus petits,
ou égaux à ceux des Confequens.

Ainfi, de ces quatre Grandeurs, qui font proportionelles,
15. 10. ; 12. 8 ; Prenant à difcretion des Equimultiples de
15. & de 12 ; comme auffi de 10. & de 8. Si l'Equimultiple de 15. furpaffe l'Equimultiple de 10. l'Equimultiple de
12. furpaffera l'Equimultiple de 8 ; ou bien fi l'Equimultiple de 15. eft égale à l'Equimultiple de 10. l'Equimultiple
de 12. fera auffi égale à l'Equimultiple de 8 ; Ou enfin fi
l'Equimultiple de 15. eft moindre que l'Equimultiple de
10. l'Equimultiple de 12. fera auffi moindre que l'Equimultiple de 8.

2. Tout au contraire, fi quatre Grandeurs font telles,
qu'en prenant à difcretion des Equimultiples de la premiere & de la troifiéme, c'eft à dire des deux Antecedens,
& de la feconde, & de la quatriéme, c'eft à dire des deux
Confequens ; Il arrive que l'Equimultiple de la premiere
ne puiffe jamais eftre égale à l'Equimultiple de la feconde,

sans que l'Equimultiple de la troisiéme ne soit aussi égale à l'Equimultiple de la quatriéme ; Ou que l'Equimultiple de la premiere ne puisse jamais surpasser l'Equimultiple de la seconde, sans que l'Equimultiple de la troisiéme ne surpasse celle de la quatriéme ; Ou enfin que l'Equimultiple de la premiere ne puisse jamais estre moindre que l'Equimultiple de la seconde, sans que l'Equimultiple de la troisiéme ne soit aussi moindre que celle de la quatriéme ; alors ces quatre Grandeurs sont proportionelles. Ainsi parce que ces circonstances arrivent toûjours en ces quatre Grandeurs 15. 10 : 12. 8. elles sont proportionelles.

3. Enfin, si quatre Grandeurs sont telles, qu'en prenant à discretion des Equimultiples de la premiere & de la troisiéme, comme aussi de la seconde & de la quatriéme, il puisse quelquefois arriver, que l'Equimultiple de la premiere surpassera l'Equimultiple de la seconde, sans que l'Equimultiple de la troisiéme surpasse celle de la quatriéme ; alors ces quatre Grandeurs ne sont pas proportionelles ; Et il y a plus grande Raison de la premiere à la seconde, que de la troisiéme à la quatriéme. Ainsi ces quatre Grandeurs, 12, 6 ; 7, 5, ne sont pas proportionelles ; & il y a plus grande Raison de 12. à 6. que de 7. à 5. Car prenant à discretion des Equimultiples de 12. & de 7. par exemple 24. & 14. comme aussi de 6. & de 5. par exemple 18. & 15. Il arrive que l'Equimultiple de 12. sçavoir 24. surpasse 18. Equimultiple de 6, sans que l'Equimultiple de 7. sçavoir 14. surpasse 15. Equimultiple de 5.

PROPOSITION I.

THEOREME I.

S'il y a tant de Grandeurs que l'on voudra Equimul-
tiples d'autant d'autres Grandeurs, chacune à la sienne,
comme l'une sera Multiple de l'une, ainsi les Toutes
seront Multiples des Toutes.

JE suppose qu'il y ait d'une part
deux Grandeurs, sçavoir AB,
CD, & d'autre part deux autres
Grandeurs, sçavoir E, & F ; Et
que AB, soit autant Multiple de
E, que CD, est Multiple de F ; Cela estant, je dis que
comme AB, est Multiple de E, ou CD, Multiple de F ; De
mesme AB, & CD, prises ensemble, sont Multiples de E,
& de F, prises aussi ensemble : Pour le prouver.

Concevez que AB, soit divisée en trois Parties égales
à E, sçavoir AG, GH, HB ; & CD, en trois Parties égales à F, sçavoir CI, IK, KD, ce qui est possible, puisque
AB, & CD, sont supposées Equimultiples de E, & de F ;
Cela posé.

Puisque AG, est égale à E, & que CI, est égale à F ; Il
s'ensuit que AG, & CI, prises ensemble seront égales à E,
& à F, prises aussi ensemble ; De mesme GH, & IK, prises
ensemble, seront aussi égales à E, & à F, prises ensemble ;
Et ainsi de suite ; Et parce que AB, & CD, sont supposées
Equimultiples de E, & de F, & qu'ainsi le nombre des Parties de AB égales à E, est égal au nombre des Parties de CD
égales à F, autant de fois que l'on pourra prendre dans AB,
une Partie égale à E, autant de fois on pourra prendre dans
AB, & CD, des Parties égales à E, & à F ; Et par conséquent, comme AB, est Triple de E, ainsi AB, & CD,

priſes enſemble, ſont Triples de E, & de F, priſes auſſi enſemble ; Ce qu'il falloit démontrer.

PROPOSITION II.

THEOREME II.

Si la premiere Grandeur eſt autant Multiple de la ſeconde, que la troiſiéme l'eſt de la quatriéme, & la cinquiéme encore autant Multiple de la ſeconde, que la ſixiéme l'eſt auſſi de la quatriéme, la Grandeur compoſée de la premiere & de la cinquiéme ſera autant Multiple de la ſeconde, que la compoſée de la troiſiéme & de la ſixiéme le ſera de la quatriéme.

JE ſuppoſe ces ſix Grandeurs AB, C, DE, F, BG, EH, & que la premiere AB, ſoit autant Multiple de la ſeconde C, que la troiſiéme DE, l'eſt de la quatriéme F ; Et que la cinquiéme BG, ſoit encore autant Multiple de la ſeconde C, que la ſixiéme EH, l'eſt auſſi de la quatriéme F ; Cela eſtant, je dis que la Grandeur compoſée de la premiere & de la cinquiéme, ſçavoir AG, eſt autant Multiple de la ſeconde C, que la Grandeur DH, compoſée de la troiſiéme, & de la ſixiéme, l'eſt de la quatriéme F ; Pour le prouver.

Puiſque AB, & DE, ſont Equimultiples de C, & de F, le nombre des Parties que AB contient égales à C, eſt égal au nombre des Parties que DE contient égales à F ; De meſme, puiſque BG, & EH, ſont encore Equimultiples de C, & de F, le nombre des Parties que BG contient égales à C, eſt auſſi égal au nombre des Parties que EH contient égales à F ; Si donc aux nombres égaux des Parties de AB, & de DE, on adjoûte les nombres égaux des Parties

de

de BG, & de EH, il s'enfuivra que le nombre des Parties
que la Toute AG contiendra égales à C, fera égal au
nombre des Parties que la Toute DH contiendra égales
à F, c'eft à dire que AG, fera autant Multiple de C, que
DH, le fera de F ; Ce qu'il falloit démontrer.

PROPOSITION III.

THEOREME III.

*Si la premiere Grandeur eft autant Multiple de la fe-
conde, que la troifiéme l'eft de la quatriéme, & qu'on
prenne des Equimultiples de la premiere & de la
troifiéme, l'Equimultiple de la premiere fera autant
Multiple de la feconde, que l'Equimultiple de la
troifiéme le fera de la quatriéme.*

JE fuppofe ces quatre Grandeurs A, B, C, D, dont la premiere à fçavoir A, eft autant Multiple de la feconde B,
que la troifiéme C, l'eft de la qua-
triéme D ; Je fuppofe deplus qu'on
ait pris les Grandeurs EI, & FM, E-
quimultiples de la premiere A, & de
la troifiéme C ; Cela eftant, je dis
que EI, eft autant Multiple de la feconde B, que FM, l'eft de la quatriéme
C ; Pour le prouver. 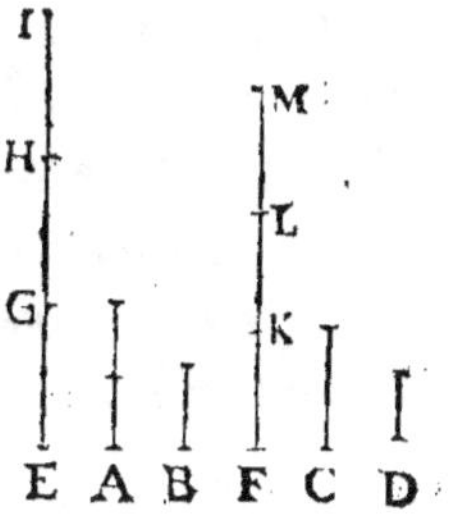
    Concevez que EI, foit divifée en
trois Parties égales à A, fçavoir, EG,
GH, HI ; & FM en trois Parties égales à C, fçavoir FK, KL, LM ; Cela pofé.
    Puifque EG eft égale à A, & FK égale à C, Il s'en-
fuit que EG, & FK, contiennent autant de fois B, & D,
que A, & C, les contiennent ; Il en eft de mefme des Parties GH, & KL, & ainfi de fuitte. Or puifque la premiere

D d

Grandeur EG, est autant Multiple de la seconde B, que la troisiéme FK, l'est de la quatriéme D ; & que la cinquiéme GH, est encore autant Multiple de la seconde B, que la sixiéme KL, l'est de la quatriéme D ; Il s'ensuit, par la Proposition precedente, que la Grandeur EH, composée de la premiere & de la cinquiéme, est autant Multiple de la seconde B, que la Grandeur FL, composée de la troisiéme & de la sixiéme l'est de la quatriéme D ; Ensuite dequoy prenant EH, & FL, pour la premiere & troisiéme Grandeur ; Et HI, & LM, pour la cinquiéme & la sixiéme ; On conclura de mesme que EI, est autant Multiple de B, que FM, l'est de D ; Ce qu'il falloit démontrer.

PROPOSITION IV.

THEOREME IV.

Si quatre Grandeurs sont proportionelles, & qu'on prenne à discretion des Equimultiples de la premiere & de la troisiéme, comme aussi des Equimultiples de la seconde & de la quatriéme, il y aura mesme Raison de l'Equimultiple de la premiere à l'Equimultiple de la seconde, que de l'Equimultiple de la troisiéme à l'Equimultiple de la quatriéme.

JE suppose que A, soit à B, comme C, est à D ; & qu'on ait pris à discretion E, & F, Equimultiples de la premiere A, & de la troisiéme C ; Comme aussi G, & H, Equimultiples de la seconde B, & de la quatriéme D ; Cela estant, je dis qu'il y a mesme Raison de E, Equimultiple de la premiere, à G, Equimultiple de la seconde, que de F, Equimultiple de la troisiéme, à H, Equimultiple de la quatriéme ; Pour le prouver.

Prenez I, & K, Equimultiples de E, & de F ; Prenez aussi L, & M, Equimultiples de G, & de H ; Cela posé.

Puiſque E, conſiderée comme premiere Grandeur, eſt autant Multiple de A, conſiderée comme ſeconde, que F, troiſiéme, l'eſt de C, quatriéme ; & qu'on a pris les Grandeurs I, & K, Equimultiples de E, & de F ; Il s'enſuit par la Propoſition precedente, que I, & K, ſont auſſi Equimultiples de A, & de C, c'eſt à dire de la premiere & de la troiſiéme des quatre que nous avons ſuppoſées Proportionelles ; De meſme G, & H, eſtant Equimultiples de B, & de D ; Et L, & M, ayant eſté priſes Equimultiples de G, & de H, Il s'enſuit que L, & M, ſont Equimultiples de B, & de D, c'eſt à dire de la ſeconde & de la quatriéme des quatre que nous avons ſuppoſées proportionelles ; Par conſequent, par le premier Axiome de ce Livre, ſi l'Equimultiple I, ſurpaſſe l'Equimultiple L, l'Equimultiple K, ſurpaſſera l'Equimultiple M ; Si elle eſt égale, l'autre ſera égale, ſi elle eſt moindre, l'autre ſera auſſi moindre ; Cela eſtant, puiſque I, & K, ont eſté priſes Equimultiples de E, & de F, premiere & troiſiéme des quatre Grandeurs qu'il s'agit de prouver eſtre proportionelles ; Et que L, & M, ont eſté priſes Equimultiples de G, & de H, ſeconde & quatriéme de ces quatre Grandeurs, il s'enſuit par le ſecond Axiome qu'elles ſont en effet proportionelles ; & qu'ainſi il y a meſme Raiſon de E, à G, que de F, à H ; Ce qu'il falloit démontrer.

Remarque.

Par cette meſme Methode on peut aiſément prouver que ſi quatre Grandeurs ſont proportionelles, elles ſeront encore proportionelles en Raiſon Inverſe, Par exemple ſi A, eſt à B, comme C, eſt à D, on prouvera aiſément que B,

fera à A, comme D, eſt à C ; Car aprés
avoir pris E, & F, Equimultiples de A,
& de C, premiere & troiſiéme Gran_
deurs des quatre qui ſont ſuppoſées Proportionelles ; Puis G, & H, Equimultiples de B, & D, ſeconde & quatriéme ;
On conclura, par le premier Axiome de
ce Livre, que ſi E eſt égale à G, F ſera
égale à H ; Si E ſurpaſſe G, F ſurpaſſera
H ; Et ſi E, eſt moindre que G, F ſera
moindre que H ; Or ſi cela eſt vray,
il eſt donc vray auſſi, que ſi G, eſt
égale à E, H ſera égale à F ; Si G, eſt
moindre que E, H ſera moindre que F ;
Et ſi G, ſurpaſſe E, H ſurpaſſera auſſi F ;
Conſiderant donc maintenant B, comme
premiere Grandeur, A comme ſeconde,
D comme troiſiéme, & C comme quatriéme, on conclura par le ſecond Axiome
que ces quatre Grandeurs ſont proportionelles en Raiſon Inverſe, c'eſt à dire
que B eſt à A, comme D eſt à C ; Ce qu'il falloit dé_
montrer.

PROPOSITION V.
THEOREME V.

Si une Grandeur eſt autant Multiple d'une autre Gran-
deur, que la Retranchée l'eſt de la Retranchée, le
Reſte ſera autant Multiple du Reſte que la Toute
l'eſt de la Toute.

JE ſuppoſe que AB, eſt autant
Multiple de CD, que la Retranchée AE, l'eſt de la Retranchée CF ;
Cela eſtant, je dis que le Reſte EB,
eſt autant Multiple du Reſte FD,

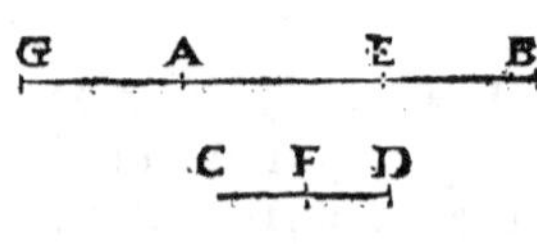

que la Toute AB, l'eſt de la Toute CD ; Pour le prouver.

Poſons que GA, ſoit autant Multiple de FD, que AE, l'eſt de CF ; ou que AB, l'eſt de CD ; Il s'enſuivra, par la 1. Prop. de ce Livre, que GE, ſera autant Multiple de CD, que AE, l'eſt de CF ; Or AB eſt ſuppoſée autant Multiple de CD, que AE l'eſt de CF ; Donc GE, eſt autant Multiple de CD, que AB, l'eſt auſſi de CD ; Et par conſequent les Grandeurs GE, & AB, qui ſont Equimultiples d'une meſme Grandeur, ſont égales entr'elles ; Si donc on oſte la Partie AE, qui leur eſt commune, le Reſte GA, ſera égal à EB ; Or GA, a eſté poſé autant Multiple de FD, que AB, l'eſt de CD ; Et partant EB, eſt autant Multiple de FD, que AB, l'eſt de CD ; Ce qu'il falloit démontrer.

PROPOSITION VI.

THEOREME VI.

Si deux Grandeurs ſont Equimultiples de deux autres Grandeurs, & qu'on en retranche des Equimultiples, les Reſtes ſeront Equimultiples de ces meſmes Grandeurs, ou ils leur ſeront égaux.

JE ſuppoſe que les deux Grandeurs AB, CD, ſoient Equimultiples des deux autres Grandeurs E, & F, & qu'on en ait retranché AG, & CH, Equimultiples des meſmes Grandeurs E, & F ; Cela poſé, je dis que les Reſtes GB, & HD, ſont Equimultiples de E, & de F, ou qu'ils leur ſont égaux ; Pour le prouver.

Puiſque AB, & CD, ſont Equimultiples de E, & de F, il y a dans AB, autant de Parties égales à E, qu'il y en a dans CD d'égales à F ; Et puiſque AG, & CH, ſont auſſi Equimultiples de E, & de F, Il y a auſſi dans AG, autant de Parties égales à E, qu'il y en a dans CH, d'égales

D d iij

à F ; Si donc des deux nombres égaux de Parties qui font contenuës dans AB, & dans CD, on ofte les nombres égaux de Parties qui font contenuës dans AG, & dans CH, Il s'enfuit qu'il reftera dans GB, autant de Parties égales à E, qu'il en reftera dans HD, d'égales à F ; Et par confequent s'il en refte plufieurs dans GB, & dans HD, ces Reftes feront Equimultiples de E, & de F ;

Que s'il n'en refte qu'une, ces Reftes leur feront égaux ; Ce qu'il falloit démontrer.

PROPOSITION VII.

THEOREME VII.

Les Grandeurs Egales ont mefme Raifon à une mefme Grandeur ; & une mefme Grandeur à mefme Raifon à des Grandeurs Egales.

JE fuppofe que les deux Grandeurs A, & B, font egales ; Cela eftant, je dis premierement que la Raifon de A, à C, eft la même que celle de B, à C ; Pour le prouver.

Prenez à difcretion les Grandeurs D, & E, Equimultiples de la premiere Grandeur A, & de la troifiéme B ; Prenez encore à difcretion la Grandeur F, Equimultiple de la feconde & quatriéme C ; Cela pofé.

Puifque les Grandeurs D, & E, font Equimultiples des deux Grandeurs égales A, & B, elles font auffi égales entr'elles ; Et par confequent fi D, eft égale à F, E luy eft auffi égale, Si D, eft plus grande que F, E eft auffi plus grande que F ; Enfin fi D eft moindre que F, E eft auffi moindre que F ; D'où il fuit que A, eft à C, comme B, est à C, par le 2. Ax. Ce qu'il falloit premierement démontrer.

Je dis en second lieu qu'il y a mesme Raison de C, à A, que de C, à B ; Car puisque A est à C, comme B est à C ; En Raison Inverse (par le Corollaire de la 4. Prop. de ce Livre) C est à A, comme C est à B ; Ce qu'il falloit aussi démontrer.

PROPOSITION VIII.

THEOREME VIII.

Si deux Grandeurs sont Inégales, la plus grande aura plus grande Raison a une mesme Grandeur, que la plus petite ; Et au contraire, cette mesme Grandeur aura plus grande Raison à la plus petite, qu'à la plus grande.

JE suppose que les deux Grandeurs AB, & C soient Inégales, & que AB, soit la plus grande ; Cela estant, je dis premierement que AB, a plus grande Raison à D, que C n'a à D ; Pour le prouver.

Retranchez de AB, la Partie AE, égale à C ; Puis prenez HG, & GF, Equimultiples de AE, & de EB ; de telle sorte que chacune des deux Grandeurs HG, GF, surpasse la Grandeur D ; Prenez encore la Grandeur IK, tellement Multiple de D, qu'elle soit plus grande que HG, mais plus petite que HF ; Or cela se peut faire aisément ; Car puisque GF, surpasse D, il est aisé de multiplier D, ensorte qu'il surpasse HG, sans qu'il surpasse HF ; Cela posé.

Puisque HG, & GF, sont Equimultiples de AE, & de EB, il s'ensuit par la 1. Prop. que HF, est autant Multi-

ple de la Toute AB, que HG, l'eſt de AE, ou de ſon
égale C.

Conſiderant dont icy ces quatre Grandeurs AB premiere,
D ſeconde, C troiſiéme, & derechef D quatriéme, &
que les Grandeurs HF, HG, ſont Equimultiples de la premiere AB, & de la troiſiéme C ; Et que IK, eſt Equimultiple de la ſeconde & de la quatriéme D ; Puiſque HF,
Multiple de la premiere AB, ſurpaſſe IK Multiple de la ſeconde D; ſans que HG Multiple de la troiſiéme C, ſurpaſſe IK, Multiple de la quatriéme, qui eſt la meſme D ;
Il s'enſuit par le 3. Ax. que la premiere Grandeur AB, a plus grande Raiſon à la ſeconde
D, que la troiſiéme C, n'a à la quatriéme,
c'eſt à dire à la meſme Grandeur D ; Ce qu'il
falloit premierement démontrer.

Je dis en ſecond lieu que la Grandeur D, à
plus grande Raiſon à la plus petite C, qu'elle
n'a à la plus grande AB ; Pour le prouver.

Conſiderant maintenant D, comme premiere
& troiſiéme Grandeur, C, comme ſeconde, &
AB, comme quatriéme ; Puiſque IK. Multiple
de la premiere D, ſurpaſſe HG Multiple de la ſeconde C,
ſans que IK Multiple de la troiſiéme D, ſurpaſſe HF, Multiple de la quatriéme AB ; Il s'enſuit par le 3. Ax. que D,
a plus grande Raiſon à la plus petite C, que la meſme D,
n'a à la plus grande AB ; Ce qu'il falloit encore démontrer.

PROPOSITION IX.

THEOREME IX.

Les Grandeurs qui ont mesme Raison à une mesme Grandeur, sont égales entr'elles ; Et celles ausquelles une mesme Grandeur à mesme Raison, sont aussi égales entr'elles.

JE suppose premierement, que les deux Grandeurs A, & B, ayent mesme Raison à la mesme Grandeur C ; Cela estant, je dis que ces deux Grandeurs A, & B, sont égales entr'elles.

Car si cela n'estoit, il faudroit que l'une fust plus grande que l'autre ; Et cela estant, il s'ensuivroit, par la Proposition précedente, que la plus grande auroit plus grande Raison à la Grandeur C, que n'auroit la plus petite ; ce qui est contre la Supposition ; l'une n'est donc pas plus grande que l'autre , Et par consequent elles sont égales.

Je suppose en second lieu, qu'une mesme Grandeur, comme C, ait mesme Raison à deux Grandeurs, comme A, & B ; Cela estant, je dis que ces deux Grandeurs A, & B, sont aussi égales entr'elles.

Car si cela n'estoit, il faudroit que l'une fust plus petite que l'autre ; Et cela estant, il s'ensuivroit, par la Proposition precedente, que la Grandeur C, auroit plus grande Raison à celle qui seroit plus petite, qu'elle n'auroit à la plus grande ; ce qui est contre la Supposition ; l'une n'est donc pas plus petite que l'autre ; Et par consequent elles sont égales ; Ce qu'il falloit démontrer.

PROPOSITION X.

THEOREME X.

De deux Grandeurs, celle qui a plus grande Raison à une mesme, est la plus grande ; Et au contraire, celle à laquelle une mesme à plus grande Raison, est la plus petite.

JE suppose premierement, que des deux Grandeurs A & B, A à plus grande Raison à C, que B n'a à C ; Cela estant, je dis que A, est plus grand que B ; Pour le prouver.

Si A, n'estoit pas plus grand que B, il faudroit qu'il luy fust égal, où qu'il fust plus petit que B ; s'il luy estoit égal, il s'ensuivroit. par la 7. Prop. que A, & B, auroient mesme Raison à C ; ce qui est contre la supposition ; A, n'est donc pas égal à B ; Que si A, estoit plus petit que B, il s'ensuivroit, par la 8. Prop. que A auroit moindre Raison à C, que B n'a à C ; ce qui est aussi contre la Supposition ; A n'est donc pas aussi plus petit que B ; Par consequent A est plus grand que B ; Ce qu'il falloit démontrer.

Je suppose en second lieu, que C a plus grande Raison à B, que C n'a à A ; Cela estant, je dis que B, est plus petit que A.

Car si cela n'estoit, il faudroit que B, fust égal à A, où qu'il fust plus grand ; S'il estoit égal, il s'ensuivroit, par la 7. Prop. qu'il y auroit mesme Raison de C à B, que de C à A ; ce qui est contre la Supposition ; B n'est donc pas égal à A ; Que si B estoit plus grand que A ; Il s'ensuivroit, par la 8. Prop. qu'il y auroit plus grande Raison de C à A, que de C à B ; ce qui est encore contre la Supposition ; B, n'est donc pas aussi plus grand que A ; Par consequent B, est plus petit que A ; Ce qu'il falloit démontrer.

PROPOSITION XI.

THEOREME XI.

Les Raiſons qui ſont ſemblables à une meſme , ſont
ſemblables entr'elles.

JE ſuppoſe que A ſoit à
B, comme C eſt à D ; Et
de plus que comme C, eſt à
D, ainſi E ſoit à F ; Cela
eſtant, je dis que comme A,
eſt à B, ainſi E, eſt à F ;
Pour le prouver.

Prenez à diſcretion G, H, I, Equimultiples , des Antecedens A, C, E ; Prenez de meſme à diſcretion , K, L, M, Equimultiples des Conſequens B, D, F ; Cela poſé.

Puiſque les quatre Grandeurs A, B, C, D, ſont proportionelles , & que G, & H, ſont les Equimultiples de la pre-
premiere & de la troiſiéme, & que K, & L, ſont les Equimultiples de la ſeconde & de la quatriéme , Il s'enſuit, par
le 1. Ax. que G ne pourra eſtre égal à K, que H ne ſoit
égal à L ; ou que G ne pourra ſurpaſſer K, que H ne ſurpaſſe L ; ou enfin que G ne pourra eſtre moindre que K,
que H ne ſoit auſſi moindre que L ; Mais puiſque les quatre Grandeurs C, D, E, F, ſont auſſi proportionelles , & que
H, & I, ſont les Equimultiples de la premiere & de la troiſiéme Grandeur, & que L, & M, ſont les Equimultiples de
la ſeconde & de la quatriéné, Il s'enſuit auſſi, par le 1. Ax.
que H ne ſçauroit eſtre égal à L, que I ne ſoit égal à M ;
ou que H ne ſçauroit eſtre plus grand que L, que I ne ſoit
plus grand que M, ou enfin que H ne ſçauroit eſtre moindre que L, que I ne ſoit auſſi moindre que M ; Et partant

G ne pourra eſtre égal à K, que I ne ſoit égal à M ; ou
bien G ne pourra eſtre plus grand que K, que I ne ſoit plus
grand que M ; ou bien en-
fin G ne pourra eſtre moindre que K, que I ne ſoit
auſſi moindre que M.

Mais G, & I, ſont les E-
quimultiples de la premiere
& de la troiſiéme des qua-
tre Grandeurs qu'il s'agit de prouver eſtre proportionelles ;
& K, & M, ſont les Equimultiples de la ſeconde & de la
quatriéme. D'où il ſuit, par le 2. Ax. que ces quatre Grandeurs A, B, E, F, ſont proportionelles, c'eſt à dire, que A
eſt à B, comme E eſt à F ; Ce qu'il falloit démontrer.

PROPOSITION XII.

THEOREME XII.

Si tant de Grandeurs que l'on voudra ſont proportio-
nelles, comme l'un des Antecedens ſera à ſon Conſé-
quent, ainſi tous les Antecedens pris enſemble ſeront
à tous les Conſequens pris enſemble.

JE ſuppoſe que A ſoit à B, comme C eſt à D, & E
à F ; Cela eſtant, je dis que comme l'un des Antecedens A, eſt à ſon Conſe-
quent B, ainſi tous les Antecedens A, C, E, pris enſemble, ſont à tous les Conſequens B, D, F, pris auſſi
enſemble. Pour le prouver.

Prenez à diſcretion G, H,
I, Equimultiples des Ante-
cedens A, C, E ; Prenez de meſme à diſcretion K, L, M, Equimultiples des Conſequens B, D, F ; Cela poſé.

Il s'enfuit, par la 1. Prop. qu'autant que la Grandeur G
eſt Multiple de la Grandeur A, autant auſſi les Grandeurs
G, H, I, priſes enſemble, ſont Multiples des Grandeurs A,
C, E, priſes auſſi enſemble ; Et qu'autant que la Grandeur K, eſt Multiple de la Grandeur B, autant les Grandeurs K, L, M, priſes enſemble, ſont Multiples des Grandeurs B, D, F, priſes auſſi enſemble ; D'ailleurs, puiſque A
eſt à B, comme C eſt à D ; & que G, & H, ſont Equimultiples de la premiere & troiſiéme, & K, & L, Equimultiples de la ſeconde & quatriéme ; Il ſuit, par le 1. Ax. que
ſi G eſt égal à K, H ſera égal à L ; ou que ſi G ſurpaſſe
K, H ſurpaſſera L ; ou enfin que ſi G eſt moindre que K,
H ſera auſſi moindre que L ; Mais puiſque C eſt à D,
comme E eſt à F, & que H, & I, ſont Equimultiples de la
premiere & de la troiſiéme de ces Grandeurs, & L, & M,
Equimultiples de la ſeconde & de la quatriéme, H ne
ſçauroit auſſi eſtre égal à L, que I ne ſoit égal à M ; ou bien
H ne ſçauroit ſurpaſſer L, que I ne ſurpaſſe M ; ou enfin
H ne ſçauroit eſtre moindre que L, que I ne ſoit auſſi
moindre que M ; Par conſequent G ne ſçauroit eſtre égal
à K, que G, H, I, priſes enſemble, ne ſoient auſſi égales à K,
L, M, priſes auſſi enſemble ; Ou bien G ne ſçauroit ſurpaſſer K, que G, H, I, ne ſurpaſſent K, L, M ; Ou enfin G
ne ſçauroit eſtre moindre que K, que G, H, I, ne ſoient
moindres que K, L, M ; Mais G, d'une part, & G, H, I,
d'autre part, ſont Equimultiples de la premiere A, & de
la troiſiéme A, C, E, des quatre Grandeurs qu'il s'agit de
prouver eſtre Proportionelles ; Comme auſſi K, d'une part,
& K, L, M, d'autre part, ſont Equimultiples de la ſeconde
B, & de la quatriéme B, D, F, de ces quatre Grandeurs ;
D'où il ſuit, par le 2. Ax. qu'elles ſont proportionelles ; &
ainſi, que comme A eſt a B, ainſi A, C, E, priſes enſemble,
ſont à B, D, F, priſes auſſi enſemble ; Ce qu'il falloit démontrer.

PROPOSITION XIII.

THEOREME XIII.

Si la premiere Grandeur est à la seconde, comme la troisiéme est à la quatriéme ; mais que la troisiéme ait plus grande Raison à la quatriéme, que la cinquiéme à la sixiéme : Il y aura aussi plus grande Raison de la premiere à la seconde, que de la cinquiéme à la sixiéme.

JE suppose les six Grandeurs A, B, C, D, E, F, & que la premiere A, soit à la seconde B, comme la troisiéme C, est à la quatriéme D ; mais que la Raison de C, à D, soit plus grande que celle de la cinquiéme E, à la sixiéme F ; Cela estant, je dis que A a plus grande Raison à B, que E n'a à F ; Pour le prouver.

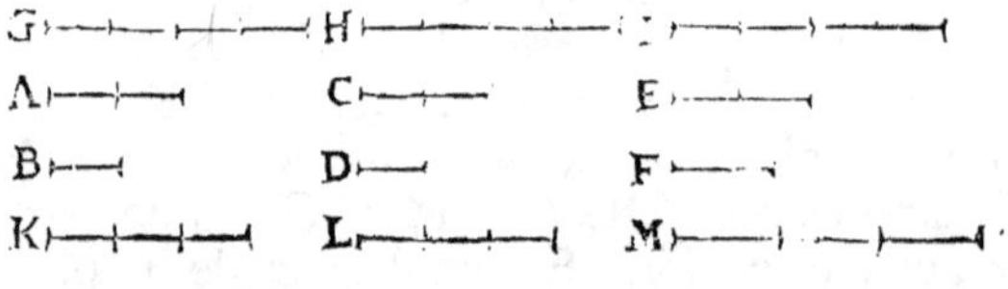

Puisque A, est à B, comme C, est à D ; Il s'ensuit, par le 1. Ax. qu'en prenant à discretion des Equimultiples de la premiere & troisiéme Grandeur, & des Equimultiples de la seconde & de la quatriéme ; Jamais l'Equimultiple de C, ne surpassera l'Emultiple de D, que l'Equimultiple de A, ne surpasse aussi l'Equimultiple de B ; Mais puisqu'il y a plus grande Raison de C, à D, que de E, à F, si l'on prend à discretion des Equimultiples de la premiere & de la troisiéme, & des Equimultiples de la seconde & de la quatriéme ; Il se pourra faire que l'Equimultiple de C, surpassera l'Equimultiple de D, sans que l'Equimultiple de E, surpasse l'Equimultiple de F ; Partant il se pourra faire aussi qu'ayant pris à discretion des Equimultiples de A, & de E, (qui sont la premiere & la troisiéme des quatre Grandeurs qu'il s'agit de prouver n'estre pas proportionelles,) & de mesme des Equimultiples de B, & de F, qui sont la seconde & la quatriéme, il se pourra, dis-je, faire que l'Equimultiple de la premiere A, surpassera l'Equimultiple de la seconde B, sans que l'Equimultiple de la troisiéme E surpasse l'Equimultiple de la quatriéme F ; D'où il suit, par le 3. Ax. qu'il y a plus grande Raison de A, à B, que de E, à F ; Ce qu'il falloit démontrer.

PROPOSITION XIV.

THEOREME XIV.

Si, de quatre Grandeurs Proportionelles, la premiere est plus grande que la troisiéme, la seconde sera aussi plus grande que la quatriéme, si Egale égale, si Moindre moindre.

JE suppose que les quatre Grandeurs A, B, C, D, soient proportionelles, & premierement que la premiere A, soit plus grande que la troisiéme C ; Cela estant, je dis que la seconde B, est aussi plus grande que la quatriéme D ; Pour le prouver.

Puisque A, est plus grand que C, il y a plus grande Raison de A, à B, que de C, à B, par la 8. Prop. Or la Raison de A, à B, est la mesme que celle de C, à D, par Supposition ; Il y a donc aussi plus grande Raison de C, à D, que de C, à B ; Et partant, par la 10. Prop. D sera plus petit que B, ou B plus grand que D ; Ce qu'il falloit démontrer.

Je suppose en second lieu, que de ces quatre Grandeurs proportionelles A, B, C, D, la premiere A, soit égale à la troisiéme C ; Cela estant, je dis que la seconde B, est aussi égale à la quatriéme D ; Pour le prouver.

Puisque A, est égal à C, il y a mesme Raison de A, à B, que de C, à B, par la 7. Prop. Or la Raison de A, à B, est la mesme que celle de C, à D ; Il y a donc aussi mesme Raison de C, à D, que de C, à B ; Et partant par la 9. Prop. les Grandeurs B, & D, sont égales ; Ce qu'il falloit démontrer.

Je suppose enfin que de ces quatre Grandeurs proportionelles A, B, C, D, la premiere A, soit moindre que la troisiéme C ; Cela estant, je dis que la seconde B, est aussi moindre que la quatriéme D ; Pour le prouver.

Puisque A, est moindre que C, il y aura moindre Raison de A, à B, que de C, à B, par la 8. Prop. Or la Raison de A, à B, est la mesme que celle de C, à D ; Il y aura donc aussi moindre Raison de C, à D, que de C, à B ; Et partant par la 10. Prop. B sera moindre que D ; Qui est tout ce qu'il falloit démontrer.

PROPOSITION XV.

THEOREME XV.

Si deux Grandeurs sont Equimultiples de deux autres Grandeurs, elles seront entr'elles comme les Grandeurs dont elles sont Equimultiples.

JE suppose que les deux Grandeurs AB, DE, soient Equimultiples des deux autres Grandeurs C, & F ; Sçavoir AB, Equimultiple de C, & DE, Equimultiple de F ; Cela estant, je dis que AB, est à DE, comme C, est à F ; Pour le prouver.

Puisque AB, & DE, sont Equimultiples de C, & de F ; Il y a dans AB, autant de Parties égales à C, qu'il y en a dans DE, d'égales à F ; Donc, par la 7. Prop. la premiere
des

des Parties de AB à mefme Raifon à la premiere de DE,
que la feconde de AB à la feconde de DE, & que la troifiéme à la troifiéme, & ainfi de fuite, s'il y
en a, & cette Raifon eft la mefme que celle
de C à F ; Deplus, puifque nous avons dans
AB plufieurs Grandeurs qui font toutes en
mefme Raifon à autant d'autres dans DE ; Il
s'enfuit par la 12. Prop. que toutes les Parties
de AB prifes enfemble, font à toutes les Parties de DE prifes auffi enfemble (ce qui eft la
mefme chofe que la Toute AB eft à la Toute
DE) comme une feule Partie de AB, eft à une
feule Partie de DE ; Or une feule Partie de AB, a efté
montrée eftre à une feule Partie de DE, comme C eft à F ;
Partant AB eft à DE, comme C eft à F ; Ce qu'il falloit
démontrer.

PROPOSITION XVI.

THEOREME XVI.

*Si quatre Grandeurs font proportionelles, elles le feront
encore en Raifon Alterne.*

JE fuppofe que A foit à B, comme C eft à D ; Cela
eftant, je dis que ces Grandeurs font encore proportionelles en Raifon alterne ; C'eft à dire que A eft à C,
comme B eft à D ; Pour le Prouver.

Prenez des Equi-
multiples telles qu'il
vous plaira de A &
de B, comme par
exemple E, & F ;
Prenez encore des
Equimultiples telles auffi qu'il vous plaira de C, & de D,
comme G & H ; Cela pofé.

E f

Il s'enfuit par la Prop. precedente, que E eft à F, comme A eft à B ; & que G eft à H, comme C eft à D ; Or par la Suppofition, A eft à B, comme C eft à D ; Partant par la 11. Prop. E eft à F, comme G eft à H ; D'où il fuit par la 14. Prop. que fi E eft plus grand que G, F fera plus grand que H ; Si Egal, Egal ; Si Moindre, Moindre ; Or eft-il que E, & F, font les Equimultiples de la premiere & de la troifiéme des quatre Grandeurs qu'il s'agit de prouver eftre proportionelles ; & que G & H font les Equimultiples de la feconde & de la quatriéme ; Donc par le 2. Ax. ces quatre Grandeurs font proportionelles ; Et ainfi il y a mefme Raifon de A à C, que de B à D ; Ce qu'il falloit démontrer.

PROPOSITION XVII.

THEOREME XVII.

Si des Grandeurs compofées font proportionelles, en divifant elles feront auffi proportionelles.

IE fuppofe que AB eft à BC, comme DE eft à EF ; Cela eftant, je dis qu'en divifant elles feront encore proportionelles ; c'eft à dire qu'il y aura mefme Raifon de AC à CB, que de DF à FE ; Pour le prouver.

Prenez à difcretion les Grandeurs GH, & IK Equimultiples de AC, & de DF ; Puis prenez HL, & KM, Equimultiples de CB, & de FE, & autant Multiples de ces Grandeurs que GH, & IK, le font de AC, & de DF ; Prenez derechef à difcretion LN, & MO, Equimultiples de CB, & de FE ; Cela pofé.

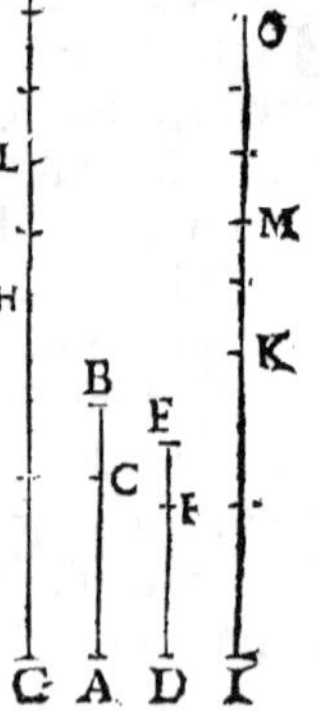

Puisque GH, & HL, sont Equimultiples de AC, & de
CB ; Il s'ensuit par la 1. Prop. que GL sera autant Multiple de AB, que GH l'est de AC ; Or GH est autant Multiple de AC, que IK l'est de DF ; Donc GL est autant
Multiple de AB, que IK l'est de DF ; D'ailleurs, IK & KM
sont Equimultiples de DF, & de FE, donc par la 1. Prop.
autant que IK est Multiple de DF, autant IM est Multiple de DE ; Et par conséquent GL & IM s'ensuivent Equimultiples de AB, & de DE, qui sont la premiere & la troisiéme des quatre Grandeurs qui sont supposées proportionelles ; Deplus HL, considerée comme premiere Grandeur, est autant Multiple de CB seconde, que KM troisiéme, l'est de FE quatriéme ; Et LN, cinquiéme Grandeur, est autant Multiple de CB seconde ; que MO, sixiéme
Grandeur, l'est de FE quatriéme ; Partant par la seconde
Prop. HN, sera autant Multiple de CB, que KO l'est de
FE ; c'est à dire que HN, & KO, sont encore Equimultiples de la seconde & de la quatriéme Grandeur des quatre
que nous avons supposé estre Proportionelles ; Ainsi par
le 1. Ax. si GL est égale à HN ; IM sera égale à KO ; Si
GL, surpasse HN ; IM, surpassera KO ; & si GL est moindre que HN ; IM, sera moindre que KO ; C'est pourquoy
en retranchant des deux Grandeurs GL, & HN, la Partie
HL, qui leur est commune ; & des deux Grandeurs IM,
& KO, la Partie KM, qui leur est aussi commune ; Il sera
encore vray de dire que si GH est égale à LN, IK sera
égale à MO ; Si GH surpasse LN, IK surpassera MO ; Et
si GH est moindre que LN, IK sera moindre que MO ;
Mais GH, & IK, sont les Equimultiples de la premiere
AC, & de la troisiéme DF; des quatre Grandeurs qu'il
s'agit de prouver estre proportionelles, & LN, & MO,
sont aussi les Equimultiples de la seconde CB, & de la quatriéme FE ; Donc par le second Axiome, ces quatre Grandeurs sont proportionelles ; Et ainsi il y a mesme Raison
de AC à CB, que de DF à FE ; Ce qu'il falloit démontrer.

PROPOSITION XVIII.

THEOREME XVIII.

Si des Grandeurs divisées sont proportionelles ; en composant elles seront encore proportionelles.

JE suppose que la Grandeur AB, soit à la Grandeur BC, comme la Grandeur DE est à la Grandeur EF ; Cela estant, je dis qu'en composant ces Grandeurs seront encore proportionelles, c'est à dire, que comme AC sera à BC, ainsi DF sera à EF.

Car si cela n'estoit, il faudroit que AC fust à BC, comme DF est à une autre Grandeur que EF ; Posons, si vous voulez, que cette autre Grandeur soit GF, auquel cas par la Prop. precedente, Il s'ensuivroit en divisant que comme AB est à BC, ainsi DG seroit à GF ; Mais comme AB est à BC, ainsi DE est à EF, par supposition ; Partant par la 11. Prop. DG seroit à GF, comme DE est à EF ; Or DG, qui est la premiere de ces quatre Grandeurs, est plus grande que la troisiéme DE ; Donc par la 14. Prop. la seconde GF seroit plus grande que la quatriéme EF, & ainsi la Partie seroit plus grande que le Tout, ce qui est impossible ; Il est donc impossible que comme AC est à BC, ainsi DF soit à une autre que EF ; Et partant AC est à BC, comme DF est à EF ; Ce qu'il falloit démontrer.

PROPOSITION XIX.

THEOREME XIX.

Si le Tout est au Tout, comme le Retranché au Retranché, le Reste sera aussi au Reste, comme le Tout est au Tout.

JE suppose que le Tout AB soit au Tout DE, comme le Retranché AC est au Retranché DF; Cela estant, je dis que le Reste CB est au Reste FE, comme le Tout AB est au Tout DE ; Pour le prouver.

Puisque AB est à DE, comme AC est à DF, en Raison alterne AB sera à AC, comme DE est à DF, par la 16. Prop. Et en divisant CB sera à AC, comme FE est à DF; Par la 17. Prop. & derechef en Raison alterne CB sera à FE, comme AC est à DF ; Or AC est à DF, comme AB est à DE, par supposition ; Donc CB est à FE, comme AB est à DE ; Et ainsi, si le Tout &c. Ce qu'il falloit démontrer.

Remarque.

On démontre icy la verité de cette maniere de conclure, que nous avons cy-devant appellée par conversion de Raison. Supposons par exemple, que AB est à CB, comme DE est à FE ; Cela estant, je dis par conversion de Raison que AB sera à AC, comme DE est à DF ; Car puisque AB est à CB, comme DE est à FE, en divisant AC sera à CB, comme DF est à FE ; Et en Raison inverse CB sera à AC, comme FE est à DF ; Et derechef en composant AB sera à AC, comme DE est à DF ; Ce qu'il falloit démontrer.

F f iij

PROPOSITION XX.

THEOREME XX.

Si trois Grandeurs d'une part, & trois d'une autre, prises deux à deux en Proportion ordonnée, sont en mesme Raison, & qu'en Raison égale la premiere d'une part soit plus grande que la troisiéme, la premiere de l'autre part sera aussi plus grande que la troisieme ; si égale, égale ; si moindre, moindre.

JE suppose que les trois Grandeurs A, B, C, d'une part, & les trois D, E, F, d'autre part, soient proportionelles en proportion ordonnée ; c'est à dire, que A soit à B, comme D est à E ; & que B soit à C, comme E est à F ; Cela estant, je dis premierement que si A est plus grand C, D sera aussi plus grand que F ; Pour le prouver.

Puisque A est plus grand que C, il y aura plus grande Raison de A à B, que de C à B, par la 8. Prop. Or la Raison de D à E, est la mesme que celle de A à B, Il y aura donc plus grande Raison de D à E, que de C à B ; Mais puisque B est à C, comme E est à F, en Raison Inverse, la Raison de C à B, est la mesme que celle de F à E ; Il y a donc plus grande Raison de D à E, que de F à E ; Et partant par la 10. Prop. D sera plus grand que F ; Ce qu'il falloit démontrer.

Je suppose en second lieu que A soit égal à C ; Cela estant, je dis que D sera égal à F.

Car puisque A est égal à C, il y aura mesme Raison de A à B, que de C à B ; Or la Raison de A à B, est la même que de D à E ; Donc il y aura mesme Raison de D à E, que de C à B ; Mais puisque B est à C, comme E est à F ;

En Raiſon Inverſe C eſt auſſi à B, comme F eſt à E ; Il y a donc meſme Raiſon de D à E, que de F à E ; Et partant par la 9. Prop. D ſera égal à F ;
Ce qu'il falloit démontrer.

Je ſuppoſe enfin que A ſoit moindre
que C ; Cela eſtant, je dis que D ſera
moindre que F.

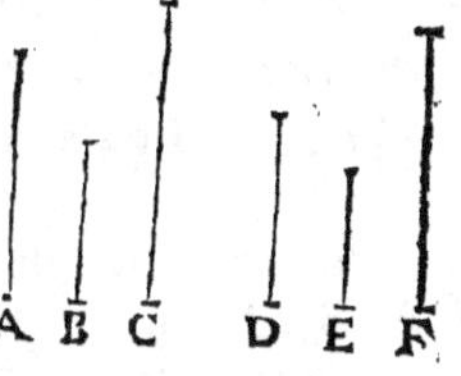

Car puiſque A eſt moindre que C, il y aura une moindre Raiſon de A à B, que de C à B,
par la 8. Prop. Or la Raiſon de A à B,
eſt la meſme que celle de D à E ; il
y a donc une moindre Raiſon de D à E,
que de C à B ; Mais puiſque B eſt à
C, comme E eſt à F, En Raiſon Inverſe il y aura meſme Raiſon de C à
B, que de F à E ; Il y a donc une
moindre Raiſon de D à E, que de F à E ; Et partant par
la 10. Prop. D ſera moindre que F ; Ce qu'il falloit démontrer.

PROPOSITION XXI.

THEOREME XXI.

Si trois Grandeurs d'une part, & trois d'une autre, pri-ses deux à deux en Proportion troublée, sont en mesme Raison, & qu'en Raison égale la premiere d'une part soit plus grande que la troisiéme, la premiere de l'autre part sera aussi plus grande que la troi-siéme; si Egale, égale; si Moindre, moindre.

JE suppose que les trois Grandeurs A, B, C, d'une part, & les trois D, E, F, d'autre part, soient proportioncl-les en Proportion troublée; c'est à dire, que A soit à B, comme E est à F, & que B soit à C, comme D est à E; Cela estant, je dis premierement, que si A est plus grand que C, D sera aussi plus grand que F; Pour le prouver.

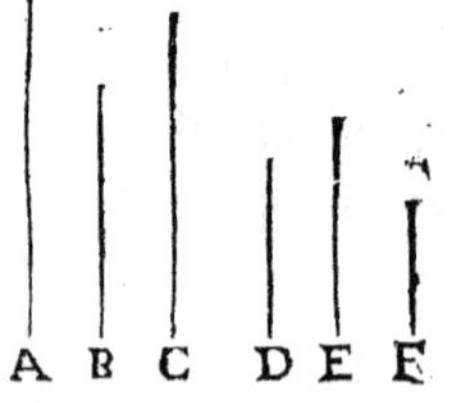

Puisque A est plus grand que C, il y aura plus grande Raison de A à B, que de C à B; Or la Raison de A à B, est la mesme que celle de E à F; Il y aura donc plus grande Raison de E à F, que de C à B; Mais puisque B est à C, comme D est à E; En Raison Inverse E est à D, comme C est à B, Il y aura donc plus grande Raison de E à F, que de E à D; Et partant par la 10. Prop. D sera plus grande que F; Ce qu'il falloit démontrer.

Par un semblable raisonnement on montrera que si A est égal à C, D sera égal à F; Et que si A est moindre que C, D sera aussi moindre que F; Si donc trois Grandeurs d'une part &c. Ce qu'il falloit démontrer.

PROPOSITION XXII.

THEOREME XXII.

Si tant de Grandeurs que l'on voudra d'une part, & autant d'une autre, prifes deux à deux en proportion ordonnée, font en mefme Raifon, en Raifon égale, elles feront proportionelles.

IE fuppofe d'une part trois Grandeurs, comme A, B, C, & d'autre part trois autres Grandeurs, comme D, E, F, tellement difpofées que A foit à B, comme D eft à E ; & B à C, comme E à F ; Cela eftant, je dis qu'en Raifon égale il y aura mefme Raifon de A à C, que de D à F ; Pour le prouver.

Prenez à difcretion G, & H, Equimultiples de A, & de D ; Puis I, & K, Equimultiples de B, & de E ; Et enfin L & M, Equimultiples de C & de F ; Cela pofé.

Puifque A eft à B, comme D eft à E, & que G & H font Equimultiples de la premiere & de la troifiéme, & I, & K, Equimultiples de la feconde & de la quatriéme ; Il s'enfuit par la 4. Prop. que G eft à I, comme H eft à K ; De mefme , puifque B eft à C comme E eft à F, & que I & K, font Equimultiples de la premiere & de la troifiéme, & L & M, Equimultiples de la feconde & de la quatriéme ; Il s'enfuit auffi par la quatriéme Prop. que I eft à L, comme K eft à M ; Si bien que nous avons d'une part trois Grandeurs G, I, L, & d'autre part trois autres Grandeurs H, K, M, lefquelles prifes deux à deux en Proportion ordonnée font proportionelles ; Partant par la 20 Prop. fi G eft plus grand que L, H fera auffi plus grand que M ; Si G eſt égal à L, H ſera auſſi égal à M ; Et ſi G eſt moindre que L, H ſera auſſi moindre que M ; Mais G, & H, ſont les Equimultiples de la premiere, & de la troiſiéme des quatre Grandeurs qu'il s'agit de prouver eſtre proportionelles ; Et L, & M, ſont auſſi les Equimultiples de la ſeconde & de la quatriéme ; Donc par le 2. Ax. ces quatre Grandeurs ſont proportionelles ; & ainſi il y a meſme Raiſon de A à C, que de D à F ; Ce qu'il falloit démontrer.

Maintenant, s'il y avoit plus de trois Grandeurs de chaque coſté, & que par exemple, il y en eût quatre d'une part & quatre d'une autre, enſorte que C fuſt à N, comme F eſt à O, on prouveroit aiſément, enſuite de ce qui vient d'eſtre démontré de trois Grandeurs, que A ſeroit à N, comme D ſeroit à O ; Car ne conſiderant point la ſeconde Grandeur de part ny d'autre, Et ſuppoſant, comme il vient d'eſtre prouvé, que A eſt à C, comme D eſt à F, & que C eſt à N, comme F eſt à O ; Comme il n'y auroit plus alors que trois Grandeurs de chaque coſté, il s'enſuivroit que A ſeroit à N, comme D ſeroit à O ; Donc ſi tant de Grandeurs que l'on voudra d'une part, & autant d'une autre, priſes deux à deux ſont en meſme Raiſon, en Raiſon égale, elles ſeront proportionelles ; Ce qu'il falloit démontrer.

PROPOSITION XXIII.

THEOREME XXIII.

Si trois Grandeurs d'une part, & trois d'une autre, pri-
ses deux à deux en Proportion troublée, sont en
mesme Raison, en Raison égale, elles seront pro-
portionelles.

JE suppose que les trois Grandeurs A,
B, C, d'une part, & les trois D, E, F,
d'autre part, soient proportionelles, en
proportion troublée ; C'est à dire que
A soit à B, comme E est à F ; & que B
soit à C, comme D est à E ; Cela estant,
je dis qu'en Raison égale, il y aura même Raison de A à C, que de D à F ; Pour
le prouver.

Prenez à discretion G & I Equimultiples de A, & de D ; & K & M Equimultiples de C, & de F ; Puis prenez
H autant Multiple de B, que G l'est de
A, & L autant Multiple de E, que M
l'est de F. Cela posé.

Puisque G & H sont Equimultiples de A, & de B ; Il
s'ensuit par la 15. Prop. que G sera à H, comme A est à
B ; Or A est à B, comme E est à F ; Donc G sera à H,
comme E est à F ; Mais puisque L & M sont Equimultiples de E & de F, E est à F, comme L est à M ; Partant
G sera à H, comme L est à M ; D'ailleurs, puisque B est
à C, comme D est à E, & que H, & I, ont esté prises E-
quimultiples de la premiere & de la troisiéme de ces quatre
Grandeurs, & que K & L, ont esté prises Equimultiples
de la seconde & de la quatriéme ; Il s'ensuit par la 4.

Prop. que H eſt à K, comme I eſt à L;
Si bien que nous avons d'une part trois
Grandeurs G, H, K, & d'autre part trois
autres Grandeurs I, M, leſquelles priſes deux à deux en Proportion troublée
ſont proportionelles ; Partant par la 21.
Prop. ſi G eſt plus grand que K, I ſera plus
grand que M ; Si G eſt égal à K, I ſera
égal à M; Ou enfin ſi G eſt moindre que K,
I ſera moindre que M ; Mais G, & I, ſont
les Equimultiples de la premiere & de la
troiſiéme des quatre Grandeurs qu'il s'a-
git de prouver eſtre proportionelles ; &
K & M, ſont auſſi les Equimultiples de
la ſeconde & de la quatriéme ; Donc
par le 2. Ax. ces quatre Grandeurs ſont proportionelles;
Ce qu'il falloit démontrer.

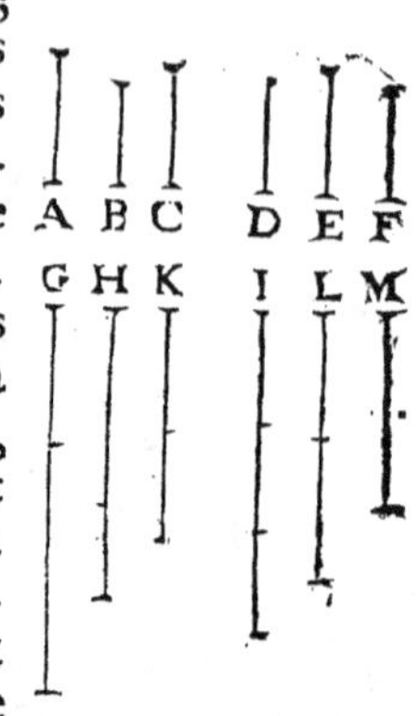

PROPOSITION XXIV.

THEOREME XXIV.

Si la premiere Grandeur eſt à la ſeconde, comme la troi-
ſiéme eſt à la quatriéme, & la cinquiéme à la ſeconde,
comme la ſixiéme à la quatriéme : la Compoſée de la
premiere & de la cinquiéme ſera à la ſeconde, comme
la compoſée de la troiſiéme & de la ſixiéme ſera à
la quatriéme.

JE ſuppoſe que la premiere Grandeur AB ſoit à la ſeconde
C, comme la troiſiéme DE eſt à la quatriéme F ; &
que la cinquiéme BG ſoit encore à la ſeconde C, comme
la ſixiéme EH eſt à la quatriéme F ; Cela eſtant, je dis
que la Grandeur AG, compoſée de la premiere & de la
cinquiéme, eſt à la ſeconde C, comme la Grandeur DH,

composée de la troisiéme & de la sixiéme,
est à la quatriéme F ; Pour le prouver.

Puisque BG est à C, comme EH est à F ;
En Raison Inverse C est à BG, comme F est
à EH. Maintenant, AB est à C, comme DE
est à F par supposition ; C est à BG, comme F
est à EH, comme il vient d'estre prouvé ; Donc
par la 22. Prop. en Raison égale, AB est à BG,
comme DE est à EH ; Deplus, en composant
AG est à BG, comme DH est à EH ; BG est
à C, comme EH est à F, par supposition ; Partant
en Raison égale AG est à C, comme DH est à F ; Ce qu'il
falloit démontrer.

PROPOSITION XXV.

THEOREME XXV.

*Si quatre Grandeurs sont proportionelles, la plus grande
& la plus petite prises ensemble sont plus grandes
que les deux autres prises aussi ensemble.*

JE suppose que AB soit à CD, comme E est
à F ; & que AB soit la plus grande, & par
conséquent F la plus petite ; Cela estant, je
dis que les Grandeurs AB & F prises ensemble, sont plus grandes que CD & E prises
aussi ensemble ; Pour le prouver.

Retranchez de AB, la Partie AG égale à
E, & de CD, la Partie CH, égale à F ; Cela
posé.

La Toute AB sera à la Toute CD, comme la Retranchée AG est à la Retranchée CH ; Donc par la 19. Prop.
le Reste GB sera au Reste HD, comme la Toute est à la
Toute ; Or la Toute AB est supposée plus grande que CD ;
Partant le Reste GB sera aussi plus grand que le Reste

HD ; Si donc aux deux Grandeurs égales AG & E, on adjoûte les Grandeurs égales F & CH ; Il s'enfuivra que le Tout compofé de AG, & de F, fera égal au Tout compofé de E & de CH ; Que fi maintenant on adjoûte à ces deux Tous des Grandeurs Inégales, fçavoir GB d'un cofté, & HD de l'autre ; Il s'enfuivra que le Tout compofé de AB & de F fera plus grand que le Tout compofé de CD, & de E ; Ce qu'il falloit démontrer.

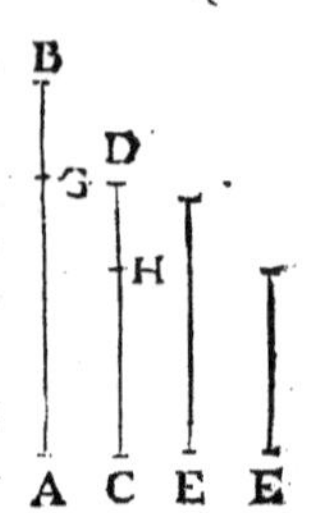

PROPOSITION XXVI.

THEOREME XXVI.

Si la premiere Grandeur a plus grande Raifon à la feconde que la troifiéme à la quatriéme ; En Raifon Inverfe tout aucontraire la feconde aura moindre Raifon à la premiere que la quatriéme à la troifiéme.

JE fuppofe qu'il y ait plus grande Raifon de A à B, que de C à D ; Cela eftant, jedis qu'en Raifon Iuverfe, tout aucontraire la Raifon de B à A, eft moindre que celle de D à C ; Pour le prouver.

Suppofons qu'il y ait mefme Raifon de E à B, que de C à D ; Cela pofé.

Puifqu'il y a plus grande Raifon de A à B, que de C à D, par fuppofition, Il y a donc auffi plus grande Raifon de A à B, que de E à B, & par confequent A eft plus grand que E, par la 10. Prop. D'où il fuit que la Raifon de B à A, eft moindre que celle de B à E, par la 8. Prop. Mais puifque par la Suppofition E eft à B, comme C eft à D, en Raifon Inverfe B eft à E, comme D à C, Donc la Raifon de B à A, eft auffi moindre que celle de D à C ; Ce qu'il falloit démontrer.

PROPOSITION XXVII.

THEOREME XXVII.

Si la premiere Grandeur a plus grande Raiſon à la ſe-
conde que la troiſiéme à la quatriéme ; En Raiſon
Alterne la premiere aura auſſi plus grande Raiſon à
la troiſiéme que la ſeconde à la quatriéme.

JE ſuppoſe qu'il y ait plus grande Raiſon de
A à B, que de C à D ; Cela eſtant, je dis
qu'en Raiſon Alterne il y a auſſi plus grande
Raiſon de A à C, que de B à D ; Pour le
prouver.

Suppoſons qu'il y ait meſme Raiſon de E à
B, que de C à D ; Cela poſé.

Puiſqu'il y a plus grande Raiſon de A à B,
que de C à D, par Suppoſition, Il y a donc auſſi plus
grande Raiſon de A à B, que de E à B ; Et par conſequent
A eſt plus grand que E, par la 10. Prop. D'où il ſuit qu'il
y a plus grande Raiſon de A à C, que de E à C ; Par la 8.
Prop. Mais puiſque par la Suppoſition E eſt à B, comme
C eſt à D, en Raiſon Alterne E eſt à C, comme B eſt à
D ; Donc il y a auſſi plus grande Raiſon de A à C, que
de B à D ; Ce qu'il falloit démontrer.

PROPOSITION XXVIII.

THEOREME XXVIII.

Si la premiere Grandeur a plus grande Raison à la se-
conde, que la troisiéme à la quatriéme ; En composant
la Composée de la premiere & de la seconde aura
aussi plus grande Raison à la seconde que la Compo-
sée de la troisiéme , & de la quatriéme n'aura à la
quatriéme.

JE suppose qu'il y ait plus grande Raison de la premiere Grandeur AB à la seconde BC, que de la troisiéme DE, à la quatriéme EF ; Cela estant, je dis qu'en composant il y a aussi plus grande Raison de la Toute AC à BC, que de la Toute DF à EF ; Pour le prouver.

Supposons que AB soit à BC, comme GE est à EF ; Cela posé.

Puisqu'il y a plus grande Raison de AB à BC, que de DE, à EF, par Supposition ; il y a donc aussi plus grande Raison de GE à EF, que de DE à EF ; & par conséquent GE est plus grand que DE ; Mais puisque par la Supposition AB est à BC, comme GE est à EF ; en composant AC est à BC, comme GF est à EF ; Mais puisque GF est plus grand que DF, il y a plus grande Raison de GF à EF, que de DF à EF, par la 8. Prop. Donc il y a aussi plus grande Raison de AC à BC, que de DF, à EF ; Ce qu'il falloit démontrer.

PROP.

PROPOSITION XXIX.

THEOREME XXIX.

*Si la Compofée de la premiere & de la feconde a plus
grande Raifon à la feconde , que la Compofée de la
troifiéme & de la quatriéme n'a à la quatriéme ; En
divifant , la premiere aura auffi plus grande Raifon à
la feconde, que la troifiéme à la quatriéme.*

JE fuppofe ces quatre Grandeurs
AB premiere, BC feconde, DE
troifiéme, EF quatriéme, & qu'il y
ait plus grande Raifon de la Compofée de la premiere & de la feconde,
fçavoir AC, à la feconde BC, que
de la Compofée de la troifiéme & de la quatriéme, fçavoir DF, à la quatriéme EF ; Cela eftant, je dis qu'en divifant il y a auffi plus grande Raifon de AB à BC, que de
DE à EF ; Pour le prouver.

Suppofons que GC foit à BC, comme DF eft à EF ;
Cela pofé.

Puifqu'il y a plus grande Raifon de AC à BC, que de
DF à EF, par Suppofition, Il y a donc auffi plus grande
Raifon de AC à BC, que de GC à BC ; Et par conféquent
AC eft plus grand que GC, par la 10. Prop. Oftant donc
de ces deux Grandeurs Inégales BC, qui leur eft commun,
le Refte AB fera plus grand que le Refte GB ; Et par conféquent il y a plus grande Raifon de AB à BC, que de GB
à BC, par la 8. Prop. Mais puifque par Suppofition GC
eft à BC, comme DF eft à EF, en divifant GB eft à BC,
comme DE eft à EF ; Donc il y a auffi plus grande Raifon de AB à BC, que de DE à EF ; Ce qu'il falloit démontrer.

H h

PROPOSITION XXX.

THEOREME XXX.

Si la Compofée de la premiere & de la feconde a plus grande Raifon à la feconde, que la Compofée de la troifiéme & de la quatriéme n'a à la quatriéme ; Par converfion de Raifon tout aucontraire, la Compofée de la premiere & de la feconde aura moindre Raifon à la premiere, que la Compofée de la troifiéme & de la quatriéme n'aura à la troifiéme.

JE fuppofe ces quatre Grandeurs AB premiere, BC feconde, DE troifiéme, EF quatriéme, & qu'il y ait plus grande Raifon de la Compofée de la premiere & de la feconde fçavoir AC à la feconde BC ; que de la Compofée de la troifiéme & de la quatriéme, fçavoir DF, à la quatriéme EF ; Cela eftant, je dis que par converfion de Raifon, AC aura moindre Raifon à AB, que DF n'aura à DE ; Pour le prouver.

Puifque par Suppofition, il y a plus grande Raifon de AC à BC, que de DF à EF ; en divifant, il y a auffi plus grande Raifon de AB à BC, que de DE à EF ; par la 19. Prop. Par conféquent en Raifon Inverfe, il y a moindre Raifon de BC à AB, que de EF à DE, par la 26. Prop. Et partant en compofant, il y a auffi umoindre Raifon de AC à AB, que de DF à DE ; Ce qu'il falloit démontrer.

PROPOSITION XXXI.

THEOREME XXXI.

S'il y a trois Grandeurs d'un cofté & trois d'un autre, & qu'il y ait plus grande Raifon de la premiere à la feconde, & de la feconde à la troifiéme d'une part, que de la premiere à la feconde, & de la feconde à la troifiéme de l'autre part ; en Raifon égale, il y aura auffi plus grande de la premiere à la troifiéme d'une part, que de la premiere à la troifiéme de l'au-tre part.

JE fuppofe d'une part trois Grandeurs, comme A, B, C, & d'autre part trois au-tres Grandeurs comme D, E, F ; & qu'il y ait plus grande Raifon de A à B, que de D à E ; & de B à C, que de E à F ; Cela eftant, je dis qu'en Raifon égale, il y a auffi plus grande Raifon de A à C, que de D à F ; Pour le prouver.

Suppofons que G foit à C, comme E eft à F ; Cela pofé.

Puifqu'il y a plus grande Raifon de B à C, que de E à F, par fuppofition, il y a donc auffi plus grande Raifon de B à C, que de G à C ; Et par confequent B eft plus grand que G, par la 10. Prop. Donc par la 8. Prop. il y a plus grande Raifon de A à G, que de A à B ; Mais par la Suppofition, il y a plus grande Raifon de A à B, que D à E ; Donc à plus forte Raifon, il y a plus grande Raifon de A à G, que de D à E.

Suppofons maintenant que H foit à G, comme D eft à

Hh ij

E ; Il y aura donc auſſi plus grande Raiſon de A à G, que de H à G, & par conſequent A eſt plus grand que H, par la 10.
Prop. D'où il ſuit, qu'il y a plus grande
Raiſon de A à C, que de H à C, par la
8. Prop. Mais puiſque par Suppoſition,
D eſt à E, comme H eſt à G ; & que E eſt
à F, comme G eſt à C, en Raiſon égale,
H eſt à C, comme D eſt à F, par la 22.
Prop. Donc il y a auſſi plus grande Raiſon
de A à C, que de D à F ; Ce qu'il falloit
démontrer.

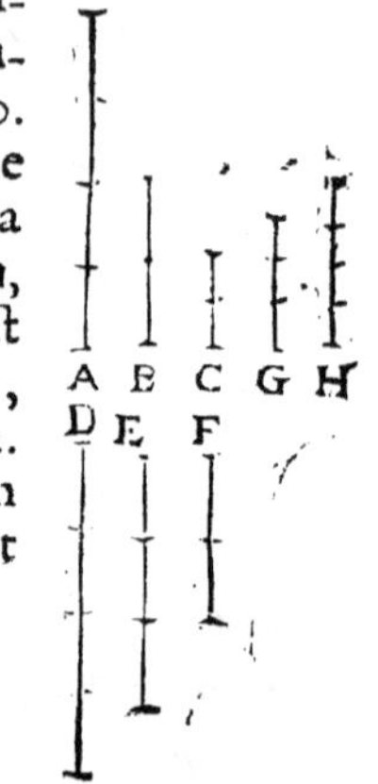

PROPOSITION XXXII.

THEOREME XXXII.

*S'il y a trois Grandeurs d'un coſté & trois d'un autre,
& qu'il y ait plus grande Raiſon de la premiere à la
ſeconde, & de la ſeconde à la troiſiéme d'une part,
que de la ſeconde à la troiſiéme, & de la premiere à la
ſeconde de l'autre part, en Raiſon égale, il y aura auſſi
plus grande Raiſon de la premiere à la troiſiéme d'une
part, que de la premiere à la troiſiéme de l'autre part.*

JE ſuppoſe d'une part trois Grandeurs comme A, B, C,
& d'autre part, trois autres Grandeurs comme D, E, F ;
& qu'il y ait plus grande Raiſon de A à B, que de E à F,
& de B à C, que de D à E ; Cela eſtant, je dis qu'en Raiſon égale, il y a auſſi plus grande Raiſon de A à C, que
de D à F ; Pour le prouver.
Suppoſons que G ſoit à C, comme D eſt à E ; Cela poſé.

Puisqu'il y a plus grande Raison de B à
C, que D à E, par supposition, il y a donc
aussi plus grande Raison de B à C, que
de G à C ; & par consequent B est plus
grand que G, par la 10. Prop. Donc par
la 8. Prop. Il y a plus grande Raison de
A à G, que de A à B ; Mais par la Supposition, il y a plus grande Raison de A à B,
que de E à F, donc à plus forte raison, il
y a plus grande Raison de A à G, que de
E à F.

Supposons maintenant que H soit à G,
comme E est à F ; Il y aura donc aussi plus
grande Raison de A à G, que de H à G ;
Et par consequent A est plus grand que
H, par la 10. Prop. D'où il suit, qu'il y a
plus grande Raison de A à C, que de H
à C, par la 8. Prop. Mais puis que par
Supposition D est à E, comme G est à
C, & que E est à F, comme H est à G,
en Raison égale H est à C, comme D est à F, par la 23.
Prop. Donc il y a aussi plus grande Raison de A à C, que
de D à F ; Ce qu'il falloit démontrer.

PROPOSITION XXXIII.

THEOREME XXXIII.

*S'il y a plus grande Raison du Tout au Tout, que du
Retranché au Retranché, il y aura aussi plus grande
Raison du Reste au Reste, que du Tout au Tout.*

IE suppose qu'il y ait plus
grande Raison de la Toute
AB à la Toute CD, que de la
Retranchée AE à la Retranchée

CF ; Cela eſtant, je dis qu'il y a auſſi plus grande Raiſon du Reſte EB au Reſte FD, que de la Toute AB à la Toute CD, Pour le prouver.

Puiſqu'il y a plus grande Raiſon de AB à CD, que de AE à CF, par ſuppoſition, donc en Raiſon alterne, Il y a auſſi plus grande Raiſon de AB à AE, que de CD à CF, par la 27. Prop. Et par converſion de Raiſon tout au contraire, il y a moindre Raiſon de AB· à EB, que de CD à FD, par la 30. Prop. Donc en Raiſon alterne, il y a auſſi moindre Raiſon de AB à CD, que de EB à FD, ou pour parler en d'autres termes, Il y a plus grande Raiſon de EB à FD, c'eſt à dire du Reſte au Reſte, que de AB à CD, c'eſt à dire du Tout au Tout ; Ce qu'il falloit démontrer.

PROPOSITION XXXIV.

THEOREME XXXIV.

S'il y a tant de Grandeurs que l'on voudra d'un coſté & autant d'un autre, & qu'il y ait plus grande Raiſon de la premiere d'une part, à la premiere de l'autre part, que de la ſeconde à la ſeconde ; Et auſſi plus grande Raiſon de la ſeconde à la ſeconde, que de la troiſiéme à la troiſiéme, & ainſi de ſuite ; la Compoſée de toutes les Grandeurs d'un coſté, aura plus grande Raiſon à la Compoſée de toutes les Grandeurs de l'autre, que (la premiere eſtant Retranchée de part & d'autre) le Reſte n'aura au Reſte ; Mais elle aura moindre Raiſon que la premiere à la premiere ; & plus grande Raiſon que la derniere à la derniere.

JE ſuppoſe d'une part trois Grandeurs comme A, B, C, & d'autre part, trois autres Grandeurs comme D, E, F,

& qu'il y ait plus grande Raison de A à D, que de B à E;
& encore plus grande Raison de B à E, que de C à F; Cela
estant, je dis que la composée de ABC, à plus grande
Raison à la Composée de DEF, que le Reste BC n'a au
Reste EF; mais qu'elle a moindre Raison que A n'a à
D; Et plus grande Raison que C n'a à F; Pour le prouver.

Puisqu'il y a plus gran-
de Raison de A à D, que
de B à E, par Supposi-
tion; Donc en Raison
alterne, il y a aussi plus
grande Raison de A à B, que de D à E, par la 27. Prop.
Et en composant, il y a aussi plus grande Raison de AB
pris ensemble à B, que de DE pris ensemble à E, par la
28. Prop. Et derechef en Raison alterne, il y a encore plus
grande Raison de la Toute AB à la Toute DE, que de B
à E; Et puisqu'il y a plus grande Raison de la Toute AB
à la Toute DE, que de la Retranchée B à la Retranchée
E; Il y a par conséquent aussi plus grande Raison de la
Restante A à la Restante D, que de la Toute AB à la Toute
DE, par la Proposition precedente; Par la mesme Raison,
il y a aussi plus grande Raison de B à E, que de la Toute
BC à la Toute EF; Donc à plus forte Raison, il y a aussi
plus grande Raison de A à D, que de la Toute BC à la
Toute EF; & en Raison alterne, il y a plus grande Rai-
son de A à la Toute BC, que de D à la Toute EF; Et
en composant, il y a aussi plus grande Raison de la Toute
ABC au Reste BC, que de la Toute DEF au Reste EF,
par la 28. Prop. Enfin en Raison alterne, il y a plus grande
Raison de la Toute ABC à la Toute DEF, que du Reste
BC au Reste EF; Ce qu'il falloit premierement démontrer.

Je dis en second lieu, qu'il y a moindre Raison de la Toute
ABC à la Toute DEF, que de A à D; Pour le prouver.

Puisqu'il y a plus grande Raison de la Toute ABC à la
Toute DEF, que de la Retranchée BC à la Retranchée
EF; Par conséquent, il y a aussi plus grande Raison de la

Reſtante A à la Reſtante D, que de la Toute ABC à la Toute DEF, par la Prop. precedente ; Ce qu'il falloit démontrer.

Je dis en troiſiéme lieu, qu'il y a plus grande Raiſon de la Toute ABC à la Toute DEF, que de C à F ; Pour le prouver.

Puiſqu'il y a plus grande Raiſon de B à E, que de C à F, par Suppoſition, Donc en Raiſon alterne, il y a auſſi plus grande Raiſon de B à C, que de E à F, par la 27. Prop. Et en compoſant, il y a plus grande Raiſon de la Toute BC à C, que de la Toute EF à F, par la 18. Prop. Donc derechef en Raiſon alterne, il y a plus grande Raiſon de la Toute BC à la Toute EF, que de C à F ; Mais il a eſté prouvé qu'il y a plus grande Raiſon de la Toute ABC à la Toute DEF, que de BC à EF, Donc à plus forte raiſon, il y a plus grande Raiſon de la Toute ABC à la Toute DEF, que de C à F ; Ce qu'il falloit encore démontrer.

Que s'il y avoit quatre ou pluſieurs Grandeurs de part & d'autre, on prouveroit aiſément la meſme choſe en ſuivant la meſme voye.

LIVRE SIXIE'ME

DES

ELEMENS DE GEOMETRIE.

DEFINITIONS.

1. **L**Es Figures Semblables, font celles qui ont les Angles égaux, chacun au fien ; & les coftez allentour des Angles égaux, proportionnaux.

Ainfi, fuppofé que dans les deux Triangles ABC, DEF, l'Angle A foit égal à l'Angle D, l'Angle B à l'Angle E, & l'Angle C à l'AnF ; Et d'ailleurs que AB foit à AC, comme DE à DF ; que AC foit à CB, comme DF à à FE ; & que AB foit à BC, comme DE eft à EF ; ces deux Triangles feront femblables.

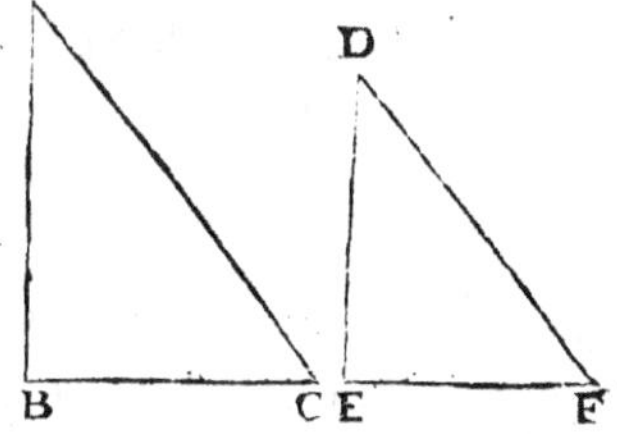

2. Les Figures Réciproques, font celles qui ont les Coftez allentour des Angles égaux, tellement Proportionnaux que le premier & quatriéme terme de la Proportion fe

trouvent dans l'une, & le second & troisiéme se trouvent dans l'autre.

Ainsi, les Parallelogrammes ABCD, EFGH, seront des Figures Réciproques, si comme AB est à EF, ainsi FG est

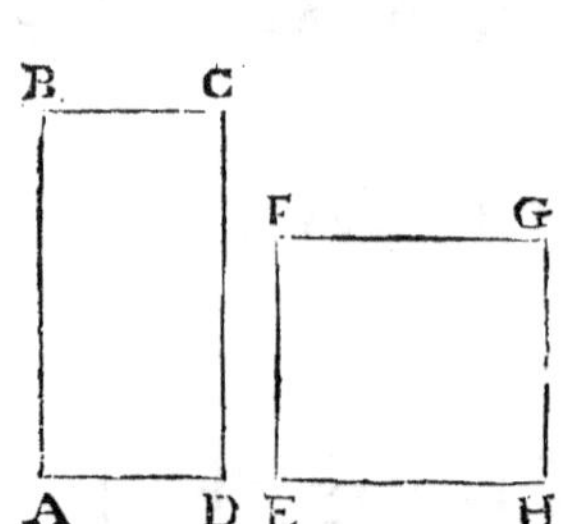
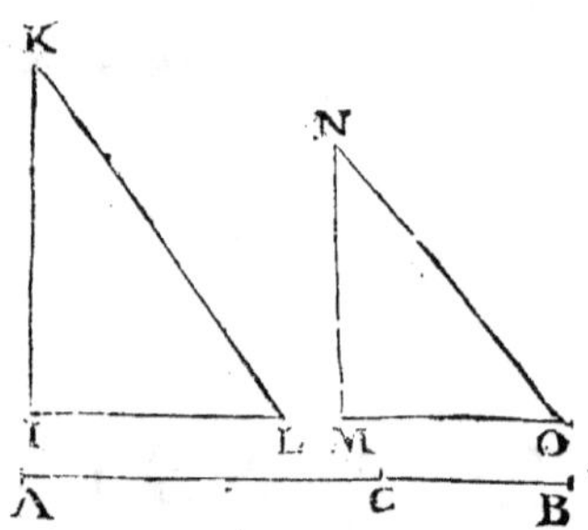

à BC. De mesme, les deux Triangles IKL, MNO, seront des Figures Réciproques, si comme IK est à MN, ainsi MO est à IL.

3. Une Ligne droitte est ditte estre divisée en Moyenne & Extreme Raison, quand la Toute est à la plus grande Partie, comme la plus grande Partie est à la plus petite.

Ainsi, la Ligne AB, sera ditte estre divisée en Moyenne & Extrême Raison, si elle est tellement divisée au Point C, que la Toute AB soit à la Partie AC, comme AC est à CB.

4. La hauteur d'une Figure est la Perpendiculaire tirée du Sommet sur la Baze.

Ainsi, la hauteur du Triangle ABC est la Perpendiculaire AD, qui est tirée du Sommet A sur la Baze BC ; De mesme, la hauteur du Triangle EFG est la Per-

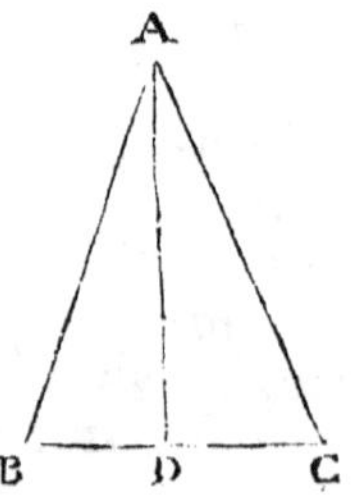
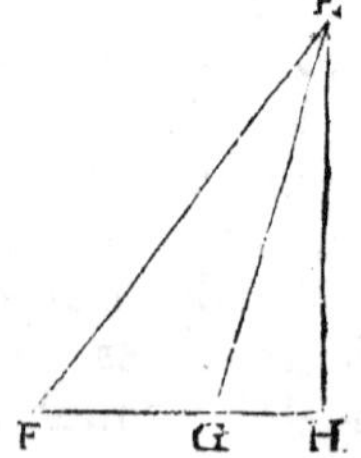

pendiculaire EH, qui tombe du Sommet E ſur la Baze FG, prolongée.

Il eſt important pour la ſuitte de remarquer icy, que ſi deux Figures qui ont leurs Bazes dans une meſme Ligne droitte & de meſme part, ſont de meſme hauteur, elles ſont entre-meſmes Paralleles ; Et que ſi elles ſont entre mêmes Paralleles, elles ſont de meſme hauteur.

Je ſuppoſe que les Triangles ABC, DEF, qui ont leurs Bazes BC, EF, dans la meſme Ligne droitte BH, & de meſme part, ſoient de meſme hauteur, c'eſt à dire que les Lignes AG, DH, qui ſont abbaiſſées des Points A, & D, per-

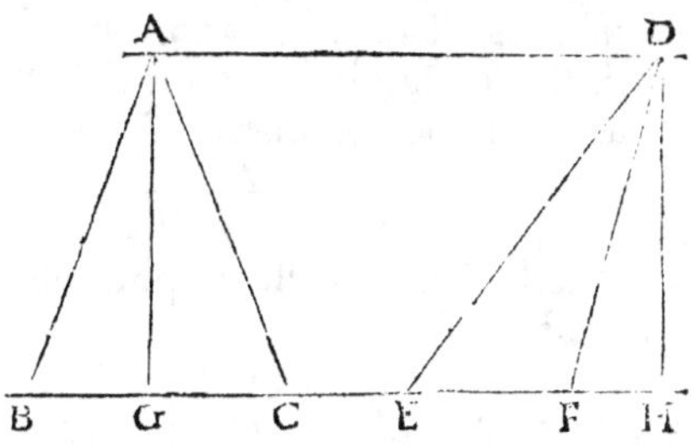

pendiculairement ſur BH, ſoient égales ; Cela eſtant, je dis que ces Triangles ABC, DEF, ſont entre meſmes pa-ralleles, c'eſt à dire qu'en tirant par les Points A, & D, la Ligne droitte AD, cette Ligne eſt parallele à la Ligne BH.

Car puiſque les Lignes AG, DH, ſont Perpendiculaires à BH, les Angles AGH, & DHG, ſont Droits ; & par-tant, par la 28. du 1. les Lignes AG, DH, ſont paralleles ; D'ailleurs elles ſont ſuppoſées Egales ; Donc par la 33. du 1. les Lignes droittes AD, GH, qui joignent leurs extre-mitez ſont paralleles ; Ce qu'il falloit démontrer.

Je ſuppoſe en ſecond lieu, que les Lignes AD, BH, en-tre leſquelles ſont les deux Triangles ABC, DEF, ſont pa-ralleles ; Cela eſtant, je dis que les deux Lignes AG, DH, qui marquent la hauteur de ces deux Triangles, ſont éga-les entr'elles.

Car puiſque les Lignes AG, DH, ſont Perpendiculaires à BH, elles ſont paralleles ; D'ailleurs, les Lignes AD, GH, ſont ſuppoſées paralleles, ainſi la Figure AGHD, eſt un Parallelogramme, & par la 34. du 1. les Coſtez oppoſez

AG, DH, sont égaux ; Ce qu'il falloit encore démontrer.

5. Un Parallelogramme est dit estre appliqué à une Ligne droitte, quand il a pour Baze, ou pour l'un de ses Costez, cette Ligne droitte proposée.

Ainsi le Parallelogramme AD qui a pour Baze la Ligne droitte proposée AC est dit estre appliqué à cette Ligne.

6. Un Parallelogramme *Défaillant*, est un Parallelogramme, dont la Baze est plus petite que la Ligne proposée, sur laquelle il est dit estre appliqué.

Ainsi, le Parallelogramme AD, est un Parallelogramme *Défaillant*; à cause que sa Baze AC est plus petite que la Ligne proposée AB, à laquelle il est dit estre appliqué, du Reste CB.

7. Le Défaut d'un Parallelogramme Défaillant, est un Parallelogramme qui a pour Baze le Reste de la Ligne proposée, & qui avec le Défaillant fait un Parallelogramme total.

Ainsi, dans cette Figure, le Parallelogramme CF est le Défaut du Parallelograme AD; à cause qu'il a pour Baze le Reste CB, est qu'il compose avec AD le Parallelogramme total AF.

8. Un Parallelogramme *Excedant*, est un Parallelogramme total, dont la Baze est plus grande que la Ligne proposée, à laquelle il est dit estre appliqué.

Ainsi, le Parallelogramme AF est un Parallelogramme *Excedant* ; à cause que sa Baze AB est plus grande que la Ligne proposée AC, à laquelle il est dit estre appliqué, de la Partie CB.

9. L'Excez d'un Parallelogramme Excedant, est un Parallelogramme qui a pour Baze la Partie dont il excede, & qui estant retranché du Parallelogramme total, le Reste est un Parallelogramme justement appliqué à la Ligne proposée.

Ainsi, le Parallelogramme CF est cet excez ; à cause qu'il a pour baze la Partie Excedante CB, & qu'estant retranché du Parallelogramme total AF, il reste le Parallelogramme AD, qui est justement appliqué à la Ligne proposée AC.

10. Un Secteur de Cercle, est une Figure comprise de deux Demy-diametres & d'une Partie de la Circonference.

Ainsi, la Figure ABC, est un Secteur de Cercle, parce qu'elle est comprise des deux Demy-diametres AB, AC, & d'une partie de la Circonference, BC.

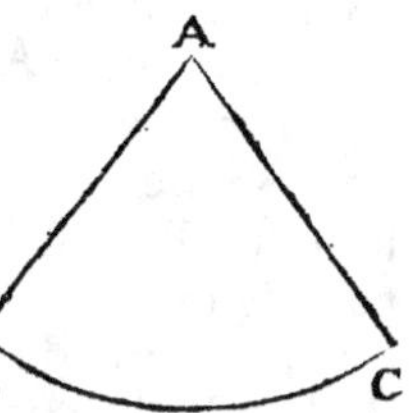

PROPOSITION I.

THEOREME I.

Les Triangles & les Parallelogrammes de mesme hauteur, sont entr'eux en mesme Raison que leurs Bazes.

JE suppose 1°. Que les deux Triangles ABC, ACB, soient de mesme hauteur ; Cela estant, je dis que comme la Baze BC, est à la Baze CD, ainsi le Triangle ABC, est au Triangle ACD ; Pour le prouver.

Prolongez la Ligne BD, qui est composée des deux Bazes, indefiniment vers H, & vers I ;

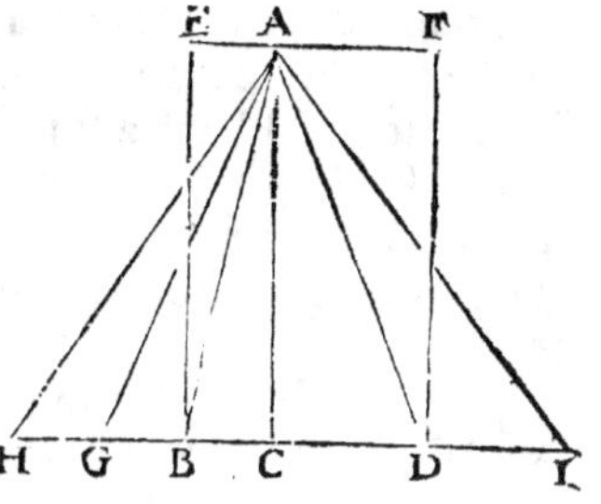

Puis ayant pris d'une part plusieurs Parties égales à BC, comme BG, GH ; & d'autre part plusieurs Parties égales à CD, comme DI, menez les Lignes droittes AG, AH, AI ; Cela posé.

Puisque les Triangles ABC, ABG, AGH, sont sur Bazes égales, sçavoir CB, BG, GH, & entre mesmes Paralleles, comme il a esté prouvé cy-devant, ils sont égaux ent'eux, par la 38. du 1. Et par consequent autant de fois que la Ligne HC, contient la Ligne BC, autant de fois le Triangle

ACH, contient le Triangle ABC ; & ainsi la Ligne HC, & le Triangle ACH, font Equimultiples de la premiere & de la troisiéme des quatre Grandeurs que je dis estre proportionelles ; De mesme, puisque les Triangles ACD, ADI, font sur Bazes égales, sçavoir CD, DI, & entre-mesmes paralleles, ils font aussi égaux entr'eux ; Et par consequent autant de fois que la Ligne CI contient CD, autant de fois le Triangle ACI, contient le Triangle ACD ; & ainsi la Ligne CI, & le Triangle ACI, font Equimultiples de la seconde & de la quatriéme des quatre Grandeurs que je dis estre proportionelles ; Or si la Ligne HC est égale à CI, le Triangle ACH, est égal au Triangle ACI, par là 38. du 1. Si la Ligne HC est plus grande que CI, le Triangle ACH est plus grand que le Triangle ACI ; & si la Ligne HC est plus petite que CI, le Triangle ACH est aussi plus petit que le Triangle ACI ; D'où il suit par le second Axiome du 5. que comme la premiere Grandeur BC est à la seconde CD, ainsi la troisiéme ABC est à la quatriéme ACD ; Ce qu'il falloit démontrer.

Je suppose en second lieu, que les Parallelogrammes AEBC, & ACDF, soient de mesme hauteur ; Cela estant, je dis que comme la Baze BC est à la Baze CD, ainsi le Parallelogramme AEBC est au Parallelogramme ACDF ; Pour le prouver.

Par ce qui vient d'estre démontré, la Baze BC est à la Baze CD, comme le Triangle ABC est au Triangle ACD ; Mais ces Triangles font les moitiez de ces Parallelogrammes, par la 41. du 1. Donc le Triangle ABC est au Triangle ACD, comme le Parallelogramme AEBC est au Parallelogramme ACDF, par la 15. Prop. du 5. Et partant, comme la Baze BC est à la Baze CD, ainsi le Parallelogramme AEBC eſt au Parallelogramme ACDF ; Ce qu'il falloit démontrer.

PROPOSITION II.

THEOREME II.

Si une Ligne droitte menée dans un Triangle eſt Parallele à l'un de ſes Coſtez, & coupe les deux autres, elle les coupera proportionellement ; Et ſi elle coupe deux de ſes Coſtez proportionellement elle ſera Parallele au troiſiéme.

JE ſuppoſe 1o. que dans le Trian-gle ABC, la Ligne droitte DE, ſoit menée parallele au Coſté BC, & qu'elle coupe les deux autres Coſtez AB, AC ; Cela eſtant, je dis que ces deux Coſtez ſont coupez propor-tionellement, c'eſt à dire que com-me AD eſt à DB, ainſi AE eſt à EC ; Pour le prouver.

Menez les Lignes droittes BE, DC ; Cela poſé.

Puiſque les Triangles DBE, DCE, ſont ſur une meſme Baze, à ſçavoir DE, & entre-meſmes Paralleles BC, DE, ils ſont égaux entr'eux, par la 36. du 1. D'ailleurs, puiſ-que les Triangles ADE, BDE, ſont de meſme hauteur, Il s'enſuit par la Propoſition precedente que la Baze AD eſt à la Baze DB, comme le Triangle ADE eſt au Triangle BDE, ou à ſon égal CED ; Mais les Triangles ADE, CED, eſtant de meſme hauteur, Il s'enſuit auſſi que le Triangle ADE eſt au Triangle CED, comme la Baze AE eſt à la Baze EC ; Partant par la 11. Prop. du 5. AD eſt à DB, comme AE eſt à EC ; Ce qu'il falloit démontrer.

Je ſuppoſe en ſecond lieu, que la Ligne DE coupe de telle

forte les deux Coſtez AB, AC, que AD ſoit à DB, comme AE eſt à EC ; Cela eſtant, je dis que la Ligne DE
eſt parallele à BC ; Pour le prouver.

Puiſque les Triangles ADE, BDE,
ſont de meſme hauteur , ils ſont
entr'eux comme leurs Bazes, par la
1. Prop. donc le Triangle ADE,
eſt au Triangle BDE, comme AD
eſt à DB ; Mais par la Suppoſition
AD eſt à DB, comme AE eſt à
EC ; Donc le Triangle ADE eſt
au Triangle BDE, comme AE eſt
à EC; D'ailleurs, puiſque les Triangles ADE, CED, ſont de meſme

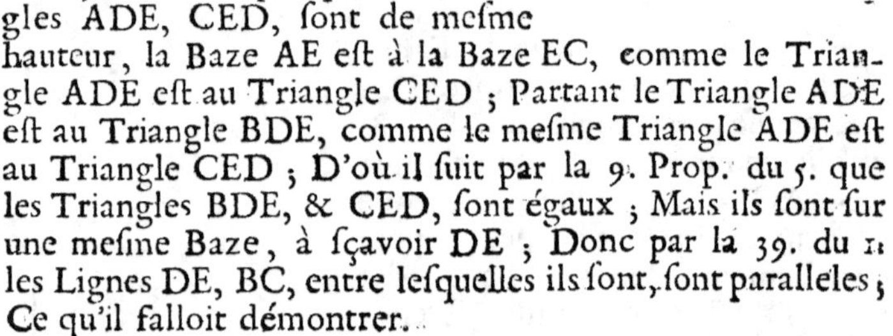

hauteur, la Baze AE eſt à la Baze EC, comme le Triangle ADE eſt au Triangle CED ; Partant le Triangle ADE
eſt au Triangle BDE, comme le meſme Triangle ADE eſt
au Triangle CED ; D'où il ſuit par la 9. Prop. du 5. que
les Triangles BDE, & CED, ſont égaux ; Mais ils ſont ſur
une meſme Baze, à ſçavoir DE ; Donc par la 39. du 1.
les Lignes DE, BC, entre leſquelles ils ſont, ſont paralleles ;
Ce qu'il falloit démontrer.

Corollaire.

De ce que AD eſt à DB, comme AE eſt à EC, Il s'én-
ſuit en Raiſon Inverſe, que DB eſt à DA, comme EC eſt
à EA ; Et en Raiſon Alterne, que DB eſt à EC, comme
DA eſt à EA ; Et en compoſant, que AB eſt à AD,
comme AC eſt à AE.

PROPOSITION III.

THEOREME III.

Si l'Angle d'un Triangle est coupé en deux également par une Ligne droitte qui coupe aussi la Baze, elle la coupera proportionellement aux deux autres Costez; Et si elle coupe la Baze proportionellement aux deux autres Costez, elle divisera l'Angle en deux également.

JE suppose 1º. Que l'Angle BAC, du Triangle ABC, soit coupé en deux également par la Ligne droitte AD, qui coupe la Baze BC, au Point D; Cela estant, je dis qu'elle la coupe proportionelle-ment aux deux autres Costez, c'est à dire que

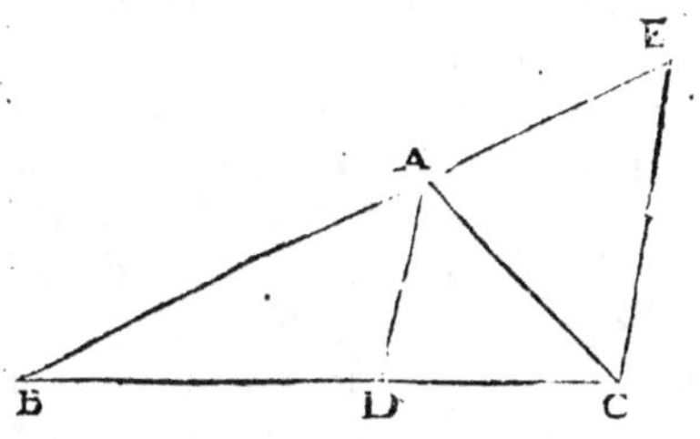

BD est à DC, comme BA est à AC; Pour le prouver.

Prolongez la Ligne BA, vers E, & menez par le Point C, la Ligne CE parallele à AD; Cela posé.

Puisque les Lignes AD, EC, sont paralleles, & que la Ligne AC, tombe dessus, l'Angle ACE est égal à son Op-posé alternativement DAC, par la 29. du 1. De mesme, puisque les Lignes AD, EC, sont paralleles, & que la Ligne BAE, tombe dessus, l'Angle Interieur AEC est égal à son exterieur BAD, par la 29. du 1. Mais par la Suppo-sition, les deux Angles BAD, DAC, sont égaux; donc les deux Angles ACE, AEC, sont égaux entr'eux; D'où il suit par la 6. du 1. que les deux Costez AE, AC, qui les soûtien-nent, sont aussi égaux entr'eux; D'ailleurs, puisque la

K k

Ligne AD, qui est menée dans le Triangle BEC, est parallele au Costé EC, Il s'ensuit par la Prop. precedente,
que comme BD est à DC, ainsi BA est à AE, ou à AC, son
egale ; Ce qu'il falloit 1o. démontrer.

Je suppose en second
lieu, que la Ligne AD, qui
coupe l'Angle BAC, cou-
pe la Baze BC, propor-
tionellement aux deux au-
tres Costez ; c'est à dire
que BD est à DC, com-
me BA est à AC ; Cela
estant, je dis que l'Angle
BAC, est coupé en deux
également. Pour le prouver.

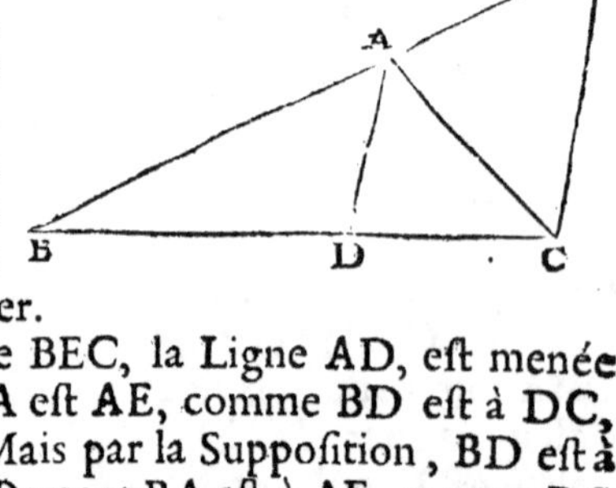

Puisque dans le Triangle BEC, la Ligne AD, est menée
parallele au Costé EC, BA est AE, comme BD est à DC,
par la Prop. precedente ; Mais par la Supposition, BD est à
DC, comme BA est à AC ; Partant BA est à AE, comme BA
est à AC, par la 11. Prop. du 5. D'où il suit, par la 9. Prop.
du 5. que les Lignes AE, AC sont égales ; Et par conséquent par la 5. Prop. du 1. les Angles ACE, & AEC, sont
égaux entr'eux ; Or puisque les Lignes AD, EC, sont paralleles, & que la Ligne AC, tombe dessus, l'Angle DAC
est égal à son Alterne ACE, par la 29. Prop. du 1. De
mesme, puisque les Lignes AD, EC, sont paralleles, &
que la Ligne BAE tombe dessus, l'Angle Exterieur BAD,
est égal à son Opposé Interieur AEC ; Mais les deux Angles ACE, AEC, sont égaux entr'eux, comme il a esté
prouvé, donc les deux Angles BAD, DAC, sont aussi
égaux entr'eux, Ce qu'il falloit démontrer.

PROPOSITION IV.

THEOREME IV.

Les Triangles Equiangles ont les Coſtez allentour des Angles égaux Proportionaux.

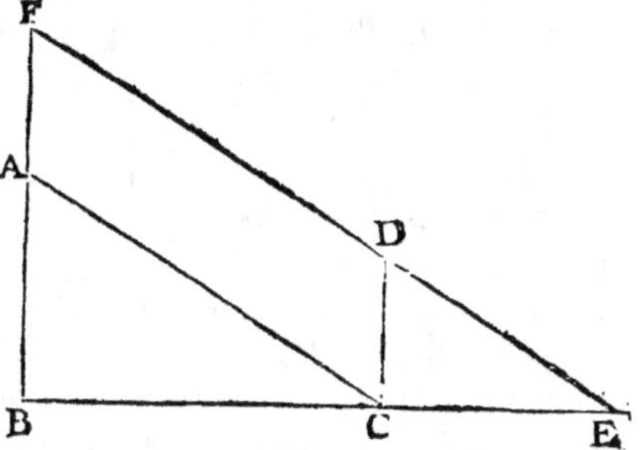

JE ſuppoſe que les Triangles ABC, & DCE, ſoient Equiangles, c'eſt à dire, que l'Angle ACB ſoit égal à l'Angle DEC, que l'Angle CBA ſoit égal à l'Angle ECD, & que l'Angle BAC ſoit égal à l'Angle CDE ; Cela eſtant, je dis que les Coſtez de ces Triangles qui ſont autour des Angles égaux, ſont Proportionaux , c'eſt à dire que DE eſt à EC, commme AC eſt à CB ; que EC eſt à CD, comme CB eſt à BA ; & que CD eſt à DE, comme BA eſt à AC ; Pour le prouver.

Diſpoſez ces deux Triangles ABC, DCE, enſorte que les deux Lignes BC, CE, ſe rencontrent directement ; Puis continuez les Coſtez ED, BA, vers F ; Cela poſé.

Puiſque par la Suppoſition l'Angle DEC eſt égal à l'Angle ACB, les deux Angles B, & E, valent moins que deux Droits par la 17. Prop. du 1. Et partant les deux Lignes ED, BA, eſtant prolongées vers F, ſe rencontreront ; D'ailleurs, puiſque la Ligne droitte BCE, tombe ſur les deux Lignes droittes EF, CA, & que l'Angle Exterieur ACB eſt égal à ſon Oppoſé Interieur E, par Suppoſition, Ces deux Lignes EF, CA, ſont paralleles, par la 28. du 1. De meſme, puiſque la Ligne droitte BCE, tombe ſur les deux Lignes droittes CD, BF, & que l'Angle Exterieur DCE, est égal à son Opposé Interieur B, par Supposition, Ces deux Lignes CD, BE, sont aussi paralleles ; Et par consequent la Figure ACDF, est un Parallelogramme ; D'où il suit que DF est égale à CA, & CD égale à AF, par la 34. du 1 ; Maintenant, puisque CD, est parallele à BF, Il s'en-suit par la 2. Prop. que comme ED est à DF, ou à CA son égale, ainsi EC est à CB ; Et en Raison Alterne, comme ED est à EC, ainsi CA est à CB ; De mesme, puisque CA est Parallele à EF, Il

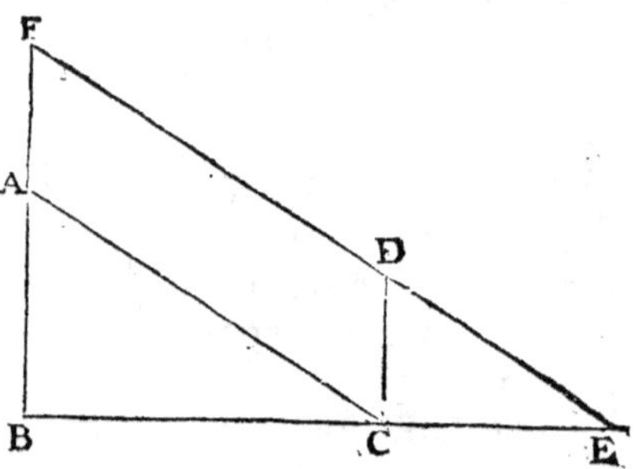

s'ensuit par la 2. Prop. que comme EC est à CB, ainsi FA, ou CD son égale est à AB ; Et en Raison Alterne, comme EC est à CD, ainsi CB est à AB ; Nous avons donc d'une part trois Grandeurs DE, EC, CD, & d'autre part trois autres Grandeurs AC, CB, BA, lesquelles prises deux à deux sont proportionelles ; Partant en Raison égale, comme la premiere DE est à la derniere DC, ainsi la premiere AC est à la derniere AB ; Et ainsi dans les Triangles Equiangles, les Costez qui sont allentour des Angles égaux sont Proportionnaux ; Ce qu'il falloit démontrer.

I. Corollaire.

Il suit de là que les Triangles Equiangles sont Semblables.

II. Corollaire.

Il suit encore de là que si on mene dans un Triangle une Ligne droitte parallele à l'un des Costez, Elle retranchera un Triangle Semblable au Total.

Ainſi, ſi dans le Triangle ABC, on mene la Ligne DE, parallele à BC, le
Triangle ADE ſera Semblable au Total
ABC ; Car, par la 29. du 1. l'Angle ADE
eſt égal à l'Angle B, & l'Angle AED
eſt égal à l'Angle C ; Et l'Angle A eſt
commun à ces deux Triangles, donc ils
ſont Equiangles, & par conſequent Semblables.

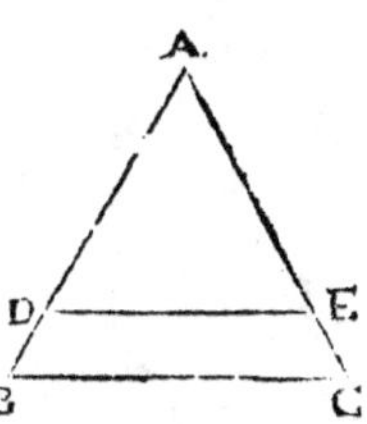

PROPOSITION V.

THEOREME V.

Les Triangles qui ont leurs Coſtez proportionaux
ſont Equiangles.

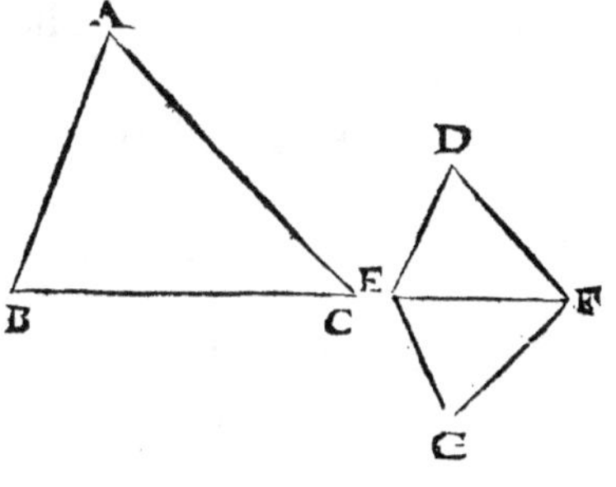

JE ſuppoſe que dans les
Triangles ABC, DEF,
AB ſoit à BC, comme
DE eſt à EF, que BC ſoit
à CA, comme EF eſt à
FD, & enfin que AB ſoit
à AC, comme DE eſt à
DF ; Cela eſtant, je dis
que ces deux Triangles
ABC, DEF, ſont Equian-
gles ; Pour le prouver.

Faites au Point E, l'Angle FEG égal à l'Angle B, & au
Point F ; l'Angle EFG égal à l'Angle C ; Cela eſtanr,
l'Angle G ſera égal à l'Angle A, par la 32. du 1. & les deux
Triangles ABC, & EFG, ſeront Equiangles ; Cela poſé.

Puiſque ces deux Triangles ſont Equiangles, par la Pro-
poſition precedente, EF eſt à EG, comme BC eſt à BA ;
Mais BC eſt à BA, comme EF eſt à ED, par Suppoſition,
Partant, par la 11. Prop. du 5. EF eſt à EG, comme EF

eſt à ED ; Et par conſe-
quent les Lignes EG, ED,
ſont égales, par la 9. Prop.
du 5. De meſme, EF eſt
à FG, comme BC eſt
à CA ; Mais BC eſt
à CA, comme EF eſt à
FD ; partant EF eſt à FG,
comme EF eſt à FD, &
par conſequent les Lignes
FG, FD, ſont égales, par
la 9. Prop. du 5. Mainte-

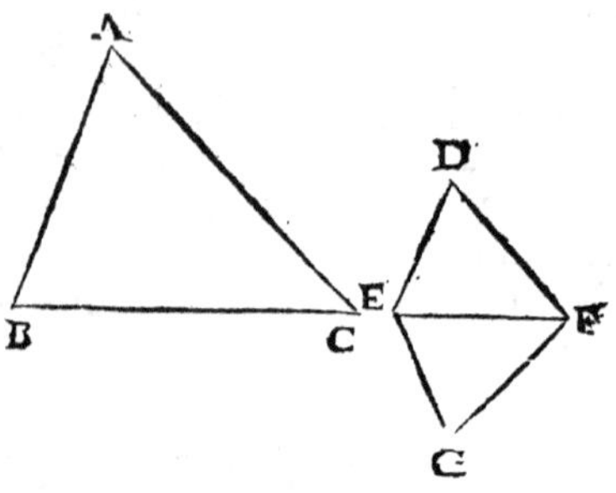

nant, puiſqu'aux Triangles EFD, EFG, les deux Coſtez
EF, ED ſont égaux aux deux Coſtez EF, EG, chacun au
ſien, & la Baze FD égale à la Baze FG, le Triangle EFD
eſt en tout égal au Triangle EFG, par la 8. du 1 ; Mais le
Triangle EFG eſt Equiangle au Triangle ABC, par conſtruction ; donc le Triangle EFD eſt auſſi Equiangle au
Triangle ABC ; Ce qu'il falloit démontrer.

PROPOSITION VI.

THEOREME VI.

Si deux Triangles ont un Angle égal à un Angle, & les
Coſtez d'allentour proportionnaux, ils ſeront
Equiangles.

JE ſuppoſe que dans les deux Triangles ABC, DEF,
l'Angle B ſoit égal à l'Angle DEF, & que comme BC
eſt à BA, ainſi EF ſoit à ED ; Cela eſtant, je dis que le Triangle ABC eſt Equiangle au Triangle DEF ; Pour le prouver.
Faites l'Angle FEG égal à l'Angle B, & l'Angle EFG
égal à l'Angle C, Cela eſtant, l'Angle G ſera égal à l'Angle A, par la 32. Prop. du 1. & les deux Triangles ABC,
EFG, ſeront Equiangles ; Cela poſé.

Puifque ces deux Trian-
gles font Equiangles EF
eft à EG, comme BC eft
à BA, par la 4. Prop.
Or BC eft à BA, com-
me EF eft à ED, par fup-
pofition ; Donc EF eft
à EG, comme EF eft à
ED ; Et partant par la 9.
Prop. du 5. les Coftez
ED, & EG, font égaux ;
Maintenant aux Trian-

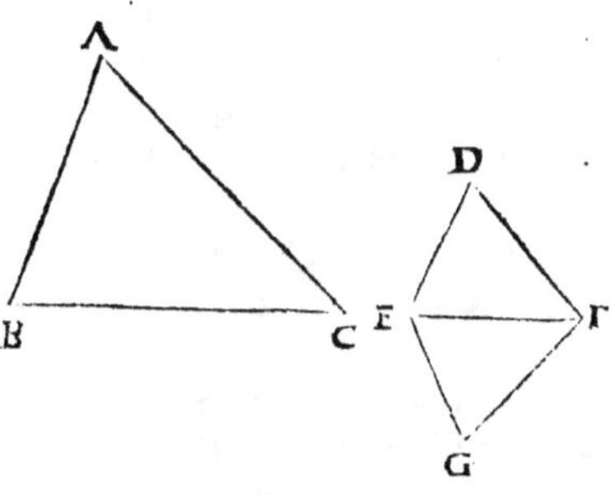

gles EFD, EFG, les deux Coftez EF, ED, font égaux aux
deux Coftez EF, EG, chacun au fien, & l'Angle FED
égal à l'Angle FEG, pufqu'ils font tous deux égaux à
l'Angle B ; Partant par la 4. du 1. le Triangle EFD eft
égal en tout au Triangle EFG ; Mais le Triangle EFG eft
Equiangle au Triangle ABC, par conftruction ; donc le
Triangle EFD eft auffi Equiangle au Triangle ABC ; Ce
qu'il falloit démontrer.

PROPOSITION VII.
THEOREME VII.

*Si deux Triangles ont un Angle Egal à un Angle, & les Co-
ftez qui font allentour d'un autre Angle proportionaux,
(le troifiéme Angle de l'un eftant de mefme efpece que
celuy de l'autre) ces deux Triangles feront Equiangles.*

JE fuppofe que dans les
deux Triangles ABC,
DEF, l'Angle A foit égal
à l'Angle D ; que le Co-
fté AB foit au Cofté BC,
comme le Cofté DE eft au
Cofté EF ; Et deplus que
l'Angle C foit de mefme efpece que l'Angle F ; C'eft à

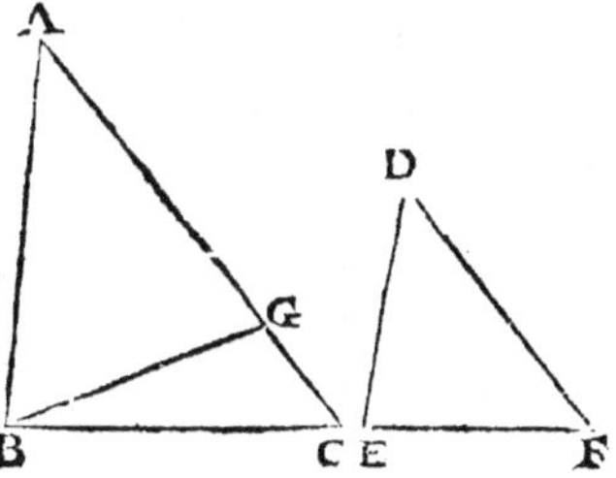

dire, que si l'Angle F, est droit, obtus, ou aigu comme
icy, l'Angle C, le soit aussi ; Cela estant, je dis que le
Triangle ABC est Equiangle au Triangle DEF ; Et premierement, je dis que l'Angle ABC est égal à l'Angle E ;
Pour le prouver.

Si l'Angle ABC n'estoit pas égal à l'Angle E ; Il s'ensuivroit que l'un seroit plus grand que l'autre, supposons que
ce soit ABC ; Cela posé.

Retranchez de cet Angle,
l'Angle ABG égal à l'Angle
E, par la 23. du 1. Et puisque
l'Angle A est égal à l'Angle
D, par supposition, le troisiéme BGA sera égal au
troisiéme F, & ainsi les deux
Triangles ABG, & DEF, se-
ront Equiangles ; Desorte
que si l'Angle F, est aigu
comme icy, l'Angle BGA,

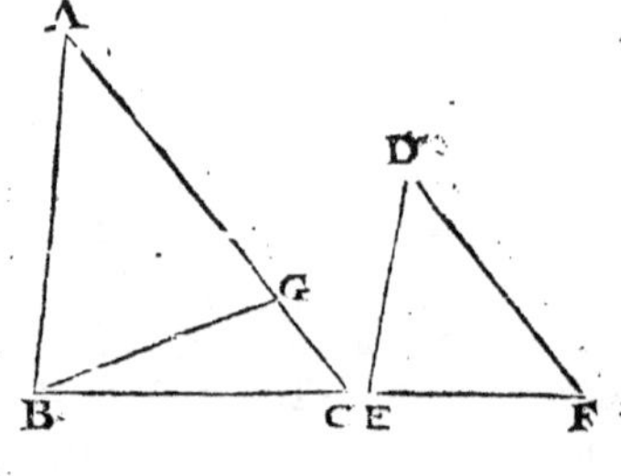

sera aussi aigu, & par consequent son Complement a deux
Droits BGC sera obtus ; D'ailleurs, puisque les deux Triangles ABG, & DEF, sont Equiangles, le Costé AB sera à
BG, comme DE est à EF, par la 4. Prop. Mais DE est à
EF, comme AB est à BC, par supposition ; Donc AB est à
BG, comme AB est à BC ; D'où il suit, par la 9. Prop. du
5. que les deux Costez BG, BC, sont égaux, & par la 5.
Prop. du 1. que l'Angle BGC est égal à l'Angle C ; Mais
l'Angle C, a esté supposé aigu, donc l'Angle BGC sera
aussi aigu ; Mais cet Angle a déja esté prouvé obtus ; Et
ainsi l'Angle BGC, seroit ensemble obtus & aigu ; Ce qui
est impossible ; Il est donc impossible que les Angles C,
& F estant aigus, l'Angle ABC soit plus grand que l'Angle E.

Que si l'on eust supposé au commencement que les Angles C & F, eussent esté obtus, on auroit prouvé de mesme
que l'Angle BGA, auroit esté obtus ; Et par consequent
que son Supplement a deux Droits BGC, auroit esté aigu ;

puis

Puis monſtrant que cet Angle BGC, ſeroit auſſi égal
à l'Angle obtus C, Il ſeroit arrivé que l'Angle BGC
auroit dû eſtre Aigu & obtus tout enſemble ; Ce qui eſt
impoſſible ; Si bien qu'il eſt abſolument impoſſible que
l'Angle ABC ſoit plus grand que l'Angle E ; Et comme
l'on peut prouver de meſme que l'Angle E ne ſçauroit eſtre
plus grand que l'Angle ABC, Il s'enſuit que ces deux Angles ſont égaux ; Mais l'Angle A eſt égal à l'Angle D,
par ſuppoſition ; Par conſequent les deux Angles C, & F,
ſont auſſi égaux, par la 32. du 1. Ce qu'il falloit démontrer.

PROPOSITION VIII.

THEOREME VIII.

*Si de l'Angle droit d'un Triangle Rectangle on abaiſſe
une Perpendiculaire ſur la Baze, elle le diviſera en
deux autres Triangles, qui ſeront Semblables entr'eux, & au Total.*

JE ſuppoſe que le Triangle
ABC, ſoit Rectangle, & que
de l'Angle droit BAC, on
abaiſſe la Ligne droitte AD
perpendiculaire à la Baze BC ;
Cela eſtant, je dis premierement que les deux Triangles
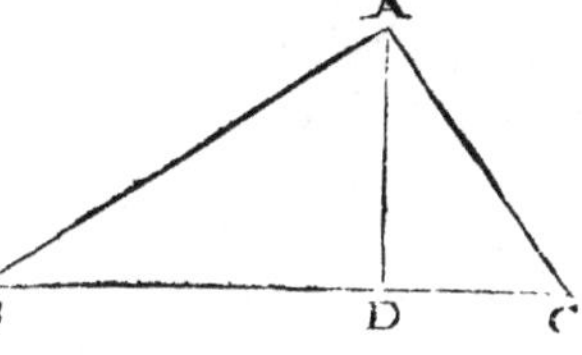

ABD, ADC, dans leſquels le Triangle ABC, eſt diviſé,
luy ſont Semblables ; Pour le prouver.

Au Triangle ABD, l'Angle BDA, eſt droit , & égal à
l'Angle BAC ; Deplus l'Angle B eſt commun aux deux
Triangles ABD, & ABC ; Par conſequent le troiſiéme
BAD eſt égal au troiſiéme BCA ; Et ainſi ces deux Triangles ſont Equiangles & Semblables, par la 4. Prop. & par
la 1. Définition.

De mesme, au Triangle ADC, l'Angle ADC, est Droir, & égal à l'Angle BAC ; Deplus, l'Angle C est commun aux deux Triangles ADC, & ABC ; & par consequent le troisiéme DAC est égal au troisiéme CBA ; Et ainsi ces deux Triangles sont Equiangles & Semblables ; Ce qu'il falloit démontrer.

Je dis en second lieu, que les deux Triangles ABD, & ADC, sont semblables entr'eux ; Pour le prouver.

L'Angle ADB est égal à l'Angle ADC, estant Droits, par construction ; L'Angle ABD a esté prouvé égal à l'Angle DAC, & l'Angle BAD à l'Angle ACD ; Et partant, ces deux Triangles sont Equiangles & Semblables ; Ce qu'il falloit démontrer.

Corollaire.

Il suit de cette Proposition, que si de l'Angle Droit d'un Triangle Rectangle on abaisse une Perpendiculaire sur la Baze, elle sera Moyenne proportionnelle entre les deux Parties de la Baze, C'est à dire que commme une des Parties de la Baze sera à cette Perpendiculaire, ainsi cette Perpendiculaire sera à l'autre Partie ; Car puisque les deux Triangles ADB, ADC, sont semblables, les Costez allentour de leurs Angles Droits doivent estre Proportionnaux, par la 4. Prop. Et partant, comme BD est à DA, ainsi DA est à DC.

PROPOSITION IX.

PROBLEME I.

Vne Ligne Droitte eſtant donnée en retrancher une
Partie demandée.

JE ſuppoſe que la Ligne Droitte AB ſoit donnée , & je
propoſe d'en retrancher une Partie demandée , comme
par exemple la cinquiéme Partie ; Pour le faire.

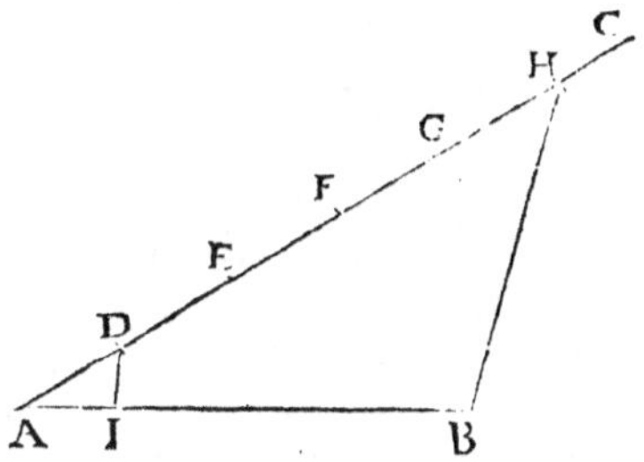

Tirez du Point A, la
Ligne droitte indeterminée
AC, qui faſſe avec AB, tel
Angle qu'il vous plaira ;
Puis ayant pris la Partie
AD, à diſcretion, prenez
de ſuitte quatre autres Par-
ties , ſçavoir DE, EF, FG,
GH égales à AD, enſorte
que la Ligne AD ſoit la
cinquiéme Partie de AH ;
Menez apres cela du Point H, au Point B, la Ligne droitte
HB ; & par le Point D, menez la Ligne droitte DI, pa-
rallele à HB ; Cela eſtant, je dis que la Ligne AI, eſt la
Partie demandée ; C'eſt à dire qu'elle eſt la cinquiéme
Partie de AB ; Pour le prouver.

Puiſque DI eſt parallele à HB, Il s'enſuit par la 2. Prop.
que AI eſt à IB, comme AD eſt à DH ; & en compoſant
AB eſt à AI, comme AH eſt à AD , Et en Raiſon Inverſe
AI eſt à AB, comme AD eſt à AH ; Or AD eſt la cinquiéme Partie de AH, par conſtruction, donc AI ſera auſſi
la cinquiéme Partie de AB ; Ce qu'il falloit faire & démontrer.

PROPOSITION X.

PROBLEME II.

Vne Ligne Droitte estant donnée, la couper Semblable-
ment à une autre Ligne Droitte donnée
& coupée.

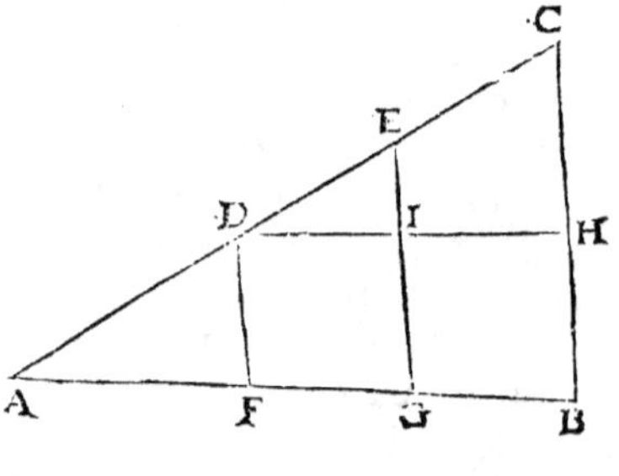

JE suppose que les deux Lignes droittes AB, AC, soient données, & que AC, soit coupée en trois Parties, sçavoir AD, DE, EC; Et je propose de couper la Ligne AB, Semblablement à la Ligne AC; C'est à dire ensorte que ses Parties soient entr'elles en mesme Raison que les Parties AD, DE, EC; Pour le faire.

Disposez ces deux Lignes, ensorte qu'elles se rencontrent au Point A, & fassent un Angle tel qu'il vous plaira, comme BAC; & apres avoir mené du Point C au Point B, la Ligne droitte CB, tirez par les Points D & E, les Lignes droittes DF, EG, paralleles à CB & entr'elles; & par le mesme Point D, menez aussi la Ligne droitte DH parallele à FB; Cela estant, je dis que la Ligne droitte AB, est coupée Semblablement à la Ligne AC, aux Points F, &G; Pour le prouver.

Puisque dans le Triangle AEG, la Ligne droitte DF est menée parallele à EG, Il s'ensuit par la 2. Prop. que AF est à FG, comme AD est à DE; Et puisque la Ligne DH est parallele à FB, Il s'ensuit que les Figures FI, GH, sont des Parallelogrammes; Et qu'ainsi les Costez FG, GB, sont égaux aux Costez opposez DI, IH; Et

partant que FG eſt à GB, comme DI eſt à IH ; Or puiſque dans le Triangle DCH, la Ligne EI eſt menée parallele à CH ; DI eſt à IH, comme DE eſt à EC, par la 2.
Prop. Et partant FG eſt à GB, comme DE eſt à EC ; Ce
qu'il falloit faire & démontrer.

PROPOSITION XI.

PROBLEME III.

*Deux Lignes Droittes eſtant données, en trouver une
troiſiéme qui leur ſoit proportionnelle.*

JE ſuppoſe que les deux
Lignes Droittes AB, AC,
ſoient données, & je propoſe
de trouver une troiſiéme Ligne
qui leur ſoit proportionnelle ;
Pour le faire.

Diſpoſez les deux Lignes
droittes AB, AC, enſorte
qu'elles ſe rencontrent au Point A, & faſſent un Angle tel
qu'il vous plaira, comme BAC ; Prolongez ces meſmes
Lignes indéfiniment vers D, & vers E ; & après avoir pris
BD égale à AC, & tiré du Point B au Point C, la Ligne
droitte BC, menez par le Point D, la Ligne droitte DE
parallele à BC, qui coupe la Ligne AE au Point E ; Cela
eſtant, je dis que la Ligne CE, eſt la troiſiéme proportionnelle qu'il s'agit de trouver ; Pour le prouver.

Puiſque dans le Triangle DAE, la Ligne droitte BC eſt
menée parallele à DE, Il s'enſuit, par la 2. Prop. que AB
eſt à BD ou à ſon égale AC, comme AC eſt à CE ; Et
partant CE eſt troiſiéme proportionelle aux deux Lignes
droittes données AB, AC ; Ce qu'il falloit faire & démontrer.

LI iij

PROPOSITION XII.

PROBLEME IV.

Trois Lignes Droittes eſtant données, en trouver une quatriéme qui leur ſoit proportionnelle.

JE ſuppoſe que les rrois Lignes droittes AB, BC & D, ſoient données, & je propoſe de trouver une quatriéme Ligne qui leur ſoit proportionnelle ; Pour le faire.

Diſpoſez la premiere Ligne AB, & la ſeconde BC, en-forte qu'elles ſe rencontrent directement au Point B ; tirez du Point A, la Ligne indefi-nie AE, qui faſſe avec AC, un Angle tel qu'il vous plai-ra, comme CAE ; Puis ayant pris AF, égale à la Ligne droitte donnée D, & mené la Ligne droitte FB ; Tirez par le Point C, la Ligne CE parallele à FB, qui coupe la Ligne AE au Point E ; Cela eſtant, je dis que la Ligne FE eſt la quatriéme propor-tionelle qu'il s'agit de trouver ; Pour le prouver.

Puiſque dans le Triangle CAE, la Ligne FB eſt menée parallele à EC, Il s'enſuit par la 2. Prop. que AB eſt à BC, comme AF ou D ſon égale eſt à FE ; Et partant FE eſt cette quatriéme Ligne qu'il falloit trouver, proportionnelle aux trois Lignes Droittes données ; Ce qu'il falloit faire & démontrer.

PROPOSITION XIII.

PROBLEME V.

Deux Lignes droittes eſtant données, trouver une
Moyenne proportionnelle.

JE ſuppoſe que les deux Lignes Droittes AC, CB, ſoient
données, & je propoſe de leur trouver une Moyenne
proportionelle, c'eſt à dire, je propoſe de trouver une Ligne
qui ait cette Proportion avec les deux autres, que comme
AC, ſera à cette Ligne, ainſi cette Ligne ſoit à CB ; Pour
le faire.

Diſpoſez les deux Lignes Droittes
AC, CB, en telle ſorte qu'elles ſe rencontrent directement; Puis décrivés ſur
AB, le demy Cercle ADB ; & élevez
au Point C la Ligne perpendiculaire
CD, qui rencontre ſa circonference
au Point D ; Cela eſtant, je dis que la Ligne CD eſt Moyenne
proportionnelle entre AC, & CB ; Pour le prouver.

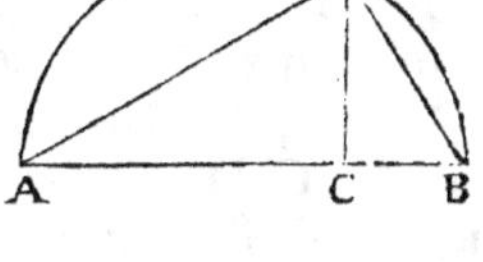

Menez les Lignes droittes AD, DB ; Cela poſé.

Puiſque l'Angle ADB, eſt au Demy-cercle, il eſt Droit
par la 31. Prop. du troiſiéme ; Et partant par le Corollaire de
la 8. Prop. CD eſt Moyenne proportionnelle entre AC, &
CB ; C'eſt à dire que comme AC eſt à CD, ainſi CD eſt
à CB ; Ce qv'il falloit faire & démontrer.

PROPOSITION XIV.

THEOREME IX.

Si deux Parallelogrammes Egaux ont un Angle Egal à un Angle, les Coftez allentour des Angles Egaux feront reciproquement proportionnaux ; Et fi deux Parallelogrammes ont un Angle égal à un Angle, & les Coftez allentour des Angles égaux reciproquement proportionnaux, Ils feront égaux.

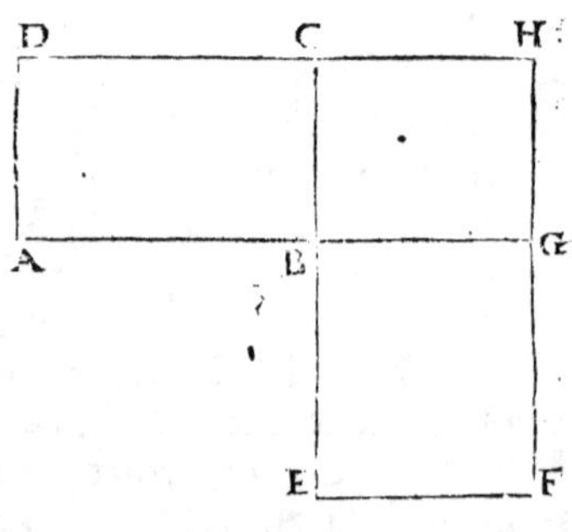

JE fuppofe premierement que les deux Parallelo- grammes ABCD, BEFG, foient égaux, & que les An- gles ABC, EBG, foient auffi égaux ; Cela eftant, je dis que les Coftez allentour de ces Angles font reciproque- ment proportionnaux ; C'eft à dire que comme AB eft à BG, ainfi EB eft à BC; Pour le prouver.

Difpofez les deux Parallelogrammes ABCD, BEFG, enforte que leurs Coftez AB, BG, fe rencontrent directe- ment au Point B ; & prolongez les Coftez DC, FG, juf- qu'à ce qu'ils fe rencontrent au Point H ; Cela pofé.

Puifque les Angles ABC, & EBG, font égaux, par Sup- pofition, les Lignes CB, & EB, fe rencontrent directement, par la 14. du 1 ; D'ailleurs, puifque les Lignes DH, AG, font paralleles, & que CE, HF, font auffi paralleles, CG, eft un Parallelogramme ; Maintenant, puifque les Paralle- logrammes DB, CG, font de mefme hauteur, Ils font en- tr'eux comme leurs Bazes, par la 1. Prop. C'eft à dire que

AB

AB eſt à BG, comme le Parallelogramme DB eſt au Parallelogramme CG ; Si donc au lieu du Parallelogramme
DB on prend le Parallelogramme BF, qui luy eſt égal, par
ſuppoſirion, Il s'enſuivra que AB ſera à BG, comme le Parallelogramme BF eſt au Parallelogramme CG ; Or ces
deux Parallelogrammes eſtant de meſme hauteur, BF eſt à
CG, comme EB eſt à BC ; Partant, par la 11. Prop. du 5.
AB eſt à BG, comme EB eſt à BC ; Ce qu'il falloit démontrer.

Je ſuppoſe en ſecond lieu, que les Parallelogrammes
ABCD, & BEFG, ayent l'Angle ABC égal à l'Angle EBG,
& que le Coſté AB ſoit au Coſté BG, comme le Coſté EB
eſt au Coſté BC ; Cela eſtant, je dis que ces deux Parallelogrammes ſont égaux entr'eux ; Pour le prouver.

La meſme préparation que deſſus eſtant ſuppoſée ; puiſque les Parallelogrammes DB, CG, ſont de meſme hauteur, le Parallelogramme DB, eſt au Parallelogramme
CG, comme AB eſt à BG, par la 1. Prop. Or AB eſt à
BG, comme EB eſt à BC, par ſuppoſition ; Partant DB
eſt à CG, comme EB eſt à BC ; D'ailleurs, puiſque les
Parallelogrammes BF, CG, ſont auſſi de meſme hauteur,
comme EB eſt à BC, ainſi BF, eſt à CG ; Partant comme DB eſt à CG, ainſi BF eſt encore à CG ; D'où il ſuit
par la 9. Prop. du 5. que ces deux Parallelogrammes DB,
BF, ſont égaux entr'eux. Ce qu'il falloit démontrer.

PROPOSITION XV.

THEOREME X.

Si deux Triangles égaux ont un Angle égal à un Angle, les Coſtez allentour des Angles égaux ſeront reciproquement proportionnaux ; Et ſi deux Triangles ont un Angle égal à un Angle, & les Coſtez allentour des Angles égaux reciproquement porportionnaux, Ils ſeront égaux.

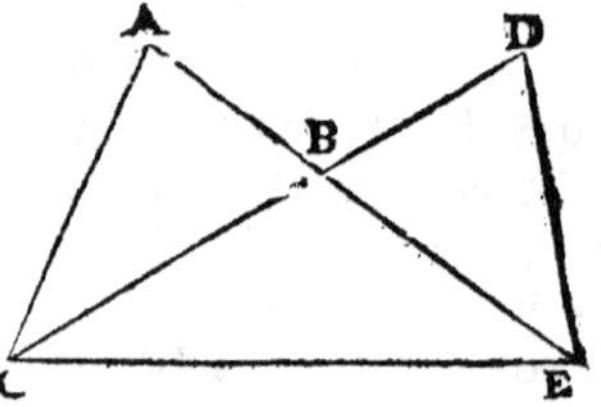

JE ſuppoſe 1º. que les deux Triangles ABC, DBE, ſoient egaux, & que les Angles ABC, DBE, ſoient auſſi égaux ; Cela eſtant, je dis que les Coſtez allentour de ces Angles ſont reciproquement proportionnaux ; C'eſt à dire que comme AB eſt à BE, ainſi DB eſt à BC ; Pour le prouver.

Diſpoſez les deux Triangles ABC, DBE, enſorte que leurs Coſtez AB, & BE, ſe rencontrent directement au Point B ; & du Point C au Point E, menez la Ligne droitte CE ; Cela poſé.

Puiſque les Angles ABC, & DBE, ſont égaux, par Suppoſition, les Coſtez CB, & DB, concourent directement, par la 14. du 1. D'ailleurs, puiſque les Triangles ABC & BCE, ſont de meſme hauteur, Ils ont entr'eux comme leurs Bazes, par la 1. Prop. Et partant AB eſt à BE, comme le Triangle ABC eſt au Triangle BCE ; Mais le Triangle ABC eſt au Triangle BCE, comme ſon Egal DBE eſt au meſme Triangle BCE ; Partant AB eſt à BE, comme le Triangle DBE eſt au Triangle BCE ; Mais ces deux Triangles ſont de meſme hauteur, Et par conſequent le Triangle DBE est au Triangle BCE, comme la Baze DB est à la Baze BC, par la 1. Prop. D'où il suit que AB est à BE, comme DB est à BC ; par la 11. du 5. Ce qu'il falloit démontrer.

Je suppose en second lieu, que les Triangles ABC & DBE, ayent l'Angle ABC, égal à l'Angle DBE, & que AB soit à BE, comme DB est à BC ; Cela estant, je dis que ces deux Triangles sont égaux entr'eux ; Pour le prouver.

La mesme préparation que dessus estant supposée ; Puis que les Triangles ABC, & BCE, sont de mesme hauteur, le Triangle ABC est au Triangle BCE, comme AB est à BE, par la 1. Prop. Or AB est à BE, comme DB est à BC, par Supposition, Donc le Triangle ABC est au Triangle BCE, comme DB est à BC, par la 11. du 1 ; D'ailleurs, parce que les Triangles DBE, & BCE, sont de mesme hauteur, comme DB est à BC, ainsi le Triangle DBE est au Triangle BCE ; Partant, le Triangle ABC est au Triangle BCE, comme le Triangle DBE est au mesme Triangle BCE ; D'où il suit par la 9. Prop. du 5. que ces deux Triangles ABC, & DBE, sont égaux entr'eux ; Ce qu'il falloit démontrer.

PROPOSITION XVI.

THEOREME XI.

Si quatre Lignes Droittes sont proportionnelles, le Rectangle des Extremes sera égal au Rectangle des Moyennes ; Et si le Rectangle des Extremes est égal au Rectangle des Moyennes, les quatre Lignes Droittes seront proportionnelles.

JE suppose 1o. que les quatre Lignes Droittes AB, EF, FG, BC, soient proportionnelles, ensorte que AB & BC soient les Extremes, & que EF & FG, soient les

Mn ij

Moyennes ; D'ailleurs, je fuppofe que le Rectangle ABCD foit fait des Extremes AB, BC, & que le Rectangle EFGH foit fait des Moyennes EF, FG ; Cela eftant, je dis que ces deux Rectangles font égaux entr'eux ; Pour le prouver.

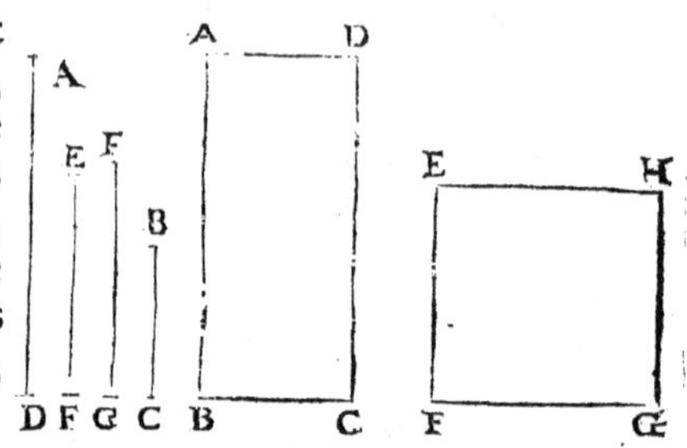

Puifque tous les Angles de ces Rectangles font Droits, Ils ont un Angle égal à un Angle ; Et deplus, il eft fuppofé que AB, cofté du premier Rectangle eft à EF, cofté du fecond, comme FG cofté du fecond, éft à BC, cofté du premier ; Et partant, Ils font égaux, par la 14. Prop. Ce qu'il falloit démontrer.

Je fuppofe en fecond lieu , les quatre Lignes Droittes AB, EF, FG, BC, & que le Rectangle ABCD, compris des Extremes AB, BC, foit égal au Rectangle EFGH, compris des Moyennes EF, FG ; Cela eftant , je dis que ces quatre Lignes font proportionnelles ; C'eft à dire que AB eft à EF, comme FG eft à BC ; Pour le prouver.

Puifque les deux Rectangles ABCD, EFGH, font égaux, & que leurs Angles font Droits, Ils ont un Angle égal à un Angle, D'où il fuit, par la 14. Prop. que les Coftez allentour des Angles égaux font reciproquement proportionnaux ; C'eft à dire que AB, cofté du premier Rectangle eft à EF, cofté du fecond, comme FG, cofté du mefme fecond, eft à BC, cofté du premier, Et qu'ainfi ces quatre Lignes font proportionnelles ; Ce qu'il falloit démontrer.

PROPOSITION XVII.

THEOREME XII.

Si trois Lignes Droittes font proportionnelles, le Rectangle des deux Extremes sera égal au Quarré de la Moyenne ; Et si le Rectangle des Extremes est égal au Quarré de la Moyenne, les trois Lignes Droittes feront proportionnelles.

JE suppose 1º. que les trois Lignes Droittes AB, EF, BC, soient proportionnelles, que le Rectangle ABCD soit compris des deux Extremes AB, BC, & que le Quarré EFGH soit celuy de la Moyenne EF ; Cela estant, je

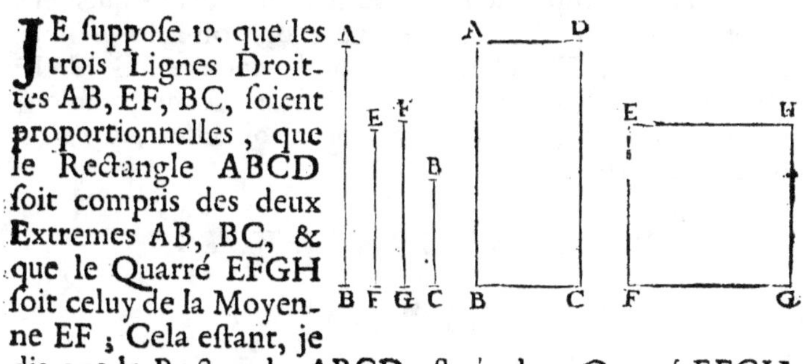

dis que le Rectangle ABCD est égal au Quarré EFGH, Pour le prouver.

Faites la Ligne FG égale à EF ; Cela posé.

Puisque la Ligne FG est égale à EF, les quatre Lignes Droittes AB, EF, FG, BC, font proportionnelles par supposition, & partant par la Prop. precedente, le Rectangle ABCD qui est fait des deux Extremes, sera égal au Rectangle EFGH, qui est fait des deux Moyennes ; mais puisque les Moyennes EF, FG, sont égales, leur Rectangle est le mesme que le Quarré de la Moyenne ; Sçavoir EFGH ; Et partant le Rectangle des Extremes est égal au Quarré de la Moyenne ; Ce qu'il falloit démontrer.

Je suppose en second lieu, que le Rectangle ABCD, compris des deux Extremes AB, BC, soit égal au Quarré

EFGH, Quarré de la Moyenne EF ; Cela eſtant, je dis que les trois Lignes AB, EF, BC, ſont proportionnelles. Pour le prouver.

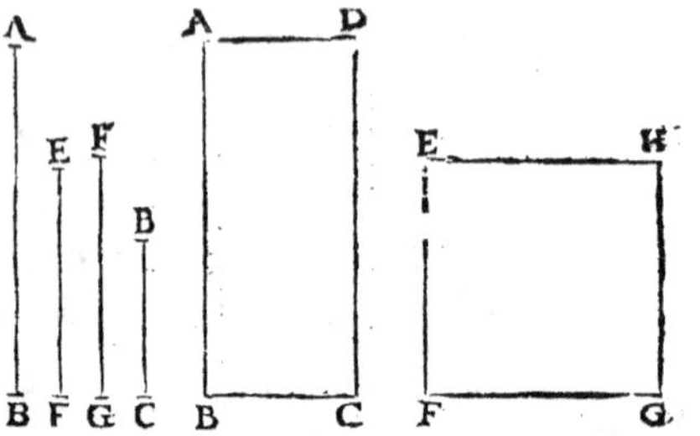

Puiſque les deux Rectangles ABCD, & EFGH, ſont égaux, & que leurs Angles ſont Droits, Ils ont un Angle égal à un Angle ; D'où il ſuit, par la 14. Prop. que leurs Coſtez ſont reciproquement proportionnaux ; C'eſt à dire que AB, Coſté du premier Rectangle, eſt à EF, Coſté du ſecond, comme FG, Coſté du ſecond, ou ſon Egal EF eſt à BC, Coſté du premier ; Et ainſi ces trois Lignes ſont proportionnelles ; Ce qu'il falloit démontrer.

PROPOSITION XVIII.

PROBLEME VI.

Sur une Ligne Droitte donnée , décrire une Figure Rectiligne Semblable, & Semblablement poſée à une Figure Rectiligne donnée.

JE ſuppoſe que la Ligne AB, & la Figure Rectiligne CDEF ſoient données, & je propoſe de décrire ſur la Ligne AB une Figure Semblable à CDEF, & Semblablement poſée, c'eſt à dire qui ſoit telle, que dans la Figure qui eſt à décrire, la Ligne AB ſoit un Coſté homologue à un Coſté de la Figure donnée, comme par exemple à CF ; Pour le faire.

Prenez un des Angles de la Figure donnée tel qu'il vous plaira , comme par exemple C, & du Point C, menez aux

autres Angles autant de Lignes Droittes que vous
pourrez , telle qu'est CE,
pour resoudre toute la Figure en Triangles ; Cela
fait , menez des Points A,
& B, les Lignes Droittes
AG, BG, qui faffent avec
AB, les Angles GAB, &

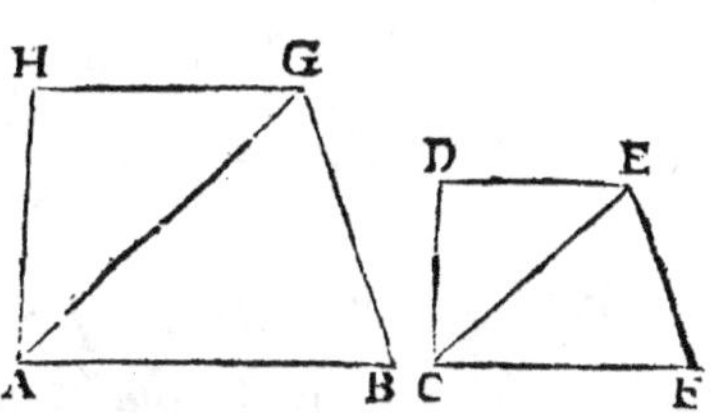

GBA, égaux aux Angles ECF, & EFC, chacun au fien ;
Puis menez des Points A, & G, les Lignes Droittes AH,
GH, qui faffent avec AG, les Angles HAG, & HGA,
égaux aux Angles DCE, & DEC, & ainfi de fuitte, s'il y
avoit encore d'autres Triangles dans la Figure CDEF ;
Cela eftant, je dis que la Figure ABGH, décritte fur la
Ligne donnée AB, eft Semblable & Semblablement pofée
à la Figure CDEF ; Pour le prouver.

Premierement, de ce que par la Conftruction chaque
Triangle de l'une des Figures a deux Angles égaux à deux
Angles d'un Triangle de l'autre Figure, le troifiéme Angle de chaque Triangle d'une Figure s'enfuit égal au troifiéme Angle de chaque Triangle de l'autre Figure, & partant tous les Angles des deux Figures eftant égaux chacun
au fien, les deux Figures font Equiangles.

Deplus, puifque les Triangles ABG, & CFE, font Equiangles, Il s'enfuit par la 4. Prop. que GB eft à BA, comme
EF eft à FC ; & de mefme que AB eft à AG, comme CF
eft à CE ; Mais puifque les Triangles AGH, & CED, font
auffi Equiangles, AG eft à AH, comme CE eft à CD ; Et
partant en Raifon égale, AB eft à AH, comme CF eft
à CD ; De mefme AH eft à HG, comme CD eft à DE ;
Donc enfin en Raifon égale, GB eft à GH, comme EF eft
à ED ; Et ainfi les deux Figures ABGH, & CDEF, qui font
Equiangles, & qui ont leurs Coftez autour des Angles
égaux proportionnaux, font Semblables, & Semblablement
pofées ; Ce qu'il falloit faire & démontrer.

PROPOSITION XIX.

THEOREME XIII.

Les Triangles Semblables font entr'eux en Raifon dou-
blée de leurs Coftez de mefme Raifon.

JE fuppofe que les Triangles ABC, & DEF, foient Semblables, que l'Angle BAC, foit égal à l'Angle D, l'Angle
B, à l'Angle E, & l'Angle C, à l'Angle F ; Cela eftant, je dis
que les Triangles ABC, & DEF, font l'un à l'autre en Raifon doublée de leurs Coftez de mefme Raifon, c'eft à dire,
qu'ayant trouvé une troifiéme proportionnelle aux deux
Coftez BC, EF, le Triangle ABC fera au Triangle DEF,
comme BC, fera à cette troifiéme proportionnelle, par
exemple à BG ; Pour le prouver.

Menez du Point A au Point G, la Ligne Droitte AG ;
Cela pofé.

Puifque les Triangles ABC,
& DEF, font Semblables, AB
eft à BC, comme DE eft à
EF ; Et partant en Raifon
Alterne AB eft à DE, com-
me BC eft à EF ; Mais BC
eft à EF, comme EF eft à
BG, par conftruction, Donc
AB eft à DE, comme EF eft
à BG ; Et ainfi les deux Trian-
gles ABG, & DEF, ont un Angle égal à un Angle , fçavoir B, égal à E, & les Coftez allentour de ces Angles reciproquement proportionnaux , D'où il fuit qu'ils font
égaux, par la 15. Prop. Et partant le Triangle ABC fera
au Triangle DEF, comme le mefme Triangle ABC eft au
Triangle ABG ; Or ces deux Triangles eftant de mefme
hauteur, le Triangle ABC eft au Triangle ABG, comme
BC

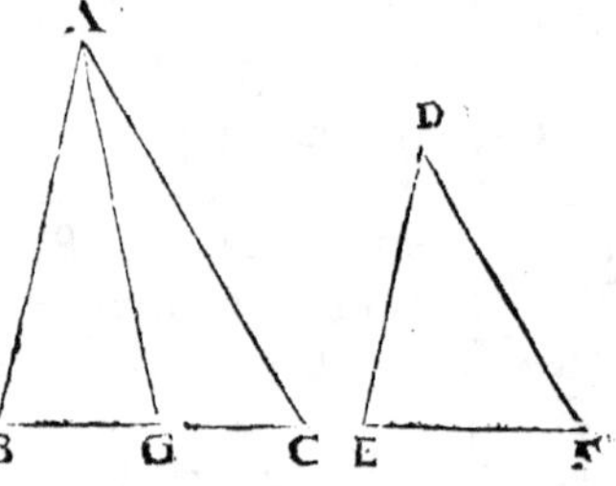

BC eſt à BG, par la 1. Prop. Par conſequent le Triangle
ABC, eſt auſſi au Triangle DEF, comme BC eſt à BG,
c'eſt à dire en Raiſon doublée de BC à EF ; Ce qu'il falloit démontrer.

PROPOSITION XX.

THEOREME XIV.

*Les Poligones Semblables peuvent eſtre diviſez dans un
nombre égal de Triangles Semblables entr'eux, & proportionnaux à leurs Tous ; Et ces Poligones ſont l'un
à l'autre en Raiſon doublée de leurs Coſtez de meſme
Raiſon.*

JE ſuppoſe que les Po-
ligones ABCDE, &
FGHIK, ſoient Sembla-
bles ; enſorte que l'Angle
A ſoit égal à l'Angle F ;
l'Angle B à l'Angle G ;
l'Angle C à l'Angle H ;
l'Angle D à l'Angle I ; &
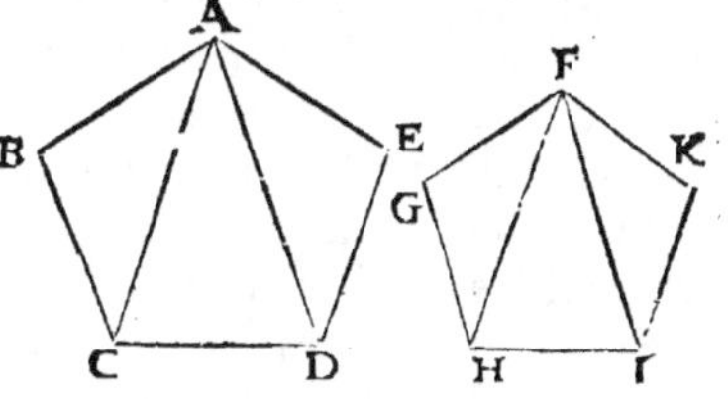
l'Angle E à l'Angle K ; Et deplus que AB ſoit à BC,
comme FG à GH ; que BC ſoit à CD, comme GH à HI,
que CD ſoit à DE, comme HI à IK ; Et enfin que DE
ſoit à EA, comme IK eſt à KF ; ou bien en Raiſon alterne
que AB ſoit à FG, comme BC eſt à GH ; que BC ſoit à
GH, comme CD eſt à HI ; que CD ſoit à HI, comme
DE eſt à IK ; & enfin que DE ſoit à IK, comme EA eſt
à KF ; Cela eſtant, je dis premierement qu'on peut diviſer le Poligone ABCDE, en autant de Triangles que le
Poligone FGHIK ; Pour le prouver.

Prenez dans les deux Poligones deux Angles égaux, comme l'Angle A, & l'Angle F, & tirez des Points A, & F,

aux autres Angles autant de Lignes Droittes que vous pourrez, comme AC, AD, FH, FI ; Cela posé.

Puisque le nombre des Angles du Poligone ABCDE est égal au nombre des Angles du Poligone FGHIK ; Il est évident qu'il n'y aura ny plus ny moins de Triangles dans l'un que dans l'autre.

Je dis en second lieu, que chaque Triangle du Poligone ABCDE est Semblable à un Triangle du Poligone FGHIK, par exemple, que le Triangle ABC est Semblable au Triangle FGH ; le Triangle ACD au Triangle FHI, & le Triangle ADE au Triangle FIK ; Pour le prouver.

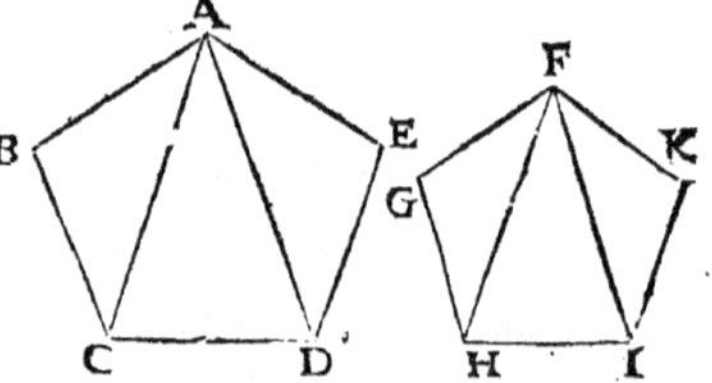

Puisque l'Angle B est égal à l'Angle G, & que le Costé AB est au Costé BC, comme FG à GH, par Supposition, Il s'ensuit par la 6. Prop. que les deux Triangles ABC, & FGH, sont Semblables, & Equiangles ; On prouvera de mesme que les deux Triangles ADE, & FIK, sont aussi Semblables, & Equiangles ; Et quant aux Triangles ACD, & FHI, puisque les Angles BCD, & GHI, sont égaux par Supposition, si on en retranche les Angles BCA, & GHF, qui ont esté prouvez égaux, les Angles Restans ACD, & FHI, seront aussi égaux entr'eux ; De mesme, si des Angles CDE, & HIK, qui sont égaux par Supposition, on retranche les Angles ADE, & FIK, qui ont esté prouvez égaux, les Angles Restans ADC, & FIH, seront aussi égaux entr'eux ; & ainsi les deux Triangles ACD, & FHI, sont Equiangles par la 32. du 1. & par conséquent Semblables ; Et partant chaque Triangle d'un des Poligones, est Semblable à un Triangle de l'autre Poligone ; Ce qu'il falloit démontrer.

Je dis en troisiéme lieu, que les Triangles des deux Poligones sont proportionnaux à leurs Tous, c'est à dire, que comme un Triangle est à son Semblable, ainsi un des

Poligones eſt à l'autre. Pour le prouver.

Puiſque les Triangles ABC, & FGH, ſont Semblables, le premier eſt au ſecond, en Raiſon doublée du Coſté BC, au Coſté GH, par la Propoſition precedente ; Or puiſque BC eſt à GH, comme CD eſt à HI, par Suppoſition , la Raiſon doublée de BC à GH, eſt la meſme que la Raiſon doublée de CD à HI ; Donc le Triangle ABC eſt au Triangle FGH, en Raiſon doublée de CD à HI ; Mais le Triangle ACD eſtant Semblable au Triangle FHI, l'un eſt auſſi à l'autre en Raiſon doublée de CD à HI ; Et partant le Triangle ABC eſt au Triangle FGH, comme le Triangle ACD eſt au Triangle FHI ; De meſme le Triangle ADE eſtant ſemblable au Triangle FIK, l'un eſt à l'autre en Raiſon doublée de DE à IK ; ou bien parce que DE eſt à IK, comme CD eſt à HI ; le Triangle ADE eſt au Triangle FIK, en Raiſon doublée de CD à HI, c'eſt à dire, comme le Triangle ACD eſt au Triangle FHI, ou comme le Triangle ABC au Triangle FGH, puiſque ces Triangles ſont auſſi entr'eux en Raiſon doublée de CD à HI, comme il a eſté prouvé ; Puis donc que nous avons d'une part pluſieurs Triangles, & autant d'autres d'une autre part, qui ſont entr'eux en meſme Raiſon ; Il ſuit par la 11. du 5. que comme chaque Triangle d'une part eſt à ſon Semblable de l'autre part, ainſi tous les Triangles d'une part ſont à tous les Triangles de l'autre, c'eſt à dire, ainſi l'un des Poligones eſt à l'autre Poligone, Ce qu'il falloit encore démontrer.

Je dis en dernier lieu, que le Poligone ABCDE eſt au Poligone FGHIK, en Raiſon doublée de leurs Coſtez de meſme Raiſon, par exemple en Raiſon doublée de CD à HI ; Pour le prouver.

Le Poligone ABCDE eſt au Poligone FGHIK, comme chaque Triangle eſt à ſon Semblable, comme il vient d'eſtre prouvé ; Or chaque Triangle eſt à ſon Semblable en Raiſon double de CD à HI ; comme il a auſſi eſté prouvé, donc le Poligone ABCDE eſt au Poligone FGHIK, en Raiſon dou-blée de CD à HI ; Ce qu'il falloit démontrer.

N n ij

PROPOSITION XXI.

THEOREME XV.

Les Figures Rectilignes Semblables à une mesme, sont
Semblables entr'elles.

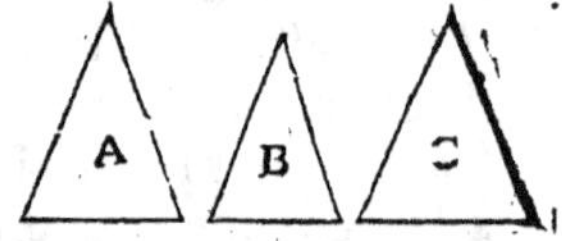

JE suppose que la Figure Rectiligne A soit Semblable à la Figure Rectiligne B ; Et que la Figure Rectiligne C, soit aussi Semblable à la Figure Rectiligne B ;
Cela estant , je dis que les deux
Figures A & C, sont Semblables entr'elles ; Pour le prouver.

Puisque les deux Figures A, & B, sont Semblables, les
Angles de la Figure A, sont égaux aux Angles de la Figure
B, par la 1. Definition ; & puisque la Figure C est Semblable à la Figure B, les Angles de la Figure C, sont aussi
égaux aux Angles de la mesme Figure B ; Et partant les
Angles de la Figure A, sont égaux aux Angles de la Figure C ; D'ailleurs, puisque les Figures A, & B, sont Semblables , les Costez qui sont allentour des Angles de la
Figure A, sont proportionnaux aux Costez qui sont allentour des Angles qui leur sont égaux dans la Figure B, par
la 1. Definition ; Et de mesme, puisque les Figures B, &
C, sont Semblables, les Costez qui sont autour des Angles de la mesme Figure B, sont aussi proportionnaux aux
Costez qui sont autour des Angles qui leur sont égaux
dans la Figure C ; D'où il suit que les Costez qui sont autour des Angles de la Figure A, sont proportionnaux aux
Costez qui sont autour des Angles qui leur sont égaux dans
la Figure C ; Et partant les Figures A & C sont Semblables ;
Ce qu'il falloit démontrer.

PROPOSITION XXII.

THEOREME XVI.

Si quatre Lignes Droittes font proportionnelles , les Figures Semblables & Semblablement pofées fur ces Lignes , feront auffi proportionnelles ; Et fi quatre Figures Semblables & Semblablement pofées fur quatre Lignes Droittes font proportionnelles , ces quatre Lignes Droittes feront auffi proportionnelles.

JE fuppofe premierement que les quatre Lignes AB, CD, EF, GH, foient proportionnelles , & que les Figures ABI, CDK, & les Figures EM, GO, foient Semblables & Semblablement pofées fur ces quatre Lignes ; Cela eftant, je dis que ces quatre Figures font proportionnelles, c'eft à dire que ABI eft à CDK, comme EM eft à GO ; Pour le prouver.

Puifque les Figures ABI, & CDK, font Semblables, AB

I

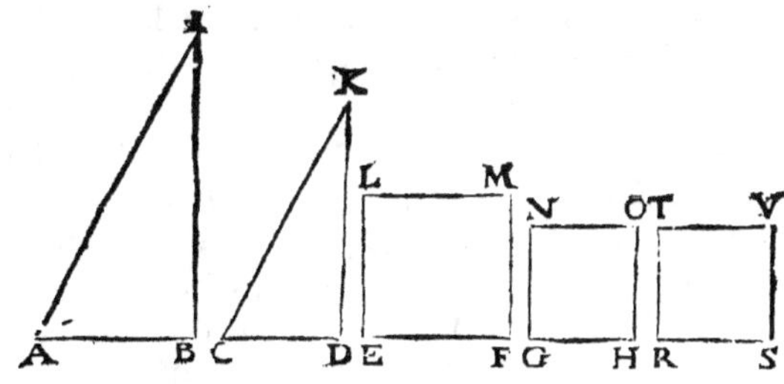

eft à CDK, en Raifon doublée de AB à CD, par la 20. Prop. Et puifque AB eft à CD, comme EF eft à GH, par Suppofition , la Raifon doublée de AB à CD, eft la mefme

N n iij

que la Raifon doublée de EF à GH ; De mefme , puif-
que les Figures EM, & GO, font Semblables , EM eſt à
GO, en Raifon doublée de EF à GH ; Partant la Figure
ABI eſt à la Figure CDK, comme la Figure EM eſt à la
Figure GO, par la 11. du 5. Ce qu'il falloit démontrer.

Je fuppofe en fecond lieu, que les quatre Figures ABI,
CDK, EM, GO qui font Semblables & Semblablement
poſées fur les quatre Lignes Droittes AB, CD, EF, GH,
foient proportionnelles ; Cela eſtant, je dis que ces quatre
Lignes font auſſi proportionnelles ; Pour le prouver.

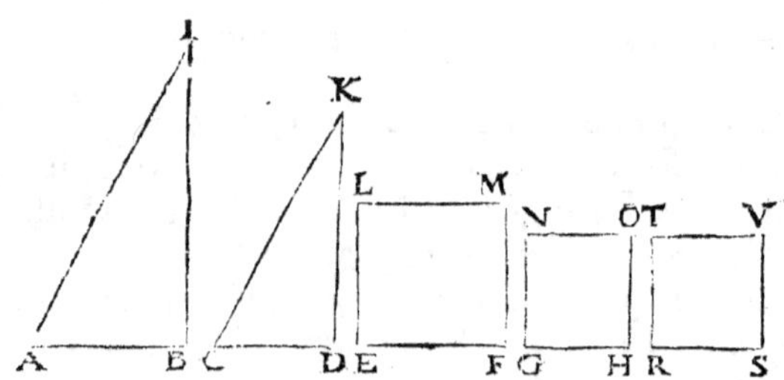

Suppofons que RS, foit une quatriéme Proportionnelle
aux trois Lignes Droittes AB, CD, EF, par la 12. Prop.
& que la Figure RSVT, décritte fur cette Ligne, foit Semblable & Semblablement poſée à la Figure EM, ou à GO,
par la 18. Prop. Cela poſé.

Par ce qui vient d'eſtre demontré, comme ABI fera à
CDK, ainſi EM fera à RV ; Mais ABI eſt auſſi à CDK,
comme EM eſt à GO, par Suppofition ; D'où il fuit, par
la 9. Prop. du 5. que les Figures GO, & RV, font égales ;
Mais elles font auſſi Semblables par conſtruction ; Partant
les Lignes GH, RS, fur lefquelles elles font décrittes ; font
égales ; Comme donc la Ligne RS, eſt une quatriéme Proportionnelle aux trois Lignes AB, CD, EF, la Ligne GH,
fera auſſi une quatriéme proportionnelle aux mefmes Lignes,
c'eſt à dire, que AB fera à CD, comme EF, à GH ; Ce qu'il
falloit démontrer

PROPOSITION XXIII.

THEOREME XVII.

Les Parallelogrammes Equiangles ſont entr'eux en
Raiſon Compoſée de celle de leurs Coſtez.

JE ſuppoſe que les Parallelogrammes AC, & CF, ſoient
Equiangles, & que l'Angle BCD ſoit égal à l'Angle
ECG ; Cela eſtant, je
dis que le Parallelogramme AC eſt au Parallelogramme CF, en
Raiſon compoſée de
BC, à CG, & de DC, à
CE ; Pour le prouver.

Diſpoſez ces deux Parallelogrammes enſorte
que leurs Coſtez BC,
CG, ſe rencontrent directement au Point C ;
par meſme moyen les deux autres Coſtez DE, CE, concoureront auſſi directement, par la 14. du 1. Prolongez les Coſtez
AD, FG, juſqu'à ce qu'ils ſe rencontrent au Point H ; Puis
ayant pris à diſcretion la Ligne I, faites par la 12. Prop. que
comme BC eſt à CG, ainſi la Ligne I, ſoit à la Ligne K ;
& comme DC eſt à CE, ainſi la Ligne K ſoit à la Ligne L ;
Cela poſé.

Puiſque les Lignes AH, BG, ſont paralleles, & que
les Lignes ED, FH, ſont auſſi paralleles, la Figure DG,
eſt un Parallelogramme ; Et puiſque les Parallelogrammes AC, DG, ſont de meſme hauteur, AC eſt à DG,
comme BC à CG, par la 1. Prop. Mais comme BC eſt à
CG, ainſi I eſt à K, par conſtruction ; Donc AC eſt à
DG, comme I eſt à K ; De meſme, puiſque les Paralle

logrammes DG, CF, font de mefme hauteur, DG eft à CF, comme DC eft à CE ; Or DC eft à CE, comme K eft à L, par conftruction. Partant DG eft à CF, comme K eft à L. Nous avons donc trois Grandeurs AC, DG, & CF, d'une part, & trois Grandeurs I, K, L, d'autre

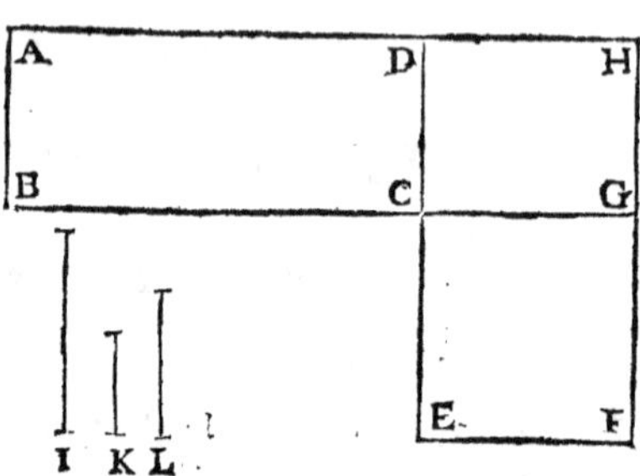

part, lefquelles prifes deux à deux font proportionnelles ; Partant en Raifon égale elles feront encore proportionnelles, par la 22. Prop. du 5. Et ainfi le Parallelogramme AC fera au Parallelogramme CF, comme I eft à L ; Mais la Raifon de I à L eft compofée des Raifons de I à K, & de K à L, qui font les mefines que les Raifons de BC à CG, & de DE à CF ; Donc le Parallelogramme AC eft au Parallelogramme CF, en Raifon compofée de BC à CG, & de DC à CE ; Ce qu'il falloit démontrer.

PROPOSITION XXIV.

THEOREME XVIII.

En tout Parallelogramme, les Parallelogrammes qui font allentour du Diametre, & qui ont un Angle commun avec luy, luy font Semblables, & Semblables entr'eux.

JE fuppofe le Parallelogramme ABDC, & que les Parallelogrammes GE, FH, foient allentour de fon Diametre BC, & deplus qu'ils ayent les Angles B, & C, communs avec luy ; Cela eftant, je dis premierement que les deux Parallelogrammes GE, FH, font Semblables au Parallelogramme

gramme AD, Pour le prouver.

Les Angles GCE, & FBH, qui sont les Opposez dans le Parallelogramme **AD**, sont égaux entr'eux, par la 34. Prop. du 1. Or les Angles GIE, & FIH, sont égaux à ces premiers Angles, puis qu'ils leur sont aussi opposez dans les Parallelogrammes

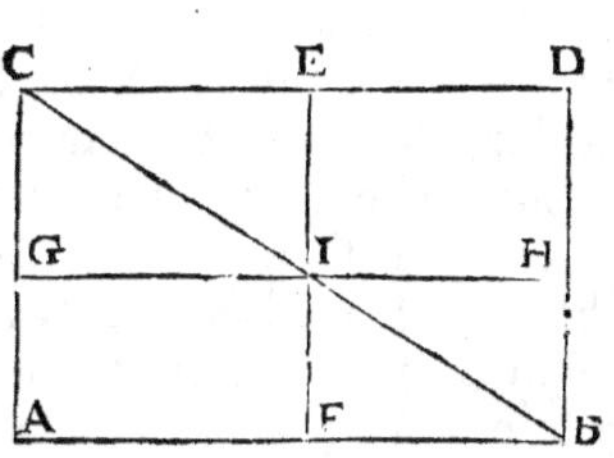

GE, & FH ; Et partant ces quatre Angles sont égaux entr'eux ; Desorte que les trois Parallelogrammes AD, GE, FH, ont déja chacun deux Angles égaux à deux Angles ; D'ailleurs, puisque les Lignes AB, GH, sont paralleles par supposition, & que la Ligne Droitte CGA, tombe dessus, l'Angle Exterieur CGI est égal à son Opposé Interieur A, par la 29. Prop. du 1. De mesme, puisque les Lignes AC, FE, sont Paralleles, & que la Ligne BA, tombe dessus, l'Angle Exterieur IFB est encore égal à son Opposé Interieur A ; Et ainsi les trois Angles G, A, F, sont égaux entr'eux ; Et parce que l'Angle E est égal à son Opposé G ; que l'Angle D est égal à son Opposé A ; & que l'Angle H est égal à son Opposé F, par la 34. Prop. du 1. Ces trois Angles E, D, H, sont aussi égaux entr'eux. Voilà donc encore les deux Angles Restans d'un de ces Parallelogrammes, égaux aux deux Angles Restans de chacun des deux autres ; Et par consequent ces trois Parallelogrammes sont Equiangles : Deplus, les Triangles CGI, & CAB, qui ont déja les Angles G, & A, égaux, ayant encore l'Angle GCI, commun, sont Equiangles, par la 32. Prop. du 1. Et partant par la 4. Prop. CG est à GI, comme CA est à AB ; Si bien que les Parallelogrammes GE & **AD**, estant Equiangles & leurs Costez allentour des Angles égaux proportionnaux, l'un est Semblable à l'autre ; De mesme, les Triangles IFB, & CAB, qui ont déja les Angles F, & A égaux, ayant encore l'Angle FBI, commun, sont aussi Equiangles, par la 32. Prop. du 1. Et partant, par la 4.

Prop. IF est à FB, comme CA est à AB ; Si bien que les Parallelogrammes FH, & AD, estant aussi Equiangles & leurs Costez allentour des Angles égaux proportionnaux, l'un est aussi Semblable à l'autre ; Ce qu'il falloit démontrer.

Je dis en second lieu, que les Parallelogrammes GE, & FH, sont Semblables entr'eux.

Car puisqu'ils sont tous deux Semblables au Parallelogramme AD, Il s'enfuit par la 11. Prop. qu'ils sont aussi Semblables entr'eux ; Ce qu'il falloit démontrer.

PROPOSITION XXV.

PROBLEME VII.

Deux Figures Rectilignes estant données, en décrire une troisiéme, Semblable à l'une, & Egale à l'autre.

JE suppose que les deux Figures ABC, & D, soient données, & je propose d'en décrire une troisiéme, Semblable à la Figure ABC, & égale à la Figure D, Pour le faire.

Décrivez par la 44. & 45. Prop. du 1. sur la Ligne AC, le Parallelogramme Rectangle AF, égal à la Figure ABC;

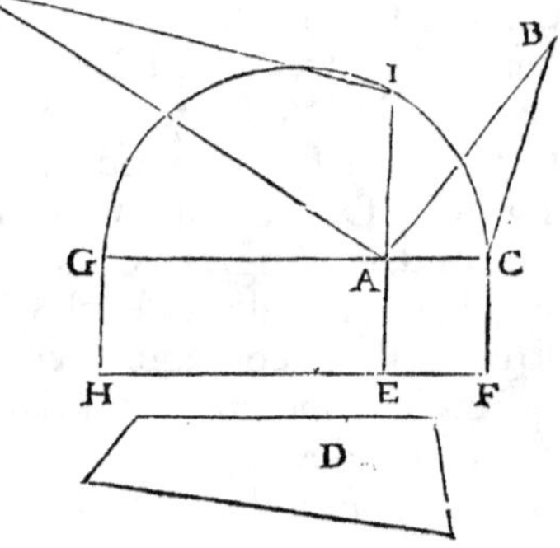

Puis décrivez sur AE, le Parallelogramme AH, égal à la Figure donnée D ; Apres cela décrivez sur GC, le demy Cercle GIC ; & apres avoir élevé au Point A, la Perpendiculaire AI, si longue qu'elle rencontre la Circonference au Point I, décrivez par la 18. Prop. sur AI, la Figure AIK, semblable à la Figure donnée ABC ; Et alors je dis que cette Figure AIK, fera égale à la Figure donnée D ; Pour le prouver.

La Ligne AI eft moyenne proportionnelle entre AC, & AG, par la 13. Prop. c'est à dire que AC eft à AI, comme AI eft à AG ; Et par confequent AC eft à AG, en Raifon doublée de AC à AI ; Or les Figures ABC, & AIK, eftant Semblables, l'une eft à l'autre en Raifon doublée de AC à AI, par la 19. & 20. Prop. Donc la Figure ABC eft à la Figure AIK, comme AC eft à AG ; D'ailleurs, puifque les Parallelogrammes AF, AH, font de mefme hauteur, comme AC eft à AG, ainfi AF eft à AH ; Partant la Figure ABC eft à la Figure AIK, comme le Parallelogramme AF eft au Parallelogramme AH ; Et en Raifon Alterne la Figure ABC eft au Parallelogramme AF, comme la Figure AIK eft au Parallelogramme AH ; Or la Figure ABC eft égale au Parallelogramme AF, par conftruction ; Donc la Figure AIK eft auffi égale au Parallelogramme AH ; Mais le Parallelogramme AH eft égal à la Figure donnée D, par conftruction ; Donc la Figure AIK eft auffi égale à la Figure donnée D ; Ce qu'il falloit faire & démontrer.

PROPOSITION XXVI.

THEOREME XIX.

Si d'un Parallelogramme, on retranche un Parallelogramme Semblable & Semblablement pofé au Total, & ayant un Angle commun avec luy, le Parallelogramme retranché fera allentour du Diametre du Parallelogramme Total.

JE fuppofe que du Parallelogramme ABCD, l'on ait retranchée le Parallelogramme GE, qui luy eft Semblable & Semblablement pofé, & qui a l'Angle CAE, commun avec luy ; Cela eftant, je dis que le Parallelogramme GE

eſt allentour du Diametre du Parallelogramme Total BD, c'eſt à dire
qu'en menant une Ligne droitte du
Point A, au Point C, elle paſſera par
l'Angle F ; Pour le prouver.

Si cela n'eſtoit , il faudroit que
cette Ligne paſſaſt par quelqu'autre
Point que par le Point F ; Suppoſons
donc, s'il eſt poſſible, que ce ſoit par
le Point H, comme fait icy AHC ;
Cela poſé.

En tirant la Ligne HI parallele à AE, Il s'enſuivroit que
le Parallelogramme IE ſeroit allentour du Diametre du
Parallelogramme BD ; Or ces deux Parallelogrammes ont
l'Angle IAE, commun ; Et partant par la Propoſition precedente, le Parallelogramme IE ſeroit Semblable au Total
BD ; Mais le Parallelogramme GE eſt ſuppoſé Semblable
au Total BD, par conſequent le Parallelogramme IE, & le
Parallelogramme GE ſeroient Semblables, par la 21. Prop.
Et partant le Coſté IH ſeroit au Coſté IA, comme le Coſté
GF eſt au Coſté GA ; Or IH eſt égal à GF, puiſqu'ils ſont
les Coſtez oppoſez du Parallelogramme GH ; Et partant
IA ſeroit auſſi égal à GA, par la 14. Prop. du 5. c'eſt à
dire la Partie au Tout, ce qui eſt impoſſible ; Il eſt donc
impoſſible que la Ligne droitte menée du Point A au Point
C, paſſe par ailleurs que par le Point F ; Et par conſequent
le Parallelogramme GE, eſt allentour du Diametre du Parallelogramme BD ; Ce qu'il falloit démontrer.

PROPOSITION XXVII.

THEOREME XX.

Si on applique à une Ligne droitte tant de Parallelo-grammes que l'on voudra, chacun desquels défaille d'un Parallelogramme Semblable à un autre qui est déja décrit sur la moitié de cette Ligne, le plus grand de tous sera celuy qui sera décrit sur l'autre moitié, lequel sera égal & semblable au Défaut.

JE suppose que la Ligne Droitte AB, soit donnée ' qu'elle ait esté coupée en deux également au Point C, & que sur la moitié CB, l'on ait décrit le Parallelogramme CE, & qu'aprés cela l'on ait achevé de décrire sur la Ligne AB le Parallelogramme AE ; Par ce moyen, il sera vray de dire que le Pa-

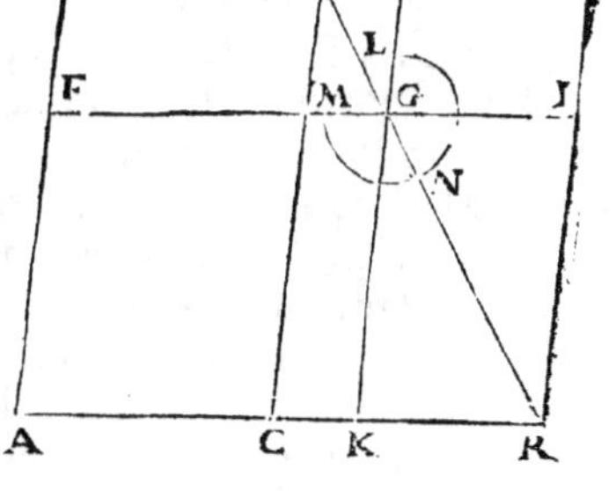

rallelogramme AD sera appliqué à la moitié de la Ligne Droitte AB, & défaudra du Parallelogramme CE, décrit sur l'autre moitié, & auquel il est égal, par la 36. Prop. du 1. Cela estant, je dis que le Parallelogramme AD est le plus grand de tous ceux qui peuvent estre appliquez sur la Ligne AB, & Défaillans d'un Parallelogramme Semblable au Parallelogramme CE, qui avoit esté auparavant décrit sur la moitié CB ; Pour le prouver.

Tirez le Diametre DB, & ayant pris à discretion dans ce Diametre le Point G, menez par le Point G, la Ligne FGI parallele à AB, & la Ligne KGO parallele à CD ; Cela posé.

Le Parallelogramme AG
fera appliqué à la Ligne AB,
& défaudra du Parallelo-
gramme KI, lequel, par la
24. Prop. fera Semblable au
Parallelogramme CE ; Il s'a-
git donc de montrer que le
Parallelogramme AD, est plus
grand que le Parallelogramme AG ; Pour le prouver.

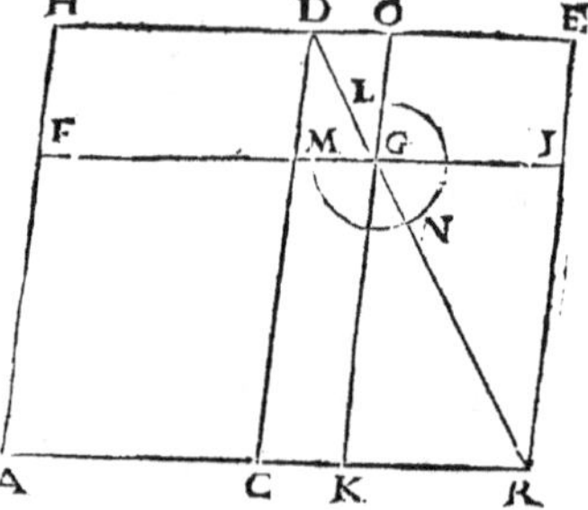

Les Supplemens GE & CG,
font égaux, par la 34. du 1; Si
donc on leur adjoûte le Pa-
rallelogramme KI, le Parallelogramme KE fera égal au
Parallelogramme CI ; Or le Parallelogramme AM est
aussi égal au Parallelogramme CI, puisqu'ils font fur Bazes
égales & entre mesmes paralleles, par la 36. Prop. du 1.
Partant le Parallelogramme KE est égal au Parallelogramme AM ; Donc en leur adjoûtant le Parallelogramme
commun CG, Il s'ensuivra que le Gnomon LNM, fera
égal au Parallelogramme AG ; Or le Parallelogramme
CE est plus grand que le Gnomon LNM, qui n'est que sa
Partie ; Et par conséquent, il est plus grand que le Parallelogramme AG ; D'où il suit que le Parallelogramme AD
qui est égal au Parallelogramme CE, est aussi plus grand
que le Parallelogramme AG ; Ce qu'il falloit démontrer.

PROPOSITION XXVIII.

PROBLEME VIII.

*Vne Ligne Droitte eſtant donnée, y appliquer un Pa-
rallelogramme égal à une Figure Rectiligne donnée,
& Défaillant d'un Parallelogramme Semblable à un
Parallelogramme donné ; Mais il faut que la Figure
donnée ne ſoit pas plus grande qu'un Parallelogramme qui eſtant appliqué à la moitié de la Ligne donnée ſeroit Semblable au Parallelogramme donné.*

JE ſuppoſe que la Ligne Droitte AB,
la Figure C, & le Parallelogramme
D, ſoient donnez, & que cette Figure
ne ſoit pas plus grande que le Parallelogramme AF, qui eſt décrit ſur la moitié de la Ligne AB, & qui eſt Semblable au Parallelogramme donné D ; Et
je propoſe d'appliquer à la Ligne AB,
un Parallelogramme égal à la Figure
donnée C, & Défaillant d'un Parallelogramme Semblable au Parallelogramme Donné D ; Pour le faire.

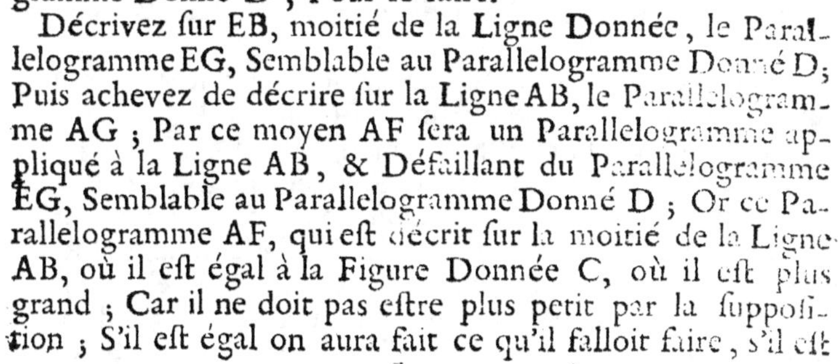

Décrivez ſur EB, moitié de la Ligne Donnée, le Parallelogramme EG, Semblable au Parallelogramme Donné D ;
Puis achevez de décrire ſur la Ligne AB, le Parallelogramme AG ; Par ce moyen AF ſera un Parallelogramme appliqué à la Ligne AB, & Défaillant du Parallelogramme
EG, Semblable au Parallelogramme Donné D ; Or ce Parallelogramme AF, qui eſt décrit ſur la moitié de la Ligne
AB, où il eſt égal à la Figure Donnée C, où il eſt plus
grand ; Car il ne doit pas eſtre plus petit par la ſuppoſition ; S'il eſt égal on aura fait ce qu'il falloit faire, s'il eſt

plus grand, trouvez par le Corollaire de la 45. Prop. du
1. l'excez dont cette Figure C, est surpassée par le Parallelogramme AF, ou par EG, qui luy est égal, par la 36.
Prop. du 1. Puis par la 25. Prop. décrivez le Parallelogramme KM, égal à cét excez , & qui soit semblable
au Parallelogramme Donné D ; Puis ayant pris FO égale
à IM, & FN égale à IK, menez par le Point O, la Ligne
OS parallele à FE, & par le Point N, la Ligne QR parallele à AB, alors je dis que le Parallelogramme AP qui
est appliqué à la Ligne Donnée AB est égal à la Figure
Donnée C, & que le Parallelogramme SR, dont il est Défaillant, est Semblable au Parallelogramme Donné D ;
Pour le Prouver.

Puisque les Parallelogrammes EG & KM ont esté faits
Semblables au Parallelogramme Donné D, Ils sont Semblables entr'eux, par la 21. Prop, & l'Angle NFO est égal
à l'Angle KIM ; D'ailleurs les Lignes
FO, FN, ayant esté prises égales aux
Lignes IM, IK, le Parallelogramme
NO est égal & Semblable au Parallelogramme KM ; Et par consequent
aussi au Parallelogramme EG, avec lequel ayant l'Angle NFO, commun, Il
s'ensuit par la 26. Prop. que ces deux
Parallelogrammes font allentour du
mesme Diametre ; Et partant, tirant
la Ligne Droitte FB, elle passera par
l'Angle P ; D'ailleurs le Parallelo-
gramme NO estant égal au Parallelogramme KM, qui est
l'excez dont le Parallelogramme EG surpasse la Figure
donée C, Il s'ensuit que le Gnomon TV est égal à la Figure donnée C ; Maintenant les Supplemens EP, & PG,
font égaux, par la 43. du 1. Donc en leur adjoûtant le
Parallelogramme commun SR, le Parallelogramme ER,
sera égal au Parallelogramme SG ; Or le Parallelogramme AN est égal au Parallelogramme ER, par la 36. du 1.
Donc le Parallelogramme AN est aussi égal au Parallelogramme

gramme SG ; Si donc on adjoûte à ces deux Tous le Parallelogramme EP, Il s'ensuivra que le Parallelogramme AP, sera égal au Gnomon TV ; Mais le Gnomon TV, a esté prouvé égal à la Figure donnée C ; Donc le Parallelogramme AP est aussi égal à la Figure Donnée C ; De plus, le Parallelogramme SR, estant allentour du Diametre du Parallelogramme EG, luy est Semblable, par la 24. Prop. Il est donc aussi Semblable au Parallelogramme Donné D, par la 21. Prop. Qui est tout ce qu'il falloit faire & démontrer.

PROPOSITION XXIX.

PROBLEME IX.

Vne Ligne Droitte estant donnée, y appliquer un Parallelogramme égal à une Figure Rectiligne donnée, & excedant d'un Parallelogramme Semblable à un Parallelogramme donné.

JE suppose que la Ligne Droitte AB, la Figure C, & le Parallelogramme D, soient donnez ; & je propose d'appliquer à la Ligne AB, un Parallelogramme égal à la Figure Donnée C, & excedant d'un Parallelogramme Semblable au Parallelogramme Donné D ; Pour le faire.

Coupez la Ligne AB, en deux également au Point E ; & sur la moitié EB, décrivez par la 18. Prop. le Parallelogramme EG, semblable au Parallelogramme

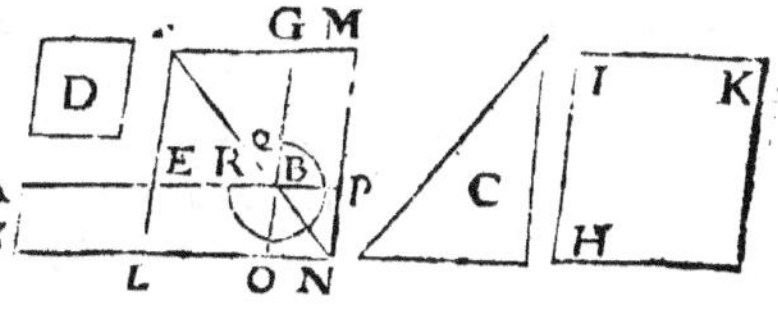

Donné D ; Puis ayant décrit, par la 45. Prop. du 1. & par la 25. Prop. de ce Livre, le Parallelogramme HIK, égal à la Figure Donnée C, & au Parallelogramme EG,

pris enfemble, & Semblable au Parallelogramme Donné
D ; Prolongez le Cofté FG, vers M, & FE, vers L, enforte que FM foit égal à IK, & FL à IH ; Cela fait, menez par le Point M, la Ligne MN, parallele à FL ; par le
Point L, la Ligne LN parallele à AB ; & par le Point **A**,
la Ligne AS parallele à FL ; Et prolongez la Ligne AB,
jufqu'en P, & la Ligne LN, jufqu'à ce qu'elle rencontre la
Ligne AS au Point S ; Cela eftant, je dis que le Parallelogramme SP, qui eft appliqué à la Ligne Donnée AB, eft
égal à la Figure D ; & que le Parallelogramme OP, dont
il eft excedant, eft Semblable au Parallelogramme Donné D ; Pour le prouver.

Puifque les Paralle-
logrammes EG, & HK,
ont efté faits Sembla-
bles au Parallelogram-
me Donné D, Ils font
Semblables entr'eux ,
par la 21. Prop. & l'Angle GIK eft égal à l'Angle EFG ;
Et d'autant que les Coftez FL, FM, du Parallelogramme, LM,
ont efté pris égaux aux Coftez HI, IK, du Parallelogramme HK, le Parallelogramme LM eft égal & Semblable au
Parallelogramme HK ; & par confequent aufli Semblable
au Parallelogramme Donné D, & au Parallelogramme
EG ; Deplus, les Parallelogrammes LM, & EG, eftant
Semblables, & ayant l'Angle F commun, ils font allentour du mefme Diametre FBN, par la 26. Prop. D'ailleurs,
le Parallelogramme LM eftant égal au Parallelogramme
HK, qui a efté fait égal à la Figure Donnée C, & au Parallelogramme EG ; Il s'enfuit que le Parallelogramme
LM eft aufli égal à la Figure Donnée C, & au Parallelogramme EG ; Et par confequent que le Gnomon QR eft
égal à la Figure Donnée C ; Maintenant , d'autant que par
la 43. du 1. le Supplement GP eft égal au Supplement EO,
& que le Parallelogramme AL eft égal à EO, par la 36.
du 1. Il s'enfuit que le Parallelogramme AL eft aufli égal
au Supplement GP ; Et partant en leur adjoûtant le Pa-

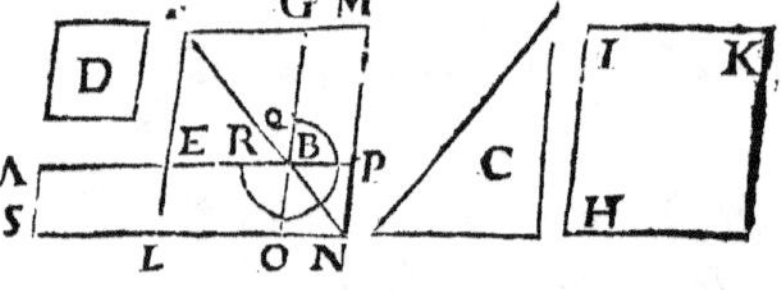

rallelogramme commun LP, le Parallelogramme SP fera
égal au Gnomon QR ; Or ce Gnomon a efté prouvé égal
à la Figure Donnée C ; Partant le Parallelogramme SP,
qui eft appliqué à la Ligne Droitte Donnée AB, eft
égal à la Figure Donnée C ; Et d'autant que le Parallelogramme OP, dont le Parallelogramme SP excede, eft
Semblable au Parallelogramme LM, par la 24. Prop. Il
eft auffi Semblable au Parallelogramme Donné D ; Qui
eft tout ce qu'il falloit faire & démontrer.

PROPOSITION XXX.

PROBLEME X.

Couper une Ligne Droitte Donnée, felon la moyenne &
extréme Raifon.

JE fuppofe que la Ligne
Droitte AB foit Donnée ;
Et je propofe de la couper
felon la moyenne & extrê-
me Raifon ; Pour le faire.

Décrivez fur la Ligne AB
le Quarré AC ; coupez le
Cofte AD en deux égale-
ment au Point E ; du Point
E au Point B menez la
Ligne Droitte EB ; prolongez la Ligne EA, vers F, & pre-
nez EF égale à EB ; Enfuite, décrivez fur AF le Quarré
AH, & prolongez HG vers I ; Cela eftant, je dis que la Ligne
AB eft coupée au Point G, felon la moyenne & extrême
Raifon ; C'eft à dire que AB eft à AG, comme AG eft à
GB ; Pour le prouver.

Par cette Conftruction, & par le Raifonnement de la 11.
Prop. du 2. Il eft évident que le Rectangle IB eft égal au
Quarré AH ; D'où il fuit par la 14. Prop. de ce Livre,

que comme CB ou AB fon égale eft à AG, ainfi GH ou AG fon égale eft à GB ; Ce qu'il falloit faire & démontrer.

PROPOSITION XXXI.

THEOREME XXI.

Si fur les trois Coftez d'un Triangle Rectangle font décrites trois Figures Semblables & Semblablement pofées, celle qui eft décritte fur le Cofté qui foûtient l'Angle Droit, eft égale aux deux autres.

JE fuppofe que le Triangle ABC foit Rectangle, que l'Angle BAC foit Droit, & que fur les trois Coftez AB, BC, CA, foient décrittes les trois Figures FA, AI, EC, qui foient Semblables & Semblablement pofées ; Cela eftant, je dis que la Figure EC, décrite fur le Cofté BC, qui foûtient l'Angle Droit BAC, eft égale aux deux autres FA, & AI ; Pour le prouver.

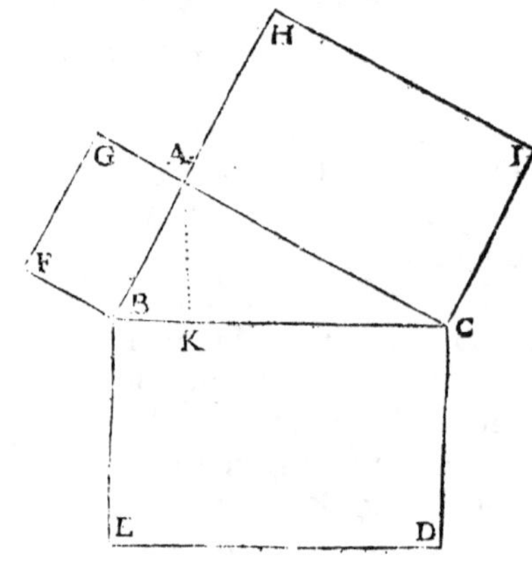

Abaiffez du Point A, la Ligne Droitte AK, perpendiculaire à la Ligne BC ; cette Ligne AK, par la 8. Prop. divifera le Triangle ABC, en deux Triangles Semblables entr'eux, & au Total, & les Coftez AB, BC, CA, qui foûtiennent chacun un Angle Droit, feront homologues, ou de mefme Raifon ; Enfuite dequoy, par la 19. Prop. le

Triangle AKB est au Triangle ABC, en Raison doublée
de AB, à BC ; Or les Figures FA, EC, qui sont supposées
Semblables, sont aussi l'une à l'autre en Raison doubléé
de AB à BC, par la 20. Prop. de ce Livre. Et partant le
Triangle AKB est au Triangle ABC, comme la Figure
FA est à la Figure EC ; D'ailleurs le Triangle AKC est
au Triangle ABC, en Raison doublée de AC à BC, par
la 19. Prop. Mais par la 20. Prop. la Figure AI est aussi à
la Figure EC, en Raison doublée de AC à BC ; Partant
le Triangle AKC est au Triangle ABC, comme la Figure
AI est à la Figure EC ; Nous avons donc le Triangle
AKB, premier Grandeur , qui est au Triangle ABC, seconde Grandeur, comme la Figure FA, troisiéme Grandeur, est à la Figure EC, quatriéme ; Deplus, nous avons
le Triangle AKC, cinquiéme Grandeur, qui est à la seconde
ABC, comme la Figure AI, sixiéme Grandeur, est à la
quatriéme EC ; Partant par la 24. Prop. du 5. comme la
premiere Grandeur AKB, & la cinquiéme AKC, prises ensemble, sont à la seconde ABC ; ainsi la troisiéme FA, & la
sixiéme AI, prises ensemble, sont à la quatriéme EC ; Or
la premiere AKB, & la cinquiéme AKC, prises ensemble,
sont égales à la seconde ABC, puisqu'elles conviennent ;
Donc la troisiéme FA, & la sixiéme AI, prises ensemble,
sont aussi égales à la quatriéme EC ; Ce qu'il falloit démontrer.

PROPOSITION XXXII.

THEOREME XXII.

Si deux Triangles, qui ont deux Coſtez proportionnaux à deux Coſtez, ſont diſpoſez de telle ſorte qu'ils faſſent un Angle, & que leurs Coſtez homologues ſoient Paralleles, les deux autres Coſtez ſe rencontreront directement.

JE ſuppoſe que dans les deux Triangles ABC, & DCE, le Coſté AB ſoit au Coſté AC, comme le Coſté DC eſt au Coſté DE ; & que ces deux Triangles ſoient diſpoſez de telle ſorte qu'ils faſſent l'Angle ACD, & que leurs Coſtez homologues ſoient paralleles, c'eſt à dire que le Coſté AB ſoit parallele au Coſté DC, & le Coſté

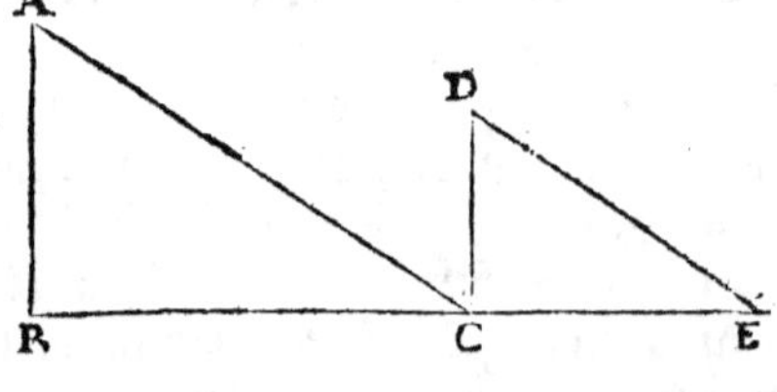

AC au Coſté DE ; Cela eſtant, je dis que les deux autre Coſtez BC, CE, ſe rencontreront directement ; Pour le prouver.

Puiſque la Ligne Droitte AC, tombe ſur les Lignes AB, DC, qui ſont paralleles par ſuppoſition, l'Angle ACD eſt égal à l'Angle A, qui luy eſt Oppoſé alternativement, par la 29. Prop. du 1. De meſme, puiſque la Ligne Droitte CD tombe ſur les deux Paralleles AC, DE, l'Angle D eſt égal à ſon Oppoſé alternativement ACD ; Et partant les deux Angles A, & D, ſont égaux entr'eux ; Et puiſque les Coſtez qui ſont allentour de ces Angles ſont proportionnaux, par ſuppoſition, les deux Triangles ABC, & DCE, ſont Equiangles, par la 6. Prop. Par conſequent l'Angle B eſt égal à l'Angle DCE, & l'Angle ACB, égal à l'Angle E ; Mainte-

nant, puifque l'Angle DCE eft égal à l'Angle B, fi l'on
adjoûte à l'un l'Angle ACD, & à l'autre l'Angle A, qui
font égaux, les deux Angles DCE, & ACD, ou bien
l'Angle feul ACE, fera égal aux deux Angles B, & A, &
en leur adjoûtant derechef l'Angle commun ACB, Il s'enfuivra que les deux Angles ACE & ACB feront égaux aux
trois Angles du Triangle ABC, c'eft à dire à deux Droits,
par la 32. du 1. D'où il fuit par la 14. Prop. du 1. que les
deux Lignes BC, CE, fe rencontrent directement ; Ce
qu'il falloit démontrer.

PROPOSITION XXXIII.

THEOREME XXIII.

*Aux Cercles Egaux, les Angles conftituez au Centre, ou
à la Circonference , font entr'eux comme les Arcs qui
les foûtiennent ; & les Secteurs font auffi entr'eux
comme ces Arcs.*

JE fuppofe que les
deux Cercles A B C,
& EFG, foient égaux,
& que les Angles
BDC, & FHG, foient
conftituez au Centre
de ces deux Cercles;
Cela eftant, je dis que
l'Angle BDC eft à

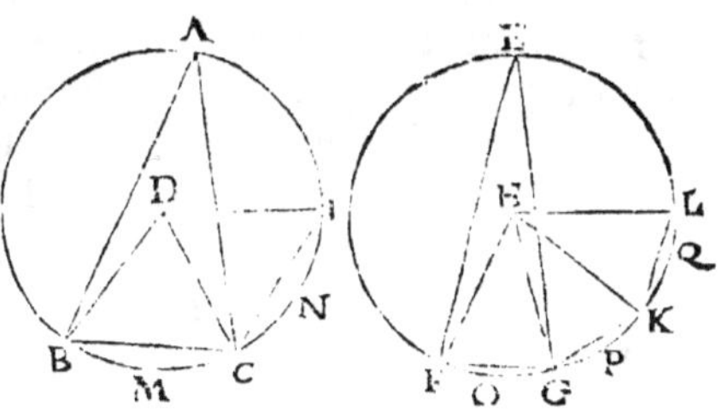

l'Angle FHG, comme l'Arc BC eft à l'Arc FG ; Pour le
prouver.

Menez une Ligne Droitte du Point B, au Point C, &
une autre Ligne Droitte du Point F au Point G ; Puis
appliquez à la Circonference du Cercle ABC, autant de
Lignes qu'il vous plaira, égales à BC, telle qu'eft par exem-

ple la Ligne CI ; De mesme, appliquez à la Circonference du Cercle EFG, autant de Lignes qu'il vous plaira,
égales à FG, telles que sont GK, KL, & tirez les Lignes
Droittes DI, HK, KL ; Cela posé.

Puisque les Lignes Droittes BC, CI, sont égales, les
Arcs BC, CI, dont
elles sont les Souten-
dantes, sont égaux,
par la 28. Prop. du 3.
Ensuitte dequoy, les
Angles BDC, & CDI,
sont aussi égaux, par
la 27. Prop. du mesme
Livre ; Desorte que
l'Angle BDI est au-

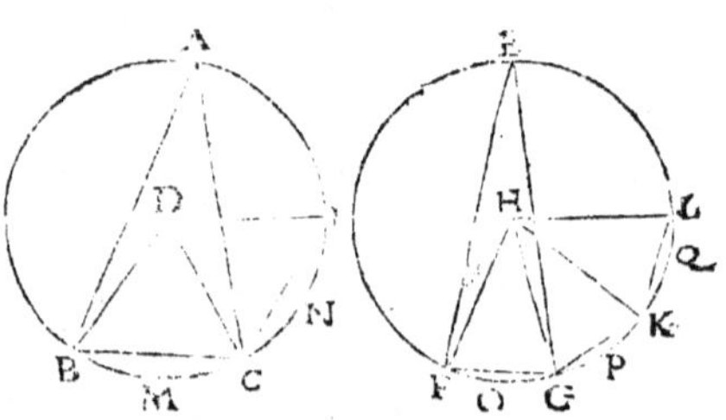

tant Multiple de l'Angle BDC, qui est la premiere des
quatre Grandeurs qu'il s'agit de montrer estre proportionnelles, que l'Arc BCI est Multiple de l'Arc BC, qui est
la troisiéme de ces mesmes Grandeurs ; D'ailleurs, puisque
les Lignes Droittes FG, GK, KL, sont égales, les Arcs FG,
GK, KL, dont elles sont les Soutendantes, sont égaux, par
la 28. Prop. du 3. Ensuitte dequoy, les Angles FHG, GHK,
KHL, sont aussi égaux, par la 27. Prop. du mesme Livre ;
Desorte que l'Angle FHL est autant Multiple de l'Angle
FHG, qui est la seconde des quatre Grandeurs qu'il s'agit
de montrer estre proportionnelles, que l'Arc FGKL est
Multiple de l'Arc FG, qui est la quatriéme de ces mesmes
Grandeurs ; Or si l'Angle BDI est égal à l'Angle FHL,
l'Arc BCI s'ensuit égal à l'Arc FGKL, par la 26. Prop.
du 3. Et si l'Angle BDI est plus grand que l'Angle FHL,
l'Arc BCI est aussi plus grand que l'Arc FGKL ; Et enfin
si l'Angle BDI est moindre que l'Angle FHL, l'Arc BCI
est aussi moindre que l'Arc FGKL ; Et partant, par le 2.
Axiome du 5. ces quatre Grandeurs sont proportionnelles,
c'est à dire que l'Angle BDC est à l'Angle FHG, comme
l'Arc BCI est à l'Arc FG ; Ce qu'il falloit premierement
démontrer.

Je

Je dis en second lieu, que les Angles BAC, & FEG, qui font conftituez à la Circonference de ces Cercles, font encore entr'eux comme l'Arc BC eft à l'Arc FG ; Pour le prouver.

Les Angles BAC, & FEG, font les moitiez des Angles BDC, & FHG, par la 20. Prop. du 3. Et par confequent, par la 15. Prop. du 5. l'Angle BAC eft à l'Angle FEG, comme l'Angle BDC eft à l'Angle FHG ; Or l'Angle BDC eft à l'Angle FHG, comme l'Arc BC eft à l'Arc FG, comme il a efté prouvé ; Et partant, l'Angle BAC eft à l'Angle FEG, comme l'Arc BC eft à l'Arc FG ; Ce qu'il falloit démontrer.

Je dis en troifiéme lieu, que le Secteur DBMC eft au Secteur HFOG, comme l'Arc BC eft à l'Arc FG ; Pour le prouver.

Puifque les Lignes BC, CI, font égales, & que les Arcs BC, CI, qu'elles foûtiennent font égaux; Il s'enfuit que les Segmens BMC, & CNI, font auffi égaux entr'eux ; Aquoy fi on adjoûte les Triangles BDC, & CDI, qui font égaux, par la 4. Prop. du 1. les Secteurs DBMC, & DCNI, feront auffi égaux entr'eux ; Deforte que l'Arc BCI eft autant Multiple de l'Arc BC, qui eft la premiere des quatre Grandeurs qu'il s'agit de montrer eftre proportionnelles, que le Secteur DBCI eft Multiple du Secteur DBMC, qui eft la troifiéme de ces mefmes Grandeurs ; On prouvera de mefme que l'Arc FGKL eft autant Multiple de l'Arc FG, qui eft la feconde des quatre Grandeurs qu'il s'agit de montrer eftre proportionnelles, que le Secteur HFGKL eft Multiple du Secteur HFOG, qui eft la quatriéme de ces mefmes Grandeurs ; Or fi l'Arc BCI eft égal à l'Arc FGKL, le Secteur DBCI eft auffi égal au Secteur HFGL , Si l'Arc eft plus grand que l'Arc, le Secteur eft plus grand que le Secteur ; & fi l'Arc eft moindre que l'Arc, le Secteur eft auffi moindre que le Secteur ; Donc par le 2. Axiome du 5. Ces quatre Grandeurs font proportionnelles ; c'eft à dire que le Secteur DBMC eft au Secteur HFOG, comme l'Arc BC eft à l'Arc FG ; Ce qui reftoit à démontrer.   Q 1

I. Corollaire.

Puifque l'Angle d'un Secteur eft à l'Angle d'un autre Secteur, comme l'Arc de l'un eft à l'Arc de l'autre, & que l'Arc eft à l'Arc, comme le Secteur eft au Secteur, Il s'enfuit que comme l'Angle eft à l'Angle, ainfi le Secteur eft au Secteur.

II. Corollaire.

Deplus, puifque le Cercle eft compofé de tous les Secteurs qui peuvent eftre autour de fon Centre, Il eft évident que comme la quantité des quatre Angles Droits qui peuvent eftre autour du Centre, eft à la quantité de l'Angle du Secteur, ainfi la quantité de tout le Cercle, eft à la quantité du Secteur.

F I N.

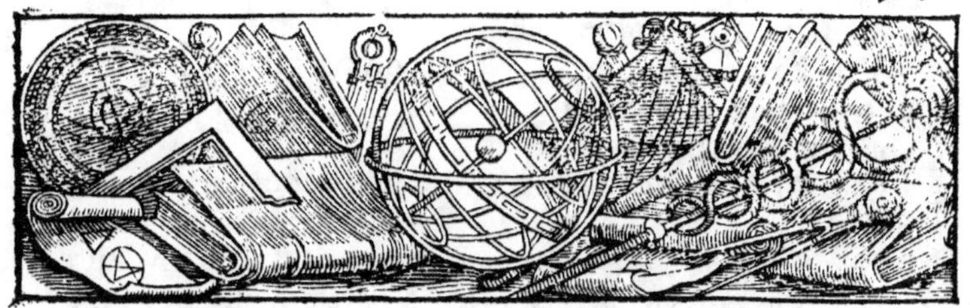

LA TRIGONOMETRIE
OU
LA RESOLUTION DES TRIANGLES.

A Trigonometrie, eſt une partie de la Geome-trie, par le moyen de laquelle, trois choſes eſtant données, ou connuës, dans un Triangle, l'on vient à trouver les trois autres, qui ſont inconnuës. Pour cela, l'on ſe ſert du Canon, ou des Tables, de certaines Lignes, que le Geometre conſi-dere comme appliquées·diverſement au Cercle ; Et c'eſt ce qu'on appelle communémeat les Tables, des Sinus, des Tangentes, & des Secantes.

Ce Traité contient trois Parties ; La premiere examine la nature de ces Lignes ; La ſeconde en compoſe le Canon, ou les Tables ; Et la troiſiéme en enſeigne l'Uſage, dans la Réſolution des Triangles.

PREMIERE PARTIE.

Des Lignes que le Geometre conſidere comme appliquées diverſement au Cercle.

DEFINITIONS.

UN Arc de Cercle, eſt une partie de la Circonference

d'un Cercle, comme DE.

Un Degré, est un Arc qui comprend la trois cens soixantiéme partie de la Circonference d'un Cercle.

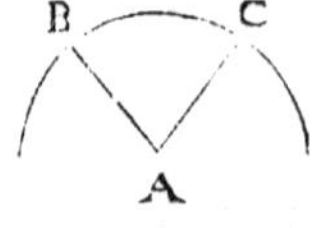

Une Minute, est la soixantiéme partie d'un Degré.

Une Seconde, est la soixantiéme partie d'une Minute.

Une Tierce, est la soixantiéme partie d'une Seconde, & ainsi à l'infiny.

La valeur d'un Angle, est le nombre des Degrez, Minutes & Secondes, que ses Costez comprennent, d'un Cercle qui a la pointe de cet Angle pour centre; ainsi l'Angle BAC, est de soixante Degrez.

La Corde, ou la Soutendante d'un Arc de Cercle, est une Ligne Droitte, menée de l'une des extremitez de cet Arc à l'autre; Ainsi de l'Arc ECM, la Corde ou la Soutendante est EM. Et comme toute Soutendante divise le Cercle en deux Segmens, la même Ligne EM, est aussi la Soutendante de l'autre Segment, ou de son Complement au Cercle, EAM.

Le Sinus Droit d'un Arc, est une Ligne Droitte abaissée de l'une des extremitez de cét Arc Perpendiculairement sur le Diametre qui passe par l'autre extremité; Ainsi de l'Arc EC, le Sinus Droit est la Ligne EG, qui est abaissée de l'extremité E, perpendiculairement sur le Diametre ADC, qui passe par l'autre extremité C; Et comme tout Sinus Droit divise le demy-Cercle en deux Segmens, la mesme Ligne EG, est aussi le Sinus Droit de l'autre Segment, ou de son Complement au Demy-Cercle, EA.

Le Sinus Verse d'un Arc, est une Ligne Droitte, qui tombe de l'une des éxtremitez de cet Arc perpendiculairement sur le Sinus Droit; Ainsi, de l'Arc EC, le Sinus Verse est CG, qui tombe perpendiculairement de l'extremité C, sur le Sinus Droit EG.

Ou bien, le Sinus Verſe d'un Arc, eſt la partie du Diametre compriſe entre l'extremité de cét Arc, & l'extremité de ſon Sinus Droit, comme CG.

La Tangente d'un Arc, eſt une Ligne Droitte, élevée
perpendiculairement à l'extremité du Diametre qui paſſe
par l'une des éxtremitez de cet Arc, & ſi longue qu'elle
rencontre le Rayon du Cercle prolongé, qui paſſe par l'autre extremité ; Ainſi, de l'Arc EC, la Tangente eſt CI,
qui eſt perpendiculairement élevée à l'extremité du Diametre, qui paſſe par l'extremité de l'Arc C, & ſi longue
qu'elle rencontre le Rayon DE prolongé, qui paſſe par
l'autre extremité E.

Remarquez que la Tangente du quart
de Cercle BC, eſt infinie , parce que la
Perpendiculaire qu'on éleveroit au Point
C, ne rencontreroit jamais DB, qui luy
eſt parallele.

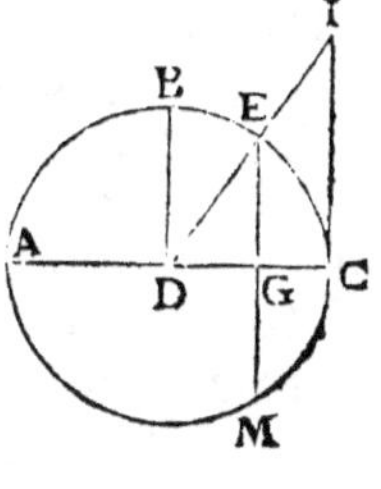

La Secante d'un Arc, eſt le Rayon prolongé, qui paſſant par l'une des extremitez de cét Arc, va rencontrer ſa Tangente ; Ainſi de l'Arc EC, la Secante eſt DI.

Remarquez qu'encore que nous ayons ſimplement rapporté toutes ces Lignes aux Arcs d'un Cercle, on les doit
encore rapporter aux Angles qui ſe font au Centre de ce
Cercle, dont ces Arcs ſont les meſures ; Ainſi le Sinus,
la Tangente & la Secante de l'Angle EDC ſont les meſmes
que ceux de l'Arc EC.

Remarquez encore, que quand on cherche la grandeur
ou la quantité des Sinus, des Tangentes & des Secantes,
des Arcs de Cercles, c'eſt à dire combien ils contiennent de
parties, c'eſt dans un nombre de Parties, dont le Rayon en
contient 100000. ou meſme 10000000. afin que s'il arrive
que l'on n'en puiſſe pas trouver la Grandeur préciſe, &
que l'on ſoit obligé d'en negliger quelque Partie, on ne
manque pas d'une Quantité ſenſible.

PROPOSITION I.

*Si le Rayon d'un Cercle coupe la Soutendante d'un Arc
en deux également, il coupera aussi en deux également le mesme Arc ; Et s'il coupe l'Arc en deux également, il coupera aussi la Soutendante en deux également.*

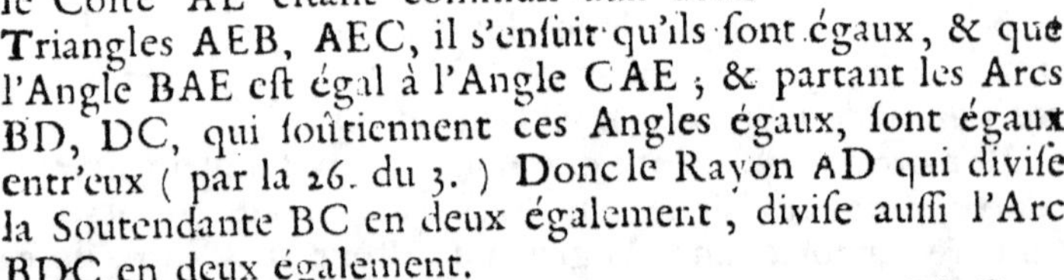

SOit le Rayon AD qui coupe en deux
également BC, Soutendante de l'Arc
BDC, je dis qu'il coupera aussi cét Arc
en deux également.

Car si l'on mene AB, AC, elles seront
égales, par la définition du Cercle ; Mais
BE estant égale à EC, par supposition, &
le Costé AE estant commun aux deux
Triangles AEB, AEC, il s'ensuit qu'ils sont égaux, & que
l'Angle BAE est égal à l'Angle CAE ; & partant les Arcs
BD, DC, qui soûtiennent ces Angles égaux, sont égaux
entr'eux (par la 26. du 3.) Donc le Rayon AD qui divise
la Soutendante BC en deux également, divise aussi l'Arc
BDC en deux également.

Que si maintenant le Rayon AD coupe l'Arc BDC en
deux également, Je dis que la Soutendante BC, sera aussi
coupée en deux également ; Pour le prouver.

Aux deux Triangles CAE, BAE, les deux Costez BA,
AE, sont égaux aux deux Costez CA, AE, & les Angles
compris de ces Costez égaux, sont aussi égaux (par la 27.
du 3.) à cause qu'ils sont soûtenus par des Circonferences
égales ; Par conséquent la Baze BE est aussi égale à
la Baze EC, (par la 4. du 1.) c'est à dire que BC, est
coupée en deux également.

Corollaire.

Il s'enfuit de-là que la Soutendante d'un Arc eſt double du Sinus de la moitié du meſme Arc ; Ainſi BC Souten-dante de l'Arc BDC, eſt double du Sinus de l'Arc BD, qui en eſt la moitié. Car le Rayon AD diviſant BC en deux également, la coupera auſſi perpendiculairement (par la 3. du 3.) donc BE ſera Sinus de l'Arc BD ; Mais BC eſt dou-ble de BE, & l'Arc BDC eſt double de BD ; Donc BC, ſera double du Sinus d'un Arc qui ſera la moitié de celuy dont elle eſt la Soutendante.

La Soutendante d'un Arc eſtant donc connuë, l'on aura le Sinus d'un Arc qui ſera la moitié de l'Arc propoſé ; Ainſi la Soutendante d'un Arc de ſoixante degrez (qui eſt égale au Rayon du Cercle) eſtant donnée, à ſçavoir, 100000. le Sinus de trente degrez ſera 50000.

PROPOSITION II.

Le Quarré du Sinus Droit d'un Arc, avec le Quarré du Sinus Droit de ſon Complement au quart de Cercle, ſont égaux au Quarré du Rayon. Pour le prouver.

AU quart de Cercle BC, dont le Rayon eſt AD, ſoit DF Sinus de l'Arc DC, & DE Sinus de ſon Comple-ment BD, je dis que les Quarrez de ces deux Sinus, DF, DE, ſont égaux au Quarré du Rayon AD.

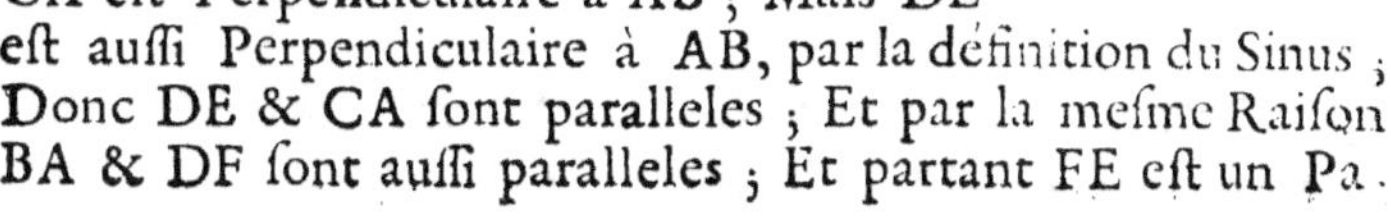

Car puiſque BC eſt un quart de Cercle, CA eſt Perpendiculaire à AB ; Mais DE eſt auſſi Perpendiculaire à AB, par la définition du Sinus ; Donc DE & CA ſont paralleles ; Et par la meſme Raiſon BA & DF ſont auſſi paralleles ; Et partant FE eſt un Pa.

rallelogramme, dont le Cofté DE eft égal à fon Oppofé
FA ; Mais le Quarré de AD eft égal aux Quarrez de DF,
& de FA, ou de fon égale DE ; Par confequent le Quarré
de DF, Sinus Droit de l'Arc DC, & le Quarré de DE,
Sinus Droit de fon Complement DB, font égaux au Quarré
du Rayon AD ; Ce qu'il falloit démontrer.

Corollaire.

Il s'enfuit de-là que le Sinus Droit d'un Arc eftant donné,
l'on aura le Sinus Droit de fon Complement au quart de
Cercle : Car fi l'on ofte le Quarré du Sinus donné, du
Quarré du Rayon, il reftera le Quarré du Sinus de fon
Complement, dont la Racine quarrée fera le Sinus cher-
ché.

Ainfi de l'Arc de 36. d. le Sinus Droit eftant 58779 ; Si
l'on ofte fon Quarré qui eft 3454970841, du Quarré du
Rayon qui eft 10000000000, il reftera 6545029159, pour le
Quarré du Sinus de 54 d. dont la Racine quarrée eft 80901.
(plus 57358. qui reftent.) Or il eft à remarquer que quand
ce qui refte excede 50000. on adjoute une unité dans les
Tables ; c'eft pourquoy l'on y trouve 80902. pour le Sinus
de 54. d.

PROPOSITION III.

*Au Quart de Cercle, la difference des Sinus de deux
Arcs qui font également diftans, (l'un par excez, l'au-
tre par défaut) de 60. d. ou de la fixiéme partie du
Cercle, eft égale au Sinus de l'Arc, dont l'un de ces
Arcs furpaffe la fixiéme partie, ou dont l'autre en eft
furpaffe. Par exemple.*

AU Quart de Cercle ABC, foient les deux Arcs CD,
CF, dont l'un, à fçavoir CD, furpaffe autant la
fixiéme

sixiéme Partie CE, que l'autre, à sçavoir CF, en est surpassé, & que leurs Sinus soient DG, FH ; Je dis que leur difference DK est égale à DI, Sinus de l'Arc DE, qui est l'excez dont l'Arc DC surpasse la sixiéme Partie CE ; ou à FI, Sinus de l'Arc FE, qui est le défaut, dont l'Arc CF en est surpassé. Pour le prouver.

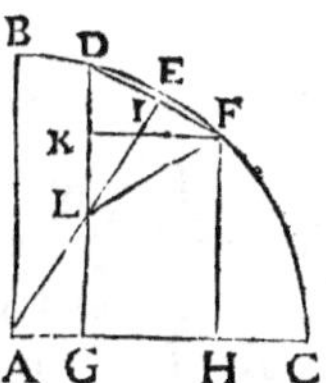

Soient menées les Lignes AE, LF, & soit abaissée la Perpendiculaire FK ; Cela posé, comme les Angles DGC, & BAC sont Droits, les deux Lignes DG, BA sont paralleles ; Et puisque la Ligne AE les coupe toutes deux, les Angles BAE, DLI, sont égaux ; Et comme l'Angle BAE vaut 30. d. puisqu'il est le Complement de 60. d. l'Angle DLI, vaut aussi 30. d. & l'Angle LDI, en vaut 60. puisque l'Angle I est Droit.

Maintenant, d'autant que les deux Costez, DI, IL, sont égaux aux deux Costez FI, IL, & que les Angles enfermez de ces Costez sont égaux, Il s'enfuit que la Baze DL est égale à la Baze FL, que l'Angle LFI est égal à l'Angle LDI, & partant qu'il est de 60. d. & que l'Angle FLI est de 30. d. puisque son Egal DLI, les vaut aussi ; Par consequent le Total DLF vaut 60. d. & le Triangle DLF est Equiangle & Equilateral ; & DL égale à DF.

Deplus aux deux Triangles DFK, KFL, les deux Angles FDK, FKD sont égaux aux deux Angles FLK, FKL, & le Costé FK commun ; D'où il suit que DK est égale à KL, (par la 26. du 1.) Et partant que DK est la moitié de DL ; Et parce que DI est la moitié de son Egale DF, Il s'enfuit que DK, & DI, moitiez de Choses égales, sont aussi égales entr'elles ; Et ainsi DK, difference des deux Sinus des deux Arcs CD, CF, qui sont également distans de CE, sixiéme partie du Cercle, est égale à DI, Sinus de l'Arc DE, qui est l'excez, dont l'Arc DC surpasse CE, ou à FI, Sinus de l'Arc FE, qui est le Défaut, dont l'Arc CF est surpassé par CE.

R r

Corollaire. 1.

Il s'enfuit de là premierement, que si les Sinus de deux Arcs également distans de la sixiéme partie du Cercle sont donnez, l'on trouvera le Sinus de la difference de l'un de ces Arcs à la sixiéme partie du Cercle.

Par exemple , soit donné le Sinus de 40. d. à sçavoir 64279. & celuy de 80. d. à sçavoir 98481. qui sont également distans de 60. d. qui est la sixiéme partie du Cercle , l'on trouvera le Sinus de 20. d. à sçavoir 34202. parce que la difference du Sinus de 40. d. à celuy de 80. estant égale au Sinus de 20. d. il est évident que si l'on souftrait le plus petit du plus grand , ce qui restera sera le Sinus cherché.

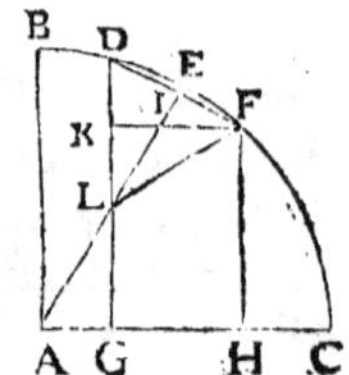

Corollaire II.

Il s'enfuit encore que si le Sinus d'un Arc moindre que la sixiéme partie du Cercle est donné , avec le Sinus de la difference de cét Arc à la sixiéme partie du Cercle, on trouvera le Sinus d'un Arc qui surpassera autant la sixiéme partie du Cercle , que l'autre en estoit surpassé.

Ainsi le Sinus de 50. d. à sçavoir 76604. estant donné, avec le Sinus de 10. d. à sçavoir 17365. difference de 50. d. à la sixiéme partie du Cercle, on trouvera le Sinus de 70. d. Car d'autant que la difference du Sinus de 50. d. à celuy de 70. est égale au Sinus de 10. d. qui est le Défaut de 50. d. à la sixiéme partie du Cercle, il est évident que si au Sinus de 50. d. 76604. on adjoûte le Sinus de 10. d. 17365. ce qui viendra , à sçavoir 93969. sera le Sinus de 70. d. que l'on demande.

Corollaire *III.*

De mefme, eftant donné le Sinus de 70. d. avec celuy de 10. d. Il eft évident qu'en oftant celuy-cy de l'autre, il reftera le Sinus de 50. d.

PROPOSITION IV.

Le Sinus Verfé d'un Arc, & le Sinus Droit de fon Complement au quart de Cercle, font égaux au Rayon du Cercle.

Soit FG le Sinus Verfe de l'Arc GE, & ED le Sinus Droit de fon Complement EC, Je dis que FG & ED font égaux au Rayon AG.

Car puifque DF eft un Parallelogramme ED eft égale à AF, à quoy adjoûtant FG vient le Rayon AG.

Corollaire.

Il s'enfuit de là, que le Rayon eftant donné, & le Sinus Droit du Complement au quart du Cercle de quelque Arc, le Sinus Verfe de cét Arc fera connu ; car en oftant du Rayon le Sinus Droit donné, reftera le Sinus Verfe cherché.

Ou bien le Sinus Verfe d'un Arc eftant donné, avec le Rayon, le Sinus Droit de fon Complement au quart de Cercle fera connu ; car en oftant du Rayon le Sinus Verfe donné, reftera le Sinus Droit cherché.

PROPOSITION V.

Les Quarrez des Sinus Droit & Verſe d'un Arc, ſont égaux au Quarré de la Soutendante du meſme Arc.

DE l'Arc CE le Sinus Droit ſoit CF, & FE le Sinus Verſe, je dis que leurs Quarrez ſont égaux au Quarré de ſa Soutendante CE. Pour le prouver.

Le Triangle CFE, eſtant Rectangle, il eſt évident que les Quarrez de CF, & de FE, ſont égaux au Quarré de CE.

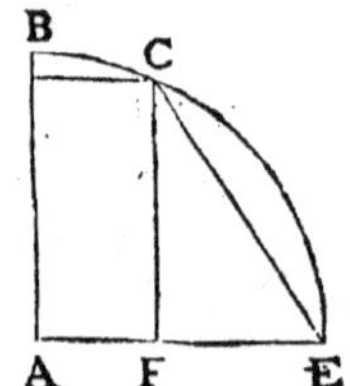

Corollaire.

Les Sinus Droit & Verſe d'un Arc eſtant donc donnez on connoiſtra la Soutendante de cet Arc, & le Sinus Droit de ſa moitié.

Soit, par exemple, EF. 6. & CF. 8. leurs Quarrez 36. & 64. eſtant adjoûtez font 100. pour le Quarré de CE, dont la Racine quarrée eſt 10. qui eſt ce que vaut la Soutendante cherchée ; & 5. eſt la valeur du Sinus Droit du demy Arc.

PROPOSITION VI.

Au Quart de Cercle, le Sinus Droit d'un Arc eſt Moyen proportionnel entre la moitié du Rayon, & le Sinus Verſe d'un Arc Double.

SOit, par exemple, EC double de l'Arc ED ; Je dis que EH Sinus Droit de ED, eſt Moyen proportionnel entre la moitié du Rayon AG, & EF, Sinus Verſe de l'Arc

Double EC ; c'eſt à dire, que comme la moitié du Rayon
AG eſt à EH, ainſi EH eſt à EF. Pour le prouver.

Aux deux Triangles AHE, CFE, l'Angle AHE eſtant Droit, & partant égal à
CFE, & l'Angle au Point E, eſtant Commun, il s'enſuit que ces deux Triangles
ſont Equiangles, & qu'ils ont les Coſtez
autour de l'Angle Commun E proportionnaux (par la 4. du 6.) c'eſt à dire que
comme AE eſt à EH, ainſi CE eſt à EF,
ou bien comme la moitié de AE, (à ſçavoir AG) eſt à
EH, ainſi la Moitié de CE, à ſçavoir EH, eſt à EF ; Ce
qu'il falloit démontrer. Il en eſt de meſme au demy
Cercle.

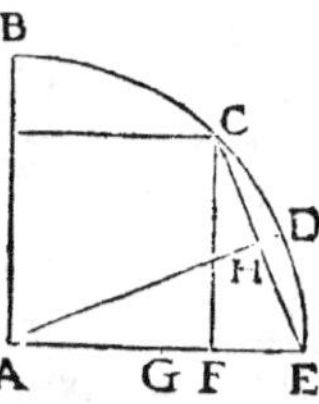

Corollaire.

Il s'enſuit de-là que ſi le demy Rayon eſt donné, avec le Sinus Droit de
quelque Arc, on trouvera le Sinus
Verſe d'un Arc Double ; & enſuite l'on
trouvera auſſi le Sinus Droit de cet Arc
Double.

Soit, par exemple, le demy Rayon
AG 9. & EH, Sinus Droit de l'Arc
ED, 6. on trouvera le Sinus Verſe EF,
4. Car puiſqu'il y a meſme Raiſon de AG à EH, que de
EH à EF, il eſt évident, ſuivant les Regles des Proportions, que le Quarré de EH eſt égal au produit de AG,
EF. Si donc on diviſe le Quarré de EH, qui eſt 36. par la
valeur du demy Rayon, 9. il viendra le Sinus Verſe cherché ; à ſçavoir, 4.

Et pour trouver la valeur de CF, Sinus Droit de CE,
double de ED, aprés avoir trouvé le Sinus Verſe, il faut
par la Propoſition 4. trouver le Sinus Droit du Complement de cét Arc Double, & par le Moyen de ce Sinus
Droit, trouver par la 2. Propoſition le Sinus Droit cherché.

Ou bien il s'enfuit, qu'eſtant donné le Sinus Verſe d'un
Arc avec le demy Rayon, on trouvera le Sinus Droit d'un
Arc qui ſera la moitié de l'Arc propoſé : Car puiſqu'il y
a meſme Raiſon du demy Rayon au Sinus Cherché, qu'il
y a de ce meſme Sinus, au Sinus Verſe de l'Arc Double
propoſé, il eſt évident, par les Regles des Proportions,
que ſi l'on multiplie les deux Extremes donnez l'un par
l'autre, le produit ſera le Quarré du Sinus Cherché.

Soit, par exemple, AG 9. & EF 4. Si vous les multipliez l'un par l'autre, le produit ſera 36. dont la Racine
quarrée 6. ſera la valeur du Sinus Droit Cherché EH.

PROPOSITION VII.

La Tangente d'un Arc eſt au Rayon , comme le Sinus
Droit de cét Arc eſt au ſinus Droit de ſon
Complement.

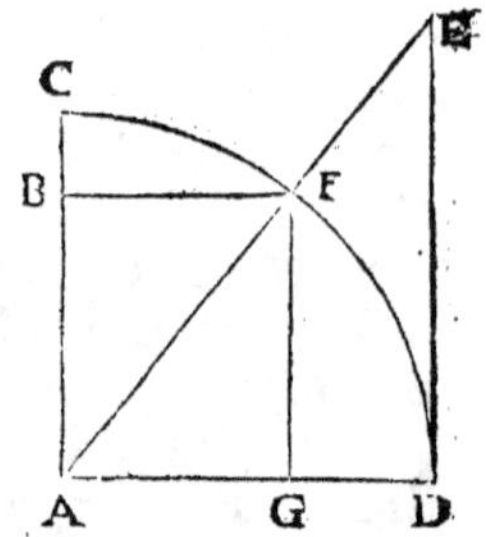

AU quart de Cercle ADC, ſoit DE
Tangente de l'Arc DF, dont FG
eſt le Sinus Droit, & ſoit FB SinusDroit
de ſon Complement FC ; Je dis qu'il
y a meſme Raiſon de la Tangente
DE au Rayon DA, que de FG à
FB, ou à GA ſon égale. Pour le
prouver.

Aux deux Triangles EDA, FGA,
les deux Angles G & D ſont Droits
& égaux, & l'Angle A commun ; Partant ces deux Triangles ſont Equiangles, & ont les Coſtez autour des Angles
égaux, G & D, proportionnaux ; C'eſt à dire, que comme ED eſt à DA, ainſi FG eſt à GA, ou à FB ſon égale.

On peut convertir ainſi cette Propoſition, c'eſt à ſçavoir,
qu'il y a meſme Raiſon de FB, Sinus d'un Arc donné, à
FG, Sinus de ſon Complement, qu'il y a du Rayon AD,
à la Tangente de ce meſme Complement DE.

Corollaire.

Eſtant donc donné le Sinus Droit d'un Arc, & celuy de ſon Complement, avec le Rayon, on trouvera la Tangente de ce meſme Complement. Car puiſque ces 4. choſes ſont proportionnelles, il eſt évident, que les deux Moyens connus eſtant multipliez l'un par l'autre, & le Produit diviſé par l'Extreme connu, il viendra l'autre Extreme cherché.

Soit, par exemple, AG, ou ſon Egale FB, 6. FG, 8. AD, 10. DE ſera 13. & $\frac{1}{2}$ ou $\frac{1}{3}$. Car 8. multiplié par 10. font 80, leſquels diviſez par 6. vient 13 $\frac{1}{2}$ ou $\frac{1}{3}$ pour la Tangente cherchée.

PROPOSITION VIII.

Le Rayon eſt Moyen proportionnel entre la Tangente d'un Arc & la Tangente de ſon Complement,

SOit icy la Ligne DF Tangente de l'Arc DC, & BE Tangente de ſon Complement CB ; Je dis que comme DF eſt au Rayon AD ; Ainſi le Rayon AD, ou AB, eſt à la Tangente BE. Pour le prouver.

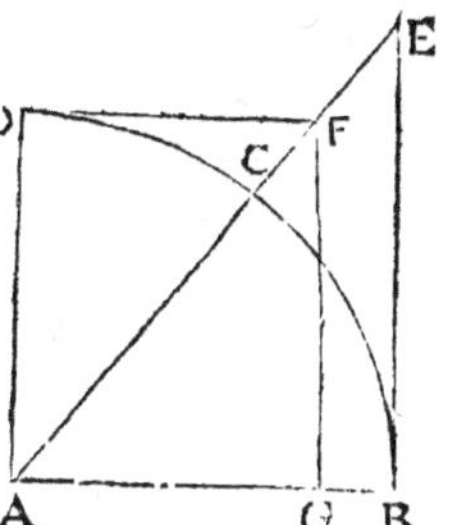

Du Point F ſoit menée FG parallele à AD, qui luy ſera égale, puiſque ce ſont les Coſtez oppoſez du Parallelogramme GD.

Maintenant aux deux Triangles ABE, AGF, les deux Angles G & B ſont Droits & égaux, & l'Angle A commun, partant ces deux Triangles ſont Equiangles, & ont les Coſtez autour des Angles égaux G & B proportionnaux ; C'eſt à dire, que comme AG, ou DF ſon égale, eſt à GF, ou à ſon Egale AD ; Ainſi

AB, ou fon égale AD, eft à BE, Ce qu'il falloit démontrer.

Corollaire.

Eftant donc donnée la Tangente d'un Arc, avec le
Rayon, on trouvera la Tangente de fon Complement.
Par exemple,

Soit DF, 8 AD, 10. La Tangente BE fera $12\frac{1}{2}$: Car
puifque DF eft à AD, comme AD eft à BE, fi on multiplie AD, 10. quarrement, & que l'on divife le produit
100. par DF, 8. le Quotient fera $12\frac{1}{2}$, qui fera la Tangente
Cherchée.

PROPOSITION IX.

*Le Rayon eft Moyen proportionnel entre le Sinus
Droit d'un Arc, & la Secante de fon Complement.*

SOit CB Sinus Droit de l'Arc GC,
& AE Secante de fon Complement
CD ; Je dis que le Rayon AC, ou
AD eft Moyen proportionnel entre
BC & AE, c'eft à dire, que comme
BC eft à AC, ainfi AC eft à AE.
Pour le prouver.

Aux deux Triangles EAD, CAF,
les deux Angles F & D font Droits
& Egaux, & l'Angle A commun ; Et
partant, ces deux Triangles font
Equiangles, & ont les Coftez autour de l'Angle commun
A proportionnaux ; C'eft à dire, que comme AF, ou BC
fon Egale, eft à AC, Ainfi AC, ou AD fon Egale, eft à
AE, Ce qu'il falloit démontrer.

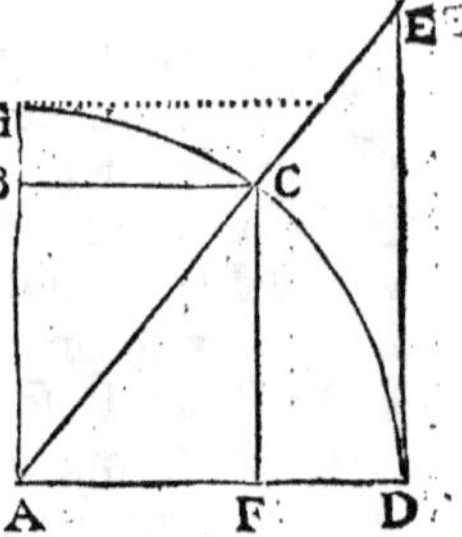

Corollaire

Corollaire I.

Eftant donc donné le Sinus Droit d'un Arc, avec le Rayon, on trouvera la Secante de fon Complement ; Car puifqu'il y a mefme Raifon du Sinus Droit de cet Arc, au Rayon, que du Rayon, à la Secante de fon Complement ; le Quarré du Rayon eftant divifé par le Sinus Droit connu, il viendra la Secante que l'on cherche ; Ainfi, fi AF, ou BC fon égale, eft 6. & le Rayon AC, 10. la Secante AE, fera 16. $\frac{1}{3}$.

Corollaire II.

Eftant donné le Sinus Droit d'un Arc, avec le Rayon, on trouvera la Secante de cét Arc. Car le Sinus Droit d'un Arc eftant donné on trouve le Sinus Droit de fon Complement par le Coroll. de la 2. Prop. Enfuite dequoy, il ne faut que fe fervir du Raifonnement precédent, & l'appliquer à ce Sinus ; Car il y a mefme Raifon du Sinus Droit du Complement au Rayon, que du Rayon à la Secante de l'Arc donné.

SECONDE PARTIE.

DE LA CONSTRUCTION DES TABLES
des Sinus, des Tangentes, & des Secantes.

PROPOSITION I.

De la maniere de construire les Tables des Sinus.

Uppose' ce qui a esté démontré en la premiere Partie, & prenant certaines choses pour accordées qui ont esté prouvées dans les Elemens d'Euclide, la chose n'est pas si difficile qu'elle paroist d'abord.

Le Diametre du Cercle est supposé valoir 200000 parties par quelques-uns, & par d'autres plus ou moins ; mais nous nous tenons à cette division commune, qui est de 200000. sur ce pié.

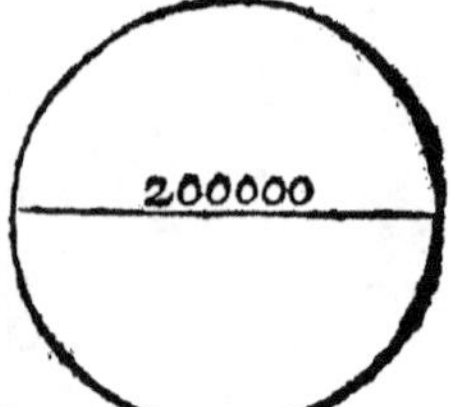

Le Costé de l'exagone inscrit au Cercle vaut 100000. Car il est égal au Rayon du Cercle, par la 15. du 4.

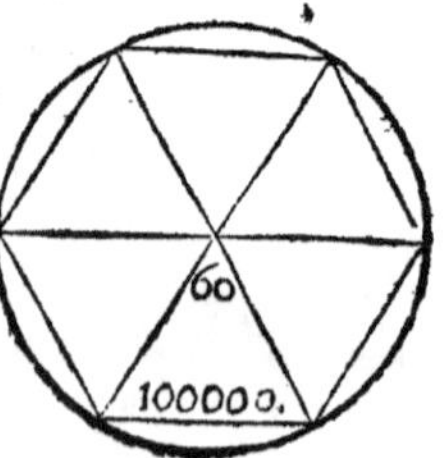

Le Cofté du Triangle infcrit au Cercle vaut 173205 ; Car le Quarré du Cofté d'un tel Triangle eft égal à trois fois le Quarré du Rayon, (par la 12. du 13.) Deforte que fi l'on prend trois fois le Quarré de 100000, & que de la fomme l'on prenne la Racine quarrée, ce fera la valeur du Cofté de ce Triangle.

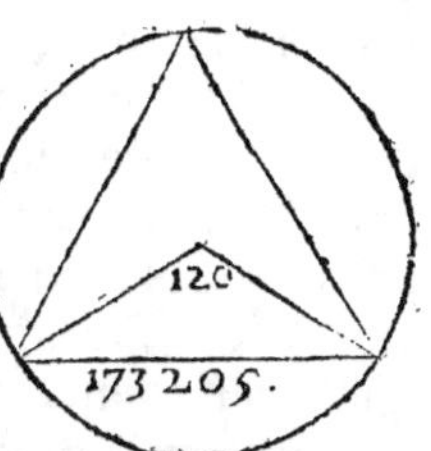

Le Cofté du Quarré infcrit au Cercle, vaut 141421. Car, par la 6. du 4. le Cofté du Quarré infcrit au Cercle foûtient un Angle Droit d'un Triangle dont les deux autres Coftez font les Rayons du Cercle ; D'où refulte que le Cofté du Quarré infcrit au Cercle eft la Racine quarrée de deux fois le Quarré du Rayon.

Le Cofté du Pentagone vaut 117557. Car, (par la 10. du 13.) le Quarré du Cofté du Pentagone eft égal aux Quarrez des Coftez de l'Exagone & du Decagone ; Deforte que fi l'on prend les Quarrez de 100000, & de 61804, qui font les Coftez de l'Exagone & du Decagone, la Racine Quarrée de leur fomme fera le Cofté du Pentagone.

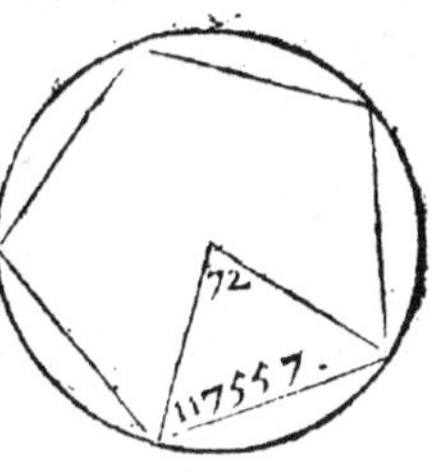

Le Cofté du Decagone vaut 61804. D'autant que (par la 9. du 13.) le Cofté du Decagone eft le moindre Segment d'une Ligne couppée en la moyenne & extrême Raifon, qui feroit compofée du Cofté de l'Exagone & du Cofté du Decagone pris enfemble; Et par le Corollaire de la mefme Propofition, c'eft le plus grand Segment

du Cofté de l'Exagone, ou du Rayon, ainfi couppé. C'eft pourquoy
(par la 11. du 2.) fi l'on ofte le
demy Rayon 50000. de la Racine Quarrée du Quarré du Rayon & du Quarré du demy-Rayon
pris enfemble, il refte 61803. pour
Cofté du Decagone ; Et d'autant

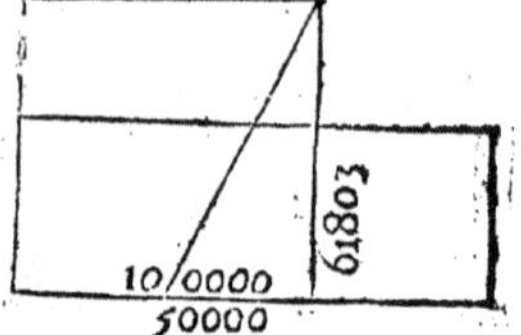

qu'il refte encore 89191. qui eft plus de 50000. L'on
adjoûte une unité dans les Tables, & l'on met d'ordinaire 61804. Pour Cofté du Decagone.

Le Cofté du Quindeca-
gone vaut 41582 ; Car (par
la 16. du 4.) le Cofté du
Quindecagone eft une Li-
gne Droitte comprife en-
tre la Baze d'un Triangle
Equilateral , & celle d'un
Pentagone infcrits au Cercle, & commençans en un
mefme Point , telle qu'eft
icy DE, qui eft comprife
entre les Bazes DH & EG.
Or la valeur ou la quantité de DE fe peut trouver

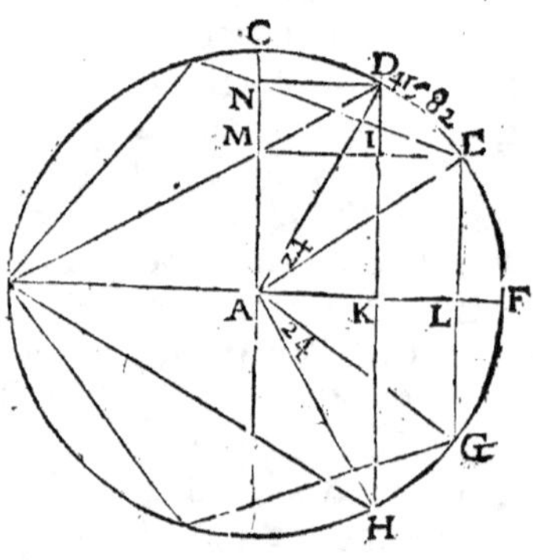

ainfi. DH eft connu eftant le Cofté d'un Triangle Equilateral infcrit au Cercle ; EG eft auffi connu, eftant le
Cofté d'un Pentagone ; Partant leurs moitiez DK, EL,
font auffi connuës, qui font les Sinus Droits des Arcs FD,
FE, D'où s'enfuit que leur difference DI fera auffi connuë.

Deplus, d'autant que EM, ou LA fon Egale, eft le Sinus
Droit du Complement de FE, & que DN, ou AK fon
Egale , eft le Sinus Droit du Complement de FD, les deux
Lignes AK, AL, viendront connuës (par la 2. Prop. de
la 1. Partie) & partant auffi leur difference KL, ou fon
Egale IE ; Si donc au Triangle Rectangle DIE, les deux

Coftez DI, & IE eftant connus, on prend feurs Quarrez,
ils compoferont enfemble le Quarré de DE, dont la Racine Quarrée fera DE, Cofté du Quindecagone Cherché ;
Ce qu'il falloit trouver.

Le Cofté de l'Exagone contient ——— 60. degrez.
Le Cofté du Triangle en contient —— 120.
Le Cofté du Quarré en contient ——— 90.
Le Cofté du Pentagone en contient —— 72.
Le Cofté du Decagone en contient —— 36.
Le Cofté du Quindecagone en contient- 24.

Le Cofté de l'Exagone, qui eft égal au Rayon, vaut 100000. p.
Le Cofté du Triangle en vaut ——————— 173205.
Le Cofté du Quarré en vaut ————————— 141421.
Le Cofté du Pentagone en vaut —————— 117557.
Le Cofté du Decagone en vaut ———————— 61804.
Le Cofté du Quindecagone en vaut ——————— 41582.

Cela fuppofé, pour conftruire les Tables des Sinus, il
n'y a plus d'autre fatigue a effuyer que la longueur du
Travail ; Car il ne faut rien fuppofer autre chofe que ce
qui eft contenu dans les Propofitions precedentes.

Les Soutendantes de 60. deg. font ——— 100000. parties.
      de 120. d. —————— 173205.
      de 90. d. —————— 141421.
      de 72. d. —————— 117557.
      de 36. d. —————— 61804.
      de 24. d. —————— 41582.

Defquelles fi l'on prend les moitiez , l'on aura les Sinus
    de 30. d. ————————— 50000. parties.
    de 60. d. ———————— 86602.
    de 45. d. ———————— 70710.
    de 36. d. ———————— 58779.
    de 18. d. ———————— 30902.
    de 12. d. ———————— 20791.

Et par le moyen de ces Sinus, trouvant la Corde de leurs Arcs (par la **4**. & **5**. Prop. de la **1**. Partie) on aura aussi des Sinus de la moitié de leurs Arcs, & des moitiez de leurs moitiez ; Puis des Complemens de ces moitiez, & des moitiez de ces Complemens ; & à la fin cela donnera la plus grande partie de tous les Sinus que l'on cherche ; excepté seulement quelque peu, que l'on trouvera par la **3**. & **6**. Proposition de la **1**. Partie.

PROPOSITION II.

De la maniere de construire les Tables des Tangentes.

D'Autant que par la **7**. Proposition de la **1**. Partie de ce Traité, il y a mesme Raison de la Tangente d'un Arc au Rayon du Cercle, que du Sinus Droit de cet Arc, au Sinus Droit de son Complement ; & d'autant aussi que les Sinus Droits de tous les Arcs de Cercle sont connus par la Proposition précedente, il s'ensuit que si l'on Multiplie le Rayon par le Sinus Droit d'un Arc, & que l'on divise le Produit par le Sinus Droit de son Complement, il viendra la Tangente de l'Arc proposé ; Et par ce moyen l'on pourra achever toutes les Tables des Tangentes ; Mais d'autant que par la **8**. Prop. le Rayon est Moyen Proportionnel entre la Tangente d'un Arc & la Tangente de son Complement, l'on abregera de moitié les Operations d'Arithmetique cy-dessus prescrites, en prenant une seule fois pour toutes le Quarré du Rayon, & le divisant successivement par les Tangentes de tous les Arcs moindres que **45**. d. qu'on aura deja trouvées par le premier Moyen, Car ce qui viendra, vous donnera les Tangentes des Complemens de tous ces Arcs.

PROPOSITION III.

De la maniere de conſtruire les Tables des Secantes.

Omme par la 9. Prop. de la 1. Partie de ce Traitté, le Rayon eſt moyen proportionnel, entre le Sinus Droit d'un Arc, & la Secante de ſon Complement, Il s'enſuit que ſi l'on prend le Quarré du Rayon, & qu'on le diviſe ſucceſſivement par tous les Sinus Droits de tous les Arcs de Cercle, que l'on ſuppoſe connus par les Propoſitions précedentes, l'on aura ſucceſſivement les Secantes des Complemens de tous ces Arcs ; Et ainſi l'on aura les Tables des Secantes.

TROISIE'ME PARTIE.

DU CALCUL DES TRIANGLES Rectangles.

PROPOSITION I.

Si dans un Triangle Rectangle, la Baze est prise pour le Rayon du Cerle, les Costez seront les Sinus des Angles opposez.

U Triangle Rectangle ABC, si le Costé BC est pris pour le Rayon du Cercle, Je dis que AB sera le Sinus de l'Angle C, & que AC sera le Sinus de l'Angle B. Pour le prouver.

Aprés avoir prolongé CA, & fait CF perpendiculaire à CA, décrivez le quart de Cercle FBD, & faites BE parallele à AC. Cela posé.

Par la définition du Sinus, AB est le Sinus de l'Arc BD, ou de l'Angle C ; De mesme BE, ou son égale AC, est le Sinus de l'Arc BF, ou de l'Angle BCF ; Mais l'Angle ABC est égal à l'Angle BCF ; Par conséquent le Costé AC est le Sinus de l'Angle ABC ; Ce qu'il falloit démontrer.

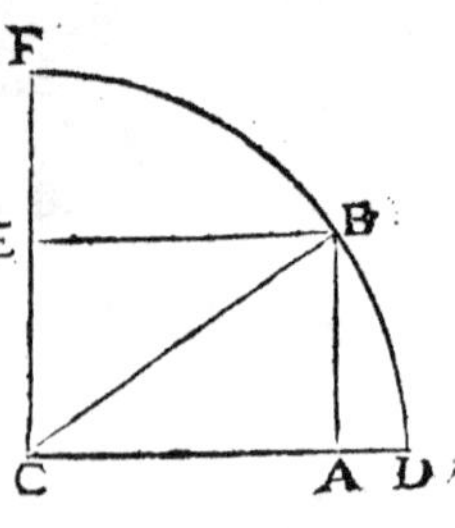

Corollaire.

Corollaire I.

Dans un Triangle Rectangle, la Baze eftant connuë, avec un des Angles, l'on connoiftra l'autre Angle & les Coftez.

Soit BC 37. Toifes, & l'Angle ACB 36. d. l'Angle ABC fon Complement à 90. d. fera de 54. d. Maintenant le Sinus de 36. d. eft 58779. & le Sinus de 54. d. eft 80902. Enfuite dequoy l'on trouvera AB 21. t. $\frac{1}{4}$. ou environ, & AC 30. t. ou environ.

Car comme BC, 100000. eft à BC 37. t. ainfi AB, 58779. eft à AB 21. t. $\frac{1}{4}$. ou environ. De mefme, comme BC, 100000. eft à BC 37. t. Ainfi AC 80902. eft à AC 30. t. ou environ.

Corollaire II.

La Baze eftant encore donnée, avec l'un des Coftez, on connoiftra les deux autres Angles, & l'autre Cofté.

Soit encore la Baze BC 37. t. & le Cofté connu AB 22. t. on trouvera l'Angle ACB, de 36. d. 29. min.

Car comme BC 37. t. eft à BC, 100000. Ainfi AB 22. t. eft à AB 59459. Sinus de l'Angle ACB, qui vaut 36. d. 29. min. Et pour le Cofté AC, on le peut trouver, ou par le précedent Corollaire, à caufe que l'Angle C eftant connu, tous les trois le font avec la Baze ; ou par la 47. du 1.

Corollaire III.

Eftant encore donné l'un des Coftez avec les Angles, on connoiftra la Baze & l'autre Cofté.

Soit AC 30. t. & l'Angle ABC 55. d. on trouvera BC 36. t. Car comme AC, Sinus de l'Angle ABC, 81915 eft à AC 30. t. Ainfi CB, 100000. eft à CB 36. t. Et pour le Cofté AB il fe peut trouver par le 1. Corollaire ; ou par la 47. du 1.

Tt

PROPOSITION II.

Si dans un Triangle Rectangle, l'un des Costez est pris pour le Rayon du Cercle, l'autre Costé sera la Tangente de l'Angle auquel il est opposé ; & la Baze en sera la Secante.

AU Triangle Rectangle ABC, le Costé AC estant pris pour Rayon du Cercle, Je dis que AB est la Tangente de l'Angle C, & que CB en est la Secante.

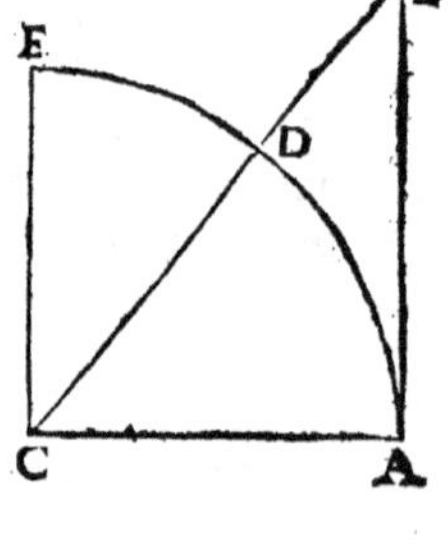

Car aprés avoir du Centre C, & de l'Intervalle CA, décrit le Cercle ADE, il est évident par la Définition de la Tangente que AB Perpendiculaire au Rayon est la Tangente de l'Arc AD, ou de l'Angle C.

De mesme il est évident, que le Rayon CD, qui part du Centre C, & passe par l'extremité de l'Arc AD, & qui est si long qu'il rencontre la Tangente au Point B, est la Secante de l'Arc AD, ou de l'Angle C.

Corollaire I.

Estant donc connu l'un des Costez d'un Triangle Rectangle, avec les Angles, l'on connoistra l'autre Costé, & la Baze.

Ce Corollaire est une autre maniere de trouver la mesme chose que ce qui a esté trouvé par le Corollaire precedent.

Soit AC 53. t. & l'Angle C 34. d. l'on connoistra le Costé AB 36. t. Car comme AC 100000. est à AC 53. t. Ainsi AB, Tangente de l'Angle C, 67451. est à AB 36. t.

De mesme pour la Baze CB ; Comme AC 100000. est à AC 53. t. ainsi CB, Secante de l'Angle C, 120622. est à CB, 63. t.

Corollaire. II.

Les Coſtez d'un Triangle Rectangle eſtant connus , on connoiſtra les deux autres Angles & la Baze.

Au Triangle ADC, le Coſté AC eſtant 53. t. & AB 36. t. l'on connoiſtra premierement la Baze par la 47. du 1; Puis on connoiſtra l'Angle C, de 34. d. 11. min.

Car comme AC 53. t. eſt à AC 100000. ainſi AB 36. t. eſt à AB, Tangente de l'Angle C, 67924. dont l'Angle vaut 34. d. 11. min.

PROPOSITION III.

En tout Triangle Scalene, comme la Baze , c'eſt à dire, comme le plus grand Coſté, eſt à la Somme des deux autres Coſtez, ainſi la difference des deux Coſtez eſt à une partie de la Baze, laquelle eſtant retranchée, il reſte une autre partie, qui eſt diviſée en deux également, par une Perpendiculaire abaiſſée du plus grand Angle.
Ou bien en tout Triangle Scalene, ſi l'on prend le plus petit Coſté pour Rayon, & que l'on décrive un Cercle , qui coupera la Baze & l'autre Coſté, la Baze ſera à la Somme des deux Coſtez, comme le Segment de l'autre Coſté au Segment de la Baze. Par exemple,

AU Triangle ABC, le Coſté AB ſoit 48. t. AC 26. & la Baze BC 54. Aprés avoir du Centre A, & de l'Intervalle AC, (qui eſt le plus petit Coſté) décrit un Cercle, Je dis que la Baze BC eſt à la Somme des deux Coſtez BA, AC, ou à ſon Equivalente BD, comme BG, difference entre AB & AC, eſt à BE. Pour le prouver.

Soit menée BH, qui touche le Cercle au Point H, (par la 17. du 3.) Et d'autant que BC & BH partent d'un meſme

Point hors du Cercle, à fçavoir B, que BH touche le Cercle, & que BC le coupe, le Rectangle compris de toute la Coupante BC, & de fa partie hors du Cercle BE, eft égal au Quarré de la Touchante BH, (par la 36. du 3.) Et par la mefme Raifon le Rectangle de BD, BG, eft égal au mefme Quarré, de BH ; D'où il s'enfuit que le Rectangle BC, BE, eft égal au Rectangle BD, BG.

Ces deux Rectangles ont donc les Coftez autour des Angles Egaux reciproquement proportionnaux, (par la 14. du 6.) c'eft à dire que comme BC eft à BD, (ou à fes deux Equivalentes BA, AC,) ainfi BG eft à BE, Ce qu'il falloit démontrer.

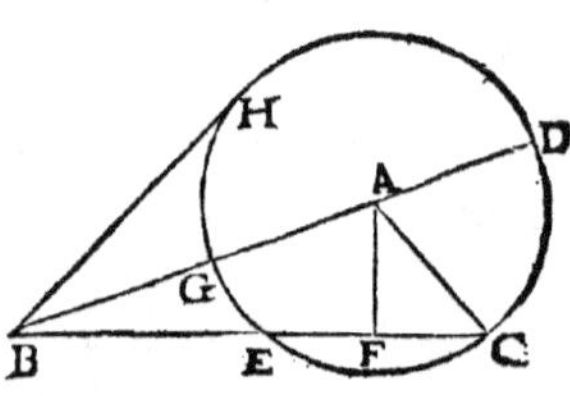

Corollaire.

Eftant donc connus les trois Coftez d'un Triangle Scalene, pour connoiftre fes Angles, Il faut du plus grand Angle abaiffer une Perpendiculaire fur la Baze, & par la fufdite Propofition l'on trouvera les Segmens de la Baze, & la valeur de cette Perpendiculaire, & enfuite les Angles du Triangle. Par exemple,

Au Triangle ABC, le Cofté AB eftant 48. t. AC 26. & BC 54. du plus grand Angle A, eftant abaiffée la Perpendiculaire AF, on trouvera FB 42. t. & FC 12. t.

Car comme BC 54. t. eft à BA & AC, 74. t. Ainfi BG, 22. t. (difference des deux Coftez BA, AC) eft à BE, 30. t. & $\frac{4}{17}$ Oftant donc BE, de BC, Refte EC, 24. t. Et divifant EC, en deux également par la Perpendiculaire AF, FC, vaudra 12. t. & BF 42. t.

On connoift donc les Sections BF, FC. Maintenant pour trouver les Angles, Voicy comme il faut proceder.

Dautant qu'au Triangle Rectangle AFB, la Baze AB & le Cofté BF font connus, on trouvera l'Angle B, de 28. d. par les Corollaires de la 1. & 2. Propofition. De mefme, l'Angle C fera trouvé dans le Triangle Rectangle AFC, ce qu'eſtant trouvé le troiſiéme BAC eſt auſſi connu, eſtant le Complement à 180. d.

Remarquez que quand le Triangle eſt Iſoſcele, ſi les trois Coſtez ſont connus, pour connoiſtre les Angles, Il faut du Sommet de l'Angle enfermé des deux Coſtez Egaux abaiſſer une Perpendiculaire, qui coupera la Baze en deux parties égales, & partant on aura deux Coſtez & l'Angle Droit connu, & pour connoiſtre le

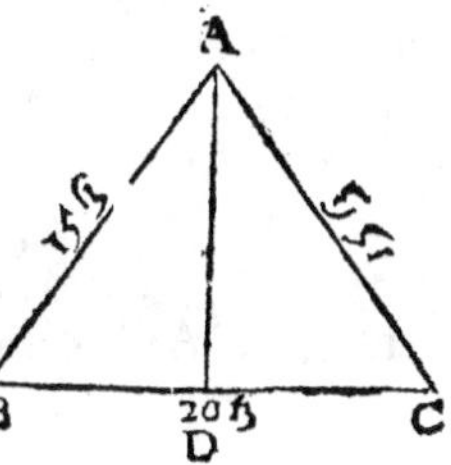

reſte, il faudra operer ſuivant le Corol. 2. de la 1. Prop. de cette 3. Partie.

PROPOSITION IV.

En tout Triangle Scalene, comme le Sinus d'un Angle eſt au Coſté auquel il eſt oppoſé, ainſi le Sinus d'un autre Angle eſt au Coſté auquel il eſt oppoſé. Par exemple,

AU Triangle ABC, ſoit prolongé BA, & fait BD égale à AC ; & des Centres B & C, & des Intervalles BD, CA, ſoient décris les Cercles DE, AF, qui ſeront égaux; Puis ſoient abaiſſées les Perpendiculaires AG, DH, entre

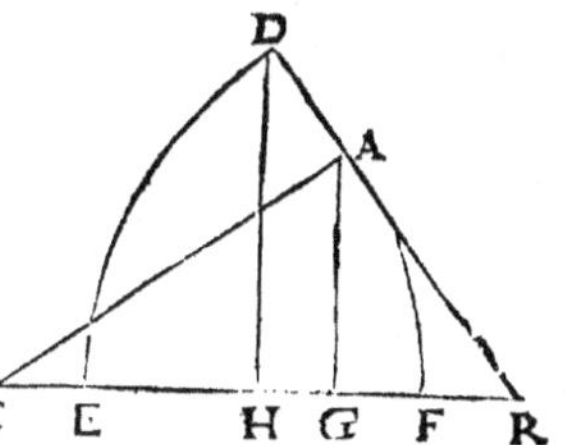

leſquelles AG ſera le Sinus de l'Arc AF, ou de l'Angle C , & DH ſera le Sinus de l'Arc DE, ou de l'Angle B ; Je dis donc que comme AG, Sinus de l'Angle C, eſt au Coſté AB qui luy eſt oppoſé ; ainſi DH, Sinus de l'Angle B, eſt au Coſté AC qui luy eſt oppoſé. Pour le prouver.

Tt iij

Aux deux Triangles DBH, ABG, les deux Angles H & G sont égaux, estant Droits, & l'Angle B est commun ; par consequent ces deux Triangles sont Equiangles, & les Costez autour des Angles Egaux sont proportionnaux ; Et partant, comme GA est à AB, ainsi HD est à DB, ou AC son égale ; Ce qu'il falloit démontrer.

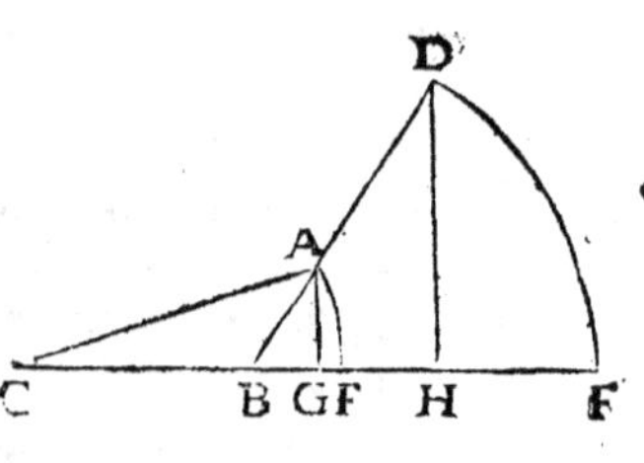

Scolie.

Doncques, en permutant, il y aura mesme Raison du Sinus d'un Angle, au Sinus d'un autre Angle, que du Costé au Costé ; Ou bien la Raison des Costez est la mesme que la Raison des Sinus des Angles ausquels ces Costez sont opposez.

Corollaire. I.

Estant donc donné deux Angles & un Costé dans un Triangle Scalene, on trouvera l'autre Angle, & les deux autres Costez. Par exemple,

Au Triangle ABC, l'Angle B soit de 42. d. & l'Angle C de 22. d. & le Costé AC de 42. t. on trouvera 1. l'Angle A de 115. d. estant le reste de 180. Pour le Costé AB il sera trouvé de 23. t. Car comme 68200. Sinus de l'Angle B, qui vaut 43. d. sont à 42. t. valeur du Costé AC qui luy est opposé ; ainsi 37461. Sinus de l'Angle C, qui vaut 22. d. sont à 23. t. que vaut le Costé AB. De mesme, pour le Costé BC, comme le Sinus de l'Angle B, est à son Costé opposé AC 42. t. Ainsi le Sinus de l'Angle A, est à son Costé opposé BC 55. t. ⅘.

Corollaire. II.

Estant donné deux Costez d'un Triangle Scalene, & un des Angles qui n'est pas enfermé de ces deux Costez, avec l'espece du troisiéme, c'est à dire, s'il est Aigu ou Obtus, on connoistra les deux autres Angles , & l'autre Costé ; Par exemple,

Au Triangle ABC, soit le Costé AB 56. t. & AC 37. t. & l'Angle B, qui n'est pas enfermé de ces deux Costez, soit de 27. d. & deplus que l'espece de l'Angle C, restant , soit donnée, c'est à dire, que l'on connoisse s'il est Aigu, ou Obtus, & que dans cet exemple il soit Aigu, on trouvera l'Angle C estre de 43. d. 22. min. Car comme AC 37. t. est à 45399. Sinus de l'Angle Opposé B, qui est de 27. d. Ainsi AB 56. t. est à 68658. Sinus de l'Angle Opposé C, qui vaut 43. d. 22. min.

Quant au troisiéme Angle BAC, c'est le Complement à 180. d.

Pour le Costé BC, il sera trouvé par le precédent Corollaire.

J'ay supposé dans l'exemple précedent que l'Angle C, estoit Aigu ; Mais s'il avoit esté Obtus, comme D, Il auroit fallu prendre le Complement à 180. d. de celuy qu'on trouveroit dans les Tables , Ce qui se peut démontrer ainsi.

Au Triangle ABD, l'Angle B estant de 27. d. le Costé AB de 56. t. & le Costé AD estant de 37. t. de mesme que le Costé AC, il s'ensuit que le Triangle ADC est Isocele, & partant que les Angles D & C sont égaux ; Mais l'Angle ADB est le Complement à 180. d. de l'Angle ADC, Il sera donc aussi le Complement à 180. d. de l'Angle C, qui luy est égal.

PROPOSITION V.

En tout Triangle Scalene , comme la Somme de deux Coſtez eſt à leur Difference, ainſi la Tangente de la moitié de la Somme des deux Angles oppoſez à ces deux Coſtez eſt à la Tangente d'un autre Angle, lequel eſtant adjoûté à la moitié de ces deux Angles fait le plus grand, & en eſtant oſté donne le plus petit Par exemple.

AU Triangle ABC le Coſté AB ſoit connu de 45. t. AC de 30. t. & l'Angle A de 95. d. Les deux Angles B & C, oppoſez à ces deux Coſtez, feront enſemble de 85. d. Je dis que comme 75. t. Somme des deux Coſtez AB, AC, eſt à leur Difference 15. t. Ainſi 91633. Tangente de 42. d. ½ qui eſt la moitié des deux Angles, eſt à la Tangente d'un Angle, dont l'Angle C, le plus grand des deux, ſurpaſſe la moitié, ou dont B, le plus petit, en eſt ſurpaſſé.

Pour le prouver, ſoit prolongé le Coſté BA indefiniment, puis ſoit pris AD égale à AC, & du Point C au Point D, ſoit menée la Ligne CD, cela donne le Triangle CAD, qui eſt Iſoſcele, & dont l'Angle CAD, eſt égal aux deux Angles B & C, leur eſtant exterieur. Maintenant du Point A, ſur la Ligne CD, ſoit abaiſſée la Perpendiculaire AE, laquelle diviſera l'Angle A, & la Ligne CD en deux également ; Et partant l'Angle EAD, eſt égal à la moitié de la Somme des deux Angles B & C; Dont ED eſt la Tangente ; Puis

ſoit

ſoit diviſée la Ligne BD, (qui eſt égale aux deux BA,
AC,) en deux également au Point F, & ſoit priſe FH,
égale à FA, ce qui donnera HA, pour la difference des
deux Coſtez BA, AC ; Puis du Point F au Point E ſoit
menée la Ligne FE, laquelle ſera parallele à BC, à cauſe
qu'elle coupe les Coſtez BD, CD, proportionnellement ;
Puis du Point A, ſoit menée AG, parallele à FE, & à BC ;
cela donne le petit Angle EAG, dont la Tangente eſt EG ;
Mais cet Angle EAG eſt la difference dont chacun des
deux Angles B & C, ou leurs égaux GAD, GAC, different
de leur moitié EAD ; Ce qui me reſte donc à prouver eſt
que BD eſt à AH, comme ED, eſt à EG ; Ce qui ſe peut
faire ainſi.

La Toute BD eſt à AH, comme la moitié FD eſt à la moitié
FA ; DA eſt à FA, comme DG eſt a EG, par la 2. du 6. & en
compoſant FD eſt à FA, comme ED eſt à EG ; Donc du premier au dernier, comme BD eſt à AH, ainſi ED eſt à EG ;
Ce qu'il falloit démontrer.

On peut encore trouver
la valeur des deux Angles
B & C, & celle du Coſté
BC, d'une autre maniere,
reduiſant le Triangle Obli-
qu'Angle en un ou deux Triangles Rectangles. Par exemple ;

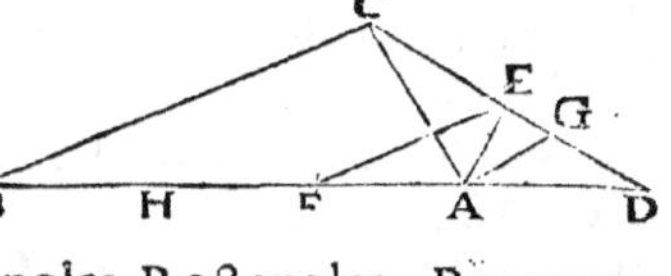

Au Triangle Rectangle ADC,
les trois Angles ſont connus & le
Coſté AC ; Partant, par les Re-
gles des Triangles Rectangles, les
Coſtez AD, DC, ſont connus ;
Puis dans le Triangle Rectangle
BDC, les deux Coſtez BD, DC, & l'Angle D, ſont con-
nus ; Et partant, par les meſmes Regles l'Angle B, & le
Coſté BC ſont connus ; Par conſequent du Triangle ABC,
tout eſt connu, qui eſt ce que l'on cherchoit.

Corollaire.

Il s'enfuit de-là, que fi deux Coftez d'un Triangle Scalene, font donnez, avec l'Angle qui eft enfermé par ces deux Coftez, on trouvera les deux autres Angles, & le troifiéme Cofté ; Par exemple,

Au Triangle ABC, le Cofté AB eftant de 45. t. AC de 30. t. & l'Angle A, qui eft enfermé par ces deux Coftez, de 95. d. l'Angle C fera trouvé de 52. d. 53. m. Car en oftant l'Angle A, qui eft connu de 180. d. reftera 85. d. pour la fomme des deux Angles B & C.

Or par la precedente Propofition, comme la fomme des deux Coftez AB, AC, 75. t. eft à leur difference 15. t. Ainfi 91633. Tangente de 42. d. 30. m. moitié des deux Angles B & C, eft à 18326. Tangente d'un autre Angle, dont le plus grand Angle C, furpaffe cette moitié ; Mais par les Tables on trouve que 18326. eft la Tangente de 10. d. 23. m. Si donc l'on adjoûte 10. d. 23. m. avec 42. d. 30. m. moitié des deux Angles, il viendra 52. d. 53. m. pour le plus grand Angle C, D'où il s'enfuit que fi l'on ofte ces 10. d. 23. m. de 42. d. 30. m. Il reftera 32. d. 7. m. pour l'Angle B.

Quant au Cofté BC, il fera trouvé de 56. t. en operant comme il a efté monftré par le 1. Corollaire de la 4. Prop. de cette 3. Partie ; Car comme 53164. Sinus de l'Angle B, eft à fon Cofté oppofé 30. t. Ainfi 99619. Sinus de l'Angle A, qui eft le mefme que celuy de fon Complement a deux Droits, ou de 85. d. eft à fon Cofté oppofé BC, 56. Toifes.

F I N.

LA GEOMETRIE
PRATIQUE.

DEFINITIONS.

1. LE Pié, est une certaine mesure, dont la Grandeur, ou la Longueur, est determinée dans tout le Royaume par l'autorité du Prince.

Cette Mesure s'appelle, *Pié de Roy*, à la difference de certaines autres Mesures de mesme Nom & de diverses Grandeurs, qui sont en usage dans chaque Province selon leurs Privileges particuliers.

2. Le Pouce, est la douziéme partie d'un Pié.

3. La Ligne, est la douziéme partie d'un Pouce.

Tellement que les Piés, les Pouces, & les Lignes dont on se sert dans une Province, ne sont pas necessairement égaux à ceux dont on se sert dans une autre Province ; Et ainsi, sans s'arrester à ce que quelques-uns ont écrit, que là grandeur d'un Pouce est l'étenduë de douze grains d'Orge arrangez selon leur largeur, Si l'on veut connoistre ces Mesures dans le particulier, il faut s'informer de l'Usage.

4. La Toise est une mesure de six Piés.

5. La Verge est une mesure de 18. Piés.

La Verge n'est pas de mesme grandeur par tout. Il y

a mesme des lieux où l'on ne se sert pas de la Verge ; & où la Perche, la Chaisne, la Gaule, le Pas commun, & le Pas Geometrique sont en usage.

6. Le Pié quarré, est un Plan, ou une Superficie platte, qui a un Pié de long & autant de large.

Ainsi, la Toise quarrée, ou la Verge quarrée, est une Superficie qui a une Toise ou une Verge de long, & autant de large.

7. La quantité d'une Superficie, ou d'un Plan, est le nombre des Piés, des Toises, ou des Verges quarrées qu'elle contient.

La Toise quarrée s'employe à Paris & aux environs pour mesurer les Bâtimens ; mais pour mesurer les Terres, on se sert de la Verge, ou de la Perche.

8. L'Arpent, est une Superficie qui contient 100. Verges, ou 100. Perches quarrées.

En certains endroits du Royaume, au lieu du mot d'Arpent, on se sert du mot de Journal, & en d'autres on se sert encore d'autres Noms, qui signifient tous pour l'ordinaire la valeur de 100. Mesures quarrées, de celles qui sont en usage dans le Païs.

9. Le Pié Cubique, est un Corps qui a un Pié en chacune de ses Dimensions, c'est à dire en Longueur, en Largeur, & en Profondeur ; Et ce Corps s'appelle *un Cube*.

Et de mesme la Toise Cubique, le Pouce Cubique, & la Ligne Cubique, est un Corps, ou un Cube, qui a une Toise, un Pouce, ou une Ligne en tout sens.

10. La quantité d'un Corps, est le nombre des Toises, des Piés, ou des Pouces Cubiques qu'il contient.

11. La Geometrie Pratique, est l'Art de trouver par le Calcul la grandeur des Lignes, des Superficies, & des Corps, par le moyen de certaines choses données, ou connuës.

La Partie de cette Geometrie qui nous apprend à trouver la Grandeur des Lignes, ou des Hauteurs inaccessibles, s'appellent Altimetrie ; celle qui nous apprend à mesurer les Surfaces, s'appelle Planismetrie, ou l'Arpentage ; & celle qui nous apprend à mesurer les Corps, s'appellent Stereometrie, ou le Toisé.

PREMIERE PARTIE.

DE L'ALTIMETRIE.

Ou de la Mesure des Hauteurs inaccessibles.

PROPOSITION I.

Préparer un Instrument pour mesurer les Angles.

Comme la plus grande partie des choses que l'on cherche dans la Geometrie Pratique se trouve par le moyen des Angles, une des choses à quoy l'on doit principalement s'appliquer, est de trouver & faciliter les moyens de les pouvoir mesurer exactement ; & comme cela ne se peut faire sans le secours de quelque Instrument, l'on doit particulierement s'estudier à en inventer & préparer quelqu'un, dont les divisions soient fort justes, & dont on se puisse aisément servir. Aussi les Geometres n'ont pas manqué d'en inventer plusieurs ; mais le meilleur & le plus simple de tous, & auquel tous les autres se rapportent, comme en ayant tous esté tirez, est le demy Cercle, ou Graphometre ; que l'on divise ordinairement en 180. degrez, & chaque degré, dans le plus de parties égales qu'il est possible sans confusion ; Et pour cela il est bon qu'il ait un Pié de Diametre, afin que les Divisions & Subdivisions des Degrez puissent estre justes, apparentes, & bien marquées sur l'Instrument.

Chacun sçait que la Geometrie Speculative peut fournir divers moyens pour la Section des Angles ; Mais comme tous ces moyens ne sont beaux pour la plus part que dans

la Speculation, & qu'ils sont inutiles pour la Pratique;
pour préparer nostre Instrument, il faut avoir recours à la
Mechanique, & suivre en cela les Voyes les plus courtes,
les plus simples, & les plus aisées à pratiquer.

Pour cela, ayez une grande Platine de Métail, (le Laton
est le plus propre pour cet Usage ; mais au défaut de Métail on peut se servir d'une Table de bois bien polie.)
Faites au milieu de cette Platine un trou rond, d'environ
deux Lignes de Diametre ; Tournez ensuitte un Cloud,
ou plûtost une Cheville de fer, ou de laton, capable de
remplir ce trou ; que la teste de ce Cloud soit platte, &
garde encore s'il est possible le Centre allentour duquel il
aura esté tourné ; Ou si ce centre estoit effacé, trouvez-le
en cette maniere.

A un Pié du trou, ou environ, appliquez une des pointes de vostre Compas, & ouvrez l'autre jusqu'à ce
qu'elle passe à l'endroit ou la veuë vous fait juger que
peut estre le Centre que vous cherchez, & sur la teste de
ce Cloud, tracez délicatement une petite portion de Cercle ; apres cela, faites faire à ce Cloud dans son trou environ un tiers de tour, & sans changer le Pié ny l'ouverture du Compas, décrivez sur ce Cloud une autre portion de
Cercle, qui coupe la premiere ; cela fait, tournez derechef le
Cloud, & luy faites faire encore environ un tiers de tour, &
décrivez comme devant une troisiéme portion de Cercle,
qui coupe les deux autres ; Et s'il arrive que ces trois Arcs,
ou portions de Cercles, se coupent dans un seul Point, ce
Point sera le Centre Cherché ; Mais s'ils font une espece
de Triangle, il faudra recommencer, & ouvrir ou serrer
le Compas jusqu'à ce que vous ayez bien rencontré.

Aprés avoir ainsi trouvé en tâtonnant le Centre de la
teste de ce Cloud, appliquez-y une des jambes de vostre
Compas, & ayant ouvert l'autre jambe jusqu'au bord de
la Platine, décrivez le long de ce bord un grand Cercle ;
Cela fait, divisez ce Cercle en 6. parties égales, & derechef chaque partie en 6. autres, puis chacune de ces parties
par la moitié, & enfin chacune de ces moitiez en 5. parties

égales ; Et ainſi vous aurez voſtre Cercle diviſé en 360.
parties égales, qu'on nomme Degrez ; Et cela d'autant
plus juſtement que voſtre Platine ſera grande., à cauſe que
les Diviſions ſe font mieux quand le Cercle eſt grand, &
que les fautes, s'il y en a , ne ſont pas ſi conſiderables.

Ce grand Cercle eſtant ainſi exactement diviſé en 360.
degrez ſur voſtre Platine, pour transferer & marquer apres
cela auſſi juſtement les meſmes Diviſions ſur voſtre Inſtrument, il faut avoir une longue Regle ſemblable à celle qui
eſt icy repreſentée,
qui ait un trou pa-
reil à celuy de la
Platine , & dont
le Centre ſoit le

long de la Ligne AB, qu'on appelle la Ligne de Foy, & par
le moyen de cette Regle vous pourrez diviſer voſtre inſtrument encette ſorte.

Appliquez le Centre de voſtre Inſtrument, (qui doit
eſtre percé comme la Regle & la Platine) au Centre de
la Platine, & mettez la Regle pardeſſus, enſorte que ces
trois trous conviennent l'un ſur l'autre ; paſſez enſuitte la
Cheville de fer , ou le Cloud, tout au travers de ces
trous ; & apres avoir arreſté voſtre Inſtrument ſur la Platine avec de la cire, ou autre choſe qui le tienne ferme
& immobile, promenez voſtre Regle ſur tous les degrez
du Cercle de la Platine l'un apres l'autre, marquant à chaque poſe, le long de la Ligne de Foy de la Regle, autant
de Lignes, entre deux Cercles Concentriques (tels qu'AC,
DE,) que vous aurez décrits auparavant ſur voſtre Inſtrument ; & alors voſtre Inſtrument ſe trouvera diviſé en
180. degrez, auſſi exactement que le grand Cercle de la
Platine.

Voilà ſans doute une Maniere ou Pratique fort groſſiere,
mais cependant fort ſimple & fort ſeure , pour diviſer
exactement voſtre Inſtrument en 180. degrez. Mais pour
ce qui eſt maintenant de ſubdiviſer chacun de ces degrez
en de moindres parties égales, le plus qu'il eſt poſſible ſans

confufion, fans m'arrefter à refuter plufieurs moyens fautifs, ou difficiles a effectuër, dont quelques Ouvriers igno-
rans fe fervent & fe contentent, je veux vous en apprendre un, qui me femble le plus facile & le meilleur de
tous.

Décrivez, comme dans la Figure fuivante, les deux Cercles AC, DE, qui ayent leur Centre commun avec celuy
de l'Inftrument ; & apres avoir marqué occultement fur
ces deux Cercles, par la voye que je viens de dire, tous
les degrez, prenez-en un pour fervir d'exemple, comme
celuy qui eft icy compris entre les deux Lignes AD, CE.

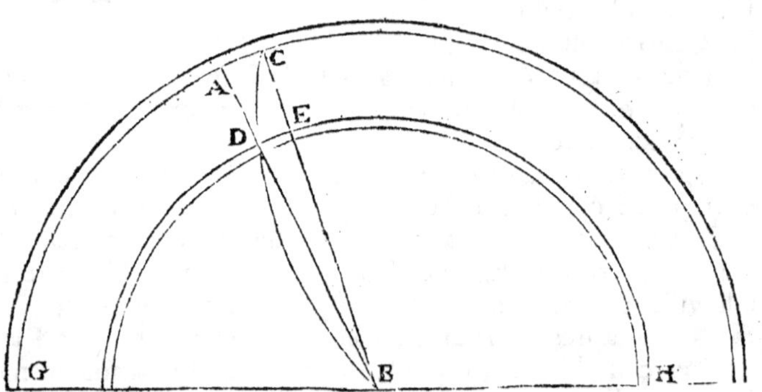

Apres quoy (par la 25. Prop. du 3.) décrivez un Cercle
qui paffe par ces 3. Points, fçavoir par le Point C, par le
D, & par le Centre de l'Inftrument B ; Puis divifez l'Arc
DC, en autant de parties égales que vous voudrez, & que
le Degré AC le pourra eftre fans confufion ; Et alors, fi
du Centre B de voftre Inftrument, vous menez par tous
les Points de la Divifion de cet Arc des Lignes Droites,
vous aurez au Centre B, autant d'Angles égaux entr'eux,
puifqu'ils feront tous dans la Circonference d'un mefme
Cercle BDC, & qu'ils s'appuyront tous fur des Arcs Egaux ;
Et les Coftez de ces Angles eftant continuez diviferont le
Degré AC, en autant de parties égales ; Et ce que je dis
du

du Degré AC, se doit entendre de mesme de tous les autres.

Toutesfois, comme ce n'est pas une petite peine de trouver les Centres de 180. Arcs semblables à BC, qui passent chacun par trois Points donnez, semblables à BDC ; & que d'ailleurs il est évident que tous les Centres de ces Arcs doivent estre placez dans la Circonference d'un Cercle qui ait le Point B, pour Centre, puisque tous ces Arcs passent par le Point B ; apres avoir trouvé un de ces Centres, comme F, il ne faut, pour plus grande facilité, que décrire un Cercle du Centre B, & de l'Intervalle BF, & diviser sa Circonference, ainsi que nous avons déja montré, en 360. degrez, sur lesquels vous n'avez plus qu'à poser l'un apres l'autre le Pié immobile du Compas, & avec la mesme ouverture FB, vous décrirez tous les Arcs semblables à BDC, entre les Cercles AC, DE. Et mesme d'autant que ces Arcs diviseront suffisamment en degrez les Circonferences des Cercles AC, DE, vous pourrez vous passer de la Division précedente, & vous contenter de celle-cy.

Et pour rendre encore la chose plus précise, & plus aisée à executer, au lieu de transferer, comme j'ay dit, le Pié immobile du Compas sur tous ces degrez F, F, l'un apres l'autre, il est plus apropos de tenir la Pointe du Compas, immobile & arrestée dans un seul Point, comme F, & en recompense faire avancer par degrez l'Instrument, par le moyen de cette Regle dont nous avons parlé, laquelle luy sera fortement attachée, & qui s'estend jusques sur la premiere Division de la Platine ; Car par ce moyen, outre que les degrez se marqueront plus justement sur l'Instrument, à cause que la Division du grand Cercle de la Platine est tres-exacte, on se délivrera encore de la peine de faire la Division d'un Cercle en 360. degrez, ainsi que j'avois dit auparavant qu'il falloit faire.

Mais enfin pour conduire nostre Division au dernier Point de justesse & de facilité qu'il est possible, & se délivrer en mesme temps de la peine qu'il peut y avoir à

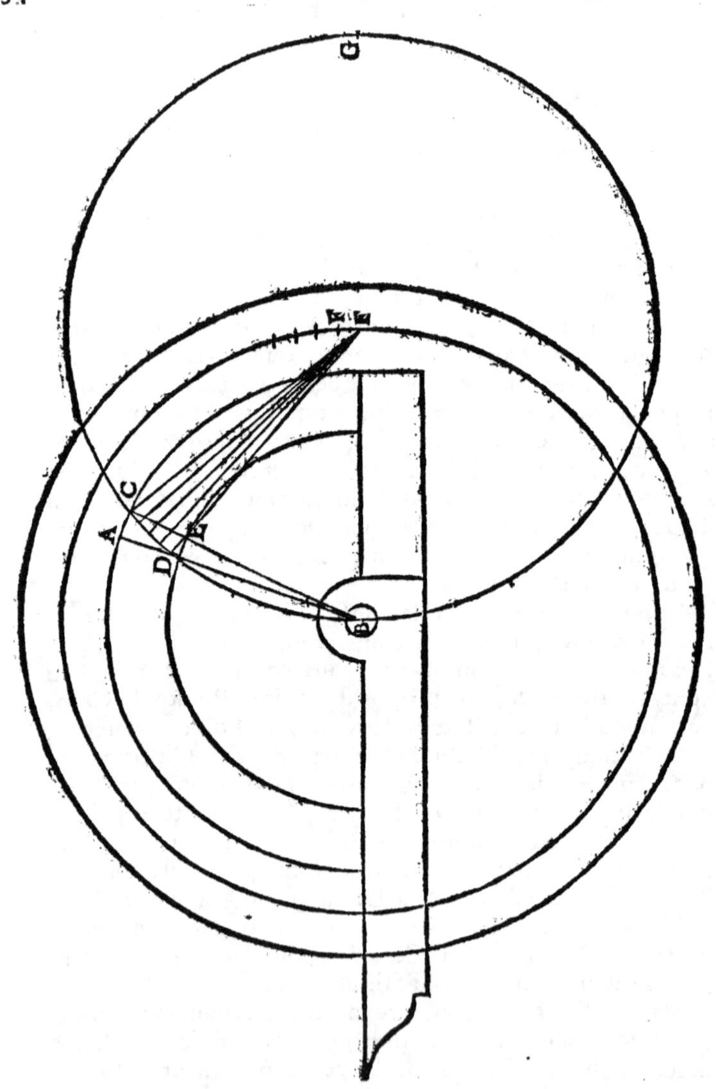

trouver un premier Centre, comme F, qui passe par les trois Points BDC, il ne faut que prendre le Centre F à discretion, & mettre le Pié immobile du Compas à telle distance que l'on voudra du Centre B, (Il est bon neanmoins de remarquer que le mettant à trois Piés de distance, cela est commode pour tracer comme il faut les Divisions sur un Instrument d'un Pié de Diametre) puis ouvrant le Compas jusqu'en B, il faut tracer vers le bord de l'Instrument une Portion occulte de Cercle, comme DC, qui soit capable d'un Angle de deux degrez au Centre F ; Puis du Centre B, & des Intervalles BD, BC, décrire les deux Cercles AC, DE, entre lesquels vous décrirez par la Methode précedente, de ce Point F pris à discretion, 180. Portions de Cercles semblables à DC ; lesquelles diviseront les deux Cercles AC, DE, en autant de degrez ; Car puisque l'Angle DFC au Centre, s'appuyant sur la Portion de la Circonference DC, seroit de deux degrez, l'Angle DBC, estant à la Circonference du mesme Cercle, & s'appuyant sur la mesme Portion DC, seroit d'un degré seulement, (par la 10. du 3.) & ainsi des autres.

Puis pour subdiviser tous ces degrez en plusieurs parties égales, autant qu'ils en sont capables sans confusion, Il ne faut que diviser un de ces Arcs, comme DC, en autant de parties égales que vous jugez le pouvoir faire, & par-dessus tous les Points de cette Division , décrire autant de Cercles du Centre B ; Car par ce moyen toutes les autres portions de Cercles, semblables à DC, seront aussi pareillement divisées ; & du mesme Centre B, tirant des Lignes droites par dessus tous les Points de ces divisions, elles subdiviseront chaque degré en autant de parties, qui seront égales entr'elles (par la 26. du 3.)

Pour ce qui est des Pinnules, celles qui ont a estre prés de l'Oeil, ne doivent avoir qu'un petit trou de la grosseur d'une mediocre épingle, & celles qui leur sont opposées, & qui sont tournées vers l'objet, doivent estre tout à jour, sinon qu'au milieu il doit y avoir un petit filet de métail, le plus delié qu'il est possible, afin qu'il ne couvre qu'une partie infenfible de l'objet ; & fi ce filet n'eftoit pas affez delicat, il faudroit le percer dans le milieu, d'un petit trou égal à l'autre. Mais pour plus grande commodité, on peut faire les deux Pinules oppofées tout à jour, pourveu qu'au devant de chacune il y ait une petite Platine de métail toute pleine, & percée feulement au milieu d'un petit trou de la groffeur d'une Epingle, comme nous avons dit ; Car par ce moyen, on pourra fe fervir de tel bout de l'Inftrument que l'on voudra pour tourner du cofté de l'Oeil, en détournant la Platine qui fera au devant de la Pinnule oppofée.

PROPOSITION II.

Mefurer un Angle Donné.

JE n'entens pas parler icy d'un Angle qui feroit tracé fur le Papier, mais bien d'un Angle qui feroit compris de deux Lignes que l'on concevroit marquées fur la terre.

Pour mefurer un tel Angle, mettez à fon Sommet voftre demy-Cercle, & le difpofez de telle forte que par fes Pinnules immobiles vous voyez l'extremité de l'une de ces Lignes ; Puis arreftez là voftre Inftrument ; & tournez fon Alidade jufqu'à ce que par fes Pinnules mobiles vous voyez l'extremité de l'autre Ligne ; Et alors l'Arc du demy-Cercle compris entre le commencement de la Divifion & la Ligne de Foy de l'Alidade, fera la quantité de l'Angle cherché.

Pour rendre vifibles les extremitez d'une Ligne fur la Terre, il faut y planter des Picquets, & y attacher quelque chofe de blanc, comme des mouchoirs ou du papier, ou bien y faire tenir immobiles quelques valets.

PROPOSITION III.

Sur une Ligne droitte Donnée sur la Terre, décrire un Angle Donné.

POur le faire, placez voftre demy-Cercle fur l'une des extremitez de la Ligne Donnée, & le difpofez de telle forte que par fes Pinnules immobiles vous voyez l'autre extremité de cette Ligne ; puis arreftez là voftre Inftru-ment ; Et éloigñez fon Alidade du commencement de la Divifion qui y eft marquée, d'un nombre de degrez égal à la valeur de l'Angle que l'on demande ; Apres cela faites marcher de travers un valet le plus loin de vous que vous pourrez ; & quand vous l'appercevrez par les trous des Pinnules de l'Alidade, faites-le arrefter : Car alors, fi par le pié de l'Inftrument on fait bander un cordeau jufqu'à ce valet, il eft évident que l'Angle que ce cordeau fera avec la Ligne Donnée, fera celuy qu'on s'eftoit propofé de faire..

PROPOSITION IV.

Mefurer une Hauteur perpendiculaire à l'Horizon.

ON propofe par exemple de mefurer la Hauteur d'une Tour, comme AB, bâtie perpen-diculairement à l'Horizon BE.

Pour le faire, choififfez aux en-virons de cette Tour quelque en-droit, comme C, où vous puiffiez placer commodément voftre demy-Cercle, & le difpofez de telle forte, que par fes Pinnules immobiles vous puiffiez voir un endroit de la Tour, comme

D, qui soit éloigné de la Terre B,
de la hauteur du bâton qui porte
vostre demy-Cercle ; Apres cela
tournez son Alidade, ensorte que
par ses Pinnules mobiles vous voyez le Sommet de la Tour, marqué A ; ces trois Lignes CD, DA,
& AC, vous donneront le Triangle ADC, duquel l'Angle D est

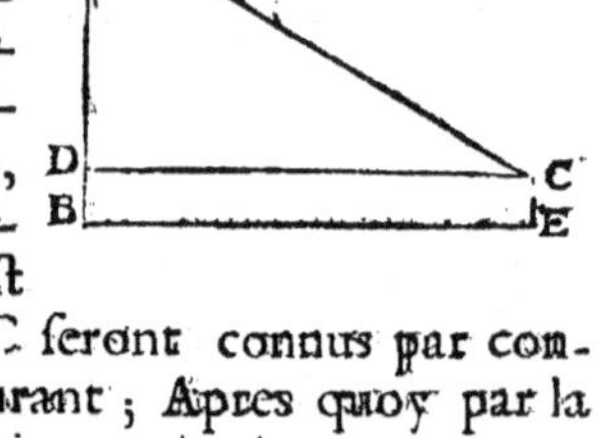

Droit, l'Angle C & le Costé DC seront connus par construction, c'est à dire en les mesurant ; Apres quoy par la
seconde Proposition de nostre Trigonometrie on trouvera
le Costé AD ; auquel si on adjoûte la hauteur du baston
pour celle de BD, on aura la quantité de AB, qui est la
Hauteur demandée.

I. Remarque.

L'on a icy supposé, que le Rayon visuel qui passe par
les Pinnules immobiles, allast aboutir à un endroit de la
Tour, distant de la Terre de la hauteur du baston ; ce qui
doit infailliblement arriver, pourveu que l'on fasse ensorte
que la Ligne qui passe par les Pinnules immobiles soit parallele à l'Horizon ; mais comme cela est assez difficile a
effectuer, il est plus apropos de disposer tellement l'Instrument, que la Ligne qui passe par ces mesmes Pinnules soit
perpendiculaire à l'Horison ; car alors cette Ligne sera parallele à la Tour ; Et pour le faire, il faut disposer l'Instrument de telle sorte, qu'un fil avec son plomb estant mis
contre la Pinnule d'enhault, ce fil raze la Pinnule d'embas ; Apres quoy, il faut, comme j'ay dit auparavant,
hausser ou abaisser l'Alidade, tant que par ses Pinnules mobiles vous voyez le sommet de la Tour ; Et pour sçavoir
la valeur de l'Angle ACD, il faudra compter les degrez,
en commençant depuis le nonantième degré du demy-
Cercle jusqu'à la Ligne de Foy de l'Alidade.

II. Remarque.

Si par hazard, ou autrement, voſtre Inſtrument ſe trouvoit
tellement diſpoſé, que l'Angle ACD fuſt de quarante-cinq
degrez, ou demy droit, alors le Triangle ADC ſeroit Iſoſcele, & partant le Coſté AD ſeroit égal au Coſté DC ;
D'où il s'enſuit, que meſurant le Coſté DC, on auroit ſans
calcul la hauteur de AD, à quoy il ne faudroit plus qu'adjoûter celle du baſton ; pour avoir la hauteur de la Tour.

PROPOSITION V.

Meſurer une Longueur propoſée.

QUe la Longueur propoſée ſoit par exemple AB, dont
on veut ſçavoir la Grandeur.

Pour la trouver, mettez
d'abord voſtre demy-Cercle
à l'extremité B, & le diſpoſez
de telle ſorte, que par ſes Pinnules immobiles vous voyez
ſon autre extremité A ; Puis
tournez ſon Alidade, enſorte que par ſes Pinnules mobiles vous voyez quelqu'endroit de la Campagne, com-

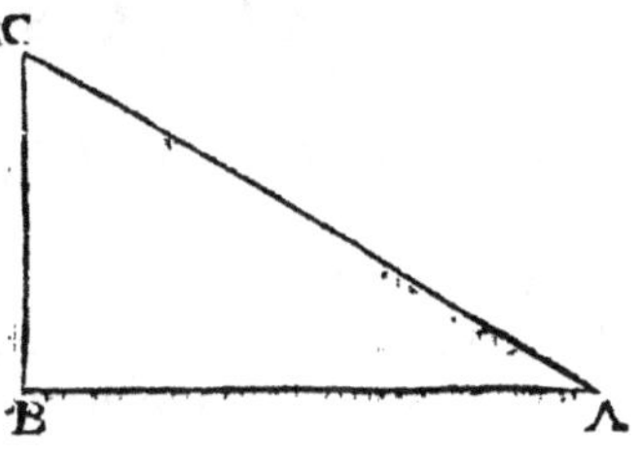

me C, que vous jugiez commode pour y pouvoir placer
voſtre inſtrument, & y faire une ſeconde ſtation ; cela
vous donnera l'Angle ABC, donc vous prendrez la Grandeur, & la marquerez ſur des Tablettes ; cela fait, tranſ-
portez-vous à l'endroit C, & en vous y tranſportant, meſurez la diſtance qu'il y a depuis B juſques à C ; Enſuite
dequoy placez voſtre demy-Cercle au Point C, dirigeant
un Rayon viſuel au travers des Pinnules immobiles vers B,
& un autre au travers des Pinnules mobiles vers A, afin

d'avoir la quantité de l'Angle ACB ; cela eſtant vous aurez le Triangle ABC, dans lequel les deux Angles B & C
avec le Coſté BC feront connus ; au moyen dequoy, par
la 4. Propoſition de noſtre Trigonometrie, vous trouverez
la valeur du Coſté AB, qui eſt ce que l'on cherchoit.

Remarque.

J'ay ſuppoſé icy que l'on fiſt les obſervations de deux endroits pris dans une Ligne Droitte ſur la Terre ; mais ſi l'on
eſtoit enfermé dans un lieu où l'on n'euſt pas la liberté de
s'eſtendre ainſi en large, mais bien ſeulement de ſe mouvoir de haut en bas, par exemple ſi l'on eſtoit enfermé
dans une Tour ; alors, il faudroit ſe propoſer ces deux endroits B & C comme deux Feneſtres, & meſurer les Angles
B & C, avec l'Intervalle BC, c'eſt à dire celuy d'une Fe-
neſtre à l'autre ; D'où l'on concluroit comme devant,
quelle ſeroit la diſtance AB, que l'on cherchoit.

PROPOSITION VI.

Meſurer la largeur d'une Riviere.

POur le faire, il n'y a qu'à prendre la largeur de la
Riviere, comme ſi c'eſtoit une longueur propoſée, &
proceder comme dans le Probleme precedent.

PROPOSITION VII.

Mesurer la Grandeur d'un Pan de muraille, ou d'une Bresche.

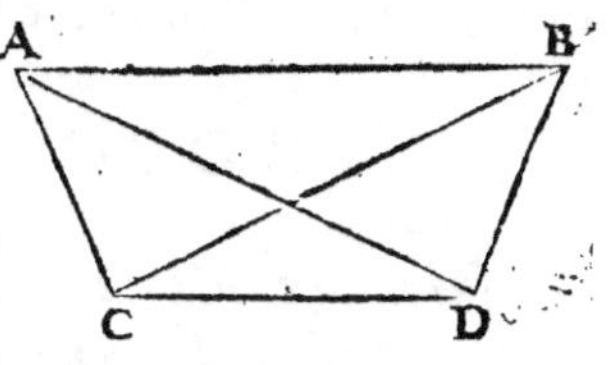

L'Estenduë d'un Pan de mu-raille s'appelle Longueur, & la grandeur ou l'ouverture d'une Bresche s'appelle Largeur. Proposons nous donc un Pan de muraille, ou une Bresche, com-me AB, dont on ne peut appro-cher, & dont pourtant on veut sçavoir la grandeur. Pour la trouver ; Placez d'abord vostre demy Cercle en quelqu'endroit de la Campagne, comme C, & le disposez de telle sorte que par ses Pinnules immobiles, vous apper-ceviez le Point A ; Puis tournez son Alidade, ensorte que par ses Pinnules mobiles vous apperceviez le Point B, & marquez sur vos Tablettes la quantité de l'Angle ACB ; Apres cela ouvrez encore l'Alidade, jusqu'à ce que par ces mesmes Pinnules vous ayez rencontré quelqu'autre endroit de la Campagne, comme D, que vous jugiez commode pour y faire une seconde station ; & marquez comme de-vant sur vos Tablettes l'Angle ACD, & par mesme moyen l'Angle BCD, qui en fait partie ; Cela fait, transportez-vous à l'endroit D, & en vous y transportant mesurez la distance qu'il y a depuis C jusques à D ; Ensuite dequoy, placez vostre demy-Cercle au Point D, & le disposez de telle sorte, que par ses Pinnules immobiles vous voyez l'en-droit C de vostre premiere station ; & par ses Pinnules mobiles le Point A, & ensuite le Point B ; Ce qui vous donnera la valeur des Angles CDA & CDB, que vous marquerez aussi sur vos Tablettes.

Cela supposé, dans le Triangle ACD, les deux Angles ACD & CDA, sont connus, avec le Costé CD, & par

Y y

conſequent on trouvera le Coſté CA, par la 4. Prop. de
noſtre Trigonometrie ; De meſme, dans le Triangle BCD,
les deux Angles BCD, & CDB ſont auſſi connus, avec le
Coſté CD ; par conſequent on trouvera auſſi le Coſté CB ;
Apres quoy dans le Triangle ACB, les deux Coſtez CA,
CB eſtant connus, avec l'Angle qu'ils renferment, on trouvera par la 5. Prop. de noſtre Trigonometrie le Coſté AB,
qui eſt ce que l'on cherchoit.

PROPOSITION VIII.

Meſurer une Hauteur perpendiculaire à l'Horizon, du Pié de laquelle on ne ſçauroit approcher.

L'On propoſe, par exemple, de meſurer la hauteur **AB**,
du pié de laquelle on ne ſçauroit approcher.
Pour le faire, pla-
cez voſtre demy
Cercle en quelque
endroit, comme C,
& le diſpoſez de
telle ſorte, que
par ſes Pinnules
immobiles vous en-
voyïez vers **B**, un
Rayon viſuel pa-
rallele à l'Horiſon,
& par ſes Pinnules

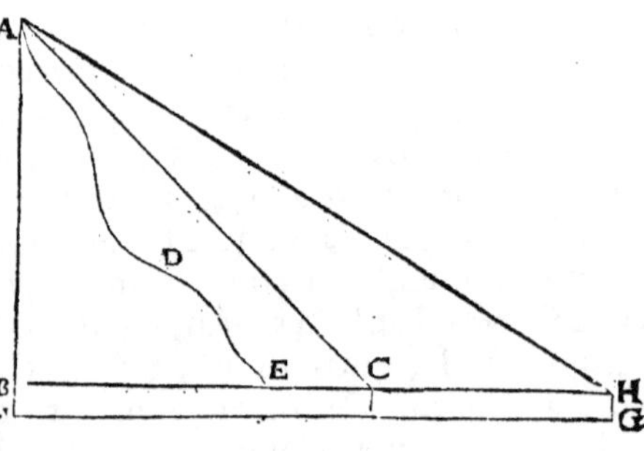

mobiles un autre Rayon vers **A** ; cela vous donnera le
Triangle ABC, dans lequel les deux Angles B & C ſont
connus ; car l'Angle B eſt Droit, & l'Angle C eſt connu
par conſtruction ; marquez ces deux Angles ſur vos Tablettes ; Cela fait, reculez-vous dans la meſme Ligne **BC**
juſques en H, c'eſt à dire juſqu'en un lieu où vous puiſſiez
faire une ſeconde ſtation, & en vous y tranſportant meſurez l'eſpace CH ; puis placez-y voſtre Inſtrument, & le

diſpoſez de telle ſorte, que par ſes Pinnules immobiles vous
envoyïez le Rayon HC parallele à l'Horizon, & qui con-
courre avec CB, & par ſes Pinnules mobiles un autre Rayon vers A ; Cela vous donnera le Triangle ACH, dans
lequel les deux Angles C & H ſont connus, ſçavoir l'Angle H par conſtruction, & l'Angle C, comme eſtant le ré-
ſidu a deux Droits du premier Angle C, avec le Coſté
CH ; Au moyen de quoy, par la 4. Prop. de noſtre Trigonometrie, on trouvera le Coſté AC. Ce Coſté AC
eſtant connu, Conſiderez maintenant le Triangle ABC,
dans lequel les deux Angles B & C, & le Coſté AC eſtant
connus, par la 1. Prop. de noſtre Trigonometrie l'on trouvera le Coſté AB, qui eſt ce que l'on cherche.

I. *Remarque.*

Par là, il eſt évident qu'il n'eſt pas neceſſaire de voir le
Pié de la choſe dont on veut connoiſtre la Hauteur ; C'eſt
pourquoy, quand AB ſeroit la Hauteur d'une Montagne,
dont le Pente ſeroit ADE, on trouveroit par la maniere
précedente ſon élevation par deſſus la Plaine FG.

II. *Remarque.*

Comme il eſt neceſſaire de faire deux ſtations ſur une
Ligne Droitte qui paſſe par le Pié de la Hauteur propoſée
pour la pouvoir meſurer, l'on peut abreger le calcul qu'il
faut faire pour en trouver la quantité, en ſe ſervant de ce
moyen. Prenez AB pour le Rayon du Cercle, alors BC
ſera la Tangente de l'Angle BAC, qui eſt connu, eſtant le
Complement au quart de Cercle de l'Angle C ; De meſme,
BH ſera la Tangente de l'Angle BAH, qui eſt auſſi connu, eſtant le Complement de l'Angle H ; Et conſequemment CH ſera la difference de ces deux Tangentes ; Si
donc on attribuë à CH la valeur de cette difference, &
à AB la quantité du Rayon du Cercle, ſelon les parties
qui ſont marquées dans les Tables des Sinus ; & qu'on

attribuë à la mefme CH la quantité des Toifes & des Piés qu'on a trouvé qu'elle contenoit quand on la mefurée, l'on pourra trouver la Grandeur de AB, par cette Analogie ; Comme la valeur de CH, dans la premiere efpece de parties, eft à la valeur de là mefme CH, dans la feconde efpece ; Ainfi la valeur de AB dans la premiere efpece de parties, eft à fa valeur dans la feconde, qui eft ce que l'on cherche.

III. Remarque.

Que fi par hazard ou autrement on avoit trouvé que l'Angle C fuft de 45. degrez, & que l'Angle H fuft de 26. degrez 34. minutes, alors les trois Grandeurs AB, BC, CH, feroient égales ; C'eft pourquoy ayant mefuré CH, on auroit en mefme temps la Hauteur demandée, à fçavoir AB.

PROPOSITION IX.

Mefurer une Hauteur élevée perpendiculairement à l'Horifon au deffus d'une autre.

ON demande, par exemple, de trouver la Hauteur d'un eftage d'un Bâtiment, fans y comprendre la Hauteur des autres eftages qui font au deffous ; Pour cela il ne faut que mefurer d'abord la Grandeur compofée de tous ces eftages enfemble, & enfuite mefurer à part celle des autres eftages, fur lefquels l'autre eft élevée : Car il eft évident que cette derniere Grandeur eftant oftée de la premiere, ce qui reftera fera la Hauteur demandée.

PROPOSITION X.

Mesurer une Hauteur inclinée.

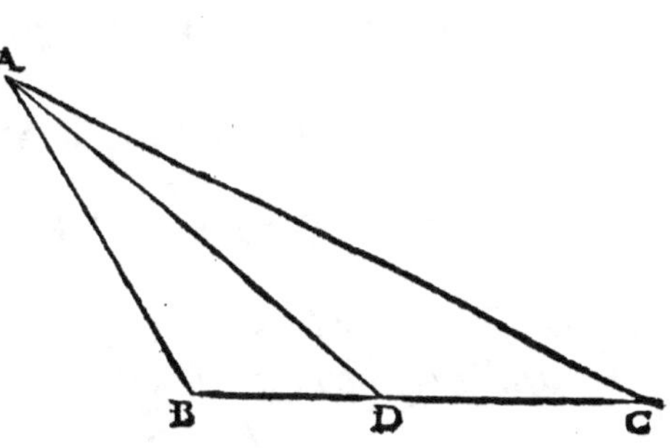

Ue la Hau-
teur incli-
née que l'on
propose à me-
surer soit par
exemple AB ;
Pour en trou-
ver la Grandeur,
placez d'abord
voftre demy-
Cercle en quel-
qu'endroit, com-
me D, & le dif-
posez de telle forte, que par ses Pinnules immobiles vous
voyïez le Point B, & par ses Pinnules mobiles le Point A,
& mesurez l'Angle D. Puis retirez-vous vers C, pour y faire
une seconde station ; mais auparavant mesurez les diftances
BD, DC ; Et là, diposez tellement voftre Inftrument, que
par ses Pinnules immobles vous voyez les deux Points D
& B, & par ses Pinnules mobiles le Point A, & mesurez
l'Angle C. Cela fait, considerez le Triangle ADC, dans
lequel les deux Angles D & C, & le Cofté DC eftant
connus, fçavoir l'Angle C & le Cofté DC par conftruction, & l'Angle D eftant le refidu a deux Droits du premier Angle D, vous trouverez par la 4. Prop. de noftre
Trigonometrie le Cofté AD ; Puis considerez le Triangle
ABD, dans lequel les deux Coftez BD, AD eftant connus, & l'Angle D qu'ils renferment, vous trouverez par
la 5. Prop. de noftre Trigonometrie le Cofté AB, qui eft
ce que l'on cherchoit.

SECONDE PARTIE.

DE L'ARPENTAGE,

Ou de la Mesure de Surfaces.

PROPOSITION XI.

Moyen de sçavoir si une Figure de quatre Costez est un Parallelogramme Rectangle ; Et ensuite mesurer sa Surface.

COMME les quatre Angles d'une Figure de quatre Costez valent quatre Droits, Il est évident que si en mesurant les Angles d'une Figure telle que ABCD, l'on trouve que les trois Angles A, B, C, sont Droits, le quatriéme le sera aussi, & ainsi cette Figure sera un Parallelogramme Rectangle.

Pour en trouver maintenant la Surface, il ne faut que mesurer les deux Costez qui sont allentour d'un des Angles Droits, & les multiplier l'un par

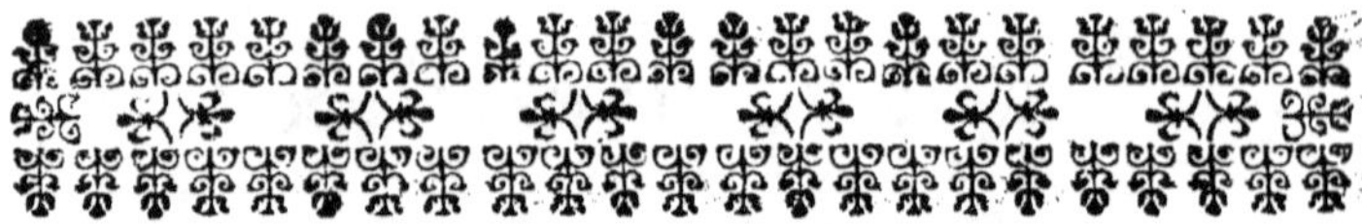

l'autre , & le Produit en sera la Surface ; Ainsi au Parallelogramme ABCD, si le Costé AB vaut trois Toises, & si le Costé BC en vaut six, le Produit qui est dix-huit Toises quarrées sera la quantité de sa Surface. Car il est évident que si par le Costé AB on entre d'une Toise en profondeur vers DC, on aura trois Toises quarrées ; Et si l'on entre

juſqu'à deux Toiſes l'on aura deux fois trois Toiſes quarrées, & ainſi allant juſqu'à ſix Toiſes en profondeur l'on
aura ſix fois trois Toiſes quarrées, ou dix-huit Toiſes quarrées pour la Surface cherchée.

PROPOSITION XII.

*Moyen de ſçavoir ſi une Figure de quatre Coſtez, qui
ne comprennent pas des Angles Droits, eſt un Parallelogramme, & en trouver la Surface.*

O N veut ſçavoir, par exemple,
ſi une Figure de quatre Coſtez,
comme ABCD, eſt un Parallelogramme, & au cas qu'elle en ſoit un,
on demande d'en trouver la Surface.

Pour cela, meſurez premierement
deux Angles voiſins, comme B & C, & adjoûtez leur valeur enſemble ; & ſi la Somme fait 180. Degrez, il faut
conclure que les Lignes BA, CD, ſont Paralleles ; Meſurez enſuite l'Angle A ; & ſi vous trouvez qu'eſtant adjoûté à l'Angle B, leur Somme faſſe auſſi 180. Degrez, Il
faut encore conclure que les Lignes AD, BC, ſont Paralleles ; & conſequemment que ABCD eſt un Parallelogramme.

Pour en trouver maintenant la Surface, de l'un de ſes
Angles Obtus, comme A, abaiſſez la Perpendiculaire AE,
ſur le Coſté Oppoſé BC ; Et après avoir meſuré les deux
Lignes AE, BC, multipliez-les l'une par l'autre, & le Produit ſera la Surface demandée ; Car apres avoir mené
DF parallele à AE, & prolongé BC juſques à F, Il eſt évident que AEFD eſt un Parallelogramme Rectangle, égal
à ABCD, puiſqu'ils ſont tous deux ſur meſme Baze, &
entre meſmes Paralleles : Or pour avoir la valeur du Parallelogramme Rectangle AEFD, Il ne faut que multiplier

AE par BC ; Donc en les multipliant l'une par l'autre on a aussi la valeur du Parallelogramme ABCD, que l'on cherchoit.

Remarque.

Pour trouver la valeur de la Perpendiculaire AE quand on ne la peut mesurer, Il ne faut que mesurer la Ligne AB, avec l'Angle B ; Car alors dans le Triangle Rectangle ABE, les deux Angles B & E estant connus, & la Baze AE, on trouvera par la 1. Prop. de nostre Trigonometrie la Perpendiculaire AE, qu'il falloit trouver.

PROPOSITION XIII.

Mesurer la Surface d'un Triangle Rectangle.

ON propose par exemple de trouver la Surface du Triangle Rectangle ABC.

Pour la trouver, mesurez les deux Costez AB, BC, qui sont allentour de l'Angle Droit B ; & apres les avoir multipliez l'un par l'autre, prenez la moitié du Produit ; & vous aurez la Surface demandée ; Car il est évident que le Produit entier est la valeur du 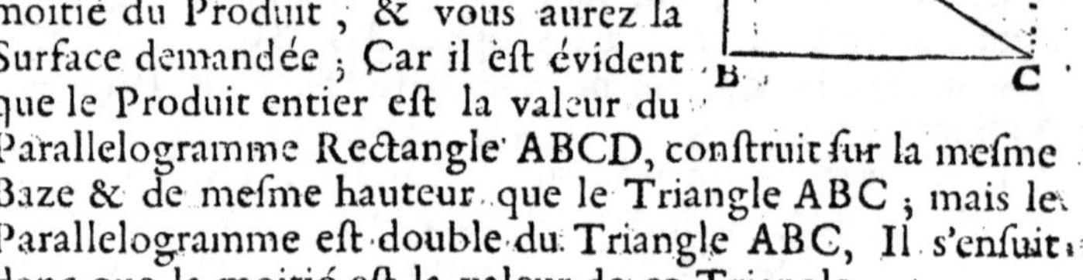 Parallelogramme Rectangle ABCD, construit sur la mesme Baze & de mesme hauteur que le Triangle ABC ; mais le Parallelogramme est double du Triangle ABC, Il s'ensuit donc que la moitié est la valeur de ce Triangle.

Remarque.

Puisque dans un Triangle Rectangle, en multipliant les deux Costez qui comprennent l'Angle Droit l'un par l'autre, on a le double de ce Triangle, Il est évident que si l'on

l'on multiplie l'un par la moitié de l'autre, l'on aura tout
d'un coup sa juste valeur.

PROPOSITION XIV.

Trouver la Surface d'un Triangle non Rectangle.

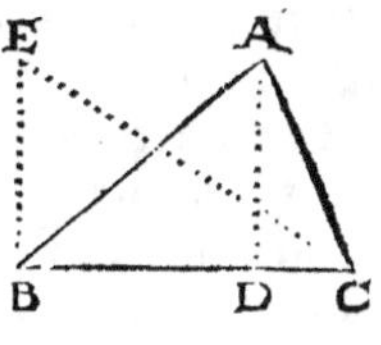

SOit, par exemple, le Triangle ABC,
dont on veut trouver la Surface.
Pour la trouver ; de l'un de ses Angles,
comme A, abaissez la Perpendiculaire
AD, sur le Costé Opposé BC ; mesurez
AD & BC, & multipliez l'un par la moitié de l'autre, & le Produit sera la valeur
de ce Triangle ; Car ce Produit seroit la valeur d'un Triangle Rectangle, qui auroit AD, ou BE son égale, pour l'un
de ses Costez autour de l'Angle Droit, & BC pour l'autre ;
mais ce Triangle seroit égal au Triangle ABC, puisqu'ils
seroient tous deux sur mesme Baze, & entre-mesmes Paralleles ; Par consequent ce mesme Produit est aussi la valeur
du Triangle ABC.

PROPOSITION XV.

Mesurer toute Figure Rectiligne Reguliere.

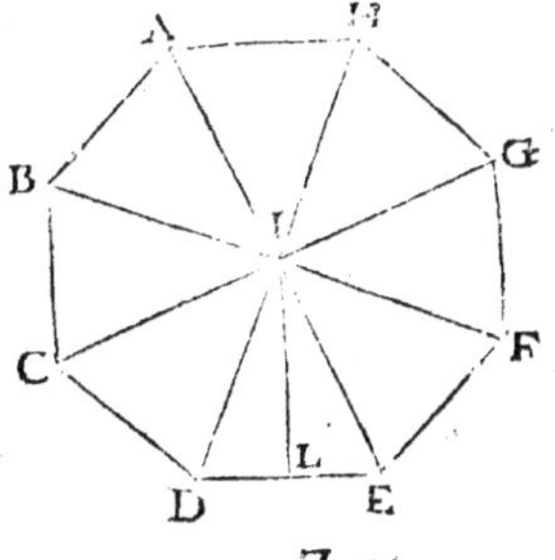

POur trouver, par exemple, la
Surface d'une Figure Reguliere de huit Costez, telle qu'est
ABCDEFGH.
Du Point I, Centre de la Figure,
menez une Ligne Droite à chacun de ses Angles ; cela resoudra
vostre Figure en autant de Triangles, qui seront tous égaux entr'eux.
Trouvez ensuite la quantité de

l'un de ces Triangles par la Proposition précedente, & la multipliez par le nombre de ces Triangles, & alors vous aurez la valeur de voftre Figure.

Remarque.

Pour trouver la valeur de l'un de ces Triangles, par exemple, du Triangle IDE, il faut abaiffer la Perpendiculaire IL, fur le Cofté Oppofé DE, puis mefurer cette Perpendiculaire, & multiplier le Cofté DE, par la moitié de cette Perpendiculaire. Mais comme il pourroit quelquesfois y avoir de la difficulté à mefurer cette Perpendiculaire, pour en trouver la valeur fans la mefurer, confiderez le Triangle Rectangle EIL, dont tous les Angles font connus, avec le Cofté LE, moitié de DE ; Au moyen dequoy, par la 1. Prop. de noftre Trigonometrie on trouvera la Perpendiculaire IL, qu'il falloit trouver.

PROPOSITION XVI.

Mefurer toute Figure Rectiligne Irreguliere.

QUand une Figure Rectiligne eft Irreguliere, pour en trouver la valeur, il faut en mefurer tous les Coftez & tous les Angles, & la refoudre en plufieurs Triangles ; & trouver enfuite la valeur de tous ces Triangles l'un apres l'autre, dont la Somme fera celle de la Figure propofée.

Remarque.

Pour voir fi vous ne vous eftes point abufé en mefurant les Angles de voftre Figure, Il eft bon de remarquer que les quatre Angles d'une Figure de quatre Coftez doivent valoir quatre Angles Droits ; Ceux d'une Figure de cinq Coftez, en doivent valoir fix ; Ceux d'une Figure de fix Coftez, en doivent valoir huit, & ainfi de fuite ; augmentant toûjours de deux Angles Droits, à mesure que voftre Figure augmente d'un Cofté ; Et fi vous voyez que la valeur que vous avez trouvée, en mefurant tous les Angles de voftre Figure chacun à part, réponde à celle qu'elle doit avoir, c'eft une marque que vous ne vous eftes point abufé en les mefurant.

PROPOSITION XVII.

Trouver la Surface d'un Cercle.

POur la trouver ; multipliez le Demy-diametre par la moitié de la Circonference, & vous aurez la Surface du Cercle. Car, fuivant ce qu'Archimede a demontré, le Cercle eft égal à un Parallelogramme Rectangle, dont l'un des Coftez eft le Demy-diametre, & l'autre la moitié de la Circonference ; Mais fi vous multipliez l'une de ces chofes par l'autre, vous aurez la Surface de ce Parallelo-gramme ; vous aurez donc auffi celle du Cercle.

Remarque.

Archimede a demontré que comme 22. eft à 7. ainfi la Circonference d'un Cercle eft à fon Diametre, (ou à fort peu prés) & en changeant, que comme 7. eft à 22. ainfi le Diametre eft à la Circonference ; D'où il fuit que connoiffant l'un l'on connoift l'autre ; Et partant il fuffit de pouvoir mefurer l'un pour trouver l'autre.

PROPOSITION XVIII.

Mesurer la Surface d'un Secteur de Cercle.

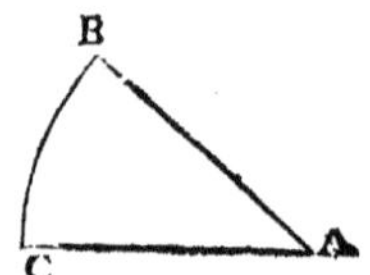

L'On propose, par exemple, de trouver la Surface du Secteur de Cercle ABC. Pour la trouver ; mesurez premierement le Demy-diametre AB, ou AC, & enfuite l'Arc BC ; multipliez AB par la moitié de l'Arc BC, & le Produit fera la Surface du Secteur propofé : Car, fuivant ce qu'Archimede a demontré touchant ce Parallelogramme Rectangle égal au Cercle dont nous venons de parler, il eft manifefte qu'un Secteur eft égal à un Rectangle, dont l'un des Coftez eft le Demy-diametre, & l'autre la moitié de l'Arc qui fert de Baze au Secteur ; Mais fi vous multipliez l'une de ces chofes par l'autre, vous aurez la Surface de ce Rectangle ; vous aurez donc auffi celle du Secteur.

Remarque.

Pour trouver la valeur de l'Arc BC, fans le mefurer, il ne faut que mefurer l'Angle A, & le Demy-diametre AB ; Car fçachant ce que vaut ce Demy-diametre, vous fçavez ce que vaut la Circonference du Cercle ; Mais comme la valeur de quatre Angles Droits eft à l'Angle A, ainfi la Circonference du Cercle eft à l'Arc BC.

PROPOSITION XIX.

Mesurer un Segment de Cercle.

ON propose, par exemple, de mesurer le Segment ABCD. Pour le faire, mesurez premierement la Ligne AC, & la coupez en deux également au Point D ; Puis, sur le Point D, élevez la Perpendiculaire DB, & la mesurez ; Multipliez ensuite AD par DC, & divisez le Produit par DB ; Ce qui viendra de cette Division, sera une Ligne Droitte , laquelle estant adjoûtée à DB, composera le Diametre entier du Cercle, dont ABCD est un Segment. Considerez apres cela, que puisque les Lignes AC,

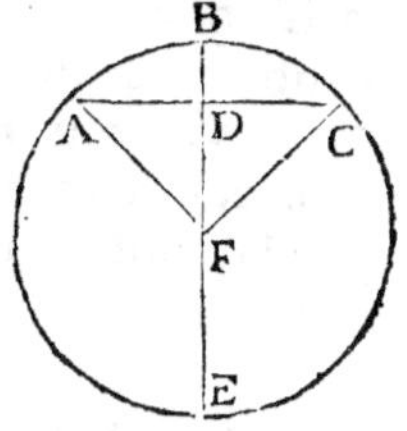

BE, se coupent dans un Cercle, le Rectangle compris des deux parties de l'une, est égal au Rectangle compris des deux parties de l'autre ; Mais on trouve la quantité du premier de ces Rectangles , en multipliant ses deux Costez l'un par l'autre ; on trouve donc aussi celle du second. De-plus, la valeur d'un Rectangle estant donnée, & celle de l'un de ses Costez, on trouve la valeur de l'autre , en divisant la valeur du Rectangle par celle du Costé connu ; Par consequent, en divisant le Produit de AD, DC, par DB, on aura la grandeur de DE, qui estant jointe avec DB, composera le Diametre entier BE. Cela supposé, par le moyen de ce Diametre connu, trouvez la Surface du Cercle entier ; Puis, apres avoir mesuré l'Angle AFC, trouvez par la Proposition précedente la Surface du Secteur ABCF ; De laquelle vous osterez la valeur du Triangle AFC (de qui les Angles & les Costez estant connus sa Surface l'est aussi) Et ce qui restera sera la valeur du Segment ABCD ; Ce qu'il falloit trouver.

PROPOSITION XX.

Mesurer la Surface d'un Cône.

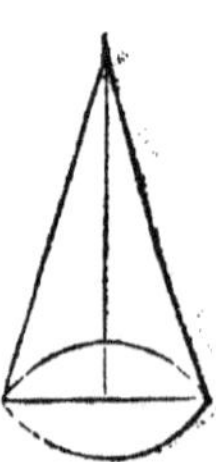

L A Surface d'un Cône, si vous en excep-
tez la Baze, n'est autre chose qu'un
Secteur de Cercle, dont le Demy-diametre est
la Ligne menée du Sommet du Cône à la Circonference de la Baze, & l'Arc du Secteur
cette Circonference mesme ; Si donc on mesure ces deux choses, & qu'on multiplie l'une
par la moitié de l'autre, on aura ce qui est
requis.

PROPOSITION XXI.

Trouver la Surface d'un Cylindre.

L A Surface d'un Cylindre, si vous en ex-
ceptez les deux Bazes, n'est autre chose
qu'un Parallelogramme Rectangle, dont l'un des
Costez est la hauteur du Cylindre, & l'autre la
Circonference de la Baze ; Si donc on multiplie
ces deux Lignes l'une par l'autre, comme le Produit sera la valeur de ce Rectangle, il sera aussi
celle de la Surface du Cylindre.

PROPOSITION XXII.

Mesurer la Surface d'une Sphere.

POur en trouver la valeur, il ne faut que multiplier la Circonference de la Sphere par le Diametre, & le Produit vous donnera la Surface proposée ; Car, suivant ce qu'Archimede a demontré, la Surface d'une Sphere est égale à quatre fois le Cercle qui auroit pour Centre celuy de la Sphere : Or en multipliant la Circonference de ce Cercle par le Diametre, on a le Quadruple de ce Cercle, on a donc aussi la valeur de la Surface de la Sphere.

PROPOSITION XXIII.

Trouver la Surface d'un Corps contenu sous plusieurs differens Plans.

TRouvez l'un apres l'autre la quantité de la Surface de chacun de ces Plans en particulier, & adjoûtez la quantité de tous ces Plans ensemble, & la Somme sera le requis.

TROISIE'ME PARTIE.

DU TOISE'.

Ou de la Mesure des Solides.

PROPOSITION XXIV.

Mesurer un Parallelipipede Rectangle.

O N propose, par exemple, de trouver le Solide du Parallelipipede Rectangle ABCDEFG ; Pour le trouver, choisissez une de ses Faces, comme ABCD, & en trouvez la Surface ; puis multipliez cette Surface par la Perpendiculaire CF, & le Produit sera le Solide du Parallelipipede proposé.

Pour le prouver ; que AB soit, par exemple, 3. Toises, & BC 4. Toises, la Surface ABCD sera par consequent 12. Toises quarrées ; Multipliez maintenant cette Surface par CF, qui vaut 6. Toises, le Produit sera 72. Toises Cubiques, ou Solides, qui est la valeur du Parallelipipide. Car puisque la Surface ABCD est de 12. Toises quarrées, si l'on descend d'une Toise en profondeur, on aura 12. Toises Cubiques : Que si l'on descend de 2. Toises, on aura deux fois 12. Toises Cubiques ;

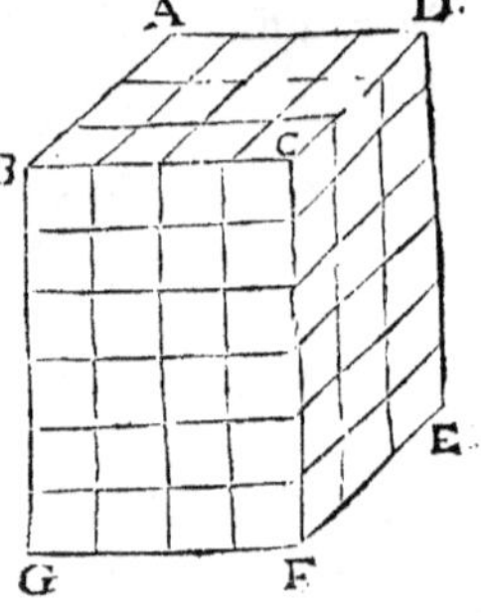

Par

Par confequent fi l'on defcend de 6. Toifes, on aura 72.
Toifes Cubiques, qui eft ce que contient le Parallelipipede
propofé,

D'où il fuit, que multipliant une Surface par le nombre des Toifes, des Piés, ou des Pouces, que contient la di-
menfion qui luy eft Perpendiculaire, le produit qui en refulte
eft le Solide defiré.

PROPOSITION XXV.

Mefurer un Parallelipipede non Rectangle.

ON propofe, par exemple, le Parallelepipede non Rectangle ABCDEFG, duquel il faut trouver le Solide.
Choififfez premierement
une de fes Faces, comme
ABCD, & en trouvez la
Surface ; Puis, ayant abaiffé
la Perpendiculaire CH fur
le Plan de la Face qui luy
eft oppofée, multipliez cette Surface ABCD, par cette

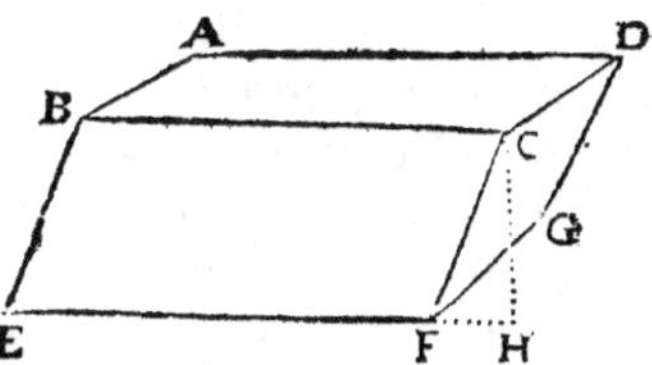

Perpendiculaire CH, & le Produit fera le Solide du Parallelipipede propofé. Car par la Propofition précedente,
Il eft évident que ce Produit feroit le Solide d'un Parallelipipede Rectangle, qui auroit ABCD pour l'une de fes Faces, & CH pour fa hauteur ; Mais ce mefme Parallelipipede feroit égal au Parallelipipede ABCDEFG, puifqu'ils
feroient tous deux fur une mefme Baze, & de mefme hauteur ; Donc ce Produit eft auffi le Solide du Parallelipipede propofé.

PROPOSITION XXVI.

Mesurer un Prisme, ou un Cylindre, Rectangle.

LE Prisme, ou Cy-lindre Rectangle, soit ABCDEFGHI, du-quel il faut trouver le Solide. Pour cela, trou-vez premierement la Surface de l'une des Ba-zes, comme ABCDE, puis, multipliez cette Sur-face par la Hauteur EF ; & le Produit vous don-nera le Solide du Prisme, ou Cylindre, proposé.

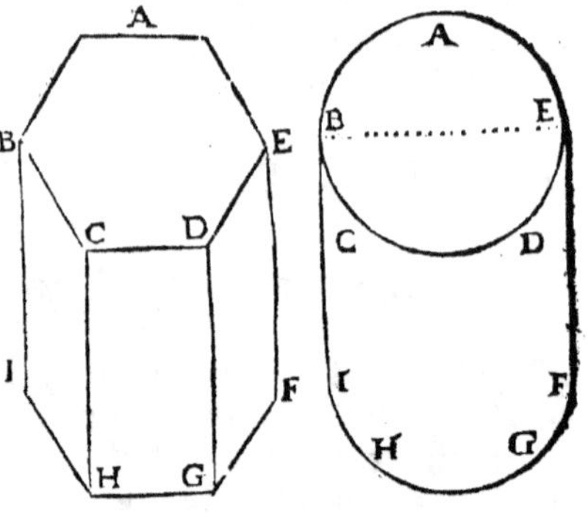

Car il est évident que si l'on descend d'une Toise en pro-fondeur dans le Prisme, ou Cylindre, on aura autant de Toises Cubiques que la Baze en contient de quarrées ; Que si l'on descend de deux Toises, on en aura deux fois autant ; si de trois Toises, trois fois autant ; En un mot on aura autant de fois un nombre de Toises Cubiques, égal à celuy des Toises quarrées de la Baze, que la Hauteur contient de simples Toises.

PROPOSITION XXVII.

Trouver le Solide d'un Prifme, ou Cylindre, non Rectangle.

TRouvez premierement la Surface de l'une des Bazes, puis, ayant abaiſſé une Perpendiculaire ſur le Plan de la Face qui luy eſt oppoſée, multipliez cette Surface par cette Perpendiculaire, & le Produit ſera le Solide du Priſme, ou Cylindre

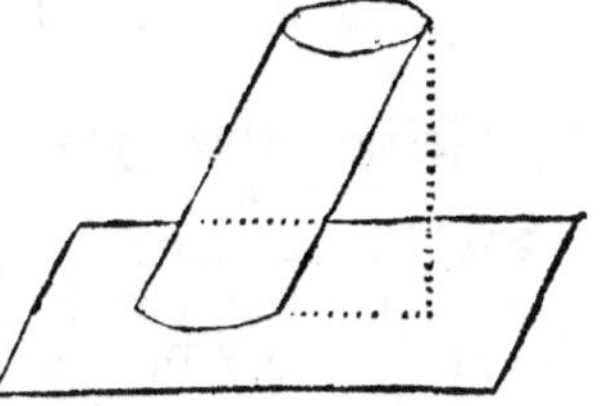

Propoſé : Car ce Produit ſeroit la valeur d'un Priſme, ou Cylindre Rectangle, qui auroit la meſme Baze, & la meſme Perpendiculaire pour Hauteur ; mais ce Priſme, ou Cylindre, ſeroit égal à celuy dont on propoſe de trouver le Solide ; Donc ce Produit eſt auſſi le Solide du Priſme, ou Cylindre propoſé.

PROPOSITION XXVIII.

Trouver le Solide d'un Cône, ou d'une Pyramide, Rectangle.

QUe la Pyramide, ou le Cône propoſé à meſurer ſoit ABCD ; Pour en trouver le Solide, meſurez premierement la Surface de la Baze BCD ; puis, multipliez cette Surface par la Hauteur de l'Axe AE, & le tiers du Produit ſera le Solide que l'on cherche. Car puiſque ce Produit eſt la valeur d'un Priſme, ou d'un

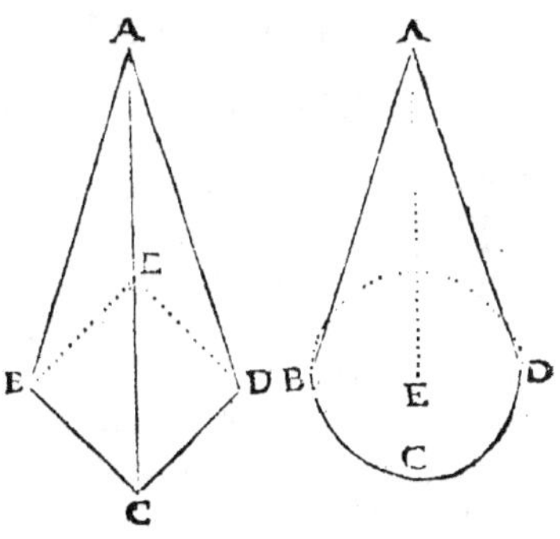

Cylindre, qui auroit la mefme Baze & la mefme Hauteur,
& que d'ailleurs il eft demontré que la Pyramide, ou le
Cône, n'eft que le tiers de ce Prifme, ou de ce Cylindre,
Il s'enfuit que le tiers de ce Produit eft le Solide de la
Pyramide, ou du Cône propofé.

PROPOSITION XXIX.

Mefurer une Pyramide, ou un Cône, non Rectangle.

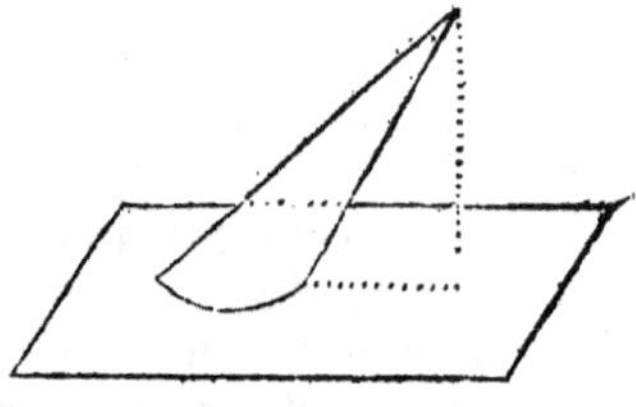

POur le faire ; Trouvez
premierement la Surface
de la Baze ; Puis, multipliez
cette Surface par la quantité
d'une Ligne abaiffée du Sommet du Cône, ou de la Pyramide, perpendiculairement fur
le Plan de la Baze, & le tiers
du Produit fera le Solide de-
mandé. Car puifque le mefme tiers feroit le Solide d'un
Cône, ou d'une Pyramide Rectangle, qui auroit la mefme
Baze & la mefme Hauteur ; Et que d'ailleurs ce Cône, ou
cette Pyramide, non Rectangle, que l'on propofe, luy feroit
égale ; Il s'enfuit que ce tiers eft auffi le Solide du Cône,
ou de la Pyramide propofée.

PROPOSITION XXX.

Mefurer un Tronc de Pyramide, ou de Cône.

POur le mefurer ; Concevez premierement que le Tronc
de la Pyramide, ou du Cône, comme eft icy ABCDE
FGH, foit continué, enforte que toute la Pyramide, ou le
Cône, s'acheve au Point N ; Puis, confiderez le Triangle
NIH, compris de l'Axe NI, de la Ligne IH, qui eft
égale à la moitié d'un des Coftez de la Baze, & de
HN, tirée de l'extremité H, au Sommet N ; Abaiffez en-
fuite LM, perpendiculaire à HI, cette Perpendiculaire re-

tranchera de HI, la Partie MI, égale à LO, qui est égale à la moitié de BC ; D'où il s'ensuivra que HM sera la difference qui est entre HI, & LO ; Tellement qu'aux Triangles NHI, & LHM, qui sont semblables, puisqu'ils ont les Angles NIH & LMH Droits, & l'Angle LHM commun, il

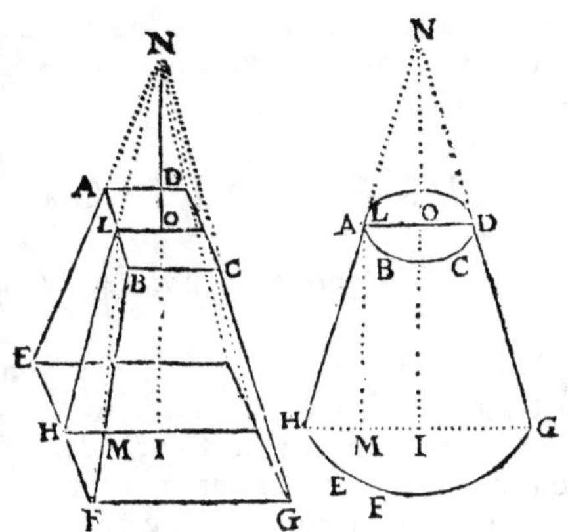

y aura mesme Raison de HM à ML (qui sont deux Lignes connuës) que de HI (qui est aussi connuë) à IN qui deviendra par consequent connuë. Maintenant par le moyen de cette Ligne IN, trouvez le Solide du Cône, ou de la Pyramide Totale NEFG, par la 28. Prop. Puis, ostant de IN la hauteur du Tronc IO, Il restera ON ; Par le moyen de laquelle & de la Baze ABCD, trouvez encore le Solide du Cône, ou de la Pyramide NABCD, lequel vous osterez du Solide Total NEFG ; Et ce qui restera, sera le Solide cherché, du Tronc du Cône, ou de la Pyramide proposée.

PROPOSITION XXXI.

Mesurer un Polyedre Regulier.

UN Polyedre Regulier, tel qu'est un Dodecaedre, ou un Icosaedre, n'est autre chose qu'un amas de plusieurs Pyramides, dont les Sommets sont unis au Centre du Polyedre, & les Bazes à sa Superficie ; Si donc on multi-

A a a iij

plie toute la Superficie du Polyedre, qui n'est autre que l'Aggregé de toutes ces Bazes, par une Ligne abaissée perpendiculairement sur l'une de ces Bazes, & que du Produit l'on en prenne le tiers, ce tiers sera le Solide cherché du Polyedre proposé.

PROPOSITION XXXII.

Mesurer le Solide d'une Sphere.

IL faut encore se proposer une Sphere comme un assemblage d'un nombre innombrable de Pyramides, dont les Sommets seroient le Centre de la Sphere, & l'aggregé de toutes leurs Bazes seroit toute la Surface Spherique; Si donc on multiplie toute cette Surface par le Demy-diametre de la Sphere, qui est l'Axe de toutes ces Pyramides, & que du Produit l'on en prenne le tiers, ce tiers sera le Solide de la Sphere.

PROPOSITION XXXIII.

Mesurer certains Corps Irreguliers.

LA façon qui est icy proposée pour mesurer ces sortes de Corps, ne s'estend pas en general à toutes sortes de Corps Irreguliers, mais seulement à ceux qui resultent de l'assemblage de plusieurs de ceux dont il est parlé dans les 7. Propositions précedentes ; Or le moyen de les mesurer consiste à les resoudre en deux ou plusieurs de ces Corps-là, & a trouver le Solide de chacun de ces Corps à part, suivant ce qui a esté enseigné cy-devant ; Et leurs differentes valeurs estant jointes ensemble donneront le Solide du tout qui en est composé.

PROPOSITION XXXIV.

Mesurer les Corps qui contiennent du Vuide.

IL faut les mesurer comme s'ils estoient pleins ; puis mesurer le Vuide à part, & oster la quantité du Vuide de la quantité du Total, Et le reste sera le Solide de ce qui estoit proposé.

PROPOSITION XXXV.

Mesurer des Corps fort Irreguliers.

PAr exemple, Si l'on veut sçavoir quel est le Solide d'une grappe de Raisins, ou d'un autre semblable Corps aussi Irregulier, Il faut en ces rencontres avoir un vaisseau rectangle qui soit creux, & le remplir d'eau jusqu'aux bords, & sçavoir le Solide de l'eau qu'il contient : Car si vous enfoncez dedans cette grappe de Raisin, ou autre semblable Corps, Il est évident que ce qui sortira d'eau, sera la valeur du Solide du Corps qu'on y aura enfoncé ; Et mesurant par apres ce qui restera d'eau, ce qui se trouvera de moins dans ce reste que dans le solide Total de l'eau, sera le Solide du Corps proposé.

F I N.

TRAITE'

Premiere Table, des angles, et des Lignes, du dessein d'Errard.

		Le quarré.	le Pentagone.	L'éxagone.	l'Eptagone.	L'octogone.	l'Enneagone.	le Decagone.	L'endecagone.	Le dodecagone.
BAC.	L'angle du Centre.	90°	72°	60°	51° 25'	45°	40°	36°	32° 43'	30°
ABC.	Moitié de l'angle du costé du poligone.	45°	54°	60°	64° 17½'	67° 30'	70°	72°	73° 47'	75°
KHI.	l'angle du flanc et de la Courtine.	75°	75°	75°	70° 42'	67° 30'	90°	90°	90°	90°
HKB.	l'angle du flanc et de la face.	90°	90°	90°	90°	90°	115°	117°	118° 38'	120°
XBK.	L'angle flanqué.	60°	78°	90°	90°	90°	90°	90°	90°	90°
BMC.	L'angle flanquant.	150°	150°	150°	141° 25'	135°	130°	126°	122° 43'	120°
AS.	Le rayon de la place.	76 tois.	98 t. 3 p. 11 po.	120 t. 2 p. 8 po.	137 t. 2 p. 5 po.	145 t. 3 p. 10 po.	172 t. 4 p. 5 po.	192 t. 3 p. 1 po.	209 t. 5 p. 1 po.	227 t. 3 p. 11 po.
SH.	La gorge.	22.4.6	22.3.9	22.2.10	25 4.8	26.5.5	27.5.9	28.4.8	29.2.10	29 5.9
HI.	la Courtine.	62 — 8	70.4.4	75 — —	69 — 2	64.5.7	62.1.8	60.3.6	58.5.9	57.5.3
HK.	le flanc.	16 — 3	18.1.2	21 — 4	23.2.6	24.4.9	29 — 5	30.1.6	32.1.8	33.2.5
SB.	la Ligne Capitale.	43.5.6	38.2.4	35.5.—	43.5.1	49.4.2	53 — —	57.1.8	59.5.8	52 — 8
BK.	La face.	60 — 11	52.1.7	47 — 6	54.3.3	60 — 1	51.1.9	52.1.5	52.5.—	53.1.1

Seconde Table, des angles, et des Lignes, du dessein de Marolois.

		Le quarre	le Pentagone	L'Exagone	l'Eptagone	L'octogone	l'Enneagone	le Decagone	L'endecagone	Le dodecagone
ACB.	L'angle du Centre.	90°.	72°.	60°.	51°. 25'.	45°.	40°.	36°.	32°. 43'.	30°.
CAB. ou CHI.	Moitié de L'angle du Costé.	45°.	54°.	60°.	64°. 17½.	67°. 17'.	70°.	72°.	77°. 47'.	75°.
EGK.	L'angle du flanc, et de la Courtine.	90°.	90°.	90°.	90°.	90°.	90°.	90°.	90°.	90°.
GEA.	L'angle du flanc, et de la face.	105°.	109°.	112°. 30'.	114°. 38'. 48".	116°. 15'.	117°. 30'.	118°. 30'.	119°. 23'.	120°.
HAF.	L'angle flanqué.	60°.	69°.	75°.	79°. 17½.	82°. 30'.	85°.	87°.	88°. 47'.	90°.
A7B.	L'angle flanquant.	150°.	141°.	135°.	130°. 42½.	127°. 30'.	125°.	123°.	121°. 13'.	120°.
CH.	Le Rayon de la place (toi. p. po.)	76. 5. 10.	93. -. 1.	115. 4. 10.	138. -. 2.	160. -. 2.	182. 4. 2.	204. -. 4.	224. 2. 9.	250. 2. 11.
HG.	La demy-gorge.	18. 2. 7.	19. -. 7.	21. 5. 5.	23. 5. 9.	25. 2. 5.	26. 2. 7.	27. -. 8.	27. 5. 5.	28. 5. 3.
GN.	Le Second flanc.	14. 1. 11.	23. -. 3.	27. 3. 3.	28. 2. 6.	28. 4. 8.	29. 2. 3.	36. -. 6.	36. 4. 5.	34. -. 11.
ND.	La partie moyenne.	43. 2. 2.	25. 5. 6.	16. 5. 6.	15. 1. -	14. 2. 8.	13. 1. 6.	0	0	0
GK.	la Courtine.	72.	72.	72.	72.	72.	72.	72.	72.	72.
GE.	Le flanc.	15. 2. 10.	16. 5. 2.	18. 2. 6.	20.	21. 1. 11.	22. 1. 1.	22. 4. 7.	23. 2. 6.	24. -. 4.
AE.	La face.	48.	48.	48.	48.	48.	48.	48.	48.	48.
HA.	La ligne Capitale.	39. -. 4.	41. 2. 8.	43. 1. 4.	44. -. 6.	46. -. 4.	47. 1. 1.	48. 1. -	48. 3. 11.	49. 1. 11.

Troisiesme Table, des Angles, et des Lignes, du dessein du Chevalier de Ville.

		Le Quarré.	le Pentagone.	L'éxagone.	l'Eptagone.	L'octogone.	l'Enneagone.	le Decagone.	l'Endecagone.	le dodecagone.
BAC.	L'angle du Centre.	90°.	72°.	60°.	51°. 25'.	45°.	40°.	36°.	32°. 43'.	30°.
ABC.	La moitié de l'angle du Costé.	45°.	54°.	60°.	64°. 17½.	67°. 30'.	70°.	72°.	73°. 47'.	75°.
HEG.	L'angle du flanc et de la Courtine.	90°.	90°.	90°.	90°.	90°.	90°.	90°.	90°.	90°.
EHL.	L'angle du flanc et de la face.	104°. 2'.	104°. 2'.	105°.	109°. 17½.	112°. 30'.	115°.	117°.	118°. 47'.	120°.
ILH.	L'angle flanqué.	61°. 56'.	79°. 56'.	90°.	90°.	90°.	90°.	90°.	90°.	90°.
LQN.	L'angle flanquant.	151°. 56'.	151°. 56'.	150°.	141°. 25'.	135°.	130°.	126°.	122°.	120°.
AB.	Le Rayon de la place.	toi. p. po. 84. 5. 1.	toi. po. 102. − 5.	toi. 120.	toi. p. po. 138. 1. 10.	toi. p. po. 158. 4. 8.	toi. p. po. 175. 1. 2.	toi. p. 124. 2. −	toi. p. po. 213. 1. 1.	toi. 231. − −
BE.	La Demy-gorge.	20.	20.	20.	20.	20.	20.	20.	20.	20.
EP.	Le second flanc.				5.t 2. 2.					
PO.	La partie moyenne.									
EG.	la Courtine.	80.	80.	80.	80.	80.	80.	80.	80.	80.
EH.	Le flanc.	20.	20.	20.	20.	20.	20.	20.	20.	20.
LH.	La face.	54. 3. 3.	47. − −	38. 3. 10.	37. 4. 4.	36. 5. 6.	36. 1. 6.	35. 3. 10.	34. 5. 1.	34. − 9.
BL.	La Ligne Capitale.	47. − 2.	43. 2. 10.	34. 3. 10.	36. − 2.	36. 4. 3.	37. 4. 9.	38. − 8.	38. 2. 8.	38. 4. 9.

Quatriesme Table des Angles, et des Lignes, du dessein du Conte de Pagan.

		Le quarré	le Pentagone	l'Exagone	l'Eptagone	l'Octogone	l'Enneagone	le Decagone	l'Endecagone	le dodecagone
BAC.	L'angle du Centre.	90°	72°	60°	51° 25½	45°	40°	36°	32° 43'	30°
ABC. ou AQS	Moitié de l'angle du costé.	45°	54°	60°	64° 17½	67° 30'	70°	72°	73° 47'	75°
HFG.	L'angle du flanc et de la Courtine.	106° 42'	106° 42'	106° 42'	106° 42'	106° 42'	106° 42'	106° 42'	106° 42'	106° 42'
FHB.	L'angle du flanc et de la face.	123° 24'	123° 24'	123° 24'	123° 24'	123° 24'	123° 24'	123° 24'	123° 24'	123° 24'
PBH.	L'angle flanqué.	56° 36'	74° 36'	86° 36'	95° 11'	101° 36'	106° 36'	110° 36'	114° 10'	116° 36'
BEC.	L'angle flanquant.	146° 36'	146° 36'	146° 36'	146° 36'	146° 36'	146° 36'	146° 36'	146° 36'	146° 36'
AS. ou AQ	Le Rayon de la place. (toi. pi. po.)	71. 3. -	102. - -	129. 4. 11.	157. - -	185. 3. -	207. 3. -	238. - -	264. 4. 4.	293. - -
QF.	La Demy-gorge. (toi. p. po.)	20. 1. 4.	29. 3. 11.	34. 4. 9.	38. 1. 2.	40. 2. 6.	40. 5. -	43. 2. 11.	44. 4. -	45. 2. 9.
FG.	la Courtine.	60. 1. 5.	60. 1. 5.	60. 1. 5.	60. 1. 5.	60. 1. 5.	60. 1. 5.	60. 1. 5.	60. 1. 5.	60. 1. 5.
FH.	Le flanc.	20. 4. 4.	20. 4. 4.	20. 4. 4.	20. 4. 4.	20. 4. 4.	20. 4. 4.	20. 4. 4.	20. 4. 4.	20. 4. 4.
BH.	La face.	50. 5. 4.	50. 5. 4.	50. 5. 4.	50. 5. 4.	50. 5. 4.	50. 5. 4.	50. 5. 4.	50. 5. 4.	50. 5. 4.
CS. ou BQ	la Ligne Capitale.	48. 3. -	42. - 6.	40. - -	37. 5. -	37. - -	35. 4. 2.	35. 3. -	34. 3. 3.	34. - -

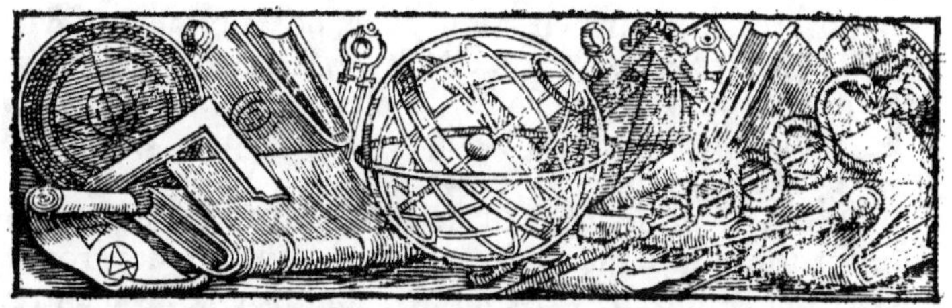

TRAITÉ

DES

FORTIFICATIONS.

*Du nom de Fortifications ; & qu'elles estoient
celles des Anciens.*

Tour le dessein que l'on se propose dans la
Fortification d'une Place, est de la mettre en
tel estat qu'on y puisse estre en seureté, qu'on
se puisse aisément deffendre si l'on est attaqué,
& qu'un Ennemy ne puisse pas s'en rendre le
maistre. Les Ouvrages qui se construisent pour cet effet
s'appellent des Fortifications ; & les Hommes qui font une
profession particuliere de conduire ces sortes d'Ouvrages,
font ceux à qui depuis quelque temps l'on a donné le nom
d'Ingenieurs.

La difficulté qu'il peut y avoir à s'élever par dessus une
Hauteur un peu considerable , & à sortir d'un lieu fort
profond, est ce qui a fourny toute l'idée, & en quoy l'on
a fait consister tout l'Art des plus anciennes Fortifications ;
Car on se contentoit alors de creuser la terre allentour
d'une Place , & d'y faire par mesme moyen une levée la.

B b b

plus roide qu'il eſtoit poſſible.

Le creux qu'on s'eſt ainſi aviſé de faire autour d'une Place, eſt ce qu'on a appellé *le Foſſé* ; La levée qu'on a formée de la terre du Foſſé, a eſté nommée *le Rempart* ; & la Place entourée du Rempart & du Foſſé, eſt ce qu'on a appellé *une Fortereſſe*, ou *une Ville*.

On n'a point douté qu'il ne falluſt faire le Rempart ſur le bord du Foſſé qui eſt du coſté de la Ville ; tant parce que ceux qui la doivent deffendre en ſont par là les maiſtres ; qu'à cauſe que l'Ennemy ayant par ce moyen a monter depuis le fond du Foſſé juſqu'au haut du Rempart, l'obſtacle qu'on luy oppoſe eſt double de ce qu'il ſeroit ſi on le faiſoit autrement.

L'Induſtrie des Hommes leur ayant fait inventer des Eſchelles, ou autres ſemblables machines, pour monter & pour deſcendre, le Rempart & le Foſſé n'auroient pas beaucoup contribué à la conſervation d'une Ville, ny ſervy de grande deffence, ſi d'ailleurs la Ville n'avoit eſté munie de bons Soldats, pour repouſſer l'ennemy en cas qu'il s'efforçaſt d'y entrer ; Et dautant qu'il eſt plus difficile de ſe parer des coups qui ſont tirez de haut en bas, que de ceux qui viennent de coſté, & qui ſont de meſme hauteur, on a jugé que les Soldats qui ſont de garde pour la deffenſe d'une Ville, devoient eſtre poſtez ſur les Remparts ; Ce qui eſt encore une raiſon à adjoûter à celle qu'on a déja de faire le Rempart du coſté de la Ville.

Maintenant, à conſiderer l'eſtat & la condition des Soldats qui attaquent une Ville, & celle de ceux qui la deffendent, Il eſt ſans doute que la condition de ceux-cy eſt moins avantageuſe, que celle des autres ; En voicy trois raiſons qui meritent d'eſtre conſiderées.

La premiere eſt, que comme les Aſſiegeans qui entourent une Ville ont un plus grand circuit a faire que n'ont pas les Aſſiegez, le nombre de ceux-là doit neceſſairement eſtre plus grand que le nombre de ceux-cy ; & ainſi, c'eſt toûjours un plus grand nombre qui attaque, & qui ſe bat contre un moindre.

La feconde eft, qu'un Etat n'en attaque prefque jamais un autre qu'il ne foit le plus fort ; Si bien que cet autre
eft obligé de demeurer fur la fimple deffenfive. Et d'autant qn'on ne fçait pas pour l'ordinaire quelle eft la place
qui doit eftre attaquée, on eft obligé de les munir toutes,
& ainfi de divifer fes forces ; D'où il arrive que la Garnifon d'une feule Ville fe trouve engagée a foûtenir feule tout
l'effort de l'Etat aggreffeur. Et cecy eft caufe que dans
les occafions où il y a des Soldats tuez de part & d'autre,
les Affiegez doivent toûjours eftre reputez avoir eu du pire,
s'ils n'ont fait perir un plus grand nombre des Affiegeans,
que ceux-cy n'en ont fait perir des leurs ; & ce au moins
dans la proportion reciproque du nombre des Soldats des
uns & des autres.

La troifiéme raifon eft, qu'une Ville affiegée peut quelque fois eftre tellement ferrée qu'on n'y fçauroit jetter du
fecours ; au lieu que les Affiegeans eftant maiftres de la
Campagne, peuvent de temps en temps recevoir des re-
creuës, qui reparent les pertes qu'ils ont fouffertes.

Ces confiderations ont fait qu'on a de tout temps re-
cherché tous les moyens poffibles de menager la vie des
Soldats qui font commis à la deffenfe d'une Place ; Et
celuy dont on s'eft le premier avifé, a efté de faire tirer les
Soldats par des *Trous*, ou par des *Creneaux*, enforte qu'ils
fuffent prefque entierement couverts.

Mais ce moyen apportoit un préjudice notable aux Affiegez, en ce que la partie de la muraille qui eftoit entre deux
trous, ou entre deux creneaux, occupoit la Place de quelques Soldats qui demeuroient cependant inutiles.

Et pour cela, on a jugé enfuite plus à propos de faire fur
le Rempart, & dans tout fon circuit, une petite levée de la
hauteur d'un homme, avec quelque degrez par derriere,
pour donner moyen aux Affiegez d'y monter, & de tirer
fur leurs ennemis. Cette forte de degré eft ce que nous
appellons *une Banquette*, à l'exemple des Italiens ; qui ont
encore donné le nom de *Parapet* à cette levée, à caufe
qu'elle couvre les Soldats jufqu'à la poitrine.

B b b ij

Il n'y a point de doute que les Parapets ne foient d'un tres-grand ufage pour la deffenfe d'une Place, & mefme on peut dire que l'on ne peut pas s'en paffer ; Mais comme ils font communs aux Affiegez & aux Affiegeans, qui cherchent auffi toutes fortes de moyens pour fe mettre à couvert des coups de leurs Ennemis, on a efté obligé de chercher d'autres inventions pour faciliter la deffenfe, & pourvoir à la feureté des Affiegez.

Pour cela on n'a rien imaginé de plus avantageux pour la Garnifon d'une Ville (dans le temps qu'on faifoit la guerre avec des Arcs & des Arbaleftes) que des Tours quarrées, qu'on bâtiffoit à certaine diftance les unes des autres, & qu'on appuyoit de telle forte contre le Rempart, qu'elles avançoient vers la Campagne, comme vous voyez que font icy les Tours ABCD, EFGH, & IKLM.

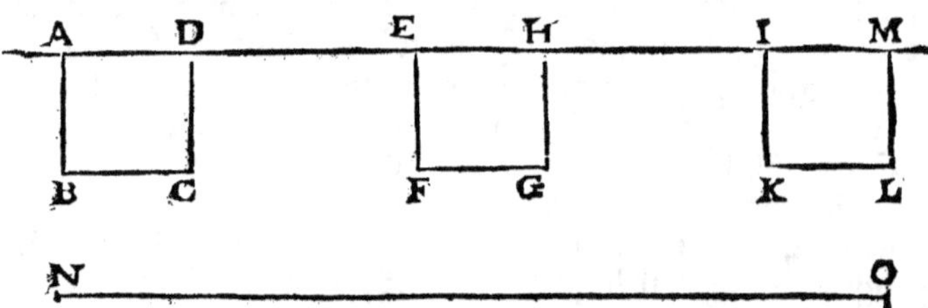

L'utilité de ces Tours confiftoit, en ce que les Soldats que l'on y logeoit, tirant par les feneftres des deux Pans perpendiculaires au Rempart, avoient l'avantage d'eftre à couvert des coups qui partoient du Camp de leurs Ennemis, & incommodoient l'Affaillant qui montoit aux efchelles qu'il avoit dreffées contre la partie du Rempart comprife entre deux Tours ; Ainfi les Soldats qui tiroient par les feneftres des deux Pans DC, EF incommodoient l'Ennemy qui montoit aux efchelles qu'il avoit dreffées contre la Partie DE, du Rampart.

Et il eft à remarquer que ces Soldats n'avoient aucun fujet de craindre l'effet des armes de l'Ennemy qui mon-

toit aux efchelles ; parce qu'il eftoit tellement occupé à
les porter, & à fe couvrir contre les pierres qu'on luy jet-
toit d'enhaut, qu'il eftoit obligé d'en differer l'ufage, jufqu'à ce qu'il fût parvenu au haut du Rempart.

Et d'autant qu'en cette forte de deffence on prend l'Ennemy par le cofté, ou par le flanc, cela s'eft appellé *Flanquer.*
Enfuite dequoy, l'on a dit qu'un endroit du circuit d'une
Forterefle eftoit flanqué, lorfque l'Ennemy n'y pouvoit
aborder, fans que l'Affailly le pût prendre par le flanc ;
Deplus, on a donné le nom de *Flanc* aux pans d'une
Tour qui fervoient à flanquer une partie du Rempart ; &
cette partie du Rempart comprife entre deux Tours à receu le nom de *Courtine.*

Quand une Tour quarrée flanquoit ainfi une partie du
Rempart, fes deux flancs en eftoient auffi reciproquement
flanquez ; mais celuy de fes pans qui regardoit la Campagne, tel qu'eft icy FG, ne l'eftoit pas ; Et ainfi il y avoit
à craindre que l'Ennemy ne choifift cet endroit-là pour y
planter fes efchelles ; Toutesfois en élevant les Tours
beaucoup plus haut que les Courtines, on croyoit autrefois
avoir fuffifamment remedié à cet inconvenient ; Et apres cela, on ne fouhaittoit plus rien autre chofe pour mettre une
Place hors de prife, finon que fon Foffé fuft plein d'eau.
D'où vient qu'une Place paffoit en ce temps-là pour im-
prenable, qui avoit un Rempart fort haut, flanqué de
Tours encore plus hautes, & qui eftoit entourée d'un Foffé
fort profond, & plein d'eau.

De l'Invention de l'Artillerie ; & des Fortifications modernes.

IL y a environ trois cens ans qu'un nommé Berthold
a découvert qu'en pilant enfemble dans un mortier
du Salpeftre, du Souffre, & du Charbon, & verfant
deffus à diverfes reprifes un peu d'eau, dans laquelle on
avoit auparavant fait efteindre de la Chaux, de tout ce

mélange il en refultoit une pafte, qui fe reduifoit en une Poudre fi fufceptible du feu, que la moindre eftincelle qui tomboit deffus, eftoit capable de l'embrafer, avec une viteffe & une force incroyable, & qui paffe mefme toute imagination.

Le premier ufage de cette Poudre fut qu'après l'avoir mife dans le fond d'une efpece de Canon affez court, & dont le calibre eftoit fort large (que l'on appella alors une Bombarde) & achevant de le remplir de Cailloux, de Cloux & d'autre forte de Feraille, l'on y mettoit le feu, & par ce moyen tous ces divers Corps eftoient pouffez avec une extréme violence vers les Ennemis, dont ils tuoient fouvent un grand nombre.

L'on a depuis encore perfectionné cette Poudre en la grainant, comme nous voyons que l'on fait aujourd'huy; & au lieu de Bombardes, on a fait des Canons plus longs, qu'on ne charge que d'un feul Boulet, lefquels portent incomparablement plus loin, & qui par confequent ont beaucoup plus de force que tous ces Cailloux & autres divers Corps dont on chargeoit les Bombardes ; & au lieu que toute cette Feraille ne fervoit qu'a tuer des Hommes, les Canons & les Boulets font maintenant employez à ruïner & renverfer les plus épaiffes Murailles, & les plus forts Baftions.

On a mefme auffi fabriqué depuis d'autres pieces plus petites, telles que font les Arquebufes à Croq, les Moufquets, les fimples Arquebufes, les Carabines, les Moufquetons, & les Piftolets, que l'on a accompagnez du Serpentin & de la Mefche pour y mettre le feu, puis du Roüet, & enfin de noftre temps du Fuzil.

Toutes ces fortes d'Armes, quand la mefure & proportion y eft gardée, portent d'autant plus loin, (le refte eftant égal) qu'elles font plus longues, & que le Corps qu'elles chaffent eft plus gros & plus pefant.

La caufe de la plus grande portée des plus longues Pieces eft affez claire ; Car on voit bien qu'un Boulet doit fe mouvoir d'autant plus loin qu'il a plus de viteffe en partant du Canon ; Or il en a d'autant plus, que le Canon eft long ; à caufe que la flamme qui le touche fe meut d'au-

tant plus viste en avant, qu'elle est plus long-temps em-
pefchée de fe dilater par les coftez.

Mais cela ne doit aller que jufqu'à une certaine mefure:
Car quand le Canon eft fi long que la flamme qui eftoit
vers la Culaffe, & qui s'eftoit allumée la premiere, eft déja efteinte, avant que le Boulet en foit forty, alors la
flamme qui fe fait du refte de la Poudre qui eftoit la plus
éloignée de la lumiere, fe dilate vers la Culaffe, & ne fert
plus à augmenter la viteffe du Boulet. Et mefme un Canon pourroit eftre imaginé fi long, que toute la flamme feroit tout à fait éteinte, que le Boulet ne feroit pas
encore preft d'en fortir ; auquel cas, l'air par fa pefanteur tendant à rentrer dans le Canon d'où il auroit
efté chaffé, repoufferoit le Boulet vers la Culaffe. Ce qui
paroiftra fans doute difficile a croire à ceux qui n'auront
point encore oüy parler de cette pefanteur de l'air ; Mais
nous l'avons renduë fi publique, que ce n'eft plus une difficulté à propofer.

Ce qui fait maintenant, que, le refte eftant égal, les
plus gros Boulets, ou les plus groffes Balles, portent plus
loin que les autres, eft que les Corps qui fe meuvent de
mefme viteffe, ont de la force à proportion de leur Maffe,
& ne perdent gueres de leur viteffe qu'à proportion de leur
fuperficie ; Or les plus gros n'ont pas tant de fuperficie que
les plus petits, en comparaifon de leur Maffe ; Car fi l'on
fuppofe, par exemple, que le Diametre d'un Boulet foit
double du Diametre d'un autre, fa Maffe du premier fera
Octuple de la Maffe du fecond ; quoy que fa fuperficie ne
foit que quadruple de la fuperficie de l'autre.

La portée de toutes ces fortes d'Armes ne fe peut bien
connoiftre que par l'experience, qui nous apprend que les
Moufquets dont nous nous fervons prefentement, portent
fix-vingt Toifes de point en blanc, apres quoy la Balle eft
encore capable de tuer un homme.

On n'euft pas plûtoft commencé à fe fervir du Canon
pour faire la guerre, que l'on reconnuft auffi-toft que cette
ancienne façon de fortifier les Places ne pouvoit plus eftre

d'aucun fecours, ny par confequent d'aucun ufage. Et pour fe garentir de la violence du Canon, on fongea d'abord a augmenter l'épaiffeur des Parapets ; qu'on jugea dés lors eftre plus apropos de faire de terre, foûtenuë de gafon, que de maffonnerie fort dure, à caufe du dommage que pourroient caufer les éclats. Et comme l'experience faifoit voir que le Boulet d'une piece de Batterie penetroit jufqu'à quinze piés de terre mediocrement battuë, on jugea qu'il falloit faire les Parapets de trois Toifes d'épaiffeur.

Cette épaiffeur que l'on fuft obligé de donner aux Parapets, fit en mefme temps comprendre la neceffité d'agrandir les Tours qui fervoient à flanquer le Rempart : Mais en mefme temps auffi on s'apperceuft d'un autre inconvenient ; Car la face qui regardoit la Campagne, & qui n'eftoit point flanquée, en devenoit par ce moyen plus grande ; Si bien que c'eftoit fournir à l'Ennemy un plus grand efpace de muraille où pouvoir planter fes efchelles, & dont mefme il auroit peu d'autant plus aifément fapper le pié, que l'épaiffeur du Parapet oftoit tout moyen aux Affiegez de le voir. Mais comme la neceffité ouvre l'Efprit, pour remedier à cet inconvenient, on confidera qu'il n'y avoit qu'un fort petit efpace de terre où l'Affaillant puft eftre à couvert des coups tirez des flancs ; Et l'on détermina cet endroit, en tirant deux Lignes Droittes des extremitez de deux Courtines par les extremitez des deux flancs d'une mefme Tour, jufqu'à ce qu'elles fe croifent, & rencontrent en un Point, comme vous voyez que font icy DFP,

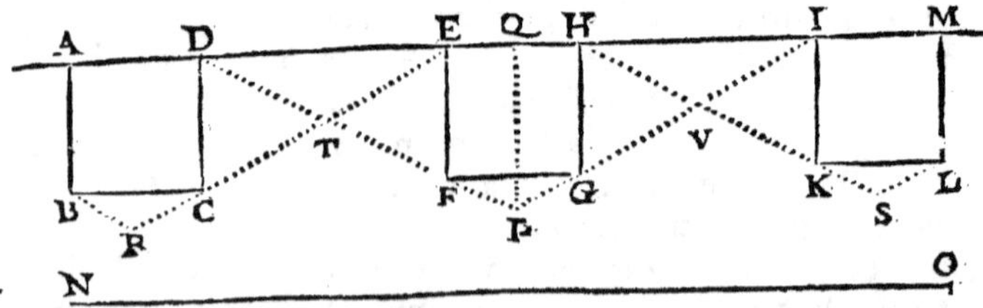

& IGP ; Et pour occuper ce peu d'efpace qui eft compris
entre

entre ces deux Lignes , on s'avisa de conſtruire les deux
Pàns FP, PG, au lieu du ſeul Pan FG, que l'on faiſoit an-
ciennement. Et comme ce Corps EFPGH, & autres ſemblables, eſtoient beaucoup plus expoſez à la Batterie des
Ennemis , que le reſte du circuit de la Place , on leur don-
na le nom de *Baſtions*.

Ces Baſtions ont depuis eſté eſtimez ſi neceſſaires, &
d'un ſi grand uſage , qu'ils paſſent aujourd'huy pour les
principales parties de nos Fortifications ; auſſi a-t'on employé tous ſes ſoins à les former de telle ſorte , qu'on
en puſt tirer le plus d'avantage qu'il eſt poſſible. Divers
Auteurs y ont travaillé, & tous ont eu en veuë certaines veritez importantes , qui ſont comme les Maximes fonda-
mentales des Fortifications ; Nous en parlerons cy-aprés ;
mais auparavant il faut que nous expliquions certains termes de l'Art , dont il eſt neceſſaire de ſçavoir la ſigni-
fication.

Explication de quelques termes qui appartiennent aux Fortifications.

Comme nous avons déja cy-devant expliqué ce que
c'eſt qu'un Foſſé , un Rempart, un Parapet, une
Banquette, un Baſtion, des Flancs, & une Courtine, Il
feroit ſuperflu de le repeter icy, il ſuffira d'expliquer
quelques autres termes dont nous n'avons point encore
parlé.

On appelle *les Faces* d'un Baſtion , les deux Pans qui
ſaillent le plus vers la Campagne, tels que ſont dans cette
Figure FP, GP.

La Gorge d'un Baſtion , eſt cette ouverture qu'a le Baſtion,
pour entrer de la Place dans le Baſtion ; comme icy EH,
eſt la Gorge du Baſtion EFPGH.

La Demy-Gorge, eſt la moitié de cette ouverture ; ou bien,
c'eſt la Ligne compriſe entre l'extremité de la Courtine,
& le Point de rencontre de deux Courtines prolongées ;

C c c

ainsi QH est une Demy-Gorge.

La Ligne Capitale d'un Bastion, est la Ligne Droitte menée du Point où deux Demy-Gorges se rencontrent jusqu'à sa Pointe, comme QP.

La Ligne de Deffense, est la Ligne Droitte menée d'un Point de la Courtine à la pointe d'un Bastion, comme DP.

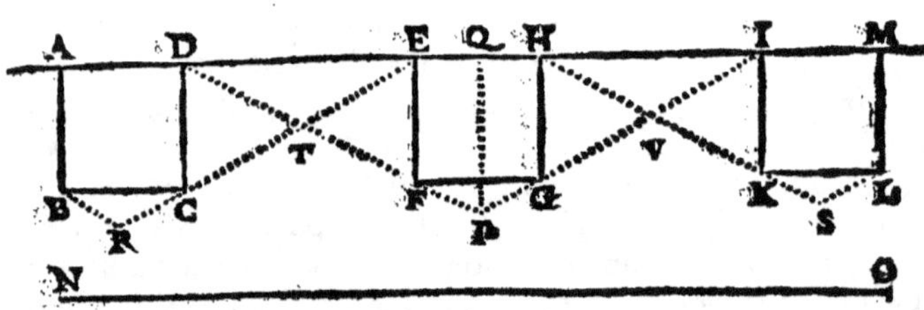

Cette Ligne s'appelle *Rasante*, lors qu'elle rase la face du Bastion, comme fait icy DP ; Et elle s'appelle *Fichante*, lorsqu'elle ne la rase point, mais qu'elle va droit d'un Point de la Courtine à la pointe du Bastion sans toucher sa face, comme icy AN.

L'Escarpe, c'est le Talus, ou le costé du Rempart qui regarde la Campagne, & contre lequel il faudroit se laisser couler, si on vouloit descendre du haut du Rempart dans le fond du Fossé, comme ABRCDEF &c.

La Contrescarpe, c'est le Talus, ou le costé du Fossé qui est vers la Campagne opposé à l'Escarpe, & contre lequel il faudroit se laisser glisser, si on vouloit descendre de la Campagne dans le Fossé, comme est icy NO.

L'Angle flanqué, ou *la pointe du Bastion*, c'est l'Angle compris des deux faces d'un mesme Bastion, comme l'Angle FPG.

L'Espaule d'un Bastion, c'est l'Angle compris d'une face & d'un flanc, comme l'Angle EFP.

L'Angle flanquant, c'est l'Angle compris des faces de deux Bastions voisins, continuées jusqu'à ce qu'elles se rencontrent vis à vis le milieu de la Courtine, comme l'Angle RTP.

Le Talus, c'eſt l'inclinaiſon que l'on donne à la Maſſonnerie, ou aux Terraſſes, afin qu'elles ſe puiſſent ſoûtenir.

Quand cette inclinaiſon eſt fort grande, elle s'appelle
Glacis ; ainſi la pente du Rempart du coſté de la Ville
eſtant telle qu'on y peut monter aſſez facilement, s'appelle
le Glacis du Rempart.

Un Poligone, c'eſt une Figure bornée de pluſieurs Lignes
Droittes, qui a pluſieurs Angles & pluſieurs Coſtez.

Un Poligone regulier, c'eſt un Poligone qui a tous ſes
Coſtez & ſes Angles égaux.

Un Poligone irregulier, c'eſt un Poligone, dont tous les
Coſtez & tous les Angles ne ſont pas égaux.

L'Angle d'un Poligone, c'eſt l'Angle qui eſt compris de
deux de ſes Coſtez.

Les Rayons d'un Poligone, ſont les Lignes Droittes menées du Centre d'un Poligone à tous les Angles de ſes
Coſtez.

L'Angle du Centre, c'eſt l'Angle compris de deux de
ces Rayons voiſins.

Un Pentagone, c'eſt un Poligone de cinq Angles & de
cinq Coſtez.

Un Hexagone, c'eſt un Poligone de ſix Angles, & de
ſix Coſtez. Ainſi un Heptagone de ſept ; un Octogone de
huit ; un Enneagone de neuf ; un Decagone de dix ; un
Endecagone de onze ; un Dodecagone de douze, &c.

Outre ces termes, il y en a encore pluſieurs autres qu'on
ne peut pas ſe diſpenſer d'apprendre, comme entr'autres
ceux qui appartiennent à diverſes pieces dont nous n'a-
vons point encore parlé ; Mais parce que ces Termes s'apprendront plus commodement dans la ſuite, lors qu'il ſera
parlé de ces diverſes pieces, qui font une partie conſiderable des Fortifications, il n'en ſera point fait icy de
mention.

Maximes generales & particulieres des Fortifications.

LA premiere eft, qu'il n'y ait aucun endroit dans le Circuit d'une Place qui ne foit flanqué.

L'importance de cette Maxime paroift affez, apres ce qui a efté dit cy-devant de l'épaiffeur qu'on eft obligé de donner aux Parapets ; Car cette épaiffeur empefche que les Soldats d'une Ville affiegée ne puiffent voir l'Ennemy, lors qu'il eft au pié de l'endroit du Rempart au deffus duquel ils font poftez ; Et ainfi pour profond que foit le Foffé d'une Ville, & pour fort que foit fon Rempart, fi elle manque d'eftre flanquée par tout elle ne fçauroit paffer que pour une Place fans deffenfe.

La feconde Maxime eft, que la force foit également diftribuée partout.

Cela fe comprend auffi affez aifément ; Car il eft évident, que fi un endroit du Circuit de la Place eftoit plus foible que le réfte, ce feroit par là que l'Ennemy l'attaqueroit, & ce qu'il y auroit ailleurs de Fortifications plus qu'à cet endroit-là, ne ferviroit de gueres pour fa deffenfe. Mais à l'occafion de cette Maxime, il faut remarquer deux chofes. La premiere eft, qu'elle fe doit entendre autant qu'il eft poffible ; Car il eft conftant qu'il y a de certains endroits qui ne fçauroient eftre fi forts ny fi bien flanquez que les autres ; Par exemple, les Faces des Baftions ne fçauroient jamais eftre fi fortes ny fi bien flanquées que les Flancs, & les Courtines. La feconde chofe qui eft a remarquer, eft, qu'un endroit du Circuit d'une Ville peut bien quelquefois eftre rendu plus fort qu'un autre, par le moyen de l'Art, pourveu que cet autre foit naturellement plus fort ; Par exemple, pourveu qu'il y ait vis à vis quelque Marais, ou quelqu'autre chofe qui faffe que l'Ennemy ne puiffe aborder de ce cofté là qu'avec grande difficulté.

La troifiéme Maxime eft, que les parties flanquées ne foient éloignées de celles qui les flanquent que de la portée des Armes dont on fe fert.

Cecy femble fort évident ; Toutefois il y a eu de la diffi_
culté au fujet des Armes ; Et l'on a long-temps contefté fi
par là il falloit entendre le Canon, ou le Moufquet. Ceux
qui eftoient pour le Canon foûtenoient 1º. Que par ce
moyen les Baftions pourroient eftre plus éloignez les uns
des autres ; Et que comme il en faudroit moins pour entourer une Place, auffi en coûteroit-il moins pour les conftruire, & pourroient eftre achevez en moins de temps.
2º. Qu'une moindre Garnifon fuffiroit pour la deffenfe de
la Ville. 3º. Que les Soldats qui feroient aux Flancs feroient
en feureté contre les coups de Moufquets que l'Ennemy
pourroit tirer de l'endroit de la Campagne qui eft vis à
vis de la Pointe des Baftions. 4º. Que l'Ennemy qui voudroit traverfer le Foffé pour aborder, & s'attacher à une face
de Baftion, ne pourroit pas s'armer à l'épreuve du Canon,
comme il pourroit s'armer à l'épreuve du Moufquet.

Ceux qui eftoient d'avis que l'on prift pour mefure la
portée du Moufquet, pour flanquer les parties les plus
éloignées du Circuit d'une Fortereffe, répondoient à cela ;
Qu'il ne falloit pas avoir égard à l'épargne, foit du temps
ou de la dépenfe, lorfqu'elle faifoit perdre un avantage
confiderable ; Que c'eftoit une erreur de croire que dans
une Ville, dont le Circuit eftoit determiné, il falluft une
Garnifon d'autant moindre qu'il y avoit moins de Baftions,
l'Affaillant ne reglant pas là-deffus le nombre de fes atta-
ques ; Que fi les Soldats qui font aux Flancs des Baftions
ne pouvoient pas eftre incommodez par leurs Ennemis qui
eftoient placez en un certain endroit, que reciproquement
auffi ils ne pourroient pas les incommoder ; Que fi c'eftoit
un avantage de fe deffendre avec des armes à l'epreuve defquelles l'Affaillant ne pouvoit pas s'armer, on ne fe privoit
pas de cet avantage pour faire la Ligne de deffenfe de la
portée feulement du Moufquet. Mais que ce qui eftoit en
cecy tres-confiderable, eftoit que le Canon faifoit plus de
bruit que d'effet ; Que la dépenfe que l'on faifoit pour tirer un feul coup de Canon eftant divifée à faire tirer plufieurs coups de Moufquets, cela apportoit incomparable-

ment plus d'incommodité aux Affiegans , que ne pouvoit
faire une volée de Canon ; Qu'il falloit un long-temps
pour recharger un Canon , & le remettre en batterie ;
Qu'il pouvoit aifément eftre démonté par l'Artillerie des
Affiegeans , & qu'alors il falloit encore beaucoup plus de
temps pour le remonter, ou pour luy en fubftituër un autre ; Qu'il ne pouvoit fervir, à moins que d'eftre fur une
platte forme bien dreffée, deforte qu'il devenoit inutile
quand le Flanc eftoit ruiné ; au lieu que les Moufquetaires
pouvoient tirer plufieurs enfemble, & fucceder les uns aux
autres fans aucune interruption fenfible, enforte que leurs
décharges pouvoient paffer pour un feu continuel ; Enfin
que de nouveaux Soldats pouvoient eftre mis à la place
des morts ; & que bien que le Flanc fuft ruiné , on pouvoit
aifément trouver moyen d'y faire demeurer les Soldats ,
en les mettant tant foit peu à couvert.

Comme ces raifons s'accordent fort bien avec la façon
de faire aujourd'uy la guerre, qui eft hardie & impatiente,
auffi ne fait-on plus maintenant de difficulté de pronon-
cer en faveur du Moufquet ; C'eft pourquoy, fuivant ce
qui a efté remarqué cy-devant, la portée du Moufquet de
point en blanc eftant de fix vingt Toifes, il s'enfuit que la
Ligne de deffenfe doit eftre de cette longueur. Ce n'eft
pas pourtant que dans les Forts de Campagne, où l'on ne
fe foucie pas de renfermer beaucoup de terrein, parce
qu'on n'a pas deffein d'y bâtir des maifons, on ne puiffe
utilement faire la Ligne de deffenfe encore plus courte,
comme de cent ou quatre-vingt Toifes, au moyen dequoy
les coups pourront porter encore plus affeurement.

La quatriéme Maxime eft, que l'Angle flanquant n'excede point cent cinquante degrez ; Dont la raifon eft, que
lorfqu'il eft plus grand, cela diminuë à proportion les Flancs,
& ainfi cela pourroit enfin les diminuer par trop ; Or il eft
bon de les faire les plus grands qu'il eft poffible, parce
qu'ils font d'autant plus commodes & avantageux qu'ils
font plus grands.

La cinquiéme Maxime eft, qu'un Angle flanqué qui feroit

si aigu qu'il pourroit facilement estre ruiné par le Canon, n'est pas si bon qu'un autre qui seroit moins aigu, & qui resisteroit davantage à l'Artillerie.

La sixiéme est, qu'entre les ouvrages que l'on fait au delà des Bastions, ceux qui sont les plus proches du centre de la Place, doivent estre plus élevez que ceux qui en sont plus éloignez.

L'usage en est évident ; c'est afin que si l'Ennemy s'emparoit de quelque ouvrage fort avancé vers la Campagne, les autres, dont les Assiegez sont encore les maistres, le puissent commander, & que l'Ennemy ait plus de peine à se couvrir.

Ces Maximes ont esté universellement receuës de tous les Ingenieurs ; Entre lesquels Errard avec tous les François de son temps estoit encore de cet avis particulier, que l'Angle flanqué fust droit, lors qu'on le pouvoit faire sans que l'Angle flanquant excedast cent cinquante degrez ; afin, disoit-il, que les batteries des Ennemis pussent plus malaisément rompre la pointe du Bastion ; Il vouloit deplus que la Ligne de deffense fût toûjours rasante, afin que les coups tirez d'un Flanc pussent nettoyer toute la face d'un bastion. Enfin il vouloit que les Flancs fussent perdendiculaires aux Faces des Bastions, afin qu'ils fussent en quelque façon couverts.

Marolois avec les Hollandois songeant plûtost à proportionner les Lignes d'une Forteresse que les Angles, establissoit pour Maximes particulieres, Premierement, Que la Courtine fust à la face du Bastion en raison Sesquialtere, c'est à dire, que la premiere contint l'autre une fois & demy ; Secondement, Que la Demy-Gorge fust au Flanc comme le Sinus de 50. degrez est au Sinus de 40. En troisiéme lieu, Que le Flanc fust perpendiculaire à la Courtine ; En quatriéme lieu, Que la face du Bastion ne fust pas seulement deffenduë du Flanc, mais qu'elle fust encore flanquée par une partie de la Courtine, qui est ce qu'on appelle le second Flanc ; Et enfin, Que l'Angle flanqué surpassast de quinze degrez la moitié de l'Angle du costé du

Poligone, lorfque cette moitié avec quinze degrez ne feroient point enfemble plus de 90. degrez ; & au cas qu'ils
fiffent plus de 90. degrez, Il vouloit que l'Angle flanqué fuft droit.

Le Chevalier de Ville convenoit avec Errard, touchant
l'Angle flanqué, & avec Marolois, en ce qu'il vouloit un
fecond Flanc, & que le Flanc principal fuft perpendiculaire
à la Courtine ; D'ailleurs, il vouloit que le Flanc fuft égal
à la Demy-gorge, & que chacune de ces deux Lignes fuft
la quatriéme partie de la Courtine.

Le Comte de Pagan vouloit comme Errard, que la Ligne
de deffenfe fuft toûjours rafante ; Mais il s'eft écarté de
tous les autres, en ce qu'il a voulu que le flanc d'un Baftion
fuft perpendiculaire à la Ligne de deffenfe du Baftion voifin ; Et deplus qu'une mefme Face, un mefme Flanc, &
une mefme Courtine ferviffent pour toutes fortes de Pó-
ligones.

J'aurois pû rapporter icy les penfées de quelques Auteurs
Italiens, entre plufieurs qui ont traité des Fortifications ;
mais parce que le Chevalier de Ville ne s'ecarte point de
leurs fentimens, qu'en ce qu'ils veulent que l'Angle flanqué foit Obtus aux Places qui ont plufieurs Baftions, Je
m'abftiendray d'en faire icy une mention plus expreffe.

De la diverfité de ces Maximes particulieres font nées diverfes manieres de fortifier une Place. C'elle d'Errard a efté nommée par quelques-uns la Maniere Françoife ; Celle de Marolois la Maniere Hollandoife ; & celle du Chevalier de Ville,
la Maniere compofée. Toutes ces trois Manieres, auffi bien que
celle du Comte de Pagan, ont efté executées en France, où
elles font devenuës fi fameufes qu'on ne peut pas fe difpenfer
d'en parler fans paffer pour ignorant ; Principalement fi
l'on confidere que chacune trouve des Partifans qui luy
donnent la préferance pardeffus les autres ; Et comme
dans la profeffion que je fais, je ne puis pas me difpenfer
d'en dire mon fentiment ; on le verra dans la fuite ; mais
auparavant il faut que je les décrive chacune à part.

Il faut icy remarquer que dans toutes ces diverfes Manieres,

nieres, l'on préſupoſe que l'on ait une liberté toute entiere, que l'on ne ſoit aſſujetty à rien, & que l'on taille
comme l'on dit en plein drap.. Car tout le deſſein que
l'on a, eſt d'apprendre à conſtruire une Fortification la
plus reguliere & la plus parfaite qui ſe puiſſe faire ; Si bien
qu'on n'entend point icy parler de ces Places, dont on veut,
par exemple, conſerver l'ancien Circuit, ou quelqu'autre piece déja conſtruite ; quoy que cependant pour bien fortifier
ces ſortes de Places, on ne puiſſe douter qu'il ne ſoit tres-
utile de ſe ſervir de quelqu'une de ces Manieres.   Car il
eſt certain qu'on ne ſçauroit jamais mieux fortifier une Place
irreguliere, & où l'on eſt contraint, ſoit par le terrain,
ſoit par quelqu'autre empeſchement, qu'en y pratiquant
ce qui approche le plus qu'il eſt poſſible, de ce que l'on
pratiqueroit pour le mieux dans une Place reguliere, où
rien ne feroit obſtacle, & où l'on ne ſeroit aſſujetty à
rien.

Remarquez auſſi que l'on ne doit jamais entreprendre de
conſtruire une Fortereſſe, qu'apres en avoir auparavant formé
une idée fort diſtincte ; Et parce qu'il n'y a point de moyen
plus facile & plus propre pour faire concevoir cette idée
ainſi diſtincte, que de faire conſiderer la choſe toute entiere en petit & en racourcy, Je veux commencer à vous
dire comment il faut tracer le deſſein d'une Fortereſſe ſur
le papier, & apres cela, je vous diray ce qu'il faudra faire
pour l'executer ſur la Terre.

Deſſein d'une Forterefle, ſelon la Maniere d'Errard.

DEcrivez un Cercle de tel Centre & de tel Intervalle
qu'il vous plaira, par exemple du Centre A, & de
l'Intervalle AB ; Diviſez la Circonference de ce Cercle en
autant de Parties égales que vous voulez de Baſtions ; mais
pour le moins en ſix, à cauſe qu'il y auroit quelque choſe
à changer à ce que je vas dire, ſi vous l'aviez diviſée en
moins de ſix Parties ; Du Centre A, menez des Rayons à
tous les Points, par où vous avez diviſé la Circon-

Ddd

ference de voſtre Cercle, comme vous voyez icy **AB, AC**
&c. De l'extremité de chaque Rayon faites partir deux
Lignes Droittes , **BD, BY, CE, CK,** chacune deſquelles
faſſe avec le Rayon un Angle Demy-droit, ou de 45. degrez ; Coûpez chacun de ces Angles en deux également
par des Lignes Droittes ſemblables à **BF, CG** ; Du Point
H, où l'une de ces Lignes coupe une de celles qui forment

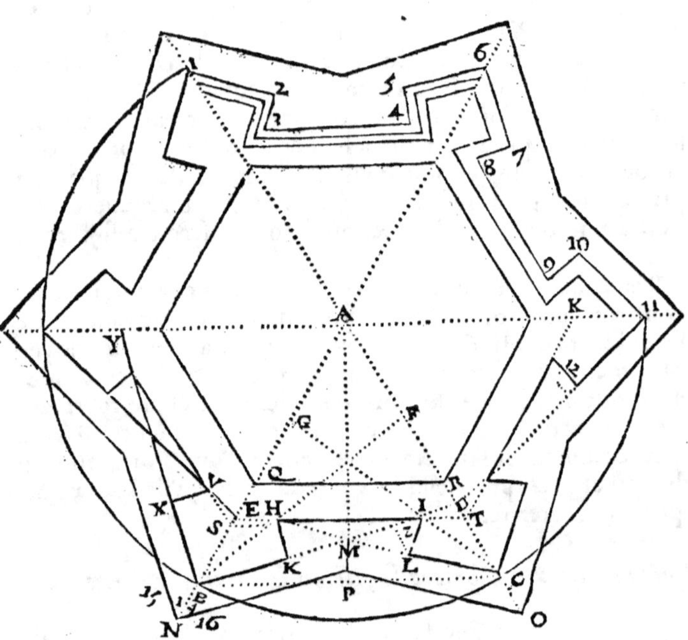

un Angle de 45. degrez, menez une Ligne Droitte au Point
I, qui eſt ſemblable au Point **H** ; Enfin des Points **H,** &
I, abaiſſez ſur **BI,** & **CH,** les Perpendiculaires **HK,** & **IL** ;
Cela fait, vous aurez **BK,** & **CL,** pour les Faces de deux
Baſtions ; **HK,** & **IL** en ſeront les Flancs, & **HI** la Cour-
tine ; Et ſi entre tous les autres Rayons vous faites la

mefme chofe, vous aurez le principal trait du Circuit d'une Fortereffe ; à laquelle il ne manquera plus rien de tout ce qu'Errard defire pour la perfection de fon Circuit, fi ce n'eft un Orillon à chaque Flanc, que vous pourrez conftruire ainfi. Prenez dans chaque Flanc les deux tiers les plus éloignez de la Courtine, & décrivez deffus un Demy-Cercle, comme vous voyez icy à l'endroit marqué 12. & ce Demy-Cercle fervira d'Orillon au Baftion, dont la Circonference fera partie du Circuit de la Place, au lieu de la Ligne qui luy fert de Diametre.

Pour determiner maintenant la largeur du Foffé, tirez des extremitez des Flancs K, & L, (& ainfi des autres) les Lignes Droittes KO, & LN, paralleles à CH, & à BI, lefquelles s'entrecoupent au Point P, & ainfi vous aurez NOP pour le bord du Foffé du cofté de la Campagne.

Cette façon de déterminer la largeur du Foffé eft generale, & convient à toutes les Manieres. Il faut feulement fçavoir qu'il eft bon de retrancher l'Angle du Foffé qui eft vis à vis la pointe du Baftion, comme par exemple l'Angle N ; Et pour cela, il nè faut que prendre fur BN, la Partie B, 14. égale à la largeur qu'a le Foffé à l'endroit le plus étroit, & mener pardeffus le Point 14. la Ligne 15, 16. Perpendiculaire à la Ligne BN.

Pour avoir la largeur du Rempart, menez la Ligne QR parallele à HI, & éloignée de cette Ligne de la longueur du Flanc.

Pour les Parapets, vous les reprefenterez en cette forte. Le principal trait du Circuit de la Place reprefentera une largeur d'environ deux piés, fur laquelle il faut penfer qu'eft elevé un Parapet de la mefme largeur, dont l'ufage eft de couvrir les Soldats qui font les Rondes. En dedans de ce trait vous en tirerez un autre qui luy fera parallele, lequel enfermera un petit efpace d'une Toife de largeur, qui fera le chemin des Rondes ; Et enfin vous tirerez un troifiéme trait parallele aux deux autres qui enfermera un efpace de trois Toifes de largeur, pour le Parapet du Rempart. Ce n'eft pas qu'il foit abfolument neceffaire de faire ces deux Parapets ; Car en cas de befoin on fe peut contenter d'un

D d d ij

feul, de trois Toifes d'épaiffeur, qui doit eftre placé fur le bord du Foffé. Vous pouvez voir reprefenté ce qui fe pratique pour le mieux dans la Figure précedente, à l'endroit marqué 1, 2, 3, 4, 5, 6, & le moins qu'on puiffe faire, à l'endroit marqué 6, 7, 8, 9, 10, 11.

Le deffein eftant ainfi achevé fur le papier, pour l'executer apres cela fur la Terre, il faut fçavoir la quantité des principaux Angles, & ce que doivent valoir en grand les principales Lignes. Pour cela, vous remarquerez icy une fois pour toutes, que pour fçavoir la valeur des Angles & des Lignes de quelque deffein que ce foit, il ne faut que mefurer les Angles fur une Figure exacte avec quelque Inftrument, & divifer la Ligne de deffenfe en fix vingt parties égales, qui reprefenteront autant de Toifes, dont on fe fervira comme d'une Efchelle, pour y rapporter avec le Compas les Lignes dont on voudra fçavoir la grandeur; Mais ce moyen eft fort groffier, & ne donne qu'à peu prés la valeur des Angles & des Lignes; C'eft pourquoy, fi on veut avoir en cecy une entiere précifion, il faut avoir recours au Calcul.

Calcul des Angles, & des Lignes, fuivant le deffein d'Errard.

COntinuez la Courtine HI de part & d'autre, jufqu'à ce qu'elle rencontre les Rayons en S, & en T, Puis menez les Lignes Droites BC, & AMP;

Cette préparation fuppofée, comme tous les Angles qui s'appuyent fur des parties égales de Circonference font égaux entr'eux, pour fçavoir la valeur de l'Angle du Centre BAC, vous n'avez qu'à divifer 360. degrez, qui eft la valeur de tous les Angles qui font autour du Point A, par le nombre des Baftions, & le Quotient fera la quantité de l'Angle du Centre BAC.

Pour fçavoir la valeur de l'Angle ABC, qui s'appelle la moitié de l'Angle du Cofté du Poligone exterieur, Confiderez que les trois Angles du Triangle ABC valent en-

semble 180. degrez ; Et partant, en oſtant l'Angle du Centre BAC de 180. degrez, ce qui reſtera ſera la valeur des
deux Angles ABC, & ACB, leſquels eſtant égaux, puiſque les Rayons AB, AC ſont égaux entr'eux, il s'enſuit
qu'ils valent chacun la moitié de ce qui reſte.

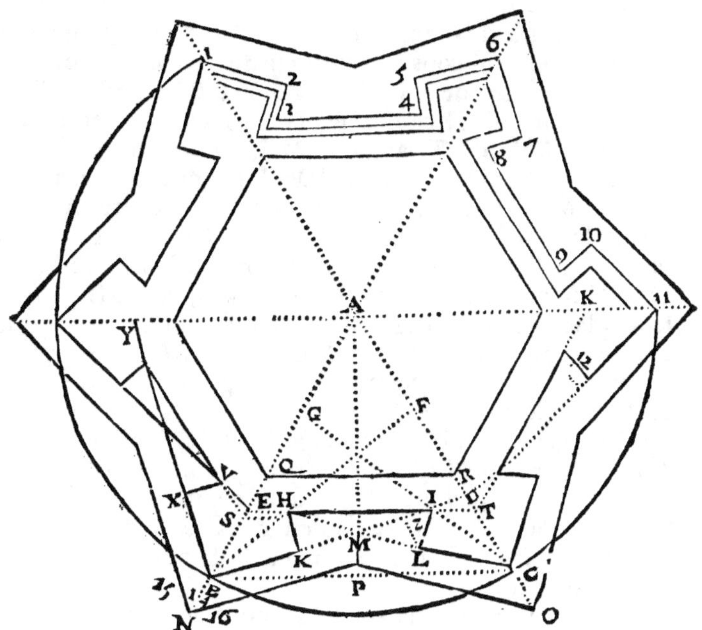

Pour l'Angle AST, qui eſt la moitié du coſté du Poligone Interieur, on voit aiſément qu'il doit eſtre égal à
l'Angle ABC, moitié de l'Angle du coſté du Poligone Exterieur, puiſque c'eſt une meſme eſpece de Poligone, qui
eſt ſemblable à l'autre.

Pour l'Angle ABI, qui eſt la moitié de l'Angle Flanqué,
il vaut 45. degrez, ou la moitié d'un Droit, par conſtruction ;
D'où il ſuit que l'Angle Flanqué XBK eſt Droit.

Pour l'Angle BIS, vous en connoiſtrez la valeur en oſtant la moitié de l'Angle Flanqué SBI, de la moitié de l'Angle du coſté du Poligone AST ; Car puiſque le Coſté BS, du Triangle BSI, eſt continué, l'Angle Exterieur ASI, ou AST, eſt égal aux deux Interieurs SBI, & BIS ; Et partant, oſtant l'Angle SBI, de l'Angle ASI, le reſte ſera la valeur de l'Angle BIS.

Pour l'Angle Flanquant BMC, quoy qu'on le puiſſe trouver en pluſieurs façons ; Il eſt bon de remarquer qu'il eſt égal à la Somme de l'Angle du Centre BAC, & de l'Angle Flanqué XBK, ce qui ſe peut prouver en cette ſorte. Le Coſté AM, du Triangle AMC, eſt continué vers P. Et partant l'Angle Exterieur PMC, eſt égal aux deux Interieurs MAC, & MCA ; De meſme le Coſté AM, du Triangle AMB, eſt continué vers P. Partant l'Angle Exterieur PMB, eſt égal aux deux Interieurs MAB, & MBA ; D'où il ſuit que les deux Angles PMC, & PMB, ou en leur place le ſeul Angle BMC eſt égal à la Somme des quatre Angles MAC, MAB, MCA, & MBA, ou ce qui eſt la meſme choſe à la Somme de l'Angle du Centre BAC, & de l'Angle Flanqué XBK.

Je ne m'eſtens point davantage ſur le Calcul des autres Angles, parce qu'il n'en reſte aucun, dont la connoiſſance puiſſe eſtre de quelque uſage, qui ne ſoit le troiſiéme d'un Triangle, dans lequel il y en a déja deux de connus, & qu'on ne trouve par conſequent en oſtant la Somme de ces deux là, de 180 degrez.

Pour trouver maintenant la quantité des Lignes, Il faut premierement attribuer à la Ligne de deffenſe BI, la quantité qu'elle doit avoir, à ſçavoir 120. Toiſes ; Enſuite dequoy, pour trouver la grandeur de la Courtine HI, Conſiderez que dans le Triangle BHI, l'Angle HBI eſt donné par conſtruction, que l'Angle BIH a eſté trouvé par le calcul, & que la Ligne BI, ſuivant la ſuppoſition, vaut 120 Toiſes, partant la Courtine HI viendra connuë par cette Analogie ; Comme le Sinus de l'Angle BHI, eſt à ſon Coſté oppoſé BI, ainſi le Sinus de l'Angle HBI, eſt à ſon Coſté oppoſé HI.

Pour trouver la grandeur du Flanc HK, confiderez que dans le Triangle HKI, l'Angle HKI eſt Droit par Conſtruction, que l'Angle HIK, & la Baze HI, font trouvez par le calcul ; Et partant le Coſté HK viendra connu par cette Analogie ; Comme le Rayon du Cercle eſt au Coſté HI, ainſi le Sinus de l'Angle HIK eſt à ſon Coſté oppoſé HK.

Pour la grandeur de la Face du Baſtion BK, voicy comme vous la trouverez ; Confiderez le Triangle BKH, dans lequel l'Angle BKH eſt Droit par Conſtruction, l'Angle HBK eſt auſſi donné par Conſtruction, & la Ligne HK vient d'eſtre connuë par le calcul ; Partant la Face BK viendra connuë par cette Analogie ; Comme le Rayon du Cercle eſt au Coſté HK, ainſi la Tangente de l'Angle BHK, eſt au Coſté BK.

Pour la Demy-Gorge SH, confiderez le Triangle BSI, dans lequel les Angles SBI, & SIB font connus, avec le Coſté BI ; Et partant le Coſté SI viendra connu par cette Analogie ; Comme le Sinus de l'Angle BSI eſt à ſon Coſté oppoſé BI, ainſi le Sinus de l'Angle SBI eſt à ſon oppoſé Coſté SI ; Enfuite dequoy oſtant HI, de SI, il reſtera la grandeur de la Demy-Gorge SH.

Pour la Ligne Capitale SB, confiderez derechef le Triangle BSI, où, comme je viens de dire, les Angles font connus, avec les Coſtez BI, SI ; Partant le Coſté SB viendra connu par cette Analogie ; Comme le Sinus de l'Angle BSI eſt à ſon Coſté oppoſé BI, ainſi le Sinus de l'Angle BIS eſt à ſon Coſté oppoſé SB.

Pour le Coſté du Poligone Interieur ST, il fera connu en adjoûtant le double de la Demy-Gorge, à la Courtine.

Pour le Rayon du Poligone Interieur AS, Confiderez le Triangle AST, dans lequel tous les Angles, & le Coſté ST font connus ; Partant le Coſté AS viendra connu par cette Analogie ; Comme le Sinus de l'Angle du Centre SAT, eſt à ſon Coſté oppoſé ST, ainſi le Sinus de l'Angle ATS eſt à ſon Coſté oppoſé AS.

Pour trouver la largeur qu'a le Foſſé vis à vis de la Face du

Baftion, ou ce qui eft la mefme chofe, pour trouver la
Ligne LZ, qui part de l'extremité du Flanc L, & tombe
perpendiculairement fur la Ligne de Deffenfe BI, Confiderez le Triangle LIZ, dans lequel, outre que l'on connoift l'Angle Droit LZI, & le Flanc LI, on connoift encore l'Angle LIZ, parce que c'eft la difference des Angles
HIL, & HIK, qui font connus; Et partant on connoiftra
la Ligne LZ par cette Analogie; Comme le Rayon du
Cercle eft au Cofté IL, ainfi le Sinus de l'Angle LIZ eft à
fon Cofté oppofé LZ.

Deffein d'une Fortereffe à quatre ou cinq Baftions dans la Maniere d'Errard.

AYant efté pofé pour maxime, que l'Angle Flanquant
ne doit point exceder 150. degrez, & cet Angle eftant
égal à l'Angle du Centre & à l'Angle flanqué pris enfemble,
Il s'enfuit que nous ne devons donner tout au plus que
cette mefme quantité à ces deux Angles. Oftant donc de
150. degrez la valeur de l'Angle du Centre d'une Figure
qui doit avoir moins de fix Baftions, le refte fera ce qu'on
devra donner à l'Angle flanqué; Ainfi, puifque l'Angle
du Centre d'une Figure à quatre Baftions eft de 90. degrez,
l'Angle flanqué ne peut eftre que de 60. degrez. Et puifque l'Angle du Centre d'une Figure à cinq Baftions eft de
72. degrez, l'Angle flanqué ne peut eftre que de 78. degrez; Lors donc que vous voudrez faire une Forterefle à
quatre ou cinq Baftions, apres avoir divifé la Circonference d'un Cercle en quatre ou cinq parties égales, & mené les Rayons tels que font AB, AC, menez les Lignes
BD, & CE, qui faffent, avec les Rayons, des Angles qui foient
moitié de ce que doit eftre l'Angle flanqué tout entier,
c'eft à dire qui foient de 39. degrez dans un Pentagone, &
de 30. degrez dans un Quarré, & achevez le refte comme
il a efté dit cy-deffus en parlant des autres Figures.

Je ne parle point d'une Figure à trois Baftions, parce
que

que les Angles flanquez ne se peuvent faire que tres-Aigus ;
& qu'ainsi elle n'est d'aucun usage.

Je ne m'arreste point non plus à parler du calcul des Angles du Quarré & du Pentagone, parce qu'il se fait comme
celuy des Figures qui ont plus de Costez.

Dessein d'une Forteresse dans la Maniere de Marolois.

Divisez premierement les 360. degrez que contient la
Circonference d'un Cercle, en autant de Parties égales que vous desirez de Bastions dans la Figure que vous
voulez faire, afin d'avoir l'Angle du Centre de vostre Figure. Ostez ensuite la quantité de cet Angle de 180. degrez, pour avoir l'Angle du Costé, dont la moitié vous
donnera la moitié de cet Angle ; puis adjoûtez 15. degrez
à cette moitié, afin d'avoir la quantité de l'Angle flanqué ;
Cela s'entend dans les Figures qui n'ont pas plus de douze
Bastions ; Mais si vostre Figure a plus de douze Bastions,
que l'Angle flanqué soit toûjours Droit.

Ce petit calcul estant fait, tirez la Ligne Droitte Indeterminée AB ; Puis du Point A menez la Ligne AC, qui
fasse avec AB un Angle égal à la moitié de l'Angle du
Costé, qui a esté trouvé par le calcul ; Menez derechef
du mesme Point A, la Ligne Droitte AD, qui fasse avec
AC, un Angle égal à la moitié de l'Angle flanqué, que
le calcul vous a aussi donné ; Apres cela, prenez sur AD,
la Partie AE, telle qu'il vous plaira, pour estre la Face
d'un Bastion. (Mais remarquez que plus vous la prendrez
grande, plus aussi la Figure entiere se trouvera grande)
Maintenant par le Point E, menez la Ligne GEF perpen-
diculaire à AB ; & derechef de ce mesme Point E, menez la
Ligne EH, qui fasse avec EG, un Angle de 50. degrez ; & par le
Point H, où cette Ligne coupe la Ligne AC, menez la Ligne
HGI parallele à AB ; Au moyen dequoy, outre la Face du
Bastion AE, vous aurez encore le Flanc EG, & la Demy-
Gorge HG. Cela fait, prenez sur GI, la Partie GK, de
telle grandeur, qu'elle contienne la Face du Bastion

AE, une fois & demy, ce qui vous donnera la Courtine.
De l'extremité K, menez la Ligne KL, perpendiculaire à
GK, ou parallele à GF ; Puis ayant pris KM, égale à GE,
& LB égale à AF, menez la Ligne BMN, & vous aurez
BM, & KM, pour la Face & pour le Flanc d'un autre
Baſtion.

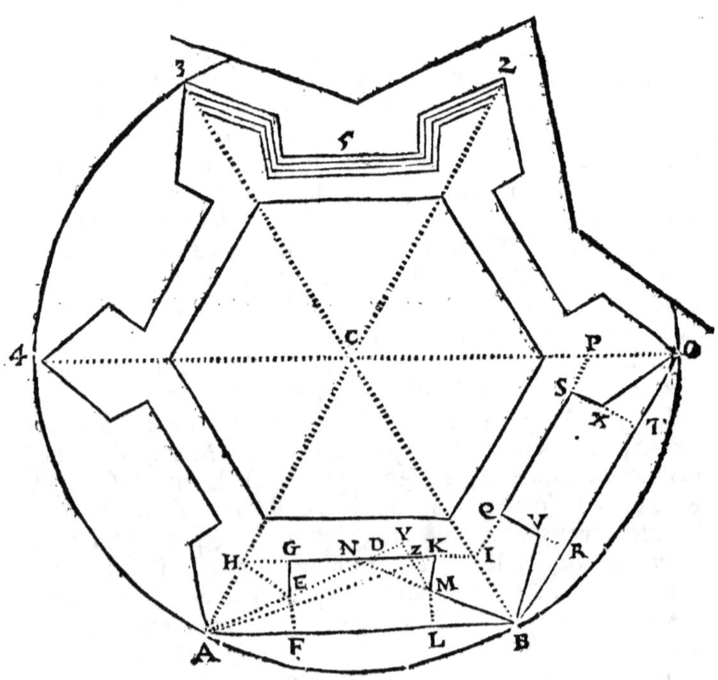

Pour achever ce deſſein entierement menez du Point B,
la Ligne BC, qui faſſe avec BA un Angle égal à l'Angle
CAB, & du Centre C, où AC & BC ſe rencontrent, &
de l'Intervalle CA, ou CB, (qui doit eſtre égale à CA,
puiſque ces deux Lignes ſoûtiennent des Angles égaux)

décrivez un Cercle, & divisez sa Circonference en autant
de Parties égales que vous voulez de Bastions, en commençant par le Point A, (ce qui se doit faire aisément si vous
avez esté exact, parce que l'Arc AB doit estre l'une de ces
Parties ;) Menez ensuite du Centre C des Rayons à tous les
autres Points de sa Division, comme Co, C_2, C_3, C_4 ; Puis
ayant pris sur chacun d'eux une Partie égale à CI, comme
CP, &c. menez les Lignes Droittes BO, IP, &c ; Maintenant de la Ligne BO retranchez les Parties BR, OT, égales à BL ; & de la Ligne IP retranchez les Parties IQ, PS,
égales à IK ; Menez ensuite les Lignes QR, ST, sur lesquelles ayant pris les Parties QV, SX, égales à KM, menez enfin les Lignes VB, & XO ; Puis continuez à faire
de mesme entre les autres Rayons, & vous aurez le principal trait du Circuit de vostre Forteresse.

Le Rempart & les Parapets se font icy un peu autrement qu'en la maniere précedente, au moins si l'on en
croit Marolois ; lequel veut qu'ensuite du principal trait
du Circuit de la Place, on tire à vingt piés en dedans,
sur le bord du Fossé, & au Rays de Chaussée, une Ligne
Droitte qui luy soit Parallele, & que sur cet espace on
éleve un Parapet, qui ait derriere soy, & à Rays de Chaussée, un espace de pareille largeur, qu'il nomme la Fausse-
Braye ; au delà de laquelle, & en dedans, il place & éleve
le Rempart & son Parapet, ausquels il donne environ
quinze Toises, sçavoir vingt Piés pour le Parapet, & le
reste pour le Rempart ; Vous voyez cela representé en
cette Figure, à l'endroit marqué 3, 5, 2 ; & vous pouvez remarquer que cette Fausse-Braye, qui est à rays de Chaussée,
& le Parapet qui la couvre, sont tres-utiles, en ce qu'on
y peut mettre des Soldats pour flanquer les diverses Parties du Circuit de la Place, de mesme qu'on en met sur le
Rempart.

Calcul des *Angles*, & des *Lignes*, *suivant le dessein de Marolois.*

Utre les Angles qui dans ce dessein ont esté faits Droits, la moitié de l'Angle du costé du Poligone Exterieur CAB, ou du Poligone Interieur CHI, comme aussi la moitié de l'Angle flanqué CAE, & l'Angle GEH, sont donnez par construction.

Ensuite dequoy, pour sçavoir la valeur ou quantité de l'Angle EAF, il ne faut qu'oster la moitié de l'Angle flanqué HAE, de la moitié de l'Angle du Costé HAF, & le reste sera la quantité de cet Angle.

Pour l'Angle EDG, puisque les Lignes GD, AF, sont DGE paralleles, Il s'ensuit que l'Angle EDG est égal à l'Angle EAF, qui luy est opposé alternativement.

Pour l'Angle DEG, puisqu'au Triangle DGE, l'Angle DGE est Droit, les deux autres EDG, & DEG valent aussi un Droit, ostant donc de 90. degrez l'Angle EDG, qui est déja connu, le reste sera la quantité de l'Angle DEG.

Pour l'Angle AEH, Considerez que la Ligne HE, tombant sur AD, les deux Angles AEH, & HED valent deux Droits ; Ostant donc de 180. degrez, l'Angle HED, qui est égal aux deux Angles DEG, & GEH, le reste sera la quantité de l'Angle AEH.

Pour l'Angle du Centre ACB, on en trouvera la valeur, en ostant la Somme des deux Angles CAB, & CBA, de 180. degrez, que valent les trois Angles du Triangle ABC ; Car le reste sera la valeur de l'Angle ACB.

Maintenant pour trouver précisement la grandeur des Lignes, nous devrions supposer la Ligne de Deffense AK de 120. Toises ; Mais puisque sa quantité ne differe gueres de celle de la Face du Bastion & de la Courtine prises ensemble, pour rendre le Calcul plus aisé nous attribuërons à ces deux dernieres Lignes ce que nous devrions donner à la premiere toute seule. Et pour faire que la Courtine

contienne la Face du Baſtion une fois & demy, nous divi-
ſerons 120. Toiſes en cinq Parties égales, & de ces cinq
Parties nous en donnerons deux, c'eſt à dire 48. Toiſes, à
la Face, & les trois autres, qui font 72. Toiſes, ſeront pour
la Courtine.

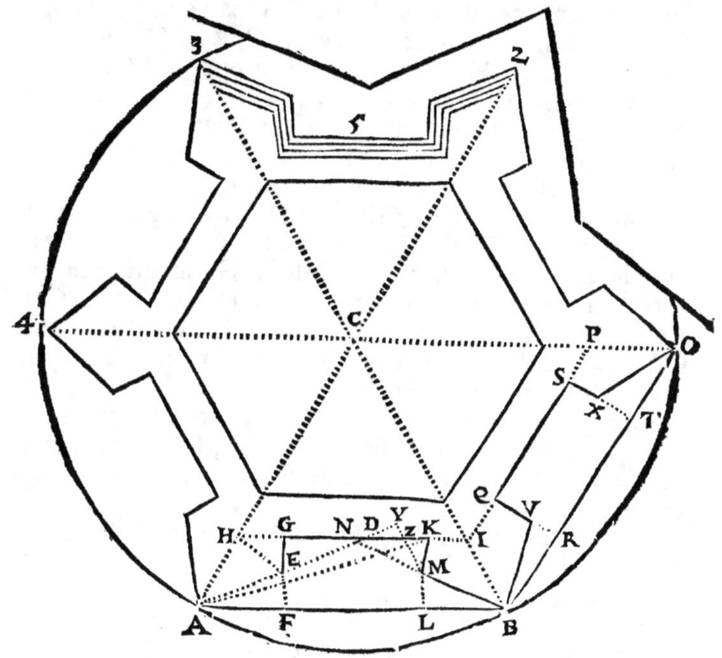

Enſuite dequoy, pour trouver la Ligne Capitale AH,
conſiderez le Triangle AEH, dans lequel les Angles HAE,
& HEA ſont connus, avec le Coſté AE ; Partant la
Ligne AH ſera connuë par cette Analogie ; Comme le
Sinus de l'Angle AHE, eſt à ſon Coſté oppoſe AE, ainſi
le Sinus de l'Angle AEH, eſt à ſon Coſté oppoſé AH.

E e e iij

Pour la Ligne EH, vous la trouverez par cette Analogie, en considerant le mesme Triangle ; Comme le Sinus de l'Angle AHE, est à son Costé opposé AE, ainsi le Sinus de l'Angle EAH, est à son Costé opposé EH.

Pour le Flanc EG, considerez le Triangle EGH, dans lequel l'Angle EGH est Droit, l'Angle GEH est donné par construction, & la Ligne EH est connuë par le Calcul ; on trouvera donc la Ligne EG par cette Analogie ; Comme le Rayon du Cercle est au Costé EH, ainsi le Sinus de l'Angle EHG est à son Costé opposé EG.

Pour la Demy-Gorge GH, vous la trouverez par cette Analogie, en considerant le mesme Triangle ; Comme le Rayon du Cercle est au Costé EH, ainsi le Sinus de l'Angle GEH, est à son Costé opposé GH.

Pour le second Flanc GN, ou DK son Egal, considerez le Triangle EDG, dans lequel les Angles sont connus avec le Costé EG ; Partant le Costé DG viendra connu par cette Analogie ; Comme le Rayon du Cercle est au Costé EG, ainsi la Tangente de l'Angle DEG, est au Costé DG ; Ostant donc DG de la Courtine GK, le reste sera la quantité de DK, ou de son Egale GN.

Pour la Ligne DE, vous la trouverez par cette Analogie, en considerant le mesme Triangle ; Comme le Rayon du Cercle est au Costé EG, ainsi la Secante de l'Angle DEG est au Costé DE.

Pour la Courte-ligne de Deffense AD, c'est la Somme des deux Lignes AE, ED.

Le Costé du Poligone Interieur HI, & le Rayon CH, se trouveront comme dans le dessein d'Errard.

Pour trouver la largeur qu'a le Fossé vis à vis la Face du Bastion, ou ce qui est la mesme chose, pour trouver la Ligne MY, qui part de l'extremité du Flanc M, & tombe perpendiculairement sur la Courte-ligne de Deffense prolongée. Considerez premierement, que les Triangles MKZ, & DYZ, ont chacun un Angle Droit, & deplus les Angles MZK, & DZY, égaux entr'eux, & ainsi le troisiéme KMZ, est égal au troisiéme YDZ ; Or celuy-cy eſt égal à l'Angle EDG, qui eſt connu, Et partant l'Angle KMZ eſt auſſi connu ; Conſiderez deplus, que dans le Triangle MKZ, outre les Angles qui vous ſont connus, vous connoiſſez auſſi le Coſté MK, partant, vous pourrez trouver par Analogie les Coſtez MZ, & ZK ; Puis oſtant ZK, de DK, vous aurez DZ ; Cela fait, puis qu'au Triangle DZY, vous avez les Angles connus avec le Coſté DZ, vous trouverez auſſi par Analogie le Coſté ZY ; & adjoûtant ſa quantité à celle de MZ, vous aurez la valeur de MY ; Qui eſtoit ce qu'il falloit trouver.

Deſſein d'une Fortereſſe dans la Maniere du Chevalier de Ville.

Ecrivez un Cercle de tel Centre & de tel Intervalle qu'il vous plaira, par exemple, du Centre A & de l'Intervalle AB ; Diviſez ſa Circonference en autant de Parties égales que vous voulez de Baſtions ; par deſſus les Points de Diviſion B, C, D, R, S, T, menez du Centre A les Lignes Indeterminées AB, AC, &c. Menez enſuite de chaque Point de Diviſion à l'autre, des Lignes Droittes, telles que ſont BC, CD, &c. Ces Lignes formeront le Poligone Interieur ; Puis diviſez l'une de ces Lignes, comme BC, en ſix Parties égales, & l'une de ces Parties en deux également, afin d'avoir la ſixiéme Partie du Coſté du Poligone Interieur ; De chaque Point de Diviſion B, C, D, &c. prenez de part & d'autre la ſixiéme Partie du Coſté, comme BE, BF ; CG, C2, &c ; Aux Points F, E, G, &c. élevez des perpendiculaires, comme FI, EH, GM, &c. égales à BE ; Cela fait, aux Poligones qui n'ont pas moins de ſix Coſtez, menez une Ligne Droitte du Point I au Point H, cette Ligne coupera le Rayon au Point K ; Prenez enſuite KL, égale à KH, ou à KI, & menez les Lignes Droittes LH, LI ; Et faiſant la meſme choſe aux autres Angles du Poligone, vous aurez le deſſein d'une Fortereſſe à la façon du Chevalier de Ville ; De laquelle

EH, FI, font les Flancs ; IL, HL, font les Faces ; & EG la
Courtine.

Vous ferez la mefme chofe dans une Figure qui devra
avoir moins de fix Baftions , fi ce n'eft que pour former
l'Angle fianqué, vous menerez des Points G, & V qui
font aux extremitez des Courtines , des Lignes Droittes
qui paffent par les Points H, & I, qui font aux extremitez des Flancs, jufqu'à ce qu'elles rencontrent le Rayon en
un Point, par exemple au Point L.

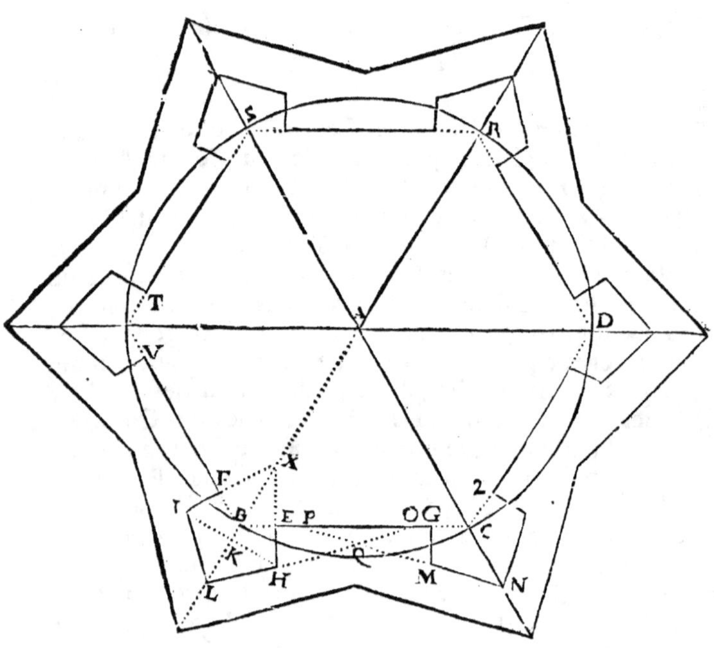

Quant au Rempart & aux Parapets, ils fe font icy comme dans la maniere d'Errard.

Calcul

Calcul des Angles, & des Lignes, suivant le Deffein du Chevalier de Villé.

PRolongez premierement les Faces LH, & NM, jufqu'à ce qu'elles rencontrent la Courtine aux Points O,
& P ; Prolongez auffi les Flancs IF, HE, jufqu'à ce qu'ils
rencontrent le Rayon en X. Cela pofé, voicy comme fe
fait le Calcul.

L'Angle du Centre, & la moitié de l'Angle du Cofté, fe
trouvent icy comme en la Maniere d'Errard.

Pour l'Angle Flanqué ILH, on montrera qu'il eft Droit
par ce raifonnement ; Premierement en comparant les
Triangles BAC, & BAT, les deux Coftez BA, AT, font
égaux aux deux Coftez BA, AC, eftant les Rayons d'un
mefme Cercle ; & l'Angle BAT, égal à l'Angle BAC,
puifqu'ils s'appuyent tous deux fur des Circonferences
égales ; Partant BT, eft égal à BC, & l'Angle ABT, ou
XBF, eft égal à l'Angle ABC, ou XBE. Comparant maintenant les deux Triangles XBF, & XBE, les deux Angles
XFB, & XEB font égaux, puifqu'ils font Droits par conftruction ; les Angles XBF, & XBE font auffi égaux,
comme l'on vient de prouver ; & les Coftez BF, BE, aux
extremitez defquels font les Angles, font auffi égaux entr'eux, eftant les fixiémes parties de chofes égales ; Partant le troifiéme FXB, eft égal au troifiéme BXE, le Cofté
XF, eft égal au Cofté XE, & le Cofté XB, commun ;
Adjoûtant apres cela à XF, & à XE, les parties égales FI,
& EH, les Tous XI, & XH feront égaux entr'eux. Puis
comparant les Triangles XKI, & XKH, les deux Coftez
IX, XK font égaux aux deux Coftez HX, XK, & l'Angle
IXK, égal à l'Angle HXK ; Partant la Baze KI, eft égale
à la Baze KH, & l'Angle XKI, égal à l'Angle XKH ;
D'où il fuit que ces deux Angles font Droits , & par con-
fequent auffi leurs oppofez aux Sommets LKH, & LKI.
Enfin confiderant les deux Triangles LKH, & LKI, vous

F f f

voyez qu'ils ont chacun deux Coſtez égaux allentour d'un Angle Droit ; D'où il ſuit que les Angles KLH, & KLI ſont Demy-droits ; & par conſequent que l'Angle Total ILH eſt Droit.

Pour l'Angle LBO, Il eſt évident que c'eſt le Complement a deux Droits de l'Angle ABC ; C'eſt pourquoy vous le trouverez en oſtant la quantité de l'Angle ABC, de 180. degrez.

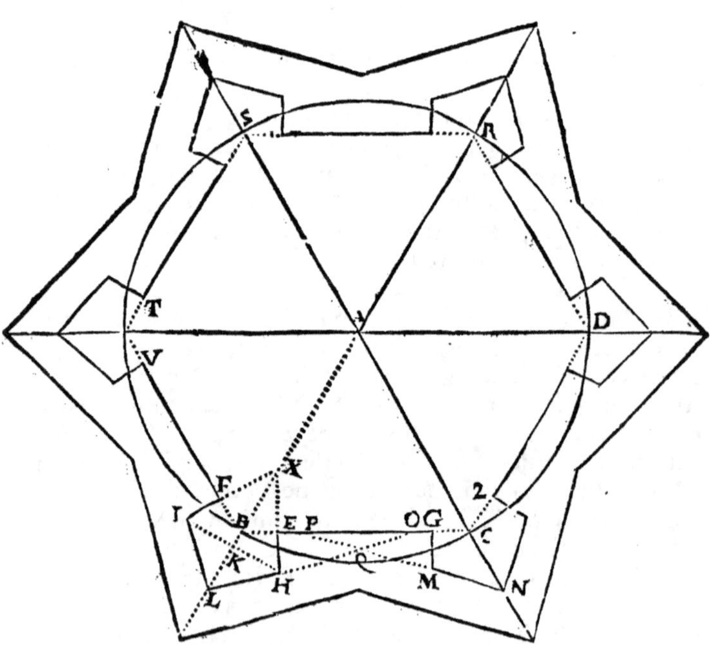

Pour l'Angle BOL, c'eſt le troiſiéme du Triangle LBO, dans lequel les deux autres ſont déja connus ; oſtant donc la Somme des deux autres de 180. degrez, le reſte ſera la quantité de l'Angle BOL, ou ce qui eſt la meſme choſe, de l'Angle EOH.

Maintenant, pour faciliter le Calcul des Lignes, nous poferons que le Cofté BC du Poligone Interieur, qui ne differe pas fort fenfiblement de la Ligne de Deffenfe, vaut r20. Toifes ; Cela fuppofé, la Demy-Gorge BE, & le Flanc EH, valent chacun 20. Toifes, & la Courtine EG en vaut quatre-vingt.

Pour la Ligne EO, Confiderez le Triangle HEO, dans lequel les Angles HEO, & HOE font connus, avec le Cofté HE ; Partant vous trouverez le Cofté EO par cette Analogie ; Comme le Rayon du Cercle eft au Cofté EH, ainfi la Tangente de l'Angle EHO, eft au Cofté EO.

Pour la Ligne BO, il n'y a qu'à adjoûter BE & EO enfemble.

Pour la Ligne HO, en confiderant derechef le Triangle HEO, vous la trouverez par cette Analogie ; Comme le Rayon du Cercle eft au Cofté HE, ainfi la Secante de l'Angle EHO, eft au Cofté HO.

Pour la Ligne LO, Confiderez le Triangle LBO, dans lequel les Angles LBO, & BLO font connus avec le Cofté BO ; Partant le Cofté LO viendra connu par cette Analogie ; Comme le Sinus de l'Angle BLO, eft à fon Cofté oppofé BO, ainfi le Sinus de l'Angle LBO, eft à fon Cofté oppofé LO.

Pour la Face du Baftion LH, il n'y a qu'à fouftraire HO de LO, & le refte fera la quantité de LH.

Pour la Capitale BL, en confiderant derechef le Triangle LBO, vous la trouverez par cette Analogie ; Comme le Sinus de l'Angle BLO eft à fon Cofté oppofé BO, ainfi le Sinus de l'Angle BOL eft à fon Cofté oppofé BL.

Si c'eftoit une Figure qui euft moins de fix Baftions, dont il falluft calculer les Angles & les Lignes, Il faudroit commencer à confiderer le Triangle compris de la Courtine, d'un Flanc, & d'une partie de la Ligne de deffenfe ; Dans lequel comme le Flanc & la Courtine font connus ; avec l'Angle Droit qu'ils enferment, vous trouverez l'Angle compris de la Courtine & d'une partie de la Ligne de Deffenfe par cette Analogie ; Comme la Conrtine eft au

Fff ij

Rayon du Cercle , ainſi le Flanc eſt à la Tangente de l'Angle cherché ; oſtant par apres cet Angle de la moitié de l'Angle du Coſté, le reſte feroit la moitié de l'Angle flanqué ; Enſuite dequoy tout le reſte ſe trouveroit de meſme que dans les Figures qui ont plus de cinq Baſtions.

La largeur du Foſſé des Figures qui ont plus de cinq Baſtions ſe calcule icy comme dans le Deſſein de Marolois ; Mais pour les Figures qui n'ont que quatre ou cinq Baſtions, le travail n'eſt pas ſi grand ; car ayant abaiſſé de l'extremité du Flanc une Perpendiculaire ſur la Ligne de Deffenſe ; Il ſuffit de conſiderer le Triangle compris du Flanc, de cette Perpendiculaire , & de la partie de la Ligne de Deffenſe compriſe entre cette Perpendiculaire & le Flanc ; Dans lequel Triangle , outre le Flanc & l'Angle Droit qui ſont connus , on connoiſt encore l'Angle compris de cette partie de la Ligne de Deffenſe, & du Flanc ; Car, c'eſt le Complement à l'Angle Droit, de l'Angle que fait la Ligne de Deffenſe avec la Courtine ; ainſi l'on peut par une ſeule operation trouver la quantité de cette Perpendiculaire, par le moyen de cette Analogie ; Comme le Rayon du Cercle eſt au Flanc, ainſi le Sinus de l'Angle compris de cette partie de la Ligne de Deffenſe & du Flanc eſt à cette Perpendiculaire, ou bien à la largeur du Foſſé.

Deſſein d'une Fortereſſe dans la Maniere du Comte de Pagan.

Ecrivez un Cercle de tel Centre & de tel Intervalle qu'il vous plaira, par exemple du Centre A, & de l'Intervalle AB ; Diviſez ſa Circonference en autant de parties égales que vous voulez de Baſtions, par les Points B, C, K, L, M, N ; Du Point B au Point C menez la Ligne Droitte BC ; Et apres avoir coupé cette Ligne en deux parties égales au Point D, diviſez une de ſes moitiez, par exemple DC, endix parties égales : Elevez au Point D, une

Perpendiculaire Indeterminée, sçavoir DR ; Sur cette
Perpendiculaire, prenez la Partie DE, égale à trois Parties, de dix que contient la Ligne DC ; Des Points B, &
C, menez par le Point E, les Lignes Droittes Indeterminées BEG, & CEF, sur lesquelles prenez BH, & CI, égales à six de ces Parties de la Ligne DC ; Puis des Points
H & I, ayant abaissé HF, perpendiculaire à CF, & IG
perpendiculaire à BG, menez la Ligne Droitte FG ; Faites la mesme chose entre les autres Points, par lesquels la
Circonference du Cercle a esté divisée, & vous aurez le
Dessein d'une Forteresse dans la Maniere du Comte de
Pagan ; dont BH, & CI, sont les Faces ; HF, & IG, sont
les Flancs ; & FG la Courtine.

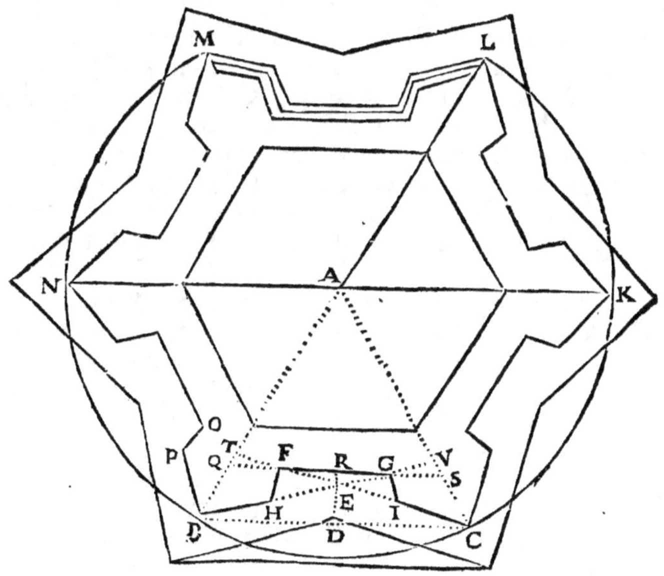

Quant au Rempart & Parapet, à cause de quelques ouvrages particuliers, dont il est parlé dans son livre, l'Au-

teur fe contente de faire le Rempart large de fept Toifes
avec un fimple Parapet de trois Toifes de largeur, qu'il
place fur le bord du Foffé, comme vous voyez icy à l'endroit marqué NML.

Calcul des Angles & des Lignes, felon le Deffein du Comte de Pagan.

L'Angle du Centre BAC, & la moitié de l'Angle du
Cofté ABC, ou ACB, fe trouvent de mefme que dans
les Deffeins précedens.

Pour trouver la valeur des autres Angles, menez premierement des Rayons à tous les Points où la Circonference du Cercle a efté divifée, comme AB, AC, &c ; Prolongez de part & d'autre la Courtine FG, jufqu'à ce
qu'elle rencontre les Rayons en Q, & en S ; Prolongez
auffi la Ligne DE jufques en R ; Cela pofé, comparant
les Triangles BDE, & CDE, confiderez que les deux
Coftez BD, DE, font égaux aux deux Coftez CD, DE,
& l'Angle compris des deux Coftez égal à l'Angle ; Partant, la Baze BE eft égale à la Baze CE ; l'Angle DBE,
égal à l'Angle DCE ; & l'Angle DEB, égal à l'Angle
DEC.

Maintenant, pour fçavoir la valeur de l'Angle DCE,
Confiderez le Triangle DCE, dans lequel les Coftez DC,
DE font donnez par conftruction, l'un de dix, & l'autre
de trois Parties égales entr'elles, avec l'Angle Droit CDE ;
Partant vous trouverez la valeur de l'Angle DCE par cette
Analogie ; Comme le Cofté DC eft au Rayon du Cercle,
ainfi le Cofté DE eft à la Tangente de l'Angle DCE.

Ayant l'Angle DCE, on a fon égal DBE.

Pour l'Angle DEC, c'eft le Complement à un Droit de
l'Angle DCE ; ainfi en oftant l'Angle DCE de 90. degrez,
le refte eft la valeur de l'Angle DEC.

Ayant l'Angle DEC, on a fon égal DEB, & les oppofez
aux Sommets REF, & REG.

Pour l'Angle Flanquant BEC, ou son égal FEG, vous en sçaurez la valeur en adjoûtant ensemble les deux Angles DEC, & DEB.

Pour l'Angle GEI, c'est le Complement à deux Droits de l'Angle BEC ; ainsi vous le trouverez en ostant l'Angle BEC, de 180. degrez.

Ayant cet Angle, on a son Egal FEH, qui luy est opposé au Sommet.

Maintenant, pour sçavoir la grandeur de la Ligne CE, ou de son Egale BE, Considerez derechef le Triangle DCE, dans lequel vous trouverez le Costé CE par cette Analogie ; Comme le Rayon du Cercle est au Costé DC, ainsi la Secante de l'Angle DCE est au Costé CE.

Pour la Ligne EI, ou son égale EH, vous en connoistrez la grandeur en ostant la Face du Bastion CI, de la Ligne Totale CE.

Pour le Flanc GI, Considerez le Triangle EGI, dans lequel les Angles sont connus, avec le Costé EI ; Partant vous trouverez le Costé GI par cette Analogie ; Comme le Rayon du Cercle est au Costé EI, ainsi le Sinus de l'Angle GEI est à son Costé opposé GI.

Pour la Ligne EG, ou son Egale EF, en considerant derechef le Triangle EGI, vous la trouverez par cette Analogie ; Comme le Rayon du Cercle est au Costé EI, ainsi le Sinus de l'Angle EIG, est à son Costé opposé EG.

Pour la Ligne de Deffense FC, vous en sçaurez la grandeur en adjoûtant ensemble FE, EI, & IC.

Pour la Courtine FG, Considerez le Triangle FGI, dans lequel le Flanc GI, & l'Angle IFG sont déja connus, & de plus l'Angle FGI, lequel est composé de l'Angle Droit EGI, & de l'Angle FGE ; Partant vous trouverez le Costé FG par cette Analogie ; Comme le Sinus de l'Angle GFI, est à son Costé opposé GI, ainsi le Sinus de l'Angle FIG est à son Costé opposé FG.

Pour la Ligne FS ; Considerez le Triangle FCS, dans lequel les trois Angles sont connus, avec le Costé CF ; Partant vous trouverez la Ligne FS par cette Analogie ; Comme le Sinus de l'Angle FSC, eſt à ſon Coſté oppoſé FC, ainſi le Sinus de l'Angle FCS, eſt à ſon Coſté oppoſé FS.

Pour la Demy-Gorge GS, vous la trouverez en oſtant FG de la Ligne Totale FS.

Pour la Capitale CS, reprenant le Triangle FCS, vous la trouverez par cette Analogie ; Comme le Sinus de l'Angle FSC, eſt à ſon Coſté oppoſé FC, ainſi le Sinus de l'Angle CFS, eſt à ſon Coſté oppoſé CS.

Voila le moyen de connoiſtre tous les Angles & toutes les Lignes du Deſſein du Comte de Pagan ; Mais remarquez que ce moyen ne vous les a fait connoiſtre qu'en parties indeterminées, dont DC en vaut dix ; Or pour les avoir en Toiſes, il ne faut qu'attribuër 120. Toiſes à la Ligne de Deffenfe FC ; Puis prenant toutes ces Lignes les unes apres les autres, vous en trouverez la valeur par cette Analogie ; Comme la quantité de FC premierement trouvée eſt à 120. Toiſes, ainſi, par exemple, la quantité de FG premierement trouvée, eſt au nombre des Toiſes qu'elle vaut ; & ainſi des autres.

Il n'y a point icy de Calcul particulier à faire pour ſçavoir la largeur du Foſſé, parce qu'elle eſt égale à la longueur du Flanc.

Il eſt icy à remarquer que hors les Demy-Gorges, les Lignes Capitales, & les Rayons de la Place, qui changent ſelon la diverſité des Poligones, toutes les autres Lignes de ce Deſſein demeurent toûjours les meſmes.

Maintenant pour vous épargner la peine de faire tous ces Calculs, vous les trouverez icy tout faits dans les quatre Tables ſuivantes; où vous verrez la valeur des principaux Angles, & des principales Lignes de toutes ſortes de Poligones, depuis le Quarré juſqu'au Dodecagone incluſivement, ſuivant les quatre Manieres précedentes.

Ire Table

Reflexions sur les quatre Manieres précedentes.

SI l'on fait tant soit peu de reflexion sur ce qui a esté dit jusques icy, l'on s'appercevra aisément de la commodité & de l'avantage que l'on pourra recevoir d'une Place qui sera fortifiée, suivant l'un des quatre Desseins précedens.

Où premierement il est aisé à juger qu'on a eu raison de n'employer que des Lignes Droittes, & non pas des Lignes Courbes, puisqu'on peut nettoyer d'un seul coup toute une Ligne quand elle est Droitte, ce qu'on ne sçauroit faire quand elle est courbe.

L'on voit encore aisément que pour regler la largeur du Fossé on a dû considerer deux choses ; La premiere, de ne le pas faire trop estroit, de peur qu'il ne pust estre trop facilement comblé, & qu'ainsi l'Ennemy le pust passer avec trop de facilité ; La seconde, de ne le pas faire aussi trop large, de peur que l'Ennemy pouvant voir trop aisément le pié du Bastion, le pust battre facilement de son Artillerie ; C'est pourquoy pour éviter ces deux Inconveniens, on n'a pû mieux faire, que de se servir comme on a fait de la grandeur du Flanc, pour regler la largeur du Fossé.

On a eu aussi raison de donner au Rempart toute la largeur qu'on luy a donnée ; Car par ce moyen, ayant pris ce qu'il faut premierement pour le Talus, & pour les Parapets, puis pour les Soldats, & pour le Canon, il reste encore du costé de la Ville assez d'espace, tant pour voiturer les pieces qu'on voudroit transporter d'un lieu en un autre, que pour donner libre passage aux charettes qui porteroient des munitions, ou des materiaux dequoy faire des retranchemens.

Ainsi, s'il y a de la difficulté, ce ne peut-estre qu'au choix du Dessein, pour sçavoir lequel peut estre le plus avantageux ; A l'occasion dequoy, il faut icy premierement remarquer, que lors que l'on a commencé à fortifier les Places à la moderne, les Mines n'estoient pas encore

Ggg

d'un grand usage, à cause qu'on les commençoit de fort loin, qu'on ne les faisoit qu'avec beaucoup de temps & de dépense, & que leurs effets estoient fort souuent incertains. On n'employoit donc gueres alors que l'Artillerie pour faire les Breches, ce qui faisoit que les Ingenieurs ne s'arrestoient pas beaucoup à proportionner les Lignes du Circuit d'une Place, & mettoient presque tous leurs soins à bien ménager la grandeur de l'Angle Flanqué, qu'ils vouloient du moins estre Droit, afin qu'il resistast davantage au Canon. Mais apresent qu'on fait les Mines avec beaucoup de facilité, qu'on les employe pour l'ordinaire à faire les Breches, & qu'on sçait qu'elles font sauter indifferemment toutes sortes d'Angles, Il est évident qu'on ne doit pas tant songer à former la pointe du Bastion, qu'on ne pense aussi à proportionner les Lignes, afin d'en tirer tout l'avantage qu'il est possible.

Or quand une fois on est persuadé qu'il ne peut y avoir qu'une seule proportion qui soit la meilleure, sçavoir celle où toutes les parties sont presque également flanquées & deffenduës, on ne peut pas s'empescher de reconnoistre qu'Errard s'en écarte, puis qu'il proportionne tout autrement les Lignes, dans les Places qui ont peu de Bastions, que dans celles qui en ont beaucoup ; où les Faces croissent jusqu'à tel excez, qu'elles surpassent mesme les Courtines ; d'où il suit que les Flancs en sont plus petits ; & qu'ainsi l'on augmente la partie qui a le plus de besoin d'estre deffenduë, & qu'on diminuë celle qui la doit deffendre ; Ce qui est un deffaut qui ne se peut excuser.

C'est encore un défaut de la Maniere d'Errard, que les Flancs sont perpendiculaires aux Faces des Bastions ; Car il arrive de là, que les Soldats qui sont aux Flancs, ne tirent point vis à vis d'eux, lorsqu'ils deffendent une Face de Bastion, & qu'ils s'incommodent les uns les autres en tiant obliquement.

Errard prétendoit par là faire ensorte que les Soldats qui sont postez aux Flancs fussent moins exposez aux coups de leurs Ennemis, mais il devoit aussi prendre garde qu'il

les privoit en mesme temps de l'avantage de voir ceux à
qui il les cachoit ; Et mesme il les pouvoit beaucoup mieux
couvrir, en hauffant tant soit peu les Faces des Baftions.

Pour ce qui eft des Orillons, qu'il fait à deffein de couvrir l'Artillerie, laquelle il place fur le tiers du Flanc qui
touche la Courtine, outre qu'ils font incommodes, parce
qu'ils obligent les Soldats de tirer fort obliquement, on
n'en doit pas faire grand eftat, à caufe qu'ils peuvent
eftre facilement ruïnez par le Canon, auquel ils ne fçauroient long-temps refifter. Ce qu'Errard luy-mefme a fi bien
reconnu, qu'il ne les a jamais employez dans aucune Place
qu'il ait fortifiée, & où il avoit la liberté de tailler en plein
drap. Adjoûtez à cela, qu'on ne fçauroit faire d'Orillons
qu'aux ouvrages qui font reveftus de maffonnerie ; Car
pour ceux de Terre, fi l'on en faifoit, on les verroit bien-
toft tomber d'eux-mefmes.

Dans le Deffein de Marolois les Lignes y font affez bien
proportionnées, & les Flancs y eftant perpendiculaires à
la Courtine, Il s'en faut peu que les Soldats qui flanquent
une Face de Baftion ne tirent vis à vis d'eux ; Neantmoins
j'aimerois mieux que les Flancs fuffent perpendiculaires à
la Ligne de Deffenfe, tant pour la commodité de tirer des
Soldats, qu'à caufe que les Courtines & les Lignes de
Deffenfe demeurant les mefmes, les Flancs en deviennent
un peu plus grands, & les Faces des Baftions au contraire
un peu plus petites.

Le fecond Flanc, que quelques-uns 'eftiment tant dans
ce Deffein, n'eft pas fi avantageux que l'on s'imagine ; tant
parce que les Soldats s'incommodent fort les uns les autres
lors qu'ils viennent à tirer, que parce qu'ils font obligez
de fe découvrir beaucoup, pour voir le pié du Baftion
qu'ils doivent deffendre.

C'eft encore une chofe deffectueufe dans cette Maniere,
qu'en bornant le Foffé vers la Campagne par une Ligne
Droitte qui part de l'extremité du Flanc, & qui eft parallele à la Ligne de Deffenfe, on luy donne une largeur ex-
ceffive, non feulement vis à vis de la Courtine, mais en-

Ggg ij

core vis à vis de la Face du Baſtion ; Ce qui donne par conſequent à l'Aſſiegeant une plus grande facilité d'en bat-tre le pié avec ſon Artillerie.

Nous trouvons dans le Deſſein du Chevalier de Ville les meſmes choſes à reprendre que dans celuy de Marolois; Aquoy nous pouvons adjoûter que les Gorges des Baſtions y ſont toûjours trop petites ; de ſorte qu'on n'y ſçauroit prendre l'eſpace qu'il faut pour les Parapets & pour l'Ar-tillerie, qu'il ne reſte trop peu de terrein, pour y faire en cas de beſoin un retranchement un peu raiſonnable.

Ainſi je me determine volontiers pour le deſſein du Comte de Pagan, qui n'a pas-un des défauts que je reprens dans les autres. Toutesfois, parce qu'il fait le Rempart trop eſtroit, & que l'Angle flanqué eſt un peu trop Aigu aux Fi-gures de quatre Baſtions, Je penſerois qu'on devroit cor-riger ce deffaut en augmentant la largeur du Rempart, & faiſant la Ligne qui eſt marquée DE dans ce Deſſein, un peu moindre qu'il ne la fait, & ne luy donnant gueres plus de deux parties & deux tiers, de celles dont DC en contient dix, au lieu qu'il luy en donne trois toutes en-tieres ; ou, ce qui revient à la meſme choſe, en ne conſi-derant point la Ligne DE, & tirant ſeulement CF de telle ſorte qu'elle fiſt avec CD un Angle de 15. degrez. Car cela poſé, ſans rien changer au reſte de ſa Conſtruction, l'Angle flanqué ſeroit de 60. degrez, comme il ſe rencon-tre dans les Deſſeins d'Errard & de Marolois, & la Ligne de Deffenſe demeurant de 120. Toiſes, le Flanc ſe trou-veroit de prés de 19. Toiſes, c'eſt à dire de 18. Toiſes, 2. Piés, 11, Pouces, qui eſt une eſtenduë plus grande que celle qu'Errard & Marolois peuvent donner aux Flancs de leurs Deſſeins.

De la hauteur du Rempart ; Et de la profondeur du Fossé.

IL semble d'abord qu'on ne sçauroit faire le Rempart trop haut, ny le Fossé trop profond, à cause que plus le Rempart est haut, & mieux il couvre les maisons de la Ville, que l'Ennemy y monte plus difficilement, & que l'on commande par ce moyen de telle sorte la Campagne, qu'en cas de Siege, les Assiegeans ont bien de la peine à se couvrir contre les coups tirez de haut en bas. Neantmoins ce seroit mal-fait, & pécher contre les Regles, que de luy donner trop de hauteur : Car outre le temps & l'argent qu'il faudroit employer à le construire ; Il est certain qu'il seroit fort sujet à tomber par son propre poids, qu'il pourroit estre facilement ruiné par l'Artillerie, & que les Soldats qui seroient trop élevez auroient de la peine à découvrir le pié du Rempart qu'ils devroient deffendre.

Tout au contraire, un Rempart, quand il est bas, couste sans doute moins à faire, s'acheve en fort peu de temps, & n'est gueres sujet à tomber ; Mais d'un autre costé, aussi il seroit à craindre qu'il ne couvrist pas assez suffisamment la Ville, laquelle par consequent pourroit aisément estre battuë en ruine ; principalement s'il se trouvoit allentour quelque hauteur un peu considerable ; à quoy il faut adjoûter, qu'un Ennemy qui l'assiegeroit, se mettroit aisément à couvert des coups qui luy viendroient de la part des Assiegez.

Comme l'un des principaux usages du Rempart est de couvrir les maisons de la Ville, c'est à leur hauteur que l'on doit principalement proportionner la sienne ; Et ainsi comme les maisons des Villes de guerre n'ont d'ordinaire qu'une chambre & un grenier au dessus de l'estage du Rays de chaussée, dont la hauteur ne monte en tout qu'à environ trente piés, il suffit que le Rempart & le Parapet ayent ensemble cette hauteur ; & comme l'on donne au Parapet pour le moins cinq piés de hauteur, il s'enfuit que le Rempart eft affez haut, lorfqu'on le fait de vingt-cinq piés.

Ce n'eft pas que l'on ne puiffe élever quelques maifons beaucoup plus haut que de trente piés, principalement vers le milieu de la Ville, au moins quand elle eft fituée dans une raze Campagne : Car les coups tirez de dehors, qui viennent de bas en haut, s'élevent toûjours de plus en plus; Deforte que fi la Ville eftoit grande, toutes les maifons qui ne feroient point trop proches du Rempart, y pourroient eftre affez hautes.

La profondeur du Foffé dépend neceffairement de la hauteur qu'on eft obligé de donner au Rempart, la terre qui fe tire de l'un fervant à compofer l'autre ; C'eft pourquoy dans la conftruction d'une Place, où l'on ne fera point gefné par quelque irregularité, il faudra faire le Foffé profond de vingt-cinq piés.

Mais il faudra prendre garde, lorfqu'on viendra à creufer le Foffé, & à élever le Rempart, d'y pratiquer un Talus convenable ; fçavoir, du cofté qui regarde la Ville, Il faut au Rempart un Talus qui foit égal à fa hauteur, à caufe qu'il faut avoir la commodité d'y pouvoir monter de tous les endroits ; Mais pour l'Efcarpe & la Contref-carpe, ils ne doivent avoir de Talus, qu'autant qu'il en faut pour foûtenir les Terraffes, ou la Maffonnerie ; ce qu'on eftime ordinairement, à l'égard des Terraffes, devoir eftre du tiers de leur hauteur, & à l'égard de la Maffon-nerie, de la cinquiéme partie feulement ; Ainfi un Rem-part de terre qui fera haut de vingt-cinq piés, fera moins large par en haut que par embas d'un peu plus de huit piés ; & un Foffé de pareille profondeur, fera moins large par le fond que par le haut d'un peu plus de deux Toifes quatre piés.

Quand l'Efcarpe eft reveftuë de maffonnerie, elle fe doit continuer fans interruption, depuis le fond du Foffé juf-qu'au haut du Rempart ; mais lorfque les Ouvrages ne font que de terre, l'Efcarpe ne doit pas eftre ainfi continuë, à caufe qu'ils ne manqueroient pas de s'ébouler. C'eft pour-

quoy, dans ces sortes d'Ouvrages , apres avoir designé le
principal Trait de la Forteresse, il en faut encore tirer un
autre en dehors, qui luy soit parallele, & qui en soit
éloigné d'environ quatre piés ; afin qu'en creusant le
Fossé au delà de ce nouveau Trait, & jettant la Terre
au deçà du premier, ce qui reste de vieille terre sans charge, serve à soûtenir le Rempart. Cette petite largeur qui
regne ainsi tout au tour de l'Ouvrage , est ce que quelques-uns appellent *une Berme*, & d'autres *une Retraitte*, ou
un Relais.

Soit qu'on fasse le Fossé avec une Berme, ou sans Berme,
il ne se faut pas beaucoup mettre en peine si la terre qu'on
en tire est suffisante ou non pour construire le Rempart &
les Parapets ; Car si l'on en manque, il ne faudra que
creuser tant soit peu davantage le Fossé , ou l'élargir le
moins du monde vers la Campagne pour en tirer ce dont
on peut avoir besoin ; Et si au contraire l'on a trop de
terre, on peut, pour l'employer, élever tant soit peu davantage le Parapet, ou en former des Cavaliers , ainsi qu'il
sera dit cy-apres.

Des Dehors.

Les Ouvrages dont il a esté parlé jusques icy composent ce qu'on appelle le Corps de la Place ; Mais pour
en augmenter la force, l'on a coustume d'y en adjoûter d'autres, que l'on nomme les Dehors, tels que sont les Demy-
lunes ou Ravelins, les Contregardes, les Tenailles, les
Ouvrages à Cornes , les Couronnes , & le Corridor ou
chemin couvert ; Or toutes ces sortes d'Ouvrages se font
plus ou moins, selon la necessité & la commodité du lieu,
& selon le plus ou moins de temps & d'argent qu'on y veut
employer.

Les Demy-lunes & les Contregardes sont les ouvrages
les plus ordinaires ; mais ce n'est que rarement, & dans
les grandes & importantes Places, que l'on fait des Tenailles, des Ouvrages à Cornes, & des Couronnes.

On ne doit jamais manquer de faire un Corridor, ou chemin couvert, quand bien mefme on ne feroit point d'autres Dehors ; Mais comme il les doit tous entourer quand on en fait, auffi ne le doit-on faire que le dernier.

Des Demy-lunes, & des Contregardes.

LEs Demy-lunes fe doivent placer fur le bord exterieur du Foffé de la Ville, vis à vis de la Courtine, comme eft icy ABCD ; On les peut conftruire en plufieurs façons differentes, mais voicy celle qui me femble la meilleure.

De part & d'autre du Point A de la Contrefcarpe, qui correfpond vis à vis le milieu de la Courtine, prenez deux parties égales, de 20. Toifes chacune, comme AB, AD ; Du Point B au Point D menez la Ligne Droitte BD ; Laquelle ayant divifée en deux également au Point K, élevez à ce Point la Perpendiculaire KC ; Puis ayant divifé BK en fept parties égales, faites KC de la grandeur de dix de ces parties ; Et enfin tirez les Lignes Droittes BC, CD, qui formeront le principal Trait de la Demy-lune.

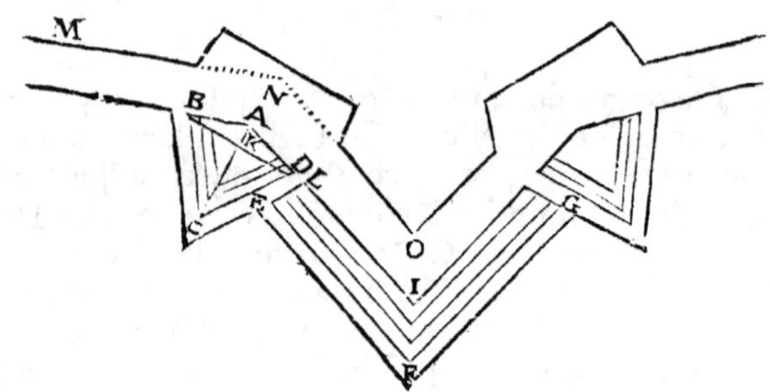

Vous en marquerez le Foffé, en tirant en dehors deux Lignes Paralleles à BC, & à CD, & éloignées d'elles de fept Toifes; Et pour le Rempart & Parapet, vous tirerez deux autres Lignes en dedans, qui leur feront encore paralleles.

On

On donne ordinairement au Foffé de la Demy-lune deux
Toifes de profondeur, & l'on éleve le Rempart d'une pareille hauteur, au deffus duquel on conftruit le Parapet,
large de trois Toifes, & haut d'une Toife, de mefme que
celuy du Rempart de la Place ; Car comme ces Parapets
ont tous un mefme ufage, fçavoir eft de couvrir les Soldats
contre le Canon, on leur donne auffi à tous une mefme
hauteur, & une mefme largeur, ou épaiffeur.

Il eft aifé de juger que l'Ennemy ne pourra pas approcher de la Face du Baftion fans eftre expofé au feu de cette
Demy-lune ; C'eft pourquoy pour s'en garentir, il fera
obligé de l'attaquer, & de la prendre auparavant ; à quoy
il ne pourra manquer de trouver beaucoup de difficulté,
tant par fa propre refiftance, que par ce qu'elle eft deffenduë de la Face du Baftion, qui la flanque d'autant plus
feurement, qu'elle n'en eft gueres plus éloignée que de la
moitié de la portée du Moufquet.

Maintenant, pour fçavoir au jufte combien de Toifes
valent les Faces BC, CD, & quelle eft la grandeur de
l'Angle BCD, qui fait la pointe de la Demy-lune, confiderez d'abord le Triangle ABD, dans lequel les deux
Coftez AB, AD eftant connus par conftruction, & l'Angle BAD, eftant égal à l'Angle Flanquant MNO, qui eft
déja connu, vous trouverez par le Calcul la Ligne BD, &
par confequent fa moitié BK, de laquelle ayant pris la
feptiéme partie, & l'ayant multipliée par dix, vous aurez
la grandeur de KC ; Enfuite dequoy, confiderant le Triangle BKC, dans lequel les Coftez BK, KC eftant connus,
avec l'Angle Droit qu'ils enferment, vous trouverez par le
Calcul le Cofté BC, avec l'Angle BCK, dont le double eft
la grandeur de l'Angle BCD.

Par cette forte de Calcul vous trouverez que la Face BC,
ou CD, approchera d'autant plus de cinquante Toifes,
que l'Angle BAD fera Obtus ; mais pour l'Angle BCD,
il fera toûjours de 70. degrez.

La Contregarde fe conftruit fur l'Angle Saillant du Foffé
qui eft vis à vis les deux Faces d'un mefme Baftion, com-

Hhh

me vous voyez icy EFGHIL ; dont le principal Trait
EFG, se tire parallele à la Contrescarpe du Fossé de la
Place LIH, & éloigné de cette Contrescarpe d'environ
vingt Toises ; Le Fossé de la Contregarde se fait en dehors
du Trait EFG, & le Rempart avec son Parapet se fait en
dedans, & on leur donne à tous la mesme largeur & la
mesme hauteur que l'on fait à ceux des Demy-lunes.

Des Tenailles, & des Ouvrages à Cornes.

LEs Tenailles & les Ouvrages à Cornes se placent aussi
vis à vis de la Courtine, de mesme que les Demy-lunes;
Et ces deux sortes d'Ouvrages sont si approchans l'un de
l'autre, que l'on peut dire que la Tenaille n'est que comme
l'ébauche ou le premier Trait de l'Ouvrage à Cornes, auquel
on adjoûte des Flancs & une Courtine pour l'achever.

Pour donc construire une Tenaille, comme AELFB, l'on
prend sur le bord du grand Fossé le Point R, qui corres-
pond vis à vis le milieu de la Courtine ; Et par ce Point
l'on mene la Ligne RL, qui luy est Perpendiculaire.
Puis ayant mené les deux Lignes AE, BF, paralleles à RL,
& éloignées chacune de RL de la moitié de l'Intervalle
qui est entre les deux Epaules des deux Bastions voisins,
C, & D, on prend le Point E, éloigné de l'Epaule C, de
la quantité de la portée du Mousquet, ou de 120. Toises,
& l'on éleve au Point E, la Ligne EF, Perpendiculaire à
AE ; Ensuitte dequoy, on tire les Lignes EG, FH, qui se
rencontrent au Point L, & font chacune avec EF, un Angle de vingt-cinq degrez ; Et ce sont les Lignes AE, EL,
LF, & FB, qui marquent le principal Trait de la Tenaille;
au delà duquel on tire le Trait PNMOQ, parallele à celuy de la Tenaille, & éloigné de luy de sept Toises ; Et
entre ces deux Traits on creuse le Fossé, d'environ une
Toise & demie de profondeur, dont on jette la terre au
dedans du Trait AELFB, qui sert à composer un Rempart
large de sept Toises par le bas, & haut d'une Toise & de-
mye; Sur le bord duquel on éleve un Parapet à l'ordinaire,

c'est à dire de trois Toises de large , & haut d'une Toise
ou environ.

Que si au lieu d'une Tenaille on avoit voulu faire un Ouvrage à Cornes, il auroit fallu diviser l'Angle GEF, en
deux également par la Ligne EI ; Puis ayant pris EK égale
à FI, & mené les Lignes IG, KH, paralleles à FB, ou à
EA, Il auroit encore fallu mener la Ligne HG ; & ainsi
l'on auroit eu AEKHGIFB, pour le principal Trait de
l'Ouvrage à Cornes ; & le Trait PNMOQ seroit toûjours
le bord exterieur du Fossé, dont la terre jettée en dedans
du Trait AEKHGIFB serviroit à composer le Rempart
avec son Parapet, semblable à celuy de la Tenaille.

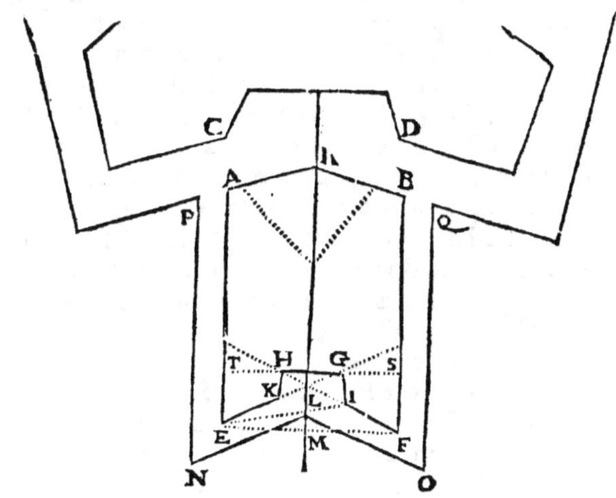

Maintenant, pour calculer les Angles & les Lignes d'un Ouvrage à Cornes ainsi construit, Considerez premierement
que les Angles LEF, & LFE ayant esté faits égaux, les
Lignes LE, LF, qui les soûtiennent s'ensuivent égales entr'elles ; Partant, si on en oste les Parties EK, FI, qui ont esté
faites égales, les Restes KL, & LI, s'ensuivent aussi égaux
H h h ij

entr'eux ; Confiderez enfuite que les Lignes AE, BF, font paralleles, & que la Ligne EF tombe deffus ; Partant les deux Angles Interieurs AEF, & BFE valent deux Droits; Mais AEF, a efté fait Droit, donc BFE eft auffi Droit; Si donc de ces deux Angles on ofte les Angles LEF, & LFE, chacun defquels eft de 25. degrez, les Reftans AEL, & BFL, s'enfuivent égaux, & chacun de 65. degrez. De-plus les Lignes GI, BF, KH, AE eftant paralleles, l'Angle LIG eft égal à l'Angle LFB, ou à fon égal LEA, au-quel l'Angle LKH eftant auffi égal, il s'enfuit que l'Angle LIG, & l'Angle LKH font égaux entr'eux ; D'ailleurs les Angles KLH, & ILG font égaux, & ainfi les deux Trian-gles KLH, & ILG, ont deux Angles égaux à deux An-gles, & les Coftez KL, LI, aux extremitez defquels font ces Angles, font auffi égaux entr'eux ; Partant les deux autres Coftez KH, HL, font égaux aux deux autres Coftez IG, GL, chacun au fien, & le troifiéme Angle KHL égal au troifiéme IGL ; Or de ceque les Coftez LH, LG, du Triangle LHG font égaux entr'eux, les Angles LHG, & LGH s'enfuivent auffi égaux entr'eux, & chacun d'eux eft moitié du Complement à deux Droits de l'Angle HLG ou de fon égal ELF ; Mais les deux Angles LEF, LFE, font auffi chacun moitié du Complement a deux Droits du mefme Angle ELF, partant ces quatre Angles font égaux entr'eux, & valent chacun 25. degrez.

Apres avoir ainfi trouvé la valeur des Angles, il ne fera pas difficile de trouver la valeur des Lignes, en attribuant premierement à EF la quantité qui luy a efté donnée par conftruction, à fçavoir le nombre des Toifes qu'il y avoit entre les deux Epaules C & D ; Enfuite dequoy, comme dans le Triangle EIF, outre le Cofté EF, l'Angle IFE eft connu de 25. degrez, & l'Angle IEF de la moitié de 25. degrez, vous trouverez par le Calcul la grandeur de FI, & de EI ; Puis confiderant le Triangle EIG, dans lequel outre le Cofté EI, l'Angle IEG eft connu de la moitié de 25. degrez, avec l'Angle EGI de 65. degrez, puifqu'il eft égal à fon oppofé alternativement AEG, qui vaut 65. de-

grez ; Vous trouverez auſſi par le Calcul le Flanc GI.
Conſiderant apres cela le Triangle GHI, dans lequel les
Angles ſont connus avec le Coſté GI, vous trouverez encore par le Calcul la Courtine HG ; Enfin vous trouverez la Demy-Gorge GS, en oſtant la Courtine HG, de
la quantité de TS, ou de EF ſon égale, & prenant la moitié du Reſte.

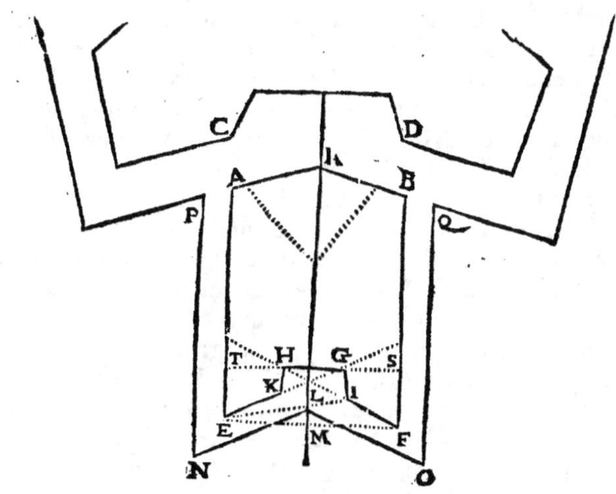

Il ne faut pas icy oublier de remarquer que ſi la Tenaille,
ou l'Ouvrage à Cornes, eſtoit accompagné de Demy-
lunes & de Contregardes, il faudroit retrancher du Rempart EA, ou FB, ce qui ſe trouveroit compris entre le
Point A, ou B, & le bord exterieur du Foſſé de la Contregarde ; autrement ce Rempart ſeroit nuiſible, en ce
qu'il empeſcheroit que la Demy lune ne puſt flanquer
la Contregarde, qui eſt un avantage dont on ne ſe doit
pas priver, mais dont au contraire on doit ſe pouvoir ſervir en cas que l'Ennemy vinſt à s'emparer de l'Ouvrage à
Cornes.

Hhh iij

Des Couronnes.

CEs sortes de Travaux sont encore plus avancez vers la Campagne que ne sont les Ouvrages à Cornes, qui en doivent estre couverts ; Vous les pourrez construire en cette sorte.

Des Angles Saillans du Fossé de l'Ouvrage à Cornes, marquez A & B, menez la Ligne Droitte AB ; Coupez cette Ligne en deux également au Point C ; élevez au Point C la Perpendiculaire CD ; Divisez ensuite AC en dix parties égales, & en donnez sept à CD. Cela fait, menez les Lignes Droittes AD, BD, sur lesquelles vous prendrez AE, FD, DG, HB, chacune de la cinquiéme partie de AD ; Elevez aux Points E, F, G, H, les Perpendiculaires EM, FI, GK, HN, à chacune desquelles vous donnerez la sixiéme partie de AD ; Ensuite dequoy, menez les deux Lignes Droittes EIL, & HKL, qui se rencontreront au Point L ; menez aussi les deux Lignes Droittes Indefinies FMO, & GNP ; & ayant pris la grandeur de IL, ou de KL, appliquez-la à MO, & à NP ; Enfin menez par O, & par P, les deux Lignes Droittes OQ, PR, paralleles à EM, & à HN ; Cela estant vous aurez QOMEFILKGH NPR, pour le principal Trait de la Couronne, autour duquel vous marquerez le Fossé, & en dedans le Rempart & le Parapet, comme il a esté dit en parlant de l'Ouvrage à Cornes.

Le Calcul des Lignes & des Angles de cet Ouvrage, se fera en attribuant d'abord à AB, une quantité qui surpasse de quatorze Toises, l'Intervalle que nous avions cy-devant reconnu estre entre les deux Cornes de l'Ouvrage à Cornes ; dont la Raison est que la Ligne AB, de cet Ouvrage, est plus grande que celle de l'autre, de deux fois la largeur du Fossé de l'Ouvrage à Cornes, qui estoit de sept Toises.

Je ne poursuis pas davantage le Calcul de cet Ouvrage, par ce qu'il se peut assez facilement comprendre, apres ce qui

a esté dit cy-devant sur le Dessein du Chevalier de
Ville.   Outre que ce seroit perdre du temps inutilement,
en nous arrestant sur le Calcul d'un Ouvrage qu'on n'e-
xecute que tres-rarement , non plus que les Ouvrages à

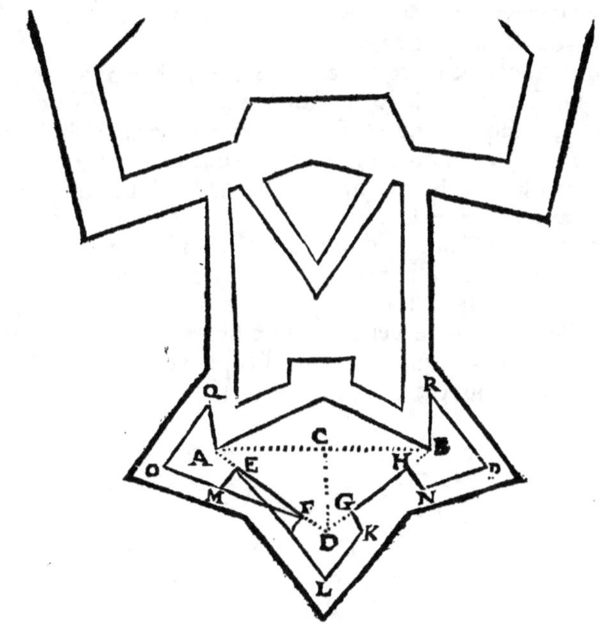

Cornes, qu'on commence à méprifer, ou à negliger, parce
qu'ils confomment beaucoup de temps & d'argent, qu'ils
font de grande garde, & qu'ils font de peu de défenfe, à
caufe de la petiteffe de leurs Flancs.

Du Corridor, ou Chemin couvert.

LE Corridor, ou Chemin couvert, eſt un Chemin que l'on fait ſur le Bord exterieur du Foſſé, par où l'on peut aller tout au tour des Fortifications d'une Place, ſans eſtre veu de la Campagne.

Pour tracer & marquer ce Chemin, il faut premierement tirer un Trait parallele au Bord exterieur du Foſſé de la Place, & éloigné de ce Bord d'environ cinq Toiſes ; Puis il en faut tirer encore un autre, parallele au premier, & éloigné de luy d'environ dix Toiſes ; Enſuite dequoy, apres avoir creuſé la terre qui eſt entre le Bord du Foſſé & le premier Trait, juſqu'à la profondeur de trois piés, il la faut jetter entre le premier Trait & le ſecond, en telle ſorte, qu'on éleve ſur celuy-là une hauteur de trois piés, qui aille de-là en ſe perdant inſenſiblement vers le ſecond; formant ainſi ce qu'on appelle l'Eſplanade, ou le Glacis du Chemin couvert.

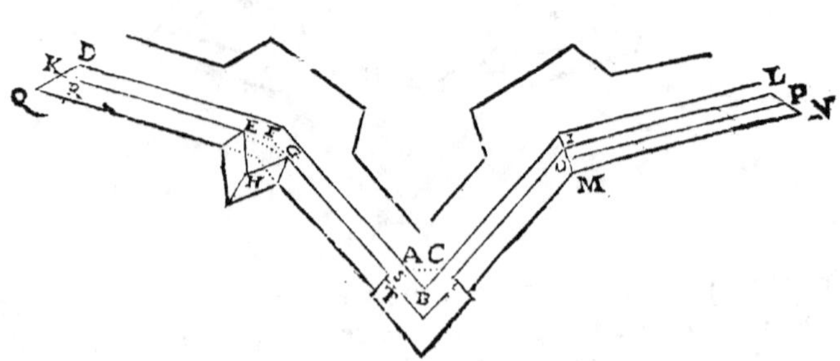

L'Uſage de ce Chemin eſt qu'en cas de Siege on le peut garnir de Soldats, leſquels faiſant feu de tous coſtez ſur l'Ennemy l'empeſchent du moins un aſſez long-temps d'approcher du Corps de la Place. Mais comme ce Chemin peut auſſi ſervir a y aſſembler les Soldats qui ſont commandez pour faire des ſorties, Il eſt bon d'y faire des Places d'Armes, d'Armes, vers les Angles Saillans, en les élargiſſant d'environ deux Toiſes ſur une longueur de vingt, comme vous voyez icy à l'endroit marqué ABC ; où pour ſe donner encore plus de Terrein, l'on peut retrancher l'Angle Saillant du Foſſé, comme il eſt icy marqué par la Ligne Droitte AC.

Et afin de bien flanquer le Chemin couvert, il eſt bon de faire encore des Places d'Armes vers les Angles Rentrans, comme vers F ; Et pour les conſtruire, il faut prendre ſur le premier Trait qui a eſté tiré, les Parties FE, FG, chacune de dix Toiſes, & décrire ſur EG, le Triangle Equilateral EGH, que vous creuſerez comme le Chemin couvert, & ſur les Bords duquel EH, HG, vous éleverez & répandrez la terre en Glacis.

Que s'il arrive que le Foſſé de la Place ne ſoit gueres profond, & qu'ainſi on ne doive pas encore en diminuer la profondeur en oſtant la terre qui eſt ſur le bord, en ce cas, on pourra conſtruire le Chemin couvert en cette maniere. On diviſera la largeur qui eſt entre les deux Traits que l'on a tirez en deux également, comme ,fait icy la Ligne OP, puis creuſant la terre auprés de MN, de la profondeur de ſix piés, & à meſure qu'on remontera vers OP, la creuſant toûjours d'autant moins qu'on en approchera davantage, on jettera toute cette terre entre IL, & OP, de telle maniere, que ſur IL on éleve une hauteur de ſix piés, qui aille en ſe perdant vers OP.

L'on ne donne au Chemin couuert d'une Place la diſpoſition que nous venons de marquer, que lorſqu'il n'y a point de Dehors ; mais quand il y en a, ce Chemin les doit embraſſer tous, & tourner tout allentour ; Et alors il pourra bien arriver que pluſieurs diverſes parties ſe flanqueront de telle ſorte, que les Places d'Armes que l'on conſtruira aux Angles Rentrans, comme EF, GH, ne pourront pas avoir tout l'uſage que nous leur avons attribué, mais elles ſerviront toûjours à aſſembler des Soldats pour les Sorties.

La Construction du Profil.

LEs Desseins que vous avez veus jusques icy des divers Ouvrages dont on se sert pour fortifier une Place, n'en representent rien autre chose que les Plans ; Et ils ne les representent que comme ils paroistroient à un Oeil placé justement au dessus de la Place, & éloigné d'une distance infinie. Or comme dans cette sorte de veuë on ne pourroit en appercevoir les Hauteurs ny les Profondeurs, aussi les Plans que l'on en a tracez ne les representent-ils point ; Mais on supplée à ce défaut, en dessinant à part leur Profil, c'est à dire, en marquant sur le papier tous les differens & principaux Traits qui paroistroient comme tracez dans une Superficie Plane qui couperoit à plomb & separeroit par le milieu tous ces Ouvrages.

Par là, il est aisé de voir qu'il peut y avoir plusieurs sortes de Profils, non seulement à cause des diverses largeurs que peuvent avoir les Fossez & les Remparts, & des diverses profondeurs & hauteurs qu'on peut donner aux uns & aux autres, mais encore à cause des diverses manieres de faire les Parapets. Mais quelque diversité qu'il puisse y avoir en toutes ces choses, il ne sera pas difficile de comprendre comment on en pourra tracer les Profils, en le faisant voir icy par un exemple ; Dans lequel je supposeray que la largeur de l'Esplanade soit de huit Toises ; Celle du Chemin couvert de quatre ; La hauteur de son Parapet d'une Toise ; La largeur du Fossé par le haut, & celle du Rempart par le pié, de vingt Toises chacune ; La profondeur de l'un, & la hauteur de l'autre, de vingt-cinq piés, ou de quatre Toises & un pié. Je supposeray de plus le Parapet du Chemin des Rondes épais d'une demy-toise ; La largeur & la profondeur de ce Chemin d'une Toise chacune ; L'épaisseur du Parapet & du Rampart de trois Toises, & sa hauteur par dessus le Rempart d'une Toise ; Enfin pour le Talus je supposeray que celuy de la Contr'escarpe, qui est de terre, est du tiers de sa hauteur, que celuy de

l'Efcarpe, qui eft reveftuë de Maffonnerie, eft de la cinquiéme partie feulement, & que celuy du Glacis du Rempart eft égal à fa hauteur toute entiere.

Cela fuppofé, pour tracer maintenant le Profil d'une
Place, dont les Ouvrages auroient toutes ces mefures ;
Tirez premierement à part une Ligne Droitte indeterminée ;
puis ouvrant voftre compas de tel intervalle qu'il vous
plaira, lequel reprefente une Toife, appliquez-le plufieurs
fois de fuite fur cette Ligne, & y marquez le plus que
vous pourrez de parties égales ; Car par ce moyen vous
aurez une Efchelle qui vous fervira de mefure.

Cela fait, tirez encore une autre Ligne Droitte indeterminée, comme eft icy AB, dans laquelle ayant pris AC à
difcretion, pour reprefenter la partie de la Campagne qui
eft vers A, prenez enfuite fur voftre Efchelle la grandeur
de huit Toifes avec le Compas, & le tranfportez fur CD,

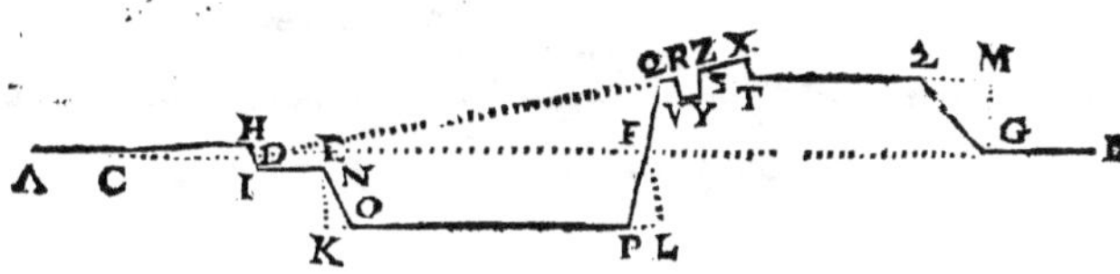

pour reprefenter la largeur de l'Efplanade ; Puis faites de
mefme DE de quatre Toifes, pour marquer la largeur du
Chemin couvert ; Apres quoy faites EF & FG de vingt
Toifes chacune, pour reprefenter par la premiere la largeur du haut du Foffé, & par la feconde la largeur qu'a le
Rempart par le pié ; & le furplus, à fçavoir GB, reprefentera une partie de la Place, ou de la Ville.

Apres avoir ainfi pris & marqué ces mefures, tirez par

Iii ij

les Points D, E, F, G, les Lignes Droittes HDI, EK, FL, & GM, Perpendiculaires à AB, donnant premierement à HDI, la largeur d'une Toise, dont la moitié soit au dessus du Point D, & l'autre moitié au dessous, & faisant les autres, à sçavoir EK, FL, & GM, de vingt-cinq piés chacune ; Puis tirez une Ligne Droitte du Point C au Point H, & par le Point I, menez la Ligne Droitte IN, parallele à DE ; Tirez derechef une Ligne Droitte du Point K au Point L, & menez par le Point M la Ligne Droitte MQ, parallele à FG ; Apres quoy faites KO égale à la troisième partie de KN, & menez la Ligne Droitte NO ; De mesme, faites LP égale à la cinquiéme partie de FL, & menez la Ligne Droitte PFQ. Prenez maintenant M 2. égale à MG, & du Point G au Point 2. menez la Ligne Droitte G 2. Apres cela, dans la Ligne QM, prenez QR

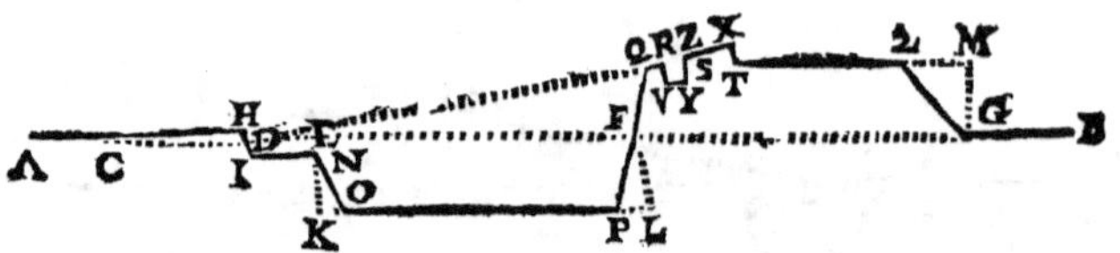

d'une Demy-Toise, RS d'une Toise, & ST de trois Toises ; Et apres avoir mené par les Points R, S, T, les Lignes Droittes RV, ZSY, & TX perpendiculaires à QM, & fait TX d'une Toise, tirez par le Point D & par le Point X la Ligne Droitte DX, qui coupera les Lignes RV, & ZSY, aux Points R & Z ; Enfin, faites RV d'une Toise, & menez par le Point V la Ligne Droitte VY parallele à QM.

Toute cette Construction estant ainsi achevée, vous aurez vostre Profil, dont AC representera, comme nous

avons déja dit, une partie de la Campagne ; CH, l'Eſplanade ; HI, la hauteur du Parapet du Chemin couvert ;
IN, la largeur de ce Chemin ; NO, la Contreſcarpe ; OP,
la largeur du Foſſé par le fond ; PQ, l'Eſcarpe ; QR, l'é-
paiſſeur du Parapet du Chemin des Rondes ; RV, la hauteur de ce meſme Parapet ; VY, la largeur du Chemin des
Rondes ; YZ, la hauteur du Parapet du Rempart par deſſus le
Chemin des Rondes ; ZX, l'épaiſſeur de ce Parapet ; XT, ſa
hauteur par deſſus le Rempart ; T 2. la largeur du Rempart, ou le Terre-plein ; 2 G, le Glacis du Rempart ; Et
enfin GB, le Niveau de la Ville, ou le Rais de Chauſſée.

   Voicy un autre Profil, qui repreſente un Rempart avec
une fauſſe-Braye à la Hollandoiſe.

   Ce troiſiéme Profil repreſente un Rempart de Terre,
ſans Chemin des Rondes.

   Ce quatriéme Profil repreſente le Rempart & le Foſſé
d'une Demy-lune, ou d'une Contre-garde.

La Maniere de relever les Plans, & d'enfoncer les Profils.

VOicy encore une maniere de reprefenter les Fortifications, qu'on peut dire eftre differente des deux
autres, dont je viens de parler ; Car au lieu que les Plans
ne nous font voir que les longueurs & les largeurs des
Ouvrages qu'ils reprefentent, fans nous en marquer les
hauteurs ou les profondeurs ; & que les Profils nous en
font voir feulement les largeurs, & les hauteurs ou profondeurs, fans nous en faire voir les longueurs ; Cette
Maniere icy reprefente en mefme temps les trois Dimen-
fions, adjoûtant celle qui manque aux Plans & aux Profils ;
Ce que quelques-uns ont appellé la Perfpective Militaire ;
laquelle eu égard aux Plans qu'elle releve, préfuppofe que
l'Oeil foit éloigné de fon objet d'une diftance infinie, &
qu'il le regarde par des Lignes qui font avec la Surface de
la Terre où cet objet eft placé, des Angles de quarante-
cinq degrez.

De cette Suppofition, il s'enfuit deux chofes, qu'il faut
bien retenir, par ce que ce font les deux principaux Fondemens de cette Perfpective. La premiere eft, que toutes
les Lignes qui font Perpendiculaires à la Surface de la
Terre, fe reprefentent par des Lignes paralleles entre-elles,
qui tantoft tendent vers le Spectateur, & tantoft vers le
Cofté oppofé, felon que ces Perpendiculaires font élevées
ou enfoncées ; Or celles qui tendent vers le Spectateur,
reprefentent des Lignes qui font enfoncées au deffous de la
Surface de la Terre ; & celles qui tendent vers le Cofté
oppofé, reprefentent des Lignes qui s'élevent au deffus de
cette mefme Surface.

La Seconde chofe qui fuit de cette Suppofition, eft, que
ces Lignes qui font ainfi Perpendiculaires à la Surface de
la Terre, foit qu'elles s'élevent au deffus de cette Surface,
ou qu'elles s'enfoncent au deffous, fe reprefentent par des

Lignes Droittes qui leur font égales.

Pour preuve de cecy, confiderez cette Figure, & penfez que AB eft la Surface de la Terre, & que CDE eft une Ligne Droitte perpendiculaire à cette Surface, au deffous de laquelle la Partie DE eft enfoncée, au lieu que DC s'éleve au deffus. Penfez de plus que l'Oeil qu'on fuppofe infiniment éloigné , regarde les extremitez de l'Objet CDE, par des Lignes paralleles, telles que font GCF, & IHE, qui font avec la Ligne AB les Angles GFD, & IHB, qui font chacun de 45. degrez.

Relever les Plans & enfoncer les Profils.

Enfuite de quoy, puis qu'au Triangle DEH, l'Angle EDH eft Droit, & que l'Angle DHE eft un demy Droit (de mefme que fon Oppofé au Sommet IHB) il s'enfuit que l'Angle DEH eft auffi un demy Droit ; & ainfi les deux Coftez DE,

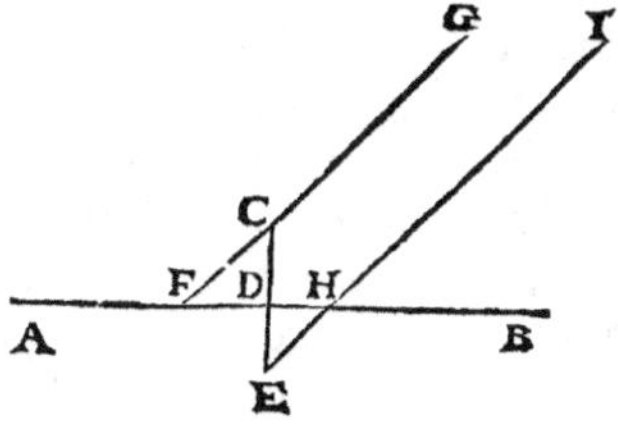

DH, qui foûtiennent des Angles égaux , font égaux en- tr'eux. Or DH eft la reprefentation de DE ; Partant vous voyez déja que la Partie DE, qui eft enfoncée perpendi- culairement au deffous de la Surface de la terre, fe re- prefente par une Ligne Droitte qui luy eft égale , & qui tend vers le Spectateur. D'ailleurs, puis qu'au Triangle CDF, l'Angle CDF eft Droit, & que l'Angle CFD eft fuppofé Demy-droit ; il s'enfuit que l'Angle FCD eft auffi un Demy-droit ; & par confequent que les deux Coftez DF, DC, qui foûtiennent des Angles égaux, font égaux entr'eux. Mais DF eft la reprefentation de DC ; partant la Ligne DC qui s'éleve perpendiculairement au deffus de la Surface de la terre, fe reprefente par une Ligne Droitte qui luy eft égale , & qui tend vers le Cofté oppofé à ce- luy où eft le Spectateur.

Ces deux Fondemens demeurant ainſi pour conſtans, pour mettre maintenant en pratique noſtre Perſpective Militaire, & apprendre à relever le Plan d'une Place, marquez premierement en blanc ſur une feüille de papier le principal Trait de voſtre Forhereſſe, comme auſſi le Bord exterieur de ſon Foſſé, & le Bord interieur de ſon Rempart. Puis pour en marquer l'élevation, choiſiſſez l'endroit de voſtre Forhereſſe, & tout enſemble le coſté du papier, que vous voulez tourner vers vous ; & de chaque Angle du Bord exterieur du Foſſé, tirez vers le bas une · Ligne Droitte occulte, perpendiculaire à ce meſme Coſté. De meſme de chaque Angle du principal Trait de la Place, tirez vers le haut & vers le bas une Ligne Droitte occulte, qui luy ſoit encore perpendiculaire. Enfin de tous les Angles du Bord Interieur du Rempart, tirez vers le haut ſeulement une Ligne Droitte occulte perpendiculaire à ce meſme Coſté. Cela fait, ouvrez voſtre Compas de l'Intervalle de quatre Toiſes ou environ, & mettant l'une de ſes pointes ſur tous ces Angles l'un aprés l'autre, ſervez-vous de cette ouverture pour terminer toutes les Lignes qui repreſentent des Enfoncemens, & meſme pour terminer toutes celles qui repreſentent des Elevations ſur le Bord Interieur du Rempart. Puis ouvrant voſtre Compas d'une Toiſe plus qu'auparavant, employez cette Ouverture pour terminer les Lignes qui repreſentent des Elevations ſur le principal Trait de voſtre Forhereſſe. Apres quoy, parcourant de ſuite toutes les Perpendiculaires qui paſſent par tous les Angles du principal Trait, tirez une Ligne Droitte apparente de chacune des extremitez d'en-haut à celle qui la ſuit ; De meſme, parcourant toutes celles qui paſſent par les Angles du Bord Interieur du Rempart, tirez une Ligne Droitte apparente de chaque extremité à l'autre ; Et enfin, marquez en noir, ou rendez apparent, tout le Bord Exterieur du Foſſé.

Cela ſuppoſé, de toutes ces perpendiculaires que vous avez d'abord tirées, marquez en noir celles du principal Trait qui ne tombent point dans la Figure que forment

ces

ces Lignes que vous avez renduës apparentes ; Et tout au
contraire , pour ce qui eſt de celles du Bord Exterieur du
Foſſé , & du Bord Interieur du Rempart , marquez en noir
celles qui tombent dans les Figures que forment les Lignes
apparentes, tant du Bord du Foſſé que du haut du Rempart.

Enfin, parcourant toutes les extremitez d'embas de toutes
ces Perpendiculaires qui paſſent par les Angles du principal
Trait, tirez de chacune, à celle du meſme Trait qui la ſuit immediatement, une Ligne Droitte apparente, parallele à celle
qui luy. eſt oppoſée ; obſervant neantmoins de n'en pas
marquer quelques-unes qui doivent eſtre cachées, & que
leur ſituation empeſche de pouvoir eſtre veuës ; Ce que la

Plan enfoncé & relevé, ou en Perspective.

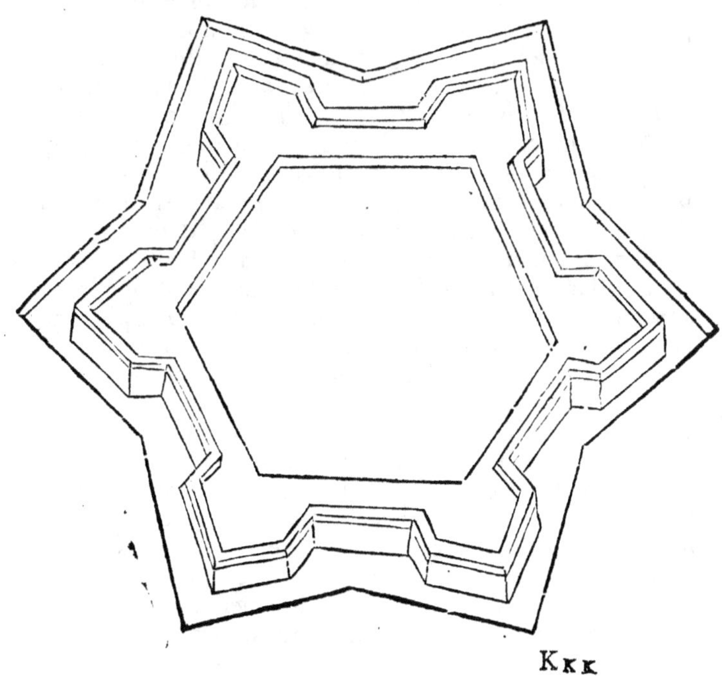

Kkk

Figure que vous voyez icy reprefentée vous fera mieux comprendre que le difcours.

Jufques-là vous avez la reprefentation de tout ce que le Corps de la Place contient d'élevé ou d'enfoncé, à l'exception feulement du Parapet ; Et pour le marquer, tirez-en dedans du Trait qui reprefente le Bord Exterieur du haut du Rempart, un autre Trait qui luy foit parallele & diftant de trois Toifes ; Cette diftance reprefentera la largeur du Parapet ; Puis de chaque Angle de ce nouveau Trait, tirez encore vers le bas de petites Perpendiculaires, d'une Toife chacune ; obfervant de ne marquer que celles qui tombent dans la Figure que forme ce nouveau Trait ; Et enfin, de toutes les extremitez d'embas de ces petites Perpendiculaires, tirez des Paralleles à ce nouveau Trait, obfervant toûjours de ne marquer que celles qui doivent paroiftre, Comme cette Figure vous monftre.

Je ne dis rien en particulier de la maniere de relever les Dehors, parce qu'elle ne differe point de la maniere de relever le Corps de la Place ; c'eft à dire, qu'il faut tirer des Perpendiculaires vers le bas, où il s'agit de marquer des Enfoncemens ; Et vers le haut, lorfqu'il s'agit de reprefenter des Elevations ; puis tirer les autres Lignes dans l'ordre & de la maniere qu'il a efté dit cy-devant.

Pour faire maintenant l'enfoncement d'un Profil, dont vous avez le Plan , prenez un Point à difcretion, qui s'appellera cy-apres le Point de veuë, mais qu'il eft neantmoins plus à propos de prendre environ le milieu du Foffé, & un peu au deffus que par tout ailleurs ; Puis de tous les Points où deux Lignes fe rencontrent, c'eft à dire de tous les Angles de voftre Profil , menez au Point de veuë des Lignes Droittes occultes, obfervant, comme nous avons déja fouvent averty, de n'en point mener quelques-unes qui ne doivent point parroiftre , comme vous voyez en cette Figure, où l'on n'a point mené de Lignes au Point de veuë des Points A, B, C; Apres quoy, décrivez, de tel Intervalle qu'il vous plaira , un fecond Profil, femblable au premier, mais plus petit, en menant d'une de ces Lignes à l'autre des Lignes Droit-

tés qui luy foient paralleles, comme il eft icy reprefenté ;
Cela fait, de toutes ces Lignes qui vont au Point de veuë,
marquez-en les parties que vous trouverez comprifes entre
ces deux Profils, & alors l'enfoncement fera achevé.

Enfoncement d'un Profil.

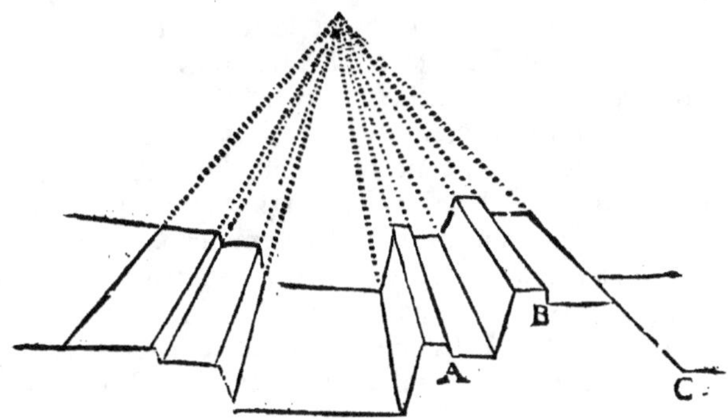

Et afin de rendre ces fortes d'Ouvrages plus apparens
& plus agreables à la veuë, il eft bon, apres avoir choifi
un Cofté d'où l'on fuppofera que la Lumiere vienne, &
remarqué tous les endroits où l'on eftimera qu'elle pourra
tomber, de brunir quelque peu les autres, pour reprefenter
les ombres.

La Maniere de lever le Plan d'une Place.

IL y a déja long-temps que certains Ingenieurs peu habiles, & peu verfez dans la Pratique, ont propofé la
Maniere de lever le Plan d'une Ville Ennemie, dont on ne
fçauroit approcher plus prés que de la portée du Canon ;
Mais comme cette Maniere eft defectueufe, & qu'elle péche
dans le Principe, auffi y a-t'il long temps qu'elle eft décriée, & qu'on ne s'en fert plus. Ils difoient, & avec raifon, que pour lever le Plan d'une telle Place, il n'y avoit

qu'à trouver la mefure des Lignes, & la valeur des Angles,
& en tracer le Circuit ; Et pour la trouver, ils fuppofoient
fauffement que tous les Angles que forment les Lignes qui
compofent le Circuit de la Place, pouvoient eftre veus
diftinctement de deux endroits de la Campagne, notablement éloignez l'un de l'autre ; mais ils ne prenoient pas
garde que cela eftoit impoffible. Car outre que plufieurs
Parties fe cachent ordinairement les unes les autres, l'Experience nous montre, & les Regles d'Optique nous en-
feignent, que s'il y a plufieurs divers Pans de murailles ou
de Terraffes qui fe prefentent tout à la fois à la veuë, ils
paroiffent tous comme un feul Pan, lorfqu'ils font regar-
dez d'un peu loin ; Et ainfi les Angles qu'ils font ne fçauroient eftre apperceus affez diftinctement pour en pouvoir
connoiftre la valeur ; Ce qui eftoit contraire à leur Suppofition, & pourtant neceffaire pour bien lever le Plan
d'une Place ; D'où il s'enfuit que cette Methode, quoy
que vraye dans la Speculation, eft impoffible dans la
Pratique.

Pour éviter donc de tomber dans de femblables inconveniens, & ne rien faire que de jufte, dans une chofe fi
importante ; La vraye & à mon avis l'unique Methode &
la plus feure que l'on puiffe garder, & que tout Homme
qui a deffein de fervir dans les Armées en qualité d'Inge-
nieur fe doive propofer, eft d'avoir foin de lever luy-
mefme dans fon loifir, & quand il en a la liberté, le Plan
de toutes les Villes qu'il peut juger pouvoir eftre un jour
affiegées, d'en faire une exacte defcription, & fe fervir
mefme de celles qui peuvent avoir efté faites par les plus
habiles, pour en remplir fon Livre & groffir fon recueil,
afin que s'il arrive que quelqu'une de ces Villes vienne a
eftre affiegée, & qu'il foit neceffaire d'en lever le Plan,
il n'ait plus alors pour ainfi dire qu'à adjoûter les nouvelles
Fortifications qui pourroient avoir efté faites depuis fon
recueil, & qu'il pourra appercevoir de nouveau quand il
ira reconnoiftre la Place ; Autrement, fi tout d'un coup,
& fans aucune préparation précedente, il penfoit pouvoir.

lever de loin exactement le Plan d'une Place, avec toutes ses Fortifications, il feroit comme impossible qu'il ne tombast en plusieurs fautes, & qu'il ne se trompast lourdement.

Or pour lever le Plan d'une Place quand on a la liberté de le faire, & pour le lever exactement, il faut observer la Pratique suivante, qui est la seule qui se puisse executer.

Cette Pratique consiste en general à mesurer tous les Angles & tous les Costez du Poligone qui forme le simple Rempart, pour en faire par après la Figure au petit pié sur le papier ; Puis à mesurer les Bastions ou autres Ouvrages Saillans, pour les tracer aussi en petit autour de la Figure que l'on a déja décrite, & les placer dans les lieux qui leur sont convenables. Mais pour expliquer cecy plus distinctement, proposons-nous un Exemple , & pensons que la Figure ABCDE qui est icy representée, soit le Circuit d'une Ville, dont il s'agit de prendre le Plan.

Pour lever le Plan d'une Place.

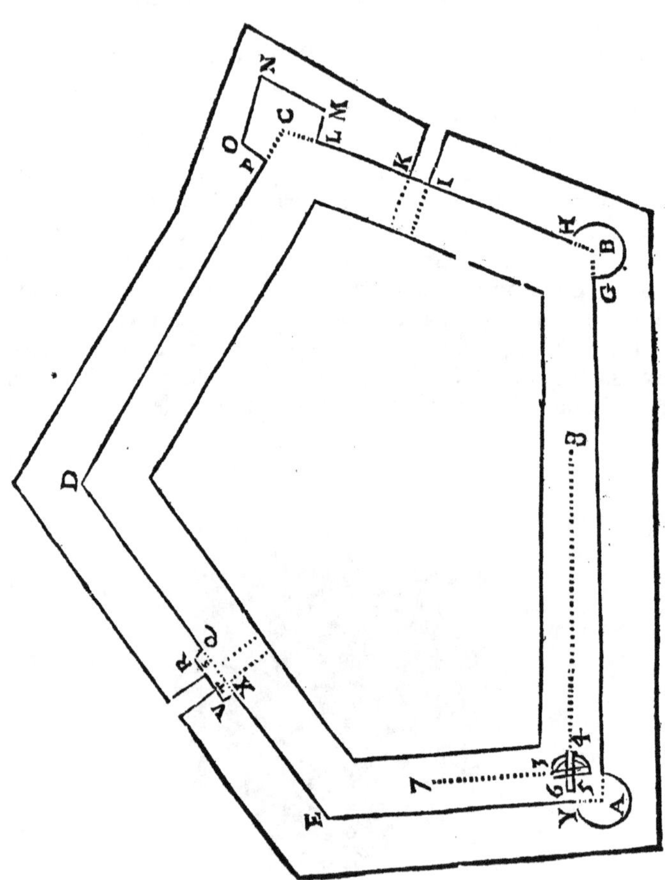

Pour cela, tranfportez-vous avec un Inftrument Geometrique , tel que peut-eftre un Graphometre , ou Demy-
Cercle, à l'un des Angles du Rempart, comme par exemple

à l'Angle marqué A ; Et apres avoir placé voftre Inftru_
ment fur fon bafton, à quelque endroit , comme 2, d'où
vous puifliez voir de part & d'autre deux autres endroits
du Rempart raifonnablement éloignez de vous , tournez-
le en telle forte que regardant par fes Pinnules immobiles
5, 3, vous puifliez voir vers 7 un valet à qui vous aurez
donné ordre de fe placer autant loin du Pan de muraille
AE, que le Point 2 en eft éloigné ; Puis fans déplacer ny
remuër voftre Inftrument, tournez feulement fon Alidade,
6, 4, jufqu'à ce que regardant par les deux Pinules mobiles qu'elle porte, vous puifliez voir vers 8 un autre Valet,
à qui vous aurez aufli donné ordre de fe placer autant loin
du Pan de muraille AB, que ce mefme Point 2, en eft éloigné. Aprés cela, comptez les degrez & les minutes de la
Partie de la Circonference de voftre Inftrument comprife
entre les Points 3 & 4, & la quantité que vous trouverez
fera la valeur de l'Angle 728, ou de fon égal EAB, que
vous écrirez fur des Tablettes.

Cela fait, mefurez le Pan AB, avec une mefure la plus
grande que vous pourrez prendre , afin que les occafions
de manquer foient moins frequentes & moins confidera-
bles ; évitant neantmoins s'il eft poffible de vous fervir pour
cela du Cordeau, à caufe qu'eftant fujet à s'alonger quand
il eft fec, & à fe racourcir lorfqu'il vient à eftre moüillé,
ce feroit une efpece de merveille fi vous trouviez rien de
jufte par fon moyen. L'on peut toutesfois fe fervir utilement du Cordeau, quand il eft bandé, pour y appliquer
deffus fa mefure, afin d'aller droit & la prendre jufte.

La quantité de l'Angle EAB, & celle du Pan AB, eftant
ainfi trouvée, vous mefurerez de mefme les autres Angles
& les autres Coftez de voftre Figure, & vous chargerez
encore vos Tablettes de toutes les quantitez que vous aurez trouvées, écrivant pour plus grande diftinction les Angles d'un cofté , & les Lignes de l'autre, comme vous
voyez icy.

Les Angles.		Les Lignes.	
E A B.	95° — 4′	A B.	160. Toises.
A B C.	110 — 41.	B C.	95.
B C D.	99 — 15.	C D.	116.
C D E.	115.	D E.	122.
D E A.	120.	E A.	77.

Je ne vous ay pas dit, mais il eſt aiſé de le deviner, que pour avoir la quantité préciſe du Pan AB, & de tous les autres ſemblables Pans qui ne ſe joignent Point, il faut les meſurer juſqu'aux endroits où ils ſe rencontreroient s'ils eſtoient continuez ; Et pour trouver ces endroits-là, il ne faut que bander deux Cordeaux le long de deux Pans, & prendre garde où ils ſe croiſeront. Ainſi donc pour trouver la quantité du Pan AB, vous banderez deux Cordeaux le long des Pans EY, & FG, & vous marquerez avec un Picquet l'endroit A, où ces deux Cordeaux ſe rencontrent & ſe croiſent ; Et apres avoir par un ſemblable moyen marqué l'endroit B, vous meſurerez tout le Pan, depuis A juſques à B.

Cela eſtant fait, avant que de paſſer outre, & de rien entreprendre de plus particulier, vous prendrez garde ſi vous ne vous eſtes point trompé dans la meſure des Angles que vous avez priſe, en adjoûtant toutes leurs valeurs en une ſeule Somme, & conſiderant ſi c'eſt celle à laquelle doivent revenir tous les Angles de voſtre Figure. Car vous devez vous reſſouvenir que les trois Angles d'un Triangle valent deux Angles Droits ; Que les 4, d'une Figure de quatre Coſtez vallent quatre Angles Droits; Que les cinq d'un Pentagone vallent ſix Angles Droits ; en un mot que tous les Angles d'une Figure qui n'a que des Angles Saillans, valent autant de fois deux Angles Droits, qu'elle a de Coſtez moins deux ; Et ſi par cet examen vous trouviez que vous vous fuſſiez trompé, & que l'erreur fuſt conſiderable, il faudroit recommencer de nouveau, & travailler juſqu'à ce que vous trouvaſſiez voſtre compte ; Mais quand
l'erreur

l'erreur n'eſt pas grande, & que l'on eſt preſſé, l'on peut, pour faciliter la choſe, rejetter l'erreur ſur tous les Angles, & ſe contenter d'un à peu prés, qui eſt quaſi tout ce que l'on peut attendre & ſouhaitter de la Pratique.

Aprés vous eſtre ainſi aſſuré des principales Lignes du Circuit de la Place, vous en ferez encore une fois le tour pour meſurer tout ce qui reſte, comme ſont les Rayons AY, AF ; BG, BH, des Tours qui ſont aux extremitez du Pan AB ; La diſtance HI, compriſe entre le Point H & le Point I, où eſt une Porte ; La Largeur IK de cette Porte ; Les Demy Gorges CL, CP, du Baſtion LMNOP ; Les Flancs & les Faces de ce Baſtion, &c. Ecrivant encore toutes ces meſures ſur vos Tablettes, comme vous les voyez icy

A F.	6.Toiſes.	L M.	10.Tiſo es	T V.	5.Toiſes.
A Y.	6.	P O.	10.	V X.	5.
B G.	6.	M N.	21.		
B H.	6.	N O.	21.	KLM.	90.Degrez.
H I.	46.	D Q.	62.	DPO.	90.
I K.	5.	Q X.	15.		
C L.	10.	Q R.	4.		
C P.	10.	R S.	5.		
		S T.	5.		

S'il y avoit quelques autres Ouvrages au delà du Foſſé de la Place, vous pourriez vous contenter de prendre garde vis à vis de quels endroits du Rempart ils ſeroient placez, & quels ſeroient les Points d'où ils tireroient leur défenſe, pourveu qu'ils ne fuſſent flanquez que du Rempart ; Mais ſi entre les Lignes de ces Ouvrages, il y en avoit quelques-unes qui tiraſſent leur deffenſe d'ailleurs que du Rempart, ou du Corps de la Place, il faudroit les aller meſurer ſur le lieu meſme.

Aprés avoir ainſi trouvé la quantité de toutes les Lignes & de tous les Ang'es de la Place, & l'avoir marqué ſur vos Tablettes, vous n'avez plus qu'à vous retirer dans vôtre Cabinet pour y tracer le Plan dont est question. Et pour representer le Pan AB, qui est de 160. Toises, tirez sur une feüille de Papier la Ligne Droitte AB, & luy donnez 160. Parties, que vous prendrez sur une Echelle que vous aurez faite exprés pour vous servir de mesure ; Puis pour representer le Pan BC, qui a esté trouvé de 95. Toises, & qui fait avec AB un Angle de 110° — 41', tirez du Point B la Ligne Droitte BC, qui fasse avec AB un Angle de 110° — 41', & donnez à cette Ligne 95. parties de la mesme Echelle ; Ensuite dequoy, pour representer le Pan CD, qui est supposé de 116. Toises, & qui fait avec BC un Angle de 99° — 15', tirez du Point C la Ligne Droitte CD, qui fasse avec BC un Angle de 99° — 15', & donnez à cette Ligne 116. parties de vostre Echelle ; De mesme, pour representer le Pan DE, qui a esté trouvé de 122. Toises, & qui fait avec CD un Angle de 115°, tirez du Point D la Ligne Droitte DE, qui fasse avec CD un Angle de 115°, & donnez à cette Ligne la quantité de 122. des mesmes Parties. Enfin pour representer le dernier Pan EA, qui a esté trouvé de 77 Toises, menez du Point E au Point **A** la Ligne Droitte EA ; Et si vous trouvez que cette Ligne soit de 77 Parties de vostre Echelle, & qu'elle fasse avec ED & avec AB, des Angles égaux aux Angles DEA & EAB, vous aurez raison de croire que vous aurez esté exact dans vostre Calcul ; au lieu que ce seroit une marque indubitable que vous vous seriez trompé, si la Ligne EA ne se trouvoit point de 77 parties, ou ne faisoit point les Angles qu'elle doit faire avec les Lignes ED & AB ; auquel cas il faudroit recommencer, & travailler tout de nouveau jusqu'à ce que la faute ne fust pas sensible.

Ce principal Trait estant ainsi construit, il ne sera pas difficile aprés cela d'y adjoûter ce qui reste encore à representer. Ainsi pour representer la Tour dont le Point **A** a esté reconnu en estre le Centre, & dont le Rayon AF est de 6 Toises, portez le Compas sur vostre Echelle, & luy donnez l'ouverture de 6. de ses Parties ; Puis du Centre A, & de cette Ouverture ou Intervalle, décrivez un

Cercle, & ce Cercle reprefentera cette Tour ; Faites la
mefme chofe autour du Point B, pour reprefenter la Tour
dont il eft le Centre. De mefme, pour reprefenter les
Baftions LMNOP, dont les Demy-Gorges & les Flancs
font fuppofez de 10 Toifes, & les Faces de 21. prenez fur
CB & fur CD les Parties CL & CP égales à dix Parties
de voftre Echelle , & élevez aux Points L & P les Perpendiculaires LM, PO, & leur donnez auffi à chacune dix
de ces Parties ; Puis ayant ouvert le Compas de l'Intervalle de 21. Parties, portez fucceffivement une de fes Pointes aux deux Points M & O, & décrivez deux Arcs de
Cercles qui s'entrecoupent au Point N, & de ce Point tirez
les Lignes Droittes NM & NO ; Et achevez ainfi le refte.

La Maniere de fortifier une Place Irreguliere.

L'On préfuppofe icy que l'on veüille fe fervir autant
qu'il eft poffible de l'ancien Circuit de la Ville , foit
pour épargner la dépenfe, foit pour ménager le temps qu'il
faudroit employer à conftrurire un nouveau Rempart , &
à démolir l'ancien : Car fi l'on n'avoit point ces confiderations, il n'y a point de doute que lorfqu'il s'agiroit de fortifier une Place, on ne deuft la fortifier regulierement ,
pourveu que d'ailleurs fon affiette, la qualité du Terrein ,
& les diverfes circonftances des lieux d'allentour le puffent
permettre.

On ne fçauroit donner de préceptes bien précis pour
cette forte de Fortification ; mais on peut dire en general
qu'il faut tâcher de la faire approcher le plus qu'il eft
poffible de la Fortification reguliere ; Obfervant fur tout
qu'il n'y ait aucun endroit dans le Circuit de la Place qui
ne foit flanqué, & que la force y foit également diftribuée
par tout ; autrement tout ce que l'on feroit ne ferviroit de
rien.

Sur quoy, il eft à remarquer , qu'il peut quelquesfois arriver, que dans le Circuit d'une Place irreguliere il y ait un
tel Angle Rentrant, que les deux Pans dont il eft compris

se flanquent mutuellement l'un l'autre, & ainsi n'ayent pas besoin d'autre deffense ; En ce cas, il est constant qu'il ne s'agira plus que de fortifier le reste, qui est composé de plusieurs Angles Saillans.

Or pour le faire avec Methode, & y observer le mieux qu'il est possible les deux Maximes précedentes, qui sont absolument necessaires en toutes sortes de Fortifications, il est certain qu'à chaque Angle Saillant il faut construire un Bastion, afin qu'il n'y ait rien qui ne soit flanqué : Mais pour faire d'ailleurs que suivant la seconde Maxime la force soit également distribuée par tout, il ne faut point faire de difficulté de placer tellement ces Bastions, qu'on prenne plus de la moitié de la Gorge sur l'un des Pans, & le reste, c'est à dire moins de la moitié, sur l'autre ; Et mesme on peut quelquefois prendre la Gorge entiere sur un seul Pan, selon l'exigence des cas, & la proportion des Lignes : Apres quoy il ne se faut pas beaucoup mettre en peine si les deux Faces d'un mesme Bastion deviennent Inégales & Irregulieres ; parce que nonobstant cette Irregularité, elles ne laissent pas d'avoir le mesme effet que si elles estoient toutes deux égales.

Que s'il se rencontroit quelque Pan qui fust si grand, qu'en prenant à ses deux extremitez les deux Gorges entieres des deux Bastions qu'on voudroit y construire, ces deux Bastions fussent encore trop éloignez l'un de l'autre pour se pouvoir mutuellement deffendre, en ce cas il faudroit en construire un troisiéme vers le milieu de ce mesme Pan.

Que si au contraire des Pans voisins estoient si petits, que les Bastions qui doivent estre construits à leurs extremitez se trouvassent trop pressez, & n'avoir pas assez d'étenduë ; pour lors il faudroit changer quelque chose en leur disposition, & de deux ou trois Pans n'en faire qu'un seul ; & ce ne seroit qu'apres y avoir apporté ce changement que le nombre des Bastions pourroit estre reglé.

Mais comme on n'est point obligé d'apporter ce changement au Circuit de la Figure ABCDE, que nous pre-

nons pour l'exemple d'une Place que nous nous proposons
de fortifier, parce qu'il ne s'y rencontre point de Pans qui
soient trop petits ; Et d'autant aussi qu'il n'y en a point de
si grands que cela oblige de faire un Bastion vers le milieu,
il s'ensuit que cette Figure qui n'a que cinq Angles & cinq
Costez , ne demande point que l'on fasse plus de cinq
Bastions.

Lors que le nombre des Bastions que doit avoir une Place
est ainsi déterminée, servez-vous de ce nombre pour diviser la Somme entiere composée de toutes les quantitez
particulieres de tous les Pans , & le nombre qui viendra
de cette division, sera la quantité qu'il faut tâcher de donner à la partie du Circuit de la Place qui doit estre comprise entre le milieu de la Gorge de deux Bastions voisins.
Ainsi, parce que la Somme entiere composée des quantitez
particulieres de tous les Pans de la Figure que nous examinons, est de 570. Toises ; & que divisant ce nombre par
cinq, qui est le nombre des Bastions qu'elle doit avoir, il
vient pour Quotient 114 Toises, il faut tâcher qu'il y ait
114 Toises entre le milieu de la Gorge d'un Bastion à
l'autre.

J'ay dit expressément qu'il faut tâcher de faire ensorte
qu'il y ait cette distance entre le milieu des deux Gorges
de deux Bastions voisins, & non pas qu'il faille absolument
qu'il y ait cette distance ; Car quelquefois cela est impossible, à cause de la grandeur qui se rencontre en certains
Pans ; Et alors on peut se dispenser d'estre si exact, &
manquer de quelques Toises, pourveu que la Ligne de
Défense ne croisse pas sensiblement au delà de la portée
de point en blanc du Mousquet.

Je pourrois icy montrer comment on devroit proceder
pour faire ensorte qu'en construisant des Bastions à tous
les Angles Saillans, leurs Demy-Gorges, leurs Courtines,
& leurs Flancs, fussent proportionnez, comme de semblables Lignes le font, dans celuy des quatre Desseins que j'ay
cy-dessus décrits que l'on voudroit choisir ; Mais je me
contenteray de faire ressembler la Fortification qu'il s'agit

L ll iij

à prefent de faire, à celle du Chevalier de Ville.

Donc pour déterminer la quantité de la Demy-Gorge & du Flanc qui luy eft égal, prenez la fixiéme partie de 114 Toifes, qui eft la quantité que vous fçavez déja qu'il doit y avoir entre le milieu des deux Gorges de deux Baftions voifins, & vous aurez 19. Toifes pour la valeur de la Demy-Gorge & du Flanc ; Et pour la Courtine, prenez quatre fois cette fixiéme partie, & vous aurez 76. Toifes pour fa valeur.

Cela fuppofé, jettez les yeux fur le Poligone ABCDE, que nous avons entrepris de fortifier, & confiderez que le

Fortifier une Place Irreguliere.

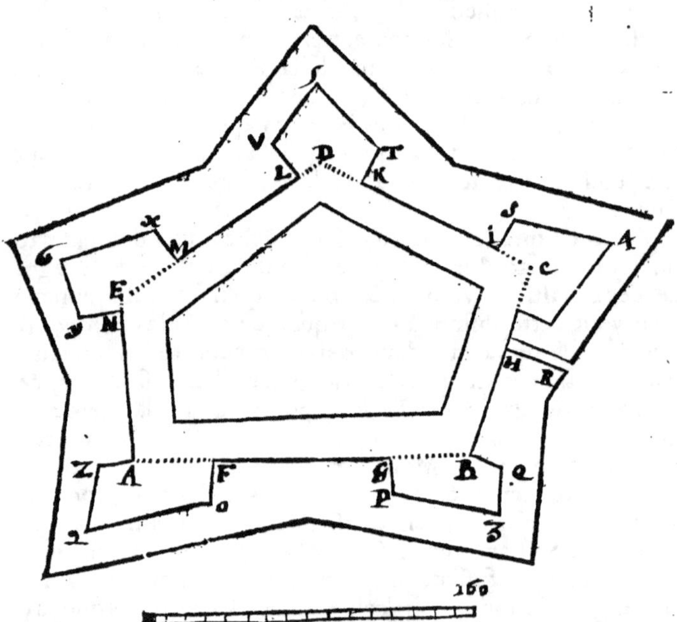

Pan, ou le Cofté AB, eftant de 160. Toifes, & par confequent plus grand qu'il ne faudroit, nous devons tâcher d'approcher le plus qu'il eſt poſſible les deux Baſtions qui doivent eſtre faits à ſes extremitez, en prenant comme nous avons dit leurs Gorges entieres ſur ce coſté là ſeul.

Pour cela prenez avec le Compas la grandeur de 38. Parties de voſtre Eſchelle, & l'appliquant aux deux extremitez A & B, faites les deux parties AF, BG de 38. Toiſes chacune, c'eſt à dire égales à l'ouverture de voſtre Compas ; Cela eſtant, il eſt évident qu'il reſtera 84. Toiſes pour la Courtine ; Laquelle par conſequent ſe trouvera plus grande de 4. Toiſes qu'elle ne devroit ; Mais parce que ce nombre n'excede que de 4. Toiſes celuy que le Chevalier de Ville donne à ſa Courtine, qu'il fait de 80. Toiſes, & que la Ligne de Deffenſe n'excedera pas ſenſiblement la portée du mouſquet de point en blanc, nous devons nous contenter des Gorges & de la Courtine ainſi marquées ſur la Ligne AB. Et pour compenſer ſes 4. Toiſes que nous avons données de trop à cette Courtine, & les regagner ſur les autres, il faut faire chacune des quatre autres reſtantes, de deux Toiſes plus petites qu'elles ne devroient eſtre, c'eſt à dire qu'il les faut faire chacune de 74. Toiſes, au lieu de 76. qu'elles devroient avoir.

Prenez donc ſur la Ligne BC, la Partie BH égale à 74. Parties de voſtre Eſchelle ; Et d'autant que le Pan BC eſt de 95. Toiſes, il s'enſuit que le Reſte HC vaut 21. Toiſes, leſquelles il faut déduire ſur les 38. Toiſes que doit avoir la Gorge de chaque Baſtion, & faire par conſequent CI de 17. Toiſes, ou de 17. Parties de voſtre Eſchelle ; Aprés quoy vous ferez la Courtine IK de 74. Toiſes ; Et parce que ce nombre, avec 17. que vaut déja la Partie CI, eſtant oſté de 116. Toiſes que vaut le Pan CD, il reſte 25. Toiſes pour la valeur de KD, il s'enſuit que vous ne devez plus faire DL que de 13. Toiſes, pour achever la Gorge du Baſtion qui doit eſtre fait à cet endroit-là ; Et prenant derechef ſur le Coſté DE, qui eſt de 122. Toiſes, la Courtine LM de 74. Toiſes, il reſtera 35. Toiſes pour la Partie ME ; laquelle eſtant oſtée de la grandeur que doit avoir l'ou verture de la Gorge du Baftion qui doit eftre fait à l'Angle E, il ne refte plus que 3. Toiles pour achever fa Gorge que vous prendrez fur le Cofté EA, en faifant EN égale à trois Parties de voftre Efchelle ; Et cela fait, la Courtine NA fe trouvera juftement de 74. Toiles comme les autres.

Maintenant pour avoir les Flancs, élevez premierement aux Points F & G, les deux Lignes Droittes FO, & GP, perpendiculaires au Cofté AB ; Puis aux Points B & H, les deux Lignes Droittes BQ & HR, perpendiculaires au Cofté BC ; De mefme aux Points I & K, les deux Lignes Droittes IS, & KT, perpendiculaires au Cofté CD ; Enfuite aux Points L & M, les deux Lignes Droittes LV & MX, perpendiculaires au Cofté DE ; Et enfin aux Points N & A, les deux Lignes Droittes NY & AZ, perpendiculaires au Cofté AE ; Et faites chacune de ces Lignes de la grandeur de 19. Parties de voftre Efchelle, & vous aurez pour Flancs les Lignes FO, GP, & femblables, de 19. Toiles chacune.

Pour déterminer maintenant les Pointes des Baftions, & par mefme moyen les Faces, tirez des Lignes Droittes du bout de chaque Courtine par deffus l'extremité du Flanc qui eft à fon autre bout, & le Point où deux de ces Lignes fe rencontreront marquera la Pointe d'un Baftion ; Ainfi en tirant des extremitez des Courtines N & G, par deffus les extremitez des Flancs Z & O, les deux Lignes Droittes NZ2 & GO2, le Point 2, où ces deux Lignes fe rencontreront, fera la Pointe d'un Baftion ; Duquel par confequent les Lignes Z2, & O2 feront les Faces.

En jettant les yeux fur les Angles flanquez de noftre Figure, 2, 3, 4, 5, & 6, on voit que pas un n'eft exceffivement Aigu, & que pas un n'eft auffi Obtus ; C'eft pourquoy on peut fe contenter de ce Projet de Fortification à l'égard du Poligone ABCDE ; Mais fi dans quelqu'autre Figure il fe rencontroit qu'aprés avoir travaillé comme nous avons fait fur celle-cy, quelque Angle flanqué fuft fi Aigu, qu'il y euft danger qu'il ne fuft trop aifément rompu par le Canon, on pourroit faire

enforte

enforte qu'il le fuft moins en diminuant les Flancs ; toutesfois comme on tomberoit par là dans un autre Inconvenient
qui feroit plus grand que celuy que l'on veut éviter, il vaudroit mieux changer quelque chofe à la difpofition du
Rempart.

Que s'il fe rencontroit qu'un Angle flanqué fuft obtus,
(quoy que ce ne foit pas proprement un défaut) il ne
faudroit pas laiffer de le changer, & de le reduire en un
moindre, comme dans un Droit, en tirant des Lignes femblables à GO2, & NZ2, de quelques autres Points que
des extremitez des Courtines ; Car par là on feroit qu'une
partie de la Courtine deviendroit un fecond Flanc ; ce qui
eft un avantage qu'il ne faut pas negliger, lorfque l'on
peut s'en prévaloir fans porter préjudice au Refte.

Pour ce qui eft des Tours qui font aux extremitez du
Pan AB, il eft aifé de voir qu'elles font nuifibles, & par
confequent qu'elles doivent eftre démolies ; auffi bien que
le Corps de Maffonnerie qui avance en dehors du Pan DE ;
Et quant au petit Baftion qui couvre l'Angle C, on le
peut negliger, parce qu'il fe trouve tout à fait enterré
dans le grand Baftion HR4SI.

Des Dehors des Places Irregulieres.

LE premier avis que l'on peut donner touchant les Dehors des Places Irregulieres, eft de tâcher de les faire
reffembler autant qu'il eft poffible à ceux des Places Regulieres, & de ne s'écarter jamais des Regles qui ont efté
cy-devant prefcrittes touchant leur conftruction, que lors
qu'on y eft entierement forcé ; comme lorfque des Baftions
font trop proches ou trop éloignez l'un de l'autre, ou lorfqu'il fe rencontre de grandes Inégalitez dans le Terrein,
ou enfin pour d'autres caufes. Mais quelles que foient ces
Irregularitez, elles ne doivent rien changer au Chemin
couvert, ny aux Contregardes ; par ce que le Chemin couvert fe fait autour de tous les autres Ouvrages, & que les
Contregardes fe font de telle forte au devant des Baftions,

Mmm

qu'elles en couvrent les Faces ; & ainſi s'il y a quelque choſe de particulier à obſerver touchant les Dehors, c'eſt principalement à l'égard des Demy-lunes, des Tenailles, & des Ouvrages à Cornes.

Lors donc que des Baſtions ſont fort petits, comme il s'en rencontre ſouvent aux Places dont les Fortifications ſont anciennes, & qu'avec cela, ils ſont fort proches l'un de l'autre, il ne faut pas donner aux Demy-lunes toute l'eſtenduë que nous leur avons preſcritte, ny ſuivre en cela les meſures ordinaires; parce que ces Demy-lunes couvriroient de telle ſorte les Faces des Baſtions, qu'il n'en reſteroit qu'une tres-petite partie dont elles puſſent eſtre flanquées; C'eſt pourquoy il ſera bon alors d'en faire la Gorge plus petite qu'on ne l'euſt faite ſans cela ; Et meſme pour faire enſorte qu'elles ayent plus de deffenſe, on peut pour toute conſtruction ſe contenter de décrire un Triangle Equilateral ſur la Ligne qu'on aura choiſie pour la Gorge.

Je diray icy de plus, qu'on peut établir pour regle generale, ſans s'arreſter à aucune meſure déterminée, que pour conſtruire une Demy-lune, en quelque ſorte de Fortification que ce ſoit, Reguliere ou Irreguliere, il faut ſeulement prendre garde, de luy donner juſtement autant de Gorge ou d'ouverture qu'il luy en faut, pour faire enſorte que ſes deux Faces puiſſent eſtre défenduës de celles des deux Baſtions entre leſquels elle eſt conſtruite, luy donnant plus ou moins de Gorge, ſelon que ces Baſtions ſont plus ou moins éloignez.

Que ſi au contraire, deux Baſtions eſtoient extraordinairement éloignez l'un de l'autre, il faudroit au lieu d'une ſeule Demy-lune en faire deux, & les placer de telle ſorte, qu'il ſe trouvaſt à peu prés autant de diſtance de l'une à l'autre, que de chacune d'elles au Baſtion voiſin.

Mais ſi l'éloignement qui eſt entre deux Baſtions ne ſurpaſſoit la meſure ordinaire que d'une diſtance mediocre, & que neantmoins pour les flanquer plus ſeurement, on ſe reſolût de faire deux Demy-lunes, on pourroit en ce cas les approcher l'une de l'autre enſorte qu'elles ſe touchaſſent,

& alors elles compoſeroient ce que quelques-uns appellent un Ravelin redoublé, dont les Faces qui ſe touchent ne ſont point flanquées du Corps de la Place, mais ſeulement l'une de l'autre.

Or pour faire enſorte qu'elles ſoient auſſi flanquées du Corps de la Place, on n'a qu'à retrancher de chacune d'el-les une Partie vers le Bord du grand Foſſé, en tirant des Lignes Droittes paralleles entr'elles, & en meſme temps Perpendiculaires à la Courtine qui eſt couverte de ces deux Demy-lunes; Ainſi au lieu des deux Demy-lunes ABC, & CDE, on aura les deux Demy-lunes ABFG, & HIDE, que quelques-uns appellent des Ravelins flanquez.

Ravelins flanquez.

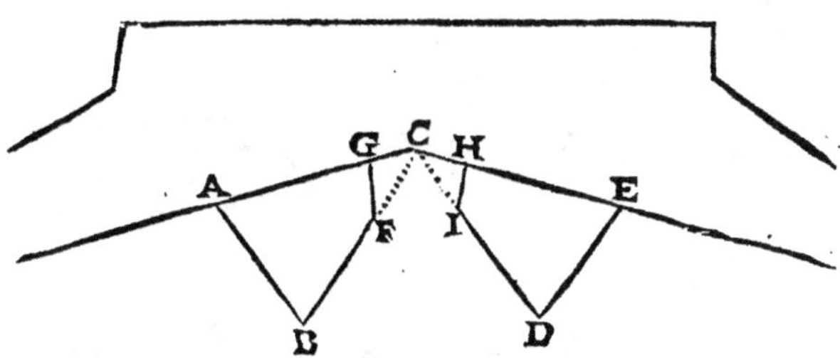

Il ſe peut rencontrer quelquefois dans ces ſortes de Pla-ces, que deux Baſtions n'eſtant éloignez l'un de l'autre que d'une diſtance ordinaire, le Foſſé ſoit ſi exceſſivement large, que les deux Faces de la Demy-lune que l'on vien-droit à conſtruire vis à vis de la Courtine, ſeroient à peine flanquées des Faces des Baſtions; En ce cas on peut au lieu d'une ſimple Demy-lune conſtruire un autre Ouvrage qui ſe flanque luy-meſme. Ce qui ſe peut faire ainſi.

Aprés avoir pris le Point **A**, comme pour eſtre le Centre d'une Demy-lune ordinaire , & avoir pris **AB** & **AC** de 25. Toiſes chacune, prenez encore **BD** & **CE** de quinze ou vingt Toiſes ; Puis tirez la Ligne Droitte **FG** parallele à **DE**, & éloignée de **DE** de 8. ou 10. Toiſes ; Enſuite de cela marquez les Points **I** & **L**, vis à vis des Points **B** & **C**, & ſuivant ce qui a eſté dit cy-devant , décrivez ſur **IL** la Demy-lune **IML** ; Cela fait, tirez les Lignes **FD** & **GE**, & vous aurez **DFIMLGE** pour le principal Trait d'un Ouvrage qu'on nomme un Ravelin Epaulé en dehors ; du.

Ouvrage que ſe flanque luy-meſme.

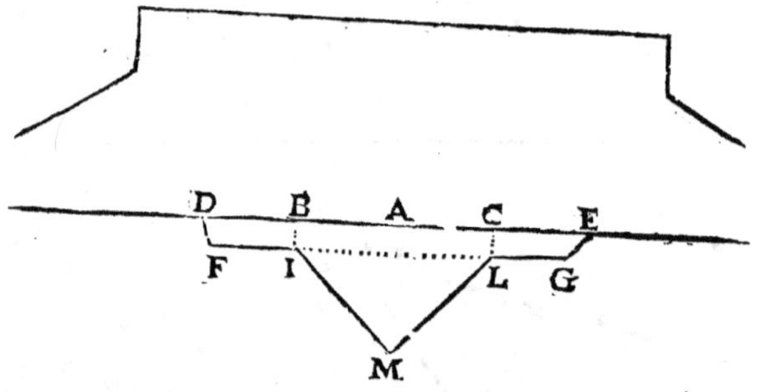

quel il faudra enſuite marquer le Foſſé, ainſi que de couſtume, & la Terre qu'on en tirera eſtant jettée en dedans de ce Trait, ſervira à compoſer un Rempart ſemblable à celuy d'une Demy-lune ordinaire , dont les Parties **FI** & **LG**, flanqueront les Faces **IM**, **LM**, & en ſeront reciproquement flanquées.

Lorſqu'on veut faire un Ouvrage à Cornes au devant d'une Courtine qui eſt trop petite, on doit toûjours commencer à le tracer ſuivant les meſures ordinaires , mais il faut l'achever en rétréciſſant tant ſoit peu ſa Gorge, & au lieu des Lignes **AB**, **CD** perpendiculaires à la Courtine , il faut tirer les Lignes **EB**, **FD**, & les approcher un peu en dedans ; Et alors on nomme cette ſorte d'Ouvrage, un

Ouvrage à Cornes à queuë d'Aronde ; Mais icy il faut bien

Ouvrage à Cornes à Queuë d'Aronde.

prendre garde de ne pas tellement ré-
trécir la Gorge EF, que les Cornes B
& D n'en deviennent trop aiguës, &
ne soient par consequent trop aisées à
estre rompuës par le Canon ; Or la
Regle que l'on peut suivre en cecy est
de faire ensorte que leurs Angles ne
soient pas moindres que de soixante
degrez chacun.

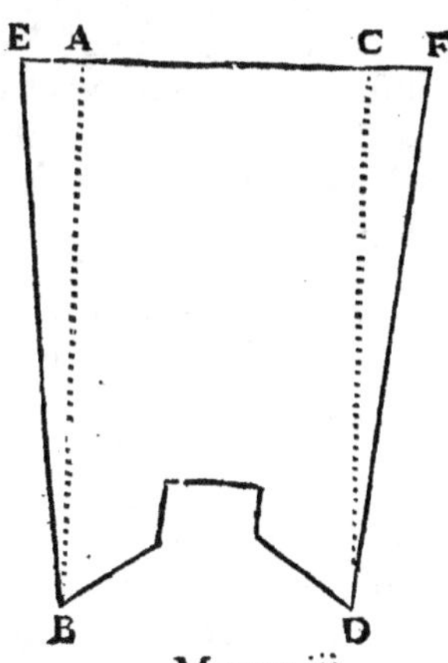

Que si aucontraire on vouloit faire
un Ouvrage à Cornes vis à vis d'une
Courtine qui fust trop longue, il faudroit encore commencer à le tracer à
l'ordinaire, mais il faudroit l'achever
en élargissant sa Gorge ; Et ainsi au
lieu des Lignes AB, CD, il faudroit tirer celles qui sont
icy marquées EB, FD ; & alors on auroit un Ouvrage que

Ouvrage à Cornes à Contre-queuë d'Arronde.

quelques-uns appellent à Con-
tre-queuë d'Aronde.

Ce qui se dit icy des Ouvrages à Cornes se doit pareillement entendre des Tenailles.
Mais en general il faut remarquer que l'inégalité du Terrein
oblige quelquefois à passer par
dessus les Regles, & à faire des
fautes qu'on sçait bien estre des
fautes, mais dont on ne peut
pas se garentir.

La Maniere de tracer les Fortifications sur le Terrein.

APres avoir montré comment il faut tracer sur le papier tous les differens Desseins des divers Auteurs qui ont traité des Fortifications, il faut maintenant montrer comment il les faut tracer sur la Terre. Or mon Dessein est de montrer principalement ce qui regarde les Fortifications regulieres, où il n'y a encore rien de commencé ; Car pour les Irregulieres, d'autant qu'on s'assujettit ordinairement à l'ancien circuit de la Place, & que tout ce qu'on y sçauroit faire n'aboutit tout au plus qu'à quelques Bastions, & à quelques Dehors, on en sçaura facilement tracer les Desseins, quand on aura une fois appris à tracer ceux d'une Forteresse reguliere.

La premiere chose donc par où il faut icy commencer, est d'arrester le nombre des Bastions que l'on veut donner à la Place ; Et ce nombre dépend quelquefois de la volonté du Prince ; & quelquefois aussi de la quantité du Terrein qu'on est obligé d'enfermer, comme lorsqu'on veut faire une Forteresse, de ce qui n'estoit auparavant qu'un Village tout ouvert ; Et alors, si l'on ne veut faire que le moins de Bastions qu'il est possible, il faut mesurer le Circuit du lieu qu'il s'agit de fortifier, puis diviser sa quantité par celle de la distance que l'on veut qu'il y ait entre les Centres de deux Bastions voisins ; Et ce qui viendra de cette Division sera le nombre des Bastions qu'il faudra donner à la Place.

Mais quel que soit ce nombre, comme on ne se sert point de Lignes Courbes dans les Fortifications ; On peut dire en general, que tout l'artifice qu'il y a à tracer une Forteresse sur la Terre, consiste à sçavoir tracer des Lignes Droittes d'une certaine longueur, & à les sçavoir disposer de telle sorte, qu'elles fassent des Angles d'une certaine quantité.

Ces Lignes Droittes se tracent avec le Cordeau, que l'on bande en l'attachant à deux Picquets, & leur longueur se mesure dessus avec la Toise.

Pour ce qui est des Angles, il est bon de remarquer que

la Methode de les tracer avec le seul Cordeau toisé, dont quelques-uns font beaucoup de cas, est fort défectueuse, tant à cause que le Cordeau est sujet à s'alonger ou à se racourcir fort diversement, & qu'ainsi on ne peut avoir rien de juste par son moyen, qu'à cause qu'elle présuppose que le Terrein qui est autour du lieu de chaque Trait, soit entierement libre, ce qui ne se rencontre que tres-rarement. Adjoûtez à cela, que cette Methode est fort longue, & qu'elle oblige de porter avec soy prés de 250. Toises de Cordeau toisé, ce qui est un grand embarras ; Et ainsi, pour tracer les Angles, le meilleur est de se servir de quelque Instrument Geometrique, & particulierement du Graphometre ou Demy-Cercle, qui est le plus commode & le plus exact de tous les Instrumens que l'on puisse prendre.

Ces choses generales estant supposées, pour venir maintenant au particulier, supposons, par exemple, qu'il faille tracer sur la Terre une Forteresse à cinq Bastions, suivant l'un des quatre Desseins précedens. Pour le faire, jettez premierement les yeux sur la table de ce Dessein, & y prenez dans la Colomne du Pentagone la quantité du Costé de cette Figure, celle de la Demy-Gorge, du second Flanc s'il y en a, de la partie moyenne de la Courtine, du Flanc, & de la Face du Bastion, avec l'Angle du Costé, & celuy que fait le Flanc avec la Courtine ; Puis ayant bandé un Cordeau sur la Terre au lieu où l'on destine de placer un des Costez de la Figure, marquez avec un Picquet l'endroit A, où doit estre le Centre de l'un des Bastions, & prenez de suitte le long de vostre Cordeau les Parties AC, CD, DE, EF & FB ; donnant à **AB** le nombre des Toises, Piés, & Pouces que la Table vous apprend que doit avoir la Demy-Gorge ; à CD celuy que doit avoir le second Flanc ; à DE celuy que doit avoir la Partie moyenne de la Courtine ; à EF celuy que doit avoir un autre second Flanc ; Et enfin à FB celuy que doit avoir la Demy-Gorge ; Et afin de marquer toutes ces Parties, plantez un Picquet à chacun des Points A, C, D, E, F, B, & par ce moyen vous aurez AB pour l'un des Coftez du Poligone Interieur.

Cela fait, aprés avoir ofté le Cordeau du lieu où il eftoit, & en avoir attaché l'un des bouts au Picquet B, placez horizontalement à ce mefme endroit voftre Demy-Cercle, en telle forte que regardant par fes Pinnules immobiles, vous puiffiez voir le Picquet A ; Puis ayant arrefté l'Alidade fur le Point qui marque le nombre des Degrez que doit avoir l'Angle du cofté du Pentagone, faites qu'un Valet porte l'autre bout du Cordeau vers G, & que le tenant bandé, il chemine doucement de travers à droitte ou à gauche, jufqu'à ce que vous le puiffiez voir par les Pinules mobiles de l'Alidade ; Et alors criez luy, ou luy faites figne qu'il s'arrefte, & qu'il attache à un Picquet l'autre bout du Cordeau ; fur lequel vous prendrez derechef, & dans le mefme ordre qu'auparavant, des Parties égales à celles que vous avez déja prifes ; Et par ce moyen vous aurez un autre cofté du Poligone ; Et réïterant plufieurs fois la mefme chofe, vous aurez à la fin le Poligone tout entier, & il ne vous reftera plus que les Baftions à tracer.

Maintenant pour tracer les Flancs d'un Baftion, placez horizontalement voftre Demy-Cercle à l'extremité d'une Courtine ; Comme par exemple à l'endroit C, enforte que regardant par fes Pinnules immobiles vous puiffiez voir le Picquet B ; Puis tournez l'Alidade, & l'arreftez fur le Point qui marque le nombre des Degrez que doit avoir l'Angle que fait le Flanc avec la Courtine ; Enfuite dequoy ayant attaché l'un des bouts du Cordeau au Picquet C, faites comme auparavant qu'un Valet porte l'autre bout vers H, & que bandant le Cordeau il chemine à droitte ou à gauche, jufqu'à ce que vous le voyez par les Pinules mobiles, & alors faites-le arrefter ; Aprés cela, vous prendrez fur le Cordeau le nombre des Toifes, Piés, & Pouces que doit avoir un Flanc, & là vous y planterez le Picquet H, qui vous marquera & déterminera l'un des Flancs, & qui vous fervira en mefme temps d'exemple pour marquer de mefme tous les autres.

Pour

Pour la Face du Baftion, elle fe peut marquer en plufieurs
manieres, comme par exemple, vous pouvez attacher un Cordeau au Picquet E, & le tirer vers O, enforte qu'il paffe
par deffus le Picquet H, d'où vous compterez jufques à K
le nombre des Toifes que vous fçavez que doit valoir cette
Face ; Et alors, ou bien vous planterez un Picquet en **K**,
ou fi vous voulez, vous attacherez un autre Cordeau au
Point L, à l'extrémité d'un fecond Flanc, & le tirerez vers
P, enforte qu'il paffe par deffus l'extremité du Flanc MN ;
& vous planterez un Picquet à l'endroit K, où les deux

Pour tracer les Fortifications fur le Terrein.

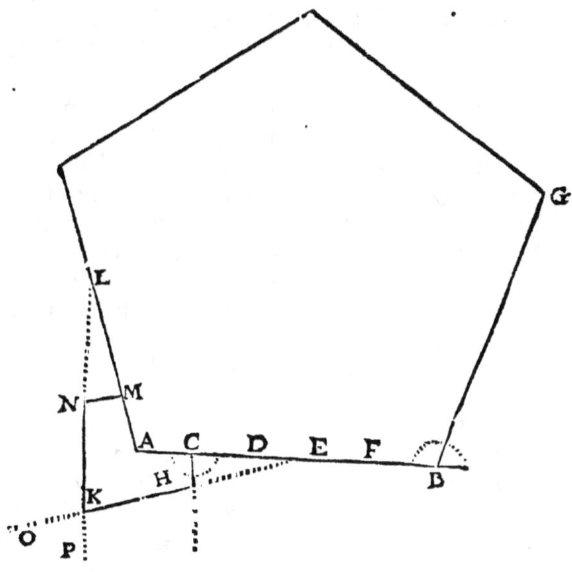

Cordeaux fe croifent ; Ou fi vous l'aymez mieux, vous pla-
cerez horizontalement le Demy-Cercle en H, enforte que
regardant par fes Pinnulés immobiles, vous puiffiez voir le

Nnn

Picquet C ; Et vous mettrez l'Alidade fur le Point qui marque le nombre des Degrez que la Table vous montrera que doit valoir l'Angle compris du Flanc & de la Face du Baftion ; Puis attachant au Picquet H le bout d'un Cordeau, faites de mefme qu'un Valet porte l'autre bout vers O, & que le tenant bandé, il chemine de travers, & ne s'arrefte que quand vous le verrez par les Pinnules mobiles ; Apres quoy vous prendrez fur le Cordeau HO, la Partie HK, de la longueur que doit avoir la Face du Baftion.

Pour marquer le Foffé, il ne faut qu'attacher le Cordeau à l'Efpaule de chaque Baftion, & le bander enforte qu'il fe trouve parallele à la Face du Baftion voifin. Et pour tracer le Rempart, il ne faut que bander en dedans du Poligone un Cordeau parallele à chaque cofté, & l'éloigner de la largeur qu'a le Foffé vis à vis la Face d'un Baftion.

Je ne diray rien icy touchant les Dehors, n'eftant pas poffible qu'on ne les fçache tracer fur la Terre, quand une fois on a appris à y tracer le Corps de la Place. J'ajoûteray feulement que fi en voulant marquer quelqu'une des Lignes, vous trouviez qu'elle deuft paffer par un endroit où il y euft quelque Edifice, ou autre chofe femblable, qu'on n'euft pas deffein d'abattre fi toft, vous pourriez toûjours tracer la Partie de cette Ligne qui doit eftre au deça de l'obftacle fuppofé, & mefme auffi les autres traits avec lefquefs cette Ligne a liaifon ; Et pour le furplus qui doit eftre au delà de l'obftacle, vous le pourrez tracer par le moyen d'une Ligne parallele, ainfi que je m'en vas vous dire. Suppofons, par exemple, qu'en voulant tracer fur la Terre une Ligne qui faffe avec AB un Angle de 108. Degrez, vous trouviez qu'elle doive paffer par l'Edifice C, qu'on ne veut pas encore abattre ; En ce cas, marquez toûjours de la Partie BD, fuivant ce qui a efté dit cy-deffus ; Puis, aprés avoir élevé au point B la Ligne BE, perpendiculaire à BD, de telle longueur que vous voudrez, prenez quelqu'autre Point comme D, & y élevez une feconde per-

pendiculaire égale à la premiere comme DF ; Enfuite de.
quoy bandez le Cordeau, & le faites paſſer par deſſus les
marques E & F, & comptez ſur le Cordeau depuis E juſques à G le nombre des Toiſes que vous avez deſſein de
donner à la Ligne BD continuée ; Cela fait, élevez encore à l'endroit G la Ligne GH perpendiculaire à EG, &

Quand il y a quelque obſtacle.

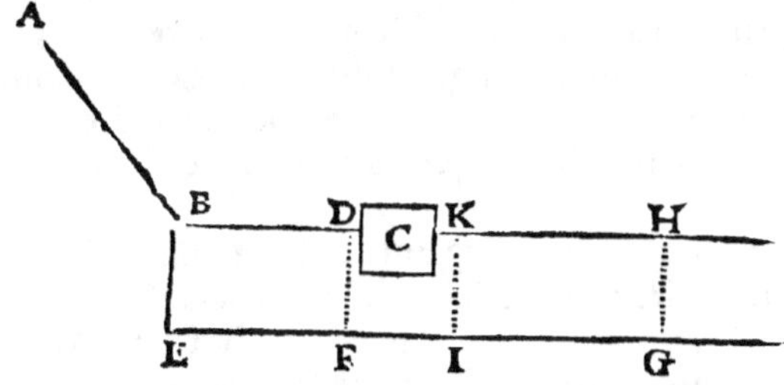

égale à BE ; Et ayant pris dans la Ligne EG quelqu'autre
Point à diſcretion, comme I, élevez-y la Perpendiculaire
IK, égale à GH, ou à BE ; Enfin bandez le Cordeau par
deſſus les endroits H & K, & alors la Ligne KH, ſera la
partie de la Ligne qui eſtoit propoſée à tracer, & qui ſe
rencontre au delà de l'Obſtacle C ; Deſorte que ſi les
Lignes AB, BH eſtoient deux coſtez d'un Poligone qu'on
euſt entrepris de tracer ſur la terre, on pourroit l'achever,
à l'exception ſeulement de la Partie dont l'Edifice C occupe
la Place.

Le Toiſé du Foſſé.

Tous ceux qui ſe meſlent des Fortifications, & principalement les Ingenieurs, ſçavent aſſez combien il
eſt utile de ſçavoir la quantité de terre qu'il faut tirer pour
faire le Foſſé d'une Fortereſſe, & combien de maſſonnerie

il y a à faire pour foûtenir les Terraffes ; Car par ce moyen l'on peut faire feurement des marchez, détermine la dépenfe, & prévoir en combien de temps un Ouvrage pourra eftre achevé, en y employant un certain nombre d'hommes.

Comme nous n'entendons icy parler que d'une Fortification reguliere, il fuffira d'en fçavoir toifer une partie, pour fçavoir à quoy le tout pourra revenir.

Confiderez donc la Figure fuivante ABCDEF, qui reprefente la douziéme partie de la Surface du Rais de Chauffée du Foffé d'un Hexagone conftruit à la façon de Marolois, c'eft à dire, la partie de cette fuperficie du Foffé comprife entre la Ligne Droitte AF tirée de la Pointe du Baftion A jufqu'à l'Angle Saillant F de la Contr'Efcarpe, & la Ligne Droitte DE élevée perpendiculairement au milieu de la Courtine D, & qui va rencontrer la Contr'Efcarpe à l'Angle Rentrant E.

Or pour trouver la quantité des Toifes cubiques de terre qu'il faut tirer au deffous de cette Surface ABCDEF, continuez premierement la Face du Baftion AB, jufqu'à ce qu'elle rencontre la Courtine au Point 2, & marquez le Point N, où la Ligne A2 couppe la Ligne DE ; Puis tirez les Lignes Droittes GHI, HK, KN, OP, paralleles aux Lignes AB, BC, CD, FE, & éloignées de ces Lignes de la quantité du Talus des Terraffes ; Tirez apres cela les Lignes AQ & BR perpendiculaires à GH ; BS perpendiculaire à HK ; KM & KL perpendiculaires à BC, & à CD ; IT perpendiculaire à BN ; PZ perpendiculaire à GI ; EY, & GX perpendiculaires à OP ; & OV perpendiculaire à FE.

Enfuite de cette Conftruction, confiderez que les Lignes AB & BC font données par le Calcul qui a efté cy-devant enfeigné ; Les Lignes CD & D2 font auffi données ; celle-là eftant la moitié de la Courtine, & celle-cy la moitié de la Partie Moyenne ; Deplus, les Perpendiculaires AQ, BR, BS, KM, KL, IT, EY, OV font données, puis qu'elles font égales au Talus que les Terraffes doivent avoir ; Et enfin les Perpendiculaires GX & PZ font auffi données, d'autant que chacune de ces Lignes eft égale à la largeur qu'a le Foffé vis à vis la Face

du Baftion, moins les deux Perpendiculaires AQ & OV.
Quant aux Angles ABC (ou fon égal RHS) & BCD, ils
font donnez par la Conftruction, où par le Calcul de la
Figure ; Et pour les Angles YPE, & ZIP, on peut dire
auffi qu'ils font donnez, puifque chacun d'eux eft égal à
l'Angle BNI, qui eft la moitié de l'Angle Flanquant ; Il en
eft de mefme des Angles AGQ, & OFV, qui font égaux à
la moitié de l'Angle Flanqué ; AB.

Aprés cela, il faut trouver la valeur des Lignes GQ,
RH, HS, CM, CL, DN, NI, ZI, PY, FV, OX, & GZ ;
pour pouvoir enfuite trouver la valeur des divers Solides
qui compofent le Solide entier qui eft fous cette Surface
ABCDEF.

Toifé du Foffé.

La Ligne GQ fe
trouvera en la confide-
rant comme le cofté du
Triangle AGQ ; dans
lequel on connoift
l'Angle AQG, qui eft
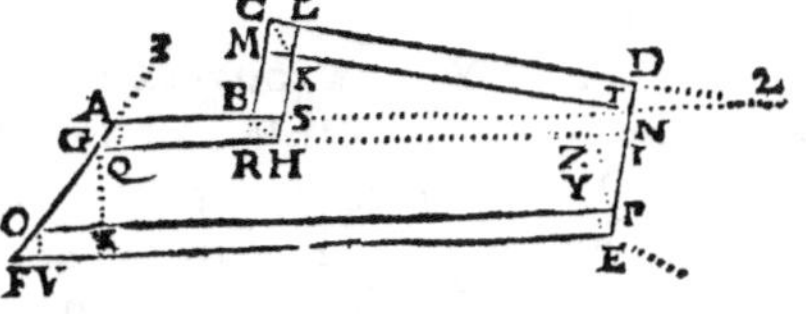
Droit, l'Angle AGQ, qui eft la moitié de l'Angle flan-
qué, & le Cofté AQ, qui eft égal au Talus de la Terraffe ;
Ce quifuffit pour trouver par le Calcul la valeur de la Ligne
GQ.

La Ligne RH, & par confequent fon égale HS, fe trouvera en la confiderant comme le cofté du Triangle BRH ;
dans lequel on connoift l'Angle BRH, qui eft Droit, l'Angle BHR, qui eft la moitié de l'Angle de l'Efpaule, & le
Cofté BR.

La Ligne CM, & par confequent fon Egale CL, fe trouvera en la confiderant comme le cofté du Triangle CKM ;
dans lequel on connoift l'Angle CMK, qui eft Droit,
l'Angle MCK, qui vaut un Demy-droit, & le Cofté MK.

La Ligne DN, ou la partie de la Ligne DE comprife entre la Courtine & la Ligne A 2, fe trouvera en la confide-

rant comme le coſté du Triangle DN_2 ; dans lequel on connoiſt l'Angle Droit ND_2, l'Angle DN_2, qui eſt égal à ſon Oppoſé au Sommet INT, qui eſt égal à la moitié de l'Angle flanquant, & le Coſté IT.

La Ligne NI, ſe trouvera en la conſiderant comme le Coſté du Triangle ITN ; dans lequel on connoiſt l'Angle Droit ITN, l'Angle INT, qui eſt la moitié de l'Angle flanquant, & le Coſté IT.

La Ligne ZI, ſe trouvera en la conſiderant comme le coſté du Triangle PIZ ; dans lequel on connoiſt l'Angle Droit PZI, l'Angle PIZ, qui eſt égal à l'Angle INT, & le Coſté PZ, qui eſt égal à la largeur du Foſſé, moins les Talus des Terraſſes EY & IT.

La Ligne PY, ſe trouvera en la conſiderant comme le coſté du Triangle EPY ; dans lequel on connoiſt l'Angle Droit EYP, l'Angle EPY, qui eſt auſſi égal à l'Angle INT, & le Coſté EY.

La Ligne FV, ſe trouvera en la conſiderant comme le coſté du Triangle OFV ; dans lequel on connoiſt l'Angle Droit OVF, l'Angle OFV, qui eſt égal à la moitié de l'Angle flanqué, & le Coſté OV.

La Ligne OX, ſe trouvera en la conſiderant comme le coſté du Triangle GXO ; dans lequel on connoiſt l'Angle Droit GXO, l'Angle GOX, qui eſt auſſi la moitié de l'Angle flanqué, & le Coſté GX.

Pour la Ligne GZ, elle demande un peu plus de Circuit ; Premierement dans le Triangle BC_2, où les Angles ſont connus, avec les Coſtez BC, C_2, il faut chercher par le Calcul le Coſté B_2 ; Puis dans le Triangle DN_2, où les Angles ſont connus avec les Coſtez DN, D_2, il faut chercher le Coſté N_2 ; Cela fait, il faut oſter de B_2 la quantité des Lignes N_2 & NT, & le reſte ſera la valeur de **BT** ; Aquoy ajoûtant la valeur de la Face AB, on aura celle de AT, ou de ſon Egale QI ; à laquelle ſi on ajoûte GQ, on aura la valeur de GI, de laquelle ſi on retranche ZI, on aura à la fin la valeur de GZ.

Pour trouver maintenant la valeur des divers Solides qui

compofent le Solide entier qui eft fous la Surface ABCD
EF, confiderez premierement la Surface ou le Rectangle
GXPZ, & pour fçavoir la valeur ou la quantité du Solide
Rectangle qui eft au deffous de cette Surface , multipliez
GX par GZ, & le produit par la profondeur du Foffé,
& ce qui viendra de cette double multiplication vous don-
nera la valeur du Rectangle folide que vous cherchez.

La valeur du Prifme qui eft au deffous du Triangle GXO,
fe trouvera, en multipliant GX par OX, & le produit par
la moitié de la profondeur du Foffé.

Le Prifme qui eft au deffous de PZI, fe trouvera de
mefme, en multipliant PZ par IZ, & le Produit par la moitié de la profondeur du Foffé.

La valeur du Solide qui eft au deffous du Trapeze HKNI,
fe trouvera, en multipliant la moitié des deux Lignes HK,
NI, par KN, & le Produit par la profondeur du Foffé.

La valeur des quatre Prifmes qui font au deffous des Surfaces Rectangles AQRB, BMKS, LDNK, & OVEY, fe
trouvera, en multipliant la Somme des Lignes QR, SK,
KN, & OY, par AQ, & le Produit par la moitié de la
profondeur du Foffé.

Toifé du Foffé.

LA valeur de la Py-
ramide qui eft au def-
fous du Triangle AGQ,
fe trouvera, en multi-
pliant GQ, par la moi-
tié de AQ, & le Pro-
duit par le tiers de la profondeur du Foffé.

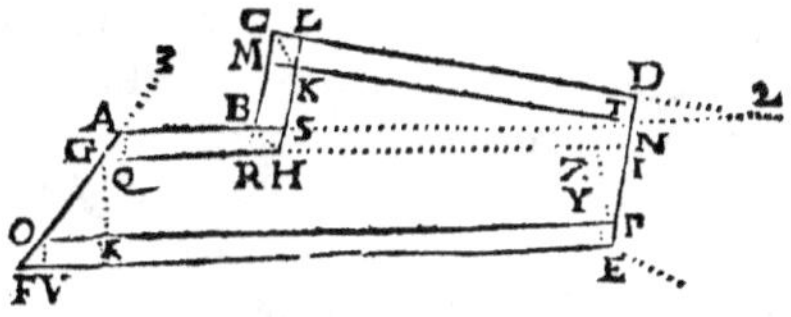

La valeur des deux Pyramides qui font au deffous de la
Surface BRHS, fe trouvera tout d'un coup, en multipliant
l'une des deux Lignes RH, ou HS, par BR, & le Produit
par le tiers de la profondeur du Foffé.

Celles des deux Pyramides qui font au deffous de la Surface MCLK, fe trouvera auffi tout d'un coup, en multi-

pliant MC par MK, & le Produit par le tiers de la profondeur du Foffé.

La valeur de la Pyramide qui eft au deffous du Triangle EYP, fe trouvera, en multipliant PY, par la moitié de EY, & le Produit par le tiers de la profondeur du Foff.é.

Celle de la Pyramide qui eft au deffous du Triangle FOV, fe trouvera, en multipliant FV par la moitié de OV, & le Produit par le tiers de la profondeur du Foffé.

Enfin fi l'on adjoûte toutes ces valeurs ou quantitez en une feule Somme, on aura celle de toute la Terre qu'il faut tirer au deffous de la Surface ABCDEF ; Et fi l'on multiplie derechef cette quantité par le double du nombre des Baftions de la Figure, l'on aura la quantité de toute la Terre qui fe doit tirer de tout le Foffé.

Le Toifé du Rempart, & des Parapets.

QVand nous parlons icy du Toifé du Rempart, nous entendons feulement parler de celuy de la Maffonnerie que l'on fait pour foûtenir les Terraffes : Car pour les Ouvrages de Terre, l'on fçait affez quelle eft leur quantité, par le Toifé de la Terre du Foffé dont ils font faits, fans qu'il foit befoin de prefcrire la methode de les toifer en particulier. Et d'autant que nous nous propofons encore icy une Fortification reguliere, nous nous contenterons d'en mefurer une partie.

Confiderez donc la Figure ABCDEFGH, dans laquelle la Ligne AB, reprefente la Face d'un Baftion ; BC, le Flanc ; CD, la moitié de la Courtine ; DE, qui eft perpendiculaire à CD, l'épaiffeur de la muraille par le pié; & AH, une partie de la Ligne Capitale d'un Baftion. Deplus les Lignes EF, FG, & GH, qui font paralleles à AB, BC, & CD, terminent l'épaiffeur de la muraille du cofté de la Ville ; Et quant aux Lignes IK, KL, & LM, qui leur font paralleles, la diftance qu'il y a entre ces Lignes & les Lignes HG, GF, & FE, marque la largeur fur laquelle la
Maffonnerie

Maſſonnerie s'éleve ſans Talus ; Et celle qu'il y a entre ces meſmes Lignes & les Lignes AB, BC, & CD, marque la largeur ſur laquelle s'éleve le Talus de la Maſſonnerie. Si bien que les Lignes IN, KP, KQ, CT, CV, & DM, qui ſont perpendiculaires aux Lignes ſur leſquelles elles tombent, ſont égales à la quantité du Talus ; Et de meſme les Lignes HO, GR, GS, LX, & LY, qui leur ſont auſſi perpendiculaires, ſont égales à ce dont l'épaiſſeur entiere de la muraille ſurpaſſe le Talus qu'on luy donne.

Dans cette Figure, ſoit par le Calcul qui a eſté cy-devant enſeigné, ſoit par la conſtruction, on connoiſt les Lignes AB, BC, & CD, avec toutes ces Perpendiculaires dont nous venons de parler ; On y connoiſt auſſi les Angles

Le Toiſé du Rempart & des Parapets.

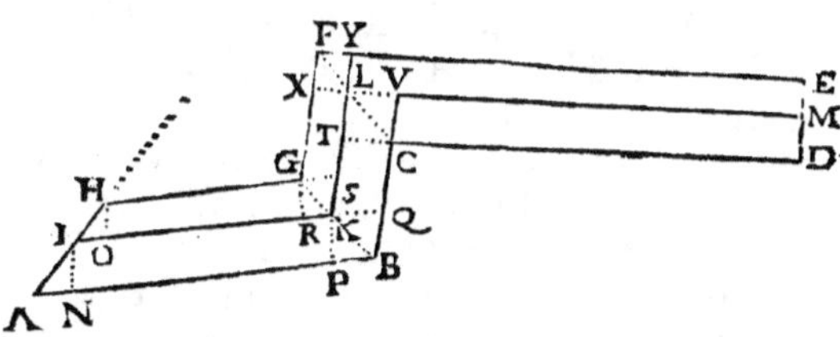

IAN, & HIO, chacun deſquels eſt égal à la moitié de l'Angle flanqué ; On y connoiſt encore les Angles KBP, KBQ, GKR, & GKS, chacun deſquels eſt égal à la moitié de l'Angle de l'Epaule PBQ ; Enfin on y connoiſt les Angles CLT, CLV, LFX, & LFY, chacun deſquels eſt égal à la moitié de l'Angle BCD, que le Flanc fait avec la Courtine.

Maintenant pour trouver le Solide que l'on cherche, c'eſt à dire le Solide de la Maſſonnerie du Rempart, il faut encore connoiſtre la valeur des Lignes AN, IO, PB, BQ, RK, KS, TL, LV, XF, & FY.

La Ligne AN, ſe trouvera, en la conſiderant comme le

cofté du Triangle AIN ; dans lequel on connoift l'Angle Droit ANI, l'Angle NAI, qui eft égal à la moitié de l'Angle flanqué, & le Cofté IN, qui eft égal à la quantité du Talus.

La Ligne IO, fe trouvera, en la confiderant comme le cofté du Triangle HIO ; dans lequel on connoift l'Angle Droit IOH, l'Angle HIO, qui eft égal à l'Angle A, & le Cofté HO, qui eft égal à ce dont l'épaiffeur entiere de la muraille furpaffe le Talus.

La Ligne PB, ou fon Egale BQ, fe trouvera, en la confiderant comme le cofté du Triangle PBK ; dans lequel on connoift l'Angle Droit KPB, l'Angle KBP, qui eft égal à la moitié de l'Angle de l'Epaule, & le Cofté KP, qui eft égal à IN.

La Ligne RK, ou fon Egale KS, fe trouvera, en la confiderant comme le cofté du Triangle RKG ; dans lequel on connoift l'Angle Droit GRK, l'Angle GKR, qui eft auffi égal à la moitié de l'Angle de l'Epaule, & le Cofté GR, qui eft égal à HO.

La Ligne TL, ou fon Egale LV, fe trouvera en la confiderant comme le cofté du Triangle CTL ; dans lequel on connoift l'Angle Droit CTL, l'Angle CLT, qui vaut un Demy-Droit, & le Cofté CT, qui eft égal à IN.

La Ligne XF, ou fon Egale FY, fe trouvera, en la confiderant comme le Cofté du Triangle LXF ; dans lequel on connoift l'Angle Droit LXF, l'Angle FLX, qui vaut un Demy-droit, & le Cofté LX, qui eft égal à HO.

Maintenant, il eft évident qu'en oftant AN, & PB, de AB, il reftera NP, ou fon égale IK ; De laquelle oftant derechef IO, & RK, il reftera OR ou fon Egale HG ; De mefme, oftant BQ de BC, il reftera QC, ou fon Egale KT ; de laquelle oftant KS, il reftera ST ; à laquelle adjoûtant TL, on aura SL, ou fon Egale GX ; Enfin adjoûtant LV, à VM, ou à fon Egale CD, il viendra LM, ou fon Egale YE.

Tout cela fuppofé, il n'eft plus queftion que de trouver

la valeur des divers Solides qui compofent le Solide entier
de la muraille.

Quant aux Solides Rectangles qui font fur les Surfaces
OHGR, SGXL, & LYEM, ils fe trouveront, en multipliant la Somme des Lignes HG, GX, & YE, par HO,
& le produit par la hauteur du Rempart.

Les Prifmes qui font Sur les Surfaces HIO, GRKS, &
FXLY, fe trouveront, en multipliant la Somme des Lignes
IO, RK, KS, XF, & FY par HO, & le Produit par la
moitié de la hauteur du Rempart.

Les Prifmes qui font fur les Surfaces Rectangles INPK,
QKTC, & CVMD, fe trouveront, en multipliant la Somme des Lignes NP, QC, & CD, par IN, & le Produit par
la moitié de la hauteur du Rempart.

La Pyramide qui eft au deffus de la Surface AIN, fe
trovvera, en multipliant AN, par la moitié de IN, & le
Produit par le tiers de la hauteur du Rempart.

Le Toifé du Rempart & des Parapets.

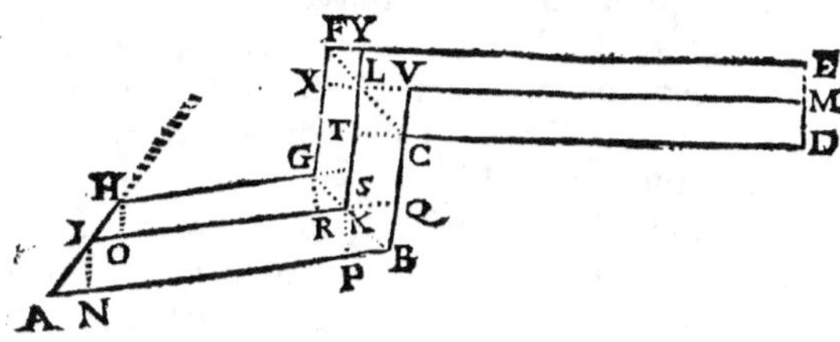

Les deux Pyramides qui font fur la Surface KPBQ, fe
trouveront tout d'un coup, en multipliant KP, par PB, &
le Produit par le tiers de la hauteur du Rempart.

Les deux Pyramides qui font fur la Surface CTLV, fe
trouveront auffi tout d'un coup, en multipliant CT, par
TL, & le Produit par le tiers de la hauteur du Rempart.

Or toutes ces quantitez eftant adjoûtées en une feule
Somme, cette Somme fera la quantite de la partie de la

muraille qui eſt ſur la Surface ABCDEFGH ; laquelle eſtant multipliée par le double du nombre des Baſtions de la Figure, on aura le Solide entier de toute la muraille.

Aprés cela, il ſeroit ſuperflu de vous dire comment on pourra toiſer les Parapets, eſtant évident qu'on les peut reſoudre en pluſieurs Solides, de meſme qu'on a fait le Rempart.

Il ſeroit auſſi ſuperflu de rien dire touchant le Toiſé des Dehors, d'autant qu'ils ſuivent en cela les meſmes Regles que fait le Corps de la Place.

Obſervations pour la Conſtruction des Fortifications.

PErſonne n'ignore que pour la Conſtruction des Fortifications il ne faille des Hommes, des Outils, & des Materiaux ; Des Materiaux pour employer, des Outils pour travailler, & des Hommes pour ordonner & diſpoſer.

Les Outils les plus neceſſaires ſont des Pics, des Beſches, & des Pelles, pour remuer & renverſer la Terre ; comme auſſi des Hottes, des Panniers, & des Broüettes pour la tranſporter ; Aquoy le Charroy eſt auſſi fort neceſſaire, eſtant certain qu'un Cheval ſeul peut en cecy autant que pluſieurs Hommes enſemble.

Pour ce qui eſt des materiaux, la Terre en fait la plus grande & principale Partie ; Et on la reveſt ordinairement de Maſſonnerie, tant pour ſoûtenir les Terraſſes, & rendre par ce moyen l'Ouvrage plus durable, que pour leur donner plus de roideur, & faire qu'on ne puiſſe pas y grimper.

Mais ſuppoſé que pour épargner le temps & la dépenſe, l'on ne veüille que des Fortifications de Terre, ſans aucune Maſſonnerie ; en ce cas, il faut aprés avoir élevé environ un pié de Terre, faire un lict de Faſcines ; qu'on doit placer de telle ſorte, que leur gros bout regarde la Campagne, & ſe termine à un pié prés du principal Trait, puis élever au deſſus encore environ un pié de Terre, &

faire encore par deſſus un lict de Faſcines ; & continüer ainſi alternativement, juſqu'à ce que l'on ſoit parvenu à la hauteur que doivent avoir les Terraſſes.

Les meilleures Faſcines ſont celles de bois vert, à cauſe que prenant aiſément racines, elles ſe lient mieux avec la Terre ; c'eſt pourquoy, il eſt bon de leur laiſſer les racines quand elles ne ſont point incommodes, & qu'elles peuvent ſervir à entretenir cette liaiſon.

Quand on ne veut point reveſtir les Terraſſes de Maſſon-nerie, on les reveſt ordinairement de gazons ; dont les meilleurs ſe prennent dans les Prés où la Terre eſt fort liante, & où l'herbe eſt fort petite. Pour les lever on les coupe avec la bêche, & on leur donne de longueur en-viron un pié, de largeur environ un demy-pié, & d'é-paiſſeur environ trois pouces ; de façon qu'ils ont à peu prés la figure d'une brique, hormis que leur épaiſſeur va toûjours quelque peu en amoindriſſant vers le bas.

Quand les gazons ſont ainſi coupez & taillez, pour les employer, on tend un Cordeau ſur le principal Trait, & on les applique tout du long ſelon leur largeur, enſorte qu'ils touchent le Cordeau par l'un de leurs bouts, & les Faſcines par l'autre ; obſervant que l'herbe ſoit tournée en deſſous.

Il faut avoir ſoin en élevant les Terraſſes, de leur donner le Talus qui leur eſt convenable ; Et ce Talus, comme nous avons déja dit, pour les Ouvrages de Terre, doit eſtre du tiers de leur hauteur, ce qui ſe doit entendre de la Face exterieure ſeulement, car pour le dedans, comme on ne le reveſt point de gazon, le Talus doit eſtre égal à la hauteur.

Il faut auſſi bien prendre garde, lors que les Ouvrages ne ſont que de Terre, de ne pas creuſer le Foſſé juſqu'au-prés du principal Trait, mais de laiſſer tout allentour une Berme large de trois ou quatre piés ; au delà de laquelle il faut commencer le toiſé du Foſſé.

Que ſi en creuſant la Terre pour faire le Foſſé, on rencontre des venes d'eau, ou s'il arrive qu'on soit obligé de le faire auprés d'un autre déja plein d'eau, & d'où il en puisse couler dans celuy qu'on doit faire, pour lors il faut bien se garder de travailler en mesme temps dans toute l'étenduë du Fossé, Mais il la faut diviser en plusieurs parties ; & aprés cela, il faut employer le plus de monde que l'on peut pour creuser en diligence la partie qui est la plus proche du lieu où l'eau se peut décharger, puis la suivante, & ainsi de suite ; enforte toutesfois qu'on laisse entr'elles une espece de digue de la vieille Terre, pour soûtenir l'eau dont la plus proche partie du Fossé pourra se remplir ; observant toûjours de creuser promptement & un peu plûtost la Terre qui est proche de la Digue, que celle qui en est un peu plus éloignée, afin que les eaux ayant leur pente de ce costé-là, laissent plus de liberté à creuser le reste, tandis qu'on mettra des Hommes avec des Seaux fort legers, qui n'auront point d'autre employ que de puiser l'eau qui se sera déchargée, & la verser de l'autre costé.

Quand le Fossé est ainsi achevé à l'exception des Digues, pour lors il les faut abbattre ; ce qui ne doit pas estre fort difficile, à cause que l'eau les doit avoir détrempées des deux costez ; Mais comme en les abbattant il ne se peut qu'elles ne remplissent quelque peu le Fossé, il est bon de l'avoir creusé un peu plus qu'on n'auroit fait sans cela, afin qu'il luy reste toûjours la profondeur qu'il doit avoir.

Ce n'est pas un avis de petite importance à donner à ceux qui entreprennent de ces Ouvrages, de faire enforte que tous les gens de travail fassent le moins de chemin qu'il est possible ; Pour cela il faut dans le circuit d'une Forteresse laisser plusieurs breches, par où l'on puisse commodement porter la Terre qui se prend aux environs, lesquelles ne se doivent boucher qu'à la fin de l'Ouvrage. De mesme, il faut avoir soin de faire le mortier, & de décharger les materiaux le plus prés des lieux où l'on doit les employer.

Quand les Terrasses sont soûtenuës de Massonnerie, il

faut dans son épaisseur, vers le pié, faire une petite galerie large de deux piés & demy ou environ, & haut de six piés, qui regne dans tout le Circuit de la Place ; Elle pourra servir en cas de Siege a y mettre des Soldats pour écouter si l'ennemy ne travaille point à quelque Mine ; Et en ce cas on pourroit l'empescher ; ou si la Mine estoit déja faite, on pourroit l'éventer, & la rendre inutile.

Quand l'Ouvrage n'est que de Terre, on peut pour plus grande perfection le fraiser ; Pour cela, lorsqu'il est entierement élevé, à l'exception seulement du Parapet, l'on couche sur le Rempart, & l'on range à costé les unes des autres, & à demy pié l'une de l'autre, de grosses pieces de bois, épaisses de trois pouces, & longues de huit à neuf piés, que l'on fait saillir en dehors, & avancer trois ou quatre piés dans l'air, & par dessus cela, l'on jette la Terre dont on forme le Parapet. L'usage de ces Fraises est d'assurer la Forteresse contre les Escalades, & en cas de Siege, d'empescher les Soldats de la Garnison de se laisser glisser du haut du Rempart dans le Fossé, pour se rendre au Camp des Ennemis.

Pour ce qui est des Parapets, je n'ay rien a adjoûter à ce qui en a esté dit cy-devant, sinon qu'aux Angles flanquez & au milieu des Courtines, au lieu de Parapet, l'on y construit des Guerites pour mettre des Sentinelles à couvert ; On fait aussi aux endroits où l'on doit placer le Canon de certaines fentes pour le pouvoir tirer par là ; & c'est ce que l'on nomme des Embrasseures ou des Canonieres ; lesquelles vont en rétrécissant jusques environ le quart de l'épaisseur du Parapet, auquel endroit elles ne doivent avoir gueres plus de largeur qu'il en faut pour passer la bouche d'un Canon ; aprés quoy elles vont en s'élargissant du costé de la Campagne, afin de pouvoir découvrir une plus grande estenduë de pays.

Lors qu'aprés avoir construit le Rempart & le Parapet, l'on a encore de la Terre de reste, de celle que l'on a tirée du Fossé, l'on en fait, à quelques endroits du Glacis du

Rempart, des Levées, qu'on appelle des *Cavaliers*, qui par leur hauteur au deſſus du Rempart commandent la Campagne ; Et comme on les deſtine à y mettre du Canon, il faut qu'ils ayent par le haut ſept ou huit toiſes de largeur ou profondeur ; ſçavoir, trois pour un Parapet, & quatre ou cinq pour le Canon & ſon recul ; Or plus ils ſeront grands & ſpatieux, & plus auſſi l'on y pourra mettre de Canon.

Les Cavaliers ſe peuvent commodément & utilement conſtruire à l'endroit des Gorges des Baſtions : Car outre que de-là l'on peut ruiner les Batteries du Canon des Ennemis, l'on peut auſſi de-là avec le Canon nuire à l'Ennemy ; non ſeulement lors qu'il eſt encore éloigné, mais auſſi lors qu'il ſe met en devoir de paſſer le Foſſé à l'endroit des Faces des Baſtions.

Il faut remarquer qu'on doit applanir le deſſus des Cavaliers, & y faire une Platte-forme pour placer le Canon ; Et de plus qu'il doit y avoir un chemin pour y pouvoir aller de deſſus le Rempart.

Les Portes des Villes doivent eſtre miſes aux endroits du Circuit de la Place qui ſont le mieux flanquez, c'eſt pourquoy on les doit faire au milieu des Courtines ; il n'en faut faire que le moins que l'on peut, pour n'eſtre pas obligé à une ſi grande garde. Leur premiere fermeture doit eſtre un Pont-levis ; derriere lequel il doit y avoir une Porte à deux battans toute pleine, & derriere celle-cy une Porte à jour, faite de poſteaux, qui ait autant de plein que de vuide ; Cette derniere Porte eſt pour reſiſter au Petard, en cas qu'il euſt enfoncé la premiere, & le Pont-levis.

C'eſt encore une fort bonne deffence pour une Porte de Ville que d'y faire des Orgues ; Et ces Orgues ſont de certaines poutres, armées de pointes de fer, qu'on laiſſe tomber d'enhaut, par des trous faits exprés dans la voûte, tantoſt pour arreſter l'impetuoſité du Soldat qui ſe preſente pour entrer dans la Ville apres avoir forcé les

premieres

pfemieres deffences ; & tantoft pour enfermer dans la Ville ceux des Ennemis qu'on a bien voulu y laiffer entrer. Autrefois on fe fervoit de Herfes ; mais comme elles tomboient tout d'une piece, & qu'il eftoit facile à l'Ennemy d'en empefcher l'effet, en oppofant quelque chofe à leur defcente, l'on a trouvé l'invention des Orgues, dont l'effet eft plus feur & plus difficile à empefcher.

Il eft bon que le Pont qui eft vis à vis de la Porte, foit fur des piles toutes droittes, & fans arcades, afin qu'il empefche le moins qu'il eft poffible le Flanc de découvrir la Face du Baftion. Le bout de ce Pont, qui eft du cofté de la Campagne, fe ferme avec une bacule, ou tapecul, au devant de quoy l'on met une Barriere de charpenterie quand il n'y a point de Demy-lune, & s'il y en a , la Barriere fe met au delà.

Outre ces Portes, il y en doit encore avoir de fecrettes, en quelques endroits les plus couverts , par lefquelles on puiffe en cas de Siege faire paffer des Soldats de la Ville dans le Foffé, & de-là dans les dehors, & mefme pour faire des forties.

Il faut du moins deux Corps-de-garde à chacune des Portes de la Ville que l'on tient ordinairement ouvertes, fçavoir un du cofté de la Ville, & un autre à cofté du Pont, au bout qui eft vers la Campagne ; & fi au devant de la Porte de la Ville il y avoit une Demy-lune , il en faudroit encore mettre un troifiéme dans cette Demy-lune. Il eft à obferver que la Porte par où l'on paffe de la Demy-lune dans la Campagne, fe met au milieu de l'une de fes Faces.

Outre ces Corps-de-garde, qui fervent durant le jour, il en faut mettre encore d'autres fur le Rempart, de diftance en diftance , pour faire la garde durant la nuit.

J'aurois encore beaucoup de chofes à dire touchant cette matiere, fi j'avois deffein de la pouffer jufqu'au bout ; mais en voilà affez pour ceux qui ne veulent fçavoir des Fortifications qu'autant qu'il en faut pour un Gentilhomme qui a deffein de prendre party dans l'Armée, & c'eft parti-

Ppp

culierement pour ceux-là , & pour ceux qui veulent bien me faire l'honneur de m'entendre , que j'ay entrepris ce petit Traité. Je puis pourtant les asſurer, que pourveu qu'ils veüillent ſe donner la peine de bien apprendre & mettre en pratique le peu qu'il contient, l'Uſage, l'Exercice, & l'Experience achevera de les perfectionner entierement. Que ſi apres cela, le deſir de connoiſtre, & leur propre curio-ſité, les porte à en vouloir ſçavoir davantage, il leur ſera aiſé de ſe ſatisfaire la deſſus eux-meſmes & ſans maiſtre, par la lecture des meilleurs Autheurs, ſoit François, ſoit Italiens, qui ont écrit à fond & fort doctement de cette matiere.

F I N.

TRAITE'

DES

MECHANIQUES.

DEFINITIONS.

1. **L**A pefanteur abfoluë d'un Corps qui eft dans un milieu liquide, c'eft la force que ce Corps a de defcendre, lors qu'il eft libre, & qu'il ne touche qu'aux parties de ce milieu.

Ainfi, la pefanteur abfoluë d'une Pierre qui eft dans l'air, c'eft la force qu'elle a de defcendre, lors qu'elle eft libre, & qu'elle ne touche qu'aux parties de l'air.

2. La pefanteur relative d'un Corps, c'eft la force qu'il a de defcendre & de fe mouvoir lors qu'il eft appliqué à quelque autre chofe qu'aux parties du milieu dans lequel il eft.

Ainfi, la pefanteur relative d'un Corps qui eft fur un Plan incliné dans l'air, c'eft la force que ce Corps a de defcendre, ou de rouler & de fe mouvoir fur ce Plan.

3. Le Centre de grandeur d'un Corps, c'eft un Point qui eft, autant qu'il eft poffible, également diftant de fes extremitez.

P p p ij

4. Le Centre de mouvement d'un Corps, ou le Point fixe, c'eſt un Point par lequel ce Corps peut eſtre arreſté, & autour duquel il peut eſtre meu.

5. Le Centre de peſanteur d'un Corps, c'eſt un Point allentour duquel les Parties de ce Corps ſont tellement diſpoſées & balancées, que s'il eſt ſoûtenu par ce Point, & mis en quelque ſituation que l'on voudra, les parties qui ſont d'un coſté n'ont ny plus ny moins de force que celles qui ſont de l'autre ; enſorte qu'elles demeurent toutes en equilibre, & s'empeſchent réciproquement de deſcendre.

6. L'on appelle Puiſſance, ou Force Mouvante, ce qui peut ſoûtenir ou faire mouvoir un Corps.

7. La quantité d'une Puiſſance, s'eſtime par la quantité de la peſanteur du Corps, ſur lequel elle agit, ſoit qu'elle le ſoûtienne ſimplement, ſoit qu'elle le pouſſe ou tire dans la Ligne dans laquelle il tend à deſcendre.

Ainſi, ſi le Corps A tend à deſ-cendre dans la Ligne BC, avec une Force de dix livres, la Puiſſance qui l'empeſchera de deſcendre, ſoit en le ſoûtenant ſimplement, ſoit en le pouſſant ou le tirant de C vers B, s'appellera une Puiſſance de dix livres : D'où il ſuit qu'une Puiſſan-ce eſt double ou triple d'une autre, lors qu'elle ſoûtient ou ſouleve le double ou le triple de cette autre Puiſſance.

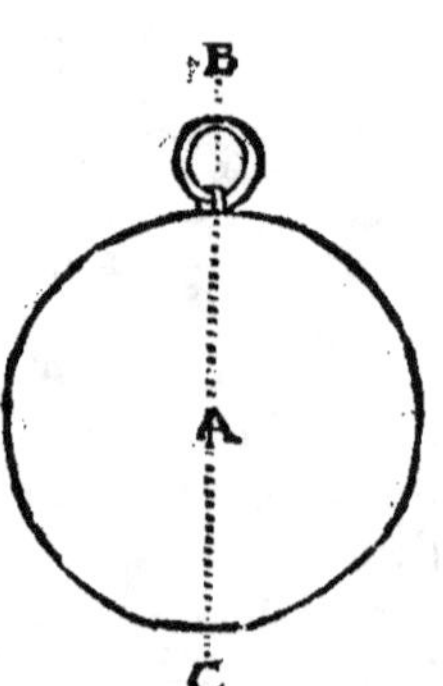

9. On appelle Machine, ce à l'ayde dequoy l'on peut procurer ou empeſcher le mouvement d'un Corps.

Il y a de deux ſortes de Machines, les unes ſont Sim-ples, & les autres Compoſées.

Entre les Machines Simples, l'on en comprend ordinaire-ment ſix, ſçavoir *la Balance, le Levier, la Poulie, la Roüe avec ſon Eſſieu, le Coin, & la Viz.* A quoy l'on peut encore adjoû-ter *le Plan incliné, & la Superficie plane,* ou le *Traiſneau,* étant certain que par leur moyen l'on peut élever & tirer des Corps fort pesans que l'on ne pourroit pas mouvoir sans cela.

Quant aux Machines Composées l'on ne peut pas en faire le denombrement, à cause que pour les construire l'on peut employer les Machines Simples en une infinité de diverses façons.

10. L'application d'un Poids, ou d'une Puissance, à un Levier, c'est l'Angle que fait la Ligne de direction de ce Poids, ou de cette Puissance, avec le Levier.

11. La distance d'une Puissance, ou d'un Poids, c'est la distance qu'il y a depuis l'endroit de la Machine, auquel cette Puissance ou ce Poids sont appliquez, jusqu'au Centre de mouvement.

12. La Mechanique, est la science des effets des Puissances, ou Forces Mouvantes, entant qu'elles sont appliquées à des Machines.

Avis.

Comme ce qui se démontre en Géometrie touchant les Lignes, & les Superficies, présuppose qu'elles soient telles que l'Esprit les conçoit ; de mesme aussi ce qu'on propose dans les Mechaniques touchant les Machines Simples ou Composées se doit entendre de celles qui ont toute la justesse & toute la perfection que l'esprit leur attribuë. Lors donc qu'il sera parlé cy-aprés d'une Balance, il faudra se representer une Ligne exactement Droitte, sans aucune pesanteur ny fléxibilité, & dont les Pivots qui servent à la soûtenir soient les extremitez d'une autre Ligne Droitte, aussi inflexible & sans pesanteur, qui traverse la premiere à Angles Droits. De mesme, lorsqu'il sera parlé d'une Poulie, il faudra la concevoir exactement ronde, & traversée d'un Essieu, auquel on n'attribuera aucune grosseur, non plus qu'aux Cordes, qu'on imaginera d'ailleurs estre extremément souples ; & ainsi des autres. Et quoy qu'il n'y ait point de Machines qui ayent toute la perfection qu'on leur attribuë, il ne faudra pas neantmoins penser qu'elles

ayent aucun défaut, que lorsqu'il en sera fait une obser-
vation expresse.

Demandes.

1. Que les Corps Pesants tendent au Centre de la Terre
par des Lignes Droittes qui peuvent passer pour Paralleles
entr'elles.

2. Une Puissance estant appliquée à Angles Droits, est
capable d'un plus grand effet, que si elle estoit appliquée
à Angles Obliques.

Par exemple, supposé que AB soit un Levier, dont le
Point fixe soit C, & le Point B le lieu où une Puissance est
appliquée, il est aisé de reconnoistre que si cette Puissance
a pour Ligne de direction la
Ligne BD, perpendiculaire
au Levier, elle sera capable
de soûtenir ou d'enlever un
plus grand Poids appliqué
en A, que si elle agissoit par
une des Lignes BE ou BF,
qui font des Angles Obli-
ques avec le Levier.

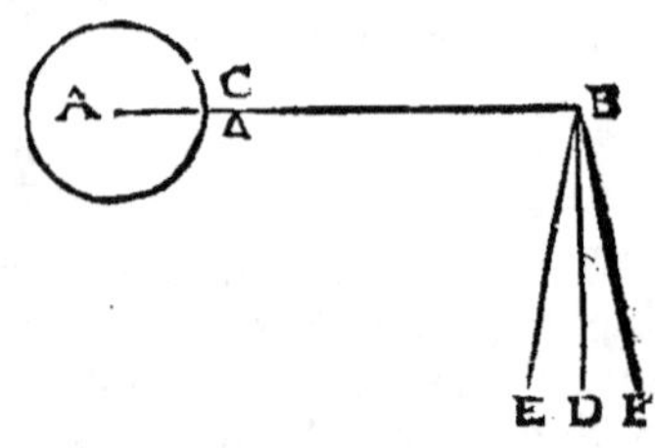

Axiomes.

1. Aux Corps Pesants Reguliers & Homogenes, (c'est à
dire dont toutes les Parties sont également pesantes) &
placez de niveau, le Centre de grandeur est aussi le Centre
de pesanteur.

Ainsi, si le Point C est le Centre
de grandeur de la Poutre AB, que
nous supposons d'égale grosseur,
également pesante en toutes ses
parties, & placée de niveau, ensorte que sa longueur AB soit pa-
rallele à la Surface de la terre, ce mesme Point est aussi
le Centre de pesanteur.

2. Les diverses pesanteurs des Corps Homogenes sont entr'elles en mesme Raison que leurs masses.

Par exemple, si un Pouce cubique de plomb pese une livre, le double de cette masse pesera deux livres.

3. Ce qui soûtient un Point d'un Corps pesant, soûtient aussi tous les Points qui sont dans la Ligne Droitte qui passe par ce Point & par le Centre de la Terre.

Ainsi, si la Ligne AB, qui traverse le Corps C, estant continuée alloit passer par le Centre de la Terre, la Puissance qui soûtiendra le Point A, ou le Point B, soûtiendra aussi tous les Points qui sont dans la Ligne **AB**.

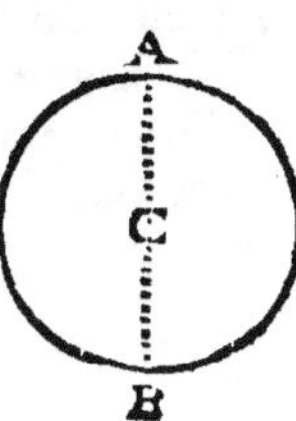

I. Corollaire.

Il suit de-là manifestement, que si le Centre de pesanteur du Corps C estoit dans la Ligne AB, ce Corps demeureroit immobile, & en equilibre, estant soûtenu par le Point A, ou par le Point B.

II. Corollaire.

Il suit aussi de-là que si le Centre de Pesanteur ne se trouvoit point dans la Ligne AB, qui passe par le Centre de la Terre, & que le Corps C fust soûtenu par quelqu'un de ses Points, comme A, ou B, ce Corps se devroit mouvoir, & incliner du Costé AEB, où se rencontre le Centre de pesanteur.

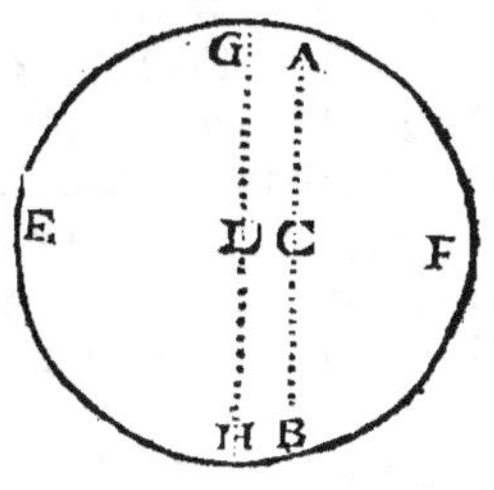

Car si par le Centre de Pesanteur D, on tire la Ligne GDH, qui tende vers le Centre de la Terre, il est évident que la Partie GEH, a autant de force pour descendre qu'en a la Partie GFH ; Mais la Partie AEB a plus de force que n'en a GEH ; donc elle en a aussi plus que GFH, & à plus forte raison que la Partie AFB.

4. Le Poids ou la Puissance qui pousse ou tire un certain Point, pousse ou tire de mesme tous les autres Points qui sont dans sa Ligne de direction.

Par exemple, si un Poids, ou une Puissance appliquée au Point B, le pousse ou tire de telle sorte, que sa Ligne de direction soit BC, ce Poids ou cette Puissance poussera ou tirera de mesme tous les autres Points qui sont dans la Ligne BC.

Corollaire.

Et partant on ne changera Point l'effet d'une Puissance, lors que sans changer sa Ligne de direction, on la placera seulement en quelqu'autre Point de la mesme Ligne.

Comme par exemple, si l'on suppose que la Superficie Plane ABCD, estant disposée à tourner allentour du Point Fixe E, à cause du Poids F qui pend du Point G, en soit empeschée par une Puissance qui soit appliquée en H, & qui a pour Ligne de direction la Ligne HI ; Cette Superficie sera aussi empeschée de tourner par la mesme Puissance, en quelque Point de la Ligne HI qu'elle soit appliquée.

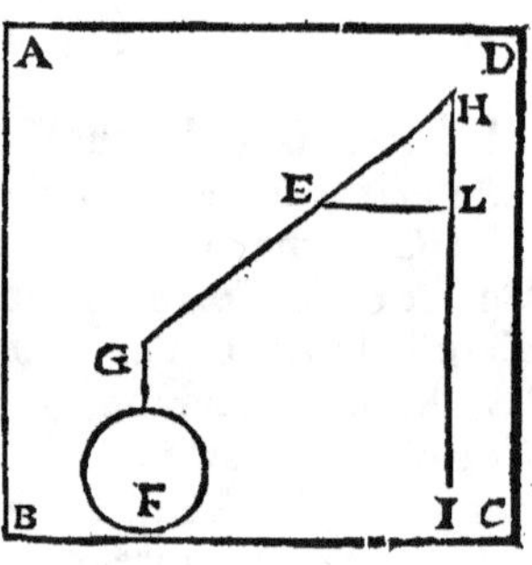

Remarque.

Cette verité eſtant ſuppoſée, il n'y a preſque pas plus de difficulté à déterminer l'effet d'une Puiſſance qui eſt appliquée à Angles Obliques, qu'à déterminer celuy d'une autre Puiſſance qui eſt appliquée à Angles Droits ; Car il ne faut pour cela que changer le lieu de cette premiere Puiſſance, & la placer au Point de ſa Ligne de direction où tombe une Perpendiculaire du Point fixe, & prendre aprés cela cette Perpendiculaire pour ſa diſtance.

Ainſi au lieu de ſuppoſer cette Puiſſance au Point H, & de prendre la Ligne EH pour ſa diſtance, il la faut concevoir au Point L, où tombe la Ligne EL, perpendiculaire à ſa Ligne de Direction HI, & prendre cette Perpendiculaire EL pour ſa diſtance.

5. Si une Puiſſance, qui a ſa Ligne de Direction dans une Superficie plane, tend à la faire mouvoir allentour d'un Point fixe, chacune des parties de cette Superficie reçoit en telle ſorte l'impreſſion de cette Puiſſance, que toutes celles qui ſont dans la Circonference d'un Cercle, dont ce Point fixe eſt le Centre, tendent à ſe mouvoir allentour de ce Point avec autant de force l'une que l'autre.

Par exemple, poſons qu'une Puiſſance ſoit appliquée au Point A de la Superficie plane BCDE, que ſa Ligne de Direction ſoit AD, & qu'elle tende à la faire mouvoir allentour du Point fixe F; Cela poſé, il eſt manifeſte que tous les Points de la Circonference AGH, dont le Centre eſt F, ſont diſpoſez à ſe mouvoir en rond allentour de ce Point avec autant de force l'un que l'autre. Il en eſt de meſme de tous les Points

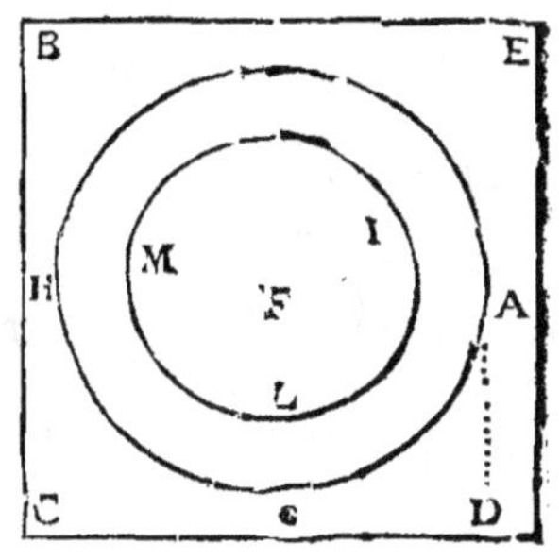

qui ſont dans la Circonference ILM, & ainſi de tous ceux

qui font dans toutes les autres Circonferences qu'on peut imaginer avoir ce mefme Point F pour Centre.

Corollaire.

On ne changera donc point l'effet d'une Puiffance, fi au lieu de l'appliquer à un certain Point de la Circonference d'un Cercle qui eft mobile allentour de fon propre Centre, on l'applique de la mefme maniere à tout autre Point de cette mefme Circonference.

Comme par exemple, fi le Cercle ABC, qu'il faut conce-voir perpendiculaire à l'Hori-zon, eft mobile en luy-mefme allentour de fon Centre E ; Et fi une Puiffance appliquée en A, & qui a fa Ligne de Direction dans la Tangente AF, foûtient le Poids K, qui pend du Point C de fa Circonference ; Cette mê-me Puiffance foûtiendra encore le mefme Poids K, eftant appli-quée en B, pourveu que fa Ligne de Direction foit dans la Tangente BG.

I. Remarque.

Ce qui eft icy reconnu pour vray dans un Cercle Continu, doit eftre auffi reconnu pour vray dans un Cercle Inter-rompu, de quelque façon qu'il le foit, pourveu que les parties qui reftent confervent encore entr'elles quelque union, & qu'elles foient tellement inflexibles, que l'une ne fe puiffe mouvoir, fans que les autres fe meuvent comme elles feroient fi le Cercle eftoit tout entier.

Ainſi , concevant qu'on ait tellement retranché du Cercle ABCD, que les Parties qui reſtent, & qui ſont comme pluſieurs Rayons égaux , & fichez dans un meſme moyeu, ſoient tout à fait inflexibles ; Si l'on ſuppoſe qu'une Puiſſance appliquée à l'extremité de l'un de ces Rayons EA,

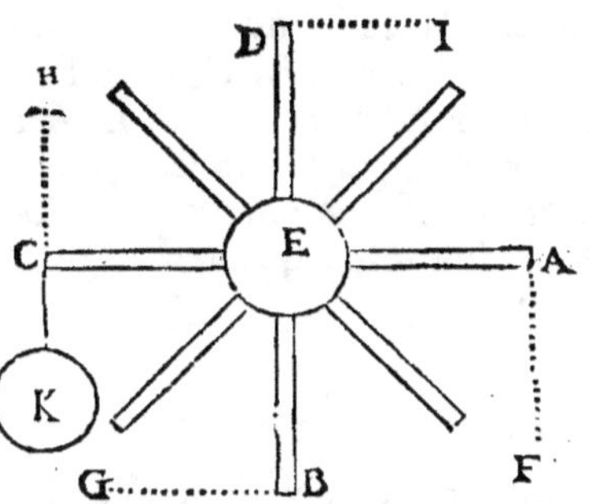

ſoit ſuffiſante pour ſoûtenir le Poids K, qui pend de l'extremité d'un autre Rayon EC, cette meſme Puiſſance ſera encore ſuffiſante pour le ſoûtenir, eſtant appliquée à l'extremité de tel autre Rayon que l'on voudra, pourveu qu'on l'applique de meſme ; c'eſt à dire, que ſi lors qu'on l'a appliquée la premiere fois au Point A, ſa Ligne de Direction eſtoit la Tangente AF, quand on viendra à l'appliquer une autre fois à l'un des Points B, C, ou D, elle ait de meſme pour Ligne de Direction l'une des Tangentes BG, CH, ou DI.

I I. Remarque.

En jettant les yeux ſur la Figure précedente l'on voit manifeſtement, qu'hormis les Rayons où la Puiſſance & le Poids ſont appliquez, tous les autres ſont inutiles, & peuvent eſtre retranchez ſans que l'effet de la Puiſſance change en aucune façon. Ainſi en retranchant tout ce qu'il y a d'inutile dans cette Machine , lors que l'on ſuppoſera la Puiſſance

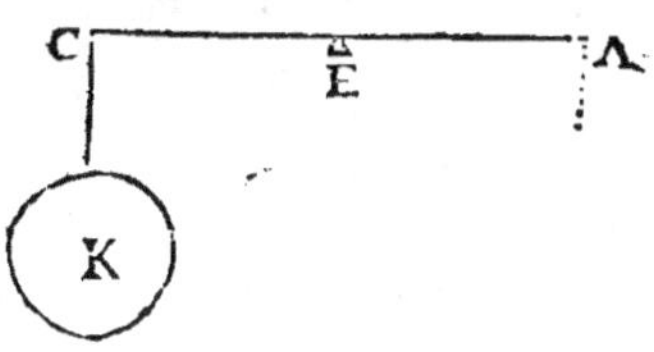

en A, on n'aura plus qu'une ſeule Ligne Droitte, telle qu'eſt icy AEC, qui eſt un veritable Levier.

De mesme, lors que l'on supposera la Puissance en B, on
n'aura plus que BEC, que l'on
peut prendre pour un Levier
recourbé, par le moyen duquel
cette Puissance pourra produire
le mesme effet qu'avec le précedent.

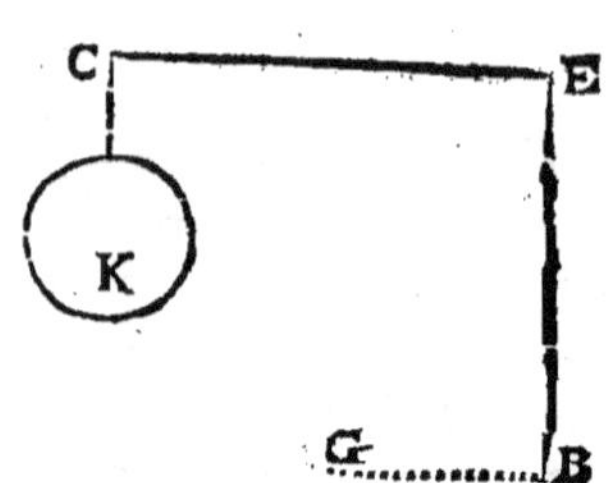

Et lors que l'on supposera la
Puissance en D, on n'aura plus
que DEC, qui est un Levier
recourbé d'un autre façon, par
le moyen duquel la mesme
Puissance pourra produire le
mesme effet qu'avec les deux
autres.

6. Axiome, Si une Puissance appliquée à une Machine
est seulement capable de soûtenir un Poids pour peu qu'on
luy adjoûte de force elle sera
capable de le soulever & faire
mouvoir.

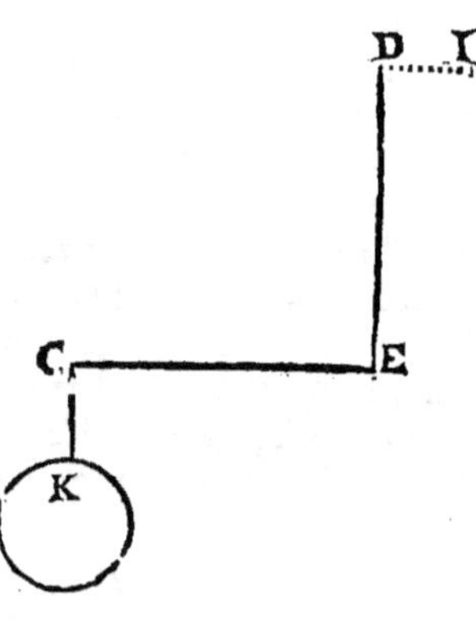

7. Si la Pesanteur qui est répanduë dans toutes les parties d'un Corps est capable de faire mouvoir ce Corps,
toute cette Pesanteur estant reünie à son Centre de Pesanteur, sera capable de le faire mouvoir comme auparavant.

Ainsi, si toute la Pesanteur des
parties du Corps ABC, estoit reünie au Point B, que nous supposons
estre son Centre de Pesanteur, elle
auroit la mesme force pour faire
mouvoir ce Corps qu'elle avoit auparavant.

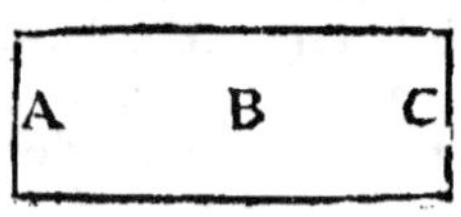

I. Corollaire.

Nous conclurons de cet **Axiome**, que ſi un Corps, comme A**B**C, eſt capable d'un certain
effet, en ſuppoſant par exemple
qu'il ait une Peſanteur de dix livres
répanduë dans toutes ſes parties ; ce
meſme Corps ſera encore capable
du meſme effet , en ſuppoſant que
toute cette Peſanteur luy ſoit oſtée,
& qu'en recompenſe un poids de
dix livres, comme D, pende du Point
B, qui eſt le Centre de Peſanteur
de ce Corps, & reüniſſe ainſi toute
cette Peſanteur à ſon Centre.

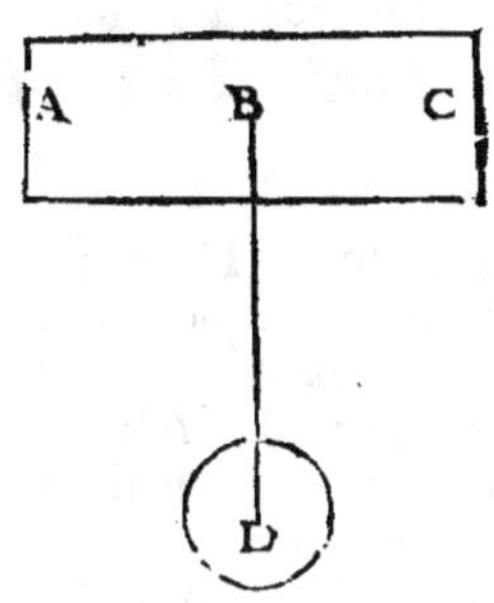

I I. Corollaire.

Nous conclurons de meſme, Que ſi un Corps regulier,
comme ABC, produit un certain effet, lors qu'il n'a aucune
Peſanteur, & qu'il pend ſeulement de ſon Centre un poids
de dix livres ; Ce meſme Corps produira encore le meſme
effet, ſi, ayant oſté ce Poids, l'on diſtribuë également la
peſanteur de dix livres dans toute ſon eſtenduë.

PROPOSITION I.

Si deux Poids appliquez aux extremitez d'une Balance horizontale font entr'eux en Raison réciproque de leurs diftances, ils feront en Equilibre.

Uppofons que les Poids D & E, qui font appliquez aux extremitez de la Balance horizontale AB, foient entr'eux en Raifon ré-

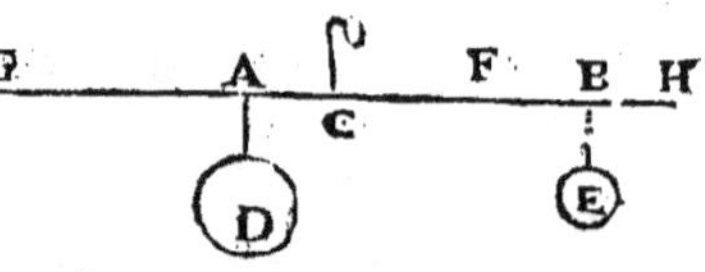

ciproque de leurs Diftances BC, AC ; c'eft à dire que D foit à E, comme BC eft à AC ; Cela eftant, je dis que ces Poids feront en Equilibre. Pour le prouver.

Coupez la Ligne AB au Point F, enforte que AF foit égale à BC, & par confequent auffi FB à AC ; Puis, aprés avoir continué AB de part & d'autre, jufqu'á ce que AG foit égale à AF, & BH égale à FB, oftez par penfée les Poids D & E, & attribuez également la Pefanteur de D à la Grandeur GF, & la Pefanteur de E à la Grandeur FH.

Cette préparation eftant fuppofée, puis que par la fuppofition le Poids D eft au Poids E, comme BC eft à AC, & que par la Conftruction BC eft à AC, comme AF eft à FB ; Et puis que d'ailleurs AF eft à FB, comme la double GF eft à la double FH, Il s'enfuit que le Poids D eft au Poids E, comme GF eft à FH ; Et partant en permutant la Pefanteur de D eft à la Grandeur GF, comme la Pefanteur de E eft à la Grandeur FH ; Si bien que toute la Pefanteur des Poids D & E, qui eft attribuée à GF & à FH, rend la Grandeur Totale GH également pefante en toutes fes parties, & doit eftre prife pour une Grandeur Reguliere & Homogene. D'ailleurs, puis que GA eft égale à AF, ou à BC fon égale, & que AC eft égale à FB, ou à BH fon égale, Il s'enfuit que fi aux Grandeurs égales GA,

CB, on adjoûte les Grandeurs égales AC, BH, les Toutes
GC, CH seront égales entr'elles ; Et partant le Point C,
qui divise GH en deux également, est son Centre de Grandeur ; Et puis que cette Grandeur est Reguliere & Homogene, le mesme Point C est aussi le Centre de Pesanteur, par le 1. Axiome. De sorte que c'est allentour de ce
Point C, que la Grandeur GH demeure en Equilibre.
Mais suivant le 1. Corollaire du 7. Axiome, les Poids qui
pendent des Centres de Grandeur, agissent sur les Corps
comme feroit leur propre Pesanteur, ou celle qu'on leur
attribuë ; ostant donc des Grandeurs GF, FH, cette Pesanteur que nous leur avons attribuée, & faisant pendre de
leurs Centres les Poids D & E, d'où nous avions d'abord
supposé qu'ils pendoient, ces Poids seront en Equilibre.
Et partant, si deux Poids appliquez aux extremitez d'une
Balance horizontale sont entr'eux en Raison réciproque de
leurs distances, ils seront en Equilibre. Ce qu'il falloit
démontrer.

Corollaire.

Il suit évidemment de cette Proposition, que si les Poids
D & E estant égaux, les Distances BC, AC, estoient égales, ces Poids demeureroient en Equilibre.

PROPOSITION II.

Si deux Poids estant appliquez aux extremitez d'une
Balance horizontale, le premier a plus grande Raison
au second, que la Distance du second à la Distance
du premier, ils ne feront point en Equilibre ; & la
Balance trébuchera du costé du premier Poids.

SUppofons que les deux Poids D & E soient appliquez
aux extremitez de la Balance horizontale AB, dont le

Point fixe foit C, & que le Poids D ait plus grande Raifon au Poids E, que la Diſtance
BC à la Diſtance AC ; Cela
eſtant, je dis que la Balance trébuchera du coſté de D. Pour le
prouver.

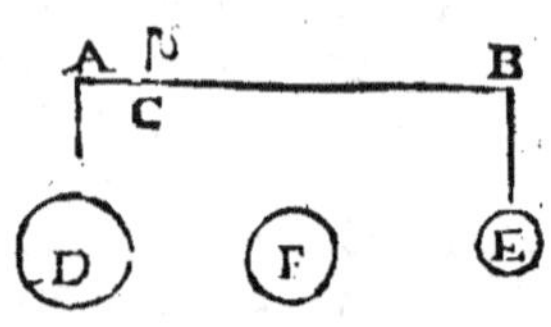

Concevez que le Poids F, ſoit
au Poids E, dans la Raiſon de
la Diſtance BC à la Diſtance
AC ; Or comme cette Raiſon eſt moindre que celle du
Poids D au Poids E, Il s'enſuivra que la Raiſon du Poids
F au Poids E, ſera moindre que celle du Poids D au meſme
Poids E ; Et par conſequent que le Poids F ſera moindre
que le Poids D ; Mais puis que le Poids F eſt au poids E,
comme BC eſt à AC, ſi l'on met le Poids F à la place du
Poids D, il ſoûtiendra le Poids E, par la 1. Prop. Laiſſant
donc le Poids D, qui eſt plus peſant que le Poids F, il
s'enſuit, par le 6. Axiome, que la Balance doit trébucher
du coſté de D. Et partant, ſi deux Poids &c.

Corollaire.

On peut aiſément conclure de cette Propoſition, que ſi
deux Poids appliquez aux extremitez d'une Balance ſont
en Equilibre , ils ſeront entr'eux en Raiſon réciproque de
leurs Diſtances.

Car ſi cela n'eſtoit, ſuivant cette Propoſition, la Balance devroit trébucher du coſté de celuy de ces Poids qui
auroit plus grande Raiſon ; Ce qui ſeroit contre la Suppoſition.

-PROP.

PROPOSITION III.

Si deux Poids appliquez aux extremitez d'une Balance inclinée à l'Horizon, sont entr'eux en Raison reciproque de leurs Distances, ils demeureront en Equilibre.

SUppofons que les Poids D & E, qui font appliquez aux extremitez de la Balance AB inclinée à l'Horizon, foient entr'eux en Raifon réciproque de leurs Diftances, c'eft à dire que D foit à E, comme BC eft à AC ; cela eftant, je dis qu'ils demeureront en Equilibre. Pour le prouver.

Concevez que par la Balance AB il paffe un Plan perpendiculaire à l'Horizon , & que

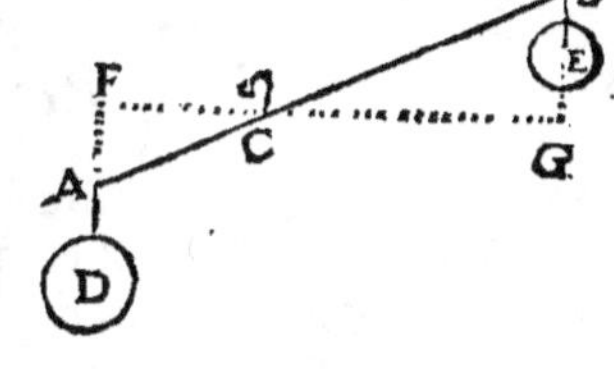

fur ce Plan il paffe par le Point C la Ligne Horizontale FG ; Puis , continuez les Lignes AD, BE, jufqu'à ce qu'elles rencontrent la Ligne FG, aux Points F & G.

Cette conftruction ainfi fuppofée, Puifque la Ligne FG eft Horizontale, il s'enfuit qu'elle eft perpendiculaire à DF, & à BG, qui font reputées paralleles par la 1. demande , eftant les Lignes de Direction des Poids D & E vers le Centre de la Terre ; Et par conféquent que ces Poids pefent perpendiculairement fur les Points F & G de la Balance Horizontale FG. Deplus, puis que les Angles FCA & GCB, qui font oppofez au Sommet, & les Angles FAC & GBC, qui font oppofez alternativement font égaux entr'eux, il s'enfuit que les Triangles ACF & GCB font femblables ; Et partant GC eft à FC, comme BC eft à AC ; Mais BC eft à AC, comme D eft à E ; Donc GC eft à FC, comme le Poids D eft au Poids E ; Par conféquent , fuivant la 1. Prop. ces Poids doivent demeurer en Equilibre fur la Balance FG ; Mais par le Corollaire du 4. Axiome,

Rrr

les Poids D & E n'agiſſent point autrement ſur la Balance inclinée AB, que ſur l'Horizontale FG ; Donc ils demeureront auſſi en Equilibre ſur la Balance AB ; Ce qu'il falloit démontrer. Et partant, ſi deux Poids &c.

Corollaire.

Il ſuit évidemment de cette Propoſition, que le Point C, qui diviſe la Balance AB en deux parties, qui ſont entr'elles en Raiſon réciproque des Poids qui pendent à ſes extremitez, eſt le Centre de Peſanteur de la quantité de ces meſmes Poids.

Remarque.

Il faut icy bien prendre garde que tout cèla n'eſt vray, qu'enſuite de la Suppoſition que l'on a faite, par la 1. Demande, que les Lignes de Direction des Poids ſont paralleles ; Car c'eſt de-là que dépend la preuve que les Triangles ACF & BCG ſont ſemblables. Mais comme elles ne ſont paralleles que par Suppoſition, & qu'en effet elles ne le ſont pas, Il reſte encore à déterminer, quel peut eſtre le Centre de Peſanteur de la Balance AB, en conſiderant les Lignes de Direction des Poids D & E, comme aboutiſſant au Centre de la Terre.

Guido-Balde examine cette difficulté, dans une Balance des extremitez de laquelle pendent des Poids égaux, qui tirent par des Diſtances égales, & il prétend que le Point qui diviſe la Balance en deux également eſt le Centre de Peſanteur, en quelque ſituation qu'on la mette ; à cauſe, dit-il, qu'un Corps peſant ne peut avoir qu'un ſeul Centre de Peſanteur ; & que ſi le Point qui diviſe la Balance en deux également n'eſtoit pas le Centre de Peſanteur, il s'enſuivroit qu'un meſme Corps en pourroit avoir pluſieurs.

Mais cet Auteur ne prouve rien, car il ſuppoſe ce qui eſt en queſtion, à ſçavoir qu'un Corps peſant ne peut avoir qu'un ſeul Centre de Peſanteur.

Tartales accufe Guido-Balde de s'eftre trompé , &
foûtient qu'une Balance, com-
me AB, ayant à fes extre-
mitez des Poids égaux, qui tirent par des Diftances égales,
AC, BC, foit que les Lignes
de Direction de ces Poids
foient paralleles, foit qu'elles
aboutiffent au Centre de la
Terre, doit bien à la verité
demeurer en Equilibre, lors
qu'on la met parallele à l'Horizon ; Mais que fi l'on incli-
ne un de fes Bras, par exemple AC, au lieu de s'arrefter,
le bras qui a efté incliné doit remonter jufqu'à ce que la
Balance fe trouve parallele à l'Horizon ; Et la Raifon qu'il
en apporte eft, que les Poids demeurant appliquez à la
Balance ne fçauroient fe mouvoir qu'en décrivant la Circonference d'un Cercle ; Or il confidere les diverfes parties de cette Circonference que ces Poids tendent à décrire, comme des Plans inclinez ; Et ainfi, l'Arc DG, que le
Poids D tend à décrire en defcendant, paffe chez cet Auteur pour un Plan incliné ; & de mefme l'Arc EB, par lequel le Poids E tend à defcendre, eft felon luy un autre
Plan incliné ; Et dautant qu'un Corps pefant a d'autant
plus de force pour defcendre, que le Plan fur lequel il doit
fe mouvoir à plus de pente, & que d'ailleurs la pente de
l'Arc EB, eft plus grande que celle de l'Arc DG, Il s'enfuit, dit-il, que le Poids E doit defcendre, & forcer le Poids
D à remonter.

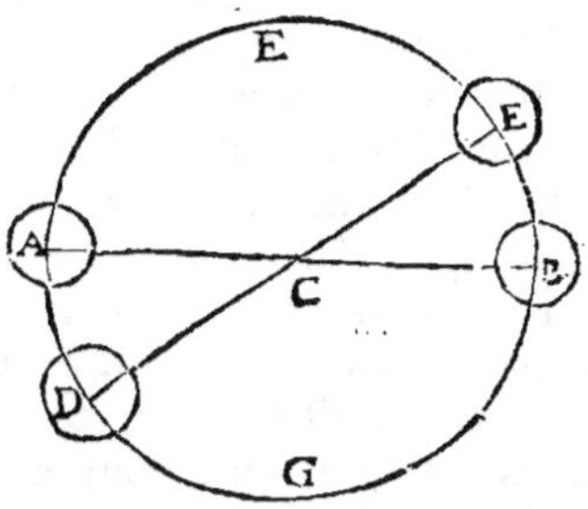

Mais pour faire voir la fauffeté de ce raifonnement, il
n'y a qu'à renverfer la medaille, & confiderer que par un
autre raifonnement tout femblable on conclura tout le
contraire de ce que conclut Tartales. Ainfi l'on pourra
dire, celuy des deux Poids D & E doit monter, qui eft determiné à monter par un Plan moins roide que l'autre ; Or
le Poids E eft determiné à monter par le Plan EF, qui eft

moins roide que le Plan DA, par lequel le Poids D est determiné à monter ; Et partant le Poids E doit monter, & le Poids D doit descendre.

Le défaut de ces deux raisonnemens depend, de ce que dans l'un & dans l'autre on ne considere que la moitié de ce que l'on doit considerer. Ainsi, dans le premier on ne considere que celuy de ces Corps qui a plus de force pour descendre, sans considerer la force que l'un & l'autre a pour resister à monter. Et dans le second tout au contraire, on ne considere que le plus ou moins de force que ces Corps ont pour resister à monter, sans considerer le plus ou moins de force qu'ils ont pour descendre ; Et ainsi il ne faut pas s'estonner si ces deux raisonnemens sont défectueux ; Et si Tartales s'est trompé aussi bien que Guido-Balde. Quant à la decision de cette difficulté on la verra dans la Proposition suivante.

PROPOSITION IV.

Si des extremitez d'une Balance Horizontale pendent des Poids égaux, qui tirent par des Distances égales, & qui tendent au Centre de la Terre par des Lignes de Direction inclinées l'une vers l'autre, ils demeureront en Equilibre ; Mais si l'on panche tant soit peu l'un des costez de la Balance, le Poids qui y est attaché continuera de descendre, jusqu'à ce que la Balance soit perpendiculaire à l'Horizon.

POsons que des extremitez de la Balance ACB pendent les Poids égaux D & E, qui tirent par des Distances égales AC, BC, & que leurs Lignes de Direction AF, BF, aboutissent au Centre de la Terre, marqué F ; Cela estant, je dis premierement que si cette Balance est parallele à l'Horizon, & par consequent perpendiculaire à la Ligne CF, elle demeurera en Equilibre. Pour le

Abaiſſez du Point C les Lignes CG, CH, perpendiculaires à AF & à BF ; Cela po-
ſé, aux deux Triangles ACF,
& BCF, les deux Coſtez AC,
CF, ſont égaux aux deux Coſtez
BC, CF, & l'Angle ACF, qui
eſt Droit, eſt égal à l'Angle
BCF, qui eſt auſſi Droit ; Par
conſequent l'Angle CFA eſt
égal à l'Angle CFB. Deplus,
aux deux Triangles CFG &
CFH, les deux Angles CFG
& CGF, ſont égaux aux deux
Angles CFH & CHF, & le
Coſté CF eſt commun ; par
conſequent le Coſté CG eſt
égal au Coſté CH ; D'où il
ſuit que ſi les Poids D & E
eſtoient appliquez en G & en

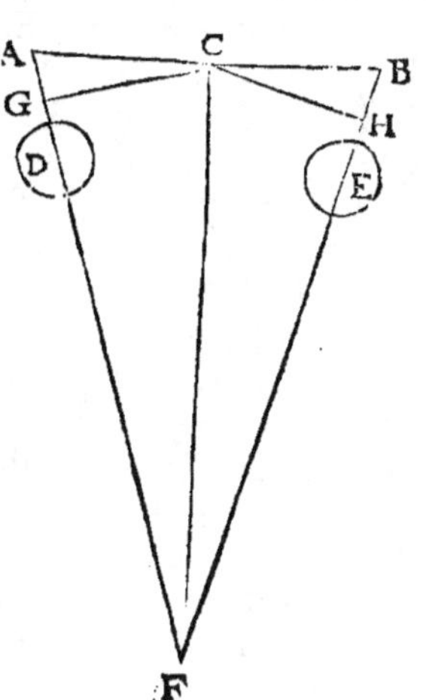

H, comme ils tireroient par des Diſtances égales, & que
par conſequent ils ſeroient entr'eux en Raiſon réciproque
de leurs Diſtances, ils ſeroient en Equilibre. Or par le
Corollaire du 4. Axiome, les Poids D & E n'agiſſent point
autrement ſur la Balance ACB, que ſur la Balance GCH,
par conſequent ils ſeront auſſi en Equilibre ſur la Balance
ACB.

Je dis en ſecond lieu, Que ſi l'on panche tant ſoit peu
l'un des Coſtez de la Balance, celuy de ſes Poids qui y eſt
attaché, continuera de deſcendre juſqu'à ce que la Balance
ſoit perpendiculaire à l'Horizon. Pour le prouver.

Prolongez vers G la Ligne AF ; puis du Point fixe C, abaiſſez les Lignes CG, CH, perpendiculaires aux Lignes de Direction AF, BF ; Enſuite, par le Point F tirez la Ligne FI, qui coupe l'Angle AFB en deux également ; cela eſtant, BI ſera à IA comme BF eſt à AF. Or BF eſt plus grande que AF, donc BI ſera auſſi plus grande que IA ; Et partant le Point I, tombera entre le Point A & le Point C, qui diviſe AB en deux Parties égales. De meſme, abaiſſez du Point I les Lignes IL, IM perpendiculaires aux Lignes AF, BF.

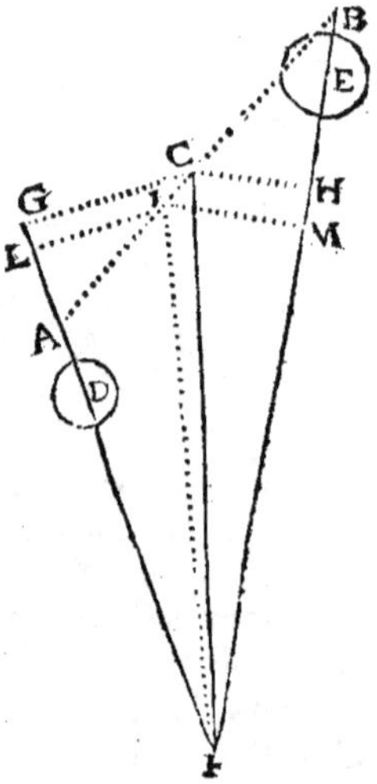

Cette Conſtruction ainſi ſuppoſée, conſiderez qu'aux deux Triangles FIL, & FIM, les deux Angles ILF & IFL eſtant égaux aux deux Angles IMF, & IFM, & le Coſté FI commun, les Lignes IM & IL s'enſuivent égales. Deplus, d'autant qu'aux deux Triangles GAC & LAI, les deux Angles AGC, ALI, ſont Droits , & que l'Angle au Point A eſt commun, ces deux Triangles s'enſuivent Equiangles ; Par conſequent GC eſt à LI, comme CA eſt à IA. Or CA eſt plus grande que IA, donc GC ſera auſſi plus grande que IL, ou IM ſon égale. D'ailleurs les deux Triangles IBM & CBH ayant les Angles BMI, & BHC Droits, & l'Angle au Point B commun, il s'enſuit qu'ils ſont Equiangles ; par conſequent IM eſt à CH, comme MB eſt à HB ; or MB eſt plus grande que HB ; donc IM ſera auſſi plus grande que CH. Mais GC eſt plus grande que IM, donc à plus forte raiſon eſt-elle auſſi plus grande que CH. Et ainſi la Raiſon du Poids D au Poids E, eſt plus grande que celle de CH à CG ; D'où il faut conclure que ſi le Poids D eſtoit appliqué en G, & le Poids E en H, la Balance GCH ne demeureroit pas en Equilibre, mais trébucheroit du Coſté du Poids D.

Or par le Corollaire du 4. Axiome, les Poids D & E doivent produire le mesme effet sur la Balance ACB, que sur la Balance GCH, par consequent ils la doivent faire trébucher du costé du Poids D, ce qu'il falloit démontrer; Et partant, si des extremitez, &c.

I. Remarque.

La Balance ACB est icy tellement inclinée, que l'Angle CAF est Obtus, mais on luy pourroit donner une telle inclinaison, que cette Angle seroit Aigu ou tout au plus qu'il seroit Droit. Dans le premier de ces deux Cas, les Perpendiculaires CG, IL, tomberoient entre A & F; Et dans le second, elles se confondroient avec CA & IA; mais dans l'un & dans l'autre de ces Cas, il seroit toûjours vray de dire que le Poids D tireroit par une Distance perpendiculaire plus grande que celle par laquelle tireroit le poids E; Et ainsi, le Poids D devroit toûjours avoir plus de force pour descendre, que le Poids E n'en auroit pour luy resister.

II. Remarque.

Il ne faut pas s'attendre que l'experience vulgaire fasse voir en cecy la méprise de Guido-Balde, ou de Tartales; Car, comme nous avons déja remarqué, les Lignes de Direction des Poids sont presque paralleles, & n'inclinent l'une vers l'autre que de la quantité de l'Angle qu'elles font au Centre de la Terre, lequel estant insensible, la Distance par laquelle tire le Poids qui est baissé, n'est pas sensiblement plus grande que celle par laquelle tire l'autre Poids. D'ailleurs, le frottement des Pivots de la Balance la mieux faite, estant un obstacle sensible au mouvement, il s'ensuit que la cause qui devroit faire trébucher la Balance, est bien moins efficace que celle qui la fait demeurer en repos & en Equilibre.

Que si pourtant quelqu'un souhaittoit de voir par experience ce qui arriveroit, en cas que l'Angle compris des deux Lignes de Direction fuſt ſenſible, comme il le pourroit eſtre ſi la Balance eſtoit fort proche du Centre de la Terre, il n'auroit qu'à appliquer la Balance ACB, contre une muraille perpendiculaire à l'Horizon, enſorte que le Fleau fuſt parallele à cette muraille; Et faiſant pendre les Poids D & E, aux bouts de deux ficelles aſſez longues, contraindre en quelque façon ces ficelles, en les faiſant paſſer par deſſus les poulies N & O, ſituées à peu prés comme il paroiſt en cette Figure; Car par ce moyen les Poids tireront les deux extremitez de la Balance comme s'ils tendoient au Point F, ou comme ſi ce Point F, dont la Balance n'eſt gueres éloignée, eſtoit le Centre de la Terre; Et l'on verra

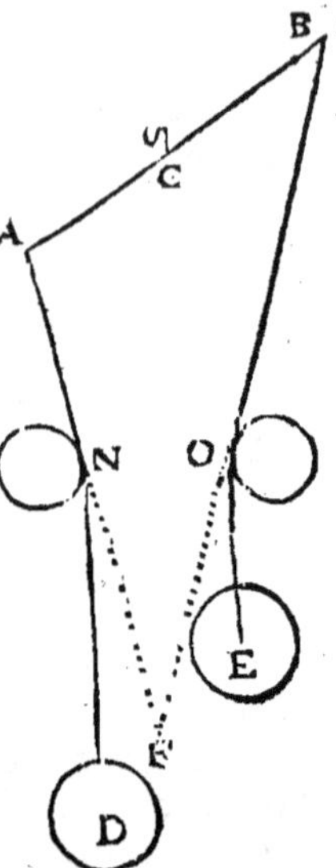

que le Poids D, qui eſt déja baiſſé, continuera de deſcendre, & forcera l'autre de monter.

PROPOSITION V.

Si une Balance, qui a ſon Centre de mouvement au deſſus de la Ligne Droitte des extremitez de laquelle pendent des Poids égaux qui tirent par des Diſtances égales, eſt parallele à l'Horizon, elle y demeurera; Que ſi on l'incline & fait changer de ſituation, elle ſe mouvra juſqu'à ce qu'elle ſoit parallele à l'Horiſon.

POſons que AB ſoit une Balance, & penſons qu'au Point F, qui la diviſe en deux également, ſoit appliquée
perpendicu-

perpendiculairement la Ligne
FC, qui eſt inflexible : Suppoſons auſſi que le Point C,
qui eſt au deſſus de AB, ſoit
le Centre de mouvement de
cette Balance, & que de ſes
extremitez pendent les Poids
égaux D & E, qui tirent par

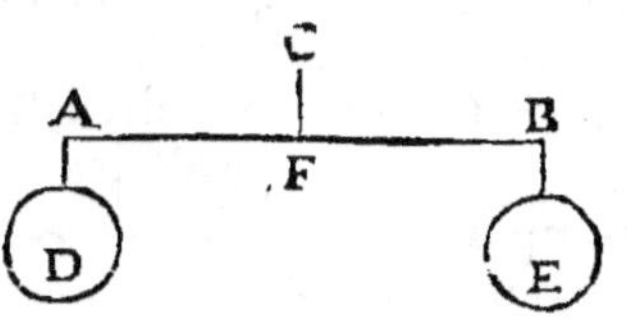

des Diſtances égales, AF, BF ; Cela eſtant, je dis premierement que ſi AB eſt parallele à l'Horizon , elle demeurera en repos, & ſe tiendra parallele à l'Horizon.

Car puiſque AB eſt diviſée en deux également au Point
F, il s'enſuit, par le Corollaire de la 3. Prop. que ce Point
eſt le Centre de Peſanteur de la Quantité compoſée des
Poids D & E ; D'ailleurs, puiſque AB eſt parallele à l'Ho-
rizon, & que CF eſt perpendiculaire à AB, il s'enſuit que
CF eſt auſſi perpendiculaire à l'Horizon, ſi bien que la
Quantité compoſée des Poids, eſt ſoûtenuë par le Point
C, comme ſi elle l'eſtoit par le Point F, puiſque ce Point
C eſt juſtement au deſſus du Centre de Peſanteur F ; D'où
il ſuit, par le 1. Corollaire du 3. Axiome, que la Balance
AB doit demeurer immobile , & parallele à l'Horizon ;
Ce qu'il falloit démontrer.

Je dis en ſecond lieu, que ſi l'on
incline cette Balance , & qu'on
luy faſſe changer de ſituation ,
enforte que l'une de ſes extremitez baiſſe plus que l'autre, elle ne
s'arreſtera point en cet eſtat, mais
elle ſe remettra dans la ſituation
qu'elle avoit auparavant, c'eſt à
dire parallele à l'Horizon.

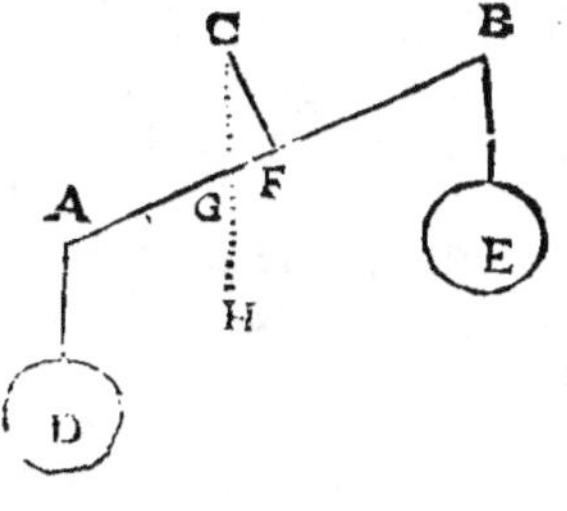

Car la Balance eſtant ainſi in-
clinée, la Ligne CF n'eſt plus perpendiculaire à l'Horizon,
& s'écarte de la Ligne CH, qui tend au Centre de la Terre :
Deſorte qu'au lieu que le Point C répondoit juſtement ſur
le Centre de Peſanteur F, quand la Balance eſtoit parallele

à l'Hrizon, il répond maintenant fur le Point G, qui eft entre F & A ; ce qui fait que la Balance eft foutenuë par le
Point C, comme fi elle l'eftoit par le Point G ; D'où il
fuit, par le 2. Corollaire du 3. Axiome, que la Quantité
compofée des Poids D & E, c'eft à dire la Balance AB,
ne doit point s'arrefter, mais qu'elle doit baiffer du Cofté
GB, où fe rencontre le Centre de Pefanteur F. Ce qu'il
falloit auffi démontrer. Et partant, fi une Balance &c.

Remarque.

Encore qu'on ne s'avife peut-
eftre pas de conftruire une Balance de la maniere que nous
avons décrite, fouvent neanmoins, foit par ignorance, ou
autrement, on en fait qui ont
la mefme proprieté ; comme
lorfqu'on en fait de femblables
à quelqu'une des quatre qui font
icy reprefentées ; dans chacune
defquelles le Centre de Mou-

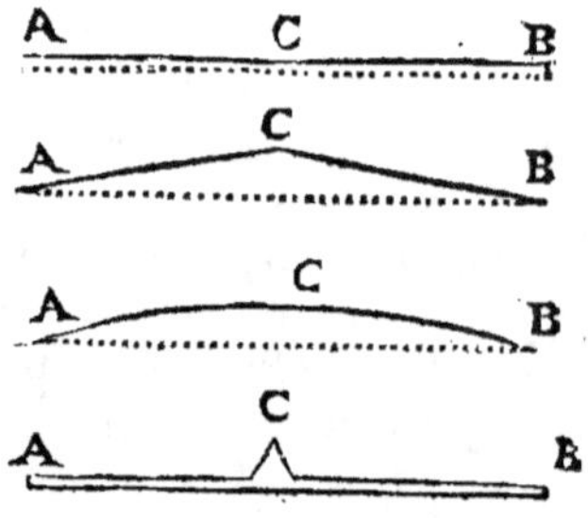

vement C, eft au deffus de la Ligne Droitte qui paffe par
les Points A & B, d'où les Poids font fufpendus., & dans
laquelle Ligne confequemment le Centre de Pefanteur fe
doit rencontrer. Or cette proprieté, (fçavoir eft de fe remettre en Equilibre, ou parallele à l'Horizon,) eft un grand
défaut en une Balance ; d'autant que la force avec laquelle
le Poids élevé tend à defcendre eft fi grande, que quand
le Poids d'embas feroit un peu plus pefant que l'autre, il ne
laifferoit pas d'eftre contraint de remonter ; Et ainfi à moins
qu'il n'y euft une notable difference entre les Poids, cette
forte de Balance fe tiendroit en Equilibre.

PROPOSITION VI.

Si une Balance, qui a son Centre de Mouvement au dessous de la Ligne Droitte des extremitez de laquelle pendent des Poids égaux qui tirent par des Distances égales, est parallele à l'Horizon, elle y demeurera ; Que si on l'incline tant soit peu, celuy de ses bras qui aura commencé à baisser, continuera de se mouvoir, jusqu'à ce que la Balance ait acquis une situation toute contraire à celle qu'elle avoit auparavant, & que son Centre de Pesanteur soit justement au dessous du Centre de Mouvement.

Posons que AB soit une Balance, & pensons qu'au Point F, qui la divise en deux également, soit appliquée perpendiculairement la Ligne FC, qui est inflexible ; Supposons aussi

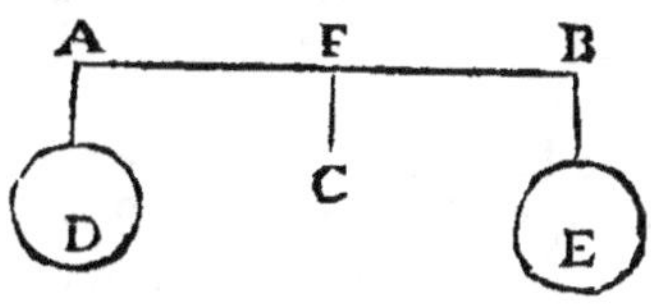

que le Point C, qui est au dessous de AB, soit le Centre de Mouvement de cette Balance, & que de ses extremitez pendent les Poids égaux D & E, qui tirent par des Distances égales, AF, BF ; Cela supposé, je dis premierement que si AB est parallele à l'Horizon, elle demeurera en repos, & se tiendra parallele à l'Horizon.

Car, puisque AB est divisée en deux également au Point F, il s'ensuit, par le Corol. de la 3. Prop. que ce Point est le Centre de Pesanteur de la Quantité composée des Poids D & E ; D'ailleurs, puisque AB est parallele à l'Horizon, & que CF est perpendiculaire à AB, il s'ensuit que CF est aussi perpendiculaire à l'Horizon ; Si bien que la Quantité composée des Poids D & E est soûtenuë par le Point C, comme si elle l'estoit par le Point F, puisque ce Point C, est justement au dessous du Centre de Pesanteur F ; D'où il suit, par le 1. Corollaire du 3. Axiome, que la Balance AB doit demeurer immobile, & parallele à l'Horizon ; Ce qu'il falloit démontrer.

Je dis en second lieu, que si l'on incline tant soit peu cette Balance, ensorte que l'une de ses extremitez baisse un peu plus que l'autre, elle ne s'arrestera point en cet estat, mais elle continuera de baisser & de se mouvoir, jusqu'à ce qu'elle ait acquis une situation toute contraire à celle qu'elle avoit auparavant, & que

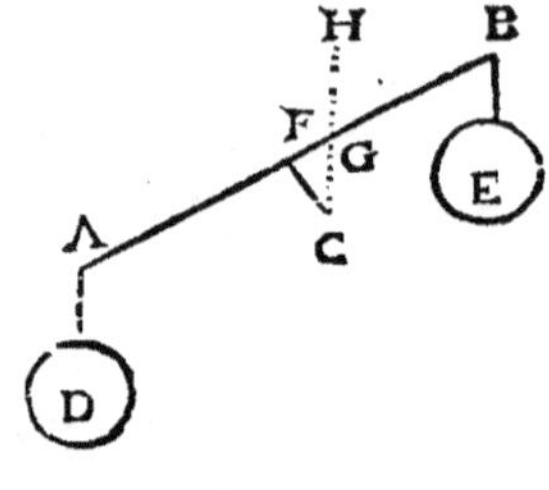

son Centre de Pesanteur soit justement au dessous du Centre de Mouvement.

Car cette Balance estant ainsi inclinée, la Ligne CF n'est plus perpendiculaire à l'Horizon, & elle s'écarte de la Ligne HC, qui tend au Centre de la Terre ; ce qui fait que la Balance estant coupée par cette Ligne HC au Point G, qui est entre F & B, on la doit alors considerer comme si elle estoit soûtenuë par le Point G ; C'est pourquoy, par le 2. Corollaire du 3. Axiome, cette Balance ne doit point s'arrester, mais elle doit d'abord pancher du costé de A, d'où pend le Poids qu'on avoit baissé, & par la mesme Raison elle doit toûjours continüer de se mouvoir, jusqu'à ce que le Point F se trouve justement au dessous du Point C ; Ce qu'il falloit démontrer ; Et partant, Si une Balance &c.

Remarque.

De grandes Balances, qui ont leur Centre de Mouvement placé comme nous venons de dire, c'est à dire au dessous du Centre de Pesanteur, sont préferables à celles qui l'ont placé au dessus ; par ce que pour peu de Poi..

qu'il y ait dans l'un des Baſſins de ces Balances plus que dans l'autre, cela les doit faire trébucher ; à cauſe que la grande facilité que ces ſortes de Balances ont à ſe mou-voir, leur ſert à vaincre l'obſtacle que le frottement du gros Pivot oppoſe à leur inclinaiſon. Cependant il faut bien prendre garde, que pour ſe ſervir comme il faut de cette eſpece de Balance, il faut mettre de niveau ſes Baſ-ſins, les ſoûtenir avec les mains, & ne les point abandonner que le Fleau ne ſoit parallele à l'Horizon : Car s'il n'eſtoit pas parallele, le Baſſin qui ſeroit plus bas pourroit contraindre l'autre de monter, quoy qu'il ne fuſt pas ſi chargé, à cauſe que la Balance ne ſeroit pas alors ſoûtenuë par le Point du milieu, mais par un autre.

PROPOSITION VII.

Eſtant donné un, ou pluſieurs Poids, & les lieux où ils ſont appliquez, dans une Balance dont la grandeur eſt connuë, trouver le Point fixe allentour duquel ils demeureront en Equilibre.

CEtte Propoſition peut avoir pluſieurs divers Cas. Suppoſons premierement une Balance ſemblable à AB, dont la Grandeur ſoit con-nuë, ſçavoir de douze Pouces, laquelle ait à ſes extremitez les Poids D & E, dont le premier ſoit de ſix livres & l'autre de trois livres ; Cela poſé, il s'agit de trou-ver le Point fixe C, autour duquel cette Balance doit de-meurer en Equilibre. Pour le trouver.

Adjoûtez les Poids D & E en une ſeule Somme, (cette Somme ſera neuf) puis faites que comme cette Somme eſt au Poids E, qui eſt trois, ainſi la Longueur totale de la Balance AB, ſoit à la Partie AC ; Alors, je dis que le Point C, ſera le Point fixe, allentour duquel les Poids D & E de-meurcront en Equilibre.

Car, puifque comme les Poids D & E pris enfemble font
à E, ainfi AB eft à AC ; en divifant, D fera à E, comme
BC eft à AC ; Et partant par la 1. Prop. les Poids D & E
demeureront en Equilibre allentour du Point C.

Suppofons en fecond lieu une autre Balance telle qu'eft
AB, dont la Grandeur foit con-
nuë, fçavoir de douze Pouces,
mais au lieu que nous n'avons jufqu'à prefent attribué aucune pefanteur aux Balances que nous
avons confiderées, penfons que

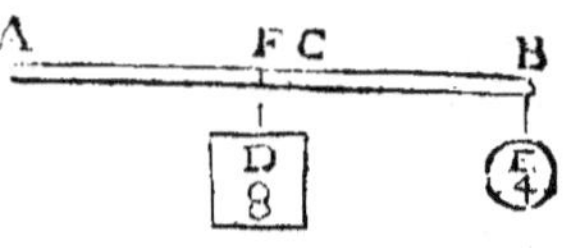

celle-cy peze 8. livres, & que le Poids E, qui peze
4. livres, pende de l'extremité B ; Cela pofé, il s'agit de
trouver le Point fixe C, allentour duquel cette Balance doit
demeurer en Equilibre ; Pour le trouver.

Divifez la Balance AB en deux également au Point F, ce
Point fera le Centre de Grandeur ; Puis faites que comme
la Somme de la Pefanteur de la Balance & du Poids, à
fçavoir 12. eft à la Pefanteur particuliere du Poids E, à fçavoir 4. ainfi BF foit à FC ; Alors jedis que la Balance
eftant foûtenuë par le Point C, fa Pefanteur fera en Equilibre avec celle du Poids E.

Car puifque le Point F eft le Centre de Grandeur de la
Balance AB, que nous fuppofons Homogene (c'eft à dire
d'égale groffeur & uniforme en toutes fes Parties) il eft
auffi le Centre de Pefanteur ; Si donc nous oftons par penfée toute cette Pefanteur, & fi nous l'attribuons au Poids
D, qui pend du Point F, il doit arriver à cette Balance la
mefme chofe que fi elle retenoit toute fa Pefanteur, par
le 1. Corollaire du 7. Axiome. Or fuivant le raifonnement
precedent, en fuppofant que le Poids D pende du Point F
de la Balance qui n'a aucune Pefanteur, ce Poids D doit
tenir le Poids E en Equilibre allentour du Point C ; Donc
par le 2. Corollaire du 7. Axiome rendant à la Balance toute
fa Pefanteur, elle doit auffi tenir le Poids E en Equilibre
autour du Point C.

Suppofons en troifiéme lieu la Balance AB, dont la Longueur foit de 24. pouces, & la Pefanteur de 12. onces ; Et penfons que de l'extremité A pende un Poids de 6. onces, & du Point E, qui eft diftant de B de 10. pou-

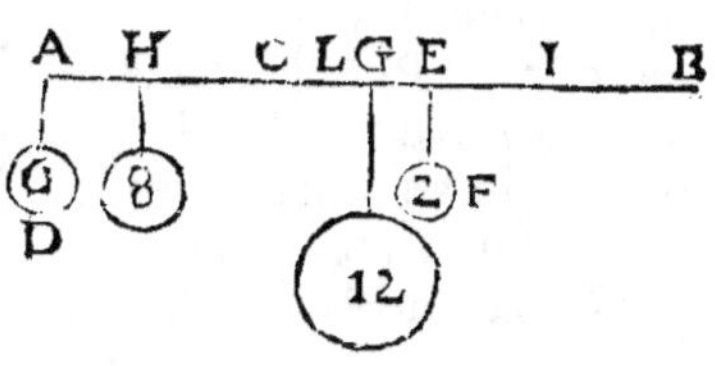

ces, pende un Poids de 2. onces ; Cela pofé, il s'agit de trouver le Point fixe C, allentour duquel la Balance & les Poids D & F doivent demeurer en Equilibre ; Pour le trouver.

Divifez premierement la Balance AB en deux également au Point G, & luy oftant par penfée toute fa Pefanteur, attribuez là au Poids 12. que vous concevrez pendant de ce Centre. Puis confiderant feulement les Poids D & F, qui font les plus éloignez, & la Partie de la Balance qui eft comprife entre les Points A & E, d'où pendent ces Poids, divifez cette Partie AE au Point H, enforte que comme le Poids D eft au Poids F, ainfi EH foit à AH ; Enfuite, au lieu de confiderer les Poids D & F, imaginez-vous qu'il pende du Point H le Poids 8. qui leur foit égal ; Et comparant ce Poids 8. avec le Poids 12. Divifez de telle forte la Partie HG de cette Balance, au Point C, que GC foit à HC, comme le Poids 8 eft au Poids 12 ; Cela eftant, je dis que le Point C eft le Point fixe, ou le Centre de mouvement, allentour duquel la Balance & les Poids qu'elle porte demeureront en Equilibre.

Car par le Corollaire de la 3. Prop. le Point H eft le Centre de Pefanteur de la Quantité compofée des Poids D & F ; Par confequent, par le 1. Corollaire du 7. Axiome, le feul Poids 8 doit agir fur la Balance, comme les deux Poids D & F y pourroient agir. De mefine, le Point G eftant le Centre de Pefanteur de la Balance AB, le Poids 12. doit agir fur elle comme pourroit agir toute la Pefan-teur qu'on luy a attribuée ; Si bien que la Balance & les

Poids D & F doivent de-
meurer en Equilibre al-
lentour du Point, autour
duquel fes deux Poids 8
& 12 y doivent demeurer;
Or puifque 8 eft à 12, comme GC eft à HC, Il s'en-
fuit par la 1. Prop. que
les Poids 8 & 12 doivent

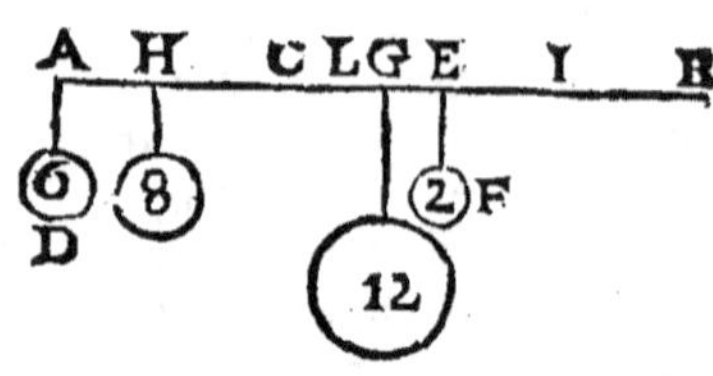

demeurer en Equilibre allentour du Point C ; Par confequent c'eft allentour de ce mefme Point C, que la Balance & les Poids D & F qu'elle porte doivent demeurer en
Equilibre.

Remarque.

S'il y avoit encore quelque autre Poids qui pendift d'un
autre Point, comme I, il faudroit concevoir que du Point
C pendift un Poids qui euft luy feul toute la Pefanteur de
la Balance & des Poids D & F, pris enfemble ; Puis faire
que comme toute cette Pefanteur feroit à celle du Poids
appliqué en I, ainfi IL fuft à CL ; Et alors il eft évident
que le Point L feroit celuy allentour duquel la Quantité
compofée de la Balance & de tous les Poids qu'elle porte
demeureroit en Equilibre.

PROPOSITION VIII.

*Eftant donné le Point fixe, dans une Balance dont les
Bras font inégaux, & la Longueur & la Pefanteur
connuës, avec la quantité d'un Poids qui pend de
l'extremité du plus court Bras, trouver le lieu d'un
autre plus petit Poids donné, d'où il puiffe tenir la
Balance en Equilibre.*

SOit par exemple la Balance AB, dont la longueur eft
de 12. pouces, la Pefanteur de 2 onces, & le Point fixe
C

C, diftant d'un pouce de l'extremité A, d'où pend le Poids DE, qui peze une livre, ou 16 onces ; Soit donné auffi le petit Poids I ; Cela fuppofé , il s'agit de trouver le Point G, où ce Poids I eftant appliqué , fa Pefanteur & celle de la Balance tiennent le Poids DE en Equilibre ; Pour le trouver.

Divifez la Balance AB en deux parties égales au Point F ; Ce Point fera tout enfemble le Centre de Grandeur & de Pefanteur ; Puis concevez que du 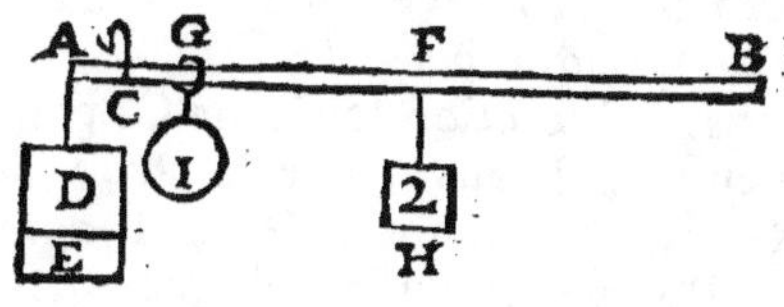 Point F pende le Poids H, qui ait toute la Pefanteur qu'on avoit fuppofée dans la Balance , laquelle Pefanteur eftant beaucoup moindre que celle du Poids DE, faites que comme AC eft à FC, ainfi ce Poids H foit au Poids E ; Enfuite dequoy , faites que comme le Poids I eft au Poids D, ainfi AC foit à GC ; Cela pofé , je dis que le Point G eft celuy d'où le Poids I aidé de la Pefanteur de la Balance tiendra le Poids DE en Equilibre.

Car premierement le Poids H agiffant comme feroit la Pefanteur de la Balance , & par la 1. Prop. le Poids H devant eftre en Equilibre avec la Partie E du Poids DE, il s'enfuit que la feule Pefanteur de la Balance tient cette Partie E en Equilibre ; D'ailleurs , puifque comme le Poids I eft au Poids D, ainfi AC eft à GC, Il s'enfuit de mefme que ces deux Poids doivent demeurer en Equilibre allentour du Point C ; Par confequent le Point G eft ce Point, où le Poids I eftant fufpendu , & aidé de la Pefanteur de la Balance, tiendra le Poids DE en Equilibre ; Ce qu'il falloit trouver.

Corollaire.

Nous tirerons de cette Propofition le moyen de conftruire la Balance Romaine , qu'on appelle ordinairement le Pezon. Pour le faire.

Prenez une longue Verge de bois ou de metal , qui foit

Ttt

par tout d'égale groffeur & d'égale Pefanteur, & dont vous fçachiez le Poids;

Puis apres avoir appliqué un Crochet à l'extremité A, pour y accrocher tout ce que l'on voudra pefer, & pris à difcretion le Point C, pour eftre le Centre du Mouvement, Trouvez par la Propofition précedente le Point G, où appliquant le Poids I, dont la Pefanteur eft connuë, ce Poids aidé de la pefanteur de la Balance tienne en Equilibre la moindre quantité que l'on y voudra pefer, par exemple une livre ; De mefme, trouvez les Points H, I, L, M, N, &c. où il faudra appliquer le mefme Poids I, pour eftre en Equilibre avec deux, trois, quatre, cinq, & fix livres ; Et continuez ainfi jufqu'à ce que vous ayez remply de diverfes marques tout le refte de la longueur AB, & alors la Balance Romaine fera achevée.

I. Remarque.

Les diverfes Irregularitez qui fe rencontrent pour l'ordinaire dans la matiere, & les fautes qui fe commettent contre la précifion, quand on fuit la Methode précedente pour la conftruction de la Balance Romaine, pourroient bien faire qu'une Balance qu'on auroit conftruite fuivant cette Methode fuft fort imparfaite ; C'eft pourquoy j'aimerois mieux pour la pratique m'affujettir à celle des Ouvriers, toute groffiere qu'elle foit ; Ils pendent au Crochet D le moindre Poids que l'on pourra pefer avec cette Balance , comme par exemple une livre , & tenant cette Balance parallele à l'Horizon, ils font mouvoir le Poids I, de C vers B jufques à ce qu'ils ayent trouvé le Point où ce Poids I tient le Poids d'une livre en Equilibre ; & c'eft-là où ils font la premiere marque, qui eft icy reprefentée par G ; Puis appliquant fucceffivement au Crochet d'autres Poids , fçavoir de 2, 3, 4, 5, & fix livres &c. & faifant de mefme mouvoir le Poids I, ils trouvent le lieu des marques H, I, L, M, N, &c. dont ils rempliffent toute la longueur de la Balance.

II. *Remarque.*

Quelque foin que l'on puiffe apporter pour conftruire la Balance Romaine, elle ne fçauroit manquer d'eftre imparfaite, en ce qu'on ne fçauroit par fon moyen pefer de fort petits Poids, comme des onces, & encore moins des grains & des parties de grains ; Elle a neanmoins cela de plus commode que la Balance vulgaire, qu'elle n'oblige point a avoir un fi grand nombre de Poids, & qu'un feul Poids affez petit, eu égard à ceux qu'il contrepeze, fuffit pour pezer des Corps fort pefans ; Ainfi, par le moyen de cette Balance l'on peze des Canons de plufieurs milliers avec un Poids de 25. livres. Si bien que les Pivots de cette Balance doivent feulement porter la pefanteur du Canon, celle de la Balance, & celle de ce Poids de 25. livres : Au lieu que fi l'on fe fervoit de la Balance vulgaire, il faudroit qu'ils portaffent le double du Poids ; D'où il arriveroit que la Balance fe romproit prefque toûjours quand on la chargeroit de Corps forts pefans ; Et quand bien mefme elle ne fe romproit point, les Pivots qui frotteroient fort rudement contre la Chappe qui les porte, ne tourneroient que tresdifficilement, & il faudroit une fort grande inégalité entre les Poids pour la faire trébucher d'un cofté ou d'autre.

PROPOSITION IX.

Conftruire une Balance trompeufe, qui foit en Equilibre eftant vuide, & qui le foit encore eftant chargée de Poids inégaux.

FAites pour cela que l'un des Bras de la Balance foit tant foit peu plus long que l'autre ; Puis ayez deux Baffins dont les Poids avec celuy de leurs cordes foient entr'eux en mefme Raifon que les deux Bras de la Balance, & appliquez le Baffin le plus pefant à l'extremité du Bras le plus court, & le moins pefant à l'extremité de l'autre Bras; Cela eftant, je dis que l'on aura une Balance qui fera en Equilibre eftant vuide, c'eft à dire n'eftant chargée que de fes Baffins, & qui le fera encore eftant chargée de Poids inégaux.

De ces deux Propofitions la premiere eft évidente par la 1. Propofition de ce Traité, parce que les Baffins tiennent icy lieu de Poids.

La feconde eft encore certaine ; Car cette Balance ne fçauroit eftre en Equilibre, fi les Poids dont on la charge avec les Baffins qui les portent ne font entr'eux en mefme Raifon que les Bras ; Or pour cela il eft neceffaire que les Poids ayent entr'eux la mefme Raifon d'inégalité.

I. Remarque.

Il peut arriver quelquefois que contre l'intention de l'Ouvrier des Balances auront ce défaut ; mais pour le reconnoiftre, il ne faut que changer les Poids de Baffin ; Car alors fi la premiere fois ils ont efté en Equilibre, ils n'y feront pas la feconde.

II. Remarque.

Comme il y a déja long-temps qu'on a reconnu que ce feroit le profit du Marchand qui fe ferviroit de cette forte de Balance, s'il mettoit la marchandife dans le Baffin qui pend du Bras le plus long, & qu'au contraire ce feroit fa perte & le profit de l'acheteur, s'il mettoit la marchandife dans le Baffin qui pend du Bras le plus court, auffi y a-t'il long-temps qu'on a fongé à trouver un moyen qui puft exempter l'un & l'autre de perte ; Et l'on a creu l'avoir trouvé en divifant en plufieurs pefées ce qui pourroit eftre pefé en une feule, & faifant ces diverfes pefées de telle forte, que l'on mît alternativement le Poids dans les deux Baffins de la Balance ; Ainfi, par exemple, ayant à pefer

foixante livres de marchandifes avec cette forte de Balance, on divifoit cette Quantité en fix pefées, chacune defquelles eftoit de dix livres, & l'on faifoit la premiere, la
troifiéme & la cinquiéme de ces pefées en mettant le Poids
dans un mefme Baffin & la marchandife dans l'autre ; &
la feconde, la quatriéme, & la fixiéme en changeant de
Baffin la Marchandife & le Poids.

Mais cependant, il s'en faut encore quelque peu qu'on ne
parvienne par là à une jufte précifion ; ce qu'on peut ayfement connoiftre par le Calcul. Pofons, par exemple, qu'il
faille livrer foixante livres de marchandifes, qu'on foit obligé de pefer avec des Balances dont les Bras foient inégaux
dans la Raifon de 15, à 16. & qu'on faffe les trois premieres
pefées en mettant le Poids, c'eft à dire 10. livres, dans
le Baffin qui pend du Bras le plus court, & les trois autres
en mettant le Poids dans l'autre Baffin ; Cela eftant, il eft
certain que par chacune des trois premieres pefées le ven-
deur donne 9 livres $\frac{6}{16}$ de marchandifes, qui font enfemble
28 livres & $\frac{1}{2}$; Et que par chacune des trois autres il en
donne 10. livres $\frac{10}{15}$, qui font enfemble 32. livres ; Si bien qu'il
donne en tout 60. livres $\frac{2}{16}$ ou deux onces, au lieu de 60.
livres qu'il falloit feulement livrer ; Deforte qu'il y a deux
onces de perte pour le Marchand.

PROPOSITION X.

*Si une Puiffance, qui a fa Ligne de Direction perpen-
diculaire à l'Horizon, foûtient un Poids par le moyen
d'un Levier parallele à l'Horizon, il y aura mefme
Raifon de la Puiffance au Poids, que de la diftance du
Poids à la diftance de la Puiffance.*

SUppofons premierent un Levier, comme AB, parallele
à l'Horizon, dont le Point C foit l'appuy, ou le Point
fixe ; Puis concevons qu'une Puiffance appliquée en B, &

Ttt iij

ayant ſa Ligne de Direction perpendiculaire à l'Horizon ſoûtienne le Poids D, tellement appliqué au Levier, que ſon Centre de Peſanteur correſponde à l'extremité A. Cela eſtant, je dis qu'il y aura meſme Raiſon de la Puiſſance au Poids, que de la diſtance du Poids à la diſtance de la Puiſſance, c'eſt à dire que de AC à BC.

Car, ſi nous oſtons par penſée la Puiſſance qui eſt en B, & ſi nous mettons en ſa place le Poids E, qui ſoûtienne le Poids D, alors le Le

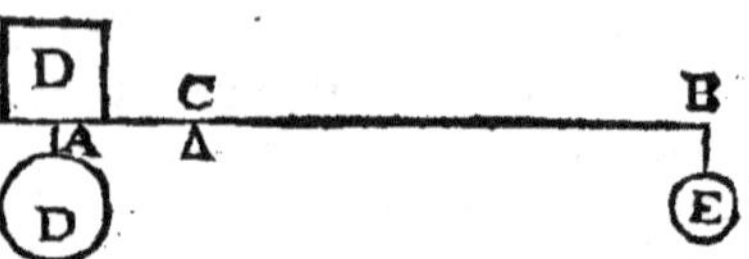

vier AB ne differera point d'une Balance qui ſera ſuſpenduë en C ; Et partant par la 1. Propoſition, il y aura meſme Raiſon du Poids E au Poids D, que de la Diſtance AC à la Diſtance BC ; Mais le Poids E qui ſoûtient le Poids D, eſt neceſſairement égal à la Puiſſance appliquée en B, puis qu'il produit le meſme effet qu'elle ; D'où il ſuit qu'il doit y avoir auſſi meſme Raiſon de la Puiſſance en B au Poids D, que de la diſtance du Poids à la diſtance de la Puiſſance, c'eſt à dire de AC à BC ; Ce qu'il falloit démontrer.

Suppoſons maintenant une ſeconde eſpece de Levier, comme AB, dont l'appuy, où le Point fixe, ſoit à l'extremité A, que la Puiſſance ſoit à l'autre extremité B, où agiſſant de bas en haut elle ſoûtienne le Poids D, qui porte ſur le Point C, entre l'appuy & la puiſſance ; Cela eſtant, je dis qu'il y aura encore meſme Raiſon de la Puiſſance au Poids, que de la Diſtance du Poids à la Diſtance de la Puiſſance, ceſt à dire que de AC à AB. Car ſi nous continuons le Levier AB vers E, enſorte que AE ſoit égale à AB, Et ſi oſtant par penſée la Puiſ

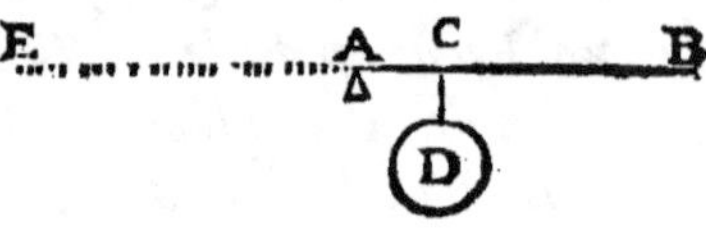

ſance qui eſt en B, nous la transferons en E, où elle agiſſe de haut en bas, Il s'enſuivra, par les Remarques que nous avons faites ſur le Corollaire du 5. Axiome, que cette Puiſ fance produira le mefme effet en E, qu'elle faifoit en B, c'eft à dire qu'elle foûtiendra encore le Poids D ; Mais en ce cas, il vient d'eftre démontré que la Puiffance en E eft au Poids D, comme AC eft à AE, ou à AB fon égale ; Par confequent la mefme Puiffance appliquée en B eft au Poids D, comme la diftance du Poids à la diftance de la Puif-fance, c'eft à dire comme AC eft à AB ; ; Ce qu'il falloit dé-montrer.

Suppofons encore une troifiéme efpece de Levier, comme AB, dont l'appuy, ou le Point fixe, foit à l'extremité A, que le Poids D foit à l'autre extremité B, & que la Puiffan-ce foit en C, entre le Point fixe & le Poids, où elle agiffe de bas en haut ; Cela eftant, je dis qu'il y aura encore mefme Raifon de la Puiffance au Poids, que de la diftance du Poids à la diftance de la Puiffance, c'eft à dire que de AB à AC.

Car fi nous conti-
nuons le Levier AB
vers E, enforte que
AE foit égale à AC ;
Et fi oftant par pen-

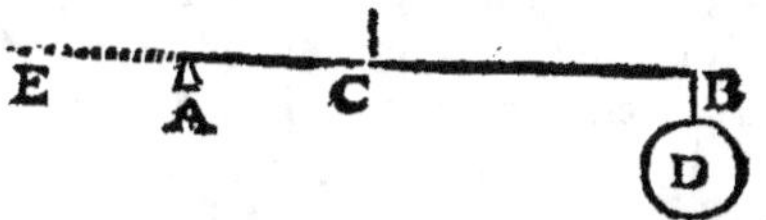

fée la Puiffance qui eft en C, nous la transferons en E, où elle agiffe de haut en bas ; Il s'enfuivra, par les Remarques que nous avons faites fur le Corollaire du 5. Axiome, que cette Puiffance produira le mefme effet en E, qu'elle faifoit en C, c'eft à dire qu'elle foûtiendra encore le Poids D ; Mais en ce cas, il a efté demontré dans la 1. Partie de cette Propofition, que la Puiffance en E eft au Poids D, comme AB eft à AE, ou à AC fon égale ; Par confequent la même Puiffance appliquée en C eft au Poids D, comme la diftance du Poids , AB, eft à la diftance de la Puiffance, AC, ce qu'il falloit démontrer.

Suppofons enfin un Levier
Recourbé, tel qu'eft icy AC
B, dont la Partie AC foit pa-
rallele à l'Horizon, que le
Point fixe foit C, que le
Poids D pende du Point A,
& que la Puiffance appli-
quée en B agiffe par la Ligne
BE, perpendiculaire à la
partie du Levier CB ; cela

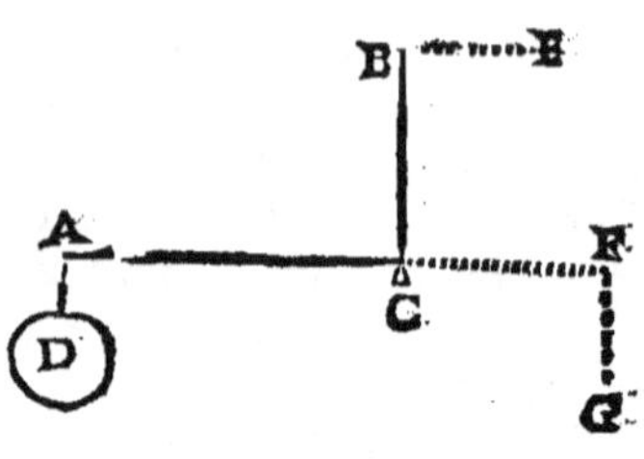

eftant, je dis qu'il y aura encore mefine Raifon de la Puiffance au Poids, que de la diftance du Poids à la diftance
de la Puiffance, c'eft à dire que de AC à BC.

Car fi nous continüons la
partie du Levier AC vers F,
enforte que CF foit égale à
BC ; Et fi oftant par penfée
la Puiffance qui eft en B,
nous la transferons en F, où
elle agiffe perpendiculaire-

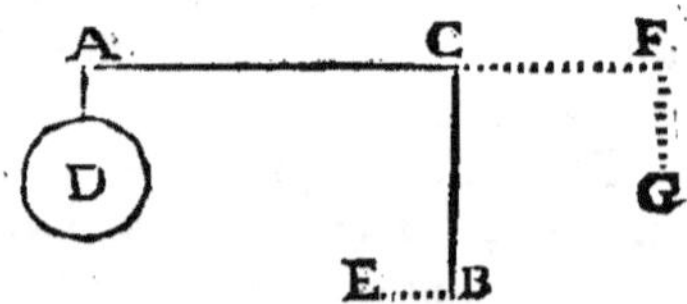

ment de haut en bas, Il s'enfuivra par les remarques que
nous avons faites fur le Corollaire du 5. Axiome, que cette
Puiffance produira le mefme effet en F, qu'elle faifoit en
B, c'eft à dire qu'elle foûtiendra encore le Poids D ; Mais
en ce cas, il a efté demontré dans la 1. Partie de cette Propofition, que la Puiffance en F eft au Poids D, comme AC
eft à CF, ou à BC fon égale ; Par confequent cette mefme
Puiffance en B eft au Poids en A, comme la diftance du
Poids à la diftance de la Puiffance, c'eft à dire comme AC
eft à BC ; Ce qu'il falloit démontrer.

I. Remarque.

Comme dans l'ufage de la premiere & de la quatriéme
efpece de Levier, la diftance du Poids, AC, peut-eftre plus
ou moins grande que la diftance de la Puiffance, BC, auffi
la Puiffance peut eftre plus ou moins grande que le Poids.

II. Remarque.

I I. Remarque.

Mais comme dans l'Usage de la seconde espece de Levier, la distance du Poids est necessairement moindre que la distance de la Puissance ; Aussi la Puissance est-elle necessairement moindre que le Poids.

III. Remarque.

Tout au contraire, comme dans l'Usage de la troisiéme espece de Levier, la distance du Poids est necessairement plus grande que celle de la distance de la Puissance ; Aussi la Puissance est-elle necessairement plus grande que le Poids.

IV. Remarque.

Si dans l'Usage de la seconde espece de Levier, on employoit une Puissance pour servir d'appuy, cette derniere Puissance & la premiere seroient entr'elles en Raison reciproque de leur distance du Point qui porte le Poids.

Ainsi supposant que deux Puissances appliquées aux Points A & B du Levier AB soûtiennent ce Levier, dont le Point C porte le Poids D, Je dis que la Puissance en A est à la Puissance en B, comme BC est à AC.

Car si l'on considere l'appuy du Levier comme estant en B, il suit de ce qui a esté cy-devant demontré, que la Puissance en A est au Poids, comme BC est à AB ; Et si on le considere comme estant en A, le Poids est à la Puissance, comme AB est à AC ; Si bien qu'il y a d'une part trois quantitez, sçavoir la Puissance en A, le Poids D, & la Puissance en B ; & d'autre part les trois Lignes BC, AB & AC, lesquelles prises de deux en deux sont en mesme Raison ; Et partant en Raison égale elles sont proportionnelles, c'est à dire, que la Puissance en **A** est à la Puissance en **B**, comme BC est à AC; Ce qu'il falloit démontrer.

V. Remarque.

Ce qui a esté demontré touchant le Levier de la premiere espece, que l'on supposoit parallele à l'Horizon, est encore vray du mesme Levier, lorsqu'il est incliné, pourveu que le Poids pende librement de l'extremité où il est attaché, & que la Ligne de Direction de la Puissance soit perpendiculaire à l'Horizon.

Ainsi supposant qu'un Levier de la premiere espece soit incliné, comme paroist icy le Levier AB, dont le Point fixe est **C** ; comme aussi que le Poids **D** pende librement de l'extremité **A**, & que la Puissance qui le soûtient

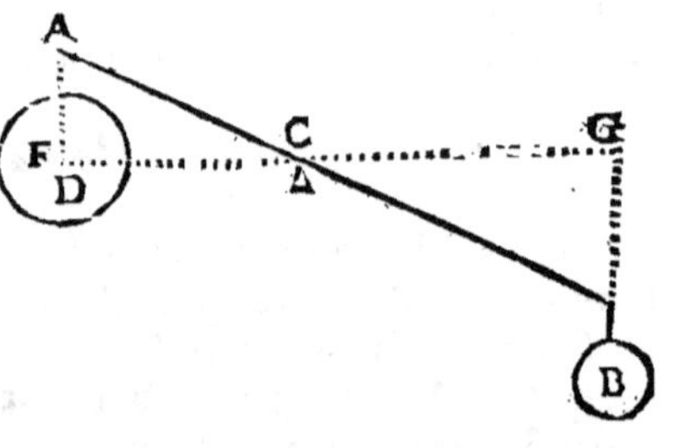

soit tellement appliquée à l'extremité B, que sa Ligne de Direction GB soit perpendiculaire à l'Horizon ; Cela estant, je dis que la Puissance est au Poids, comme la distance du Poids est à la distance de la Puissance, c'est à dire comme AC est à BC.

Car si l'on tire par le Point fixe C, la Ligne Droitte FCG, parallele à l'Horizon , & par consequent perpendiculaire, tant à la Ligne de Direction du Poids, sçavoir AF, qu'à la Ligne de Direction de la Puissance, sçavoir GB ; & que CF soit la distance perpendiculaire du Poids, & CG la distance perpendiculaire de la Puissance ; Il est évident par la Remarque qui a esté faite sur le Corollaire du 4. Axiome, que le Poids qui pend du Point **A**, n'a ny plus ny moins de force pour mouvoir le Levier incliné AB, qu'il en a pour mouvoir le Levier Horizontal FG ; Et de mesme , que la

Puiſſance en B, n'a ny plus ny moins de force pour mouvoir le Levier incliné AB, qu'elle en a pour mouvoir le Levier Horizontal FG, D'où il ſuit que la Puiſſance qu'on
devroit appliquer en B, pour ſoûtenir le Poids D, pendant
de l'extremité A, eſt ſemblable à celle qu'on devroit appliquer en G, pour ſoûtenir le meſme Poids peſant ſur F. Or
ſi une Puiſſance eſtoit en G, & ſoûtenoit le Poids D, peſant ſur F, il y auroit meſme Raiſon de la Puiſſance au Poids,
que de la diſtance du Poids, FC, à la diſtance de la Puiſſance CG ; Par conſequent la meſme Puiſſance eſtant en
B, & le Poids D peſant ſur A, Il y aura meſme Raiſon de
la Puiſſance au Poids que de FC à CG ; Mais FC eſt à CG,
comme AC eſt à BC, puiſque les Triangles ACF & BCG
ſont ſemblables ; Et partant cette Puiſſance en B, eſt au
Poids en A, comme AC eſt à BC ; Ce qu'il falloit démontrer.

PROPOSITION XI.

De pluſieurs Puiſſances qui ont leurs Lignes de Direction perpendiculaires à l'Horizon, celle qui ſoûtient un Poids attaché fermement au deſſus d'un Levier pa- rallele à l'Horizon, eſt moindre que celle qui (le reſte eſtant égal) ſoûtient le meſme Poids abaiſſé , mais plus grande qu'une autre qui ſoûtient le meſme Poids, élevé.

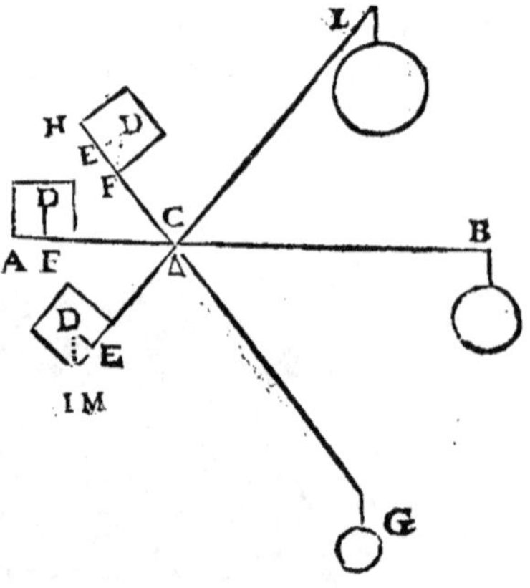

Uppoſons un Levier comme AB, parallele à l'Horizon, dont le Point fixe ſoit C ; Qu'un Poids, dont le Centre de Peſan- teur eſt D, ſoit ferme- ment attaché au deſſus de l'extremité A ; & qu'une Puiſſance appliquée à l'au- tre extremité B, & ayant ſa Ligne de Direction per- pendiculaire à l'Horizon, ſoûtienne ce Poids ; Cela poſé, je dis que cette Puiſ- ſance eſt moindre qu'une autre qui s'appliquant de meſme façon ſoûtiendroit le meſme Poids à l'aide du meſme Levier abaiſſé comme eſt IL ; mais qu'elle eſt plus grande qu'une autre Puiſſance qui ſoûtien- droit le meſme Poids à l'aide du meſme Levier élevé comme eſt HG.

Pour eſtablir cette verité , concevez que du Centre de Peſanteur D, tombe la Ligne Droitte DE, perpendiculaire au Levier ; puis faiſant tomber du meſme Point D une Ligne Droitte perpendiculaire à l'Horizon, Conſiderez que cette Ligne ne differe point de la Ligne DE, quand ce Levier est parallele à l'Horizon ; mais que quand le Levier est incliné ou abaissé comme est IL, elle tombe sur le Point M, qui est plus éloigné du Point fixe C, que n'est le Point E ; & qu'au contraire elle tombe sur le Point F, qui est plus proche de ce Point fixe, quand le Levier est disposé ou élevé comme est HG. Ainsi les Points E, M, & F, sur lesquels pese le Corps pesant dans le Levier, selon qu'il est diversement disposé, estant determinez, vous connoistrez que la distance EC, du Poids qui pese sur le Levier AB parallele à l'Horizon, est moindre que la distance MC lorsque le Poids est abaissé, & plus grande que la distance FC, lorsqu'il est haussé.

Ensuite de cecy, & de ce qui a esté demontré dans la Proposition précedente, il est aisé de voir que la Puissance qui est en B est au Poids qu'elle soûtient, comme EC est à CB ; Or la Raison de EC à CB, est moindre que celle de MC à CL, ou à CB, son égale ; Mais la Raison de MC à CL, est la mesme que celle de la Puissance en L, au Poids qu'elle soûtient ; Par consequent la Raison de la Puissance en B, au Poids qu'elle soûtient, est moindre que la Raison de la Puissance en L, au mesme Poids ; Et partant la Puissance en B, qui soûtient le Poids à l'aide d'un Levier parallele à l'Horizon, est moindre que la Puissance en L, qui soûtient le mesme Poids lorsqu'il est abaissé ; Ce qu'il falloit démontrer.

Pour la preuve de la seconde partie de cette Proposition, Considerez derechef que la Puissance en B, est au Poids qu'elle soûtient, comme EC est à CB ; Or la Raison de EC à CB est plus grande que celle de FC à CG, ou à CB son égale ; Mais la Raison de FC à CG est la mesme que celle de la Puissance en G, au Poids qu'elle soûtient ; Par consequent la Raison de la Puissance en B, au Poids qu'elle soûtient, est plus grande que celle de la Puissance en G, au mesme Poids ; Et partant la Puissance en B, qui soûtient le Poids à l'aide d'un Levier parallele à l'Horizon, est plus grande que la Puissance en G, qui soûtient le mesme Poids

Vuu iij

lorſqu'il eſt hauſſé ; Ce qu'il falloit démontrer.

I. Remarque.

Comme il arrive que plus le Poids eſt abaiſſé, & plus le Point M ſe rencontre loin du Point fixe C ; & qu'au contraire plus il eſt hauſſé, & plus le Point F tombe prés du Point fixe ; Auſſi eſt-ce une neceſſité que la Puiſſance qui le ſoûtient ſoit d'autant plus grande que le Poids ſera abaiſſé, & qu'elle ſoit d'autant moindre que le Poids ſera hauſſé ; Mais comme il pourroit arriver que le Poids fuſt tellement hauſſé que ſon Centre de Peſanteur répondît juſtement ſur le Point fixe ; En ce cas, comme ce Point fixe porteroit toute la peſanteur, & qu'il n'y auroit pas plus de Raiſon pourquoy le Poids deuſt incliner d'un coſté plûtoſt que de l'autre, il ne ſeroit beſoin d'aucune Puiſſance pour le ſoûtenir, ou pour l'empeſcher de tomber.

II. Remarque.

Maintenant ſi l'on ſuppoſoit que le Poids fuſt attaché fermement au deſſous du Levier, & non pas au deſſus comme auparavant, en raiſonnant de meſme que l'on a fait dans la Propoſition précedente, on trouveroit tout le contraire de ce qui y a eſté conclu ; Ce qui eſt ſi aiſé à entendre, qu'il ſeroit ſuperflu d'en mettre icy la démonſtration.

III. Remarque.

Si la Puiſſance changeoit de telle ſorte ſa Ligne de Direction qu'elle fuſt toûjours perpendiculaire au Levier ; Pour la comparer alors avec le Poids qu'elle ſoûtient, il faudroit faire tomber de ſon Centre de Peſanteur, ſoit qu'il fuſt hauſſé ou abaiſſé, une Ligne perpendiculaire ſur le Levier horizontal, & prendre la partie de ce Levier compriſe entre la Perpendiculaire & le Point fixe, pour la diſtance du Poids.

Ainsi, supposant que AB soit un Levier horizontal appuyé sur le Point fixe C ; Qu'un Corps pesant, dont le Centre de Pesanteur est D, soit fermément attaché au dessus de l'extremité A ; Que IL represente le mesme Levier abaissé du costé du Poids, & HG represente ce Levier haussé du costé du Poids ; & enfin que la Ligne de Direction de la Puissance en L ou en G soit perpendiculaire au Levier ; Pour comparer la Puissance au Poids, il faut du Centre de Pesanteur D, du Poids qui est abaissé, tirer la Ligne DM perpendiculaire au Levier horizontal AB, & prendre CM

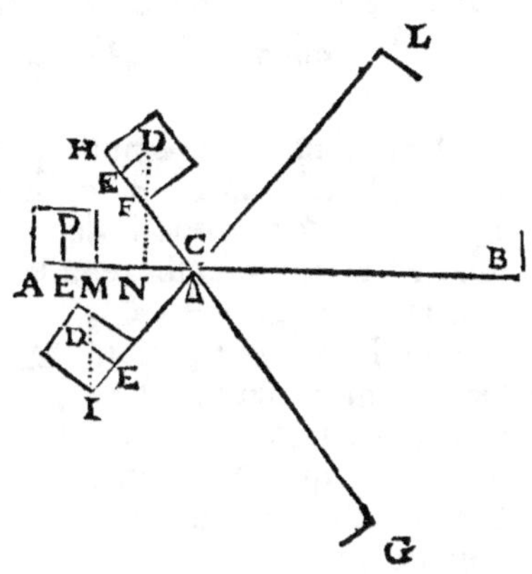

pour la distance du Poids ; Et si le Poids estoit haussé, il faudroit faire tomber la perpendiculaire DN sur le Levier horisontal, & prendre NC pour la distance du Poids ; car alors on pourroit dire que la Puissance qui soûtient le Poids, quand il est abaissé, est à ce Poids, comme MC est à CL ; & que la Puissance qui soûtient le Poids quand il est haussé, est à ce Poids, comme NC est à CG.

Car les Lignes DM & DN, qui sont tirées du Centre de Pesanteur perpendiculaires au Levier horizontal AB, sont les Lignes de Direction des Poids, qui pesent également dans tous les Points de ces Lignes, par le 4. Axiome ; Si bien que le Poids estant abaissé, c'est comme s'il estoit appliqué au Point M, & que le Levier fust le Levier recourbé MCL ; Et ce mesme Poids estant haussé, c'est comme s'il estoit appliqué au Point N, & que le Levier fust NCG ; D'où il suit, par ce qui a esté demontré cy-devant, que la Puissance en L est au Poids abaissé, comme MC est à CL ; & que la Puissance en G est au Poids haussé, comme NC est à CG.

PROPOSITION XII.

Faire qu'une Puiſſance Donnée, puiſſe mouvoir un Poids donné, à l'Aide d'un Levier donné.

SUppoſons par exemple qu'on donne une Puiſſance de dix livres, un Poids de mille livres, & un Levier d'une Toiſe ; Et l'on propoſe de trouver un Point fixe, par lequel le Levier eſtant ſoûtenu, la Puiſſance donnée puiſſe mouvoir le Poids donné.

Pour le trouver, diviſez premierement le Levier AB au Point C, en telle ſorte que AC ſoit à CB, comme la Puiſſance donnée 10. eſt au Poids donné 1000 ; Puis ayant

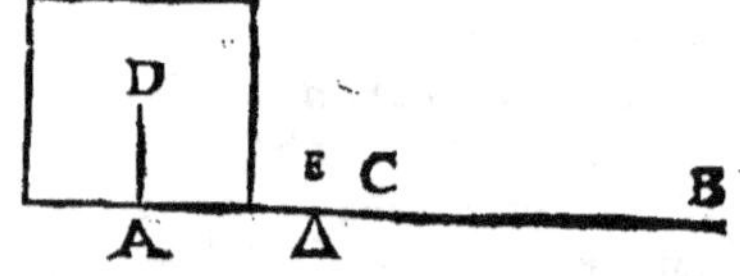

pris à diſcretion entre A & C tel Point que l'on voudra, comme E, ſervez-vous-en pour Point fixe ; Et appliquez de telle ſorte le Poids au Levier, que ſon Centre de Peſanteur correſponde perpendiculairement ſur l'extremité du Levier A ; Et faites que la Ligne de Direction de la Puiſſance en B faſſe un Angle Droit avec le Levier ; Cela eſtant, je dis que la Puiſſance donnée pourra mouvoir le Poids donné.

Car par la Conſtruction, la Puiſſance donnée eſt au Poids donné, comme AC eſt à CB ; Or la Raiſon de AC à CB eſt plus grande que la Raiſon de AE à EB ; Par conſequent la Raiſon de la Puiſſance au Poids, eſt plus grande que la Raiſon de la Diſtance AE, à la diſtance EB ; Et conſequemment cette Puiſſance donnée eſt plus grande qu'une autre qui auroit meſme Raiſon au Poids, que AE a à EB ; Or par la Propoſition précedente, cette autre Puiſſance appliquée en B a Angle Droit, pourroit ſoûtenir le Poids qui peze ſur le Point **A** ; Donc, par le 6. Axiome, la Puiſſance donnée qui eſt plus grande le pourra faire
mouvoir.

mouvoir. Nous avons donc trouvé un Point fixe, par lequel un Levier donné estant soûtenu, une Puissance donnée peut mouvoir un Poids donné, ce qu'il falloit trouver.

Remarque.

Lorsque le Poids est excessivement grand en comparaison de la Puissance, à moins que le Levier ne soit d'une grandeur extraordinaire, c'est une necessité que le Point fixe qu'on déterminera par la Proposition précedente, se rencontre si prés de l'extremité du Levier qui porte le Poids, que ce Point fixe & cette extremité ne differeront point sensiblement ; Et partant, il est évident, qu'encore que ce que nous venons de dire soit vray en toute rigueur, cependant cela ne peut pas toûjours estre reduit en pratique ; Et ainsi, comme Archimede ne pouvoit ignorer qu'il estoit à proportion beaucoup plus difficile de mouvoir tout le Corps de la Terre, que non pas une partie, pour grande & excessive qu'elle fust à nostre égard, aussi n'est-il pas croyable qu'il voulust executer avec le Levier la Proposition qu'il faisoit de mouvoir toute la Terre, pourveu qu'on luy donnast seulement un Point fixe ; mais il est bien plus croyable que son dessein estoit d'y employer quelque autre machine que nous ne sçavons pas.

PROPOSITION XIII.

Si une Puissance meut un Poids à l'ayde d'un Levier, il y aura une moindre Raison de l'espace que parcourra le Poids à celuy que parcourra la Puissance, qu'il n'y a de la Puissance au Poids.

SUpposons le Levier AB, dont le Point fixe soit C, & qu'y ayant un Poids à l'extremité A, & une Puissance à l'extremité B, cette Puissance meuve le Poids, & fasse prendre au Levier la situation ED ; & qu'ainsi le Poids ait

X x x

parcouru l'efpace AE, & la Puiffance l'Efpace BD ; Cela eftant , je dis qu'il y a une moindre Raifon de l'Efpace AE, à l'Efpace BD, qn'il n'y a de la Puiffance au Poids.

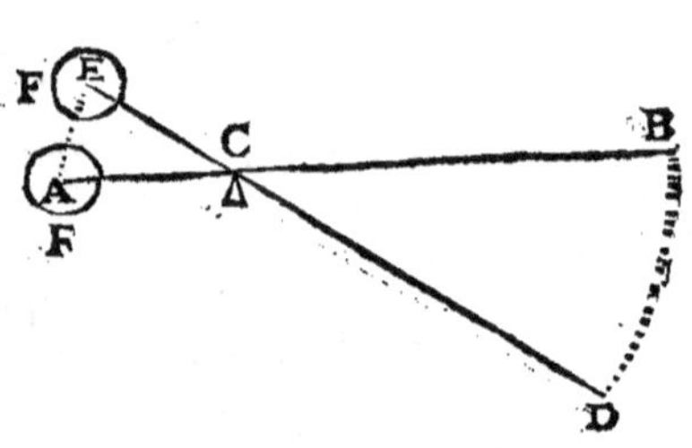

Car cette Puiffance qui meut le Poids, eft neceffairement un peu plus grande qu'une autre , qui eftant appliquée à l'Extremité B pourroit feulement le foûtenir ; Par confequent cette premiere Puiffance a plus grande Raifon à ce Poids que n'a cette autre. Or la Raifon de cette autre Puiffance à ce Poids eft la mefme que celle de AC à CB ; Donc la Raifon que la Puiffance qui meut le Poids a à ce Poids, eft plus grande que la Raifon de AC à CB. Maintenant, puifque les Angles ACE & BCD, oppofez au Sommet font égaux , les Secteurs ACE, & BCD font femblables ; Et ainfi comme AC eft à CB, ainfi l'Arc AE eft à l'Arc BD ; Et partant la Puiffance qui meut le Poids a plus grande Raifon au Poids, que AE n'a à BD ; ou ce qui eft la mefme chofe, la Raifon de l'Efpace AE, que parcourt le Poids , à l'Efpace BD, que parcourt la Puiffance, eft moindre que la Raifon de la Puiffance au Poids ; Ce qu'il falloit démontrer.

Remarque.

Et ainfi vous voyez, que fi une Puiffance meut à l'ayde d'un Levier un Poids qu'elle ne pourroit lever fans cela , elle fait auffi à proportion plus de chemin. Comme , fi une Puiffance de dix livres meut un Poids de cent livres, qui eft Decuple de l'autre, elle fait auffi dix fois plus de chemin ; D'où il fuit que fi elle fe meut toûjours de mefme viteffe, elle employe dix fois plus de temps ; ce qui pourroit peut-eftre faire croire que le Levier feroit inutile , &

qu'il vaudroit autant diviser le Poids en plusieurs parties
égales à la Puissance, & faire qu'elle les portast toutes les
unes apres les autres ; où bien le faire porter tout entier à
une seule fois par plusieurs Puissances qui luy seroient égales.
Mais outre qu'il y a des Poids qu'on ne sçauroit diviser, &
quelques-uns ausquels on ne sçauroit appliquer plusieurs
Puissances, & mesme que souvent on n'a qu'une Puissance
qu'on puisse employer, on a du moins cet avantage en se
servant du Levier pour mouvoir un Poids à une seule fois,
qu'on n'est point obligé à perdre du temps à retourner plusieurs fois en arriere, comme on est obligé de faire , lors
qu'ayant divisé le Poids en plusieurs parties, il les faut porter les unes apres les autres.

PROPOSITION XIV.

La grandeur & la position d'une Poutre estant données,
& les forces des Puissances qui la soûtiennent, avec
les lieux de ces Puissances & leurs diverses applica-
tions ; Le Poids que chaque Puissance soûtient est aussi
donné ; Et par consequent la pesanteur totale & abso-
luë de la Poutre.

Oncevez que ABCD re-
presente une Poutre, ou un
Solide Rectangle homogene &
d'égale grosseur , que sa longueur AB ou DC, & son épaisseur AD ou BC, soient données,
avec sa situation , c'est à dire
avec l'Angle que sa longueur
AB fait avec la Ligne horizontale EB, sur laquelle Ligne elle
s'appuye au Point B ; Qu'au

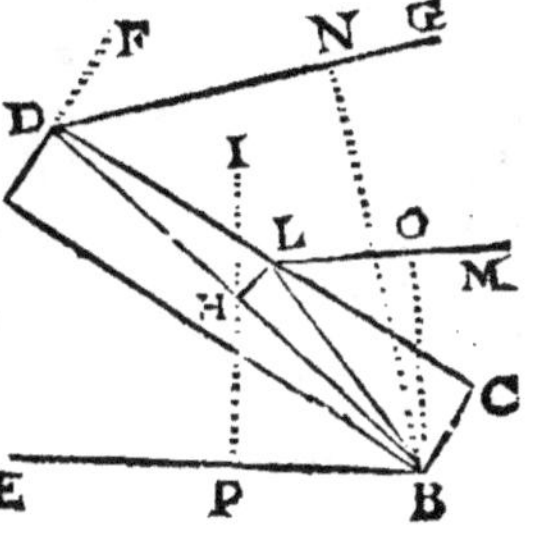

Point D soient appliquées deux Puissances données, dont

dont les Lignes de Direction DF, DG, faſſent des Angles
donnez avec la longueur de la Poutre DC ; Qu'au Centre de Grandeur & de Peſanteur tout enſemble H, ſoit appliquée une autre Puiſſance donnée, dont la Ligne de Direction HI ſoit perpendiculaire à l'Horizon ; Et enfin qu'au
Point L, qui diviſe ſa Longueur en deux également, ſoit
encore appliquée une Puiſſance donnée, dont la Ligne de
Direction LM faſſe avec ſa Longueur l'Angle MLC donné ;
Cela eſtant, je dis que la Peſanteur de la partie de la Poutre que chaque Puiſſance ſoûtient, & par conſequent toute la peſanteur de la Poutre, ſont données. Pour le prouver.

Du Point B, aux Points D &
L, menez les deux Lignes Droittes BD, BL, dont la premiere
paſſera par le Centre de Peſanteur H, & ſera par luy coupée
en deux également ; Prolongez
HH juſqu'à ce qu'elle rencontre
la Ligne horizontale au Point P ;
Et du Point B menez les deux
Lignes BN, BO, perpendiculaires à DG & à LM ; Enfin
oſtez par penſée toute la peſan-

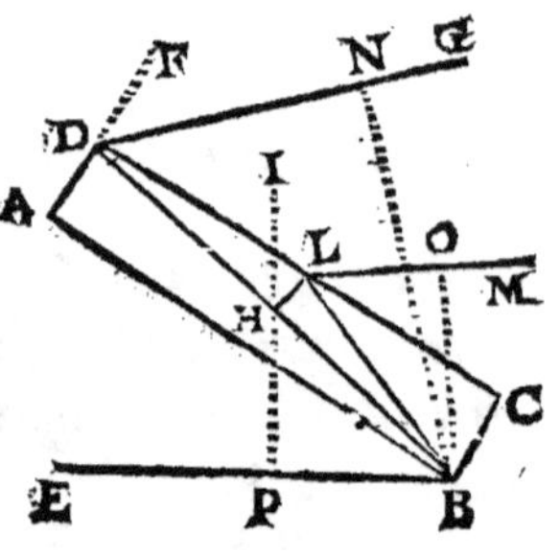

teur de la Poutre, & la transferez au Centre H. Tout cela
fait & ſuppoſé, la Poutre ne differera point d'un Levier de
la ſeconde eſpece, dont l'appuy eſt en B ; La Ligne BP
ſera la diſtance perpendiculaire tant du Poids total de la
Poutre, que de la Puiſſance dont HI eſt la Ligne de Direction ; BA ſera la diſtance perpendiculaire de la Puiſſance dont la Ligne de Direction eſt DF ; BN ſera la diſtance perpendiculaire de la Puiſſance dont la Ligne de Direction eſt DG ; Enfin BO ſera la diſtance perpendiculaire de la Puiſſance dont la Ligne de Direction eſt LM.

Cette preparation ainſi ſuppoſée, Puiſqu'au Triangle
ABD, les deux Lignes BA & AD ſont données avec l'An-
gle Droit BAD, Il s'enſuit que l'Angle ABD & la Ligne
BD ſont auſſi donnez, & par conſequent ſa moité BH ;

& puifque l'Angle HBP eft compofé de deux Angles donnez, il eft auffi donné. De mefme, puifqu'au Triangle BCL,
les deux Coftez BC, CL, & l'Angle Droit BCL font
donnez, la Ligne BL, & l'Angle BLC, font auffi donnez.
Deplus, puifqu'au Triangle HBP, la Ligne HB & l'Angle
HBP font donnez, avec l'Angle Droit HPB, la Ligne PB
eft auffi donnée. De mefme, puifqu'au Triangle BDN, la
Ligne BD, & l'Angle Droit BND font donnez, avec l'Angle BDN, lequel eft compofé des deux Angles donnez
NDC, & CDB, ou de fon égal DBA, Il s'enfuit que la
Ligne BN eft auffi donnée. Enfin, puifqu'au Triangle BLO,
la Ligne BL & l'Angle Droit BOL font donnez, avec
l'Angle OLB, lequel eft compofé des deux Angles donnez
OLC & CLB, Il s'enfuit que la Ligne BO eft auffi donnée.

Tout cecy eftant donc encore ainfi fuppofé, puifque par
la 10. Prop. La Puiffance dont la Ligne de Direction eft
ADF, eft à la partie du Poids qu'elle foûtient, comme la
diftance du Poids eft à la diftance de la Puiffance, c'eft à
dire, comme BP eft à BA ; & puifque de ces quatre chofes qui font proportionnelles, Il y en a trois qui font données ou connuës, fçavoir la valeur de la Puiffance, la
Diftance BP & la Diftance BA, Il s'enfuit que la quatriéme,
à fçavoir la partie de la pefanteur de la Poutre que cette
Puiffance foûtient, eft auffi donnée ; Ce qui eft l'une des
chofes qu'il falloit démontrer.

De mefme, puifque la Puiffance dont DG eft la Ligne
de Direction, eft à la partie du Poids qu'elle foûtient, comme BP eft à BN, & que trois de ces quatre chofes proportionelles font données, la quatriéme, fçavoir eft la partie
de la pefanteur de la Poutre que cette Puiffance foûtient,
eft auffi donnée ; Ce qui eft encore l'une des chofes qu'il
falloit démontrer.

Deplus, puifque la Puiffance dont LM eft la Ligne de
Direction, eft à la partie de la pefanteur de la Poutre qu'elle
foûtient, comme BP eft à BO, & que trois de ces quatre
chofes proportionnelles font données, la quatriéme, à fçavoir la partie de la pefanteur de la Poutre que cette Puif-

fance foûtient, eft auffi donnée ; Ce qui eft encore l'une
des chofes qu'il falloit démontrer.

Quant à la partie de la pefanteur de la Poutre que foûtient la Puiffance dont HI eft la Ligne de Direction, Il eft
évident par la 7. Def. qu'elle doit eftre égale à cette Puiffance, & partant que cette partie eft auffi donnée ; Ce qui
eft encore une des chofes qu'il falloit démontrer.

Enfin la pefanteur totale de la Poutre eftant égale aux
pefanteurs particulieres de toutes fes parties, qui font données, Il eft évident que cette pefanteur totale eft auffi donnée ; Ce qui reftoit à démontrer.

PROPOSITION XV.

Dans l'ufage ordinaire des Moufles chacune des Poulies
d'enhaut eft équivalente à un Levier de la premiere
efpece, & chacune des Poulies d'embas eft équiva-
lente à un Levier de la feconde efpece.

Dans cette Figure, ABC, EFG, & HIL, font trois
Poulies, arreftées dans leurs Echarpes par le moyen
des Effieux qui paffent par leurs Centres D, M, & N ;
Les Echarpes des deux Poulies d'enhaut eftant accrochées
à quelque chofe de fixe, par le moyen du Crochet qui eft
vers B, ces Poulies font feulement mobiles allentour de leurs
Centres ; Mais pour la Poulie d'embas HIL, outre qu'elle
peut fe mouvoir allentour de fon Centre comme les autres,
la liaifon qu'elle a avec les Poulies d'enhaut, par le moyen
de la Corde IGFEHLCBAP, fait qu'elle peut encore monter ou defcendre, felon que l'on tire ou que l'on lafche
le bout de la Corde P. Si bien qu'on peut fe fervir de cette
Machine pour mouvoir le Poids Q, qui eft attaché au Crochet O.

Or dans l'ufage de cette Machine , je dis que chacune
des Poulies d'enhaut ABC & EFG, eft équivalente à un
Levier de la premiere efpece, & que la Poulie d'embas HIL

est équivalente à un Levier de la seconde
espece ; Pour le prouver.

Par les Centres D, M, & N tirez les
Lignes Droittes ADC, EMG, HNL, qui
aboutissent de part & d'autres aux Points
des Circonferences des Poulies que les Cordes commencent à toucher, & qui par consequent seront perpendiculaires à ces Cordes ; Puis considerez que toutes ces Cordes
feroient encore précisément le mesme effet,
si de toutes les Poulies il ne restoit rien que
les Lignes ADC, EMG, & HNL, aux extremitez desquelles ces Cordes demeurassent
attachées. Or puisque dans la Ligne ADC,
il y a un Point fixe, à sçavoir D, qui est entre l'extremité A, où la Puissance est appliquée, & l'autre extremité C, où est appliquée la Partie CL de la Corde, qui doit
estre prise pour un Poids, à cause que le
Poids Q la tire en embas. Et de mesme,
Puisque dans la Ligne EMG il y a aussi un

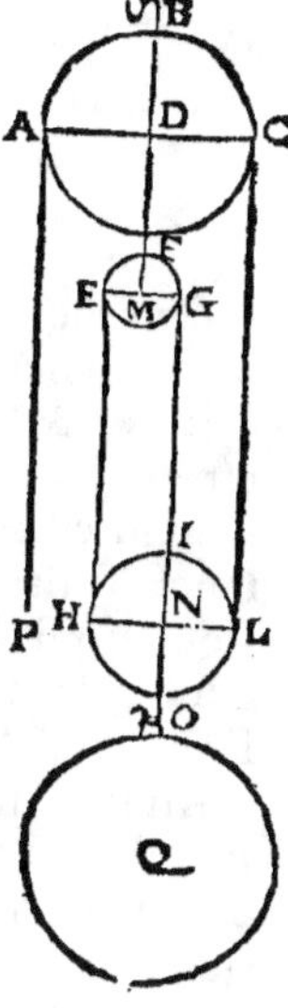

Point fixe, à sçavoir M, qui est entre l'Extremité E, où est
appliquée la Partie EH de la Corde, qui doit passer pour une
Puissance, puisqu'elle tend à se mouvoir de haut en embas,
& l'autre extremité G, où est appliquée la Partie GI de la
Corde, qui doit passer pour un Poids, puisque le Poids Q
la tire aussi en embas ; Il est évident que ces Poulies
d'enhaut sont équivalentes à des Leviers de la premiere
espece ; Ce qu'il falloit démontrer.

Considerez maintenant que si de la Poulie d'embas il ne
restoit rien que la Ligne HNL, l'effet de la Machine seroit
précisément tel qu'il estoit auparavant, pourveu que les
Cordes & le Poids ne laissassent pas d'estre appliquez comme ils sont aux Points H, N, & L ; Or en ce cas, l'Extremité L, qui est disposée à monter, doit passer pour une
Puissance ; & le Point H, sur lequel la Ligne LH s'appuye
doit passer pour le Point fixe ; & le Poids Q pese verita-

blement fur le Point N, qui eft entre ces deux Extremitez ; Et ainfi la Ligne HNL eft un Levier de la feconde efpece ; D'où il fuit que la Poulie d'embas eft équivalente à un Levier de la feconde efpece ; Ce qu'il falloit auffi démontrer.

I. Remarque.

Comme aux Poulies d'enhaut les Points fixes divifent les Leviers en deux parties égales, & qu'ainfi la diftance du Poids eft égale à celle de la Puiffance, l'on doit conclure, par la 10. Prop. que fi une Puif-fance foûtient un Poids à l'ayde d'une Poulie qui foit de l'efpece de celles d'en-haut, la Puiffance doit eftre égale au Poids qu'elle foûtient.

Ainfi, fuppofant qu'ABC foit une Pou-lie, dont l'Echarpe eft arreftée à quelque chofe de fixe par le moyen du Crochet qui eft vers B, & qu'une Puiffance appli-quée au Bout E de la Corde EABCF, foûtienne le Poids G, qui pend à l'au-tre Bout F, comme la diftance du Poids, CD, eft égale à la diftance de la Puiffance, AD, l'on doit conclure que cette Puiffance eft égale au Poids.

II. Remarque.

II. *Remarque.*

Ainsi, suppofant que ABCD reprefente une Poulie d'embas, enchaffée dans fon Echarpe, dans laquelle elle eft mobile allentour de fon Centre E ; duquel pend & fur lequel peze le Poids F, qu'une Puiffance foûtient appliquée en G, qui eft un des bouts de la Corde GDCBH, dont l'autre bout H eft arrefté à quelque chofe de fixe ; Cela pofé, comme la diftance du Poids, EB, n'eft que la moitié de la diftance de la Puiffance DB, auffi doit-on conclure que la Puiffance n'eft que la moitié du Poids.

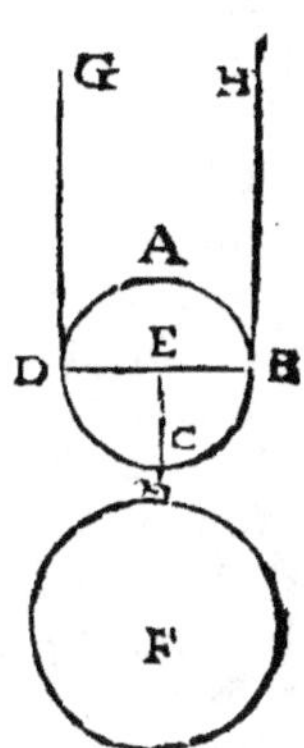

PROPOSITION XVI.

Lorfqu'une Puiffance foûtient un Poids à l'ayde de plufieurs Poulies, toutes les Cordes font également tenduës.

REprenons la Figure de la Propofition précedente, & pofons comme nous venons de faire, qu'une Puiffance en P foûtienne le Poids Q ; Cela eftant, je dis que les Cordes AP, EH, GI, & CL font également tenduës ; Pour le prouver.

Confiderant premierement les Cordes AP & CL, qui font appliquées aux extremitez du Levier AC, dont le Point fixe D eft également diftant des extremitez A & C, Il eft aifé à juger que fi l'une de ces Cordes eftoit plus tenduë que l'autre, elle auroit plus de force pour tirer de fon cofté le bout du Levier auquel elle eft appliquée, que l'autre n'en auroit pour le tirer du fien ; Si bien qu'elle feroit tourner la Poulie ABC, & par confequent auffi les autres Poulies ; d'où il s'enfuivroit qu'elle feroit auffi mouvoir le Poids Q ; ce qui eft contre la fuppofition. Et partant, il faut conclure que la Corde AP n'eft ny plus ny moins tenduë que la Corde CL.

Confiderant enfuite les Cordes CL & EH, qui font appliquées aux extremitez du Levier HL, par le moyen duquel elle portent un Poids, pendant du Point N, qui eft également diftant des extremitez H & L, on peut auffi aifément juger, que fi l'une de ces Cordes eftoit plus tenduë que l'autre, elle auroit plus de force pour tirer le bout du Levier auquel elle eft appliquée, que n'auroit l'autre ; Si bien qu'elle le feroit mouvoir ; & par confequent tourner la Poulie HIL, & en mefme temps mouvoir le Poids Q ; ce qui eft contre la Suppofition ; Et partant, il faut conclure que les Cordes CL & EH font auffi également tenduës.

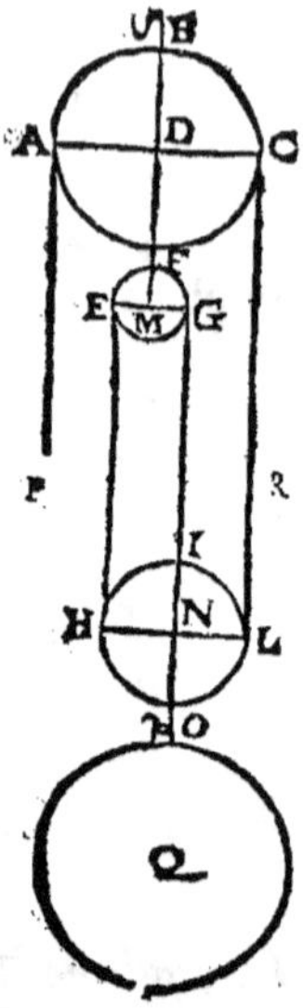

Enfin confiderant les Cordes EH & GI, qui font appliquées aux extremitez du Levier EG, dont le Point fixe M eft également diftant des extremitez E & G, on connoift auffi aifément que fi l'une de ces Cordes eftoit plus tenduë que l'autre, elle auroit plus de force pour tirer le bout du Levier auquel elle eft appliquée, que n'auroit l'autre ; Si bien qu'elle le feroit mouvoir, & en mefme temps auffi la Poulie, & le Poids Q, ce qui eft contre la fuppofition ; Et partant, il faut conclure que les Cordes EH & GI, font auffi également tenduës.

Et ainfi, lorfqu'une Puiffance foûtient un Poids à l'ayde de plufieurs Poulies, toutes les Cordes font également tenduës ; Ce qu'il falloit démontrer.

Corollaire.

Il fuit évidemment de cette Propofition, que toutes les Cordes qui font appliquées aux Poulies d'embas, comme icy EH, GI, CL, foûtiennent des parties égales du Poids qu'elles portent.

PROPOSITION XVII.

Si une Puiſſance ſoûtient un Poids à l'aide de pluſieurs Poulies, elle aura meſme Raiſon au Poids, que l'u-nité a au nombre des Cordes appliquées aux Poulies d'embas.

REprenons encore icy la Figure de la Propoſition pré-cedente, & poſons qu'une Puiſſance en P, ſoûtienne le Poids Q, à l'ayde des Poulies ABC, EFG, HIL ; Cela eſtant, je dis que la Puiſſance en P, eſt au Poids Q, comme l'unité eſt au nombre des Cordes appliquées à la Poulie d'embas ; Ainſi dans cette Figure, ou Machine, comme il y a trois Cordes appliquées à la Poulie d'embas, & que l'unité eſt le tiers de trois, Auſſi la Puiſſance en P eſt la troiſiéme partie du Poids Q.

Car par le Corollaire de la Propoſition précedente, les Cordes appliquées aux Poulies d'embas ſoûtiennent des parties égales du Poids Q ; D'où il ſuit que la Corde CL eſt chargée juſtement de la troiſiéme partie de ce meſme Poids, & qu'elle tire l'Extremité C, du Levier AC, avec une force égale à la troiſiéme partie du Poids Q ; Or par la premiere remarque de la 15. Prop. la Puiſſance en P, qui s'applique à l'Extremité A, du Levier AC, eſt égale au Poids qui tire l'autre Extremité C, du meſme Levier ; Et partant la Puiſſance en P, eſt juſtement la troiſiéme partie du Poids qu'elle ſoûtient ; Ce qu'il falloit démontrer.

I. Corollaire.

Il ſuit évidemment de cette Propoſition, que ſi l'on donne le nombre des Cordes appliquées aux Poulies d'embas d'une Machine à l'ayde de laquelle une Puiſſance doive ſoûte-nir un Poids donné, on trouvera par meſme moyen cette Puiſſance ; car elle ſera telle partie du Poids, que l'unité l'eſt du nombre donné des Cordes.

II. *Corollaire.*

Cela ſuppoſé, il eſt auſſi aiſé de conclure, que la charge du Point fixe auquel le Crochet B eſt attaché, eſt égale à la peſanteur du Poids Q, & à la quantité de la Puiſſance qui le ſoûtient ; car cette Puiſſance peſe juſtement autant ſur la Corde, que peſeroit un Poids qui luy ſeroit égal ; La Peſanteur duquel, jointe à celle du Poids Q, compoſeroit toute la charge du Point fixe, ainſi qu'il eſt évident.

Remarque.

Toutesfois, il eſt à remarquer, qu'eu égard à la Pratique, il y a icy quelque choſe de plus à conſiderer ; Car comme les Poulies & les Cordes dont on ſe ſert ſont peſantes, & qu'une partie de la Puiſſance doit eſtre employée à les porter, on ne ſçauroit déterminer au juſte la quantité de la Puiſſance, à moins de ſupoſer que le Poids eſt plus grand qu'il n'eſt en effet, de la quantité de la peſanteur des Poulies d'embas & de leurs Echarpes, & meſme auſſi de la quantité de la peſanteur de toute la Corde, moins toutesfois la peſanteur des parties de la Corde qui touchent aux Poulies d'enhaut, & du double du bout de la Corde qui pend de la Poulie d'enhaut, auquel la Puiſſance eſt appliquée.

Ainſi, s'imaginant que cette Figure repreſente des Poulies, des Echarpes, & des Cordes materielles & peſantes, on doit faire ſon compte, comme ſi le Poids Q eſtoit plus peſant qu'il n'eſt en effet, de la quantité de la peſanteur de la Poulie d'embas & de ſon Echarpe, & de la quantité de la peſanteur de toute la Corde ; moins toutesfois la peſanteur des Parties A B C, E F G, qui touchent aux Poulies d'enhaut, & que ces Poulies ſoûtiennent, comme auſſi celle de la Partie AP, & de ſon Egale CR, qu'il faut conſiderer comme n'ayant aucune pefanteur , parce qu'elles font en Equilibre & fe foûtiennent mutuellement l'une l'autre, & s'empefchent de defcendre.

D'ailleurs, comme les Cordes ne font jamais tout à fait fouples, & qu'elles ont toûjours quelque roideur, cette roideur, qui fait obftacle au mouvement de la Machine, doit encore entrer en quelque confideration, auffi bien que le frotement des Effieux & des Pivots des Poulies ; Si bien qu'il faut encore augmenter la Puiffance de la quantité de la force qu'il luy faut pour furmonter ces deux obftacles ; fans quoy une moindre Puiffance fuffiroit pour foûtenir le Poids.

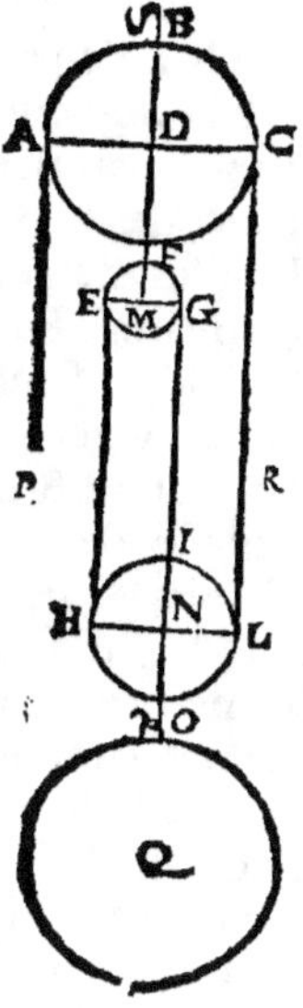

Maintenant , pour déterminer la charge du Point fixe , il ne faut point avoir égard à la roideur des Cordes , ny au frotement des Effieux & des Pivots , car cela ne pefe point ; mais il y faut comprendre le Poids, ou la force de la Puiffance appliquée en P, la pefanteur du Poids Q, celle de toute la Corde, avec celle des Poulies, tant d'enhaut que d'embas, eftant certain que tout cela charge le Point fixe.

PROPOSITION XVIII.

Si une Puiffance meut un Poids à l'ayde de plufieurs Poulies , elle aura plus grande Raifon au Poids, que l'efpace que parcourt le Poids n'a à l'efpace que parcourt la Puiffance ; ou bien que l'unité n'a au nombre des Cordes appliquées aux Poulies d'embas.

REprenons encore la Figure précedente , & pofons qu'une Puiffance appliquée en P, & tirant la Corde vers S, faffe mouvoir le Poids Q, de O vers G, c'eft à dire

de bas en haut ; Cela eſtant, je dis qu'il y
a un peu plus grande Raiſon de la Puiſſance
au Poids, que de l'eſpace que parcourt le
Poids à l'eſpace que parcourt la Puiſſance.

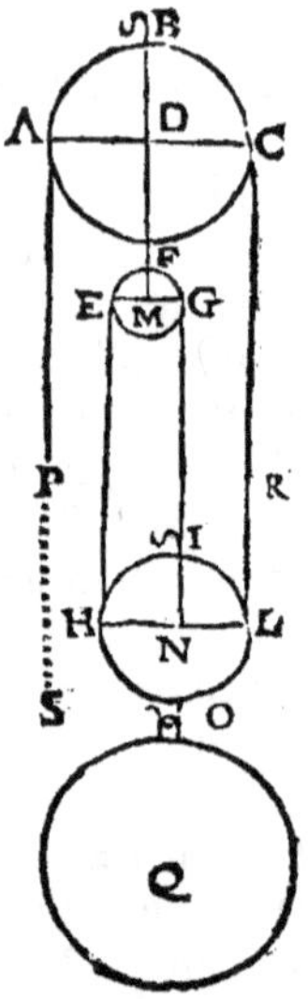

Car afin que le Poids ſoit meu d'une certaine quantité, il eſt neceſſaire que chacune des Cordes qui ſont appliquées aux
Poulies d'embas ſoit racourcie d'une pareille
quantité ; Et par conſequent que toutes les
Cordes enſemble ſoient racourcies d'une cer-
raine autre quantité, à laquelle la premiere
ait meſme Raiſon que l'unité a au nombre
des Cordes qui ſont appliquées aux Poulies
d'embas ; ce qui eſtant impoſſible à moins
que la Puiſſance qui eſt au bout de la Corde
P, ne tire autant de Corde de ſon coſté,
& ne parcoure par conſequent un eſpace
égal à la longueur de la Corde qu'elle tire,
Il eſt évident que l'eſpace que parcourt le
Poids eſt à l'eſpace que parcourt la Puiſſance, comme l'unité eſt au nombre des
Cordes qui ſont appliquées aux Poulies d'embas ; Mais par
la Prop. précedente, une Puiſſance qui ſeroit en P, & qui
ſoûtiendroit ſeulement le Poids Q, auroit à ce Poids la
meſme Raiſon ; Et partant, comme la Puiſſance qui meut
le Poids, doit eſtre un peu plus grande que celle qui ne fait
que le ſoûtenir, elle doit auſſi avoir plus grande Raiſon à ce
Poids que celle qui le ſoûtient ſeulement ; Et ainſi la Puiſſance qui s'applique en P, pour mouvoir le Poids Q, a plus
grande Raiſon à ce Poids, que l'eſpace que parcourt le Poids
n'a à l'eſpace que parcourt la Puiſſance qui le meut ; Ce
qu'il falloit démontrer.

I. Remarque.

Pour faire un Calcul exact de la quantité de la Puiſſance
dans l'uſage des Poulies, il faut que la Puiſſance ait la force

de foûtenir ou de foûlever la pefanteur du Poids , & celle des Poulies d'embas & de leurs Echarpes , avec celle des parties de la Corde que nous avons marquées cy-deffus ; comme auffi de vaincre la refiftance que la roideur de la Corde & le frotement des Effieux & des Pivots apporte au mouvement ; Car il eft certain que toutes ces chofes partagent la force de la Puiffance , & en occupent chacunes une partie.

II. Remarque.

Comme l'obftacle que la roideur des Cordes , & le frotement des Effieux & des Pivots apporte au mouvement, vient en partie de la groffeur de ces chofes, Il eft évident qu'on l'évitera auffi en partie, en faifant enforte que ces Cordes, ces Effieux & ces Pivots foient les plus petits & les plus deliez qu'ils puiffent eftre , & qu'ils portent fur des Echarpes les plus minces qu'il eft poffible ; Et mefme, comme une Corde fouffre plus aifément une moindre courbure qu'une plus grande, il eft bon de ne pas faire les Poulies fi petites.

Mais ce qu'il faut principalement confiderer en fait de Poulies , c'eft qu'il vaut mieux qu'elles foient fixes à l'égard de leurs Effieux, & qu'elles tournent avec eux dans leurs Echarpes, que non pas qu'elles foient mobiles allentour de leurs Effieux, & que leurs Effieux foient immobiles : Car outre qu'on évite par là un plus grand frottement, on previent encore un autre inconvenient qui arrive à la longue aux Poulies qui tournent allentour de leurs Effieux, qui eft que leurs trous s'agrandiffent, & qu'on ne fçauroit plus par aprés les faire tourner allentour de leur Centre pour mouvoir le Poids, que le Point fixe ne fe trouve plus prés de l'endroit où la Puiffance eft appliquée, que de l'endroit oppofé où le Poids eft appliqué ; ce qui diminuë la force de la Puiffance , & augmente celle du Poids.

III. Remarque.

En jettant les yeux fur la Figure précedente, il n'eft pas mal-aifé à juger, que fi l'on oftoit la Puiffance de l'endroit P, où elle tiroit de haut en bas, pour la mettre à l'endroit R, où elle tiraft de bas en haut, elle feroit encore fuffifante pour foûtenir le mefme Poids ; D'où il fuit que la Partie PABCR de la Corde, & la Poulie ABC, feroient entierement fuperfluës, n'eftoit que par leur moyen l'on évite l'incommodité de fe charger de la Corde que l'on tireroit, fi la Puiffance eftoit en R.

Deplus, il eft à remarquer que fi la Puiffance eftoit en R, la charge du Point fixe de la Machine feroit moindre, que celle qui eft marquée cy-deffus, de la quantité de cette mefme Puiffance ; Car il eft certain qu'elle la diminuë d'autant, quand elle eft en R, qu'elle l'augmente quand elle eft en P.

IV. Remarque.

Remarquez auffi que fi la Puiffance qui s'applique en P, eftoit un homme qui ne tinft à la Terre que par fa pefanteur, fon effort pour grand qu'il fuft ne pourroit tout au plus qu'eftre égal à cette pefanteur ; au lieu que s'il s'appliquoit en R, où il tiraft de bas en haut, fon effort pourroit eftre plus grand que cette mefme pefanteur ; D'où il fuit qu'il feroit capable de mouvoir un plus grand Poids.

V. Remarque.

Quoy que l'ufage ordinaire des Poulies foit de fervir à lever des Poids de bas en haut, neantmoins on les peut encore fort bien employer pour mouvoir horizontalement, ou en quelque autre maniere que ce foit, des Corps qu'il feroit impoffible de mouvoir fans cela ; Et alors la Raifon de la Puiffance au Poids eft la mefme que celle dont il a

efté

esté parlé cy-deffus. Mais il faut icy remarquer que si la
Puiffance peut librement avancer vers le costé où l'on veut
faire mouvoir le Corps propofé, Il est bon de l'appliquer
en R, plûtoft qu'en P ; à caufe que la Poulie **ABC** n'est
alors d'aucun ufage, & qu'elle est mefme nuifible, premierement en ce qu'elle oblige à donner un ply à la Corde
dont on fe peut paffer , comme auffi en ce que le frottement de fon Effieu ou de fes Pivots occupe une partie de la
Puiffance.

VI. Remarque.

Quelque ufage que l'on faffe des Poulies, foit qu'on s'en
ferve pour mouvoir un Corps de bas en haut, foit pour le
mouvoir de quelque autre maniere, il est à
remarquer que l'on peut changer en diverfes façons la difpofition des Poulies & celle
de la Puiffance. Par exemple, on peut tellement difpofer plufieurs Poulies, que la
premiere, ABCD, porte le Poids E, accroché à fon Echarpe, & qu'elle foit elle-
mefme portée par une Corde, dont le
bout F foit arresté à quelque chofe de
fixe, & l'autre bout G foit accroché à l'E-
charpe d'une feconde Poulie GHIL ; Deplus, cette feconde Poulie peut estre portée par une Corde, dont le bout M foit arresté à quelque chofe de fixe, & l'autre
bout N foit accroché à l'Echarpe d'une
troifiéme Poulie NOPQ, laquelle foit auffi
portée par une Corde, dont le bout R foit
arresté à quelque chofe de fixe, & l'autre
bout S foit tenu par une Puiffance qui tire
de bas en haut. Mais en tout cela, il n'y a
aucune difficulté ; car il est clair, par ce
qui a esté cy-deffus demontré, que fi de la
pefanteur du Poids E, de celle de l'Echarpe de la premiere

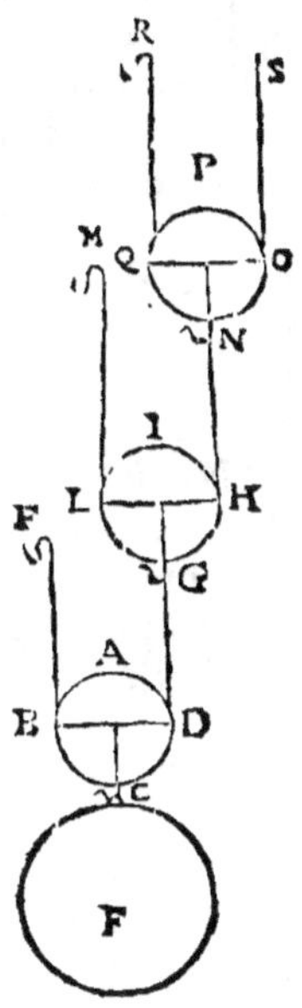

Poulie ABCD, & de celle de fa Corde FB
CDG, on compofe une pefanteur totale,
la moitié de cette pefanteur chargera le
Crochet G, de la feconde Poulie GHIL;
De mefme, fi de la pefanteur qui charge le
Crochet G, & de la pefanteur de la Poulie
GHIL, & de celle de fa Corde MLGHN,
on compofe une pefanteur totale, la moitié
de cette pefanteur chargera le Crochet N,
de la Poulie NOPQ; Enfin, fi de la charge du Crochet N, & de la pefanteur de la
Poulie NOPQ, & de celle de la Corde
RQNOS, on compofe une pefanteur totale, la Puiffance qui eft appliquée en S,
en portera la moitié, & fera par confequent
égale à cette moitié.

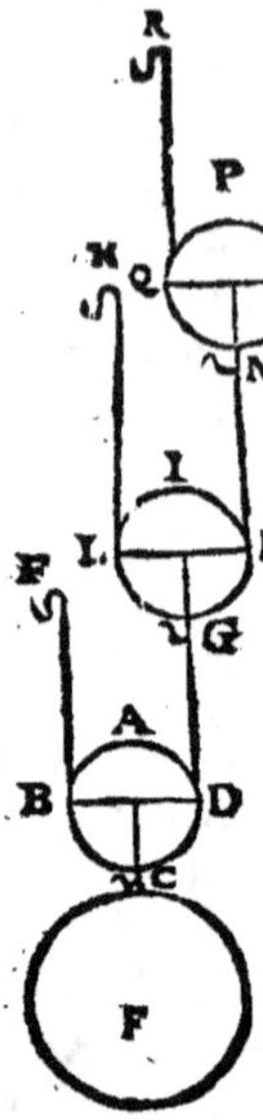

Vous voyez encore, par ce qui a efté démontré cy-deffus, qu'afin que dans cette
difpofition des Poulies la Puiffance qui eft
en S faffe hauffer le Poids E d'une certaine
quantité, le Crochet G, auquel la Corde
de la premiere Poulie eft attachée, & confequemment la Poulie GHIL, fe doit mouvoir du double;
ce qui ne fe peut faire à moins que le Crochet N & la Poulie NOPQ, ne fe meuvent du double de ce double, c'eft à
dire du quadruple; ce qui eft auffi impoffible, à moins que
la Puiffance qui eft en S, ne fe meuve du double de ce
quadruple, c'eft à dire de l'octuple du hauffement du
Poids E.

VII. Remarque.

En retenant la difpofition ordinaire des Poulies, telle
qu'elle eft encore icy reprefentée, on peut fuppofer que le
Poids foit comme auparavant accroché en O, que le bout
de la Corde P, foit arrefté à quelque chofe de fixe, & que
la Puiffance foûtienne le Poids en s'appliquant en B; au-

quel cas le Point fixe P eſt équivalent à
la Puiſſance dont nous avons parlé cy-
deſſus ; Enſuite dequoy, il eſt viſible que
la Puiſſance qui eſt en B, eſt chargée de
la meſme quantité dont nous avons dit
cy-devant que le Crochet B eſtoit chargé ; Si bien que cette Puiſſance eſt alors
égale au Poids, & de plus à une quantité
qui eſt à ce meſme Poids comme l'unité
eſt au nombre des Cordes appliquées aux
Poulies d'embas.

Que ſi maintenant une Puiſſance eſtant
ainſi appliquée tiroit de bas en haut, &
faiſoit monter le Poids, le chemin qu'elle
lùy feroit faire ſeroit égal à celuy qu'elle
feroit elle-meſme, & de plus à une telle
partie de ce chemin que l'unité eſt au
nombre des Cordes qui ſont appliquées
aux Poulies d'embas ; Car quand toutes
ces Cordes ne ſe racourciroient point du
tout, il eſt toûjours indubitable que la
Machine ſe mouvant toute entiere, le
Crochet O, auquel le Poids eſt appliqué,
monteroit juſtement autant que la Puiſ-
ſance qui eſt vers B ; Mais comme toute la Machine ne ſe
peut hauſſer ſans que la partie de la Corde AP ſe rallonge
de la quantité dont les Poulies d'enhaut ſont hauſſées, il
s'enſuit que toutes les Cordes qui ſont appliquées à la Poulie d'embas doivent ſe racourcir enſemble de la meſme
quantité ; Et partant que chacune en particulier doit ſe racourcir d'une telle partie de la meſme quantité que l'unité
eſt du nombre de ces Cordes ; ce qui par conſequent doit
d'autant faire monter le Poids.

VIII. Remarque.

En retenant encore la meſme diſpoſition des Poulies, &

Zzz ij

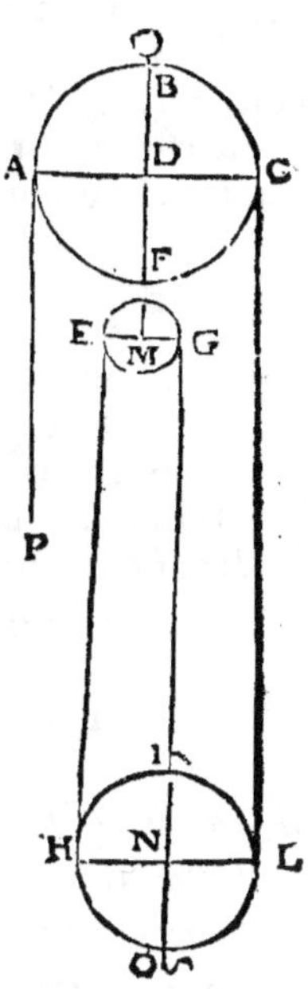

le Point fixe demeurant en B, on peut fuppofer que le Poids
pende du bout de la Corde P, & que la Puiffance foit en
O où elle tire de haut en bas ; En ce cas, tout ce qu'il y a à
confiderer, c'eft qu'il faut appliquer au Poids ce que l'on
avoit cy-devant appliqué à la Puiffance, & appliquer à la
Puiffance ce que l'on avoit appliqué au Poids.

I X. Remarque.

Il n'y a pas plus de difficulté, fi l'on met le Point fixe en
O, le Poids en P, & la Puiffance en B ; Car il ne faut
qu'attribuer au Poids, ce que nous attribuïons cy-devant
à la Puiffance, & penfer du Point fixe ce que nous penfions
cy-devant du Poids ; & enfin confiderer la Puiffance en B,
comme nous confiderions cy-deffus le Point fixe.

PROPOSITION XIX.

*Si une Puiffance, qui eft appliquée à la Circonference
d'une Rouë mobile avec fon Effieu allentour de fon
Centre, & qui a pour Ligne de Direction une Tangente de cette Circonference, foûtient un Poids, pendant à une Corde qui tourne autour de la Circonference de l'Effieu, elle aura mefme Raifon au Poids,
que le Rayon de l'Effieu a au Rayon de la Rouë.*

DAns la Figure cy-jointe, ABCD, eft une Rouë fermement attachée autour de fon Effieu, dont le Profil eft FGH, avec lequel elle peut tourner autour de fon
Centre E ; Au Point A de la Circonference de la Rouë
eft appliquée une Puiffance, qui a pour Ligne de Direction une Tangente de cette Circonference, & qui
pouffant ou tirant de haut en bas, foûtient le Poids I, qui
pend au bout d'une Corde, & dont l'autre bout eft arrefté
à la Circonference de l'Effieu ; Cela eftant, je dis qu'il y a

mefme Raifon de la Puif-
fance en A, au Poids I,
que du Rayon de l'Effieu
EH, au Rayon de la Puif-
fance AE.

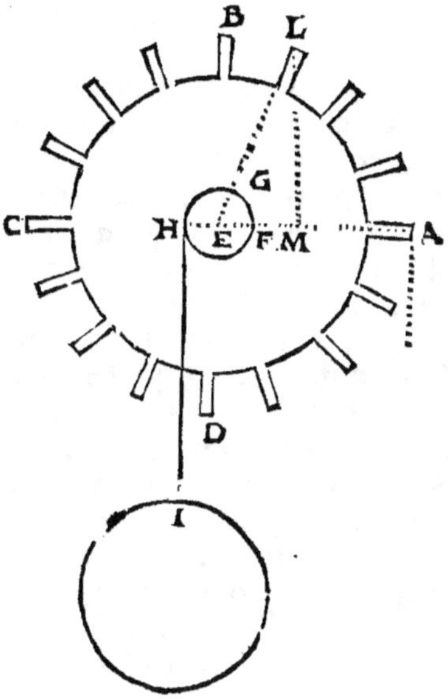

Car fi on ofte par pen-
fée toutes les parties inutiles de la Machine, il eft évident qu'il ne reftera que
la feule Ligne AEH, qui
eft un Levier de la premiere efpece, dans lequel le
Point fixe eft E, la diftance de la Puiffance eft AE,
& la diftance du Poids
eft EH ; Et ainfi, par la 10.
Prop. Il y a mefme Rai-
fon de la Puiffance en A
au Poids I, que de EH à
AE ; Ce qu'il falloit dé-
montrer.

I. Remarque.

Il eft aifé à juger qu'une Puiffance placée en L, ou en
tel autre endroit que l'on voudra de la Circonference de la
Rouë, fera le mefme effet que fi elle eftoit appliquée en
A, pourveu que fa Ligne de Direction foit une Tangente
de cette Circonference ; Car en quelque endroit qu'on la
veüille fuppofer, oftant par penfée toutes les parties inutiles de la Machine, il refte toûjours un Levier, comme
LEH, dont le Point fixe eft E, la diftance de la Puiffance
eft toûjours un Rayon de la Rouë égal à AE, & la diftance
du Poids eft toûjours EH.

II. Remarque.

Ce ne feroit pas la mefme chofe fi la Ligne de Direction de la Puiffance eftoit autre qu'une Tangente de la Circonference de la Rouë ; Car en ce cas, oftant par penfée toutes les parties de la Machine qui font inutiles, la diftance perpendiculaire du Poids eft bien toûjours le Rayon de l'Effieu, mais la diftance perpendiculaire de la Puiffance n'eft plus un Rayon de la Rouë ; Au lieu duquel il faut prendre pour cette diftance une Ligne Droitte menée du Centre de la Rouë perpendiculaire à la Ligne de Direction de la Puiffance ; D'où il fuit que la Puiffance eft au Poids, comme le Rayon de l'Effieu eft à cette perpendiculaire. Ainfi fi une Puiffance appliquée au Point L de la Figure précedente, avoit LM pour Ligne de Direction, fa diftance perpendiculaire feroit EM, qui part du Centre de la Rouë E, & tombe perpendiculairement fur la Ligne de Direction LM ; Et par confequent la Puiffance feroit au au Poids, comme EH eft à EM.

III. Remarque.

Dans l'ufage de la Rouë & de fon Effieu, on ne doit point confiderer la pefanteur de toutes les parties de la Machine, au moins fi l'on fuppofe qu'elle foit regulierement conftruite, eftant évident que toutes les parties qui font d'un cofté font en Equilibre avec toutes celles qui font de l'autre.

IV. Remarque.

Il eft certain que le frottement des Pivots eft un obftacle au mouvement , & qu'il peut eftre confideré comme tel ; Mais ce qui merite une reflexion particuliere, eft la groffeur de la Corde ; Car, il faut confiderer le Poids, comme s'il eftoit foûtenu par une Ligne qui paffe par le

milieu de cette Corde ; ce qui fait que pour avoir sa distance
au juste, il faut adjoûter la moitié du Diametre de la Corde
à la moitié du Diametre de l'Essieu ; Et ainsi plus la Corde
est grosse & plus la distance du Poids augmente ; D'où il
suit qu'il tire avec plus de force ; & que le reste estant
égal, il faut une Puissance plus grande pour le soûtenir.

V. Remarque.

Ensuite de ce qui vient d'estre remarqué, il est évident,
que si la Puissance estoit appliquée à une Corde qui tour-
nast allentour de la Circonference de la Rouë, il faudroit
composer sa distance perpendiculaire, de la moitié du Diametre de la Rouë & de la moitié de la grosseur de la Corde ;
ce qui doit faire juger que la distance de la Puissance seroit augmentée d'une quantité d'autant plus sensible, que
(la Rouë demeurant la mesme) la Corde seroit plus grosse ;
ou bien (la Corde demeurant la mesme) que la Rouë seroit
plus petite.

PROPOSITION XX.

Si une Puiſſance, qui eſt appliquée à la Circonference d'une Rouë mobile avec ſon Eſſieu allentour de ſon Centre, & qui a pour Ligne de Direction une Tangente de cette Circonference, ſoûtient un Poids, pendant au bout d'une Corde qui entoure la Circonference de l'Eſſieu d'une autre Rouë qui n'eſt pareillement mobile qu'avec ſon Eſſieu, & qui engraine avec les aîles d'un pignon que porte l'Eſſieu de la premiere Rouë ; La Raiſon de cette Puiſſance au Poids eſt compoſee de la Raiſon qu'il y a du Demy-diametre de l'Eſſieu au Demy-diametre de la Rouë, & du Demy-diametre du Pignon de l'autre Rouë à ſon Demy-diametre.

DAns cette Figure, ABC repreſente une Rouë, laquelle avec ſon Eſſieu, qui porte le Pignon DEF, eſt mobile allentour de ſon Centre G. L'une des aîles de ce Pignon comme D, engraine avec les dents d'une autre Rouë HIK, laquelle avec ſon Eſſieu LMN eſt mobile allentour de ſon Centre O ; La Corde NMLQ eſt par un de ſes bouts attachée à la Circonference de l'Eſſieu, & par l'autre bout elle porte le Poids Q, qui diſpoſe la Rouë HIK, à tourner ſelon l'ordre des Lettres IHK ; & conſequemment l'autre Rouë ABC, à tourner ſelon l'ordre des Lettres ACB ; Enfin à un Point comme A, de la Circonference de la Rouë ABC, eſt appliquée une Puiſſance, laquelle ayant pour Ligne de Direction la Tangente AP, ſoûtient le Poids Q, & l'empeſche de deſcendre ; Cela eſtant, je dis que la Raiſon de la Puiſſance en A, au Poids Q, eſt compoſée de la Raiſon qu'il y a du Rayon de l'Eſſieu OL au Rayon de ſa Rouë OH, & du Rayon du Pignon GD au Rayon de ſa Rouë GA ; C'eſt à dire, que ſi le Rayon

de

de l'Essieu estoit, par exemple,
le quart du Rayon de sa Rouë,
& le Rayon du Pignon la sixiéme
partie du Rayon de la sienne, la
Puissance seroit le quart de la
sixiéme partie, ou bien la vingt-
quatriéme partie du Poids.

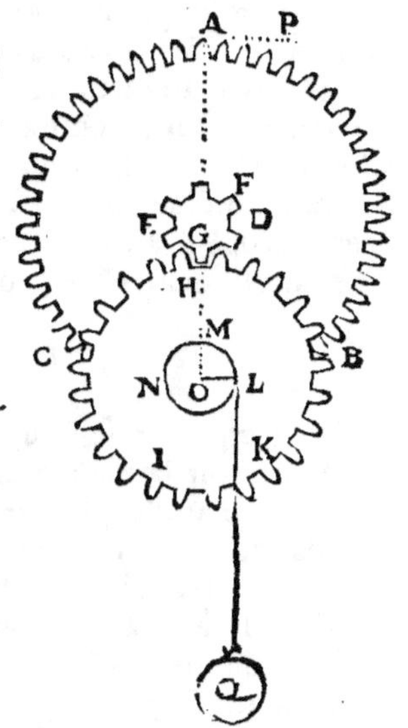

Car si une Puissance appliquée
au Point H de la Circonference
de la Rouë HIK, & poussant
vers C, soûtenoit le Poids Q,
elle auroit, par la Prop. précedente, mesme Raison à ce Poids,
que le Rayon de l'Essieu OL, au
Rayon OH de la Rouë HIK;
D'où il suit que le Poids Q, dispose la Circonference de la Rouë
HIK, & en mesme temps la Circonference du Pignon DEF, à
se mouvoir avec une force égale
à celle que cette Circonference

auroit, si elle portoit un Poids, qui fust telle partie du
Poids Q, que OL, l'est de OH, c'est à dire qui fust le quart
de ce Poids ; Or si une Puissance appliquée au Point A de
la Rouë ABC, & poussant vers P, soûtenoit ce quart de
Poids, elle seroit avec luy en mesme Raison que le Pignon
GD est au Rayon de la Rouë GA, c'est à dire qu'elle en
seroit la sixiéme partie ; Et partant cette Puissance seroit
au Poids Q, en Raison composée de la Raison de GD à
GA, & de OL à OH, c'est à dire, dans cette supposition
qu'elle seroit le quart de la sixiéme partie du Poids, ou
bien la vingt-quatriéme partie ; Ce qu'il falloit démontrer.

I. Remarque.

Ensuite de cette démonstration, il n'est pas mal-aisé à
juger, que si pour soûtenir le Poids Q on appliquoit une
Puissance à la Circonference d'une troisiéme Rouë, dont

le Pignon engrainaſt avec les dents de la Rouë ABC, cette Puiſſance ſeroit au Poids Q, en Raiſon compoſée de la Raiſon du Demy-diametre du Pignon de la troiſiéme Rouë au Rayon de cette Rouë, comme auſſi des Raiſons de GD à GA, & de OL à OH ; Et ainſi, ſi le Demy-diametre du Pignon de cette troiſiéme Rouë eſtoit la dixiéme partie du Rayon de cette Rouë, la Puiſſance ſeroit la dixiéme partie de la ſixiéme, de la quatriéme, ou bien la 240. partie du Poids Q.

II. Remarque.

Il eſt encore aiſé à juger, que ce ſeroit la meſme choſe, ſi au lieu d'appliquer la Puiſſance à la Circonference d'une troiſiéme Rouë, on l'appliquoit à une manivelle, comme RSTVX, qui

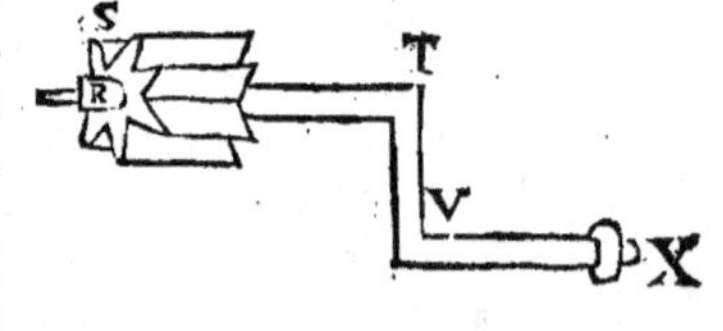

portaſt un Pignon, dont les aîles engrainaſſent avec les dents de la Rouë ABC ; Et par conſequent, que la Puiſſance ſeroit au Poids Q, en Raiſon compoſée de la Raiſon du Demy-diametre du Pignon RS à la longueur TV, & des Raiſons de GD à GA, & de OL à OH.

III. Remarque.

D'autant qu'une Puiſſance qui meut un Poids eſt neceſſairement plus grande que celle qui eſt ſeulement capable de le ſoûtenir, c'eſt auſſi une neceſſité qu'elle ait au Poids une plus grande Raiſon que celle qui eſt compoſée des Raiſons particulieres qu'il y a des Demy-diametres des Eſſieux ou des Pignons aux Demy-diametres de leurs Rouës.

IV. Remarque.

Comme le Poids qui eſt ſoûtenu, ou qui eſt meu, à l'ayde de pluſieurs Rouës, fait des impreſſions fort diverſes ſur toutes ces Rouës, Il eſt important pour la pratique, que

l'Essieu qui porte le Poids soit plus fort , & que la Rouë qui
luy est attachée soit aussi plus forte que les autres Essieux &
les autres Rouës ; que l'on peut faire d'autant moins fortes qu'elles s'éloignent plus de la Rouë dont l'Essieu porte
immediatement le Poids.

PROPOSITION XXI.

Le nombre des dents des Rouës & des aisles des Pignons
d'une Machine estant donné, trouver combien la Rouë
qui se meut le plus viste fera de tours, tandis
que celle qui se meut le plus lentement n'en fera
qu'un.

REprenons la Figure précedente, & supposons que le
nombre des dents des Rouës &
des aîles des Pignons qui y sont
representez soit donné. Par exemple, supposons que la Rouë HIK
ait 24. dents , que le Pignon
DEF ait six aîles , que la Rouë
ABC ait 60. dents , & que le
Pignon de la Manivelle (qu'il
faut imaginer appliqué à la Circonference de la Rouë ABC) ait
six aîles ; Cela supposé , il s'agit
de determiner combien la Manivelle, qui tient icy lieu de la
Rouë qui se meut le plus viste,
fera de tours, tandis que la Rouë
HIK, qui se meut le plus lentement, n'en fera qu'un ; Pour le
faire.

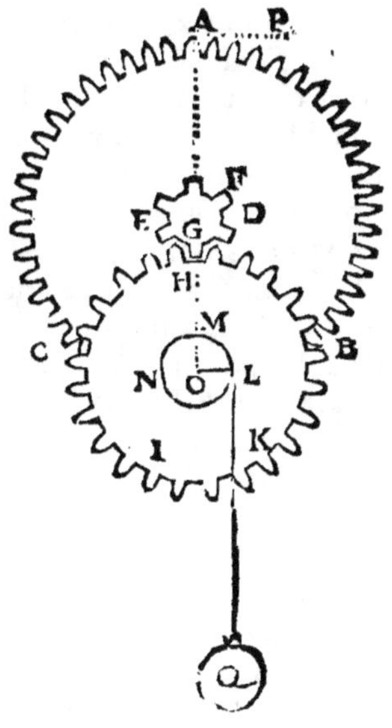

Divisez separement le nombre des dents de chaque Rouë,
par le nombre des aîles du Pignon avec lequel elle en-

graine ; cela vous donnera autant de Quotiens qu'il y a de Rouës ; Puis multipliez tous ces Quotiens l'un par l'autre, & le Produit vous donnera ce que vous cherchez. Comme, dans l'exemple proposé, divisez 24. qui est le nombre des dents de la Rouë HIK, par 6. qui est le nombre des aîles du Pignon DEF avec lequel elle engraine, le Quotient sera 4 ; De mesme, divisez 60. qui est le nombre des dents de la Rouë ABC, par 6. qui est le nombre des aîles de la Manivelle, le Quotient sera 10. Puis multipliez ces deux Quotiens l'un par l'autre, le Produit sera 40. qui est le nombre des tours que fera la Manivelle, tandis que la Rouë HIK n'en fait qu'un. Pour le prouver.

Remarquez que tandis que la Rouë HIK avance de six dents, le Pignon DEF qui a six aîles, & la Rouë ABC qui luy est attachée, font un tour entier ; Mais puisque la Rouë HIK a 24. dents, quand elle fait un tour entier, le Pignon DEF & la Rouë ABC en font quatre ; De mesme, tandis que la Rouë ABC avance de six dents, le Pignon de la Manivelle qui a six aîles, & la Manivelle qui luy est attachée, font un tour entier ; Et puisque cette Rouë ABC a 60. dents, quand elle fait un tour entier, la Manivelle en fait dix ; donc quand elle en fait quatre, la Manivelle en fait 40. Or, c'est ce que fait la Rouë ABC, quand la Rouë HIK fait un tour entier, ainsi qu'on vient de remarquer ; Et partant, il faut conclure que pour un tour que fait la Rouë HIK, la Manivelle en fait quarante ; Ce qu'il falloit démontrer.

Remarque.

Ayant ainsi trouvé que la Manivelle fait 40. tours pendant que la Rouë HIK n'en fait qu'un, si l'on veut sçavoir de combien avance la Rouë HIK à chaque tour de la Manivelle, il est aisé à conclure qu'elle avance de la quarantiéme partie de son tour entier.

PROPOSITION XXII.

Si un Plan eſt incliné à l'Horizon de la quantité de l'Angle Aigu que fait l'Hypotenuſe d'un Triangle Rectangle avec ſa Baze, & qu'une Puiſſance ſoûtienne un Poids Spherique qui tend à rouler ſur ce Plan, en s'y appliquant de telle ſorte que ſa Ligne de Direction paſſe par le Centre de ce Poids, & ſoit parallele à l'Horizon ; Il y aura meſme Raiſon de la Puiſſance au Poids, que de la perpendiculaire à la Baze de ce Triangle.

SUppoſons que le Triangle FGH, Rectangle en H, eſt tellement ſitué que ſa Baze GH ſoit parallele à l'Horizon ; & que par l'Hypotenuſe FG il paſſe un Plan incliné à l'Horizon de la quantité de l'Angle FGH, qui porte au Point D le Poids Spherique ABCD, lequel rouleroit vers

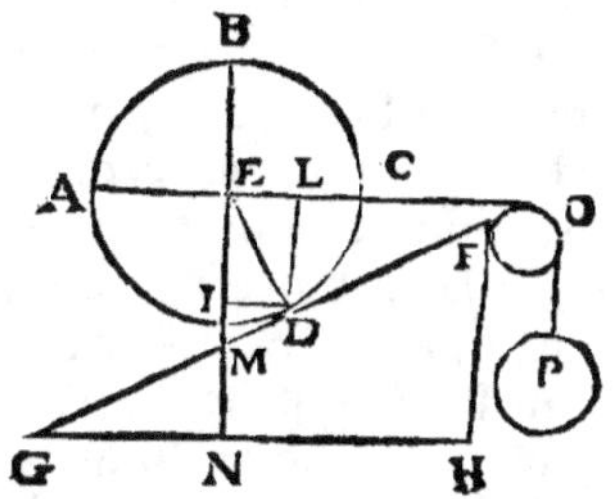

G, s'il n'eſtoit empeſché par une Puiſſance tellement appliquée en A, qu'elle a pour Ligne de Direction la Ligne AEC, qui paſſe par le Centre du Poids E, & qui eſt parallele à GH, ou à l'Horizon ; Cela eſtant, je dis qu'il y a meſme Raiſon de la Puiſſance au Poids, que de la Perpendiculaire FH à la Baze GH. Pour le prouver.

Menez du Centre E, au Point de l'attouchement D, la Ligne ED, laquelle ſera perpendiculaire à la Ligne FG ; Puis menez la Ligne EN perpendiculaire à l'Horizon ; cette Ligne ſera tout enſemble & perpendiculaire à la Baze GH, & la Ligne de Direction du Poids ABCD ; Enfin faites tomber du Point d'attouchement D, les Lignes DI,

DL, perpendiculaires fur les Lignes EN, EC.

Cette préparation fuppofée, comme la Puiffance qui agit en A, pour foûtenir le Poids ABCD, n'eft point differente de celle qui agiroit dans tout autre Point de fa Ligne de Direction, par exemple au Point L, pour foûtenir le même Poids ; & de mefme auffi qu'on ne change point l'effet du Corps pefant ABCD, en reduifant toute fa pefanteur à fon Centre E, ou en tout autre Point de fa Ligne de Direction, par exemple au Point I, Il s'enfuit que la Raifon de la Puiffance en A au Poids AB CD, eft la mefme que celle d'une autre Puiffance à ce mefme Poids, laquelle s'appliquant en L foûtiendroit toute fa pefanteur reduite au Point I ; Or puifque cette autre Puiffance en L, pourroit foûtenir le Poids en I, par le moyen du Levier recourbé LDI, dont le Point fixe feroit D, fa diftance feroit DL, & celle du Poids feroit DI ; & que, par la 10. Prop. cette Puiffance auroit mefme Raifon au Poids qu'elle foûtiendroit ainfi, que DI a à DL ; Il fuit de-là que la Puiffance en A eft au Poids ABCD, comme DI eft à DL, ou à IE fon égale ; Mais le Triangle DEM eftant Rectangle, & de l'Angle Droit D, ayant abaiffé la Ligne DI, perpendiculaire fur la Baze EM, le Triangle DIE s'enfuit femblable au Triangle DIM, lequel ayant les deux Angles DIM & DMI, égaux aux deux Angles GNM & GMN du Triangle GMN, Il s'enfuit que le Triangle DIM eft femblable au Triangle GMN, & par confequent auffi au Triangle FGH, auquel ce Triangle eft femblable ; Et partant du premier au dernier, il fuit que le Triangle DIE eft femblable au Triangle FGH ; Et que comme DI eft à IE, ainfi FH eft à GH ; Mais nous avons déja montré que la Puiffance en A eft au Poids ABCD, comme DI eft à IE ; Par confequent cette Puiffance eft à

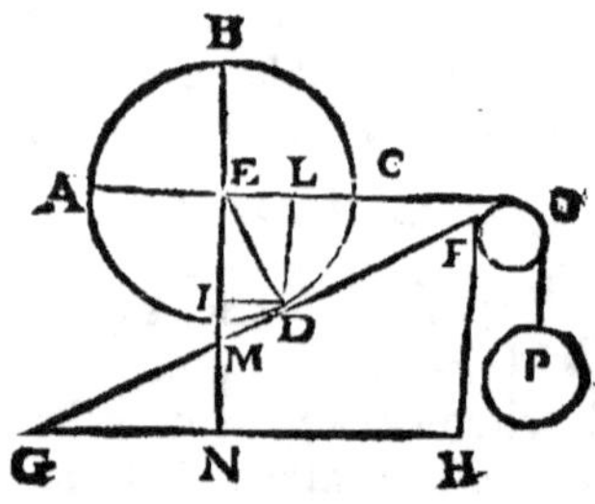

ce Poids, comme FH est à GH ; Ce qu'il falloit démontrer.

Corollaire.

Il suit de cette Proposition que si l'Angle FGH est
moindre qu'un Demy-droit, la Puissance est moindre que
le Poids ; Car en ce cas FH est moindre que GH ; Il suit
aussi que si cet Angle FGH est Demy-droit, la Puissance
est égale au Poids, car alors FH est égale à GH ; Il suit
enfin que si l'Angle FGH est plus grand qu'un Demy-
droit, la Puissance est plus grande que le Poids, puisqu'a-
lors FH est plus grande que GH. Si bien que quand la
Ligne de Direction est parallele à GH, ou à l'Horizon,
il y a quelque facilité à se servir du Plan Incliné quand
l'Angle FGH est moindre qu'un Demy-droit ; Mais quand
il est plus grand qu'un Demy-droit, Il est plus difficile de
soûtenir un Poids sur ce Plan en cette maniere, que si on
le portoit immediatement sans l'ayde d'aucune Machine.

Remarque.

Que si au lieu d'imaginer, comme nous avons fait, qu'une
Puissance en A poussast le Corps ABCD vers C, nous concevions que le Point C de ce Corps, fust tiré par la Corde
LOP, qui portast un Poids pendant librement de l'extremité P, & qui passant par dessus la Poulie O, auroit sa partie CO parallele à GH, ou à l'Horizon ; alors comme ce
Poids P devroit estre égal à la Puissance en A, pour faire
le mesme effet qu'elle, nous conclurions que le Poids P,
seroit au Poids ABCD, comme FH est à GH.

PROPOSITION XXIII.

*Que si maintenant la Puissance est tellement appliquée,
que sa Ligne de Direction passe par le Centre du
Poids, & soit parallele à l'Hypotenuse du Triangle
Rectangle, alors il y aura mesme Raison de la Puissance au Poids, que de la Perpendiculaire à l'Hypotenuse.*

ON suppose icy, comme dans la Proposition precedente, que la Baze GH, du Triangle Rectangle FGH,
est parallele à l'Horizon, & que par l'Hypotenuse FG, il
passe aussi un Plan incliné de la quantité de l'Angle FGH;
Mais que le Poids Spheri-
que ABCD, qui touche ce
Plan au Point D, est tellement soûtenu par une Puissance appliquée en A, que
sa Ligne de Direction AEC,
qui passe par le Centre E,
est parallele à l'Hypotenuse
FG ; Cela estant, je dis que
la Puissance est au Poids,
comme la Perpendiculaire
FH est à l'Hypotenuse FG.

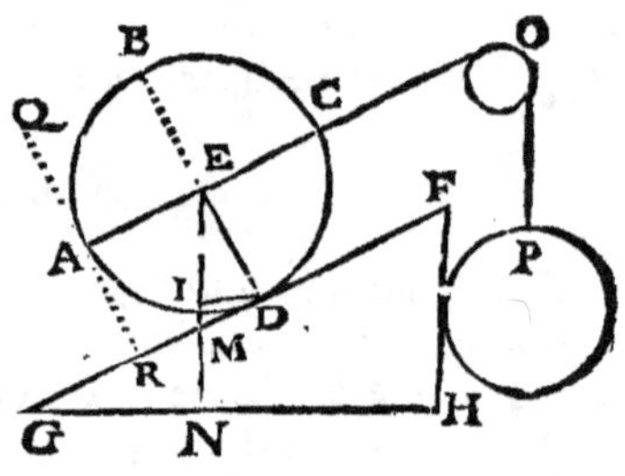

Pour le prouver.
Menez du Centre E, au Point de l'attouchement D, la
Ligne ED, laquelle sera perpendiculaire à la Ligne FG ;
Puis menez la Ligne EN perpendiculaire à l'Horizon ; cette
Ligne sera tout ensemble & perpendiculaire à la Baze GH,
& la Ligne de Direction du Poids ABCD ; Enfin faites
tomber du Point D la Ligne DI, perpendiculaire à EN.

Cette préparation supposée, comme la Puissance qui
agit en A, pour soûtenir le Poids ABCD, n'est point differente de celle qui agiroit dans tout autre Point de sa
Ligne

Ligne de Direction, par exemple au Point E, pour soûtenir le mesme Poids ; Et de mesme aussi qu'on ne change
point l'effet du Corps pesant ABCD, en reduisant toute sa
pesanteur à son Centre E, ou en tout autre Point de sa
Ligne de Direction, par exemple au Point I ; Il s'ensuit
que la Raison de la Puissance en A, au Poids ABCD, est
la mesme que celle d'une autre Puissance à ce mesme Poids,
laquelle s'appliquant en E, soûtiendroit toute sa pesanteur
reduite au Point I. Or puisque cette autre Puissance en E
pourroit soûtenir le Poids en I, par le moyen du Levier recourbé EDI, dont le Point fixe seroit D, sa distance seroit
DE, & celle du Poids seroit DI ; & que par la 10. Prop.
cette Puissance auroit mesme Raison au Poids qu'elle soûtiendroit ainsi, que DI a à DE ; Il suit de là que la Puissance en A est au Poids ABCD, comme DI est à DE ;
Mais puisque de l'Angle Droit du Triangle Rectangle EDM,
la Ligne DI, tombe perpendiculairement sur la Baze EM,
le Triangle DIE s'ensuit semblable au Triangle DIM, lequel
ayant les deux Angles DIM, & DMI, égaux aux deux Angles
GNM & GMN, du Triangle GMN, Il suit que le Triangle
DIM est semblable au Triangle GMN, & par consequent aussi
au Triangle FGH, auquel le Triangle GMN est semblable.
Et partant du premier au dernier, il suit que le Triangle
DIE, est semblable au Triangle FGH, & que comme DI
est à DE, ainsi FH est à FG ; Mais nous avons montré
que la Puissance en A, est au Poids ABCD, comme DI est
à DE ; Par consequent cette Puissance est à ce Poids comme FH est à FG ; Ce qu'il falloit démontrer.

I. Corollaire.

Il suit de cette Proposition, que quel que soit l'Angle
FGH, pourveu que la Puissance s'applique de telle sorte
que sa Ligne de Direction soit parallele à l'Hypotenuse,
elle sera toûjours moindre que le Poids, estant toûjours
vray que la perpendiculaire FH est moindre que l'Hypotenuse FG.

BBbb

II.　*Corollaire.*

Il fuit encore de cette Propofition, que fi au lieu d'imaginer que le Corps ABCD foit foûtenu par une Puiffance qui s'applique en A, & qui pouffe vers C, comme nous venons de fuppofer , nous penfons que ce Corps foit foûtenu & arrefté par la Superficie QR, qui le touche au Point A, la pefanteur relative dont ce Corps preffera cette Superficie, fera à fa pefanteur abfoluë , par laquelle il tend au Centre de la Terre, comme FH eft à FG ; Car par la 7. définition, il eft évident que le preffement du Corps ABCD contre la Superficie QR, eft égal à la Puiffance en A, puifque l'un & l'autre foûtiennent ce Corps , & l'empefchent de rouler , & par confequent ils ont mefme Raifon à la pefanteur abfoluë de ce Corps.

I.　*Remarque.*

Que fi au lieu d'imaginer, comme nous avons fait , qu'une puiffance en A pouffaft le Corps ABCD vers C, nous concevions que le Point C de ce Corps fuft tié par la Corde COP, au bout de laquelle pendift le Poids P, & que cette Corde paffant par deffus la Poulie O, euft fa Partie CO paral

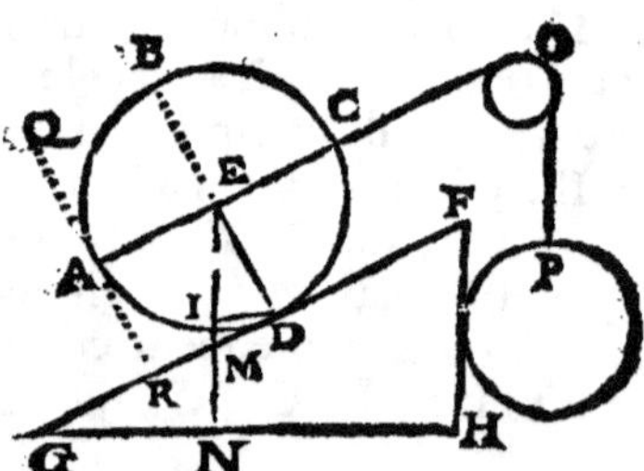

lele à l'Hypotenufe FG ; Alors comme ce Poids en P devroit eftre égal à la Puiffance en A, pour produire le mefme effet qu'elle, nous conclurions que le Poids P feroit au Poids ABCD, comme FH eft à FG.

II. *Remarque.*

Que si au lieu d'imaginer qu'une Corde tiraſt le Point
C, comme nous venons de ſuppoſer, nous concevions qu'une
autre Corde fuſt par l'un de ſes bouts attachée au Point B,
qui eſt l'extremité du Diametre DEB, & qu'aprés avoir
paſſé par deſſus une Poulie ſemblable à la Poulie O, qui
diſpoſe une partie de cette Corde à eſtre parallele à FG,
un Poids pendiſt à ſon autre bout ; Pour lors, comme ce
Poids tiendroit lieu d'une Puiſſance dont la diſtance ſeroit
la Ligne DB, Il eſt aiſé de conclure qu'il ſeroit au Poids
ABCD, dans la Raiſon de DI à DB, ou de FH au double de FG ; laquelle comme vous voyez n'eſt que la moitié de la Raiſon qu'il y a de DI à DE, ou de FH à FG.
D'où il ſuit que ſi une Puiſſance s'applique en B pour ſoûtenir le Poids ABCD, elle ne doit eſtre que la moitié de
celle qu'il faudroit appliquer en A pour produire le meſme
effet.

III. *Remarque.*

Il eſt icy de tres-grande importance de remarquer que de
tout le Plan incliné FG, il n'y a
qu'un Point, à ſçavoir D, qui
porte le Poids ABCD ; Or comme ce Point eſt commun au Plan
FG, & à la Sphere QDR, dont
FG eſt la Tangente , on doit
conclure que ſi une Puiſſance
appliquée au Point A, du Poids
Spherique ABCD, ſoûtient ce
Poids lorſqu'il eſt appuyé ſur le

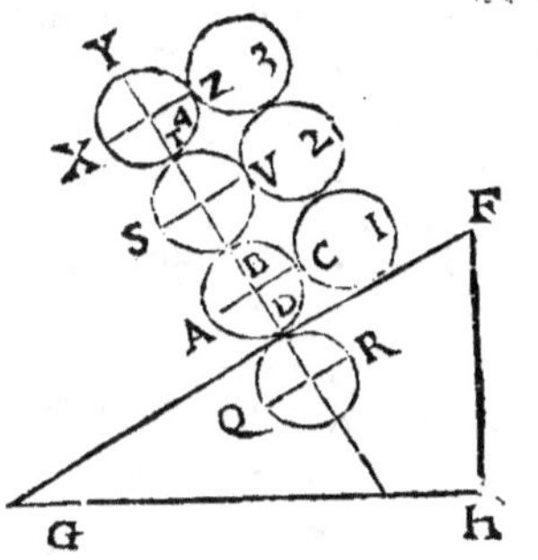

Corps Spherique QDR, il y a de meſme pareille Raiſon
de cette Puiſſance au Poids ABCD, que de FH à FG.

B B b b ij

IV. Remarque.

De mesme, si d'autres Puissances s'appliquent à autant
que l'on voudra de Corps pesans de Figure Spherique, tels
que sont STVB, XYZT, qui se
portent les uns les autres, comme QDR porte ABCD ; avec
cette condition que la Ligne de
Direction de chaque Puissance
passe par le Centre du Poids
auquel elle s'applique , & soit
parallele à FG, on doit conclure , qu'il y a mesme Raison de
chaque Puissance au Poids qu'elle soûtient , que de FH à FG.
D'où il suit, qu'il y a aussi même Raison de toutes les Puissan-

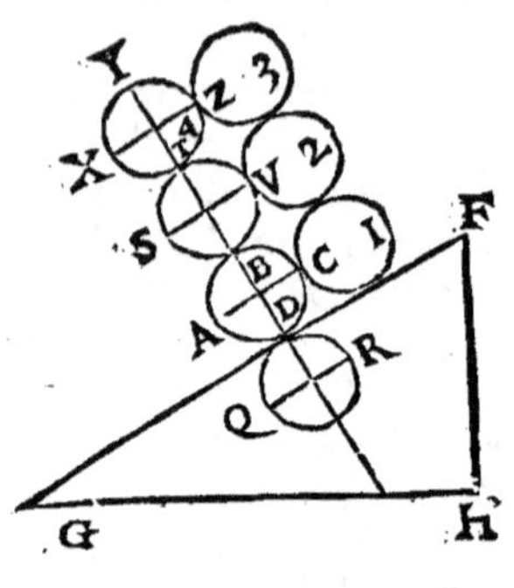

ces ensemble à tous les Poids ensemble, que de FH à FG.

V. Remarque.

On pourroit maintenant supposer, qu'à costé des Corps
Spheriques ABCD, BSTV, TXYZ, il y eust une pareille
rangée de Corps semblables, comme est celle qui est icy
composée des Spheres marquées 1,2,3 ; dont la premiere
touche le Plan incliné FG, en mesme temps qu'elle porte
la seconde, & celle-cy la troisiéme ; Auquel cas, comme
il est certain que des Puissances appliquées aux Points A,
S, X, des premieres Spheres, pourroient se servir des Diametres AC, SV, & XZ, pour soûtenir ces Corps 1,2,3. &
qu'il ne faudroit ny plus ny moins de force pour soûtenir
ces nouveaux Corps, qu'il en falloit pour soûtenir les premiers : Aussi est-il indubitable, qu'il faudroit des Puissances doubles des premieres, pour soûtenir en mesme temps
les deux rangées de ces Corps Spheriques ; D'où il suit que
la Raison de toutes ces nouvelles Puissances à tous les Poids

pris enfemble, feroit toûjours la mefme que de FH à FG.

VI. Remarque.

Donc en triplant, ou quadruplant, ou multipliant ainfi que l'on voudra le nombre des rangées, il eft évident qu'il faudra toûjours multiplier de mefme la force des Puiffances. Si bien que l'on peut dire generalement, que fi le Plan incliné porte tant de rangées que l'on voudra de Corps Spheriques, dont la difpofition foit telle que nous la venons de fuppofer, & fi des Puiffances appliquées auffi comme nous venons de fuppofer, les foûtiennent, il doit toûjours y avoir mefme Raifon de toutes ces Puiffances à tous ces Poids enfemble, que de FH à FG.

VII. Remarque.

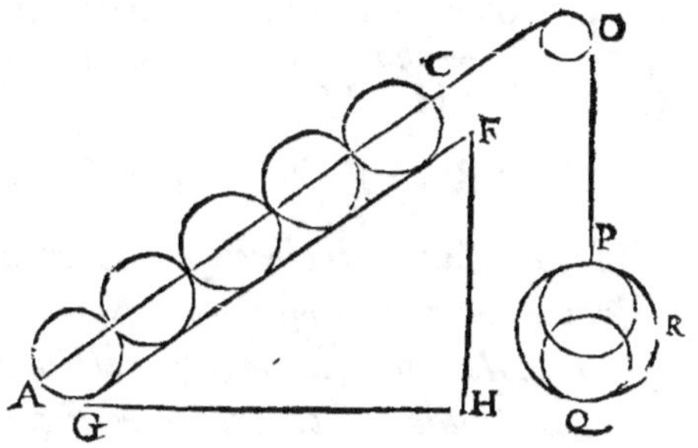

Que fi au lieu d'imaginer que le Point A, du premier d'une fuite de plu-fieurs Corps Sphe-riques égaux en tout, qui s'appuyent fur le Plan incliné FG, foit pouffé par une Puiffance, dont la Ligne de Direction paffe par les Cen-tres de tous ces Corps, & foit parallele au Plan FG, on fuppofe que tous ces Corps pefans foient enfilez par une Corde qui paffe par leurs Centres, & qui aprés avoir paffé par deffus la Poulie O, qui difpofe la Partie CO à eftre parallele au Plan incliné, porte le Poids R, qui pend li-brement de fon Extremité P ; Pour lors, comme ce Poids R doit eftre égal à la Puiffance en A pour produire le mefme effet qu'elle, Il s'enfuit que ce Poids aura mefme Raifon à tous ceux qui font compris entre A & C, que FH à FG.

BBbb iij

VIII. Remarque.

Que si maintenant au lieu d'imaginer qu'un seul Poids pende de la Partie OP de la Corde, on suppose que cette Partie porte plusieurs Poids, comme P, Q, chacun desquels soit égal à chacun de ceux qui composent la suite A C, Il est évident qu'il faut que leur pesanteur soit égale à celle du seul Poids R que nous supposions en la Remarque précedente pendant du Point P, pour faire qu'ils soient comme luy en Equilibre avec les Poids qui composent la suite A C ; Et consequemment que la pesanteur de ces Poids P, Q, soit à la pesanteur des Poids AC, comme FH est à FG. Or puisque tous ces Poids sont supposez égaux, Il est impossible que la pesanteur des Poids P, Q, soit à la pesanteur des Poids AC, dans la Raison de FH à HG, à moins que la longueur PQ, ne soit à la longueur AC, dans cette mesme Raison ; Il est donc impossible que les Poids P, Q, soient en Equilibre avec les Poids AC, à moins que les Longueurs PQ, & AC, ne soient entr'elles dans la Raison de FH à FG.

PROPOSITION XXIV.

Si deux Plans, inclinez à l'Horizon de la quantité des deux Angles Aigus que font les deux Costez d'un Triangle avec sa Baze parallele à l'Horizon, portent deux Poids Spheriques ; Et si ces deux Poids s'entretenant l'un l'autre par une Corde qui passe par leurs Centres, & qui est parallele à la Baze de ce Triangle, sont en Equilibre, ces deux Poids seront entr'eux, comme les deux Parties de la Baze divisée par une Perpendiculaire abaissée de l'Angle opposé à cette Baze.

J E suppose que le Triangle ABC est tellement situé, que sa Baze BC est parallele à l'Horizon, & qu'il passe par

ſes deux Coſtez AB, AC, deux Plans, inclinez à l'Horizon de la quantité des deux Angles Aigus ABC, ACB;
& que ſur ces deux Plans s'appuyent les deux Poids D & E,
leſquels s'entretenant l'un l'autre par la Corde FG, qui paſſe
par leurs Centres, & qui eſt parallele à la Baze, ſont en
Equilibre; Cela eſtant, & ſuppoſant auſſi que de l'Angle
A, oppoſé à la Baze BC, on ait abaiſſé la Ligne AH, perpendiculaire à cette Baze, Je dis qu'il y a meſme Raiſon
du Poids D au Poids E, que de BH à HC.

Car, puiſque les Poids
D & E s'entretiennent
l'un l'autre en Equilibre,
c'eſt une neceſſité que
le Poids D ne tire ny
plus ny moins fort la
Corde FG de ſon Coſté,
que le Poids E la tire
du ſien; C'eſt pourquoy
ſi l'on coupoit cette

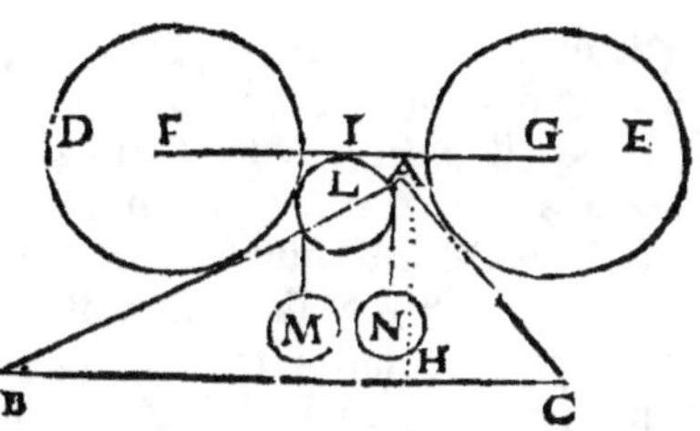

Corde au Point I, & ſi allongeant ſes deux Parties FI, GI,
on les faiſoit paſſer pardeſſus la Poulie L, enſorte que FI
finiſt en N, & que GI finiſt en M, il faudroit neceſſairement au Point N, pour ſoûtenir le Poids D, un Poids qui
fuſt égal à celuy qu'il faudroit au Point M, pour ſoûtenir
le Poids E; les deux Poids N & M ſont donc égaux; Or
eſt-il que, par la 22. Prop. le Poids D eſt au Poids N, comme BH eſt à AH, par conſequent le meſme Poids D eſt
auſſi au Poids M comme BH eſt à AH; Deplus, par la meſme
Propoſition, le Poids M eſt au Poids E, comme AH eſt à
HC; Nous avons donc trois grandeurs d'un Coſté, ſçavoir
le Poids D, le Poids M, & le Poids E, leſquelles eſtant priſes
de deux en deux ſont proportionnelles à trois autres, ſçavoir
BH, AH, & HC, Et partant en Raiſon égale ces grandeurs
ſont proportionnelles; Et ainſi il y a meſme Raiſon du
Poids D au Poids E, que de BH à HC; Ce qu'il falloit
démontrer.

PROPOSITION XXV.

*Que si maintenant la Corde qui entretient les Poids,
passe par dessus une Poulie qui la plie de telle sorte que
ses deux Parties soient paralleles aux Plans inclinez ;
alors les Poids seront entr'eux comme les Costez du
Triangle qui les portent.*

JE suppose comme auparavant, que le Triangle ABC est
tellement situé, que sa Baze BC est parallele à l'Horizon, qu'il passe par ses Costez AB, AC, deux Plans inclinez à l'Horizon de la quantité des deux Angles Aigus
ABC, ACB ; & que sur ces deux Plans s'appuyent les deux
Poids D & E ; Mais je suppose icy que la Corde FG, par
le moyen de laquelle ces deux Poids s'entretiennent en
Equilibre, passe par dessus la Poulie L, qui la plie de telle
sorte, que sa Partie FI est parallele à BA, & sa Partie IG
est parallele à AC ; Cela estant, je dis que le Poids D est
au Poids E, comme BA est à AC.

Car puisque les
Poids D & E s'entretiennent l'un l'autre en Equilibre,
c'est une necessité
que le Poids D ne
tire ny plus ny
moins fort la Corde
de son costé, que
le Poids E la tire
du sien ; C'est pourquoy, si l'on coupoit cette Corde au Point I, & si allongeant ses deux Parties FI, GI, on les faisoit passer par dessus
la Poulie L, ensorte que FI finist en N, & que GI finist en
M, il faudroit necessairement au Point N, pour soûtenir le
Poids D, un Poids qui fust égal à celuy qu'il faudroit au

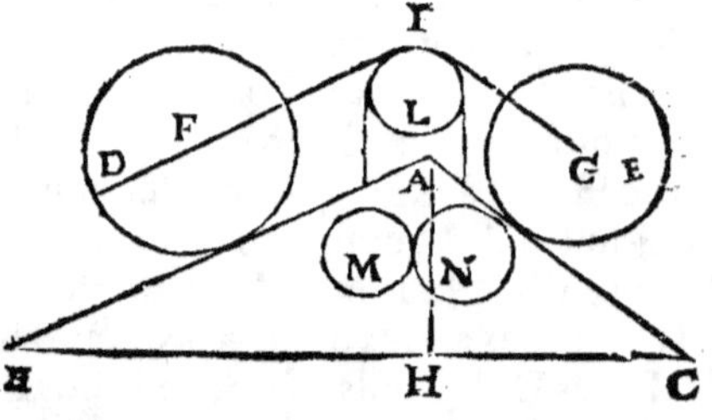

Point

Point M, pour foûtenir le Poids E ; Et partant la Raifon du Poids D au Poids M feroit la mefme que celle de ce mefme Poids au Poids N ; Or ayant abaiffé du Point A la perpendiculaire AH fur la Baze BC, il fuit, par la 22. Prop. que le Poids D eft au Poids N, comme BA eft à AH ; donc ce mefme poids D eft auffi au Poids M, comme BA eft à AH ; Deplus, par la mefme Prop. le Poids M eft au Poids E, comme AH eft à AC ; Nous avons donc trois grandeurs d'un cofté, fçavoir le Poids D, le Poids M, & le Poids E, lefquelles eftant prifes de deux en deux font proportionnelles à trois autres, fçavoir à BA, AH, & AC ; Et partant en Raifon égale ces grandeurs font proportionnelles ; Et ainfi, il y a mefme Raifon du Poids D au Poids E, que de BA à AC ; Ce qu'il falloit démontrer.

PROPOSITION XXVI.

Si un Plan incliné à l'Horizon de la quantité de l'Angle Aigu que fait l'Hypotenufe d'un Triangle Rectangle avec fa Baze parallele à l'Horizon, porte un Poids Spherique, qui foit foûtenu par une Puiffance dont la Ligne de Direction foit parallele au Plan incliné ; Il y aura mefme Raifon de la Pefanteur abfoluë de ce Poids à la Pefanteur relative dont il preffe ce Plan, que de l'Hypotenufe de ce Triangle Rectangle à fa Baze.

POfons que le Triangle FGH, Rectangle en H, foit tellement fitué, que fa Baze GH foit paralle à l'Horizon ; Que par l'Hypotenufe FG il paffe un Plan incliné à l'Horizon de la quantité de l'Angle Aigu FGH ; & que ce Plan porte au Point D le Poids Spherique ABCD, qui eft foûtenu par une Puiffance tellement appliquée en A, que fa Ligne de Direction AEC paffe par le Centre du Poids E, & foit parallele à FG ; Cela eftant, je dis qu'il y

CCcc

a mesme Raison de la Pesanteur absoluë du Poids **ABCD** à la Pesanteur relative , dont il presse le Plan incliné, qu'il y a de FG à GH. Pour le prouver.

Ostez par pen-
sée la Puissance qui
estoit en A, & con-
cevez que pour
soûtenir le Poids
ABCD, on ait mis
en sa place la su-
perficie LAON,
perpendiculaire à
AC, & par conse-
quent à FG. Puis
pensez que du

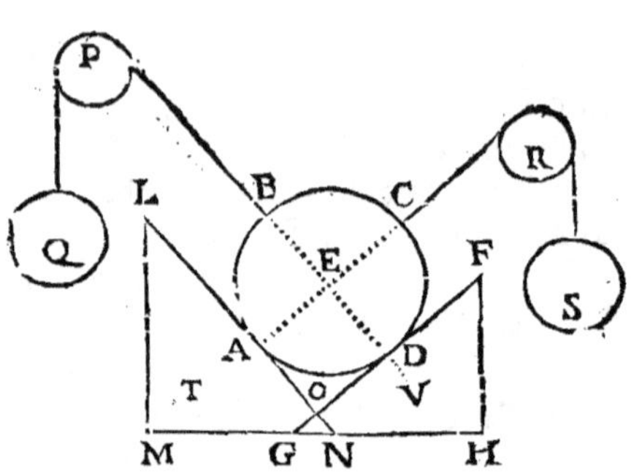

Point L pris à discretion tombe la Ligne LM perpendiculaire à GH, continuée s'il est besoin.

Cette préparation supposée, comme lorsque l'on considere le Poids ABCD sur le Plan incliné FG, on conclud,
par le 2. Corol. de la 23. Prop. que sa Pesanteur absoluë
est à la Pesanteur relative dont il presse la Superficie LA
ON, comme FG est à FH ; De mesme aussi considerant
le mesme Poids sur le Plan incliné LAON, on doit par le
mesme Corol. conclure que sa Pesanteur absoluë est à la Pesanteur relative dont il presse la Superficie FG, comme LN est
à LM ; Mais puisque les Triangles LMN & FGH sont Equiangles, estant tous deux Equiangles au Triangle GON, la
Raison de LN à LM est la mesme que celle de FG à GH ;
Par conséquent, il y a mesme Raison de la Pesanteur absoluë du Poids ABCD, à la Pesanteur relative, dont il presse
le Plan FG, que de FG à GH ; Ce qu'il falloit démontrer.

I. Remarque.

Si on supposoit qu'une Corde fust attachée en C, &
qu'apres l'avoir passée par dessus la Poulie R, qui fist que

fa Partie CR fuft parallele à FG, elle portaft par fon extremité le Poids S, qui fuft au Poids ABCD, comme FH
eft à FG, il s'enfuivroit par la 1. Remarque de la 23. Prop.
que le Poids S tiendroit lieu de la Puiffance en A, ou de la
Superficie LAON, & qu'il empefcheroit le Poids ABCD
d'avancer en aucune façon vers T, quand on viendroit à
ofter la Superficie LAON. De mefme , fi on fuppofoit
qu'une Corde fuft attachée en B, & qu'aprés l'avoir paffée
pardeffus la Poulie P, qui fift que fa Partie BP fuft parallele à LN, elle portaft par fon extremité le Poids Q, qui
fuft au Poids ABCD comme LM eft à LN, Il s'enfuivroit,
par la mefme Remarque , que le Poids Q tiendroit lieu de
la Superficie FG, & qu'il empefcheroit le Poids ABCD
d'avancer en aucune façon vers V, quand on viendroit à
ofter le Plan FG, deforte que le Poids ABCD demeureroit fufpendu par le moyen des deux Cordes PB, CR. Or
cela eftant, il eft aifé de prouver que le Poids Q eft au
Poids S, comme GH eft à FH ; Car par la fuppofition le
Poids Q eft au Poids ABCD, comme LM eft à LN, ou
comme GH eft à FG. D'ailleurs le Poids ABCD eft au
Poids S, comme FG eft à FH ; Nous avons donc trois
grandeurs d'un cofté, fçavoir le Poids Q, le Poids ABCD,
& le Poids S, lefquelles eftant prifes de deux en deux font
proportionnelles à trois autres , fçavoir à GH, FG, & FH ;
Et partant en Raifon égale ces grandeurs font proportionnelles, & ainfi il y a mefme Raifon du Poids Q au Poids
S, que de GH à FH.

I I. *Remarque.*

Remarquez icy que la Puiffance que nous avons fuppofée en A, ou la Superficie LAON que nous avons mife en
fa place, ne font point que le Corps ABCD pefe plus ou
moins fur le Plan incliné FG ; mais qu'elles fervent feulement à nous faire confiderer le Poids ABCD, comme pefant fur un feul Point de ce Plan ; Et partant, quand bien
mefme nous fuppoferions que ce Poids roulaft fans aucun

obſtacle ſur le Plan incliné FG, nous pourrions bien dire à la verité qu'il preſſeroit ſucceſſivement pluſieurs Points de ce Plan, mais la Raiſon de ſa Peſanteur abſoluë à la Peſanteur relative dont il preſſeroit le Point de ce Plan où il ſe trouveroit à chaque moment, ne laiſſeroit pas d'eſtre toûjours la meſme, c'eſt à dire comme FG à GH.

I. *Corollaire.*

De là nous pouvons conclure, que ſi un Poids Spherique ſe meut obliquement vers la Superficie plane d'un Corps, il y aura meſme Raiſon de la force totale de ce mobile, à celle dont il choquera la ſuperficie de ce Corps, que du Rayon du Cercle au Sinus de l'Angle d'incidence du mobile.

Poſons, par exemple, que le Poids Spherique A ſe meu-ve dãs la Ligne AM, & faſſe avec la Super-ficie plane BE, du Corps BC DE, l'Angle d'incidence A ME ; Puis dé-crivons du

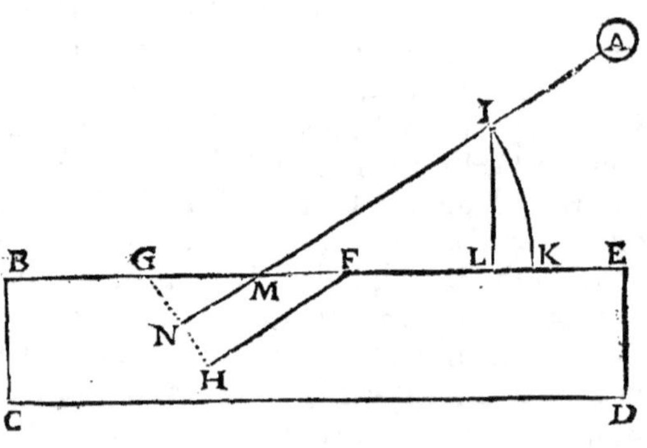

Centre M, & de tel intervalle que l'on voudra, comme MI, le Cercle IK ; Et du Point I laiſſons tomber perpendiculaire-ment ſur MK la Ligne IL ; Cette Ligne ſera le Sinus de l'Angle d'incidence AME ; Cela eſtant, je dis qu'il y a meſme Raiſon de la force totale du mobile A, à la force particu-liere dont il ébranlera le Corps BCDE, que du Rayon du Cercle MI, au Sinus de l'Angle d'incidence IL. Pour le prouver

Continuez IM juſqu'à tel Point qu'il vous plaira, com-

me N ; Menez par ce Point la Ligne perpendiculaire GNH ;
& du Point H pris à difcretion menez la Ligne HF perpendiculaire à GH, & en mefme temps parallele à MN.

Cette préparation fuppofée, fi vous confiderez la force
totale du Mobile A, comme un Poids qui le fait tendre
vers N, vous pouvez faire paffer la Ligne GNH pour une
Ligne horizontale, FH pour une Ligne perpendiculaire à
l'Horizon, & FG pour un Plan incliné ; Enfuite dequoy,
il eft évident par la Propofition précedente , que le choc
du Mobile A contre ce Plan FG, ne differe point du preffement du Corps ABCD de la Figure précedente , contre
le Plan FG de la mefme Figure ; Et partant, qu'il y a encore icy mefme Raifon de la force totale, avec laquelle fe
meut le Mobile A, à la force particuliere dont il choque
le Plan FG, qu'il y a de FG à GH ; Or puifque la Ligne
MF tombant fur les Paralleles NMI & HF, fait les Angles
MFH & IML oppofez alternativement égaux entr'eux ;
Que d'ailleurs les Angles GHF, & ILM font Droits, &
& qu'ainfi les Triangles FGH & MIL font Equiangles,
il s'enfuit que la Raifon de FG à GH eft la mefme que
celle de MI à IL ; Et partant, il y a mefme Raifon de la
force totale avec laquelle le Mobile A fe meut, à la force
particuliere dont il choque le Plan FG, ou la Surface BE,
du Corps BCDE, qu'il y a de MI à IL ; Ce qu'il falloit
démontrer.

II. Corollaire.

Nous pouvons encore icy déterminer qu'elle doit eftre la
force d'un Corps Spherique , qui fe meut dans l'Angle que
font deux Corps qui fe touchent, pour écarter ces deux
Corps, qui refiftent à leur diduction de la quantité d'une force
donnée ; Et faire voir que pour cet effet il n'y a gueres plus
grande Raifon de la force du Corps Spherique à la refiftance de ces deux Corps, que du Sinus de l'Angle compris de
ces deux Corps, au Sinus de la moitié de fon Complement
a deux Droits.

Qu'ainfi ne foit, Suppofons premierement que les deux
Corps CBEF & CDGH fe joignent tellement au Point
C, qu'ils y faffent un Angle donné, fçavoir BCD, & refiftent à leur diduction, ou à l'agrandiffement de cet Angle, de la quantité d'une force donnée. Suppofons outre
cela que le Corps Spherique A, fe meuve tellement d'A
vers C, dans l'Angle BCD, que fa Ligne de Direction,
IC, divife cet Angle en deux également ; Cela eftant, il
s'agit de faire voir qu'afin que le Corps A puiffe écarter
les deux Corps CBEF, CDGH, il fuffit que la Raifon de
fa force, à celle de leur refiftance, foit un peu plus grande que celle du Sinus de l'Angle BCD, au Sinus de la moitié de fon Complement a deux Droits. Pour le prouver.

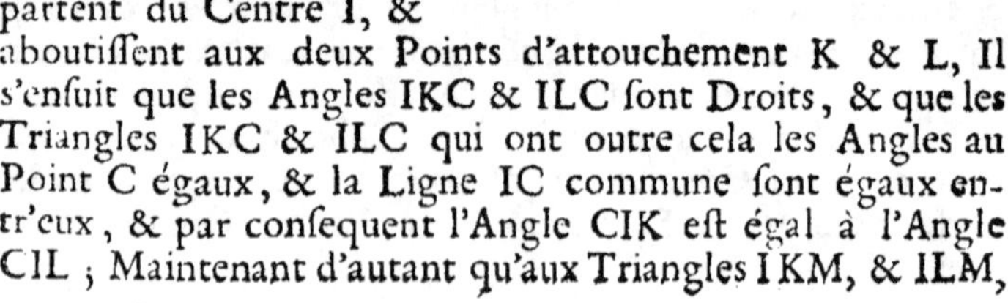

Menez du Centre I,
aux Points K & L, où le
Corps Spherique touche
les Lignes CB, CD, les
deux Lignes Droites IK,
IL ; continuez IK vers Q;
Faites tomber du Point
L fur IQ la perpendicu-
laire LP ; & apres avoir
joint les deux Points K
& L, par la Ligne Droit-
te KL, menez par le
Centre I la Ligne Droit-
te NIO, parallele à KL.

Cette préparation fup-
pofée, puifque les deux
Lignes Droittes IK, IL
partent du Centre I, &
aboutiffent aux deux Points d'attouchement K & L, Il
s'enfuit que les Angles IKC & ILC font Droits, & que les
Triangles IKC & ILC qui ont outre cela les Angles au
Point C égaux, & la Ligne IC commune font égaux entr'eux, & par confequent l'Angle CIK eft égal à l'Angle
CIL ; Maintenant d'autant qu'aux Triangles IKM, & ILM,

les Coſtez IK, IM, ſont égaux aux Coſtez IL, IM, & que l'Angle MIK eſt égal à l'Angle MIL, la Baze MK eſt égale à la Baze ML, l'Angle IKM égal à l'Angle ILM, & l'Angle IMK égal à l'Angle IML ; Par conſequent la Ligne KML eſt perpendiculaire à CI, & conſequemment auſſi la Ligne NO parallele à KL ; Deplus, d'autant que les Angles OIC & NIC ſont égaux , ſi nous en retranchons les Angles LIM & KIM, le Reſte LIO ſera égal au Reſte KIN ; Mais l'Angle OIQ eſt égal à l'Angle KIN, par conſequent il eſt auſſi égal à l'Angle LIO ; Et partant l'Angle total LIQ eſt double de l'Angle LIO ; Deplus, d'autant qu'au Triangle Rectangle CIO, de l'Angle Droit tombe la perpendiculaire IL ſur la Baze CO, elle diviſe ce Triangle en deux autres, ſçavoir ILC & ILO, qui ſont ſemblables entr'eux, & ſemblables au total ; c'eſt pourquoy l'Angle LIO eſt égal à l'Angle LCI ; & par conſequent l'Angle total LIQ eſt égal à l'Angle total LCK. D'ailleurs, comme dans la Figure de quatre Coſtez CLIK, les quatre Angles valent quatre Droits, & que les deux CKI, & CLI ſont Droits, il s'enſuit que les deux autres LCK, & LIK, valent enſemble deux Droits, & que ces deux Angles ſont Complemens à deux Droits l'un de l'autre. Par conſequent, l'Angle MIL eſt la moitié du Complement a deux Droits de l'Angle LCK, ou BCD, ou de l'Angle LIQ qui leur eſt égal. Enfin conſiderant le Cercle KSL, il eſt manifeſte que LP eſt le Sinus de l'Angle LIQ, ou de ſon égal BCD, & que LM eſt le Sinus de l'Angle LIM, qui eſt la moitié du Complement à deux Droits de l'Angle BCD. Si bien qu'il s'agit icy de faire voir, qu'afin que le Corps Sphærique A puiſſe écarter les deux Corps CBEF, CDGH, il ſuffit qu'il y ait ſeulement un peu plus grande Raiſon de ſa force à la reſiſtance de ces deux Corps, qu'il n'y a de LP à LM ; Or cela ne ſera pas difficile, ſi l'on conſidere d'une part , que la force que les deux Corps CBEF, CDGH, oppoſent à leur diduction , ne fait que ce que feroit une peſanteur égale à cette force, qui ſeroit au Point K, & qui ayant pour Ligne de Direction la Ligne KIP, (Tan-

gente d'un Cercle dont le Point C eſt le Centre) pouſſe-
roit le Corps A vers le Corps CDGH, pendant que celuy-cy ſeroit ab-ſolument immobile ; Et d'autre part, que la force avec laquelle le Corps A ſe meut, ne fait que ce que feroit une Puiſſance égale, appliquée au Cen-tre I de ce Corps, & qui auroit IC pour Ligne de Direction : Car, par le Corollaire du 4. Axiome, cette peſanteur doit eſtre égale à une autre qui ſeroit en P, pour produi-re le meſme effet qu'elle ; Et de meſme la Puiſſan-

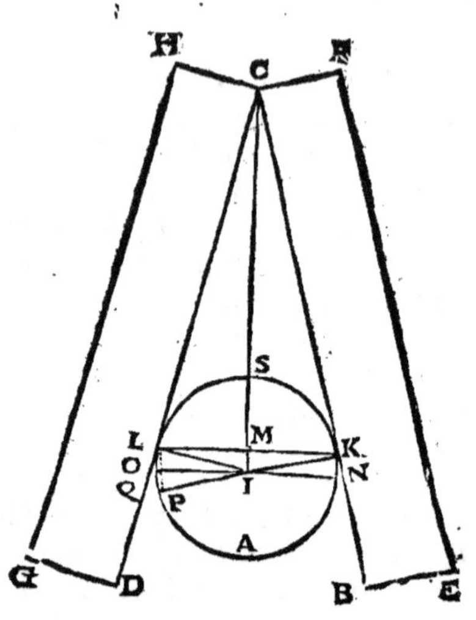

ce en I, doit eſtre égale à celle qu'il fraudroit en M pour
produire auſſi ſon meſme effet. Or ſuppoſant la peſanteur
en P & la Puiſſance en M, nous avons le Levier recourbé
MLP, dont le Point fixe eſt L, la diſtance de la Puiſſance
eſt MI, & la diſtance du Poids eſt LP ; Et ainſi par la 10.
Prop. il n'y a gueres plus grande Raiſon de la Puiſſance
qu'il faudroit en M, pour vaincre la reſiſtance de la peſanteur, P, a cette peſanteur, qu'il y a de LP à LM. Mettant
donc la force du Corps A, à la place de la Puiſſance en M,
& la force que les Corps CBEF, CDGH, oppoſent à leur
diduction à la place de la peſanteur en P, Il ſera encore
vray de dire qu'il n'y a gueres plus grande Raiſon de la
premiere force à la ſeconde, que de LP à LM, c'eſt à dire
du Sinus de l'Angle BCD, au Sinus de l'Angle CIL, qui
eſt la moitié de ſon Complement a deux Droits ; Ce qu'il
falloit démontrer.

III. Corollaire.

III. Corollaire.

Il suit de là que plus l'Angle BCD sera grand, plus aussi la force du Corps A doit estre grande, en comparaison de la mesme resistance des Corps CBEF, CDGH ; à cause que le Sinus de l'Angle BCD devient d'autant plus grand, & le Sinus de la moitié de son Complement à deux Droits devient d'autant plus petit.

IV. Corollaire.

Il suit de-là aussi, que si les Corps CBEF, CDGH se desunissoient en C, par l'action du Corps mobile A, sans que leurs extremitez B & D s'écartassent l'une de l'autre, pour lors il ne seroit pas necessaire que le Corps A eust une aussi grande force pour continuer à les écarter, qu'il en avoit au commencement, estant évident que l'Angle que feroient les Lignes BC, DC, continuées, deviendroit plus petit à mesure que le Mobile avanceroit vers C, & qu'au contraire la moitié de son Complement à deux Droits deviendroit plus grande.

PROPOSITION XXVII.

Si une Puissance, dont la Ligne de Direction est parallele à l'Horizon, soûtient un Poids à l'ayde d'un coin dont un des Plans est aussi parallele à l'Horizon, cette Puissance sera au Poids qu'elle soûtient, comme la Perpendiculaire du coin est à sa Baze.

Concevez que le Coin FGH, Rectangle en G, est tellement situé, que l'un de ses Plans, à sçavoir GH, soit appliqué à la Surface horizontale LM ; & qu'une Puissance, qui a sa Ligne de Direction parallele à LM, s'appli-

DDdd

que au Plan FG, pour foûtenir le Corps pefant ABCD, lequel d'ailleurs eft empefché de rouler de C vers H, à cau-fe du Plan IL, perpendiculaire à l'Horizon, contre lequel il s'appuye au Point B ; Deplus, penfez que le Coin FGH, peut glifſer aifément fur le Plan horizontal LM, & que le frottement du Corps ABCD, contre les Plans FH & IL, n'empefche point que ce Corps ne puiſſe aifément glifſer contre ces Plans ; Cela eftant, je dis qu'il y a mefme Rai-fon de la Puiſſance au Poids qu'elle foûtient, que de la Perpendiculaire FG à la Baze GH.

Car , puifque les Corps qui fe foûtiennent & s'en-tretouchent l'un l'autre , fe pouſſent également & reci-proquement par les endroits où ils fe touchent ; & puifque le Corps pefant ABCD ne pouſſe ny plus ny moins le Plan FH, par l'endroit C, que ce mefme Plan le pouſſe luy-mefme par le mefme endroit, Il s'enfuit que la Puiſſance

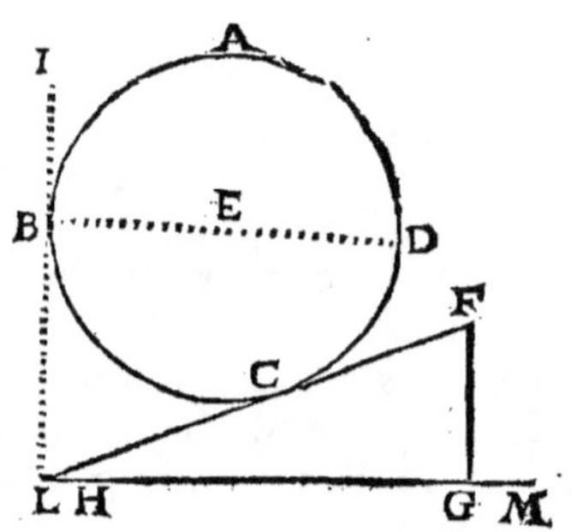

qui foûtient le Corps ABCD, en s'appliquant en F, & ayant fa Ligne de Direction parallele à LM, ou GH, eft égale à une autre Puiſſance qui foûtiendroit le mefme Corps en s'appliquant au Point B, & ayant pour Ligne de Direction la Ligne BD, parallele à GH ; Or , par la 22. Prop. cette Puiſſance en B, qui foûtiendroit le Poids ABCD, feroit à ce Poids, comme FG eft à GH ; Par confequent la Puiſ-fance en FG eft à ce Poids, comme la perpendiculaire du coin eft à fa Baze ; Ce qu'il falloit démontrer.

I. *Corollaire.*

Il fuit de cette Propofition que fi une Puiſſance s'appli-que perpendiculairement à la Surface FG du Coin FGH, enforte qu'en pouſſant ce Coin elle faſſe hauſſer le Poids

ABCD, il faut qu'elle ait un peu plus grande Raifon au
Poids, que FG n'a à GH ; eftant certain que la Puiffance
qui meut doit eftre un peu plus grande que celle qui ne
fait que foûtenir.

II. Corollaire.

Il fuit encore de cette Propofition que plus l'Angle FHG
eft Aigu , plus la Puiffance eft petite en comparaifon du
Poids qu'elle foûtient, ou qu'elle meut ; Car plus cet Angle eft petit, plus la Perpendiculaire FG devient petite , en
comparaifon de la Baze GH.

I. Remarque.

Le Coin s'employe bien plus ordinairament pour fendre
des Corps , que non pas pour en lever ; Mais il feroit fu-
perflu de faire icy quelque obfervation particuliere touchant cet Ufage ; Car l'on peut facilement y appliquer la
Doctrine de la Propofition précedente, eftant évident que
l'une des parties du Corps que l'on fend peut paffer pour
un Plan horizontal, & que la refiftance que l'autre partie
oppofe à fa defunion d'avec la premiere , peut paffer pour
une pefanteur, dont la Ligne de Direction eft perpendiculaire à cette premiere partie.

II. Remarque.

Comme le Coin n'agit jamais qu'en gliffant contre les
parties des Corps qu'il fepare , le frottement eft encore icy
plus à confiderer que dans les Machines précedentes : C'eft
pourquoy, pour faire que l'obftacle au mouvement foit le
moindre qu'il eft poffible , on doit faire les Coins d'une
matiere qui gliffe le plus aifément que faire fe peut contre
tout autre Corps.

DDdd ij

III. Remarque.

Apres tout ce que nous avons étably touchant les mouvemens qui se font sur des Plans inclinez, il est aisé à comprendre que la difficulté qui se peut rencontrer à mouvoir un Corps qui frotte contre un autre, ne vient que de ce que leurs Surfaces font raboteuses, & que plusieurs de leurs petites parties ont des inclinaisons bien differentes de celle de la Surface totale ; jusques-là mesme qu'il y en a quelquefois qui luy font perpendiculaires. Si bien que quand ces petits parties-là viennent à se rencontrer, il est impossible que le mouvement se puisse continuer à moins qu'elles ne se rompent mutuellement, ou du moins qu'elles se plient & changent de situation ; Et de quelque façon que cela arrive, cela ne se peut faire qu'avec beaucoup de peine ; d'où il suit évidemment que pour faire des Coins les meilleurs qu'il est possible, il faut choisir la matiere la plus dure, & qui se puisse le mieux polir.

IV. Remarque.

Supposé ce que nous venons de dire dans la Remarque précedente, on peut aisément juger à quoy servent les huiles ou les graisses que l'on applique aux superficies des Machines qui s'entretouchent, pour rendre leurs mouvemens plus aisez. Car il est assez manifeste que les parties de ces huiles ne peuvent manquer de remplir la plufpart des creux qui se rencontrent dans les superficies de ces Machines, lesquelles par ce moyen font beaucoup moins raboteuses. Adjoûtez à cela que quelques-unes des parties de ces Corps gras tiennent lieu de petits rouleaux, qui font que certaines parties de la Machine se meuvent les unes à l'égard des autres fans presque se toucher.

PROPOSITION XXVIII.

Si une Puiſſance ſoûtient un Poids à l'ayde d'une Vis, cette Puiſſance ſera à ce Poids, comme la hauteur de cette Vis eſt à une Ligne qui contient autant de fois ſon Circuit, qu'il y a de pas, ou d'helices, dans ſa hauteur.

SUppoſons par exemple qu'une Vis ait un pouce de hauteur, que dans cette hauteur il y ait douze pas, ou douze helices, & que ſon Circuit ſoit d'un pouce & demy; Cela poſé, comme douze fois un pouce & demy font 18. pouces, Je dis que la Puiſſance qui ſoûtient un Poids à l'ayde de cette vis, eſt à ce Poids, comme un eſt à dixhuit.

Car la Vis n'eſt autre choſe qu'un Plan incliné, tourné allentour d'un Cylindre; L'Inclinaiſon de ce Plan eſt celle du pas de la Vis, ſa Perpendiculaire eſt la hauteur de cette Vis, & ſa Baze eſt le developement d'autant de fois le circuit de la Vis, qu'elle contient de pas; Et ainſi tout ce qui eſt avancé dans cette Propoſition ne differe en rien de ce qui a eſté prouvé dans la Propoſition précedente. Si donc une Puiſſance &c.

I. *Corollaire.*

Il ſuit évidemment de cette Propoſition, que plus une Vis a ſes pas ſerrez, le reſte eſtant égal, moins auſſi la Puiſſance doit-elle eſtre grande, en comparaiſon du Poids qu'elle ſoûtient à l'ayde de cette Vis : Car la hauteur de cette Vis eſt d'autant plus petite, en comparaiſon de la Ligne qui naiſt du developement de ſes pas, qu'elle en contient un plus grand nombre.

II. *Corollaire.*

Il suit encore évidemment, que la Puissance qui leve un Poids à l'ayde d'une Vis, ne doit avoir gueres plus grande Raison à ce Poids, qu'est celle de la hauteur de cette Vis à la Ligne qui naist du developement de ses pas ; Car cette Puissance ne doit estre gueres plus grande que celle qui peut soûtenir le mesme Poids.

I. *Remarque.*

Si dans la pratique l'on experimente ordinairement qu'il faut une force beaucoup plus grande pour mouvoir un Poids avec une Vis, que pour le soûtenir seulement, cela ne procede que du frottement de la Machine ; car du reste le raisonnement précedent est juste.

II. *Remarque.*

Il est tres-rare que l'on employe la Vis toute seule, pour mouvoir ou pour soûtenir quelque Corps ; On l'accompagne presque toûjours d'une Ecroüe , qui peut tourner allentour de la Vis, ou au dedans de laquelle la Vis peut tourner ; Et le plus ordinaire usage que l'on fasse de la Vis avec son Ecroüe, est de s'en servir pour presser un Corps entre deux autres ; Or comme les Arts fournissent de cela une infinité de divers exemples, qui sont plus capables de vous instruire là-dessus que tous les discours que j'en pourrois faire ; Cela fait, que je me dispense d'en parler, & que je vous laisse à chercher ce qui dans ces Machines tient lieu d'un Corps pesant, & du Point fixe ; afin d'y appliquer vous-mesme les raisonnemens & les consequences de la Proposition précedente.

PROPOSITION XXIX.

Si une Liqueur pesante est contenuë dans un Tuyau d'égale grosseur, & perpendiculaire à l'Horizon, elle tendra à sortir par embas, avec une force proportionnée à sa hauteur dans le Tuyau.

CONsiderons le Tuyau AB, qui est d'égale grosseur, & perpendiculaire à l'Horizon, & pensons qu'ayant bouché l'ouverture B, l'on a remply une partie de ce Tuyau de quelque Liqueur pesante. Cela estant, je dis que cette Liqueur tend à sortir par l'ouverture B, avec une force proportionnée à sa hauteur ; C'est à dire que si, par exemple, l'on a remply tout l'espace BE, qui est triple de BC, cette Liqueur tendra à sortir par l'ouverture B, avec une force triple de celle avec laquelle elle tendroit à sortir, s'il n'y en avoit que dans l'espace BC.

Car il est évident que la force avec laquelle la Liqueur contenuë dans le Tuyau tend à sortir, est proportionnée à sa pesanteur ; Or cette pesanteur est proportionnée à la quantité de la Liqueur ; & cette quantité est proportionnée à la hauteur de la Liqueur qui est contenuë dans le Tuyau ; Et partant la force avec laquelle la Liqueur tend à sortir par le bout d'embas, est proportionnée à sa hauteur dans le Tuyau ; Ce qu'il falloit démontrer.

I. Corollaire.

Il suit évidemment de cette Proposition, que si deux Tuyaux d'égale grosseur entr'eux contiennent chacun une certaine quantité d'une mesme Liqueur, les forces avec lesquelles ces Liqueurs tendront à sortir de ces Tuyaux, seront entr'elles dans la Raison de leurs hauteurs ; Et consequemment que si les hauteurs sont égales, leurs forces pour sortir seront aussi égales.

II. Corollaire.

Il suit encore de cette Proposition, que si deux Tuyaux d'égale grosseur entr'eux, & perpendiculaires à l'Horizon, sont appliquez à un troisiéme, de mesme grosseur & parallele à l'Horison, par le moyen duquel ils ayent communication l'un avec l'autre, & que l'on verse quelque Liqueur dans l'un des deux, elle se répandra dans l'autre, & se mettra à pareille hauteur dans tous les deux. Ainsi, supposant que les deux Tuyaux AB, CD, sont d'égale grosseur entr'eux, & perpendiculaires à l'Horizon, & que ces deux Tuyaux soient appliquez à un troisiéme, à sçavoir BD, d'égale grosseur & parallele à l'Horizon, par le moyen duquel les deux autres ayent communication entr'eux ; Si l'on vient à verser de l'eau, ou quelqu'autre Liqueur, dans le Tuyau AB, Elle se répendra dans le Tuyau CD, & se mettra à pareille hauteur dans tous les deux ; Enforte, par exemple, que quand elle sera dans l'un à la hauteur BE, elle sera dans l'autre à la hauteur DF ; Car il est évident que si la Liqueur se trouvoit dans l'un de ces Tuyaux, par exemple AB, à une plus grande hauteur que dans l'autre,

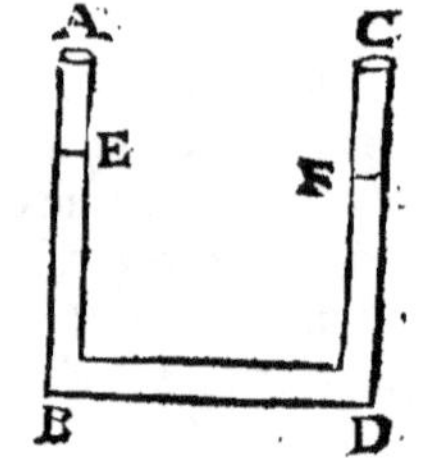

elle auroit plus de force pour descendre, & pour pousser la Liqueur contenuë dans le Tuyau horizontal, de B vers D, que celle qui seroit dans le Tuyau CD, n'en auroit pour repousser la Liqueur du Tuyau horizontal, de D vers B ; Si bien que celle qui auroit plus de force descendroit, & en feroit monter dans l'autre Tuyau, jusqu'à ce qu'elle se trouvast à pareille hauteur dans tous les deux.

PROP.

PROPOSITION XXX.

Si une Liqueur pesante se trouve à pareille hauteur dans deux Tuyaux perpendiculaires à l'Horizon & d'inégale grosseur, la force avec laquelle elle tendra à sortir par l'ouverture d'embas du plus gros Tuyau, sera à la force avec laquelle elle tendra à sortir par l'ouverture d'embas du plus menu, comme la Baze du plus gros Tuyau, est à la Baze du plus menu.

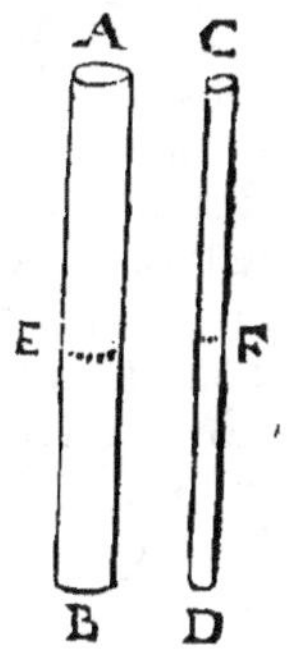

SUpposons que AB & CD soient deux Tuyaux perpendiculaires à l'Horizon, que AB soit plus gros que CD, & que dans ces deux Tuyaux on ait versé d'une mesme Liqueur à des hauteurs égales, BE, DF ; Cela posé, je dis que la force avec laquelle la Liqueur contenuë dans le Tuyau AB tendra à sortir par l'ouverture B, sera à la force avec laquelle la Liqueur contenuë dans le Tuyau CD tendra à sortir par l'ouverture D, comme la Surface de la Baze du Tuyau AB, est à la Surface de la Baze du Tuyau CD.

Car il est évident que la force avec laquelle la Liqueur contenuë dans le Tuyau AB tend à sortir, est à la force avec laquelle la Liqueur contenuë dans l'autre Tuyau tend aussi à sortir, comme la pesanteur de l'une est à la pesanteur de l'autre ; Or la pesanteur de l'une est à la pesanteur de l'autre, comme la quantité de l'une est à la quantité de l'autre ; Et la quantité de l'une est à la quantité de l'autre, comme la Surface de la Baze du Tuyau dans lequel l'une est contenuë, est a la Surface de la Baze de l'autre Tuyau ; Ainsi, la force avec laquelle la Liqueur tend à sortir de l'un de ces Tuyaux, est à la force avec laquelle la Liqueur contenuë dans l'autre Tuyau tend auſſi à ſortir, comme la Surface de la Baze de l'un, eſt à la Surface de la Baze de l'autre ; Ce qu'il falloit démontrer.

Corollaire.

Il ſuit évidemment de cette Propoſition, que ſi des Tuyaux perpendiculaires à l'Horizon ſont d'inégale groſſeur, & que la hauteur de la Liqueur qu'ils contiennent ſoit auſſi inégale, la force avec laquelle la Liqueur contenuë dans l'un de ces Tuyaux tendra à ſortir, ſera à la force avec laquelle la Liqueur contenuë dans l'autre tendra auſſi à ſortir, dans la Raiſon compoſée de la Raiſon qu'il y a de la Surface de la Baze de l'un, à la Surface de la Baze de l'autre, & de la Raiſon qu'il y a de la hauteur de la Liqueur contenuë dans l'un, à la hauteur de celle qui eſt contenuë dans l'autre. Ainſi, ſi l'on ſuppoſoit que l'un de ces Tuyaux euſt ſon Diametre double du Diametre de l'autre, & partant que la Surface de ſa Baze fuſt quadruple de la Surface de la Baze de l'autre, Et ſi la hauteur contenuë dans le premier Tuyau eſtoit avec cela triple de la hauteur de celle qui eſt contenuë dans l'autre ; la force avec laquelle la Liqueur tendroit à ſortir du premier Tuyau, ſeroit à la force avec laquelle elle tendroit à ſortir du ſecond, dans une Raiſon compoſée de la quadruple & de la Triple, c'eſt à dire, dans la Raiſon de 12. à 1.

PROPOSITION XXXI.

Si un Tuyau d'égale groſſeur, & incliné à l'Horizon, eſt remply d'une Liqueur peſante, la peſanteur abſoluë de cette Liqueur ſera à ſa peſanteur relative, c'eſt à dire, à la force avec laquelle elle tendra à ſortir par l'ouverture d'embas du Tuyau, comme la longueur de ce Tuyau eſt à ſa hauteur perpendiculaire.

SUppoſons, par exemple, que AB ſoit un Tuyau d'égale groſſeur, & incliné à l'Horizon BC, qui ait pour hau-

teur la Ligne AD, perpendiculaire à BC ; Posons de plus
que ce Tuyau soit remply d'une Liqueur pesante, qui tende
à sortir par l'ouverture d'embas, marquée B ; Cela posé,
je dis que la pesanteur absoluë de cette Liqueur est à sa
pesanteur relative, c'est à dire, à la force avec laquelle elle
tend à sortir par l'ouverture B, comme AB est à AD.

Car la facilité que les parties
des Liqueurs ont à glisser les unes
contre les autres, fait, que quoy
qu'elles ne soient pas de Figure
Spherique , on les doit neanmoins
considerer comme si elles avoient
cette Figure ; Et ainsi toutes les
parties de la Liqueur contenuë
dans le Tuyau AB, tant celles qui
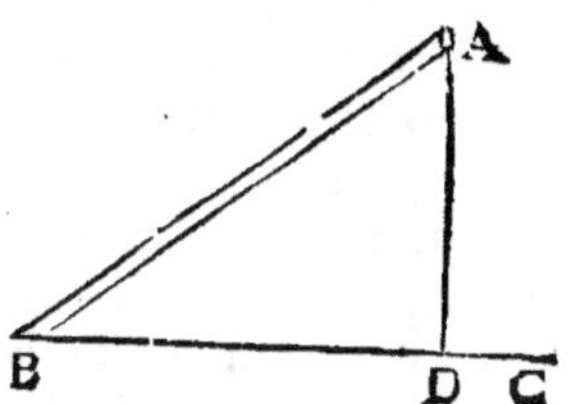
se soûtiennent les unes les autres , que celles qui s'entre-
suivent selon la longueur du Tuyau, tendent toutes à descendre, comme font les Boules de la 6. Remarque de la 23.
Proposition ; Et il doit y avoir mesme Raison de la pesanteur absoluë de toute la Liqueur contenuë dans le Tuyau
AB, à la force particuliere avec laquelle toute cette Liqueur
tend à sortir par l'ouverture B, que de la pesanteur absoluë d'une suite de Boules qui s'entresuivent sur un Plan incliné, à la force particuliere avec laquelle elles tendent ensemble à descendre sur ce Plan. Or par ce qui a esté là démontré, la pesanteur absoluë d'une suite de Boules est à la
pesanteur relative avec laquelle elles tendent ensemble à
descendre, comme AB est à AD ; Par consequent la pesanteur absoluë de toutes les parties de la Liqueur qui rem-
plit le Tuyau AB, est à la force avec laquelle elles tendent
toutes ensemble à sortir par l'ouverture B, comme AB est
à AD, c'est à dire comme la longueur du Tuyau est à sa
hauteur perpendiculaire ; Ce qu'il falloit démontrer.

Remarque.

Remarquez icy , que quand bien mesme un Tuyau incliné & d'égale groſſeur , ne ſeroit remply qu'en partie, il ſeroit toûjours vray de dire qu'il y auroit meſme Raiſon de la peſanteur abſoluë de la Liqueur qu'il contiendroit , à la force particuliere avec laquelle cette Liqueur tendroit à ſortir par l'ouverture d'embas , qu'il y a de ſa longueur à ſa hauteur perpendiculaire. Et ainſi , ſi le Tuyau **AB** ne

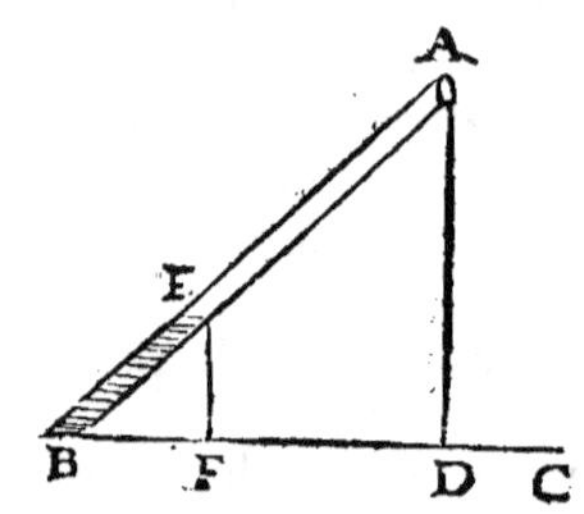

contient de la Liqueur que dans ſa partie BE, il y aura meſme Raiſon de la peſanteur abſoluë de cette Liqueur , à la force particuliere avec laquelle elle tend à ſortir par l'ouverture B, qu'il y a de la longueur du Tuyau AB, à ſa hauteur perpendiculaire AD ; Car la partie du Tuyau AE, qui eſt vuide, ne doit point eſtre conſiderée ; Et c'eſt de meſme que ſi ce Tuyau n'avoit que la longueur BE. Or ſi cela eſtoit, il vient d'eſtre prouvé qu'il y auroit meſme Raiſon de la peſanteur abſoluë de la Liqueur EB, à la force particuliere avec laquelle elle tend à ſortir par l'ouverture B, qu'il y a de la longueur BE à la hauteur perpendiculaire EF ; Mais les Triangles EBF, & ABD, eſtant ſemblables, puis qu'ils ſont Rectangles , & qu'ils ont l'Angle B commun , la Raiſon de BE à EF, eſt la meſme que celle de AB à AD ; Et partant il y a meſme Raiſon de la peſanteur abſoluë de la Liqueur BE, à la force particuliere avec laquelle elle tend à ſortir par l'ouverture B, qu'il y a de la longueur du Tuyau AB, à ſa hauteur perpendiculaire AD.

I. Corollaire.

Il ſuit de cecy , que la force avec laquelle une Liqueur peſante tend à ſortir par le bout d'embas d'un Tuyau d'égale groſſeur & incliné à l'Horizon, eſt égale à la force avec laquelle une ſemblable Liqueur tend à ſortir d'un autre Tuyau de meſme groſſeur , qui eſt perpendicu-

laire à l'Horizon, & dans lequel la Liqueur eſt à meſme
hauteur que celle du Tuyau incliné. Par exemple, ſuppoſant que les deux Tuyaux AB, CD, ſoient d'égale groſſeur,
que AB ſoit incliné à l'Horizon FE, & que CD luy ſoit
perpendiculaire, que ces Tuyaux ayent leur extremité d'embas dans la Ligne FE, & que la Liqueur qu'ils contiennent
ſoit de meſme hauteur dans l'un que dans l'autre, ſçavoir
dans la Ligne horizontale GH, la force avec laquelle la
Liqueur BH tendra à ſortir par l'ouverture B, ſera égale à
la force avec laquelle la Liqueur DG tendra à ſortir par
l'ouverture D.

Car ſi l'on tire la Ligne
HI perpendiculaire à
l'Horizon, on conclura
par la 6. Remarque cy-
deſſus, que la force avec
laquelle la Liqueur BH
tend à ſortir par l'ou-
verture B, eſt à la pe-
ſanteur abſoluë de cette
meſme Liqueur, c'eſt à
dire, à la force avec la-
quelle elle tendroit à
ſortir ſi le Tuyau AB
eſtoit perpendiculaire à l'Horizon, comme HI, ou ſon
égale DG, eſt à BH. Mais, par le 1. Corol. de la 29. Prop.
la force avec laquelle la Liqueur DG, tend à ſortir par
l'ouverture D, eſt auſſi à la force avec laquelle la Liqueur
BH, tendroit à ſortir du Tuyau AB, ſuppoſé qu'il fuſt perpendiculaire à l'Horizon, comme DG eſt à BH ; Et partant, la force avec laquelle la Liqueur BH tend à ſortir
par l'ouverture B, du Tuyau incliné AB, eſt à la force avec
laquelle cette meſme Liqueur tendroit à ſortir par la meſme
ouverture, ſi le Tuyau AB eſtoit perpendiculaire à l'Horizon, comme la force avec laquelle la Liqueur DG tend à
ſortir du Tuyau CD, eſt à la meſme force que la Liqueur
BH auroit de ſortir du Tuyau AB, s'il eſtoit perpendicu-

laire à l'Horizon ; Et ainsi ces deux forces ayant mesn..
Raison à une troisiéme , il s'enfuit qu'elles sont égales entr'elles , c'est à dire que la force avec laquelle la Liqueur
BH tend à sortir par l'ouverture B, du Tuyau incliné AB,
est égale à la force avec laquelle la Liqueur DG tend à
sortir par l'ouverture D.

II. Corollaire.

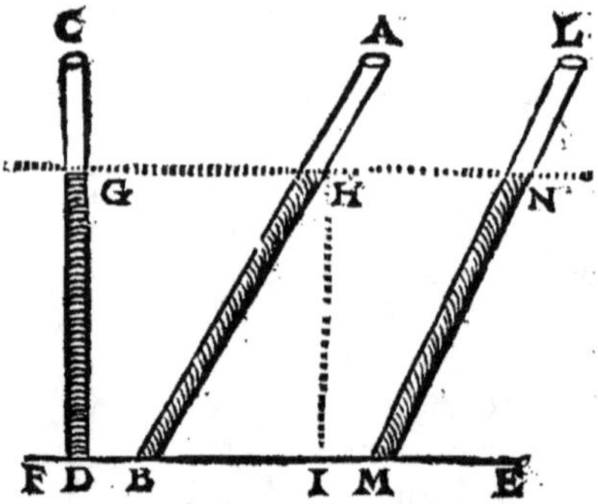

Cette verité estant
supposée on peut tirer
cette consequence, Que
si plusieurs Tuyaux de
mesme grosseur , & di-
versement inclinez à
l'Horizon , sont rem-
plis d'une mesme Li-
queur , qui soit en tous
de mesme hauteur, cette
Liqueur n'aura ny plus
ny moins de force pour
sortir par l'ouverture
d'embas de l'un de ces Tuyaux, qu'elle en a pour sortir
par celle d'un autre. Ainsi, posant que le Tuyau LM soit
de mesme grosseur que le Tuyau AB, mais autrement in-
incliné que luy, qu'il soit remply de la mesme Liqueur, &
que cette Liqueur soit à pareille hauteur, la force avec laquelle cette Liqueur tendra à sortir du Tuyau LM, sera
égale à la force avec laquelle elle tend à sortir du Tuyau
AB ; car chacune de ces deux forces est égale à celle avec
laquelle une semblable Liqueur tendroit à sortir du Tuyau
perpendiculaire CD.

III. Corollaire.

Il suit enfin, que si la Liqueur estoit à une hauteur un
peu plus grande dans l'un de ces Tuyaux que dans l'autre,

la force avec laquelle elle tendroit à fortir du Tuyau où elle feroit à une plus grande hauteur, feroit plus grande que celle avec laquelle elle tendroit à fortir de l'autre; Eftant évident qu'il y auroit dans ce Tuyau-là un peu plus de Liqueur, & par confequent un peu plus de pefanteur que dans l'autre.

PROPOSITION XXXII.

Si un Syphon dont les branches font d'égale groffeur eft renversé, la Liqueur pefante qu'il contiendra s'y placera de niveau.

SUppofons que le Syphon ABC, dont les Branches AB, BC, font d'égale groffeur, foit renverfé, ainfi qu'il paroift dans cette Figure, & qu'on ait verfé dedans quelque Liqueur. Cela eftant, je dis que la Liqueur fe placera de niveau dans fes deux Branches, c'eft à dire que les Points D & E où elle fe terminera, fe rencontreront dans la Ligne DE parallele à l'Horizon.

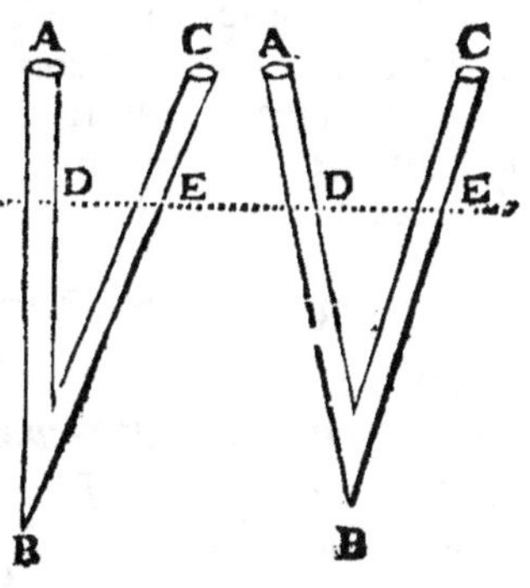

Car le Syphon ABC, ne differe en rien de deux Tuyaux d'égale groffeur qui fe joignent au Point B, & dans lefquels il y a quelque Liqueur pefante à égale hauteur. D'où il fuit que la Liqueur qui eft contenuë dans l'un n'a ny plus ny moins de force pour defcendre, que celle qui eft contenuë dans l'autre, & que ces Liqueurs s'entrepouffent également fans fe pouvoir mutuellement vaincre; Au lieu que fi la Liqueur fe trouvoit à une hauteur un peu plus grande dans l'une des Branches que dans l'autre, elle auroit dans cette Branche plus de force pour defcendre qu'elle n'en auroit dans l'autre, fuivant ce qui a efté montré dans le 3. Corol. de la Prop. précedente ; D'où il arriveroit qu'elle defcendroit de ce cofté-là , & qu'il en pafferoit dans l'autre autant qu'il en faudroit pour qu'elle fe trouvaft de niveau dans les deux Branches ; Aprés quoy les forces pour defcendre eftant égales de part & d'autre , le tout demeureroit de niveau & en équilibre. Et partant fi un Syphon qui a fes Branches d'égale groffeur eft renverfé, la Liqueur qu'il contiendra s'y placera de niveau. Ce qu'il falloit démontrer.

Remarque.

Il eft icy à obferver, que quand bien mefme un Syphon auroit l'une de fes Branches tortuë, ou pliée en divers fens, la Liqueur pefante qu'il contiendroit, ne laifferoit pas de s'y placer de niveau ; eftant évident que les diverfes inflexions que peut avoir un Tuyau , le rendent toûjours équivalent à un Plan qui feroit incliné vers divers coftez.

PROPOSITION XXXIII.

Si un Tuyau plus gros par un bout que par l'autre eft perpendiculaire à l'Horizon , la Liqueur pefante qu'il contiendra , n'aura ny plus ny moins de force pour fortir par l'ouverture d'embas , que fi fa groffeur eftoit par tout égale à celle qu'il a par embas.

SUppofons d'abord un Tuyau , tel qu'eft ABCD, perpendiculaire à l'Horizon , qui foit plus gros par enhaut que par embas ; Cela pofé , je dis que la Liqueur pefante qu'il contiendra n'aura ny plus ny moins de force pour fortir par l'ouverture d'embas BC, que s'il avoit par tout la mefme groffeur qu'il a en BC.

Car fi par B & par C l'on tire les Lignes Droittes BE, CF, perpendiculaires à l'Horizon , & par confequent parralleles

ralleles entr'elles, l'on voit clairement que la colonne de Liqueur
qui eſt compriſe entre ces deux
Lignes peſe bien ſur l'ouverture
BC ; mais on voit bien auſſi que
tous les Filets de Liqueur qui ſont
à coſté de cette Colonne, ne pe-
ſent point ſur cette ouverture, mais
ſeulement ſur la Surface interieure
du Tuyau ; D'où il ſuit qu'on ne
les doit non plus conſiderer que
s'ils ne peſoient point du tout ; Et

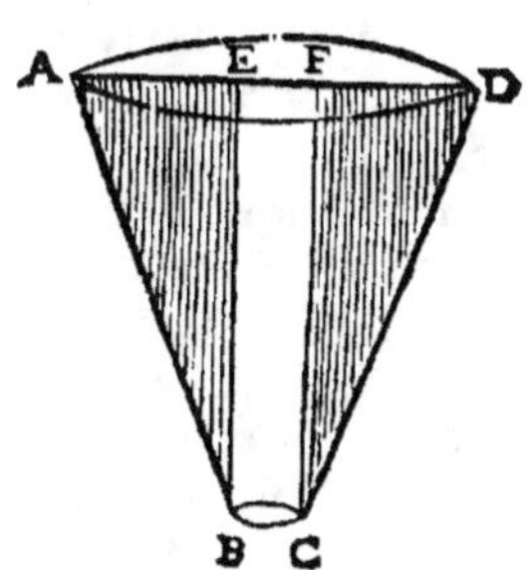

partant toute la Liqueur peſante qui eſt contenuë dans le
Tuyau ABCD, ne peſe ny plus ny moins que s'il eſtoit par
tout d'une groſſeur égale à celle d'embas.

Suppoſons maintenant un autre Tuyau tel qu'eſt ABCD,
perpendiculaire à l'Horizon, mais qui ſoit plus gros par
embas que par en haut. Cela poſé, je dis que s'il eſt remply d'une Liqueur peſante, la force avec laquelle elle tendra à ſortir par l'ouverture d'em-
bas, ſera égale à celle qu'elle auroit ſi le Tuyau eſtoit par tout auſſi
gros qu'il eſt par embas.

Pour bien eſtablir cette verité,
qui d'abord paroiſt choquante, &
contraire au bon ſens, concevez
premierement qu'une Superficie
plane ſoit tellement appliquée à
l'ouverture d'embas de ce Tuyau,
qu'elle empeſche la Liqueur d'en
ſortir ; Puis, par les Points A & D
tirez les Lignes Droittes AE, DF,
perpendiculaires à l'Horizon ; Ces
Lignes marqueront ſur la Surface
BC, les Points E & F, où ſe terminera le Diametre d'une Colon-
ne de Liqueur perpendiculaire à l'Horizon, dont la groſſeur

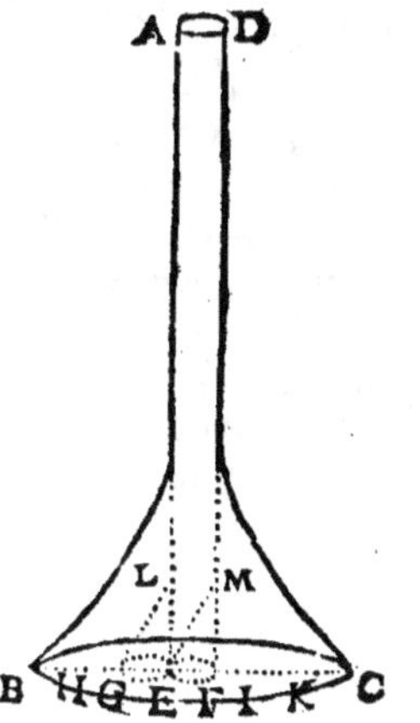

fera égale à l'ouverture AD, & qui, comme il est aisé de
voir, chargera de tout son Poids la Partie EF de la Surface BC, égale à cette mesme ouverture AD ; Considerez
ensuite, que tandis que la Colonne AEFD pese su l'endroit EF, une partie, comme par exemple MEF, sert d'appuy, pour faire que l'action de cette Colonne se courbe
vers LM, & se détourne pour aller presser la Partie GE,

de la Surface BC, égale à EF ;
Or l'action de la Liqueur comprise
entre ALG & DME, ne differe
en rien de celle d'une Liqueur renfermée dans un Tuyau incliné ; Il
s'ensuit donc, par le 1. Corol. de
la 31. Prop. que cette Liqueur comprise entre ALG & DME, ne
presse ny plus ny moins la Partie
GE, que la Partie EF l'estoit déja.
Aprés quoy il est aisé de comprendre que chaque partie de la
Superficie BC, qui se trouve égale
à EF, est pressée de mesme par
une Colonne courbée de la Liqueur pesante : Or c'est justement
ce qui arriveroit, si le Tuyau estoit

car tout d'une grosseur égale à l'ouverture BC ; D'où il
s'ensuit qu'encore bien que le Tuyau ABCD soit plus large
par embas que par en haut, la Liqueur pesante dont il est
remply, ne laisse pas de tendre à sortir par l'ouverture
d'embas, avec la mesme force que s'il estoit par tout d'une
grosseur égale à celle qu'il a par embas.

I. Corollaire.

On peut de là tirer cette confequence eftonnante, que fi un Tonneau plein d'eau eftoit debout fur l'un de fes fonds, & qu'on appliquaft à un trou fait au fond de deffus, un Tuyau, qui euft plufieurs fois la hauteur du Tonneau, & qui fuft fi menu que fort peu d'eau fuft capable de le remplir, ce peu d'eau feroit caufe que le fond d'embas feroit d'autant de fois plus chargé qu'il n'eftoit auparavant. Ainfi par exemple, fi ce Tonneau eftoit un muid, qui contient 560 livres d'eau, & qu'on appliquaft à un trou fait au fond de deffus, un Tuyau qui euft cent fois la hauteur du Muid, & qui fuft fi menu qu'une livre d'eau fuft fuffifante pour le remplir, cette livre d'eau agiffant conjointement avec 560 autres, feroit caufe que le fond d'embas feroit chargé de la pefanteur de 56560 livres ; Car l'affemblage du Tuyau & du Muid ne differe point d'un Tuyau dont la groffeur d'embas furpaffe de beaucoup celle d'enhaut.

II. Corollaire.

On peut encore de-là tirer cette autre conſequence, qui eſt que ſi un Canal fort menu aboutit à un Vaiſſeau, dont la fabrique ſoit telle, que ſa cavité puiſſe devenir notablement plus grande en changeant de figure, un fort petit filet de Liqueur qui coulera avec quelque viteſſe par ce Canal pour ſe rendre dans la cavité de ce Vaiſſeau, le contraindra de changer de figure, & de prendre la plus grande dont ce Vaiſſeau eſt capable ; Et ce avec une force égale à celle qu'auroit une autre quantité de la meſme Liqueur, qui ſeroit aſſez grande pour remplir un Canal, dont la groſſeur ſeroit égale à la plus grande cavité que peut prendre ce Vaiſſeau, & qui avec cela ſe mouvroit de meſme viteſſe que ce petit filet. Par exemple, ſi le Canal AB, qui eſt fort menu, aboutit à un Vaiſſeau tel que BC DE, dont la fabrique eſt telle que ſa cavité peut devenir notablement plus grande, en quittant la Figure qu'il a, qui eſt fort oblongue, pour prendre la Figure Rectangle BCFG ; Le petit filet de Liqueur qui coulera avec quelque force par le Canal AB, dans la cavité BCDE, contraindra ce Vaiſſeau de changer de Figure, & de prendre la Figure BCFG, qui eſt la plus grande qu'il puiſſe avoir, avec une force égale à celle qu'auroit une Colonne de la meſme Liqueur, qui auroit autant de viteſſe que ce petit filet en a, & qui ſeroit de la groſſeur de la plus grande cavité dont ce Vaiſſau eſt capable, c'eſt à dire égale à la Figure BCFG.

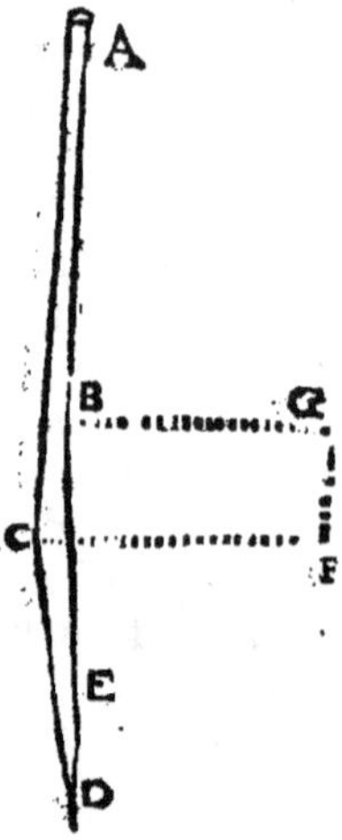

PROPOSITION XXXIV.

*Si un Syphon renversé a ses Branches d'inégale grosseur,
la liqueur pesante qu'il contiendra, s'y placera
de niveau.*

SUpposons le Syphon renversé ABC, dont l'une des
Branches, sçavoir AB, est plus grosse que l'autre ; Cela
posé, je dis, que soit que ses deux Branches soient inclinées à l'Horizon, soit que l'une des deux y soit perpendiculaire, si l'on verse par l'ouverture A de la plus grosse
Branche assez de Li-
queur pour pouvoir
monter jusques à D.
cette Liqueur se pla-
cera de niveau dans
l'autre Branche BC,
c'est à dire qu'elle
montera jusques à E,
qui est dans la Ligne
DE parallele à l'Ho-
rizon.

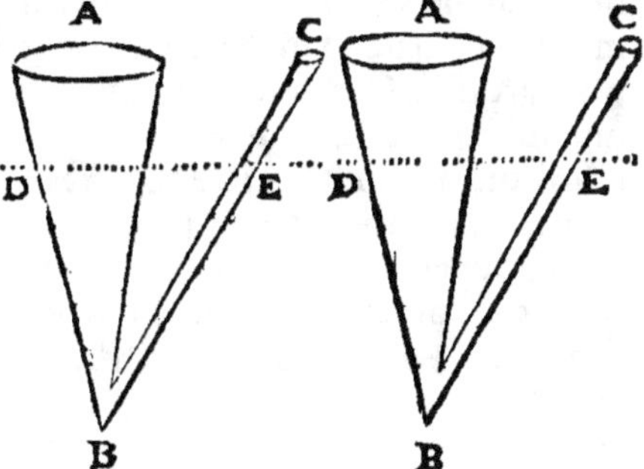

Car quelle que soit
l'inégalité de la gros-
seur des Tuyaux, il a esté montré dans la Proposition précedente, que la Liqueur qu'ils contiennent n'a ny plus ny
moins de force pour sortir par l'ouverture d'embas, que si
la grosseur de ces Tuyaux estoit par tout égale à celle qu'ils
ont par embas ; C'est pourquoy quelle que soit l'inégalité
des Branches des Syphons, puisque ces Branches ne sont autre
chose que des Tuyaux qui sont d'égale grosseur par embas,
où ils ont une ouverture commune, on doit considerer ceux
dont les Branches sont d'inegale grosseur, comme si leurs
Branches estoient d'une grosseur égale, & penser ensuite,
que la Liqueur pesante qu'ils contiennent, se doit placer

de mefme dans les unes que dans les autres : Or il a efté montré dans la 32. Prop. que la Liqueur pefante qui eft contenuë dans un Syphon dont les Branches font d'égale groffeur, s'y doit placer de niveau ; Par confequent elle doit de mefme fe placer de niveau dans ceux dont les Branches font d'inégale groffeur ; Ce qu'il falloit démontrer.

Remarque.

Il ne faut pas s'imaginer que ce que nous venons d'établir icy répugne aux experiences que nous avons faites depuis quelques années ; où nous avons fait voir, que dans un Syphon de verre, qui a l'une de fes Branches aff.z groffe, & l'autre fi menuë qu'il ne peut y entrer qu'un fil tres-délié, l'eau ne s'y place pas de niveau, mais monte notablement plus haut dans la Branche la plus menuë que dans la plus groffe : Car ce que nous venons icy d'établir ne préfupofe dans les Liqueurs que leur feule pefanteur, & la facilité qu'elles ont à eftre divifées ; Au lieu que cette inégalité d'afcention (que perfonne n'avoit remarquée avant nous) dépend outre cela du mouvement des parties des liquides, comme vous le pourrez voir démontré dans la premiere Partie de noftre Traité de Phyfique, chap. 22. art. 85.

F I N.

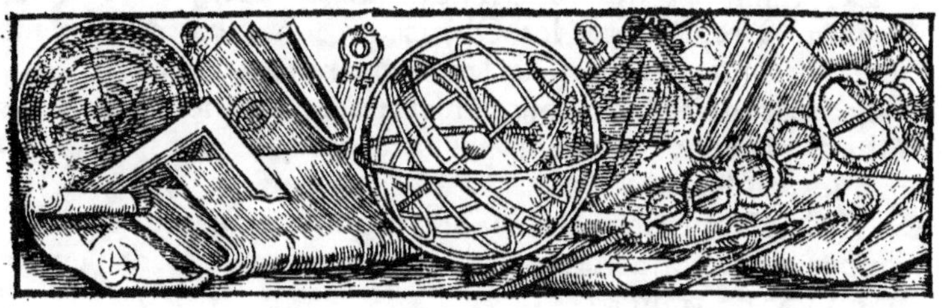

TRAITÉ

DE

PERSPECTIVE.

DEFINITIONS.

1. A Perspective, est un Art qui nous apprend à representer les Objets visibles comme ils nous paroissent ; c'est à dire, un Art qui nous apprend à tracer certains lineamens qui paroissent à nos yeux comme les Objets mesmes nous paroistroient.

Ces Objets peuvent estre veus en trois differentes manieres, sçavoir, ou par une veuë directe, ou par réflexion, ou par réfraction. Par une veuë directe, comme sont veus communément tous les Objets que l'on regarde ; Par réflexion, comme le font ceux que l'on voit par le moyen d'un miroir ; Et par réfraction, comme le font ceux que l'on voit au travers de quelque Corps transparent, comme au travers de l'eau, ou du verre.

Et de-là naissent trois parties de la Perspective prise en en general, sçavoir la Perspective, la Catoptrique, & la Dioptrique.

La premiere, qui retient le nom de Perspective, nous apprend à representer les Objets qui sont veus d'une veuë directe, & rend raison de leurs apparences.

La Catoptrique, nous enseigne de quelle maniere les Objets peuvent estre veus par réflexion, & nous en explique les causes.

Et la Dioptrique, nous montre comment le sont ceux qui sont veus par réfraction. C'est de la premiere dont j'entreprens icy de traiter.

2. Le Plan Géometral, est un Plan parallele à l'Horizon, placé pour l'ordinaire au dessous de l'œil, dans lequel & allentour duquel on imagine les Objets representez avec toutes leurs proportions, c'est à dire, sans aucun autre changement sinon qu'ils sont peut-estre réduits de grand en petit; tel est dans cette Figure le Plan ABCD.

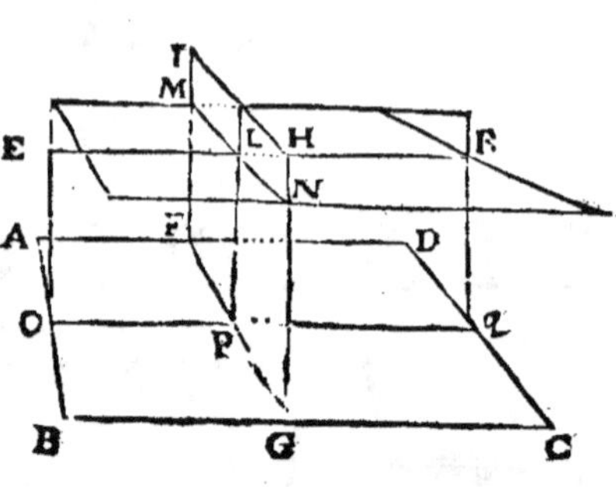

3. L'Assiette des Objets, est l'appuy perpendiculaire que chacunes de leurs parties ont sur le Plan Géometral.

4. Le Plan Perspectif, ou le Tableau, est un Plan perpendiculaire au Plan Géometral, placé entre l'œil & l'Objet, par lequel passent tous les Rayons qui vont aboutir à l'Oeil de chaque Point des Objets; comme icy FGHI.

On pourroit bien supposer que le Tableau ne seroit pas perpendiculaire au Plan Géometral, ou que ce seroit une Superficie courbe; on pourroit mesme le placer de telle sorte que l'Objet fust entre l'Oeil & le Tableau; Et mesme on pourroit supposer que le Tableau passast par l'Objet que l'Oeil toucheroit immediatement; Mais comme tous ces cas sont extraordinaires, quand nous parlerons cy-aprés du Tableau, il faut toûjours l'entendre de la maniere qu'il vient d'estre définy.

5. La

5. La Ligne de Terre, ou la Baze du Tableau, eſt la commune Section du Plan Perſpectif & du Plan Géometral, comme FG.

6. Le Plan Horizontal, eſt un Plan parallele à l'Horizon, & par conſequent auſſi au Plan Geometral, qui paſſe par l'Oeil, & qui s'étend de tous coſtez ; lequel coupe à Angles Droits le Plan perſpectif, ou le Tableau ; Ainſi ſuppoſé que l'Oeil ſoit au Point E, le Plan horizontal eſt celuy qui paſſe par EMLN.

7. La Ligne Horizontale, eſt la commune Section du Plan Horizontal & du Tableau, comme MN.

Cette Ligne eſt parallele à la Ligne de Terre ; & autant éloignée d'elle, que l'Oeil eſt élevé au deſſus du Plan Géometral ; Car, puiſque le Plan Horizontal & le Plan Géometral ſont paralleles, & qu'ils ſont coupez par un troiſiéme, à ſçavoir par le Tableau, leurs Sections, qui ſont la Ligne Horizontale & la Ligne de Terre, ſont auſſi paralleles.

8. Le Rayon principal, eſt une Ligne Droitte qui tombe de lOeil perpendiculairement ſur le Tableau, & qui le coupe dans la Ligne Horizontale, comme EL.

9. Le Point de veuë, ou le Point principal, eſt le Point où aboutit ſur le Tableau le Rayon principal, comme L.

10. Les Points de diſtance, ſont deux Points dans la Ligne Horizontale, autant éloignez de part & d'autre du Point de veuë, que le Point de veuë l'eſt de l'Oeil ; comme M & N. Et ainſi les Lignes LM, LN, ſont égales à LE.

11. Le Plan Vertical, eſt un Plan qui paſſe par le Rayon principal, & qui coupe perpendiculairement le Plan Perſpectif, l'Horizontal, & le Géometral, comme icy EOQB.

12. La Ligne Verticale, eſt la commune Section du Plan Vertical & du Plan Perſpectif, ou du Tableau, laquelle coupe à Angles Droits la Ligne Horizontale & la Ligne de Terre, eſtant perpendiculaire au Plan Horizontal & au Geometral, comme LP.

13. La Ligne de Station, eſt la commune Section du Plan Vertical & du Plan Geometral, laquelle eſt parallele au Rayon.

G G g g

principal, & coupe à Angles Droits la Ligne de Terre ; comme OPQ.

14. La hauteur de l'Oeil, eſt une Ligne Droitte qui tombe de l'Oeil perpendiculairement ſur la Ligne de Station, comme EO.

15. Le Point de Station, eſt le Point de la Ligne de Station, ſur lequel tombe la Ligne qui deſigne la hauteur de l'Oeil, comme icy le Point O.

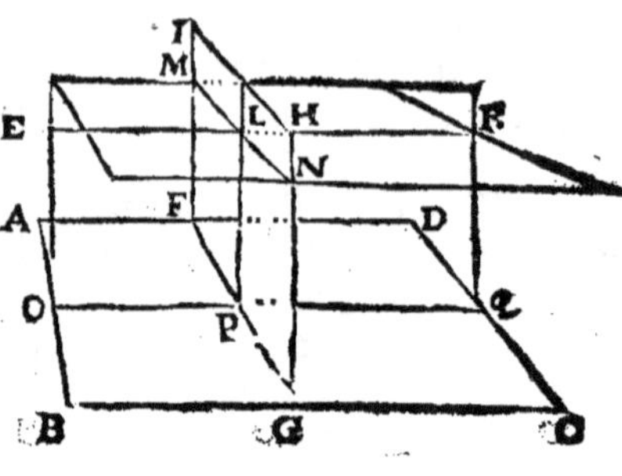

16. Le Rayon viſuel, eſt une Ligne Droitte qui part de l'Oeil & qui aboutit à un Point de l'Objet.

Axiomes.

1. La repreſentation, ou l'apparence d'un Point d'un objet, eſt le Point du Tableau par où paſſe le Rayon viſuel de ce Point de l'Objet, c'eſt à dire la Ligne Droitte qui eſt menée de ce Point de l'Objet à l'Oeil ; Ainſi dans la préſente Figure le Point T du Tableau, eſt l'apparence du Point S, qui appartient à quelque Objet qui ſe rencontre dans le Plan Géometral.

2. Si une Ligne Droitte d'un Objet eſtant continuée ne paſſe point par l'Oeil, ſon apparence dans le Tableau, ſera la Ligne Droitte où le Tableau ſera coupé par un Plan qui ſera compoſé d'une infinité de Lignes qu'on imaginera partir de tous les Points de la Ligne propoſée, & qui iront aboutir à l'Oeil : Ainſi

dans la mesme Figure la Ligne TX est l'Apparence de la Ligne SV.

3. Si la Surface de quelque Objet estant continuée ne passe point par l'Oeil, son apparence sera une partie du Plan du Tableau, comprise entre les apparences des Lignes qui bornent cette Surface ; Ainsi dans cette Figure la Partie TZ 9 10. du Plan du Tableau est l'apparence de la Surface SY 76.

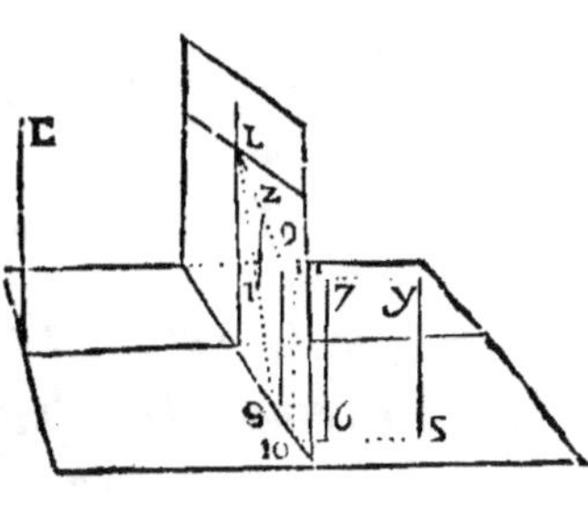

4. Si quelque partie d'un Objet touche le Tableau, son Apparence sera au mesme endroit où elle le touche.

Corollaire.

De ces maximes, il est aisé de conclure que toutes les Parties des Objets qui sont plus élevées que l'Oeil, doivent estre representées dans le Tableau au dessus de la Ligne Horizontale ; Car puisqu'elles sont au dessus du Plan Horizontal, dans lequel est l'Oeil, Il est évident que les Lignes qui seront tirées de tous leurs Points jusqu'à l'Oeil seront au dessus de ce Plan ; Et ainsi passeront dans le Tableau par des endroits plus élevez que la Ligne Horizontale, dans laquelle ce Plan coupe le Tableau. Tout au contraire toutes les Parties des Objets qui sont plus basses que l'Oeil, doivent estre representées au dessous de la Ligne Horizontale ; Car toutes les Lignes qui se peuvent mener de chacun de leurs Points jusqu'à l'Oeil ne peuvent estre qu'au dessous du Plan Horizontal, par consequent ne sçauroient passer dans le Tableau qu'au dessous de la Ligne Horizontale, où ces deux Plans s'entrecoupent.

Par un semblable raisonnement, l'on conclura que tous les Objets qui sont à l'égard de l'Oeil à droitte du Plan Vertical, doivent estre representez dans le Tableau à droitte

de la Ligne Verticale ; & que ceux qui font à gauche de
ce mefme Plan, doivent eftre reprefentez à gauche de
cette mefme Ligne.

PROPOSITION I.

THEOREME I.

*Si une Ligne Droitte d'un Objet eft perpendiculaire au
Plan Vertical, fon Apparence fera parallele à la
Ligne de Terre.*

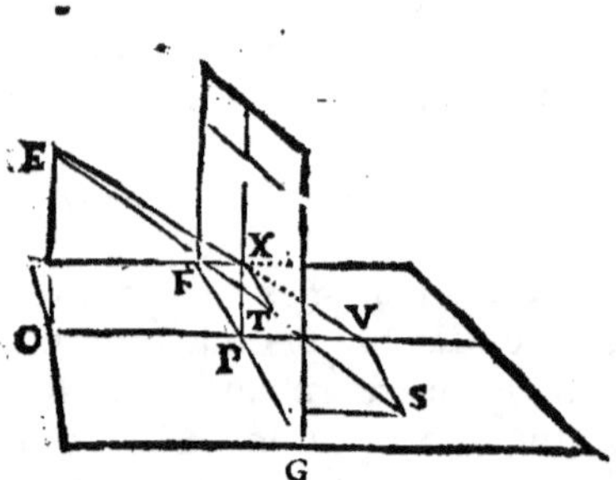

QUe la Ligne SV foit perpendiculaire au Plan Vertical, & foit reprefentée dans le Tableau par la Ligne TX, par où paffe le Plan compofé d'une infinité de Lignes Droittes, qui partent de tous les Points de la Ligne SV, & vont aboutir à l'Oeil ; Cela eftant, je dis que la Ligne TX eft parallele à la Ligne de Terre FG.

Car puifque la Ligne SV eft perpendiculaire au Plan Vertical, le Plan SVE, qui paffe par cette Ligne, fera perpendiculaire à ce mefme Plan, par la 18. du 11. D'ailleurs le Plan Perfpectif, ou le Tableau, eft auffi perpendiculaire au mefme Plan ; Donc la Ligne TX, où les Plans SVE & le Tableau s'entrecoupent, luy eft auffi perpendiculaire. Mais la Ligne de Terre FG eft auffi perpendiculaire au Plan Vertical ; Par confequent la Ligne TX & la Ligne de Terre FG font paralleles.

Remarque.

Puifque toutes les Lignes du Plan Géometral qui font paralleles à la Ligne de Terre font perpendiculaires au Plan Vertical, Il s'enfuit que leurs Apparences font paralleles à la Ligne de Terre.

PROPOSITION II.

THEOREME II.

Si une Ligne Droitte, qui appartient à quelque Objet, eftant continuée, rencontre le Tableau en un Point, fon apparence fera une partie de la Ligne qui fera menée de ce mefme Point à un autre Point du Tableau, où aboutit la Ligne Droitte qui part de l'Oeil parallele à la Ligne propofée.

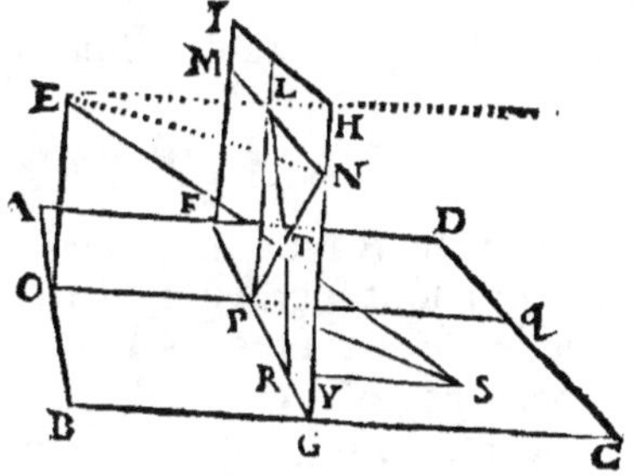

Par exemple, fi la Ligne SY, appartient à quelque Objet, & qu'eftant continuée elle rencontre le Tableau en un Point, par exemple au Point R, Je dis que fon Apparence fera une Partie de la Ligne RL, qui eft menée du Point R au Point L, où aboutit dans le Tableau la Ligne EL, qui part de l'Oeil, & que je fuppofe eftre parallele à la Ligne propofée SY. C'eft à dire en un mot, que fi dans la Ligne SY, ou RS, l'on prend tant de Points que l'on voudra, & que de tous ces Points l'on mene autant de Lignes Droittes vers l'Oeil, toutes ces Lignes passeront dans le Tableau par autant de Points de la Ligne RL ; & ainsi leurs Apparences seront dans la Ligne RL.

Car, puisque les Lignes EL & RS sont paralleles, elles sont toutes deux dans un mesme Plan, qui coupe le Tableau dans une Ligne Droitte, telle qu'est icy RL ; Et d'autant que les Points E & S, sont pris dans ces deux Lignes, la Ligne ES, qui est menée d'un Point à l'autre, est necessairement dans leur Plan ; C'est pourquoy quand elle passe dans le Tableau, ce doit estre en quelque Point de la Ligne RL, où le Tableau est coupé par le Plan de ces paralleles.

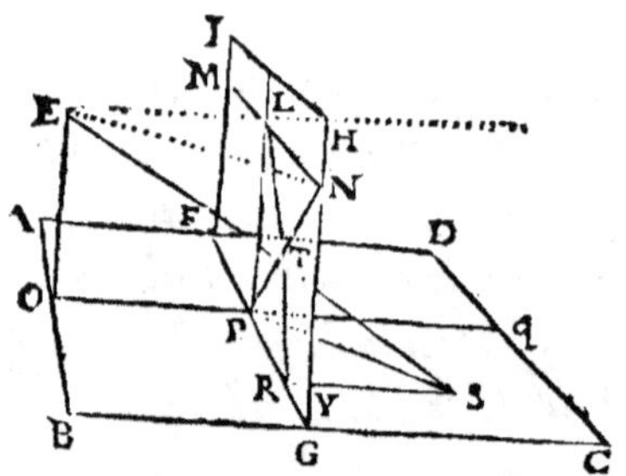

L'on démontrera de mesme, que si de tous les Points de la Ligne SY, l'on mene des Lignes Droittes à l'Oeil, elles passeront par la Ligne RL ; Et ainsi l'Apparence de la Ligne SY, est dans la Ligne RL, qui passe par le Point L, où aboutit la Ligne EL, qui part de l'Oeil parallele à Ligne proposée SY ; Ce qu'il falloit démontrer.

I. Corollaire.

Comme le Rayon principal est parallele à toutes les Lignes qui sont perpendiculaires au Tableau, du nombre desquelles sont toutes les Lignes du Plan Géometral qui sont perpendiculaires à la Ligne de Terre, Il s'ensuit que les Apparences de toutes ces Lignes doivent estre des Lignes Droittes, lesquelles estant continuées passeront par le Point de veuë.

II. Corollaire.

Puisqu'au Triangle ELN, compris du Rayon principal

EL, de la Ligne de Diftance LN, & de la Baze EN, tirée de l'Oeil E, au Point de Diftance N, les deux Coftez
EL, & LN, font égaux, & que l'Angle ELN eft Droit ;
Il s'enfuit que la Ligne EN fait avec le Tableau l'Angle
ENL de la valeur d'un Demy-droit ; Et ainfi la Ligne EN
eft parallele à toutes les Lignes du Plan Geometral qui
font un Angle Demy-droit avec la Ligne de Terre, & qui
vont vers le cofté d'où vient la Ligne EN ; C'eft pourquoy les Apparences de toutes ces Lignes dans le Tableau,
doivent eftre des Lignes Droittes, lefquelles eftant continuées iront aboutir au Point de Diftance qui eft de ce
cofté-là.

Ce qui fe dit des Lignes qui font dans le Plan Géometral, fe doit pareillement entendre de celles qui font en
l'air ; pourveu qu'elles leur foient paralleles.

III. Corollaire.

Il s'enfuit encore que les Apparences des Lignes qui ne
font point perpendiculaires au Tableau, & qui ne font
Point avec luy des Angles Demy-droits, doivent concourir à d'autres Points que ceux de Veuë, & de Diftance.
Mais en quelque Point que ce foit du Tableau que les Apparences de deux Lignes paralleles fe rencontrent, là-mê-
me auffi fe doivent rencontrer les Apparences de toutes les
autres Lignes qui leur font paralleles.

PROPOSITION III.

PROBLEME I.

*Eftant donné un Point dans le Plan Géometral, trouver
fon Apparence dans le Tableau.*

QUe le Point donné dans le Plan Géometral, foit par
exemple S, il eft queftion de trouver fon Apparence

dans le Tableau ; Pour la trouver.

Du Point S abaiſſez la Ligne SR perpendiculaire à la Ligne de Terre FG, & du Point R menez au Point de Veuë L, la Ligne Droitte RL, ; Enſuite prenez la Grandeur de SR, & la tranſportez ſur la Ligne de Terre d'un coſté ou d'autre du Point R ; Puis du Point P, où elle ſe termine, menez une Ligne Droitte à l'un des Points de Diſtance, enſorte qu'elle puiſſe couper la Ligne RL, comme fait icy la Ligne PN : Cela ſuppoſé, je dis que le Point T, où les Lignes RL & PN s'entrecoupent, eſt l'Apparence du Point donné S.

Car ſi l'on mene la Ligne SP, dans le Triangle SRP les deux Coſtez SR, RP, ſont égaux, & l'Angle compris d'iceux eſt Droit ; partant la Ligne SP fait un Angle Demydroit avec la Ligne de Terre, & ſon Apparence eſt dans la Ligne PN, par le 2. Corol. de la Prop. précedente ; D'ailleurs la Ligne SR eſtant Perpendiculaire à la Ligne de Terre, ſon Apparence doit ſe rencontrer dans la Ligne RL, qui va au Point de Veuë L ; Mais le Point S eſt commun aux deux Lignes SP, SR ; Donc ſon Apparence doit ſe rencontrer au Point qui eſt commun aux Apparences de ces deux Lignes, c'eſt à dire au Point T ; Ce qu'il falloit démontrer.

I. Remarque.

Il eſt évident que ſi l'Oeil avoit eſté placé ailleurs qu'au Point E, le Point de Veuë n'auroit pas eſté au Point L ; & le Point S, auroit eſté repreſenté ailleurs qu'au Point T ; Si donc l'on avoit à regarder le Tableau d'un lieu, d'où le Point T duſt repreſenter préciſément le Point S, il faudroit neceſſairement mettre l'Oeil au Point E, où l'on a ſuppoſé qu'il eſtoit, lors que l'on a trouvé l'Apparence du Point S.

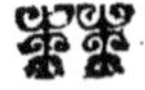

II. Remarque.

II. *Remarque.*

Si on plioit une feüille de papier en deux , enforte' que fes deux moitiez fiffent un Angle Droit, celle que l'on placeroit fur la Table parallele à l'Horizon reprefenteroit le Plan Géometral , & celle qui' luy feroit perpendiculaire reprefenteroit le Tableau, & l'endroit où le papier feroit plié reprefenteroit la Ligne de Terre ; Enfuite dequoy, ayant imaginé fur le Plan Géometral tels Objets que l'on voudroit reprefenter , & y ayant marqué leurs Affiettes, il ne faudroit plus que fuppofer l'Oeil au delà du Tableau, enforte que le Tableau fe trouvaft entre l'Oeil & le Plan Géometral , & aprés cela travailler fuivant le Probleme précedent.

Toutesfois il y auroit encore en cecy un peu trop de difficulté à retourner continuellement le papier, & à le picquer, pour avoir, dans le cofté du Tableau que l'Oeil regarde , les Points où tomberoient les Perpendiculaires abaiffées de chaque Point des Objets, 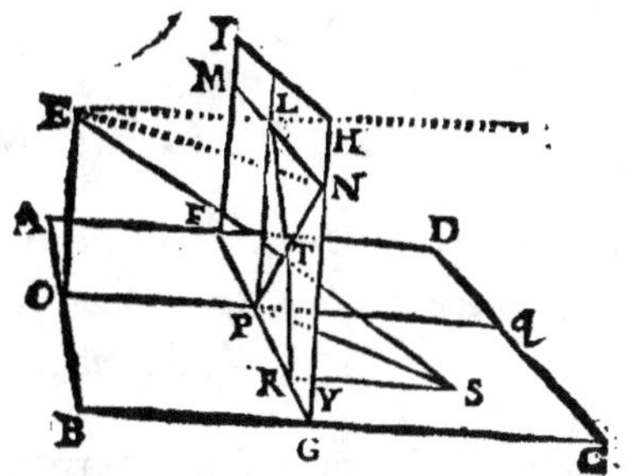 tel qu'eft icy le Point R, où SR aboutit dans la Ligne de Terre ; C'eft pourquoy , pour la Pratique, il vaudra mieux laiffer la feüille de papier toute eftenduë, & la divifer en deux Parties égales par une Ligne Droitte qui reprefente la Ligne de Terre ; Car alors la Partie d'enhaut reprefentera le Tableau, & celle d'embas reprefentera le Plan Géometral, confideré comme par deffous, & il y faudra décrire les Affiettes des Objets, comme s'ils eftoient veritablement de ce cofté-là.

HHhh

Corollaire.

Par le moyen du Probleme précedent, l'on peut dire que l'on a la maniere de reprefenter telle Figure que l'on voudra fuppofer dans le Plan Géometral ; Car fi cette Figure eft compofée de plufieurs Lignes Droittes, on aura les Apparences de chacunes en particulier, quand on aura trouvé les Apparences des deux Points qui les terminent. Que fi cette Figure contient quelque Ligne Courbe, pour en avoir l'Apparence, il ne faudra que mener dans le Tableau une Ligne par certains Points qui feront les Apparences d'autant d'autres Points que l'on aura marquez à difcretion dans cette Ligne Courbe.

PROPOSITION IV.

THEORÉME III.

Si une Ligne Droitte eft perpendiculaire au Plan Géometral, fon Apparence fera perpendiculaire à la Ligne de Terre.

QUe la Ligne SY foit perpendiculaire au Plan Géometral, Je dis que fon Apparence dans le Tableau fera une Ligne Droitte perpendiculaire à la Ligne de Terre ; C'eft à dire, pour s'expliquer plus clairement, que fi d'u e infinité de Points qui font dans la Ligne SY, on mene des Lignes Droittes au Point E, ou à l'Oeil, le Plan SEY que toutes ces Lignes compofent, coupera le Tableau dans la Ligne TZ, qui eft l'Apparence de la Ligne SY, & que je dis eftre perpendiculaire à la Ligne de Terre. Car puifque la Ligne SY eft perpendiculaire au Plan Géometral, le Plan SEY qui paffe par elle, eft auffi perpendiculaire au mefme Plan ; D'ailleurs le Tableau eft perpendiculaire au Plan Géometral ; Donc la Ligne TZ, où le Plan SEY & le Ta-

bleau s'entrecoupent, luy eſt auſſi perpendiculaire , & conſequemment à la Ligne de Terre, qu'elle rencontreroit ſur
le meſme Plan ſi elle eſtoit prolongée.

PROPOSITION V.

THEOREME IV.

*Si d'un Point du Plan Géometral partent deux Lignes
Droittes égales entr'elles, dont l'une ſoit dans le Plan
Géometral parallele à la Ligne de Terre, & l'autre
élevée perpendiculairement en l'air , leurs Apparences ſeront égales dans le Tableau.*

Que du
Point S,
par exemple,
partent deux
Lignes Droit-
tes égales en-
tr'elles, SV,
SY ; Que SV
ſoit dans le
Plan Geome-
tral parallele
à la Ligne de

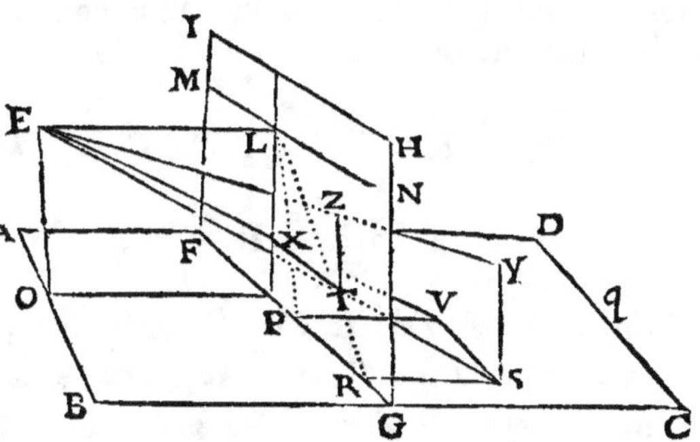

Terre, & que SY ſoit élevée en l'air perpendiculairement
au Plan Géometral, je dis que leurs Apparences ſeront repreſentées dans le Tableau par des Lignes Droittes égales
entr'elles ; c'eſt à dire en un mot, Que ſi des trois Points
S, V, Y, l'on mene au Point E, ou à l'Oeil, les trois Lignes
Droittes SE, VE, YE, qui coupent le Tableau aux trois
Points T, X, & Z, les deux Lignes TX, & TZ, (qui ſont
les Apparences des deux Lignes SV, & SY) ſeront égales
entr'elles.

H Hh h ij

Car les Lignes TX & SV, eſtant toutes deux paralleles
à la Ligne de Terre, ſont paralleles entr'elles ; D'ailleurs
la Ligne TZ, qui eſt perpendiculaire à la Ligne de Terre,
eſt perpendiculaire au Plan Geometral ; mais SY eſt ſuppoſée perpendiculaire à ce meſme Plan, par conſequent
les Lignes TZ & SY ſont auſſi paralleles; D'où il ſuit que
TX retranche du Triangle ESV, le Triangle ETX, qui luy
eſt ſemblable ; Et de meſme que TZ retranche du Triangle ESY, le Triangle ETZ, qui luy eſt auſſi ſemblable ;
Maintenant comparant enſemble les deux Triangles ETX,
& ESV, Il y a meſme Raiſon de TX à SV, que de ET à
ES ; De meſme, comparant enſemble les deux Triangles
ETZ & ESY, il y a meſme Raiſon de TZ à SY, que de
ET à ES ; Il y a donc meſme Raiſon de TX à SV, que de
TZ à SY ; Et en permutant TX eſt à TZ, comme SV eſt
à SY ; mais SV & SY ſont égales entr'elles par ſuppoſi-
tion ; Donc TX & TZ, ſont auſſi égales entr'elles ; Ce
qu'il falloit démontrer.

PROPOSITION VI.

THEOREME V.

Si deux Lignes Droittes égales entr'elles, & perpendi-
culaires au Plan Géometral, ſont également éloignées
de la Ligne de Terre, leurs Apparences ſeront égales
dans le Tableau.

PAr exemple, que les deux Lignes Droittes SY & 23,
ſoient égales entr'elles, & perpendiculaires au Plan
Géometral, & de plus qu'elles ſoient également éloignées
de la Ligne de Terre ; Je dis que leurs Apparences ſeront
repreſentées dans le Tableau par des Lignes Droittes égales entr'elles. C'eſt à dire en un mot, que ſi des Points
S, Y, 2 & 3. l'on mene au Point E, ou à l'Oeil, les Lignes

Droittes SE, YE, 2E, & 3E, qui coupent le Tableau aux Points T, Z, 4, & 5. les deux Lignes TZ, & 45. (qui font les Apparences des deux Lignes SY & 23.) feront égales entr'elles. Pour le prouver.

Menez les Lignes S2, Y3, T4, & Z5. maintenant puifque les deux Lignes SY & 23 font égales & paralleles, les deux Lignes S2, & Y3 qui les joignent font auffi égales & paralleles ; D'ailleurs la Ligne S2 eft parallele à la Ligne de Terre, puifque fes deux

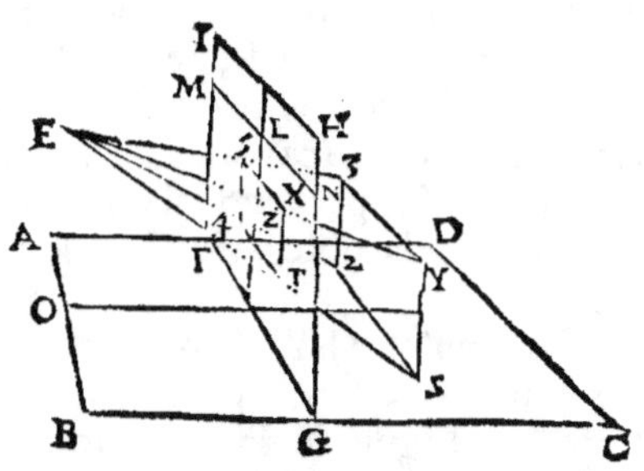

extremitez S & 2, en font également éloignées ; Par confequent Y3 luy eft auffi parallele. D'où il fuit que T4, & Z5, qui font les Apparences de S2 & Y3, font auffi paralleles à la Ligne de Terre, & paralleles entr'elles ; De plus SY & 23 eftant perpendiculaires au Plan Géometral, leurs Apparences TZ, & 45 font perpendiculaires à la Ligne de Terre, & confequemment paralleles entr'elles ; Et ainfi la Figure T45Z eft un Parallelogramme ; Et partant les Coftez TZ & 45 qui font oppofez, font égaux entr'eux ; Ce qu'il falloit démontrer.

PROPOSITION VII.

PROBLEME II.

Eftant donné un Point dans le Plan Géometral , d'où parte une Ligne perpendiculaire à ce Plan , & d'une Grandeur donnée, trouver l'Apparence de cette Ligne dans le Tableau.

Ue le Point S, par exemple, foit donné dans le Plan Géometral, duquel part la Ligne SY, perpendicu

Voyez la Figure page 607.

laire à ce mefme Plan, & dont la Longueur foit donnée, il eft queftion de trouver dans le Tableau l'Apparence de cette Ligne, SY ; Pour la trouver.

Par le Point S menez la Ligne SV, parallele à la Ligne de Terre, & égale à la Ligne SY ; Puis des Points S & V, abaiffez SR, & VP, perpendiculaires à la Ligne de Terre, & par le Probleme précedent achevez de trouver l'Apparence de SV, à fçavoir TX ; De plus au Point T, élevez la Ligne TZ, perpendiculaire à la Ligne de Terre, & égale à TX ; Cela pofé, je dis que TZ eft l'Apparence de SY.

Car, puifque SY eft perpendiculaire au Plan Géometral, il s'enfuit que fon Apparence fera une Ligne perpendiculaire à la Ligne de Terre, laquelle paffera par le Point T, puifque ce Point eft l'Apparence du Point S ; Puis, d'autant que les Lignes SV & SY, qui partent toutes deux d'un mefme Point, & dont l'une à fçavoir SV eft parallele à la Ligne de Terre, & l'autre à fçavoir SY eft perpendiculaire au Plan Géometral, font égales entr'elles, leurs Apparences doivent auffi eftre égales ; Or eft-il que TZ, qui part du Point T, eft perpendiculaire à la Ligne de Terre, & égale à TX, qui eft l'Apparence de SV ; Par confequent la Ligne TZ, qui eft déja connuë, eft l'Apparence de SY ; Ce qu'il falloit trouver & démontrer.

Remarque.

Si l'on avoit déja l'Apparence d'une Ligne perpendiculaire au Plan Géometral, & qu'on vouluft avoir celle d'une autre Ligne, qui luy fuft égale, & également éloignée de la Ligne de Terre, il ne faudroit que trouver le Point qui feroit l'Apparence de fon extremité d'embas, & à ce Point y élever une Ligne perpendiculaire à la Ligne de Terre, & qui fuft de la grandeur de celle que l'on auroit déja.

PROPOSITION VIII.

THEOREME VI.

Si tant de Lignes que l'on voudra, égales entr'elles, &
perpendiculaires au Plan Geometral, partent d'une
Ligne Droitte de ce Plan perpendiculaire à la Ligne
de Terre, leurs Apparences seront bornées de deux
Lignes Droittes qui iront aboutir au Point de Veuë.

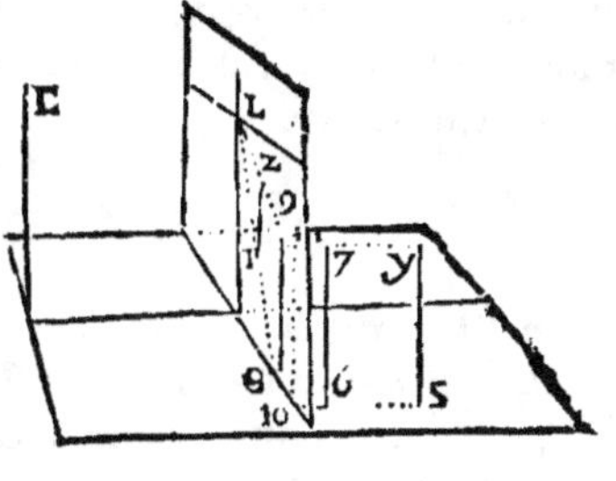

PAr exemple, Que les Lignes SY & 67, soient
égales entr'elles, & perpendiculaires au Plan Géometral ;
que leurs extremitez S, 6, partent de la Ligne S, 6, 10, qui est
perpendiculaire à la Ligne de Terre ; & enfin que leurs Apparences soient TZ, & 89 :
Je dis que les Lignes TZ &
89 qui sont leurs Apparences
doivent estre bornées de deux Lignes Droittes qui iront
aboutir au Point de veuë, à sçavoir des Lignes 8L & 9L.

Car, puisque les Lignes SY & 67 sont perpendiculaires
au Plan Géometral, il s'ensuit qu'elles sont paralleles ;
& puisqu'elles sont égales, il s'ensuit que les Lignes
S6 & Y7 qui les joignent sont aussi paralleles ; Deplus, la
Ligne S6 estant supposée perpendiculaire au Tableau, Il
s'ensuit que Y7 luy est aussi perpendiculaire ; Et partant,
par le 1. Corol. de la 2. Proposition, leurs Apparences sont
des Lignes qui vont aboutir au Point de Veuë, telles que
sont icy 8L, & 9L ; Or est-il que les extremitez S 6, Y, 7,
des deux Lignes SY, & 67, sont dans les Lignes S6 & Y7 ;
par consequent les Apparences de ces mesmes extremitez

font dans des Lignes qui vont aboutir au Point de Veuë, fçavoir dans les Lignes 8L & 9L.

I. Remarque.

Si l'on avoit déja la Ligne 89, pour l'Apparence de la Ligne 67, perpendiculaire au Plan Géometral, & qu'il falluft encore trouver l'Apparence d'une autre Ligne, à fçavoir SY, qui luy fuft égale, & perpendiculaire au mefme Plan, & qui partift du Point S de la Ligne S6, perpendiculaire à la Ligne de Terre ; Il ne faudroit que trouver le Point T, qui fuft l'Apparence de l'extremité S, & à ce Point élever une Perpendiculaire à la Ligne de Terre, & fi longue qu'elle allaft rencontrer la Ligne 9L, qui va aboutir au Point de veuë, & qui part du Point 9, qui eft la plus haute extremité de la Ligne 89, qui eft l'Apparence de la Ligne 67.

II. Remarque.

La Propofition precédente nous fournit un moyen de décrire à un Point donné du Tableau, tel que l'on voudra, l'Apparence d'une Ligne propofée, perpendiculaire au Plan Géometral, & d'une Grandeur donnée.

Par exemple, fi l'on avoit donné le Point T dans le Tableau, auquel il falluft d'écrire l'Apparence d'une Ligne propofée perpendiculaire au Plan Géometral, & dont la Grandeur fuft égale à SY, Il faudroit par le Point de Veuë L, & par le Point donné T, mener la Ligne Droitte L, T, 10, qui allaft rencontrer la

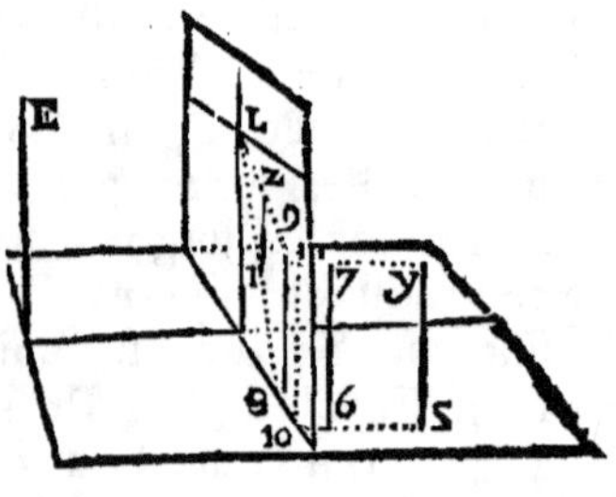

Ligne de Terre au Point 10 ; Puis il faudroit à ce Point élever la Ligne 10, & 11, perpendiculaire à la Ligne
de

de Terre, & égale à la Ligne proposée, que l'on supoſeroit
partir du Point S perpendiculairement au Plan Geometral,
& mener enſuite la Ligne 11, L ; Enfin, il faudroit au Point
T élever la Ligne TZ, perpendiculaire à la Ligne de
Terre, & ſi longue qu'elle rencontraſt la Ligne 11, L ; Et
pour lors l'on auroit TZ pour l'Apparence de la Ligne
proposée. Car la Ligne L, T, 10, eſt l'Apparence d'une
Ligne, perpendiculaire à la Ligne de Terre, qui paſſeroit
par le Point dont T eſt l'Apparence, telle qu'eſt icy S, 10 ;
Or en quelque endroit que ſoit ce Point S, puiſque la Ligne
proposée qui y eſt élevée perpendiculairement au Plan
Géometral, eſt égale à la Ligne 10, 11 ; Les Lignes 10L,
& 11L, qui partent des extremitez de celle-cy, & qui vont
aboutir au Point de Veuë, doivent pareillement contenir
les extremitez de la Ligne TZ, puis qu'elles contiennent
les extremitez de toutes les Lignes qui ſont les Apparences
de toutes celles que l'on peut ſuppoſer eſtre élevées de
tous les Points de la Ligne S, 10, perpendiculairement au
Plan Géometral, & égales à la Ligne 10, 11 ; comme
l'on ſuppoſe la Ligne proposée partir du Point S, & eſtre
égale à cette Ligne.

PROPOSITION IX.

THEOREME VII.

Si dans le Plan Géometral une Ligne Droitte parallele
à la Ligne de Terre eſt diviſée en parties égales, leurs
Apparences ſeront égales dans le Tableau.

PAr exemple, Que la Ligne ST, parallele à la Ligne de
Terre, ſoit diviſée en deux parties égales au Point V,
Je dis que les Apparences de SV, & de VT, ſeront égales
entr'elles dans le Tableau ; C'eſt à dire en un mot, que ſi
des trois Points S, V, T, l'on mene au Point E, ou à l'Oeil,

les trois Lignes Droittes, SE, VE, TE, qui coupent le Tableau aux trois Points X, Y, Z ; Les deux Lignes XY & YZ, (qui sont les Apparences de SV & de VT) seront égales entr'elles.

Car les Lignes XZ & ST, estant toutes deux paralleles à la Ligne de Terre, sont paralleles entr'elles ; D'où il suit que XY retranche du Triangle ESV le Triangle EXY qui luy est semblable ; Et de mesme que YZ retranche du Triangle EVT, le Triangle EYZ qui luy est aussi semblable ; Maintenant

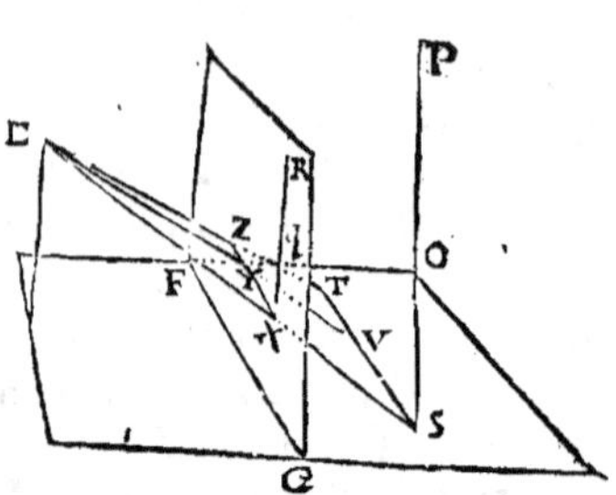

comparant ensemble les deux Triangles EXY & ESV, Il y a mesme Raison de XY à SV que de EY à EV ; De mesme comparant ensemble les deux Triangles EYZ & EVT, Il y a aussi mesme Raison de YZ à VT que de EV à EV ; Il y a donc mesme Raison de XY à SV, que de YZ à VT ; Et en permutant, XY est à YZ, comme SV est à VT ; Mais par la Supposition SV & VT sont égales entr'elles, donc XY & YZ sont aussi égales entr'elles. Ce qu'il falloit démontrer.

Maintenant, si l'on avoit coupé la Ligne ST en trois parties égales, ou qu'on eust adjoûté à ST une partie égale à SV, l'on prouveroit de mesme que leurs trois Apparences feroient égales les unes aux autres dans le Tableau. Donc si une Ligne Droitte parallele à la Ligne de Terre, est divisée en tant de parties égales que l'on voudra, leurs Apparences feront égales dans le Tableau.

I. Corollaire.

D'où il suit que si l'on avoit l'Apparence totale d'une Ligne qui fust dans le Plan Géometral parallele à la Ligne de Terre, & divisée en plusieurs parties égales, l'on auroit les Apparences de toutes ces parties en divisant cette Apparence totale en autant de parties égales qu'il y en auroit dans cette Ligne du Plan Géometral. Par exemple, si l'on avoit XZ pour l'Apparence totale de la Ligne ST du Plan Géometral, parallele à la Ligne de Terre, & divisée en deux parties égales, pour avoir les Apparences de ces deux parties, il ne faudroit que diviser XZ en deux également.

I I. Corollaire.

Ou bien, si l'on avoit seulement l'Apparence de l'une des parties d'une Ligne qui fust dans le Plan Geometral parallele à la Ligne de Terre, & divisée en plusieurs parties égales, pour avoir les Apparences des autres parties, il ne faudroit que prolonger cette Apparence autant de fois qu'il y auroit encore de parties égales dans cette Ligne. Par exemple, si l'on avoit XY pour l'Apparence de SV, moitié de la Ligne ST, pour avoir l'Apparence de l'autre moitié, il ne faudroit que prolonger XY, & faire YZ égale à XY ; Il en est de mesme si XY estoit seulement l'Apparence du tiers ou du quart de ST.

III. Corollaire.

De ce que nous avons cy-devant démontré, que l'Apparence des Lignes Perpendiculaires au Plan Géometral, estoit égale à celle des Lignes paralleles à la Ligne de Terre, qui partent d'un mesme Point, & qui sont égales entr'elles, Il s'ensuit que ce que nous venons de dire de celles qui sont paralleles à la Ligne de Terre, se doit aussi appliquer à celles qui sont perpendiculaires au Plan Géometral.

Suppofé donc que SP foit perpendiculaire au Plan Géo-metral, & divifée en deux parties égales au Point O, & que XR foit l'Apparence totale de la Ligne SP, & qu'il faille trouver l'Apparence particuliere de fes parties, il ne faut que divifer XR en deux également au Point Q, & l'on aura XQ, & QR pour les Apparences que l'on cher-che.

Au contraire, fi XQ eft l'Apparence de la Partie SO, & qu'il faille encore avoir l'Apparence de l'autre Partie OP, il ne faut que prolonger directement XQ, & faire QR égale à XQ.

F I N.

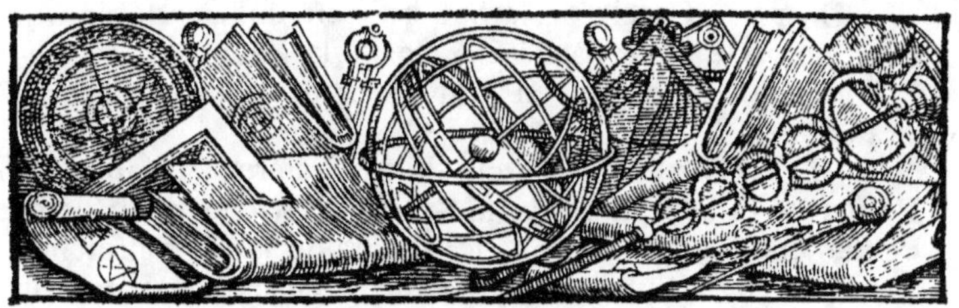

LA RESOLVTION

DES

TRIANGLES SPHERIQVES.

DEFINITIONS.

1. VNe Sphere, ou un Globle, eſt un Corps compris d'une ſeule Superficie, qu'on nomme Sphérique, au dedans duquel il y a un Point, qu'on nomme Centre, duquel toutes les Lignes Droittes menées à cette Superficie Spherique ſont égales entr'elles.

2. Un Diametre de la Sphere, eſt une Ligne Droitte qui paſſe par le Centre de la Sphere, & qui ſe termine de part & d'autre à la Superficie Spherique.

3. Un Cercle de la Sphere, eſt un Cercle dont la Circonference eſt dans la Superficie de la Sphere.

4. Un grand Cercle de la Sphere, eſt un Cercle dont le Plan paſſe par le Centre de la Sphere.

Tous les grands Cercles de la Sphere ayant pour Diametres, des Diametres de la Sphere, qui ſont tous égaux entr'eux, il s'enſuit que tous les grands Cercles ſont auſſi tous égaux entr'eux.

I I ii iij

5. Un petit Cercle de la Sphere, est un Cercle dont le Plan ne passe point par le Centre de la Sphere.

Il est évident qu'il y en peut avoir de plusieurs diverses grandeurs.

6. Les Poles d'un Cercle de la Sphere, ce sont deux Points de la Superficie de la Sphere, chacun desquels est également éloigné de tous les Points de sa Circonference.

7. Un Angle Sphérique, est un Angle compris de deux Arcs de grands Cercles qui s'entrecoupent.

8. La mesure, ou la valeur d'un Angle Sphérique, c'est le nombre des degrez que cet Angle comprend, d'un grand Cercle qui a la pointe de l'Angle pour Pole.

9. Un Triangle Sphérique, est un Triangle compris de trois Arcs de trois grands Cercles qui s'entrecoupent dans la Superficie de la Sphere.

10. Un Angle Droit Sphérique, est un Angle qui est mesuré par un quart de Cercle.

11. Un Angle Obtus Sphérique, est un Angle qui est mesuré par plus d'un quart de Cercle.

12. Un Angle Aigu Sphérique, est un Angle qui est mesuré par moins d'un quart de Cercle.

Théoremes principaux, surquoy les Démonstrations suivantes sont appuyées.

1. Les grands Cercles qui s'entrecoupent dans la Superficie de la Sphere, s'entrecoupent en deux également.

2. Si un grand Cercle passe par le Pole d'un autre grand Cercle, il le coupe à Angles Droits ; Et au contraire s'il le coupe à Angles Droits, il passe par le Pole.

3. L'Arc d'un grand Cercle qui est mené du Pole d'un autre grand Cercle jusqu'à sa Circonference, est un quart de Cercle, qui le coupe, ou plûtost qui tombe & s'appuye sur luy, à Angles Droits ; & au contraire, un quart de grand Cercle, qui tombe ou s'appuye sur un autre grand Cercle à Angles Droits, est mené du Pole de ce Cercle jusqu'à sa Circonference.

4. Si l'Arc d'un grand Cercle paſſe par le Pole d'un autre grand Cercle, cet autre paſſe reciproquement par le
Pole du premier.

5. Les Coſtez d'un Angle Sphérique eſtant prolongez
juſqu'à ce qu'ils ſe rencontrent, ſont des Demy-cercles ;
Et l'Angle qu'ils font en ſe rencontrant eſt égal à celuy
qu'ils faiſoient auparavant.

6. L'Arc d'un grand Cercle, tombant ſur l'Arc d'un autre
grand Cercle, fait deux Angles Droits, ou égaux à deux
Droits.

7. Si deux Arcs de grands Cercles s'entrecoupent, ils
font les Angles oppoſez au Sommet égaux entr'eux.

8. Si deux coſtez d'un Triangle Sphérique ſont prolongez juſqu'à ce qu'ils ſe rencontrent, ils font un autre Triangle, qui a meſme Baze que le premier, & l'Angle oppoſé
à la Baze égal à l'Angle ; Et pour les autres Angles, &
les autres Coſtez du ſecond Triangle, ils ſont les Complemens des Angles & des Coſtez du premier ; C'eſt à dire que
les Angles du ſecond joints à ceux du premier valent deux
Droits ; & les Coſtez du ſecond adjoûtez à ceux du premier font des Demy-cercles.

9. Si un Triangle Sphérique eſt Iſoſcele, il a les Angles
ſur la Baze égaux entr'eux ; Et au contraire, s'il a les Angles ſur la Baze égaux entr'eux il eſt Iſoſcele.

10. Au Triangle Sphérique Rectangle, chacun des Angles qui ſont ſoûtenus par les Coſtez qui comprennent
l'Angle Droit, eſt de meſme affection que le Coſté qui luy
eſt oppoſé, c'eſt à dire qu'il eſt Droit, Obtus, ou Aigu,
ſelon que le Coſté qui luy eſt oppoſé eſt égal, plus grand,
ou plus petit qu'un quart de Cercle.

11. Au Triangle Sphérique Rectangle, ſi l'un des Coſtez
qui comprennent l'Angle Droit eſt un quart de Cercle,
l'Hypotenuſe, ou le Coſté qui ſoûtient l'Angle Droit, eſt
auſſi un quart de Cercle ; Mais ſi les deux Coſtez qui comprennent l'Angle Droit, ſont tous deux plus grands, ou
plus petits qu'un quart de Cercle, l'Hypotenuſe eſt plus
petite qu'un quart de Cercle.

12. Si deux Angles d'un Triangle Sphérique font de même affection, c'eſt à dire s'ils font tous deux Obtus, ou tous deux Aigus, l'Arc qui ſera tiré du troiſiéme Angle perpendiculairement ſur le Coſté qui luy eſt oppoſé, tombera dans le Triangle ; Mais s'ils font de diverſe affection, c'eſt à dire, ſi l'un eſt Obtus & l'autre Aigu , l'Arc perpendiculaire tombera hors le Triangle.

13. Si les trois Coſtez d'un Triangle Sphérique font chacun plus petits qu'un quart de Cercle, deux de ſes Angles font neceſſairement Aigus.

14. Si de la pointe d'un Angle Sphérique, comme Pole, on décrit tant que l'on voudra de Cercles inégaux , les Arcs de ces Cercles, qui ſeront compris entre les Coſtez de cet Angle , ſeront ſemblables.

PROPOSITION I.

Aux Triangles Sphériques Rectangles , il y a meſme raiſon de la Tangente de l'Angle oppoſé à la Perpendiculaire, à la Tangente de cette Perpendiculaire , qu'il y a du Rayon du Cercle au Sinus de la Baze.

Concevez que dans une Sphere dont le Point **A** eſt le Centre, les grands Cercles OGCM, OIDM, s'entrecoupent dans le Diametre commun OAM, & qu'ils font l'Angle IOG ; Puis penſez que l'Arc d'un autre grand Cercle GIN, paſſe par le Point N, qui eſt le Pole du Cercle OGCM ; d'où il ſuit que le Plan de ce Cercle GIN ſera perpendiculaire au Plan du Cercle OGCM, que l'Arc GI ſera perpendiculaire à l'Arc OG, que l'Angle IGO ſera Droit, & par conſequent que le Triangle OGI ſera Rectangle ; Aprés cela, ayant pris l'Arc OI, qui ſoûtient l'Angle Droit, pour l'Hypotenuſe de ce Triangle , l'Arc OG pour la Baze, & l'Arc GI pour la Perpendiculaire ; du Pole O, & de l'Intervalle OC (que je ſuppoſe de 90. Degrez) décrivez

crivez le Cercle CDN ; cela eſtant, l'Arc CD ſera la meſure de l'Angle IOG ; Puis dans le Plan du Cercle ACN,
à l'extremité du Rayon AC, élevez la Perpendiculaire CE,
juſqu'à ce qu'elle rencontre le Rayon AD prolongé ; Cette
Ligne CE ſera la Tangente de l'Arc CD, ou de l'Angle
IOG que cet Arc meſure ; De meſme , dans le Plan du
Cercle AGN, à l'extremité du Rayon AG, élevez la Perpendiculaire GL, juſqu'à ce qu'elle rencontre le Rayon AI
prolongé ; Cette Ligne GL ſera la Tangente de la Perpendiculaire GI ; Enfin du Point G abaiſſez la Ligne GF, perpendiculaire au Rayon AO,
cette Ligne GF ſera le Sinus de la Baze OG ; Cela
ainſi poſé , je dis qu'il y a
meſme Raiſon de CE, Tan-
gente de l'Angle IOG, à
GL, Tangente de la Per-
pendiculaire GI, à laquelle
il eſt oppoſé, que du Rayon
du Cercle AC, à GF Sinus
de la Baze OG.   Pour le
prouver.

Du Point F au Point L
menez la Ligne Droitte FL ;
Puis conſiderez que les deux Lignes CE, GL, eſtant dans
les Plans des Cercles ACN, AGN, & perpendiculaires aux
deux Lignes, ou Rayons, AC, AG, qui ſont les communes Sections de ces deux Plans, & d'un troiſiéme AOGCM,
auquel ils ſont perpendiculaires, c'eſt une neceſſité que les
Lignes CE, GL, ſoient perpendiculaires au Plan du Cercle
AOGCM ; & par conſequent qu'elles ſoient paralleles entr'elles. De plus l'Angle OAC, qui eſt ſoûtenu par le quart de
Cercle OC, eſtant Droit, & l'Angle OFG eſtant auſſi Droit,
il s'enſuit que les Lignes AC, GF, ſont paralleles ; Et ainſi
les Lignes AC, CE, eſtant paralleles aux Lignes GF, GL,
le Plan qui paſſe par AC, CE, s'enſuit parallele au Plan
qui paſſe par GF, GL ; Et ces deux Plans eſtant coupez
K K k k

par un troifiéme, à fçavoir OIDM, les Lignes de communes Sections AE, FL, font auffi paralleles. Si bien que les trois
Coftez du Triangle Rectiligne ACE font paralleles aux
trois Coftez du Triangle Rectiligne FGL ; par confequent
ces deux Triangles font Equiangles ; Et partant il y a même Raifon de CE à GL, que de AC à GF ; Ce qu'il falloit démontrer.

I. *Corollaire.*

Il fuit de là, que fi dans un Triangle Sphérique Rectangle, comme ABC, dans le-
quel l'Angle B eft Droit, on
donne un des Angles Aigus,
par exemple A, avec le Cofté
oppofé BC, on trouvera l'Arc
AB : Car, par la Propofition
précedente, comme la Tan-
gente de l'Angle A, eft à la
Tangente de l'Arc BC, ou de la Perpendiculaire à laquelle
il eft oppofé ; Ainfi le Rayon du Cercle eft au Sinus de
l'Arc AB, ou de la Baze. Or, par le moyen des Tables,
quand on a la valeur des Sinus & des Tangentes, on a la
valeur des Angles & des Arcs ; Qui eft ce que l'on cherche.

II. *Corollaire.*

Ou bien, fi l'on donne les deux Arcs AB, BC, allentour
de l'Angle Droit B, on trouvera l'Angle Aigu A ; Car,
par la mefme Propofition, comme le Sinus de l'Arc AB, ou
de la Baze, eft au Rayon du Cercle ; ainfi la Tangente
de l'Arc BC, ou de la Perpendiculaire, eft à la Tangente
de l'Angle A, qui luy eft oppofé ; Qui eft ce que l'on
cherche.

III. Corollaire.

Ou bien enfin, si dans le mesme Triangle on donne l'Angle A, & le Costé AB, on trouvera l'Arc BC ; Car, comme le Rayon du Cercle est au Sinus de l'Arc AB, ou de la Baze ; ainsi la Tangente de l'Angle A, est à la Tangente de l'Arc BC, ou de la Perpendiculaire à laquelle il est opposé ; Qui est ce que l'on cherche.

PROPOSITION II.

Aux Triangles Sphériques Rectangles, il y a mesme Raison du Sinus de l'Angle opposé à la Perpendiculaire, au Sinus de cette Perpendiculaire, qu'il y a du Rayon du Cercle au Sinus de l'Hypotenuse.

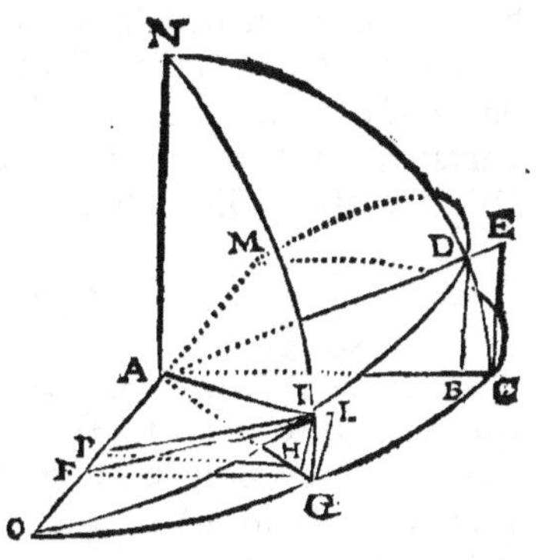

Dans la Figure precedente, concevez que la Ligne DB soit perpendiculaire au Rayon AC, & qu'ainsi elle soit le Sinus de l'Arc CD, & consequemment de l'Angle IOG, qui est mesuré par cet Arc ; De mesme, concevez que la Ligne IH soit perpendiculaire au Rayon AG, & qu'ainsi elle soit le Sinus de l'Arc, ou de la Perpendiculaire GI ; Enfin concevez que la Ligne IP soit perpendiculaire au Rayon AO, & qu'ainsi elle soit le Sinus de l'Hypotenuse OI ; Cela ainsi posé, je dis qu'il y a mesme Raison de DB, Sinus de l'Angle IOG, à IH, Sinus de la Perpendiculaire GI, à laquelle cet Angle est opposé, que du Rayon du Cercle AD, à IP, Sinus de l'Hypotenufe OI ; Pour le prouver.

Du Point P au Point H menez la Ligne Droitte PH.

Maintenant confiderez que puifque la Ligne DB eft dans le Plan du Cercle ACN, & qu'elle eft perpendiculaire au Rayon AC, qui eft la commune Section des Plans ACN, & AOC, qui s'entrecoupent à Angles Droits, Il s'enfuit que cette Ligne DB eft perpendiculaire au Plan AOC ; De mefme, puifque la Ligne IH eft dans le Plan du Cercle AGN, & qu'elle eft perpendiculaire au Rayon AG, qui eft la commune Section des Plans AGN & AOC, qui s'entrecoupent auffi à Angles Droits, Il s'enfuit que cette Ligne IH eft auffi perpendiculaire au Plan AOC ; & partant que les Lignes DB, & IH, font paralleles entr'elles ; D'ailleurs les Lignes AD, & IP, eftant perpendiculaires à la mefme Ligne AO, font auffi paralleles entr'elles ; D'où il fuit que le Plan qui paffe par les Lignes AD, DB, eft parallele à celuy qui paffe par les Lignes IP, IH ; Et ces deux Plans eftant coupez par un troifiéme, à fçavoir AOC, les Lignes de communes Sections AC, PH, font auffi paralleles ; Si bien que les trois Coftez du Triangle Rectiligne DBA, font paralleles aux trois Coftez du Triangle Rectiligne IHP ; par confequent ces deux Triangles font Equiangles ; Et partant, il y a mefme Raifon de DB à IH, que de AD à IP ; Ce qu'il falloit démontrer.

Remarque.

Comme le Rayon du Cercle eft le Sinus d'un Angle Droit, & que l'Angle IGO eft Droit, Il eft évident, par la Prop. précedente, que comme le Sinus de l'Angle IOG, eft au Sinus de l'Arc GI, qui luy eft oppofé ; ainfi le Sinus de l'Angle IGO, ou le Rayon du Cercle, eft au Sinus de l'Arc OI, qui luy eft oppofé. Deplus, fi l'on avoit pris GI pour la Baze, & OG pour la perpendiculaire, on auroit montré que le Sinus de l'Angle OIG, eft au Sinus de l'Arc OG, qui luy eft oppofé ; Comme le Sinus de l'Angle IOG, ou le Rayon du Cercle, eft au Sinus de l'Arc OI ; Et comme les Raifons qui font

femblables à une mefme font femblables entr'elles, Il s'enfuit que comme le Sinus de l'Angle IOG, eft au Sinus de
l'Arc GI, qui luy eft oppofé ; ainfi le Sinus de l'Angle
OIG, eft au Sinus de l'Arc OG, qui luy eft oppofé. Et
ainfi, il eft toûjours vray de dire, qu'aux Triangles Sphériques Rectangles, il y a mefme Raifon du Sinus d'un Angle, au Sinus de l'Arc qui luy eft oppofé, que du Sinus d'un
autre Angle, au Sinus de l'Arc qui luy eft oppofé.

I.   Corollaire.

Il fuit de-là , que fi dans un
Triangle Sphérique Rectangle,
comme ABC, duquel l'Angle B
eft Droit, on donne l'Angle A,
& l'Arc BC, on trouvera l'Hypotenufe AC ; Car comme le
Sinus de l'Angle A, eft au Sinus
de l'Arc BC, qui luy eft oppofé ;

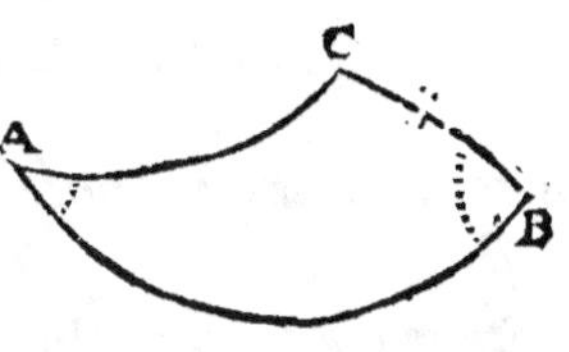

ainfi le Sinus de l'Angle B, ou le Rayon du Cercle , eft au
Sinus de l'Arc AC, qui luy eft oppofé, & que l'on cherche.

I I.   Corollaire.

Que fi dans le mefme Triangle ABC, on donne l'Angle
A, & l'Hypotenufe AC, on trouvera l'Arc BC ; Car comme le Sinus de l'Angle B, ou le Rayon du Cercle , eft au
Sinus de l'Arc AC, qui luy eft oppofé ; Ainfi le Sinus de
l'Angle A, eft au Sinus de l'Arc BC, qui luy eft oppofé ,
& que l'on cherche.

III.   Corollaire.

Enfin, fi dans le mefme Triangle, on donne l'Hypotenufe
A C, & l'un des Coftez, comme BC, on trouvera l'Angle
A, qui luy eft oppofé ; Car, comme le Sinus de l'Arc AC,
ou de l'Hypotenufe, eft au Rayon du Cercle, ou au Sinus de

l'Angle B, qui luy eft oppofé, ainfi le Sinus de l'Arc CB, eft au Sinus de l'Angle A, qui luy eft oppofé ; & que l'on cherche.

Remarque.

De ces Corollaires, & de ceux de la Propofition précedente, il eft évident, qu'aux Triangles Sphériques Rectangles trois chofes eftant données (pourveu toutesfois que ce ne foit pas fimplement les trois Angles) l'on trouvera les trois autres.

PROPOSITION III.

En tout Triangle Sphérique, comme le Sinus d'un Angle eft au Sinus du cofté qui luy eft oppofé, ainfi le Sinus d'un autre Angle eft au Sinus du cofté qui luy eft oppofé.

LA verité de cette Propofition a déja efté démontrée touchant les Triangles Sphériques Rectangles ; & ainfi il ne s'agit plus icy que de ceux qui ne le font point, comme par exemple le Triangle ABC ; où l'on va faire voir d'abord, que comme le Sinus de l'Angle A, eft au Sinus du Cofté BC, qui luy eft oppofé ; Ainfi le Sinus de l'Angle B, eft au Sinus du Cofté AC, qui luy

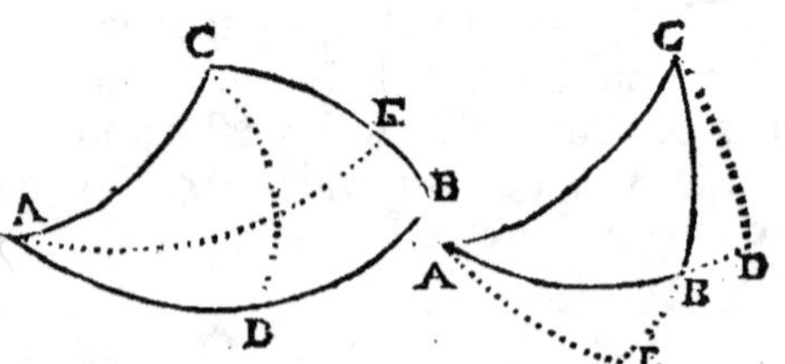

eft oppofé (& enfuite l'on fera voir le mefme des autres.) Pour le prouver.

Du Sommet de l'Angle C, abaiffez la Perpendiculaire CD, fur le Cofté AB, (prolongé s'il en eft befoin.) Cela

fait, confiderez que puifque le Triangle ADC eſt Rectangle, il y a meſme Raiſon du Sinus de l'Angle A, au Sinus
de l'Arc CD, qu'il y a du Sinus de l'Angle ADC, (ou du
Rayon du Cercle) au Sinus de l'Arc AC ; Et partant le
Rectangle compris du Sinus de l'Angle A, & du Sinus de
l'Arc AC, qui ſont les deux extremes de quatre choſes
proportionnelles, eſt égal au Rectangle compris du Sinus
de l'Arc CD, & du Sinus de l'Angle ADC, (ou du Rayon
du Cercle) qui ſont les moyennes. De meſme, puiſque le
Triangle BDC eſt Rectangle, Il y a meſme Raiſon du Sinus
de l'Angle CBD (ou CBA qui eſt le meſme, ou qui eſt ſon
Complement à deux Droits , & qui par conſequent à un
meſme Sinus) au Sinus de l'Arc CD, que du Sinus de l'Angle BDC (ou du Rayon du Cercle) au Sinus de l'Arc BC ;
Et partant, le Rectangle compris du Sinus de l'Angle
CBD, ou CBA, ou ABC, en un mot du Sinus de l'Angle
B, (de quelque façon qu'on le prenne) & du Sinus de
l'Arc BC, qui ſont les extremes, eſt égal au Rectangle compris du Sinus de l'Angle BDC, ou ADC ſon égal , en un
mot du Rayon du Cercle , & du Sinus de l'Arc CD, qui
ſont les moyennes ; Or le Rectangle compris du Sinus de
l'Angle A, & du Sinus de l'Arc AC, a déja eſté demontré
luy eſtre égal ; D'où il ſuit que le Rectangle compris du
Sinus de l'Angle A, & du Sinus de l'Arc AC, eſt égal au
Rectangle compris du Sinus de l'Angle B (de quelque façon qu'on le prenne) & du Sinus de l'Arc BC ; Et partant
ces deux Rectangles ont leurs Coſtez reciproquement proportionnaux ; c'eſt à dire, qu'il y a meſme Raiſon du Sinus de l'Angle A, qui eſt un des Coſtez du premier Rectangle, au Sinus du Coſté BC, qui luy eſt oppoſé, & qui eſt
un des Coſtez du ſecond ; qu'il y a du Sinus de l'Angle B,
qui eſt encore un des Coſtez du ſecond Rectangle, au Sinus du Coſté AC, qui luy eſt oppoſé, & qui eſt un des
Coſtez du premier ; Ce qu'il falloit d'abord démontrer.

Maintenant pour achever la démonſtration, & prouver
le meſme à l'égard des Sinus des autres Angles & des autres Coſtez , il ne faut qu'abaiſſer du Sommet de l'Angle

A, la Perpendiculaire AE, sur le Costé BC, prolongé s'il
en est besoin ; Et suivant le mesme raisonnement que l'on
vient de faire, l'on montrera que comme le Sinus de l'Angle B (de quelque
façon qu'on le
prenne) est au Si-
nus du Costé AC,
qui luy est oppo-
sé ; ainsi le Sinus
de l'Angle ACB,
est au Sinus du
Costé AB, qui luy

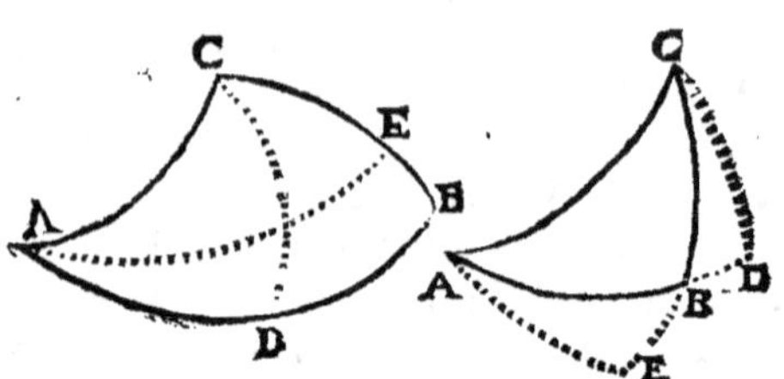

oppofé ; D'où il suit enfin, que comme le Sinus de l'Angle A,
est au Sinus du Costé BC, qui luy est opposé, ainsi le Sinus
de l'Angle C, ou ACB, est au Sinus du Costé AB, qui luy est
opposé, puisque ces deux Raisons sont semblables à une même ; sçavoir à celle du Sinus de l'Angle B, au Sinus du Costé
AC ; Si bien qu'on peut dire generalement, qu'en tout
Triangle Sphérique, comme le Sinus d'un Angle est au Sinus du costé qui luy est opposé, ainsi le Sinus d'un autre
Angle est au Sinus du costé qui luy est opposé ; Qui est tout
ce qu'il falloit démontrer.

I. Corollaire.

Si donc dans un Triangle Sphérique, comme ABC, l'on donne
les deux Angles A & B, avec le
Costé AC, opposé à l'un des deux
Angles donnez, l'on trouvera le
Costé CB, opposé à l'autre Angle
donné ; Car comme le Sinus de
l'Angle B, est au Sinus de l'Arc
AC ; ainsi le Sinus de l'Angle A, est au Sinus de l'Arc BC,
que l'on cherche.

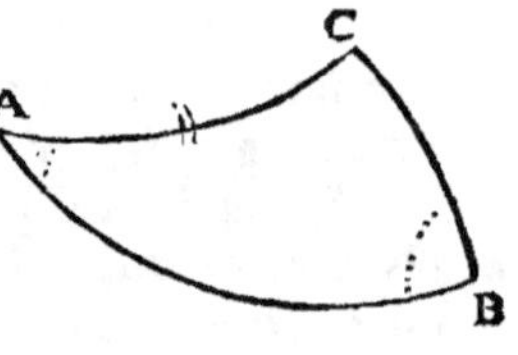

II. Corollaire.

II. Corollaire.

Que fi dans un Triangle Sphérique, comme ABC, l'on donne les deux Coftez AC, CB, avec l'Angle B, oppofé à l'un des deux Coftez donnez, l'on trouvera l'Angle A, oppofé à l'autre Cofté ; Car comme le Sinus de l'Arc AC, eft au Sinus de l'Angle B ; ainfi le Sinus de l'Arc CB, eft au Sinus de l'Angle A, que l'on cherche.

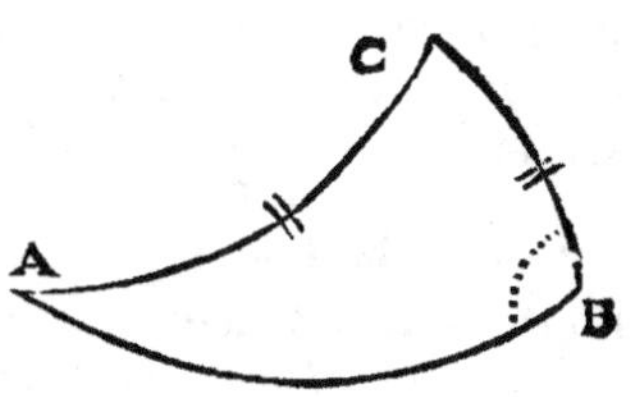

Remarque.

Aprés ce qui a efté démontré jufques icy, il eft aifé de conclure, Qu'en tout Triangle Sphérique non Rectangle trois chofes eftant données (pourveu toutesfois que ce ne foit pas fimplement les trois Coftez, ou les trois Angles) l'on trouvera les trois autres ; Car pour cela, il ne faut que refoudre le Triangle donné en deux Triangles Rectangles, par une Perpendiculaire abaiffée de l'un de fes Angles fur le Cofté qui luy eft oppofé, enforte que l'un des Triangles ait deux Angles & un Cofté connus ; & aprés cela, par ce qui a efté dit cy-devant des Triangles Rectangles, l'on trouvera les trois Chofes qui font inconnuës.

Par exemple, fi dans le Triangle ABC, l'on donne les deux Angles A & B avec le Cofté AC, oppofé à l'un des deux Angles donnez ; Pour trouver ce qui refte, à fçavoir l'Angle C, & les deux Coftez AB, BC, il faudra premierement trouver le Cofté BC, par le 1. Corol. de

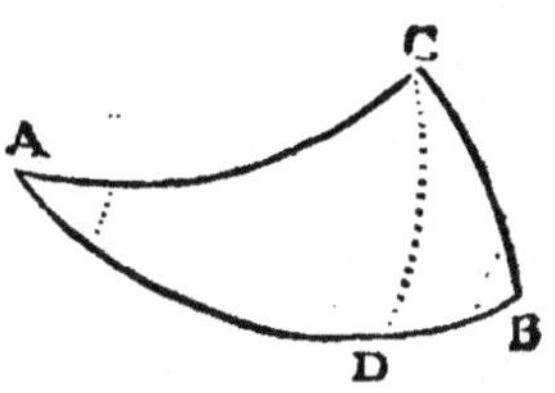

cette Propofition ; Puis pour trouver le Cofté AB, il faudra de l'Angle C, abaisser la Perpendiculaire CD, sur le Costé AB, & par le 2. Corol. de la 2. Prop. trouver l'Arc CD ; Et ensuite par le 1. Corol. de la 1. Prop. trouver les deux Arcs AD, DB, des deux Triangles Rectangles ADC, & DBC ; & adjoûtant ces deux Arcs ensemble l'on aura le Costé AB ; Aprés quoy l'on trouvera l'Angle C, par le 2. Corol. de cette Prop. Qui est tout ce qu'il falloit trouver.

Que si dans le Triangle ABC, l'on donne les deux Costez AC, BC, avec l'Angle B, opposé à lu'n des deux Costez donnez, pour avoir le reste, on trouvera premierement l'Angle A, par le 2. Corol. de cette Prop. Et en-suite l'on trouvera le Costé AB, & l'Angle C, en abaissant comme

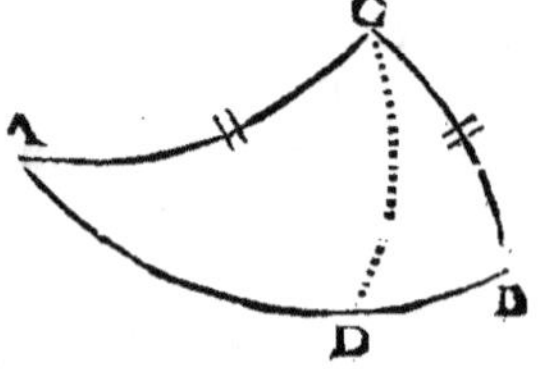

je viens de dire, la Perpendiculaire CD, & opperant com-me dessus.

Enfin, Si dans le Triangle ABC, l'on donne les deux Costez AC, BC, avec l'An-gle C, qu'ils enferment, pour trouver le reste , à sçavoir les deux Angles A & B, avec le Costé AB qui est entre-deux, il faut premierement

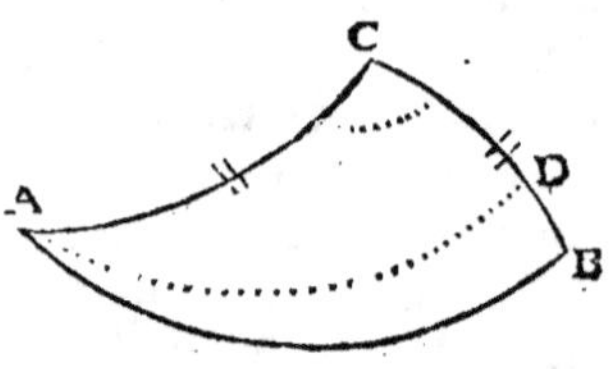

abaisser une Perpendiculaire de l'un de ces Angles sur le Costé qui luy est opposé , comme est icy AD ; Puis on trouvera cette Perpendiculaire AD par le 1. Corol. de cette Prop. Et ensuite l'Arc CD par le 1. Corol. de la 1. Prop. puis ostant CD de CB restera DB ; Ensuite dans le Trian-gle ADB l'on trouvera l'Angle B, par le 2. Corol. de la 1. Prop. & le Costé AB, par le 1. Corol. de la 2. Prop. Aprés quoy dans le Triangle ABC l'on trouvera l'Angle A, par le 2. Corol. de cette Prop. Qui est tout ce qu'il falloit trouver.

Lemme I.

Aux Cercles inégaux les Sinus verfes des Arcs femblables ont mefme Raifon entr'eux que les Rayons de leurs Cercles ; Par exemple, aux deux Arcs inégaux ABC, DEF, les Sinus verfes GC, HF, des Arcs femblables BC, EF, ont mefme Raifon entr'eux que les Rayons IC, LF ; Pour le prouver.

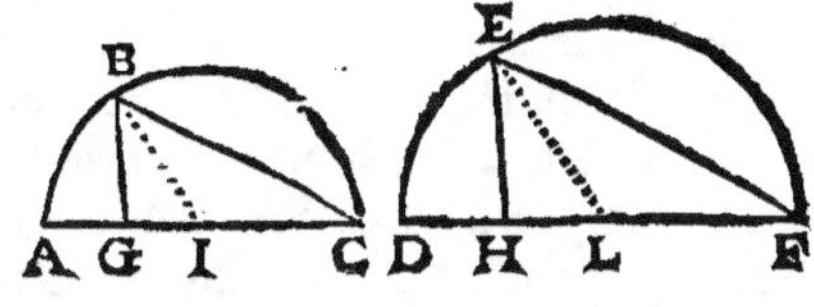

Des Centres I & L, menez les deux Lignes Droittes IB, LE ; Puis confiderez que les deux Triangles IBC, LEF font Ifofceles & femblables, à caufe que les Angles BIC, ELF, qui s'appuyent fur des Arcs femblables, font égaux ; Et partant, il y a mefme Raifon de IB à LE que de BC, à EF ; Deplus les Angles C & F eftant égaux, comme l'on vient de montrer, & les Angles G & H eftant Droits, les deux Triangles BGC, EHF, font auffi femblables ; Et partant, il y a auffi mefme Raifon de GC à HF que de BC à EF ; D'où il fuit que la Raifon des Sinus verfes GC, HF, eft femblable à celle des Rayons IB, LE, ou IC, LF, puis qu'elles font toutes deux femblables à une mefme , fçavoir à celle de BC à EF. Ce qu'il falloit démontrer.

Lemme II.

Le Rectangle contenu du Sinus Droit de la moitié de l'Aggregé de deux Arcs inégaux d'un Triangle Sphérique, & du Sinus Droit de la moitié de leur différence, eft égal au Rectangle contenu du Rayon du Cercle, & de la moitié de la différence de leurs Sinus verfes ; Pour le prouver.

Que les deux Arcs inégaux foient par exemple AB, BC,

leur Aggregé fera l'Arc AC ; Puis faifant BD égal à AB, l'Arc CD fera leur difference ; Enfuite ayant mené la Soûtendante AC, & du Centre E abaiffé la Perpendiculaire EH, le Sinus Droit de la moitié de l'Aggregé fera AH ; Deplus, ayant auffi mené la Soûtendante AD, & du Centre E au Point B la Ligne EB, cette Ligne coupant l'Arc ABD en deux également, coupera auffi en deux également la Soutendante AD & à Angles Droits ; & partant FB fera le Sinus verfe de l'Arc AB ; Puis ayant encore abaiffé CG perpendiculaire fur EB, & CL perpendiculaire fur AD, la Partie GB fera le Sinus verfe de l'Arc BC ; & FG, ou fon égale CL, fera la difference des deux Sinus verfes. Maintenant ayant mené la Ligne Droitte CD, & la Ligne HI parallele à AD, cette Ligne HI, & fa Partie HM, eftant paralleles aux Bazes des deux Triangles ACD & ACL, leurs Coftez AC, CD, & AC, CL, feront coupez proportionnellement ; Et partant, la Raifon de AH, à HC, fera la même que de DI, à IC, ou de LM,

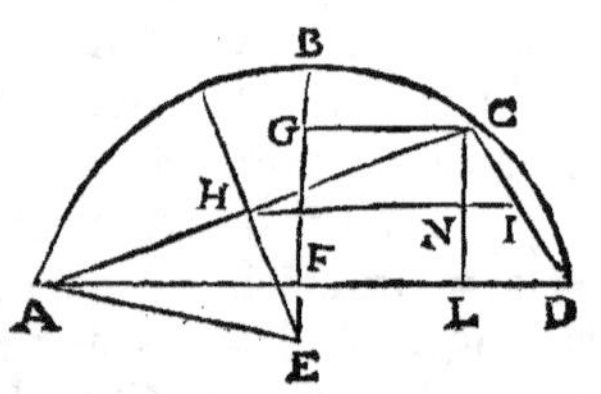

à MC ; Or eft-il que AH eft égale à HC ; Donc DI fera auffi égale à IC, & LM à MC ; Et partant IC fera le Sinus Droit de la moitié de CD, different des deux Arcs AB, BC ; Et MC, moitié de CL, ou de fon Egale FG, fera la moitié de la difference des Sinus verfes ; Ce qu'il faut donc maintenant faire voir, eft que le Rectangle compris de AH & de IC, eft égal au Rectangle de EA & de MC. Pour le prouver.

Les deux Angles AEH & ADC font égaux, puifque le premier, qui eft au Centre, s'appuye fur la moitié de l'Arc fur lequel s'appuye l'autre qui eft en la Circonference ; Et puifque l'Angle MIC eft auffi égal à l'Angle ADC, à caufe que les Lignes AD, HI, eftant paralleles la Ligne CD tombe deffus, Il s'enfuit que l'Angle AEH eft égal à l'Angle MIC ; Deplus, les Angles EHA & CMI eftant Droits,

il s'enfuit que les deux Triangles HAE & MCI font femblables ; C'eft pourquoy, comme AH eft à EA, ainfi MC
eft à IC ; D'où il fuit que le Rectangle contenu fous les
Extremes AH & IC, eft égal au Rectangle des Moyennes
EA, & MC ; Ce qu'il falloit démontrer.

PROPOSITION IV.

Aux Triangles Sphériques, qui ont les Coftez allentour
de l'Angle du Sommet inégaux , ces quatre Chofes
font proportionnelles. La premiere, le Rectangle compris
des Sinus Droits de ces Coftez inégaux. La deuxiéme, le
Quarré du Rayon. La troifiéme, le Rectangle, dont l'un
des Coftez eft le Sinus de la moitié de l'Aggregé de la Ba-
ze & de l'excez de l'un de ces Coftez pardeffus l'autre, &
l'autre Cofté eft le Sinus de la moitié de la Difference de
la Baze & de cet excez. Et la quatriéme, le Quarré du
Sinus de la moitié de l'Angle du Sommet, ou de la moitié
de l'Angle oppofé à la Baze , qui eft la mefme chofe.

Oncevez que DRT eft
un grand Cercle d'une
Sphére dont E eft le Centre.
Concevez auffi que du Triangle QRB, RB eft l'un des
Coftez inégaux allentour de
l'Angle du Sommet R, dont
l'autre Cofté QR, & la Baze
QB, font fuppofez élevez en
l'air , & avoir pour Projections
Ortographiques QR & QB ;

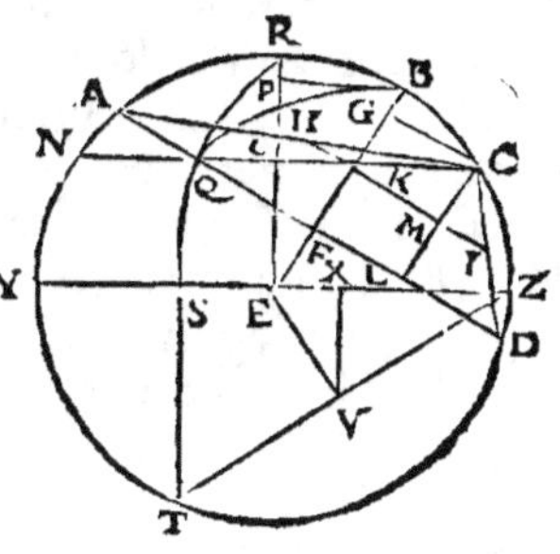

& ainfi la Projection Ortographique de l'Angle du Sommet
fera QRB. Puis ayant mené du Centre E les deux Lignes
Droittes ER, EB, fi par le Point Q, l'on mene à chacune

de ces Lignes une Perpendiculaire, à fçavoir NC à ER,
& AD à EB, la Ligne NC fera le Diametre d'un petit
Cercle, dont la Circonference paffera par ce Point du
Triangle dont Q eft la Projection, & qui aura pour Pole
le Point R ; D'où il fuit que les Arcs RN, & RC, qui
font égaux entr'eux, font auffi égaux à ce Cofté du Triangle propofé, lequel cofté eft icy reprefenté par QR ; Et
partant *OC* fera le Sinus Droit de ce mefme Cofté, & PB,
perpendiculaire à ER, fera le Sinus Droit de l'autre Cofté
RB ; & BC fera l'excez d'un des Coftez par deffus l'autre,
dont le Sinus Droit fera CG perpendiculaire à EB. De
mefme, AD fera le Diametre d'un autre petit Cercle,
dont le Pole eft B, & dont la Circonference paffera auffi par
ce Point qui eft reprefenté par Q ; D'où il fuit auffi que les
Arcs égaux BA & BD, font auffi égaux à cette Baze du
Triangle propofé, laquelle eft
icy reprefentée par QB ; Et
partant l'Arc ABC eft l'Aggregé de la Baze & de l'Excez
d'un des Coftez par deffus l'autre ; De la moitié duquel Aggregé le Sinus Droit eft *HC*
moitié de AC ; & l'Arc CD
fera la Difference de la Baze
& de cet Excez, dont la Soutendante eft CID. Enfuite dequoy ayant mené HI parallele

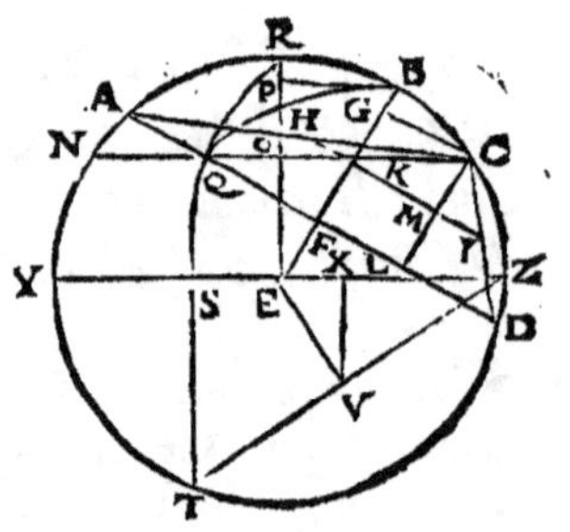

à AD, il s'enfuit que comme AH eft à HC, ainfi DI eft à
IC ; & d'autant que AH eft égale à HC, il s'enfuit auffi
que DI, eft égale à IC ; Et partant que IC eft le Sinus
Droit de la moitié de la Difference de la Baze & de l'Excez d'un des Coftez par deffus l'autre. Deplus ayant continué la Projection QR, jufqu'à celle d'un grand Cercle,
dont R eft le Pole, & dont le Diametre (& la Projection
tout enfemble) eft YEZ ; Et au Point S, où la rencontre
fe fait, ayant élevé la Perpendiculaire ST, Il s'enfuit que
l'Arc TZ fera la mefure de l'Angle du Sommet de noftre

Triangle proposé QRB. Puis ayant mené la Ligne Droitte TZ, & du Centre E, abaissé la Perpendiculaire EV, sa moitié VZ sera le Sinus Droit de la moitié de l'Angle du Sommet R ; duquel Angle tout entier le Sinus Verse sera ZS, dans un grand Cercle dont EZ est le Rayon ; & CQ le sera dans un petit Cercle dont OC est le Rayon.

Cela posé, il faut maintenant faire voir que comme le Rectangle compris de PB & de OC, Sinus Droits des deux Costez inégaux RB, QR, est au Quarré du Rayon EZ, ou EB ; ainsi le Rectangle compris des deux Sinus HC, & IC (dont l'un est le Sinus de la moitié de l'Aggregé de la Baze & de l'Excez d'un des Costez par dessus l'autre ; & l'autre est le Sinus de la moitié de la Difference de la Baze & de cet Excez) est au Quarré de VZ, Sinus Droit de la moitié de l'Angle du Sommet, ou de l'Angle opposé à la Baze, qui est la mesme chose. Pour le prouver.

Abaissez premierement sur EZ la Perpendiculaire VX, cette ligne coupera ZS en deux également, à cause que VX estant parallele à TS, SX sera égale à XZ, comme TV l'est à VZ, ainsi qu'il a esté démontré cy-devant ; Abaissez aussi sur AD la Perpendiculaire CL, cette Ligne sera coupée en deux également au Point M, à cause que MI estant parallele à LD, Baze du Triangle CLD, LM sera égale à MC, comme DI l'est à IC, ainsi qu'il a aussi esté démontré.

Cette preparation encore supposée, considerez maintenant que le Triangle PBE est semblable au Triangle OKE ; que celuy-cy est semblable au Triangle FKQ ; & que ce dernier est encore semblable au Triangle LCQ ; D'où s'ensuit, du premier au dernier, que le Triangle PBE est semblable au Triangle LCQ ; Et partant qu'il y a mesme Raison de PB à BE ; que de LC à CQ. Et d'autant que CQ, & ZS sont les Sinus Verses de deux Arcs semblables de deux Cercles inégaux, il s'ensuit par le 1. Corol. de la Proposition précédente, que CQ & ZS sont entr'eux en mesme Raison que les Rayons de leurs Cercles OC & EZ.

Cela ainsi posé, concevez maintenant ces quatre Rectangles, dont le premier foit compris des deux Sinus Droits PB, OC ; Le fecond des deux Rayons EB, EZ, c'eſt à dire dont le fecond foit le Quarré du Rayon ; Le troiſiéme foit compris des deux Lignes LC, CQ ; Et le quatriéme des deux Sinus verſes CQ, ZS, Maintenant , comme les Rectangles font entr'eux en Raiſon compoſée de celle de leurs Coſtez, c'eſt à dire, comme ils font entr'eux comme le Produit de leurs Coſtez ; & que la Raiſon du Produit des Coſtez du premier Rectangle, au Produit de ceux du fecond , a eſté démontrée eſtre la meſme , que celle du Produit des Coſtez du troiſiéme au Produit des Coſtez du quatriéme ; Il s'enſuit que ces quatre Rectangles font proportionnaux ; Et partant qu'il y a meſme Raiſon du Rectangle compris de PB, OC, au Quarré du Rayon EB, que du Rectangle compris de LC, CQ, au Rectangle compris de CQ, ZS. Mais ces deux derniers Rectangles ayant CQ pour commune hauteur, ils font entr'eux comme leurs Bazes LC, ZS ; ou comme leurs moitiez MC, XZ ; Et partant la Raiſon du Rectangle compris de PB, OC, au Quarré du Rayon EB, eſt la meſme que celle de MC à XZ. Mais comme MC eſt à XZ, ainſi le Rectangle de EZ, MC, eſt au Rectangle de FZ, XZ, à cauſe qu'ils ont tous deux la meſme hauteur EZ ; D'où s'enſuit encore une fois que le Rectangle de PB, OC, eſt au Quarré du Rayon EB, comme le Rectangle de EZ, MC, eſt au Rectangle de EZ, XZ ; ou (à cauſe que VZ eſt moyennne proportionnelle entre EZ & XZ) au Quarré de VZ. Que ſi au lieu du troiſiéme Rectangle compris de EZ, MC, on prend le Rectangle de HC, IC, qui luy eſt égal , par le 2. Lemme de la Propoſition précedente, (à cauſe que HC eſt le Sinus Droit de la moitié de l'Aggregé des deux Arcs inégaux AB, BC, & IC le Sinus Droit de la moitié de leur Difference ; & que MC eſt la moitié de CL, ou de ſon Egale GF, qui eſt la Difference des Sinus verſes des deux Arcs inégaux AB, BC, & EZ le Rayon.) Il fera vray de dire que comme le Rectangle de PB, OC eſt au Quarré du Rayon EZ, ou EB ; ainſi le Rectangle de HC, IC, eſt au Quarré de VZ ; Ce qu'il falloit démontrer.   *Corol.*

Corollaire.

Il fuit de-là, que d'un Triangle Sphérique, dont les Coftez font inégaux, les trois Coftez eftant connus, on connoiftra les trois Angles ; Car pour cela, il ne faut que faire une Regle de trois, dont le premier Terme foit le Rectangle , ou le Produit, des Sinus de deux Coftez tels que l'on voudra ; Le fecond foit le Quarré du Rayon ; Le troifiéme foit le Rectangle ou le Produit de deux autres Sinus, fçavoir du Sinus d'un Arc qui fera la moitié de l'Aggregé de la Baze & de l'Excez de l'un de ces Coftez par deffus l'autre , & du Sinus d'un autre Arc qui fera la moitié de la difference de la Baze & de cet Excez ; Aprés quoy, il fuit de cette Propofition, que le quatriéme Terme fera le Quarré du Sinus de la moitié de l'Angle oppofé à la Baze. Si donc l'on extrait la Racine quarrée du quatriéme Terme, on aura le Sinus d'un Angle, dont le double fera la valeur de l'Angle que l'on cherche ; Enfuite dequoy, il fera aifé de trouver les deux autres Angles par le moyen des Corollaires de la Propofition précedente.

Remarquez que fi l'on fe veut fervir des Tables des Logarithmes , il faudra feulement adjoûter en une Somme le double du Logarithme du Rayon, celuy du Sinus de la moitié de l'Aggregé de la Baze & de l'Excez d'un des Coftez par deffus l'autre , & le Logarithme du Sinus de la moitié de la difference de la Baze & de cet Excez ; Puis de cette Somme ofter les Logarithmes des Sinus des deux Coftez ; & enfin prendre la moitié du refte ; laquelle moitié fera le Logarithme du Sinus de la moitié de l'Angle oppofé à la Baze ; Et ainfi l'on épargnera plus des trois quarts du travail qu'il faudroit prendre en fe fervant des Tables ordinaires des Sinus.

Remarquez auffi, Que fi le Triangle propofé avoit deux Coftez égaux, fans tant de circuit ny de détour , il ne faudroit qu'abaiffer un Arc perpendiculaire fur la Baze, laquelle feroit divifée en deux également, & le Triangle en deux Triangles Rectangles , qui auroient chacun un Angle

& deux Coſtez connus ; Enſuite dequoy l'on trouveroit aiſément le reſte par les Corollaires de la 1. & 2. Propoſi-tion ; Et premierement l'on trouveroit l'Angle oppoſé à la moitié de la Baze par le 3. Corol. de la 2. Prop. Puis l'on trouveroit la Perpendiculaire que l'on auroit abaiſſée par le 1. Corol. de la 1. Prop. en la prenant pour la Baze de ſon Triangle ; Et enfin l'on trouveroit le troiſiéme Angle par le 2. Corol. de la 1. Propoſition.

PROPOSITION V.

Si des Angles d'un Triangle Spherique, comme Poles, on décrit trois grands Cercles ; Ils formeront, en s'entrecoupant, un autre Triangle Spherique, dont les Coſtez ſeront égaux aux Suplemens des Angles, & reciproquement les Angles égaux aux Suplemens des Coſtez du Triangle propoſé.

QU'ABC ſoit le Triangle Spherique propoſé ; Mainte-nant, ſi du Point A, comme Pole, l'on décrit le grand Cercle LGEM ; & du Point B, le grand Cercle HDEFPQ; & enfin du Point C, auſſi comme Pole, le grand Cercle HXGFNO, il ſe formera le Triangle HGE ; Cela eſtant, je dis premierement que les Coſtez du Triangle HGE ſont égaux aux Suplemens des Angles du Triangle ABC ; Pour le prouver.

Puiſque l'Arc AB paſſe par les Poles des deux Cercles GE, HE, reciproquement ces deux Cercles paſſeront par le Pole de l'Arc AB ; & partant le Point E, qui eſt le Point de leur commune Section, ſera le Pole de l'Arc AB. De meſme, puiſque l'Arc BC paſſe par les Poles des deux Cercles HEF, HGF, reciproquement ces deux Cercles paſſeront par le Pole de l'Arc BC ; Et partant le Point F, qui eſt le Point de leur commune Section, ſera le Pole de l'Arc BC. Enfin, puiſque l'Arc AC paſſe par les Poles des

deux Cercles GE, GH, reciproquement ces deux Cercles paſſeront par le Pole de l'Arc AC ; & partant le Point G, qui eſt le Point de leur commune Section , ſera le Pole de l'Arc AC : D'où s'enſuit que les Arcs AR, AM, AI, AL, BD, BP, BQ, BZ ; CX, CN, CT, CO, ſont des quarts de Cercle ; Et de meſme que les Arcs ER, EM, ED, EP, FQ, FZ, FT, FO; GI, GL, GN, GX, ſont auſſi des quarts de Cer-cles , qui ſont é-gaux entr'eux, &
aux précedens. Puis donc que les deux quarts de Cercles GN, & FO ſont égaux entr'eux, ſi l'on en oſte la Par-tie commune FN, reſtera l'Arc GF égal à l'Arc NO mais cet Arc NO eſt la meſure de l'Angle NCO, ou de ſon égal ACB, & partant l'Arc GF eſt auſſi la me-ſure de l'Angle ACB, & luy eſt égal ; Mais GH

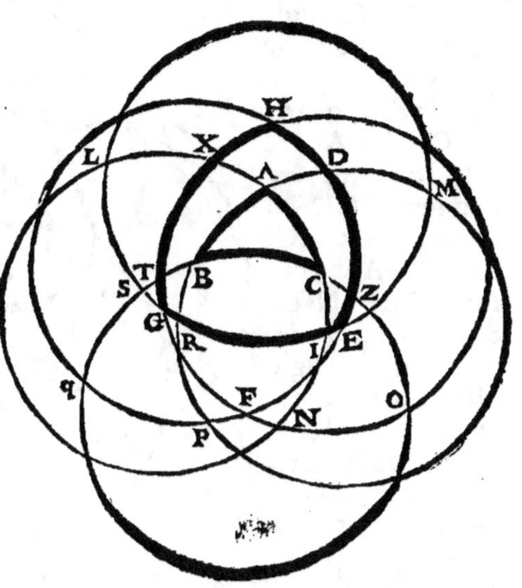

eſt le Complement au demy-Cercle de l'Arcle GF, il ſera donc auſſi le Suplement de l'Angle ACB.

De meſme, ſi des deux quarts de Cercles FQ, PE, l'on retranche la Partie commune FP, reſtera l'Arc QP égal à l'Arc FE ; mais l'Arc QP eſt égal, ou eſt la meſure de l'Angle QBP, ou de ſon égal ABC, & partant l'Arc FE ſera auſſi égal à l'Angle ABC ; Et par conſequent EH, Com-plement au Demy-Cercle de l'Arc FE, le ſera auſſi de l'Angle ABC.

Enfin , Si aux deux quarts de Cercles GI, EM, l'on ad-
MMmm ij

joûte l'Arc commun IE, l'Arc GE fera égal à l'Arc IM ;
mais l'Arc IM eft égal à l'Angle IAM, dont il eft la mefure ; & partant l'Arc GE eft auffi égal à l'Angle IAM,
ou au Complement de l'Angle BAC ; Ce qu'il falloit premierement démontrer.

Secondement, je dis que les Angles du Triangle HGE,
font égaux aux Su-
plemens des Co-
ftez du Triangle
ABC ; Pour le
prouver,

Si des deux quarts
de Cercles AI, &
CN l'on ofte l'Arc
commun CI, il
reftera l'Arc AC,
égal à l'Arc IN ;
Mais l'Arc IN eft
égal, ou eft la me-
fure de l'Angle
NGI, par confé-
quent le Cofté A
C eft auffi égal
à l'Angle NGI ;
D'où il fuit que
l'Angle　HGE,
qui eft le Complement à deux Droits ou au Demy-
Cercle de l'Angle NGI, eft égal au Complement du Cofté
AC.

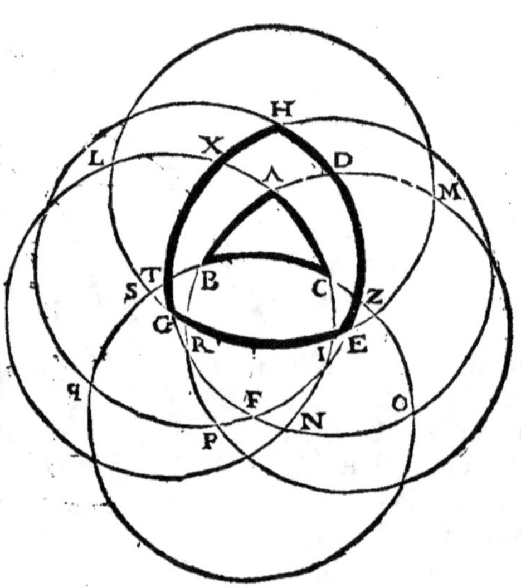

De mefme, Si des deux quarts de Cercles AR & BP,
l'on ofte la Partie commune BR, il reftera l'Arc AB, égal
à l'Arc RP ; mais l'Arc RP eft égal, ou eft la mefure de
l'Angle PER ; Par confequent le Cofté AB eft auffi égal
à l'Angle PER ; D'où il fuit que le Suplement de l'Angle
PER, à fçavoir GEH, eft égal au Suplement du Cofté
AB.

Enfin, fi des deux quarts de Cercles BZ & CO, l'on ofte

la Partie commune CZ, il reſtera l'Arc BC, égal à l'Arc
ZO ; mais l'Arc ZO eſt égal à l'Angle ZFO ; par conſe.
quent le Coſté BC eſt auſſi égal à l'Angle ZFO ; D'où il
ſuit auſſi que le Complement de l'Angle ZFO, à ſçavoir
ZFG, ou ſon égal ÈHG, eſt égal au Complement du Coſté
BC ; Ce qu'il falloit auſſi démontrer.

Corollaire.

Il ſuit de cette Propoſition, que les trois Angles d'un
Triangle Spherique eſtant connus ; par exemple, ceux du
Triangle ABC, l'on trouvera les trois Coſtez.

Pour cela, il ne faut qu'allentour du Triangle propoſé
décrire ou imaginer un autre Trian-
gle, comme DEF, & donner au
Coſté DE la quantité du Suplement
de l'Angle C, & au Coſté EF celle
du Suplement de l'Angle A, & enfin
au Coſté DF le Suplement de l'Angle B ; Et aprés cela, par le Corollaire de la Propoſition précedente, l'on trouvera les Angles du Triangle DEF, dont les Suplemens ſeront
égaux aux Coſtez du Triangle ABC ;
c'eſt à dire que le Suplement de

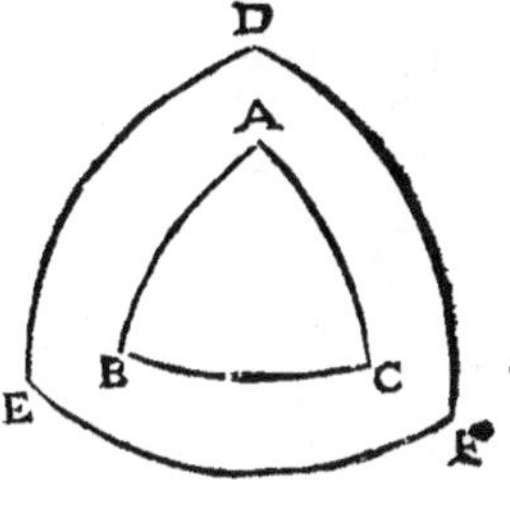

l'Angle D, ſera égal au Coſté BC ; le Suplement de
l'Angle E, ſera égal au Coſté AC ; & enfin le Suplement
de l'Angle F, ſera égal au Coſté AB ; Et ainſi les trois
Coſtez du Triangle ABC ſeront trouvez.

F I N.

MMmm iij

642

TRAITÉ

D'ARITHMETIQUE.

PREMIERE PARTIE.

Des Nombres entiers.

CHAPITRE PREMIER.

Des quatre principales Regles de l'Arithmetique.

ARTICLE PREMIER.

Observations préliminaires.

L'Unité est si simple qu'on ne la sçauroit définir ; mais en mesme temps elle est si generale, qu'on ne sçauroit rien concevoir sans Elle ; Ainsi, quelque Idée qu'on en puisse avoir, on ne sçauroit neantmoins l'exprimer que par le Terme unique qui la represente à l'esprit ; Et si vous pensez l'expliquer par d'autres, vous confondez la notion que vous en aviez ; & au lieu de l'éclaircir, son Idée s'efface & s'évanoüit.

Si donc vous me demandez ce que c'est que l'Unité, je

vous répondray en un mot, que c'eſt ce que tout le monde entend, quand il conçoit un Dieu, un Monde, un Ciel, un Soleil, une Terre, une Fleur, un Eſcu, une Livre, un Sol, un Denier, c'eſt à dire, quand on conçoit chacune de ces choſes entant qu'elle eſt une : Mais ſi voſtre curioſité vous porte à en vouloir ſçavoir davantage, vous en eſtes auſſi-toſt puny ; car vous ne tenez plus rien. Et tous ces grands diſcours qu'on en a fait, qui rempliſſent des volumes entiers, ne nous apprennent rien autre choſe, ſinon, que plus on employe de paroles pour la donner mieux à entendre, & moins on la comprend ; Et que la ſimplicité de ſon expreſſion, & celle du Terme qui la ſignifie, eſt ſon veritable caractere ; par lequel ſeul on la peut concevoir, & par ſon moyen toutes les autres choſes qui ſont au monde ; dont on ne ſçauroit en concevoir aucune, où elle ne ſe trouve renfermée.

Mais comme il ne s'agit pas icy de ces Speculations Metaphyſiques, & que noſtre deſſein eſt de raporter tout à l'Uſage & à la Pratique des Nombres ; il ſuffit de ſçavoir, Que *l'Vnité eſt le principe du Nombre* ; & que *le nombre n'eſt autre choſe qu'un aſſemblage de pluſieurs Vnitez*.

Or comme les Nombres ſont ſans nombre, & que chacun eſt different d'un autre, il faudroit une infinité de Termes & de Caracteres pour les repreſenter tous à nos yeux & à noſtre Eſprit, s'il falloit en donner un à chacun qui le ſignifiaſt uniquement ; mais cela auroit confondu noſtre imagination & nos ſens ; C'eſt pourquoy l'induſtrie de l'homme a trouvé une merveilleuſe invention pour ſoulager l'un & l'autre, en renfermant tous les Nombres ſous des dixaines multipliées. Et il ſemble meſme que la Nature nous ait aydé en cela ; car nous ayant donné dix doigts, & les doigts eſtant le premier inſtrument dont nous nous ſervons pour compter, nous ne feſons qu'adjoûter dixaine ſur dixaine pour compter toutes ſortes de Nombres.

Il n'y a donc à proprement parler que dix Nombres differens, ſçavoir un, deux, trois, quatre, cinq, ſix, ſept, huit, neuf, dix ; tous les autres n'eſtant qu'une repetition de

ceux-cy,

ceux-cy : Comme auſſi nous n'avons que dix ſortes de Chifres ou de Caracteres pour les repreſenter : ſçavoir, 1, 2, 3, 4, 5, 6, 7, 8, 9, 10 ; & quand on veut repreſenter de plus grands Nombres, on ne les compoſe que de ceux-cy.

Mais remarquez, que le Nombre de Dix ne ſe repreſente pas par un ſeul Chifre ou Caractere, comme les neuf autres, mais par le premier, & par celuy-cy, 0, qu'on nomme Zero. Or le Zero de ſoy ne ſignifie rien , c'eſt à dire ne ſignifie ny Unité ny Nombre ; mais quoy qu'il ne ſignifie rien , il ſert pourtant à augmenter la valeur de celuy qui le précede, d'autant de dixaines qu'il renfermoit auparavant d'Unitez ; Ainſi, ce Caractere, 1, qui ne ſignifie qu'un eſtant ſeul, eſtant ſuivy d'un Zero vaut dix fois un , c'eſt à dire dix, qui s'écrit ainſi 10. Or ce que fait le Zero , les autres Caracteres le font auſſi, c'eſt à dire qu'eſtant mis les uns aprés les autres , ils font valoir ceux qui les précedent dix fois davantage qu'ils ne vaudroient ſans cela. Ainſi ce nombre, 27, vaut vingt-ſept, à cauſe du 7 qui eſt aprés le 2, & qui le fait valoir vingt, ou dix fois deux.

Tout le ſecret donc de l'Arithmetique conſiſte à bien placer ces Caracteres , à bien comprendre ce qu'ils ſignifient, & à bien démeſler les divers raports & les diverſes combinaiſons qu'ils peuvent avoir entr'eux.

Cela ainſi préſupoſé, ce que l'on doit faire avant toutes choſes, c'eſt d'apprendre à bien compter , ou nombrer, & à bien placer ces Caracteres, pour les mettre chacun au rang & dans l'ordre où ils doivent eſtre, pour exprimer les Nombres qu'on veut qu'ils valent, & qu'ils ſignifient.

Et pour cela, il faut obſerver que lorſqu'il y a pluſieurs Chifres ou Caracteres diſpoſés les uns aprés les autres, comme en cet exemple, 1987654320, pour ſçavoir le Nombre qu'ils renferment, il faut commencer par le dernier, & remonter de la droitte vers la gauche, pour en trouver la juſte valeur.

Le dernier ne contient que des Unitez ou de ſimples Nombres, & ſi c'eſt un Zero, comme icy, il ne ſignifie rien, mais il ſert à faire valoir dix fois davantage tous les autres

Chifres qui le précedent ; Le fecond en remontant vaut
des Dixaines ; Le troifiéme des Centaines ; Le quatriéme
des Mille ; Le cinquiéme des dixaines de Mille ; Le fixiéme
des centaines de Mille ; Le feptiéme des Millions ; Le huitiéme des dixaines de Millions , Le neufviéme des centaines de Millions ; Le dixiéme des Milliars , & ainfi des autres s'il y en a davantage.

Ainfi ce Nombre, 20, vaut vingt, à caufe que le dernier
qui eft un Zero ne fignifie rien , & que celuy qui le précede qui eft au rang des Dixaines vaut deux Dixaines, c'eft
à dire vingt.

Cet autre, 31, vaut trente-un, parce que le dernier vaut un,
& que le premier vaut trois Dixaines, c'eft à dire trente.

Cet autre, 100, vaut cent ; par ce que les deux derniers
eftant des Zero ne fignifie rien , & le troifiéme eftant au
rang des Centaines, vaut une centaine, c'eft à dire cent;
fi ç'avoit efté un 2, ou un 3. Il auroit valu deux cents, ou
trois cens ; & ainfi des autres.

Cet autre, 403, vaut quatre cents trois ; A caufe que le
dernier vaut trois ; Le fecond eftant un Zero ne fignifie
rien, & le troifiéme eftant au rang des Centaines vaut quatre cents.

Cet autre, 5067, vaut cinq mille foixante & fept, à caufe
que le dernier vaut fept, le fecond vaut foixante, qui font
fix Dixaines, le troifiéme qui eft un Zero ne vaut rien, &
le quatriéme qui eft au Rang des Mille, vaut cinq mille.

Enfin cet autre, 123456789, vaut, cent vint-trois millions,
quatre cens cinquante-fix mille, fept cens quatre-vingt-
neuf. A caufe que le dernier vaut neuf ; Le fecond vaut
quatre-vingt, qui font huit Dixaines ; Le troifiéme vaut
fept cens; Le quatriéme vaut fix mille ; Le cinquiéme vaut
cinquante mille, eftant au rang des dixaines de mille ; Le
fixiéme vaut quatre cens mille eftant au rang des centaines
de mille ; Le feptiéme vaut trois millions, eftant au rang
des millions ; Et le huit & neufviéme valent des dixaines
& des centaines de millions, eftant au rang qui les défignent.

Quand on fçait une fois la valeur & la difpofition que

doivent avoir les Caracteres, il ne faut plus que s'exercer à compter divers nombres, dont les Caracteres & la Situation soit differente, pour acquerir l'habitude de bien compter.

Et pour le pouvoir faire avec facilité, il faut remarquer que les Chiffres estant disposez chacun en leur rang, changent de nom ou de dénomination, estant pris de trois en trois en remontant de droitte à gauche ; Ainsi le dernier s'exprime par des Unitez ou simples nombres ; Le quatriéme par des Mille ; Le septiéme par des Millions, Le dixiéme par des Milliars, & ainsi de suite ; ce qu'on a coutume de representer ainsi, pour apprendre à compter.

1. Unitez, ou Nombres simples.	Dixaines.	Centaines.
4. Mille.	Dixaines de mille.	Centaines de mille.
7. Millions.	Dixaines de millions.	Centaines de millions.
10. Miliars, &c.		

Par exemple ce Nombre 35 002. vaut, trente-cinq mil, deux.

Cet autre, 8 706 036. vaut, huit millions, sept cens six mille, trente-six. Et ainsi des autres.

Comme l'Unité ne se peut définir, aussi à proprement parler elle ne se peut diviser ; mais neantmoins, comme la pluspart des choses ausquelles on l'applique sont capables de Division, & qu'en effet une livre, par exemple, est le tiers d'un Ecu, un Sol est la vingtiéme partie d'une Livre, & un Denier la douziéme partie d'un Sol ; ou bien un Pié est la sixiéme partie d'une Toise, un Pouce la douziéme partie d'un Pié, & une Ligne la douziéme partie d'un Pouce, selon l'estimation que l'on a donné à ces choses. De là vient que les Arithmeticiens, dont l'art n'est que pour l'Usage, divisent l'Unité jusqu'à l'infiny, de mesme qu'on peut augmenter les Nombres.

Et de là vient aussi que dans l'Arithmetique on considere deux sortes de Nombres, les uns qu'on appelle *entiers*, qui signifient des choses ou des Unitez non partagées, comme un, deux, trois, quatre ; Et les autres qu'on nomme *rompus*, qui signifient des parties d'un nombre entier, comme un demy

NNnn ij

un tiers, un quart qui s'écrivent ainsi $\frac{1}{2}$ $\frac{1}{3}$ $\frac{1}{4}$ ou bien deux tiers, trois quarts &c. qui s'écrivent ainsi $\frac{2}{3}$ $\frac{3}{4}$.

Ces deux fortes de Nombres ont chacun leurs Regles, qui fervent à faire toutes les operations dont ils font capables.

Ces Regles fe reduifent à quatre, fçavoir l'Addition, la Souftraction, la Multiplication & la Divifion ; par le moyen defquelles on peut refoudre toutes les Queftions qui regardent les Nombres, felon qu'elles font diverfement & judicieufement appliquées ; Ainfi qu'on verra dans la fuite.

C'eft pourquoy à proprement parler toute l'Arithmetique eft renfermé dans ces quatre Regles, puifque toutes les autres dont il fera parlé cy-aprés, comme font les Regles de trois de Compagnie, d'Alliage, de fauffe Pofition, l'Extraction des Racines quarrées & Cubiques, ne fe font que par les diverfes applications de ces quatre Regles.

ARTICLE II.

De l'Addition des Nombres entiers.

ADjoûter, ne veut dire icy rien autre chofe, finon affembler en un plufieurs Sommes particuliers, pour en compofer la Somme totale.

Tout le but donc de cette Regle eft d'enfeigner la maniere de trouver cette Somme, enforte que l'on foit affuré de ne fe point tromper.

Pour cela, il y a certaines chofes à obferver, qui en nous enfeignant la maniere d'operer, nous font par mefme moyen comprendre la Raifon de l'operation. Et c'eft enquoy confifte la beauté de toutes les operations de l'Arithmetique, que la clarté & l'évidence les accompagnant par tout, elles nous en font connoiftre en mefme temps la certitude.

La premiere chofe qui eft à obferver, eft, que les Sommes particulieres que l'on veut adjoûter enfemble doivent eftre de mefme efpece ; c'eft à dire que les Livres fe doivent adjoûter avec des Livres, les Sols avec des Sols, les Toifes avec des Toifes, & ainfi chaque chofe avec celles de fon mefme genre, autrement ce ne feroit que confufion.

Aprés cela, il faut arranger toutes ces diverfes Sommes les unes fous les autres, & les difpofer de telle forte, que les fimples Nombres foient fous les Nombres, les Dixaines fous les Dixaines, les Centaines fous les Centaines, les Mille fous les Mille, & ainfi du refte, ce qui forme plufieurs files ou colomnes de Nombres.

Cela fait, il faut tirer une Ligne au deffous de tous ces Nombres, & commencer à compter par la derniere colonne, dont vous affemblerez en un tous les Nombres, & s'ils n'excedent point le nombre de neuf, vous marquerez fous cette Ligne dans le rang de la mefme Colomne, le nombre que vous aurez trouvé ; Que s'ils excedent le nombre de neuf, vous marquerez fous la mefme Colomne le dernier Chifre qui fert à reprefenter le nombre que vous aurez trouvé, & retiendrez l'autre, que vous tranfporterez à la Colomne fuivante, pour le joindre avec ceux de cette Colomne, comme eftant de mefme valeur ; Et vous opererez de la mefme façon, à l'égard des nombres de cette colomne, & des autres fuivantes, jufqu'à la derniere ; où eftant parvenu, vous écrirez le nombre entier que vous aurez trouvé en affemblant en un les nombres de cette derniere Colomne, fans plus rien retenir.

Mais un exemple, ou deux, vous fera mieux comprendre cela que tous les difcours du monde.

Addition de plusieurs Nombres d'une mesme espece.

PAr exemple, pour adjoûter ces Nombres, 2967. livres, 863. liv. 487. liv. 1468. liv. & 27. liv. ou autres semblables, vous les arrangerez ainsi.

2967. livres.	2503. Toises.
863.	5295
487.	6292
1468.	2920.
27.	
	17010. Toises.
5812. livres.	

Puis en commençant vostre operation par la derniere Colomne, qui ne comprend que de simples Nombres, vous direz, sept & trois sont dix, dix & sept sont dix-sept, dix-sept & huit sont vingt-cinq, vingt-cinq & sept sont trente-deux ; Ce nombre excede neuf, & s'écrit avec un 3. & un 2. C'est pourquoy vous marquerez sous cette Colomne le 2. qui est le dernier chifre, & retiendrez le 3. qui vaut trois dixaines, que vous transporterez à la Colomne prochaine, qui represente des dixaines ; Et passant à cette Colomne, vous direz trois que j'ay retenu & six sont neuf, neuf & six font quinze, quinze & huit font vingt-trois, vingt-trois & six font vingt-neuf, vingt-neuf & deux font trente-un, qui s'écrit ainsi 31. C'est pourquoy vous marquerez 1. sous cette Colomne & retiendrez le 3. qui vaut trois centaines ; puis passant à la Colomne qui suit qui represente des centaines, vous direz de mesme, trois que j'ay retenus & neuf font douze, douze & huit font vingt, vingt & quatre font vingt-quatre, vingt-quatre & quatre font vingt-huit, qui s'écrit ainsi 28. c'est pourquoy vous mettrez le 8. sous sa Colomne, & retiendrez 2. qui vaut deux mille ; Enfin, passant à la derniere Colonne qui contient des mille vous direz, comme vous avez déja fait, deux que j'ay retenu & deux font quatre, quatre & un font cinq, & comme le nombre de cinq

n'excede pas neuf, vous mettrez le 5. sous sa Colomne, &
le nombre qui se trouvera écrit sous la Ligne que vous
avez tracée, sera le nombre requis ; c'est à dire , sera la
somme totale que vous demandiez, à sçavoir 5812.

De mesme, pour adjoûter ces autres nombres, 2503, 5295,
6292, & 2920. que je prens icy pour des Toises, & que l'on
peut faire passer pour tout ce que l'on voudra, vous les arrangerez comme ils sont icy.

    2503. Toises.
    5295.
    6292.
    2920.
    ————————
    17010. Toises.

Et vous opererez ensuite comme vous avez fait auparavant, en commençant toûjours par la derniere Colomne,
de haut en bas. Ainsi, vous direz ; trois & cinq sont huit,
huit & deux sont dix, & comme ce nombre surpasse neuf,
& qu'il s'écrit ainsi , 10. vous mettrez le Zero, qui est le
dernier Chifre, sous la derniere Colomne, & retiendrez 1,
que vous transfererez à la Colomne suivante ; Et passant à
cette Colomne vous direz, un que j'ay retenu & neuf sont
dix, dix & neuf sont dix neuf, dix-neuf & deux sont vingt
& un, & comme ce nombre surpasse aussi neuf, & qu'il
s'écrit ainsi 21. vous mettrez 1, sous sa Colomne, & retiendrez 2. Puis passant à l'autre Colomne vous direz, deux que
j'ay retenu & cinq sont sept, sept & deux sont neuf, neuf
& deux sont onze, onze & neuf sont vingt, qui s'écrit ainsi,
20, c'est pourquoy vous mettrez le zero sous sa Colomne ,
& retiendrez 2. Enfin passant à la derniere Colomne , vous
direz, deux que j'ay retenu & deux sont quatre, quatre &
cinq sont neuf, neuf & six sont quinze, quinze & deux sont
dix-sept, & comme c'est la derniere Colomne, vous écrirez
le nombre 17. sans rien retenir, mettant le 7. sous sa Colomne , & avançant d'une Colomne l'autre Chifre qui vaut
dix mil.

Ces deux exemples suffisent pour ce qui regarde les nombres d'une mesme espece.

Addition de plusieurs Nombres de diverses Especes.

MAis quand les Nombres sont de differentes Especes, dont les unes valent plus ou moins que les autres; par exemple, quand ce sont des Livres, des Sols & des Deniers qu'il faut adjoûter ensemble ; ou bien des Marcs, des Onces, & des Gros ; ou des Toises, des Piés, & des Pouces, voicy les Regles qu'il faut observer.

Premierement, Il faut sçavoir la valeur de chaque Espece, & la difference qu'il y a de l'une à l'autre ; Par exemple, il faut sçavoir que la Livre vaut vingt sols, & qu'un Sol vaut douze deniers ; Que le Marc vaut huit Onces, & que l'Once vaut huit Gros ; Que la Toise vaut six Piés , & que le Pié vaut douze Pouces, & ainsi du reste.

Secondement, Dans la disposition des Nombres, il faut commencer par ceux de la plus haute Espece, & continuer ainsi en diminuant ; Par exemple , il faut mettre les Livres devant les Sols, & les Sols devant les Deniers.

Troisiémement, Il faut mettre les Nombres de chaque Espece les uns sous les autres, c'est à dire, les Livres sous les Livres, les Sols sous les Sols, & les Deniers sous les Deniers ; Et de mesme les Toises sous les Toises, les Piés sous les Piés, & les Pouces sous les Pouces ; & ainsi des autres.

Quatriémement, Dans le rang des moindres Especes, il ne faut jamais mettre un Nombre qui excede, ou mesme qui égale la valeur de l'Espece superieure ; Car en ce cas, il faudroit en transferer la valeur dans le rang de cette Espece. Par exemple, dans le rang des Deniers , il ne faut jamais mettre plus de onze deniers ; car s'il y en avoit douze, comme ils vaudroient un sol , il faudroit le transferer au rang des Sols ; S'il y avoit quinze deniers, comme ils vaudroient un sol & trois deniers, il faudroit mettre seulement les trois deniers au rang des Deniers , & transferer

ferer le fol au rang des Sols. De mefme, dans le rang des
Sols, il ne faut jamais mettre plus de 19 fols ; car, s'il y en
avoit 20, comme ils vaudroient une livre, il faudroit le transferer au rang des Livres ; & s'il y en avoit 39, comme ils
vaudroient une livre 19 fols, il faudroit mettre les 19 fols au
rang des Sols, & transferer la livre au rang des Livres. Ce
qui fe dit icy des Livres, des Sols & des Deniers, fe doit
entendre & pratiquer de mefme à l'égard des Marcs, des
Onces & des Gros ; ou bien des Toifes, des Piés & des
Pouces ; c'eft à dire que fçachant la valeur de chaque Efpece,, il ne faut jamais mettre au rang des moindres Efpeces, un nombre qui furpaffe, ou mefme qui égale celuy de
l'Efpece Superieure.

Enfin, il faut commencer fon operation par les nombres de la moindre Efpece, & aller en remontant de
l'une à l'autre ; Ainfi il faut commencer par les Deniers,
puis paffer aux Sols, & de là aux Livres. Et à l'égard des
Deniers, comme il en faut douze pour faire un fol, il faut
les adjoûter tous enfemble, & s'ils ne font pas douze, il
faut écrire fous le rang des Deniers le nombre que vous aurez trouvé ; Que s'ils excedent le nombre de douze ou
mefme s'ils l'égalent, il faut voir combien de fois le nombre de douze s'y trouve compris, & retenir autant de Sols,
que vous tranfporterez au rang des Sols, & écrirez le furplus (s'il y en a) fous les Deniers ; & s'il ne refte rien,
c'eft à dire, fi le nombre des Deniers que vous avez trouvé,
vaut juftement un certain nombre de Sols, vous retiendrez
les Sols pour les transferer en leur rang, & mettrez fous
les Deniers un Zero, ou une petite Ligne, pour marque
qu'il ne refte aucun denier. Pour ce qui eft des Sols, comme deux dixaines font une Livre, vous écrirez fous le rang
des Sols, ce qui fe trouvera au deffous d'une Livre & retiendrez le furplus pour le transferer au rang des Livres,
fçavoir autant de Livres que vous aurez trouvé de fois deux
dixaines de Sols.

Il faut obferver les mefmes chofes à l'égard des Marcs,
des Onces, & des Gros ; ou bien des Toifes, des Piés, &

OOoo

des Pouces ; & generalement de toutes les Especes qui vont ainfi en diminuant ; commençant toûjours voftre Addition par les nombres de la moindre Efpece, les affemblant tous enfemble , & voir combien de fois , la valeur de l'Efpece fuperieure fe trouve comprife dans le nombre que vous aurez trouvé, le retenir pour le transferer en fon rang , & n'écrire que le furplus (s'il y en a) fous la moindre Efpece; & s'il ne refte rien, mettre comme j'ay déja dit un Zero, ou une petite Ligne au deffous , pour marque qu'il ne refte rien.

Mais un exemple ou deux de chaque Efpece, vous va éclaircir de tout. Ces Efpeces regardent les Nombres, les Poids, & les Mefures.

Addition des Livres, des Sols, & des Deniers.

8542 ₶.	14 ß.	6. d.	6594 ₶.	16 ß.	4. d.
7305.	13.	7.	7292.	9.	11.
9939.	10.	3.	2878.	2.	10.
8915.	12.	7.	3234.	10.	11.

34703 ₶.	10 ß. 19. d.	20000 ₶.	– 0 ß.	—– d.

DAns le premier exemple, commençant par les Deniers, vous direz, fix & fept font treize, treize & trois font feize , feize & fept font 23. deniers, qui valent un fol & 11. deniers ; vous mettrez donc 11. fous le rang des Deniers , & retiendrez un fol, que vous transfererez au rang des fols. Puis paffant aux Sols, vous direz, un que j'ay retenu & quatre font cinq, cinq & trois font huit, huit & deux font dix, qui s'écrivent ainfi 10. C'eft pourquoy vous mettrez le Zero, fous cette Colomne , & retiendrez un ; puis paffant à la premiere Colomne des Sols, vous direz, un que j'ay retenu & un font deux, & un font trois, & un font quatre, & un font cinq, qui valent cinq dixaines de Sols, c'eft à dire deux livres dix fols, vous retiendrez donc deux livres pour 4. dixaines de Sols , & mettrez la cinquiéme dixaine fous la premiere Colomne des Sols , qui eſt celle des dixaines. Enfin paſſant aux Livres, vous direz, deux que j'ay retenu & deux ſont quatre, & cinq ſont neuf, & neuf ſont dix-huit, & cinq ſont 23 ; vous mettrez donc le 3. ſous la derniere Colomne des Livres , & retiendrez 2 ; Puis paſ-ſant aux autres Colomnes les unes apres les autres, vous continuerez voſtre operation comme cy-devant. Et vous trouverez pour Somme totale le nombre marqué cy-deſſus. C'eſt à dire 34703. livres 10. ſols 11. Deniers.

De meſme, en l'autre exemple, vous aſſemblerez en un tous les Deniers, qui tous enſemble font 36. Deniers, qui valent juſtement 3. ſols. C'eſt pourquoy , vous mettrez ſous le rang des Deniers une petite Ligne , pour marque qu'il ne reſte aucun denier, & retiendrez 3. ſols, que vous transfererez au rang des Sols ; Puis paſſant aux Sols, vous direz comme auparavant, trois que j'ay retenu & ſix ſont neuf, & neuf ſont dix-huit, & deux ſont 20. C'eſt pour-quoy vous mettrez le Zero ſous la derniere Colomne des Sols, & retiendrez 2. Puis paſſant à la premiere Colomne des Sols, vous direz , deux que j'ay retenu & un ſont trois, & un ſont 4. qui valent 4. dixaines de Sols, c'eſt à dire deux livres ; C'eſt pourquoy vous mettrez une petite Ligne ſous la premiere Colomne des Sols, pour marque qu'il ne reſte aucune dixaine de Sols , & retiendrez 2, que vous trans-fererez au rang des Livres ; Apres quoy faiſant voſtre ope-ration à l'ordinaire , vous trouverez que ces quatre Som-mes adjoûtées enſemble valent juſtement vingt mil livres, qui s'écrivent ainſi 20000. livres.

Addition des Marcs, des Onces, & des Gros.

5154ᵐ·	6º·	5ᵍ·	2504ᵐ·	5º·	4ᵍ·
7482.	5.	2.	5870.	7.	4.
9020.	1.	3.	7821.	6.	5.
9435.	3.	5.	3802.	4.	3.
31093ᵐ·	—	7ᵍ·	20000ᵐ·	—	—

AU premier exemple, commençant par les Gros, (comme eſtant de moindre valeur) vous direz, cinq & deux font ſept, & trois font dix, & cinq font 15. Gros, qui valent une Once 7. Gros ; c'eſt pourquoy vous mettrez le 7. au rang des Gros, & retiendrez une Once, que vous joindrez avec les Onces ; Puis paſſant au rang des Onces, vous direz, un que j'ay retenu & ſix font ſept, & cinq font douze, & un font treize, & trois font 16. Onces, qui valent juſtement deux Marcs ; c'eſt pourquoy vous mettrez une petite Ligne ſous les Onces, pour marque qu'il n'en reſte point, & retiendrez 2. Marcs, que vous tranſporterez au rang des Marcs ; Enſuite dequoy paſſant aux Marcs vous ferez voſtre operation à l'ordinaire , & vous trouverez le Nombre marqué cy-deſſus, ſçavoir 31093ᵐ· —º· 7ᵍ·

Au ſecond exemple, vous aſſemblerez de meſme en un tous les Gros, & comme tous enſemble ils font 16. Gros, qui valent deux Onces, vous mettrez au deſſous une petite Ligne, pour marque qu'il ne reſte aucun Gros, & retiendrez deux Onces, que vous tranſporterez au rang des Onces ; Puis paſſant aux Onces vous direz, deux que j'ay retenu & cinq font ſept, & ſept font quatorze, & ſix font vingt, & quatre font 24. Onces, qui valent juſtement 3. Marcs ; c'eſt pourquoy vous mettrez encore une petite Ligne au deſſous des Onces, & retiendrez 3 ; Puis paſſant aux Marcs, vous joindrez les trois Marcs que vous avez retenu avec ceux de la derniere Colomne, & faiſant enſuite voſtre operation à l'ordinaire, vous trouverez que la Somme totale de ces quatre differens Nombres revient juftement à vingt mil Marcs.

Comme le Gros fe fubdivife encore en Deniers, & les Deniers en Grains, & qu'il faut 24. Grains pour faire un Denier, & trois Deniers pour faire un Gros ; Quand il arrive qu'il y a des Deniers & des Grains à adjoûter, avec les Marcs, les Onces, & les Gros, il faut obferver les mefmes Regles à l'égard des Grains & des Deniers, qu'on a fait à l'égard des Gros, des Onces, & des Marcs ; c'eft à dire qu'il ne faut jamais mettre au rang des Grains plus de 23. Grains ; Et s'il y en a davantage, il faut retenir autant de Deniers qu'il fe trouve de fois 24. Grains, & le joindre avec les Deniers, & mettre le refte (s'il y en a) au rang des Grains. De mefme, il ne faut jamais mettre au rang des Deniers plus de 2 Deniers, & s'il y en a davantage, il faut retenir autant de Gros qu'il fe trouve de fois trois Deniers, & le joindre avec les Gros, & mettre le refte (s'il y en a) avec les Deniers ; Apres quoy, il faut continuer fon operation, comme il vient d'eftre enfeigné.

Addition des Toifes, des Piés, & des Pouces.

2543ᵗ.	4ᴾ.	11ᴾᴼ·		2953ᵗ.	3ᴾ·	10ᴾᴼ·
3405.	3.	3.		5721.	5.	5.
1057.	5.	7.		7880.	4.	7.
3923.	3.	6.		3443.	4.	2.
10930ᵗ.	5ᴾ.	3ᴾᴼ·		20000ᵗ.	—	—

COmmençant icy par les Pouces, il les faut affembler tous enfemble, & dire, onze & trois font quatorze, & fept font vingt & un, & fix font 27. Pouces, qui valent 2. Piés 3. Pouces ; C'eft pourquoy, il faut mettre le 3. au deffous des Pouces, & retenir 2. Puis paffant au rang des Piés, il faut dire, deux que j'ay retenu & quatre font fix, & trois font neuf, & cinq font quatorze, & trois font 17. Piés qui valent 2. Toifes 5. Piés ; Il faut donc mettre le 5. au rang des Piés, & retenir 2. Puis paffant aux Toifes, &

achevant l'operation comme auparavant, l'on trouvera le nombre marqué cy-deſſus. Sçavoir 10930ᵗ· 5ᴾ· 3ᴾº·

Au ſecond exemple, il faut dire, dix & cinq ſont quinze, & ſept ſont vingt-deux , & deux ſont 24. Pouces, qui valent juſtement 2. Piés ; c'eſt pourquoy il faut mettre une petite Ligne au deſſous des Pouces ; & joignant les 2. Piés qu'on a retenu avec les autres, il faut dire, deux que j'ay retenu & trois ſont cinq, & cinq ſont dix, & quatre ſont quatorze , & quatre ſont 18. Piés, qui valent juſtement 3. Toiſes ; Il faut donc mettre encore une petite Ligne ſous le rang des Piés pour marque qu'il n'en reſte point, & joindre les 3. Toiſes qu'on doit retenir au rang des Toiſes ; Puis paſſant aux Toiſes achever l'operation à l'ordinaire ; Et l'on trouvera que la Somme totale de ces quatre Nombres eſt de vingt mille Toiſes tout juſte.

Si l'on eſtoit aſſuré d'avoir preſté une attention ſuffiſante à ce que l'on a fait, l'on n'auroit que faire de preuves dans l'Arithmetique ; Car toutes ſes operations eſtant appuyées ſur l'évidence, c'eſt elle qui nous aſſure de leur verité, & qui eſt le fondement de leur certitude. Auſſi les preuves qu'on en apporte, ne vont pas à nous aſſeurer de la verité des Regles qu'elle preſcrit, mais ſeulement à nous faire connoiſtre ſi nous les avons bien pratiquées ; car pour peu que noſtre attention ait eſté divertie, l'on eſt en danger d'avoir failly, & pour peu qu'on ait failly, l'erreur ne manque point de ſe trouver en noſtre calcul ; Ce qui ſe reconnoiſt par la preuve que l'on en peut faire.

Les preuves les plus naturelles ſont celles qui ſe font par les Contraires, où la Souſtraction ſert de preuve à l'Addition, & reciproquement l'Addition à la Souſtraction ; comme auſſi où la Diviſion ſert de preuve à la Multiplication, & la Multiplication à la Diviſion ; Et d'en vouloir chercher d'autres (comme il y en a qui font) c'eſt une vaine curioſité, qui couſte beaucoup à faire comprendre, comme la preuve par 9, & qui au bout du compte eſt fautive, & ne peut nous rendre certains ſi nous avons bien ou mal operé ; C'eſt pourquoy je ne m'amuſeray point à montrer ny comment elle se fait, ny pourquoy elle se peut faire, ny aussi comment elle est fautive ; Il y a assez d'Autheurs qui en ont parlé ; Il est vray que ceux qui ont dit simplement le fait, sans en rendre la raison, n'ont rien avancé ; car ce n'est pas en ces matieres, où l'on soit obligé de croire les gens sur leur parole, il faut icy des convictions ; Et la pluspart de ceux qui ont voulu en rendre la raison , s'en sont expliquez si obscurement, qu'à peine les peut-on entendre.

Comme donc la veritable preuve de l'Addition se doit faire par la Soustraction, & celle de la Soustraction par l'Addition, il faut avant que d'en venir à aucune preuve, sçavoir auparavant ces deux Regles.

ARTICLE III.

De la Soustraction des Nombres entiers.

CE mot de Soustraction porte avec soy son explication, aussi bien que celuy d'Addition.

Ainsi Soustraire, ne veut dire autre chose , qu'oster un petit Nombre d'un autre plus grand, pour sçavoir combien il doit rester.

Pour bien faire cette Operation , il y a quelques Regles à observer.

La premiere est, Que les Nombres doivent estre de mesme Espece , c'est à dire que les Livres se doivent soustraire des Livres, les Marcs des Marcs, & les Toises des Toises , autrement l'on travailleroit en vain ; Car, par exemple, à quoy serviroit d'oster un petit nombre de Toises, d'une grande somme de Deniers.

La seconde est, Qu'il faut arranger ces Nombres l'un sous l'autre, sçavoir le plus grand, ou celuy duquel la Soustraction doit estre faite, au dessus, & le plus petit, ou celuy qui est à soustraire, au dessous ; mettant les Nombres sous les Nombres , les Dixaines sous les Dixaines &c. comme en l'Addition ; puis tirer une petite Ligne pour écrire dessous le Nombre qui doit rester.

La troisiéme est, Que si l'on proposoit d'oster plusieurs Sommes de plusieurs autres, il faudroit auparavant faire l'Addition des unes & des autres, pour les reduire toutes à deux Nombres seulement, que vous disposerez ensuite comme il vient d'estre dit.

La quatriéme est, Qu'il faut commencer son Operation par la fin, de mesme qu'en l'Addition, & remontér de la droitte vers la gauche ; de Colomne en Colomne.

La cinquiéme & derniere, mais qui demande un peu plus d'attention, est, Que si le Nombre de dessous de la derniere Colomne est égal à celuy de dessus, apres avoir osté l'un de l'autre, comme il ne reste rien, il faut écrire un Zero sous cette Ligne vis à vis de cette Colomne ; Que s'il est plus petit, il le faut oster du Nombre de dessus, & écrire le Nombre qui reste ; Mais quand il est plus grand que celuy de dessus, comme on ne sçauroit oster le plus du moins, il faut emprunter du Nombre de la Colomne qui précede, quel que soit ce Nombre, quand mesme ce seroit un Zero, une Unité, qui vaut toûjours dix à l'égard de la Colomne qui suit, joindre ces dix avec ceux de cette Colomne, & puis soustraire le Nombre de dessous de ceux de dessus ainsi joints, & écrire le reste sous cette Colomne ; retenant un, que l'on a emprunté & le joignant au Nombre de dessous de la Colomne qui précede, lequel par ce moyen se trouve augmenté d'une Unité ; Mais par ce moyen aussi le Nombre de dessus demeure toûjours en son entier, & dans sa mesme valeur, & l'on n'a pas la peine de se ressouvenir qu'ayant emprunté une Unité il doit estre diminué d'une Unité, & par consequent ne plus valoir ce qu'il represente. Comme cette Methode me semble plus simple & plus aisée qu'aucune autre, & qu'elle a mesme quelque raport avec la maniere d'operer dont on s'est déja servy dans l'Addition, j'ay crû que je devois la préferer aux autres, & m'en devoir icy servir.

Mais quelque simples que soient ces Regles, elles ne laissent pas de paroistre obscures, & le sont en effet, quand

elles

elles ne font pas appliquées à quelque exemple, mais un ou deux exemples vont tout éclaircir.

Souftraction des Nombres d'une mefme Efpece.

3 0 2 1 7 livres.	2 3 0 0 0 Toifes.
2 5 0 5 livres.	1 9 8 9 4 Toifes.
refte 2 7 7 1 2 livres.	refte. 3 1 0 6 Toifes.

PAr exemple, pour fouftraire 2505 liv. de 30217 liv. je les arrange comme vous les voyez icy ; Puis commençant par les Chifres de la derniere Colomne, je dis qui de 7. ofte 5. refte 2 ; que j'écris fous cette Colomne ; Puis paffant à l'autre, je dis, qui d'un ofte rien refte 1, que j'écris de mefme fous fa Colomne. Enfuite paffant à la troifiéme Colomne, je dis, qui de 2. ofte 5. ne peut, j'en emprunte un de la Colomne qui précede, qui vaut dix, (fans m'informer fi c'eft un Zero ou non) je joins ces dix à ceux de cette troifiéme Colomne, & je dis, dix & deux font 12. qui de 12. ofte 5. refte 7. que j'écris fous la troifiéme Colomne , & retiens un que j'ay emprunté , que je joins au nombre de deffous, de la quatriéme Colomne, difant un que j'ay emprunté & 2. font 3. Puis paffant à la quatriéme Colomne je dis, qui de rien ofte 3. ne peut, j'en emprunte un qui vaut dix, dix & rien font dix, qui de 10. ofte 3. refte 7. que j'écris fous la quatriéme Colomne, & retiens un, que je joins au Nombre de deffous de la 5. Colomne ; Et comme il n'y a icy aucun Nombre, je dis un que j'ay retenu & rien c'eft un ; Puis paffant à la cinquiéme & premiere Colomne je dis, qui de 3. ofte 1. refte 2. que j'écris fous cette Colomne ; Et ainfi je trouve que le Nombre qui refte eft 27712. liv.

De mefme, en l'autre Exemple, commençant par la derniere Colomne, je dis, qui de rien ofte 4. ne peut, j'en emprunte un qui vaut dix, dix & rien font dix, qui de 10. ofte 4. refte 6, que j'écris fous la derniere Colomne, & retiens un, que je joins au Nombre de deffous de la Colomne qui

fuit, difant, un que j'ay retenu & 9. font 10. Puis paffant
à la 2. Colomne, je dis, qui de rien ofte 10. ne peut, j'en
emprunte un qui vaut dix, dix & rien font dix, qui de
dix ofte dix, refte rien, j'écris un Zero fous cette Colomne, & retiens un ; difant de mefme, un que j'ay retenu
& 8. font 9. Puis paffant à la troifiéme Colomne, je dis,
qui de rien ofte 9. ne peut, j'en emprunte un qui vaut dix,
dix & rien font dix, qui de 10. ofte 9. refte 1. que j'écris
fous cette troifiéme Colomne, & retiens un, difant, un que
j'ay retenu & 9 font 10. Puis paffant à la quatriéme Colomne, je dis, qui de 3. ofte 10. ne peut. J'en emprunte
un qui vaut dix, 10 & 3 font 13, qui de 13. ofte 10. refte 3.
que j'écris fous la quatriéme Colomne, & retiens un, difant
un que j'ay retenu & un font 2. Puis paffant à la premiere
Colomne, je dis, qui de 2. ofte 2. refte rien, je n'écris point
de Zero fous cette Colomne, à caufe qu'un Zero ne fert
de rien quand il n'a point de Chifre devant foy ; Et ainfi
je mets fimplement un Point. Et je trouve que le Nombre qui refte eft 3106. Toifes.

Souftraction des Nombres de diverfes Efpeces.

Aintenant quand le Nombre à fouftraire, & celuy de
qui la Souftraction doit eftre faite, font compofez de differentes Efpeces, dont les unes valent plus ou moins que les
autres, par exemple, s'ils font compofez de Livres, de Sols &
de Deniers ; ou bien de Marcs, d'Onces & de Gros ; ou enfin de Toifes, de Piés, & de Pouces, il y a, de mefme
qu'en l'Addition, quelques Regles particulieres à obferver.
   Premierement il faut, comme en l'Addition, fçavoir la
valeur de chaque Efpece, & la difference qu'il y a de l'une
à l'autre.
   20. Il faut mettre les plus hautes Efpeces les premieres,
& les autres aprés, chacune en fon rang ; Par exemple,
il faut mettre les Livres devant les Sols, & les Sols devant
les Deniers ; Et ainfi les Marcs devant les Onces, & les
Onces devant les Gros, &c.

3°. Il faut auſſi mettre les Nombres de chaque Eſpece les uns ſous les autres ; c'eſt à dire, les Livres ſous les Livres, les Sols ſous les Sols, & les Deniers ſous les Deniers ; Et de meſme à l'égard des Marcs, des Onces & des Gros ; comme auſſi à l'égard des Toiſes, des Piés, & des Pouces.

4°. Il ne faut pas non plus mettre dans le rang des moindres Eſpeces un Nombre qui excede, ou meſme qui égale la valeur de l'Eſpece ſuperieure, autrement il faudroit en transferer la valeur dans le rang de l'Eſpece ſuperieure.

5°. Il faut auſſi commencer ſon Operation par les Nombres de la moindre Eſpece.

6°. Il faut ſouſtraire tout à la fois les Nombres des Eſpeces de moindre valeur, par exemple s'il y a des Deniers, ou des Sols à ſouſtraire, il faut les ſouſtraire tous enſemble du Nombre de deſſus.

7°. Enfin, Quand on eſt obligé d'emprunter d'une Eſpece ſur l'autre, l'Unité que vous empruntez vaut à proportion de la valeur de l'Eſpece ſuperieure à l'égard de ſon inferieure ; Par exemple, ſi vous empruntez un Sol, comme un Sol vaut douze Deniers, l'Unité que vous empruntez vaut 12 ; Si vous empruntez une Livre, comme une Livre vaut 20 Sols, l'Unité que vous empruntez vaut 20 ; Et de meſme ſi vous empruntez, une Once ou un Marc, comme l'Once vaut 8. Gros, & que le Marc vaut 8. Onces, l'Unité que vous empruntez vaut 8. Et de meſme auſſi ſi vous empruntez une Toiſe, ou un Pié, comme la Toiſe vaut 6. Piés, & que le Pié vaut 12. Pouces, l'Unité que vous empruntez vaut 6. ou 12.

Voicy des Exemples de chaque Eſpece.

Souftraction des Livres, des Sols, & des Deniers.

2760 ₶	13 ß	6 d.		3333 ₶	9 ß	11 d.
1836	17	11		1666	13	6
refte . 923 ₶	15 ß	7 d.		refte 1666 ₶	16 ß	5 d.

AU premier Exemple, commençant par les Deniers, je dis. Qui de 6. ofte 11. ne peut, j'emprunte un Sol qui vaut 12, 12. & 6. font 18, qui de 18 ofte 11 refte 7. que j'écris fous les Deniers, & retiens un que j'ay emprunté, que je joins au Nombre de deffous de la Colomne des Sols, difant un que j'ay emprunté & 7. font 8. Puis paffant aux Sols, je dis qui de 13 ofte 18 ne peut, j'emprunte une Livre qui vaut 20. 20 & 13 font 33. qui de 33 ofte 18 refte 15. que j'écris fous les Sols, & retiens un, que je joins au dernier Nombre des Livres, difant un que j'ay retenu & 6. font 7. Puis paffant aux Livres j'acheve l'Operation à l'ordinaire, difant qui de rien ofte 7. ne peut, j'en emprunte un qui vaut dix, dix & rien font 10, qui de 10 ofte 7 refte 3. que j'écris fous la derniere Colomne, & retiens un, que je joins avec 3, difant un que j'ay retenu & 3, font 4. Enfuite paffant à l'autre Colomne, je dis, qui de 6 ofte 4 refte 2. que j'écris fous fa Colomne. Et comme je n'ay rien retenu, je paffe à la troifiéme Colomne, & dis qui de 7. ofte 8. ne peut, j'en emprunte un qui vaut 10, dix & 7. font 17. qui de 17. ofte 8. refte 9. que j'écris fous la troifiéme Colomne, & retiens un que je joins au Nombre de deffous de la premiere Colomne, difant un que j'ay retenu & un font 2. puis paffant à cette 1. Colomne, je dis qui de 2. ofte 2. refte rien ; & comme c'eft la premiere Colomne je mets un Point au deffous ; Et je trouve qu'il refte . 923. liv. 15. f. 7. d.

J'opere de mefme au Nombre fuivant, & je trouve qu'il refte 1666. liv. 16. f. 5. d.

Au refte pour lever la difficulté qui fe pourroit quelquefois rencontrer à ofter ainfi tout à la fois les Nombres des moindres Efpeces, & rendre la Pratique tres-aifée pour ceux qui commencent ; Remarquez que quand on eſt obligé d'emprunter une Unité d'une Efpece fur l'autre, cette Unité vaut toûjours plus que le Nombre qui eſt à fouſtraire, car par exemple fi c'eſt un Sol que vous empruntiez il vaut 12. & vous n'avez jamais plus de 11. Deniers à fouſtraire ; De mefme fi c'eſt une Livre que vous empruntiez, elle vaut 20, & vous n'avez jamais plus de 19 fols à Souſtraire ; Pour rendre donc la chofe tres-facile, vous n'avez qu'à oſter le Nombre qui eſt à fouſtraire de la valeur de l'Unité que vous avez empruntée, & joindre le furplus aux Deniers, ou aux Sols à quoy vous n'avez point touché, & écrire le Produit ou la Somme fous fa Colomne.

Par exemple au Nombre cy-devant, au lieu de dire qui de 18 oſte 11, vous n'avez qu'à dire qui de 12. oſte 11. reſte 1. & le joindre avec le 6. à quoy vous n'avez point touché, & dire 6. & 1. font 7. & mettre le 7. fous la Colomne des Deniers. De mefme au lieu de dire qui de 33 oſte 18, vous n'avez qu'à dire, qui de 20 oſte 18 reſte 2, & les joindre avec 13, & dire 13 & 2 font 15. & écrire 15. fous la Colomne des Sols, & ainfi aux autres Efpeces. Mais cela eſt plûtoſt un fcrupule qu'une difficulté ; car pour peu qu'on fçache compter, on a bien toſt acquis l'habitude d'oſter un petit Nombre d'un autre un peu plus grand.

Remarquez encore, que bien qu'il n'y ait ny Sols ny Deniers au Nombre de deffus, il ne faut pas laiffer de faire fon Operation tout de mefme que s'il y en avoit ; Comme dans cet Exemple.

$$
\begin{array}{lll}
2517\, \text{ʒ} & & \\
925\, \text{ʒ} & 11\, \text{ß} & 7\, d. \\
\hline
\text{reſte } 1591 & 7 & 5
\end{array}
$$

Il faut dire, qui de rien oſte 7. ne peut, j'emprunte un Sol qui vaut 12 Deniers, & je dis qui de 12 oſte 7 reſte 5. que j'écris fous la Colomne des Deniers, & retiens un,

PPpp iij

que je joins avec les Sols à fouftraire, difant, un que j'ay retenu & 11 font 12. Puis paffant aux Sols, je dis, qui de rien ofte 12 ne peut, j'emprunte une Livre qui vaut 20, & je dis qui de 20 ofte 12, refte 8 ; que j'écris fous la Colomne des Sols, & retiens un que j'ay emprunté, que je joins avec les Livres difant 1 & 5. font fix, puis j'acheve l'Operation à l'ordinaire, & je trouve qu'il refte 1591. liv. 8. f. 5. d.

Souftraction des Marcs, des Onces, des Gros, des Deniers & des Grains.

$$5680^{m.} \quad 3^{o.} \quad 5^{g.} \quad 1^{d.} \quad 15^{grains.}$$
$$543 \quad\quad 5 \quad\quad 7 \quad\quad 2 \quad\quad 18$$

refte $5136^{m.}$ $5^{o.}$ $5^{g.}$ $1^{d.}$ $21^{grains.}$

EN cet Exemple, commençant par les Grains, je dis, qui de 15 ofte 18 ne peut, j'emprunte un Denier qui vaut 24, & je dis, (felon la Remarque qui facilite l'Operation) qui de 24 ofte 18 refte 6. que je joins avec 15. à quoy je n'ay point touché difant 15 & 6 font 21. que j'écris fous les Grains, & retiens un que j'ay emprunté, que je joins avec les Deniers qui font à fouftraire, difant un que j'ay retenu & 2 font 3. Puis paffant aux Deniers je dis, qui d'un ofte 3. ne peut, j'emprunte un Gros qui vaut 3. Deniers que je joins avec les Deniers, difant 3 & 1 font 4 ; puis je dis : qui de 4 ofte 3, refte un, que j'écris fous les Deniers, & retiens un que j'ay emprunté, que je joins avec les Gros à fouftraire, difant un que j'ay emprunté & 7 font 8. Puis paffant aux Gros je dis, qui de 5 ofte 8. ne peut, j'emprunte une Once qui vaut 8. Gros que je joins avec les Gros, difant 8 & 5 font 13. Qui de 13 ofte 8 refte 5. que j'écris fous les Gros, & retiens un que j'ay emprunté que je joins avec les Onces à fouftraire, difant un que j'ay emprunté & 5 font 6. Puis paffant aux Onces je dis, qui de 3 ofte 6 ne peut, j'emprunte un Marc qui vaut 8. Onces, que je joins avec les Onces, difant 8 & 3 font 11. & je dis qui de 11 ofte 6. refte

5. que j'écris fous les Onces, & retiens un que je joins avec
les Marcs à fouſtraire, difant un que j'ay retenu & 3 font 4.
Puis paſſant aux Marcs j'acheve mon Operation à l'ordinaire.

Remarquez que quand au nombre de deſſus il n'y auroit
ny Onces, ny Gros, ny Deniers, ny Grains, comme en
cet Exemple, il faudroit toûjours operer de la meſme façon.

$$5680^{m.}$$
$$543^{m.}\quad 5^{o.}\quad 7^{g.}\quad 2^{d.}\quad 18^{grains.}$$

reſte 5136.   2   0   0   6

Diſant qui de rien oſte 18 ne peut, j'emprunte un Denier
qui vaut 24 Grains, & je dis qui de 24 oſte 18 reſte 6. que
j'écris fous les Grains, & retiens un, difant un & 2 font 3.
Puis paſſant aux Deniers, je dis qui de rien oſte 3. ne peut,
j'emprunte un Gros qui vaut 3. deniers, & je dis qui de 3.
oſte 3. reſte rien, je mets un Zero au deſſus des Deniers, &
retiens un, difant 1 & 7 font 8. Puis paſſant aux Gros, je
dis qui de rien oſte 8. ne peut, j'emprunte une Once qui
vaut 8. Gros, & je dis, qui de 8 oſte 8. reſte rien, je
mets un Zero fous les Gros, & retiens un, difant 1 & 5 font
6. Puis paſſant aux Onces, je dis qui de rien oſte 6. ne peut,
j'emprunte un Marc qui vaut 8. Onces, & je dis qui de 8
oſte 6 reſte 2. que j'écris fous les Onces, & retiens un, difant un que j'ay retenu & 3. font 4. Puis j'acheve l'Operation à l'ordinaire, & je trouve qu'il reſte, ainſi qu'il eſt marqué cy-deſſus, 5136^{m.} 2°. 0^{g.} 0^{d.} 6^{grains.}

Souſtraction des Toiſes, des Piés, & des Pouces.

7313ᵗ.	3ᴾ.	7ᴾᵒ.		7313	—	—
6818ᵒ.	5	10		6818	5	10

reſte . 494	3	9		reſte 494	0	2

Ommençant icy par les Pouces, je dis, qui de 7 oſte 10. ne peut, j'emprunte un Pié qui vaut 12. Pouces, que je joins avec les Pouces, diſant 12 & 7. ſont 19 ; Et je dis qui de 19 oſte 10. reſte 9. que j'écris ſous les Pouces, & retiens un que je joins avec les Piés à ſouſtraire, diſant un que j'ay retenu & 5 ſont 6. Puis paſſant aux Piés, je dis, qui de 3 oſte 6. ne peut, j'emprunte une Toiſe qui vaut ſix Piés, que je joins avec les Piés diſant 6 & 3. ſont 9. & je dis qui de 9 oſte 6. reſte 3. que j'écris ſous le rang des Piés, & retiens un que je joins avec les Toiſes à ſouſtraire, diſant un que j'ay retenu & 8 ſont 9. Puis paſſant aux Toiſes, j'acheve l'Operation à l'ordinaire, & je trouve qu'il reſte 494ᵗ. 3ᴾ. 9ᴾᵒ.

S'il n'y avoit point eu de Piés ny de Pouces au nombre de deſſus, comme en cet Exemple, il auroit toûjours fallu operer de la meſme façon.

7313ᵗᵒⁱˢᵉˢ.		
6818ᵗ.	5ᴾ.	10ᴾᵒ.

494ᵗ.	0	2ᴾᵒ.

Diſant, qui de rien oſte 10 ne peut, J'emprunte un Pié qui vaut 12. Pouces, & je dis qui de 12 oſte 10 reſte 2. que j'écris ſous les Pouces, & retiens un, que je joins avec les Piés à ſouſtraire, diſant un que j'ay retenu & 5 ſont 6. Puis paſſant aux Piés, je dis qui de rien oſte 6. ne peut, j'emprunte une Toiſe qui vaut 6. Piés, & je dis qui de 6 oſte 6. reſte rien, je mets un Zero ſous le rang des Piés, & retiens

un

un que j'ay emprunté, que je joins avec les Toiſes à ſouſtraire, diſant un que i'ay retenu & 8 ſont 9. Puis paſſant aux
Toiſes j'acheve mon Operation comme devant, & je trouve
qu'il reſte 494.ᵗ 0ᴾ· 2ᴾᵒ·

Preuve de la Souſtraction.

Pour la Preuve de la Souſtraction, il ne faut qu'adjoûter enſemble le Nombre qne l'on a ſouſtrait & celuy qui eſt reſté ;
car ſi la Souſtraction a eſté bien faite, le Produit de
ces deux Nombres doit eſtre ſemblable à celuy duquel la
Souſtraction a eſté faite, Puiſque ces deux Nombres en ſont
les parties, qui eſtant jointes enſemble doivent faire le
tout. Par exemple, nous venons de trouver qu'en oſtant
6818. Toiſes 5. p. 10. po. de 7313. Toiſes, il eſtoit reſté 494.ᵗ
0.ᴾ· 2ᴾ· il ne faut qu'adjoûter enſemble le Nombre que l'on
a ſouſtrait & celuy qui eſt reſté, & voir s'il viendra 7313.
Toiſes.

$$
\begin{array}{lll}
6818^{t} & 5^{P·} & 10^{PO·} \\
494 & 0 & 2^{PO·} \\
\hline
7313 & 0 & 0
\end{array}
$$

Et comme ce Nombre ſe trouve, il s'enſuit que la
Souſtraction a eſté bien faite.

Preuve de l'Addition.

La preuve de l'Addition ſe fait par la Souſtraction. Car
s'il eſt vray que deux Nombres joints enſemble produiſent
un troiſiéme ; Il eſt vray auſſi qu'ayant oſté de ce Produit
l'un des deux premiers Nombres, l'autre doit reſter.

Exemple.

1709 ₶	4 ß	11 d.
795	3	7

2504	8	6
795	3	7

refte 1709   4   11

Autre preuve de l'Addition.

La preuve de l'Addition fe fait encore par une autre forte de Souftraction, qui eft fort aifée & fort claire, c'eft pourquoy je ne la veux pas obmettre ; il y a feulement cela à obferver que fon Operation commence par la gauche en defcendant vers la droitte, au contraire de l'autre.

Elle eft fondée fur cette Maxime, qui eft, Que puifque tous les Nombres que l'on a adjoûtez enfemble en ont produit un autre, fi l'on ofte de ce Produit les mefmes Nombres que l'on avoit adjoûtez, il ne doit rien refter.

Voicy comme elle fe fait, commençant par la premiere Colomne, il faut affembler en un tous les Nombres de cette Colomne, en ofter le Produit du Nombre de deffous, & s'il refte quelque chofe, l'écrire au deffous ; puis il faut paffer aux autres Colomnes, & faire de mefme à chacune, jufqu'à la derniere, où il ne doit rien refter, fi l'Addition a efté bien faite.

Exemple.

```
  5 3 8 7 1
  2 0 9 2 0
  4 6 7 8 9
  8 7 6 5 7
─────────────
  2 0 9 2 3 7
─────────────
```

1 3 2 1 0. refte rien.

Tous ces Nombres joints enfemble ont produit 209227. l. fi donc je les ofte tous les uns apres les autres , il ne doit rien refter, voicy comme il faut dire, cinq & deux font fept, & 4 font 11, & 8 font 19, que j'ofte de 20, il refte 1. que j'é-cris fous le Zero, vis à vis de la premiere Colomne ; puis je paffe à la Colomne fuivante, & dis 3 & 6 font 9, & 7 font 16, que j'ofte de 19, il refte 3, que j'écris fous le 9 : enfuite je dis 8 & 9 font 17. & fept font 24. & 6 font 30, que j'ofte de 32, il refte 2. que j'écris fous le 2. Je continuë & dis 7 & 2 font 9, & 8 font 17 & 5 font 22 que j'ofte de 23. Il refte 1, que j'écris fous le 3. enfin je dis 1 & 9 font 10, & 7 font 17, que j'ofte de 17. & il ne refte rien , ce qui m'affure que l'Addition a efté bien faite. S'il y avoit eu des Sols & des Deniers , l'Operation euft efté femblable , en obfervant ce qu'il y a de particulier.

Autre Exemple.

```
 8 5 3 3 ₶      1 5 ß     6 d.
 9 3 5 4        1 3       9
 7 8 9 6        6         7
──────────────────────────────
 2 5 7 8 3      1 5       1 0
──────────────────────────────
 1 1 1 1        1 1       0 refte rien.
```

QQqq ij

TRAITÉ

ARTICLE IV.

De la Multiplication des Nombres entiers.

EN toute Multiplication, il y a trois Nombres à confide-rer, le Nombre *Multiplié*, le Nombre *Multipliant*, & le Nombre qui refulte de la Multiplication de l'un par l'autre, qu'on appelle , & qui eft en effet, *le Produit* de la Multi-plication.

De ces trois Nombres, les deux premiers font donnez , & ce n'eft que le troifiéme que l'on cherche.

Ainfi tout le fecret de cette Operation confifte à trouver ce Produit ; lequel a cela de propre, qu'il doit contenir au-tant de fois le Nombre multiplié, qu'il y a d'Unitez au Multipliant.

Par exemple, fi vous multipliez 12 par 5, 12 eft le Nom-bre multiplié, 5 eft le Nombre multipliant, & 60 qui re-fulte de la Multiplication de l'un par l'aute, eft le Produit de cette Multiplication.

Mais de ces trois Nombres, 12. & 5. eftoient donnez, & ce n'eftoit que le Produit, qui eft 60, que l'on cherchoit, lequel, comme j'ay dit, à cela de propre qu'il contient au-tant de fois le Nombre multiplié, qu'il y a d'Unitez au Mul-tipliant, car en effet 60. contient 12. 5. fois.

Mais remarquez que le mefme Produit refulte auffi bien de la Multiplication de 5. par 12, comme de 12 par 5, & qu'il eft indifferent lequel des deux Nombres vous preniez pour le Multiplié ou pour le Multipliant, puifqu'il en vient toû-jours le mefme Produit.

La raison de cecy se peut rendre sensible par cette Figure, où soit que vous mesuriez 4 par 3, ou 3 par 4, le mesme Plan resulte toûjours.

Cet Exemple servira pour tous les autres.

Si nostre Esprit avoit assez d'étenduë pour pouvoir comprendre tout d'un coup, & comme d'une seule veuë, quel peut estre le Produit de tout Nombre multiplié par un autre, il ne faudroit point de Regle pour apprendre à multiplier ; Il ne faudroit que s'appliquer avec un peu d'attention à ce que l'on fait pour le trouver de soy-mesme ; Mais comme nostre Esprit est tres-borné, & qu'à peine peut-il trouver le Produit des plus petits Nombres, avant que de passer plus outre, il est bon d'apprendre & de se rendre familiere à la Table suivante, qui contient la Multiplication de tous les Nombres simples l'un par l'autre ; car sans cela il seroit presque impossible de pouvoir pratiquer cette Regle. Mais quand une fois on sçait bien sa Table, le reste ne couste quasi plus rien : car pour grands que soient les Nombres à multiplier, comme on ne les multiplie que par Partie & Chifre à Chifre, c'est de mesme que si l'on n'avoit jamais que de simples Nombres à multiplier.

2. fois	2.	3.	4.	5.	6.	7.	8.	9.
	4.	6.	8.	10.	12.	14.	16.	18.

3. fois	3.	4.	5.	6.	7.	8.	9.
	9.	12.	15.	18.	21.	24.	27.

4. fois	4.	5.	6.	7.	8.	9.
	16.	20.	24.	28.	32.	36.

5. fois	5.	6.	7.	8.	9.
	25.	30.	35.	40.	45.

6. fois	6.	7.	8.	9.
	36.	42.	48.	54.

7. fois	7.	8.	9.
	49.	56.	63.

8. fois	8.	9.
	64.	72.

9. fois	9.
	81.

Aprés cela, tout ce qu'il peut y avoir de particulier ne
confifte plus qu'à fçavoir comment on doit difpofer les Nombres, & de quelle maniere fe doit faire la Multiplication.

De la difpofition des Nombres, & de la maniere que fe doit faire la Multiplication.

Quoy que pour la Multiplication il foit indifferent lequel de deux Nombres, l'on prenne pour le Multiplié, ou pour le Multipliant, à caufe que le mefme Produit
en refulte toûjours; Il eft mieux neantmoins de prendre le
plus grand Nombre pour le Multiplié, à caufe que la Multiplication fe fait plus facilement d'un grand Nombre par
un petit, que d'un petit par un plus grand.

Cela eftant, vous poferez le plus grand Nombre, ou le

Multiplié au deſſus , & vous mettrez le plus petit ou le Multipliant au deſſous, ſçavoir, les Nombres ſous les Nombres , les Dixaines ſous les Dixaines , & ainſi du reſte ; Et vous multiplierez le Nombre Multiplié , par tous les Chifres du Nombre Multipliant , l'un aprés l'autre , en commençant par le dernier ; Où vous remarquerez que lorſque l'on commence à multiplier par un Chifre, il faut mettre ſon premier Produit au meſme rang que celuy de chaque Chifre ; de ſorte que s'il eſt au rang des Nombres ſimples , il faut mettre ſon premier Produit au rang des Nombres ſimples ; s'il eſt au rang des Dixaines il le faut mettre au rang des Dixaines, & ainſi des autres ; Et faire enſuite l'Addition de tous ces Produits pour avoir le Produit total, qui eſt ce que l'on cherche , comme vous allez voir dans l'Exemple ſuivant, où je dis ainſi ;

$$
\begin{array}{r}
5243 \\
25 \\
\hline
26215 \\
10486 \\
\hline
131075.
\end{array}
$$

Cinq fois 3 ſont 15, je poſe 5 & retiens 1 ; 5 fois 4 ſont 20, & un que j'ay retenu ſont 21, je poſe 1, & retiens 2 ; 5 fois 2 ſont 10, & 2 que j'ay retenu ſont 12, je poſe 2, & retiens 1 ; 5 fois 5 ſont 25, & un que j'ay retenu ſont 26, je poſe 6, & avance le 2.

De meſme , je dis 2 fois 3 ſont 6, je poſe 6, ſous les Dixaines, vis à vis du 2 ; 2 fois 4 ſont 8, je poſe 8 ; 2 fois 2 ſont 4, je poſe 4 ; 2 fois 5 ſont 10, je poſe un Zero , & j'avance l'un.

Puis je fais l'Addition de ces deux Produits, & je trouve que le Produit total eſt 131075 c'eſt à dire cent trente & un mil ſoixante & quinze , qui contient 25 fois le Nombre multiplié 5243.

Il eſt à remarquer que quand il y a des Zero ſoit au milieu ſoit à la fin d'un Nombre , ils n'entrent point dans la

Multiplication ; mais neantmoins ils ne laiſſent pas de tenir leur place, & de ſervir à augmenter la valeur du Produit.

Ainſi ſi l'on veut multiplier 207, par 6, il faut dire ainſi.

$$\begin{array}{r} 207 \\ 6 \\ \hline 1242. \end{array}$$

6 fois 7 ſont 42, je poſe 2, & avance le 4, ſans le retenir, à cauſe du Zero qui ſuit, puis je paſſe le Zero dont le 4 tient la place, & je dis 6 fois 2 ſont 12, je poſe 2 & avance l'un.

Si les Zero ſe trouvent à la fin du Nombre Multipliant, il les faut ſimplement poſer, & paſſer à la Multiplication des Figures ſignificatives, comme en cet Exemple, où je poſe ſimp'ement les deux Zero, & paſſe à la Multiplication du Nombre de deſſus que je multiplie par 2.

$$\begin{array}{r} 267 \\ 200 \\ \hline 53400. \end{array}$$

Que s'ils ne le terminent pas, mais s'ils ſe trouvent au milieu du Nombre Multipliant, il faudra les paſſer, & mettre ſimplement des Zero en leur place pour tenir leur rang, par exemple.

$$\begin{array}{r} 2362 \\ 2003 \\ \hline 18896 \\ 472400 \\ \hline 4742896 \end{array}$$

Enfin, s'il y a pluſieurs Zero qui ſe ſuivent immediatement à la fin du Nombre Multiplié & du Nombre Multipliant, l'on fera ſimplement la Multiplication des Figures ſignificatives, & à la fin de leur Produit, l'on adjoûtera

autant

autant de Zero qu'il y en a à la fin, tant du Nombre Multiplié que du Multipliant. Par exemple, je multiplie icy 5. par 9. cela fait 45, à quoy j'adjoûte cinq Zero.

$$5000$$
$$900$$
$$\overline{4500000}$$

Jufques icy je n'ay parlé que des Nombres d'une mefme Efpece ; mais comme fouvent on eft obligé de multiplier des Nombres de differentes Efpeces, en ce cas, il faut obferver que le Produit qui en refulte eft toûjours de la moindre Efpece ; Si bien que quand on multiplie quelque Nombre par des Deniers, ou des Deniers par quelque autre Nombre, le Produit qui en vient ne contient que des Deniers, fi par des Sols, il ne contient que des Sols ; Et dautant que pour avoir le Produit Total, il faut reduire les Deniers en Sols, & les Sols en Livres ; Il eft neceffaire de fçavoir comment fe doit faire cette Reduction.

Reduction des Deniers en Sols.

POur faire aifément cette Reduction, il faut auparavant avoir appris la Table fuivante.

$$
\begin{array}{l}
1.\text{ Sol}\quad\text{vaut}\quad12.\text{ Deniers.}\\
2.\text{ Sols valent}\quad24.\text{ Deniers.}\\
3\ \text{———————}\ 36\\
4\ \text{———————}\ 48\\
5\ \text{———————}\ 60\\
6\ \text{———————}\ 72\\
7\ \text{———————}\ 84\\
8\ \text{———————}\ 96\\
\&\ 9.\text{Sols valent }108.\text{Deniers.}
\end{array}
$$

Car par le moyen de cette Table, fi le nombre des Deniers qui eft à reduire en Sols n'excede point 108. l'on sçait,tout auffi-toft combien il vaut de Sols.

Que s'il excede de beaucoup ce Nombre-là, pour lors il y a quelques Regles à obferver, lefquelles font faciles à une perfonne qui fçait déja tout ce qui précede.

1°. Cette Reduction fe fait en commençant par la main gauche, & defcendant de la gauche vers la droite.

2°. Il faut prendre d'abord autant de Chifres qu'il en faut pour faire un certain nombre de Sols, que l'on pofera fous le dernier Nombre que l'on aura pris.

3°. S'il y a du **refte** vous le retiendrez, & le joindrez au Chifre fuivant, à l'égard duquel le Nombre que vous aurez retenu vaut des Dixaines.

4°. Si ces deux Nombres eftant joints font enfemble un certain Nombre de Sols, & quelque chofe deplus, vous poferez ce Nombre fous le Chifre fuivant, & retiendrez le refte comme auparavant ; Que fi ces deux Nombres joints enfemble ne valent pas un Sol, vous poferez un Zero, & retiendrez leur valeur, que vous joindrez au Chifre d'a-prés ; & continuërez à faire de mefme jufqu'à la fin ; Et s'il y a du refte, ce feront autant de Deniers qui refteront, lefquels ne pourront eftre reduits en Sols.

Cecy fe verra mieux par un Exemple.

57718.2. Deniers.

valent 48098. Sols 6. Deniers.

Je prens d'abord les deux premieres Figures, qui font 57. Deniers, lefquels valent 4. Sols, que je pofe fous le 7. & re-tiens 9. qui reftent ; Je joints 9 avec le 7 qui fuit, cela fait 97 Deniers, qui valent 8. Sols, que je pofe fous le 7, & re-tiens 1, lequel eftant joint avec l'un qui fuit ne fait que 11, Deniers, c'eft pourquoy je pofe un Zero fous l'un, & re-tiens 11 ; ce Nombre joint avec le 8 d'aprés fait 118. Deniers, qui valent 9. Sols, que je pofe fous le 8. & retiens 10 qui reftent ; je joints ces 10 avec le 2 de la derniere Figure, cela fait 102. Deniers qui valent 8. Sols, que je pofe fous le 2. & j'écris les 6. Deniers qui reftent, & qui ne peuvent eftre reduits en Sols.

Autre Exemple.

1104116 Deniers
valent   92009 Sols, 8 Deniers

Je prens icy les trois premieres Figures, à cause que les deux premieres ne font pas un Sol ; Et je dis 110 Deniers valent 9 Sols, & retiens 2 ; 24 Deniers valent juſtement 2 Sols ; un Denier, & encore un Denier qui ſuit ne valent pas enſemble un Sol, c'eſt pourquoy je poſe deux Zero de ſuite, enfin je dis 116 Deniers valent 9 Sols, que je poſe ſous la derniere Figure, & j'écris les 8 Deniers qui reſtent, & qui ne peuvent eſtre reduits en Sols.

Mais à vray dire cette maniere de Reduction eſt à proprement parler une veritable Diviſion, où l'on diviſe le Nombre propoſé de Deniers par 12, à cauſe qu'il en faut autant pour faire un Sol.

Car pour me ſervir de l'Exemple cy-deſſus, dire en 110 Deniers combien y a-t'il de Sols, ou bien dire en 110 combien de fois 12, c'eſt la meſme choſe ; & ainſi du reſte, & les Nombres à poſer, & ceux qui reſtent & qui ſont à retenir, ſont les meſmes ; Ainſi cette maniere de Reduction n'eſt qu'une Diviſion, que l'on déguiſe à cauſe que l'on n'en a point encore parlé. Mais pourtant j'avertis icy que je n'en enſeigneray point d'autre, parce qu'elle me ſemble la plus facile, la moins embroüillée, & la plus claire.

Reduction des Sols en Livres.

Pour faire cette Reduction, il ne faut que retrancher le dernier Chifre, qui vaudra autant de Sols qu'il contient d'Unitez, & prendre la moitié du reſte, par exemple.

6481|2   Sols
valent   324 ₶ 2 Sols

Aprés avoir retranché le 2 qui vaut 2 Sols, il faut dire la

moitié de 6 eſt 3 ; la moitié de 4 eſt 2 ; la moitié de 8 eſt 4 ; Et ainſi ce Nombre de Sols vaut 324. l. 2. ſ.

Si ce Nombre avoit eſté impair, & qu'au lieu du 8, il y euſt eu un 7 à la fin, on auroit dit la moitié de 7 eſt 3. & retiens 1. qu'il auroit fallu joindre avec le 2. retranché, & cela auroit fait 12. ſ. de reſte.

Cette maniere de Reduction n'eſt encore qu'une Diviſion deguiſée, car diviſer 6482 Sols par 20. ou en faire la Reduction comme il vient d'eſtre dit, c'eſt la meſme choſe ; puiſque 20 ſe trouve en 64, 3 fois ; en 48, 2 fois ; en 82, 4 fois, & reſte 2.

Multiplication par Livres, Sols & Deniers.

CEtte ſorte de Multiplication n'a rien de plus difficile que la ſimple ; il faut ſeulement obſerver, (comme j'ay déja fait remarquer) qu'un Nombre multiplié par des Deniers ne produit que des Deniers, & multiplié par des Sols ne produit que des Sols.

Toute la peine donc qu'il peut y avoir en cecy, eſt qu'a-prés avoir multiplié le Nombre propoſé par les Deniers, avant que de paſſer aux Sols, il en faut faire la Reduction en Sols ; puis faire la Multiplication par les Sols, que vous reduirez auſſi en Livres, avant que de paſſer à la Multipli-cation des Livres ; Et quand vous aurez multiplié voſtre Nombre par les Livres, vous ferez l'Addition de tous ces Produits, pour avoir le Produit total ; Dans lequel Produit, il ſe pourra faire qu'il reſtera quelquefois des Sols & des Deniers, qui n'auront pû eſtre reduits ; quelquefois auſſi qu'il n'y aura que l'un ou l'autre ; & quelquefois meſme ny l'un ny l'autre, ſelon le hazard des Nombres qui auront eſté multipliez.

Exemple.

Je veux sçavoir combien valent 357 Muids de vin à 35. liv.
12. f. 6. d. le Muid.

```
        357  Muids.
        35 ₶ 12 ß 6 d. le Muid. Je commence par les Deniers
                               & multiplie à part 357 par 6.
Cela fait   2142 Deniers, qui reduits en Sols

  font    178 Sols 6 Deniers. Je multiplie à part ensuite 357.
          714              par 12. qui eft le nombre des Sols.
          357              J'additionne le tout.

Cela fait  4461 Sols 6. d. qui reduits en Livres

  font    223 ₶ 2 ß 6 d.   Enfin je multiplie auffi à part
         1785              357 par les Livres.
         1071              J'additionne le tout.

Cela fait 12718 ₶ 2 ß 6 d.  qui eft le prix cherché.
```

Il y a mille petites curiofitez qu'on enfeigne pour faciliter
ou abreger la Multiplication, defquelles je ne parle point,
parce que comme tout cela s'apprend fort aifément, auffi
s'oublie-t'il de mefme ; & aprés tout, quand une fois on
fçait bien fa Regle, on a prefque auffi-toft fait de fuivre le
grand chemin.

Je ne parle point non plus d'une infinité de queftions que
l'on fait pour montrer l'ufage de la Multiplication, & à quoy
on la peut appliquer ; car quand on à tant foit peu d'efprit,
on en fait aifément de foy-mefme l'application. Et puis je
laiffe cela à ceux qui font leur capital d'un Livre d'Arithmetique ; mais icy je ne dois rien mettre qui ne foit neceffaire & d'ufage.

Preuve de la Multiplication.

La preuve de la Multiplication la plus naturelle eſt ſans doute la Diviſion ; car s'il eſt vray que deux Nombres eſtant multipliez l'un par l'autre il en réſulte un troiſiéme ; il eſt certain auſſi que ce troiſiéme eſtant diviſé par l'un des deux, l'autre en doit réſulter.

Ainſi ſi l'on multiplie 15 par 10, le Produit eſt 150, qui contient 15, 10 fois, ou 10, 15 fois ; Si donc on diviſe 150 par 10 le Quotient doit eſtre 15 ; ſi par 15, le Quotient doit eſtre 10.

Mais pour ne point parler encore de la Diviſion , l'on peut icy propoſer une autre ſorte de preuve, qui à mon advis n'eſt pas moins ſeure, & qui eſt plus facile ; ſçavoir eſt de multiplier le meſme Nombre, par le double ou par la moitié du Nombre Multipliant ; Car ſi voſtre premiere Multiplication a eſté juſte, vous devez rencontrer le double ou la moitié du Nombre que vous avez premierement trouvé : Ainſi ſi vous multipliez 15 par 20, qui eſt le double de 10, le Produit eſt 300, qui eſt le double de 150 : ſi par 5, qui n'eſt que la moitié de 10, le Produit eſt 75, qui n'eſt auſſi que la moitié de 150.

ARTICLE V.

De la Diviſion des Nombres entiers.

COmme la Diviſion eſt oppoſée à la Multiplication, & que les contraires ſe font connoiſtre l'un l'autre ; Je ſuivray icy la meſme methode que j'ay gardée cy-devant ; & j'employeray pour les operations de la Diviſion les mêmes Exemples dont je me ſuis ſervy dans la Multiplication, ce qui ſervira en meſme temps de preuve pour l'une & pour l'autre.

Il y a icy, comme en la Multiplication, trois Nombres à conſiderer, ſçavoir le Nombre à diviſer, ou le *Dividende* ;

le Nombre par lequel se fait la Division, ou le *Diviseur*, & le Nombre qui resulte de la Division de l'un par l'autre, qu'on n'appelle le *Quotient*, à cause qu'il montre combien de fois le Diviseur est contenu dans le Dividende.

De ces trois Nombres les deux premiers sont donnez, & ce n'est que le troisiéme que l'on cherche.

Ainsi, tout le secret de la division consiste à trouver le *Quotient*; qui a cela de propre qu'il contient autant d'Unitez, que le Dividende renferme de fois le Diviseur.

Par exemple, si vous divisez 60 par 5, 60 est le Dividende, 5 est le Diviseur, & le Nombre qui resulte de la Division de l'un par l'autre, à sçavoir 12, est le *Quotient* de cette Division.

Or de ces trois Nombres 60 & 5 estoient donnez, & ce n'estoit que le Quotient, à sçavoir 12. que l'on cherchoit, lequel, comme j'ay déja dit, à cela de propre, qu'il con‑tient autant d'Unitez, que le Dividende renferme de fois le Diviseur, ou que le Diviseur est renfermé de fois dans le Dividende.

Nous avons veu cy‑devant, que dans la Multiplication il est indifferent lequel des deux Nombres l'on prenne pour le Multiplié, ou pour le Multipliant, à cause que le mesme Produit en resulte toûjours, & que la Multiplication se peut également bien faire, soit que l'on multiplie le plus grand par le plus petit, ou le plus petit par le plus grand; mais icy il n'en va pas de mesme; car il est manifeste que l'on peut bien diviser un grand Nombre par un moindre, mais non pas au contraire; Et ainsi le Dividende doit toûjours estre plus grand que le Diviseur : Et en effet le Quotient que l'on cherche, n'est que pour sçavoir combien de fois le plus grand renferme le plus petit, ou combien de fois le plus petit est renfermé dans le plus grand.

Cela supposé, il ne s'agit plus que de sçavoir comment on doit disposer les Nombres, & de quelle maniere se doit faire la Division.

De la Difposition des Nombres, & de la Maniere que fe doit faire la Divifion.

IL y a plufieurs Manieres de faire la Divifion, & chacune a fa methode particuliere d'arranger & de difpofer les Nombres.

L'on donne mefme differents noms à chacune de ces manieres ; l'une s'appelle une Divifion à la Françoife ; l'autre à l'Efpagnole ; l'autre à l'Allemande ; l'autre à l'Italienne ; & l'autre à l'Indienne.

Toutes ces Manieres font bonnes en foy, puifque leurs Operations font juftes, & font trouver le mefme Quotient avec autant de certitude l'une que l'autre. Mais d'autant qu'il fe faut une fois déterminer, & fuivre celle que l'on juge la meilleure & la plus facile, j'en ay choifi une qui participe de toutes, mais qui pourtant a quelque chofe de particulier qui me la fait préferer aux autres.

Voicy donc quelle eft la maniere dont je me fers. Aprés avoir écrit le Nombre à divifer, ou le *Dividende*, je décris à la fin une petite portion de Cercle, & tire une Ligne Droitte, au deffus de laquelle j'écris le *Divifeur* ; Puis je confidere combien de Chifres contient le Divifeur, afin de fçavoir combien j'en dois prendre dans le Dividende (en commençant vers la main droitte) pour que le Divifeur y foit contenu une ou plufieurs fois, & en faire en fuite la Souftraction & je marque d'un Point le dernier Chifre du Dividende, dont j'ay eu befoin, & où je me fuis arrefté. Quand j'ay trouvé combien de fois le Divifeur eft contenu dans cette partie du Dividende que j'ay prife & marquée, pour lors j'écris ce premier *Quotient* fous cette Ligne que j'ay tirée, & le mets au deffous du Divifeur, puis je multiplie chaque Chifre du Divifeur par ce Quotient ; Et à mefure que je multiplie ainfi chaque Chifre, j'ofte chaque Produit du Nombre que j'ay pris où je me fuis arrefté dans le Dividende ; commençant & continuant ma Souftraction à l'ordinaire, l'ordinaire, c'eſt à dire de la droite vers la gauche ; Et s'il reſte quelque choſe, je l'écris ſous le rang de chaque Chiffre, & quand il ne reſte rien, je mets un Zero.

Cette premiere Operation ou cette premiere Partie de la Diviſion eſtant achevée, je paſſe à la ſeconde, & pour y proceder avec ordre & ſans confuſion, j'abaiſſe le Chiffre du Dividende qui ſuit celuy où je me ſuis arreſté la premiere fois, & le joints avec ce qui eſt reſté de la premiere Souſtraction ; Et ſi ce Nombre total ſe trouve plus grand que le Diviſeur, je prens garde combien de fois il y eſt contenu, & j'écris ce ſecond *Quotient* à coſté du premier ; puis je multiplie comme la premiere fois tous les Chifres du Diviſeur l'un aprés l'autre par ce ſecond Quotient, & fais la Souſtraction de chaque Produit comme auparavant, écrivant au deſſous le reſte s'il y en a. Que ſi ce Nombre total ſe trouve eſtre de moindre valeur que le Diviſeur, pour lors je mets un Zero à coſté du premier Quotient, & ſans autre ceremonie j'abaiſſe un ſecond Chiffre, que je mets à coſté de celuy que j'avois abaiſſé auparavant, ce qui augmente la valeur du Nombre total de dix fois davantage ; Et alors j'obſerve & pratique à l'égard de ce nouveau Nombre les meſmes choſes que cy-devant ; ce que je continuë juſqu'à la fin de la Diviſion, c'eſt à dire juſques à ce que j'aye abaiſſé le dernier Chiffre du Dividende.

Que s'il reſte quelque choſe qui n'aye pû eſtre diviſé, ſi ce ſont des Livres, il les faut multiplier par 20. pour les convertir en Sols ; & faire enſuite la Diviſion de cette Somme en la meſme maniere, pour avoir le Nombre des Sols qui doivent eſtre compris dans le Quotient, & s'il reſte des Sols, il faut de meſme les multiplier par 12, pour les convertir en Deniers, & achever la Diviſion, pour avoir le Nombre des Deniers que le Quotient doit contenir ; Et s'il reſte encore quelques Deniers, ce ſeront des Deniers inutiles.

Par ce moyen, l'on voit clair à ſon affaire, rien ne ſe trouve raturé ny effacé, tout y eſt en ordre & en ſon rang, & y paroiſt avec diſtinction ; enſorte que s'il arrive qu'on se soit mépris (comme cela peut arriver estant fautifs comme nous sommes) il est aisé de découvrir l'endroit d'où vient la faute. Cependant il est libre à un chacun de choisir la maniere qui luy plaist davantage, & qui l'accommode le mieux. Mais au moins j'avertis qu'il est bon de s'arrester à une, afin que la pratiquant souvent, on s'y accoûtume, & qu'on soit moins sujet à faillir.

Je ne m'arresteray pas à vous expliquer icy toutes les diverses manieres de pratiquer la Division, cela seroit contre mon dessein, qui ne va qu'au necessaire ; outre qu'on peut fort aisément se satisfaire là dessus, en voyant les Livres qui traitent à fond de ces matieres ; Mais comme il suffit d'en bien sçavoir une, je me contenteray de vous expliquer & donner des Exemples de celle dont je me sers, & que j'estime estre la meilleure & la plus facile de toutes.

Exemple.

Je veux diviser 60. par 5.

$$\text{Dividende 60.} \left(\frac{\text{5 Diviseur.}}{\text{12 Quotient.}}\right.$$
$$\begin{matrix}10.\\-0\end{matrix}$$

J'écris premierement le Dividende, qui est 60. puis je décris à la fin une portion de Cercle ; Ensuite je tire une Ligne Droitte au milieu de cette portion ; Aprés cela je mets le Diviseur 5. au dessus de cette Ligne : puis je considere ce que vaut le Diviseur, & combien il contient de Chifres, pour voir combien j'en auray à prendre dans le Dividende, pour qu'il puisse y estre contenu une ou plusieurs fois, & voyant qu'il peut-estre contenu dans le premier Chifre, je mets un Point au dessous, pour marquer que je m'y arreste ; & je dis combien de fois 5 est-il contenu en 6. il y est contenu une fois. J'écris ce Quotient 1. sous cette petite Ligne, vis à vis du Diviseur 5. Puis je multiplie le Diviseur par ce Quotient, & je dis une fois 5. font 5. que j'oste du Chifre du Dividende que j'ay marqué, & il reste 1. que j'écris au

deſſous, & voilà la premiere Partie ou la premiere Operation de la Diviſion achevée.

De là je paſſe à la ſeconde, & pour cela j'abaiſſe le Zero
du Dividende qui ſuit le 6. que j'avois marqué d'un Point,
& le joins avec l'un qui eſt reſté de la premiere Souſtraction ; Puis je conſidere combien de fois le Diviſeur eſt contenu dans le nombre de dix, & voyant qu'il y eſt contenu
deux fois, j'écris ce ſecond Quotient à coſté du premier, &
multiplie de meſme le Diviſeur par ce ſecond Quotient,
en diſant 2 fois 5 ſont 10 ; puis je dis, qui de 10, oſte 10, reſte
rien ; je mets un Zero au deſſous avec une petite Ligne
au devant ; Et je connois par là que 60. contient 5. juſtement 12 fois.

Autre Exemple.

En expliquant comment ſe fait la Multiplication, nous
avons trouvé que multipliant 5243. par 25, le Produit eſtoit
131075 liv. nous ſervant du meſme Exemple & diviſant le
meſme Nombre par 25. nous devons trouver pour Quotient 5243. au moins ſi nous ne nous ſommes point trompez.

```
Dividende  1 3 1 0 7 5  ( 2 5 Diviſeur.
               6 0      (‾‾‾‾‾‾‾‾‾‾‾‾
               1 0 7    ( 5 2 4 3 Quotient.
                ·7 5
              ——— 0 0 ·
```

Icy je prens d'abord trois Chifres , parce que les deux
premiers ne ſuffiſent pas pour contenir le Diviſeur. Et je
dis combien de fois 25 en 131. il y eſt 5. fois, j'écris ce premier Quotient ſous cette Ligne au deſſous du Diviſeur ;
puis je multiplie le Diviſeur par 5. ce qui fait 125. que j'oſte
de 131. & reſte 6. que j'écris au deſſous ; Puis pour ſeconde
Operation j'abaiſſe le Zero qui ſuit, & le joints avec le 6.
qui eſt reſté , cela fait 60 ; & je dis combien de fois 25.

en 60, & trouvant qu'il y eſt 2. fois, je mets ce ſecond Quotient à coſté du premier, & multipliant le Diviſeur par ce
ſecond Quotient cela fait 50. que je ſouſtrais de 60, & il
reſte 10, que j'écris deſſous. Enſuite je paſſ. à la troiſiéme
Operation , & abaiſſe le 7 qui ſuit, que je joints avec les
10 qui ſont reſtez , cela fait 107 ; puis je conſidere combien de fois le Diviſeur ſe trouve en 107. & je trouve qu'il
y eſt contenu 4 fois, je mets ce troiſiéme Quotient à coſté
des deux premiers. Aprés quoy je multiplie le Diviſeur par
4. cela me donne 100, que j'oſte de 107, & il reſte 7. que
j'écris au deſſous : Enfin pour derniere Operation j'abaiſſe
le 5. & le joignant avec le 7. qui eſt reſté, cela fait 75;
puis je prens garde combien de fois le Diviſeur eſt contenu
en 75. & je trouve qu'il y eſt contenu juſtement 3. fois, je
joints de meſme ce dernier Quotient aux trois autres , par
lequel je multiplie le Diviſeur, cela fait 75 & les ayant
ſouſtrais de 75. il ne reſte rien ; Et ainſi, je trouve que le
Quotient total eſt juſtement 5243. qui eſt le Nombre que
je diſois ſe devoir trouver par la Diviſion , ſi la Multiplication précedente avoit eſté bien faite, ce qui ſert de preuve
à l'une & à l'autre.

Autre Exemple.

Ayant cy-devant multiplié 2362. par 2008, nous avons
trouvé que le Produit eſtoit 4742896 Si donc nous diviſons
ſons icy le meſme Nombre par 2362. le Quotient doit eſtre
2008.

$$
\begin{array}{l}
\text{Dividende } 4742896. \left(\begin{array}{l} 2362. \text{ Diviſeur.} \\ \hline 2008. \text{ Quotient.} \end{array}\right. \\
\quad .. 188 \\
\quad\; 1889 \\
\quad 18896 \\
\quad \text{—}0000
\end{array}
$$

Je conſidere d'abord combien de fois le Diviſeur ſe trouve

compris dans les 4. premiers Chifres du Dividende ; & je trouve qu'il y est compris 2. fois. J'écris ce premier Quotient sous cette Ligne vis à vis du Diviseur, je multiplie le Diviseur par 2. & aprés en avoir souftrait le Produit des 4. premiers Chifres, je trouve qu'il reste 18. que je pose au dessous ; puis pour seconde operation j'abaisse le 8 qui suit, cela ne fait que 188, qui est un Nombre moindre que le Diviseur, c'est pourquoy je mets un Zero pour second Quotient, & comme le Diviseur multiplié par un Zero le Produit n'est rien, il reste le mesme Nombre ; Et pour troisiéme Operation j'abaisse le 9 qui suit, cela ne fait encore que 1889, qui est un Nombre moindre que le Diviseur, c'est pourquoy je mets pour troisiéme Quotient un autre Zero, qui ne Produit encore rien en multipliant par luy le Diviseur, ce qui fait que le mesme Nombre reste encore ; Enfin pour quatriéme & derniere Operation j'abaisse le 6, cela fait 18896. puis considerant combien de fois le Diviseur est contenu en 18896. je trouve qu'il y est contenu justement huit fois ; D'où vient que multipliant chaque Chifre du Diviseur par ce dernier Quotient, qui est 8, il ne reste que des Zero.

Division des Livres, Sols, & Deniers.

DAns l'Article qui traité de la Multiplication par Livres, Sols & Deniers, nous avons veu que 357 Muids de vin à 35. liv. 12. s. 6. d. le Muid, valoient 12718. liv. 2. s. 6. d. Si donc j'avois la mesme Somme à partager à 357 Soldats, il s'ensuit qu'ils devroient avoir chacun 35. liv. 12. s. 6. d. si nostre premiere Multiplication a esté juste, c'est ce que nous allons voir.

Dividende 12718 ₶ 2 ß 6 d. Diviseur 357.
Je divise premierement les Livres.

Dividende 12718 ₶ (357 Diviseur.
2008 (35 ₶ Quotient des Livres.
reste 223 liv.

SSss iij

Je prens d'abord les 4. premiers Chifres, parce que les trois premiers ne suffiroient pas pour contenir le Diviseur; puis je considere combien de fois le Diviseur est contenu en 1271. & trouvant qu'il y est contenu trois fois, je mets ce premier Quotient sous cette Ligne au dessous du Diviseur, puis je multiplie le Diviseur par 3. cela fait 1071. que j'oste de 1271, & il reste 200, que j'écris au dessous du Dividende comme cy-dessus.

Je passe ensuite à la seconde Operation, & pour cela j'abaisse le 8, & le mets à costé de ce qui est resté, cela fait 2008. puis je prens garde combien de fois le Diviseur est contenu dans ce Nombre, & trouvant qu'il y est contenu 5. fois, j'écris ce second Quotient à costé du premier; puis je multiplie le Diviseur par 5, cela fait 1785, lesquels estant soustrais de 2008. reste 223. liv. que j'écris au dessous, & qui n'ont pû estre divisez.

Aprés cela, pour achever entierement la Division, je multiplie par 20 les 223 livres qui sont restées, pour les convertir en sols, cela fait 4460 sols, & y adjoûte les 2. sols du Dividende ce qui me donne 4462 sols que je divise par le Diviseur.

$$\text{Dividende} \quad 4462 \ \Big(\ \frac{357}{12} \ \ \substack{\text{Diviseur.} \\ \text{Quotient des Sols.}}$$

$$892$$
$$\text{reste} \ \ 178 \ \text{sols.}$$

Je prens icy les trois premiers Chifres, & voyant que le Diviseur y est contenu une fois, j'écris ce premier Quotient sous le Diviseur, qui multiplié par 1 est le mesme Nombre, que je soustrais de 446, & il reste 89, que j'écris au dessous, puis j'abaisse le 2, cela fait 892, qui contiennent le Diviseur 2. fois, puis l'ayant multiplié par ce second Quotient, que je mets auparavant à costé du premier, & soustrait le Produit, il reste 178 sols, qui n'ont pû estre divisez.

Enfin je multiplie 178 fols par 12. pour les convertir en Deniers, cela fait 2136. Deniers, à quoy j'adjoûte les 6. Deniers du Dividende, cela produit 2142. Deniers que je divise par le Diviseur.

Dividende 2142. (357
——— 000 (6.   Quotient des Deniers.

Et prenant garde combien de fois le Diviseur se trouve contenu dans le Dividende, je trouve qu'il y est contenu justement 6. fois, car estant multiplié par 6. il ne reste que des Zero.

Et assemblant ces trois Quotients ensemble, sçavoir celuy des Livres, des Sols, & des Deniers, je trouve pour Quotient total 35. liv. 12. f. 6. d. qui est le Nombre que j'ay dit se devoir trouver par la Division , si la Multiplication avoit esté juste ; ce qui justifie par conséquent l'une & l'autre.

L'on peut dire, & il est vray , que toute l'Arithmetique est renfermée dans ces quatre premieres Regles, puisque tout le reste n'est autre chose qu'une repetition de ces mêmes Regles, que l'on applique diversement, selon les diverses Questions qui se présentent à résoudre : c'est pourquoy il faut tâcher de les bien apprendre, il faut s'y exercer souvent, & ne changer jamais la maniere d'operer qu'on aura choisie, afin de s'en faciliter l'usage, & s'empescher de faillir ; aprés quoy l'on ne trouvera plus de difficulté en tout le reste.

CHAPITRE SECOND.

Application des quatre Regles précedentes aux autres Regles d'Arithmetique.

ARTICLE I.

De la Regle de Proportion en general.

'Est une Maxime receuë dans la Theorie des Nombres, que lorſque trois Nombres ſont con_tinument proportionnaux, le Produit des deux Extremes eſt égal au Quarré de celuy du milieu. Par exemple, ces trois Nombres, 2, 4, 8, ou 3, 9, 27. ſont continument proportionnaux, par conſequent le Produit de 2 & de 8, qui eſt 16, eſt égal au Quarré de 4. qui eſt auſſi 16 ; De meſme le Produit de 3 & de 27, qui eſt 81, eſt égal au Quarré de 9, qui eſt auſſi 81.

C'eſt encore une Maxime receuë, que lorſque quatre Nombres ſont proportionnaux, le Produit de deux de ces Nombres eſt égal au Produit des deux autres ; & quand la Proportion eſt directe ou continuë, le Produit des deux Extremes eſt égal au Produit des deux du milieu. Par exemple, 2, 3, 6, 9, ſont directement proportionnaux, par conſequent le Produit de 2 & de 9 qui eſt 18. eſt égal au Produit de 3 & de 6, qui eſt auſſi 18.

Delà il ſuit, que ſi l'on vous donne deux Nombres, & qu'il faille trouver le troiſiéme proportionnel ; ſi c'eſt celuy du milieu qu'il faille trouver, il ne faut que multiplier les deux Extremes, & du Produit en extraire la racine Quarrée,

(ainſi

(ainfi que je diray cy-aprés) & le Nombre que vous trouverez
fera le Requis. Par exemple, vous voulez trouver le Nombre
proportionnel qui tient le milieu entre 2 & 8, multipliez 2
& 8 l'un par l'autre, le Produit eft 16, cherchez la Racine
quarrée de 16, vous trouverez 4, ce Nombre eft celuy
qu'il falloit trouver. En effet 2, 4, 8, font proportionnaux,
c'eft à dire qu'il y a mefme Raifon de 2 à 4, que de 4 à 8.
car comme 2 eft la moitié de 4, ainfi 4 eft la moitié de 8.

Que fi c'eft l'un des Extremes qu'il faille trouver, il ne
faut que multiplier celuy du milieu par luy-mefme , & divifer le Produit par celuy des Extremes qui eft connu , &
le Quotient fera l'autre Extreme que l'on cherchoit ; Ainfi
multipliant 4 par luy-mefme, le Produit eft 16 ; que fi vous
divifez 16 par 2. le Quotient fera 8 , ou fi vous le divifez
par 8. le Quotient fera 2.

Il fuit auffi de là, Que fi l'on vous donne trois Nombres,
& qu'il faille trouver un quatriéme proportionnel, c'eft à
dire un Nombre qui ait le raport qu'il doit avoir avec l'un
des trois, il ne faut pour cela (fuivant la feconde maxime)
que multiplier deux des Nombres donnez l'un par l'autre,
& divifer le Produit par le troifiéme, & le Quotient fera le
requis.

Par exemple, fi l'on vous donne ces trois Nombre 2, 3, 6,
& qu'il faille trouver un quatriéme Proportionnel, qui foit
tel, que comme le premier fe rapporte au fecond , ainfi le
troifiéme fe rapporte au quatriéme, ou qui comme le premier fe rapporte au troifiéme , ainfi le fecond fe rapporte
au quatriéme, en ce cas, il faut multiplier le fecond, & le
troifiéme , l'un par l'autre, & divifer le Produit par le premier, & le Quotient, qui eft 9, fera le Nombre requis ; &
cette forte de Proportion s'appelle Directe.

Que fi l'on vous avoit donné ces trois Nombres 2, 9, 6, &
qu'il falluft trouver un quatriéme Proportionnel, qui fuft tel,
que comme le premier fe rapporte au troifiéme, ainfi par une
Proportion renverfée le quatriéme fe rapportaft au fecond,
alors il faudroit multiplier le premier, & le fecond, l'un par
l'autre, & divifer le Produit par le troifiéme ; & le Quotient,

TTtt

qui eſt 3, feroit le Nombre requis ; & c'eſt ce qui s'appelle une Proportion Indirecte ; car en effet dans ces 4. Nombres 2, 9, 6, 3, la Proportion eſt renverſée, puiſque le quatriéme ne ſe raporte pas au ſecond, comme le troiſiéme fait au premier, mais comme le premier fait au troiſiéme.

Ces deux Maximes ainſi établies, & bien entenduës, ſer. vent de fondement à toutes les Regles ſuivantes, où l'on cherche toûjours quelque Nombre inconnu, qui ait le raport qu'il doit avoir avec ceux qui ſont déja connus ; Et pour le trouver, il ne faut que bien prendre garde comment ce Nombre inconnu ſe doit raporter aux autres, & appliquer avec jugement l'une ou l'autre de ces Maximes.

ARTICLE II.

De la Regle de trois Simple, Directe, & Indirecte.

CEtte Regle eſt ainſi nommée, à cauſe que par le moyen de trois Nombres connus, l'on vient à la con- noiſſance d'un quatriéme (qui eſt inconnu,) par le raport qu'il doit avoir avec les autres ; & ſelon la maniere de ce raport, cette Regle tantoſt s'appelle Directe & tantoſt In- directe.

Elle eſt Directe, quand la Proportion va droit, c'eſt à dire quand le premier Nombre ſe raporte au ſecond, com- me le troiſiéme au quatriéme ; ou bien quand le premier a le meſme raport au troiſiéme, que le ſecond au quatriéme ; Et cela arrive toutes les fois que la Proportion va du plus au plus, ou du moins au moins. Par exemple, il eſt évi- dent que ſi 200 livres raportent 10 livres de profit par an, 1000 livres en doivent raporter cinq fois davantage, c'eſt à dire 50. & cela va du plus au plus ; De meſme, il eſt évi- dent que ſi 1000 livres raportent 50 livres de profit par an, 200 livres n'en doivent raporter que 10 livres, c'eſt à dire cinq fois moins ; & cela va du moins au moins.

Elle eſt indirecte, quand la Proportion ne va pas droit,

c'eſt à dire quand le premier Nombre ne ſe raporte pas au troiſiéme, comme le ſecond fait au quatriéme, mais comme le quatriéme fait au ſecond ; & cela arrive toutes les fois que la Proportion va du plus au moins, ou du moins au plus. Par exemple, dans une Citadelle il y a des proviſions pour 6. mois pour 600. hommes, il eſt évident que ſi vous augmentez le nombre des hommes, & ſi au lieu de 600. vous en mettez 1200, vous diminuez d'autant la durée des proviſions, ſi bien qu'il n'y en aura plus que pour 3. mois, & cela va du plus au moins ; Que ſi vous diminuez le nombre des hommes vous augmentez à proportion la durée des proviſions ; & cela va du moins au plus.

Or quand la Regle eſt directe, pour trouver le 4. inconnu, il faut multiplier le 2 & le 3. Nombre l'un par l'autre, & diviſer le Produit par le premier, & le Quotient ſera le requis.

Et quand elle eſt indirecte, il faut multiplier le 1 & le 2. l'un par l'autre, & diviſer le Produit par le troiſiéme, & le Quotient ſera le quatriéme Nombre requis.

Et pour diſpoſer les trois Nombres donnez & connus, ſelon le rang que chacun doit tenir, afin de ſçavoir quel doit eſtre le premier, le ſecond, & le troiſiéme, il faut prendre garde de les diſpoſer de telle ſorte, que le premier & le troiſiéme ſoient de meſme nom, & que le ſecond ſoit mis au milieu, auquel le quatriéme qui eſt inconnu doit reſſembler.

Par exemple, dans cette Regle qui eſt directe, les deux preſts ſçavoir 200. livres, & 1000. livres ſont mis au premier & au troiſiéme rang, & les 10. livres d'intereſt ſont mis au milieu ou au ſecond rang, & le 4. que l'on cherche doit reſſembler au ſecond, & porter comme luy le nom d'intereſt.

Et dans cette autre, qui eſt indirecte ; le nombre des hommes ſçavoir 600 & 1200. doit tenir le premier & le troiſiéme rang, & celuy des mois ſçavoir 6. mois, doit eſtre mis au milieu, & le quatriéme, qui eſt inconnu, doit porter auſſi le nom de mois, comme le ſecond, ſçavoir 3. mois.

Ces deux Regles, ſont infinies dans leur application, &

c'eſt au jugement à déterminer par laquelle de ces deux Regles la queſtion propoſée ſe doit réſoudre : Or voicy la
maxime que l'on doit ſuivre en cela ; Toutes les fois qu'à proportion que le troiſième Nombre eſt grand ou petit, le
quatriéme doit auſſi l'eſtre, alors la queſtion ſe réſoult par
la directe ; Que ſi au contraire, à proportion que le troiſiéme Nombre eſt grand, le quatriéme doit eſtre petit, ou
à proportion qu'il eſt petit, le quatriéme doit eſtre grand,
alors la queſtion ſe doit réſoudre par l'Indirecte.

C'eſt par la Directe que ſe regle le prix des Marchandi-
ſes, les intereſts des Sommes preſtées, le gain ou la perte,
les Eſcomptes, les Tares, les Troques, la Reduction des
Aunages d'un Pays à un autre, celle des Poids & des Meſures, celle de la deſpence, en un mot toutes les queſtions
ou la proportion va du plus au plus, ou du moins au moins :
En voicy quelques Exemples, dont je me contenteray de
mettre la Solution, laiſſant à chacun à faire à part l'Operation ſur le papier, pour voir ſi la réponſe eſt juſte, & s'accoûtumer par là à bien operer luy-meſme.

Exemples.

15. Aulnes de Toile ont coûté 100. liv. l'on demande combien en doivent coûter 60 Aulnes.

Aulnes	Livres	Aulnes	Livres
15,	100,	60,	400.

1000. livres ont raporté 50. liv. de profit par an, combien
doivent raporter 200. livres par an.

Preſt	Profit	Preſt	Profit
1000,	50,	200,	10.

20. Hommes ont gagné par leur travail 150. livres en une femaine, combien dans le mefme temps, & par le mefme travail doivent gagner 50 Hommes.

Hommes	Gain	Hommes	Gain
20,	150 livr.	50,	375 livres.

Un Marchand a vendu de la marchandife pour 5000. liv. payables dans un an, mais peu de temps aprés, ce mefme Marchand ayant affaire d'argent, prie celuy à qui il a vendu fa marchandife de luy avancer fon argent, & qu'il efcontera 5 pour cent, l'on demande combien il doit bailler d'argent comptant à ce Marchand pour le prix de fa marchandife ; voicy comme l'on doit difpofer fes Nombres, fi 105. liv. ne doivent rendre que 100. liv. combien 5000. liv.

Prix	Efconte	Prix	Efconte
105,	100,	5000,	4761.liv. 18. f. 1. d. & 15. d. perdus.

4. Aulnes de Paris font 7 aulnes de Flandre, je veux réduire 2500 Aulnes de Paris à l'aunage de Flandre, il faut dire fi 4. font 7. combien de 2500

Paris	Flandre	Paris	Flandre
4,	7,	2500,	4375.

Exemples de la Regle de trois Indirecte.

Comme c'eſt à la Raiſon à juger ſi une Queſtion propoſée ſe doit réſoudre par la Regle de trois Indirecte, voicy la Maxime que l'on doit ſuivre pour ne ſe point tromper ; Quand la Proportion que doit garder le quatriéme Terme inconnu doit aller du plus au moins, ou du moins au plus , alors la Queſtion ſe doit réſoudre par l'Indirecte, en voicy des Exemples.

Si 800 Hommes ont des vivres pour 6. mois, 1200 Hommes pour combien de temps en auront-ils , pour 4. mois.

Hommes	Mois	Hommes	Mois
800,	6,	1200,	4.

S'il y a des vivres dans une Place aſſiegée dequoy nourrir 800 Hommes durant 20. jours, on ne peut envoyer de ſecours que dans 30 jours, combien faut-il faire ſortir de Soldats, pour que le reſte de la Garniſon puiſſe eſtre nourry, & ſoûtenir le Siege durant 30 jours , il en faut faire ſortir 267. & en retenir 533, & dix de ſupernumeraires.

Jours	Hommes	Jours	Hommes
20,	800,	30,	533.

à retenir, & 10 de ſupernumeraires , qui feroient un tiers d'homme , mais les hommes ne ſe partagent pas ainſi.

S'il faut 30 jours à 15 Hommes pour faire un certain travail, combien faudra-t'il d'Hommes pour le faire en 10 jours , il en faudra 45.

Jours	Hommes	Jours	Hommes
30,	15,	10,	45.

Lorſque le Muid de blé vaut 40 écus, le pain d'un ſol doit peſer 16 onces ; combien le pain d'un ſol doit-il peſer, quand le blé ne vaut que 30 écus le Muid ; il doit peſer 21 onces & $\frac{1}{3}$.

Eſcus	Onces	Eſcus	Onces
40	16	30	21 $\frac{1}{3}$.

Un Tailleur fait un manteau avec 6 aulnes d'étoffe d'une demy-aulne de large, combien faudra-t'il d'aulnes pour le doubler avec une Etoffe de trois quartiers de large, il n'en faudra que 4 aulnes.

Largeur	Aulnes	Largeur	Aulnes
$\frac{1}{2}$	6,	$\frac{3}{4}$	4.

On n'auroit jamais fait qui voudroit dire tout ce que l'on peut dire ſur cette matiere ; mais en voila aſſez pour ceux pour qui j'écris, leſquels ayant de l'eſprit pourront ſupléer d'eux-meſmes à ce qui manque icy ; où s'ils ne le peuvent pas, ils pourront l'apprendre dans ces grands Livres d'A-rithmetique qui ont eſté faits par de fameux Banquiers, comme entr'autres par Monſieur le Gendre.

ARTICLE III.

De la Regle de trois double, Directe, Indirecte, & Mixte.

LA Regle de trois double Directe eſt ainſi nommée, parce qu'elle contient deux Regles de trois ſimples Directes ; par la meſme Raiſon, la Regle de trois double Indirecte, s'appelle ainſi, à cauſe qu'elle contient deux Regles de trois ſimples Indirectes ; Et la Mixte s'appelle de ce nom, parce qu'elle contient deux Regles de trois ſimples, l'une Directe, & l'autre Indirecte.

Dans cette Regle, il y a cinq Termes donnez ou connus, & c'eſt le ſixiéme que l'on cherche, qui tient tantoſt le quatriéme, tantoſt le cinquiéme, & tantoſt le ſixiéme rang, dans la diſpoſition que l'on doit donner aux Termes connus de la Queſtion propoſée ; Et comme c'eſt au jugement à les placer, c'eſt auſſi au jugement à connoiſtre par laquelle de ces Regles la Queſtion ſe doit réſoudre.

Mais il en faut toûjours revenir à cette Maxime, ſçavoir eſt que lorſque l'on juge que la Queſtion doit aller du plus au plus ou du moins au moins, alors on ſe doit ſervir de la Regle double Directe, & qu'au contraire quand on juge que la Queſtion doit aller du plus au moins, ou du moins au plus, alors on ſe doit ſervir de la Regle double Indirecte ; Enfin quand l'une des Regles de trois que l'on doit employer pour réſoudre la Queſtion, doit aller du plus au plus, ou du moins au moins ; & que l'autre doit aller du plus au moins, ou du moins au plus ; alors comme la Queſtion eſt ambiguë, auſſi faut-il ſe ſervir de la Regle de trois double Mixte. Des Exemples vont éclaircir tout cecy.

Exemple de la Regle de trois double Directe.

Dix Hommes en cinq jours ont gagné cent livres, l'on demande combien ſur le meſme pié vingt-cinq Hommes doivent gagner en quinze jours. Voicy comme il faut diſpoſer ces Nombres, où le ſixiéme que l'on cherche doit tenir le ſixiéme rang.

Hommes	Jours	Livres	Hommes	Jours		Livres.
10,	5,	100,	25,	15,	doivent gagner	750.

Il paroiſt par la Propoſition de la Queſtion qu'elle doit aller du plus au plus, & partant qu'elle ſe doit décider par la Regle de trois double Directe.

Je

Je diray donc premierement

	Hommes	Livres		Hommes	Livres
1. Regle.	Si 10,	gagnent 100,	combien gagneront 25.	Resp. 250.	

Puis continuant l'Operation, je diray

	Iours	Livres		Iours	Livres
2. Regle. Si en 5	on gagne 250,	combien en 15,	& l'on trouve 750 qui est le nombre requis.		

Vous voyez que cette Question se résoult par deux Regles de trois simples Directes.

Il y en a qui pour abreger ce leur semble l'Operation, multiplient tout d'un coup les trois derniers Nombres l'un par l'autre, & du Produit il en font le Dividende ; Puis ils multiplient les deux premiers, & du Produit ils en font le Diviseur, & le Quotient qui arrive par la Division, donne le Nombre requis, cela est vray ; Mais pour moy j'ayme mieux suivre le droit chemin, qui n'est pas moins court, & qui satisfait davantage l'esprit, en ce qu'on voit mieux la raison de son Operation.

L'on peut proposer la Question d'une autre façon, & dire, Si 10 Hommes en 5 jours ont gagné 100 liv. 25 Hommes en combien de jours gagneront-ils 750. Et alors le sixiéme Nombre que l'on cherche tient le cinquiéme rang dans la disposition qu'il en faut faire.

Hommes	Iours	Livres	Hommes		Livres
Si 10	en 5	gagnent 100,	25 en combien de jours gagneront-ils		750

Voicy comme il faut résoudre la Question.

	Hommes	Livres	Hommes	
1. Regle. Si	10	100	25	Resp. 250

	Livres	Iours	Livres	
2. Regle. Si	250	5,	750,	Resp. 15 qui est le sixiéme nombre cherché.

VVuu

Ou bien on la peut propoſer ainſi, Si 10 Hommes en 5.
jours ont gagné 100 liv. combien faut-il d'Hommes, pour
en 15. jours gagner 750 ; Et alors le ſixiéme Nombre cherché tient le quatriéme rang dans la diſpoſition.

Hommes Iours　　　Livres　　　　　　　　　　　　　Iours　　Livres.
Si 10 en 5 ont gagné 100 combien faut-il d'hommes, pour en 15 gagner 750.

Voicy comme ſe réſoult la Queſtion.

　　　　　　Iours　　　　Livres　　　　Iours　　　　Livres
1. Regle. Si 5 ont gagné 100 combien 15.　　Reſp. 300

　　　　　　Livres　　　　Hommes　　　Livres
2. Regle. Si 300 demandent 10 combien 750, Reſp. 25 Hommes qui eſt
le ſixiéme Nombre cherché.

Ces deux Queſtions ſe terminent auſſi par deux Regles
de trois ſimples Directes.

Il y en a auſſi qui pour abreger l'Operation multiplient
dans ces deux diſpoſitions de Nombres, le premier, le ſecond, & le ſixiéme ou dernier Nombre l'un par l'autre, &
qui du Produit en font le Dividende, puis du Produit des
deux autres ils en font le Diviſeur ; Et le Quotient qui arrive par la Diviſion donne le Nombre requis. Cela ſe peut
faire ainſi, il eſt vray ; mais comme j'ay déja dit, on ne voit
pas ſi bien la raiſon de l'Operation.

Exemple de la Regle de trois double Indirecte.

UNe perſonne a laiſſé à un ſien amy 15000. livres pour
diſtribuer à mille Pauvres, & leur donner un mois durant 10 ſols par jour à chacun. A quelque temps de là changeant d'avis, il prie ſon amy de diſtribuer l'argent qu'il luy a
mis entre les mains à 500 Pauvres qu'il luy deſigne, & de le
leur diſtribuer en 20. jours. L'on demande combien il doit
donner par jour à chaque Pauvre.

Pauvres　Iours　　Sols　Pauvres　Iours
1000　　　30　　10 ſ.　　500　　　20　　　Reſp.　　30 ſ

Il paroiſt par la Propoſition de la Queſtion qu'elle doit

aller du moins au plus, & partant qu'elle se doit décider par la Regle de trois double Indirecte.

Je diray donc premierement.

1. Regle. Si 1000 Pauvres ont 10. s. combien 500.   Resp. 20. s.

Puis continuant l'Operation, je diray

	Iours	Sols		Iours	

2. Regle. Si en 30, on a 20, combien en 20.   Resp. 30. s.

Vous voyez que cette Question se résoult par deux Regles de trois simples Indirectes.

Il y en a tout de mesme qui pour abreger ce leur semble
l'Operation multiplient tout d'un coup les trois premiers
Nombres l'un par l'autre, & du Produit ils en font le Dividende, puis ils multiplient les deux derniers, & du Produit ils en font le Diviseur ; & le Quotient qui arrive par
la Division est le Nombre requis ; Tout cela est bon ; on
en peut user comme l'on voudra.

Exemple de la Regle de trois Double Mixte, c'est à dire partie Directe, & partie Indirecte.

CEtte Regle ne dépend que de la disposition que l'on
donne aux Nombres de la Question, ou de la maniere
dont on s'y prend pour la résoudre ; car en si prenant d'une
autre façon, ou donnant une autre disposition aux Nombres, la mesme Question se peut résoudre par deux Regles
de trois simples Directes ; Et ainsi, comme j'ay déja dit,
c'est au jugement à disposer les Nombres de la Question,
& à voir par quelle Regle elle se doit résoudre, je me serviray icy du mesme Exemple que j'ay déja employé cy-
devant, & ne changeray que l'ordre de la Proposition.

Si 100 livres ont esté gagnez en 5 jours par 10 hommes,
pour que 750 livres soient gagnez en 15 jours, combien faut-
il d'hommes.

Livres	Iours	Hommes	Livres	Iours	
100	5	10	750	15.	Resp. 25 Hommes.

			Livres	Hommes	Livres	
1. Regle qui est Directe.	Si		100	10	750	Resp. 75 Hommes.

		Iours	Hommes	Iours	
2. Regle qui est Indirecte.	Si	5	75	15.	Resp. 25 Hommes.

Mais l'on a pû voir cy-devant que les 25 Hommes ont
esté trouvez par deux Regles de trois simples Directes, en
s'y prenant de cette maniere.

		Iours	Livres	Iours	
1. Regle.	Si	5	100	15	Resp. 300 livres.

	Livres	Hommes	Livres	
2. Regle.	300	10	750	Resp. 25 Hommes.

ARTICLE IV.

D'une autre sorte de Regle de trois, qu'on appelle Conjointe, ou de Composition.

CEtte Regle est ainsi nommée, à cause qu'elle joint ensemble plusieurs Regles de trois, pour n'en composer
qu'une seule.

Ce qu'il y a de particulier à observer en cette Regle, est,
que le premier & le dernier Nombre, (qui est celuy de la
Question) doivent estre de mesme nom, comme aussi le 2.
& le 3 ; le 4. & le 5 ; le sixiéme & le septiéme, & ainsi
de suite jusqu'au dernier : Et que le Nombre inconnu,
qui est celuy que l'on cherche, doit avoir une même dénomination que le penultiéme.

Par exemple.

Si	3•. liv. font le prix de	15. Cannes de Languedoc.
Si	9. Cannes de Languedoc font	16. Aulnes & $\frac{1}{4}$ de Hollande.
Si	7. Aulnes de Hollande font	4. Aulnes de Paris.
Si	5. Aulnes de Paris font.	6. Aulnes de Roüen.

L'on demande combien 60 livres vaudront d'Aulnes de Roüen. Resp. 20. Aulnes de Roüen.

Le dernier Nombre connu est 60 liv. qui est de mesme nom que le premier qui est 30 livres ; Et le Nombre que l'on cherche, qui est le Nombre des Aulnes de Roüen, est de mesme Nom que le penultiéme, qui est 6. Aulnes de Roüen. Le 2 & le 3 font des Cannes de Languedoc, le 4 & le 5. font des Aulnes de Hollande, le 6 & le 7 font des Aulnes de Paris ; Et c'est pour cela que cette Regle est appellée Conjointe, à cause que la premiere Question est jointe à la seconde par les Cannes de Languedoc ; la seconde à la troisiéme, par les Aulnes de Hollande ; la troisiéme à la quatriéme, par les Aulnes de Paris ; & ainsi de suite quand il y en a davantage.

Maintenant pour résoudre la Question, il faut multiplier tous les Antecedans l'un par l'autre, & du Produit en faire le premier terme de la Regle de trois ; puis multiplier tous les Consequens aussi l'un par l'autre, & du Produit en faire le second terme, & du dernier Nombre connu en faire le troisiéme terme de la Regle de trois, & le quatriéme que l'on cherche se trouvera en multipliant le 2 & le 3, l'un par l'autre, & divisant le Produit par le premier, comme on a coûtume de faire quand la Regle de trois est Directe,

VVuu iij

Ainſi, multipliant tous ces Antecedans l'un par l'autre il vient 9450, puis multipliant tous les Conſequens l'un par l'autre il vient 3150. Je diſpoſe donc ainſi la Regle de trois, compoſée de tous les Antecedans & Conſequens de la Queſtion.

$$9450, \quad 3150 \qquad 60\text{\ttt} \quad R.\ 20.\ \text{Aulnes de Roüen.}$$
$$60$$
$$189000 \left(\frac{9450}{20}\right.$$
$$00000$$

Il y a icy un avertiſſement à donner, qui ſervira pour toutes les Regles de trois, c'eſt à dire, pour toutes les Regles ou ce que l'on cherche eſt de trouver un Nombre qui ait la Proportion qu'il doit avoir avec les autres ; qui eſt, que la preuve de toutes ces Queſtions ſe fait par une autre Queſtion, ſemblable à celle que l'on a trouvée, & que l'on feint d'ignorer. Par exemple, la preuve de cette Queſtion ſe fera en la propoſant tout à rebours, pour voir ſi 20. Aulnes de Roüen vaudront 60 livres. Ainſi l'on dira.

6. Aulnes de Roüen font	5. Aulnes de Paris.
4. Aulnes de Paris font	7. Aulnes de Hollande.
26. ¼ de Hollande font	9. Cannes de Languedoc
5. Cannes de Languedoc valent	30. Livres.

On demande combien vaudront 20. Aulnes de Roüen. Reſp. 60 livres.

$$3150. \quad 9450 \qquad 20 \qquad \text{Reſp. 60 livres.}$$
$$20 \left(\frac{3150}{60}\right.$$
$$189000$$
$$00000$$

ARTICLE V.

De la Regle de Compagnie Simple.

CEtte Regle regarde generalement tous ceux qui font ensemble une Societé pour un certain temps , & qui pour en compofer le fond mettent chacun à proportion de leurs moyens , qui plus qui moins , pour partager enfuite, quand le temps de la Societé fera expiré, le gain ou la perte commune, au *pro rata* de la mife de chacun, ou de la mife & de fon temps tout enfemble , fi leur argent n'a pas efté mis en mefme temps dans la Societé , ou fi quelqu'un en a retiré une partie avant qu'elle fuft finie.

Cette difference de la mife feule , & de la mife & du temps tout enfemble , fait qu'il y a deux fortes de Regles de Compagnie ; l'une en laquelle on ne confidere point le temps, à caufe que tous les Affociez ont mis leur argent ou leurs effets en mefme temps dans la Societé ; & l'autre qu'on appelle Regle de Compagnie à temps, à caufe qu'ils ont ont mis leur argent à divers temps.

La premiere fe réfoult par une Regle de trois fimple directe , que l'on reïtere autant de fois qu'il y a d'Affociez.

Pour bien difpofer cette Regle de trois, il faut mettre au premier lieu la mife commune de tous les Affociez ; au fecond lieu, le gain ou la perte commune , & au troifiéme, la mife de chacun en particulier.

Exemple.

Trois Marchands se sont Associez pour six ans ; le premier a mis 4000 livres, le second a mis 5000 livres, & le troisiéme 3000 livres ; au bout des six ans il se trouve qu'ils ont gagné 15000 livres, l'on demande ce que chacun doit avoir de profit à proportion de sa mise. Voicy comme il faut disposer ces Nombres.

mise commune 12000 l.		4000 ₶ mise du premier	5000 profit.
	{	5000, mise du second	6250
gain commun 15000 l.		3000. mise du troisiéme	3750
		12000	15000 ₶

Puis multipliant le 2. & le 3. Nombre l'un par l'autre, & divisant le Produit par le premier, il se trouvera que le premier doit avoir 5000 livres de profit ; le second 6250 livres ; & le troisiéme 3750 livres ; or ces trois Nombres font ensemble 15000 livres, ce qui sert de preuve à la Question.

Supposé maintenant que les mesmes personnes au lieu d'avoir gagné 15000 livres ayent perdu 4000 livres, on demande combien chacun doit porter de cette perte à proportion de sa mise ; il faut operer tout de mesme, & dire.

mise commune, Si 11000		4000 ₶ R	1333 ₶ 6 ß 8 d.
	{	5000, R	1666 13 4
perte commune, 4000.		3000 R	1000
		12000	4000 ₶ 0 .

Il est à remarquer que quand dans les mises particulieres il y a des Sols & des Deniers, comme aussi dans le gain ou dans la perte commune ; Alors avant que de faire l'Operation des Regles de trois, il faut réduire toutes les Sommes en Deniers ; & puis achever comme il vient d'estre enseigné.

Que

Que si en faisant l'Operation des Regles de trois, il se trouve que la Division ne se puisse faire sans reste, comme cela
arrive souvent, il faudra retenir les Nombres qui seront
restez, & les joindre avec les autres, quand on viendra à faire
preuve, afin de trouver son compte juste.

Application de la Regle de Compagnie.

UN Commissaire des vivres doit fournir par jour à quatre
Regimens 1800 Rations de pain, sçavoir au premier Regiment 600 Rations, au second 500, au troisiéme 400, &
au quatriéme 300, il ne luy reste de vivres que pour en fournir 1500, l'on demande combien il en doit fournir à chaque
Regiment, au prorata de ce qu'il luy en devroit fournir,
voicy comme il faut disposer les termes de la Question.

$$
\text{Si } 1800 \quad 1500 \quad
\begin{cases}
600 \\
500 \\
400 \\
300
\end{cases}
\quad R. \quad
\begin{array}{l}
500 \, \text{\tt ₶} \\
416\frac{2}{3} \\
333\frac{1}{3} \\
250
\end{array}
$$

$$\overline{1800} \qquad \overline{1500}$$

ARTICLE VI.

De la Regle de Compagnie à temps.

IL n'y a point d'autre difference, quant à la Pratique, entre la Regle de Compagnie à temps, & celle qui est sans
temps, sinon qu'en celle-cy la Mise d'un chacun est determinée, là où en l'autre, pour regler la Mise avec le temps,
& n'en faire qu'une somme, il les faut multiplier l'un par
l'autre, & prendre le Produit comme la veritable Mise d'un
chacun, puis operer comme auparavant.

X X x x

Exemple.

Trois perſonnes ſe ſont aſſociez, le premier a mis 2000 liv. pour deux ans, le ſecond a mis 3000 liv. pour trois ans, & le troiſiéme a mis 4250 liv. pour quatre ans, ils ont gagné 10000 livres, l'on demande ce qui doit appartenir à chacun à raiſon de ſa Miſe & de ſon temps. Pour le ſçavoir, il faut multiplier la Miſe du premier par le temps qu'à ſervy ſon argent ; cela fait 4000 livres, celle du ſecond par ſon temps, cela fait 9000 livres, & celle du troiſiéme par le ſien, cela fait 17000. ces trois Produits ſont 30000 livres.

$$
\begin{array}{lll}
2000\,\text{tt} & \text{pour 2 ans} & 4000\,\text{tt} \\
3000 & \text{pour 3 ans} & 9000 \\
4250 & \text{pour 4 ans} & 17000 \\
\end{array}
$$

$$
\text{Si } 30000, \quad 10000, \left\{
\begin{array}{l}
4000. \; 1333\,\text{tt}\;6\,\text{ß}\;8\,\text{d}. \; 19000\,\text{tt} \\
9000. \; 3000 \\
17000. \; 5666\,\text{tt}\;13\,\text{ß}\;4\,\text{d}. \\
\end{array}
\right.
$$

$$
30000. \; 10000\,\text{tt}
$$

Autre Exemple.

Trois perſonnes ſe ſont aſſociez enſemble pour 12 ans & ont gagné 60000 livres.

Le premier a mis 10000 livres, & au bout de 6. ans il a retiré 4000 livres ; le ſecond a mis 12000 livres, & au bout de 8 ans il a retiré 6000 livres ; le troiſiéme a mis 8000 livres, & quatre ans aprés il a encore mis 6000 livres.

L'on demande ce que chacun doit avoir de profit à raiſon de ſa miſe & de ſon temps.

Pour réſoudre la Queſtion, il faut auparavant bien établir quel eſt le droit que peut pretendre chaque Aſſocié à raiſon de ſa miſe & de ſon temps. Voicy donc comme il faut proceder pour chaque aſſocié.

A l'égard du premier, il faut multiplier 10000 par 6. cela fait 60000 ; Et d'autant qu'aprés 6 ans il a retiré 4000, il n'est plus resté que 6000 pour les autres 6 années, qui multipliées par 6 font 36000 livres, & joignant ces deux Sommes ensemble, cela fait 96000 livres pour la mise du premier.

A l'égard du second, il faut multiplier 12000 par 8, cela fait 96000 livres ; Et d'autant qu'aprés 8 années il a retiré 6000 livres, il n'est plus resté que 6000 livres pour les autres 4. années restantes ; multipliant donc 6000 livres par 4. cela fait 24000 livres, puis joignant ces deux Sommes ensemble, cela fait 120000 livres, pour la mise du second.

A l'égard du troisiéme, il faut d'abord multiplier 8000 l. par 4, cela 32000 livres ; Et d'autant qu'au bout de 4 années il a encore mis dans la societé 6000, il les faut joindre à sa premiere mise, qui est de 8000, cela fait 14000 livres pour les 8. années qui restent à courir du temps de leur societé ; multipliant donc 14000 livres par 8. cela fait 112000 ; puis joignant ces deux Sommes ensemble cela fait 144000 l. pour la mise du troisiéme.

Ayant ainsi trouvé la mise d'un chacun, il faut ensuite operer à l'ordinaire.

$$
360000, \; 60000 \;
\left\}
\begin{array}{ll}
96000 \text{\st} & 16000 \text{\st} \\
120000 & 20000 \\
144000 & 24000 \\
\hline
360000 \text{\st} & 60000 \text{\st}
\end{array}
\right.
$$

ARTICLE VII.

De la Regle d'Alliage.

PAr cette Regle on n'entend pas simplement le mélange de divers métaux, ou le mélange d'un seul métal de differens titres, mais généralement le mélange de plusieurs choses ensemble de divers prix, pour sçavoir la valeur commune de ce mélange.

XXxx ij

Cette Regle fe fait en deux manieres : Car ou l'on mefle fimplement plufieurs chofes enfemble de differente valeur, pour en fçavoir le prix commun ; ou bien l'on fait un mélange de plufieurs chofes de differente valeur, pour fçavoir combien il en faut de chacune, afin de les reduire à un certain nombre & à un certain prix.

Exemple.

La premiere eft facile, un Efpicier par exemple met de quatre drogues enfemble, à fçavoir une livre de Raifins, avec une livre de Figues, & autant d'amandes, & d'Avelines ; Pour fçavoir à quoy revient la livre de ce mélange, il n'y a qu'à adjoûter le prix de chaque drogue enfemble & divifer le Produit par 4.

La livre de Raifins vaut	5 ß
La livre de Figues —————	8
La livre d'Amandes —————	3
La livre d'Avelines —————	6
	22 ß

Cela fait 22 fols, qui divifez par 4 font 5 fols $\frac{1}{2}$.

Et ainfi l'on voit que la livre de ce mélange revient à 5 fols & demy.

Autre Exemple.

L'autre maniere d'operer eft plus difficile ; & il y a une certaine adreffe pour bien faire la Regle, fans quoy il eft malaifé d'en bien penetrer la raifon.

Un Orfévre par exemple veut faire un ouvrage de cent marcs d'argent, au prix de 25 livres le marc ; mais comme il n'a point d'argent qui revienne juftement à ce prix là, & qu'il a plufieurs lingots, dont les uns font à plus haut prix, & les autres à plus bas prix, l'on demande comment il les doit allier enfemble pour en faire un mélange à 25 livres le marc.

Supofons donc que cet Orfévre ait 6 lingots d'argent, fçavoir à 19, 21, 22, 27, 28 & 29 livres le marc.

Pour proceder clairement dans l'Operation de cette Regle, il faut premierement féparer ces fix lingots en trois Claffes, de deux en deux, & joindre un lingot de moindre valeur avec un autre de plus de valeur que les 25 liv. à quoy l'on veut que le marc revienne ; car fi l'on en joignoit deux enfemble, qui fuffent chacun de plus ou de moindre valeur, il feroit impoffible de les reduire au prix que l'on demande, puifque leur mélange feroit toûjours ou trop fort ou trop foible ; 2° Aprés avoir ainfi feparé ces lingots en trois Claffes, il faut voir la difference qu'il y a du prix du premier lingot de la premiere Claffe avec 25 livres, & mettre cette difference à cofté du fecond ; puis voir auffi la difference qu'il y a du prix du fecond lingot avec 25 liv. & la mettre à cofté du premier ; Et faire le femblable aux lingots des deux autres Claffes ; Et la difference qui fera marquée à cofté de chaque lingot montrera combien l'on doit prendre de marcs de chaque efpece pour en compofer le mélange demandé.

1. Claffe $\begin{cases}\text{premier lingot } 19 \\ \text{fecond lingot } 27\end{cases}$ X $\begin{matrix}2 \\ 6\end{matrix}$ Difference de $\begin{matrix}19 \text{ à } 25 \text{ eft } 6. \\ 27 \text{ à } 25 \text{ eft } 2.\end{matrix}$

2. Claffe $\begin{cases}\text{premier lingot } 21 \\ \text{fecond lingot } 28\end{cases}$ X $\begin{matrix}3 \\ 4\end{matrix}$ Difference de $\begin{matrix}21 \text{ à } 25 \text{ eft } 4. \\ 28 \text{ à } 25 \text{ eft } 3.\end{matrix}$

3. Claffe $\begin{cases}\text{premier lingot } 22 \\ \text{fecond lingot } 29\end{cases}$ X $\begin{matrix}4 \\ 3\end{matrix}$ Difference de $\begin{matrix}22 \text{ à } 25 \text{ eft } 3. \\ 29 \text{ à } 25 \text{ eft } 4.\end{matrix}$

22 Somme des Differences.

L'on voit par l'infpection de cette Table, que pour faire de ces lingots un mélange de 22 Marcs à 25 livres le marc, il faut prendre 2 marcs du premier lingot, 6. marcs du fecond, 3 marcs du troifiéme, 4 marcs du quatriéme, 4 marcs du cinquiéme, & 3 marcs du fixiéme.

Et pour preuve de cela, examinez chaque Claſſe à part, & vous trouverez que les 8 marcs de la premiere, ſçavoir 2 marcs à 19 livres, & 6 marcs à 27 font juſtement 200. liv. qui eſt 25. l. pour chaque marc. De meſme, les 7 marcs de la ſeconde Claſſe, ſçavoir 3 marcs à 21 liv. & 4 marcs à 28 l. font juſtement 175 livres, qui eſt auſſi 25 livres pour chaque marc. Enfin les 7 marcs de la troiſiéme Claſſe, ſçavoir 4 marcs à 22 livres, & 3 marcs à 29 livres font auſſi juſtement 175 livres, qui eſt encore 25 livres pour chaque marc.

Maintenant pour ſçavoir combien il faut prendre de marcs de chaque lingot pour compoſer les cent marcs que doit avoir l'ouvrage, il ne faut plus que faire autant de Regles de trois qu'il y a de lingots ou plûtoſt de differences, & dire

Si	22.	2.	100 R. ——	9 marcs	$\frac{2}{22}$
	22	6	100 ——	27 ——	$\frac{6}{22}$
	22	3	100 ——	13 ——	$\frac{14}{22}$
	22	4	100 ——	18 ——	$\frac{4}{22}$
	22	4	100 ——	18 ——	$\frac{4}{22}$
	22	3	100 ——	13 ——	$\frac{14}{22}$

Fractions —— 2 marcs

————

100. marcs.

Autre Exemple.

Quand le Nombre des choſes que l'on veut méler eſt impair, aprés avoir ſeparé les prix de deux en deux, il faut joindre celuy qui reſte avec un des autres ; ſçavoir, avec un moindre s'il eſt plus grand que le prix de l'Alliage, où avec un plus grand, s'il eſt plus petit, & donner à chacun la diffe-rence de l'autre.

Par exemple, un Marchand a de cinq fortes de vins, fçavoir à 4, 5, 6, 10 & 12 fols la pinte, il en veut faire deux muids,
ou 560 pintes, à 8 fols la pinte, l'on demande comment il
doit faire ce mélange.

$$
\begin{array}{l}
1.\ \text{Claffe} \left\{ \begin{smallmatrix} 4 \\ 10 \end{smallmatrix} \hspace{-0.3em} \times\hspace{-0.3em} \begin{smallmatrix} 2 \\ 4 \end{smallmatrix} \right. \\[1em]
2.\ \text{Claffe} \left\{ \begin{smallmatrix} 5 \\ 12 \end{smallmatrix} \hspace{-0.3em} \times\hspace{-0.3em} \begin{smallmatrix} 4 \\ 3 \end{smallmatrix}\ 2 \right. \\[1em]
3.\ \text{Claffe} \left\{ \begin{smallmatrix} 6 \\ 12 \end{smallmatrix} \hspace{-0.3em} \times\hspace{-0.3em} \begin{smallmatrix} 4 \\ 2 \end{smallmatrix} \right.
\end{array}
$$

8 Nombre de l'Alliage

———————
1 9   Somme des Differences.

Il paroîſt par l'infpection de cette Table, que pour faire
de ces differentes fortes de vins, un mélange de 19 pintes,
à raifon de 8. f. la pinte, il faut prendre premierement deux
pintes de celuy à 4 f. cela fera 8 fols, & quatre de celuy à
10 f. cela fera 40 fols ; Secondement qu'il faut prendre quatre pintes de celuy à 5 f. fera 20 f. & trois de celuy à 12. f.
cela fera 36 f. Et enfin qu'il faut prendre quatre pintes de
celuy à 6 f. cela fera 24 f. & deux pintes encore de celuy à
12 f. cela fera encore 24 f. Or toutes ces pintes font enfemble 19 pintes, dont le prix revient à la fomme de 152 f. qui
eſt à raifon de 8 f. la pinte.

Et mefme à examiner chaque Claffe à part, vous trouverez que les fix pintes de la premiere, fçavoir 2. pintes à 4 f.
& quatre à 10 f. font juftement 48 f. qui eſt à raifon de 8 f.
la pinte. De mefme les fept pintes de la feconde Claffe,
fçavoir quatre pintes à 5 f. & trois à 12 f font juftement 56 f.
qui eſt auffi à raifon de 8 f. la pinte, car 7. fois 8. font 56.
Enfin les fix pintes de la troifiéme Claffe, fçavoir quatre
pintes à 6 f. & deux à 12 f. font auffi juftement 48 f. qui eſt
encore à raifon de 8 f. la pinte, puifque 6. fois 8. font 48.

Maintenant pour fçavoir combien il faut prendre de pintes, de chacune de ces fortes de vins, pour en faire deux muids, ou 560 pintes, à raifon de 8 f. la pinte, il ne faut plus que faire autant de Regles de trois qu'il y a de fortes de vins, ou plûtoft qu'il y a de differences, à caufe que le Nombre des differens vins eft impair, & dire

Si 19.	2.	560. Refp. ——	58 pintes —— $\frac{18}{19}$
19.	4.	560. ———————	117 ———— $\frac{17}{19}$
19.	4.	560. ———————	117 ———— $\frac{17}{19}$
19.	3.	560. ———————	88 ———— $\frac{8}{19}$
19.	4.	560. ———————	117 ———— $\frac{17}{19}$
19.	2.	560. ———————	58 ———— $\frac{18}{19}$

Fractions 5. pintes.

560. pintes.

Et pour avoir plûtoft fait, il ne faut que divifer 560 par 19. il viendra pour Quotient 29 & $\frac{9}{19}$, puis multiplier chaque Difference par ce mefme Nombre ou Quotient, & chaque Produit reviendra à la mefme Somme que celle marquée cy-deffus.

ARTICLE VIII.

De la Regle d'une fauſſe Poſition.

CEtte Regle nous apprend à trouver un Nombre demandé, par la Supoſition au hazard d'un autre qui
ait les conditions de celuy que l'on demande.

Par exemple, on veut trouver un Nombre duquel la moitié, le tiers, & le quart faſſent 39. Pour cela il faut prendre au hazard un Nombre connu, qui ſe puiſe diviſer en ces
parties, comme 12. dont la moitié eſt 6. le tiers eſt 4. & le
quart eſt 3. cette moitié, ce tiers & ce quart joints enſemble, ne font que 13. ce n'eſt donc pas le Nombre requis,
puiſqu'ils doivent faire 39.

Mais ſur cette fauſſe Poſition, en raiſonnant par Proportion, on trouve aiſément le Nombre requis, par le moyen
d'une ſeule Regle de trois Directe, en diſant, ſi 13 viennent
de 12. de quel Nombre viendra 39.

$$13 \qquad 12 \qquad 39 \qquad R. \quad 36.$$

L'on voit par là que le Nombre requis eſt 36. dont la
moitié eſt 18. le tiers 12. & le quart 9. qui joints enſemble
font 39.

Autre Exemple.

Que si l'on avoit proposé à trouver un Nombre dont la
moitié, le quart & la septiéme partie fissent 25 ; comme
il n'est pas aisé de trouver au hazard un Nombre qui ait
toutes ces parties, & qui par consequent se puisse ainsi diviser ; pour en trouver un, il ne faut que multiplier 2, 4 & 7
l'un par l'autre, & le Produit vous donnera 56, qui est un
Nombre qui a toutes ces parties. Ensuite il faut prendre
& joindre ensemble la moitié, le quart, & la septiéme partie de ce Nombre, cela fait 50, & raisonner comme cy-
devant, en disant, Si 50 viennent de 56, d'où viendront 25.

Si   50   56   25.   R.   28.

La moitié de 28 est ——————————— 14
Le quart de 28 est ——————————— 7
La septiéme partie de 28 est —————— 4

                               Somme —— 25

A R T I C L E   IX.

De la Regle de deux fausses Positions.

CEtte Regle est ainsi nommée, à cause que par le moyen
de deux Nombres pris à fantaisie (& qui pour l'ordinaire sont faux,) l'on vient à découvrir le veritable que l'on
cherchoit.

Il faut pour résoudre la Question que l'on propose, su-
poser un Nombre tel que l'on voudra, & comme si c'estoit
le veritable, poursuivre la Question dans toutes ses circonstances ; Et si le Nombre que l'on a ainsi pris au
hazard se trouve faux, comme cela arrive le plus souvent,
il faut écrire ce Nombre suposé avec sa difference de plus
ou de moins d'avec le veritable.

Enfuite il faut fupofer un autre Nombre, & faire comme auparavant ; & s'il fe trouve que l'on n'ait pas non plus bien rencontré, il faut écrire ce fecond Nombre au deffous du premier avec fa Difference de plus & de moins.

Cela fait, il faut multiplier le premier Nombre fupofé par la Difference du fecond, & le fecond par la difference du premier, & écrire leurs Produits chacun à part.

Puis, fi les Differences des deux Nombres font femblables, c'eft à dire, fi elles font toutes deux marquées du figne de plus ✛, ou du figne de moins —, il faut ofter le moindre Produit du plus grand, & la moindre Difference de la plus grande, & divifer ce qui refte des Produits, par ce qui refte des Differences, & le Quotient qui viendra de cette Divifion fera le Nombre inconnu que l'on cherchoit, qui fatisfera à toutes les conditions de la Queftion.

Mais fi les Differences des deux Nombres font diffemblables, c'eft à dire, fi l'une eft marquée du figne de plus ✛, & l'autre du figne de moins —, indifferemment, alors il faut adjoûter les deux Produits & les deux Differences, & divifer la Somme des Produits par celle des Differences, & le Quotient fera le Nombre requis.

Exemple.

Une perfonne a donné 400 livres à quatres Pauvres, le fecond n'a eu que la moitié du premier, le troifiéme a eu un quart moins que le fecond, & le quatriéme a eu deux tiers moins que le troifiéme, l'on demande ce que chacun a eu.

Je fupofe d'abord que le premier ait eu 40 livres, cela eftant, le fecond aura eu 20 livres, le troifiéme 15 livres, & le quatriéme 5 livres, cela ne fait que 80. mais ils ont eu 400 livres, il y a donc 320 livres de moins ; J'écris le Nombre fupofé 40. avec fa Difference 320. que je marque du figne de moins —

$$40 \text{———} 320$$

Je fupofe en fecond lieu que le premier ait eu 56 livres,
cela eftant, le fecond aura eu 28 livres, le troifiéme 21 livres,
& le quatriéme 7 livres, cela ne fait encore que 112. il y a
donc auffi 288. de moins ; je mets ce Nombre fous le premier
avec fa Difference , que je marque auffi du Signe de moins——,

$$40 \; \text{X} \; 320$$
$$56 \; \text{X} \; 288$$

Je multiplie enfuite le premier Nombre fupofé par la
Difference du fecond, le Produit eft 11520. & le fecond par
la Difference du premier, le Produit eft 17920. Et parce que
les Differences des deux Nombres font toutes deux marquées
d'un mefme figne, à fçavoir du figne de moins, j'ofte le moindre Produit du plus grand, il refte 6400, & la moindre Difference de la plus grande, il refte 32 ; puis je divife 6400
par 32, & le Quotient qui vient, à fçavoir 200, eft le Nombre requis.

Le premier a eu	200
Le fecond	100
Le troifiéme	75
Et le quatriéme	25
	400

Que ſi j'avois ſupoſé la ſeconde fois que le premier euſt eu 140, le ſecond auroit eu 120 livres, le troiſiéme 90 livres, & le quatriéme 30 livres, cela auroit fait 480 livres, ce qui auroit excedé de 80 livres, & ainſi cette Difference auroit eſté marquée du ſigne de plus ⊣, & la premiere du ſigne de moins ——; c'eſt pourquoy il auroit fallu adjoûter les deux Produits & les deux Differences, & diviſer l'un par l'autre, & le Quotient auroit donné le meſme Nombre de 200.

$$\underset{240 \underline{\quad +\quad} 80}{40 \overline{\text{X}} 320}$$

Le Produit de 40 par 80 eſt 3200 : le Produit de 320 par 240 eſt 76800. ces deux Produits joints enſemble font 80000, les deux Differences jointes enſemble font 400; diviſant 80000 par 400, le Quotient eſt 200. qui eſt le Nombre requis.

Autre Exemple.

Un Architecte a pris un Compagnon Maſſon pour un mois, ou pour 30. jours, à condition de luy donner 30 ſols chaque jour qu'il travailleroit, & que les jours qu'il ne travailleroit point le Compagnon Maſſon rendroit à l'Architecte 10 ſols pour chaque jour de chaumage ; au bout du mois ils ont compté enſemble, & l'Architecte a donné au Maſſon 25 livres pour reſte de ſes ſervices, l'on demande combien de jours a travaillé & chommé le Maſſon.

Je ſupoſe d'abord qu'il ait travaillé 12 jours, cela luy auroit dû valoir 18 livres, mais comme il en a chommé 18. & qu'il luy a fallu rendre 9 livres, il ne luy reſte plus que 9. liv. qui font 16 livres moins que les 25. liv que le Maſſon a receu. J'écris ce premier Nombre ſupoſé avec ſa difference, que je marque du ſigne de moins ——.

$$12. \underline{\quad\quad\quad} 16.$$

Je pofe pour feconde Supofition qu'il ait travaillé 24 jours, cela luy doit valoir 36 livres, mais comme il en a chommé 6. il faut rabattre 3 livres, & ainfi il doit avoir receu 33 livres, qui eft 8 livres plus que le Maffon n'a receu, je mets ce Nombre fous le premier avec fa Difference, que je marque du figne de plus +.

$$12 \diagdown\!\!\!\!\diagup 16$$
$$24 \diagup\!\!+\;\; 8$$

Je multiplie 12 par 8. le Produit eft 96 ; je multiplie 24 par 16, le Produit eft 384. je joints ces deux Produits enfemble à caufe que les fignes font differens, cela fait 480. Je joints auffi les deux Differences enfemble, cela fait 24. je divife 480 par 24. le Quotient eft 20. qui eft le Nombre requis, qui fatisfait à la Queftion.

Car s'il a travaillé 20 jours, il a dû avoir 30 livres, mais comme il a auffi chommé 10 jours, il faut rabattre 5 livres, fi bien qu'il refte 25 livres qu'il a dû recevoir.

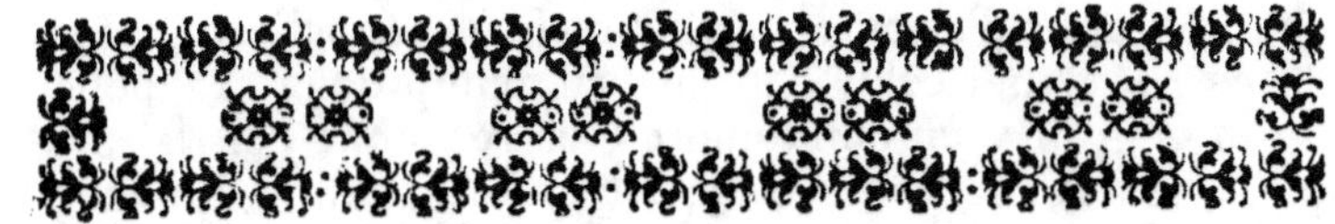

CHAPITRE TROISIÉME.

De l'Extraction des Racines.

ARTICLE I.

De l'Extraction de la Racine Quarrée.

Our bien faire comprendre tout ce qu'il y a à obferver dans cette Regle, il faut fçavoir que tout Nombre multiplié par luy-mefme, produit un Nombre Quarré, c'eft à dire, un Nombre dont toutes les Unitez fe peuvent arranger de telle forte qu'elles reprefenteront un Quarré parfait, de qui la longueur & la largeur feront égales, ou dont le front & le flanc feront égaux.

Par exemple, fi vous multipliez 3 par luy-mefme le Produit eft 9 ; fi 4 le Produit eft 16 ; fi 8 le Produit eft 64 ; fi 12 le Produit eft 144 ; qui font tous des Nombres, dont les Unitez fe peuvent difpofer de telle forte, qu'elles reprefenteront des Quarrez parfaits felon la longueur & la largeur.

Maintenant comme le Nombre qui eft ainfi produit par la

Multiplication d'un autre par luy-mefme, s'appelle *un Nom-bre Quarré*, auffi celuy par qui il eft ainfi produit, s'appelle *Racine* ; Ainfi 9 eft un Nombre Quarré, dont 3 eft la Racine ; 16 eft un Nombre Quarré, dont 4 eft la Racine ; 100 eft un Nombre Quarré, dont 10 eft la Racine ; car 10 fois 10. font 100.

Or tous les Nombres n'ont pas cette proprieté, ou cette perfection, que d'eftre ainfi des Nombres Quarrez ; au contraire, il y en a beaucoup moins de ceux-là que d'autres ; puifque depuis l'Unité jufques à cent, n'y en a que dix qui foient des Nombres Quarrez, & plus on va en avant, & moins il y en a à proportion.

Mais fi tous les Nombres ne font pas des Nombres Quarrez, il n'y en a point qui ne puiffe eftre une Racine, puifqu'il n'y en a point qui ne puiffe eftre multiplié par luy-mefme, & dont le Produit ne foit par confequent fon Nombre Quarré.

Le deffein donc de cette Regle eft d'apprendre à trouver la Racine Quarrée de quelque Nombre que ce foit, foit que ce Nombre foit en effet un Nombre Quarré, foit qu'il ne le foit pas ; Car s'il l'eft, la Regle nous apprend à en trouver la Racine jufte ; & s'il ne l'eft pas, elle nous apprend à trouver celle qui en approche le plus prés en deffous ; & nous fait voir par mefme moyen de combien le Nombre propofé excede par deffus le Nombre que produit cette moindre Racine quand elle eft multipliée par elle-mefme, & de combien il défaut au deffous de celuy que produiroit la mefme Racine fi elle eftoit augmentée d'une Unité ; ainfi l'on voit que 20 qui eft entre ces deux Nombres Quarrez 16 & 25, furpaffe l'un de 4, & eft défaillant de l'autre de 5.

Mais

Mais comme en toute Regle un peu difficile il y a certains principes qu'il faut sçavoir avant toutes chofes lefquels
luy fervent de fondement ; de mefme icy, avant que d'entreprendre d'extraire la Racine quarrée des Nombres un
peu compofez, il faut bien apprendre & retenir la Table fuivante, qui nous montre les moindres Nombres Quarrez, & les
Racines fimples qui les produifent, depuis un jufques à 100.

Racines	1	2	3	4	5	6	7	8	9	10.
Quarrez	1	4	9	16	25	36	49	64	81	100.

Où vous remarquerez que 4 & 9 font des Nombres quarrez, à l'égard de 2, & de 3, qui en font les Racine ; mais
que ces mefmes Nombres font les Racines de 16 & de 81.
qui font leurs Quarrez.

Par le moyen de cette Table, on eft délivré de la peine
de chercher les Racines des Nombres quarrez qui font au
deffous de 100, car elle les compend tous avec leurs Racines ; Et ceux qui n'y font pas compris, ne font point des
Nombres quarrez, & n'ont point de Racines juftes ; C'eft
pourquoy quand on en propofe quelqu'un, il faut fe contenter de la Racine du moindre Nombre quarré qui en approche le plus prés, & retenir le refte : Comme fi l'on pro-
pofoit de trouver la Racine quarrée de 28, il faudroit prendre 25, qui eft le plus prochain moindre Nombre quarré,
dont la Racine eft 5, & retenir 3.

Mais quand le Nombre dont on veut extraire la Racine
quarrée furpaffe 100, & qu'il contient plufieurs Figures,
par exemple, pour trouver la Racine quarrée de ce Nombre 318096, qui eft un Nombre quarré, Voicy les Regles
qu'il faut obferver.

Premierement, il faut divifer le Nombre propofé en plufieurs Sections de deux en deux, commençant par la main
droitte & remontant vers la main gauche ; ainfi il faut di-
vifer ce Nombre en trois Sections, comme icy 13|80|96.

2°. Le Nombre des Sections nous apprend combien la

Z Z z z

Racine que l'on cherche doit avoir de Figures, car elle en doit avoir autant que le Nombre proposé contient de Sections ; comme icy la Racine du Nombre proposé doit avoir trois Figures, puisque ce Nombre se divise en trois Sections.

3. Il faut, comme en la Division, tracer une petite por-tion de Cercle à la fin du Nombre proposé, pour mettre ensuite les Figures de la Racine que l'on cherche, à me-sure qu'on les trouve.

4. Pour les trouver, il faut commencer par la premiere Section à gauche, & voir dans la Table quelle est la Ra-cine quarrée du Nombre qu'elle contient ; Ainsi il faut voir quelle est la Racine de 31 ; & comme 31 n'est pas un Nom-bre quarré, il faut prendre celle du moindre Nombre quar-ré qui en approche le plus prés, sçavoir 25. dont la Racine est 5. puis il faut écrire 5, (comme en la Division) au delà de cette Portion de Cercle, & oster son Quarré qui est 25. de 31, & ensuite il faut barrer 31, & écrire au dessus ce qui reste, à sçavoir 6, comme cy-dessous.

$$\overset{6}{3\!\!\!\diagup\!\!1} \ |\ 80\ |96\ (5$$

5. Pour trouver la seconde Figure que doit contenir la Racine du Nombre proposé, il faut doubler la premiere Figure que l'on a trouvée, qui est 5. cela fait 10. puis mettre son dernier Chifre, qui est un Zero, sous la premiere Figure de la seconde Section, & avancer l'autre sous le 6. qui estoit resté, comme cy-dessous.

$$\overset{6}{3\!\!\!\diagup\!\!1} \ |\ 80\ |\ 96\ (5$$
$$1 \quad\ 0$$

Puis, operant comme en la Division, il faut demander
combien de fois 10 est en 68, & trouvant qu'il y est 6 fois,
il faut mettre le 6, qui sera la seconde Figure de la Racine
que l'on cherche, auprés de la premiere , & mesme sous la
derniere Figure de la seconde Section ; comme cy-dessous.

$$
\begin{array}{c}
6 \\
3\,2\ |\ 8\,0\ |\ 9\,6\ (\,5\,6 \\
1\quad 0\,6
\end{array}
$$

Ensuite il faut multiplier le Nombre de dessous 106. par
cette nouvelle Racine, qui est 6, & en oster le Produit du
Nombre de dessus, à sçavoir de 680, & écrire le reste s'il y
en a ; ainsi ostant 636 de 680. reste 44. qu'il faut écrire au
dessus de 80, & barrer tout le reste , comme cy-dessous.

$$
\begin{array}{c}
6\ |\ 44\ | \\
3\,2\ |\ 8\,2\ |\ 9\,6\ (\,5\,6 \\
1\quad 0\,6
\end{array}
$$

6. Enfin pour trouver la troisiéme & derniere Figure de
la Racine , il faut comme auparavant doubler les deux premieres Figures déja trouvées , cela fait 112, mettre le 2 qui
est le dernier Chifre, sous la premiere Figure de la troisiéme
Section, à sçavoir sous le 9, & avancer les deux autres,
comme cy-dessous.

$$
\begin{array}{c}
6\ |\ 44\ | \\
3\,2\ |\ 8\,0\ |\ 9\,6\ (\,5\,6 \\
1\quad 0\,6 \\
1\,1\quad 2
\end{array}
$$

Puis, operant comme la premiere fois, il faut demander
combien 112 se trouve de fois en 449, & trouvant qu'il y
est 4. fois, il faut mettre le 4. qui sera la troisiéme Figure
de la Racine cherchée, auprés des deux autres, & aussi
sous la derniere Figure de la troisiéme Section comme cy-
dessous.

$$6\ |\ 44\ |$$
$$31\ |\ 80\ |\ 96\ (\ 564$$
$$1\quad 06$$
$$11\quad 24$$

Ensuite il faut multiplier le Nombre de dessous 1124. par
4, nouvelle Racine, & en oster le Produit du Nombre de
dessus, à sçavoir de 4496. & marquer le reste s'il y en a;
Ce qui ne doit pas arriver au Nombre proposé, puisque c'est
un Nombre quarré. Ainsi multipliant 1124 par 4. le Produit est justement 4496. lequel osté de ce mesme Nombre l'on voit qu'il ne reste rien, comme cy-dessous.

$$6\ 44\ 00$$
$$31\ 80\ 96\ (\ 564$$
$$1\ 06$$
$$11\ 24$$

Ce qui nous apprend que 564. est la Racine que l'on
cherche, laquelle multipliée par elle-mesme produit le Nombre proposé.

Si le Nombre proposé eust esté plus grand, ensorte que
sa Racine eust deu avoir quatre Figures, il auroit fallu
proceder, pour trouver la quatriéme, de la mesme façon
que nous avons fait pour trouver les autres.

Et il n'importe pas que les Figures du Nombre proposé
soient en Nombre pair ou impair; Car quand il n'y auroit
qu'une seule Figure à la premiere Section, il faudroit en
chercher la Racine quarrée dans la Table, tout de mesme
que quand il y en a deux, & operer ensuite comme il
vient d'estre enseigné.

Il n'y a plus qu'une chose à observer, que je n'ay pas voulu dire en son vray lieu, de peur alors de me rendre obscur, qui est, qu'aprés avoir doublé les Figures déja trouvées de la Racine que l'on cherche, afin d'en trouver une autre, & aprés avoir écrit ce double sous l'endroit qu'il faut du Nombre proposé ; quand on vient ensuite à demander combien de fois ce double est compris dans le Nombre de dessus qui luy répond, il ne faut pas toûjours mettre le Nombre entier que l'on pourroit trouver, mais il le faut mettre avec jugement & discretion ; à cause que ce Nombre devant estre joint avec ce double, & devant aussi estre multiplié conjointement avec luy par ce Nombre nouvellement trouvé, il pourroit arriver que le Nombre à soustraire seroit plus grand que celuy de dessus, de qui il doit estre soustrait ; C'est pourquoy avant que d'écrire, & de joindre ce Nombre, soit avec les autres Figures de la Racine déja trouvées, soit avec leur double, il faut prendre garde si le Nombre de dessus peut souffrir que l'on en puisse retrancher le Produit qui vient de la Multiplication du Nombre de dessous par cette nouvelle Racine, & ne mettre pour Quotient, ou pour Racine, que celuy qu'il peut souffrir.

Pour se rendre familiere cette Regle, & la bien comprendre, je vas vous apprendre à trouver par Regle la Racine de deux ou trois petits Nombres quarrez, dont les Racines vous peuvent estre facilement connuës ; Par exemple, pour trouver la Racine de 100, qui est un Nombre quarré, & que chacun sçait avoir 10 pour Racine, voicy comme il faut faire.

Je divise ce Nombre en deux Sections, & à la fin je trace une portion de Cercle, comme icy 1|00. (

Puis je regarde dans la Table quelle est la Racine quarrée du Nombre de la premiere Section, & trouvant que 1. en est la Racine, j'écris 1. au delà de cette portion de Cercle, pour premiere Figure de la Racine que nous cherchons ; & ayant osté son quarré, qui est aussi 1, du Nombre compris en la premiere Section, il ne reste rien ; je

mets donc un Zero au deſſus de ce Nombre, & le barre ;
Et cela eſtant, il ſe trouve qu'il n'y a plus que des Zero en
tout ce qui reſte, comme l'on voit icy $\overset{o}{\underset{1}{|}}oo.\,(\,1$

Enſuite pour trouver la ſeconde Figure, je double la Racine déja trouvée, cela fait 2. que j'écris ſous la premiere
Figure de la ſeconde Section ; puis je demande combien de
fois 2. ſe trouve en rien , & trouvant qu'il n'y eſt contenu
nulle fois, j'écris un Zero pour ſeconde Figure de la Racine, & le mets auſſi à coſté du 2. ſous la derniere Figure
de la ſeconde Section ; comme icy $\overset{o}{\underset{\underset{2o}{1}}{|}}oo\,(\,10$

Puis je multiplie 2o par cette nouvelle Racine , qui eſt
un Zero , cela ne produit rien ; puis oſtant rien de rien , il
ne reſte rien. Et ainſi l'on voit que 10 eſt la Racine de 100.

De meſme pour trouver par Regle la Racine de 144. que
l'on ſçait eſtre 12. voicy comme il faut proceder.

Je diviſe 144. en deux Sections ; & voyant que l'Unité
eſt la Racine du Nombre contenu dans la premiere Section,
j'oſte ſon Quarré qui eſt 1, & il ne reſte rien. Puis pour
trouver le deux qui eſt le ſecond Nombre que doit avoir
ſa Racine, je double 1, cela fait 2. j'écris le 2. ſous la premiere Figure de la ſeconde Section, je demande enſuite
combien de fois 2. ſe trouve en 4. & voyant qu'il y eſt
contenu 2. fois, j'écris 2. à coſté de la premiere Figure
de la Racine, qui eſt 1, & auſſi ſous la derniere Figure de la
ſeconde Section, à coſté du 2. cela fait 22. je multiplie enſuite 22, qui eſt le Nombre de deſſous, par 2. nouvelle Racine,
cela fait 44. j'oſte 44. de 44. & il ne reſte rien, ce qui
montre que 12. eſt la Racine de 144. comme cy-deſſous.

$$\overset{o}{\underset{\underset{22}{2}}{|}}\overset{oo}{\underset{44}{|}}\,(\,12$$

Enfin pour trouver la Racine de 225. qui eſt 15, voicy
comme il s'y faut prendre, je diviſe 225. en 2. Sections,
comme cy-deſſous

2|25

Puis je cherche dans la Table quélle eſt la Racine quarrée
du Nombre 2. & comme il n'en a point de juſte, je prens le
moindre Nombre quarré qui en eſt le plus proche à ſçavoir 1.
dont la Racine eſt 1. que j'écris pour premiere Figure de la
Racine que nous cherchons ; je quarre cette Racine, cela
ne produit qu'1, joſte ſon Quarré du Nombre compris en
la premiere Section, & il reſte 1. que j'écris au deſſus du 2.
& je barre le 2. comme cy-deſſous.

1|
2|25 (1

Puis pour trouver le 5, qui eſt la ſeconde Figure que doit
avoir la Racine , je double la premiere Figure déja trouvée, cela fait 2. que j'écris ſous la premiere Figure de la
2. Section ; aprés cela, je demande combien de fois 2. ſe
trouve en 12. mais quoy qu'il y ſoit contenu 6. fois, je n'é-
cris pas le 6. pour ſeconde Figure de la Racine que l'on
cherche, car il faudroit le joindre avec le double de la Racine déja trouvée, ce qui feroit 26. puis il faudroit multiplier 26. par 6. ce qui produiroit 156. & il arriveroit que le
Nombre à ſouſtraire ſeroit plus grand que celuy de qui la
Souſtraction doit eſtre faite, qui eſt 125, c'eſt pourquoy au
lieu du 6. je mets ſeulement un 5. pour ſeconde Figure de
la Racine cherchée , que j'écris auſſi au deſſous de la derniere Figure de la ſeconde Section , qui avec le 2. fait 25.
je multiplie 25 par 5. nouvelle Racine , cela fait 125. que
j'oſte du Nombre de deſſus, qui eſt auſſi 125. & il ne reſte

rien. Ce qui montre que 15. eſt la Racine de 225. comme cy-deſſous.

$$\begin{array}{l} {}^{1}_{2}\!\!\overset{00}{25} \big(\; 15 \\ \quad 25 \end{array}$$

Maintenant il eſt aiſé de concevoir, que ſi le Nombre propoſé n'eſt pas un Nombre Quarré, qui ait une Racine juſte, il faut neceſſairement qu'il y ait du reſte; Par exemple, ſi au lieu de 144, j'avois cherché la Racine de 160, il feroit reſté 16 ; ſi au lieu de 225, j'avois cherché la Racine 250, il feroit reſté 25, & ainſi des autres plus grands Nombres.

Que ſi aprés cela l'on veut ſçavoir la Raiſon pourquoy la Racine que l'on cherche doit avoir autant de Figures qu'il y a de Sections dans le Nombre propoſé, il n'y a qu'à conſiderer deux choſes ; la premiere, que le Quarré du plus grand Nombre ſimple, à ſçavoir 9, n'a que deux Figures, à ſçavoir 81 ; & la feconde, que le moindre Nombre Quarré qui a trois Figures, à ſçavoir 100, a 10 pour Racine, qui contient deux Figures, de meſme que 100 ſe diviſe en deux Sections ; Comme auſſi le Quarré du plus grand Nombre à deux Figures, à ſçavoir 99 n'a que quatre Figures, à ſçavoir 9801, & ne ſe peut diviſer qu'en deux Sections ; Et le moindre Nombre Quarré a cinq Figures, à ſçavoir 10000, à 100 pour Racine, qui contient trois Figures, de meſme que 10000 ſe diviſe en trois Sections. Et cecy ſert de preuve pour tous les Nombres.

Mais ſi vous me demandez la raiſon de l'Operation, & ſurquoy elle eſt fondée, je vous répondray qu'elle eſt fondée ſur cette Propoſition de Geometrie, qui eſt la 4 du 2. c'eſt à ſçavoir, que ſi une Ligne eſt coupée en deux parties comme l'on voudra, le Quarré de la Toute eſt égal aux deux Quarrez des Parties, & à deux fois le Rectangle fait des deux Parties ; Ce qui ſe verifie auſſi dans les Nombres ; Car, par exemple, ſi vous diviſez 12. en deux parties, ſçavoir en 10, & en 2. le Quarré de 10 eſt 100, le Quarré de 2 eſt 4, le Rectangle ou le Produit des deux parties eſt 20,

deux

deux fois ce Produit eſt 40. Joignez les deux Quarrez des Parties, avec le double de ce Rectangle ou de ce Produit, cela fait 144. qui eſt un Nombre Quarré , dont 12 eſt la Racine.

Or ce que vous faites quand (pour trouver , par exem. ple , la Racine de 144.) vous diviſez ce Nombre en 2. Sections, & que vous cherchez la Racine du Nombre compris dans la premiere Section , qui eſt 1, c'eſt comme ſi vous cherchiez la Racine de 100, car cet 1, à l'endroit où il eſt, ſuivy de deux Figures, vaut 100 ; Et quand enſuite vous mettez 1, pour premiere Figure de la Racine que vous cherchez, cet 1. vaut 10, car il doit y avoir aprés luy une ſeconde Figure à la Racine, qui fera que cet 1 ſera au rang des Dixaines, & par conſequent qu'il vaudra 10. Puis quand vous doublez cette premiere Figure de la Racine , & que vous mettez le 2 ſous la premiere Figure de la 2. Section , ce 2. vaut 20, à cet endroit là, car l'on doit encore joindre à luy la ſeconde Figure de la Racine, qui eſt 2. & qui eſtant joint avec l'autre font enſemble 22 ; Et quand enſuite vous multipliez 22. par 2, la premiere partie de cette Multiplication n'eſt autre choſe que le Quarré de 2. car deux fois deux font font quatre ; Et la ſeconde Partie contient deux fois le Rectangle fait des deux Parties ; car deux fois vingt font 40, qui valent deux fois le Rectangle des deux Parties 10 & 2. Et c'eſt pour cela que l'on double la Racine trouvée, afin d'avoir par une ſeule Multiplication le double du Rectangle ou du Produit des deux Parties.

Quand le Nombre propoſé contient pluſieurs Sections , & par conſequent que ſa Racine doit avoir pluſieurs Figu. res, quoy que l'Operation ſoit alors plus compoſée, elle ne laiſſe pas d'eſtre toûjours fondée ſur la meſme maxime ; ce que ceux qui font un peu verſez en Geometrie reconnoiſtront aiſément ; Et pour les autres ils doivent ſe contenter de la certitude de l'Operation , & de la verité que l'on trouve par ſon moyen, quoy qu'ils n'en puiſſent pas comprendre la Raiſon.

Neantmoins pour leur donner toute l'ouverture qu'il eſt

A A a a a

poſſible pour la leur faire comprendre, examinons le premier Exemple dont nous nous ſommes ſervis. Nous avons trouvé que la Racine de ce Nombre 318096 eſt 564. D'abord nous avons cherché la Racine de 31, qui eſt compris dans la premiere Section ; mais comme 31 n'eſt pas un Nombre Quarré, nous avons pris celle de 25, à ſçavoir 5. que nous avons mis pour premiere Figure de la Racine que nous cherchions ; mais comme 25 eſtant ſuivy de quatre Figures vaut 250000, auſſi 5, eſtant ſuivy de deux Figures vaut 500. & en effet le Quarré de 500 eſt 250000. Enſuite nous avons doublé la premiere Figure, ce qui fait 10 ; & ayant trouvé que 6 eſtoit la ſeconde Figure de la Racine, nous l'avons joint à 10, ce qui fait 106. Puis multipliant 106, par 6. ce qui produit 636. nous avons oſté 636. (c'eſt à dire 63600 à cauſe des deux Figures qui ſuivent) du Nombre de deſſus, & il eſt reſté 4496. Mais remarquez que ces deux Nombres 250000 & 63600 font enſemble 313600, qui eſt le Quarré de 560. que nous devons regarder comme la premiere partie de noſtre Racine, 564. diviſée en deux parties, ſçavoir en 560 & en 4. & les 4496 reſtans, contiennent juſtement deux fois le Rectangle des deux parties, avec le Quarré de la ſeconde ; car le Quarré de 4 eſt 16. & deux fois le Rectangle ou le Produit de 560 par 4. eſt 4480.

Et meſme, à ne conſiderer que 560, comme un Nombre que l'on diviſe en deux parties, ſçavoir en 500 & en 60. 250000 eſt le Quarré de la premiere, & les 63600 que nous avons oſtez du Nombre de deſſus, contiennent juſtement deux fois le Rectangle des deux parties, avec le Quarré de la ſeconde ; car le Rectangle ou le Produit de 500 par 60, eſt 30000, deux fois ce Rectangle eſt 60000, le Quarré de 60 eſt 3600, joignant 3600 avec 60000 cela fait 63600 ; ce qui montre que chaque partie de l'Operation eſt une ſuite de cette maxime, à ſçavoir qu'un Nombre eſtant diviſé en deux parties, le Quarré du total eſt égal aux deux Quarrez des parties, & à deux fois le Rectangle ou le Produit des deux parties.

Le plus ordinaire ufage de la Racine Quarrée , eft lors qu'à la Guerre un Maréchal de Camp , par exemple, veut ranger en Bataillon quarré un certain Nombre de Soldats.

Et comme un Bataillon quarré fe fait en deux manieres; ou en Bataillon quarré d'Hommes, ou bien en Bataillon quarré de Terrain ; Auffi fe faut-il fervir diverfement de cette Regle.

Quand on veut former d'un certain Nombre de Soldats un Bataillon quarré d'Hommes , il ne faut qu'extraire la Racine quarrée du Nombre donné des Soldats, & les ranger de front & de flanc fuivant la Racine que vous aurez trouvée ; Et s'il y a des Soldats fupernumeraires , il faut les employer ailleurs, ou en adjoûter un Nombre fuffifant pour pouvoir augmenter le front & le flanc d'un Soldat.

Par exemple, fi l'on vous donnoit 625 Soldats pour ranger en un Bataillon quarré d'Hommes , il faudroit extraire la Racine de 625 ; & trouvant que c'eft 25. il faudroit ranger vos Soldats en 25. files, & mettre 25 Hommes à chacune.

Mais fi l'on vous avoit donné 700 Hommes pour former ainfi un Bataillon quarré d'Hommes , comme il s'en trouveroit 75 de fupernumeraires , ou il faudroit les employer ailleurs, ou bien il faudroit en adjoûter 36 qui feroient alors 736. Hommes, pour en pouvoir mettre 26. de front & autant de flanc.

Maintenant pour former un Bataillon quarré de Terrain, il n'en va pas ainfi ; Car le Nombre des Hommes du flanc, ou de la file, n'eft pas égal à celuy du front ; il fuffit de 3 piés de diftance d'Homme à Homme pour le front , & il en faut 7. pour la file ; Et ainfi un moindre Nombre, en ce fens-là, occupe autant de Terrain qu'un plus grand en l'autre fens.

Or pour fçavoir quel Nombre d'Hommes il faut mettre de front, & combien il en faut mettre de file, pour former un Bataillon quarré de Terrain , d'un certain Nombre de Soldats que l'on vous donne à ranger , il faut faire deux Regles de trois ; l'une pour trouver le Nombre du front , l'autre pour trouver celuy de la file.

Premierement pour trouver le Nombre du front, vous
mettrez 3 au premier terme, 7 au second, & au troisiéme
vous mettrez le Nombre des Soldats que l'on vous donne à
ranger ; puis achevant la Regle à l'ordinaire il viendra un
quatriéme Terme, duquel il faudra extraire la Racine quarrée, & sa Racine sera le nombre des Hommes du front.

Tout au contraire, pour trouver le Nombre de la file,
ou du flanc, vous mettrez 7 au premier Terme, 3 au second,
le Nombre des Soldats au troisiéme, & quand vous aurez
trouvé un quatriéme Terme, vous en extrairez aussi la
Racine, qui sera le Nombre de la file.

Exemple.

On vous donne 525 Soldats à ranger en un Bataillon quarré de Terrain, voicy comme il faut disposer vos Nombres,
pour trouver le Nombre du front.

Si 3 donne 7. combien 525, cela donne 1225
$$\frac{7}{3675}\Big(\frac{3}{1225}$$

La Racine quarrée de 1225 est 35, qui est le Nombre des
Hommes du front.

Maintenant pour avoir ceux de la file, ou du flanc, il faut
dire,

Si 7 donne 3, combien 525, cela donne 225
$$\frac{3}{1575}\Big(\frac{7}{225}$$

La Racine de 225 est 15, qui est le Nombre des Hommes
de la file.

Et pour preuve, si vous multipliez 35 par 15 le Produit
est 525.

Cette Regle a encore plufieurs autres Ufages , mais en voila affez pour noftre deffein.

ARTICLE II.

De l'Extraction de la Racine Cubique.

L'Operation de cette Regle eft plus difficile & plus em-baraffée que celle de la précedente ; c'eft pourquoy il ne faut rien obmettre pour tâcher de la rendre claire & facile ; Pour cela nous fuivrons mot à mot & comme pas à pas les mefmes obfervations que nous avons faites cy-devant.

Comme tout Nombre multiplié par luy-mefme produit un Nombre quarré, de mefme auffi tout Nombre quarré multiplié par fa Racine produit un Nombre Cube ; Ainfi 9 multiplié par 3 qui eft fa Racine , le produit eft 27, qui eft un Nombre Cube, qui a auffi 3. pour fa Racine ; 16. multiplié par 4, qui eft fa Racine , le Produit eft 64, qui eft un Nombre Cube , qui a auffi 4 pour fa Racine ; le mefme Nombre fervant de Racine au Quarré & au Cube qui en dérivent.

Or tout de mefme que tous les Nombres ne font pas des Nombres quarrez , de mefme auffi tous les Nombres ne font pas des Nombres Cubes , & il y en a encore beau-coup moins de ceux-cy que non pas des autres ; Car fi de-puis l'Unité jufques à 100 il n'y a que dix Nombres quar-rez, depuis l'Unité jufques à 1000 il n'y a que dix Nom-bres Cubes ; Et plus on va en augmentant, & moins il y en a encore à proportion.

Le deffein donc de cette Regle eft d'apprendre à trouver la Racine Cubique de quelque Nombre que ce foit ; foit que ce Nombre foit en effet un Nombre Cube, foit qu'il ne le foit pas ; car fi c'en eft un , la Regle nous apprend à en trouver la Racine jufte ; & s'il ne l'eft pas , elle nous apprend à trouver celle qui en approche le plus prés.

Mais comme nous avons remarqué cy-devant que pour

apprendre à trouver la Racine quarrée des Nombres un peu composez, il falloit auparavant sçavoir quels estoient les Quarrez des dix premiers Nombres simples ; De mesme aussi avant que d'apprendre à extraire la Racine Cubique des grands Nombres, il faut sçavoir auparavant quels sont les Cubes de ces dix premiers Nombres ; Et pour cela je les ay icy reduits en une Table qu'il faut avoir souvent devant les yeux, pour l'apprendre comme par cœur.

Racines, 1. 2. 3.   4.   5.   6.   7.   8.   9.   10.

Quarrez, 1. 4.   9.   16.   25.   36.   49.   64.   81.   100.

Cubes,   1. 8.   27.   64.   125.   216.   343.   512.   729.   1000.

Où vous remarquerez qu'un mesme Nombre, par exemple, 64. peut estre tout ensemble, & Nombre Quarré & Nombre Cube, mais sous differens regards, c'est à dire par raport à differentes Racines ; car quand il est consideré comme un Nombre quarré, il a 8. pour sa Racine ; & quand il est consideré comme un Nombre Cube, il a 4. pour sa Racine.

Par le moyen de cette Table on est delivré de la peine de chercher les Racines des Nombres Cubes qui sont au dessous de 1000. car elle les comprend tous, avec les Quarrez & les Racines d'où ils proviennent ; Et ceux qui n'y sont pas compris ne sont point des Nombres Cubes, & n'ont point de Racines justes ; c'est pourquoy quand on en propose quelqu'un, il faut se contenter de la Racine du moindre Nombre Cube qui en approche le plus prés, & retenir le reste : Par exemple, si l'on proposoit d'extraire la Racine Cubique de 100, il faudroit prendre 64. qui est le moindre Nombre Cube qui en approche le plus prés, dont 4. est la Racine, & retenir 36.

Mais quand le Nombre dont on veut extraire la Racine Cubique surpasse 1000, & qu'il contient plusieurs Figures ; Par exemple pour extraire la Racine Cubique de ce Nombre 11390625, qui eſt un Nombre Cube, voicy les Regles qu'il faut obſerver.

Premierement il faut diviſer le Nombre propoſé en pluſieurs Sections de trois en trois Figures, commençant par la main droitte, & remontant vers la main gauche ; ainſi il faut diviſer ce Nombre en trois Sections comme icy. 11390|625.

2. Le Nombre des Sections nous apprend combien la Racine que l'on cherche doit avoir de Figures ; car elle en doit avoir autant que le Nombre propoſé contient de Sections.

3. Il faut auſſi, comme en la Diviſion, tracer une petite portion de Cercle à la fin du Nombre propoſé, pour mettre enſuite les Figures de la Racine que l'on cherche, à meſure qu'on les trouve.

4. Pour les trouver, il faut commencer par la premiere Section à gauche, & voir dans la Table quelle eſt la Racine cubique du Nombre qu'elle contient ; Ainſi il faut voir quelle eſt la Racine Cubique de 11 ; & comme 11 n'eſt pas un Nombre Cube, il faut prendre celle du moindre Nombre Cube qui en approche le plus prés, à ſçavoir 8. dont la Racine eſt 2. puis il faut écrire 2. au delà de cette portion de Cercle, comme eſtant la premiere Figure de la Racine que l'on cherche, & oſter ſon Cube, qui eſt 8, de 11 ; & enſuite il faut barrer 11, & écrire au deſſus ce qui reſte, à ſçavoir 3. comme cy-deſſous

$$\overset{3}{11}|390|625\ (\ 2$$

5. Maintenant pour trouver la ſeconde Figure que doit contenir la Racine du Nombre propoſé, il faut avoir un *Diviſeur* ; & pour le trouver, il faut tripler la Racine déja trouvée, & multiplier ce triple par la Racine meſme, & le Produit ſera le Diviſeur. Ainſi, dans cet Exemple, il faut tripler 2, cela fait 6. & multiplier 6 par 2, cela fait 12. qui eſt le Diviſeur que l'on cherchoit, qu'il faut écrire ſous le

Nombre propofé, enforte que fon dernier Chifre qui eft 2.
réponde fous le premier Chifre de la feconde Section qui
3, & avancer l'autre Chifre, comme cy-deffous ; ce qui eft
dit du Divifeur fe doit entendre de mefme du Triple.

$$
\begin{array}{l}
\quad\quad\quad 3 \\
\text{22} \,|\,390\,|\,625\ (2 \\
\quad \text{triple}\ \ 6 \\
\text{Divifeur.}\ \ 1\ 2
\end{array}
$$

Puis operant comme en la Divifion , il faut demander
combien de fois 12 fe trouve en 33, & trouvant qu'il y eft
contenu deux fois, il faut mettre le 2, (qui fera la feconde
Figure de la Racine que l'on cherche) auprés du 2 de la
premiere Figure, & mettre une barre fous le Divifeur,
comme cy-deffous.

$$
\begin{array}{l}
\quad\quad\quad 3 \\
\text{22} \,|\,390\,|\,625\ (22 \\
\quad \text{Triple}\ \ 6 \\
\text{Divifeur}\ \ 1\ 2
\end{array}
$$

Aprés quoy, pour trouver le Nombre qu'il faut fouftraire
du Nombre de deffus, à fçavoir de 3390. qui comprend les
trois Chifres de la feconde Section, & ce qui eft refté de
la premiere Souftraction, il faut faire ces trois Operations,
1°. Il faut multiplier le Divifeur par la nouvelle Racine,
c'eft à dire 12. par 2. ce qui fait 24. & mettre le Produit
fous le Divifeur, enforte que fon dernier Chifre, comme
celuy du Divifeur, réponde fous le premier Chifre de la
feconde Section, & avancer les autres. 2°. Il faut quarrer
la nouvelle Racine, & multiplier fon Quarré par le triple
qui eft au deffus du Divifeur, c'eft à dire 4 par 6. ce qui
fait auffi 24. & mettre ce fecond Produit fous le premier en
l'avançant d'une Figure vers la main droitte, enforte que
fon dernier Chifre réponde fous le fecond Chifre de la
feconde

seconde Section. 3°. Enfin il faut cuber la nouvelle Racine,
& mettre son Cube, c'est à dire 8, sous les deux premiers
Produits, en l'avançant encore d'une Figure vers la droitte,
ensorte que son dernier Chifre (s'il y en a plusieurs) réponde sous le dernier Chifre de la seconde Section ; Puis il
faut adjoûter ensemble ces trois Produits, & oster leur Somme 2648, du Nombre de dessus 3390, écrire le reste 742 au
dessus, & barrer tous les autres Chifres, comme cy-dessous.

$$
\begin{array}{l}
\overset{3}{}|742| \\
11|3\cancel{90}.625\ (22 \\
\text{Triple } 6 \\
\text{Diviseur } 12 \\
\hline
\quad\quad 24 \\
\quad\quad\ 24 \\
\quad\quad\quad 8 \\
\hline
\quad\quad 2648 \\
\hline
\end{array}
$$

6. Enfin pour trouver la troisiéme & derniere Figure de
la Racine, il faut répeter les mesmes Operations que nous
avons faites pour trouver la seconde ; c'est à dire qu'il faut
avoir un *Diviseur* ; Que pour le trouver il faut tripler les
Racines déja trouvées, & multiplier ce triple par elles-
mesmes, & le Produit sera le *Diviseur* ; Ainsi dans cet Exemple il faut tripler 22. cela fait 66, & multiplier ce triple 66.
par 22. cela fait 1452, qui est le *Diviseur* que l'on cherchoit,
qu'il faut écrire sous le Nombre proposé, ensorte que son
dernier Chifre, à sçavoir 2. réponde sous le premier Chifre
de la troisiéme Section, à sçavoir 6, & avancer les autres
Chifres comme cy-dessous.

$$
\begin{array}{l}
\overset{3}{}742 \\
11|3\cancel{90}|625\ (22 \\
\text{Triple } 6\ 6 \\
\text{Diviseur } 1452 \\
\hline
\end{array}
$$

Puis operant comme la premiere fois, il faut demander combien de fois 1452 se trouve en 7426, & trouvant qu'il y est contenu 5 fois, il faut mettre le 5 à costé des deux autres Figures déja trouvées, pour estre la troisiéme & derniere Figure de la Racine que l'on cherche, comme cy-dessous.

$$\begin{array}{l} \overset{3}{}\ 742 \\ 22\,|\,3\cancel{9}\cancel{0}\,|\,625\ (\,225 \\ 6\ 6 \\ 145\ 2 \\ \hline \end{array}$$

Aprés quoy pour trouver le Nombre qu'il faut soustraire du Nombre de dessus, à sçavoir de 742625, qui comprend les trois Chifres de la troisiéme Section, & ceux qui sont restez de la précedente Operation, il faut répéter les trois mesmes Operations que cy-devant. 1°. Il faut multiplier le Diviseur 1452 par la nouvelle Figure, c'est à dire par 5. cela fait 7260. & mettre le Produit sous le Diviseur, ensorte que son dernier Chifre, comme celuy du Diviseur, réponde sous le premier Chifre de la troisiéme Section, & avancer les autres ; 2°. Il faut quarrer cette nouvelle Racine, & multiplier son Quarré, qui est 25, par le triple qui est au dessus du Diviseur, c'est à dire par 66. cela fait 1650, & mettre ce second Produit sous le premier, en l'avançant d'une Figure vers la main droitte, ensorte que son dernier Chifre réponde sous le second Chifre de la troisiéme Section; 3°. Enfin il faut cuber cette nouvelle & derniere Racine & mettre son Cube, qui est 125, sous les deux autres Produits, en l'avançant encore d'une Figure vers la droitte, ensorteque son dernier Chifre réponde sous le dernier Chifre du Nombre proposé ; Puis il faut adjoûter ensemble ces trois Produits, & oster leur Somme du Nombre de dessus ; laquelle Somme, en cet Exemple, se trouve estre justement la mesme que le Nombre de dessus, à sçavoir 742625. à cause que le Nombre proposé est un Nombre Cube, qui a pour Ra-

cine 225, & ainſi il ne reſte rien ; comme on peut voir cy-
deſſous.

```
    000
   3742 000
  1139 0625 (225     1452       5        5
    66                  5       5        5
   1452              ______    ___      ___
  __________         7260       25       25
   7260                        66        5
   1650                       150      125
    125                       150
  __________                  ____
  742625                      1650
```

Si le Nombre propoſé avoit eſté plus grand, enſorte que
ſa Racine euſt deu avoir quatre ou cinq Figures, il auroit
fallu proceder pour les trouver, de la meſme façon que
nous avons fait pour trouver les autres.

Et il n'importe pas combien il y ait de Figures en la premiere Section ; car quand il n'y en auroit qu'une, il faudroit tout de meſme en chercher la Racine Cubique dans
la Table, & proceder aprés cela comme il vient d'eſtre enſeigné.

Il faut auſſi prendre garde, comme nous avons cy-devant
obſervé, lorſqu'on demande combien de fois le Diviſeur
ſe trouve compris dans le Nombre de deſſus qui luy répond, de ne pas toûjours mettre, pour Quotient ou pour
Racine, le Nombre entier que l'on pourroit ttouver, mais
de le faire avec diſcretion & jugement ; à cauſe que le Nombre à ſouſtraire devant eſtre compoſé de l'Addition des
trois derniers Produits, il ſe pourroit faire qu'il ſeroit plus
grand que celuy de deſſus, de qui la Souſtraction doit eſtre
faite, ſi l'on mettoit pour Racine ce Nombre entier ; c'eſt
pourquoy avant que d'écrire ce Quotient ou cette Racine,
il faut voir ſi le Nombre de deſſus peut ſouffrir que l'on en
puiſſe oſter la Somme de ces trois Produits, car s'il ne le
peut pas, il faut mettre un moindre Quotient ou un moindre Nombre pour Racine.

Pour ſe rendre familiere cette Regle, & la bien comprendre, il faut s'exercer à extraire la Racine Cubique des plus petits Nombres, & mesme de ceux dont on connoist déja les Racines, par exemple, de 1000, & de 1331, qui ont 10 & 11 pour Racines, afin de s'accoûtumer à trouver par regle celles des plus grands Nombres.

Exemples.

$\frac{0}{1}$|ooo (1 o

Triple   3. de la premiere Racine.
Diviseur 3. Triple multiplié par la premiere Racine.

o. Produit du Diviseur multiplié par la seconde Racine, qui est un Zero.
o. Produit du Quarré de la seconde Racine, qui est un Zero, multiplié par 3. Triple de la premiere.
o. Cube de la seconde ou derniere Racine.

ooo. Addition des trois Produits, qui sont égaux aux trois Zero de la 2. Section.

De mesme, pour trouver par Regle la Racine Cubique de 1331 qui est 11. Voicy comme il faut faire. Voyez l'Article suivant.

$\frac{c}{1}$|3 3 1. (1 1.

Triple   3. De la premiere Racine.
Diviseur 3. Triple multiplié par la premiere Racine.

3. Produit du Diviseur multiplié par la seconde Racine, qui est 1.
3. Produit du Quarré de la 2. Racine, qui est 1, multiplié par 3. Triple de la 1.
1. Cube la seconde ou derniere Racine.

3 3 1. Addition des trois Produits, qui sont égaux aux trois Chifres de la 2. Section ; & lesquels oftez de la 2. Section ne reste plus rien.

Aprés avoir divifé ce Nombre en deux Sections, je décris enfuite une portion de Cercle ; Puis je cherche dans la Table quelle eft la Racine Cubique du Nombre compris dans la premiere Section, & je trouve que c'eft 1. Je mets donc 1. pour premiere Racine au delà de cette Portion de Cercle ; je cube enfuite cette Racine, cela ne produit qu'1. J'ofte ce Cube du Nombre compris dans la premiere Section, & il ne refte rien ; J'efface ce Nombre & mets un Zero au deffus. Puis pour trouver la feconde Figure de la Racine, je triple la premiere, cela fait 3. que j'écris fous la premiere Figure de la 2. Section; Je multiplie ce triple par la 1. Figure, cela me donne encore 3. pour *Divifeur*, que j'écris de mefme fous la premiere Figure de la 2. Section. Puis je demande combien de fois ce Divifeur eft compris fous cette premiere Figure de la 2. Section, & je trouve qu'il y eft compris une fois ; Je mets donc 1. pour feconde Racine à cofté de la premiere ; Puis pour trouver le Nombre à fouftraire, je multiplie & place les Nombres comme il eft marqué cy-devant, cela me donne 331. que j'ofte de 331. compris dans la 2. Section, & il ne refte rien.

Maintenant il eft aifé de juger, que fi le Nombre propofé n'eft pas un Nombre Cube, qui ait une Racine jufte, il faut neceffairement qu'il y ait du Refte ; Par exemple, fi au lieu de 1000, ou de 1331, l'on auoit propofé un Nombre compris entre ces deux là, la difference de l'un à l'autre feroit reftée.

Que fi aprés cela l'on veut fçavoir la raifon pourquoy la Racine que l'on cherche doit avoir autant de Figures qu'il y a de Sections dans le Nombre propofé, il n'y a qu'à confiderer deux chofes ; La premiere que le Cube du plus grand Nombre fimple, à fçavoir 9, n'a que trois Figures, à fçavoir 729 ; Et la feconde que le plus petit Nombre Cube qui a quatre Figures, à fçavoir 1000. à 10. pour Racine, qui contient deux Figures, de mefme que 1000 fe divife en deux Sections ; Et cecy fert de preuve pour tous les autres.

Mais fi vous voulez fçavoir la raifon de l'Operation, & furquoy elle eft fondée, je vous diray qu'elle eft fondée fur cette Maxime de Géometrie, c'eft à fçavoir, Que fi une Ligne droitte eſt coupée en deux parties, comme l'on voudra , le Cube de la Toute , eſt égal aux deux Cubes des Parties, & a ſix Solides faits des deux Parties, ſçavoir, trois du Quarré de la premiere multiplié par la ſeconde, & trois du Quarré de la ſeconde multiplié par la premiere : ce qui ſe trouve veritable auſſi dans les Nombres. Car, par exemple, ſi vous diviſez 3, en 2 & 1, le Cube de 2 eſt 8 ; le Cube de 1 eſt 1. le Quarré de la premiere partie, à ſçavoir 4. multiplié par la ſeconde qui eſt 1, eſt 4, trois fois 4 ſont 12. qui font les trois premiers Solides ; Le Quarré de la ſeconde Partie, à ſçavoir 1. multiplié par la premiere qui eſt 2. eſt 2. trois 2 ſont 6. qui font les trois autres Solides ; adjoûtez ces deux Cubes, ſçavoir 8 & 1, avec ces ſix Solides, ſçavoir 12 & 6, cela fait 27. qui eſt le Cube du Nombre entier 3. De meſme, ſi vous diviſez 4, en 3 & 1. le Cube de 3 eſt 27, le Cube de 1 eſt 1. Le Quarré de la premiere Partie, à ſçavoir 9, multiplié par la ſeconde, qui eſt 1 eſt 9, trois 9 ſont 27. qui font les trois premiers Solides ; Le Quarré de la ſeconde Partie à ſçavoir 1, multiplié par la premiere, qui eſt 3, eſt, 3, trois fois 3 ſont 9, qui font les trois autres Solides ; Adjoûtez ces deux Cubes, ſçavoir 27 & 1, avec ces ſix Solides , ſçavoir 27 & 9, cela fait 64. qui eſt le Cube du Nombre entier 4.

Et pour appliquer cela au premier Exemple cy-deſſus, des trois Produits qui font le Nombre à ſouſtraire , le premier contient toûjours les trois premiers Solides, le ſecond les trois autres, & le troiſiéme le Cube de la ſeconde Partie. Ainſi dans le premier Exemple, 24 24. & 8. le premier 24. contient les trois premiers Solides, car le Quarré de deux premiere Partie eſt 4. multiplié par 2. ſeconde Partie, cela fait 8. premier Solide, 3 fois 8 ſont 24. qui font les trois premiers Solides ; Le ſecond 24. contient les trois autres Solides ; Puiſque 2. ſeconde Partie a le meſme Quarré & le meſme Solide que la premiere , qui eſt un 2. multiplié par un 2. Et 8. eſt le Cube de 2 ; Enfin des trois derniers Produits 7260, 1650, & 125. le premier 7260 contient les trois premiers Solides. Car le Quarré de 22 premiere

Partie, fçavoir 484, multiplié par 5 feconde Partie fait 2420, premier Solide ; trois fois ce Nombre là, fait 7260 ; qui font les trois premiers Solides ; Le 2 Produit 1650 contient les trois autres Solides , car le Quarré de 5 feconde partie, à fçavoir 25. multiplié par 22. premiere Partie fait 550, trois fois 550 font 1650, qui font les trois autres Solides ; Et 125 eft le Cube de 5. derniere Partie. Si bien qu'affemblant ces 8 chofes, fçavoir le Cube de 220 qui eft 10648000.

Les trois premiers Solides ———— 7 2 6 0
Les trois feconds Solides ———— 1 6 5 0
Et le Cube de 5 derniere partie —— 1 2 5

Cela fait   1 1 3 9 0 6 2 5, qui eft le
Cube du Nombre total 225.

De mefme encore dans cet Exemple , où nous avons trouvé que 11 eft la Racine Cubique de 1331. fupofant que 11 foit divifé en deux parties , fçavoir 10 & 1, le premier Produit 3 que nous avons trouvé, & qui vaut 300 à l'endroit où il eft placé, contient les trois premiers Solides ; Le fecond Produit, qui eft encore 3, & qui vaut 30, au lieu où il eft placé , contient les trois autres ; & 1. eft le Cube de la feconde Partie, à fçavoir d'1 ; Car le Quarré de la premiere Partie eft 100. ce Quarré multiplié par 1 feconde Partie, eft encore 100, qui eft le premier Solide, trois fois ce Solide eft 300 ; De mefme le Quarré de la feconde Partie eft 1. ce Quarré multiplié par 10 premiere Partie, eft 10, qui eft le premier des trois derniers Solides ; trois fois ce Solide eft 30 ; Enfin le Cube de la derniere Partie eft 1. Affemblant donc ces huit Chofes, fçavoir le Cube de 10 premiere Partie, qui eft 1000 ; les trois premiers Solides qui font 300, les trois autres Solides qui font 30, & le Cube de la feconde Partie qui eft 1. tout cela enfemble fait 1331. qui eſt le Cube du Nombre entier 11, comme on peut voir cy-deſſous.

$$
\begin{array}{ll}
& 0 \,| \\
& x\,|3\,3\,1.\,(\,1 \\
\text{Triple} & 3. \\
\text{Diviſeur} & 3. \\
\hline
1.\ \text{Produit} & 3. \quad \text{qui vaut 300 à l'endroit où il eſt.} \\
2.\ \text{Produit} & 3. \quad \text{qui vaut 30 à l'endroit où il eſt.} \\
& 1 \\
\hline
& 3\,3\,1
\end{array}
$$

Cube de 10 premiere Partie eſt ——————— 1000
Les trois premiers Solides, ou 1. Produit —— — 300
Les trois derniers Solides, ou 2. Produit—— — 30
Cube de 1. ſeconde Partie eſt—⌐ — — — — — 1
$$\overline{}$$
1 3 3 1.

Quoy que cette Regle ne ſoit pas de grand uſage pour le commerce des Hommes, je n'ay pas voulu l'obmettre, parce qu'il auroit ſemblé que noſtre Traité auroit eſté imparfait, ſans cela ; Je penſe meſme l'avoir éclaircie d'une maniere que ceux qui ſe donneront la peine de le lire , ſeront bien aiſe d'entendre une choſe qui leur avoit toûjours paru fort obſcure & difficile à comprendre.

DEUXIE'ME

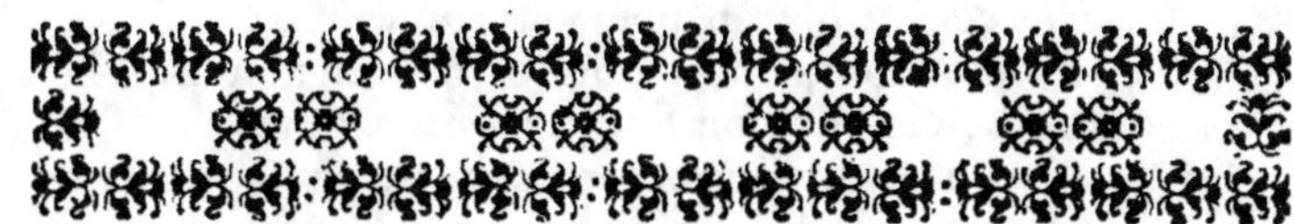

DEUXIE'ME ET DERNIERE PARTIE.

Des Nombres rompus ; ou autrement des Fractions.

CHAPITRE PREMIER.

De la Réduction des Fractions.

ARTICLE I.

Observations préliminaires.

'A y déja cy-devant remarqué, que l'*Vnité* de foy eſtoit indiviſible, comme eſtant le principe du Nombre, & que tout Principe a cela de propre de ne ſe pouvoir partager ; Mais que d'autant qu'on appliquoit ſouvent l'Unité a des choſes qui eſtoient capables de Diviſion, par exemple, à des Livres qui ſe diviſent en Sols, à des Toiſes qui ſe diviſent en piés, à des Marcs qui ſe diviſent en Onces, il eſtoit delà arrivé que les Arithmeticiens, dont la fin eſt de rapporter tout à l'Uſage, avoient diviſé l'Unité en une infinité de façons; Ce qui ſe juſtifie aſſez, en ce qu'ils ont fait une des princi-pales & des plus curieuſes parties de leur Arithmetique, celle qui traite des Fractions, c'eſt à dire, celle qui traite des differens partages de l'Unité.

Et de fait, toute Fraction ſuppoſe une Diviſion de l'Unité;

CCccc

& mefme fans cela il n'y en pourroit avoir · Car fi l'Unité n'eftoit point partagée, on ne pourroit pas en nombrer les diverfes parties, comme l'on fait par les Fractions.

Une Fraction n'eft donc proprement autre chofe, qu'une ou plufieurs parties de l'Unité (ou plûtoft d'une chofe entiere) partagée ; Et comme le partage s'en peut faire en une infinité de diverfes façons, par exemple, en deux, en trois, en quatre, en cent, en mille, &c. De mefme auffi une Fraction fe peut exprimer en une infinité de differentes manieres, par exemple, en un demy, un tiers, un quart, deux tiers, trois quarts &c.

Pour réprefenter donc une Fraction il faut neceffairement deux Chifres, ou deux Nombres, qui doivent eftre mis l'un fous l'autre, avec une petite Ligne entre deux; comme icy $\frac{1}{2}$, $\frac{2}{3}$, qui fignifient un demy, deux tiers.

Le Chifre, ou le Nombre, de deffous eft celuy que l'on nomme *Denominateur*, qui montre en combien de parties l'Unité eft partagée en chaque Fraction, & ainfi il reprefente toûjours l'Unité, ou la chofe entiere ; Celuy de deffus s'appelle *Numerateur*, qui montre combien de parties contient la Fraction, de celles en quoy l'Unité a efté partagée. Ainfi, cette Fraction $\frac{1}{2}$, montre que l'Unité a efté partagée en deux, & qu'elle contient une de ces deux parties ; Cette autre, $\frac{2}{3}$ montre que l'Unité a efté partagée en trois, & qu'elle contient deux de ces parties ; Cette autre $\frac{15}{100}$, montre que l'Unité a efté partagée en cent, & qu'elle contient quinze de ces parties ; & ainfi des autres.

Il fuit de là que le Numerateur d'une Fraction doit toûjours eftre moindre que le Denominateur, puifqu'il ne doit défigner qu'un certain Nombre de parties, de celles en quoy l'Unité a efté partagée. Quand donc il arrive que le Numerateur eft plus grand que le Denominateur, c'eft une marque que l'on a joint une ou plufieurs Unitez entieres avec les parties que contient la Fraction, lefquelles Unitez en doivent premierement eftre retranchées, afin qu'on en puiffe connoiftre la jufte valeur ; Ainfi, cette Fraction $\frac{15}{4}$ vaut trois entiers & $\frac{3}{4}$, puifque le Numerateur 15, contient trois fois le Denominateur 4. & $\frac{1}{4}$ deplus, qui est la juste valeur de la Fraction.

Or comme une des principales choses que l'on ne doit pas ignorer en matiere de Fractions, est de sçavoir quelle peut estre l'Egalité ou la Difference qu'il y a entre une Fraction & une autre ; Il est à remarquer que toutes les Fractions dont les Numerateurs ont un mesme raport, ou une mesme proportion, avec leurs Denominateurs, ne laissent pas d'être semblables entr'elles, c'est à dire, d'estre égales, ou plûtost les mesmes, quoy qu'elles soient exprimées en differens termes, les uns plus grands, les autres plus petits. Ainsi par exemple, ces Fractions, $\frac{2}{3}$, $\frac{4}{6}$, $\frac{8}{12}$, $\frac{20}{30}$ &c. ne font, ou ne representent qu'une mesme Fraction, quoy qu'exprimées differemment, d'autant que tous ces Numerateurs sont les deux tiers de leurs Denominateurs, & ont tous un mesme raport avec eux.

D'où il suit, que soit que l'on multiplie, ou que l'on divise, le Numerateur & le Denominateur d'une Fraction par un mesme Nombre, l'on changera bien à la verité les termes, mais l'on ne changera point pour cela la nature ou l'espece de la Fraction, parce que la mesme proportion qui estoit auparavant entre le Numerateur & le Denominateur subsiste toûjours.

Par exemple, si l'on multiplie le Numerateur & le Denominateur de cette Fraction $\frac{2}{3}$ par 5. l'on aura $\frac{10}{15}$; Si par 7, l'on aura $\frac{14}{21}$, ce qui changera à la verité les termes de la Fraction, mais non pas la Nature ou l'Espece, puisque la mesme proportion subsiste toûjours entre le Numerateur & le Denominateur.

De mesme, si l'on divise le Numerateur & le Denominateur d'une Fraction par un mesme Nombre, comme celle-cy $\frac{48}{60}$ par 2. il viendra $\frac{24}{30}$; Si par 4, il viendra $\frac{12}{15}$; Si par 12, il viendra $\frac{4}{5}$, toutes lesquelles Fractions, quoy qu'exprimées differemment, ne changent point pour cela de nature, à cause que la mesme proportion du Numerateur à l'égard du Denominateur demeure toûjours.

Si donc vous voulez augmenter les termes d'une Fraction,

i an en changer l'Espece, vous n'avez qu'à multiplier le Numerateur & le Denominateur de cette Fraction par un même Nombre ; Que si au contraire vous les voulez diminuer, & réduire par ce moyen la Fraction sous de moindres termes, il ne faut que diviser l'un & l'autre par un mesme Nombre ; Pourveu toutesfois que cela se puisse faire.

Car si le Numerateur & le Denominateur d'une Fraction estoient tels, qu'ils ne pussent estre divisez par un mesme Nombre, c'est à dire qu'ils n'eussent point d'autre Diviseur commun que l'Unité, qui est la commune mesure de tous, pour lors cette Fraction ne se pourroit réduire en moindre termes, & devroit necessairement demeurer telle qu'elle est. Ainsi par exemple, cette Fraction $\frac{13}{100}$ estant telle, que le Numerateur & le Denominateur ne se peuvent diviser par un mesme Nombre, mais n'ayant point d'autre Diviseur commun que l'Unité, ne se peut réduire en moindres termes qu'elle est, & il faut necessairement qu'elle demeure sous les mesmes termes qu'elle est proposée.

Maintenant, si les Numerateurs de deux ou plusieurs Fractions n'ont pas un mesme raport avec leurs Denominateurs, c'est une marque que ces Fractions sont differentes entr'elles, & ne sont pas de mesme Espece. Or pour connoistre la difference qui est entr'elles, & sçavoir précisement de combien l'une surpasse l'autre, où en est surpassée, il faut auparavant les réduire toutes sous une mesme denomination, c'est à dire, leur donner à toutes un mesme Denominateur, & faire avec cela que chacune garde avec luy la mesme proportion qu'elle avoit avec le sien (comme nous verrons cy-aprés) car pour lors ayant toutes un mesme Denominateur, on connoistra par leurs Numerateurs la difference qu'il y a des unes aux autres, puisque chaque Numerateur montre combien de parties du Denominateur contient sa Fraction.

L'on voit par là la necessité qu'il y a de sçavoir faire la réduction des Fractions, en toutes les manieres qu'elles se peuvent réduire, ce qui se peut faire en quatre ou cinq façons, qu'il faut bien sçavoir avant que de passer outre ;

Car mesme la plus-part des autres Regles qui suivent, comme l'Addition & la Souftraction, ne fe peuvent faire que par le moyen de ces Réductions.

ARTICLE II.

Premiere forte de Réduction.

Réduire une Fraction à de moindres termes ; Et mefme, aux moindres termes qu'il eft poffible.

APrés ce qui vient d'eftre dit en l'Article précedent, il n'y a prefque plus de difficulté en toutes ces fortes de Réductions ; Et il importe fort peu par laquelle on commence, eftant indépendantes les unes des autres.

Et premierement, pour réduire une Fraction fous de moindres termes, il ne faut (comme nous avons veu) que divifer le Numerateur & le Denominateur de la Fraction par un mefme Nombre, & donner pour Numerateur & Denominateur à la nouvelle Fraction, les Quotiens que l'on aura trouvez par la Divifion. Ainfi par exemple , pour reduire cette Fraction $\frac{24}{60}$ a de moindres termes , il ne faut que divifer 24 & 60. par 2. & vous aurez $\frac{12}{30}$, puis fi vous divifez encore $\frac{12}{30}$ par 2. vous aurez $\frac{6}{15}$; Enfin fi vous divifez $\frac{6}{15}$ par 3. vous $\frac{2}{5}$, qui font les moindres termes aufquels cette Fraction puiffe eftre réduite.

Or pour trouver ces moindres termes , (en quoy confifte tout le fecret de cette Regle) il faut trouver le plus grand Nombre , ou la plus grande commune mefure que puiffent avoir le Numerateur & le Denominateur de la Fraction propofée ; Car alors eftant tous deux divifez par cette plus grande commune mefure , les Quotiens qui en viendront , & en quoy fera réduite la Fraction , feront les plus petits termes que la Fraction pourra fouffir. Et pour la trouver, il faut fucceffivement ofter de la Fraction propofee le plus petit Nombre du plus grand , jufqu'à ce que

vous foyez parvenu à rencontrer que ce qui refte foit égal
au petit Nombre que vous aurez fouftrait le dernier , car
alors ce refte , ou ce petit Nombre , fera la plus grande
commune mefure de la Fraction propofée. Ainfi, dans
l'Exemple cy-deffus, oftant 24 de 60, refte 36 ; puis oftant
derechef 24 de 36, refte 12 ; enfin oftant 12 de 24, le refte
eft 12, qui eft égal au moindre Nombre qui a efté retranché le
dernier, à fçavoir 12 ; ce qui montre que 12 eft la plus grande
commune mefure qui foit entre le Numerateur & le Deno-
minateur de la Fraction ; Auffi divifant $\frac{24}{60}$ par 12, il vient $\frac{2}{5}$,
qui font les moindres termes qui puiffent exprimer cette
Fraction.

Autre Exemple.

Si la Fraction propofée eftoit $\frac{27}{36}$ & qu'on la vouluft reduire aux plus petits termes qu'il eft poffible , il faudroit
ofter 27. de 36, il refteroit 9 ; puis il faudroit ofter 9 de 27,
il refteroit 18 ; Enfin il faudroit derechef ofter 9 de 18, &
il refteroit 9, qui feroit égal au plus petit Nombre nouvellement retranché , à fçavoir 9 ; Et ainfi vous auriez 9, pour
la plus grande commune mefure du Numerateur & Denominateur de la Fraction ; & les divifant l'un & l'autre par
9, il viendroit pour Quotient $\frac{3}{4}$, qui feroient les moindres
termes aufquels cette Fraction pourroit eftre réduite.

Or la raifon pourquoy en divifant ainfi le plus grand terme par le plus petit , l'on vient à trouver cette plus grande
commune mefure, lors qu'un des reftes fe rencontre égal
au petit Nombre qui a efté retranché le dernier ; C'eft
d'autant (pour me fervir des mefmes Exemples) que puifque 9 eftant retranché de 18, il refte 9, c'eft une marque
qu'il eftoit contenu en 18 un certain nombre de fois ; &
par confequent auffi en 27, qui eft compofé de 18 & de 9 ;
& de mefme enfin en 36, qui eft compofé de 27, & de 9 ;
fçavoir en 27 trois fois, & en 36 quatre fois ; ce qui réduit
la Fraction en celle de $\frac{3}{4}$ qui eft la moindre qui fe puiffe.

De mefme en l'autre Exemple , puis que 12 eftant retranché de 24, il reste 12, c'est signe que 12 estoit contenu en 24, un certain Nombre de fois, à sçavoir 2. fois ; & par conséquent 3. fois en 36, qui est composé de 24 & de 12 ; Et enfin 5 fois en 60, qui est composé de 24, & de 36 ; Et ainsi cette Fraction se réduit à celle de $\frac{2}{5}$, qui est la moindre à laquelle elle puisse estre réduite.

Mais, comme j'ay déja dit, cela supose que le Numerateur & le Denominateur d'une Fraction puissent avoir une commune mesure, autre que l'Unité ; Car quand ils n'en ont point d'autre, pour lors la Fraction ne se peut réduire en moindres termes, & il faut qu'elle demeure dans les mesmes termes qu'elle est exprimée ; Ainsi cette Fraction $\frac{13}{106}$ ne se peut reduire en moindres termes, n'y ayant point d'autre commune mesure entre le Numerateur & le Denominateur que l'Unité.

De mesme, celle-cy, $\frac{35}{288}$ ne se peut reduire en moindres termes ; Car bien que le Numerateur 35, se puisse diviser par 5 & par 7. toutesfois le Denominateur 288 ne se peut diviser ny par l'un ny par l'autre ; De mesme aussi, bien que le Denominateur 288, se puisse diviser par 2, par 4, par 6, & par plusieurs autres Nombres, toutesfois le Numerateur 35 ne se peut diviser par aucun d'eux ; Si bien qu'il faut que cette Fraction $\frac{35}{288}$ demeure dans ces mesmes termes.

ARTICLE III.

Deuxiéme sorte de Réduction.

Réduire deux, ou plusieurs Fractions differentes sous une mesme Dénomination.

J'AY déja fait remarquer cy-devant, que lorsque les Numerateurs de deux ou plusieurs Fractions n'ont pas un mesme raport avec leurs Denominateurs, ces Fractions sont de differente espece ; Et que pour connoistre la Difference qu'il y a entr'elles, & sçavoir de combien l'une surpasse

l'autre, ou en eſt ſurpaſſée, il falloit les réduire toutes ſous
une meſme Dénomination ; c'eſt ce que nous allons faire
icy.

Et premierement, lorſqu'il n'y a que deux Fractions à réduire ſous une meſme Dénomination, il ne faut que multiplier les deux Denominateurs l'un par l'autre, & le Produit ſera le Denominateur commun ; Puis pour trouver
le Numerateur qui doit appartenir à chaque Fraction, il
faut multiplier le Numerateur de chacune par le Denominateur de l'autre, & les Produits ſeront les Numerateurs
requis.

Par exemple, pour reduire ces deux Fractions $\frac{2}{3}$ & $\frac{1}{4}$ ſous
une meſme Denomination, multipliez les deux Denomina-
teurs l'un par l'autre, le Produit ſera 12, qui ſera le Denominateur commun ; Puis multipliez 2. par 4, & 3 par 3,
les Produits ſeront 8 & 9, qui ſerviront de Numerateurs
aux deux Fractions, qui par ce moyen ſeront reduites en
celles-cy $\frac{8}{12}$ & $\frac{9}{12}$.

Cette Operation eſt fondée ſur cette Maxime cy-devant
établie dans l'Article premier, c'eſt à ſçavoir, Qu'une Fraction ne change point d'eſpece, mais ſimplement de termes,
quand on multiplie ſon Numerateur & ſon Denominateur
par un meſme Nombre ; Or c'eſt ce que l'on fait icy ; où
l'on multiplie le Numerateur & le Denominateur de chaque Fraction par le Denominateur de l'autre ; Ainſi l'on
multiplie 2. & 3, qui ſont les Numerateur & Denominateur
de la premiere Fraction, par 4, qui eſt le Denominateur
de la ſeconde ; Et de meſme, l'on multiplie 3 & 4, qui ſont
les Numerateur & Denominateur de la ſeconde Fraction,
par 3, qui eſt le Denominateur de la premiere ; Et ainſi
$\frac{8}{12}$ & $\frac{9}{12}$ ne different que de nom de celles-cy $\frac{2}{3}$ & $\frac{1}{4}$.

Mais lors que l'on propoſe trois Fractions, ou davantage,
à réduire en une meſme Denomination, pour lors, il faut
chercher en ſoy-meſme un Nombre qui puiſſe eſtre diviſé
par tous les Denominateurs particuliers de ces differentes
Fractions (& le plus petit ſera le meilleur) & ce Nombre
ſervira de Denominateur commun à toutes ces Fractions;

Et

Et l'ayant trouvé, pour avoir aprés cela le Numerateur particulier de chaque Fraction eu égard à ce Denominateur commun, il faut diviser ce Denominateur par tous les Denominateurs particuliers de chaque Fraction, & multiplier ensuite chaque Quotient par le Numerateur de chaque Fraction, & le Produit sera son Numerateur particulier.

Par exemple, pour réduire ces trois Fractions $\frac{1}{2}$ $\frac{1}{3}$ $\frac{1}{4}$ sous une mesme Denomination, je cherche en mon esprit le plus petit Nombre qui puisse estre divisé par 2, par 3, & par 4, & voyant que 12 est ce plus petit Nombre, j'en fais le Denominateur commun ; Puis pour trouver ensuite le Numerateur qui doit appartenir à chaque Fraction par raport à ce Denominateur, je divise le 12 par 2. par 3. & par 4. le premier Quotient est 6, le second est 4, & le troisiéme est 3 ; Ensuite je multiplie chaque Quotient par le Numerateur de sa Fraction, & le Produit donne le Numerateur requis ; Ainsi je multiplie 6 par 1, le Produit est 6, ce qui fait $\frac{6}{12}$; puis je multiplie 4 par 2, le Produit est 8, ce qui fait $\frac{8}{12}$; Enfin je multiplie 3 par 3, le Produit est 9, ce qui fait $\frac{9}{12}$; Et ainsi au lieu de ces trois premieres Fractions $\frac{1}{2}$ $\frac{1}{3}$ $\frac{1}{4}$, j'ay celles-cy, $\frac{6}{12}$ $\frac{8}{12}$ $\frac{9}{12}$, qui sont semblables aux autres, & ont une mesme Denomination.

Or la raison pourquoy ayant trouvé un Denominateur commun, il arrive qu'en le divisant par chaque Denominateur particulier, & multipliant ensuite le Quotient de chaque Fraction par son Numerateur, le Produit vous donne le Numerateur requis de chaque Fraction, c'est qu'en divisant le Denominateur commun par le Denominateur particulier de chaque Fraction, par exemple, 12 par 3. le Quotient 4, n'est que le tiers de 12. par consequent multipliant ce tiers 4, par son Numerateur 2, le Produit 8 ne sçauroit contenir que les deux tiers de 12, & ainsi $\frac{8}{12}$ ou $\frac{2}{3}$ ne font que la mesme Fraction ; Il en est de mesme des autres Fractions, où, par exemple encore, divisant 12 par 4, le Quotient 3 n'est que le quart de 12 ; multipliant donc ce quart par son Numerateur 3, le Produit 9 ne sçauroit estre que les trois quarts de 12. Et partant $\frac{9}{12}$ ou $\frac{3}{4}$ ne font auffi que la mefme Fraction.

Mais lorfque l'on ne peut pas ainfi trouver de foy-mefme un Denominateur commun, voicy la Regle que l'on doit fuivre, qui eft generale pour tout Nombre, & pour toutes fortes de Fractions. Il faut multiplier tous les Denominateurs l'un par l'autre, & du Produit en faire le Denominateur commun ; Puis pour trouver le Numerateur de chaque Fraction, il faut multiplier chaque Numerateur par le Produit des Denominateurs des autres Fractions multipliez l'un par l'autre ; & le Produit qui viendra fera le Numerateur de chaque Fraction ; qu'il faudra mettre au deffus du Denominateur commun, & qui aura le mefme raport avec ce Denominateur commun, que le Numerateur de chaque Fraction a avec fon Denominateur particulier.

Par exemple, pour réduire ces trois Fractions $\frac{3}{5}$ $\frac{4}{7}$ $\frac{6}{8}$ fous une mefme Denomination ; comme il n'eft pas aifé de trouver un Denominateur commun qui fe puiffe divifer par 5, par 7, & par 8 ; Pour le trouver fuivant la Regle que nous venons de prefcrire, il faut multiplier ces trois Denominateurs l'un par l'autre, fçavoir 5 par 7, cela fait 35, puis 35 par 8, cela 280, & faire de ce Produit le Denominateur commun ; Enfuite dequoy, pour avoir les Numerateurs de ces trois Fractions, il faut multiplier le Numerateur de chacune par le Produit des Denominateurs des deux autres, c'eft à dire 3 par le Produit de 7 & de 8, cela fait 168, qui eft le Numerateur de la premiere ; Puis multiplier 4, par le Produit de 5 & de 8, cela fait 160, qui eft le Numerateur de la feconde ; Enfin il faut multiplier 6. par le Produit de 5 & de 7. cela fait 210, qui eft le Numerateur de la troifiéme ; Et ainfi au lieu des trois premieres Fractions $\frac{3}{5}$ $\frac{4}{7}$ $\frac{6}{8}$ vous avez $\frac{168}{280}$ $\frac{160}{280}$ & $\frac{210}{280}$. Par ce moyen l'on voit la difference qu'il y a entre ces Fractions, & de combien l'une furpaffe l'autre ; Ainfi l'on voit que la premiere furpaffe la feconde de $\frac{8}{280}$, & que la troifiéme furpaffe la premiere, de $\frac{42}{280}$, c'eft à dire de 42 parties dont les 280 font le tout.

Or la raifon de cette Operation eft fondée fur cette ma-

xime dont je viens de parler, c'eſt à ſçavoir, Qu'une Fraction ne change point d'eſpece, mais ſeulement de termes,
lorſque ſon Numerateur & ſon Denominateur ſont multipliez par un meſme nombre ; Et c'eſt ce qui arrive icy, où
les Numerateur & Denominateur de chaque Fraction ſont
multipliez par le Produit des Denominateurs des autres
Fractions multipliez l'un par l'autre.

Maintenant, lorſque l'on a encore un plus grand Nombre
de Fractions à réduire ſous une meſme Denomination, s'il arrive qu'il ſoit aiſé de leur trouver à toutes un Denominateur
commun, il s'en faut ſervir ; Et pour avoir les Numerateurs
de chaque Fraction, il faudra (comme il a eſté dit cy-devant, nombre 5.) diviſer ce Denominateur commun, par
tous les Denominateurs particuliers de chaque Fraction,
& multiplier enſuite le Quotient de chacune par ſon Numerateur, & le Produit ſera le Numerateur de chaque Fraction.

Par exemple, ſi l'on avoit ces ſix Fractions à réduire,
$\frac{1}{2}$ $\frac{2}{3}$ $\frac{3}{4}$ $\frac{5}{6}$ $\frac{5}{8}$ $\frac{2}{12}$, l'on voit aiſément que 24. peut eſtre diviſé
par tous ces Denominateurs, il faudroit donc ſe ſervir de 24.
pour Denominateur commun ; Puis il faudroit operer, comme il vient d'eſtre dit, pour trouver les Numerateurs particuliers de chacune de ces Fractions.

Que ſi entre un grand Nombre de differens Denominateurs, il eſtoit facile de trouver un Nombre qui pût eſtre
diviſé par pluſieurs d'entr'eux, mais non pas par tous ; pour
lors il faudroit ſe ſervir de ce Nombre, & luy faire toûjours tenir lieu de tous ces Denominateurs par qui il pourroit eſtre diviſé, & enſuite multiplier ce meſme Nombre,
& les autres Denominateurs par qui il ne l'auroit pû eſtre,
l'un par l'autre, & du Produit en faire le Denominateur
commun ; Puis pour avoir les Numerateurs de chaque
Fraction, par raport à ce Denominateur, il faudroit operer comme il vient d'eſtre dit.

Par exemple, ſi l'on avoit ces ſept Fractions à réduire,
$\frac{1}{2}$ $\frac{2}{3}$ $\frac{3}{4}$ $\frac{4}{5}$ $\frac{5}{12}$ $\frac{4}{9}$ $\frac{6}{7}$, l'on voit aiſément que 24. peut eſtre diviſé
par 2, par 3, par 4, & par 12, mais non pas par 5, par 7, ny

par 9 ; Alors il faudroit prendre 24. pour Denominateur
commun des Fractions qui ont 2, 3, 4, & 12, pour Denominateurs particuliers, puis multiplier 24, & les trois autres
Denominateurs 5, 7, & 9 l'un par l'autre, & du Produit en
faire le Denominateur commun ; Puis pour avoir les Numerateurs particuliers de chaque Fraction par raport à ce Denominateur commun , il faudroit operer comme il est dit
cy-dessus.

Je n'acheve point icy tout exprés ces Operations, mais je les
laisse à la diligence d'un chacun, afin d'accoûtumer le monde au travail, & que chacun apprenne en operant.

ARTICLE IV.

Troisiéme sorte de Réduction.

Réduire une ou plusieurs Fractions de Fractions en une
Fraction simple.

COmme la Fraction simple résulte de la division de
l'Unité (ou plûtost d'une chose entiere) en plusieurs
parties, ainsi que nous avons veu cy-devant ; De mesme
aussi la Fraction de Fraction résulte de la division d'une
Fraction simple, ou de quelques-unes de ces parties de l'U-
nité, en plusieurs autres moindres parties.

Par exemple, $\frac{1}{3}$ & $\frac{1}{4}$ sont des Fractions simples, qui résul-
tent de la division de l'Unité en trois, & en quatre parties ;
Mais quand on dit les $\frac{1}{3}$ de $\frac{1}{4}$, pour lors on parle d'une Fraction de Fraction, laquelle résulte de la division d'un quart
en trois parties ; ce qui ne fait plus qu'une douziéme partie.

Or pour sçavoir ce que vaut une Fraction de Fraction, c'est à
dire, combien elle contient de parties de l'Unité, & ainsi la
réduire en une Fraction simple, qui montre le Nombre des
Parties qu'elle contient, il ne faut simplement que multiplier les deux Numerateurs & les deux Denominateurs l'un
par l'autre, & donner pour Numerateur & Denominateur à

la Fraction ſimple que l'on cherche, le Produit qui réſulte
de chaque Multiplication.

Ainſi par exemple, pour réduire cette Fraction de Fraction,
les ⅔ de ¾, en une Fraction ſimple, il ne faut que multiplier 2
par 3, cela fera 6, & 3 par 4 cela fera 12, & donner à la Fraction
que l'on cherche 6. pour Numerateur, & 12 pour Denominateur ; Ainſi les ⅔ de ¾ ne ſont autre choſe que 6/12 ou un demy ½. Et en effet, ſi des trois quarts d'une aulne l'on en prend
les deux tiers, l'on aura une demy aulne.

Que ſi la Fraction de Fraction contient un plus grand
Nombre de Fractions, & que l'on veüille ſçavoir ce que
vaut par exemple la moitié des deux tiers de trois quarts,
ce qui s'écrit ainſi la ½ des ⅔ de ¾. Il ne faut point changer de
methode ; il faut tout de meſme multiplier tous les Numerateurs & tous les Denominateurs l'un par l'autre, & donner pour
Numerateur & Denominateur à la Fraction ſimple que l'on
cherche, les deux Produits qui réſultent de ces deux differentes Multiplications. Ainſi en cet Exemple, il faut multiplier les trois Numerateurs 1, 2, & 3, l'un par l'autre, cela
fait 6. comme auſſi les trois Denominateurs 2, 3, & 4, l'un
par l'autre, cela fait 24, & donner 6 pour Numerateur, &
24 pour Denominateur à la Fraction ſimple que l'on cherche ; Par ce moyen l'on voit que la moitié des ⅔ de ¾, vaut
juſtement 6/24, ou ¼. Et en effet, nous avons trouvé auparavant, que les ⅔ de ¾ valoient une demy aulne, par conſequent la moitié ne ſçauroit plus valoir qu'un quart.

ARTICLE V.

Diverses sortes de Réductions.

JE comprens icy sous ce Titre, deux ou trois sortes de Réductions, qui ne sont pas tant des Réductions de Fractions, comme des Réductions de Nombres entiers en Fractions, ou de Fractions en Nombres entiers, ou enfin des Réductions de Fractions & de Nombres entiers en Fractions de mesme Denomination.

Et premierement, pour réduire un ou plusieurs Nombres entiers en une Fraction de telle Denomination que l'on voudra ; Par exemple, pour réduire ces trois Nombres entiers, 3, 4, & 5, en une Fraction qui ait 6 pour Denominateur ; J'assemble premierement ces trois Nombres pour n'en faire qu'un seul, qui est 12 ; Puis je multiplie ce Nombre-là par le Denominateur donné, à sçavoir 6, cela fait 72 ; & de ce Produit j'en fais le Numerateur de la Fraction requise ; sous lequel je mets le Denominateur proposé ; Ainsi ces trois Nombres entiers, 3, 4, & 5, réduits en une Fraction qui a 6 pour Denominateur, valent $\frac{72}{6}$.

De mesme, pour réduire 15 entiers en quarts, par exemple 15 écus en pieces de 15 f. il ne faut que multiplier 15 par 4, cela fera $\frac{60}{4}$, ou 60 pieces de 15. sols.

Secondement, pour réduire une Fraction en Nombres entiers & en Fraction s'il y échet, & qu'il y ait du reste, cela suppose que la Fraction proposée est telle, que le Numerateur est plus grand que le Denominateur ; Car s'il estoit plus petit, cette Réduction seroit impossible, puisque la Fraction ne contiendroit pas des Unitez entieres, mais simplement quelques parties de l'Unité partagée.

Si donc, par exemple, on avoit donné cette Fraction $\frac{15}{4}$ à réduire en entiers & en Fraction ; Il faudroit diviser le Numerateur par le Denominateur, c'est à dire, 15 par 4, pour voir combien de fois le Denominateur se trouve compris dans le Numerateur ; & voyant qu'il y eſt compris 3 fois, & 3 de plus ; cela montre que cette Fraction contient 3 Unitez entieres, & de plus 3 parties dont les quatre font un entier ; Si bien que cette Fraction $\frac{15}{4}$, eſtant réduite en entiers & en Fraction, vaut 3 & $\frac{3}{4}$. celle-cy $\frac{20}{3}$ vaut 6 & $\frac{2}{3}$, cette autre $\frac{35}{6}$ vaut 5 & $\frac{5}{6}$, cette autre $\frac{100}{25}$ vaut 4 ; Et ainſi des autres.

Enfin pour réduire en une Fraction de meſme Denomination un Nombre entier & une Fraction, comme 7 & $\frac{3}{4}$, il faut multiplier le Nombre entier par le Denominateur de la Fraction, comme icy il faut multiplier 7 par 4, cela fait 28, & joindre à ce Produit le Numerateur de la Fraction, à ſçavoir 3, cela fera 31, & donner à ce Nombre le Denominateur de la Fraction ; Ainſi ce Nombre entier & cette Fraction 7 & $\frac{3}{4}$, eſtant réduits en une Fraction qui a 4, pour Denominateur, valent $\frac{31}{4}$. Cet Exemple ſeul ſuffit pour tous les autres.

CHAPITRE SECOND.

Des quatre principales Regles des Fractions.

ARTICLE I.

De l'Addition des Fractions.

J'A y déja cy-devant obfervé, qu'il eftoit neceffaire de bien apprendre à réduire plufieurs Fractions en une mefme Denomination, à caufe que l'Addition, & la Souftraction, ne fe pouvoient faire fans cette Réduction ; Mais quand une fois des Fractions font ainfi réduites, il n'y a rien de plus aifé, que de les adjoûter enfemble ; Car il ne faut plus aprés cela qu'adjoûter tous leurs Numerateurs en une fomme, & luy bailler le Denominateur commun.

Ainfi, pour adjoûter ces quatre Fractions $\frac{3}{12}$, $\frac{4}{12}$ $\frac{5}{12}$ & $\frac{6}{12}$. Il faut fimplement adjoûter ces quatre Numerateurs enfemble, fçavoir, 3, 4, 5, & 6, cela fait 18, & donner à ce Produit le Denominateur commun, ce qui fera $\frac{18}{12}$, ou 1 & $\frac{6}{12}$ un & demy.

Que fi les Fractions eftoient differentes ; par exemple, s'il falloit adjoûter enfemble ces trois Fractions $\frac{2}{3}$, $\frac{1}{4}$ & $\frac{5}{6}$, il faudroit premierement les réduire fous une mefme Denomination, fuivant quelqu'une des Regles cy-devant prefcrites en l'Article 3 des Réductions, & l'on verra qu'elles fe peuvent réduire en celles-cy $\frac{8}{12}$, $\frac{2}{12}$, & $\frac{10}{12}$, qui font enfemble $\frac{2}{12}$, c'eft à dire 2 & $\frac{1}{12}$, ou bien 2 & $\frac{1}{4}$.

S'il falloit fimplement adjoûter $\frac{2}{3}$ avec $\frac{1}{4}$, on verroit par ce que deffus, qu'ils feroient $\frac{12}{12}$ ou 1 & $\frac{1}{12}$.   ART.

ARTICLE II.

De la Souftraction des Fractions.

COmme la Souftraction ne fe fçauroit faire non plus, fi les Fractions ne font réduites en une mefme Déno_mination, c'eft par où il faut commencer que de les y ré_duire, quand elles n'y font pas ; Mais auffi cela eftant fait, il n'y a plus de difficulté en cette Regle ; Car il ne faut plus que fouftraire le Numerateur de la plus petite, du Nume_rateur de la plus grande, & donner au refte le Dénomi_nateur commun ; Par exemple, pour fouftraire $\frac{2}{3}$ de $\frac{3}{4}$, il faut premierement réduire ces deux Fractions en une mefme Denomination, cela fait $\frac{8}{12}$ & $\frac{9}{12}$; & aprés cela oftant 8 de 9 il reftera 1, c'eft à dire $\frac{1}{12}$.

Mais quand les Fractions à fouftraire ont elles-mefmes une mefme Dénomination, il faut fimplement ofter le Nu_merateur de la plus petite, de celuy de la plus grande, & donner au refte le Dénominateur commun ; Par exemple, fi l'on avoit à fouftraire $\frac{8}{12}$ de $\frac{9}{12}$, oftant 8 de 9, il ne refte_roit plus qu'$\frac{1}{12}$ comme nous venons de voir.

ARTICLE III.

De la Multiplication des Fractions.

NOus avons veu cy-devant que pour réduire une Frac_tion de Fraction en une Fraction fimple, il ne falloit que multiplier leurs Numerateurs & Dénominateurs l'un par l'autre, & faire de chaque Produit le Numerateur & le Dé_nominateur de la Fraction fimple que l'on cherchoit.

Il faut icy faire la mefme chofe pour trouver le Produit de deux Fractions ; Il faut multiplier le Numerateur de l'une par le Numerateur de l'autre, comme auffi les Déno-

E E e e e

minateurs, & le Produit des uns & des autres fera ce que
l'on cherche. Et il n'importe pas icy que les Fractions
foient de mefme ou de differente Dénomination, comme
il importe aux autres Regles.

Par exemple, pour multiplier $\frac{2}{3}$ par $\frac{3}{4}$, il faut multiplier
2 par 3, cela fera 6 ; Puis multiplier 3 par 4, cela fera 12,
& cette Fraction $\frac{6}{12}$ ou $\frac{1}{2}$ fera le Produit de ces deux Fractions.

Mais remarquez que multiplier une Fraction par une autre, où les réduire toutes deux en une Fraction fimple,
c'eft la mefme chofe : Car comme $\frac{1}{2}$ multiplié par $\frac{1}{2}$ fait $\frac{1}{4}$,
de mefme aufli la moitié d'un demy eft $\frac{1}{4}$.

Mais pour mieux comprendre cecy, remarquez, Que
tout Nombre quel qu'il foit, entier ou Fraction, multiplié
par 1, ne change point, & eft toûjours le mefme ; Ainfi
une fois 6 eft 6 ; une fois 20 eft 20 ; une fois 100 eft 100,
De mefme aufli une fois $\frac{1}{2}$ eft $\frac{1}{2}$; une fois $\frac{1}{3}$ eft $\frac{1}{3}$; & ainfi
des autres. Mais par la mefme raifon qu'un Nombre mul-
tiplié par 1 demeure le mefme ; par la mefme raifon aufli le
mefme Nombre multiplié par $\frac{1}{2}$ ne doit plus valoir que la
moitié de ce qu'il valoit auparavant ; Ainfi une demy fois
6. vaut 3 ; une demy fois 20 vaut 10 ; une demy fois 100
vaut 50 ; Et de mefme aufli une demy fois $\frac{1}{2}$ n'eft plus qu'$\frac{1}{4}$;
une demy fois $\frac{1}{3}$ n'eft plus qu'$\frac{1}{6}$. Or dire une demy fois 6 eft
3. qui eft une multiplication de 6 par $\frac{1}{2}$; ou dire la moitié de
6. eft 3, qui eft une efpece de Réduction de Fraction de Fraction en une Fraction fimple, c'eft la mefme chofe ; De même
aufli, dire une demy fois $\frac{1}{2}$ eft $\frac{1}{4}$, qui eft une Multiplication
de Fraction, ou dire la moitié d'un $\frac{1}{2}$ eft $\frac{1}{4}$, qui eft une réduction de Fraction de Fraction, c'eft la mefme chofe.

Et ainfi vous voyez qu'il n'y a point de difference entre
multiplier une Fraction par une autre, ou les réduire toutes
deux en une Fraction fimple ; Et partant pour trouver le
Produit de deux Fractions l'une par l'autre, il faut faire la
mefme chofe que pour les réduire en une Fraction fimple ;
c'eft à dire qu'il faut multiplier les Numerateurs & les Dénominateurs l'un par l'autre, & faire de leurs Produits le

Numerateur & le Denominateur de la Fraction qui d'oit ré-
fulter de leur Multiplication ; Ainfi $\frac{2}{3}$ multiplié par $\frac{3}{4}$ fait
$\frac{6}{11}$ ou $\frac{1}{2}$.

Maintenant, lorfqu'on veut multiplier un Nombre entier &
une Fraction, par un autre Nombre entier & une Fraction,
il faut premierement réduire chaque Nombre entier dans la
mefme Denomination que fa Fraction, & aprés cela operer
comme il vient d'eftre dit ; Ainfi pour multiplier $4\frac{1}{2}$ par $5\frac{1}{4}$,
il faut réduire $4\frac{1}{2}$ en $\frac{9}{2}$ & $5\frac{1}{4}$ en $\frac{21}{4}$, puis multiplier 9 par 21,
& 2 par 4, & il viendra $\frac{189}{8}$ ou 23 & $\frac{5}{8}$.

ARTICLE IV.

De la Divifion des Fractions.

QUand deux Fractions font à divifer l'une par l'autre,
ou elles font de mefme Denomination, ou elles ne le
font pas ; Si elles font de mefme Denomination, il ne faut que
divifer le Numerateur de la Fraction à divifer, ou du Dividende, par le Numerateur de l'autre, & donner au Quotient le Denominateur commun ; Ainfi pour divifer $\frac{8}{9}$ par
$\frac{2}{9}$, il ne faut que divifer 8 par 2. le Quotient fera 4, & donner au Quotient le Denominateur commun, ce qui fera $\frac{4}{9}$.

Que fi les Fractions font de differente Denomination,
pour lors il faut multiplier en croix le Numerateur de la
Fraction à divifer, par le Denominateur de l'autre , & le
Produit fervira de Numerateur à la Fraction qui doit réfulter de la Divifion ; Puis multiplier le Denominateur de
la mefme Fraction à divifer par le Numerateur de l'autre,
& le Produit fervira de Denominateur à cette Fraction ;
Ainfi pour divifer $\frac{3}{4}$ par $\frac{2}{3}$, il faut multiplier en croix, 3 Numerateur de la Fraction à divifer, par 3 Denominateur de
l'autre, il viendra 9, qui fervira de Numerateur à la Fraction qui doit réfulter de la Divifion ; Puis il faut multiplier
4. Denominateur de la mefme Fraction à divifer, par 2.
Numerateur de l'autre, il viendra 8. qui fervira de Deno-

minateur à cette Fraction, cequi fera $\frac{2}{8}$ ou 1 & $\frac{1}{8}$.

Mais si l'on proposoit un Nombre entier à diviser par une Fraction, par exemple, 12 par $\frac{1}{4}$, il faudroit faire de ce Nombre entier une Fraction, en mettant 1. au dessous, & une Ligne entre deux, comme icy $\frac{12}{1}$, Puis il faudroit multiplier en croix le Numerateur de l'une par le Denominateur de l'autre, comme il a esté dit en l'article précedent, $\frac{12}{1} \times \frac{1}{4}$. Ainsi 12 multiplié par 4, fait 48, & 1. multiplié par 3 fait 3 ; ce qui fait $\frac{48}{3}$ ou 16. entiers.

Enfin si l'on proposoit un Nombre entier & une Fraction, à diviser par un Nombre entier & une Fraction, il faudroit auparavant réduire chaque Nombre entier en sa Fraction, & aprés cela operer comme dessus ; Ainsi, pour diviser 12 & $\frac{2}{3}$ par 2 & $\frac{3}{4}$, il faut auparavant réduire les deux Nombres entiers en leurs Fractions, ce qui fera $\frac{38}{3}$ & $\frac{11}{4}$. Puis il faut multiplier en croix 38 par 4, le Produit sera 152 ; & 11 par 3. le Produit sera 33, ce qui fera $\frac{152}{33}$, ou 4. & $\frac{20}{33}$.

ARTICLE V.

Des preuves des quatre Regles précedentes.

LEs mesmes Maximes sur lesquelles nous avons cy-devant étably les preuves de ces quatres Regles dans les Nombres entiers, les mesmes servent encore pour établir celles des Fractions. Et comme aux Nombres entiers l'Addition se prouve par la Soustraction, & la Soustraction par l'Addition ; & que la Multiplication se prouve par la Division, & la Division par la Multiplication ; De mesme icy ces mêmes Regles se prouvent par leurs contraires. Et pour verifier cela par des Exemples, je me serviray de ceux que j'ay cy-devant employez.

Nous avons veu cy-devant que $\frac{2}{3}$ adjoûtez avec $\frac{1}{4}$ faisoient $\frac{11}{12}$ ou 1 $\frac{1}{12}$. Par consequent si l'Addition a esté bien faite en ostant $\frac{1}{4}$ de $\frac{11}{12}$ il doit rester $\frac{2}{3}$, ou bien en ostant $\frac{2}{3}$ il doit rester $\frac{1}{4}$. Ostons donc $\frac{1}{4}$ de $\frac{11}{12}$. Mais comme cela ne se peut faire sans avoir auparavant réduit ces Fractions en une mesme Denomination, donnons à celle de $\frac{2}{3}$ la mesme Denomination qu'à l'autre, puisqu'elle en est capable, cela fera $\frac{8}{12}$; Puis oftant $\frac{8}{12}$ de $\frac{11}{12}$ il reste $\frac{3}{12}$ qui est la mesme chose que $\frac{1}{4}$, ce qui montre que l'Addition avoit esté bien faite.

Cet Exemple sert en mesme temps de preuve pour la Souftraction; Car s'il est vray qu'oftant $\frac{2}{3}$ de $\frac{11}{12}$ il reste $\frac{1}{4}$; Il est vray aussi qu'adjoûtant $\frac{2}{3}$ avec $\frac{1}{4}$ le Produit sera $\frac{11}{12}$. Ce qui sert de preuve à la Souftraction.

De mesme, nous avons aussi veu cy-devant que multipliant $\frac{2}{3}$ par $\frac{1}{4}$, ou $\frac{1}{4}$ par $\frac{2}{3}$ le Produit est $\frac{2}{12}$ ou $\frac{1}{6}$; Par consequent si la Multiplication a esté bien faite, en divisant $\frac{2}{12}$ par $\frac{2}{3}$ le Quotient doit estre $\frac{1}{4}$. Divisons donc $\frac{2}{12}$ par $\frac{2}{3}$. Pour cela il ne faut que multiplier en croix le Numerateur de l'un par le Denominateur de l'autre, comme nous avons montré cy-devant, & l'on verra que le Quotient sera $\frac{1}{4}$. Ainsi divisant en croix $\frac{2}{12}$ par $\frac{2}{3}$ il vient pour Quotient $\frac{1}{4}$. ce qui montre que la Multiplication a esté bien faite.

Mais cet Exemple sert aussi en mesme temps de preuve pour la Division; Car s'il est vray que divisant $\frac{2}{12}$ par $\frac{2}{3}$ le Quotient soit $\frac{1}{4}$, il est vray aussi que multipliant $\frac{1}{4}$ par $\frac{2}{3}$ le Produit sera $\frac{2}{12}$ ou $\frac{1}{6}$, ce qui sert de preuve à la Division.

ARTICLE VI.

Application des Fractions à la Regle de Trois Simple, Directe, & Indirecte.

Comme la Regle de Trois est sans doute la plus necessaire & la plus belle de toutes les Regles que l'Arithmétique nous enseigne, d'où vient qu'elle est appellée la Regle d'Or, toutes les autres, comme la Regle de Compagnie, celles d'Alliage & de fausse Position, n'estant que des dépendances de celle-cy, & ne se pouvant faire, terminer, ny résoudre que par elle; Je veux icy montrer par quelques exemples, qu'elle se peut aussi bien appliquer aux Fractions, comme aux Nombres entiers.

Un Marchand, par exemple, a vendu $\frac{2}{3}$ d'aulne de Brocard 30 livres, l'on demande combien à proportion doivent coûter $\frac{3}{4}$ d'aulne du mesme Brocard.

L'on voit assez par la simple demande, que la question se doit résoudre par la Regle de Trois simple Directe, puis qu'elle va du plus au plus ; Et pour la résoudre, je réduis premierement en Fraction les 30 livres qui marquent le prix, afin que les trois Nombres connus soient semblables les uns aux autres ; Et pour cela je mets l'Unité au dessous, & une petite Ligne entre-deux, comme en toutes les Fractions ; Puis je dispose ces trois Nombres à l'ordinaire, mettant au milieu celuy auquel le quatriéme, qui est inconnu & que l'on cherche, doit ressembler. Je dis donc ainsi,

$$\underset{3}{\overset{\text{de Brocard}}{\text{Si } 2}} \quad \text{ont coûté} \quad \underset{1}{\overset{\text{livres}}{30}}, \quad \text{combien doivent coûter à proportion } 3. \text{ R. } 33. \text{liv. } 15 \text{ f.} \quad \underset{4}{}$$

Suivant cette Regle, je multiplie le second & troisiéme Termes l'un par l'autre, sçavoir $\frac{30}{1}$ par $\frac{3}{4}$, le Produit est $\frac{90}{4}$, comme il se voit par l'Operation cy-dessous

$$\frac{30}{1} \qquad \frac{3}{4} \qquad \overset{30}{\underset{90}{\frac{3}{}}} \qquad \overset{4}{\underset{4}{\frac{1}{}}} \qquad \frac{90}{4}$$

Ensuite je divise ce Produit, sçavoir $\frac{90}{4}$ par $\frac{2}{3}$, & il vient pour Quotient 33 & $\frac{6}{8}$, qui valent 33 liv. 15 sols, ainsi que montre l'Operation cy-dessous.

$$\frac{90}{4} \times \frac{2}{3} \qquad \underset{270}{\frac{90}{3}} \qquad \underset{8}{\frac{4}{2}} \qquad 270 \left(\frac{33}{8} \right. 6 $$
$$\underset{8}{\frac{}{}} \qquad \qquad \qquad 30 \qquad \frac{}{8} $$

Exemple pour la Regle de Trois Indirecte.

Un Tapiſſier a fait un tour de lit, où il a employé 25 aulnes & $\frac{1}{3}$ d'une étofe qui n'a que $\frac{2}{3}$ de large ; L'on demande combien il en faut pour le doubler, d'une autre étofe qui a $\frac{3}{4}$ de large.

Par la ſimple demande l'on connoiſt ayſément que la Queſtion ſe doit réſoudre par la Regle de Trois ſimple Indirecte, puiſqu'elle va du plus au moins. Je diſpoſe donc les Nombres à l'ordinaire, mettant au milieu celuy auquel le quatriéme que l'on cherche doit reſſembler ; Mais auparavant, pour faire que tous les Nombres ſe reſſemblent, je réduis en Fraction les 25 aulnes & $\frac{1}{3}$ d'étofe, ce qui fait $\frac{76}{3}$, Puis je dis ainſi.

$$\begin{array}{c c c c c}
\text{de large} & \text{d'aulnes} & & \text{de large} & \text{aulnes} \\
\text{Si d'une étofe de } \frac{2}{3} & \text{il a fallu } \frac{76}{3}, & \text{combien en faut-il d'une étofe de } \frac{3}{4} & \text{R. } \frac{22}{} & \frac{14}{27}
\end{array}$$

Icy je multiplie le premier & le ſecond Termes l'un par l'autre, ſçavoir $\frac{76}{3}$ par $\frac{2}{1}$, le Produit eſt $\frac{152}{9}$, comme l'on voit cy-deſſous

$$\frac{76}{3} \quad \frac{2}{3} \quad \frac{76 \times 2}{152} \quad \frac{3 \times 3}{9} \quad \frac{152}{9}$$

Enſuite je diviſe ce Produit, ſçavoir, $\frac{152}{9}$ par $\frac{3}{4}$, & il vient pour Quotient 22 & $\frac{14}{27}$, c'eſt à dire 22 aulnes & demy, ou à fort peu prés, qui eſt le Nombre des aulnes qu'il faut pour doubler d'une étofe de $\frac{3}{4}$ de large, comme fait voir l'Operation cy-deſſous.

$$\frac{152}{9} \times \frac{3}{4} \qquad \begin{array}{c} 152 \\ 4 \\ \hline 608 \\ \hline 7 \end{array} \qquad \begin{array}{c} 9 \\ 3 \\ \hline 27 \end{array} \qquad \begin{array}{c} 608 \\ 68 \\ \hline --14 \end{array} \Big(\frac{27}{22} \qquad \frac{14}{27}$$

Je pourrois pousser plus avant ces recherches, si je vou-lois faire toutes les applications ausquelles ces Regles se peuvent estendre ; Et mesme je ne finirois jamais, si j'a-vois entrepris de mettre icy tout ce qui se peut dire tou-chant cette Science , laquelle n'a point de bornes, & où l'Esprit humain trouvera toûjours dequoy s'exercer. Mais je me persuade que ceux qui se seront donné la peine de s'appliquer avec un peu d'attention à étudier ce que j'ay dit jusques icy, trouveront suffisamment dequoy se conten-ter ; puis qu'il n'y a point de Livre de Marchand, ny de compte de l'Epargne, qu'une personne qui aura bien com-pris tout ce que j'ay dit, ne puisse tenir & dresser ; Et il me semble que c'en est bien assez pour l'usage ; auquel seul j'ay eu principalement dessein de raporter tout ce traité-cy.

Je n'ay plus qu'une chose à adjoûter, qui à la verité est plus curieuse qu'utile ; Mais comme elle a ses beautez, & que d'ailleurs elle sert à finir cette seconde Partie, qui trai-te des Fractions, de mesme qu'on a finy la premiere qui traite des Nombres entiers, c'est à sçavoir, par l'extraction des Racines Quarrées & Cubiques, j'ay pensé que je ne la devois pas icy obmettre.

CHAP.

CHAPITRE TROISIE'ME.

De l'Extraction des Racines des Fractions.

ARTICLE I.

De l'Extraction de la Racine Quarrée des Fractions.

OMME dans les Nombres entiers lors qu'on multiplie un Nombre par luy-mesme, le Produit qui en résulte est un Nombre Quarré, qui a ce mesme Nombre pour Racine ; De mesme aussi, lors qu'on multiplie une Fraction par elle-mesme, le Produit qui en vient est le Quarré de cette Fraction, & la Fraction est la Racine ; Ainsi multipliant $\frac{3}{5}$ par $\frac{3}{5}$ le Produit qui en vient, sçavoir $\frac{9}{25}$ est le Quarré de cette Fraction, & $\frac{3}{5}$ est la Racine.

De là il paroist évidemment que la Racine Quarrée d'une Fraction, est une autre Fraction, dont le Numerateur & le Denominateur sont les Racines Quarrées du Numerateur & du Denominateur de cette Fraction.

Si donc l'on vous proposoit de trouver la Racine Quarrée d'une Fraction, vous n'auriez qu'à prendre les Racines Quarrées du Numerateur & du Denominateur de la Fraction proposée, & en faire le Numerateur & le Denominateur d'une autre Fraction, qui seroit la Racine Cherchée ; Ainsi par exemple, si l'on vous proposoit cette Fraction $\frac{36}{49}$ il faudroit prendre les Racines Quarrées de 36. & de 49, & vous auriez $\frac{6}{7}$ pour Racine.

Mais comme il arrive fort rarement que le Numerateur & le Denominateur d'une Fraction proposée ayent ainsi chacun à part des Racines précises ; Aussi n'arrive-t'il que

F Ffff

fort rarement que l'on trouve ainſi préciſement la Racine d'une Fraction que l'on propoſe. Ainſi par exemple, l'on ne ſçauroit avoir juſtement la Racine de $\frac{7}{8}$, parce que ny l'un ny l'autre de ces deux Nombres n'eſt un Nombre Quarré, ny n'a de Racine juſte.

Cependant, & c'eſt icy le ſecret, pour trouver la Racine de cette Fraction $\frac{7}{8}$ fort approchante de la préciſion & de la verité, & meſme ſi approchante qu'il ne s'en faudra preſque rien qu'elle ne ſoit juſte & préciſe, il ne faut que multiplier le Numerateur & le Denominateur de cette Fraction par ſon Denominateur meſme, comme icy il faut multiplier 7 & 8 par 8 ; Au moyen dequoy vous aurez $\frac{56}{64}$ pour Fraction, qui ſera ſemblable à $\frac{7}{8}$, puis qu'une Fraction ne change point d'Eſpece, mais ſeulement de Termes, quand elle eſt multipliée par un meſme Nombre.

Cela fait, adjoûtez au Numerateur & au Dénominateur de cette nouvelle Fraction $\frac{56}{64}$ deux Zero, autant de fois que vous voudrez, cela ne changera point non plus l'Eſpece de cette Fraction $\frac{7}{8}$, mais la mettra ſeulement ſous des Termes plus grands ; Puis cherchez la Racine Quarrée du Numerateur & du Denominateur de cette grande Fraction, & l'ayant trouvée faites-en le Numerateur & le Denominateur d'une autre Fraction, & cette Fraction ſera la Racine aſſez juſte & aſſez préciſe de la Fraction propoſée $\frac{7}{8}$.

Et meſme vous remarquerez que plus de fois vous adjoûterez deux Zero à cette nouvelle Fraction $\frac{56}{64}$, qui eſt venuë de la Multiplication du Numerateur & du Denominateur de la Fraction propoſée par ſon Denominateur, & plus juſte & préciſe ſera la Racine cherchée.

ARTICLE II.

De l'Extraction de la Racine Cubique des Fractions.

Nous n'avons à faire icy que ce que nous avons fait cy-devant quand il a eſté queſtion de parler de l'Extraction de la Racine Cubique des Nombres entiers ; c'eſt à dire, que nous n'avons qu'à ſuivre icy pas à pas & mot à mot ce que nous venons de dire touchant l'Extraction de la Racine Quarrée ; Et comme nous avons vû qu'ayant multiplié une Fraction par elle-mesme, cela a produit son Quarré ; J'adjoûte icy que multipliant ce Quarré par la même Fraction, cela Produira son Cube ; Ainsi, ayant multiplié $\frac{1}{5}$ par soy-mesme nous avons eu $\frac{1}{25}$ pour son Quarré; par consequent si l'on multiplie $\frac{1}{25}$ par $\frac{1}{5}$ l'on aura $\frac{1}{125}$ pour son Cube.

Si bien qu'il est évident que la Racine Cubique d'une Fraction, est une autre Fraction, dont le Numerateur est la Racine Cubique du Numerateur de la Fraction proposée, & le Denominateur celle du Denominateur.

Lors donc qu'on vous proposera de trouver la Racine Cubique d'une Fraction, vous n'aurez qu'à prendre les Racines Cubiques de son Numerateur & de son Denominateur, & en faire le Numerateur & le Denominateur d'une autre Fraction qui sera la Racine Cherchée ; Suivant cela, si l'on vous propose de trouver la Racine Cubique de cette Fraction $\frac{27}{125}$, vous aurez cette autre Fraction $\frac{3}{5}$.

Mais d'autant qu'il n'arrive que tres-rarement que le Numerateur & le Denominateur de la Fraction que l'on propose ayent ainsi des Racines justes & précises ; Vous vous servirez icy du mesme secret qui a esté expliqué en l'article précedent, afin de trouver ces Racines le plus approchant du juste qu'il est possible.

Pour cela, multipliez le Numerateur & le Dénominateur de la Fraction proposée chacun à part par le Dénominateur de la mesme Fraction ; & ces deux Produits multipliez-les encore par le mesme Dénominateur ; Et de ces deux derniers Produits faites-en le Numerateur & le Dénominateur d'une autre Fraction ; cette Fraction ne sera point differente de la premiere qui a esté proposée, puis qu'elle a toûjours esté multipliée par un mesme Nombre, ce qui ne change que les Termes & non pas l'Espece de la Fraction, comme il a esté dit plusieurs fois ; Cherchez ensuite la Racine Cubique du Numerateur & du Dénominateur de cette nouvelle Fraction, & en faites le Numerateur & le Denominateur d'une autre ; & cette autre Fraction fera la Racine Cubique que l'on cherche.

Par exemple, ayant à trouver la Racine Cubique de $\frac{5}{6}$, comme 5 & 6 n'ont point de Racine Cubique juste, multipliez les tous deux chacun à part par le Dénominateur 6, cela fera $\frac{30}{36}$; multipliez derechef cette Fraction par 6. cela fera $\frac{180}{216}$; Cherchez maintenant les Racines Cubiques du Numerateur & du Dénominateur de cette derniere Fraction, & en faites le Numerateur & le Dénominateur d'une autre, cette autre sera la Racine Cubique de la Fraction proposée.

Mais, comme j'ay dit cy-devant, pour approcher si prés du juste que l'on voudra, il ne faut qu'adjoûter au Numerateur & au Dénominateur de cette Fraction $\frac{180}{216}$ plusieurs fois 3 Zero, & trouver la Racine Cubique de cette nouvelle Fraction ainsi augmentée, & la Fraction que vous aurez trouvée sera la Racine cherchée; laquelle sera d'autant plus juste que vous aurez adjoûté plus de fois 3. Zero.

Au reste vous remarquerez que pour ce qui est du Dénominateur de toutes ces nouvelles Fractions aufquelles la premiere est changée, il n'est pas difficile d'en trouver la Racine Cubique, car c'est toûjours le Dénominateur mefme de la premiere Fraction, augmenté feulement d'autant de Zero, que l'on en a adjoûté de fois 3. à fon Cube.

Il en est de mefme à l'égard de la Racine Quarrée; & il n'eft pas non plus difficile de trouver celle du Denominateur de toutes les nouvelles Fractions aufquelles la Fraction proposée est changée; car c'est auffi toûjours le Dénominateur mefme de la Fraction proposée, augmenté feulement d'autant de Zero, que l'on en a adjoûté de fois 2. à fon Quarré.

Je finis icy ce Traité, parce qu'enfin il faut finir : Car qui voudroit tout dire ne finiroit jamais. L'Arithmetique eft une Science fi vafte & fi profonde qu'elle n'a ny fond ny rive; Et l'Efprit humain, tout grand & tout penetrant qu'il eft, ne la fçauroit ny contenir ny épuifer; Il a beau fe travailler & fe tourmenter pour tâcher de la comprendre toute, quelque opiniaftre & affidu que foit fon travail, il n'en viendra jamais à bout ; Elle luy fournira toûjours de nouvelle matiere de quoy exercer sa curiosité ; Mais en voilà ce me semble autant & plus qu'il n'en faut pour la necessité ; C'est à dire, pour pouvoir s'acquitter avec honneur de toutes les Charges & de tous les emplois ausquels un Homme du monde, d'affaires, ou de negoce puisse estre appliqué.

FIN

Fautes à corriger.

Preface page 24. l. 18. lisez ses.
Page 126. la Figure est renversée.
Pag. 139. il manque à la Figure la ligne CD, qu'il faut tirer.
Pag. 147. ligne 13. lisez on ait mené.
Pag. 152. l. 16. mettez ainsi les virgules. AEB, diametre ;
Pag. 155. l. 14. mettez ces virgules, , par la troisiéme Proposition ;
Pag. 218. l. 25. lisez grand
Pag. 270. l. 15. lisez, ils sont entr'eux.
Pag. 284. l. 19. lisez de DC
Pag. 291. lisez 292.
Pag. 294. l. 10. lisez figure C, & ligne 19. lisez HIK.
  Nota. il manque une F à la figure, il l'y faut mettre FN.
Pag. 332. l'Angle A de la premiere fig. devroit estre plus ouvert. en la 2. fig. tracez la ligne AC.
Pag. 365. l. 9. lisez parallelipipede.
Pag. 378. lisez 381.
Pag. 386. l. 29. lisez plus seurement.
Pag. 400. l. 1. effacez DGE
Pag. 441. il manque une F à la figure. AY, AF.
Pag. 451. l. 11. lisez 8. toises, & ligne 17. lisez 8. toises.
Pag. 456. l. 11. lisez, qui se flanque.
Pag. 459. l. 30. lisez donnant à AC.
Pag. 462. l. 27. lisez, lesquels, & lig. 34. effacez de.
Pag. 465. il manque à la fig. la ligne IT, perpendiculaire à AI. il la faut tirer.
Pag. 475. l. 2. lisez, haute.
Pag. 511. l. 14. effacez, en.
Pag. 541. mettez un E au poids.
Pag. 569. l. 16. lisez quelle.
Pag. 572. l. 24. lisez ML.
Pag. 590. l. 2. lisez, ce qui, & lig. 25. lisez par tout.
Pag. 631. l. 25. lisez difference.
Pag. 648. l. 21. lisez particulieres.
Pag. 684. l. penultieme, lisez, & où
Pag. 709. l. 5. lisez, la preuve.
Pag. 715. l. 19. lisez, cela fera 20. s.
Pag. 748. l. 18. lisez que ce traité
Pag. 752. l. 1. lisez, sans ca

fentes elles foient tenuës pour deuëment fignifiées. Mandons au premier noftre Huiffier ou Sergent faire pour l'execution defdites prefen-
tes, toutes fignifications, défenfes, faifies, & autres Actes requis & ne-
ceffaires, fans demander autre permiffion, nonobftant Clameur de
Haro, Chartre Normande, & autres Lettres à ce contraires : Car tel
eft noftre plaifir. Donné à Saint Germain en Laye le treiziéme jour
d'Avril, l'an de grace mil fix cens foixante-dix ; Et de noftre regne le
vingt-feptiéme ; *Et plus bas* ; Par le Roy en fon Confeil, D'ALENCE',
avec paraphe ; Et fcellé du grand fceau de cire jaune.

Regiftré dans le Livre de la Communauté des Marchands Libraires Im-
primeurs & Relieurs de cette Ville de Paris, fuivant & conformément à
l'Arreft de la Cour de Parlement du 8. Avril 1653. le 30 Avril 1670.
Signé ANDRE' SOUBRON Syndic.

La veuve dudit Sieur ROHAULT a cedé le droit qu'elle avoit dans
ledit Privilege à GUILLAUME DESPREZ Marchand Libraire,
pour en joüir fuivant & conformément au traité fait entr'eux.

Les Livres des Elemens d'Euclide & les autres Traitez qui fuivent, ont eftez achevez
d'imprimer pour la premiere fois le 12. Octobre 1682.